COSMETIC SCIENCE

화장품과학

박면용 외 지음

녹 문 당

서 문

화장품은 거의 모든 세상 사람들이 매일같이 사용하고 많은 관심을 가지면서 선택하여 곁에 두고 애용하는, 가장 소중하게 여기는 화학제품이다. 그러면서도 그것이 화합물이라는 것은 잊어버리고 오직 아름다운 조형과 화장에만 신경을 집중한다.

이 책은 화장품학을 배우고 공장 혹은 집에서 화장품을 만들기 원하는 분들을 위해서 집필하였다. 이 책의 내용은 일반화학 수준으로 쉽게 설명하였다. 그래도 이해하기 어려우면 대학에서 배우는 일반화학 교과서와 유기화학 교과서를 참고하면서 이 책을 읽으면 더 쉽게 공부할 수 있을 것으로 믿는다. 화장품은 주로 유기와 무기 화합물을 사용하는데, 이해가 쉽도록 화합물 이름은 영어로 표기했다. 왜냐하면 화합물을 구성하는 원소들은 대부분 외국어이고 거의 모든 화합물은 외국에서 만든 화합물을 수입하여 사용하기 때문이다. 한글로 표기하면 오히려 발음이 통일되지 않아서 혼란이 가중될 수 있다.

화장품 제조는 화학자들이 성분을 선택하여 잘 섞이게 계면활성제와 방부제를 첨가하여 만들고 그 화장품은 인체에 적용하므로 의사와 약학자, 혹은 생물학자들이 크게 흥미를 느끼는 분야다. 화장품은 종합화학 분야이고 화합물의 혼합물이고 모든 화학분야, 즉 분석화학, 물리화학, 유기화학, 생화학뿐만 아니라 물리학, 생물학, 의학, 약학 등을 합친 학제간 학문에 의하여 만들어지는 제품이다. 그것뿐만이 아니다. 화장품 제조는 공학 분야에도 참여한다. 화장품 산업은 경제와 산업에서 거대한 축을 담당하는 한 분야다.

수십만 종류 화합물 중에서 제조하려는 화장품의 목적에 맞는 화합물을 선택하는 방법은 이 책에서 각 장별로 설명한 내용을 읽고 이해한 후 선택해야 한다. 가끔 어려운 전문용어를 만나도 상식적으로 짐작하여 이해한다면 이 책을 읽는 데 재미를 느낄 것으로 믿는다. 이 책을 읽으면서 화장품을 이해하려면 화합물 이름에 너무 집착하지 말고 대략 용도를 짐작해야 한다. 왜냐하면 여기에 사용한 화합물 이름은 화학자들이 사용하는 명명법에 따르지 않고 관용명, 상품명, 제조회사에서 부르는 명칭, 간략하게 부르는 명칭, 특허에 바꿔 쓰는 이름이기 때문이다. 그것이 특허의 묘미이기도 하다. 그리고 화장품 제조를 시도해보는 것도 이론과 실제를 겸해서 실행하는 것이므로 재미있다.

이 책의 내용은 이론과 각론으로 나누어 설명했다. 화장품은 피부에 사용하기 때문에 제1장에서 피부구조에 대하여 생물학적으로 설명하고, 제2장은 화장품을 만드는 기본 이론을 주로 설명했다. 제3장은 화장품을 제조하고 사용하는 재료성분들에 대하여 설명했다. 그 성분들은 너무 많아서 중요하고 많이 사용하는 성분만 선택하여 설명했다. 제3장을 미리 반드시 숙지해야 혼합 성분을 선택할 수 있다. 그렇지 않으면 제4장부터 시작하는 제조방법의 처방전에서 왜 이 성분을 첨가하는지, 그리고 자기 자신이 화장품을 제조할 때 어떤 성분을 이용하는지를 알 수 없다.

화장품 화학을 이해하려면 무엇보다 제3장을 참고하여 어떤 화합물을 어떻게 사용하는가를 이해하고 제4장의 계면활성제를 이해하는 것이 첩경이다. 계면활성제는 액체와 고체를 막론하고 모든 화장품의 혼합에 기본적으로 사용하는 화합물이고, 화장품뿐만 아니라 고체와 액체의 혼합에는 필수불가결하게 사용하는 화합물이다. 심지어 모든 식품에도 사용한다. 고추장, 된장, 제과, 음식, 아이스크림 등에도 계면활성제를 사용하여 꺼칠한 고추장, 된장, 아이스크림 등을 번적거리고 광택이 나는 식품으로 둔갑하여 만들어낸다. 화장품에 계면활성제를 사용하지 않으면 화장품을 만들 수 없다. 화장품을 만들 때 계면활성제를 첨가하지 않으면 화합물끼리 서로 균일하게 섞이지 않고 피부에 칠할 때에도 달라붙지 않고 뭉치고 엉켜 화장품 가치를 인정받지 못한다.

제4장은 화합물 혼합의 기본이론으로서 계면활성제, 그리고 계면활성제 이론을 이용하는 비누와 보습제를 설명하였다. 제5장은 향료와 향수 화장품, 제6장은 화장용 파우더, 제7장은 크림과 로션, 제8장은 수염 관리, 제9장은 립스틱, 눈-주위, 손발톱, 화장용 연필, 햇볕막이, 피부 태닝을 다루었다. 제10장은 모발 관리, 제11장은 목욕과 샤워 화장품, 그리고 각 장마다 토픽을 삽입하여 생활에 유익한 중간 휴식을 취하게 편집하였다.

화장품은 종합과학 분야이고 사용하는 각 분야의 학회에서 제정한 용어를 사용해야 한다. 그러나 대부분 용어는 상품명과 관용어를 함께 사용하고 영어와 일본어를 함께 사용한다. 그리고 미용원에서 사용하는 용어도 함께 섞이므로 사람과 지역에 따라 명칭이 다르다. 그래서 여기에서 사용하는 용어는 대한화학회에서 출간된 화학술어집과 한국과학기술총연합회에서 출간된 한국과학기술용어집에서 선택하여 사용하였고 아직 제정되지 않거나 복잡하고 긴 용어는 괄호 안에 외국어를 넣어 표시하였다. 화합물은 간단한 경우 한글로 표시하고 이해하기 어려운 긴 용어는 영어로 표시했다. 화장품에 대한 용어는 앞으로 화장품학회에서 노력하여 많은 학술용어를 제정하여 사용하게 되기를 바란다.

이 책에서 참고한 문헌은 다음과 같고 그 외에도 설명에 필요한 문헌은 필요할 때마다 중간에 삽입하였다.

1. *Chemistry and manufacture of Cosmetics, Cosmetic specialties and ingredient*, 4th edition, Allured publishing Corp., 2010
2. *Chemistry and Manufacture of Cosmetics Formulating*, 4th edition, 2009.
3. *Chemistry and Manufacture of Cosmetics; Science*, 4th edition, 2008.
4. *Chemistry and manufacture of cosmetics ingredients*, 2 Book set, 2002.
5. 光井武夫 著, 『新化粧品學』, 第2版, 南山堂, 2001.
6. James E. Huheey, *Inorganic chemistry*, 3rd edition, Harper International SI edition, 2008.
7. 조완구 · 랑문정 · 배덕환, 『현대화장품학』, 한국학술정보(주), 2007.
8. 고원배 외 4명, 『화장품화학』, 수문사, 2002.
9. John D. Roberts and Marjorie C. Caserio, *Basic Principles of Organic Chemistry*, W. A. Benjamin, Inc., 1965.
10. *General, Organic and Biochemistry*, 5th edition, International edition, McGraw-Hill, 2007.
11. Andre O. Barel, Marc Paye, and Howard I. Maibach, *Handbook of Cosmetic Science and Technology*, 3rd edition, Informa Healthcare, 2009.

2015년 2월

저자

목 차

CHAPTER 1 피부

CHAPTER 2 피부-미백, 성인과 유아 화장품, 땀과 탈취

CHAPTER 3 화장품 재료

CHAPTER 4 계면활성제, 비누 그리고 보습제

CHAPTER 5 향료와 향수 화장품

CHAPTER 6 화장용 파우더

CHAPTER 7 크림과 로션

CHAPTER 8 수염 관리

CHAPTER 9 립스틱, 눈-주위, 손발톱, 화장용 연필, 햇볕막이, 그리고 피부 태닝

CHAPTER 10 모발 관리

CHAPTER 11 목욕과 샤워 화장품

CHAPTER 1

피 부

1 피부구조

피부는 인체의 외부를 덮은 막이고 외부의 자극, 침해, 건조 등으로부터 인체를 보호하는 중요한 기관이며 여러 가지 생화학적 기능을 수행하고 내부의 장기와 기관을 보호하고 기능을 조절한다. 피부는 눈꺼풀이 가장 얇고 손바닥과 발바닥이 가장 두껍다. 일반적으로 피부 두께는 남성이 여성보다 두껍지만 지방층은 여성이 남성보다 두껍다. 피부는 그림 1-1처럼 표피(epidermis), 진피(dermis), 피하조직(subcutaneous tissue)으로 나눌 수 있다. 표피는 그림 1-2처럼 각질층(stratum corneum), 투명층(stratum lucidum), 과립층(stratum grandulosum), 유극층(stratum spinosum), 기저층(stratum basale)으로 구분하고 진피는 유두층(papillary layer)과 망상층(reticular layer)으로 구분한다.

피부는 바깥부분이 각질층으로 구성된 복잡한 구조를 갖는 장벽(barrier)이 보호역할을 한다. 각질층은 수화지질성(hydrolipidic) 보호필름으로 덮인 경질층(horny layer)이다. 이러한 장벽기능은 죽은 세포로 덮인 경질층이 담당하고 그 경질층은 케라틴(keratin)이 가소제 역할을 담당하는 수분을 적당히 함유해야 한다.

표피 밑은 표면상태(각질화반응)와 피부착색(멜라토닌화반응)을 연속적으로 그리고 기능적으로 재생하는 피부방어 능력을 증강한다. 피부는 또한 영양학적 구조를 담당하여 피부의 유지, 일관성, 탄성, 전체피부의 온도조절 등의 중요한 역할을 수행한다.

그림 1-1 피부구조

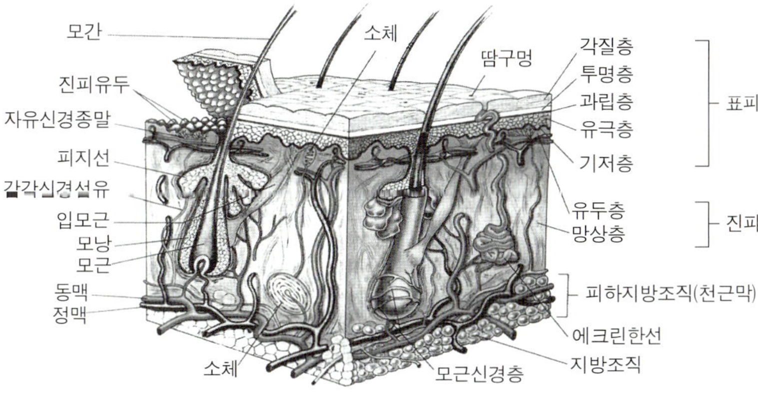

* 현대 피부학, 이향우 외 5인, 광문각(2008), p. 15.

그림 1-2 피부의 표피와 진피

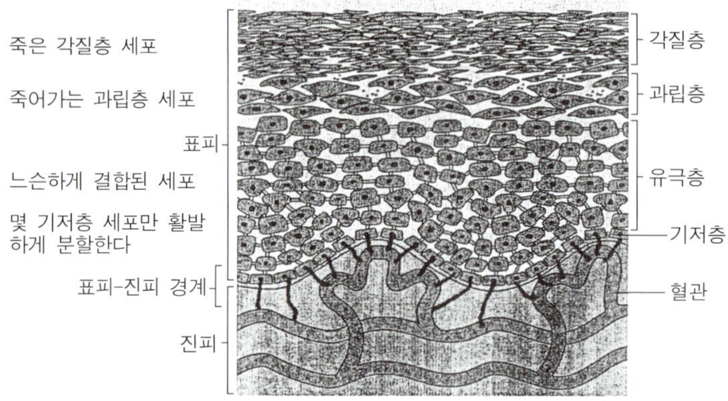

* Mitchell L. Schlossman, The Chemistry and Manufacture of Cosmetics, Vol. 1, p. 131.

피부의 가장 바깥층을 구성하는 표피세포는 핵이 없는 건조한 각질로 구성되어 있는데, 두께는 대략 0.1∼0.3 mm이고 손바닥과 발바닥은 더 두껍다. 각질은 공기와 직접 접촉하는 가장 밖에 있는 피부층이고 각질세포(keratinocyte)로 구성된다.

표피는 가장 내부로부터 기저세포→ 유극세포→ 과립세포→각질세포 순서로 구성되어 있고 대략 4∼7주간에 걸쳐 변하면서 각질세포들이 벗겨진다. 가장 바깥 각질세포가 벗겨지면 계속해서 새로 생성되고 다시 벗겨지기 때문에 일정한 두께를 유지할 수 있다. 이 현상을 전환(turnover)이라고 한다. 그러므로 수건으로 박박 문지르지 않고 비누질 샤워로 목욕하여도 각질은 충분히 벗겨진다. 각질층은 10∼20% 수분을 함유하고 그 이하로 수분을 함유하면 건조하여 거칠어지고 피부가 노화된다. 각질층 수분은 젊을수록 수분이 많고 늙을수록 수분이 감소한다. 피지 막은 수분증발을 억제하는 역할을 담당하고 각질층의 수분보유 능력을 결정한다. 수분흡수 능력은 피지 막에 함유된 성분에 따라 결정되므로 인위적으로 피부표면에 보습제를 함유한 화장품을 도포한다.

피부표면을 확대경으로 관찰하면 골(고랑)과 마루(이랑)가 있고 이러한 높낮이 차이는 여성피부일수록 작고 남성피부는 크므로 여성피부는 곱게 보이고 남성피부는 거칠게 보인다. 피부는 고랑에 땀샘이 있고 이랑에 모공이 있다. 모발은 일반 동물처럼 비바람으로부터 보호하려고 모공에 아래 방향으로 각도 45°로 서 있다. 땀샘을 통해 분비되는 땀은 pH 4.5∼5.5 사이이고 약한 산성이다. 이 pH 값은 대기 중에서 세균 감염의 예방에 기여한다. 땀뿐만 아니라 눈물과 입에서 분비되는 침도 같은 역할을 하는 것으로 알려져 있다. 이러한 자연방어 능력에 기여하는 pH 값은 피지 막을 통하여 분비되는 땀에 섞인 지방산이 약한 산성이기 때문이다. 이러한 약한 산이 갖는 해리상수 값에 의하여 피부는 인체에 유리한 pH 4.5～5.5를 유지한다. 그러므로 피부에 묻은 땀을 너무 깨끗하게 제거하는 것은 세균이 침입하는 것을 막지 못하는 결과를 초래한다. 병원의 복도 혹은 병실에서 강조하는 손 씻기 구호는 손에 묻은 균에 대한 제거를 의미한다. 아토피에 관한 문헌을 보면 그 예방책으로 과도한 피부청결은 이롭지 않다고 설명하고 있다.

TOPIC 피부는 긁을수록 해롭다

옛날에 명동에서 피부비뇨기과를 개업하셨던 유명한 정준태 박사님이 "사람들이 피부를 긁지 않으면 피부과 의사들은 굶어죽는다"고 동아일보에 기고한 적이 있다. 성현의 말씀대로 가려우면 침을 바르고 참으라는 말씀이 옳은 말씀이다.

우리 속담에 "긁어 부스럼 만든다"는 말은 은유적으로 여러 가지 뜻을 갖지만 피부와 직접 관련이 있다. 피부는 건조할수록 가렵고 긁을수록 더 가렵고 눈으로 들여다볼수록 가렵고 생각할수록 더 가렵다. 피부는 긁을수록 돈을 잡아먹는다.

피부에 검정색 반점을 만들거나 피부를 검정색으로 만드는 멜라닌세포는 피부 기저층(표피의 가장 아래층)을 약 5% 차지하고 수상돌기를 가지고 있다. 피부는 자외선 노출, 호르몬에 의한 자극, 스트레스 등에 의하여 멜라닌색소를 발현한 다음 세포의 돌기를 통하여 각질층으로 이동하여 검은색 피부는 벗겨지고 점차 소멸되어 본래 색으로 환원된다. 멜라닌색소가 많이 생길 정도로 햇볕에 오랫동안 노출되면 반점이 생기고 피부암으로 발전하는 경우도 있다. 기저층의 멜라닌색소는 황갈색, 갈색 혹은 흑갈색이지만 피부표면에 가까워질수록 산화되어 점차 검은색으로 변한다. 멜라닌 형성 세포 수는 인종이나 피부색과 무관하게 일정하고 피부색은 멜라닌세포의 멜라닌색소 분비능력과 농도에 따라 결정된다. 멜라닌색소는 자외선을 흡수하거나 산란하여 피부가 자외선으로부터 손상되는 것을 방지하는 역할도 한다.

진피는 표피와 피하지방층 사이에 있는 치밀한 조직이고 피부의 약 90%를 차지하며 실질적 피부라고 할 수 있다. 두께는 약 2～3 mm이고 진피의 조직 이외에 혈관, 림프관, 땀샘, 모발과 모발근을 포함하며 표피층에 영양을 공급하고 감각기능을 담당하며 체온조절, 피부재생 등의 기능을 갖는다. 진피는 경계가 분명하지 않은 유두층, 망상층으로 구성된다.

피하조직은 피부의 가장 아래층에 있고 진피와 근육 사이에 존재한다. 이 조직은 지방을 함유하고 그물 모양의 결합조직을 갖는다. 피하조직은 피하지방을 생성하고 체온보존과 피부의 압력이나 충격흡수, 에너지 저장 등의 기능을 담당한다. 여성은 피하지방층이 남성보다 두껍고 피하지방층이 더 발달되어 있다. 임신기간에는 피하지방층이 더 증가하는 경향이 있는데, 이것은 여성호르몬 분비의 증가와 관련이 있다.

2 피부기능

피부는 생체에서 여러 기능을 수행하고 이 기능을 담당하는 피지선, 땀샘, 모발, 손톱 및 발톱 등과 관련이 있는 여러 기관이 있다. 화장품의 기능은 이들의 기관과 직접 관련이 있고 생체기능을 방해하거나 억제하지 않아야 한다. 예를 들어 무좀이 심하거나 땀이 많이 나오는 사람에게 클로로폼-함유 화장품을 사용하면 클로로폼 성분이 피부의 단백질과 반응하여 땀샘의 구멍을 막아 땀이 적게 분비되지만 한편으로 정상적 땀을 분비하는 생리기능이 저해된다. 화장품에 다공성 규조토-함유 백색분말 화장품을 사용하면 미백효과와 더불어 땀 흡수 역할도 수행하므로 생체기능을 방해하지 않는다.

피지선은 그림 1-1처럼 진피층의 모낭에 위치하고 피부표면으로 피지를 1～2 g/day 분비하고 손바닥과 발바닥을 제외한 전체 피부에 피지선이 분포한다. 피지선은 일반적으로 남성이 여성보다 발달되어 있으므로 남성이 여성보다 지성피부를 더 많이 갖는다. 점막피부는 얇은 피부에 모낭이 없으므로 직접 피부표면으로 피지를 분비한다. 피지 분비량은 여성보다 남성이 더 많고 사춘기에 성 호르몬 영향 때문에 증가하지만 중년 이후에 감소하고 특히 여성의 경우에 폐경기를 지나면서 크게 감소한다. 피지는 피부표면에 보호막을 형성하고 피부와 털에 광택을 주며 내부로부터 수분손실을 방지하고 피부를 부드럽게 유지하는 역할을 한다. 그리고 피지는 pH 4.5～5.5 산성을 유지하는 역할을 하므로 외부로부터 세균 침입을 방지한다. 피지가 산성을 유지하는 이유는 피지 조성이 지방산을 16.4% 함유하기 때문이다.

땀샘은 땀을 피부 밖으로 분비하는 기능을 갖는다. 땀 분비량은 체온, 근육활동, 자율신경 자극, 수분섭취량에 따라 다르게 나타난다. 땀은 일반적으로 700～900 mL/day를 분비한다. 땀은 대부분 체온조절 때문에 분비되어 증발하고 증발 찌꺼기는 피부에 피지 막을 형성한다. 땀은 99% 이상이 수분이고 나머지 약 1%는 염화소듐, 요소, 황화물, 아미노산, 암모니아, 크레아틴, 요산 등을 함유한다.

땀샘은 에크린 땀샘(eccrine sweat gland)과 아포크린 땀샘(apocrine sweat gland)으로 구분한다. 에크린 땀샘은 진피에 존재하고 전신에 걸쳐 분포하는데, 특히 머리, 겨드랑이, 손바닥, 발바닥 등에 많이 분포하고 체온과 노폐물 배설에 기여한다. 아포크린 땀샘은 에크린 땀샘보다 크고 깊은 곳에 위치하고 이곳에서 분비되는 땀은 단백질 성분이 소량 혼합되어 특유한 냄새를 갖는다. 이 경우에 피부에 부착된 세균이 땀에 포함된 단백질과 반응하여 악취를 발생하고 대략 pH 8 염기성으로 변한다. 염기성으로 변하면 세균 감염이 증가하고 단백질이 부패하여 냄새도 증가한다. 아포크린 땀샘은 털이 있는

표 1-1 피지의 조성

성 분	함 량(%)
triglyceride	41.0
diglyceride	2.2
free fatty acid	16.4
squalene	12.0
wax ester	25.0
cholesterol	1.4

* 현대 피부학, 이항우 외 5명, 광문각(2008), p. 34.

표 1-2 땀 성분

땀 성분	함 량(%)
H_2O	99.2
sodium chloride	0.7
acetic acid	0.096
propionic acid	0.0062
capric and capronic acid	0.0046
lactic acid	0.1
citric acid	0.2
ascorbic acid	0.01
urea and uric acid	trace

* 현대 피부학, 이항우 외 5명, 광문각(2008), p. 37.

부분(겨드랑이 암내)과 음부, 대음순, 음낭, 항문주변, 유두주변, 배꼽주변에 있다. 남성보다 여성이 더 많고 흑인, 백인, 동양인 순서로 많으며 호르몬을 많이 분비할수록 아포크린 땀샘 분비량이 증가한다. 동물은 아포크린 땀샘이 전신에 분포하여 특유한 냄새를 발산하고 그 냄새는 동종 인식과 성충동에 이용한다. 땀은 신경지극(흥분, 공포, 긴장), 온열, 미각(음식물), 운동 등에 따라 분비량이 다르게 나타난다.

3 피부의 건조형, 오일형, 그리고 건조상태

피부상태, 활동성, 방어능력에 따라 서로 다른 겉모양을 가지며 피부의 수화지질(hydrolipid) 필름 중에 수분 및 지방 함량과 직접 관련이 있다. 피부의 바깥 부분에서 수분보유에 필수적인 지방질이 부족하면 피부는 건조하고, 그 반대로 지질성분이 과량이면 오일형이라고 말하는 지방질 상태로 된다. 사람들은 필요에 따라 피부를 정상형, 오일형, 건조형, 혼합형으로 분류한다. 그러나 실제로 그러한 분류는 조심해서 사용해야 한다. 왜냐하면 그러한 분류는 기준이 없고 주관적 관찰에 따르기 때문이다. 예를 들어 표피의 수분함량은 피부표면의 pH변화와 관련이 있고 피부의 겉모양을 변경할 수 있다. 건조형 피부는 눈으로 진단하여 건조형 피부라고 결정하지만 그것은 실제로 지방질 피부일 수도 있다.

생물학적 변수와 관계없이 임상적 관찰에 근거를 둔 최근의 결과에 의하면 건조형 피부는 주로 표피성분의 구조 및 기능적 변화에 의해 발생하고 오일형 피부는 과량 지루생성에 의해 생기며 피부표면과 두발에 기름이 흐른다. 그러나 피부형태 분류는 기후, 호르몬, 성적 발달에 따라 변할 수 있다.

3.1 정상형 피부

정상형 피부에 대한 정의는 없고, 다만 건조형 피부, 오일형 피부, 혼합형 피부, 병적 피부의 비교에만 이용할 수 있다. 정상형 피부의 정의를 설명하는 간단한 구조와 기능은 외부기준에서 볼 때 외부영향에 대하여 주로 조직을 보호하고 특히 표피세포와 각질세포의 응집을 통하여 진피/표피 경계로부터 피부표면으로 이동할 때 특수한 과정의 차이를 나타낸다. 이러한 응집은 결합소체(desmosome)에 의한 세포 사이 결합으로 생기고 주로 표피의 매우 큰 기계적 저항을 나타낸다. 그러나 각질세포의 이동은 가능할 수 있다. 왜냐하면 이러한 결합소체 결합은 접착세기의 점진적 감소와 연관된 분해와 재건의 연속과정에 따르기 때문이다.

각질화는 표피세포가 겪는 가장 중요한 구조적 그리고 생화학적 변화다. 이 과정은 세포분화 동안에 구조를 만드는 섬유상 각질 단백질을 합성한다. 이 과정을 통하여 각질을 합성하고 세포분화 동안에 섬유모양 단백질이 생성된다. 이 과정은 기본 수준에서 출발해서 각질세포 사이에 전이로 끝나고 세포들은 모두 섬유상 물질이다. 각질세포 분해와 각질세포 사이의 지질은 각질층 세포의 고체화와 기계적 저항을 강화하는 각질을 형성한다.

그러므로 피부의 구조와 기능을 보면 정상형 피부는 가장 바깥층의 조밀한 세포결합 때문에 매끈매끈하고 접촉할 때 즐거워야 한다. 세포들이 딱딱하고 유연한 것은 조밀한 받침조직과 여러 양질의 탄성 섬유 때문이고 광택이 없는 무광택 피부(mat skin)는 균형을 이루는 지루(sebum) 생성이 균형을 이루기 때문이며 맑은 분홍색 피부는 미소혈관 그물조직이 왕성하기 때문이다. 실제로 이러한 모든 특성을 갖는 피부는 사춘기 이전의 건강한 아이들에만 나타난다. 이러한 정의는 너무 지나친 수준이고 화장품학적으로 젊은 정상형 피부는 구조적으로 그리고 기능적으로 균형을 이룬 피부다.

3.2 건조형 피부

건조형 피부라는 개념은 분명하게 정의할 수 없다. “건조형 피부”라는 용어는 감각적 차원에서 관찰하고 판단한 것으로, 기준이 없다. 그러므로 건조하다는 느낌은 피부 유연성과 탄력성의 소실, 피부껍질이 벗겨져 거칠어진 겉모습, 수분제품을 사용하여 보정하려고 시도하는 어떤 불안감에서 생기는 감각적 용어다.

생화학자들은 건조증(xerosis)을 먼저 각질세포의 밀착과 기능성 변화의 결과 때문에 각질층 표피의 표면층 수분부족으로 생긴다고 본다. 실제로 병균생리학적으로는 대부분 건조증이 잘 알려져 있지 않고 이러한 비정상 피부의 결과에서 생기는 원인은 분간하기 어렵다. 각 각질세포는 촉촉하게 적시는 물질을 함유하고 있는데, 그것을 NMF (natural moisturizing factor, 자연수분인자)라고 한다. 그 물질은 충전물의 효소분해로부터 생긴다. 또한 어떤 일정량의 각질세포간 수분을 함유하고 수분이 표면으로 이동할 때 삼투압을 감소시킨다. 그러므로 효소기능 감소는 NMF 함량, 삼투압, 각질 열림, 조직에서 이탈하는 박리 등에 중요한 역할을 하여 건조증을 나타나게 한다. 이러한 기능 장애는 실제로 효소의 정성적 혹은 정량적 변화, 각질 pH의 부적절한 변화 등에 따라 생긴다. 각질세포간 점착력은 각질세포 [지방산, 스테롤, 케라틴에서 생기는 세라미이드(ceramide)로 구성] 사이에 있는 얇은 구조의 복잡한 지질 혼합물에 따라 결정된다.

이전의 연구에 의하면 건조형 피부에 대한 경향을 설명하는 중요한 네 가지 인자는 다음과 같다. 첫째 각질세포의 수분부족은 직접적으로 NMF(자연수분인자)에 따라 결정된다. 둘째 표피 과증식(hyper-poliferation)은 각질세포의 재생과정 부족에서 생긴다. 셋째 세포 수준에서 지질 합성 변화다. 넷째 피부장벽의 기능성 저하에 따르는 세포간 접착력의 저하다. 이러한 네 가지 인자는 상호의존성이다. 결론적으로 건조피부는 수화농도와 관련이 없는 거친 겉모양의 특성을 갖는다.

3.3 오일형 피부

건조형 피부는 서로 다른 피부 성분의 기능변화 때문에 생기는 반면, 오일형 피부는 기름샘(sebaceous gland)의 과다분비에서 생기고 과다생성 피지가 피부에 넘쳐 기름지고 반짝이는 겉모양의 특성을 나타낸다. 실제로 피지는 기름샘에서 분비되기 바로 전에 특정한 피지세포의 분열에서 생긴다. 본래 피지는 스쿠알렌(squalene), 왁스, 트리글리세라이드(triglyceride), 스테롤(sterol)을 함유한다. 정주세균의 영향에 의하여 일부분 트리글리세라이드는 즉시 가수분해되고 대부분 콜레스테롤은 에스터화되며 지루(sebum)는 많은 자유 지방산을 함유하고 피부표면의 산성 pH 유지에 기여한다. 사람은 모든 신체에 기름샘을 갖는 것이 특성이지만 기름샘 활성도는 해부학적 위치에 따라 다르다. 피지는 머리, 얼굴, 목, 어깨, 가슴 부분에 더 많이 생기고 과량 피지 분비는 기름샘의 생성량과 기름샘 수와 관련이 있다. 피지는 자유 지방산과 왁스를 적시는 천연 피부 세제 역할을 하고 모발의 기능성 성질, 인체에 유용한 균종에 대하여 배양기능을 갖는 균 억제 활성도, 그리고 건조환경에서 과량탈수에 대하여 보호하는 표피장벽 기능을 갖는다. 그러나 피지는 습윤성 활성도에 대하여 알려진 것이 없고 피부의 수화농도에 대하여 영향이 없다. 피지 생성 변화는 유전성, 내분비선샘, 환경인자에 따른다.

오일형 피부는 얼굴에서 건조형 피부와 공존하므로 서로 반대는 아니다. 어린 아이들은 첫째 남성호르몬 전구체를 생성하기 시작하는 7세 이전에 절대로 지루를 발생하지 않는다. 남성호르몬 생성은 청년기에 최고에 도달하고 그 다음에 나이를 먹음에 따라 감소한다. 남성은 여성보다 더 오일형 피부가 많은데, 오일형 피부는 때때로 적색 얼굴로 변하고 쉽게 화를 잘 내며 피부의 체질이 허약하다.

3.4 혼합형 피부

신체와 얼굴에 건조형과 오일형 피부가 공존하는 복잡한 피부를 혼합형 피부라고 한다. 특성적 예는 얼굴에 나타나는데, 굳은 피부와 오일형 피부는 얼굴에 팽창된 구멍이 있고 볼에 작은 입자를 갖는 허약한 피부다. 그러한 피부는 정상형, 건조형, 오일형을 합친 특이하고 민감한 특성이 있다.

TOPIC 사람의 고기를 먹으면 해롭다

생명기관의 화학반응에서 어떤 금속성분은 많이 혹은 소량이 필수성분이고 어떤 성분은 소량이라도 해롭다. 어떤 성분이 자연 상태보다 많으면 해롭다. 어떤 성분이 없으면 다른 성분이 그 성분역할을 대신하는 경우가 있다. 사람이 사람고기를 먹으면 성분이 체내에 더 많이 축적되어 자연 상태보다 많이 축적되므로 해롭다. 그런데도 불구하고 심심치 않게 중국으로부터 인육 캡슐이 보신용으로 밀수입되어 세상을 놀라게 한다. 화장품도 어느 성분이 자연 상태보다 많이 피부에 흡수되거나 묻어 있으면 해롭다. 아무리 좋은 향수라도 그 성분이 코를 통하여 체내로 들어오면 정신적으로 즐겁지만 육체는 오염된 기체에 시달린다. 정신적 즐거움과 육체적 고통은 어느 것이 더 중요한가? 인쇄공장에서 사용하는 향기로운 용매 냄새와 자동차에 연료로 사용하는 휘발유는 백혈병의 주범이다. 인공향수 성분 중에 인체에 이로운 성분은 없다. 하루 종일 향수냄새를 들이마시면 건강에 해롭지 않을까?

(James E. Huheey, *Inorganic Chemistry*, 3rd Ed. Harper & Row., p. 904)

4 Baumann 피부형태 표지

Lesile Baumann 교수(University of Miami, Cosmetic Medicine and Research Institute, Miami, Florida, U.S.A.)는 Baumann Skin-Type Indicator(BSTI)라는 새로운 피부-종류 표지법을 발표했다. 그 내용은 다음과 같다.(1) 그는 피부를 종래에 주장하던 건조형, 오일형, 건조형과 오일의 혼합형, 저항에 대한 예민한 형태라는 네 종류로 구분하는 것보다 건조형태와 오일형태, 민감한 형태와 저항성 형태, 착색형태와 비-착색형태, 주름잡힌 형태와 팽팽한 형태로 구분하는 것이 더 좋다고 설명했다.

4.1 피부의 형대

4.1.1 오일형 피부와 건조형 피부

건조증(xerosis)이라 알려져 있는 건조형 피부는 복잡한 여러 원인에서 생기고 일반적으로 회색-백색을 띠며 조직이 거칠고 모서리들이 거칠다. 피부 수화(hydration) 농도조절과 건조피부에 기여하는 첫째 인자는 각질층(stratum corneum : SC) 지질, 자연수화인자

수화인자는 감소된다. 그러한 피부치료는 장벽보수와 햇볕노출 방지에 집중해야 한다. 햇볕노출을 피할 수 없으면 적절한 햇볕보호를 강구해야 한다.

피부에서 수화지질과 자연수화인자를 제거하는 조잡한 거품세제는 모든 건조피부 환자들이 피해야 한다. 그러한 세제는 가끔 인체와 얼굴의 세정, 세탁과 식기의 세정 그리고 특히 뜨거운 물과 염소처리 수돗물에 사용한다. 이것은 절대 피해야 한다. 습도가 적은 환경에서 생활하는 매우 건조한 피부를 갖는 사람들은 습기를 함유한 공기를 하루에 2~3회 접촉하는 것이 필요하다. 피부에 보습제를 사용하는 것도 추천한다. 보습제는 대표적으로 water-in-oil(예를 들어 핸드크림) 혹은 oil-in-water(예를 들어 크림과 로션)를 사용할 수 있다.

4.2 피부감도

4.2.1 피부 감응성과 저항성

각질층은 해로운 알레르기 항원과 여러 자극성 외부물질로부터 피부를 보호하는 저항성 피부의 특성을 갖는다. 그러한 피부는 햇볕을 쬐지 않으면 홍반이 생기지 않고 스트레스 혹은 호르몬 이상이 생겨도 여드름이 생기지 않는다. 그러한 저항성 피부는 피부관리 제품의 차이에 대하여 반응을 나타내지 않는다.

예민한 피부는 특성, 표현, 진단, 치료에 대하여 저항성 피부보다 더 복잡하다. 예민한 피부에 대하여 불평하는 대부분은 어린 시절에 건강했던 사람들이다. 예민한 피부는 다행스럽게 나이가 들수록 감소한다. 그러나 일반적으로 예민한 피부는 증가하는 경향을 나타낸다. 예민한 피부는 여드름형(acne type), 붉은형(rosacea type), 자극형(stinging type), 알레르기형(allergic type)으로 분류할 수 있다.

4.2.2 여드름형 피부

여드름은 가장 널리 퍼지는 보편적 피부질병이다. 여드름은 검은 꼭지 혹은 하얀 꼭지를 갖는다. 여드름은 성별과 무관하게 11~25세 사이에 발생한다. 호르몬 이상 때문에 늦은 연령에서 발생하는 경우도 있다. 병리학자들은 여드름 발생원인을 네 가지로 분류한다. 첫째 피지생성, 둘째 구멍 막힘(모낭 내부에 죽은 각질세포가 세게 달라붙어 지루를 생성), 셋째 *Propionibacterium acnes* 세균의 존재, 넷째 염증이다. 여드름은 여러 경로 혹은 특발성 질병(idiopathy)으로 발생하지만 여드름 발생의 필요조건은 많은 피지생성 때문에 모낭에 죽은 각질세포의 집합과 부착하여 모낭을 막고 구진(papule) 혹은 농포(pustule)를 생성한다. 그 다음에 *P. acnes* 세균이 모낭으로 이동하여 세균, 지루, 죽은 각질세포들이 결합하여 시토킨(cytokine) 방출을 촉진한다. 그 다음에 붉게 변하고 구진이 생긴다. 여드름을 치료하려면 첫째 지루생성 감소(retinoid, 구강용 피임제, 혹은 β-hydroxy acid를 이용, 혹은 스트레스 감소), 둘째 여드름 구멍마개 제거(retinoid, α-hydroxy acid, β-hydroxy acid를 이용), 셋째 세균제거(benzoyl peroxide, sulfur, azelaic acid, 항생제를 이용), 넷째 염증감소(여러 염증감소제 이용)의 과정이 필요하다.

4.2.3 붉은 피부

미국 National Rosacea Society에 따르면 25~60세 사이에 있는 1,400만 명이 붉은형 피부(rosacea skin) 때문에 고생한다. 예민한 붉은형 피부는 되풀이되는 얼굴 홍조를 나타내고 후끈거리는 예민한 피부를 갖는다. 붉은형 피부의 원인은 아직 잘 알지 못한다. 그러나 앞에서 설명한 여드름과 농포의 증상을 공유하지만 갑작스런 모세관확장증(telanggiectases) 형성 때문에 서로 구별된다. 물론 증상을 악화시키는 계기를 피하면 붉은형 피부 치료는 항-염증 성분을 이용하여 혈관확장을 감소할 수 있다. 만능 백혈구 역할을 하는 호산성(eosinophil)은 여러 염증반응의 시작과 촉진에 기여한다. 붉은형 피부 치료의 목적은 호산성 활동을 억제하여 혈관 반응성을 감소하고 자유라디칼을 중화하여 면역기능, 아라키돈산 경로, 비만세포 분리를 억제하는 것이다. 붉은형 피부 치료에 이용하는 몇 가지 항-염증 치료제는 항생제, 면역 조절제, 스테로이드 등이다. 가장 효과적 항-염증제 성분은 aloe vera, arnica, chamomile, colloidal oatmill, cocumber extract, feverfew, licochalcone, niacinamide, quadrinone, salicylic acid, sulfoacetamide, sulfur, witch hazel, zinc 등이다.

4.2.4 자상형 피부

사상(刺傷, sting) 사극과 불에 나는 것 같은 사극성을 경험하는 이러한 특수한 피부는 여러 인자와 동기에 대하여 반응한다. 이러한 경향은 비-알레르기 중성 감도라는 특성을 나타낸다. "스팅어"(stinger) 혹은 자상 경향성은 여러 시험을 거쳐 확인할 수 있다. 락트산(lactic acid) 자상시험은 눈에 보이지 않는 피부자극을 불평하는 환자에 사용하는 표준방법이다. 실제로 이 시험에서 "예민한 피부"는 건강한 대조군보다 훨씬 더 세게 찌르는 감각을 경험한다. 붉게 변하거나 자극성 피부를 갖는 환자들은 락트산에 노출할 때 더 세게 찌르는 감각을 느낀다. α-hydroxy acid(특히 glycolic acid), benzoic acid, bronopol, cinnamic acid compounds, Dowicel 200, formaldehyde, lactic acid, propylene glycol, quaternary ammonoium compounds, sodium lauryl sulfate, sorbic acid, urea, vitamin C 등을 함유하는 국소용 제품은 찌르는 감각을 제공하므로 이러한 환자에 대하여 피해야 한다.

4.2.5 알레르기성 피부

영국에서 피부학적 조사에 의하면 피부 및 모발 화장품과 탈취제, 향료, 손톱화장품을 함께 사용한 사람들 중에서 여성 23%와 남성 13.8%는 불행스런 결과를 나타냈다.(2)

알레르기성 예민한 피부를 갖는 사람들은 홍반, 가려움증, 피부 벗겨지기를 나타내는 경향이 있다. 20~100 성분을 패치 방법으로 시험한 결과에 의하면 이들은 패치 피부에 홍반과 부종의 알레르기를 나타냈다. 어떤 조사에서는 향료와 방부제의 사용이 가장 많은 알레르기를 나타냈다.

4.3 피부 색소침착 : 착색과 비-착색

피부 색소침착 변수는 얼굴과 가슴에 원하지 않는 색소침착의 경향과 관련이 있다. 여기에서 착색피부에 나타나는 것은 피부의 검은 착색(melasma), 햇볕에 의해 생긴 검은 작은 점(lentigo), 주근깨(ephelide), 염증 후에 과량착색 등이다. 이러한 피부장애는 많은 근심을 초래하고 많은 돈을 지불하게 한다.

Tyrosine은 효소에 의해 dihydrophenylalanine(DODPA) 그리고 그 다음에 dopaquinone으로 분해되어 eumelanin과 pheomelanin이라는 두 종류의 피부색소(melanin)를 합성한다. 이때 멜라닌세포에 의해 검정 멜라닌(eumelanin)은 황갈색 멜라닌(pheomelanin)보다 많이 생성되어 각질세포로 운반된다. 한 멜라닌세포는 전형적으로 대략 30 각질세포와 연결된다. 멜라닌소체(melanosome)는 각질세포로 둘러싸이고 단백질분해효소-활성 받개 (PAR)-2의 활성 후에 멜라닌을 흡수한다. (PAR)-2는 각질세포와 멜라닌세포 사이에 교환을 통하여 색소침착을 조절하는 것으로 알려졌다. 특히 멜라닌은 자외선을 쬐여도 생성된다. 이러한 상태에서 멜라닌 생성은 피부를 보호하기 위한 결정적 표현방법이고 멜라닌을 합성하여 각질세포로 이동을 촉진하여 자외선에 쬐인 부분의 피부를 검게 만드는 특성이 있다. 검정피부 사람들의 멜라닌세포는 멜라닌을 더 많이 합성하고 멜라닌소체들이 더 많을수록 멜라닌이 더 많으며 연한 검정피부 사람들보다 느리게 분해된다.

Tyrosine효소를 억제하면 색소침착을 방해하는 두 가지 경로, 즉 멜라닌 생성 방지와 각질세포로 멜라닌 이동이 봉쇄된다. tyrosine효소 억제제는 hydroquionone, vitamin C, kojic acid, arbutin, mulberry extract, licorice extract이다. 피부 색소침착은 대두(콩)에 함유된 두 가지 작은 단백질분자의 soybean trypsin inhibitor(STI)와 Bowman-Birk inhibitor(BBI)에 의해 방지된다. STI와 BBI는 *in vivo*와 *in vitro*에서도 탈-색소 활성, UV-유발 색소침착 억제, PAR-2 분해방지에 효과를 나타냈다.(3) 결론적으로 STI와 BBI는 멜라닌소체들이 각질세포로 이동에 영향을 주어 색소침착을 방해한다. vitamin B_3 유도체 Niacinamide도 멜라닌소체들이 멜라닌세포에서 각질세포로 이동을 억제한다.(4) 대두와 niacinamide는 가장 효과적 PAR-2 차단제이고 이러한 이동을 방지한다.

멜라닌을 생성하는 두 경로에 사용하는 국소용 화합물에는 세 종류들이 있다. tyrosine과 PAR-2 억제제에 추가해서 박리제(예 : α-hydroxy acids, β-hydroxy acids, retinoids)도 멜라닌 생성을 억제하는 능력이 있다.

4.4 피부노화 : 주름진 피부와 팽팽한 피부

피부노화는 내인성(endogenous) 및 외인성(exogenous) 영향을 받아 최후에 바깥피부의 변화로 나타나는 복잡한 여러 인자를 갖는 현상이다. 내인성 노화는 자연적으로 연령에 따르는 고유 노화(intrinsic aging)를 의미하고 유전성 혹은 세포 프로그램의 작용에 의해 생긴다. 그러므로 시간에 걸쳐 일어나는 그러한 강제력에 의한 노화-관련 발현은 불가피하고 인간의 의지력을 초월한다. 외인성 노화는 전형적으로 외부에서 발생하는 노화(extrinsic aging)라고 알려져 있다. 이것은 태양 혹은 기타 해로운 환경요소(예 : 담배연기, 나쁜 영양상태)에 대한 만성적 노출 때문에 생기는 노화이고 항상 쉽지 않지만 피할 수도 있다. 이것은 유전적 경향으로 나타나고 전형적으로 그러하다고 취급했지만 최근에 외인성 노화의 원인이라고 취급하는 자외선 쬐임은 정상적 만성 노화를 변화할 수도 있는 것으로 나타났다. 그러므로 내인성 노화와 외인성 노화는 서로 크게 겹칠 수 있다.

세포노화 혹은 고유 노화(intrinsic aging)는 현재 염색체 말단을 보호하는 특수한 구조를 갖는 telomere에 관하여 현재 가장 잘 이해되고 있다. telomere는 노화에 따라 짧아진다. 이러한 짧아짐은 내부 노화의 시계라 생각하고 현재 노화에 관한 이론으로 받아들이고 있다.(4) telomere 길이를 짧게 만들고 안정도 유지에 기여하는 telomere효소는 모든 종양과 표피의 90%에 나타나지만 몇 체강조직(somatic tissue ; 체강조직은 동물의 체벽과 내장 사이에 있는 빈 장소의 조직)에는 없다.(5)(6) 이것은 정상적 건강세포와 반대라는 것을 암시한다. 즉 대부분 암세포들은 세포자멸사(apoptosis) 혹은 세포 사망이 계획대로 진행하지 않는 것을 암시한다. 이러한 이유 때문에 암과 노화는 동전의 양면과 같다고 생각한다. 현재 telomere와 telomere효소에 관한 지식은 항-노화 치료에 아직 이용되지 못한다. 왜냐하면 주로 인위적 telamere 길이증가에 관한 안전성이 알려져 있지 않기 때문이다.

앞에서 제시한 정의에서 암시하는 것과 같이 피부는 외인성 영향을 받아 빠르게 노화한다. 그 이유는 외부인자의 상호작용과 그러한 인자에 만성적으로 노출되어 생기는 사람들의 행동, 그리고 이런 방식으로 인간조절 영향권 내에서 되풀이하기 때문이다. 자외선에 노출되면 분명히 외인성 노화를 발생한다. 그러한 조기 노화는 가끔 광노화라고 한다. 물론 흡연, 기타 오염, 영양부실, 과량 알코올 소비, 외인성 영향 사이에 오래 계속되는 스트레스와 같은 인자들은 피부노화의 촉진에 영향을 준다. 중요한 것은 광손상(photodamage)이다. 이것은 광노화를 계속하고 햇볕에 그을린 세포, thymine, pyrimidine 이합체, collagenase효소 생성, 염증반응 유발 등을 포함하는 몇 가지 메커니즘과 관련이 있다.

피부노화는 무엇보다 먼저 피부에서 발생되는 rhytide 생성에 의하여 증거들이 나타난다. 몇 가지 국소용 피부관리 제품들은 실제로 피부 층에 침투하여 주름을 만들기 때문에 피부학적 항-노화 피부관리 제품 연구는 주름생성 방지에 집중한다.(7) 이것은 나이에 따라 분해되는 콜라젠, 엘라스틴(elastin), HA(hyaluronic acid)라는 피부의 세 가지 주요한 성분의 보충과 유지라고 설명할 수 있다. 이러한 성분들을 변화시키는 활성 성분의 전달에 대부분 국소용 처방은 적절하지 않다. 어떤 제품들은 콜라젠과 HA에 그러한 영향을 준다고 하지만 아직 확실한 결과는 없고 제품의 선전뿐이다.

콜라젠, 엘라스틴, HA는 염증에 의해서도 분해되므로 염증을 감소하는 방법은 또 다른 피부노화를 방지 혹은 완화하는 중요한 방법이다. 피부염증은 성장인자와 각질세포 및 피부세포 중에 시토킨 받개로 직접 작용하는 반응산소화학종(reactive oxygen species : ROS) 혹은 자유 라디칼로부터 생길 수 있다. 피부노화에 관한 그들의 영향은 완전히 이해하지 못하지만 몇 가지 성장인자와 시토킨이 관여하는 복잡한 과정이 상승작용하는 것으로 알려져 있다. 항-산화제들이 반응산소화학종으로부터 여러 메커니즘을 거쳐 피부를 보호하는 과정은 완전히 설명하지 못하지만 반응산소화학종이 노화과정에 영향을 주는 것은 알려져 있다. 자외선을 쬐이면 성장인자와 각질세포 및 피부세포 중에 시토킨 받개에 작용하여 연쇄반응을 유발한다고 생각한다.

비타민 C와 E, 조효소 Q10, 여러 식물 중의 성분(카페인, 커피열매, 포도씨 기름, 녹차, 버섯, 로즈메리) 등은 피부관리 제품에 사용한다. 문헌에 이러한 항-산화성분에 대한 잠재력을 많이 발표하지만 효능에 대한 결과는 별로 없다. 즉, 말만 무성하고 결과는 없다. 현재 피부노화 방지에 인기를 끄는 방법들은 햇볕노출방지, 금연, 오염방지, 과음방지, 스트레스 감소, 과일과 식물성 식품 섭취, 규칙적 retinoid 처방이다.

4.5 피부의 과민성

과민한 피부는 환경인자 혹은 국소적으로 이용하는 화장품에 대하여 주관적으로 과민한 상태를 나타낸다. 이러한 과민상태를 경험하는 피부는 화장품, 비누, 햇볕방지제에 더 쉽게 반응하고 건조하고 차가운 기후에 노출한 다음 더 악화된다. 경제적으로 발전된 나라에서 화장품 사용이 증가하므로 과민한 피부와 피부염증이 더 많이 나타난다. 방부제, 향료, 유화제, 식물추출물의 사용이 빈번할수록 해로운 국소용 반응의 위험이 증가한다. 가려움 과민성, 불에 타는(burning) 것 같은 과민성, 팽팽하게 잡아당기는 과민성, 자상(sting) 과민성처럼 불안정한 피부 증상은 홍반(erythema) 및 껍질이 벗겨지는 증상과 관련이 있다. 일반적으로 자극제라고 생각하지 않는 물질들이 이러한 비정상 반응과 관련이 있다.

민족과 성별에 따른 과민성 차이는 나타나지 않았다. 노화에 따른 과민성은 감소하였고 자외선에 대한 과민성도 감소하였지만 폐경기 여성들은 여성호르몬이 부족하여 피부장벽 기능이 불완전하므로 과민성이 증가하였다.

4.5.1 피부과민성 시험법

피부를 과민하다 혹은 과민하지 않다고 분류하는 변수를 정확하게 알아내는 것은 어렵고 이러한 상태는 가끔 시각적, 육체적, 혹은 조직학적으로 측정가능한 징조가 없다. 개인적 자극을 갖는 문제는 정상에 비하여 널 수화되고 덜 유연하며 더 홍반이 나타나고 더 모세혈관이 확장되는 피부의 경향성 등이다. 특히 홍반과 수화/건조는 중요한 차이다. 과민성 피부에 대한 시험은 일반적으로 국소적으로 적용한 화합물에 의해 유발된 과민성 보고에 근거를 둔다. 결론적으로 자체-평가 질문서의 이용이 과민반응자의 확인과 화장품의 자극성 평가에 유용한 방법이다.

(1) 감각시험방법

국소적으로 이용하는 화학적 탐침(probe)에 의해 유발된 감각에 비탕을 둔 물리학적 시험은 피부감각에 대한 정확한 정보획득을 위해 점차 증가하는 경향이다. 이러한 감각시험법은 기능성 자기공명영상법(functional magnetic resonance imaging : fMRI)이고 이 방법은 뇌의 혈류변화와 혈류산소화 변화도를 측정한다. 신경세포들이 활성이면 모세혈관으로부터 적혈구세포 중의 헤모글로빈에 의해 운반된 산소를 소비한다. 이 산소 이용에 대한 국소적 반응은 증가된 신경활성 구역으로 혈류흐름을 증가하여 대략 1~5초 흐름이 지연된다. 이러한 혈액역학적 반응은 바탕선으로 감소하기에 앞서(그리고 전형적으로 약간 미치지 못한다) 4~5초 봉우리로 상승한다. 이것은 상대적 산소 헤모글로빈과 탈-산소 헤모글로빈 농도의 국소적 변화와 국소적 뇌 혈류흐름변화에 추가된 혈류부피의 국소적 변화를 나타낸다.(8)

(2) 피부열감각의 정량적 측정

피부학에서 열감각 시험분석은 대부분 정량적 감각시험방법(quantitative sensory testing technique : QST)을 이용하고(9) 이 방법은 자유신경 말단과 그들의 미엘린(myelin) 및 비-미엘린 섬유의 기능을 평가한다. 이것은 차갑고 뜨거운 고통과 함께 따뜻하고 차가운 감각에 대한 출발점을 정량적으로 측정할 수 있다.

Thermode라는 작은 기기는 peltier효과(두 금속의 접촉면에 전기가 흐르면 열을 발생 혹은 흡수하는 현상, 1785~1845년에 Jean C. A. Peltier에 의해 발견된 원리)에 바탕을 둔 기기다. 이 기기는 반도체 접합으로 구성되고 위와 아래 자극물질 표면에서 전류에 의해 생성된 온도 기울기(temperature gradient) 변화를 측정한다. 기기는 Medoc company(Ramat Yshai, Israel)에서 만든 TSA 2001®이 가장 발전된 열감각 실험장치이고 0~54℃ 사이에서 측정가능하다.

(3) 자상 피부감각 측정시험

자상(sting) 피부감각 측정시험은 피부신경감도 평가에 사용하는 방법이다. 자상 피부감각은 적절하게 신경감각을 자극하면 어느 때든지 빠르게 나타나고 빠르게 사라지는 통증의 변화를 의미한다. 시험방법은 화합물을 코입술주름(nasolabial fold)에 사용하여 유발된 자상(sting) 감각의 세기를 측정한다.(10)

Lactic acid

5~10분간 얼굴 증기목욕 후에 락트산(lactic acid) 수용액(방법에 따라 5~10% 수용액을 사용)을 약솜을 사용하여 시험 위치에 문지른다. 소금용액과 같은 비활성 대조군 물질을 반대쪽 시험 위치에 문지른다. 문지르고 몇 분 안에 적당한 감각에서 심한 자상(sting) 감각까지 "자상 집단"(sting group)이 발생한다. 그 다음에 감각의 세기를 점수로 표시하라고 요구한다. 특히 양성 피부 병력을 갖는 초-과민반응자들은 더 높은 점수를 갖는다. 이러한 채점방법을 통하여 뜨거운 5% 락트산에 노출된 20% 시험자들이 습한 환경에서 찌르는 반응이 생기는 것을 발견했다.(10) 또 다른 시험에서 동일한 결과를 18% 시험자들이 나타냈다.(11) 그 밖에도 자상(sting) 시험자들은 염증 패치 시험 후에 면역성 접촉 두드러기 발생물질에 대하여 더 센 반응을 발생하고 표피투과수분손실(transepidermal water loss : TEWL) 증가와 혈액흐름속도 증가를 나타냈다.(11)

Capsaicin

또 다른 피부감각 시험은 capsaicin을 사용했다. L'Oreal Recherche(12)는 얼굴을 씻은 다음 10% 에탄올 수용액에 capsaicin을 3.16×10^{-5}%, 1×10^{-4}%, 3.16×10^{-4}%, 1×10^{-3}%, 3.16×10^{-3}%되게 첨가하여 코입술주름에 시험하였다. 운반체만 대조군으로 사용하고 capsaicin을 시험하기 전에 불안한 감각을 갖는 사람은 미리 제외하였다. capsaicin을 처방한 알코올 수용액은 미리 0.075% capsaicin 유제를 사용한 비교군의 얼굴에서 capsaicin 반응을 촉진하지만 고통스런 감각은 없었다. capsaicin 검출 출발점은 자신이 인정하는 피부감각과 관련이 깊었다.

Dimethylsulfoxide

Dimethylsulfoxide 90% 수용액은 락트산 혹은 capsaicin 피부 자상(sting) 자극 시험과 같은 효과를 나타내지 않았고 시험 후에 센 타는 것 같은 감각, 약한 두드러기, 오래 지속되는 홍반을 가끔 나타냈다.

(4) Nicotinate와 sodium lauryl sulfate의 흡장 시험

피부감도를 확인하는 다른 방법은 피부 자상(sting)과 반대되는 피부의 혈관확장이다. methyl nicotinate는 센 혈관확장제이고 1.4%에서 13.7%까지 농도범위에서 15초 동안 팔뚝 위쪽 1/3의 혈관확장이 가능하다. 혈관확장 효과는 홍반 관찰과 레이저 도플러 속도계(laser Doppler velocimeter)를 이용하여 평가한다. methyl nicitinate에 대한 혈관반응 증가는 피부감도와 관련이 있다.(13) sodium lauryl sulfate도 비슷한 실험을 수행할 수 있다.

(5) 가려움 반응 평가

가려움 감각은 특별히 낮은 전도속도와 기기적 자극에 대하여 감응하지 않는 새로운 C-fiber 종류로 측정할 수 있다.(14)

가려운 반응은 실험적으로 단백질분해효소, 비만세포 과립감소제(degranulator), 혈관활성제 같은 여러 물질을 국소용 혹은 피부층 사이에 주입하여 실험적으로 유발할 수 있다. 히스타민 주입은 일반적 방법 중에 하나다. 2염산 히스타민(histamine dihydrochloride)은 1 N 소금용액 1 mL에 100 ㎍ 함유되게 만들어 한쪽 팔뚝의 피부에 주입한다. 그 다음 조금 뒤에 미리 배정된 점수를 이용하여 감도 세기를 질문하고 가려운 지속시간을 기록한다. 정보는 항상 자기 자신이 평가하여 얻는다. 4% 히스타민 용액을 젊은 여성에 주입하여 얻은 두드러기와 가려움 사이에 상호관계를 연구한 결과에 의하면 가려움은 두드러기와 관계가 없고 또한 가려움과 자상(sting)도 관련이 없는 것처럼 보였다.

히스타민-유발 가려운 감각은 국소적으로 아스피린을 처리한 다음 감소하였고 이것은 일군의 불포화지방산(prostaglandin)이 고통과 가려움 감각에 역할을 담당하기 때문이라고 본다. 국소용 가려움, 타는 것 같은 고통, 자상(sting) 등은 비-면역성 접촉성 두드러기의 특징일 수도 있고 이러한 상태는 어떤 화합물에 대한 피부 노출 다음에 국소용 두드러기와 확 타오르는 상태라고 본다.

(6) 세정과 과대 침적 시험

이 시험목적은 피부반응 경향이 증가하는 소집단의 확인 시험이다. 세정 시험은 특수한 비누 혹은 세제로 얼굴 씻기를 요구한다. 씻은 다음 미리 정한 점수를 이용하여 피부의 팽팽함, 불에 타는 것 같은 감각, 가려움, 자상(sting) 감각 등에 대하여 각 개인을 평가한다.(15)

과대 침적 시험(exaggerated immersion test)은 40℃에서 20분간 음이온계면활성제 용액(0.35% paraffine sulfonate, 0.05% sodium laureth sulfate-2EO)에 손과 팔뚝을 담근다. 이 방법은 연속해서 2일간 2시간씩 두 번 이상 담그는 시험을 반복한다. 시험하기 전에 피부바탕 변수를 평가해야 한다. 상세한 실험계획은 문헌을 참고하라.

4.5.2 생물공학적 시험

피부감각에 관한 생리학적 변화는 비-침투성 생물공학적 시험(noninvasive bioengineering test)을 이용하여 임상학적 질병이 나타나기 전에 낮은 정도에서 검출할 수 있다.

(1) 표피투과수분손실

표피투과수분손실(transepidermal water loss : TEWL)은 몸으로부터 표피를 통하여 외부로 땀을 내지 않고 손실되는 수분의 평가에 이용하고 각질층 장벽기능의 표지를 나타낸다. TEWL 평가는 서로 다른 방법(밀폐형, 통기형, 개방형)을 이용할 수 있다. 측정방법은 피부표면에서 수분압력 기울기(gradient) 계산에 바탕을 둔다. 개방형 기기는 휴대용 신호-처리장치에 도선으로 연결된 탈착이 가능한 측정 탐침을 사용한다. 탐침은 양쪽 끝이 온도센서(더미스터)와 짝을 이룬 상대습도 센서에 연결된 개방형이다. TEWL 측정값($g\ m^{-2}\ hr^{-1}$)은 탐침과 주 측정장치에 연결된 신호처리기로 계산하여 디지털 수치로 나타난다. 밀폐형 기기는 센서가 내장된 밀폐된 실린더로 구성한다. 얇은 필름충전 센서에 바탕을 둔 습도센서는 TEWL 값에 대한 디지털 정보를 제공하는 손-조작 마이크로프로세서-조정 전자장치와 연결되어 있다.(16)(17)

(2) 각질측정법

각질측정법(corneometry)은 각질층 수분함량을 측정(전기적 측정)하는 방법이다. 기기는 약간 가압하면서 모발이 없는 피부표면에 놓는 탐침을 이용한다. 이 장치는 낮은 주파수(0.95~1.05 MHz)에서 작동하는 "충전"-측정 장치이고 전극표면과 접촉하는 물질의 상대 유전상수로 감도를 나타낸다. 약 20초 이내에 각질층 수분함량을 60~100 mm 사이의 깊이에서 임의 단위로 추정한다. 피부표면에 염류 혹은 이온이 존재하면 읽는 값에 영향을 준다.

(3) 레이저 도플러 속도계

레이저 도플러 속도계(laser doppler velocimetry : LDV)는 헬륨-네온 레이저에서 나온 단색광을 광섬유를 통하여 피부로 보내고 그 빛은 ~1 mm 깊이에서 상층 피부의 움직이는 혈액 세포로부터 Doppler-shift 주파수로 반사된다. LDV는 frequency-shift 주파수를 추출하여 혈액흐름에 비례하는 결과를 나타낸다. LDV는 피부염증 등급의 평가에 유용하다.(18)

(4) 비색법

표면색은 3자극값(tristimulus value)에 관한 Commission Inernationale de L'Eclairrge(CIE)를 이용하여 정량적으로 측정할 수 있다. 이 장치는 실리콘-광전지를 사용한다. 이 장치는 두 개의 CIE 표준 광원을 갖는 고출력-펄스 제논 아크-램프들이 설치되어 있다. 색은 3차원으로 표시한다. 좌표는 L^*(광도) a^*값(초록에서 빨강 범위 색) 그리고 b^*값(파랑에서 노랑 범위 색)을 표시한다. 피부 홍반과 관련이 있는 a^*값은 염증과 피부손상과 관련해서 증가한다.

(5) 각질표면측정법

각질표면측정법(corneosurfametry)은 계면활성제와 사람 각질층의 상호작용을 연구하는 방법이다.(19) 실험법은 cyanoacrilate skin surface stripping(DSSS)을 손바닥에서 취하고 시험하려는 계면활성제를 분무한다. 2시간 후에 시료를 수돗물로 헹구고 basic fuchsin과 toluidine blue 염료로 3분간 염색한다. 시료를 헹구고 건조하여 백색 기준 판에 놓고 반사 비색법으로 측정한다(Chroma Meter® CR200, Minolta, Osaka, Japan).

TOPIC 이슬람교와 개

작년에 말레이시아에서는 집에서 키우는 애완견의 발을 씻어주었다는 죄로 예쁜 여성에 대하여 곤장 5대를 때렸다. 이란에서 애완견을 키우면 채찍으로 74대를 맞거나 400만원의 벌금을 내고 그 개는 동물원이나 황야에 버려야 한다. 이란에서 개는 이슬람 전통에 따라 불결한 동물로 취급한다. 원숭이도 개와 마찬가지로 취급한다. 종교의 자유를 누리면서 한국에 사는 것을 참 다행으로 생각하고 감사한다.

5 피부 수화의 메커니즘

수화(hydration)는 화학적으로 물 분자들이 어떤 물질과 결합하는 것을 의미한다. 예를 들어 $CuSO_4 \cdot 5H_2O$(황산구리 5물)는 중심원자 Cu와 SO_4^{2-} 및 $5H_2O$ 물분자들이 공유결합한 상태를 의미한다. 피부에서 설명하는 수화도 같은 의미다.

피부의 중요한 기능은 수분손실에 대한 충분한 장벽을 유지하는 기능이고 그 기능은 여덟 가지로 분류할 수 있다.

① 보호 장벽(기계적 공격, 화학적 침투, 세균 침입, 자외선 쬐임으로부터 육체 보호)
② 수분손실과 외부물질 침입의 장벽(과량수분의 증발방지와 화합물 및 병균침입 방지)
③ 온도조절(체온을 조절하는 땀 도관)
④ 해독 시스템(계속되는 박리 때문에 독성을 제거하는 통로를 준비)
⑤ 빠른 방어 시스템(langerhan 세포는 바이러스와 바이러스 같은 외부물질을 포획하여 몸에서 안전하게 제거하는 림프절로 이동)
⑥ 감각기관(신경 말단과 Merkel 세포는 촉감을 감지)
⑦ 겉모양(피부는 개인의 육체적 겉모양을 명시)
⑧ 상처 회복(조직 손상을 수선하는 자연적 회복반응)

수분은 가장 바깥 피부 층에서 대기로 계속해서 손실(수분증발 손실)되고 수분손실 속도를 조절하기 위해서 완전한 장벽을 유지해야 한다. 피부의 수화는 피부의 겉모양, 기계적 성질, 세포신호과정 등에 영향을 주므로 수분손실에 대한 장벽유지는 중요하다. 완전한 장벽은 화학적 공격(세제 혹은 나쁜 화합물을 함유하는 계면활성제 사용), 기계적 공격, 건조한 상대습도 조건, 햇볕노출 등을 방어할 수 있다. 여기에서는 적절한 수화를 유지하는 피지의 본질적 메커니즘과 피부의 수분함량에 영향을 주는 외부영향(환경, 세정제품, 가습 시스템, 식이)을 설명한다.

5.1 각질층 피부

각질층 피부는 그림 1-1처럼 세 종류의 표피, 진피, 피하지방조직으로 나눈다. 각질층은 표피의 가장 바깥층이고 두께는 대부분 10~20 ㎛이며 각 세포 사이에 지질 그리고 각질세포라고 알려진 죽은 세포로 구성한다. 각질세포는 그림 1-2처럼 대략 평면육각형 각질-함유 구조이고 단백질-강화 덮개로 둘러싸여 있다. 단백질 덮개는 involucrin, loricrin, filaggrin, prolin-rich protein을 함유한 여러 단백질로 구성한다. 각질세포는 증식성 표피세포로부터 생긴다. 각질세포는 분화(differentiation)라고 알려진 과정에 따라 나누어지고 가장 바깥층으로 이동할 때 형태와 세포 내용물이 변한다. 그들은 각질층에 도달한 다음 평편해지고 단백질-풍부 주머니 모양으로 변한다. 각질세포는 핵 혹은 어떤 다른 세포기관을 갖지 않는다. 각질층은 가끔 자기 힘으로 살 수 없는 표피라고 하지만 각질층이 생존가능한 표피와 함께 있을 때 단백질효소 활성 변화와 지질 생합성 같은 각질층 조직에 혼란상태가 일어난다.(20)

표피는 그림 1-1처럼 다섯층으로 구성하고 각 층의 세포특성은 전혀 다르다. 기저층 각질세포는 원주형이고 생존가능한 표피 중에서 가장 깊은 층에 있고 분할되어 위쪽으로 이동해서 각질세포를 치환한다. 세포 탄생부터 각질세포의 "박리"까지 모든 과정은 3~4주 걸린다. 가시모양으로 생긴 가시층 세포는 다각형 모양이고 세포간 공간을 지나는 침상 돌기 모양이며 결합소체(desmosome)와 단단한 접합을 형성한다. 이러한 세포 안에서 각질합성이 시작된다. 과립층에서 세포들은 평편해지기 시작하고 주요한 세포기관(미토콘드리아와 세포핵)은 퇴화되기 시작한다. 각질층은 죽은 각질-충전 각질세포로 구성된 "경질층"(horney layer)이다.

이러한 각질층 모델을 "벽돌과 막자사발"(brick and mortar) 모델이라고 한다. 단단한 각질-충전 각질세포는 벽돌이고 세포 사이에 지질은 막자사발이다. lectin, 결합소체, 각질결합소체, 세포 사이에 지질 등은 각질세포와 결합한다. 각질세포와 지질의 배열은 피부가 많은 표피통과수분손실에 저항하게 만들고 몸 안으로 침입하는 외부 미생물과 화합물을 방지한다.

5.1.1 자연수분인자

각질층은 많은 수분과 결합할 수 있는 케라틴 이외에 표 1-3과 같은 여러 친수성 성분을 함유한다.(21)(22) 이러한 성분들을 자연수분인자라고 한다. 이것은 건조 각질층 무게의 약 20~30%를 차지하고 세포 사이와 세포 밖에서 발견된다.

자연수분인자는 효과적 보습제이므로 각질층의 생화학적 그리고 기계적 성질에 효과적 영향을 준다. 각질층에서 효과적 수분농도 유지는 팽팽한 피부 유지, 피부의 갈라짐과 박리 등의 방지에 중요하다. 피부의 수분함량 증가에 따라 각질과 상호작용이 증가하므로 피부 가소성이 증가한다. 자연수분인자는 수분 이동도를 각질 및 섬유 사이에 분자간 힘과 함께 감소한다. 중성과 염기성 아미노산은 피부 유연화 과정에 주요한 성분으로 작용한다. 가용성 자연수분인자들은 물로 헹구고 씻는 과정에서 제거될 수 있다. 자연수분인자들이 최소로 제거되게 가볍게 씻어야 한다. 전형적으로 각질층의 가장 바깥층은 자연수분인자들이 세탁제에 의해 제거되므로 중간 각질층보다 그 함량이 적었다. 어떤 자연수분인자들은 간단한 보습제처럼 거동한다. 예를 들어 락트산과 포타슘은 pH와 뻣뻣해진 각질층에 영향을 준다. 락트산의 L-이성질체도 세라마이드 생합성을 촉진하고 장벽기능을 개선한다. 자연수분인자로 작용하는 HA(haluronic acid)와 글리세롤도 각질층에서 발견된다. HA는 황산화되지 않은 glycosaminoglycan이고 *N*-acetylglucosamine과 glucuronic acid의 2당질(disaccharide) 단위들이 반복되는 흡습성 폴리머이며 진피 중에서 잘 알려진 성분이고 수화상태를 유지하며 완전한 구조유지에 기여한다. 각질층에서 보습제로 작용할 뿐만 아니라 세포 사이에 지질과 상호작용하고 각질층의 기계적 성질도 조절한다. 글리세롤은 피지의 트리글리세라이드 분해 혹은 인지질이 자유 지방산으로 전환에 의해 생긴다.

표 1-3 자연수분인자

성 분	몰 %
아미노산	40.0
이온(PO_4^{3-}, Cl^-, Na^+, K^+, Ca^{2+}, Mg^{2+})	18.5
락트산염	12.0
피로리돈 카복실산 소듐	12.0
당분	8.5
요소	7.0
암모니아, 뇨산, 글루코사민, 크레아틴	1.5
시트르산, 포름산	0.5

5.1.2 각질층의 지질

각질층 지질은 피부 수화의 유지에 주요한 역할을 한다. 이러한 세포 사이에 지질은 대략 세라마이드(ceramide) 40~50%, 콜레스테롤 20~25%, 지방산(탄소수 16~30) 15~20%, 황산 콜레스테롤 5~10%로 구성한다. 이러한 지질의 몰 비는 대략 1 : 1 : 1(ceramide : fatty acid : cholesterol)이다. 이들은 건조 각질층의 15%(무게)를 차지한다. 세포 사이에 지질은 매우 소량의 수분과 결합하여 얇은 두 겹층(bilayer)으로 배열하고 이때 수분은 지질의 극성 머리 원자단과 결합한다. 이러한 촘촘한 얇은 판상 구조는 표피투과수분손실(TEWL)에 대하여 매우 효과적인 장벽으로 작용하고 톨루엔, *n*-헥산, 사염화탄소과 같은 용매에 피부가 노출되어 장벽 지질이 제거되면 TEWL이 증가한다. 세라마이드는 세포 사이 지질 중에서 중요한 성분이고 얇은 두 겹층의 구조 조직에 기여한다.

5.1.3 지질 조직과 구조 모델

전자 굴절 방법(23)은 각질세포들이 각질층의 낮은 구역에서 바깥층으로 이동할 때 더 규칙적 침상 쌓임이 더 액체성 육각 모양으로 액체 쌓임이 변하는 것을 밝혔다. 이러한 관찰은 각질층의 가장 위층에서 장벽의 약화와 얇은 층 질서의 완전한 손실과 일치한다. 각질층 상부에서 각질의 지질성분 변화는 얇은 층 질서의 손실에 영향을 준다. 실제로 좋지 않은 세제로 씻을 때처럼 지질성분에 영향을 주는 인자들은 얇은 층 구조를 혼란스럽게 만들고 피부상태를 불리하게 변화한다.

지질의 두 겹층 구조-상(strucural phase)은 몇 가지 모델이 제안되었다. 그중에서 첫째 도메인 모자이크 모델(domain mosaic model)은 지질이 액정과 젤-상이 공존한다고 설명한다. 더 규칙적 젤-상은 지질이 더 많이 충전되므로 더 효과적인 장벽이다.(24) 둘째 샌드위치 모델(25)은 x-선 회절연구에 의하면 약 5 mm되는 두 넓은 지질층으로 구성하고 그 결정구조는 액체 도메인을 갖는 약 3 mm의 좁은 중앙 지질층으로 분리되어 있다. 콜레스테롤과 세라마이드는 얇은 상-형성에 중요하고 지방산은 대부분 지질의 층상충전을 조밀하게 만든다. 피부 장벽모델(26)은 지질의 기실이 시질 유동성이 적은 얇은 균일 젤-상을 갖는다고 제안한다. 각질층 표피 불균일성, 긴 지방산 사슬, 콜레스테롤 존재 등의 이러한 인자들은 젤-상을 안정화하기 때문에 이 모델을 지지한다. 이 모델은 수분 혹은 어떤 두 겹층의 입체 구조가 필요 없다. 또 다른 Landmann 모델은 trans-Gorgi 그물조직에 분리된 과립층과 각질층 경계의 세포 사이 공간에 돌출된 얇은 층 혹은 쌓인 한두 겹층 운반체는 과립층의 세포 플라즈마 막과 융합하고 그 지질을 세포 사이 공간의 연속적 다중 얇은 층 판으로 방출한다고 설명한다.(27)

5.1.4 얇은 지질 배열과 수분 투과성

얇은 층 혹은 두 겹층 배열은 생성되는 지질의 성질과 무관하고 수분투과에 대한 천연 장벽이다.(28) 피부에서 생명력 있는 표피 사이에 수분의 화학적 퍼텐셜은 비교적 큰 기울기를 갖고 수분 함량은 무게로 약 70%이며 과립층/각질층 경계는 수분함량이 15~30%로 감소한다.(29) 각질층에서 계속되는 구역인 이러한 큰 수분 기울기하에서 피부를 통한 수분손실을 감소하는 최적방법을 제공한다. 각질층에서 수분손실은 두 겹층의 구불구불한 통로를 통과해야 한다. 거기에 더해서 오래된 각질층은 더 많이 구불구불해져서 수분의 확산통로는 더 증가한다. 얇은 지질층 배열이 합쳐지고 각질의 수분확산 통로 증가는 대기 중으로 수분확산을 감소한다.

5.2 수분 통로와 단단한 결합

피부가 수화상태를 유지하는 또 다른 메커니즘은 AQPs의 이용이다. 이 투과막 단백질은 세포막을 통과하는 수분 통로(aquaporin)를 형성하여 세포막을 통한 작은 극성분자의 운반을 촉진한다. 특정한 AQPs는 글리세롤과 요소 운반을 촉진하는 능력을 갖는다. AQP3는 피부의 수분에 가장 중요하다.(30) APQ3는 표피의 기저층과 상기저층(suprabasal layer)에 편재하고 각질층에 표시하지 않는다. APQ3-부족 시험용 쥐 피부는 덜 수화되고 덜 탄성이며 피부 내부에서 수분과 글리세롤 투과는 감소하고 장벽 회복이 지연된다. 글리세롤을 첨가하면 그 피부상태는 개선된다. 수분불균형 장벽 및 피부수분 양이 적은 것과 관련된 피부병도 APQ3 발현을 감소하는 경향이 있다. APQ3 발현은 심한 습진과 피부해면화 환자와 반대되는 관계에 있다.(31)

단단한 결합은 40가지 이상의 전이막(예 : claudine, occludin, 연결접착분자)으로 구성한다. 이러한 단백질 결합은 규칙적으로 배열된 세포막 사이에 반투과성 장벽을 형성하여 표피세포 사이에 공간을 통하여 물의 통과를 매우 어렵게 만든다. 이온 혹은 액체는 실제로 세포를 통하여 확산 혹은 활발하게 운반되어 조직을 통과해야 한다. Claudin, occludin 및 연결부착 분자들은 대체로 수분투과를 조절한다. Claudin 1-부족 실험용 쥐는 과량 TEWL 때문에 출생 1일 안에 죽었다. 단단한 결합과 완전한 각질층을 장벽을 가지면 TEWL값이 적다. 건조피부 혹은 건선과 어린선 질병을 경험한 환자들은 단단한 결합 단백질의 위치들이 변할 수도 있다.

5.3 표피 박리

지금까지 설명에서 수분을 유지하려고 노력하는 인간 피부의 자연스런 방법에 집중하였다. 수분은 피부수화 이외에 각질세포의 박락(exfoliation) 혹은 박리(desquamation)에서도 중요한 역할을 한다. 각질세포는 각질결합소체에 의해 더 낮은 각질층과 연결되어 있다. 각질세포들이 각질층의 낮은 구역에서 바깥 구역으로 이동할 때 각질결합소체들은 가수분해효소에 의해 점차로 분해된다. 이것은 각질층 외부에서 박리된다. 이러한 효소는 serine 단백질 분해효소이고 중성 pH에서 더 효과적으로 반응하며 가장 바깥 각질층에서 최고로 활성화된다. 이러한 여러 효소들은 세포 사이 공간에 위치하고 그 효소들의 활성도는 지질조직과 수분함량의 영향을 받는다. 분명히 각질층에 수분함량이 적으면 각질층 단백질분해효소에 영향을 주고 건조하고 벗겨지는 피부로 변한다. 시험관 실험에 의하면 최적 수분함량은 10~20%이다.(32)

5.4 피부수화와 환경의 영향

지질 생합성, 표피 DNA 합성, 피부장벽 기능, 피부두께들은 모두 피부의 수분함량에 영향을 준다. 생화학적 과정도 주위의 상대습도의 변화함수에 따라 변화한다. 건조한 상대는 각질결합소체 분해를 방지하지만 습도증가는 각질결합소체 분해를 증가한다. 사람피부는 적은 상대습도(10%)에 짧은 시간(3~6시간) 노출할 때 각질층 수분함량은 크게 감소하고 피부는 거칠어진다.

습한 상태에서도 피부는 피부수화에 나쁘게 영향을 줄 수 있는 환경의 여러 공격에 노출된다. 예를 들어 과량 UV 쬐임은 자외선-유발 홍반을 발생하여 장벽을 위태롭게 만든다. 동물실험에서 상대습도가 80%에서 10%로 (습한 상태에서 건조상태로) 변화할 때 장벽기능이 정상상태로 회복하는 데 시간이 많이 걸렸다. 이러한 상태에서 피부는 새로운 기후조건에 적응할 때 충분한 시간을 갖지 못한다.

건조한 저-습도상태(상대습도<20%)에 오래 노출하면 장벽기능이 증가하고 고 습도상태에 오래 노출하면 피부장벽이 점차 악화된다. 털이 없는 쥐를 이용한 각질세포 수화실험의 80% 이상 상대습도에서 자연수분인자(NMF)는 감소하였다.(33)

5.5 개인 관리 화장품과 피부의 수화

5.5.1 클렌징 시스템의 효과

클렌저(cleanser)는 피부에서 오물, 오일, 피지와 같은 원하지 않는 물질 제거에 사용한다. 그러나 거친 계면활성제들을 사용하면 피부장벽을 손상하고 주위의 자극과 감각에 대하여 피부감염이 증가하며 피부의 습도와 부드러움이 감소한다. sodium lauryl sulfate(SLS)는 거친 계면활성제 중의 하나로, 수력학적 지름이 작아서 이 성분만 세포 사이에 지질을 추출할 수 있는 계면활성제이고 지질의 두 겹층(bilayer)을 파괴한다.(34) 전하를 가진 대부분의 계면활성제는 피부단백질을 흡수하여 그것을 변성하고 팽창한다. 단백질의 변성 정도는 계면활성 단위체 농도와 노출시간에 따른다. 계면활성제에 의해 피부단백질이 변성할 때 박리를 조절하는 효소반응, 염증, 산화과정 등은 영향이 없다. 그 결과로 증가된 장벽 투과성은 피부를 건조하고 거칠고 갈라지고 염증이 생기게 만든다.

다행스럽게도 피부를 부드럽게 만드는 여러 계면활성제들이 있다. 이들은 대부분이 비이온성, 양쪽성의 변종, 음이온성의 변종들이다. 이 종류들은 ethoxylated alkyl sulfate, sulfosuccinate, isethionate, sarcocinate, taurate, alkyl phosphate, alkyl glutamate 등이다. 전하를 가진 계면활성제의 공격성은 계면활성제의 단위체 화학종 농도를 감소하고, 여러 상대이온(counter ion) 혹은 보조계면활성제와 함께 혼합 미셀을 형성하여 전하를 감소하고, 에톡실화반응 등을 통하여 감소한다. 부드러움이 개선되면 장벽손상의 발생이 감소하고 수화된 피부의 유지를 돕는다.

계면활성제도 NMF를 제거하면 피부수화 성질에 영향을 주지 않는다. 사람에서 추출하여 분리된 인간 각질층을 1% 비누, alkyl sulfate, alkyl benzylsulfonate 용액에 노출할 때 모든 계면활성제는 대기로부터 수분을 흡수하는 피부조직의 능력이 물에 비하여 감소한다. 이러한 수분-유지 능력은 NMF 상실과 서로 관련이 있다.

클렌저를 이용한 피부보습은 많이 연구하였다.(35) 연화제-함유 클렌저는 만성 피지선 염증, 예민한 피부, 아토피 피부염을 갖는 사람들의 건조피부 상태를 완화하는 것으로 알려졌다.(36)(37) 유제(emulsion)-바탕 액체 바디-워셔는 일반적으로 부드러운 클렌저를 사용하고 피부를 보습한다. 친유성제를 사용한 보습은 헹궈내기 어렵지만 임상적으로 다량 오일 혹은 보습제를 함유하는 처방이 보습을 증가한다.(38) 항상 클렌징 시스템은 오물과 세균을 제거하여 동시에 피부감촉과 각질세포의 부드러운 박리를 개선하고 장벽기능도 개선한다.

오트밀(oatmeal)은 부드러운 클렌징과 건조피부 및 예민한 피부에 좋은 성분이다.(39) 오트밀은 수세기 동안 여러 건성피부병과 연관된 가려움과 염증에 완화제로 사용하였다. 콜로이드 오트밀의 여러 임상학적 성질은 화학적 다형현상(polymorphism)에서 유래한다. 귀리(oat)의 전분과 β-glucan의 진한 농도는 피부 보호성과 수분-유지 기능을 수행한다. 귀리에 함유된 여러 페놀 종류는 항-산화제와 항-염증제로 작용한다. 귀리에 함유된 어떤 페놀 성분은 강력한 자외선 흡수제다. 귀리 성분의 클렌징 활성도는 대부분이 사포닌 때문이다. 사포닌의 여러 성질은 콜로이드 오트밀이 우수한 클렌저, 보습제, 완충제, 완화제, 보호성 항-염증제 등의 역할을 수행하게 돕는다.(40) 클렌저는 오일을 피부에 성공적으로 전달하게 처방하지만 전달하는 보습제는 더 많은 흥미를 끈다. 보습제는 물에 잘 녹는다. 그러므로 씻는 동안에 피부에 흡착되기 어렵다. 이 분야에서 특별한 운반 시스템을 발전하여 개선하려고 경쟁중이다.

로션과 크림을 이용하는 각질층 보습은 전형적으로 피부 수화에 최선의 방법이다. 이것은 전형적으로 유화 처방을 이용하고 보습제, 유제, 흡장제를 함유한다.(41) 보습제는 수분에 끌리고 붙잡힌다. 흡장제(occxlusive agent)는 피부를 지나서 장벽을 형성하고 TEWL을 감소한다. "유연제"(emolient)라는 단어는 라틴어로 피부를 부드럽게 그리고 진정시키는 물질을 의미한다.(42) 유연제는 흡장성이고 수분의 증발손실 방지에 효과성은 없고 매끄러운 피부 만들기에 매우 효과적이다.

글리세롤(glycerol)과 요소(urea)는 잘 알려진 보습제다. 글리세롤도 낮은 상대습도에서 각질층 지질의 결정화를 방지한다. sodium lauryl sulfate를 이용한 반복 세척에 의해 손상된 각질층 회복에 글리세롤이 영향을 주었고 또한 장벽 보수에 자극을 주고 각질층 수화를 개선하였다.(43) 바셀린은 일반적 점착제로 사용한다. 피부건조를 방지하려고 바셀린과 같은 소수성 재료의 사용은 인류 역사만큼 오래되었다. 그러나 최근에 화장품 제조회사들은 그들의 처방에 얇은 두 겹층을 형성할 수 있는 지질을 섞어 피부의 장벽성질을 증진하였다. 그들은 전형적으로 세라마이드와 같은 분자들을 사용하고 글리세롤을 사용할 때보다 좋은 결과를 얻었다.(44) Niacinamide도 지질을 증진하였고 장벽기능을 개선하였다.(45)

5.5.2 과량 수부

피부가 수분에 노출되면 일반적으로 해가 없는 것으로 생각한다. 이러한 피부조건을 가끔 피부와 상호작용하는 화합물을 연구할 때 "대조군"으로 사용한다. 그러나 수분과 오래 접촉하면 계면활성제처럼 각질층의 장벽 기능에 좋지 않은 영향을 준다. 과량 수분에 노출하면 홍반, 염증, 심한 염증 이외에 각질층 팽창과 유연화, 각질층의 각질세포 결합의 약화, 모든 물질 , 특히 수분 투과성 증가, *in vivo*와 *in vitro*에서 각질층 세포간 얇은 두 겹층의 미세구조 파괴 등을 가져온다. 계면활성제에 대한 노출과 마찬가지로 팽창반응은 시간에 따르고 각질세포 사이에 틈새들이 넓어진다. 각질층이 오래 수화되면 장벽 지질이 바로 파괴되어 피부가 악화된다.(46)(47)

5.6 피부상태에 대한 영향

국소적으로 적용하는 화장품은 건조피부를 정상 수화상태로 회복하는 데 도움을 준다고 일반적으로 설명한다. 그러나 많은 물을 마시는 것이 피부의 겉모양에 양성적으로 영향을 주는 것은 알지 못하고 있다. 인체는 대략 40~70% 물로 구성한다. 전체 수분의 1/3은 세포 밖에 있고 2/3는 세포 사이에 있다.(48) 수분은 효과적 삼투압과 유체정역학적(hydrostatic) 압력으로 조절되는 어떤 알짜 운동을 갖는 세포막 사이를 자유롭게 이동한다. 이러한 인체의 액체 균형은 음료수, 식품, 신진대사를 통한 수분섭취와 자연적 과정을 통한 수분손실에 의존한다. 피부, 표피, 진피의 세 가지와 피하지방조직은 피부의 여러 생리학적 성질의 유지를 돕는 각질층 수분함량과 함께 수분조절에 중요한 역할을 한다.(49) 부드럽고 매끄러운 피부는 대략 20~30% 수분함량을 갖는 최적 수화 각질층을 갖는다. 10~20% 이하 수분함량은 비정상적 건조피부다.(48)(49) 환경은 TEWL에 주요한 역할을 하고 수분 섭취와 손실 사이에 좋은 균형은 각질층의 건강한 수분함량 유지에 크게 도움을 주고 피부수화에 영향을 준다. 순수하고 건강한 수분섭취 증가는 영양흡수, 피부수화, 해독, 더 좋은 건강유지에 도움을 준다.

TOPIC 윤달의 미신

인간은 미완성 작품이므로 미래의 길흉사에 대하여 대단히 민감하다. 그래서 무당과 점쟁이들은 그 약점을 이용하여 나쁜 짓을 저지른다. 과학적 근거 없이 두리뭉실하게 현혹시키는 무당과 점쟁이들을 생각할 때마다 통탄을 금치 못한다.

풍수학으로 유명한 김두규 교수(독일 뮌스터대학에서 독문학 박사를 취득하고 우석대학에 근무)에 의하면 1896년에 태양력을 도입하였다. 양력과 음력은 1년이 각기 365일과 355일이므로 3년마다 30일 차이가 생긴다. 그 차이를 메꾸려고 태음력은 3년에 한 번씩 윤달을 삽입한다. 이러한 윤달을 "덤달"(덤으로 생긴 달) 혹은 "공달"(공짜로 생긴 달)이라고 부른다.

1년 12달을 12간지로 나타내면 각기 자(子, 쥐), 축(丑, 소), 인(寅, 호랑이), 묘(卯, 토끼), 진(辰, 용), 사(巳, 뱀), 오(午, 말), 미(未, 양), 신(申, 원숭이), 유(酉, 닭), 술(戌, 개), 해(亥, 돼지)이다. 윤달을 지배하는 귀신은 없으므로 손(귀신)이 없는 달이라고 한다. 그래서 손 없는 달에 이사, 묘자리 이동, 집수리, 장 담그기, 장례복 만들기, 여행 가기 등등 모든 일을 치른다. 이것은 모두 무당과 점쟁이들의 농간이다. 그러므로 태양력에 의존하면 편하다.

6 피부의 수화물질

수화(hydration)는 물(H_2O) 분자의 수소 혹은 산소들이 다른 물 분자와 결합하는 상태를 의미한다. 화장품에서는 수소결합을 형성하는 OH, 비공유전자쌍을 갖는 원자(산소와 질소)들을 많이 가진 화합물을 흡습제로 사용한다. 예를 들어 다음에 설명하는 butylene glycol, glycerin, hyaluronic acid, lactic acid, panthenol, PCA 등이다. 특히 유기산은 약한 산성을 띠므로 항-미생물 성질이 있고 그 유기산이 OH기를 가지면 흡습성을 가지므로 락트산처럼 이러한 유기산에 주목할 필요가 있다.

수화물질(hydrating substance)은 화장품을 사용하는 동안 제품에서 수분손실을 지연하고 화장품과 접촉하는 재질의 수분함량을 증가하려고 화장품에 사용한다. 이러한 기능은 일반적으로 주위에서 물을 흡수할 수 있는 흡습성 물질 혹은 보습제들을 사용한다. International Cosmetic Ingredient Dictionary에는 피부의 수분함량 증가에 사용하는 대략 125 종류 보습제와 약 200 종류 흡습제들이 실려 있다.(50)

건조모발과 건조피부는 인체에서 보습제로 처리하는 목표영역이다. 때때로 점성막은 보습제 처리에 도움을 받는다. 건조모발은 부서지기 쉽고 거칠고 엉키는 경향이 있고 광택이 없다. 샴푸와 보습제 첨가를 제외하면 대기의 습도만 모발에 수분을 공급하여 수분을 유지한다. 피부는 항상 인체 내부에서 수분을 공급하므로 수분이 유지된다. 피부는 인체 기관 사이에 중요한 구조직 경계를 형성한다. 각질층의 흡습성 물질과 결합한 수분은 피부의 유연성 유지와 박리를 조절하는 인자다. 수화는 신진대사, 효소활성, 기계적 성질, 피부의 장벽 기능 등에 중요한 역할을 한다.

각질층에서 발견되는 특수한 보습제 혼합물을 자연수분인자(natural moisturizing factor : NMF)라고 한다.(51) NMF는 각질층 세포의 약 10%(건조무게)를 차지한다. 이 그룹에 속하는 물질들은 pyrrolidone carboxylic acid(PCA), lactates, urea, 아미노산, 무기 이온 등이다.(51) 게다가 글리세롤은 각질층에서 천연적으로 존재하고 평균함량은 뺨에 0.7 $\mu g\ cm^{-2}$, 이마와 발바닥에 0.2 $\mu g\ cm^{-2}$ 함유한다.(52) 각질층에서 락트산염과 무기 이온의 비율은 땀과 겨울 및 여름의 계절에 따라 다르다.(53) 각질층의 락트산염과 포타슘 농도는 각질층의 물리적 성질과 함께 관련이 있다.(53) 락트산염 농도는 대략 글리세롤보다 100배 더 많다.(52)(53) NMF는 filaggrin 단백질에서 생성되고 그 filaggrin 생성물은 각질층 수분 함량에 따라 조절된다. 어린선 및 건선과 같은 질병에서 실제로 NMF는 없다. 어린선 질병에서 과립층은 얇아지거나 소실된다. 왜냐하면 profilaggrin 과정에서 없어지기 때문이다. 글리세린은 각질층 수화에 중요한 또 다른 보습제다. 피지샘-부족

쥐의 피부 건조는 글리세린의 주요한 공급원으로 작용하는 트리글리세라이드 부족 때문에 발생하는 글리세린 농도의 감소와 관련이 있다.(54)

6.1 Butylene glycol

Butylene glycol은 일반적으로 1,3-butanediol을 지칭하지만 2,3-butanediol도 의미한다. 이 알코올은 점성을 띤 무색액체이고 맛은 쓰다. butylene glycol은 셀로판과 담배에 보습제로 사용하고 주사용 제품의 용매와 국소용 화장품에도 사용한다. butylene glycol은 큰 습도에 대하여 저항성이 가장 크고 모발 스프레이와 로션에 가끔 사용한다. 이것은 화장품의 향기보존과 미생물에 의한 변질에 대하여 저항하게 만든다.

Butylene glycol은 Cosmetic Ingredient Review(CIR) Expert Panel에 의하여 안정하다고 인정되었다.(55) 묽히지 않은 butylene glycol의 사람피부 패치 시험은 매우 낮은 1급 피부자극을 나타냈고 반복 패치 시험은 피부반응이 나타나지 않았고(55) propylene glycol보다 자극이 적게 나타났다.(56)(57)

6.2 Glycerin

이 알코올 종류는 투명, 무색, 무취, 시럽(syrup), 흡습성 액체, 설탕보다 0.6배 더 달다. 물과 알코올에 녹고 아세톤에 약간 녹고 클로롬과 에터에 불용성이다. 글리세린은 용매, 가소제, 단맛증가제, 윤활제, 방부제로 사용한다. 진한 글리세린은 귀지를 부드럽게 그리고 관장용 좌약으로도 사용한다.

글리세린은 피부관리 화장품에서 보습제와 보호제로 중요하다. 건조피부용 보습제는 20~25%를 사용한다.(58) 글리세린은 수분을 잡아당길 뿐만 아니라 각질층 지질의 상(phase) 거동을 조절하고 *in vitro*에서는 낮은 상대습도에서 얇은 지질구조의 결정화를 방지하였다.(59) 이러한 성질의 생화학적 결과는 *in vivo*에서 박리과정에 대한 가수분해 효소의 활성도 영향 때문이다.(60) 그리하여 사람피부의 가장 바깥 표면에서 각질세포 손실 속도는 아마 결합소체 분해가 증가하기 때문이라고 생각한다.(60)(61)

각질층 수화와 표피 장벽기능에 관한 글리세롤 방식은 aquaporin 3 channel과 관련이 있다. aquaporin은 작고 완전한 막 단백질 계열이고 수분의 플라즈마 막 운반체 기능을 하고 어떤 경우에 작은 극성 용질로 작용한다.(62) 글리세롤은 매우 느리게 표피로 운반되고 운반속도는 기저층 각질세포층의 고유 글리세롤 투과도에 민감하다. 15% 글리세린 크림으로 처리한 피부로부터 반복되는 테이프-스트리핑-시험(tape-stripping test)에 의하면 글리세린은 각질층으로 확산하여 저장된다.(63) 시험 후에 몇 시간 지나면 TEWL이 감소하였다.(64) 정상 피부와 아토피 피부를 20% 글리세린으로 장기간 처리 후에 피부장벽 악화는 나타나지 않았고(65)(66) 그 대신에 글리세린은 격렬한 외부 진동 후에 장벽회복이 촉진되는 것을 발견했다.(67) 글리세린은 우수한 피부 항-독성을 나타내고 20% 글리세린으로 처리는 아토피 건조피부에 어떤 나쁜 징후를 나타내지 않았다.

6.3 Hyaluronan acid(hyaluronic acid)

화장품 연구는 처음에 표피, 진피, 그 밑의 피부조직을 연구하였고 그 다음에 세포 사이에 있는 기질(matrix) 성분을 연구하여 세포 활성도에 대한 주요한 역할을 이해하게 되었다. 이러한 세포 밖의 기질은 피부와 수화성질의 이해에 도움을 준다. 세포 외부의 기질성분은 광학현미경으로 비결정이라는 것이 밝혀졌고 glycosaminoglycan(GAGs), proteoglycan, glycoprotein, collagen protein, elastin 등으로 조직을 구성한다. 세포 외부의 기질 중에서 유력한 성분은 hyaluronan이다.(68) "Hyaluronan"이라는 용어는 hyaluronic acid와 sodium hyaluronate를 모두 합친 것을 의미한다. hyaluronan은 인체조직에 널리 분포한 GAGs라고 알려진 다당질을 포함한 아미노 당류 중에 한 종류다. 이 고분자 물질은 눈의 유리질 체액을 팽창하게 만들고 hyaluronic acid라는 용어는 희랍어 "halos"(유리질)에서 유래했다. 분자량은 50,000~8×10^6 범위이고 근원과 제조방법, 측정방법에 따라 각기 다르다.(69) hyaluronic acid는 세포 거동을 조절하고 세포 신진대사에 영향을 준다. 게다가 hyaluronic acid는 물과 결합하여 피부운동 동안에 표피의 콜라겐과 탄성 섬유 그물조직 사이에 윤활제로 작용한다. 순수한 2% hyaluronic acid 수용액은 대단히 단단해서 젤(gel)처럼 손으로 잡을 수 있다.(70) 피부는 hyaluronic acid의 가장 큰 저장기관이고 몸에 있는 hyaluronic acid의 50%는 피부에 있다. hyaluronic acid는 수탉 벼슬과 연쇄구균에서 추출한다.(70) 제조과정 중에 수분-함유 분자들이 전단력에 의해 쉽게 파괴되고 탄수화물 결합사슬도 매우 민감해서 자유 라디칼, 자외선, 산화제 등에 의해 파괴된다.(70)

점성 hyaluronic acid 용액은 눈 수술, 무릎골관절염의 내부-관절에 주입, 국소적 부상치료, 0.1% 용액을 건조 눈의 염증과 눈알이 껄끄러운 증상의 완화 등에 사용한다. 고분자 hyaluronic acid 용액은 피부에 수화된 점탄성 필름을 형성하고 분자들이 클수록 그 분자의 응집과 엉킴이 커지고 피부표면에서 점탄성 필름 기능이 증가한다.(70) hyaluronic acid는 분자량이 크므로 박리세포 사이 틈새에 깊게 침투할 수 없고 부드러운 피부와 깊은 주름을 감소하기 위해서 주입할 수 있다. Sodium hyaluronate는 독성이 없다.

6.4 Lactic acid

락트산(lactic acid)은 무색-노란색 결정이고 결정 혹은 시럽 액체이고 물, 알코올, 글리세롤과 섞이고 클로로폼과 섞이지 않는다. 락트산은 α-hydroxy acid(AHA)이고 두 자리에 하이드록시 원자단을 갖는다. 락트산염은 각질층의 자연흡습물질 중에 한 성분이고 각질층에 약 12% 함유되어 있다. 락트산을 함유하는 처방은 무기물 알칼리 혹은 유기물 염기들이 없으면 산성 pH를 유지하고 pH는 부분 중화(partial neutralization)에 의해 증가한다.

락트산은 완충제 성질과 물-결합 능력 때문에 수십 년 동안 화장품 제조에 사용하였다. 락트산과 그 염류는 질 세정과 질의 정상적 산성 분위기 유지에 사용하였다. 락트산은 또한 비듬, 굳은살, 각피과형성증, 바이러스성 사마귀와 같은 각질층의 과형성 혹은 보존과 관련이 있는 불규칙성의 보정에 사용한다.(71) 게다가 락트산은 온화한 여드름의 보조 치료제로도 효과적이다. ethyl lactate는 지루성 모낭도관 침투와 그 다음에 pH 감소, 그리고 지방산 형성 감소 때문에 여드름 치료에 효과적인 것으로 알려졌다.(72) 그 밖에도 표피의 두께 증가와 광노화 변화의 개선에 도움을 주고(73) 껍질제거제로 작용하여 피부의 상처 개선에 도움을 준다.(74)

기니아피그(guinea pig)의 발바닥 각질층 시험에서 락트산과 락트산 소듐은 수분-보유 능력과 피부 신장성을 증가하였다.(75) 락트산 포타슘도 락트산 소듐보다 효과적으로 각질층 수화를 회복하는 것이 나타났고 이 경우에 포타슘 이온은 각질층의 물리적 성질 유지에 어떤 역할을 하는 것 같다. pH 증가에 따라 락트산 흡착은 그 산의 이온화 때문에 감소한다.(75) 사람의 복부 피부를 이용한 실험에서 락트산 소듐에 의한 수분섭취는 건조 락트산보다 많고 각질층은 락트산에 의해 부드럽게 되지만 락트산 소듐에 의해서는 그렇지 않았다.(76) 락트산도 각질세포 사이에 응집을 감소하고 세포 사이에 결합을 방해하고 특히 pH 3 근처에서 세포 변화를 증가했다.

어린선과 건조피부의 치료에 유용한 농도는 12%까지이고 5% 락트산과 20% propylene glycol을 합친 치료제는 층상 어린선 환자에서 TEWL 증가를 나타냈다. 그러나 락트산은 세라마이드 합성을 촉진하고 피부장벽 기능을 개선했다. 락트산은 어떤 농도에서 피부, 눈, 점막에 부식성을 나타내고 다른 산에 비하여 각막을 침투하는 능력이 없으므로 그 산성 때문에 상처를 주는 영향은 없다. 락트산을 사용한 다음 즉시 찌르는 통증과 쓰린 통증이 생길 수 있다. 이것은 락트산 조제의 pH와 관련이 있다. 락트산의 유제(emulsion) 종류는 찌르는 통증에 영향을 주고 w/o(water-in-oil) 유제는 o/w (oil-in-water) 유제보다 찌르는 통증이 적었다.(77) 정상피부에서 염증과 피부 박리는 진한 산 농도와 낮은 pH에서 발생한다.(78) 일정한 락트산 농도에서 박리효과는 높은 pH에서 나타나고 일정한 pH에서 피부 변환속도는 농도 의존성이다.(79) 자외선에 대한 반응도 나타난다. FDA는 락트산을 최대 2.5%까지 그리고 pH≥5에서 사용을 권장한다.(80)

6.5 Pantenol

D-panthenol은 투명한 거의 무색, 무취, 점성 흡습성 액체이고 오래 보관하는 도중에 결정화된다.(71) panthenol은 물에 잘 녹고 알코올에 무한대로 녹으며 지방과 오일에 불용성이고 그것은 한 알코올 종류이고 근육에서 D-pantothenic acid(vitamin B_5)로 변환하고 또한 조효소 A의 한 성분이고 D-phanthenol은 여러 생물에서 추출할 수 있다. Phanthoten이라는 단어는 희랍어로 everywhere를 의미한다. panthenol은 대기와 빛 중에서 습기가 없으면 대단히 안정하지만 산, 염기 열에 민감하고 가수분해 속도는 pH 4~6에서 가장 적다.

Panthenol의 일반적 용도는 화장품 산업에서 보습제, 연화제, 진정제 등으로 널리 사용하고 비염, 결막염, 햇볕에 화상, 상처치료(종양, 화상, 욕창, 피부벗김) 등의 국소용 치료에 일반적으로 2%를 사용한다. 반응 메커니즘은 일부분만 알려져 있다. 이 알코올의 흡습성은 에어로졸 분무 노즐에서 생기는 결정화의 방지에 사용한다.

Panthenol은 피부와 모발에 침투하여 pantothenic acid로 변한다. sodium lauryl sulfate 유발 염증 피부를 panthenol로 치료하면 피부장벽 보수와 각질층 수화를 촉진한다. 게다가 피부 홍반은 panthenol치료에 의해 더 빠르게 감소한다. Pantothenic acid는 정상 모발에서도 발견된다. 2% panthenol 수용액으로 모발을 적시면 모발지름이 10%까지 증가한다.(81) Panthenol은 독성이 매우 적고 화장품 사용에 안전한 것으로 생각한다. panthenol을 0.50~2% 함유하는 제품은 토끼 실험에서 심한 홍반과 윤곽이 명확한 부종에 대하여 피부 염증을 나타내지 않았다. 화장품, 햇볕차단제, 모발로션 등에 함유된 panthenol 감작(sensitization)은 보고되었지만 패치 시험에 참가한 환자들 사이에 panthenol에 대한 알레르기는 거의 없었다.(82)

6.6 PCA와 PCA 염류

"PCA"는 2-pyrrolidone-5-carboxylic acid라고 알려진 고리형 유기 화합물에 대하여 사용하는 화장품 성분 이름이다. PCA 소듐 염류의 L-형태는 각질층에서 자연적으로 존재하는 보습제이고 약 12% NMF이고 각질층무게의 약 2%를 차지한다. PCA 소듐 염류는 가장 강력한 보습제에 속하고 arginine, lysine, chitosan, triethanolamine 등과 결합되어 있다.(50)

피부에 대한 효과는 수분-결합 능력과 각질층 시료의 PCA 함량 사이에 중요한 관계로 나타난다.(83) 5% sodium-PCA를 함유하는 크림으로 처리하면 크림-베이스에 비하여 분리된 각질층의 수분-함유 능력이 증가하였고(84) 보습제를 함유하지 않은 대조군보다 좋은 효과를 나타냈고 피부 건조와 박리에서 보습제로 요소를 사용한 것과 거의 동일하였다.(84) PCA는 동물시험에서 50% 농도까지 눈과 피부에 자극이 없었고 광독성, 감작, 여드름 발생이 없었고 눈에 대한 자극도 없었다.(85) 검은 피부에 대한 6.25~50% PCA 수용액 시험에서 5분 안에 나타난 반응이 30분 후에 없어졌다. PCA는 N-nitro 화합물을 생성하는 화장품과 함께 사용하지 않아야 한다.

6.7 Propylene glycol

프로필렌 글리코올(propylene glycol)은 투명한 무색, 점성, 무취 단맛, 약간 글리세롤 비슷한 쓴맛이다. 정상 상태의 밀폐용기에서 안전하게 보관되고 글리세린, 물, 알코올과 혼합하여도 안전하다. 프로필렌 글리코올은 화장품과 의약산업에서 특히 물에 녹지 않는 물질의 용매와 운반체로 널리 사용하고 식품에서 얼지 않게 유지할 때와 유화제로 사용하며 발효, 곰팡이 성장의 억제제로 사용한다. 피부에 대한 효과는 보습제, 각질성, 항-세균성, 항-곰팡이성 때문에 어린선, 머리 부스럼, 피지성 피부염을 포함하는 피부 질환에 사용했다.(86)

프로필렌 글리코올은 Joint FAO/WHO Expert Committee of Food에 의한 1일 섭취 허용량(accetptable daily intake : ADI)이 25 g/kg이고(86)(87) 독성은 아이들에 대하여 구강섭취량이 대략 100~200 mg/kg 그리고 화상 환자는 고농도로 국소를 처리한 다음 나타났고(88) 화장품으로 사용은 안전하다고 생각한다.

임상자료는 내포상태에서 10% 그리고 피부염 환자는 2%에서 프로필렌 글리코올에 대하여 피부자극과 감작반응을 나타냈지만 피부반응은 애매하게 나타났다.(88)

6.8 단백질

화장품에서 단백질과 아미노산은 여러 천연 자원에 바탕을 둔다. 콜라젠은 화장품에 사용하는 전통적 단백질이다. 콜라젠은 복잡한 삼중 나선형 구조이고 수분보존 성질이 크다. 채소-바탕 단백질은 동물-부산물 대신에 사용량이 최근에 많이 증가하고 단백질 원료들은 밀, 쌀, 대두, 귀리를 이용한다.

화장품은 천연 단백질을 사용할 수 있지만 대부분 큰 용해도를 갖는 중간 분자량의 가수분해 단백질을 이용하고 지방족 알킬 사차아민을 단백질과 결합시켜 얻는다. 단백질을 polyvinylpyrrolidone과 공중합체로 만든 화합물은 필름-형성 성질을 개선한다. 그러한 개량 제품은 어미 화합물에 비하여 수분흡수 능력이 증가한다. 그런데 이러한 화합물은 보관 중에 시간에 따라 변색되고 영양제로 사용할 때 보존 중에 미생물에 대하여 주의해야 한다.

아미노산은 NMF에 속하고 건조무게로 약 40%이고 분자량이 작으므로 피부와 모발 표피에 큰 분자량을 갖는 단백질 가수분해 화합물보다 쉽게 침투한다. 코코넛 산, 가수분해 동물 단백질, 밀가루, 밀 전분은 화장품 성분으로 안전하고 사차아민 가수분해 단백질 혹은 가수분해 동물 콜라젠은 접촉성 두드러기, 호흡장애, 아토피를 유발할 수 있다.(89)

6.9 Sorbitol

소비톨(sorbitol)은 hexahydric alcohol이고 백색결정, 무취, 신선한 단맛을 갖는다. 소비톨은 과일과 채소에 들어있는 천연성분이고 공업적으로 포도당을 환원하여 만든다. 소비톨은 가장 보편적으로 투명, 무색, 점성의 70% 수용액을 이용하고 물에 잘 녹지만 알코올에 잘 녹지 않고 유기용매에 불용성이다. 소비톨은 화학적으로 비교적 비활성이고 가장 일반적 부형제(excipient)이지만 산화철과 반응하고 변색된다. 다량(20 g/day) 섭취하면 설사효과(완하제효과)를 나타낸다. 소비톨은 비발암성이므로 의약용 정제(tablet)와 캔디에 사용하고 식용 식품과 치약에 감미제로 사용하고 가끔 완화제로 사용하고 글리세린보다 부작용이 적고 흡습성은 글리세린보다 적다.

6.10 Urea

요소(urea)는 인체조직, 혈액, 오줌에 존재하는 또 다른 생리물질이고 오줌에 2% 함유한다. 요소는 무색, 투명, 약간 흡습성, 무취, 프리즘 결정, 백색결정, 혹은 판상 입자이고 물에 녹고 알코올에 약간 녹고 에터에 녹지 않는다. 요소는 용액 중에서 느리게 가수분해하여 암모니아와 이산화탄소로 되고 포장 중에 팽창할 수 있다. 요소는 어린선과 과각화성 피부병 치료에 10% 크림을 사용하고 건조피부 치료에 더 낮은 농도를 사용한다. 손발톱진균증 치료에 케라틴연화제로서 40% 첨가하여 사용한다.

건선과 어린선 환자는 요소-함유 크림으로 처리하여 각질의 수분-보유 능력이 증가되는 것을 관찰하였다. 요소는 물질의 표피투과를 촉진하고 5~10% 요소-함유 보습제는 TEWL을 감소하고 계면활성제 SLS에 대한 자극성 반응을 감소한다. 요소를 함유하는 어떤 보습제는 아토피 환자에서 TEWL을 감소하고 SLS에 대한 염증이 덜 생기고 건조피부와 어린선 환자에서 장벽기능이 개선되었다. 요소는 삼투성 배뇨제이고 과거에 뇌부종 때문에 두개골 내부의 심한 압력증가 치료에 사용했다. 건조 혹은 부상당한 피부를 4~10% 요소 크림으로 치료 후에 피부 통증과 화상이 보고되었다.

TOPIC Joul-Thomson 원리

Joul-Thomson 원리는 냉장고와 부채운동에 이용되는 원리다. 냉장고에는 냉매로서 프레온가스 혹은 암모니아 가스를 사용한다. 프레온가스는 오존발생의 환경오염 주범으로 인정되어 화학적으로 약간 변형된 프레온가스를 사용한다. 냉장고는 가장 차가운 부분과 덜 차가운 부분으로 구분된다. 차가운 부분은 냉장고 전동기를 이용하여 냉매액체를 노즐(nozzle)을 통하여 작은 구멍을 통하여 갑자기 넓은 공간으로 분산한다. 냉매액체에서 기체로 변하면서 분자간 거리가 멀어지고 이때 분자들이 분리되면서 주위로부터 열을 흡수한다. 만약 주위로부터 열을 흡수할 수 없을 정도로 주위온도가 차가우면 냉매액체는 기체로 변하지 않고 그대로 넘쳐흐르고 냉장고에서 물이 흐르는 소리가 들린다. 그렇게 되면 비싼 전기료만 소비한다. 여름에 부채로 얼굴을 부치면 시원하다. 부채에 의해 밀린 공기 입자들이 얼굴에 부딪치면 얼굴에서 열을 빼앗아 가기 때문이다. 그러나 이미 뜨거워진 공기를 부채로 부치면 공기입자는 이미 열을 함유하여 얼굴로부터 열을 조금밖에 빼앗지 못하므로 덜 시원하다.

7 피부관리 화장품

7.1 개요

시장에 나온 여러 피부관리 제품은 보습제로서 피부에 직접 반응하거나 특정한 활성 성분(햇볕차단, 완화제, 여드름치료)에 의하여 여러 기능을 수행한다. 일반적으로 이러한 제품은 첫째 의약품(질병의 방지와 개선), 둘째 화장품(정상 혹은 병들지 않은 피부의 미화와 감각 개선, 건조피부는 여기에 속한다), 셋째 화장-의약품(cosmeceuticals, 피부기능을 증진하는 화장품과 의약품의 중간 제품. 현재 FDA는 이 종류를 인정하지 않는다)이다.

이러한 세 종류 제품 그룹은 물리적 성질에 따라 분류할 수 있다. 가장 일반적 피부관리제품은 유제(emulsion)다. 유제는 성분들이 분리되지 않고 안정화되는 두 가지 난용성 물질의 혼합물이다. 그 예는 오일과 물의 혼합물이고 그 혼합물에 중간 유화제를 첨가하지 않으면 혼합되지 않는다.

7.1.1 유제 종류

유제(emulsion)는 안정제와 분산제로 작용한다. 유화제(emulsifier)를 정확하게 이용하면 균일혼합물, 분산, 물과 오일 왁스 물질의 유화를 만들 수 있다. 고체는 액체에 혹은 난용성 액체는 다른 액체에 분산할 수 있다. 그리스(grease) 같은 무수 연고 화장품은 더 잘 씻을 수 있게 처방할 수 있다. 이러한 종류의 성질은 유화제, 활성 성분, 운반체(vehicle)로 사용가능한 성분을 적절하게 선택하여 조절할 수 있다. 유제는 오일 중에 물(w/o), 물 중에 오일(o/w), 수용성 젤 혹은 물 중에 실리콘(silicone)으로 처방할 수 있다. 그 밖에 다른 제품들은 유질(oleaginous) 성분을 함유하는 반고체, 흡수바탕물질, 폴리에틸렌 글리코올(PEG)을 함유하는 수용성 종류로 처방할 수 있다. 최근에 다중 유제(multiple emulsion)라는 water-in-oil-in-water(w/o/w) 유화에 관심이 집중되고 있다.

o/w 유화는 가장 일반적 처방이다. 이러한 종류의 유화는 덜 기름지고 물을 많이 함유하므로 값이 싼 처방이다. w/o 유화는 역사적으로 피부응용에서 특성 있는 그리스 같은 기름진 느낌 때문에 인기가 적다. 그렇지만 더 새로운 유화제 발전에 따라 숙련된 연구원들에 의하여 더 가벼운 감촉을 갖는 w/o 유제를 만들었다. 실리콘 처방으로 안정한 w/Si(혹은 w/o 유화)를 만들 수 있다. 이들은 긴 결합 길이와 넓은 결합각을 갖는 고분자 계면활성제다. 이것은 기능기들이 자유회전을 하고 피부에 사용할 때 우아하고

표 1-4 운반체 종류

유제 종류	예
w/o	콜드크림, 클렌징 크림 혹은 이브닝 크림
o/w	일반 보습제, 손과 바디 크림
유질	바셀린
수용성	폴리에틸렌 글리코올-바탕 연고
수용성 젤	윤활성 젤리, carbomer®, hydroxyethylcellulose, magnesium aluminum silicate 같은 젤화제를 처방에 이용할 수 있다.
흡착 바탕	친수성 바셀린 : 이러한 운반체는 다량의 물이 유화 방울과 섞이게 만드는 w/o 유화제로 작용하는 원료들을 함유한다.

좋은 피복력을 제공한다.(90) 이것은 중간 정도의 점성을 갖는 안정한 유제 처방이다. 이러한 서로 다른 화합물-종류의 유제를 일반적으로 운반체(vehicle)라 하고 그 운반체들은 "화장품"-활성 혹은 의약품-활성 성분이 서로 혼합되어 있다(표 1-4). 모든 유화제는 같은 방식으로 거동하지 않는다. 유화제 성질은 유제 종류마다 다르다. 서로 다른 극성을 갖는 성질도 중요한 관심사다. 유화제는 색, 냄새, 원하는 점성(예 : 로션 혹은 크림 일관성)의 원하는 감각적 성질에 영향을 준다.

7.1.2 다른 유제 종류

계면활성제 유화제는 넓은 범위의 유화제 화학종류에 속한다. 이들은 비-이온성, 친유성, 에톡시화 혹은 비-에톡시화 화합물들을 포함한다. 최근 경향은 기존의 피부자극 가능성을 최소화하려고 계면활성제를 감소하거나 제외하는 경향이다. 교차결합-아크릴 중합 유도체를 이용하여 유화제 없는 유제를 처방할 수 있다. 이러한 재료들은 알킬 사슬을 첨가하여 소수성으로 개량된 친수성 중합체다. 폴리머 유화제라고 알려진 이러한 분자들은 새로운 제품개발에 유망한 화합물이다.(91)

7.2 수화 크림과 로션의 처방

생리학적 기기와 시험기술의 계속적 발전으로 대단히 효과적 피부관리 처방이 가능해졌다. 처방 연구원들은 새로운 제품의 처방에 몇 가지 의견들을 제시한다. 처방개발을 시작할 때 계획/제품의 필요성, 제품종류, 성능, 미학적 요구, 제품가격, 포장 필요성,

제품 클레임(claim), 처방 안전성을 이해하는 것이 중요하다. 처방제품은 몸의 어느 부분에 이용하는가? 아침과 저녁 어느 때에 이용하는가? 그 제품 위에 메이크업을 하는가? 그 제품은 옷과 접촉하는가? 그 제품을 사용한 다음 몸에 향수를 사용하는가? 향수를 사용해도 괜찮은가? 이러한 필요성을 만족하면 활성 성분, 유화 시스템, 방부제, 색, 향료를 고려한다.

화장품 연구원들은 배합할 수 없는 성분을 원하는 화장품에 효과적으로 섞어 유제 처방을 만든다. 제품개발의 요점은 적절한 원료를 선택하여 이용하는 방법이다. 유화제 기능은 유화제의 독특한 화학적 구조에 따라 결정된다. 각 유화제는 친수성 부분과 친유성 부분을 갖는다. 친수성 부분의 예는 다가알코올과 폴리에틸렌 사슬이고 친유성 부분은 지방산, 고리 탄수화물, 혹은 지방산과 고리 탄수화물을 합친 구조 부분이다. 비-이온화제는 하이드록시 원자단과 폴리옥시에틸렌 사슬 같은 에터 결합에 의하여 친수성으로 반응한다. 비-이온성 유화제는 중성 혹은 산성이고 화장품 처방 연구원들은 화장품 활성에 필요한 pH에 더 많은 융통성을 갖는다. 비-이온성 유화제는 w/o 혹은 o/w 종류의 유제 처방에 사용할 수 있고 w/o 유제의 기름기 느낌을 완화한다.

현재 시장에서 수천 종류 유화제를 이용할 수 있다. 최선 유화제 선택은 화장품 처방 연구원들의 몫이다. 화장품과 제약산업에 사용하는 여러 유화제는 친수성-친유성 균형값[hydrophilic-liphophilic balance(HLB) number]이라고 알려진 시스템으로 분류한다. 이 시스템은 1950년대에 개발되었고 유화제 선택을 시작할 때 유용하다. 이 시스템에서 특정한 HLB값을 갖는 각 계면활성제를 안정한 유화에 필요한 HLB를 갖는 오일-상(phase) 유화에 사용한다. 오일-상에 필요한 HLB와 걸맞은 유화제 혹은 계면활성제 혼합물은 안정한 유화를 생성한다. 이 방법에 대한 한계는 여러 화장품 성분에 필요한 HLB 자료들이 불완전하다는 점이다. 적절한 이론적 HLB를 갖는 유화제 혼합물 혹은 단일 유화제라도 유제 안정도 혹은 제품 성능이 최적이라고 할 수 없다. 다른 유화제도 더 좋게 작용할 수 있고 더 좋은 효능을 갖는 우수한 처방이 될 수 있다. 그것에 더하여 복잡한 혼합물의 이론적 HLB 값은 계산에 제시한 선형가산법(linear additive rule)에 따르지 않는다.(90)

이러한 분류 시스템에서 유화제 HLB 10은 HLB 4에 비하여 더 수용성이라고 한다. 예를 들어 에스터 종류의 비-이온성 세제는

$$HLB = 20\left(1 - \frac{s}{a}\right)$$

s = 재료의 비누화 값
a = 제품 중에 지방산 부분의 산 값

ethoxylated ester와 ether에 대하여 비누화 값을 알지 못할 때 그 식은

$$HLB = E + \frac{P}{5}$$

E=ethylene oxide %
P=분자 중에 폴리알코올 %

소수성 부분이 폴리알코올 없이 페놀과 모노-알코올을 함유할 때 그 식은

$$HLB = \frac{E}{5}$$

대부분 비-이온성 유화제는 이 종류에 속한다. 제품에 HLB 값을 제시하는 처방 연구원들은 대부분 이 식(HLB=E/5)을 이용한다(표 1-5).[92]

음이온성과 비-이온성 유화제 혼합물이 가장 좋은 유제이고 양이온성과 비-이온성 유화제 혼합물은 좋지 않다. 비-이온성 유화제의 예는 alcohol ethoxylate, alkylphenol ethoxylate, block polymer, ethoxylated fatty acid, sorbitan ester, ethoxylated sorbitan ester, ethoxylated castor oil이다. 물중에서 비-이온성 계면활성제 용해도는 가끔 대략 HLB와 용도의 지침서로 사용한다.

표 1-5 HLB 범위와 수용성 사이의 관계

수용성	HLB 범위
물에 분산되지 않는다.	1~4
분산이 약하다.	3~6
저은 다음 밀크처럼 분산	6~8
밀크처럼 안정한 분산	8~10
반투명-투명 분산	10~13
투명 용액	13+
HLB	적용
4~6	w/o 유화제
7~9	습윤제
8~18	o/w 유화제
13~15	세제
15~	용해제

7.2.1 o/w 유제

o/w 유제는 전형적으로 10～35% 오일-상을 함유하고 점성이 더 작은 유제는 오일-상을 5～15%로 감소한다. 유제의 외부-상(수용액-상) 중에 물은 피부의 각질층 수화를 돕는다. 이러한 것은 운반체 중에 수용성 활성 성분의 혼합을 원할 때 바람직한 일이다. 유제 중에 작은 오일 방울은 현탁-상(phase)보다 밀도가 더 적다. 안정한 유제를 원하면 오일-상과 수용액-상의 비중을 가능하면 비슷하게 조절하는 것이 중요하다. 수용액-상(외부-상) 점성이 증가하면 오일 입자의 위쪽 이동을 방해한다. 오일-상에 왁스 첨가는 비중을 증가하지만 겉모양, 살결, 화장품의 피부 사용에 대한 감촉 등에 큰 영향을 줄 수 있다. 수용액-상의 점성 증가는 가장 일반적 접근 방법 중에 하나다. 천연 점성부여제(alginate, caragenate, xanthan, cellulosic gum, carboxymethyl cellulose)는 이러한 목적에 사용한다.

Carbopol® 수지는 특히 고온에서 유제 안정도에 기여하는 가장 인기 있는 검(gum) 종류의 점성부여제다. Carbopol 수지에 지방족 아민을 첨가하면 작은 오일 방울 안으로 부분적 용해를 통하여 물과 오일-상의 경계를 강화하여 안정도를 더 증가한다. 전해질과 양이온성 물질은 음이온성 sodium carboxymethyl cellulose에 영향을 주어 불안정해지므로 함께 사용하지 않아야 한다. Veegum은 규산 알루미늄 무기물이고 이것은 일반적으로 유제 점성증진에 사용한다. 진한 농도의 Carbopol과 Veegum을 함께 사용하면 Carbopol의 불쾌한 느낌을 개선한다.

o/w 유제는 7～16 HLB 유화제 혼합물을 섞어 만든다. 혼합할 때 친수성 유화제를 우세한 유화제로 처방해야 가장 좋은 유제를 제조할 수 있다. glyceryl monostearate와 polyoxyethylene stearate는 인기 있는 유화제 혼합물이고 자체-유화 산성-안정 혼합물이다. 보조 음이온성 혹은 비-이온성 유화제를 처방전의 더 용이한 유화를 위해서 첨가할 때 그 유화제를 자체-유화라고 한다. 비-이온성 유화제를 함유하는 자체-유화 물질 처방은 특히 산성 계에서 넓은 범위의 성분을 선택할 수 있다. 알칼리성 처방에서 polyoxyethylene ether 종류 유화제는 유제 안정도에 더 유리하다.

또 다른 glycerol monostearate 자체-유화제는 유화 왁스다. 이 유화제는 지방족 알코올과 함께 사용할 때 기타 오일-상 성분에 의존하는 액체-크림을 형성한다. 사용하는 농도는 2～15%이고 oleth 혹은 PEG glyceride 같은 이차 유화제는 좋은 안정제로 사용한다. 이러한 시스템은 혹은 기타 이온성 물질을 운반체로 처방할 때 전해질 유제의 안정에 좋다. polysorbate는 o/w 유화제, 습윤제, 용해제 등으로 사용하고 0.5～5.0% cetyl 혹은 stearyl alcohol과 함께 사용하여 o/w 유제를 만든다.(93)

7.2.2 w/o 유제

w/o 유제는 o/w 유제보다 관심이 덜하지만 w/o 유제 시스템은 더 많은 치료제 혹은 더 많은 유연화를 원할 때 바람직하다. HLB 2.5~6 범위의 유화제를 때때로 선택한다. 다중 유화제를 사용할 때 일반적으로 친유성 유화제는 더 적은 양의 친수성 유화제와 함께 사용한다. 이러한 유제는 전형적으로 오일-상이 45~80%를 차지한다.

지난 몇 년 동안에 화장품 연구원들은 에스터와 같은 연화제(Guerbet alcohol, silicone)를 이용한 새로운 유화제로 처방하여 더 좋은 w/o 유제에 흥미를 가졌다. 여기에서 Guerbet 알코올은 문헌을 참고하라.[94] 적절한 유연제 선택은 적은 점착성, 피부 친화성, 사용자들의 좋은 감각을 가지고 피부에 분산되는 재료의 능력에 의존한다. 이러한 목적을 위해서 어떤 연구원들은 유연제와 분자량의 상호관계를 제시했다. 이러한 연구에서 w/o 크림 점성은 유연제 분자량과 관련이 있는 것을 알았다. 큰 분자량 유연제로 처방한 큰 분자량 공동-유화제는 더 안정한 w/o 유제로 된다. 사용한 유연제 극성도 마찬가지로 중요하다. 유연제 혹은 중간 극성 유연제 혼합물은 로션 시험에서 가장 바람직스런 안정한 결과를 나타냈다. 음이온성 유화제는 일반적으로 충족하지 못하는 w/o 유제 안정화제다. 왜냐하면 이러한 유제의 안정화에 더 계면활성제가 필요하기 때문이다. sorbitan stearate와 oleate는 0.5~5.0%로 사용할 때 효과적 유화제이고 sorbitan isostearate는 가지-사슬 화합물이고 w/o 유제용으로 매우 균일한 입자크기를 갖는다.

7.2.3 다중 유제

다중 유제(multiple emulsion)는 이러한 처방 종류 중에서 겉모양이 좋고 기름기가 적어서 피부관리 화장품 연구자들이 선호한다. 두 종류의 다중 유제를 이용한다. 첫째는 내부와 외부의 물-상(phase)이 오일에 의해 분리된 w/o/w 유제이고 둘째는 물-상이 두 오일-상을 분리한 o/w/o 유제다. 각 다중 유제의 조제방법은 비슷하다. 이러한 종류의 처방 장점은 내부-상에 갇힌 물질의 지속적 방출과 동일한 처방에 있는 여러 공존 성분의 분리라고 주장한다.

w/o/w 유제를 형성하는 방법은 전통적 방법으로 한 상(phase)으로 물과 둘째 상으로서 오일 및 친유성 유화제를 혼합하여 w/o 일차유제(primary emulsion)를 우선 만든다. 다음에 물과 친수성 유화제를 실온 혹은 따뜻한 온도(약 40℃)에서 w/o 일차유제와 합쳐 w/o/w 다중 유제를 만든다. 이러한 유제는 전형적으로 약 18~23% 오일과 3~8% 친유성 유화제를 함유한다. 연속 오일-상은 0.5~0.8% 황산마그네슘을 사용하여 안정화한다. w/o 유화제는 6 이하 HLB이고 때때로 비-이온성 혹은 고분자성이다. o/w 유화

제는 15 이상 HLB이고 큰 계면활성을 갖는 이온성이다. o/w/o 다중 유제는 w/o 유화제들이 6 이하 HLB이고 w/o/w/o 유화제와 비슷한 성질이다. o/w 유화제는 15 이상 HLB이고 적은 계면활성을 갖는 비-이온성이다.

7.2.4 water-in-silicone 유제

실리콘 화합물은 여러 유기 계면활성제의 치환, 대용, 혹은 증진제로 사용하는 특수한 물질의 종류이고 특이한 성질을 갖는 제품의 처방에 이용한다. 이미 실리콘 화합물은 거의 예외 없이 물에 녹지 않는 오일 물질을 이용한다. polyethylene oxide와 같은 더 새로운 실리콘 화합물은 polydimethylsiloxane 소수성 중합체와 결합시켜 dimethicone 공중합 유화제를 개발하였다. 이러한 유화제는 water-in-cyclomethicone 유제다. 이 분야에서는 탄수화물 사슬을 실리콘 폴리에테 고분자에 첨가하여 새로운 화합물을 합성하였고 이것을 이용하여 더 좋은 제품개발에 이용하고 있다. 실리콘 폴리올은 계면활성이 크고 기능성은 전통적 유화제와 비슷하다. 큰 분자량을 갖는 탄수화물과 다르게, 큰 분자량 실리콘 유화제는 액체상태를 유지한다. 이것은 물/오일 계면에서 매우 안정한 점탄성 필름을 형성한다. 실리콘이 화장품 연구원들에게 더 친근한 것은 새로운 실리콘-바탕 계면활성제들이 개발되었기 때문이다. 두 가지 물-가용성 및 오일-가용성 부분이 계면활성 분자를 만들기에 필요하다. 실리콘 계면활성제는 실리콘-바탕 소수성을 치환 혹은 첨가 반응하여 분명하게 구별되는 피부느낌을 주는 화합물로 만든다.

7.2.5 수용성 연고 바탕 물질

PEG(polyethylene glycol)바탕 물질은 여러 분자량을 이용할 수 있다. 이러한 재료는 수용성이고 가수분해되지 않는다. 그래서 PEG 성분들은 물로 씻을 수 있는 연고에 좋은 바탕 물질이고 무르거나 굳은 성질의 제품처방에 이용한다. PEG 성분들은 물에 녹아 투명한 용액을 만들고 유기용매에도 녹는다. 수용성 연고-바탕 처방은 물과 stearyl alcohol을 이 바탕 물질에 혼합하여 만든다.

7.2.6 흡수바탕 물질과 바셀린

흡수바탕 물질은 진한 w/o 연화제를 사용할 수 있다. 물을 무수 흡수바탕 물질에 가하고 크림-비슷한 농도로 만든다. 어떤 흡수바탕 물질의 바셀린 성분은 탈지 피부에 흡수되어 피부장벽 회복을 촉진한다. 바탕 물질은 친수성 유화제를 첨가하여 씻을 수 있다. 예를 들어 polyoxypropylene fatty ether와 함께 polysorbate-type 유화제 처방은 세척성을 개선한다. 이러한 계면활성제는 피부에 문질러서 o/w 유제를 형성할 수 있다. w/o 바셀린 크림은 50~55% 바셀린을 한 상(phase)의 약 3~7 HLB를 갖는 5~10% sorbitan sesquiolate 그리고 둘째 상의 물과 혼합하여 처방할 수 있다. 그 두 상은 67~70℃에서 혼합한다.

7.3 기타 성분

크림과 로션의 소비자-느낌은 수분과 기타 휘발성 물질이 증발한 다음 피부에 남는 성분의 결과로 나타난다. 유연제와 기타 피부 첨가물은 일반적으로 이러한 이유 때문에 사용한다. 표 1-6은 피부의 유제 느낌을 개선하는 성분으로 때때로 사용하는 성분들이다.

표 1-6 보습제 성분과 기능성의 예

성 분	사용범위(%)	설 명
에스터 유연제	5~25	광유와 바셀린의 기름기 느낌을 가벼움-중간 정도로 개선
triglceride oil	5~0	가볍거나 무거운 느낌, 가끔 전개제로 사용
광유/바셀린	5~70	무거움, 기름기 느낌, 적당한 운반체 흡장
실리콘 오일	0.1~15.0	처방 비누화 방지, 피부에 분산 개선, 방수제, 피부보호제
흡습제(글리세린, propylene glycol, sorbitol, polyethylene glycol	0.5~15.0	수분-결합 성질은 처방전에 수분증발을 지연하고 점성을 조절하고 유제 느낌을 개선
점성증진제(carbopol®, veegum)	0.1~2.0	점성 조절, 안정도 증진

7.3.1 방부제 시스템

대부분의 처방은 미생물 발육을 통제하는 방부제들이 필요하다. 병원성 미생물의 오염은 소비자에 대하여 건강위험을 초래할 수 있다. 유제는 미생물 오염을 방지해야 한다. 오염 제품은 상업적 관점에서 바람직하지 않으므로 폐기해야 한다.

방부제는 프롬알데히드 주개(formaldehyde donor)와 프롬알데히드를 생성하지 않는 두 그룹으로 구분할 수 있다. 프롬알데히드 주개 그룹은 DMDM hydantoin, diazolidinyl urea, imidazolidinyl urea, quaternium 15, paraben(ester of p-hydroxybenzoic acid)을 포함한

다. 처방 연구원들은 적당한 방부제 제조회사에 자문하여 유제에 가장 적당한 방부제를 선택해야 한다. 유화제들은 다음과 같다.

① 비-이온성 유화제
- Polyoxyethylene fatty alcohol ethers(매우 소수성에서 약간 소수성까지)
- Polyglycol fatty acid esters(매우 소수성에서 약간 소수성까지)
- Polyoxyethylene modified fatty acid esters(매우 친수성에서 약간 친수성까지)
- Cholesterol과 fatty acid esters(약간 친유성에서 센 친유성까지)
- Glyceryl dilaurate(이차 유화제)
- Glycol stearate(이차 유화제)

② 음이온성 유화제
- Disodium laureth sulfosuccinate
- Sodium dioctyl sulfosuccinate
- Alcohol ether sulfate
- Sodium alkylaryl sulfonate

③ 양이온성 유화제
- PEG-alkyl amines
- Quaternary ammonium salts

④ 자체-유화 바탕물질(o/w 유제를 형성)
- PEG-20 stearate와 cetearyl alcohol
- Cetearyl alcohol과 polysorbate 20
- Glyceryl stearate SE

⑤ 흡착 바탕물질
- Lanolin alcohol, octyldodecanol, 광유
- dhtpfls, ozokerite, 광유

7.4 노화에 대한 피부관리

화장품 소비자들은 세월이 지남에 따라 감소되는 건강한 밝은 색, 짙은 핑크색, 활기찬 생기를 갖는 젊은 피부를 때때로 상상한다. 이러한 부분적 겉보기 변화는 오래된 피부의 수분보유 능력의 감소와 관련이 있다. 나이든 사람들의 겉모양을 우아하게 만드는 필요성을 강조하는 화장품과 그 업자들은 가까운 미래에 전체 화장품 시장의 판매율이

두 배 증가할 것으로 예상한다.

초기 보습제는 처음에 지방과 오일이 피부를 부드럽고 나긋나긋하게 만드는 가정의 바탕에서 지질을 이용하여 처방했다. 실제는 적절한 보습에 필요한 피부의 수분함량이 얼마인가를 정확하게 표시하기 어려웠다. 피부의 기저층 각질세포 수분함량은 약 70%다. 성숙된 각질층이 박리 층에 도달할 때 수분함량은 15~20%로 감소한다. 현재 보습화 전략은 다음과 같다.

① 보습제라고 알려진 흡습성 성분을 외부에서 처방하여 각질층의 수분-보유 능력 증가. 이러한 성분들은 피부에서 자연수분인자(NMF)와 같은 방식으로 작용한다. 락트산과 요소처럼 보습제로 사용하는 몇 가지 물질은 NMF 성분들이다.
② 피부표면에서 물에 녹지 않는 기름 물질의 탈착에 의해 각질층수분 유지. 오일성 물질은 피부의 자연 지질 두 겹층 효과를 모방하여 표면에서 증발을 제한한다. 예를 들어 바셀린이 그런 역할을 한다.

일반적으로 필요한 흡장제(occlusive agent) 농도는 비교적 진하고 피부에 사용할 때 끈적거린다. 흡습제와 혼합된 흡장제 유화는 최종 제품에 효과적으로 흡장되는 흡장제 능력을 감소할 수 있다. 보습제는 피부 보습의 개선에 사용하지만 보습제는 실제로 피부에서 수분을 빼앗는 상태다. 일단 보습제가 수분을 흡수하면 수분의 활동도 계수는 감소한다. "피부조직의 수분은 주위의 보습제-수분 혼합물에 비하여 수분 활동도가 적어야 한다. 그렇지 않으면 물 분자는 피부로 이동하지 않는다." 처방이 효소-조절 정상

표 1-7 일반 피부관리 보습제와 컨디셔닝제(95)

유연제	보습제	흡장제
acetylated lanolin	acetamide	acetylated lanolin alcohol
C14-15 alcohols	ammonium lactate	caprylic /capric triglyceride
dimethicone copolyol	copper PCA	cetyl ricinoleate
hexyl laurate	gluconic acid	dimethicone
isopropyl myristate	glycerin	hydrogenated lanolin
lanolin	PCA	mineral oil
PPG-20 cetyl ether	propylene glycol	myristol myristate
squalene	sodium PCA	petrlatum
sucrose oleate	sorbitol	soybean lipid
wheat germ glyceride	urea	squalane

박리과정을 방해하지 않는 보습제 선택이 중요하다. 글리세린은 이러한 이유 때문에 때때로 보습제로 사용한다. 최근 화장품 처방에서 보습제로서 기능과 피부를 부드럽게 만드는 역할을 담당하는 친수성 고분자 보습제는 alginic acid, chitosan(그리고 그 염류), collagen, hyaluronic acid이고 보통 사용하는 피부관리 보습제와 컨디셔닝제는 표 1-7과 같다.(95)

유체 처방은 표피의 건강이 첫째 각막 사이 지질층의 생성, 가수분해 및 산화, 둘째 자연수분인자(NMF) 합성의 효소 의존성, 셋째 기후변화에 의해 영향을 받을 수 있다. 글리세린-바탕을 이용하는 처방은 화장품 지질에 대한 용매를 구할 수 없는 것이 불리한 점이다.(95) 화장품 처방에서 친유성 "화장품 활성"을 원하면 그 처방을 최적화하는 기술과 경험을 사용해야 한다.

7.5 피부의 겉모양과 살결의 즉시-개선 처방

피부를 즉시 개선하는 유제 처방은 여러 방법이 있다. 젊은 피부의 표피는 반투명하고 빛이 일부분 투과할 수 있다. 반투명 피부는 빛이 나고 홍조를 띤다. 표피와 진피 사이의 층은 망상 쐐기형이라고 알려진 융기를 갖는다. 나이를 먹은 피부는 이 구역이 더 작아지고 더 평편해지고 피부의 반투명 효과를 감소한다. 게다가 피부표면의 각질세포는 빠르게 벗겨지지 않는다. 이러한 피부 결과는 둔하고 평편하지 않은 겉모양으로 된다. "피부 홍조 혹은 광택"을 잃어버리는 인자들은 노화피부를 발생하는 경향을 갖는 멜라닌 형성 세포의 불규칙한 모양 때문이다.

정상적 날씨에서 사람들은 각질세포 표면에서 일부분 반사되는 빛과 진피에서 일부분 반사되는 빛이 보인다. 젊어 보이는 피부는 멜라닌과 헤모글로빈 색을 가진 진피 중에 혈관과 더 낮은 표피로부터 빛을 반사한다. 입사광은 건조피부에서 반사되어 깊이 투과하지 못하고 둔한 겉모양을 가지면서 반사된다.

7.5.1 간섭 색소

피부에서 반사된 빛을 변화하는 방법은 간섭 색소를 처방하는 방법이다. 처음에 얼굴 화장품에 사용한 이 방법은 최근에 바디-보습제에서 유행한다. 효과-증진 색소는 "피부에 자연스런 투명한 광택의 추가"에 이용한다. 효과-증진 색소는 실크-느낌 유제를 사용하여 피부의 촉감을 개선할 수 있다. 똑같은 효과-증진 색소는 제품의 겉모양에 좋은 광택을 부여하게 사용할 수 있다.(96)

효과-증진 색소는 일부분 반사하고 일부분 투과하는 빛에 의해 광택을 내는 얇은 반투명 작은 판상으로 구성한다. 그 색소들은 천연 진주, 운모, 옥시염화 비스무트(BiOCl)염 등을 바탕물질로 이용할 수 있다. 옥시염화 비스무트 결정은 백색 진주광택성이고 어떤 품질은 금속-효과를 주고 어떤 품질은 기묘한 광택과 부드러운 느낌을 준다. 천연 진주는 유제에 매끄러운 광택을 부여한다. 철산화물 혹은 이산화티탄 금속산화물-도포 운모 색소는 가장 일반적으로 사용한다. 이러한 재료의 색은 보는 각도에 따라 인체 곡면-표면에서 복잡한 무지개 색을 나타낸다. 작은 판상-입자일수록 매끄럽고 부드러운 실크 광택을 내고 큰 입자일수록 번쩍거리고 찬란한 겉모양을 나타낸다.[96] 적당한 입자크기와 색-혼합은 피부에 환한 광택을 제공한다.

간섭 색소는 처방전 연구원들의 소망에 따라 0.1～2.0%(무게) 농도로 피부관리 화장품에 사용한다. 입자크기 선택은 나이에 따라 생기는 반점, 가는 주름, 평편하지 않은 피부 색의 겉모양 등을 감춘다. 색의 간섭효과는 여러 입자크기를 처방하여 최대화할 수 있다.

7.5.2 부드러운 초점-효과

마이크로-구형과 같은 가는 입자들은 유제와 무수물 처방에 사용하여 피부의 느낌과 겉모양을 증진한다. 마이크로-구형의 화학성분은 여러 가지다. 그 예는 polymethyl methacrylate, polyethylene, ethylene/acrylates copolymer, nylon, polyurethane, silicone resins, silica 등이다. 적절한 재료 선택은 그 처방에 "광학적 불투명 효과"와 가는 주름과 평편하지 않은 피부 색조의 최소화에 기여한다. 어떤 피부관리 제품은 피부의 투명층에 침착하여 가는 주름이 눈에 더 잘 보이게 한다. 적절한 마이크로-구형 처방은 이러한 효과를 최소화하고 피부 겉모양의 향상에 기여한다. 여러 입자 크기를 이용한 처방은 평편하지 않은 피부의 겉모양의 최소화에 더 많은 도움을 준다.

간섭 색소와 연질 초점 재료(soft focus material)를 이용한 처방은 일차운반체와 그것과 혼합되는 재료의 굴절률이 중요하다. 운반체를 피부에 사용할 때 증발 후에 피부에 남는 운반체 부분은 "일차운반체"(primary vehicle)라고 한다. 예를 들어 피부에 사용하는 오일과 폴리머의 유제는 오일/폴리머의 부분이 피부표면에서 수분증발 후에 남는 일차운반체다. 일반적으로 빛-분산 입자의 굴절률은 피부와 효과적 운반체보다 크다(표 1-8).

표 1-8 화장품 재료의 굴절률

재 료	굴절률
titanium dioxide	2.51
skin	1.62
propylene glycol dibenzoate(ester)	1.54
PMMA	1.49
PPG-3 benzyl etrher myristate(ester)	1.465
phenyl trimethicone(silicone)	1.46
polyethylene	1.45
silica	1.45
microsphere(generl)	1.41 ~ 1.53
dimethicones, cyclomethicones(silicone)	1.375 ~ 1.403, 1.394 ~ 1.398
perspiration	1.33
air	1.00

7.5.3 에스터 유연제

화학적으로 에스터(ester) 화합물은 카복시산과 알코올로부터 만든다. 에스터는 화장품 유제를 처방할 때 여러 기능을 갖는다. 에스터 화합물은 유연제, 피부 컨디셔너, 용매, 향료, 방부제로 사용한다.(97) 최근에 에스터 유연제는 더 비싼 실리콘 대신에 사용하여 화장품유제에 미학적 이익을 제공한다. 에스터 화합물은 실리콘과 함께 처방하여 피부에 사용할 때 유제의 안정도와 느낌을 개선한다.(98) 공동-유화제로 작용하는 에스터는 감소된 처방 점착성의 피부 흡착을 증진하고 보습제의 수화 성질을 개선한다.

에스터는 그 화합물의 사슬 길이와 두 가지 출발물질의 구조적 배열을 반영하는 성질을 나타낸다. 이러한 이유 때문에 서로 다른 에스터는 서로 다른 연화성을 갖는다. 짧은-사슬 지방족 알코올 혹은 산의 간단한 모노-에스터는 가벼운 느낌을 준다. 가지 사슬-에스터는 기름기 없는 느낌을 주고 화학적으로 더 복잡한 pentaerythrityl ester는 "푹신한 느낌"을 준다.(97) 에스터의 구조적 성분도 피부에서 분산되는 거동에 영향을 준다. 가지 사슬-에스터는 전형적으로 더 큰 분자 인자를 갖는다. 분자량이 증가하면 분산 거동이 감소한다. 에스터 유연제를 부정확하게 처방하면 유제 점성과 살결에 나쁜 영향을 준다. pH 3.4 이하에서 에스터는 가수분해하여 원하지 않는 냄새를 풍긴다.

7.5.4 폴리머

폴리머는 작은 분자이고 화학적으로 긴 반복 단위들이 연결되어 있다. 폴리머들은 자연에서 도처에 있다. 모든 생명체 세포의 DNA, 식품의 단백질과 전분, 자동차 타이어 등도 모두 폴리머로 구성되어 있다. 화장품 유제에서 폴리머의 이용과 기능도 여러 가지다. 실리콘 혹은 polyacrylic acid에 바탕을 둔 폴리머는 유화제로 사용한다. 이러한 폴리머는 양전하를 띠고 피부에 상당히 부드러운 컨디셔닝 효과를 나타낸다. 기타 폴리머들도 유제에 처방하여 단단한 피부 느낌을 만들고 간섭 색소와 기타 고체입자들이 옷에 의하여 마모되어 없어지는 것을 최소화하고 유제를 함유하는 햇볕막이에 대하여 내수성을 제공한다. 이러한 폴리머는 피부표면에서 필름을 형성한다(표 1-9).[97]

표 1-9 폴리머를 사용하는 예

폴리머	종 류	응용성
acrylates/C10-30 alkylate cross-polymer	high molecular weight polyacrylate	primary emulsification(o/w)
carbomer	acrylic acid	synthetic thickener
acrylates/steareth-20 methacrylayte copolymers	acrylic polymer emulsion/ anionic	thickener
PEG-150/decyl alcohol/ SMDI copolymer	hydrphobically modified nonionic polyol	low pH formulations, cationic conditioners, o/w sunscreens, cationic silicone emulsions
caprylic/capric triglceride sodium acrylates copolymer	polyacrylic acid	w/o emulsions
PVP(eicosine copolymer)	vinylpyrrolidine copolymers	oil soluble, rub resiastance in sunscreen
tricontanyl PVP	vinylpyorrolidine copolymer	oil soluble, rub resistance for pigments and sunscreens

7.6 노화에 대한 효과적 화장품 처방

노화 화장품 소비자들은 가는 선과 주름살을 감추고 평편하지 않은 피부 색상을 개선하고 거친 살결 피부를 매끄럽게 만들고 나이 먹어 생기는 반점과 관련 있는 피부색소를 감소하는 화장품을 찾는다. 분자생물학의 발전은 *in vitro*에서 여러 화장품-의약 성분의 기능성을 나타내는 계획을 발전시켜 노화피부의 겉모양 개선을 돕는다.

7.6.1 펩타이드, 비타민 유도체, 식물성분

in vitro 자료에서 화장품 효능을 지지하는 매우 인상적 결과들이 나타난다. 이러한 여러 제품들은 적절하게 처방하고 *in vivo*에서 시험하여 그 기능이 소비자들의 기대와 일치하는 것을 확인해야 한다. 화장품-의약 성분들은 효과적으로 처방한 운반체 중에서 조화롭고 안정해야 한다. 예를 들어 펩타이드(peptide)는 여러 아미노산 변형 화합물과 함께 이용할 수 있다. 펩타이드는 효과적으로 피부에 침투하는 능력을 갖게 설계해야 한다. 한 방법은 펩타이드에 palmitate와 같은 친유성 사슬을 첨가한다. 구리-펩타이드도 상품으로 이용한다. 그것을 효과적으로 이용하려면 고농도로 처방해야 한다.

문헌에 의하면 retinoic acid는 주름 겉모양을 개선하고 콜라젠 형성을 촉진하고 피부색조도 개선한다고 주장한다. Retinoic acid는 안정성이 제한을 받고 소비자들은 때때로 그 제품을 사용하는 동안에 피부 건조와 자극을 경험한다. 그 안정성을 증진하기 위해서 처방은 산소와 빛에 노출을 최소화해야 한다. retinoic acid는 항산화제와 함께 혹은 캡슐에 넣어 이용한다. 주요한 포장은 산소와 빛이 투과하지 못하게 설계해야 한다. 자극-잠재력은 적당한 retinoic acid 유도체로 처방하여 감소할 수 있다. retinol은 trans-retinoic acid보다 더 좋은 내성을 갖는다. 항-염증제와 섞은 혼합물은 자극성을 더 완화한다. glucosamine 및 *N*-acetyl-glucosamine과 같은 설탕-아민은 피부 수화를 돕고 가는 선과 주름 그리고 얼굴의 과색소화를 감소한다. glucosamine은 항산화제와 함께 섞는 처방이 불가능한 경향이 있고 이 문제는 산성 pH에서 극복할 수 있다. glycolic acid를 이용하는 처방은 피부의 태양광 노출에 대한 감도 증가 및 햇볕에 타는 세포형성의 증가와 관련이 있다. 이러한 이유 때문에 glycolic acid도 햇볕차단제에 포함해야 한다.

식물성분의 화장품 및 의학적 이용은 오래되었다. 식물성분의 선택은 세대를 거쳐 경험으로 영향을 주었다. 이러한 역사적으로 오래된 이용에도 불구하고 전래 의약품은 여러 나라에서 공식적으로 인정되지 않는다. 근래에 피부관리에 식물성분의 이용이 관심을 끌고 있다. 최근까지 식물성분을 이용한 처방에 대한 안정성, 품질, 효능, 안내 등을 설명하는 자료들은 부족한 상태다. 식물성분-바탕 제품의 화장품 처방 연구자들은 World Health Organization,(99) Journal of Nutrition,(100) 기타 이용가능한 자료에 자문을 구한다.

두 종류의 식물성분들이 관심을 끈다. 노화피부의 화학요법제는 polyphenol 항산화제(catechin과 flavonol) 그리고 isoflavone이다. 녹차는 epigallocatein-3-gallate(EGCG)를 함유하고 포도씨는 polyphenol 항산화제를 함유한다. 광노화에 엉겅퀴 밀크에서 발견된 silymarin과 콩에서 추출된 genistein은 광노화에 유용한 성분의 예다. 여러 식물 추출물은 처방에 이용할 수 있다. 추출성분은 화합물에 따라 다르다. 용해도와 안정도 변화는 시간경과에 따른 최종제품의 보관 수명과 안정도의 잠재적 원인을 제공한다. 여러 추출성분은 검정색 혹은 냄새를 갖는다. 원하는 활성을 갖게 색을 밝게 그리고 냄새를 중화하는 추출방법을 고려해야 한다. 화장품 처방 연구원들은 식물추출 제조회사와 상의하여 오일 성분의 극성, 알칼로이드를 포함하는 추출성분의 pH, 수소화반응, 산화반응 등에 대한 정보를 얻어 이용하는 것이 필요하다. 식물 추출성분의 의약용 농도는 전형적으로 화장품 농도보다 5~10배 더 진하고 의약용 추출성분은 검정색이고 수지 모양이고 화장품 처방에 이용하는 것처럼 녹지 않는다.[101][102]

7.6.2 약초 식물을 이용한 화장품 처방

팅크제(tincture)는 용제(menstrum)라고 알려진 용매에 녹는 식물성분 용액이다. 팅크제는 거친 여과, 빛에 노출, 한냉온도변화, 추출물의 화학적 분해 때문에 침전이 생긴다. 그 침전은 활성 성분 혹은 비활성 단백질을 함유할 수 있다. 침전생성은 일정한 온도 혹은 빛에 대한 노출을 피하여 최소화할 수 있다. 대량 침전, 특이한 색 변화, 냄새 발생 등이 생기면 팅크제를 버려야 한다. 추출물 중에 알칼로이드는 여러 의학적 이득을 제공한다. 추출용매 산성화는 효능을 증가하지만 탄닌과 섞으면 효능이 감소한다. 글리세린은 일반적으로 추출용매로 알코올 사용을 원하지 않을 때 대신 사용한다. 이러한 종류의 추출물을 glycerite라고 한다. glycerite는 알코올 추출물보다 효능이 덜하고 보관수명이 짧다. 식용유는 살충제와 제초제의 좋은 추출용매이고 cold-press oil로도 사용한다.

8 표피투과수분손실과 피부흡수

표피투과수분손실(transepidermal water loss : TEWL)은 수분이 피부를 통하여 외부로 확산되는 현상이다.[103] TEWL 측정을 이용하여 피부수분 장벽기능을 알아본다. TEWL 증가는 수분장벽 불균형을 나타낸다.[104] TEWL 측정은 임상학적 피부염, 자극제, 알레르기 패치 시험반응 등에서 자극제와 피부기능 특성에 대한 장벽 효과의 변수 평가에 이용한다.[105] 증발계(evaporimeter)는 피부표면과 주위 공기 사이에 수분 기울기(water gradient)로부터 생기는 경계층의 압력 기울기(pressure gradient)를 측정하여 TEWL을 알아낸다. TEWL 측정은 해부학적 피부의 위치, 땀, 피부표면온도, 습도, 기기-관련 변수에 따라 영향을 받는다. TEWL은 여러 변수에 따라 영향을 받지만 증발계 측정은 *in vitro*와 *in vivo*에서 재현성이 있다.(105)(106)

피부흡수(percutaneous absorption)는 피부를 통하여 국소적으로 도포한 화합물의 흡수속도와 관련이 있다. 화합물 흡수속도는 국소적으로 사용한 화합물의 효과와 잠재적 독성측정에 중요하다. 여러 국소용(local) 처방은 완전한 투과 장벽이 의심스런 병에 걸린 피부에 사용하므로 몸에 흡수된 투여량은 크게 변할 수 있다. *in vivo*에서 각질층을 통한 흡수속도는 0차 혹은 1차 속도식으로 설명할 수 없다. 왜냐하면 각질층은 투과성질이 변할 수 있는 복잡한 시스템이기 때문이다. 일정한 화합물의 피부흡수는 여러 인자들이 기여한다. 피부를 통한 화합물의 흡수단계를 제한하는 한 속도는 각질층을 통한 확산속도다. 여기에서는 피부흡수 속도변화를 일으키는 세 가지 종류, 즉 방법론(적용시간의 효과, 측정방법, 국소용 화합물의 물리화학적 성질을 포함), 개인간 변화(피부상태의 효과, 각 개인의 연령, 혈액흐름을 포함), 개인의 변화(해부학적 위치 사이에 차이를 포함)를 살펴보겠다.

8.1 TEWL과 피부흡수의 상호관계

TEWL-대-피부흡수의 측정에 필요한 여러 방법은 두 가지 측정 사이에 상호관계를 발견하여 피부장벽 기능에 더 쉬운 접근을 원하기 때문이다. TEWL과 피부흡수 사이의 상호관계 실험은 중요한 정량적 상호관계 결론의 연구와 정량적 상호관계가 없는 결론의 연구로 나눈다. TEWL과 피부흡수 상호관계 연구의 대부분은 정량적 상호관계를 관찰한다. TEWL과 피부흡수를 연구하는 여러 실험은 실험결과에 영향을 주고 토론의 원인을 제공하는 많은 가정을 제시한다. 예를 들어 *in vitro*에서 TEWL과 피부흡수 측정은 *in vivo* 측정과 동등하다 가정하고,(107)(108) 동물피부는 인간피부의 투과모델로 사용할 수 있다고 가정한다.(109) 오차의 큰 원인과 변화도 피부흡수속도의 측정방법과 흡수화합물의 종류에 따라 유발된다. TEWL과 피부흡수 사이에 정성적 관계를 완전히 이해하지 못할 때 실험 동안에 세운 가정이 상호관계 결과에 영향을 줄 수 있다고 결정하기 어렵다.

---

(1) Lesile Baumann, *The Skin Type Solution*, New York : Bantam Dell, 2006.

(2) D. I. Orton, J. D. Wilkinson, Cosmetic allergy : incidence, diagnosis, and management, *Am. J. Clin. Dermatol.*, 2004, 5(5) : 327-337.

(3) C. Paine, E. Sharlow, F. Liebel et al., *J. Invest. Dermatol.*, 2001, 116(4) : 587.

(4) T. Hakozaki, L. Minwalla, J. Zhuang et al., *Br. J. Dermatol.*, 2002, 147(1) : 20.

(5) P. Boukamp, *Clin. Exp. Dermatol.*, 2001, 26(7) : 562.

(6) P. Boukamp, *Curr. Mol. Med.*, 2005, 5(2) : 171.

(7) L. Baumann, *J. Invest. Dermatol.*, 2005, 125(4) : xii-xiii.

(8) B. Querleux, R. Jourdain, K. Dauchot et al., Specific brain activation revealed by functional MRI, 20th World Congress of Dermatology, Paris, *Ann Dermatol Venereol*, 2002, 129 : 1S42.

(9) G. Yosipovitch, D. Yarnisky, *Quantitative sensory testing*, In H. Maibach et al. eds., *Dermotoxicology Methods : the Laboratory Worker's Vade Mecum*, New York : Taylor & France, 1997.

(10) P. J. Frosch, A. M. Kligman, *J. Soc. Cosmet. Chem.*, 1977, 28 : 197.

(11) K. Lammintausta, H. I. Maibach, D. Wilson, *Dermatosen in Beruf und Umweit*, 1988, 36(2) : 45.

(12) R. Jourdain, P. Bastein, O. de Lacharriere et al., *J. Cosmet Sci.*, 2005, 56 : 153.

(13) A. V. Roussaki-Schulze, E. Zafiriou, D. Nikoulis et al., *Drugs Exps. Clin. Res.*, 2005, 31 : 17.

(14) M. Schmelz, R. Schmidt, A. Bickel et al., *J. Neurosci.*, 1997, 17(20) : 803.

(15) A. Hannuksela, M. Hannuksela, *Contact Dermatitis*, 1995, 32 : 163.

(16) J. Pinnagoda, R. A. Tupker, T. Agner et al., *Contact Dermatitis*, 1990, 22 : 164.

(17) E. Berardesa, G. P. Vignoli, F. Distante et al., *Contact Dermatitis*, 1995, 32 : 83.

(18) A. Bircher, E. M. de Boer, T. Agner, *Contact Dermatitis*, 1994, 30 : 65.

(19) G. Pierard et al., *Dermatology*, 1994, 189 : 152 ; *J. Am. Acad. Dermatol.*, 1995, 33 : 462 ; *Contact Dermatitis*, 1996, 34 : 81.

(20) P. Gasser, E. Lati, M. Dumas, *34th Annual European Society of Dermatological Research Meeting*. Viena, Austria, 2004, September 9-11.

(21) A. V. Rawlings, C. R. Harding, *Dermatol. Ther.*, 2004, 17(suppl. 1) : 43.

(22) S. Verdoer-Sevrain, F. Bonte, *J. Cosmet. Dermatol.*, 2007, 6(2) : 75.

(23) G. S. Pilgram et al., *J. Invest. Dermatol.*, 1999, 113(3) : 403.

(24) B. Forslind, *Acta Derm. Venereol*, 1999, 79 : 418.

(25) J. Bouwstra, G. Pilgram, G. Gooris et al., *Skin Pharmacol. Appl. Skin Physiol.*, 2001, 14(suppl. 1) : 52.

(26) L. Norlen, *J. Invest. Dermatol.*, 2001, 117(4) : 830.

(27) L. Landmann, *J. Invest. Dermal.*, 1986, 87(2) : 202.

(28) E. Sparr, H. Wennerstrom, *Biophys. J.*, 2001, 81(2) : 1014.

(29) P. R. Warner, M. C. Myer, D. A. Taylor, *J. Invest. Dermatol.*, 1988, 90(2) : 218.

(30) A. V. Rawling, P. J. Matts, *J. Invest. Dermatol.*, 2005, 124(6) : 79.

(31) M. Boury-Jamot, R. Sougrat et al., *Biochim. Biophys. Acta*, 2006, 1758(8) : 1034.

(32) I. H. Blank, *J. Invest. Dermatol.*, 1953, 21(4) : 259.

(33) I. R. Scott, C. R. Harding, *Dev. Biol.*, 1986, 115(1) : 84.

(34) P. N. Moore, S. Puvvada, D. Blankschtein, *J. Cosmet. Sci.*, 2003, 54(1) : 29.

(35) K. Ertel, *Personal cleansing products : properties and use*, In T. Draelos eds., *Cosmetic Formulation in Skin Care Products*, New York : Taylor and Francis, 2006, 35-65.

(36) K. P. Ananthapamanabhan et al., *Dermatol. Ther.*, 2004, 17(suppl. 1) : 16.

(37) K. Subramanyan, *Dermatol. Ther.*, 2004, 17(suppl. 1) : 26.

(38) K. P. Ananthapamanabhan et al., *22n IFSCC Congress*, Edinburgh, 2002, 37.

(39) E. H. Choi, et al., *J. Invest. Dermatol.*, 2005, 125(2) : 288.

(40) D. Black et al., *Skin Res. Technol.*, 2000, 6(2) : 70.

(41) M. Loden, *Cosmet. Toiletries*, 2001, 116 : 31.

(42) M. Loden et al. eds., *Bioengineering of the skin : Water and the Stratum Corneum.*, New York : CRC Press, LLC, 2005, 295.

(43) J. W. Fluhr et al., *Acta Derm. Venereol*, 1999, 79(6) : 418.
(44) R. S. Summers et al., *J. Soc. Cosmet. Chem.*, 1996, 47 : 27.
(45) P. J. Matts, J. Gray, A. V. Rawling, *The Royal Society of Medicine Press International Congress and Symposium Series*, 2005, London, 1.
(46) R. R. Warner et al., *J. Invest. Dermatol.*, 1999, 113(6) : 960.
(47) J. W. Fluhr, et al., *Skin Pharmacol. Appl. Skin Physiol.*, 1999, 12(4) : 193.
(48) G. Primavera, E. Berardesca, *Invest. J. Cosmet Sci.*, 2005, 27 : 199.
(49) S. William et al., *Int. J. Cosmet Sci.*, 2007, 29 : 131.
(50) R. C. Pepe, J. A. Wenninger, *International Cosmetic Ingredient Dictionary and Handbook*, Washington : The Cosmetic, Toiletry, and Fragrance Association, 2002.
(51) O. K. Jacobi, *Drug Cosmet. Ind.*, 1959, 84 : 732.
(52) T. Yoneya, Y. Nishijima, *Biomedical mass spectrometry*, 1979, 6 : 191.
(53) N. Nakagawa et al., *J. Invest. Dermatol.*, 2004, 122 : 755.
(54) J. W. Fluhr et al., *J. Invest. Dermatol.*, 2003, 120 : 728.
(55) *J. Am. Coll. Toixicol.*, 1985, 2 : 223.
(56) M. Sugiura, R. Hayagawa, *Contact Dermitis*, 1997, 37 : 90.
(57) W. Fan et al., *Am. J. Contact Dermitis*, 1991, 2 : 181.
(58) M. Loden et al., *Acta Derm. Venereol.*, 2002, 82 : 45.
(59) C. L. Froebe et al., *J. Soc. Cosmet. Chem.*, 1990, 41 : 51.
(60) A. V. Rawlings et al., *Arch. Derm. Res.*, 1995, 287 : 457.
(61) A. V. Rawlings, P. J. Matts, *J. Invest. Dermatol.*, 2005, 124 : 1099.
(62) J. M. Brandner, *Int. J. Cosm. Sci.*, 2007, 29 : 413.
(63) M. D. Batt, E. Fairfurst, *J. Cosm. Sci.*, 1986, 8 : 253.
(64) L. M. Lieb et al., *J. Soc. Cosmet. Chem.*, 1988, 39 : 107.
(65) M. Loden et al., *Skin Res. Technol.*, 2001, 7 : 209.
(66) M. Loden, C. Wessman, *Int. J. Cosm. Sci.*, 2001, 23 : 115.
(67) J. W. Fluhr et al., *Acta Derm. Venereol.*, 1999, 79 : 418.
(68) R. Stern, *Hyaluron : Key to skin moisture*, In M. Loden, H. I. Maibach eds., *Dry Skin and Moisturizers Chemistry and Function*, Boca Raton, FL : Taylor & Francis Group, 2005, 246.
(69) S. Budavari, *The Merck Index*, Rahway, NJ : Merck & Co., 1989.
(70) E. A. Balazs, P. Band, *Cosmet. Toilet*, 1984, 99 : 65.
(71) S. Sweetman ed., Martindale : *The Complete Drug Reference*, London : Pharmaceutical Press, 2005.
(72) C. Prottey et al., *Br. J. Dermatol.*, 1984, 110 : 475.
(73) C. M. Ditre, *J. Am. Acad. Dermatol.*, 1996, 34 : 187.
(74) R. G. Glogau, *Facial Plast. Surg.*, 1995, 11 : 1.
(75) J. Middleton, *J. Soc. Cosmet. Toilet*, 1974, 93 : 61.
(76) M. Takahashi et al., *J. Soc. Cosm. Chem.*, 1984, 35 : 171.
(77) A. Sahlin et al., *Int. J. Cosm. Sci.*, 2007, 29 : 385.
(78) I. Effendy et al., *Acta Derm. Venereol.*, 1995, 75 : 455.
(79) D. O. Thueson et al., *Dermatol. Surg.*, 1998, 24 : 641.
(80) The Scientific Committee on Cosmetic Products and Non-Food Products intended for consumers. The safety of alpha-hydroxy acids. Adopted by the SCCNEP during the 13th plenary meeting of 28 June 2000. pp. 2-10. Available at : http://www.ec.europa.eu/health/ph-risk/committees/sccp/documents/out121-en.pdf.
(81) W. R. Driscoll, *D & CI*, 1975, 45-149.
(82) G. I. Stables, S. M. Wilkinson, *Contact Dermatitis*, 1998, 32 : 236.

(83) K. Laden, R. Spitzer, *J. Soc. Cosm. Chem.*, 1967, 18 : 351.
(84) J. D. Middleton, M. E. Roberts, *J. Soc. Cosmet. Chem.*, 1978, 29 : 201.
(85) PCA and sodium PCA, *Cosmetic Ingredient Review*, Washington, 1997 CIR Compendium. 1997, 106.
(86) R. C. Rowe et al., *Handbook of Pharmaceutical Excipients.*, 4th ed., London Pharmaceutical Press, 2003.
(87) TNO, *Toxity Profile-Propylene Glycol. Slurry*, U.K. : BIBRA International Ltd, 1996.
(88) M. L. Glover, M. D. Reed, *Pharmacotheraphy*, 1996, 16 : 690.
(89) S. Freeman, M. S. Lee, *Contact Dermatitis*, 1996, 35 : 195.
(90) R. Kasprzak, *Drug and Cosmetic Industry*, Illinois : Allured, 1966.
(91) P. N. Konish, J. B. Gruber, *J. Soc. Cosmet. Sci.*, 1998, 49 : 335.
(92) *The HLB system*, ICI Americas, Inc., 1984.
(93) Emusification of Basic Cosmetic Ingredient, ICI United States, Inc., 102-6, 8/75.
(94) K. Yahagi et al., *Int. J. Cosmet. Sci.*, 1991, 13 : 221.
(95) M. M. Rieger ed., *Harry' Cosmeticology*, 8th ed., New York : Chemical Publishing Comp., Inc., 2000.
(96) G. Uzunian, *Happi*, 1999, 36(88) : 98.
(97) *International Cosmetic Ingredient Dictionary and Handbook*, 9th ed. The Cosmetics, Toiletry and Fragrance Ass., Inc., Washington DC, 2002.
(98) *Croda Bulletin* DS-173 R-1, Oct. 23, 2003.
(99) E. Ernst, *Bull World Health Organ.*, 2000, 78(2) : 252.
(100) G. B. Mahady, *Am. Soc. for Nutritional Sci.*, 2001, 1120S-1123S.
(101) G. Imogawa, M. Rieger, *Specialty lipids.* In M. Reiger ed., *Harry's Cosmeticology*, 8th ed., NY : Chemical Publishing Comp., Inc., 2000.
(102) F. S. D'Amelio, *Preparations*, In *Botanicals : A Phytocosmetic Desk Reference*, New York : CRC Press, 1999.
(103) E. Oestmann et al., *Br. J. Dermatol.*,1993, 128 : 130.
(104) J. Nilsson, *Med. Biol. Eng. Comput.*, 1997, 15 : 209.
(105) J. Pinnagoda et al., *Contact Derm.*, 1990, 22 : 164.
(106) J. Pinnagoda et al., *Contact Derm.*, 1989, 20 : 241.
(107) R. Chilcott et al., *J. Invest. Dermatol.*, 2002, 118(5) : 871.
(108) J. Tsai et al., *J. Pharm. Sci.*, 2001, 90 : 1242.
(109) E. Lmaud et al., *J. Invest. Dermatol.*, 1984, 82 : 556.

CHAPTER 2

피부-미백, 성인과 유아 화장품, 땀과 탈취

1 피부 - 미백제

피부 과색소화는 일반적 현상이고 가끔 생리학적 고민을 야기한다. 그 치료방법은 미백제, 화학적 박리제, 레이저, 물리적 방법 등이다. 여러 치료방법을 이용할 수 있지만 피부미백제는 간단하고 편리하므로 가볍게 피부변화(화장품계에서 피부색을 변화 혹은 수정하기를 원하는 개인들) 혹은 탈색피부(임상치료에서 검은 색, 검은 점, 노년기의 작은 점과 같은 비정상 과색소 피부 치료)에 이용한다. 일반적으로 사용하는 미백제는 hydroquinone, arbutin, kojic acid, ascorbic acid와 그 유도체들이다. 이들의 효능, 메커니즘, 안전성 등은 광범위하게 연구되었다.(1)

1.1 하이드로퀴논

하이드로퀴논(hydroquinone, 1,4-dihydroxybenzene)은 사진, 고무, 화합물, 화장품산업에서도 사용한다. 하이드로퀴논은 인간과 동물의 피부에 미백 효능이 있고 임상학적으로 검은 색, 작은 검은 점, 노년기의 작은 점, 염증후 과색소화(postinflammatory hyperpigmentation, PIH) 치료에 국소적으로 이용한다. 미국에서 하이드로퀴논은 OTC(처방전 없이 판매하는 의약품)에 2%까지 농도를 그리고 처방전 의약품은 더 높은 농도까지 허용한다. 하이드로퀴논은 tyrosine효소를 억제하여 dopa 성분이 멜라닌으로 변환되는 것을 방지한다. 그리고 하이드로퀴논은 DNA와 RNA 합성 억제, 멜라노염색체 분해, 멜라노세포도 파괴한다고 제안했다.(2)

하이드로퀴논은 천연에서 β-glucopyranoside conjugate(arbutin)로 발견된다. Arbutin은 검은 점과 자외선-유발 주근깨를 포함하는 피부 과색소화에 온화한 치료제로 사용한다. Arbutin은 일본에서 전래적으로 배나무 잎과 어떤 약초에 함유되어 있다.(3) 하이드로퀴논과 연관된 반대 반응은 통증이 심하고 만성적 합병증이 포함된다. 통증이 심한 반응은 자극성 피부염, 손톱탈색, PIH 등이고 일반적으로 알레르기 항원(알레르기를 발생하는 물질)이고 알레르기 접촉성 피부염은 약하다고 추측한다. 하이드로퀴논은 또한 저색소증을 유발할 수 있고 드물게 정상 피부 주위에 탈색이 나타난다. 그러나 이러한 변화는 일시적이고 하이드로퀴논 치료를 중단하면 회복된다. monobenzene으로 치료하면 심한 백반이 나타난다. 하이드로퀴논을 진하게 오래 사용하면 하이드로퀴논-유발 황색증이 나타날 수도 있다.

1.2 Kojic acid

Kojic acid는 균류 대사 생성물이고 1988년에 일본에서 피부미백제품으로 시판된 이후에 그 사용이 점차 증가하고 있다. kojic acid는 *Aspergillus*에서 1907년에 처음 분리하였다. Kojic acid는 구리와 킬레이트화합물을 주로 생성하는 자유 tyrosinase를 억제하고 *in vivo*와 *in vitro*에서 색소화 치료와 예방에 기여한다.(4)(5) 일본에서 처방전 없이 1%까지 피부관리제품에 사용한다.

1.3 아스코르브산과 그 유도체

아스코르브산(ascorbic acid)은 o-quinone을 환원하여 멜라닌 생성을 억제하므로 멜라닌은 모든 비타민 C를 산화할 때까지 tyrosine 반응 때문에 생성되지 않는다.(6) 비타민 C는 용액 중에서 빠르게 산화되고 분해되므로 일반적으로 탈색제로 사용하지 않는다. 최근에 이러한 문제를 최소화하기 위해서 비타민 C를 물에서 그리고 특히 붕산과 그 염류를 함유하는 중성과 알칼리성에서 안정한 Magnesiun-L-ascorbyl-2-phosphate(VC-PMG) 유도체를 합성하였다. VC-PMG는 피부와 간에서 인산효소에 의해 비타민 C로 가수분해되어 비타민 C-환원 활성도를 나타낸다. VC-PMG는 피부 미백효과, 기미, 노년기 주근깨에 좋은 결과를 나타냈다.(6)

1.4 기타 피부-미백제

Glutathione은 인체의 모든 장소에 있는 화합물이다. 이 화합물은 최근에 피부-미백효과 기능을 갖는 것이 알려져 관심을 끌고 있다. 제안된 메커니즘은 첫째 효소의 구리-함유 활성자리와 결합하여 tyrosinase효소의 직접 비활성화, 둘째 멜라닌 검은 색소로부터 어두운 암갈색으로 변환메커니즘의 조정, 셋째 tyrosinase 활성화와 멜라닌 생성에 기여하는 자유라디칼과 과산화물의 퀜칭(quenching), 넷째 멜라닌세포 독성물질에 기여하는 탈색소의 능력조절이다.(7)

2 유아 관리 화장품

국어사전에 의하면 1세부터 6세까지를 유아(baby)라고 한다. 여러 가지 유아의 피부와 모발 관리 제품들이 시장에 나와 있다. 이러한 제품들은 섬세한 유아피부를 위해서 특별히 개발하였다고 주장한다. 유아와 어른의 피부와 모발 제품의 서로 다른 점을 이해하기 위해서 해부학적 그리고 생리학적 차이를 설명할 필요가 있다.

2.1 유아와 어른 피부의 생리학적 차이

TEWL과 피부 흡수작용 연구에서 유아는 어른의 장벽성질을 갖는 각질층이 완전히 발달된 상태처럼 보인다. 신생아의 피부두께, 피부 pH, 각질층 수화와 같은 변수들은 신생아 피부를 자궁의 환경상태처럼 매우 잘 조절한다.

2.2 피부 흡수작용

신생아 피부의 흡수작용은 어른 피부에서 관찰된 것과 비슷하다. 그러나 유아들은 여러 가지 전형적 위험인자들이 존재한다.

① 표면적/유아체중 비율은 어린이들이 어른보다 2.3배 많고 6개월에서 1.8배, 12개월에서 1.6배로 감소한다.

② 약물속도론 파라미터는 어린이와 어른 사이에 큰 차이가 있고 생체이용 기간은 감소 혹은 더 길어지므로 어린이에 대한 불리한 반응의 잠재적 위험이 증가한다. 미숙아와 만삭 출생아는 어른보다 3~9배 더 긴 반감기를 갖는 경향이 있다. 그러나 일단 신생아 기간이 끝나면 어른이 정상적 평형으로 되돌아오는 것에 비하여 배출이 증가하고 기간이 더 길다. 이러한 신생아 기간은 포유기와 일치한다.

③ 국소용 화장품의 사용 상태도 중대한 역할을 한다. 피부관리 화장품은 가끔 클렌징 로션이나 햇볕차단용 크림처럼 넓은 인체 표면에 바른다. 이것은 국소용(local) 결과뿐만 아니라 피부흡수와 잠재적 독성에도 위험이 증가한다. 이러한

인자는 노출-바탕 위험 평가(exposure-based risk assessment)에서 고려해야 한다.

④ 기저귀 구역과 비-기저귀 구역은 출생할 때 차이가 없지만 14일이 지나면 pH는 높고 그리고 수화상태는 증가하는 차이를 나타낸다. 옷과 기저귀는 몸에 밀착되고 조절되지 않는 오줌과 배변 때문에 특수한 환경이 생긴다. 밀착-기저귀는 세균증식에 적당한 따뜻하고 영양이 풍부한 환경을 제공한다. 오줌과 대변 사이의 상호작용 때문에 질소분해효소들이 활성화되고 요소를 암모니아로 변환하며 피부 pH는 알칼리성으로 변한다. 결과적으로 지방분해효소와 단백질분해효소 같은 배설물효소들이 활성화되고 기저귀 구역의 허약한 피부는 손상된다. 현대 기저귀의 기술에도 불구하고 자극성 기저귀 피부염은 완전히 피할 수 없다. 생체와 다른 물질의 피부흡착이 일어난다. 역사적으로 기저귀 구역에 사용하는 여러 분자 화합물들은 독성을 유발하는 것으로 알려졌고 매우 조심스럽게 이용해야 한다. 그 화합물들은 hexachlorophene, dichlorophene, corticisteroids, boric acid, ethanol 등이다. 화장품 위험 평가에서 안전도 한계(margin of safety : MoS) 연구는 수용가능한 인간-노출 농도를 규정할 때 사용한다. 실험적 연구로부터 인간으로 추론할 때 불확실성 인자의 크기는 화학종의 차이, 민감한 부분-모집단, 지속기간, 노출경로, 운반체 혹은 매트릭스 효과와 같은 여러 가지를 고려해야 한다.

2.3 유아 세정 화장품

2.3.1 목욕 화장품

유아목욕은 미지근한 물(35~36℃)에서 5~6분이면 충분하다. 일반적으로 매일 목욕하지만 피부건조와 유아피부의 자극 때문에, 특히 음이온성 물질의 탈지에 의한 피부자극 때문에 매일 목욕이 최적상태는 아니다.(8) 더 좋은 것은 2차 계면활성제라고 부르는 비이온성, 양쪽성, 혹은 부드러운 음이온 계면활성제(sulfosuccinate, isothionate, protein fatty acid condensate) 등을 사용한다. 건조하거나 민감한 피부와 아토피 습진 피부는 거품목욕과 목욕 크림 첨가제로 목욕 오일을 사용하는 것이 좋다. 가장 좋은 효과는 보통 물에서 5분 목욕 후에 목욕 오일을 첨가하고 5~10분 계속해서 목욕한다.(9) 불완전한 피부장벽의 회복은 목욕물에 전분 혹은 전분-함유 목욕 첨가제를 가하여 사용한다. 일반적으로 거품목욕은 너무 많은 거품을 발생하는 1차 계면활성 때문에 어린이에게 적절하지 않다.

2.3.2 샴푸

유아 샴푸는 일반적으로 pH 6～7이고 이상적으로 비이온성과 양쪽성 계면활성제 같은 부드러운 계면활성제를 함유해야 한다. 샴푸는 눈을 자극하지 않아야 한다. 눈 접촉을 피하려면 샴푸 점성을 증가해야 한다. 부모들은 가끔 거품이 클렌징(cleansing) 성질에 중요하다고 생각하지만 거품은 씻는 기능이 없고 충분히 안정한 거품 생성에 필요한 성분은 가끔 대단히 자극성이 있으므로 유아 샴푸에 alkyl sulfate와 alkyl ether sulfate 같은 성분을 홀로 사용하는 것은 적절하지 않다. 게다가 유아 두발은 더럽지도 않고 기름기도 없으므로 매일 씻을 필요가 없다. 유아피부는 아직 친유성 층이 생성되지 않고 피지 생성이 적으므로 두발에 지질 분포량은 많지 않고 쉽게 씻어진다.

2.3.3 막대 비누와 세제

비누는 물과 접촉해서 알칼리를 해리하고 pH 10까지 증가한다. 또한 센물에서 칼슘과 마그네슘 이온이 침전된다. 그와 반대로 세제(syndet, synthetic detergent)는 센물과 침전을 생성하지 않고 중성과 약간 산성으로 조절할 수 있다. 세제는 넓은 범위의 계면활성제와 함께 사용하므로 선택과 혼합물에 따라 강력하거나(예 : alkyl sulfate) 혹은 부드럽다(isothionate). 세제는 비누처럼 윤활첨가제를 함유하지 않을 때 피부에서 건조될 수 있다. 그것에 더하여 비누와 목욕용 타월을 기저귀 구역에 사용하면 피부의 완충능력이 없어진다. 강력한 계면활성제로 씻으면 신생아 피부의 유익한 미생물이 소실되어 오히려 감염을 초래한다. 그 밖에 향수첨가 클렌징 제품은 음이온성 비누성분의 존재에 의한 향료의 피부침투를 촉진하여 접촉 알레르기 반응을 일으킬 수 있다.

2.3.4 클렌징 밀크

유아와 특히 기저귀 구역의 클렌징은 물과 목욕용 타월이 유아 피부에 내성이 없을 때 물과 o/w 유제에 바탕을 둔 액체 클렌저를 가끔 사용한다. 또한 이러한 유제에 담근 부드러운 티슈(tissue) 혹은 작은 타월이 시판되고 있다. 그들은 음이온성 혹은 비이온성 계면활성제들이 침적되어 있기 때문에 사용하기 편리하다. 유아들은 접촉 피부염에 걸리기 쉬우므로 성분 목록을 체크해야 한다. 왜냐하면 이러한 티슈들은 미생물 오염 방지에 필요하기 때문에 가끔 방부제 성분을 너무 많이 함유한다. 광유를 침투시킨 티슈는 기저귀 구역에서 Candida 균이 증가하고 피부표면의 지질성분이 변할 수 있다.

2.3.5 유아 닦아내기–물티슈

지난 십여 년간에 일회용 유아 닦아내기-티슈들이 전래적 클렌징 대체물로 발전되었다. 그들은 일반적으로 유제형, 수분형, 혹은 오일 로션에 담근 운반체 재료로 구성한다. 광유는 친수성 성분으로 깨끗하게 효율적으로 닦이지 않고 배설 오염물에 의해 미끄러진다. 대부분 유제-형 로션은 o/w 유제이고 유제와 계면활성제 농도는 진하다. 그들은 수분함량이 많으므로 제품들의 미생물 오염을 방지하게 방부제를 첨가하는 것이 대단히 중요하다. 예민한 피부에 사용하는 제품들은 향료와 첨가제에 대하여 선택적으로 사용하게 개발하였다. 임상학적 연구에 의하여 기저귀 구역용, 건강 유아용, 아토피 피부염 유아용들을 위한 매일 사용하는 클렌징용 고품질의 유아 닦아내기-티슈들이 개발되었다.

2.4 유아 보호용 화장품

2.4.1 얼굴과 몸에 바르는 크림과 로션

손수건-사용 구역(기저귀 구역이 아닌) 크림은 o/w 크림도 사용하지만 피부 손상을 방지하는 대부분 제품은 w/o 크림 혹은 연고(수분을 함유하지 않고 탈크, 카올린, 산화아연을 함유)를 사용한다. 이들은 allantoin, aloe vera, bisabolol을 함유하고 내수성이 필요하면 실리콘을 첨가한다. 겨울에 차가운 온도와 바람으로부터 피부보호용으로 사용하는 장벽 크림은 일반적으로 바셀린, 보습제, 진정제, 비이온성 유화제를 함유하고 입과 코 주위에 유효하다.

2.4.2 파우더

탈크 분말은 더 이상 손수건 구역에 사용하지 않는다. 탈크 분말은 수분을 흡수하고 피부가 연약해지는 것을 막으며 무른 유아피부의 자극을 방지한다. 그러나 탈크 분말은 호흡 위험성, 미생물 오염, 멸균 필요성 때문에 더 이상 사용하지 않는다.

2.4.3 햇볕타기 방지제

지난 수년 동안에 여러 종류의 피부암이 증가하고 있다. 그러므로 부모들과 아이들은 햇볕보호에 대하여 아는 것이 매우 중요하다. 어렸을 때 햇볕 노출은 후에 일생을 통하여 피부암에 대한 위험인자로 작용하고 사춘기 이전에 햇볕타기(sunburn)와 10~20년 후에 악성 흑색소 세포종의 발생 사이에는 관련이 있다고 알려졌다.(10) 그러므로 아이들은 햇볕으로부터 격리하고 적당한 의류와 모자로 보호해야 한다. 의류 중에서 약 90%는 SPF(sun protection factor) 30 혹은 더 이상 햇볕타기 방지제(sunscreen)에 상당하는 보호를 제공한다. 그러나 의류들은 직조방식, 색, 무게, 바느질, 습윤상태 등에 따라 다를 수 있다. 현재 자외선을 거르게 특별히 처리된 어린이 의류들이 시판되고 있다.

부모들은 인체의 윗부분에 대한 햇볕가림을 망각하기 때문에 아이들에 대한 햇볕을 완전히 효과적으로 가리지 못한다고 보고한다. 생후 첫 주와 첫 달 동안에 착색과 체온조절이 아직 완전히 발전하지 못하므로 많은 주의가 필요하다. 햇볕타기 방지제를 이용할 때 UVA-UVB 방지제와 햇볕 산란분말을 함유하는 큰 SPF 값의 제품을 하루에 몇 번씩 바르는 것이 좋다. 성인은 햇볕타기 방지제를 바르는 두께가 일반적으로 0.5~1.5 mg/cm^{2}이고 *in vivo*에서 평가하여 국제적으로 권장하는 SPF에 의하면 2 mg/cm^{2}이다.(11) 햇볕타기 방지제를 바르는 두께는 예상되는 햇볕타기 방지제에 의한 피부보호에 큰 영향을 준다. 이 방지제는 균일하게 바르고, 일반적으로 생략하는 귀, 목, 발을 빼놓지 않고 발라야 한다.

UV 필터의 종류도 중요하다. EU는 Annex VII of the Cosmetic Directive 76/768/EEC에 의한 UV 필터만 권장한다. 어린이들은 마이크로와 나노 입자크기의 산화아연 혹은 이산화티탄을 화학적 햇볕타기 방지제 대신 사용할 수 있다. 이러한 제품은 효과적이고 안전하다는 사실이다. 일반적으로 나노 입자들은 건강문제에 대하여 의심을 가지므로 안전성에 대하여 다시 시험하고 있다.(12)

최근에 European Commission은 햇볕타기 방지제품의 효능에 관하여 발표하였다. UV에 대한 충분한 보호와 일반 대중에 대한 적절한 정보제공을 목적으로 Commission Recommendation 2006/674/EC는 명확하게 햇볕 제품에 대한 최소 효율범위를 다음과 같이 발표했다 : UVB SPF는 적어도 6이어야 하고 UVB SPF 값은 8종류 값, 즉 6, 10, 15, 20, 25, 30, 50, 50+으로 제한한다. 더 큰 SPF 값은 허용하지 않는다. "100% 보호", "햇볕차단", "하루 종일 햇볕보호"와 같은 화장품 설명은 오해를 유발하므로 금지한다고 설명한다.(13)

햇볕타기 방지제는 목욕할 때와 땀을 흘려도 피부에 남아있어야 하므로 그 점성이 중요하다. 현재 대부분 시판되는 햇볕타기 방지제는 내수성이고 유럽에서 Colipa guideline에 따른 내수성을 권장한다.(14) 유기물 UVB filter로서 4-methylbenzylidine camphor, benzophenone-3, homosalate, octylmethoxy-cinnamate, octyldimethyl-PABA 같은 종류는 내분비선 파괴 때문에 비난을 받았다. 이러한 UV 방지제 안전성은 European

Scientific Committee on Consumer Products에 의해 개정되어 사람들의 이용에 안전하다고 생각한다.(15)

TOPIC 불노장수에 신경을 쓰지 마라 : 텔로미어(telomere)

한림대학교 김용선 교수에 의하면 고려왕의 평균수명은 40세이고 승려는 70세이다. 조선시대 왕은 평균 생존수명이 46세이고 환관의 평균 생존수명은 90세이다. 혹시 환관이 시식할 때 맛있고 싱싱한 종류를 왕보다 더 많이 잡수셔서 그러한가? 아니면 호르몬 남용을 억제하면 장수하는가?

인간 유전자는 각 세포마다 23쌍 염색체와 미토콘드리아 DNA(mtDNA)라고 알려진 작은 원형유전자를 갖는다. 염색체 1~22는 상대적 크기에 따라 그림 1처럼 번호를 매기고 그것은 세포핵 안에서 각기 모계에서 유전된 한 카피와 부계에서 유전된 한 카피가 모여 구성된 한 쌍의 카피로부터 생긴다. 성 염색체는 남성이 Y, 여성이 X다. mtDNA는 모계에서만 유전되고 각 세포마다 수백 미토콘드리아를 갖는다. 핵 DNA는 염기쌍(base pair, 약자는 bp)이 3억 이상이고 mtDNA는 길이로 환산하면 대략 16569 bp다.

그림 2-1 인간 유전자

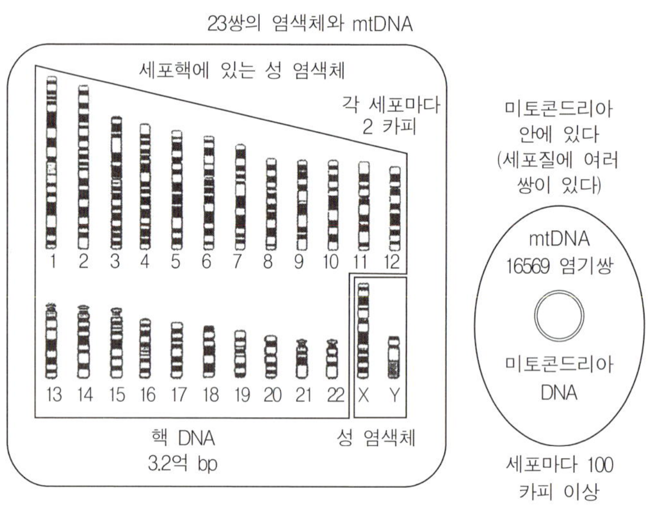

염색체 12의 텔로미어(telomere)의 기본구조를 예로 들면 그림 2-2와 같다. 염색체 중심은 동원체(centromere)라 하고 체세포분할 동안에 염색체 이동을 관리하며 동원체 양쪽의 팔은 짧은 쪽을 p, 긴 쪽을 q라고 한다.

그림 2-2 염색체 12의 텔로미어

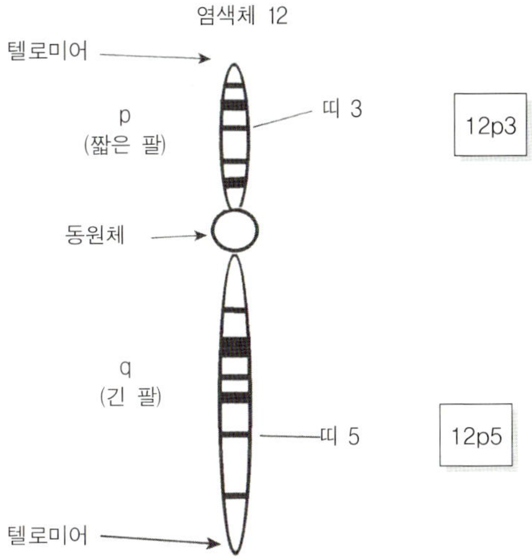

2009년에 노벨상 위원회는 인간의 수명이 오직 "텔로미어"의 길이에 의존한다고 발표했다. 길면 오래 살고 짧으면 일찍 죽는다는 것을 의미한다. 인체의 노화현상과 수명의 근원을 최초로 확인한 것이다. 이론적으로는 텔로미어를 잘 관리하면 진시황이 갈망하던 불로장생이 가능하다. 텔로미어를 늘리기 위한 위험한 비싼 약물복용과 수술도 필요없고 텔로미어를 짧게 만드는 위험요소만 잘 관리하면 진시황의 꿈이 실현될 것이다. 그러나 아직 방법을 찾지 못한다. 텔로미어효소는 조직의 변화가 심한 종양과 피부에 90% 이상 나타나고 체강조직(체벽과 내장 상이에 있는 조직)에 없다. 미시건주립대학 나이글 포셀이 서술하고 심리나 씨에 의해 번역된 "노벨의학상이 찾아낸 불로장수의 비밀, 텔로미어" 책에 의하면 채식만 하면 면역체계와 근력이 약화되고 텔로미어를 활성화하는 텔로미라제(telomerase) 효소의 분비가 감소한다. 그래서 오랫동안 채식을 고집한 할리우드 스타 안젤리나 졸리는 채식을 포기했다. 조깅, 등산, 마라톤과 같은 유산소운동은 기대만큼 근력이 향상되지 않고 텔로미어 길이는 증가하지 않으며 관절염과 디스크 위험만 증가하였다. 실제로 보스톤 마라톤 출전자들을 대상으로 연구한 결과에 의하면 대다수 참가자들이 심장에 손상을 입고 텔로미어 길이도 짧아졌다. 이 책에는 텔로미어를 길게 만드는 식단과 무산소운동 지침이 담겨 있다. "유병장수" 시대를 극복하려면 텔로미어 책을 한번 읽어보는 것이 좋겠다.

3 성인 화장품

피부는 분명히 주름형성, 탄성소실, 울퉁불퉁한 착색, 수분손실, 피부가 거칠어지는 현상의 증가, 피부 가려움과 같은 노화현상이 가장 빠르게 나타나는 기관이다. 노화 그 자체는 유전(연대적 혹은 내부적 노화)과 환경 혹은 행동 과정(조숙 혹은 외부적 노화)에 의하여 발생되는 생물학적 과정의 복잡한 상호작용의 결과라고 이해한다.

현대 생물학적 노년학의 지식확대는 노화 메커니즘에 관한 이론과 해석을 광범위하게 확장하고 있다. 피부노화의 과학적 연구방법은 피부의 항-노화에 대한 새로운 개념의 확인에 목적을 둔다. 과학적 연구 활동의 견지에서 피부의 비-침습성(noninvasive)과 소량 침습성(slightly invasive)의 생리학적 측정과 연구방법은 피부노화의 메커니즘 연구에 대단히 유익하다. 그 외에 배양 피부세포 혹은 삼차원적 배양 피부 모델도 성공적으로 시험할 수 있다.

현재 화장품 소비자들은 피부노화 신호에 기여하는 생리학적 과정의 감속, 중단, 혹은 반전까지도 기대감이 증가하고 있다. 이러한 전진적 요구는 새로운 활성 성분과 함께 화장품 연구와 처방 발전에 최신식 기술노력이 필요하고 그것은 항-노화 효과를 위해서 가장 적당한 새로운 처방기술을 완전하게 발휘할 수 있다.

3.1 피부노화의 생리학적 변화

피부는 내장기관과 다르게 외부영향에 노출된 가장 외부의 보호장벽이다. 환경의 도전 때문에 피부노화 과정은 유전성 내부적 인자에 의해 영향을 받을 뿐만 아니라 외부적 인자, 특히 햇볕노출에 의해 훨씬 더 많이(80%) 촉진된다.(16) 피부노화 메커니즘은 근본적으로 나이 먹음에 따른 가는 선과 얕은 주름의 형성과 관련이 있다. 그러므로 화장품 연구는 피부에 해롭다고 알려진 외부인자를 주로 억제하는 새로운 활성 원리의 확인과 기능에 초점을 맞춘다. 그러므로 가장 중요한 분야 중 하나는 내부세포와 외부세포 메커니즘을 통하여 일어나는 햇볕-유발 피부손상의 방지와 보수이다.

3.1.1 반응성 산소 화학종

UVB 복사선은 다소 직접적으로 DNA를 파괴하는 것이 널리 인정되므로 UVA 복사선은 더 간접 방식으로 반응성 산소 화학종(reactive oxygen species : ROS) 발생을 통하여 DNA 파괴를 유발한다.(17) 햇볕에 노출하는 동안 인간 피부에 있는 자외선의 내인성 흡수체와 감광제(riboflavine, porphyrine, tryphtophan, urocainic acid 등)는 ROS 발생과 관련이 있다. 이러한 UV-유발 ROS는 깊은 주름처럼 피부에 나이-관련 손상을 유발하는 주요한 인자라 확신하고 그들을 "광-노화"(photo-aging)라고 한다.

3.1.2 피부변화

나이를 먹음에 따라 그리고 UV 복사선 때문에 노화피부는 콜라젠(진피의 주요한 성분)의 집합과 분해 사이에 불균형이 증가한다. 이것은 전체 콜라젠이 피부 표면의 단위 면적당 약 1% 감소하고(18) 그 이유는 새로운 합성 콜라젠의 농도감소, 콜라젠 종류의 비율변화,(19) 콜라젠분해효소 MMP-1 같은 콜라젠-파괴효소의 활동도 증가하기 때문이다.(20) 그 외에 피부는 탄성 섬유들이 감소하고 두께는 얇아지며 인장세기도 변하고 스트레스에 대한 저항도 감소한다.(21)

3.1.3 표피 변화

노화피부의 특징은 재생능력의 감소이고 특히 표피층의 재생에 오랜 시간이 필요하다. 이러한 표피 전환(turn-over)은 젊은 성인 피부에서 약 28일 걸리고 나이를 먹음에 따라 40~60일로 증가할 수 있다.(22) 게다가 피부는 늙음에 따라 UV-유발에 의한 햇볕에 타는 세기는 점차 불규칙하다. 노화-반점 생성과 흑색소 세포종(melasma)의 생성에 관한 생리학적 지식은 아직 부족하다. 노화-반점의 출현은 생성된 멜라닌 집합체를 주위 케라틴세포로 동등하게 분배할 멜라닌세포의 능력이 부족 혹은 멜라닌색소의 편재적 과량 생성 때문이다. 이것은 피부 멜라닌세포의 불균형 분포 혹은 멜라닌세포의 생리학적 과정의 색소조절에 의해 주로 생긴다고 본다.

3.2 활성 화장품 성분과 그 기능성

건조 피부를 경험한 노화 소비자들은 센 수분-결합성질을 갖는 글리세린 같은 보습제를 함유하는 피부-관리 처방을 선호한다. 현대 화장품은 이러한 소비자 요구에 따라 노화를 예방 혹은 재생기능을 갖는 제품을 기획한다. 화장품은 피부노화를 미리 방지하는 것 이외에 주름살의 겉모양을 개선하고 혹은 부드럽게 만들고 피부의 재생기능

(표피 전환) 약화를 지연해야 한다. 현대 피부 화장품 산업계의 연구는 노화피부에 필요한 생물학적 요구를 특별한 목적으로 삼는 몇 가지 방법을 이미 발표했다.

그것에 더하여 강력한 태양노출을 피하려면 고-효율성 자외선-필터 제품을 사용하여 자외선-의존성 산화 스트레스로부터 보호해야 한다. 늙은 피부는 UV-노출에 훨씬 더 민감하다고 생각해야 한다. 피부의 연령-의존성 퇴화 때문에 UV 복사선은 더 깊게 침투하고 손상이 증가하여 축적된다.(23) 이러한 영향은 햇볕으로부터 보호할 필요성을 유발하므로 화장품 처방은 효과적 UVA/B 복합-필터를 사용해야 한다. UVB 필터를 이용하여 홍반 생성을 보호하는 것 이외에 UVA 필터는 광노화 방지에 결정적 역할을 해야 한다. 왜냐하면 UVA 복사선은 상대적 산소 화학종(ROS) 생성과 그 다음의 콜라젠 분해효소의 활성에 결정적 역할을 하기 때문이다.

피부에서 생리반응은 산화-환원 연속단계 반응을 포함하는 물리화학적 과정에 바탕을 두므로 피부는 내인성과 외인성 환경 산화 스트레스 인자(예를 들어 자외선)에 대한 직접 보호장벽으로 **항-산화 방어 시스템**이 발전된다. 이러한 효소계와 비-효소계 시스템의 내인성 항-산화 보호제와 비-효소 항-산화제 시스템은 진피에 비해서 표피에서 더 진하게 나타난다. flavonoids, vitamin A, C, E, coenzyme Q10, carotinoids와 같은 물질은 건강식이의 성분들이고 이 성분들은 외부로부터 인체에 보충될 수 있으며 피부 시스템에 대하여 보호기능적으로 작용한다. 비타민 C와 E, 식물성 flavonoid derivative, (AGR) α-glycosylrutin과 같은 국소적으로 이용하는 물질은 조숙아 UV-유발 피부 노화에 대하여 큰 보호 기능성을 나타낸다. 피부에 이용하는 산화성 물질은 원하는 보호효과를 나타내지 않는다. 생물학적으로 이용가능한 수용성 flavonoid AGR은 살아있는 층에 피부-보호 저장소에 축적될 수 있고 거기에서 고유한 glutathione 산화-환원 계는 산화손실에 대하여 보호하고 UV-유발 염증을 감소한다.(24) 마찬가지로 수용성 항-산화제 비타민 C는 다른 활성제 사이에서 콜라젠 합성의 보조인자로 작용하므로 더 깊은 층에서 피부재생을 돕는다.(25)

특히 항-박리와 항-주름의 효능을 갖는 노화-손상 피부치료제는 수많은 원리들이 화장품에 응용되고 그들은 피부의 외부 각질층 제거(박리작용)에 바탕을 형성한다. 일반적으로 사용하는 박리제는 α-hydroxy acid(AHAs), 내분비 대사물질(lactate) 혹은 기타 과일에 함유된 산과 같은 천연 화합물들이다. 이용하는 물질에 따른 피부침투깊이는 국소적 농도와 이용하는 시간에 다르다. 이러한 치료제 활성은 일반적으로 박리와 준-임상적 염증에 의한 피부재생 유도에 바탕을 두고 표면상의 상처-치료과정과 비슷하게 나타난다.

몇 가지 항-노화 활성제는 피부노화에 유익한 효과를 나타낸다. 비타민 A와 그 유도체들은 수년간 화장품 산업에서 활성 성분으로 사용하고 있다. 이 성분들의 활성은 근본적으로 특수한 핵 받개(nuclear receptor)의 상호작용에 바탕을 두고 콜라젠 합성과 같은 활성을 조절하여 피부구조를 개선한다. 유감스럽게도 이들은 농도-의존성 피부 자극성질이 있고 햇볕과 산화과정에 대단히 민감하여 활성이 크게 감소한다. 새로운 cyclodextrine-바탕 처방이 그러한 활성에 제한받지 않고 효율적으로 안정하게 활성 성분으로 이용할 수 있다.(26)

피부에 자극을 주는 원인은 여러 가지다. 나이와 관계없이 피부는 여름보다 겨울의 춥고 건조한 자극에 더 예민하다. 특히 예민한 피부를 갖는 사람들은 건조, 강력한 햇볕, 기계적 스트레스, 환경독성에 대하여 피부를 보호해야 한다. 노화-피부는 방어능력과 보수 메커니즘이 제한되므로 자극에 대하여 더 예민하다. 그러므로 노화피부는 예방적 항-염증 관리를 권장한다.

TOPIC 수은 중독

금속은 체내에 흡수되어 생화학적 반응이 일어나려면 이온상태 혹은 원자수준의 작은 입자여야 한다. 예를 들어 수은은 입자상태로 삼켜도 해가 없다. 그래서 치과에서 수은을 은(Ag) 입자와 섞은 아말감 상태로 만들어 치료에 사용한다.

일본 니가다현 쇼와덴코 공장의 폐수에서 수은이 메틸수은 상태로 유출되어 태아성 미나마타병이 발생하였다. 수은을 포함한 중금속(납)을 섭취한 사람은 중추신경 이상과 각종 신경장애가 생긴다. 우리들이 사용하는 건전지도 전지의 수명연장을 위해서 수은을 소량 혼합하기 때문에 수명이 끝난 건전지를 별도로 수집한다.

2005년 한국환경과학원은 내륙과 해안의 초등학교 학생 모발에 함유된 수은을 검사하였다. 바닷가 학생들은 1 ppb 이상이고 내륙 학생들은 1 ppb 이하였다. 한국에서 제대혈 중에 수은은 0.05 ppm이고 이것은 신생아들이 이미 수은과나 상태로 출생한 것을 의미한다. 한국인은 미국인보다 4배, 독일인보다 10배 더 수은을 인체에 축적한 것으로 나타났다. 미국에서 어떤 아나운서는 시험적으로 참치를 1 can/day 먹고 매일 수은함량을 검사한 결과, 4일 후에 17 ppb로 나타나서 20일 후에 참치고기 식사를 중지하였다. 미국산모들은 큰 생선의 섭취를 금한다. 상어, 참치, 황새치, 다랑어, 왕고등어처럼 큰 고기일수록 수은 함량이 많다. 참치는 지방이 많이 분포하여 가장 맛이 좋다고 비싸게 받는 복부에 수은이 가장 많고 등뼈부분에 적게 분포한다. 그래서 서울대보건대학원 조경덕 교수는 2014년에 큰 생선보다 작은 생선을 먹으라고 권한다. 태평양 한가운데 파로섬은 축제에 고래 고기를 먹는 것이 전통인데 1998년부터 고래사냥 금지와 인체 내 수은과다 축적 때문에 지금은 먹지 못하고 입맛만 다시고 있다. 파로섬는 1986년부터 현재까지 수은축적 검사를 계속하는데 고래 고기를 금식한 다음부터 수은함량이 감소하는 추세를 나타냈다. 오래전에 이름난 한의원에서 신경통 환자들에게 하얀 광목주머니에 금속분말을 넣고 닭과 함께 중탕하여 국물만 마시라고 처방했다. 닭고기는 먹지 말라고 당부한 것이 다행이다. 금속분말을 분석한 결과에 의하면 A의원 금속분말은 산화아연, 산화카드뮴, 산화납이 들어있었고 B의원 금속분말은 산화수은이 들어있었다. 그 한의원에 달려가서 입에 거품을 물고 항의하고 보건관계 행정기관에 항의한 결과에 의하면 허가받은 의사의 처방은 사고 난 다음에 고발할 수 있단다. 그 한의원은 약을 되돌려받은 만큼 약값을 되돌려주었다. 단백질 용액에 수은이나 납과 같은 중금속을 가하면 난용성 침전이 생긴다. 이 방법은 오래전에 Hillerbrand 정량분석 교과서에 단백질 정량방법으로 사용했다. 마찬가지로 체내에 수은이나 납이 흡수되면 단백질과 결합하여 인체의 어떤 부분에 침착한다. 그러면 신경을 전달하는 전자들이 그 중금속 화합물에 흡수되어 신경흐름이 중단된다. 옛날 한국-미국 사이에 태평양을 지나는 구리선 케이블을 통하여 미국에 전화하면 구리선이 불순할수록 상대편 수화기에 도달하는 전자수가 적으므로 잘 들리지 않았다. 그래서 미국 Bell 회사는 전 세계적으로 구리정제에 대하여 현상금까지 걸었다. 수은이나 납이 체내에 축적되면 뇌사진에 나타난 결과로 보아 기억력과 인지능력이 감소하고 중추신경에 영향을 주며 행동장애가 나타난다. 멸치는 심해잠수를 못하니 수은 오염이 참치보다 적다. 참치 대신 멸치로! 아니면 내륙에서 기르는 생선으로!

4 항-발한제

겨드랑이(axilla)의 항-발한제(antiperspirant)와 상호작용의 현황에 관하여 살펴보고 처방과 약품전달과정을 살펴보겠다.

4.1 겨드랑이 땀샘

사람의 겨드랑이 구역은 아포크린샘, 과립분비샘, 피지선을 포함한다. 겨드랑이에 대략 25,000개 땀샘이 있고 땀을 12 g/hr 분비한다. 현재 땀샘의 구조와 기능에 관한 이해는 면역학, 대사작용, 호르몬에 관한 것뿐이다.

과립분비샘(eccrine gland)은 대부분의 땀을 제조하는 샘이다. 과립분비샘은 감각기능과 분비기능을 갖고 감정과 열적 자극에 의해 촉진된다. 분비물은 투명한 무색액체이고 수분은 98~99%이며 무기물과 유기물은 1~2%다. 무기물은 NaCl, K^{+}, Ca^{2+}, Mg^{2+}, Fe^{3+}, Cu^{2+} 등을 함유한다. 유기물 성분은 lactic acid, citric acid, formic acid, propionoic acid, butyric acid, urea, ammonia를 함유한다. 겨드랑이 밑의 습기는 대부분 과립분비샘에서 나온다. 항-발한제는 과립분비샘에서 나오는 땀만 감소시킨다.

아포크린샘(apocrine gland)은 분명히 사람의 계통발생 발전의 유물이다. 아포크린샘은 인체의 특수한 위치, 특히 겨드랑이 밑에서 사춘기 동안 밀크 같은 점성액체를 만들기 시작한다. 과립분비샘에 비하여 아포크린샘 구멍은 피부표면이 아니고 모낭에 있다. 피부 세균에 의하여 아포크린 땀이 분해되면 특이한 나쁜 냄새를 풍긴다. 아포크린 땀은 수분, 단백질, 탄수화물, 암모늄염, 지질, 콜레스테롤, 스테로이드, 남성 호르몬-변환 효소를 함유한다.

4.2 항-발한제

항-발한제는 과립분비샘의 땀-생성을 제한하여 겨드랑이 밑의 습기를 감소시키는 국소적 제품이다. 미국에서 이 제품은 "인체의 기능"에 영향을 주려고 하기 때문에(예를 들어 호흡에 영향) FDA에 의하여 비처방약(OTC)으로 취급한다. 항-발한제성분을 함유하는 제품은 검증시험조건에서 시험 모집단의 최소 20~50%는 땀 분비를 감소해야 한다. 제품의 안전과 효능을 개발하는 시험계획(예를 들어 *in vivo* 임상시험에서)은 원하는 요구를 실증하게 계획해야 한다.

염화알루미늄 수화물(aluminum chlorohydrate : ACH) 용액을 이용한 겨드랑이 땀샘 활동도의 정량적 측정은 고전적 전분 요오드 방법으로 분석한다. 동시에 *in vovo*에서 여러 땀샘의 기능을 분석하는 비-침투성 광학적 방법은 최근에 발표되었다.(27)(28)

4.2.1 항-발한제에 의한 땀 감소 : 현재 모델과 이론

땀-감소제 반응은 주로 활성제의 종류(알루미늄 염류, 비-이온성 화합물, 이온성 화합물)에 의존한다. 알루미늄 염 혹은 알루미늄 지르콘 염류에 바탕을 둔 항-발한제 효능은 과립분비샘 도관에 금속 수산화물이 점착하고 마개역할을 생성하는 것으로 이해한다. 이러한 현상은 전자현미경을 이용하여 땀샘이 염화알루미늄 침전에 의해 마개가 막히는 현상을 관찰하여 증명하였다.(29)(30)

$AlCl_3$에 바탕을 둔 첫 번째 항-발한제 Evber Dry 제품은 1903년에 시장에 출현하였고 첫 번째 크림-함유 항산알루미늄은 1930년대에 소개되었다. 이 제품의 불리한 점은 산성 pH(2.5~3.0)이고 겨드랑이 밑 땀샘에 피부자극을 발생한다. 역사적으로 더 높은 pH 범위를 이용한 항-발한제 활성물질의 개발은 완충 염화알루미늄(ACH pH=4.0~4.2)이 처음이고 이것에 의해 직물이 산성 항-발한제에 의해 손상되는 것을 방지할 수 있게 되었다.(31)

4.2.2 알루미늄 지르콘 염화수화물-글리신 착물

알루미늄 지르콘 염화수화물-글리신 착물(aluminum zirconium chlorohydratye-glycine complex : AZG)은 ACH, 염화지르콘, 글리신(glycine)을 반응시켜 합성한다. 글리신은 완충제로 사용한다. 이 항-발한제 착물이 수용액에서 중합체 구조를 생성하는 항-발한제다. 이것의 활성은 Al+Zr : 염화물의 비와 Al−Zr 원자의 비의 비율에 따라 결정된다.(32) 무수물에 바탕을 두고 계산된 최대 AZG 농도는 20%이고 이것은 아직 에어로졸로 사용하게 처방할 수 없다.

4.2.3 겨드랑이 습기를 조절하는 새로운 개념

알루미늄-바탕 항-발한제 화학의 이해는 다른 대체물 항-발한제를 탐색하게 되었다. 티탄 유도체는 부분적으로 중화된 ammonium titanium lactate(ATL) 염류이고 그것은 *in vitro*에서 효능을 나타냈다.(33) 티탄금속 착물은 티탄 알콕시드와 유기산을 암모니아로 중화하여 합성할 수 있다. 산성-중성 상태에서 ATL은 가수분해에 대하여 비교적 안정하므로 수용액-바탕 혹은 무수 의약품-운반 시스템에서 적당한 항-발한제 활성을 갖는다.

4.2.4 필름-형성 항-발한제 중합체

폴리-장벽 방법은 겨드랑이 피부에 난용성 점착필름장벽을 형성하는 중합체를 이용하여 땀 발생을 감소하는 또 다른 방법을 연구하였다.(34) 점착필름은 수분통과에 대한 장벽 역할을 한다. 이 방법의 장점은 피부자극을 감소하고 겨드랑이 면도 후에 이용가능하며 현재의 고전적 항-발한제 염류와 비교하여 땀 발생을 크게 감소한다. 우수한 중합체는 olefinic acid amide/olefinic acid 혹은 에스터 공중합체 같은 octylacrylamide/acrylate copolymer(Versacryl-40)이고 이러한 공중합체는 단독으로 혹은 PVP/eicosene copolymer와 혼합하여 막대모양, 볼펜형태, 알코올-바탕 제품으로 사용할 수 있다.(35) 땀-발생 감소는 운반체(vehicle) 선택에 따르고 40%까지 영향을 준다.

4.2.5 소액성 액정

어떤 계면활성제/보조계면활성제 혼합물은 수용액에서 미셀(micelle)의 판상, 육각형, 반전 육각형, 반전 미셀, 입방체상(cubic phase) 대신에 농도/온도의 변화에 따라 형성된다. 입방체상은 미셀 혹은 평행형이다.(36) 판상 혹은 입방체 안의 수분은 어느 정도 팽창한다. 이러한 팽창 거동을 특허의 바탕으로 이용하여 계면활성제/보조계면활성제의 혼합물을 겨드랑이 땀샘에 이용한다.[37] 땀(수분)은 첨가된 성분들을 입방체 구조의 소액성 액정(lyotropic liquid crystal)으로 운반하고 겨드랑이에서 땀을 흡수한다. oleic acid/glycerol monlaurate는 특허에서 계면활성제 혼합물의 하나이고 이 성분들은 탈취제로도 잘 알려져 있다.

4.3 항-발한제 성분의 운반 시스템과 응용 형태

항-발한제 활성 성분은 무수 현탁제, 수분-혹은 알코올수용액-바탕 용액, 그리고 유제처럼 여러 운반 시스템에 처방하여 이용할 수 있다. 항-발한제의 대표적 응용형태는 막대형, 볼펜형태, 크림, 펌프식 분무, 에어로졸, 젤, 분말이다. 그중에서 가장 대표적으로 사용하는 종류는 막대형, 볼펜형태, 에어로졸 종류다.

4.3.1 처방

원하는 사용 형태를 결정한 다음 화장품 처방 연구원들은 항-발한제 성분의 운반 시스템을 결정해야 한다. 여기에서는 처방을 이용한 활성 성분의 영향, 다른 운반 시스템의 효능, 항-발한제에 사용한 성분의 기능에 관한 현재의 내용을 요약한다.

ACH 혹은 AZG 착물과 같은 항-발한제 활성 성분은 물에 녹는다. 항-발한제 활성 성분의 진한 수용액 이용은 끈끈한 느낌을 주므로 실리콘 오일(cyclomethicone) 혹은 di-(2 ethylhexyl) adipate를 이용하여 끈끈한 느낌을 감소할 수 있다. 원하는 약품 전달 시스템의 추가 성분 선택은 산성 pH(4.0~4.2)를 고려해야 한다. 점성 손실과 색 안정성을 고려하는 최종 처방 문제는 젤화제(gellant)와 향료의 변화에 대한 유의사항이다. 무수 시스템(에어로졸과 현탁 막대) 중에 알루미늄 분말은 가끔 피부와 옷에 백색 찌꺼기를 남긴다. (PPG)-14 butylether 혹은 adipate ester 같은 액체 유연제는 이러한 찌꺼기를 최소화한다. 또 다른 방법은 고체 유연제로서 isosorbide monoalurate(ICI, Arlamol® ISML)를 이용한다. 무수 에어로졸 처방에서 ACH 분말은 에어로졸 깡통 바닥에 가라앉아 분산되기 어려운 덩어리를 형성한다. quaternium-18 hectorite 혹은 quaternium-18 hectonite 같은 현탁 보조제는 항-발한제 성분의 침전방지와 그 밖에 cyclomethicone 오일상의 점성을 증진한다. 가는 분말의 ACH 이용은 자연 중력법칙을 극복하는 한 방법이다.

유연제처럼 소수성 성분은 화장품 오일-상(phase) 혹은 왁스 성분이 과립분비샘 도관 구멍을 막기 때문에 항-발한제 성분의 효능에 영향을 준다. ACH처럼 항-발한제 성

분의 효능은 무수물 처방에 비하여 물-함유 시스템이 더 크다. 효능에 관한 다음 규칙을 참고하라.(38)

① 효능 : 수용액 > 무수물 현탁

② 운반체 중에 항-발한제 성분 확산과 이용한 다음 운반체로부터 피부로 확산을 고려할 때 예상되는 효능에 차이가 있다.

- 효능 : 수용액 > 분산가능한 o/w 유제 > o/w 유제 볼펜형 > o/w 유제 크림

③ 유제의 외부-상(phase) 중에 항-발한제 성분은 분산상보다 더 큰 효능을 갖는다.

- 효능 : o/w 유제 > w/o 유제

④ 물-없는 시스템에서 성분 전달 시스템의 점성은 관련성이 있다. 무수 운반체 중에 현탁 ACH는 겨드랑이에 사용한 다음 땀(수분)에 의하여 녹을 필요가 있다. 현탁 막대의 효능은 활성 성분 용해의 속도에 의존한다. 초미세 ACH 분말을 사용하면 가는 분말에 비하여 효능이 월등하게 향상되는 것으로 기대한다.

- 효능 : 점성이 작은 현탁 > 막대 현탁

친유성 성분은 제품의 효능에 영향을 줄 수 있다. 왜냐하면 수용성 프로필렌글리콜은 알루미늄 다가양이온과 착물 혹은 수소결합을 형성하여 염류의 효능이 변화하기 때문이다. 또한 고농도 프로필렌글리콜은 피부를 자극할 수 있다. 성공적 처방은 제품을 원하는 사용 형태로 정확한 점성을 찾고 겨드랑이 샘으로 흐르는 동안 점성을 낮추고 사용한 다음 점성을 증가하여 사용한 장소에 제품이 머물게 하는 것이 성공적 처방이다.

TOPIC 너무 많은 물을 마시면 죽는다

오랫동안 심한 활동에 시달리면 탈수 때문에 죽을 수 있다. 그래서 마라톤 선수들 혹은 운동하는 사람들은 물병을 들고 다니면서 물을 마신다. 어떤 경우 물을 너무 많이 마시면 대단히 위험하다. 지나치게 물을 마시면 혈액 중에 소듐이온이 너무 적은 소듐저농도증(hyponatremia)에 이른다. 과거에 십여 명이 마라톤 도중에 물을 너무 마셔서 소듐저농도증-유발 뇌팽창으로 사망했다. 정상혈액 중에 소듐농도는 135~145 mM이고 125 mM 이하로 감소하면 현기증과 혼란이 생기며 120 mM 이하로 감소하면 심각한 결과를 가져온다. 혈액 중에 소듐농도 저하는 뇌조직 팽창을 초래한다. 여성이 남성보다 더 많은 영향을 받는다. 탈수와 달리 물을 너무 마시면 체온 상승에 따라 심장박동에 영향을 준다.

5 탈취제

여기에서는 겨드랑이 냄새의 원인, 겨드랑이 미생물, 탈취제와 상호작용을 설명한다.

5.1 겨드랑이 미생물의 생물학

사람 겨드랑이 피부의 상주 미생물은 $10^6/cm^2$이고 그 종류는 호기성 Cocci, 친유성 diphtheroid, 여러 그람-음성 세균들로 구성한다.(39) 겨드랑이에 있는 대표적 두 종류의 세균은 coryneform bacteria와 *Staphylococcus epidermidis* 같은 micrococcaceae이다. Coryneform- 혹은 *S. epidermidis-dominated* 모집단은 인간에 적응하는 특성을 갖는다. 상주 미생물군은 대단히 안정한 모집단이고 양쪽 겨드랑이 사이에 많은 차이가 없다. 미생물들은 다른 피부 구역에 비해서 높은 pH와 많은 수분을 갖는 생태학적 자리에 완전히 적응한다. 문헌에 의하면 겨드랑이 털은 세균발육에 좋은 기질이 아니고 그 세균은 겨드랑이 밑 피부에 상주하기를 좋아한다.(40) 수분은 세균발육에 필요하고 특히 과립분비샘에서 분비된다. 일반적으로 약한 겨드랑이 냄새에 비하여 센 냄새 원인은 우세한 각질형태 세균(coryneform bacteria)과 관련이 있다.(41) 예를 들어 isovaleric acid와 androsterone 같은 아포크린(apocrine) 분비 성분은 겨드랑이 냄새에 기여한다고 발표했다. 피부세균의 가수분해성 외효소(exoenzyme)는 냄새 없는 수용성 androstenol 전구물질을 그것에 상당하는 휘발성 스테로이드로 분해한다.(42)(43)

5.2 탈취제

탈취제(deodorant)는 겨드랑이 냄새를 감소하려고 국소적으로 사용하는 제품이다. 탈취제는 미국에서 화장품이라 생각하고 항 발한제(anti-perspirant)는 FDA에 의하여 의약품으로 취급한다. 탈취제는 항-발한제보다 덜 자극성을 갖는 경향이 있다. 유럽에서는 현재 소비자들이 항-발한제보다 탈취제를 더 좋아하는 경향이 있고 미국에서는 그것과 반대다.

5.2.1 겨드랑이 냄새를 조절하는 최첨단 방법

겨드랑이 소지역 미생물과 겨드랑이 냄새의 원인에 관한 현재 지식은 냄새 형성에 대한 연구개발에 바탕을 둔다. 여러 특허와 문헌은 탈취 화합물에 대하여 발표하고 있다. 겨드랑이 냄새를 감소하는 방법은 다음과 같다.

① 항-발한제 활성 성분 탈취제
② 냄새-은폐 탈취제
③ 냄새-중화 탈취제
④ 냄새-억제 탈취제
⑤ esterase(ester를 산과 알코올로 가수분해하는 효소) 억제제
⑥ 항생제 활성 성분 탈취제

(1) 항-발한제 활성 성분 탈취제

염화알루미늄 수화물 혹은 Al-Zr 착물과 같은 항-발한제 활성 성분은 과립분비샘 땀을 감소한다. *S. epidermidis*와 각질형태 세균에 대한 우수한 항생제 성질은 발표되어 있다.(44) 알루미늄 산성도는 세균발육 억제에 주요한 인자다.

(2) 냄새-은폐 탈취제

향수와 같은 방향제는 고대로부터 냄새 은폐에 사용하였다. 인체 탈취제 중에 향수는 통상적으로 0.20~1.5% 되게 혼합한다. 향수는 겨드랑이 냄새와 혼합되어 은폐제로 작용한다. 향수에 대한 지각(perception)은 개인에 따라 크게 다르다. 왜냐하면 피부와 상호작용, 씻는 습관, 특이한 겨드랑이 냄새 등이 다르기 때문이다. 방향제 물질은 “top note”, “middle note”, “bottom note” 성분이라고 알려진 등급을 달성하기 위해서 혼합한다. “top note”는 응용에서 개운한 특징이고 “bottom note”는 겨드랑이 피부에 사용한 다음 남아 있는 후각성분이다.

항생제 성질을 갖는 방향제는 특허와 문헌에 있다.(45)

(3) 냄새-중화 탈취제

겨드랑이 냄새에 C_6-C_n 지방산이 기여하는 것이 알려져 있다. 중탄산소듐($NaHCO_3$)을 이용하여 만든 냄새를 없애는 비누는 화학적 중화반응을 이용하는 원리다. 그러나 이 성분은 수용액 중에서 오래 두면 안정하지 않다. 그 외에 탄산아연-함유 탈취제도 특허에 나와 있다.

(4) 냄새-억제 탈취제

zinc ricinoleate

Zinc ricinoleate 염은 세균발육억제 혹은 항-발한제 효과는 없고 냄새나는 지방산, 아민, 머캅탄과 세게 결합한다. 냄새 분자에 대한 ricinoleic acid의 라간드-교환 반응이 아마 zinc ricinoleate의 억제 성질에 대한 이유일 것이다.(46) 겨드랑이에 대한 국소적 탈취제 처방은 상호작용에 의하여 냄새 분자를 약화할 수 있다.

TOPIC 음료수 중의 비소

2001년도에 미국 환경보호청(EPA, Environmental Protection Agency)은 수돗물에서 비소함량을 50 ppb(50 ㎍/L)에서 10 ppb 이하로 감소하는 규정을 발의하여 2006년 1월에 확정했다. 미국에서 대부분 지역은 지하수의 비소를 2~10 ppb로 조절하기를 희망한다. 이것은 World Health Organization도 인정했다. 미국에서도 약 1,300만명이 10 ppm을 넘는 비소 함유 수돗물을 마신다. 그러나 서부지역은 지질학적 영향으로 더 많이 함유한다. 비소는 천연상태의 지표면에서 As(V), 깊은 지하수에서 As(III)로 존재한다. 통계적으로 비소는 낮은 농도에서도 폐와 방광에 암을 발생할 가능성이 있다. 미국 National Research Council은 매일 비소함량 3 ppb 음료수를 마시는 사람은 일생을 통하여 암에 걸릴 확률이 1/1000이고 10 ppb 음료수는 그 위험률이 3/1000이라고 발표했다. 현재 비소제거방법은 As(III)를 As(V)로 산화시킨 다음 $Fe(AsO_4)_3$를 가하고 $FeAsO_4$ 상태로 침전하여 거르거나 이온교환수지를 통하여 제거하는 방법이다. 이 방법들은 대단히 어려운 방법이고 주민들을 강제로 이주하는 것이 최선의 방법이다. 특히 금속폐광 지역은 국가에서 관리할 필요가 있다.

그래서 U.S. Academy of Engineering은 전 세계의 삶의 질을 개선하기 위한 기술의 발전을 위해서 1백만불 Grainger Challenge Prize을 발표했다. 개인자선단체 Grainger Foundation은 음료수 중에 비소농도 감소에 대하여 상금을 걸었다.

세계적으로 특히 동남아 지역의 식수에서 문제를 발생한다. 그중에서 Bangladesh는 수도시설이 부족하여 세계은행의 재정지원에 의해 우물을 파서 병균의 오염을 피하려고 식용수로 사용한다. 그런데 우물들의 식수는 비소를 10 ppm 이상 함유하고 어떤 우물은 14,000 ppm을 함유한다. 병균의 오염을 피하는 대신 비소함량이 문제로 대두하였다.

금속 산화물

칼슘, 마그네슘, 아연 산화물은 그 금속의 비누에 지방산과 함께 존재한다. 산화아연 입자들은 뭉쳐 큰 덩어리를 형성한다. 이것은 에어로졸 제품에서 구멍을 막는다. 금속이 구형 나일론 분말 표면을 덮게 만든 혼합 분말이 개발되었다.(47) 이 방법의 장점은 산화아연 표면이 증가하여 냄새-억제 효율을 증가하고 에어로졸에서 입자 뭉침을 감소한다.

(5) 에스트라제 억제제

Zinc glycinate

겨드랑이 세균에서 나오는 외효소(exoenzyme) 억제도 냄새를 감소한다. zinc glycinate는 적절한 활성 성분이라고 설명한다.(48) 항생제 시험은 항생제 외효소에 대하여 제안된 메커니즘에 따르는 S. epidermidis 혹은 친유성 diphtheroid 세균에 대하여 억제제 효과를 나타내지 않는다.

Triethylcitrate

각질형태 세균에 의해 발생된 겨드랑이 냄새 억제제 개발을 위한 최적 pH는 대략 pH 6이다. 피부 표면 pH를 산성 쪽으로 이동시키면 피부 에스트라제(estrase, ester를 산과 알코올로 가수분해하는 효소) 활성을 감소해야 하고 그것은 겨드랑이 분비물을 분해한다고 보고하였다. triethylcitrate는 겨드랑이 피부에서 효소과정에 의해 시트르산을 형성한다고 제안한다. 1991년에 이러한 활성 성분을 겨드랑이 피부에 사용한 다음 pH 감소효과가 없다고 보고하였다.(49) 그럼에도 불구하고 아직 이 활성 성분을 함유하는 탈취제들이 시판되고 있다.

(6) 항생제 활성 성분 탈취제

이 연구는 현재 겨드랑이 냄새를 방지하는 가장 일반적으로 사용하는 방법이다. 에탄올은 가장 잘 알려진 탈취 활성 성분이다.(50) 그것 이외에 추가로 정상적으로 필요한 것은 장기적 탈취를 필요로 하고 이것은 방향제, 항-발한제 성분, 혹은 기타 항생제 성분(famesol, phenoxyethanol 등)이다.

triclosan(2,4,40-trichloro-20-hydroxydiphenylether)

이 활성 성분은 대부분 그람-양성(Gram-염색법에 의해 보라색으로 염색되는 디프테리아균, 결핵균, 파상풍균으로 나타난다) 세균과 그람-음성(Gram-염색법에 의해 염색되지 않는 임질균과 세포핵) 세균, 곰팡이, 효모에 대하여 넓은 항생 활성을 나타낸다. 항-발한제 막대 제품과 볼펜식 제품 중에 triclosan은 triclosan이 없는 항-발한제 성분보다 세균을 크게 감소시킨다. triclosan은 피부관리 화장품, 손 소독제, 가정용 제품에도 사용한다.

Glyceryl Fatty Acid Ester

Glyceryl monocaprylate, monocaprinate, monlaurate, diglyceryl monocaprinate와 같은 mono-와 oligoglyceryl fatty acid ester는 효과적 탈취제들이다. glyceryl monolaurate와

farsenol 및 phenoxyethanol 혼합물은 각질형태 세균에 대하여 상승효과를 나타냈다. 이러한 성분 혼합물은 triclosan과 같은 1세대 탈취제보다 생물분해 효율과 선택적 세균작용이 더 좋다. 이러한 활성 성분은 모두 천연적으로 식물과 동물에 존재한다. 그 외에도 mono-와 oligoglyceryl fatty acid ester를 여러 천연 항생제(예 : 양모 왁스 산)와 섞은 혼합물은 겨드랑이 세균에 대하여 항균 상승효과를 나타내고 대단히 효과적 탈취 활성제로 이용한다. 그러한 활성을 갖는 제품들이 수년간 성공적으로 시판되고 있다.(51)

Sucrose Fatty Acid Ester

Sucrose fatty acid ester는 식품에서 잘 알려진 유화제다. sucrose는 지방산의 8개 하이드록시 원자단을 치환할 수 있다. 항생제 기능은 주로 sucrose의 치환 정도에 의존한다. Sucrose monostearate와 sucrose monolaurate는 탈취제라고 설명한다.(52)

Glycerolether

2-Ethylhexyl glycerolether(octoxyglycerol)는 화장품 오일, 폴리올, 알코올에 잘 녹지만 물에 약간만(0.2%) 녹는 맑은 액체다. 다른 성분과 상승적 항균활성을 나타낸다. 이러한 활성은 최근 유럽에서 탈취처방에 인기가 있다.

(7) 겨드랑이 냄새를 조절하는 새로운 개념

대단히 선택적 활성 성분 발견과 더불어 겨드랑이 피부/피부 미생물 그리고 피부 미생물/냄새 형성 사이에 상호작용에 관한 연구 활동은 탈취제 제품에 대한 더 구체적 계획이 세워지고 있다. 겨드랑이 냄새를 조절하는 새로운 개념은 다음과 같다.

① chitosan
② 세균 효소 억제제
③ 냄새-억제 전구체 모조품
④ 제품을 고려한 그리고 피부를 고려한 향수 변환
⑤ 항-접착성

Chitosan

Chitin은 N-아세틸화 D-글루코사민 단위를 함유하는 다당류[예 : 곤충, 게(crab), 곰팡이]에 존재하는 자연 성분이다. 아미노 원자단을 탈아세틸화하면 약간 물에 녹는 chitosan으로 된다. chitosan을 탈색하고 알루미늄 염류 활성 성분과 혼합하여 사용한다.(53)

세균 효소 억제제

아미노산 효소(3-분해효소)는 1990년도 특허에 따르면 겨드랑이 냄새 생성에 대한 촉매다.(54) 이 효소는 냄새-방출 세균 세포에 있고 COOH-CH-(NH_2)-CH_2-S-R 단위를 갖는 아미노산 같은 땀 성분의 아포크린 선구물질이 절단되어 상당히 냄새나는 황 화합물로 된다. Hydroxylamine, 3-치환 아미노산, cycloserine, pyroxal 같은 몇 가지 종류의 효소 억제제들이 확인되었다.

냄새-억제 전구체 모조품

앞에서 설명한 분해효소의 억제에 대한 또 다른 연구는 황-함유 아미노산 서열 대신에 CH(NH_2)CH_2-O-C(O)-R 단위를 분해하는 세균에 대한 대체 기질을 제공하는 방법이다.(55) 이 방법은 벤조산과 같은 냄새 없는 성분 혹은 phenylacetic acid와 같은 좋은 냄새-발생을 유도한다.

제품과 피부를 고려한 향수 변환

향수와 겨드랑이 피부의 물리화학적 상호작용은 매우 복잡한 문제다. 이 분야의 연구활동은 향수성분들이 국소적으로 이용한 다음 피부에 머물러야 하는 문제에 집중되어 있다.(56) 공간분석은 피부/향수 상호작용에 관한 더 많은 정보를 얻는 방법 중에 하나다. 향수성분이 오래 머무는 것은 향수성분(에스터, 아세탈)에 따른다.(57) 향수성분의 에스터와 아세탈은 약간 산성이므로 사람 피부에서 가수분해된다. 그 가수분해 성분(산, 알코올, 알데히드)은 겨드랑이 피부에서 좋은 냄새로 변한다. 이러한 성분과 피부를 고려한 향수변환은 특히 비누-바탕 탈취 막대형과 같은 알칼리성 처방에 적당하다. 향수 전구체 연구의 장점은 겨드랑이 피부에 국소적으로 사용 후에 오래 계속되는 탈취제의 향수효과에 기여하는 것이다.

항-접착성

겨드랑이 피부 세균의 감소에 대한 또 다른 개념은 항-접착성(anti-adhesive) 방법이다. 피부표면에 대한 상주 겨드랑이 세균의 접착 메커니즘 이해는 세균 접착에 대한 방지방법에 바탕을 둔다. 여러 피부 미생물은 여러 인체 표면의 특수한 자리에 우선적으로 들어붙는다. 예를 들어 *Staphylococcus aureus*와 *Pseudomonas aeruginosa*는 코 표피세포에 들어붙는다.(58) *Corynebacterium xerosis*는 표피세포와 결합하고 *Candida albicans* 같은 효모 종은 각질세포와 결합한다. 특히 겨드랑이 세균 접착과 관련이 있는 피부 구조는 단백질, 올리고당, 지질, 소수성 표면이라고 생각한다. 당류, 올리고당류, 다당류, 글리코단백질에 의한 이러한 접착 제한은 피부에 세균접착을 억제한다. 그 외에 최근에 sucrose myristate와 sucrose laurate 같은 sucrose ester는 여러 전형적 피부미생물에 대하여 항-접착성을 갖는 것이 발견되었다.(59)

5.3 탈취성분의 운반계와 응용형태

겨드랑이 냄새를 감소하게 설계된 제품은 현탁제, 물, 혹은 수용성 알코올, 유제와 같은 운반체를 사용하여 처방할 수 있다. 대표적 응용형태는 막대형, 크림, 볼펜형, 펌프 분무기, 에어로졸, 젤 형태다. 막대형, 볼펜형, 에어로졸은 ❹ **항-발한제**에서 상세하게 설명했다. 항-발한제 중에서 염소 알루미늄과 같은 항-발한제 활성 성분 감소는 탈취제 처방에서 선택사항에 속한다. 이 경우에 항-발한제 활성 성분은 탈취제 성질뿐이고 에크린 땀샘에 영향이 없다. 탈취제는 산성, 염기성, 알칼리성 환경으로 처방할 수 있다. 탈취제 처방은 다음 사항을 마음에 간직해야 한다.

- 장기간 탈취
- 자극성 기능 없는 제품
- 운반체에서 활성 성분의 좋은 용해도
- 안정한 향수의 선택
- 제품의 점성 조절
- 피부에 대한 제품의 좋은 느낌

*in vivo*와 *in vitro*에서 탈취제 평가 원안은 계획되어 있다. 내용은 문헌(60)을 참고하라. 항생제의 *in vivo* 평가에 대한 새로운 방법은 최근에 개발되었다.(61)

5.3.1 탈취제 막대형

탈취제 막대형은 sodium stearate 6～8%를 사용하여 고형화한다. 탈취제와 향수는 친수성 운반체에 녹인다. 두 종류의 탈취제 막대 제품은 에탄올-바탕과 프로필렌글리콜-바탕을 이용한다.(62)

투명막대는 일반적으로 고농도 폴리올 함량을 사용하여 만든다. 투명 막대는 PPG-14 buthylether, Cocamide DEA, Lauramide DEA, Steareth-100 등을 사용한다.(63)(64) 에탄올-바탕 막대형은 소비자들이 시원한 감각을 느끼므로 더 선호한다. 알코올이 증발하면 감소하기 때문에 고려해야 한다. 프로필렌글리콜-바탕 막대는 덜 줄어들고 향수는

표 2-1 탈취제 막대형

막대형(1) 성분	함량(wt %)	막대형(2) 성분	함량(wt %)
수분	16.0	수분	3.0
에탄올	75.5	프로필렌글리콜	10.0
탈취제	1.0	탈취제	1.0
sodium stearate	6.5	sodium stearate	8.0
방향제	1.0	PPG-3 myristyl ether	77.0
		방향제	1.0

더 잘 녹는다.(65) 표 2-1을 참고하라.

5.3.2 탈취 에어로졸

에탄올 혹은 프로필렌글리콜 운반체 중에 항생제 활성 성분 용액을 함유하는 분무 제품은 액화 추진제와 혼합하는 것이 전형적 탈취제 에어로졸이다. 항-발한제 활성 성분-함유 에어로졸과 차이는 탈취제를 알코올- 혹은 폴리올-바탕 처방에 용해하고 현탁하지 않는다. 탈취제 분무는 무수 처방하므로 겨드랑이 피부에 건조한 피부 느낌을 준다.

전형적으로 분무가능한 에어로졸 함량의 20~60%가 피부에 도달한다. 왜냐하면 분무할 때 액화 탄화수소 추진제는 증발하기 때문이다. 가장 보편적으로 사용하는 추진제는 프로판, 부탄, 이소부탄이다. 이들은 응축되어 맑고 무색이며 냄새 없고 밀도는 20℃에서 0.51~0.58 g/mL다. 이러한 추진제는 공기 혹은 산소 중에서 연소가능하다. 에어로졸 깡통은 주석 피복 스틸 혹은 주석 없는 스틸(크롬-피복 스틸) 혹은 알루미늄으로 만든다. 건조 탈취제 에어로졸 제품을 얻는 변수들은 다음과 같다.

- 분무속도
- 분무기 모양
- 입자크기, 농도/추진제 비율
- 향료/탈취제 농도
- 에어로졸 깡통의 압력

에어로졸 탈취제 성분은 표 2-2와 같다.

표 2-2 탈취제 에어로졸 성분

탈취제 에어로졸	함량(wt %)
알코올	42.0
laureth-4	0.5
탈취제	1.0
향수	0.5
이소부탄	47.6
프로판	8.4

5.3.3 탈취제 펌프 분무

수화알코올 펌프 분무

또 다른 에어로졸 제품은 펌프 분무다. 이 종류는 유럽에서 인기가 대단히 좋고 미국에서 그렇지 않다. 왜냐하면 미국에서는 건조 형태를 선호하기 때문이다. 펌프 분무는 위생적 방법으로 겨드랑이 피부에 전달하기에 좋다. 이러한 제품은 탈취제와 향수를 녹인 수화알코올용액의 점성이 적고 일반적으로 PEG-40, 수소화 피마자 기름 같은 용해제를 처방에 혼합하여 맑고 균일한 용액을 유지한다(표 2-3).

표 2-3 탈취제 펌프분무 용액

펌프 분무 성분	함량(wt %)
수분	35.6
알코올	60.0
PEG-40	2.0
피마자 기름	-
탈취제	2.0
향수	0.4

PIT-유제 펌프 분무

PIT는 phase inversion temperature의 약자다. 수화알코올 펌프 분무의 단점은 특히 면도한 겨드랑이에서 원하지 않는 부반응이 생길 수 있는 알코올 함량이다. 1995년 유럽시장에서 "Nivea®"라는 상품명으로 유제에 바탕을 둔 새로운 펌프 분무제를 발표했다. 분무가능한 점성이 적은 탈취제는 PIT 방법에 바탕을 둔다. 항-발한제와 탈취제 성분과 함께 에톡시 계면활성제, 오일, 물을 적당히 섞어 60~90℃에서 가열한다. w/o

표 2-4 PIT-유제 펌프 분무

PIT-유제 펌프 분무제 성분	함량(wt %)
glyceryl stearate, ceteareth-20, ceteareth-10, cetearyl alcohol, cetyl palmitate(Emulgate SE)	4.5
ceteareth-20	1.0
dioctyl cyclohexane	5.0
dicaprylyl ether	5.0
deodorizer	2.0
aluminum chlorohydrate	5.0
water	77.5

유제를 실온으로 냉각 후에 PIT 과정을 거쳐 작은 입자로 분산된 청백색 o/w 유제로 만든다.(66)(67) 표 2-4를 참고하라.

마이크로 유제 펌프 분무

수화알코올 펌프 분무제는 일반적으로 투명한 것에 반하여 분무용 PIT 유제는 백색 혹은 청백색이다. 분무가능한 알코올-없는 그리고 투명한 펌프 분무제는 최근에 유럽시장에 소개되었다(예 : Basis pH, Beiersdorf AG, Hamburg, Germany). 투명한 유제는 방울 크기가 100 nm 이하일 때 가능하다. 이러한 o/w 마이크로 유제는 PIT 방법을 사용하든 혹은 사용하지 않아도 가능하고 조심스런 성분선택과 많이 조심스런 조정이 필요하다.(68) 전형적 마이크로 유제에 비하여 이 방법의 이점은 계면활성제 농도가 적다. 게다가 소수성으로 변형된 수용성 중합체 존재 중에서 이 방법으로 젤, 분무가능한 젤, 볼펜형, 막대형, 에어로졸 제품들을 만들 수 있다.(69)

---

(1) P. E. Grimes, *West J. Med.*, 1998, 169(4 : 226).
(2) P. E. Grime, *Arch. Dermatol.*, 1995, 131(12) : 1453.
(3) K. Maeda, M. Fukuda, *J. Pharmacol. Exp. Ther.*, 276(2) : 765.
(4) M. Nakagawa et al., *Contact Dermatitis*, 1995, 32(1) : 9.
(5) J. T. Lim, *Dermatol. Surg.*, 1999, 25(4) : 282.
(6) K. Kaneyama et al., *J. Am. Acad. Dermatol.*, 1996, 34(1) : 29.
(7) C. D. Villarama, H. I. Maibach, *Int. J. Cosmet. Sci.*, 2005, 27(3) : 147.
(8) A. C. de Groot, J. W. Weyland, J. P. Nater, *Cosmetics for the body and parts of the body.* In A. C. de Groot, J. W. Weyland, J. P. Nater eds., *Unwanted Effects of Cosmetics and Drugs Used in Dermatology*, 3rd ed., Amsterdam : Elsevier, 1994, 530.
(9) S. Dhar, *Indian J. Dermatol.*, 2007, 52 : 1.

(10) C. Vergnes, et al., *Ann. Dermatol. Venereol.*, 1999, 126 : 505.
(11) Cosmetic Toiletry & Fragrance Association(CTFA) South Africa, The European Cosmetic and Toiletry Association(Colipa), Japan Cosmetic Industry Association, Cosmetic Toiletry and Fragrance Association (CTFA) USA. *International Sun Protection Factor(SPF) Test Method*, May 2006.
(12) SCCP(Scientific Committee on Consumer Products : opinion on the safety of nanomaterials in cosmetic products. Adopted by the SCCP after the public consultation on the 14th plenary meeting of 18 December 2007.
(13) Commission Recommendation 2006/647/EC of 22 September 2006 on the efficacy sunscreen products and the claims made relatinf thereto. Official Journal 26/09/2006, L265 : 169.
(14) Colipa guidelines. Guidelines for evaluating sun product water esistance, December 2005. Available at : http://www.colipa.com/site/index.cfm?SID=28522&baack=1. Accessed February 2008.
(15) SCCNFP/048/01, Final : opinion on the evaluation of potentially estrogenic effects of UV filters. Adopted by the SCCNFP during the 17th plenary meeting of 12 June 2001.
(16) D. E. Godar, *Photochem. Photobiol.*, 2005, 81(4) : 736.
(17) F. R. de Gruijl, *Meth. Enzymol.*, 2000, 319 : 359, Medline, ISI.
(18) S. Shuster et al., Br. *J. Dermatol.*, 1975, 93(6) : 639.
(19) A. Oikarinen, *Photodermatol. Photoimmunol. Photomed.*, 1990, 7(1) : 3.
(20) G. J. Fisher et al., *Nature*, 1996, 379 : 335.
(21) R. E. Mitchell, *J. Invest. Dermatol.*, 1987, 48(3)203.
(22) A. M. KLigman, *J. Invest. Dermatol.*, 1979, 73(1) : 39.
(23) A. Z. Luger, *Gerontol.*, 1988, 21(5) : 264.
(24) F. Stäb, Topically applied antioxidants in skin protection, In L. Packer, H. Sies eds., *Methods in Enzymology*, San Diego, CA : Academic Press, 2000, 465.
(25) K. Scharffetter-Kochanek, *Biol. Chem.*, 1997, 378 : 1247.
(26) T. Raschke, *SÖFW-Journal*, 2003, 129 : 73.
(27) J. S. Beck et al., *19th IFSCC Congress*, Sydney, Australia, 1966, 3 : 95.
(28) S. Bielfeldt et al., *SOFW*, 1997, 1237 : 639.
(29) R. P. Quadrale, *Cosmet. Toietr.*, 1985, 100 : 23.
(30) K. Laden, C. B. Felger, *Antiperspirants and Deodorants*, New York : Marcel Dekker, 1988.
(31) IFSCC Monograph No.6 *Antiperspirants and deodorants, Principles of Underarm Technology*, Weymouth: Micelle Press, 1998.
(32) A. Rosenberg, *Soap Perfume Cosmet.*, 1997, 7 : 27.
(33) D. B. Hagan et al., *Int. J. Cosmet Sci.*, 1997, 19 : 271.
(34) F. Tranner, *Soap Cosmet. Chem.*, Special, 1998, 74 : 56.
(35) F. Tranner, *US Patent* 5508024.
(36) K. Fontell, *Coll. Polym. Sci.*, 1990, 268 : 264.
(37) F. J. Leng, D. T. Parrot, *US Patent* 5 593 663.
(38) R. Givanniello, *Chemistry and Technology of the Cosmetics and Toiletries Industry*, 2nd ed., London : Blackie Academic Profeesional, 1996, 310.
(39) H. C. Korting et al., *Hautzarzt*, 1988, 39 : 564.
(40) J. J. Leyden, *J. Invest. Dermastol.*, 1981, 77 : 413.
(41) P. J. Rennie et al., *Br. J. Dermatol.*, 1991, 124 : 596.
(42) C. Froibe et al., *J. Soc. Cosmet. Chem.*, 1990, 41 : 173.
(43) A. I. Spielman et al., *Experentia*, 1995, 51 : 40.
(44) P. Klepak, *SOFW*, 1990, 116 : 478.
(45) H. Eggensberger, *SOFW*, 1996, 122 : 789.

(46) R. Zekorn, *Cosmet Toilet.*, 1997, 112 : 37.
(47) F. Kanda et al., *J. Soc. Cossmet. Chem.*, 1990, 41 : 197.
(48) A. Charig et al., *J. Soc. Cosmet. Chem.*, 1990, 42 : 133.
(49) A. Lucas et al., *J. Soc. Cosmet. Chem.*, 1991, 42 : 159.
(50) P. M. Baxter, *Int. J. Cosmet Sci.*, 1983, 5 : 85.
(51) M. Klier et al., DE 4305889.2, EP 689418 Al. EP 729345 Al. 691125 Al. J. Soc. Cosmet. Chem., 1993, 44 : 211.
(52) P. D. Meyer et al., *Aerosol Splay Rep.*, 1998, 37 : 18; Parf Kosmet, 1997, 78 : 22, EP 0750930.
(53) R. Wachter, et al., De 1954026.
(54) S. Lyon, et al., WO 9105541.
(55) J. Laney, WO 9507069.
(56) J. M. Behan, *Int. J. Cosmet Sci.*, 1996, 18 : 237.
(57) R. Suffis, US 5626852.
(58) R. G. Carson, US 5416075.
(59) J. Biinger et al., EP 806935 A2.
(60) *IFSCC Monograph No 6. Antiperspirants and deodorants*, Weymouth, MA : Michelle Press, 1998.
(61) J. J. Leyden et al., *Skin Pharmacol.*, 1996, 9 : 60.
(62) A. V. Calogero, *Cosmet. Toilet.*, 1992, 107 : 63.
(63) R. Dawn, Morton B., WO 9427567.
(64) D. M. Kellner, US 5407668.
(65) N. Geria, *Cosmet Toilet.*, 1984, 99 : 55.
(66) A. Wadle et al., *Colloids Surf. A.*, 1993, 76 : 51.
(67) A. Wadle et al., *Park Kosmet.*, 1996, 77 : 250.
(68) J. Schreiber, WO 9828131 A2/A3.
(69) J. Schreiber, WO 9618132 A2/A3.

CHAPTER 3

화장품 재료

화장품 종류는 다음과 같이 분류할 수 있다.

(1) 기초화장품

기초화장품은 직접 피부와 접촉하여 수분을 공급하고 피부건조를 방지하며 촉촉한 피부의 유지를 목적으로 사용하는 화장품이다. 기초화장품의 기능은 피부수렴, 피지조절, 유지와 수분의 균형 유지에 있다.

(2) 메이크업 화장품

기초화장품으로 피부화장 기초를 완성한 다음 피부를 균일하게 정돈하여 결점을 보완하고 채색을 이용하여 피부색을 보완한다. 메이크업 화장품은 피부결점을 보완하는 기초 메이크업 부분과 입체감과 색채감을 이용하는 포인트 메이크업에 이용하는 화장품이다.

(3) 바디 케어 화장품

바디 케어 화장품은 자외선 차단, 땀 방지, 제모, 화장품 세정, 피부에 묻은 오염물 제거, 피지와 땀 제거 등에 사용하는 화장품이다.

(4) 두발용, 구강용, 방향 화장품

두발용 화장품은 땀, 각질, 피지, 화장품 잔여물 등의 제거, 두발의 변형, 색상변화, 보호, 재생, 육모 등에 이용한다. 구강용 화장품은 치아세정, 구취제거, 구강청정의 목적으로 사용한다. 방향 화장품은 체취제거와 향기용으로 사용하는 화장품이다.

화장품은 종류와 제조회사에 따라 각기 제조방법의 처방이 다르다. 그 처방은 다른 제품과 구별하기 위하여 그리고 더 좋은 품질의 제품을 만들기 위하여 각기 다르게 특허를 제출하거나 비밀을 유지한다. 그러나 처방성분과 함량은 분석화학의 발달에 따라 비밀을 유지할 수 없게 되었다. 여기에 화장품 제조에 중요하게 자주 쓰이는 성분을 선택하여 설명한다.

1 아세토글리세라이드

acetoglycerides는 천연 혹은 합성 glycerides를 mono- 혹은 di-acetate로 지방산 분자처럼 치환하여 만든다. 정상적 제조법에서는 α-, α-β-, α-α-, β-glyceride 혼합물이 생긴다. 그 혼합 생성물은 출발물질과 아세틸화반응 정도의 선택에 따라 조절하여 변화한다. acetylglyceride는 특별한 결정화 습성을 나타낸다. 이것은 그들의 귀중한 성질이고 또한 기름기 감촉이 없는 것도 특성이다. acetoglycerides를 많이 포함하는 혼합물 혹은 섞이지 않은 acetoglycerides의 가소성 범위는 결정 크기와 모양에 따라 크게 변한다.

acetylated glycol stearate를 함유하는 acetoglyceride 혼합물은 주로 유화 안정제와 피부 컨디셔너로 사용한다. 아세틸화 수소화 면화씨 글리세라이드는 피부 컨디셔너와 흡장(吸藏, occlusion)제로 사용한다. acetylated palm kernel, hydrogenated lard, hydrogenated tallow glyceride, acetylated sucrose distearated, hydrogenated lard, hydrogenated tallow glceride, acetylated vegetable, lard glyceride는 화장수와 피부 컨디셔너로 사용하기에 적당하다. 립스틱과 비누 같은 막대 제품의 파열방지를 원하면 acetoglyceride를 사용해야 한다. acetoglyceride는 고체 혹은 액체 유제에 쉽게 응용되고 알코올에 잘 녹으며 두발과 두피 로션, 햇볕차단 제품, 면도 전후 로션, 립스틱 파열방지에 유용하다. 립스틱에 사용하면 감촉이 깃털로 문지르는 것처럼 부드러운 느낌이 생긴다.

오일을 아세틸화반응하면 흐림점(cloud point)과 고체화점(solidification point)이 본래 오일만큼 상승하고 acetoglycerides를 섞어 만든 화장품의 가소성 범위도 출발물질보다 크게 증가한다. 고체 지방을 아세틸화반응하면 acetostearin 성질을 갖는 제품으로 된다. 그리하여 tristearin은 녹는점 바로 밑 온도에서 유지할 때 빠른 냉각 과정에서 α-다형태로 고체화된 다음 열역학적으로 안정한 본래 형태의 β-형태로 쉽게 변환된다. α-형태와 β-형태 중에서 tristearin은 부서지기 쉽고 불투명하고 딱딱한 고체다. 그러나 녹은 1,2-diaceto-3-stearin을 정상적으로 냉각하면 대단히 안정한 α-형태로 되고 그것은 가장 중요한 왁스 성질로 변한다. acetoglyceride 화합물이 물과 접촉하여 가수분해되는 속도는 천연 글리세라이드보다 크지 않다.

2 지방족 가지-사슬 탄화수소[1]

석유는 다른 화합물 합성에서 출발물질로 혹은 특정한 증류 부분 물질을 화장품에 사용하였다. 이러한 물질은 과유(mineral oil), 바셀린(petrolatum), 마이크로-결정 왁스(microcrystalline wax)이고 오랫동안 관심을 끌어왔다. 과유는 C_{20}-C_{40} 사슬 범위를 갖는 고도로 정제된 액체 탄화수소 혼합물이고 고도로 정제된 파라핀과 나프탈렌 분율 부분으로 구성한다. 화장품 등급에 속하는 광유는 Mineral Oil USP 그리고 Light Mineral Oil NF라고 수록되어 있다. 그 두 가지는 우선 점성이 다르다. Light Mineral Oil NF는 점성이 더 적다(~3.5 cSt at 40℃ vs ~34.5 cSt at 40℃). 바셀린은 탄화수소 오일과 C_{30}-C_{70} 긴 사슬의 왁스로 구성된 대단히 복잡한 혼합물이고 광유와 비슷하다. 1872년부터 화장품에 사용하였다. 화장품에서 광유가 여러 식용유와 천연 오일보다 분명히 유리한 점은 시간에 따른 산화반응에 안정도가 훨씬 크다는 것이다. 광유와 바셀린은 피부, 두발, 태양광 차단 등의 화장품 처방에 표준물질로 사용한다. 최근 피부관리에서 여드름 발생에 잠재성이 있다고 약간 논쟁이 있지만 광유는 일반적으로 안전하다고 인정한다.

새로운 석유-바탕 화합물을 찾았다. 그 이름은 isoparaffin, 상품명은 Permethyl®, 학술적으로는 aliphatic branched-chain hydrocarbon(ABCH)라고 한다. 이 화합물은 대단히 순수하게 정제할 수 있고 부반응이 없으며 우수한 용매에 대하여 반응하지 않는 분자이고 유연제 성질을 갖는다. ABCH는 Permethyl® 제품 중에서 세 종류의 isododecane(C_{12}) 98.0 wt %, isohexadecane(C_{16}) 97.0 wt %, isoeicosane(C_{20}) 94.6 wt %이 생산되고 그 외에도 C_{11-13}, C_{11-16}, C_{14-18} 제품들이 생산되고 있다. ABCH 제품은 polydimethylsiloxane과 함께 가장 널리 사용하는 우수한 제품이다. 이 성질은 점성이 큰 실리콘을 변화시켜 여러 화장품 처방에 더 쉽게 조작할 수 있게 만드는 우수한 화합물이다. 실리콘과 ABCH는 화학적 구조들이 비슷하여 서로 잘 섞이고 공존할 수 있다.

이들은 가지-사슬(branched chain)과 선형-사슬(straight-chain) 화합물을 비교하면 비중과 유동점(pour point)에 차이가 있고 굴절률은 비슷하다. 특히 유동점은 eicosane이 고체이고 isoeicosane은 액체(−67.5℃)다. 피부에서 고르게 퍼지고 연속해서 필름을 형성하는 성질은 화장품에 이용할 때 대단히 중요하다. 특히 햇볕-차단 제품에서 우수한 햇볕보호와 큰 SPFs(sun protection factor) 값은 균일한 연속성 필름 형성이 큰 영향을 준다. 분산성은 콜로이드화학에 이용하는 액체의 두 종류 방법으로 분산계수를 측정한다.

한 방법은 다음과 같이 측정한다.

$$S_{o/w} = \sigma_{w/a} - \gamma_{o/w} - \sigma_{o/a}$$

여기에서 S=분산계수
σ=표면장력
γ=계면장력

무극성 유연제는 분산계수 값이 매우 적거나 음수 값을 나타내고 식용유는 표면활성물질을 함유하여 계면장력에 영향을 주므로 분산계수 값이 크다.

또 다른 분산계수 측정방법은 고체표면에서(화장품에서 고체표면은 피부와 머리카락) 액체방울의 접촉각을 이용하여 다음과 같이 측정한다.

$$S_{l/s} = \sigma_{l/a}(\cos\theta - 1)$$

자발성 분산은 접촉각이 0이다. (그러므로 $\cos\theta=1$이고 $S_{l/s}=0$이다)

측각기(goniometer)를 이용한 접촉각 측정값은 isohexadecane(0°)＜isopropyl myristate (5°)＜silicone 350(9°)＜mineral oil(paraffinum liquidum)(15°)＜squalane(23°)＜caprylic/capric triglyceride(27°)＜jojoba oil(32°)＜castor oil(41°)＜vitamin E(45°)이다. 고체일수록 접촉각 값은 증가하고 일정한 무게의 분산 값은 접촉각 값의 크기순서와 반대로 나타난다. 즉, 유연제 오일의 분산면적(mm^2/4 mg oil)은 castor oil(33)＜almond oil(197)＜caprylic acid/ triglyceride(566)＜octyl dodecanol(596)＜squalane(602)＜mineral oil(661)＜isopropyl isostearate (948)＜isopropyl myristate(1044)＜isohexadodecane(1266)이다. 이 뜻은 이러한 화합물을 어떤 화장품의 물성조절에 무엇을 얼마나 사용하는가에 대한 중요한 인자를 제공한다. 예를 들면 다음과 같다.

- isododecane은 착색 화장품, 땀-억제, 햇볕막이, 피부관리, 혹은 기름기가 남는 것이 바람직하지 않은 제품, 마모특성의 개선 등에 사용한다.
- isohexadecane은 착색, 햇볕, 머리카락, 피부관리 등의 제품에 사용한다. 무극성과 소수성이 크므로 방수성이 크다. isododecane의 휘발성이 감소한다. 눈과 얼굴 메이크업 제품의 우수한 세제다. 지방분비물을 녹이고 주위 조각을 제거한다.
- isoeicosane은 햇볕막이와 피부보호 제품에 사용한다. 매끄러운 감촉이고 isohexadecane보다 부드럽다. 피부에 좋은 촉감을 주고 건조하지 않게 한다. 머리카락 제품에 사용하여 광택을 낸다.
- polyisobutenes(C_{56}-C_{856})는 마모와 광택을 개선하려고 입술 제품에 다른 ABCH 제품과 함께 사용한다. 햇볕막이와 피부관리 제품에 사용하여 수분증발을 방지하

고 피부에 대단히 유연한 촉감을 준다.

이 화합물은 화장품에 사용하기 전에 구강, 눈, 피부, 여드름 발생을 시험하여 자극성이 없는지 확인한 다음 화장품 처방에 사용해야 한다.

지방족-사슬 탄화수소의 용도를 예로 들면 다음과 같다. 표 3-1은 메이크업 제거제의 처방으로, isohexadecane이 메이크업과 피지의 좋은 용매라는 사실을 이용하는 예이고 ABCH와 실리콘을 함께 사용한다.

표 3-1 **메이크업 제거제**

구 분	A					
성 분	1	2	3	4	5	6
함량(wt %)	55.30	0.50	0.50	0.25	0.05	0.10
구 분	B		C			D
성 분	7	8	9	10	11	12
함량(wt %)	20.00	23.00	0.20	0.05	0.05	qs to 100.00

qs=quntum sufficit

1 : water(aqua) deionized
2 : sodium chloride
3 : hexylene glycol
4 : poloxamer 184
5 : Disodium EDTA
6 : dipotassium phosphate
7 : cyclomethicone
8 : isohexadecane
9 : benzyl alcohol
10 : benzalkonium chloride
11 : quaternium-15
12 : fragrance(parfum)

표 3-2 **보습 로션 스프레이**

구 분	A						B				
성 분	1	2	3	4	5	6	7	8	9	10	11
함량(wt %)	7.00	2.00	0.50	6.00	1.00	1.00	76.50	4.50	0.50	1.00	qs

1 : isododecane
2 : isohexadecane
3 : cetyl acetate (and) acetylated lanolin oil
4 : mineral oil (paraffinum liquidum) (and) lanolin alcohol
5 : stearic acid
6 : glyceryl stearate
7 : water(aqua) deionized
8 : propylene glycol
9 : triethanolamine, 99%
10 : propylene glycol (and) diazolidinyl urea (and) methylparaben
11 : fragrance(parfum)

표 3-2는 보습 로션 스프레이 처방이고 원하는 효과를 얻으려고 ABCH를 섞었다. isododecane은 좋은 용해제이고 ABCH를 더 휘발성으로 만들어 향수효과를 개선하는 반면에 isohexadecane은 피부에 가볍고 실크와 같은 느낌을 준다.

3 알콕시화 비-이온성 계면활성제

알콕시 화합물(alkoxylate)은 알킬렌 산화물과 어떤 기질의 반응생성물이다. 그중에서 알콕시화 지방산은 전형적으로 연고, 크림, 로션, 보습제, 면도 후 향유, 피부관리 제품의 계면활성제와 유화제로 사용한다. 고급 알콕시 화합물도 수용액계에서 안정제로 사용한다. 알콕시화 알코올은 향수제품, 크림, 로션, 양모제, 청량제에 대한 유화제, 계면활성제, 분산제, 점성부여제로 사용한다. 또한 머리손질, 젤, 샴푸, 목욕오일에도 사용한다. 알콕시화 글리세라이드는 여러 화장품의 컨디셔너와 유화제, 계면활성제, 보습제로 사용한다. 알콕시화 아민은 계면활성제, 컨디셔너, 정전기 방지제, 유화제로 사용한다. 블록(구역) 공중합체(block copolymer)는 머리카락, 피부, 구강제품의 새로운 계면활성제로 사용한다. 에터 에스터 화합물은 유제, 색소결합제, 광택성 필름형성제, SPF 효능촉진제, 유화제, 땀-억제용으로 사용한다. polyethylene glycol diester는 유화제이다. 그러나 점성부여제, 불투명화제, 점성조절제로 유용하다.

알콕시 화합물은 첫째 산값(acid value : AV)을 측정한다. AV는 pH를 명시하지 않고 이용하면 잘못을 저지를 수 있다. 실제로 낮은 AV를 달성하는 방법은 pH를 높이는 방법뿐이기 때문이다. 알콕시화 알코올의 AV는 일반적으로 적고(<1 mg KOH/g 시료) 알콕시화 지방산 혹은 글리세라이드는 더 크다(3 mg KOH/g 시료). 둘째 회분(ash) 측정은 시료에 함유된 무기물의 측정값이고 촉매와 소수성 화합물에 함유된 무기물이 영향을 준다. 셋째 흐림점(cloud point)은 물에 대한 알콕시 화합물의 용해도를 반영하고 값은 온도(temperature)로 보고한다. 물의 끓는점보다 높은 흐림점 화합물은 염류용액을 사용하여 흐림점을 감소한다. 흐림점은 실온 이하에서 측정한다. 글라이콜 에터(glycol ether)를 사용하면 흐림점이 증가한다. 셋째 알콕시 화합물의 색도를 측정하는 두 가지 가장 일반적 방법은 Gardner Scale과 Pt/Co Scale(APHA)이다. 그러나 일반적으로 육안으로 판별한다. 과산화 표백제를 사용하여 색도를 감소할 수 있지만 반응하지 않은 과산화물이 남을 수 있고 이것은 저장 중에 색이 더 많이 발현될 수 있다. 표백제를 과량 사용하면 산

도가 증가한다. 1,4-dioxane은 ppm 값으로 표시한다. 이것은 알칼리 용액 중에서 그리고 산성 촉매에서 에톡시화 반응 부산물로 생성된다. 가스 크로마토그래피 방법으로 분석한다. 히드록시 값(hydroxyl number)은 시료 단위에 함유된 히드록시 값이고 mg KOH/g sample로 표시한다. 이론적 히드록시 값은 히드록시 당량 무게를 56,100으로 나누어 계산할 수 있다. 히드록시 값은 알콕시화반응 중에 생성된 글리콜 때문에 일반적으로 이론값보다 약간 더 많다. 요오드값은 시료의 불포화도를 나타낸다. 불포화도는 알콕시화합물에서 일반적으로 소수성 불포화도를 나타내지만 불포화는 반응 중에 프로필렌 산화물의 재배열에 의한 프로필렌 산화물 반응에서 생성될 수 있다. 측정값은 g iodine/100 g sample로 표시한다. 굴절률 값은 제품의 확인에 편리하고 빠르게 검사하는 한 방법이다. 비누화 값은 시료로 전재하는 형태와 무관하게 시료에 함유된 카복시 원자단(산 혹은 에스터) 수를 표시하고 지방산 혹은 글리세라이드의 정확한 함량 확인에 유용하다. 비중은 가끔 측정하지만 별로 중요하지 않다. 수분 함량은 %로 표시하고 Karl Fisher 방법으로 측정한다. 전형적으로 알콕시 화합물은 최종상태에 1～2% 수분을 함유한다.

4 알란토인

알란토인(Allantoin)(5-ureidohydantoin ; 2,5-dioxo-4-imidaxolidinyl-urea, 실험식 $C_4H_6N_4O_3$)은 uric acid와 purine 대사작용에서 고체 결정성 산화 생성물이고 암소의 오줌통 액체, 대부분 포유동물의 오줌, 구더기 분비물, 사탕무나 컴프리(comfrey)의 잎과 뿌리 등에서 발견된다. allantoin은 uric acid을 알칼리성 과망간산 포타슘으로 산화반응 그리고 glyoxylic acid와 요소의 축합반응으로 합성한다. 분자량은 158.12다.

allantoin은 백색, 무취, 23～0235℃에서 녹아 분해하고, 뜨거운 물에 녹으며 차가운 물에 약간 녹는다. 알칼리 용액에서 가열하면 가수분해하고 독성 및 자극성이 없다. 컴프리로 만들어 찜질약이나 습포에 사용하였고 컴프리 잎이나 뿌리에 0.6～0.8% 함유한다.

컴프리는 유럽이 원산지이고 60～70 cm까지 자라는 다년생이며 그 잎과 뿌리는 오래전부터 상처와 피부암에 사용하였다. 컴프리의 신선한 뿌리를 작게 빻아 피부에 바르면 암과 궤양 등이 8～10주 안에 치유된다고 1716년대에 발표하였고 그 외에도 많은 치료효과를 발표하였다. 1939년에 urea와 dichloroacetic acid를 함께 가열하여 allantoin을 합성했다.(2)

TOPIC **구더기를 이용한 상처치료와 allantoin 화합물**

미국남북전쟁 동안에 전선 후방에 남은 부상병들은 의사들이 부족하여 치료를 받지 못하고 시체와 함께 섞여 있었다. 파리는 상처에 알을 낳고 구더기들이 자라서 썩은 상처 부위를 깨끗하게 먹어 청소하였다. 그 부상병들은 일선에서 깨끗하게 의사치료를 받은 부상병보다 빠르게 치유되었다. 그 이유는 알지 못하였다. 훨씬 뒤에 한국전쟁 동안에 그러한 경우를 다시 경험하였다. 이번에는 파리 구더기들이 썩은 상처를 먹으면서 allantoin 성분을 배설한다는 사실과 allantoin이 상처를 치유한다는 사실을 발견했다. 징그러운 구더기도 쓸모가 있다.

Allantoin은 화장품뿐만 아니라 자극성 방지제, 세포 괴사조직 제거, 치료제로도 사용한다. 또한 진정, 연화, 각질용해의 성질도 있고 최근에 크림, 샴푸, 두발, 두피 화장품에 사용한다. allantoin은 비타민 혹은 기타 필수 영양소와 착물을 만들고 그 착물은 케라틴(keratin)을 분해하여 부드럽게 만들며 항-여드름 제품에도 사용한다.

FDA는 allantoin을 Category 1(safe and effective)로 분류하고 0.5~2% 농도로 사용할 때 어른, 아이, 어린이의 피부보호제로 사용을 허용했다 그러나 이러한 0.5~2% 농도의 피부보호제 제품이 상처치료의 촉진에 안전하고 효과적이라는 사실은 인정하지 않았다. allantoin은 역사적으로 티눈 제거제와 기저귀 피부염에 사용을 허가했다.

5 알로에 성분

알로에(aloe vera)는 아프리카 대륙이 출생지이고 대부분이 적도 혹은 적도 부근에서 자라며 350종 이상이 분포한다. 가장 보편적 알로에는 Aloe barbadensis Miller다. 알로에 잎은 쓴맛의 황색 수액을 내포하고 일반적으로 수액을 화장품에 사용한다. 수용액은 anthraquinones을 함유하고 민간비약으로는 대변이 잘 나오게 만드는 하제로 사용한다.

활성 성분은 aloenin과 barbaloin이다. 수액은 magnesium lactate, bradykinaase, glycoprotein, polysaccharide, 그 외에 수많은 성분을 함유한다. 수액에 함유된 설탕성분은 상처를 치유하는 능력이 있다. 상업적으로 이용하는 알로에 젤은 whole-leaf aloe gel과 standard aloe gel이 있다. 이것은 처리과정이 다르다. whole-leaf aloe gel은 전체 잎을 사용한다. 수액에서 생기는 anthraquinone은 마지막에 제거한다. standard aloe gel은 잎 찌꺼기를 걸러 수액의 오염을 방지한다. 두 종류는 화학적으로 조금 차이가 있다.

알로에는 두발과 피부관리의 모든 화장품에 사용하고 상처치료, 화상진정제, 염증억제제, 보습제, 여드름치료제, 탈취제, 미생물억제제, 탈모방지에 사용한다. 의학적으로는 결막염, 백내장, 각막과 같은 안과 질병에 사용한다. 그 외에도 사마귀, 마른버짐, 포진, 두드러기, 여드름, 백선, 농가진과 같은 피부치료, 입냄새, 치은염, 소화불량, 대장염, 기관지염, 방광염, 천식과 같은 내과질환에 사용한다. 이러한 치료에도 불구하고 유용한 성분을 분리하지 못하여 투여량을 아직 결정하지 못한다.

6 알루미늄 화합물

알루미늄은 3족 원소이고 3^{+} 전하를 갖는다. 알루미늄 이온은 수산화물 침전을 생성한다. 알루미늄 화합물은 silicate와 stearate 염을 제외하고 대부분 수렴제와 땀 억제제 역할을 하고 완충작용 때문에 제산제로 사용한다.

Aluminum acetate는 염기성 2아세트산염과 중성 3아세트산염을 생성한다. 중성 아세트산알루미늄 5% 용액을 Burow 용액이라고 부른다. 이것은 수렴제와 방부제 성질을 갖는다. 3아세트산알루미늄은 수용액 상태로만 존재한다. aluminum acetotartrate는 Alsol이라고도 알려져 있고 순한 방부제이고 수렴제다. aluminum acetate casein은 직물에 묻혀 사용하는 화장수로 사용하는 액체 착물이고 산성 화합물에 대하여 유용한 완충제다. aluminum alcoholate(C_2-C_{12} 사슬길이)는 탈취제로 사용한다. 이것은 피부 수분과 접촉하여 탈취성분으로 작용하는 $Al(OH)_3$를 생성한다. Aluminum allantoinate는 chlorohydroxyallantoinate와 dihydroxyallantoinate를 포함한다. 0.2% chlorohydroxyallantoinate 용액(pH 4.75)은 박테리아 억제제다. aluminum ethylate를 아미노산과 적당한 매질에서 반응하면 aluminum aminoacid 착물을 생성한다. 그중에서 aluminum glycinate는 땀 억제제로 사용하고 제산제로 사용할 때는 용해도가 적어서 적당하지 않다. aluminum ammonium chloride는 수용성 수렴제다. aluminum ammonium sulfate는 암모늄 명반(ammonium alum)이라 알려져 있고 포타슘 명반보다 물에 더 잘 녹고 수렴제로 사용하고 95℃에서 자체의 결정수에 녹고 막대형 지혈 수렴제로 사용한다. aluminum benzoate는 물에 소량만 용해하고 한때 "pore cream"으로 사용하였고 현재는 주로 색소 기질(color substrate)로 사용한다. aluminum calcium chloride는 염기성이고 수용성 염류이고 수렴제와 유용한 땀 억제제다. Mn, Zn, Li, Na, K 착물도 있다. Aluminum citrate는 느리게 녹는 염류이고 순한 수렴성이고 냄새 때문에 아세트산염 대신 사용하고 용액은 불안정하고 더 산성 알루미늄염으로 사용할 때 완충작용도 한다. 염화알루미늄은 아마 첫 번째로 사용한 땀 억제제와 탈취제일 것이다. 그 용액은 매우 산성이고(약 pH 2.0, 농도에 따라 다르다) 피부 자극성이고 직물 화장수로 사용하고 물과 알코올에 녹는다. 염화알루미늄은 aluminum chlorohydroxide와 alkoxyaluminum chloride를 생성하고 이들은 현재까지 가장 센 땀 억제제다. aluminum chloroalcoholate는 에탄올과 같은 무수 알코올 중의 염화알루미늄에 알루미늄 분말을 녹여 만든다. 그 생성물은 aluminum chloroethylate [$Al(OC_2H_5)Cl$ 혹은 $Al_2(OC_2H_5)_5Cl$]이고 모두 물, 알코올, 유기용매에 난용성이고 합성반응 중에 물을 소량 가하면 알코올에 잘 녹는 [$Al_2Cl_2(OH)_2(OC_2H_5)_5$]를 생성한다. 이 염류에 물을 가하면 가수분해하여 aluminum chlorohydroxide를 생성한다. aluminum chlorohydroxyethylate 착물은 알코올에 녹고 그것의 60% 용액은 맑은 점성이고 −5℃와 38℃ 사이에서 안정하다. 이 착물을 같은 부피의 물로 묽히면 pH 3.5～3.7 범위에서 젤을 생성한다. 이 착물은 50% 알코올에 녹인 30%와 70% 추진제를 섞어 땀 억제제와 탈취제로 사용한다. 사용한 알루미늄 착물 함량에 따라 polyol을 2～5% 첨가해야 한다. polyol은 glycerol, propylene glycol, dipropylene glycol을 의미한다. 염기성 염화알루미늄은 땀-억제제로 사용하면 자극성 없이 효과적으로 작용하는 것이 장점이고 섬유유연제로서 역할은 별로 없고 완충제 역할을 한다. aluminum behenate는 비누에 항-고형화제(anti-caking agent)로 사용한다. aluminum bromohydrate는 수렴제로 사용한다. aluminum caprylate는 비누에 항-고형화제로 사용한다. aluminum capryloyl hydrolyzed collagen은 헤어 컨디셔너에 사용하는 단백질 유도체다. aluminum chlorohydrate는 propylene glycol 및 polyethylene glycol(chloroydrix), polyehylene glycol(chlorohydrex PEG) 및 propylene glycol(chlorohydrex PG)와 배위착물을 생성하고 이들은 모두 수렴제와 탈취제로 사용한다. aluminum chlorohydroxy lactate 착물은 염기성 염화알루미늄과 락트산 소듐으로 만든다. 이 착물들은 막대형 땀 억제제 바탕물질로 사용하는 알코올 비누 젤로 사용하기에 적당한 pH 8～9를 유지하고 이것은 40% 수용액으로 판매한다. 활성 성분은 약 20%를 함유한다.(3)

aluminum diacetate는 수렴제다. aluminum dicetylphosphate는 유화제의 안정화제다. aluminum dichlorohydrate와 polyethylene glycol(PEG) 및 propylene glycol(PG)의 배위착물은 수렴제와 탈취제다. aluminum dilinoleate와 dimyristate, distearate는 비누와 유화제의 항-고형화제다. aluminum gluconate는 알루미늄염과 글루콘산염을 반응시켜 만들고 이것은 수용성이고 알칼리에 안정하고 막대형 땀 억제제에 유용하다. aluminum hydrogenated tallow glutamate는 스킨 컨디셔너에 분말로 사용한다. 수산화알루미늄($Al(OH)_3$)은 세 가지 형태로 존재한다. 가장 큰 수화물 상태는 ortho 형태이고 가끔 $Al_2O_3 \cdot 3H_2O$라고 쓴

다. 다음으로 가장 큰 수화물은 $Al_2O_3 \cdot 2H_2O$ 혹은 $Al_2O(OH)_4$이고 마지막으로 가장 적은 수화물 형태는 $Al_2O_3 \cdot H_2O$ 혹은 [AlO(OH)]이고 meta 형태라고 한다. 1몰 Al_2O_3는 3분자 물 분자와 결합한다. 수산화알루미늄은 탈취수렴제와 위산중화제로 사용한다. 수산화알루미늄은 얼굴 마스크에 유화제로 그리고 색소에 대한 매염제 혹은 기질로 그리고 치약용 광택제로 사용한다. aluminum isostearate, isostearate/laurate/palmitate, isostearate/laurate/stearate, isostearate/myristate, palmitate는 모두 비누에 항-고형화제로 사용한다. aluminum lactate는 회색을 띤 백색 분말이고 물에 잘 용해하고 알루미늄 금속을 락트산과 반응시켜 만든다. 땀 억제제로 사용한다. aluminum lanolate는 비누에 사용한다. aluminum PCA는 스킨 컨디셔너로 사용한다. aluminum salicylate는 물에서 분해하여 salicylic acid와 염기성 염으로 되고 탈취제로 사용한다. aluminum sesquichlorohydrate와 sesquichlorohydrex는 수렴제와 탈취제다. aluminum silicate는 불용성 백색 분말이고 흡습성이 크고 땀-억제제의 보호물질로 사용한다. aluminum starch octenylsuccinate는 흡수제와 항-고형화제다. aluminum sulfate는 탄화수소 점성부여제로 사용하고 매우 인기있는 땀-억제제이고 염화알루미늄보다 덜 산성의 pH를 갖는다. 때때로 cake alum 혹은 patent alum이라고 한다. 물에 잘 녹지만 알코올에 난용성이고 염화알루미늄보다 약한 땀 억제제이고 수돗물처리(침강제), 가죽처리, 매염제, 가축 상처 세척에(5% 수용액) 사용한다. aluminum sulfocarbolate 혹은 phenolsulfonate는 회색을 띤 백색-분홍색 염이고 물과 알코올에 녹는다. 이 용액은 황산알루미늄 용액보다 약간 더 산성이다. aluminum sulfocarbolate는 수렴제와 면도용 로션, 땀-억제제, 에어로졸 땀-억제제로 사용한다. 미량의 철 성분과 반응하여 적색으로 변한다. aluminum tristearate는 비누와 점성부여제로 사용한다. aluminum undecyl collagen amino acid는 헤어 컨디셔너로 사용한다. 지르콘과 알루미늄 착물은 주로 탈취제와 수렴제로 사용하고 이들은 aluminum zirconium octachlorohydrex GLY(GLY=glycine), pentachlorohydrate, pentachlorohydrex GLY, tetrachlorohydrate, tetrachlorohydrex GLY, tetrachlorohydrex PEG, PG, trichlorohydrate와 hydrex GLY이다.

7 달걀노른자 오일

달걀노른자 오일(egg yolk oil)은 달걀노른자에서 이염화 에틸렌으로 추출하여 얻는다. 달걀노른자 오일은 표 3-3처럼 지방 글리세라이드와 콜레스테롤을 함유한다.

Glyceride는 포화와 불포화 지방산의 혼합물이다. glyceride와 lechitin 부분에 palmitic, stearic, oleic, linoleic, clupanodonic acid를 함유한다. 달걀노른자 오일은 Vio-Bin 공정(4)에 따라 ethylene dichloride를 사용하여 추출한 다음 노른자 오일 혼합물에서 70℃ 불변 끓는점(azotropic point)에서 증류하여 물을 제거하고 오일은 나머지 ethylene dichloride 용액에서 농축한다.

달걀노른자 오일은 암갈색 시럽 액체이고 광물성 오일, 식용유, 식용 지방, 석유에 녹는다. 그리고 여러 화장품에 윤활성 연화 유연제로 사용하고 피부용 크림과 로션에 쉽게 유화된다.

표 3-3 달걀노른자 오일의 성분과 성질

성분 종류	함량(wt %)
밀도	0.95
굴절률	1.4790
글리세라이드	62 (대략)
인지질	33 (대략)
sterols	0.5 (대략)
cerebrsides	미량

8 지방산과 그 유도체

지방산은 약 2000년 전에 우연하게 비누를 만들면서 출현하였다. 1714년에 Geoffroy에 의해 처음 지방산을 분리하였고 1815년에 Chevreul에 의해 지방을 분류하였다. 해양성 동물지방은 불포화이고 육지 동물지방은 포화지방이 더 많다. 식용유 불포화도는 해양과 육지 동물의 중간이다. glycerides는 일반적으로 혼합성분이다. 저분자량 지방산은 propionic, caprylic, undecylenic 등이고 항균성을 갖는 것으로 알려졌다.

일반적으로 지방산은 화장품에서 알칼리 금속, 수산화암모늄, 알킬아민과 비누제조에 사용하고 유화제, 용매로도 사용한다. 어떤 크림 혹은 로션에서 stearic acid는 특히 과량으로 사용하여 건조 피부효과를 만든다. 비누-바탕 샴푸는 지방산을 완전히 비누화하고 브러시(brush)를 사용하지 않는다. 거품면도 크림은 지방산이 과량으로 존재한다. 브러시를 사용하지 않는 크림은 특히 지방산을 더 많이 함유한다. Behenic acid는 Colgate-Palmolive Co에서 샴푸에 불투명화제로 사용한다. Palmitone 혹은 stearone과 같은 키톤 종류는 화장품에 사용하지 않지만 면도용 크림과 비누에 유용하다. alkyloamide는 alkyloamine 비누에서 물을 제거하여 만들고 거품목욕, 샴푸, 면도용 크림, 화장품 성분의 용매로 사용한다. 지방산 에스터는 알코올로 환원하여 황산 알킬로 만들어 바탕 물질로 사용한다. 그 알코올은 폴리올의 에터 혹은 에스터 그렇지 않으면 인산 에스터로 만든다. Lauric anilide 혹은 myristic p-anisidide와 같은 아마이드는 불투명 샴푸에 사용한다.

9 플루오르 화합물

Perfluoropolymethyl-isopropyl ether, 상품명 Fomblin®은 흡장성(occlusive) 화합물이고 보습제와 컨디셔너로 사용한다. Perfluorodecalin과 perfluorotetralin은 또 다른 스킨-컨디셔닝제와 용매다. Fluorosalan은 항-균제이고 Flupro C-28 Alkyldimethicone은 항-거품제로 사용한다. Perfluoroalkyl phosphate(Daito Kasei Kogyo Co., Ltd, in Osaka) 표면처리제는 분말 제품에 사용하는 우수한 발수성(water-repellant) 혹은 발유성(oil-repellant)이고 액체 화장품에서 우수한 분체 분산용 분산제다.

"가용성 플루오르화물"도 비슷하게 사용한다. sodium monofluorophosphate는 치약에서 sodium fluoride보다 덜 독성이라고 알려졌다. Teflon®, Kel, Fluorothene이라고 알려진 Tetrafluoroethylene($CF_2=CH_2$)은 화장품 제조기구와 분체에 널리 사용하지만 덜 알려져 있다. PTFT(polymer of tetrafluorethylene)는 얼굴 파우더에 벌크재로 사용하고 분체에 대한 압축 조제로 사용한다.

10 Henna 추출물

Henna 활성 성분은 2-hydroxy-1 : 4-naphtha quinone 혹은 lawsone이다. lawsone은 henna에 약 1% 함유되어 있고 분자량은 174.0이다. Henna는 Lawsonia alba, Lawsonia spinosa, Lawsonia inernis 잎사귀를 건조하여 추출하여 얻는다. Henna는 글리세린, 알칼리, 알코올에 용해하지만 에터와 산성 용액에 불용성이다.

Henna는 모발 염료와 모발 색조를 밝게 만드는 린스제로 사용한다. Henna는 pH 5.5에서 모발의 표면에 코팅된다. 이 경우에 붕산 혹은 시트르산을 이용하여 pH를 조절한다. Henna는 뜨거운 물을 이용하여 죽-상태로 만들어 모발용 염료로 사용하고 그 색은 적갈색, 황갈색, 다갈색 계통이다. 산성 린스 혹은 pH-조절 샴푸에 5% 함량으로 사용하고 피부에 대하여 독성이 없다.

11 고급 지방족 알코올

고급 지방족 알코올은 천연 오일, 지방 혹은 왁스 중에 에스터 화합물로 존재한다. 화장품에 사용하는 주요한 고급 지방족 알코올은 C_{16} 이상의 포화 및 불포화 화합물 계열이다. lauryl alcohol은 sodium lauryl sulfate 용액 중에서 거품 안정제로 사용하고 고체성질을 갖는 myristyl alcohol은 화장품에 별로 사용하지 않는다. 고급 지방족 알코올은 향수 운반체로 사용한다.(5) 14종 용매에 대한 포화 지방족 알코올 용해도는 Hoerrl에 의해 측정하였다.(6)

화장품에서 모든 종류에 사용하는 cetyl alcohol은 부드럽고 피부에 velvet 같은 느낌을 주고 유화제 개선제, 연화제, 결합제(coupling agent), 계면활성제와 기타 유제의 계면 개선제로 사용한다. 그리고 립스틱의 주요한 성분이다. cetyl alcohol 발견은 화장품의 품질개선에 크게 공헌하였다. Cetyl alcohol은 mp 49.0℃, OH value 232.0이다.

Stearyl alcohol은 mp 58.5℃, OH value 207.8이고 cetyl alcohol과 같게 사용한다. Oleyl alcohol은 오랫동안 잊고 지내던 화합물이지만 1939년에 화장품 화학자들이 처음으로 주로 립스틱에서 bromo acid에 대하여 castor oil보다 좋은 용매라는 사실을 발견하여 glide-type lipstick 생산에 사용하게 되었다.

Stearyl alcohol은 입술에 매력 있는 얇은 필름을 생성하여 사랑받는 화합물이다. 공업용 oleyl alcohol은 냄새와 맛이 좋지 않기 때문에 정제하여 립스틱용으로 사용해야 한다. Oleyl alcohol은 mp +1℃이고 OH value 209다. Oleyl alcohol은 피부에 기름기 없는 부드럽고 공단(satin) 비슷한 필름을 형성한다. Octyldodecanoic acid의 oleyl ester도 비슷한 느낌을 준다. lanolin 용매로도 사용한다.

Cera Emulsicans(유화제 왁스)는 myristyl alcohol 90%와 sodium laurylsulfate 10% 혼합물에 증류수를 4% 되게 가하고 거품이 없어질 때까지 가열하여 만든다. Lauryl alcohol은 화장품에 사용하지 않고 alkyl sulfate와 함께 거품 안정제로 사용한다. Lauryl alcohol은 코코넛 비슷한 냄새를 갖는다. Myristyl alcohol(mp 38℃, OH value 262)은 화장품으로 사용하지만 많지는 않다. Ricinoleyl alcohol과 arachidonyl alcohol은 최근 화장품에 사용하기 시작하였다.

12 꿀과 봉랍

꿀은 ICI 이름이 mel이고 약간 산성(pH 3.0~4.9)이고 단맛 나는 점성 액체 분비물이고 꽃의 꿀을 여러 벌집에 모은 것이다. 꿀벌의 침 분비 혼합물이 왁스와 같은 벌집 봉랍 및 꽃가루 생성물과 접촉하여 sucrose 설탕의 대부분을 levulose(fructose)와 dextrose(glucose)로 전환하고 과량 수분을 제거하여 꿀로 숙성한다. 꿀은 수분함량과 꽃의 색(밤나무 꿀은 흑갈색, 아카시아 꿀은 미색, 싸리꽃 꿀은 약간 노란색)에 따라 색이 다르다. 꿀은 물에 녹고 bp>100℃이고 10~18℃ 사이에서 입자모양으로 변한다.

벌꿀 성분은 꽃의 근원(꽃의 종류, 기후, 높이), 상업적 추출방법에 따라 다르고 영양이 풍부하다. 꿀에는 수분, 단백질, 탄수화물, 비타민 B-복합체, 비타민 A, C, D, E, K, β-카로텐, 마그네슘, 황, 인, 철, 칼슘, 염소, 포타슘, 아이오딘, 소듐, 구리, 망간, 유기산, 호르몬, 항균제, 염료 등을 함유한다. 건조한 벌꿀 중에 설탕은 95~99%(이것 중에 fructose와 glucose는 80~90%)를 차지한다. 490종 벌꿀 시료를 분석한 결과 fructose 27.25~44.26%, glucose 22.03~40.75%, maltose 2.74~15.98%, saccharose 0.25~7.56%, 기타 sugar 0.13~8.49%, 수분 13.40~22.90%다. 검정색 꿀은 엷은 색 꿀보다 칼슘, 철, 구리 성분을 더 많이 함유한다.(7)

역사적으로 벌꿀은 모든 종류의 상처치료(고대 이집트에서), 고대 이집트와 그리스에서 육류식품 보관과 시체방부제(피라미드에서 어린이를 꿀통에 담아 보존한 것을 발견, 알렉산더 대왕이 죽어 Macedonia로 귀환할 때 꿀통에 담아 보존)로 사용했다. 꿀은 Crusaders battle, Crimean war, 최근 베트남 전쟁에서 상처치료용으로 사용하였다.(7) 최근의 실험에서 가열하지 않은 꿀을 사용한 결과 Gram-positive와 Gram-negative 박테리아에 대하여 효과적인 것으로 나타났다.(8)(9)(10)(11) 그러나 치료효과에 대한 원인은 아직 밝혀져 있지 않다.

12.1 봉랍

봉랍(propolis 혹은 bee glue)은 주로 침엽수 껍질에서 흘러나오거나 어떤 나무의 꽃봉오리에서 배어나오는 갈색 수지상 왁스다. 이것을 벌이 수집하여 벌집의 시멘트, 구멍을 메우는 재료, 그리고 구조재료로 사용한다. 봉랍은 강력한 천연 항생제와 살균제이고 벌집의 청결 유지에 사용한다. 봉랍은 따뜻한 기후에서는 부드럽고 찐득거리지만 차가운 기후에서 딱딱하고 부서지기 쉽다. 봉랍은 벌집 조각에 20~25% 벌 왁스를 함유한다. 봉랍은 국소적으로 부어오르는 통증 감소와 바늘로 찌르는 것 같은 통증 치료에 사용한다. 스페인 군인들이 잉카를 정복할 때 염증과 피부가 붓는 병에 국소적으로 봉랍을 사용했다. 19~20세기에 Boer 전쟁에서 바셀린과 함께 국소 소독제와 상처치료제로 사용했다.

전래적으로 봉랍 혼합물은 감염방지, 칼에 벤 상처와 긁힌 자리, 피부염증, 뾰루지, 여드름, 피부 홍반 등에 빠른 치료제로 사용하였다.(12) Scandinavia에서 50,000명 이상을 조사한 결과에 의하면 상처, 습진, 발진, 사마귀, 호르몬 조절, 신체의 자연적 저항을 자극하는 항생작용을 한다고 발표했다. 유럽에서는 현재 피부염증 치료제로 판매하고 있다.(13)

폴란드 과학자는 부인과의 감염과 피부 감염을 시험한 결과에서 밀랍용액이 penicillin, methicillin, streptomycin, chloramphenicol, oxytetracycline, erythromycin, sulfathiazole에 대하여 저항성이 큰 56종 포도상구균에 대하여 좋은 효과를 얻었다고 보고하였다.(14)(15)

밀랍은 대략 레진과 발삼 55%, 왁스 30%, 에터와 방향족 오일 10%, 꽃가루 5%를 함유한다. 기타 성분은 cinnamic acid, cinnamyl alcohol, vanilin, caffeic acid, tetchrysin, isalpinin, pinocembrin, chrysin, galangin, ferulic acid를 함유하고 방부제, 항생제, 항균제, 살균제, 항바이러스제 성질을 갖는다고 발표하였다.(15)

12.2 꿀벌 꽃가루

꽃가루는 꽃의 꽃밥(anther)에 생성된 가는 노란색 분말이고 대기에 의하여 날리는 입자이고 곤충과 새는 이것을 꽃의 암술로 옮겨 수정한다. 전형적으로 꽃가루는 종자식물의 꽃밥에 가는 분말로 존재한다. 꽃가루는 두 종류가 있다. 한 가지는 바람에 실려 옮겨지는 꽃가루(風媒花粉)이고 다른 한 가지는 곤충에 의해 옮겨지는 꽃가루(蟲媒花粉)다. 풍매화분은 알레르기 반응의 주범이다.

꿀벌 화분은 꿀벌이 꿀을 수집하는 과정 중에 변형된 충매화분이다. 충매화분은 처음에 꿀벌이 턱과 앞다리로 수술로부터 꽃가루를 모아 꿀로 적셔 다리를 이용하여 정교하게 벌집을 만든다. 꿀벌 꽃가루는 인간의 뇌하수체 호르몬과 매우 비슷한 성 선-자극 호르몬(gonadotropic hormone)을 함유하고 그 호르몬은 여성에서 남성호르몬과 여성호르몬 분비를 자극한다. 성 선-자극 호르몬과 여성호르몬은 꿀벌 꽃가루 중에 10 IU/gram 함유하고(16) 닭에 대하여 시험한 결과는 배란을 촉진하는 것으로 알려졌다.(17) 연구결과에 의하면 화분은 세포의 조기노화를 방지하고 새로운 피부조직의 성장을 촉진하고 탈수를 방지하고 건조 세포에 새로운 활력의 주입에 효과성이 있다고 발표했다.(15)

12.3 로열 젤리

로열 젤리(royal jelly)는 자극성이고 영양이 풍부하고 걸죽하고 밀크처럼 백색이고 꿀벌의 경동맥 샘에서 분비하는 크림 혹은 젤리 같은 액체다. 로열 젤리는 여왕과 모든 유충에 제공하여 수명 연장과 더 많은 출생을 돕는다. 로열 젤리는 꿀벌 화분을 섭취하는 동안 간호 꿀벌 몸에서 합성되고 로열 젤리에 함유된 다량의 단백질과 호르몬 물질에 대한 관계를 돕는다. 화학적으로 로열 젤리는 수분 66.05%, 단백질 12.34%, 지질 5.46%, 환원당 12.49%, 무기물 0.82%, 미지 성분 2.84%를 함유한다. 이러한 복잡한 혼합물에 천연 호르몬, 효소, 생촉매, 비타민 B(thiamine, riboflavin, pridixine, niacin, pantothenic acid, biotin, inositol, folic acid), 비타민 A, E, C, acetochlorine, 지방산, 당, 스테롤, 인 화합물 등을 함유한다. 그 밖에도 감염과 면역-촉진제로 작용하는 gamma-globulin과 강력한 항생제 역할을 나타내는 decanouic acid도 함유한다. 로열 젤리를 규칙적으로 이용하면 피부는 부드럽고 주름이 없어지고 피부는 빠르게 치유된다고 극찬한다.(18)

TOPIC 봉독

벌은 어떤 자극을 받았을 때 자신을 보호하려고 상대에게 독(apitoxin)을 주입한다. 사람을 위시해서 모든 동물과 식물은 자신을 보호하는 본능을 가지고 있다. 큰 동물은 힘으로 그리고 작은 동물은 화합물질로 상대를 위협한다.

봉독의 주요한 성분과 기능(괄호 안에 표시)은 mellitin(50%, 용혈작용), phospholipase (12%, 세포조직 파괴와 용혈작용), M. C. D. peptide(2%, 항-염증작용), hyaluronipase A2(1~3%, 조직파괴작용), apamine(2%, 신경통 완화작용, 진통작용, 항-염증작용, 면역작용, 신경독작용), histamine(0.1~1%, 혈압강하, 장관 수축작용), adolapin(진통, 해열, 항-염증작용), protease inhibitor(항-염증작용, 단백질 용해억제), secapine, tertiapin, procamine A. B, α-glucosidase 등이다. 봉독은 민간요법에서 관절염 환자의 환부에 벌침을 쏘여 관절염의 통증에서 벗어나게 처치한다. 以痛治痛인가? 그런데 봉독성 파우더를 피부에 바르면 여드름과 뾰두라지의 치료에 효력을 발휘하는 것이 알려졌고 또한 봉독성 파우더는 화장품 기능에 기여하는 것이 알려져 비싼 값으로 판매된다.

봉독을 수집하는 방법은 꿀벌통 앞에 작고 깨끗한 스테인리스 철판을 깔고 철판에 적은 전류를 통하면 벌들이 착륙하면서 감전되어 놀라서 스테인리스 철판에 봉독을 흘린다. 벌의 출입이 없는 밤에 스테인리스 철판을 꺼내서 봉독을 면도칼로 긁어 수집한다.

13 Hyaluronic acid

Hyaluronic acid는 acetylglucosamine, gluconic acid, β-(1-3) gluconic과 β-(1-4) glucosaminidic bond로 구성된 큰 점성을 갖는 고분자 물질이다. Hylauric acid는 피부, 연골, 탯줄, 관절, 체액, 관절 윤활유, 심장판막, 태아연골, 어린이 연골, A와 B group 용혈성 연쇄구균과 같은 여러 인체조직에 존재한다. 인체기관을 함께 구성하는 실질세포(parenchymal cell) 사이를 연결하고 고분자 젤 상태이고 모든 기관에도 풍부하게 존재한다.

Hyaluronic acid는 인체의 무정형 기본물질과 케라틴 황산염으로 존재한다. 이 물질은 액체, 세미-액체, 고체 젤리 상태이고 피부, 건(sinew), 근육, 연골과 같은 여러 세포 사이 공간을 채운다. Hyaluronic acid는 아미노-당 다당류이고 glycosaminoglycan이라 하고 proteoglycan 매트릭스의 한 성분이다. 여기에서 proteo는 protein, glycan은 polysaccharide를 의미한다. Proteoglycan은 인체의 외부 매트릭스 바탕 물질이고 몇 퍼센

트의 탄수화물을 함유하고 단백질보다 다당류에 가까운 성질을 갖는다. INCI(International Nomenclature Cosmetic Ingredient)는 hyaluronic acid를 mucopolysaccharide라고 부른다(International Cosmetic Ingredient Dictionary and Handbook, 2000, 644). glycosaminoglycan은 분자량이 heparin 10^4부터 hyaluronic acid 10^7까지 상당히 다양하다. hyaluronic acid는 인체에 염으로 존재하고 이러한 염류용액 점성은 전해질 영향이 크다. hyaluronic acid는 추출과 단백질, 지질, 핵산을 제거하는 정제과정 중에 분자들이 쉽게 분해되고 분자량은 빠르게 감소한다. 크고 곁-가지 사슬이 없는 물-함유 분자는 응단력(shear force)에 의해 쉽게 분해된다. 탄수화물 사슬은 자유 라디칼, UV 복사선, 산화제에 의해 쉽게 분해된다. hyaluronic acid 점성은 1～8 사이이다. hyaluronic acid는 맑은 윤활성 액체이고 관절막 혹은 뼈 끝 관절에서 분비된다. 관절 활성용액은 흐름변성변화성(thixotropic)이 큰 액체이고 그 성질은 hyaluronic acid 때문에 나타난다. hyaluronic acid는 스펀지처럼 생체에서 물을 간직하고 인체조직의 수분을 유지하는 역할을 한다.

인간 피부의 성숙과 노화는 hyaluronic acid 함량과 대사의 변화를 수반하고 대부분은 50세 후에 갑자기 변한다. 피부의 수분이 많을수록 hyaluronic acid는 많이 함유하고 점탄성 hyaluronic acid는 연령과 관련이 있고 피부의 기계적 성질의 퇴화는 피부에 있는 매트릭스 물질의 점탄성 성질 때문이다. 성장호르몬과 성호르몬도 hyaluronic acid 함량과 밀접한 관련이 있다.(19)(20)(21)(22)

Hyaluronic acid 고분자 용액을 피부표면에 바르면 피부를 연결하는 세포간 매트릭스처럼 물을 간직하는 투명한 수화성 점탄성 필름을 형성한다. 고분자성 hyaluronic acid의 수분-보유 능력은 수화된 피부표면을 유지하게 돕고 주름이 덜 생기게 만든다고 주장한다. 고분자 hyaluronic acid에 의해 생성된 눈에 보이지 않는 투명 필름은 끈적거리지 않고 부드러운 피부표면을 갖는다. 화장품 바탕 재료에 가하면 끈적거리는 petrolatum 같은 원하지 않는 다른 성분의 성질을 가린다고 보고하였다.(23)(24)

어떤 연구원은 각질층을 통하여 피부에 흡수된다고 주장하지만 고분자 hyaluronic acid는 절대로 투과할 수 없고 그것은 피부에 흡장(occlusive)되는 현상이다. 현재 화장품 처방은 동물을 거치지 않고 발효하여 생산된 hyaluronic acid를 양이온 상태로 이용한다.

14 Lanolin과 그 유도체

Lanolin은 양털의 기름 성분이다. 양털에서 씻은 양모 그리스(grease)는 수세기 동안 알려져 왔고 고대 그리스(대략 B.C. 700) 시대는 양모와 양모 표면의 지방 더껑이를 긁어 추출하였다.[25] 라놀린은 양모 표면에 입힌 성분이고 양의 지방질 샘에서 나온 오일 분비물이다. 라놀린은 양모를 부드럽게 그리고 보호작용을 한다. 라놀린은 고분자 라놀린 알코올과 산의 에스터, 디에스터, 하이드록시 에스터로 구성된 대단히 복잡한 혼합물이고 성분은 1986년에 발표되었다.[26]

양모 그리스는 양모 쓰레기와 직조공장의 부산물이고 직조과정 전에 양모를 씻은 물에서 회수하고 자유 지방산을 제거하려고 중화하고 씻어 탈색과 탈취를 한다. 양모 그리스는 깎은 양모의 약 10% w/w를 차지하고 사육방식, 깎은 부위, 외부와 내부의 양털, 계절에 따라 함량이 각기 다르다. 라놀린 성분은 양모의 햇빛 노출(자동산화)과 저장 상태에 따라 다르다. 오스트레일리아에서 산출되는 양모는 10~16% 그리스, 6~8% suint(양의 땀 중에 함유된 여러 유기 및 무기 화합물 산의 포타슘 염류), 10~12% 수분, 19% 오염물, 49~61% 양모 섬유를 함유한다. 라놀린과 인간 피지의 차이점은 라놀린의 경우에 triglyceride와 지방산이 없고 지방이 아닌 왁스 상태로 존재한다.

14.1 피부에 대한 라놀린 연화제

연화(emollience) 현상은 피부표면을 팽창하는 수분함량이 증가하여 각질층을 매끈하고 부드럽게 만드는 것으로 정의한다. "연화"라는 용어는 "보습"과 동의어지만 때때로 윤활성 혹은 마찰효과를 포함하여 사용한다. 피부의 수분함량은 피부 내부의 무극성 장벽 지질에 의해 조절되는 피부를 통한 수분손실에 따라 결정된다. 연화는 TEWL (transepidermal water loss, 피부를 통한 수분손실)을 지연한다는 의미에서 여러 가지 서로 다른 물질을 비교하여 Powers와 Fox[27]에 의해 정량화되었다. 그에 의하면 라놀린은 TEWL에서 32% 감소하였고 바셀린 다음으로 효과를 나타냈다. 라놀린의 유연제 효과는 현재 조도계법(profilometry)과 내부막부착법(intra-corneal cohesography)과 같은 다른 방법으로 인간생체에서 정량적으로 측정하였다.[28] Clark는 각질에 흡수된 라놀린이 TEWL에 의한 보습반응뿐만 아니라 자발적으로 이 수분을 유제화한다고 주장한다. 그러므로 피부 그 자체 내에서 수분저장용기 혹은 완충제로 작용하고 비-계면활성 유화제(예를 들어 비활성 탄화수소 혹은 일염기 카복시산의 이소프로필 에스터)로는 작용할 수 없다. 피부 1 cm^2에 w/o 형태로 흡수된 2 mg 라놀린은 정상적 각질에 결합한 수분을 모두 약하게 붙잡고 있다.(27)(28)

역사적으로 라놀린은 여러 화장품에, 특히 콜드크림, 클렌징크림과 로션, 모발-손질, 그리고 모든 크림에 바탕재료로 사용하였다. 최근에는 유화제, 유연제, 안정제, 가소제, 지방 과다함유성(superfatting) 처방에 사용한다. 이러한 다기능성은 특이하고 복잡한 양모 왁스의 성분에서 나오는 것이고 이것은 콜레스테롤 에스터, lanosterol, cetyl alcohol, triterpenols, 지방족 알코올 등의 혼합물이다. 이러한 알코올들은 다음에 여러 지방족 사슬, 가지가 달린 그리고 불포화 지방산으로 에스터화된다.

14.2 알레르기와 감광성

라놀린 알레르기는 매우 드물고 라놀린 중에 자연적으로 존재하는 자유 지방족 알코올은 비교적 소량이고 세제에 포함된 지방족 알코올 때문에 알레르기를 발생한다. 30% 양모 알코올을 이용한 패치 시험과 6% 정제 라놀린 함유 크림은 반응을 나타내지 않았다. 현재 고도의 정제 방법으로 라놀린 알레르기 잠재성은 크게 감소하였고 인간과 동물에 대한 감광 위험은 없다.

14.3 라놀린 유도체

액체 라놀린과 왁스 라놀린은 용매 분별증류와 진공증류를 통하여 라놀린에서 분리한다. 액체 라놀린은 인력(attractive force)이 적고 접착성도 적지만 유연한 느낌이 있다. 액체 라놀린은 광유에 녹지만 USP 무수 라놀린은 녹지 않는다. 액체 라놀린은 분산계수가 크므로 목욕오일에 유용하다

라놀린이 무수 아세트산과 반응하면 하이드록시 에스터의 하이드록시 원자단이 아세트산 원자단으로 치환되어 더 소수성으로 변하고 w/o 유화제는 생성되지 않고 차가운 광유에 녹는다. 라놀린의 에스터, 산, 알코올의 자유 하이드록시 원자단은 에틸렌 산화물과 반응하여 폴리에틸렌 라놀린을 생성하여 에톡시화반응을 진행한다. 에틸렌 산화물 사슬길이가 증가하면 물에 대한 용해도와 표면활성도가 증가하고 유화는 감소한다. 알코올에 대한 용해도는 증가하여도 유연성은 그대로 유지한다. 라놀린의 에스터 교환반응은 조절된 부분 비누화반응에 의하여 라놀린 알코올, 이소프로필 에스터, 자유

라놀린의 혼합물을 생성한다. 이러한 변형체는 액체 라놀린의 유연성을 그대로 유지하지만 용해도와 분산성은 개선된다. 에스터교환반응은 녹는점을 낮추고 접착성이 감소한다. 라놀린 에스터를 알코올성 알칼리로 비누화 도중에 라놀린산의 알칼리 비누는 라놀린 알코올을 함유하는 비누화되지 않은 부분에서 분리되고 분리된 혼합물은 라놀린산과 알코올이 각기 50%로 구성된다. 그 산은 동일한 normal acid, iso acid, hydroxy acid들이 동일한 비율로 구성된다.(29)

무수 라놀린은 천연 양모에서 나온 제품이고 고도로 정제된 지방과 비슷한 물질로 구성한다. 무수 라놀린은 엷은 노란색이고 끈끈하고 약간 기름기 있는 특유한 냄새를 갖는다. 화학적으로 sterol, triterpenol, 직선 혹은 가지 달린 알코올과 지방산의 혼합물이다. 무수 라놀린은 안정한 w/o 유제를 생성하는 유화 성질을 갖고 물 흡수용량은 무게의 2배 이상이고 피부에 대하여 좋은 유제이고 여러 화장품과 의약품에 기본 성분이다. 양(sheep)을 방목하는 도중에 살충제와 소독제 수용액에 담그면 진드기, 해충, 질병으로부터 보호할 수 있지만 양털에 묻은 여러 살충제와 소독제에 노출되어 라놀린이 오염된다. 그래서 독일의 식용 동물 지방 규정과 USP, BP, DAB는 살충제 함량을 엄격하게 규제한다.

14.4 액체 라놀린과 라놀린 알코올

액체 라놀린은 오일에 녹는 액체이고 고체 고분자에서 저온 분별 결정화 방법으로 분리한다. 액체 라놀린은 노란색 점성 물질이고 때때로 라놀린 오일 혹은 탈-왁스 라놀린이라고 한다. 액체 라놀린은 유화성, 유연제, 컨디셔닝, 보습성, 지방 과다 함유성 등의 능력이 라놀린과 동일한 특성을 갖지만 피부에 더 잘 흡수된다. 액체 라놀린은 로션, 크림, 샴푸, 목욕오일, 모발 제품, 화장품과 의료용 제품에 사용한다. 액체 라놀린은 살충제를 10 ppm 이하로 규제한다.

라놀린 알코올은 양모 알코올 혹은 양모 왁스 알코올이라고 부른다. 라놀린 알코올은 무수 알코올의 정제된 비누화되지 않은 부분이고 대단히 복잡한 알코올 혼합물이다. 라놀린 알코올은 노란색-갈색이고 깨지기 쉬운 왁스이고 약전 규격에 맞게 공급된다. 라놀린 알코올은 가장 강력한 비-이온성 w/o 연화제이고 다른 고분자 알코올보다 물-흡수 용량이 더 크고 광유 혹은 바셀린에 녹일 때 물-흡수 능력이 가장 크고 크림과 로션에 유연제와 유연제의 안정화제로 사용하고 주요한 흡수 바탕 재료로 사용한다.

14.5 콜레스테롤

시판용 콜레스테롤의 주요한 재료는 라놀린 알코올이고 수산화 알칼리를 이용한 비누화방법으로 라놀린으로부터 분리하고 대략 34% 콜레스테롤을 함유하고 추출하여 정제한다. 콜레스테롤은 첫째 화장품, 둘째 비타민 D_3 생산의 중간체, 셋째 액정 생산의 원료, 넷째 참새우와 작은 새우의 사료로 사용한다. 콜레스테롤 USP는 백색 결정 분말이고 녹는점은 148~151℃다.

각질층 세포 사이 액체는 피부의 수분-유지 성질에 주요한 역할을 담당하고 투과 차단 기능을 갖는다. 각질층 세포는 지질의 왁스성 매트릭스로 둘러싸여 있다. 이러한 지질은 주로 ceramide, 콜레스테롤, 자유 지방산, 황산 콜레스테롤로 구성하고 그 혼합물은 각질층의 정상적 기능에 필수성분이다. 세포 사이 지질은 세포 사이에 얇은 층으로 배열되어 있다. 콜레스테롤로 처방한 얼굴 크림은 조직을 단단하게, 모공을 감소하게, 주름이 펴지게, 건조피부를 부드럽게 한다. 콜레스테롤은 o/w 그리고 w/o 유제를 생성하는 바탕성분이고 음이온성 유제 성질을 개선하고 유제 안정도를 개선하는 것으로 알려졌다.

14.6 기타 라놀린 성분

고체 라놀린(hard lanolin)은 녹는점이 높은 화장품용 무수 라놀린이고 엷은 노란색 왁스성 물질이다. 화학적 성질은 일반적 무수 라놀린과 비슷하다. 이것은 립스틱, 헤어크림, 로션에 사용하고 특히 고온에서 일관성과 안정성을 개선한다. 그리고 산업분야에서 특히 구두, 마룻바닥, 가구, 인쇄잉크, 탄소종이 등에 광택제로 사용한다. 고체 라놀린 유제의 능력은 품질을 개선하고 다른 왁스의 결정화를 방지한다.

이소콜레스테롤(isocholesterol)은 주성분이 triterpene, lanosterol, dihydrolanosterol 혼합물이고 화장품에 사용하지 않는다. 아세트산 라놀린은 아세트산으로 라놀린의 하이드록시 원자단을 에스터화하여 생성된 무수 라놀린 유도체다. 아세트산 라놀린은 어미 라놀린과 별로 변화가 없고 오일에 녹고 본래 라놀린보다 덜 끈적거리고 피부에 좋은 유연제이고 베이비오일, 목욕오일, 무수 피부 컨디셔닝계에 유화제로 사용한다. 라놀린 지방산(lanoluin fatty acid)은 여러 지방산의 혼합물이고 주로 "지방 과다 함유" 화장품 중에서 샴푸, 린스, 모발 처리, 컨디셔너에 사용하고 에스터와 여러 알코올의 원료로도 사용하고 마스카라의 방수제와 핸드 로션에 사용한다.

TOPIC 조울증에 사용하는 리튬 화합물

알칼리금속은 1족 금속이고 물에 녹아서 염기성을 띠고 알칼리 금속염은 물에 잘 녹는다. 그 중에서 소듐과 포타슘 이온은 인체에 각기 0.1 M 농도로 함유하고 혈액 플라즈마와 세포내 액체의 주요한 성분이다. 이러한 전해질은 정상적 세포기능에서 전하운반체 역할을 하고 심장조절과 관련이 있는 주요한 이온이다. 리튬이온(Li^+)은 신비스런 치유능력을 갖는 것으로 생각하였다. 1927년 Dr. C. L. Grigg는 리튬-함유 레몬 탄산음료수를 Seven-Up®이라는 이름으로 판매하였다. 1950년대에 FDA 권고에 따라 리튬을 Seven-Up®에서 제외시켰다. 그 이유는 리튬이온이 조울증에 놀라운 치료효과를 나타냈기 때문이다. 2014년 9월 질병관리본부 발표에 의하면 한국 성인의 8명 중에 1명은 우울증이고 여성은 남성보다 2배 더 많다. 미국에서 1백만 명 이상이 정신병으로 고통을 받는다. 리튬이온은 양극성 정신병자들이 일상생활에서 더 효율적으로 생활하게 치유하는 결과를 나타냈다. 1940년대에 오스트리아 정신과 의사 John Cade는 물에 잘 녹는 뇨산리튬(lithium urate)을 조울증 동물에 투여하여 조울증이 치유되는 것을 발견하고 이 경우에 뇨산(uric acid)은 아무런 역할이 없다는 것을 발견했다. 리튬을 사람에게 과량 투여하면 신장 부전과 사망에 이른다. 현재 리튬은 탄산리튬(Li_2CO_3) 형태로 Eskallith®이라는 상표로 이용하고 조울증환자들의 약 70%는 효과를 보이고 있다. 그러나 리튬이온에 의한 치료 원인은 화학자들도 이해하지 못하고 있다. 리튬이온은 소듐이온보다 작아서 세포분자와 쉽게 상호반응하고 신경전달체로 작용하는 것은 확실하다. 리튬은 또한 우리들이 전자제품(컴퓨터, 핸드폰, 오락기기 등)에 사용하는 이차전지 제조에 필수 성분이다.

15 리튬 화합물

화장품에서 리튬염류는 다음과 같이 사용한다.

- 수산화리튬은 1936년에 H_2S로 처리한 다음 탈모제로 특허를 받았다.
- lithium stearate는 메이크업과 파우더 처방에 다른 금속 스테린산염보다 좋다고 평가하였다. hydroxystearate도 비슷한 성질을 갖는다.
- n-tetradecenyl succinate 같은 알킬화 succinic acid의 리튬염류는 피부 갈색화에 사용한다. lithium glycolate는 머리파마 화장품에 유용하다.
- lithium gluconate는 첨가화합물로 사용한다.
- lithium magnesium silicate와 sodium silicate는 수용액 계에서 부피팽창제와 점성

부여제로 사용한다.

- lithium oxidized polyethylene은 비수용매 계에서 점성부여제로 사용한다.

16 수은 화합물

수은(Ⅰ, Ⅱ) 염류는 항-미생물 성질이 있고 수은(Ⅱ) 염류는 수은(Ⅰ) 염류보다 효과적이다. 산화수은도 생물 독성제로 사용한다. 여러 수은 유도체는 세균발육저지제와 항균제로 사용한다. phenyl mercury, acetate, borate, benzoate 등 유도체를 널리 사용한다. phenylmercury 화합물은 일반적으로 물에 조금만 녹고 지방과 오일에 더 잘 녹고 유효농도는 1 : 50,000배 정도로 묽혀 사용한다. 이것은 자극성 수산화물 침전을 방지하기 위해 산성 매질에서 사용해야 한다. 방부제로는 phenyl mercuric acetate, benzoate, borate, bromide, chloride를 화장품에 사용한다.

17 마이크로-구형

마이크로-구형(microsphere)은 일반적으로 마이크론(micron, 1/백만 meter) 범위의 지름을 갖는 구형입자다. 마이크로-구형의 입자크기에 대한 정확한 정의는 없지만 대략 1~100 ㎛ 범위이고 이것보다 작으면 나노입자(nanoparticle, 10^{-9} m)라고 한다.

불규칙한 모양의 입자와 다르게 마이크로 입자는 서로 쉽게 구른다. 이러한 현상을 베어링효과(bearing effect)라고 한다. 이러한 효과와 마찰감소 때문에 세라믹과 유리질 마이크로-구형은 역사적으로 페인트와 산업 도료에 사용하여 점성을 낮추고 흐름을 개선하였다. 이러한 마이크로-구형은 속이 비어서 비중이 감소한다. 속이 비어있는 마이크로-구형은 가끔 광물성 충전제 대신에 사용하고 더 많은 부피를 증가하여 제품을 더 경제적으로 만들 수 있다. 이러한 예는 3M의 Scotchlite™ Glass Bubble과 Zeeland Industries의 Zeeosphere™ 세라믹 마이크로-구형이다.(30)(31)

마이크로-구형은 고무산업에서 마모저항성, 색이 변하지 않는 영속성, 화학 및 전기적 저항성의 개선에 사용한다. 열가소성 수지와 열경화성 수지는 공정개선, 제조가격, 수지 대체물, 수축률과 굽힘률 감소, 더 좋은 몰드형성 등에 기여한다. 표면활성 실리카 젤 혹은 특수한 고분자 수지로 만든 마이크로-구형은 고성능 액체 크로마토그래피법(HPLC)과 젤 투과 크로마토그래피법(GPC)에 오래전부터 사용하였다. 이러한 분석방법은 제약과 플라스틱 산업에 필수불가결한 분야다.

17.1 마이크로-구형의 화장품 응용

마이크로-구형은 1980년대 이후에 일본, 미국, 유럽에서 사용하기 시작했다. 화장품에 일반적으로 사용하는 입자크기는 평균 1～20 ㎛이고 이렇게 작아야 피부의 골을 채우고 빛을 산란할 수 있기 때문이다. 실제로 눈에 띄게 피부의 가는 선이 없어져 보이고 이 효과를 "광학적 번짐"(optical blurring) 혹은 "연초점"(soft focus, 軟焦点)이라고 한다. 구형 모양은 볼-베어링 효과(ball-bearing effect)를 제공하고 이것을 우아한 비단 같은 살결이라 하고 최종제품을 더 매끄럽고 혼합되게 그리고 화장할 때 더 자연스럽게 마무리되게 한다. 마이크로-구형은 사용하는 정도에 따라 끈적거리지 않고 뒷맛이 우단(velvet) 혹은 가루 분 느낌(크림-대-분 살결 감촉)을 준다. 그러므로 마이크로-구형은 화장품 처방에서 여러 가지로 특수하게 응용되고 화장품 화학자들에게 피할 수 없는 성분이다.

TOPIC 조폭과 신부의 공통점

강우일 한국천주교회 의장 주교 말씀

1) 늘 검은색을 입고 다닌다.
2) 어디를 가든 돈을 내지 않는다.
3) 서열이 확실하다.
4) 남의 구역은 침범하지 않는 예의를 지킨다. 조직을 위해 목숨을 바친다.

어느 항공사에 김수환 추기경의 예약여부를 확인하니 왈
김수환 씨는 예약됐는데 추기경 씨는 예약이 안 됐는데요?

17.2 마이크로-구형 재료

마이크로-구형은 현재 시장에 수십 종류들이 있고 계속해서 새로운 종류들이 소개된다. 마이크로-구형의 물리적 구조는 비-다공성, 다공성, 속이 빈 구형들이 있고 마이크로-구형을 만드는 재료는 무기물, 열가소성 고분자, 혹은 복합성분을 사용한다. 물리적 성질은 재료의 성질에 따라 다르므로 선택할 때 철저한 이해가 필요하다.

17.2.1 무기화합물 재료

세라믹과 유리는 도료와 페인트용 마이크로-구형 제조에 사용하지만 화장품에서는 다량의 중금속과 안전문제 때문에 그 사용이 제한된다. 현재 합성 실리카는 화장품용 마이크로-구형 제조에 가장 많이 사용하는 무기물 재료다.

일반적으로 규산 소듐 혹은 포타슘은 염산과 같은 산을 첨가하여 산성으로 만든다. 규산은 빠르게 중합하여 졸(sol)을 만들고 1 nm 지름을 갖는 교차결합 수화 실리카 입자를 생성한다. 졸을 그대로 두면 입자 사이에 축합되어 마크로 젤로 되고 그 혼합물은 고체로 변한다. 그 젤을 더 오래 두면 저절로 수축하여 갇힌 액체는 밖으로 밀려나온다. 수축은 준안정 상태에 도달하여 겉보기에 가는 건조 분말로 분쇄된다. 그 분말은 실리카 그물구조와 실제로 합쳐진 일차 입자 사이의 공간에 물을 60%까지 함유한다. 이러한 수화젤(hydrogel)은 낮은 온도에서 탈수되어 다공성 건조젤(xerogel)을 생성한다. 건조제 젤은 고온에서 가열한 다음 사용한다. 이러한 종류의 건조제 표면적은 매우 크고 400~800 m^2/g 정도다. 구멍 부피는 1.9~2.0 mL/g 정도다.(32)

수화 실리카는 묽은 규산 농도와 거의 중성 침전 상태에서 조밀한 침전으로 얻을 수 있고 핵이 생긴 다음 입자들이 뭉쳐 성장한다. 침전 실리카는 일차 입자의 집합체로 구성되고 지름은 1~2 nm이고 집합체 평균 지름은 10~20 ㎛다. 침전 실리카는 다공성이고 비표면적은 100~300 m^2/g이고 구멍 부피는 건조용 젤보다 훨씬 작다.

17.2.2 유기물 재료

마이크로-구형 제조에 사용하는 유기물 재료는 여러 가지 열가소성 물질들이 있다. 재료의 성질에 따라 마이크로-구형은 본래의 고분자 반응기에서 고체수지의 기계적 분말화 혹은 용융 플라스틱 혹은 플라스틱 용액을 분무하여 만든다.

(1) 서스펜션 중합반응

이것은 가장 널리 공업적으로 만드는 방법이다. 단위체의 중합반응을 단계적으로 진행하려면 단위체를 거의 대부분 경우 물과 같은 비-유기용매에 심하게 저으면서 가는 방울로 분산한다. 개시제를 가한 다음 각 방울마다 단위체는 중합반응하여 본래 방울의 구형 모양을 간직한 고체입자를 형성한다. Poly(vinyl alcohol)과 polyvinylpyrrolidone은 가끔 안정화제로 사용하여 생성된 마이크로-구형의 집합을 방지한다. 마이크로-구형은 그 다음에 분리하고 씻어 건조한다. 마이크로-구형 크기는 젓는 속도와 같은 반응조건으로 조절한다. polymethacrylate와 polystyrene 같은 비닐고분자는 가끔 그러한 방식으로 만든다.

중합반응이 둘 이상 단위체의 축합반응으로 일어나면 물에 녹지 않는 단위체를 먼저 물에 분산하여 작은 방울을 형성하고 그 크기는 조심스럽게 저어 조절한다. 물에 녹는 단위체는 그 다음에 서서히 가하여 물에 이미 분산된 단위체와 반응시킨다. 반응이 진행하여 완결되면 방울이 고체화하여 구형입자를 형성한다. polyurethane 마이크로-구형은 이러한 방법으로 제조한다.

분산 중합반응은 매우 좁은 입자크기 분포를 갖는 마이크로-구형을 만들 수 있다. 그러나 반응매질로 유기용매를 사용하므로 실험실 규모에서만 가능하다. 유제 중합반응은 마이크론 이하 구형입자 제조에 좋은 방법이지만 최종제품은 가끔 라텍스 상태다. 건조된 고체입자 분리는 근본적으로 불가능하다.

(2) 열적 분무

이 공정은 가끔 polyethylene과 ethylene/methacrylate 공중합체와 같은 낮은 녹는점의 열가소성 혹은 휘발성 용매에 녹일 수 있는 열가소성 중합체를 이용하여 만든다. 이 공정에서 점성이 적은 용융 플라스틱 혹은 플라스틱 용액을 분무하여 작은 구형을 형성하고 건조와 냉각 과정을 거쳐 고체화된다. 입자크기는 액체점성, 분무노즐 구조, 펌프 압력 등을 조절하여 얻는다. 여러 채색 마이크로-구형은 녹은 열가소성 중합체와 색소를 섞어 만든다. 분출제(blowing agent)를 사용하면 속빈(hollow) 마이크로-구형이 만들어진다.

(3) 침전

어떤 열가소성 플라스틱은 유기용매에 녹인 다음 물과 같은 혼합되지 않는 비-수용매에 분산하여 작은 현탁 방울로 만든다. 유기용매는 가열이나 진공 혹은 가열-진공을 함께 사용하여 증발한다. 그 중합체는 침전되어 마이크로-구형을 생성한다. 나일론과 아세트산 셀룰로오스 마이크로-구형은 이러한 방법으로 만든다.

(4) 기계적 분쇄

vinyl polymer, polyester, polyurethane을 포함하는 여러 열가소성 플라스틱은 벌크 고체 수지를 이용할 수 있다. 이 공정에서 고체수지는 처음에 작은 조각으로 절단하고 여러 형태의 제분기로 분쇄한다. 제분과정은 많은 열을 발생하므로 액체 질소를 사용하여 극저온으로 냉각이 필요하다. 입자크기는 몇 마이크론으로 감소할 수 있지만 생성된 모양은 구형이 아니다. 후-처리 구형화 공정을 거치면 입자의 외부 표면이 녹아 구형으로 되지만 가격이 비싸게 먹힌다.

17.3 마이크로-구형 구조

마이크로-구형은 서로 다른 구조로 만들 수 있다. 대부분 마이크로-구형은 고체이고 그 성능은 표면성질과 직접 관련이 있다. 마이크로-구형은 다공성이다. 실리카 알갱이는 수화를 조심스럽게 조절하면 서로 다른 다공성을 갖게 만들 수 있다. 플라스틱 마이크로-구형 생산 동안에 탄산칼슘처럼 산-가용성 미세한 무기물 입자는 마이크로-구형 입자 안으로 들어간 다음, 산으로 처리하여 무기물 입자를 제거하면, 마이크로-구형 속에 구멍이 남는다. 즉 속이 비어있는 상태(hollow)로 남는다. 다공성 마이크로-구형 표면적은 비-다공성 구형보다 훨씬 더 크고 액체를 더 많이 흡착한다. 마이크로-구형 내부의 구멍은 액체를 더 많이 가둘 수 있고 오일을 더 많이 흡수할 수 있다. 물리화학적으로 흡착(adsorption) 현상은 표면에 흡착을 의미하고 흡수(absorption) 현상은 내부 흡수를 의미한다. 다공성 마이크로-구형은 오일 조절에 이용할 수 있고 어떤 활성제의 운반체로도 이용한다.

마이크로-구형은 속이 비어있는(속빈, hollow) 상태로 만들 수 있다. 그렇게 하려면 중합반응하는 동안 분출제(blowing agent)를 마이크로-구형에 넣고 다음에 가열하여 마이크로-구형 내부에 압력을 형성한다. 마이크로-구형은 팽창하여 속이 빈 상태로 만들어진다. 분무 건조 과정도 역시 이용할 수 있다. 분출제는 플라스틱 용액에 넣고 용매를 증발시켜 속빈 구형을 형성할 때 동시에 방출된다. 구형 안에 잡힌 기체압력은 구형이 붕괴되는 것을 방지한다. 속빈 구형은 매우 가볍고 무게 바탕에서 볼 때 표면적이 매우 크다.

현재 시장에는 약 20 마이크로-구형이 있고 대부분 일본에서 제조한다. 속빈 마이크로-구형은 벌크밀도가 매우 적고 제품에 사용하기에 너무 먼지처럼 보인다. 취급하기 편하게 가끔 결합제를 사용하여 광물질과 결합하거나 섞는다. 그러한 혼합물을 Microsphere Complexes라 하고 공급회사는 Kobo Products다. 마이크로-구형 성질은 입자크기 분포와 직접 관련이 있다. 예를 들어 마이크로-구형의 평균 입자크기가 10~20 ㎛일 때 매우 매끄러운 느낌이다. 크기가 감소함에 따라 느낌은 더 크림과 같게 느껴진다. 마이크로-구형 입자크기 분포는 서로 크게 다르다. 왜냐하면 제품의 입자크기 조절이 매우 어렵고 가격이 비싸기 때문이다. 몇 가지만 매우 좁은 입자크기 분포를 갖는다.

오일 흡수와 벌크 비중은 연구원들이 관심을 갖는 두 가지 중요한 변수다. 다공성 마이크로-구형은 큰 표면적과 구멍 부피 때문에 오일흡수는 비-다공성 마이크로-구형보다 훨씬 더 크다. 그와 반대로 다공성 마이크로-구형은 구조상 공간 때문에 벌크밀도가 더 적다. 굴절률은 재료의 고유 성질이고 입자의 크기 혹은 마이크로 구조에 의해 영향을 받지 않는다. 플라스틱 재료는 비슷한 굴절률을 갖지만 최종제품의 투명성을 원하면 조심해야 한다.

17.4 마이크로-구형의 응용

살결 감촉

마이크로-구형의 가장 독특하고 중요한 성질은 구형 성질과 볼-베어링 효과다. 마이크로-구형은 제품처방에서 쉽게 분산된다. 그들은 피부에 사용할 때 살결감촉을 크게 개선하고 최종제품의 부드러움을 증가한다. 묽은 농도에서 유화제의 끈끈함이 감소하고 진한 농도에서 최종제품은 매끄러움과 실크 같은 살결감촉이 더해진다. 대부분 마이크로-구형은 플라스틱으로 제조하고 광물성보다 훨씬 가볍다. 그리하여 특히 속빈 마이크로-구형을 사용하면 가벼운 느낌을 준다. 그러므로 마이크로-구형은 현재 모든 화장품에 널리 사용한다.

광학적 흐림 효과

대부분 마이크로-구형은 넓은 입자분포를 갖는다. 적은 입자는 가시광을 산란할 수 있다. 그러나 굴절률이 적으므로 산란은 대단히 적다. 피부에 마이크로-구형을 도포하면 가시광은 반사와 굴절을 한다. 마이크로-구형을 투명 액체 계에 첨가하면 다음처럼 된다.

① 그 계의 굴절률이 마이크로-구형과 같으면 그 계의 겉보기는 투명하다. 빛의 입사광이 굴절하지 않고 마이크로-구형을 통하여 직선으로 통과하면 눈으로 볼 수 없다. 즉 광학적 이득이 없다. 촉감효과는 유지된다.

② 동일한 마이크로-구형을 그 마이크로-구형보다 굴절률이 약간 더 크거나 적은

마이크로-구형을 갖는 맑은 액체에 첨가하면 그 제품은 반투명하게 보인다. 빛은 조금 반사되지만 일부 빛이 그 구형 내부로 반사되고 일부 빛은 구형에서 벗어난다. 약한 산란과 입사광의 반사는 합쳐 소위 말하는 "soft-focus effect"를 발생할 수 있다. soft-focus effect는 피부에 있는 미세한 선과 주름의 겉보기 모양을 감소하고 선을 감추려고 두껍게 도포하는 대신 반투명하고 자연스럽게 유지되는 것을 의미한다. ethylene/methacrylic acid polymer와 polyethylene 마이크로-구형은 이러한 것에 매우 효과적이라고 주장한다.

③ 액체 굴절률이 첨가한 마이크로-구형과 크게 다르면 그 제품은 완전히 불투명하고 모든 빛은 표면에서 반사된다. 마이크로-구형의 모양 때문에 도달하는 모든 빛은 반사되고 흐릿한 백색이 눈에 보인다. 이것은 주름의 겉보기 모양을 감소하지만 그 효과는 제품이 반투명할 때보다 훨씬 덜 자연스럽다. 액체의 굴절률은 그 계의 주요한 성분 비율을 변경하여 원하는 효과와 일치하게 최적화할 수 있다.

마이크로-구형 제품이 좁은 입자크기 분포를 가질 때 마이크로-구형은 모든 입자들을 느낄 수 있기 때문에 더 좋은 느낌을 갖는다. 마이크로-구형 제품이 넓은 입자분포를 가지면 작은 입자효과는 더 큰 입자 사이에서 없어진다. 그러나 넓은 입자크기 분포는 주름살 선의 겉보기 모양을 더 효과적으로 감소한다. 고르지 않은 피부표면을 문지를 때 여러 입자크기의 마이크로-구형 제품은 모든 움푹 파인 곳을 채울 적당한 마이크로-구형을 발견할 기회가 더 많고 피부를 더 좋게 도포한다. 더 가는 주름살 선과 선 사이의 표면은 마이크로-구형을 포착하여 빛을 더 많이 산란한다.

오일 조절과 활성 성분의 공급

다공성 마이크로-구형은 일반적으로 오일을 매우 많이 흡수한다. 화장품을 만드는 동안에 물 혹은 휘발성 cyclomethicone 등의 성분으로 포화될 수 있다. 이러한 휘발성 액체는 마이크로-구형을 피부에 이용한 다음 증발되고 그 마이크로-구형은 그대로 남아서 피지를 흡수할 수 있다. 그것은 피부의 번쩍거리는 겉모양을 방지할 뿐만 아니라 과량의 얼굴 피지에 의해 생성된 메이크업의 파손도 방지한다.

마이크로-구형의 선택

마이크로-구형 성능은 입자크기, 크기 분포, 물리적 구조, 화학성분과 관련이 있다. 각 마이크로-구형은 독특한 성질을 갖고 제품 가격이 각기 다르다. 처방에서 마이크로-구형의 이점을 최대화하기 위해서 다음을 고려해야 한다.

첫째 입자크기는 작을수록 크림과 같은 느낌을 주고 크기가 클수록 더 건조한 느낌과 더 윤활성(볼-베어링) 느낌을 준다. 둘째 녹는점이 높은 고분자일수록 높은 유리전이온도(glass transition temperature, 플라스틱이 유리 성질에서 탄성으로 변하는 온도)를 갖는다. 그리하여 저-밀도 polyethylene 혹은 ethylene/methacrylate copolymer로 만든 마이크로-구형은 가장 부드러운 느낌을 준다. 셋째 화학적 성분으로서 실리카는 친수성이고 큰 표면장력을 갖고 덜 미끄러운 느낌을 준다. polymethylsilsesquioxane과 같은 실리콘 수지는 표면장력이 작고 더 미끄러운 느낌을 준다.

실제 처방에서는 다음 사항을 기억하는 것이 매우 유익하다.

파우더 처방에서

① 실리콘 수지와 폴리우레탄은 가장 매끄러운 느낌을 준다.
② 나일론은 크림과 같은 느낌을 가장 많이 준다.
③ 폴리우레탄은 가장 좋은 접착력과 가장 미끄러운 느낌을 준다.
④ 실리카는 가장 경제적이다.

유제와 무수물 hot-pour에서

① 실리콘 수지와 폴리우레탄은 가장 미끄럽다.
② 큰 다공성을 갖는 실리콘은 가격이 비싸다.
③ 나일론과 실리카는 끈끈한 느낌의 감소에 가장 효과적이다.
④ Ethylene/methacrylate 속빈 마이크로-구형 복합물은 가장 건조하고 가장 가벼운 뒷맛을 준다.
⑤ 마스카라에서 비-다공성 실리카는 가장 큰 점성부여제다.

17.5 마이크로 구형의 처방

표 3-4는 실크처럼 부드럽고 접착성이 크고 비-파우더성 느낌을 주는 압축 파우더이고 피부에 자연스런 마무리에 사용한다. 건조 스펀지를 사용한다. 표 3-5는 오래 지속되는 크림과 같은 광택성 립스틱용이다.

표 3-4 압축 파우더

구 분	A					B			C
성 분	1	2	3	4	5	6	7	8	9
함량(wt %)	35.00	35.00	0.88	0.76	0.36	1.80	1.20	5.00	20.00

1 : sericite, (Sericite J. Kobo)
2 : talc and lechitin, (Talc A-CL3, Kobo)
3 : yellow iron oxide (and) isopropyl titanium triisostearate, (BRO-12, Kobo)
4 : red iron oxide (and) isopropyl triisosteate, (BRO-12, Kobo)
5 : black iron oxide (and) isopropyl titanium triisostearate, (BRO-12, Kobo)
6 : squalane, (Carolane, Barnet)
7 : pentaerythiol tetraoctanoate, (PE-48,Trivent)
8 : dimethicone and trimethyisiloxyl silicate, (SS4267, GES)
9 : HDI/trimethy lolhexyllactone crosspolymer (and) silica microsphere, (BRO-500, Kobo)
(각 성분의 마지막 괄호는 상품명/제조회사)

• 제법 : 미리 섞은 A를 색이 완전히 발색될 때까지 분쇄기에 통과시켜라. 미리 65~70℃로 예열된 B에 분무하고 잘 섞어라. 오일이 완전히 퍼질 때까지 분쇄기에 통과시켜라. C를 가하고 잘 섞어라. 과열하지 마라. 더 이상 정보는 Kobo Products Inc. South Plainfield. NJ. 07080. 908757-0033과 접촉하라.

표 3-5 립스틱

구 분	A							B	C		
성 분	1	2	3	4	5	6	7	8	9	10	11
함량(wt %)	4.50	5.40	22.00	12.60	9.00	0.60	19.90	8.00	2.00	8.00	5.00

1 : polyethylene, (Siltek PL, Petrolite)
2 : ozokerite, (White SP-1020, Stral Z& Pitrolite)
3 : diisostearyl malate, (Cosmol 222, Nisshin Oil Mills)
4 : dipentaerythrityl hexahydroxystearate/stearate/risinate, (Cosmol 168AR, Nisshin Oil Mills)
5 : petrlatum
6 : cholesteryl hydroxystearate, (Salacos HS, Nisshin Oil Mills)
7 : diisopropyldimer dilinoleate, (Schcemol DID. Scher)
8 : pigment
9 : mica and isopropyl titanium triisostearate, (Mica S-12, Kobo)
10 : pearl
11 : porous silica microsphere, (Microsphere MSS-500/3H, Kobo)
(각 성분의 마지막 괄호는 상품명/제조회사)

• 제법 : A를 저으면서 91~93℃로 1시간 가열하라. 미리 분말로 만든(Hegman Scale 6.5 혹은 더 좋게) B를 가하고 균일하게 될 때까지 계속해서 혼합하라. C를 가하고 균일하게 섞어라. 76~79℃에서 옮겨라.

TOPIC 인도의 화장실

인도의 나렌드라 모디 총리는 2014년 8월 15일 독립기념일 축사에서 여성의 존엄을 위해서 모든 학교에 1년 안에 남녀화장실을 구분해 설치하고 모든 가정이 4년 안에 화장실을 갖추겠다고 강조했다. 여학생들이 학업을 중도에 포기하는 이유 중에 하나는 화장실 문제라고 한다. 아침에 해가 떠오를 때 뉴델리 공항으로 달리는 자동차 도로 옆에서 눈에 띄는 것은 대로변 시멘트 위에 수많은 남녀들이 일렬로 앉아 엉덩이를 내놓고 대소변을 보는 모습이다. 인도가구의 46.9%만 화장실이 있다. 화장실 보급률은 인도 휴대전화 보급률(75%)보다 적다. 인도문화는 불결한 화장실을 집안에 들여놓기를 싫어한다. 그래서 인도정부는 각 가정마다 화장실 설치를 권장하면서 보조금을 확대한다. 2010년부터 인도정부는 "no toilet, no bride" 라는 캠페인으로 자존심 세기로 유명한 인도남성들의 체면을 자극한다. 이 캠페인을 벌이는 자이람 라메쉬 농촌개발부장관은 결혼 전 궁합을 보는 것처럼 사위집에 화장실이 있는가 알아보라고 호소한다. 인도 빌리우드의 유명한 배우 비드야 발란은 TV광고에서 인도여성은 야외에서 벗고 용변을 보면서 베일 벗는 것을 왜 부끄럽게 생각하는가라고 일갈한다. 최근 인도 세호르 지방은 단체결혼식에 참석하거나 보조금을 받으려면 예비신랑이 신혼집 화장실 사진 제출을 먼저 요구한다.

18 핵산

핵산(nucleic acid)은 모든 세포에 포함되어 있는 크고 복잡한 분자이고 단백질 및 탄수화물과 결합되어 있다. 핵산과 단백질의 결합을 핵단백질(nucleoprotein)이라 하고 하나 이상 단백질과 핵산으로 구성한다.

18.1 성분과 구조

핵단백질의 첫 단계 가수분해는 핵산과 단백질의 분리다. 핵산은 nucleotide라고 말하는 반복구조 단위로 구성된 긴 사슬 분자다. 각 뉴클레오타이드는 중심 당 원자단 주위에 구성되고 인산 원자단과 질소계의 유기물 염기와 결합한다. 각 뉴클레오타이드는 질소 염기 이름(adenine, guanine, thymine, cytosine, uracil)에 "-산"(-ylic acid)을 첨자하여 명명한다. 질소염기 이름이 uracil이면 그 뉴클레오타이드를 우리실산(uricylic acid)이라고 한다.

핵산은 가수분해하여 핵산의 근원에 따라 인산, 당, 어떤 염기로 변한다. 두 가지 주요한 핵산 화합물 종류는 RNA(ribonucleic acid)와 DNA(deoxyribonucleic acid)이고 그 두 종류 차이는 중심 당이 각기 다르다. RNA 당은 ribose이고 DNA 당은 deoxyribose다. 그 두 가지 핵산 종류는 질소 함유-염기가 다르다. 즉, adenine, guanine, cytosine은 DNA와 RNA 양쪽에 존재하지만 uracil은 RNA에서만 그리고 thymine은 DNA에서만 발견된다. 핵산은 알칼리성 가수분해에 따라 그리고 효소에 의하여 계속해서 더 적은 단위로 분해한다. 처음에 각 뉴클레오타이드(당, 인산, 질소 염기)는 알칼리성 분해에 의하여 분리되고 다음에 estrase 효소는 인산을 제거하여 뉴클레오사이드(뉴클레오타이드와 비슷하지만 인산이 없는 primidine과 여러 당의 화합물)로 된다. 핵산분해는 핵산→뉴클레오타이드→뉴클레오사이드→펜토오즈와 질소 염기의 과정을 거친다.

18.2 시판용 핵산 화합물과 활성 성분

핵산과 핵산-함유 화합물은 화장품에 이용할 수 있다. 몇 가지는 더 잘 용해하게 염류로 만든다. 시판용 핵산은 주로 효모로부터 얻지만 동물 thymus, pancrease, 물고기 정액, 밀의 싹에서 얻는다. 핵산은 물에 조금 용해하고 산으로 반응하지만 알칼리 용액에 쉽게 녹는다. 효모 핵산은 D-ribose, adenine, guanine, cytosine, uracil, o-phosphoric acid로 가수분해된다. 핵산 재료는 International Cosmetic Ingredient Dictionary and Handbook(ICID)에 수록되어 있다.

세포 내부의 핵산은 단백질 합성에 직접 참여하여 모든 세포 활동을 조절하고 유전을 조절하는 분자 역할을 담당한다. 그와 같이 핵산은 생명의 과거, 현재, 미래를 연결하는 분자이고 미래 화장품 시장에서 주요하게 이용될 것으로 예상된다. 모발관리 제품과 샴푸, 컨디셔너 제품에 DNA와 RNA 제품을 이용하고 피부 제품에도 사용하여 이로운 점을 발견하였다. 헤어 드레싱 특허에 의하면 1.5% 소듐 핵산 함유 제품이 발매되었고 피부에 사용하는 제품도 출현하였다.(33)(34)

de Navarre은 2% 핵산용액이 새로운 피부의 재생에 기여하고 궤양 조직의 빠른 치유를 나타낸다고 발표하였다.(35) 많은 사람들이 DNA를 함유하는 태반추출액을 피부에 화장품으로 사용한 예도 발표하였지만 찬반양론이 분분하다.(35)(36)(37)

TOPIC 하이힐

옛날부터 여성의 미모는 "아니라고 말하지만" 남성이 선택하는 기준이다. 힘이 셀수록 더 많은 여성을 거느리고 예쁠수록 권력과 부의 접근에 유리했다. 여성은 자신의 아름다움을 타인의 시선을 통해서 확인한다. 그래서 성형수술도 하고 하이힐도 신는다.

하이힐은 16세기 유럽 왕정시대의 산물이다. 현대적 하이힐의 발생은 두 가지 설(說)이 있다. 하나는 유럽에 여성용 화장실이 대단히 드물어서 술을 마시고 춤추는 카펫에서 오줌이 마려우면 그대로 서서 싸기 때문에 오줌물이 질퍽해서 하이힐을 신었다는 설이다. 1980년대만 해도 유럽은 어떤 공중화장실에 가면 남성용 변소는 있는데 여성용 변소는 없는 곳이 많았다. 있어도 변기수가 적었다. 왜 여자들이 집에 처박혀 있지 돌아다니느냐! 이거였다. 여남평등은 유럽에서 시작했는데도 그러했다. 그래서 여성들의 불만이 많았다. 둘째 설은 이탈리아에서도 부유한 베네치아는 그 당시에 변소가 없었다. 그래서 똥오줌은 냄새나고 더러우니까 집 밖으로 마구 버렸다. 긴 드레스를 입은 귀족부인들은 하이힐이 필요했다. 그 당시에 서울은 변소의 대변을 푸세식으로 서울 변두리 채소농장(?)으로 옮겨 비료로 사용했기 때문에 하이힐 없이 살 수 있었다. 필요는 발명을 낳는다.

60 kg 체중 여성이 1 cm^2 되는 하이힐-뒤꿈치 넓이로 서있을 때 지상에 가하는 힘은 엠파이어스테이트 빌딩이 지상에 가하는 압력과 같다. 이러한 압력을 받는 하이힐을 신는 것은 고통이 뒤따른다. 오래 신으면 허리다리가 아프고 발에는 굳은살과 상처가 생긴다. 이 고통을 피하는 방법은 없다. 공짜는 없다. 하이힐을 신으면 무릎, 허리, 등, 가슴을 절대적으로 곧게 펴고 눈은 눈높이보다 약 15° 높게 거만하게 앞을 바라보고 턱은 안쪽으로 잡아당기고 발은 11자로 반듯하게 걸어야 엉덩이 살이 위로 올라붙어 뒤에서 봐도 참 예쁜 모습으로 변한다. 현대 여성은 하이힐이 곧 "자존심"이다. 그런데 2014년도에 들어와서 스포츠 스타일이 유행해서 여성들은 정장을 벗고 캐주얼하게 옷을 입어 하이힐을 보기 힘들게 변했다. 근래의 유행처럼 턱을 깎고 눈을 찢고 볼을 파고 귀를 뚫고 지지고 볶고 해서 손을 타지 않는 곳이 없게 조형할 필요가 없다. 통계에 의하면 서울 근처 여성의 1/5은 성형수술을 한다. 강남의 성형외과는 1 g에 1만원씩 받으면서 지방제거 성형수술도 한다. TV에서 UNICEF 모금에 대한 광고를 보면 아프리카에서 3만원이면 한 달 동안 굶어죽는 아이를 먹여 살릴 수 있다는데…

19 페놀계 산화방지제

우수한 화장품은 기능성 성질뿐만 아니라 감각적 경험도 만족해야 한다. 화장품은 냄새, 겉보기, 감각, 맛 등이 좋아야 한다. 많은 화장품은 소량씩 오랫동안 사용하므로 화장품 처방은 그 제품을 사용하는 동안에 성분이 변하지 않고 유지되어야 한다.

불행하게도 여러 중요한 화장품 성분은 화학적으로 불포화되어 있기 때문에 불안정하고 산화반응을 한다. 이러한 성분들은 지방, 오일, 유화제, 연화제, 향료, 풍미를 포함한다. 이러한 성분들이 어떤 산화과정을 거치면 품질이 저하되고 화장품으로서 절대적 감각이 없어진다. 미생물 발육과 뒤따르는 생물학적 변화와 더불어 산화반응은 화장품의 저장수명을 제한하는 주요한 인자다.

한편 다행스럽게도 식품산업에 사용하는 여러 산화방지제는 화장품과 화장도구의 저장수명 연장에 좋은 효과를 나타낸다. 여기에서는 주요한 화장품에 산화방지제로 사용하는 TBHQ(tertiary butylhydroquinone), propyl gallate, BHA(tertiary butyl hydroxyanisole), BHT(tertiary butyl hydroxy toluene)를 예로 들어 설명한다.

19.1 식품 등급에 속하는 합성 산화방지제

산화방지제는 합성품 혹은 천연물을 막론하고 완전하지 않다. 그래서 첫째 합성 산화방지제를 고려하게 되었고 둘째 합성 산화방지제는 천연 제품보다 이상적 산화방지제에 더 가깝기 때문이다. 페놀계 산화방지제 종류는 네 가지를 주로 사용한다(bp와 mp는 ℃).

첫째 TBHQ(bp. 300, mp. 126.5～128.5), 둘째 PG(propyl galate, n-propyl ester of 3,4,5-trihydroxybenzoic acid, bp. decomposes above 148, mp. 146～150), 셋째 BHA[3-tertiarybutyl (or 2-tertiarybutyl)-4-hydroxyanisole, bp. 264～270, mp. 48～63], 넷째 BHT(3,5-di-tert-butyl-4-hydroxytoluyene, bp. 265, mp. 69.7)이다. 여러 용매 중에서 용해도는 표 3-6과 같다.

페놀계 산화방지제는 화장품에서 유효한 활성농도(대략 0.02～0.1%)로 녹여 사용할 수 있다. 대부분 천연 산화방지제는 더 진한 농도로 사용한다. TBHQ, PG, BHA, BHT는 독성, 생물독성, 돌연변이독성, 발암독성에 대하여 철저하게 시험하였다. 사람이 섭취하는 농도 범위에서 안전하다고 식품규제 당국에서 인정하였다. 그러나 천연 산화방지제는 안전시험이 부족하다. 합성 산화방지제는 일상적으로 사용하는 농도에서 냄새와 풍미가 거의 없지만 천연 산화방지제, 특히 허브 추출물은 특이한 향기를 화장품에 남기므로 조심할 필요가 있다. 합성 산화방지제는 전체적으로 효과를 나타내지 않으므로 각기 효과에 따라 혹은 다른 성분과 합쳐 넓은 범위에서 효과를 얻게 사용해야 한다.

표 3-6 페놀계 산화방지제 용해도(%) (25℃)

용 매	TBHQ	PG	BHA	BHT
water	<1	<0.1	<0.1	insoluble
glycerin	23	25	1	insoluble
ethyl alcohol	60	52	50+	25
ethyl acetate	60	–	–	–
propylene glycol	30	55	50+	2
cottonseed oil	6	1	40	30
corn oil	6	1	32	27
canola oil	6	1	30	26
sunflower oil	6	1	30	32
safflower oil	5	–	30	34
soybean oil	6	1	30	26
mineral oil	0.2	<0.1	<1	5
palm oil (50℃)	10	2	65	55
lard (50℃)	5	0	50	40
glyceryl monostearate (50℃)	22	22	75	45
paraffin (60℃)	–	–	60+	60+

19.2 산화반응

산화반응이 일어나는 증거는 일반적으로 대단히 분명하다. 첫째는 부패현상이다. 지방과 오일이 부패되는 경우 냄새가 나고 풍미가 없어진다. 둘째는 산화반응이다. 산화반응은 기질에 따라 색이 엷어지거나 검게 변한다. 예를 들어 지방과 오일은 검정색으로 변한다. 카로티노이드 색소는 엷어진다. 셋째는 냄새와 풍미다. citrus oil과 같은 정유(essential oil)는 독특한 감미로운 특징이 없어진다. 넷째는 점성변화다. 지방과 오일은 걸쭉하게 변하는 경향이 있고 자유 라디칼의 촉매반응에 의해 중합반응이 일어나서 점성이 증가한다.

산화반응은 가장 보편적으로 지방과 오일의 품질저하를 가져온다. 자동촉매 분해(사슬반응)는 냄새를 발생하고 화장품을 모두 버리게 된다. 산화방지제는 산화반응의 기본인 자유 라디칼 생성을 방지 혹은 방해하는 화합물이다. 분자 내부에서 페놀 기능은 이러한 자유 라디칼의 생성을 방지한다. 지방과 오일에 사용하는 대부분 산화방지제는 페놀 화합물이고 일반적으로 페놀 산화방지제라고 한다. 페놀 산화방지제는 지방 자유 라디칼의 생성을 방지하므로 산화반응은 개시단계에서 종결된다. 그 결과로 생기는 산화방지제 자유 라디칼은 안정해지고 더 이상 산화되지 않는 공명구조로 된다. 지방과 오일 중에 산화방지제 기능 때문에 산화방지제를 초기 공정에 완전히 섞으면 최대 효과를 얻을 수 있다. 이렇게 처리하면 이것이 자동산화반응의 최종단계이므로 부패는 크게 지연된다. 페놀 산화방지제는 산소흡수제 기능이 없다는 것을 이해하는 것이 중요하고 자동산화 과정에서 산소와 반응하는 지방 자유 라디칼의 생성을 억제 혹은 방지한다.

지방질 산화를 촉진하거나 혹은 산화에 기여하는 인자를 확인하는 것이 중요하다. 중요한 인자들은 다음과 같다. 첫째는 열이다. 산화반응은 가장 대표적 화학반응이다. 온도는 10℃ 증가할 때마다 반응속도는 두 배로 증가한다. 둘째는 빛이다. 자외선은 특히 강력한 개시제이고 산화반응 촉매제다. 셋째는 중금속이다. 철이나 구리와 같은 금속이 ppm 농도로 녹아있으면 산화반응을 촉매반응한다. 넷째는 알칼리성 조건이다. 염기성 상태와 알칼리 금속이온은 자유 라디칼 산화반응을 촉진한다. 다섯째 불포화도다. 지방 분자의 이중결합 수와 위치는 산화반응 가능성과 직접 관련이 있다. 예를 들어 linolenic acid는 oleic acid보다 쉽게 산화된다. 지방 혹은 오일의 아이오딘 값은 불포화도의 척도다. 여섯째 색소다. 식용유에서 발견되는 잔류 색소는 산화반응을 촉진한다. 예를 들어 클로로필은 단일항 상태(singlet state)를 만들어 여러 오일의 산화반응을 촉진한다. 일곱째 산의 이용성이다.

19.3 산화방지제 기능 향상

산-상승작용(acid-synergist) 화합물은 가끔 일차 산화방지제와 섞어 지방과 오일에 첨가하여 산화방지제 효과를 개선한다. 중요한 산-상승작용 화합물은 citric acid와 그것의 에스터, monoglyceride citrate, ascorbic acid와 그것의 에스터, ascorbyl palmitate 등이다. citric acid와 ascorbic acid의 친유성 에스터는 지방과 오일의 용해도를 개선한다.

산-상승작용 화합물의 특성은 쉽게 알 수 있다. 상승효과는 다음 메커니즘에 따라 산화방지제 효과를 증진할 수 있다. 첫째 산성 매질을 제공하여 일차 산화방지제, 지방, 오일의 탈색을 방지하고 안정도를 개선한다. 둘째 일차 산화방지제를 재생한다. 셋째 철과 구리 같은 산화되기 쉬운 오염물을 착물화하고 비활성화한다. 넷째 산소를 제거한다(ascorbic acid). 화장품에서 일반적으로 사용하는 또 다른 착화제는 EDTA와 그것의 소듐염이다.

19.4 산화방지제 처방

산화방지제 용액은 지방과 오일의 안정화에 널리 사용한다. 이러한 처방은 더 좋은 산화방지제 성능과 사용하기에 좋은 용이성을 제공한다. 대부분 처방은 식품-등급의 용매에 녹인 산 산승작용 화합물과 함께 주요한 산화방지제를 하나 이상 함유한다. 이러한 용매는 식용유, propylene glycol, glyceryl monooleate, ethanol, acetylated monoglycerides들이다. 용매들과 섞어 산화방지제의 용해도와 분산성 개선에 이용한다. 산화방지제 처방은 다음과 같은 특전이 있다. 첫째 각 산화방지제의 성능 특성을 합친다. 둘째 이용성과 취급 용이성을 제공한다. 셋째 이용 정확도를 개선한다. 넷째 한 제품에서 산화방지제와 산-상승작용 화합물을 함께 조합한다. 다섯째 산화방지제의 용해도와 분산도를 증진한다. 일반적으로 산화방지제는 용해도가 작다. 여섯째 산화방지제의 탈색 경향성을 최소화한다.

산화방지제 선택은 다음을 고려해야 한다. 첫째 지방, 오일, 기타 화장품 성분에서 산화방지제 기능, 둘째 산화방지제 용해도, 셋째 냄새와 풍미, 넷째 탈색 경향성, 다섯째 공정조건, 포장, 예상되는 저장기간, 여섯째 항-미생물성 기여도, 일곱째 안전과 규제 법령이다.

19.5 주요한 성분 중에서 합성 산화방지제 성능

화장품은 성분이 변할 수 있으므로 완전한 처방보다 산화가능한 주요 성분의 산화방지제를 평가하는 것이 더 실제적이다. 산화방지제 평가방법은 촉진시험법(accelerating testing)과 실제시간시험법(real time testing)이 있다. 실제시간시험법은 시간이 걸려 느리고 생물학적 변화 영향을 받을 수 있다. 평가항목은 유지산업과 식품산업에서 일반적으로 시험하는 첫째 활성 산소법(active oxygen method : AOM), 둘째 오일 안정도 지수법(oil stability index : OSI), 셋째 오븐 저장 시험법(oven storage test : OST)이다.

활성 산소법(AOM)

활성 산소법(AOAC official method Cd 12-57)은 시험온도에서 액체로 존재하는 지방과 오일에 대하여 널리 사용하는 방법이고 고체 재료에는 이용할 수 없다. 가열된 시험 시료에 공기를 통과시켜 산화를 빠르게 그리고 시험시간을 단축한다. 주기적 분석은 과산화물 값이 유발점(induction point)에 도달한 것을 나타낸다. 식용 지방과 오일에 대하여 일반적으로 인정된 산업표준은 70 meq/kg이다. AOM은 노동력이 많이 필요하고 시간이 걸린다. 어떤 공장은 AOM을 계속해서 사용하지만 여러 공장은 AOM을 더 정밀하고 자동화된 OSI 방법으로 바꾸고 있다.

오일 안정도 지수법(OSI)

오일 안정도 지수법(oil stability index, AOAC official method Cd 12b-92)은 지방과 오일의 안정도를 측정하는 빠르고 자동화된 방법이다. 이 시험은 지방과 오일 시료를 110~130℃ 사이에서 일정한 온도를 유지하면서 정제된 공기 흐름에 노출한다. 시간이 지나면서 지방과 오일은 산화되기 시작하고 휘발성 유기산으로 변한다. 증류수로 채운 측정용기에 모인 휘발성 분해생성물은 전기전도도 셀을 이용하여 계속해서 측정한다. "유발기간"(induction period)은 빠른 가속적 산화반응이 일어나는 기간이고 그 점에 도달할 때까지 시간을 기록한다.

오븐 저장 시험법(OST)

온도는 높을수록 산화를 가속한다. Shaal Oven Stability test와 같은 오븐 저장 시험법(oven storage test)은 시험방법을 가속하기 위하여 높은 온도에서 간단히 저장시험을 시행하는 방법이다. 보통은 주기적으로 냄새와 화학분석(예를 들어 과산화물 값)을 하여 시료에서 부패 측정에 이용한다.

19.6 특수한 성분의 성능

성능시험자료는 화장품 성분의 보호에 가장 효과적 산화방지제 선택에 유효하지만 시험시간과 실제시간의 상호관계는 의심스럽게 생각한다. 또한 성분에 대한 산화방지 효과도 다른 화장품 성분과 섞일 때 크게 다르다. 특수한 오일에서 다음의 각 성능비교는 산화방지제를 첨가하지 않고 오일만 시험한 "대조"시료를 포함한다. 천연 토코페롤은 사료를 이용하는 비교에 포함되어 있다.

식용유

식용유는 대부분이 C18 지방산으로 구성되고 대단히 불포화되어 있다. 자연에서 대부분 식용유는 토코페롤과 인지질 같은 자연적 산화방지제를 대단히 많이 함유하므로 우수한 산화안정성을 갖는다. 그러나 대부분 식용유는 고도로 정제해야 냄새를 제거할 수 있다. 불행하게도 이러한 오일 정제는 자연적 산화방지제 농도를 크게 감소하고 그 식용유의 산화를 증가한다. 예를 들어 정제하지 않은 콩기름은 대략 60시간

AOM 안정도를 갖는다. 전형적으로 정제 콩기름은 10~15시간 AOM 안정도를 갖는다.

세계적으로 네 가지 중요한 식용유[콩오일, 해바라기 오일, 유채오일(canola), 옥수수오일] 중에 TBHQ, PG, BHT, BHA의 산화방지제를 연구한 결과에 의하면 지방산 분포를 변형하여 식용유 산화안정도를 증가하였다.(38)

특히 합성 산화방지제 TBHQ는 변형 식용유 중에서 산화안정도를 더 증가하였다. 식용유 중에서 산화방지제의 일반적 경향성은 TBHQ＞PG＞BHT＝BHA이다.

국소용 지방과 오일

국소용 지방과 오일(tropical fat and oil)은 주로 C_{12}, C_{14}, C_{16} 짧은-지방산을 많이 함유한 일반 식용유와 다르다. 어떤 국소용 지방과 오일은 C_8과 C_{10} 지방산도 상당히 많이 함유한다. 국소용 트리글리세라이드와 짧은 사슬 지방산은 화장품에 이용한다. 국소용 지방과 오일은 일반 식용유보다 포화되어 있고 본래 산화에 대하여 더 안정하다. 그러나 국소용 지방은 천연 산화방지제를 덜 함유한다.

유화제

유화제(emulsifier)는 식품보다 훨씬 더 많은 농도로 화장품에 널리 사용한다. 유화제는 표면-활성 성질에 추가해서 연화성, 윤활성, 매끄러움, 화장품에 대한 흡수성을 제공한다. 가장 보편적 유화제는 지방 에스터와 알코올, 그리고 에톡시화 지방 알코올을 포함하는 지방산 유도체다. 불포화지방과 오일, 혹은 불포화 지방산 유도체의 유연제는 산화되므로 많은 산화방지제 첨가를 필요로 한다. 화장품은 모노-와 디-글리세라이드를 일반적으로 사용한다. 모노글리세라이드는 지방과 오일(트리글리세라이드)을 이용하여 만들고 그들의 어미 트리글리세라이드와 동일한 지방산 분포를 갖는다. 모노글리세라이드는 많히 불포화된 오일로 제조하므로 가끔 저장기간에 적당한 산화방지제를 필요로 한다. 한 좋은 예는 증류-해바라기 오일의 모노글리세라이드이다. 이 글리세라이드는 대단히 불포화되고 대부분이 올레산과 린올레산으로 구성한다. 그와 동일한 지방산 에스터는 산화되기 쉽고 증류-해바라기 오일의 모노글리세라이드와 같은 미끄러움과 윤활성을 갖는다. 그래서 산화방지제로 처리하면 안정도를 크게 개선할 수 있다.

동물 지방과 오일

화장품에 동물 지방과 오일 사용은 감소하고 있지만 유화제, 비누, 연화제 에스터와 같은 화장품 성분의 제조에 사용한다. 대부분 동물 트리글리세라이드는 알맞게 불포화되어 있지만 천연 산화방지제 농도는 크게 부족하고 대단히 산화되기 쉽다. 모든 페놀계 산화방지제를 첨가하여 산화에 대한 안정도를 증가한다.

견과류 오일

여러 견과류 오일은 윤활성과 유연성 때문에 화장품에 유용하다. BA, BHT, PG, TBHQ는 수년간 식품에 사용하는 견과류 살과 견과류 오일의 처리에 사용하고 있다. 그중에서 특히 TBHQ는 견과류 오일에 우수한 보호제다.

방향유

방향유(essential oil)는 일상적으로 화장품 제조에 방향제로 중요하게 사용하고 또한 그들의 향기 특성도 중요하게 이용한다. 여러 방향유는 terpene에 바탕을 둔다. terpene계 화합물은 쉽게 산화되어 향기와 풍미 특성을 잃는다. 합성 산화방지제는 대부분 방향유의 산화방지에 매우 효과적이고 TBHQ, PG, BHA는 좋은 결과를 나타낸다.

여러 식물과 해산물 오일

여러 식물과 해산물 오일은 대부분이 연화제 성질을 가지므로 화장품 성분으로 사용한다. 이들은 지방질이므로 산화되기 쉽고 합성 산화방지제는 산화방지에 좋은 효과를 나타낸다.

석유 제품

광유(mineral oil)와 바셀린은 석유 탄화수소로부터 만들고 화장품의 중요한 성분이다. 이러한 제품들은 대부분 지방족 탄화수소이고 화학적으로 불포화 상태이므로 산화되는 경우도 있다. 산화된 탄화수소는 냄새나고 시간이 지남에 따라 노란색과 검정색으로 변한다. 합성 산화방지제는 석유화학제품에 좋은 효과를 나타낸다.

비타민

비타민과 기타 영양 제품은 그들이 갖는 산화방지 성질과 스킨-컨디셔닝 때문에 여러 화장품에 첨가한다. 이러한 천연 산화방지제는 보호제 역할을 제공하므로 그들 자신이 산화된다. 합성 산화방지제는 이러한 천연 산화방지제를 보호한다.

19.7 기타 산화방지제

최대 효율을 가지려면 산화방지제들은 산화를 방지하는 지방, 오일, 혹은 화장품 성분에 녹아야 한다. 유화제 중에서 물에 대한 산화방지제 용해도는 작아야 하므로 산화방지제는 오일-상에 남아있어야 한다. BHA와 같은 어떤 산화방지제는 약간 냄새를 풍긴다. 화장품에 필요한 농도는 매우 적으므로 문제되지 않는다. 화장품은 맛도 중요하므로 입으로 시험해야 한다. 탈색 경향성은 사용한 산화방지제, 화장품 pH, 섞여있는 금속성분 등과 관련이 있다. 대부분 페놀계 화합물은 알칼리성에서 분홍색과 갈색으로 변한다. TBHQ는 단백질 혹은 소듐 염류 중에서 탈색된다. TBHQ는 알칼리성 pH에서 지방산/아민 유화제의 아민과 색을 띤 착물을 생성한다. 그러므로 산을 아민으로 중화할 때 pH 7 혹은 그 이하로 유지해야 한다. propyl gallate는 특히 구리 및 철과 적색-갈색 착물을 생성하므로 금속 성분이 없어야 한다. 착색을 방지하려면 propyl gallate와 시트르산 혹은 EDTA 같은 금속 킬레이트제를 함께 사용해야 한다. 식품 중에서 산화방지제 농도는 0.02%이지만 식품은 일반적으로 화장품보다 저장기간이 짧고 또한 냉장고에서 보관하는 특성이 있다.

TOPIC 꼼꼼한 것과 강박관념

인구의 2~3%는 강박증 환자라고 한다. 강박장애는 전두엽에서 중심부 기저핵으로 연결되는 뇌회로 이상으로 생긴다. 청소년기에 시작해서 20대에서 확실하게 나타난다. 강박장애 환자는 지적 능력이 보통사람과 같고 공부와 일도 잘한다. 환자 자신도 강박에 쫓기지 않아야 하는 것을 알아도 끝없는 불안 때문에 자기 자신을 스스로 다스리지 못한다. 환자의 절반은 약물과 교정치료를 통하여 사회생활을 할 수 있다.

강박장애 환자는 한 여름에도 마스크를 하고 흰 장갑을 끼고 휴지를 휴대하고 맨손으로 만지지 않는다. 심하면 부부끼리 손이 닿거나 물건이 닿으면 깜짝 놀란다(전형적 세균감염 강박증). 외출하다가 다시 돌아와 확인을 되풀이한다. 꼼꼼한 것이 넘쳐서 사회생활에 지장이 생기면 장애에 해당한다. 축구스타 데이비드 베컴은 모든 물건이 짝수이고 일렬로 줄을 맞추는 정렬강박증이 있고 팝아티스트 앤디 워홀은 모든 잡동사니와 철 지난 전기요금계산서까지 보관하는 저장강박증이 있다. 아주 작은 흠도 참지 못하고 성형수술을 받는 신체변형 강박증 환자도 있다. 서울 근처 여성들은 1/5이 성형수술을 받는데 그것은 신체변형 강박증과 관련이 없다. 책상을 말끔하게 정리해야 정신집중이 잘되는 것은 꼼꼼한 것이고 당장 시험이 닥치는데 책상정리에 밤을 새우면 강박증이다.

19.8 항균성 효과

페놀계 산화방지제는 산화방지 효과 이외에도 대단히 큰 항균효과를 나타낸다. 항균활성도는 대부분 식품에서 연구하였지만 그 혜택은 화장품에서도 나타났다.[39] TBHQ와 BHA는 페놀계 산화방지제 중에서 가장 효과적 항균제다. TBHQ는 100~500 ppm 농도 범위에서 Stahylococucus aureus, Pseudomonas aeruginosa, Esccherichia Coli 그리고 몇 가지 박테리아 성장을 억제한다.[40] BHA는 150 ppm에서 Staphylococuus aureus, 400 ppm에서 E. Coli와 Salmonella typimurium을 각기 방지한다.[41] BHA는 사상균 곰팡이와 효모에 효과적이다.[42] PG와 BHQ는 TBHQ가 없으면 항균효과를 나타내지 않는다. PG/TBHQ 1 : 1 혼합물은 400 ppm에서 24균주를 억제하였고 BHQ/TBHQ 1 : 1 혼합물은 24균주 중에서 14균주를 억제하였다.[43] 기타 항균성 보존제와 TBHQ 및 BHQ 혼합물은 가산성 효과 혹은 상승효과를 보여주었다. 예를 들어 항균성 imidazolidinyl urea와 DMDM hyantoin은 TBHQ와 혼합할 때 작은 농도에서도 효과를 나타냈다.[44] 몇 가지 다른 연구에서 TBHQ와 BHQ는 potassium sorbate와 함께 Staphylococcus 종에 대하여 상승효과를 나타냈다.[45]

20 진주 광택성 색소

사람들은 진주에서 나오는 반투명한 오색영롱한 색에 매력을 느낀다. 천연 진주는 여러 나라에서 재보로 취급하였고 그 효과의 복제는 화장품을 처방하는 사람들이 중요하게 취급히였다. 17세기 초기부터 새로운 진주 광택성 색소들이 개발되어 시장에 출현하였다. 현재 대부분 진주 광택성 색소는 금속산화물을 입힌 천연 운모에 바탕을 둔다.

20.1 진주 광택성의 물리적 배경

천연 진주는 불투명 층상 탄산칼슘과 단백질로 구성한다. 탄산칼슘과 단백질은 서로 다른 굴절률을 가지므로 빛은 두 물질 경계에서 반사되고 가시광은 진주의 깊은 내부에서 반사된다. 이러한 효과는 입자와 매질 사이에 굴절률 차이가 있으면 불투명 매질의 층상 입자로 흉내를 낼 수 있다. 반사광은 겉보기에 천연 진주와 동일하다. 단백실과 탄산칼슘은 번갈아 여러 다중층상(multi-layer)을 이루고 입사광은 각 층마다 반사광을 내보낸다. 그리고 인공적으로 합성된 작은 입자들의 진주 광택성 색소도 서로 평행하게 색소매질을 통하여 반사된다.

진주 표면의 정상적 흡수 색소는 빛의 어떤 파장을 흡광하고 나머지 파장을 반사하여 색을 나타낸다. 대표적 예는 적색 철산화물이다. 알루미늄과 같은 금속 색소는 얇고 작은 판상이고 빛을 흡광 혹은 반사한다. 금속은 불투명하고 거울처럼 거동하므로 광택성 색소로 사용한다. 진주 광택성 색소는 작은 평면 모양이고 금속성 색소와 비슷하지만 진주 안료입자는 불투명하고 다중 빛-반사와 빛의 간섭효과를 갖는다.

비눗방울 혹은 물 위의 얇은 기름방울은 색 효과를 연출한다. 진주 광택성 색소의 광학적 효과도 그것과 동일한 물리적 원리에서 출발한다. 운모 층에서 첫째 반사광은 입사광과 반사광 파장이 변하지 않고 동일하지만 둘째, 셋째는 입사광과 반사광 사이에 차이가 생기고 반사광은 눈으로 보는 위치에 따라 색이 다르게 나타난다. 이것은 반사광 파장이 서로 간섭하고 세기도 변하여 어떤 색은 가시선을 증강(reinforcement) 또는 감쇠(attenuation)하고 어떤 색은 가시선을 그리고 어떤 색은 보색을 나타낸다.

굴절률은 빛이 어떤 재질과 진공을 통과하는 속도의 비율이라고 정의한다. 반사광 세기는 두 굴절률 차이가 클수록 증강한다. 진공에서 굴절률은 1.0이고 기타 재료는 광학적으로 조밀할수록 굴절률이 더 크다. 화장품 원료(오일, 왁스 등)는 굴절률이 대략 1.4～1.6이고 운모 1.5, 구아닌 1.85, BiOCl 2.15, Fe_3O_4 2.45, TiO_2 2.4～2.7, Fe_2O_3 2.9 범위다. 광택성 재료는 굴절률이 큰 색소재료를 선택하여 사용한다.

빛의 간섭 이외에 또 다른 광학적 효과는 진주 광택성 색소의 겉보기(appearance)에 관한 영향이다. 층의 두께는 반사광의 색을 결정한다. 그 예로서 TiO_2(굴절률 2.4)는 두께 40～60 nm일 때 은색을 나타내고 두께가 더 증가하면 노랑(60～80 nm), 빨강(80～100 nm), 파랑(100～140 nm), 초록(120～160 nm) 반사광이 나오지만 세기는 감소한다. 백색광은 일부분만 반사한다. 투과광 중에서 보색은 가시선이다. 그러므로 적색 간섭 색소는 초록 투과광이고 파란색 간섭 색소는 노란색 투과광이다.

얇은 층의 표면결함은 빛을 산란하므로 색소 밝기에 마이너스(음성) 효과를 갖고 또한 색소입자의 가장자리에서 많은 빛 산란이 일어난다. 산란광은 간섭효과에 기여하지 않고 재료의 불투명도를 증가한다. 작은 입자일수록 모서리 백분율이 상대적으로 커지므로 전형적으로 더 불투명하고 광택이 감소한다.

인간의 눈은 대략 100 ㎛ 이하 입자를 분간할 수 없고 더 작은 입자의 광학적 효과는 전체 입자의 평균으로만 나타난다. 색소입자들이 100 ㎛보다 크면 입자를 분간할 수 있고 그 입자로부터 반사광의 광채효과(glitter effect)를 볼 수 있다.

색 혼합

흡광 색소의 색은 빛의 비-흡수 부분을 측정하여 확인한다. 서로 다른 색의 흡수 색소를 혼합하면 더 많은 색을 흡수하고 결과적으로 전체 색의 흡수 색소를 혼합한 검정색으로 나타난다. 왜냐하면 모든 빛을 흡수하기 때문이다. 이것을 감산성 혼합(substractive mixing)이라고 한다. 그러나 진주 광택성 색소의 색은 반사광 색으로 측정한다. 전체 색의 간섭 색소 혼합물은 백색 색소로 나타난다. 왜냐하면 그 스펙트럼의 전체 색은 반사되기 때문이다. 이것을 가산성 혼합(additive mixing)이라고 한다.

간섭색을 착색배경의 정면에서 보면 투광색(보광색)의 일부분이 배경으로부터 반사된다. 이것은 광택각도를 제외한 모든 보이는 각도에서 가시선 색의 감소로 나타난다. 왜냐하면 우리 눈은 반사색, 보색, 백색까지 혼합한 색을 보기 때문이다. 그렇지만 간섭색을 검정 배경 혹은 검정 산화철처럼 검정 흡광색소 혼합물의 정면에서 보면 투광색은 흡수되고 모든 각도에서 보이는 색은 반사광뿐이고 진주 광택성 색소의 간섭색과 동일한 혼합물의 질량-색조로 나타난다.

색 평가와 측정

진주 광택성 색소는 보는 각도에 따라 겉모양이 변하는 특성을 갖는다. 더군다나 색소 입자크기는 비교적 크고 몇 백 ㎛ 범위일 수도 있다. 그러므로 진주 광택성 색소의 평가와 측정은 전형적 흡광 색소보다 복잡하다. 색과 광택의 각도-의존성에 대한 정보를 얻으려면 여러 조명각도에서 측정할 필요가 있다. 이것은 자동 분광광도계를 이용하여 측정할 수 있다.

색 측정은 대단히 유용하다. 니트로셀룰로오스 래커의 감소, 화장품에 탈크 혼합, 피마자오일 분산 등에서 색도측정은 화장품 제조에 대단히 중요하다. 진주 광택성 색소에 대한 측정은 많이 발표되어 있다.(46)(47)(48)(49)(50)

20.2 진주 광택성 색소계의 종류

진주 광택성 색소를 화장품 처방에 사용하려면 독성이 없고 자극성이 없어야 한다. 그러므로 우수한 진주 광택성 효과를 갖는 몇 가지 색소, 즉 탄산, 인산, 비소산의 납 염류는 화장품에 적당하지 않다. 그러나 다행스럽게 화장품에 사용하기 좋은 큰 굴절률을 갖는 진주 광택성 색소들이 발견되었다. 그들은 구아닌(guanine), 옥시염화 비스무트, 금속산화물을 입힌 운모 색소다.

구아닌

구아닌 색 첨가제는 구아닌(75~97%)과 hypoxanthine(3~25%)으로 구성한다. 이것은 가장 오래된 산업용 진주 광택성 색소이고 17세기에 처음 분리되었고 20세기 초반에 사용하기 시작하였다. 구아닌 분산 용액은 "Natural Pearl Essence"라고 알려졌다. 한국에서는 처음에 갈치 비늘을 벗겨 화장품에 사용하기 시작했다. 구아닌 결정은 작은 판상 물고기 비늘을 생성한다. 전형적으로 크기는 1~50 ㎛이고 두께는 0.05 ㎛다. 구아닌과 hypoxanthine 사이에 비율과 결정 크기는 물고기종류에 따라 다르고 최선 품질은 냉수 어류에서 특히 Maine과 Nova Scotia 연안 어종에서 생산된다. 전형적으로 고기비늘(수산업 부산물)은 무극성 유기용매로 추출하여 구아닌 결정 분산체로 얻는다. 정제 후에, 특히 물고기 오일을 제거한 다음 구아닌 결정은 니트로셀룰로오스 래커 혹은 이소프로필알코올과 같은 유기용매에 분산한다.

구아닌은 응집하려는 경향 때문에 분말형태로 이용할 수 없다. 그러나 구아닌은 다른 화장품용 진주 광택성 색소보다 장점을 갖는다. 특히 그 결정은 잘 깨지지 않고 밀도가 적고(1.6 g/cm^3) 그래서 액체 화장품에서 다른 색소보다 가라앉는 경향성이 적다. 구아닌은 다른 색소와 비교할 수 없을 정도로 광택성이 대단히 크다. 그러나 생산량이 너무 적어서 사용하기에 제한을 받는다.

옥시염화 비스무트

옥시염화 비스무트(bismuth oxychloride)는 가장 오래된 무독성 진주 광택성 색소이고 1930년대부터 사용하였다. 산성 비스무트 용액을 염화물 이온 중에서 가수분해하여 만든다. 침전과 공정 상태에 따라 등급이 다른 화합물을 만들 수 있다. 옥시염화 비스무트와 옥시질산 비스무트는 한국에서 비스무트와 텅스텐을 생산하던 대한중석광업주식회사 영등포제련소에서 임정옥 박사와 옥치환 박사에 의하여 1960년대에 처음으로 생산되었다. 옥시염화 비스무트 분말 색소는 주로 화장품 처방에서 고품질 충전 색소로 이용한다. 왜냐하면 이것은 피부감각, 피부 접착력, 압축률이 대단히 좋기 때문이다. 이것은 광택성과 불투명도에 따라 서로 다른 화장품에 사용하고 또한 안정도는 빛에 민감하게 변한다. 분산운반체로는 피마자오일(립스틱용)과 니트로셀룰로오스(손톱 래커용)를 사용한다. 등급에 따라 광택성, 불투명도, 색(엷은 노랑-초록-은백색)이 다르다. 비스무트는 비싼 금속이고 옥시염화 비스무트는 위장용 약으로도 사용한다.

운모-바탕 색소

가장 산업적으로 이용가능한 진주 광택성 색소는 금속산화물을 입힌 작은 층상 운모다. 천연광물 muscovite 운모는 층상 구조를 갖는 potassium aluminum silicate 화합물이다. 운모 그 자체는 화장품에서 진주 광택성 효과를 나타내지 못한다. 왜냐하면 운모는 굴절률이 대략 1.5이므로 일반 화장품과 비슷하고 빛 굴절이 크게 일어나지 않기 때문이다. 그와 반대로 산화티탄 혹은 산화철 같은 굴절률이 큰 금속산화물은 작은 층상으로 결정화될 수 없다. 그러므로 진주 광택성 색소는 작은 운모 평면에 금속산화물을 얇은 층으로 침전시켜 합성한다. 운모는 중요한 광학효과를 갖지 않고 다만 기하구조적 모양만 제공할 따름이다. 이러한 종류의 색소는 1960년대 초에 이용하기 시작하였고 현재 여러 종류들을 이용한다.

이산화티탄을 입힌 운모

이산화티탄 침전은 황산티탄을 열분해 혹은 염화타탄을 적절하게 pH를 조절하여 만들 수 있다. 염화물 처리과정은 더 신축성이 있다. 왜냐하면 어떤 원하는 점에서 원하는 색이 나타나면 반응을 중단할 수 있기 때문이다. 그렇게 하여 간섭색을 더 좋게 조절한다. 그러나 먼저 개발된 황산 과정은 덜 비싸고 경제적 색소 등급으로 만들 수 있다. 이것은 광운대학교 화학과 한상현 교수와 건국대학교 화학과 조동회 박사가 많이 연구하였다. 이산화티탄은 rutile과 anatase라는 두 종류로 결정화된다. rutile 구조는 굴절률이 anatase보다 약간 더 크고 반사성질이 더 크다. 즉 광택성이 더 크다. 그러나 rutile-TiO_2는 도핑물질이 없으면 만들 수 없다. rutile 구조를 얻으려면 도핑물질로 산화주석 혹은 산화철을 1% 이하로 섞어 만든다.(51)(52) 일본은 화장품에 산화주석-운모 사용을 허가하지 않는다. 그러므로 여러 화장품에는 도핑하지 않은 anatase 색소를 선호한다.

은백색 색소

이산화티탄을 대략 50 nm 두께로 입힌 얇은 층은 모든 색을 반사하므로 은백색이 나타난다. 제조하는 동안 반응조건(온도, pH, 농도 등)과 운모 입자크기는 색소효과를 결정한다. 운모입자가 클수록 색소는 투명도가 크고 광택성이 증가한다. 입자는 클수록 반짝거리는 효과를 나타낸다. 운모-바탕 화장품 색소에 대한 최대 입자크기는 법적 제한이 미국에서 150 ㎛다. 큰 입자 운모-바탕 색소는 자동차용 색소로 이용한다.

간섭 색소

입자크기에 따라 간섭색의 등급이 다르고 광택도와 불투명성이 다르다. 최근에 개발된 새로운 간섭 색소는 운모를 이용하여 일정한 크기의 입체구조만 제공하고 먼저 TiO_2, 다음에 SiO_2, 다음에 다시 TiO_2를 입히는 방법으로 훨씬 더 진한 색과 광택성을 갖는 간섭 색소를 만들 수 있다.

배합 색소

은백색 혹은 간섭-착색 진주 광택성 색소는 다른 모든 색의 착색제와 섞어 만들 수 있다. 그러나 흡수 착색제는 광 산란을 증가하여 진주 광택 효과를 감소한다. 게다가 특히 액체 처방에서 흡수 색소와 진주 광택성 색소는 입자크기가 서로 다르므로 입자들이 각기 다르게 거동하고 그 처방은 색이 분리되어 나타난다.

첫째 작은 결정의 흡수 착색제를 TiO_2/운모 색소에 흡착하여 광 산란과 색 분리 잠재력을 감소하고 입자를 연마할 필요없이 최선 입자크기를 선택하여 센 색을 얻는 것이 더 좋다.

둘째 이 방법은 다른 방법으로 어떤 색 효과를 만드는 방법이다. 금색 간섭 색소를 철산화물 코팅제와 섞어 금색-광택성 진주 색소를 얻는다. 철산화물과 이산화티탄 비율은 색을 결정한다. 다른 색소와 다른 입자를 섞으면 서로 다른 광택성과 다른 투명도를 갖는다. 이론적으로 어떤 흡광 착색제를 어떤 간섭색과 배합할 수 있지만 시장에서는 제한된 배합만 이용할 수 있다. 전형적 배합은 빨간색 간섭을 갖는 빨강 카르민(carmine), 파란색 간섭을 갖는 철 파랑, 초록색 간섭을 갖는 산화크롬이다. 추가로 서로 다른 흡수와 간섭색을 이용하여 배합할 수 있고(예 : 빨강 간섭에 철 파랑) 보는 각도에 따라 색이 다르다.

가장 보편적으로 사용하는 배합 색소용 흡수 색소는 철산화물, 철 파랑, 카르민, 산화크롬이지만 유기물을 포함하는 몇 가지(예 : Blue #1, Red #30, Red #40, Yellow #5)도 이용할 수 있다.

① **빨강 산화철** : 화장품의 인정된 색 첨가물 중에서 빨강 철산화물(Fe_2O_3)은 가장 큰 굴절률(2.9)을 갖는다. Fe_2O_3를 입힌 운모로 구성된 여러 진주 색소들은 1970년대 이후에 산업적으로 제조하였다. 전형적으로 철산화물은 염화물과 황산 같은 철 수용액에서 pH를 조절하여 운모 판상에 침전시켜 진주 광택으로 만든다. 운모에 수산화철을 입힌 운모는 열처리하여 수산화물을 산화물로 변환한다. 적갈색 산화철 때문에 금속성 겉모양은 층 두께를 조절하여 얻을 수 있고 초록 간섭을 갖는 청동 혹은 구리 색에서 엷은 파랑-빨강과 빨강-갈색까지 색 간섭을 갖는다. 이러한 종류는 다른 진주 광택성 색소처럼 공단 겉모양을 갖는 작은 입자크기로부터 번쩍거리는 광택 효과를 갖는 큰 입자크기까지 여러 가지를 이용할 수 있다. 다른 금속산화물과 배합하면 색조는 오렌지 혹은 적갈색 색소까지 변하는 색소를 얻을 수 있다.

② **검정 산화철** : 검정 산화철(Fe_3O_4)은 실제로 이산화티탄(굴절률 2.4)과 동일한 굴절률을 갖고 황산철(굴절률 11)에서 침전하여 만들 수 있다. 운모에 입힌 Fe_3O_4 층 두께를 변화하여 간섭색을 얻을 수 있고 금색, 빨강, 파랑, 초록 간섭 색소를 검정 산화철로 만들 수 있다. 운모는 항상 철산화물을 함유하므로 순수한 색을 얻을 수 없고 운모 대신 사용할 수 있는 재료로서 산화알루미늄, 실리카, 유리 등을 고려하지만 아직 성공하지 못하였다.

20.3 화장품 처방

표 3-7 견고한 립스틱

성분(INCI)	1	2	3	4	5	6	7	8	9	10	11
함량(wt %)	10.00	44.25	5.70	1.80	4.00	10.00	2.00	0.50	0.20	0.10	21.45

1 : color grind 30% D&C red #6 barium lake in castor (ricinus communis) oil, (color grind 30% 19-022 in Castor oil/Sun)
2 : castor (ricinus communis) oil, (Castor Oil/Cas Chem)
3 : candellila (euphoria cerifera) wax, (Candellila Wax/Ross)
4 : carnauba (coperncia cerifera) wax, (Carnauba Wax #77W/Ross)
5 : ozokerite, (ozokerite Wax #77W/Ross)
6 : caprylic/capric triglyceride, (Myritol 318/Henkel)
7 : mineral oil 90 SUS(paraffinum liquidum), (Blandol/Witco)
8 : hydroxylated lanolin, (OHlan/Amerchol)
9 : methylparaben
10 : propylparaben
11 : bismuth oxychloride (and) castor (ricinus communis) oil, (Biron® Silver CO/Rona)
(각 성분의 마지막 괄호는 상품명/제조회사)

• 제법 : 미리 3-roll mill에서 색소를 연마하라. 나머지 성분을 합치고 85~90℃에서 균일하게 섞고 68~70℃로 될 때까지 식혀라. 주형에 붓고 성형하라.

표 3-8 반짝이는 아이섀도

구 분	A			B	C			
성분(INCI)	1	2	3	4	5	6	7	8
함량(wt %)	48.25	7.30	2.45	30.00	10.50	0.70	0.70	0.10

1 : talc, (Supra A/Luzenac)
2 : aluminum starch octtenyl succinate, (Dry Fio PC/National Starch & Chemical)
3 : magnesium stearate, (Magnesium Stearate Vegetable F.G./WC&D)
4 : mica (and) iron oxides, (Colorona® Glitter Pigments/RAona)
5 : isopropyl stearate, (Tegosoft S/Goldschmidt)
6 : cetyl palmitate, (Cutina CP/Henkel)
7 : petrolatum, (Snow White Petrolatum/Penreco)
8 : propylparaben, (Propylparaben/ISP)
(각 성분의 마지막 괄호는 상품명/제조회사)

• 제법 : A를 합쳐라. 해머-밀을 이용하여 분쇄하고 0.27" herringbone screen에 두 번 통과시켜라. B를 서서히 흔들면서 가하라. C를 합쳐라. 70℃로 가열하라. 용액은 맑고 균일해야 한다. C를 배치에 저으면서 분무하라. Colorona® Glitter Pigments를 단독으로 혹은 조합하여 사용하여 여러 가지 색조를 만들 수 있다. 대표적 성공적인 처방은 다음 Colorona® Glitter 색조를 30% 포함한다.
Chamelon, Bordeaux, Suienna, Copper, Bronze.

표 3-9 Blackstar hair gel

구 분	A					B	C		D	
성 분	1	2	3	4	5	6	7	8	9	10
함량(wt %)	18.00	2.00	10.00	0.05	5.00	50.00	0.75	2.20	10.00	2.00

1 : water(aqua), deionized
2 : glycerin
3 : SD 40 alcohol
4 : disodium EDTA
5 : iron oxides (and) mica, (Colorona® Blackstar Colors/Rona)
6 : carbomer, 1%A soln, (Carbopol 940/BF Goodrich)
7 : triethanolamine, 99%, (Triethanolamine 99%/Dow)
8 : water(aqua), deionized
9 : SD 40 alcohol
10 : PVP/VA copolymer, (PVP/VA E-735/ISP)
(각 성분의 마지막 괄호 안은 상품명/제조회사)

• 제법 : A를 프로펠러 혼합기로 혼합하고 나머지 성분을 순서에 따라 가하고 섞어라.

표 3-10 진주 광택성 샴푸

구 분	A			B		C	
성 분	1	2	3	4	5	6	7
함량(wt %)	14.00	20.00	6.00	12.30	25.00	0.10	2.00

구 분	D		E		F	G	H	I
성 분	8	9	10	11	12	13	14	15
함량(wt %)	2.00	10.00	0.20	0.30	0.10~0.30	5.00	3.00	qs

1 : Mg al silicate, 5% aq. susp., (Veegum HV/RT Vanderbilt)
2 : hydroxypropylcellulose, (Klucel G/Aqualon)
3 : water(aqua), deionized
4 : water(aqua), deionized
5 : TEA lauryl sulfate, (Standapol T/Henkel)
6 : citric acid
7 : water(aqua), deionized
8 : sodium chloride
9 : water(aqua), deionized
10 : methylparaben
11 : diazolidinyl urea, (Germall II/ISP Sutton)
12 : titanium dioxide (and) mica, (Timiron® Super Gold, e.g./Rona)
13 : cocamidopropyl betaine, (Velvetex BA-35/Henkel)
14 : cocamide DEA, (Standamid KD/Henkel)
15 : water-soluble dyes
(각 성분의 마지막 괄호는 상품명/제조회사)

• 제법 : A를 합치고 분산하고 균일하게 섞어라. 계속해서 저어라. 순서에 따라 B를 가하라. 미리 섞은 C를 가하라. 미리 섞은 D를 가하라. 나머지 성분을 순서에 따라 가하라. 완전히 분산된 것을 확인하라.

색소배합비

- 분홍 : Timiron® Super Red : D&C Red #33(0.02% aq.)=0.20 ; 0.25
- 금색이 진한 초록 : Timiron® Super Gold : FD&C Blue #1(0.02%) : FD&C Yellow #5(0.02% aq.)=0.20 : 0.30 : 0.40
- 금색이 진한 자주색 : Timiron® Super Gold : FD&C Blue #1(0.02% aq.) : D&C Red #33(0.02% aq.)=0.20 : 1.00 : 2.00
- 자주색 : Timiron® Super Violet : FD&C Blue #1(0.02% aq.) : D&C Red #33 (0.02% aq.)=0.20 : 1.00 : 2.00
- 희미하게 아른거리는 공단 같은 자주색 : Timiron® MP-1001 : FD&C Blue #1 (0.02% aq.) : D&C Red #33(0.02% aq.)=0.20 : 1.00 : 2.00
- 금속성 파랑 : Timiron® Super Silver : FD&C Blue #1(0.02% aq.)=0.20 : 0.10

표 3-11 **진주 광택성 립스틱**

구 분	A		
성 분	1	2	3
함량(wt %)	7.00	1.50	1.50

구 분	B												C
성 분	4	5	6	7	8	9	10	11	12	13	14	15	16
함량(wt %)	33.70	5.70	1.80	1.50	3.00	16.00	2.00	5.00	5.00	1.00	0.20	0.10	15.00

1 : castor (ricinus communis) oil, (Castor Oil/CasChem)
2 : D&C red #7 calcium lake, (C19-011 Rubine Lake/Sun)
3 : D&C red #6 barium lake (and) rosin, (C19-022 Light Rubins Lake/Sun)
4 : castor (ricinus communuis) oil, (Castor Oil/CasChem)
5 : candellila (euphorbia ceruifera) wax, (Candellila Wax/Ross)
6 : carnauba (copernicia cerifera) wax, (Carnauba Wax/Ross)
7 : ozokerite, (Ozokerite Wax #77W/Ross)
8 : micricrystalline wax, (Microcrystalline Wax #214/Ross)
9 : caprylic/capric triglyceride, (Myritol 318/Henkel)
10 : mineral oil (paraffinum liquidum) 90 SUS, (Blandol/Witco)
11 : octyldodecyl stearoyl stearate, (Ceraphyl 847/ISP)
12 : octyl dodecanol, (Eutanol G/Henkel)
13 : hydroxylated lanolin, (OHlan/Amerchol)
14 : methylparaben
15 : propylparaben
16 : pearlescent pigment, (Various/Rona)
(각 성분의 마지막 괄호는 상품명/제조회사)

- 제법 : A를 합치고 세게 저으면서 균일하게 섞어라. 덩어리들이 25 mm 이하로 될 때까지 분쇄하라. 다른 용기에 B를 합치고 80~85℃로 가열하면서 맑은 용액이 될 때까지 저어라. A를 B에 가하라. C를 AB에 가하고 분산되게 저어라. 72~74℃에서 주형에 부어라.

추천하는 진주 광택성 색소

Timiron® Super Red, Timiron® Super Blue, Timron® Super Gold, Timiron® MP-1001, Timiron® MP-115, Colorona® Red Gold, Colorona® Rerd Brown

추천하는 왁스 녹는점

- Candellila 68.5～72.5℃
- Carnauba 83℃ min.
- Ozokerite #77W 73.3～79.4℃
- Microcrystalline Wax #214 71.1～76.7℃

TOPIC 모기퇴치

1946년 미국 육군에서 개발된 DEET는 처음에 모기의 후각을 마비시키는 효과라고 알려졌지만 최근에 냄새가 고약해서 모기들이 도망가는 것이라고 판명되었다. 그러니 그것을 사용한 군인들도 고생이 많았다. 모기는 30 m 거리에서도 냄새를 맡는다. 사람 피부는 땀과 박테리아의 분비물이 섞여 냄새를 피운다. 그런데 어떤 사람은 모기에 덜 물린다. 그런 사람들의 피부냄새를 분석한 결과에 의하면 "1-메틸피페르진"을 포함한 화합물이 모기 후각을 마비시키는 효과를 발견했다. 연구진은 이 화합물을 화장품이나 섬유에 섞어 상품화하는 연구를 진행한다. 섬유를 대나무처럼 속이 빈 공간으로 만들고 그 속에 "1-메틸피페르진"을 채우고 형광물질도 함께 섞어 넣으면 발광도 하고 모기도 도망가는 일석이조의 섬유를 만들 수 있지 않을까? WHO에 의하면 2010년 한 해에 66만 명이 모기들이 옮긴 말라리아로 숨졌다.

근래에 고주파를 발생하여 모기, 파리, 바퀴벌레 등을 "딱" 소리와 함께 태워 죽이는 라켓(racket)도 시판되고 있다.

21 과산화 화합물

과산화수소(H_2O_2)는 일반적으로 수용액으로 사용하고 가정에서는 3% 수용액을 사용한다. 과산화수소는 Cl, Cr, Mn, Fe, Co, Ni, Cu, Zn, Ag, Cd, I, Pb, Bi, Hg, Au의 금속 혹은 이온에 의한 촉매작용으로 분해되고 Al, Li, Si, S, Sn, Zr은 촉매작용하지 않는다. 과산화수소 분해는 농도와 안정제에 따라 각기 다르고 시판용 과산화수소는 pH 5 이하에서 일반적으로 안정하다. 과산화수소에 의한 모발 탈색은 발생기 산소에 의한 산화반응을 이용한다.

$$H_2O_2 \rightarrow H_2O + O\text{(발생기 산소)}$$
$$O + O \rightarrow O_2\text{(산소 분자)}$$

효과적 표백작용은 발생기 산소에 의해 일어나고 산소분자(산소 기체)는 표백작용 효과가 없다. 표백제는 3% 과산화수소를 4차 암모늄 화합물과 adipic acid 같은 유기산, sodium stannate 안정제를 배합하여 사용한다. 피부와 접촉하는 과산화물 농도는 피부 염증 때문에 5%를 넘지 않아야 한다. 과산화수소는 무기 혹은 유기물과 쉽게 첨가생성물을 만든다. 그러한 화합물은 urea, acetamide, methenamine, 알칼리금속의 황산, 탄산, 붕산, 인산, 파이로인산 등이다. 다른 산소발생 화합물들은 과붕산, 과탄산, 과황산염들이고 이들은 모발 탈색용 분말로 사용한다. 과붕산 소듐염은 치과에서 표백제로 사용하지만 진한 알칼리성에서 사용하지 않아야 한다. 과산화수소를 함유하는 이용가능한 고체 화합물은 urea peroxide, sodium pyrophosphate peroxidate peroxide, calcium peroxide(60%), magnesium peroxide(50%), zinc peroxide(55%), sodium perbor- silicate, sodium carbonate peroxide다. 과붕산규산 소듐은 가정용 표백제로 사용하고 그것은 특히 비누와 잘 섞인다. 모발 파마에서는 금속 모노과황산염을 산화제로 사용한다. 과산화수소와 함께 사용하면 과황산염은 유용한 중화제로 작용한다.

22 전분 고분자

개인 화장품의 경향은 천연물-바딩 원료를 선호하고 대부분 건강과 환경의 관심 때문에 천연제품을 장려하고 있다. 원료는 대자연이 제공하는 광물, 식물, 동물, 미생물과 같은 여러 혜택을 받은 것들을 이용한다. 동물에 바탕을 둔 제품은 흥미를 끌지 못한다. 왜냐하면 동물애호와 살생 문제의 차원에서 아무리 좋은 원료라도 현대 사회는 용인할 수 없는 재료들이다.

모든 식물에 존재하는 전분은 다당질이라는 중합체 종류다. 변형되지 않은 천연 전분은 화장품 처방에 약간 이용하지만 변형 전분은 화장품의 용도에 훨씬 더 적합한 성질을 갖는다. 변형 전분은 화학, 물리, 혹은 효소 처리를 거쳐 조제한다. 전분은 특이한 화장품용 재료이고 여러 수화(hydration) 형태는 서로 다르고 각기 유용한 성질을 갖는다. 전분은 불용성 입자 형태이고 피부 감촉, 분말 흐름, 분말 접착력, 기름기와 끈끈한 성질을 변형하여 분말과 액체 제품으로 사용한다. 입자 형태는 활성 성분 혹은 UV 보호를 증진한다. 수화된 혹은 콜로이드 형태는 액체 제품에 사용하여 유화제 안정도, 흐름성 개선, 끈적거림 감소, 컨디셔닝, 부드러운 피부 뒷맛 감촉에 관여한다. 전분의 건조 필름 형태는 모발의 유지에 도움을 주고 활성 성분 보호와 물리적 기여를 개선한다. 최근에 이러한 성분에 대하여 관심이 증가할 뿐만 아니라 천연물 재생자원에서 추출하기 때문에 값싼 기능성 성분 역할에도 기여한다.

천연 전분은 물리적으로 옥수수, 타피오카, 감자, 밀, 사고야자에서 추출하고 귀리, 보리, 쌀에서도 추출한다. 분리와 정제 후에 화학적(에스터화, 에터화, 산화, 산 가수분해), 생화학적(효소처리), 혹은 물리적 과정[차가운 물에 녹는 제품을 만들기 위한 전-호화녹말과정(pregelatinization)]을 거쳐 변형한다.

22.1 물리화학적 전분 변형

전분의 물리화학적 변형은 전분 고분자들이 많은 기능성을 가질 수 있게 만들기 때문에 전분 산업에 특히 중요하다. 고분자 성질을 증진한 천연 전분은 통상적 잡종증식(hybrid breeding)을 통하여 가능하다. 특정한 천연 전분의 고유 성질과 그것의 이용성은 출발물질을 특정한 응용 물질로 만들려고 선택하는 방법에 따라 결정된다.

전분은 두 종류의 α-D-glucose 고분자, 즉 amylose(선형 고분자이고 10^5-10^6 MW)와 amylopectin(많은 곁-가지형 고분자이고 10^7-10^8 MW)으로 구성한다. 전분 고분자는 많은 -OH기를 가지므로 수소결합을 생성하고 그 수소결합은 전분성질과 기능에 영향을 주는 주요한 인자다. 히드록시기는 화학적 치환기들이 결합하는 자리를 제공한다. 대부분 전분은 20~30% 아밀로오스와 70~80% 아밀로펙틴을 함유하지만 보통 옥수수 잡종은 100% 아밀로펙틴(왁스 비슷한 전분을 갖는 옥수수) 혹은 50~95% 아밀로오스를 함유한다. 최근에 유전공학은 왁스 비슷한 전분을 갖는 감자를 개발했다.

아밀로오스를 더 많이 함유하는 전분은 빠르게 젤 구조를 형성하고 강력한 필름, 내수성, 둘러싼 내부 물질을 더 느리게 방출하는 매트릭스 등의 역할을 한다. 이것은 수소결합을 통한 선형결합의 회합과 뭉침(퇴화) 때문이다. 아밀로오스 함량이 많을수록 더 굳은 젤로 변한다. 아밀로오스 함량이 많은 전분은 사출과정에 잘 적응된다. 선형 고분자 배열은 사출과정 동안에 사출 매트릭스 중에서 분자들의 분해에 내성을 갖는다. 한 아밀로오스 사슬은 계면활성제의 긴 포화 알킬 사슬과 같은 소수성 재질 혹은 합성 고분자와 착물을 생성할 수 있는 한 나선구조(V-amylose)를 생성한다. 그 전분 착물은 용해도를 변화한다.

많은 곁-가지를 갖는 아밀로펙틴 혹은 왁스 비슷한 성질을 갖는 옥수수 전분은 분해(젤 생성)에 저항한다. 아세틸화 혹은 하이드록시프로필화 왁스 비슷한 옥수수 전분의 화학적 가교결합은 우수한 냉동/해동 용해도를 갖는 효과적 점성부여제다. 아밀로펙틴은 많이 분해되어도 큰 분자량을 유지한다. 아밀로오스와 아밀로펙틴은 과립(granule)이라는 입자에 존재하고 식물 재료에 따라 모양과 크기는 다르다. 아밀로펙틴 구조의 이웃에 있는 짧은 사슬결합 특성은 두 사슬 사이에 수소결합을 생성하여 안정화된 이중나선을 형성한다. 이것이 과립구조의 주 구조형태다. 많은 수소결합을 갖는 과립은 60℃ 이하에서 물에 녹지 않고 100℃ 이상에서 조리하면 수소결합이 분해하여 과립이 팽창하고 전분 고분자 성분이 녹는다.

치환도(degree of substitution : DS)는 전분 고분자의 글루코오스 단위마다 변형 치환기의 몰 수를 의미한다. 화학적 변형은 글루코오스 단위체의 이용가능한 3개 하이드록시 원자단 반응과 관련이 있으므로 치환도는 글루코오스 단위마다 화학적으로 치환된 하이드록시 원자단의 평균수이다. 그러므로 0.03 치환도는 평균적으로 전분 고분자의 100 글루코오스 단위마다 화학적으로 3 변형 하이드록시 원자단이라는 것을 의미한다. 최대 DS는 3.0이고 이것은 전분 고분자의 각 글루코오스 단위의 모든 3개 하이드록시 원자단이 화학적으로 변형된 것을 의미한다. 몰치환(molar substitution : MS)은 첨가된 화학적 원자단이 전분과 반응하는 시약이 더 반응을 진행할 때 사용한다. 이것은 hydroxypropylation(propylene oxide와 반응을 통하여)의 경우다. hydroxypropyl 치환기는 추가 시약과 반응하여 변형 화합물이 확장된 사슬을 형성하는 하이드록시 원자단을 함유한다. 몰치환은 이러한 확장 사슬의 화학적 단위 수이고 3.0보다 더 클 수도 있다.

과립구조는 식물재료와 물 중에서 화학적 변형으로부터 전분을 효과적으로 추출하게 한다. 낮은 치환도(<0.2 DS) 생성물은 전형적으로 대부분 산업용으로 제조한다. 유기물 변형 시약의 반응성과 과립 속으로 침투에 따라 치환기 분포는 변한다. 이것은 약간 제한된 안정도를 달성하면서 한편으로 충분한 역행분해(retrogradation)를 유지하면서 젤 혹은 필름세기를 제공하는 장점을 제공한다. 화학적 변형은 과립구조를 약화하고 천연 전분의 젤화 온도를 감소할 수 있다. 과립 열처리는 전분의 팽창/조리 전후에 조직변화와 기능성 변화에 영향을 준다. 예를 들어 고농도 아밀로오스 전분은 완전 분산 때문에 분사-조리(jet-cook)해야 한다. 원상 그대로 과립은 운반체(액체 흡수를 위해서 효소를 이용하여 과립에 구멍을 파서 다공성으로 만든) 혹은 특수한 필터, 가루 분말, 결합제로서 기능을 수행할 수 있다.

전분의 화학적 변형은 우선 과립 전분을 수용액 죽-상태로 만든다. 에스터화반응은 pH 7.0~8.0에서 그리고 에터화반응은 pH 11.0~12.0에서 진행한다. 일반적으로 낮은 DS(0.2 DS 이하)는 전분성질을 크게 변화한다. 어떤 일반적 유도체는 비-이온성(acetate ester와 hydroxypropyl ether), 양이온성(quaternary ammonium type), 음이온성(carboxylate), 양쪽성(양이온성 및 음이온성) 혹은 소수성 치환기를 갖는다. 양쪽성 전분은 처방전의 전하성분과 더 효과적으로 서로 반응하여 전분의 전하균형을 조절한다. 특이한 유도체는 chloroethylaminodipropionic acid로 변형된 전분이다. 그 치환 생성물은 한 4차아미노기와 두 카복시기를 갖는다.

과립 전분을 보강하는 교차결합은 전형적으로 distarch adipate ester, phosphate ester, 2-hydroxypropyl ether 등의 교차결합을 만드는 몇 가지 시약을 사용한다. 산 가수분해, 산화반응, 혹은 적절한 효소를 이용한 처리는 글루코오스 단위체 사이에 글루코오스 결합을 절단하여 저분자 전분 유도체로 만든다.

전분에 소수성 원자단이 결합하면 유용한 성질을 갖는다. starch octenylsuccinate (OSA)는 물-유화제 중에서 오일 안정화에 매우 유용하다(오일은 용해된 전분 수용액으로 유화된다). 그러한 유화제는 분무-건조할 수 있고 그 오일은 전분 재료의 구형 벽에 갇힌다. 유화제/캡슐화제에 바탕을 두고 개발된 전분에 대한 중요한 점은 전분 형태, 원하는 점성/고체 관계를 얻기 위하여 사용한 분해방법, 분해 정도와 소수성 치환도이다. starch octenylsuccinate와 황산알루미늄의 이온성 교차결합은 소수성 입자를 형성한다. 이러한 종류의 유도체는 윤활성과 좋은 피부느낌을 주는 화장품 처방에 첨가제로 사용한다. 보다 최근에 소수성 전분은 dodecenylsuccinate(DDSA) 치환기를 이용하여 만든다. DDSA-변형 전분은 OSA 종류보다 소수성이고 칼슘염과 교차결합할 수 있다. 전분과 3-chloro-2-hydroxypropyldimethyldodecyl aluminum chloride에 의한 변형은 전분의 양이온성과 소수성 치환기에 첨가된다. 분무-건조, 드럼-건조, 열 사출 등을 미리 전분화반응에 사용하면 전분을 냉수-용해성 분말로 만들 수 있다.

22.2 전분 콜로이드의 응용

22.2.1 유동성 변형과 유화제 안정성

처방전 화장품의 유동성은 여러 가지 미학적 그리고 기능적 성질에 결정적 역할을 한다. 용액 유동성은 처방전의 겉모양, 흐름, 분산성, 유화제 안정도, 분무성질, 필름두께, 거품안정도, 피부느낌에 주요한 영향을 준다. 전분 고분자의 주요한 기능은 처방 흐름의 변형이다. 전분 수용액의 점성은 적어도 두 메커니즘이 적용된다. 첫째는 과립 팽창이고 둘째는 과립의 파열로부터 생기는 전분 고분자의 용해와 상호작용이다.

앞에서 설명한 것처럼 여러 천연 전분의 아밀로오스 부분은 수용액에 분산되어 젤을 생성한다. 이러한 젤 성질은 땀-방지제와 탈취제처럼 화장품에 사용하지만 전분은 일반적으로 물리화학적으로 변형하여 인기를 끌고 안정한 흐름을 제공한다. 이러한 변형 전분은 표준 처방과 전통적 유동성 변형제를 사용하여 점성증진이 어려운 처방전에서 유동학적 용도를 발견했다.

전분과립을 수용액에서 가열할 때 본래 부피의 60~70배로 팽창한다. 이것은 유체역학적 부피를 증가하여 처방전에서 큰 점성과 서스펜션 힘을 제공한다. 변형되지 않은 천연 전분과립은 전분 고분자들이 파괴되고 분산되어 점성을 잃는다. 교차결합은 전분 과립을 팽창하여도 전체적으로 파괴하지 않고 안정한 점성을 유지한다.

교차결합과 hydroxypropylation 같은 화학적 변형과 전-호화녹말(pre-gelatination) 같은 물리적 변형을 합쳐 전분을 가열하지 않고 수용액계 점성을 증진할 수 있다. 이것의 한 예는 hydroxypropyl 전분 인산이다(상품명 : Structure® Zea). hydroxypropyl 원자단은 전분 분산 안정화를 돕고 입체장애를 통한 역행분해(retrogradiation)를 억제한다. 게다가 이러한 치환은 전분에 대하여 소수성을 추가한다. 전분을 약간 교차결합에 이용하는 인산 화합물은 전분 과립 팽창을 제한한다. 이것은 전분을 더 응단력-저항, 가열-저항, 산성-저항으로 만들어 분산되게 만든다.

물리적 변형은 전-호화녹말을 발생하는 것이고 그 제품은 차가운 물에 용해되고 뭉친 전분은 쉽게 분산된다. 이러한 용해속도 증가는 세조과정 효율을 증가하고 가격 경쟁력을 높이고 점성부여제와 유화제 안정제 및 구조분말(예 : 표백과 염색)로 사용하기 쉽다. 또한 비-이온성 성질은 염류와 양이온성 성분 중에서 사용할 수 있다.(53)(54)(55)

또 다른 변형 전분은 과립이 파열된 다음 유동성을 개선하고 유화제를 안정화하였다. 이 경우에 점성화는 80℃ 이상에서 수용액 처방을 조제하는 동안 가열에 의해 시작된다. 이 온도는 일반적으로 표준 유화제-조제 방법 동안에 일어난다. 변형 감자 전분(상품명 : Structure® Solanace)은 양쪽성 시약을 이용하여 화학적으로 변형한다. 이 제품의 주요한 성질은 흐름성 개선, 유화제 안정화, 특이하고 부드러운 피부-뒷맛이다. 감자-바탕 전분은 점성이 큰 용액, 유사-플라스틱 용액 흐름, 건조 후에 화사한 피부-느낌을 준다. 그 양쪽성 성분은 넓은 pH 3.5~10 범위에서 안정한 점성화, 큰 계면활성, 염류 감도, 가장 일반적 화장품 성분과 공존에 기여한다.(53)(56) 유화제 안정화 메커니즘은 계면활성 및 콜로이드 안정화 성질과 관련이 있다. 이러한 안정화 효과는 유화제 농도를 크게 감소하여 안정한 유화제를 조제하는 것에 영향을 준다.

Pullulanase(가지-사슬 제거 효소)로 처리한 전분은 유동성이 개선된 "짧은 사슬 아밀로오스"로 된다. Pullulanase 효소는 전분구조의 가지-사슬 제거점(debranching)에서 아밀로펙틴 분자를 절단하고 여러 저분자량 직선-사슬 글루코오스 고분자를 생성한다. 이러한 짧은-사슬 아밀로오스 수용액은 느낌, 겉보기, 살결이 오일-바탕 성분이고 기름기 용액, 부드러운 죽 상태, 굳은 오일 등의 유동성과 비슷하다. 이들은 식품산업에서 지방 대신에 사용한다. 이러한 제품은 화장품에 사용하여 음성적 그리스 감촉이 없는 유화제 오일 감촉을 만든다. 기름기 없는 피부-관리 로션은 전분의 유동성과 필름-형성 성질로부터 연화성과 피부의 이로움을 얻는다. 가지들이 절단된 전분은 유화제-바탕 립스틱 제품의 매트릭스 지지체로 사용한다.(57) 옥수수 전분은 사출기에서 사출할 때 세제막대를 굳히기에 사용하고 또한 세제막대 비누의 거친 세제 작용에서 피부를 보호하게 비누처럼 더 윤활하게 만든다.(58)(59)

가수분해 전분은 산 혹은 효소로 전분을 분해하여 저분자량 중합체로 만들고 이들의 흡습성과 점성은 분자량에 따라 다르고 종류와 분해에 따라 변한다. 점성은 분자량에 정비례하여 변하고 흡습성은 분자량에 반비례한다. 매우 많이 분해된 전분은 maltodextrin(간단히 dextrin)(INCI 명칭 : dextrin ; 상품명 : Index®, Capsul®, Amycol®, INCI 명칭 : maltodextrin ; 상품명 : Maltrin®, Glucidex®)이다. 덱스트린의 유동성은 처방전 고체에 첨가되는 능력에 영향을 주고 피부느낌을 개선한다. 피부느낌은 크림과 로션의 기본 변수다. maltodextrin은 고형 화장품에 사용하고 이러한 유화제는 많이 첨가하지 않고도 더 고체구조를 유지할 수 있다. 이들은 또한 부드럽고 끈적거리지 않는 좋은 느낌을 준다. maltodextrin은 항-발한제 제품의 현탁보조제, 고체 구성, 부드러운 피부느낌제로 작용하고 비누에서 수분유지와 균열방지제로 사용한다.

어떤 전분은 합성 중합체와 공중합하여 수분흡수와 점성증진 성질을 개선한다. 전분 2-propenenitrile 접붙임 공중합체(graft copolymer)를 가수분해하여 초-흡습성 전분 propenamide/propenoic acid salt(INCI : Cornstarch/acrylamide/sodium acrylate copolymer ; 상품명 : Water Lock®)으로 만든다. 이러한 중합체는 체액을 포함한 중성 및 알칼리성 pH에서 다량 수용액을 흡수 혹은 고정한다. 이러한 제품은 바디 파우더, 모발 파우더 같은 국소 응용과 덩어리 비누에 유용하다.

22.2.2 필름 형성

필름 형성은 여러 화장품의 응용에 주요한 성질이다. 흡장성(occlusive) 필름은 로션과 크림을 피부에 바를 때 보습을 유지하게 만든다. 소수성 필름은 햇볕막이와 색 화장품의 내수성에 사용한다. 가소성 내수 필름은 모발의 형태유지제로 사용한다. 단단한 내수성 필름은 착색 화장품의 내-마모성과 얼룩방지에 사용한다. 필름은 캡슐화 동안에 활성 성분 주위에 형성되어 특정한 사용 장소에 운반될 때까지 주위로부터 보호한다.

전분은 용해된 중합체를 기질에서 건조할 때 필름을 형성하는 능력이 있다. 이러한 필름 성질은 분자량, 화학적 전분구조의 곁가지 정도, 이온성, 기질 종류, 필름두께 등에 따라 결정된다. 일반적으로 분자량이 크고 곁가지 수가 적고 이온성이 큰 전분은 더 강력하고 더 착력이 센 필름을 형성한다. 전분은 수소결합할 수 있는 많은 하이드록시 기능기를 가지므로 모발과 피부 같은 극성 기질에 더 효과적으로 결합한다. 전분용액은 일반적으로 결정이 맑지 않지만 눈으로 보기에 맑은 필름을 형성한다. 필름이 두꺼울수록 더 단단하고 더 잘 보호한다.

선형 아밀로오스 전분 고분자는 곁가지-사슬 아밀로펙틴보다 분자량이 작지만 이웃 중합체와 조밀한 배열 그리고 하이드록시 기능기 사이에 센 수소결합 때문에 아밀로오스 필름은 더 유연하고 강하고 내수성이다.

관례적으로 모발-고형화 중합체는 합성 중합체에 바탕을 둔다. 전분을 물리화학적으로 변형한 하이드록시프로필화 고분자-아밀로오스 옥수수 전분 고형제를 도입하였다 (INCI 이름 : cornstarch modified ; 상품명 : Amaze™). 전분의 아밀로오스 부분은 센 유연성 필름 형성과 내습성을 갖는다. 하이드록시프로필기는 내습성과 용액 안정도에 기여하고 처방전에서 용해될 때 퇴화를 방지하고 소수성과 입체 작용성에 기여한다. 전분제품은 고농도-아밀로오스 전분에 바탕을 두므로 분말을 분무하여 건조하여 분리하기 전에 고온과 고압에서 물과 함께 가열하여 물리적으로 변형한다. 물리적 변형은 전분을 가열할 필요가 없이 제품으로 처방가능하다. 이러한 전분 유도체는 천연물-바탕 고분자 모발 고형제로서 역할을 잘 수행하고 이들은 물에 대한 용해도, 강력하고 유연한 필름 형성, 우수한 극성 기질 접착력, 끈적거림이 없는 내습성을 갖는다. 이것은 비-이온성 중합체이고 다른 양이온성, 음이온성, 비-이온성 성분과 공존할 수 있다.(60)

전분을 아민 기능기로 변형하면 모발을 유지하는 성질을 갖는 중합체로 된다(INCI 이름 : starch dimethylaminoethyl ether).(61) 그 4차아민은 전분이 모발에 세게 결합하게 만들지만 유연하고 부풀지 않게 모양을 유지한다. 아밀로오스 성분은 필름의 인장세기를 증가하고 우수한 헤어-세팅 성질에 기본이다.(62) 전분의 친지방성은 머리카락으로부터 두피피지를 지연시키는 효과가 있고 이것은 모발을 더 오랜 시간 깨끗한 겉모양으로 유지하게 만든다.(63)

모발의 모양을 유지하는 제품에서 천연-바탕 중합체의 필름-형성 성질을 이용하여 처방할 때 주의해야 한다. 소수성 에스터, 아미드, 실리콘과 같은 가소제는 관례적 합성 중합체와 함께 쉽게 사용하지만 최선의 선택은 아니다. 전분-바탕 중합체는 글리세롤, 프로필렌글리콜, 단백질, 양이온성 하이드록시 에틸셀룰로오스와 같은 극성 성분과 더 용이하게 가소성으로 된다.

변형 감자 전분(상품명 : Structure® Solanace)은 이미 유동성 성질에서 설명한 것처럼 모발-모양 세팅 제품의 필름-형성 성질의 변형에 사용한다. 헤어-세팅 중합체와 함께 양쪽성 전분은 헤어-세팅 성질을 상승작용하는 것으로 알려졌고 빗질을 용이하게, 부드러운 느낌, 우수한 모발-모양 성질을 갖는 장점이 있다. 모양을 만드는 젤은 전분의 유사-플라스틱과 염류-민감 성질이 제품포장과 제품을 분배하는 동안에 유동성에 대하여 문제를 야기한다. 그 젤을 모발에 사용하면 점성이 감소하여 분산을 촉진한다.

앞에서 설명한 maldodextrin의 필름-형성 성질은 그들의 거품감촉과 피부-느낌을 개선하여 비누, 피부 세척제, 면도용 젤에 도움을 준다. maltodextrin은 가격이 합리적이고 비-자극성 추전제로도 사용한다.

22.2.3 헤어 컨디셔닝

컨디셔닝(conditioning)이라는 용어는 기능성(functionality)과 관련이 있다. 대략 설명하자면 컨디셔닝제(conditionong agent)는 모발의 어떤 감각적 매력을 개선한다. 모발은 더 풍성하게, 더 빛나게, 더 건강하게 만들 수 있고 더 비단처럼 그리고 더 부드러운 느낌을 주게 만들 수 있다. 게다가 모발에 컨디셔너 흡착은 건습 빗질을 촉진하고 건조, 빗질 중에 정전기적 날림을 감소한다.

가장 인기 있는 컨디셔닝 성분은 양이온성과 소수성이라는 두 가지 종류로 구분할 수 있다. 양이온성 컨디셔닝 성분은 중합체 혹은 계면활성제일 수도 있다. 그 중합체의 양이온 자리는 모발에 대한 친화력을 크게 증가한다. 소수성 성분은 주로 실리콘 오일을 사용하지만 광유와 같은 다른 오일 물질도 사용한다. 모발과 피부에 대한 이러한 물질의 흡착 메커니즘이 많이 설명되어 있다.(64) 이러한 성분들은 주로 샴푸, 컨디셔닝 린스, 혹은 무스, 젤, 분무 화장품처럼 지속성[leave-on : 화장한 다음 오래 두는 제품, 오래 두지 않고 씻어버리는 화장품은 단속성(leave-off)이라고 한다] 제품을 통하여 전달한다.

헤어 컨디셔닝에 사용하는 천연 중합체는 세 종류, 즉 다당류, 단백질, 그리고 덜 사용하지만 핵산도 포함된다. 가장 인기 있는 천연 컨디셔닝 중합체는 셀룰로오스(65)와 구아(guar)(66)이다. 그 후에 양이온성 전분 유도체들이 발매되었다.(67)(68) 변형 전분은 감자 전분과 2,3-epoxypropyltrimethylammonium chloride를 반응시켜 제조하여 24% 수용액으로 판매한다(INCI 이름 : starch hydroxypropyltrimonium chloride ; 상품명 : Sensomer™ Cl-50). 그 액체 형태는 처방에 사용하기 쉽고 모발 엉킴 방지, 습식 빗질 용이, 손질 용이, 광택성에 장점이 있다.

하이드록시프로필화 아밀로오스 옥수수 전분(INCI 이름 : cornstarch modified ; 상품명 : Amaze™)을 고가의 전통적 양이온성 컨디셔닝 중합체와 섞어 처방에 사용하면 가격에서 이득을 볼 수 있다. 비-이온성 전분은 증량제로 작용한다. 양이온성 중합체를 함유하는 지속성 처방은 기능성을 잊어버리지 않고 양이온성 중합체 절반을 변형 전분으로 치환하여 다시 처방할 수 있다고 설명한다. 특히 모발 모양을 만드는 무스 처방 가격은 모양 유지, 습식 빗질 혹은 광택성에 영향을 주지 않고 polyquaternium 11(poly : vinylpyrolidone/dimethylaminoethylmethacrylate의 양이온성 염류)을 변형 전분으로 치환하여 가격을 약 40% 절약할 수 있다.

매우 많이 분해된 전분은 덱스트린(dextrin)이라고 한다. 이러한 제품(보통 가수분해 전분이라고 한다)은 컨디셔닝 응용에서 모발과 피부의 수분인력과 수분유지에 사용하고 모발 제품은 단백질과 함께 사용한다. 또한 샴푸와 컨디셔너에 사용하여 모발이 부서지는 것을 감소한다.

22.3 과립 전분의 심미적 증진제/기능성 성분

전분을 유동성 변형제 혹은 필름형성제로 사용할 때 화장품의 느낌 성질을 개선할 수 있다고 이전에 설명했다. 전분은 또한 불용성 과립 형태로 사용하여 화장품 처방의 감촉과 심미성(aesthetics)을 변형할 수 있다. 전분 과립은 식물 재료에 따라 크기와 모양이 다르므로 그 전분 제품에 대한 느낌도 다르다. 시판용 중요한 전분 과립 크기는 3~8 μ(쌀 전분)에서 200 μ(감자 전분)이다. 전분 과립은 분말, 색 화장품, 로션, 크림, 햇볕막이, 항-발한제로 사용하여 여러 감촉과 기능성을 제공한다.

22.3.1 분말

바디 파우더의 주요한 기능은 피부에 대한 건조와 윤활성 표면의 제공이다. 얼굴에 사용하는 페이스 파우더와 메이크업은 작은 피부 결점을 감추고 색을 칠하고 과량 오일 분비의 흡수에 사용한다. 전분은 가끔 분말에 첨가하여 주요한 기능성을 제공한다. 여러 분말 중에서 주요한 성분은 활석이다. 그러나 활석은 흡수력이 부족하므로 가끔 전분과 섞는다. 전분은 또한 활석보다 우수한 피복력을 갖는다.

1900년대 초에 쌀 전분[INCI 이름 : Oryza (rice) starch ; 상품명 : Oryzapearl®]은 페이스 파우더에서 매우 보편적 성분이었고 피부에 배꽃과 같은 아름다움과 부드러운 표면을 제공한다고 생각하였다. 왜냐하면 전분입자는 부드럽고 지름이 대략 3~8 μ이기 때문이다. 그러나 박테리아 발육, 케이크화, 끈적거림 등의 문제 때문에 쌀 전분은 활석보다 크게 사용량이 감소하였다. 최근에 활석의 안전성, 더 깨끗한 천연 전분의 이용성,

변형 전분의 기능 향상 때문에 파우더에 대한 전분 사용이 다시 되돌아가는 경향이 있다. 현재 옥수수와 타피오카(tapioca, cassava 뿌리에서 추출한 전분) 전분은 입자들이 더 크고 수분에 노출될 때 피부에서 케이크를 만드는 경향이 더 적기 때문에 쌀 전분보다 더 많이 사용한다. 이러한 부드러운 전분은 피부에서 이동할 때 구르기(rolling) 때문에 활석 및 금속 스테아린산과 다른 품질을 갖는다.

전분 원료 제조에서 미생물이 오염되지 않는 몇 가지 방법을 사용한다. ethylene oxide 처리방법은 가장 효과적이지만 자극성 부산물을 남긴다. 열처리는 효과적이지 않고 전분성질을 변화한다. 감마선을 쬐이는 방법은 효과적이다. 감마선을 쬐인 몇 가지 천연 전분(옥수수와 타피오카)과 변형[Aluminum starch octenyl succinate(ASO)와 변형 옥수수] 전분은 시장에서 구입할 수 있다.

화장용 파우더로 사용하는 변형 전분은 더 최근에 개발되었다. 이 파우더는 윤활성, 접착성, 피복력, 아름다움 성질을 갖고 반응하지 않은 전분이 나타내는 불리한 점은 없다고 주장한다. 소수성으로 변형된 전분은 천연 전분처럼 쉽게 적시지 않으므로 신체가 수분에 노출될 때 케이크화와 박테리아 성장의 경향성이 감소한다. 이러한 전분은 교차결합하여 팽창에 대하여 저항하고 케이크화를 방지한다. 전분 인산 에스터는 화장품에 사용하는 교차결합 전분의 한 예다(INCI 이름 : distarch phosphate ; 상품명 : Corn PO4®).

ASO(상품명 : Dry Flo® 그리고 Fluidamid®)는 소수성이고 이온이 교차결합한 화합물이고 수분에 대한 저항성이 매우 크지만 바탕 옥수수 전분의 수분 흡수력은 그대로 유지한다. 적셔지는 것에 대한 이러한 저항성 때문에 피부에서 케이크화, 박테리아 성장, 곰팡이 성장 등의 경향성이 없다.(69)

또 다른 소수성 옥수수 전분(INCI 이름 : cornstarch modified ; 상품명 : Dry Flo® AF)은 칼슘이 starch/dodecenyl succinate의 카복시 작용기와 이온결합한 화합물이다. 이 변형 전분은 알루미늄 전분 octenyl succinate에 비하여 더 소수성이고 화장품 처방에서 알루미늄염은 칼슘염과 함께 관심을 많이 갖는다. 제품은 소수성이 증가할수록 피부에 더 부드러운 느낌을 준다.

ASO는 더 변형하여 분말-바탕 제품에 유용한 여러 가지 다른 기능성을 제공한다. 소수성 전분은 유기 및 무기 화합물로 표면을 처리한다. 이러한 전분은 표면처리 성질에 따라 변하고 한편으로 교차결합 소수성 변형 전분의 자유-흐름 성질은 그대로 유지한다. ASO는 접착성이 알려진 lauroyl lysine 아미노산 유도체로 표면-처리하여 강력한 윤활성, 좋은 접착성, 우수한 유동성, 내수성, 비단과 같은 느낌을 주는 전분 유도체로 만든다[INCI 이름 : aluminum starch octenyl succinate (and) lauroyl lysine ; 상품명 : Dry Flo® Elite LL]. 또 다른 표면-처리 전분은 ASO와 boron nitride로 조제한다. 이것은 미끄러운 성질이 대단히 크다[INCI 이름 : aluminum starch octenyl succinate (and) boron nitride, 상품명 : Dry Flo® Elite BN]. 이 제품은 윤활성 느낌, 좋은 피복력, 개선된 접착성을 나타낸다. Isopropyl titanium triisostearate(제품명 : ASO-12), silica(제품명 : MSS-500/ASO-12), mica(제품명 : MICA 217/ASO-12)로 표면-처리한 제품도 매끄러운 감촉과 좋은 접착성을 제공한다.

압축 분말도 사용하기 편리해서 인기가 좋다. 그 성능은 앞에서 설명한 것과 비슷하지만 처방할 때 몇 가지 고려할 필요가 있다. 전분은 피복력과 결합력을 이용한다. 쌀 전분은 입자가 작고 압축성 때문에 이러한 응용에 인기가 있다.(70) 타피오카 전분은 팽창제를 이용하여 물리적으로 변형하고 연마하여 10 μ 크기로 "구멍"을 만든다(INCI 이름 : tapioca starch ; 상품명 : Nattrasorb® W). 이러한 구멍은 압축 파우더 제조에서 압축성을 개선하고 파우더를 몸과 얼굴에 바를 때 흡수력을 증진하는 이중성을 갖는다.

오일 흡수는 얼굴 파우더와 메이크업에 또 다른 주요한 성질이다. 전분이 오일을 흡수하는 능력은 입자크기, 다공성, 화학적 변형의 함수다. 천연 전분은 오일을 흡수하는 약간의 능력을 갖지만 화학-물리적 변형은 이러한 흡수성을 크게 증진한다. 옥수수 전분은 소수성 기능, 이온성 교차결합, 친유성 합성 중합체를 이용하여 변형하고 특이한 결합성질로 만든다. 이러한 변형 전분[INCI : aluminum starch octenylsuccinate (and) acrylates polymer (and) magnesium carbonate ; 상품명 : Natrasorb® HFB]은 파우더가 수분과 오일을 흡수할 때 자유로운 흐름을 유지하고 광택을 조절하고 번들거리지 않는 마무리를 제공한다.

22.3.2 피부-관리와 햇볕-관리 제품

과립 전분은 여러 가지 넓은 피부-관리와 햇볕-관리 제품의 심미감(aesthetics) 변형에 사용할 수 있고 로션, 크림, 색 화장품, 메이크업, 햇볕막이, 연고, 덩어리 비누, 얼굴 마스크, 면도-후 향수, 땀-억제제, 액체 활석을 포함한다. 심미적 변형은 시각적 관찰, 바르거나 건조하는 동안 피부-느낌, 바르고 건조한 다음 남는 감촉으로 알 수 있다.

소수성 과립 전분은 피부-관리와 햇볕-관리 제품의 끈적거리는 활성 성분을 감소하여 매끄럽고 부드러운 뒷맛을 갖게 사용한다. 이러한 전분은 다음처럼 에스터화하여 소수성으로 만든다.

첫째 간단한 에스터화반응(INCI 이름 : sodium starch octenylsuccinate ; 상품명 : Amiogum®, C*EMCap®),(71) 둘째 알루미늄 이온 교차결합을 이용한 에스터화반응(INCI 이름 : aluminum starch octenylsuccinate ; 상품명 : Flo® PC),(72) 셋째 칼슘-이온 교차결합을 이용한 에스터화반응(INCI 이름 : cornstarch modified ; 상품명 : Dry Flo® AF).(73) 이러한 중합체는 오일 혹은 왁스 활성 성분을 함유하는 화장품에 효과적이다.

피부-관리 유화제처럼 가열하여 안정화되는 물-함유 계에서 Dry Flo AF 전분 제품은 첫째와 둘째 방법보다 약간 장점이 있다. 그것의 화학적 기능기는 dodecenyl (12-carbon) 탄화수소 사슬이고 octenyl(8-탄소) 사슬보다 더 소수성이다. 그러므로 전분 과립은 물을 흡수하고 팽창을 시작하기 전에 열에 대한 저항성이 더 크다. 그래서 섞을 때 전분을 더 고온으로 가열하여 제품을 빠르게 만들 수 있다. 앞에서 설명한 변형 전분[INCI 이름 : aluminum starch octenylsuccinate (and) acrylates polymer (and) magnesium carbonate ; 상품명 : Natrasorb® HFB]은 추가로 처방전에서 유화제를 변형하고 피부에서 분비된 추가 오일을 흡수하여 햇볕막이 제품과 피부-관리 제품의 끈적거림을 완화한다.

햇볕막이는 SPF 15 이상을 얻기에 필요한 고농도 UV-흡수제 때문에 특히 끈적거리고 들어붙는다. 소수성 전분은 이러한 계에서 원하는 피부-감촉을 얻기에 대단히 효과적이고 수용액과 비수용매 계에서 유기 및 무기물과 공존할 수 있다. 비수용매 처방에서 소수성 전분은 그 계에 대하여 방수성에 기여한다. 천연 및 소수성으로 변형된 전분 과립은 불용성 입자이고 수용액 성분으로 이용할 때 자외선 보호(큰 SPF)를 증진하는 것으로 알려졌다.

항-발한제 중에서 천연 전분과 소수성 전분은 피부에 백색 찌꺼기를 남기지 않고 사용할 수 있다. 소수성 전분을 겨드랑이에 사용하면 부드러운 감촉과 건조한 느낌을 주고 볼펜의 내수성 윤활제와 볼-윤활제로 사용한다.

타피오카 전분은 액체 활석을 처방할 때 선택하는 전분이다. 수용액/에탄올-바탕 제품으로서 액체 활석은 편리한 냉각 유화제 효과의 제공에 사용한다. 원형 타피오카 과립은 액체 활석에 의해 부드러운 방석과 같은 감촉을 주므로 변형되지 않은 다각형 옥수수 전분보다 좋다.

22.4 여러 가지 전분 제품

화학-물리적으로 변형된 전분 과립은 여러 특이한 용도에 사용한다. 소수성 전분(예를 들어 ASO)은 건조 샴푸 제품에 사용한다. 대표적으로 건조 샴푸는 모발에 분무하는 에어로졸 제품이다. 소수성 전분은 피지 오일을 흡수하고 모발은 빗으로 빗어 오일/전분 착물을 제거하여 모발을 청결하게 만든다. 소수성 변형은 오일에 대한 전분의 친화성을 증가한다.

ASO도 헤어스프레이 성질을 변형하려고 사용한다. 오일을 흡수하는 능력은 기름진 모발을 가진 소비자를 목표로 헤어스프레이 개발에 이용하였다. 전분은 모발에 퇴적되고 두피에서 분비되는 피지를 흡수하고 모발 오염을 방지한다. 이러한 기능은 모발의 오일을 감소시키고 본래 모양을 더 오래 유지하게 한다.

샴푸 응용에서 소수성 전분(전분과 octenyl succinic anhydride의 반응 생성물)은 사용하는 동안 거품을 안정화하고 건조한 다음 모발을 부드럽게 만든다. 그 효과는 샴푸를 센물과 함께 사용할 때 특히 잘 나타난다.

22.5 캡슐화/활성 성분 운반체

소비자들은 화장품에서 더 많은 기능을 요구한다. 이러한 기대감의 증가에 따라 화장품은 더 복잡해졌다. 이러한 처방을 해결하는 한 방법은 활성 성분의 캡슐화(encapsulation)다. 활성 성분의 캡슐화에 의해 실현될 수 있는 몇 가지 기능과 처방은 다음과 같다.

① 처방전에서 공존할 수 없는 성분의 보호
② 산화로부터 보호
③ 몸의 어떤 자리에 목적 성분의 전달
④ 유발된 메커니즘에 의한 방출 조절
⑤ 미학적 수정
⑥ 피부 자극의 감소
⑦ 기질에 대한 접착력 증가
⑧ 사용 편의성
⑨ 증발속도 감소

전분은 앞에서 설명한 이익을 실현하기 위해서 적어도 다음의 세 가지 메커니즘을 이용한다.

전분을 이용하여 참된 캡슐화를 실현한다. 소수성 활성 성분은 물에 유화하고 전분 고분자는 활성 성분 주위에 유화제/보호 콜로이드로 작용한다. 유화제는 그 다음에 건조하여 전분 필름 안에 둘러싸인 활성 분말로 된다.

활성 성분은 전분 매트릭스에 갇힌다. 이것은 일반적으로 활성 성분을 전분 수용액에 가하여 형성된다. 활성 성분은 뜨거운 공기에 분무하거나 뜨거운 회전 드럼 혹은 사출과 같은 용액 건조과정 동안에 전분 매트릭스에 갇힌다.

활성 성분은 변형 전분 과립 혹은 건조 전분 구조에 흡착할 수 있다. 이 경우에 전분의 내부와 외부 표면적은 극대화되고 표면이 화학적으로 변형되어 최적 흡착을 한다.

향수 캡슐화는 아마 캡슐화 코팅제로 전분을 사용하는 것이 유력할 것이다. 이러한 캡슐은 때때로 무수물 제품에 사용한다. 전분은 피부 수분이 전분 코팅을 용해하여 캡슐을 활성화할 때까지 활성 성분을 보호한다. 탈취제와 항-발한제 중에서 향수는 전분과 maltodextrin에 의해 캡슐화되어 탈취 활성을 유지한다.(74)

소수성 치환기로 변형된 전분(상품명 : N-Lok®, Capsul®, Purity Gum® BE)을 사용하면 유화제와 건조제를 첨가할 필요가 없이 그리고 많은 휘발성 향수의 증발손실 없이 물에 향수를 유화하여 캡슐화할 수 있다. 겨드랑이 피부에 위생제품으로 사용할 때 이러한 캡슐은 땀에 향수를 방출하고 그 향수를 저절로 다시 캡슐화하여 오래 지속되는 효율을 갖는다.(75) 실리카와 같은 다공성 무기물 운반체 재료도 전분 필름으로 코팅하기 전에 향수흡수로 사용할 수 있다.

항-발한제와 탈취제 성분은 전분을 사용하여 그들 활성 성분을 캡슐화할 수 있다. 각 경우에 주요한 목적은 장기-지속성 효율의 달성이다. 알루미늄-바탕 항-발한제 활성 성분은 산-가수분해 전분 혹은 교차결합 전분으로 코팅한다. 그 전분은 처방전에서 향수와 같은 다른 성분으로부터 활성 성분을 보호하고 피부염증을 감소한다. 전분 캡슐화제는 겨드랑이 수분이 전분 코팅을 녹일 때 항-발한제 활성 성분 방출을 지연한다.

안정한 비-분리성/오일 성분은 전분과 지방질을 가열하여 만든다. 있는 그대로 혹은 건조 분말로 분리한 이러한 성분은 화장품과 화장품 처방에 유용하고 수용액 계에서 점성부여제와 현탁제 역할을 한다. 건조 분말을 물에 다시 분산하면 부드럽고 안정하게 분산된다.

서로 다른 두 가지 성분을 합치면 최적 성질을 가질 수 있다. 항-염증성 α-bisabolol과 같은 활성 성분은 lecithin-바탕 작은 주머니에 캡슐화한 다음 전분 매트릭스에 섞는다[INCI 이름 : bisbolol (and) maldodextrin (and) dextrin (and) lechitin (and) potassium cetyl phosphate ; 상품명 : Dragosantol® Starchosomes]. 이러한 입자들은 활성 성분이 피부 수분에 의해 방출될 수 있는 건조상태 화장품 성분에 유용하다.

몇 가지 전분은 화학적으로 혹은 물리적으로 변형하여 소수성 오일을 많이 흡착할 수 있다. 그 오일은 변형 전분 구조의 표면 혹은 내부에 흡착한 다음 소수성 활성 성분에 대한 운반체로 작용한다. 전분에 흡착할 수 있는 관심을 끄는 무수물 액체는 향수, 정유(essential oil), 유화제, 햇볕막이, 실리콘, 수렴제, 비타민이다.

타피오카 전분은 물리적으로 변형하여 특이한 전분 "구멍"을 형성한다(INCI 이름 : tapica starch ; 상품명 : Natrasorb® W 그리고 Natrasorb Bath). 이러한 전분 "구멍"은 입자 표면적을 효과적으로 증가하여 무수 액체를 다량 흡착할 수 있다. 전분은 흡수되는 과정 동안에 미리 젤화된다. 그 결과로 전분/오일 착물은 두 가지 모두 수분에 민감하다. 오일-흡착과 수분-민감 성질이 합쳐져 무수 활성 성분의 운반체로 유용하게 사용된다.

일단 그 착물이 수분 혹은 물과 접촉하면 쉽게 분산되고 운반된 성분을 쉽게 방출한다. Natrasorb W starch는 피부관리 제품에 더 좋다. 왜냐하면 입자들이 매우 작고(<10 μ) 좋은 느낌을 주기 때문이다. 그 전분은 파우더, 항-발한제, 탈취제, 색 화장품에 사용한다. Natrasorb Bath starch는 오일을 매우 진하게 운반할 수 있고 blooming bath powder와 같은 목욕 제품에 유용하다.

ASO 변형 전분 착물[INCI 이름 : aluminum starch octenylsuccinate (and) acrylates p[olymer (and) magnesium carbonate ; 상품명 : Natrasorb® HFB]은 앞에서 설명한 것처럼 무수물 액체의 자유로운 흐름 운반체로 작용한다. 이러한 소수성 변형 전분은 수분이 존재하여도 미학적으로 우수하고 한편 활성 성분 운반체로 작용한다. 예를 들어 향수는 파우더와 균일하게 배합되고 증발속도가 감소되므로 방출-지연 성질을 나타낸다. 결합제 혹은 햇볕막이 오일은 변형 전분에 흡착될 수 있고 분말 혹은 압축 파우더에 첨가되어 활성 성분이 전체 파우더에 더 쉽고 균일하게 분포한다.

TOPIC 자연에 기본적으로 존재하는 힘

자연에는 네 가지 기본 힘 혹은 상호인력이 존재한다. 그것은 중력(gravitational), 전자기힘(electromagnetic), 센 핵력(strong nuclear), 약한 핵력(weak nuclear)이다. 중력은 모든 물체들이 질량에 비례해서 작용하는 인력이다. 원자 사이에 혹은 원자구성 입자 사이에 중력은 대단히 작으므로 화학적 의미는 없다. 전자기힘은 전기적 전하 혹은 자석 사이에 작용하는 인력 혹은 반발력이다. 전기힘과 자기힘은 밀접한 관계에 있다. 수소원자를 제외한 모든 핵은 둘 이상 양성자를 갖는다. 양성자 사이에 센 인력이 함께 작용하지 않으면 전하반발 때문에 양성자들이 떨어져 있어야 한다. 양성자 사이에 이러한 힘을 센 핵력이라고 한다. 이 거리에서 센 핵력은 전기힘보다 세고 핵자들을 함께 붙잡는다. 약한 핵력은 전기힘보다 약하지만 중력보다 세다.

23 화장품에 사용하는 석유제품 유도체

석유는 화장품 화학의 여러 분야에 크게 기여하였다. 실제로 화장품 성분의 대부분은 석유제품이고 일부분은 석유제품에서 합성하였다. 여기에서 합성 재료는 설명하지 않겠다. 석유제품은 화학적 과정을 거쳐 얻은 다음 다른 제품으로 변환한다. 여기에서는 석유에서 천연 그대로, 즉 원료에서 변하지 않고 만든 화장품 성분을 설명한다.

석유는 복잡한 탄화수소 혼합물이고 파라핀, 나프텐(naphthene), 방향족 탄화수소, 황-, 질소-, 산소-화합물을 함유한다. 파라핀은 선형과 가지 달린 탄수화물이고 나프텐은 방향족 아닌 고리 화합물이다. 석유화학 제품에서 분리된 성분들은 불포화 분자를 처리하여 안정한 화합물로 만들고 산화와 화학적 반응에 대하여 비활성으로 만든다. 일단 정제과정이 완료되면 최종적으로 석유로부터 광유(mineral oil), 바셀린(petrolatum), 광물 왁스(mineral wax), 증류석유(탄화수소 용매)를 얻는다.

23.1 광유

23.1.1 광유의 일반적 설명

광유(mineral oil)는 white oil, white mineral oil, liquid paraffin, paraffin oil, paraffinum liquidum이라고도 부르고 이들은 현재 가장 보편적으로 사용하는 화장품 성분 중의 하나다. 광유는 대단히 정제된 파라핀계와 나프텐계 액체 탄화수소 혼합물이고 평균해서 C_{20}–C_{40} 탄소 화합물로 구성한다. 화장품에 사용하는 대표적 등급은 Light Mineral Oil NF 그리고 Mineral Oil USP이다. USP와 NF라고 표시하는 광유는 Readily Carbonizable Substances and Limit of Polynuclear Compounds를 포함하는 어떤 USP/NF 시험법으로 분석한 것을 의미한다. 이러한 시험법에 통과하면 그 오일이 U.S. Pharmacopeia 그리고 National Formulary의 순도 표준과 일치하는 것을 의미한다. USP/NF에 수록된 두 종류 광유 사이에 주요한 차이는 점성이다. Mineral Oil USP는 동적점성도(kinematic viscosity) 값이 40℃에서 적어도 34.5 cSt이고 Light Mineral Oil NF는 40℃에서 33.5 cSt 이상이어야 한다.

광유를 처음에 사용한 시기는 잘 알려져 있지 않지만 아마 1859년에 Titusville(PA)에서 석유를 발견한 다음일 것이다. 19세기 중반에 식용유와 동물 오일을 무수물 화장품 성분으로 사용하기 시작하였다. 이러한 오일은 불포화 성분의 산화 때문에 부패되고 부패에 의한 탈색과 냄새는 이러한 오일을 함유하는 완제품의 안정도에 문제를 발생하였다.

광유는 용액으로 이용하고 이 성분은 소비자들과 화장품 제조자들도 인정하는 성분이다. 몇 년이 지나도 부패 혹은 분해하거나 불안정하지 않는 오일은 모든 사람들에게 고마운 선물이다. 광유는 현재 대량으로 이용할 수 있는 안정한 화장품의 개발과 제조에 밑거름을 제공했다. 광유 그리고 바셀린(vaseline, petrolatum)은 화장품 산업에 혁명을 가져왔고 현대 화장품에 중대한 역할을 담당하였다.

아이러니하게도 화장품에 새로 발견된 광유의 사용에 대한 초기의 흥분은 감소하였고 초기에 축복(안정한 비-식용 오일)이라고 권유한 바로 그 특징은 화장품에 광유 사용을 반대하는 논쟁에 이용되고 있다. "천연" 화장품에 대하여 아우성치던 소비자들은 분명히 천연물이고 불순물 제거를 위한 간단히 정제된 비-합성 재료인데도 불구하고 광유 사용을 원하지 않는다. 백색 광유성분과 동일한 구조를 갖는 탄수화물은 천연적으로 여러 식물과 동물에 존재하는 것에도 유념해야 한다.

23.1.2 광유의 안정성

초기에 환영을 받은 광유의 장점에도 불구하고 광유 안정성은 초기에 사용하던 시대를 수십 년 지나면서 의심받기 시작하였다. 현재도 어떤 잘못된 인식 때문에 아직도 화장품 성분으로서 광유의 적합성에 대하여 논란이 계속된다. 이러한 관심은 처음에 1900년대 초중반에 직면하였고 몇몇 소비자들이 광유의 피부 반응 및 광유와 석유 유도체를 함유하는 화장품에 대한 관심에서 출발하였다. 그러나 이러한 피부 반응은 그 문제를 야기한 불순물을 제거하지 못한 불충분한 석유정제 때문이었다. 현재 정제과정은 불순물을 제거하여 어린이 피부와 입술-관리 제품에 문제없이 사용할 수 있는 "화장품 등급" 백색 광유를 생산한다.

1994년에 The Cosmetic, Toiletry, and Fragrance Association은 백색 광유의 국소적 사용에 관하여 인간에게 무해하다는 백서를 발표하였다.(76) 그 다음해에 방사성 동위원소-표지 탄화수소를 피부에 국소적으로 사용하는 결정적 보고서를 발표하였다.(77) 그 보고서에서 광유와 같은 탄화수소는 피부와 접촉할 때 인체의 순환기 계통에 무해하고 아세톤-손상 피부에 사용해도 무해하다고 발표했다.

23.1.3 광유에 의한 여드름 발생은 사실인가

여드름(comedo)은 광유에 의해 발생한다고 관심이 많다. 광유에 의한 여드름과 좌창(acne) 발생은 소문이 많다. 그러나 과학적 증거와 설명이 다르다. 몇 가지 연구에서 광유는 분명히 여드름과 무관하고(78) 좌창발생과 무관하다고 발표하였다.(79)

23.1.4 광유의 용도

광유를 화장품에 사용하는 이유는 네 가지 종류로 나눌 수 있다. 첫째 앞에서 설명한 것처럼 매우 안전한 재료다. 사용할 때 평탄하지 않은 역사 때문에 화장품 제조는 백색 오일에 관한 소비자의 안전 문제에 관심이 없었다. 둘째 광유는 화장품 성분으로서 매우 싸다. 몇 가지 성분(예를 들어 베이비오일, 햇볕막이 오일, 목욕오일)은 완성된 최종 제품으로 판매한다. 이러한 성분의 광유 가격은 합성제품처럼 싼 가격으로 현재 시장에 공급된다. 셋째 백색 광유의 품질은 수년간 일정하게 유지된다. 이것은 대부분 공장–바탕 오일 제품에 관한 주요한 관심사다. 그것에 더해서 지구의 기후 상태에도 불구하고 일반적으로 많이 이용한다. 어떤 식용 제품은 지역에 따라 성분과 품질이 다르다. 그러므로 원료는 관심을 가져야 하고 처방전에 문제들이 생길 수 있다. 그 밖에도 불리한 생육조건(홍수, 차갑고 건조한 기후)은 식물에서 얻는 성분의 용도에 영향을 준다. 식물–바탕 화장품 성분은 어떤 해에 쉽게 이용할 수 있고 비교적 싸지만 그렇지 못한 해도 있다. 넷째 광유 인기도는 피부에 사용할 때 가습과 유화제 성질에 달려있다. 보습제 효과는 실험실에서(실험실 기구를 사용하여 실험하려는 재료의 필름을 통하여 수분침투를 측정) 혹은 생체에서(피부를 통하여 수분손실을 어떻게 방지하는가를 인체를 임상학적으로 이용하여 측정) 측정한다. 실험실과 인체 실험에서 광유는 우수한 보습제라고 알려졌다. 보습제(moisturizer)는 피부에 수분을 첨가하는 것이 아니고 피부의 수분이 소실되는 것을 방지하는 성분의 능력이다. 이것은 광유의 흡장(occlusive) 성질이고 다른 성분들은 피부를 통한 수분손실(TEWL : transepidermal water loss)을 감소한다. 그래서 이러한 제품을 보습제라고 한다.

23.1.5 광유의 보습 능력

수분을 흡장하는 성분은 좋은 수분 장벽(barrier)이고 일반적으로 두껍고 무겁고 끈적거리는 재료다(예 : 바셀린과 라놀린). 그러나 광유는 피부에서 쉽게 분리되고 비교적 가볍다. 가끔 피부–관리 제품에 사용하는 다른 유제는 에스터와 실리콘을 포함한다. 이러한 제품들은 기름기를 감소하여 좋은 피부 감촉을 제공하는 장점이 있다. 실리콘은 특히 피부에 "건조" 촉감을 제공하는 좋은 재료다. 그래서 때때로 항–발한제와 탈취제에 사용한다. 피부–관리 성분의 수분 장벽을 측정하는 몇 가지 실험실 연구에서 광유는 이러한 다른 유제와 비교하여 측정한다.

생체 중에서 광유와 몇 가지 에스터의 수증기 투과성이 보고되어 있고 광유는 수증기 투과에 대한 최선 장벽을 나타냈다. 이 시험에서 광유를 통하여 침투한 수증기량은 0.30%이고 가장 좋은 에스터(octyldodecylstearate)는 그 필름을 0.78% 통과하였다. 광유와 isopropyl myristate 비율을 변화하면서 시험한 결과에 의하면 수증기 투과는 광유 증가와 isopropyl myristate 감소에 정비례하여 감소하였다.(80) 또 다른 연구에서 광유와 기타 11종류(caprylic/capric triglyceride, cetearyloctanoate, dibutyl adipate, dibutyl sebacate, isopropyl myristate, dimethicone, polyisobutene, squalane, petrolatum)에 대한 수증기 투과성질을 측정하였다.(81) 이 실험에서 수증기 투과율(g/h · m^2)이 적을수록 그 재료에 의해 제공되는 장벽은 증가하고 더 흡장되고 보습피부를 더 좋게 만들었다.(81)

광유보다 적은 수증기 투과도를 갖는 제품은 바셀린뿐이다. 연구원들은 광유와 squalane은 수증기 투과도를 서로 비교할 정도로 우수하고 바셀린을 제외한 다른 모든 유화제도 성능이 뛰어난 것을 발견했다. 실제로 광유의 수증기 투과는 대략 capric/caprylic triglyceride의 20%, isopropyl myristate의 5%, dibutyl adipate의 2%이고 광유의 우수한 흡장성질을 증명하였다.

23.1.6 피부에서 광유의 지속성

보습성분이 피부에 머무는 것은 물론 중요하다. 유제를 피부에 바른 다음 수분은 바로 증발하므로 나머지 성분은 보습을 제공하는 재료여야 한다. 이것은 대단히 복잡하지만 광유는 휘발성이 아니므로 피부에 분명히 남는다. 목욕용 오일성분을 사용할 때 식용유에 대한 광유의 피부-흡착 능력을 비교하였다. 피부에 머물지 않는 오일은 많이 보습되지 않으므로 이 연구는 실제로 목욕오일의 성능에 중요하다. 피부에 흡착된 오일은 목욕통에 담그기 전과 후에 목욕통 안의 양으로 측정하였다. 목욕에서 스며들기에 소비된 최적 시간은 20분이고 광유-바탕 목욕오일의 피부흡착은 식용 오일-바탕 목욕오일의 흡착보다 60% 더 많은 것을 알았다.(82)

23.1.7 과도한 광유 보습제 사용

화장품에서 광유의 처음 사용은 전통적 피부-관리 제품이었고 광유를 사용하는 입술-관리 제품의 개발에 따라 보습 효과의 이점을 발견했기 때문이다. 이러한 제품은 입술 방향성 오일, 립스틱, 입술 광택제 등을 포함한다. 백색 광유는 특히 화학적 처리 다음에 부서지고 건조되는 인종의 모발(ethnic hair)에 보습 성분으로 사용하고 또한 어떤 예에서는 머리모양을 쉽게 바꿀 때 사용할 수도 있다. 인종 문제 이외에 오일-바탕 모발-관리 제품(컨디셔너)은 매우 드물다. 광유를 사용하는 몇 가지 무수물 제품을 이용할 수 있지만 이러한 제품 사용은 지난 50년간에 걸쳐 감소하고 있다. 그럼에도 불구하고 화장품 화학자들은 모든 모발 모양을 유지관리하는 유제 모발크림을 개발하였다. 그들이 유제를 만든 이후에 이러한 제품들은 끈적거리지 않는 광유를 쉽게 사용할 수 있게 되었다.

일반적 피부-관리 제품(무수물 제품과 유화제품), 입술-관리, 모발-관리 제품 이외에,

광유는 실제로 현재 시장의 모든 화장품 종류에 사용한다. 이들은 색 화장품(아이라이너, 마스카라, 아이섀도, 메이크업 기능성 화장품 등), 햇볕-관리 제품, 면도용 제품(면도용 크림과 면도 후 크림), 항-발한제, 탈취제에 포함된다. 광유의 이점(낮은 가격, 큰 안정성, 많은 이용도, 우수한 보습성)을 고려하면 이 재료를 대단히 많은 화장품에 주요한 성분으로 사용하는 것이 놀라운 것은 아니다.

23.2 바셀린

23.2.1 바셀린의 일반적 설명

광유와 마찬가지로 바셀린(vaseline) 출발은 1859년 Drake의 유정 발견으로 거슬러 올라간다. 그러나 바셀린은 1872년 제조 특허를 받을 때까지 유용한 화장품 성분으로 인정되지 못하였다. 광유를 소개하기 이전에 동물지방과 식용유는 주요한 유제로 사용하였다. 마찬가지로 동물지방(예를 들어 돼지기름)은 바셀린을 쉽게 이용하기 전에 반-고체 연고제로 일반적으로 사용하였다. 바셀린의 주요한 이점은 산화와 부패에 대한 안정성이다. 이러한 이점은 거의 130년이 지난 후에도 아직 유지되고 있다.

바셀린은 vaseline, petrolatum, petroleum jelly, mineral jelly, paraffin jelly를 포함해서 여러 이름으로 알려져 있다. 바셀린은 연고-비슷한 반-고체 물질이고 탄화수소 오일과 왁스의 복잡한 혼합물이고 평균적으로 C_{30}-C_{70} 탄소 화합물로 구성한다. 그러나 왁스와 오일을 바셀린에 추가하면 이러한 탄소 수는 변할 수도 있다. 바셀린은 석유정제 과정의 중질 왁스 부분에서 얻고 적절한 정제과정을 거쳐 화장품에 이용한다.

천연 바셀린 성질은 완전히 모방할 수 없지만 광유, 파라핀 왁스, 파라핀 미소결정 혼합물들이 바셀린 대용물로 개발되었다. 합성 광유 대용물(수소화 polyisobutene과 수소화 polydecene 같은)은 만들었지만 바셀린 100% 합성 대용물은 아직 만들지 못하였다. "White Petrolatum USP" 혹은 "Petrolatum USP"라는 재료는 U.S. Pharmacopoea 필요조건과 일치해야 한다. 이들은 비중, 녹는점, 무모순성(consistency), 강열찌기(residue on ignition), 색에 대한 시험에 의하여 측정한 기준과 일치해야 한다. white petrolatum USP는 강열찌기와 색이 더 엄격한 필요조건이지만 다른 필요조건도 Petrolatum USP와 일치해야 한다. USP 필요조건과 일치하는 바셀린에 대하여 녹는점 범위는 관대하다. 이것은 바셀린 제조회사들이 여러 응용 방면에서 작업하는 USP 바셀린을 제공할 수 있게 한다. 즉 입술크림 혹은 립스틱처럼 견고한 제품은 더 견고한 바셀린이 필요하다. 물론 처방전 연구원들은 그러한 재료를 화장품에 어떻게 배합하는 것만이 한계일 뿐이다.

23.2.2 바셀린의 안정성과 여드름 발생

바셀린은 120년에 걸쳐 인간 피부에 사용했기 때문에 국소적 성분으로서 안정도는 의심할 것이 없다. 바셀린은 1872년 초에 우수한 화상 치료용으로도 사용하였다. 그러나 바셀린은 피부에 오래 사용함에도 불구하고 여드름 발생 잠재성은 바셀린의 물리적 특성과 감촉 때문에 도전을 받아왔다.

어떤 소비자들과 처방 연구원들은 여드름과 붉은 좌창을 의심하여 피부에 바셀린을 사용하지 않아야 한다고 믿지만 이것은 사실이 아니다. 국소용으로 사용하는 재료의 여드름 발생 잠재력을 측정하는 시험방법에 관한 American Academy of Dermatology 회의에서 참석자들은 소비자 제품에 수록된 성분들은 여드름 발생 잠재력을 갖는다고 정확하게 예단하지 못한다고 결론지었다. 처방된 화장품의 전체 성분 농도는 여드름 혹은 좌창 발생에 적절한 시험재료보다 일반적으로 더 적으므로 이러한 설명은 예상되는 것이 아니다. 참석자들도 어떤 제품의 기름기와 점성이 여드름을 어떻게 발생시키는가의 측정에 사용할 수 없다는 것을 지적했다.(79)

토끼의 귀를 이용한 실험은 화장품 성분의 여드름 발생 잠재력을 부정하는 효과적 결과를 제시했다. 이 실험방법을 이용하여 바셀린을 분석하고 여드름 발생물질이 아니라고 결론지었다.(78) 다른 실험에도 동일한 결과를 발표했다.(83) 그러므로 현재 화장품에 여드름 발생과 바셀린 사용에 관한 의심은 잘못된 정보와 부정확한 지식에서 발생된 것이다. 화장품 등급 바셀린은 분명히 여드름 발생 성분이 아니다.(84)

바셀린은 한 세기 이상에 걸쳐 화장품 성분으로 사용했으므로 거의 모든 화장품에 한 성분으로 포함된다. 이러한 제품의 몇 가지 예는 입술크림, 립스틱, 보습 피부 크림과 로션, 국소용 연고, 모발 포마드, 이완제, 마무리 화장, 컨디셔너, 클렌징크림, 색 화장품, 면도용 화장품, 햇볕막이 제품, 겨드랑이 제품 등이다. 왜 바셀린은 대단히 넓게 이용되는가? 바셀린은 광유처럼 네 가지 이점을 갖는다. 첫째 우수한 안정성, 둘째 싼 가격, 셋째 일관성과 가용성 제품, 넷째 보습성이다.

바셀린을 화장품에 사용하는 여부를 결정할 때 가격과 기능성이 가장 중요한 문제일 것이다. 바셀린은 분명히 값싼 제품이고 대부분의 경우 "있는 그대로" 가공하지 않고 판매하거나 안정제(비타민 E와 같은 성분에)를 첨가한다. 바셀린은 실험실 연구와 인간 임상실험을 통하여 우수한 점착성을 갖는 것으로 널리 알려졌다. TEWL(transepidermal water loss)에 대한 효과가 없으면 점착성이 감소한다.(85) 그러므로 점착성이 큰 재료는 피부 보습효율이 대단히 크다. 바셀린은 앞에서 설명한 것처럼 바셀린, 광유, 그리고 몇 가지 다른 유화제를 포함하는 *in vitro*에서 수증기 손실방지에 최선 재료라고 입증되었다.(81) 광유는 우수한 점착제이므로 바셀린을 통한 투과 수분은 광유의 1/5이고 기타 유화제보다 더 적다. 6종류 유화제는 *in vivo*에서 바셀린에 의한 TEWL이 다른 재료의 절반이고 이것은 바셀린의 우수한 보습성질을 다시 입증한다. 또 다른 연구에서 바셀린을 건강한 피부에 사용할 때 TEWL이 80% 감소하였다.(86)

화장품 성분으로서 바셀린의 중요성은 피부에서 주위로 수증기 운반을 방지하는 것에 있지만 이러한 장벽(barrier) 성질은 보습제로서 바셀린의 유용성을 제시한 다른 시각으로부터 알 수 있다. 바셀린이 외부 환경 피부 중에 물-바탕 재료가 피부에 들어오는 것을 방지한다면 그러한 결과는 바셀린의 수용자 장벽 성질을 증명하는 것이다. 어떤 수용성 자극제에 대한 우수한 장벽 성질은 보고되었다. 바셀린을 30~100% 농도로 사용할 때 피부보호제로서 바셀린을 인정한다면 이러한 성분의 장벽 성질도 화장품 산업에서 분명하게 이해할 수 있다. 이러한 피부보호는 바셀린을 모발-이완제(relaxer) 제품에서 왜 선호하는가의 좋은 이유다. 모발-이완제 중에 진한 pH 성분에 의해 발생된 자극성 감소용으로 바셀린은 두피에 대하여 좋은 장벽이다. 바셀린은 우수한 모양 형성 제품이고 포마드의 주요한 성분이다. 가끔 주위의 차갑고 건조한 상태에서 피부를 보호할 때 특히 입술크림은 입술이 부르트고 건조하는 것을 방지하는 중요한 기능을 수행하므로 여러 입술크림은 적어도 30% 정도 바셀린을 함유한다. 이러한 보호역할은 흡장을 통하여 입술의 보습역할도 한다. 그러나 피부에 대한 바셀린의 적극적 영향은 간단한 점착과 보습보다 복잡하다. 실제로 각질층에서 보습능력과 손상에 의한 보수능력도 갖는 것으로 보고되었다.

23.3 왁스

일반적으로 화장품용 광물 왁스(mineral wax)는 파라핀 왁스(paraffin wax), 미소결정 왁스(microcrystalline wax), ozokerite wax, ceresin wax라는 네 가지로 분리할 수 있다. 현재 이러한 제품은 전형적으로 원유정제 중에 여러 탈-왁스 공정에서 얻는다. 화장품에 사용하는 다른 석유 유도체처럼 이러한 왁스는 대규모로 정제하여 피부-, 입술-, 모발-화장품에 안전하게 사용한다.

파라핀 왁스

파라핀 왁스는 고체 결정성 탄화수소를 고도로 정제한 혼합물이고 대부분이 직선-사슬 알칸으로 구성되며 오일을 매우 소량 함유하고 넓은 범위의 녹는점을 갖고 매우 부서지기 쉽다. 화장품에 사용하는 파라핀 왁스는 일반적으로 50~60℃ 사이에서 녹지만 40℃ 이하와 80℃ 이상 제품도 얻을 수 있다. 파라핀 왁스 중에서 *n*-alkane계는 40~90% 범위이고 이러한 성분들은 왁스의 약 65%를 차지하고 나머지는 C_{18}-C_{36}

iso-alkane과 cycloalkane들이다. 녹는점이 더 높은 파라핀 왁스는 일반적으로 더 많은 탄소수를 갖는 *n*-alkane을 함유한다.

미소결정 왁스

미소결정 왁스는 정제된 곁가지-사슬 탄화수소 혼합물로 구성하고 일반적으로 파라핀 왁스보다 녹는점이 높다. 미소결정 왁스 중에 대부분 탄화수소는 곁가지-사슬을 가지므로 분자들은 결정모양에서 쉽게 정렬할 수 없다. 미소결정 왁스는 광유에 대한 친화성이 파라핀 왁스보다 크고 천연적으로 1～4% 광유를 함유한다. 이러한 광유는 조밀하게 결합되고 미소결정 왁스 표면으로 이동하지 않고 이러한 광유 친화성과 결정화 감소 때문에 미소결정 왁스는 가끔 파라핀 왁스에 첨가하여 그들의 성질을 개선한다. 미소결정 왁스는 60～100℃ 녹는점을 갖는다.

Ozokerite wax

Ozokerite wax는 본래 USSR과 동부 유럽에서 채광하였고 약간 파라핀 왁스 비슷한 성질이지만 결정화되지 않고 비결정성이다. 현재 본래 채광된 ozokerite wax는 석유-유도체 파라핀 왁스와 미소결정 왁스 혼합물로 대치되었다. 이 제품은 일반적으로 녹는점이 60～95℃ 범위이고 좋은 오일 특성을 갖는다.

Ceresin wax

Ceresin wax(ceresine이라고도 부른다)는 본래 천연 ozokerite wax를 정제하고 표백한 것이고 현재 ozokerite wax를 정제하여 얻지만 소량 paraffin wax를 함유한다. 가끔 ceresin wax는 석유 왁스 혼합물로 만든다. 녹는점은 50～75℃ 범위이고 비결정성이고 때때로 ozokerite wax 대신에 사용한다. ceresin wax는 여러 왁스-혼합 비율로 이용할 수 있기 때문에 여러 성질의 제품에 이용한다.

안전성과 용도

광물 왁스는 현재 화장품에 사용하는 가장 해롭지 않은 재료 중의 몇 가지에 속하고 분자량이 커서 피부침투를 방해받고 입술 제품에 안전하게 사용할 정도로 정제된다. 석유-바탕 제품이므로 정제과정은 광유를 포함할 수도 있고 바셀린도 이러한 왁스에 사용할 수 있다. 몇 가지 석유 왁스는 식품에 직접 사용할 수 있을 정도로 순도는 매우 좋다(예를 들어 식품과 과일의 제관공정, 치즈 코팅).

화장품에서 광물 왁스의 주요한 용도는 립스틱과 입술크림 같은 입술-관리 제품이다. 파라핀 왁스는 냉각 중에 수축률이 식품-바탕 왁스보다 적으므로 식품-바탕 제품에 유용하다. 립스틱에 파라핀 왁스를 소량 함유하면 광택성을 개선한다. 그러나 립스틱에 일반적으로 사용하는 피마자기름과 공존하기 어렵고 부서지기 쉬워서 그 사용에 제한 받는다. 모든 바셀린-유도체 왁스는 피마자기름과 공존가능하고 그래서 립스틱 제조에 사용한다. 입술크림은 가끔 바셀린에 바탕을 두므로 그러한 제한은 립스틱 제품에 광물 왁스의 사용을 방해하지 않는다. 미소결정 왁스는 오일 흡착성이 크므로 입술크림에 유용하고 특히 립스틱은 수분을 방지한다. Ozokerite wax는 녹는점이 높아서 뜨거운 기후에서 사용하는 입술제품의 연화 방지에 유용하다. 광물 왁스는 여러 화장품 성분에 함께 사용할 수 있으므로 입술-관리 제품 이외에도 마스카라, 눈썹 연필, 파운데이션 메이크업, 색 화장품, 일반 피부관리(보습제, 콜드크림 등), 햇볕막이 제품, 항-발한제, 탈취제, 얼굴 마스크, 목욕비누, 클렌징 제품 등에 이용한다.

23.4 석유증류 제품

석유증류 제품은 광물유보다 휘발성 석유-유도체 탄화수소 오일의 한 종류다. 이러한 재료들은 고급 중질유보다 용매능력이 큰 특성을 가지므로 탄화수소 용매라고도 알려졌다. 이 증류범위 제품은 끓는점이 낮아서 정유(essential oil) 추출, 세제 제품, 물을 사용하지 않는 손-세제 등에 사용한다. 어떤 석유증류 제품은 경질 석유 파라핀(light liquid paraffin) 혹은 isoparaffin, mineral spirits라고도 부른다. 이들의 순도와 공정은 백색 광유와 비슷하지만 더 작은 분자량 제품으로 구성한다. 광유와 석유증류 제품 사이에 분명한 경계는 없지만 일반적으로 석유증류 제품은 결질 광유보다 가볍고 더 휘발성 석유 증류부분에 속한다.

안전성과 용도

분명히 광유보다 낮은 끓는점의 모든 재료들이 화장품에 적당한 것은 아니다. 화장품 성분의 인화점은 석유증류 제품을 포함하는 최종제품에 중요한 문제다. 경질 탄화수소 화장품을 사용하는 소비자와 관련이 있는 중요한 문제는 피부 자극성이다. 일반적으로 매우 가벼운 탄화수소는 더 큰 분자량과 더 큰 점성을 갖는 탄화수소를 피부에서 탈지한다. Light Mineral Oil NF는 베이비오일로 사용하기에 안전하지만 가공하지 않은 형태의 경질 용매는 피부-관리 제품으로 적당하지 않다. 그러나 석유증류 제품은 가끔 1차 클렌징제로서 물-없는 핸드 클리너에 혼합하여 적은 농도로 사용한다. 용매 증발이 중요한 인자로 작용하는 경우, 이러한 성분들은 중요하게 취급한다. 석유증류 제품의 자극성 잠재력은 용도에서 중요하게 취급한다.

화장품에서 석유증류 제품의 가장 보편적 용도는 마스카라다. 최종제품에서는 용매를 감소하여 눈썹에 마스카라를 사용하기 쉽게 제품점성을 변화시킨다. 마스카라 처방을 적절하게 조절하여 사용하는 수명, 얼룩방지, 방수 등을 증진할 수 있다. 석유증류 제품도 물-없는 핸드 클리너에 이용하지만 화장품이라고 취급하는 여부는 판단에 따라 다를 것으로 믿는다. 물-없는 핸드 클리너는 유화제로 취급하고 손을 깨끗하게 탈지 용매로 작용하는 석유증류 제품을 비교적 많이 섞어 처방한다. 다른 연화제도 정상적으로 섞어 피부건조를 방지하고 보습 "뒷맛"을 증진한다. 유화제는 o/w 혹은 w/o로 처방할 수 있다. 마지막으로 석유증류 제품은 손톱제품의 묽힘제 혹은 증량제로 사용할 수 있지만 니트로셀룰로오스 같은 극성물질에 대한 용해도 부족 때문에 사용에 제한을 받는다.

24 인산염

인을 공기중에서 연소하면 5산화인(P_2O_5)으로 산화되고 이 산화물이 최소 한 물 분자를 흡수하면 methaphosphoric acid(HPO_3), 가장 많이 물을 흡수하면 orthophosphoric acid(H_3PO_4)로 된다. 인산은 물에 잘 녹이려고 알칼리금속과 염을 만들어 사용한다. 인산염은 Na_2O(양이온성 산화물)와 P_2O_5(음이온성 산화물)의 비로 분류한다. Na_2O/P_2O_5 비율이 1이면 methaphosphate, 2이면 pyrophosphate, 3이면 orthphosphate라고 한다.

모든 인산 수용액은 가수분해하여 안정한 오르토인산을 생성하고 가수분해 속도와 그 정도는 인산과 조건에 따라 결정된다. 유리질 인산($(NaPO_3)n$)이 가장 빠르게, 삼인산염이 그 다음, 파이로인산염이 가장 느리게 가수분해된다. 가수분해는 산보다 알칼리 용액에서 더 느리고, 매질의 산도가 증가하면 그리고 높은 온도일수록 빠르다. 유기물 아민, 암모늄, 포타슘, 리튬은 변화를 억제하는 경향이 있다.

화장품으로 주요한 용도는 비누와 비슷한 제품에서 보조제, 착화제, 해교제(deflocculating agent), 분산제, 풀림제로 사용한다. 더 가용성 인산염은 비누, 샴푸, 치약, 중화제, 방울목욕, 메이크업 서스펜션에 사용한다. 불용성 메타인산은 치약에서 연마제로 사용한다. 인산-붕산 복염($Na_3PO_4 \cdot NaBO_2 \cdot 18H_2O$)은 세제 보조제와 헤어린스에 사용한다. 활성 산소를 9% 함유하는 sodium pyrophosphate peroxide($Na_4P_2O_7 \cdot 2H_2O$)는 세제, 치아 클리너, 치약에 사용한다.

TOPIC 커피믹스

커피믹스(조제커피)는 커피를 쉽게 마시려고 커피와 여러 성분을 함께 섞은 혼합물이다. 한 봉지 커피믹스는 대략 12 g이고 그중에 성분들은 커피(1.6 g, 13%), 설탕(6 g, 50%), 카제인(37%)을 함유한다. 나머지 37%는 프림 성분과 포도당 등이다. Food Chemistry 책에 의하면 프림은 식물경화유 30%, 인산염(K_2HPO_4) 0.6%, 소듐카제인 12%으로 구성되어 있다. 커피믹스 한 봉지에 함유된 카제인은 대략 식물경화유 1.6 g, 인산염 0.026 g, 소듐카제인 0.5 g이다. 이러한 인산염에 대하여 한국식품영양학회에 의하여 제시된 하루 최대 섭취량은 권장량의 5배, 즉 3,500 mg이고 영국 존 엠슬리가 지은 Nature's Building Blocks에 의하면 권장량이 800 mg이고 최대섭취량은 1,000~2,000 mg이다. 식물경화유는 불포화지방 식물유에 수소를 첨가하여 포화지방으로 만든 성분이다. 하루에 조제커피를 한 잔 마신다면 애교로 봐줄 수도 있지만 2, 3, 4…∞로 마시는 것은 살이 찌는 첩경이고 시들시들 앓다가 밥숟가락을 놓아버리는 가장 빠른 방법이다. 조제커피에 함유된 카페인, 경화유, 소듐, 설탕, 인산 등등은 결코 건강에 좋지 않은 화합물이다. 어떤 커피믹스는 인산에 의하여 신체로부터 칼슘이 빠져나가는 것을 방지하려고 천연물질로 대체하였다고 선전한다. 커피만 맹물에 녹여 마시는 그 맛은 아는 사람만 누리는 또 다른 맛이다.

25 화장품에 사용하는 고분자

화장품 산업에서 가장 다양하게 사용하는 재료는 고분자이고 여러 목적으로 처방에 사용한다. 일반적으로 적은 농도로 사용하지만 점성부여제, 제품보존제, 피부 혹은 모발 컨디셔닝에 사용한다. 화장품 화학자들은 이용가능한 고분자 범위를 알아야 하고 처방 전에 첨가하는 고분자의 특수한 기능을 이해해야 한다. 화장품 개발은 이 분야를 특히 활발하게 연구할 가치가 있다.

25.1 기본 고분자화학

고분자는 작은 단위체(monomer)로 구성된 거대분자다. 거대분자는 일반적으로 원자단이 결합할 수 있는 긴 사슬의 뼈대(backbone)로 구성한다. 동종중합체(homopolymer) 분자는 한 종류 단위체만 뼈대에 결합한다. 공중합체(copolymer) 뼈대는 선형 혹은 곁-가지 달린 형태다. 곁-가지 달린 중합체는 일반적으로 선형 고분자보다 밀도가 더 적고 선형 고분자는 화장품 처방에 가장 자주 사용한다. 고분자는 천연고분자와 합성고분자 화합물로 나눈다.

천연고분자

천연고분자는 생체기관에서 생성된 케라틴 단백질, 셀룰로오스 다당류, 기능성 [DNA(유전), 효소(대사), 멜라닌(색소)] 역할을 담당한다. 천연고분자 중에서 셀룰로오스 전분, chitin, xanthan gum, guar gum은 화장품에 가장 자주 사용하는 중합체다. 천연단백질은 젤라틴, 콜라젠, 대두, 실크, 밀크에서 얻고 화학적으로 변형하여 화장품에 사용한다.

화장품에 사용하는 천연 혹은 변형된 천연고분자는 첫째 셀룰로오스 유도체(steardimonium을 포함한 셀룰로오스 유도체 화합물), 둘째 단백질과 그 유도체, 셋째 천연 및 변형 검(arabic gum, guar, xanthan을 포함하는 검 종류), 넷째 전분과 그 유도체(dextrin, maldodextrin, pectin, corn starch 를 포함하는 전분), 다섯째 기타 천연 및 천연고분자(chitosan, chondroitin, hyaluronate, melanin, polyquaternium, bentonite, silk powder 등)들이 있다.

합성고분자

합성고분자는 acrylic acid, vinyl pyrrolidone, ethylene oxide, propylene oxide 같은 단위체를 단계 혹은 사슬 반응을 통하여 합성한다. 단계반응(혹은 축합반응)은 반응말단 원자단이 단위체다. 예를 들면 diol 분자와 diacid 분자들이 반응하는 폴리에스터 반응에서 에스터 결합으로 연결된 두 분자는 한쪽에 반응 산과 다른 쪽에 알코올을 갖는다. 이러한 원자단은 추가 단계에서 다른 원자단과 결합할 수 있다. 사슬반응은 첨가반응이라고도 부르고 단위체는 이중결합을 갖는다. 이러한 종류 반응에서 자유 라디칼은 그 계에 도입되어 한 단위체의 이중결합과 더 긴 자유 라디칼을 생성한다. 이러한 더 긴 자유 라디칼은 그 다음에 다른 단위체의 이중결합과 반응하여 더 긴 분자사슬을 생성한다. 사슬반응으로 생성된 고분자는 일반적으로 단계반응으로 생성된 고분자보다 큰 분자량을 갖는다.

화장품에 이용하는 탄소-바탕 합성고분자는 acrylate, acrylate/acrylamide, aluminum or ammonium strach, AMP-acrylate, carbomers, ethylene/acrylate or vinyl acetate, PEG, poloxamer, PVM/MA, PVP, VA 등이 있다.

화장품 산업에 사용하는 모든 천연고분자와 대부분 합성고분자는 고전 유기화학에 바탕을 두고 그 고분자 뼈대는 공유결합 탄소원자로 구성한다. 설탕이 다당류 뼈대를 구성할 때 산소원자도 뼈대에 존재할 수 있다. 비교적 새로운 실리콘 고분자 화합물이 탄소-탄소 화합물과 함께 사용되기 시작하였다. 실리콘 화합물은 뼈대를 규소-산소

반복단위로 구성한다. 수십 종류 실리콘 화합물이 화장품에 사용되고 있다.

곁-원자단

대부분 고분자 기본구조의 화학성분은 비슷하므로 서로 다른 고분자들이 갖는 특이한 성질은 곁-원자단(side group) 혹은 매달린-원자단(pendant group)의 활동에서 생기는 차이로 나타난다. 곁-원자단의 존재는 분자량, 고분자 구조, 점성, 용해도, 전이온도, 점성증진, 필름형성과 같은 물리적 성질에 영향을 준다. 가장 간단한 곁-원자단은 한 수소원자이고, 메틸 원자단과 하이드록시 원자단도 바탕 고분자에 일반적 변수로 작용한다.

구조

분자의 화학성분에 영향을 주는 고분자 구조는 물리적 특성에 영향을 준다. 선형 고분자는 서로 이웃에 조밀하게 자리를 잡기 때문에 규칙적 구조는 상호작용하여 점성과 전이온도에 영향을 준다. 대부분 고분자 용액은 고체와 비슷한 혹은 결정과 비슷한 거동을 나타낸다. 선형으로 정렬되지 않는 고분자는 비결정성이라고 한다. 화장품 산업에 사용하는 대부분의 고분자는 비결정성이다. 실제로 점성-조절과 유제-안정 고분자는 길고 굽은 수소-결합이 엉켜 형성된 물리적 장벽에 의해 영향을 받는다.

고분자 분자량은 고분자 용도에 크게 영향을 준다. 일반적으로 고분자 분자량은 점성과 직접 관련이 있고 분자량이 클수록 점성이 크다. 점성이 큰 고분자는 화장품 처방에 사용하기 어렵다. 천연고분자는 단순분산성(mondisperse : 고분자 재료는 균일한 분자량을 갖는다)이고 합성고분자는 대부분 다분산성(polydisperse : 고분자 재료는 분자량이 균일하지 않다)이다. 고분자 종류와 생성반응 시간에 따라 특정한 성분의 분자량분포는 좁거나 넓을 수 있다.

고분자 용해도는 이용성에 영향을 준다. 예를 들어 수용성 고분자는 샴푸와 같은 맑은 용액에 쉽게 녹일 수 있지만 물에 녹지 않으면 맑은 용액의 조제에 문제가 발생한다. 예를 들어 향수와 같은 오일-용해성 재료를 수용액 처방에 사용할 때 polysorbate를 유화제로 사용한다. 향수 오일을 먼저 polysorbate와 섞은 다음 수용액 처방에 가한다.

비-고분자 재료처럼 고분자는 물리적 상태, 즉 고체에서 액체로 그리고 액체에서 기체로 혹은 그와 반대로 변하는 전이온도를 갖는다. 그러나 비결정성 고분자는 유리전이온도(glass transition temperature, T_g)라고 알려진 또 다른 전이온도를 갖는다. 유리전이온도는 주위 온도가 증가 혹은 감소할 때 에너지를 흡수 혹은 방출하는 온도다. 물리적 의미에서 고분자는 다소 유리와 비슷하다. 이러한 성질은 특히 모양-형성에 사용하는 고분자에 중요하다.

25.2 모발 모양을 만드는 고분자

고분자는 컨디셔닝, 습윤, 점성증진, 부패방지, 불투명, 거품 안정 등등 수많은 이유 때문에 화장품 처방에 사용한다. 가장 광범위하게 사용하는 제품은 헤어스프레이, 젤, 무스와 같이 모양을 만드는 제품이다. 이러한 제품은 고분자를 사용하여 하루 종일 그 모양을 충분히 굳은 상태로 유지하게 만든다. 전형적으로 모양-형성 고분자를 수지(resin)라고 한다. 처음에 천연 수지를 모양-형성 재료로 사용하였다.

고분자는 건조할 때 필름을 형성하는 경향성 때문에 모발-모양 유지에 중요하다. 모양-형성 제품을 모발에 사용하면 각 머리카락은 고분자로 코팅된다. 건조할 때 그 고분자는 눈에 보이지 않는 필름과 결합을 형성하여 접촉점에서 함께 본래 상태를 유지한다.

좋은 모발 모양-형성용 수지는 양이온과 음이온 특성을 가져야 한다. 첫째, 모발에 필름을 만들고 그 필름은 쉽게 씻겨나가야 한다. 둘째, 모발이 유연성을 유지하여 파손되지 않고 움직일 수 있어야 한다. 셋째, 투명해서 모발의 천연 광택을 감소하지 않아야 한다. 넷째, 빗질할 때 부풀지 않고 대기로부터 수분을 흡수하지 않고 끈끈해야 한다. 모양-형성 수지는 중합체 기능으로서 중요한 두 가지 성질을 가져야 한다. 첫째, 일반적으로 분자량이 클수록 점성이 크고 그것은 헤어스프레이의 분무 패턴에 부정적 영향을 준다. 둘째, 고분자가 만드는 필름은 고체이므로 유리전이온도도 고분자 물질이 모발의 거동에 영향을 준다. T_g 이상에서 형성된 필름은 더 가소성이다. 이 온도 이하에서 굳어서 더 부서지기 쉽다. 그러므로 T_g는 모양-형성 고분자를 선택할 때 중요하다.

초기 모발 모양-형성 제품

초기에 헤어스프레이는 곤충에서 추출하여 만든 수지성질을 갖는 Shellac이라는 재료를 사용했다. 불행스럽게도 이 재료는 모발에서 물에 녹지 않는 필름을 형성하여 모발에서 씻어내기 어려웠다. 모발 모양-형성 제품에 합성고분자를 사용하면서 이러한 문제를 해결했다. 초기에 1-vinyl-2-pyrrolidone을 중합반응하여 만든 polyvinylpyrrolidone (PVP)을 사용했다. PVP는 수용성 재료이고 투명한 가소성 필름을 만든다. 이것으로 Shellac을 대치하였지만 특히 흡습성 때문에 건조한 날씨에만 사용했나.

현대의 모발 모양-형성 제품

현재 여러 가지 공중합체 수지를 사용한다. 첫째 polyvinylpyrrodone vinyl acetate (PVP-VA) 공중합체는 투명한 필름과 우수한 모발 모양-유지 능력이 있다. vinyl acetate와 결합한 PVP 고분자는 대기 중 습기에 견딜 수 있지만 샴푸로 모발에서 씻어내기 어려워서 PVP/VA 비율을 최적 배합비로 섞어 물에 잘 씻기는 PVP/VA를 만들었다. 둘째 vinyl acetate/crotonic acid 공중합체와 같은 카복시산 수지는 자유 카복시 원자단의 중화 농도를 조절하여 수지의 경도, 용해도, 보습성을 조작하고 처방하여 우수한 가소성을 유지한다. 고분자 효과를 변형하려고 다른 재료도 제품 처방에 첨가한다. 예를 들어 isopropylmyristate 같은 가소제를 첨가하면 더 가소성으로 되고 덜 부서지는 모양-형성 필름을 만든다. 중화제로서 aminomethyl propanol(AMP)은 필름 경도와 용해도 조절에 사용한다.

휘발성 유기 화합물

휘발성 유기 화합물(volatile organic compound : VOC)에 대한 미국정부의 규제는 새로운 모발 모양-형성 고분자 개발에 중요한 결과를 가져왔다. 이러한 연구의 한 결과는 용매로 물을 사용하는 처방이고 이것은 고분자 제조와 화장품 처방에 중요한 도전을 가져왔다.

25.3 컨디셔닝 고분자

컨디셔닝 고분자는 샴푸와 컨디셔너에 매끄럽고 엉키지 않는 반-정전기적 성질을 부여한다. 컨디셔닝 고분자도 바디 화장품과 살결 화장품에 첨가한다. 처방 연구원들은 피부 크림에 보습성(moisurization)과 흡습성(humectancy)을 고려한다. 전형적으로 컨디셔닝 고분자는 양이온성 고분자, 단백질, 혹은 실리콘이다.

양이온성 고분자

양이온성 고분자는 샴푸에 널리 사용하고 더 적지만 컨디셔너에 사용하여 컨디셔닝을 좋게 만든다. 일반적으로 이들은 고분자 구조에 양전하 자리를 갖는 선형 사슬 고분자다. 양이온성 계면활성제처럼 양이온성 고분자는 고분자의 양전하 자리와 모발의 음전하 자리 사이에 정전기적 상호작용 때문에 모발과 피부에 많이 존재한다. 그러나 계면활성제와 다르게 여러 양이온성 고분자는 음이온성 계면활성제와 공존할 수 있고 모발과 피부에 필름을 형성할 수 있다. 이러한 필름은 머리카락과 피부의 윤활성에 기여한다.

정전기적 상호작용은 분명히 양이온성 고분자의 실체에 영향을 주지만 다른 인자도 고려해야 한다. 샴푸 처방에서 양이온성 고분자는 주로 묽힘/흡착 메커니즘에 의존한다. 본질적으로 샴푸를 양이온성 고분자와 함께 모발에 사용하면 묽혀져서 음이온성 계면활성제 농도는 임계 미셀 농도(cmc) 이하로 감소하고 그 다음에 고분자는 침전되고 모발에 석출된다. 샴푸로 씻을 때 일부분 고분자는 물에 불용성이고 정전기적 인력 때문에 모발에 남는다. 그러한 고분자에 대하여 샴푸를 처방할 때 음이온성 계면활성제를 사용하는 것은 모순되지 않는다. 샴푸를 모발에 이용할 때 샴푸는 묽혀지고 고분자와 계면활성제 사이에 결합이 방해된다. 계면활성제 농도가 cmc 이하로 감소할 때 고분자는 더 이상 양립할 수 없고 모발에 석출된다.

샴푸한 다음에 모발에 남는 여러 양이온성 고분자량은 고분자 분자량, 알칼리도, 용액 중 염류농도, 모발 형태의 영향을 받는다. 컨디셔닝 샴푸에 도입된 처음 양이온성 고분자 성분은 셀룰로오스-바탕 polyquaternium-10이다. 이것은 hydroxyethylenecellulose를 epichloroydrin과 반응시킨 다음 trimethylamine와 반응시켜 만들었다. 그 다음에 여러 양이온성 고분자 화합물들이 소개되어 사용하고 있다.

실리콘계 고분자

규소/산소 뼈대를 갖는 고분자(일반적으로 silicone라고 한다)는 여러 siloxane의 고분자화반응으로 조제한다. 여러 실리콘 유도체를 컨디셔닝 고분자로 이용한다. 샴푸, 컨디셔너, 피부 크림에 널리 사용하는 dimethicone은 선형 고분자이고 메틸 원자단이 매달린 원자단(pendant group)이다. 크림 중에서 dimethicone은 부드러운 윤활성과 광택성을 제공하지만 끈적거리지 않고 기름지지 않다. 모발-관리 제품에 사용하면 빗질, 광택성, 손질을 개선한다.

Dimethicone은 여러 장점을 갖지만 어떤 처방에서는 배합하기 어려운 점도 있다. 이러한 이유 때문에 다른 실리콘 유도체를 만들었다. dimethicone copolyol은 dimethicone을 polyethylene glycol 및 polypropylene glycol과 공중합하여 만든다. 이러한 화학종의 결합은 실리콘 유도체를 수용액에 더 잘 녹게 만들고 계면활성제 성질도 갖는다. dimethicone copolyol을 처방에 사용하면 dimethicone과 동일한 이로운 여러 특성을 나타낸다. 샴푸에서는 기능을 개선하려고 아민 치환기를 도입하여 amodimethicone으로 만든다.

단백질

단백질도 화장품 처방에 사용하여 컨디셔닝 이점을 제공한다. 천연 단백질은 전형적으로 물에 녹지 않으므로 가수분해하여 수용성 제품으로 만든다. 가수분해 단백실은 맑은 용액 계와 혼합할 수 있는 고분자량 재료다. 가장 널리 사용하는 단백질은 가수분해 콜라젠이고 인체관리, 광택성, 빗질, 모발관리를 개선한다. 가수분해 콜라젠은 피부에서 보습에 기여한다. 식품-유도체와 우유 단백질을 포함하는 여러 가수분해 단백질도 비슷한 특성을 나타낸다. 특히 식품-유도체 성분은 동물 부산물의 대체 재료로 사용하려고 그 중요성이 증가하고 있다.

점성부여제

화장품 처방의 유동성 개선은 고분자의 또 다른 중요한 기능이다. 이러한 고분자 중에서 몇 가지는 젤라틴 혹은 펙틴과 같은 천연 재료에서 얻고 또한 셀룰로오스와 같은 천연 재료에서도 얻는다. 합성 재료는 acrylic acid와 vinyl pyrrolidone 단위체를 고분자화반응을 통하여 제조할 수 있다.

이러한 종류의 고분자는 제품 점성을 증진할 뿐만 아니라 현탁 성질도 제공하고 젤라틴 알갱이 혹은 진주성 재료의 유화제 혹은 현탁의 안정화에 도움을 준다. 계면활성 점성부여제와 다르게 여러 고분자 점성부여제는 용액 pH 혹은 염류농도의 적은 변화와 무관하고 일정한 점성을 유지한다. 예를 들어 cocamide처럼 계면활성 점성부여제가 3.0% 필요한 제품은 동일한 결과를 얻기 위해서 0.5% cellulose 고분자를 사용하면 충분하다. 나무껍질과 식물 줄기에서 발견된 설탕-바탕 셀룰로오스 고분자는 3,500~3,600 고분자량을 갖는 다분산체(polydisperse)이고 분자 사이에 수소결합 때문에 물에 녹지 않는 재료다. 그러나 수많은 자유 하이드록시 원자단 때문에 에스터 혹은 에터로 변환하여 물에 녹일 수 있다. 예를 들어 분말로 판매되는 셀룰로오스 검(gum)은 셀룰로오스를 sodium monochloroacetate와 반응시켜 만들 수 있다. 셀룰로오스 검(gum)은 드물게 사용하지만 쉽게 용해되고 산성 pH에서 안정하지 않다. 가장 자주 이용하는 셀룰로오스 고분자 점성부여제는 셀룰로오스, ethylene oxide, hydroxypropyl methylcellulose (HPMC)를 반응시켜 만든 hydroxyethylcellulose(HEC)이다. HPMC 혹은 HEC를 사용할 때 일정한 규칙은 없지만 HEC는 컨디셔너로 이용하고 일반적으로 양이온성 혹은 중성이다. HPMC는 음이온성 재료와 약간 더 잘 공존할 수 있으므로 전형적으로 샴푸에 이용한다. 샴푸계에서 셀룰로오스 점성부여제는 거품 성질을 개선하는 장점이 있다. 셀룰로오스 유도체는 천연고분자 점성부여제로 널리 이용하지만 변형 감자 전분도 좋은 피부 감촉을 주므로 피부 크림과 로션에 바람직하고 guar 유도체와 xanthan gum도 적절한 점성부여제다.

천연물보다 좋지 않지만 acrylic acid, vinyl prrolidone, ethylene, propylene oxide에 바탕을 둔 합성 점성부여제들이 개발되었다. 가장 보편적으로 사용하는 합성 점성부여제는 polyacrylic acid이고 "carbomer"라고도 한다. 점성부여제로 사용하는 기타 합성고분자는 PVP, polyethylene glycol, polypropylene glycol이다. carbomer는 acrylic acid의 고분자화반응으로 제조하고 pentaaerythritol의 allyl ether 혹은 sucrose ether와 교차결합된 화합물이다. carbomer를 수용액에 녹일 때 용액이 약간 흐릿하지만 중화 과정에서 carbomer는 팽창하여 맑은 더 점성 용액으로 된다. carbomer는 대부분 젤 처방과 여러 가지 샴푸에 사용하고 빠른 분산제로도 사용한다.

26 Psoralens

Psoralens는 bergamot, limes, clove 등등 20여종 식물에 존재하는 furocumarin 화합물의 한 종류이고 본래 Nile Valley의 토착 식물 Ammi majus Linn에서 추출하여 조제하였다. 활성 성분은 첫째, $C_{12}H_8O_4$(Ammidin 혹은 xanthoxine), 둘째, $C_{16}H_{14}O_4$[8-methoxypsoralen (mp ; 148℃), 다른 이름으로 ammidin 혹은 imperatorin이라고도 부른다], 셋째, $C_{12}H_8O_4$ [5-methoxypsoralen(mp ; 189℃), 다른 이름으로 8-isoamyleneoxypsoralen(mp ; 102℃), majudin, bergapten이라고도 부른다]이다. 이들 화합물은 냉수에 매우 조금 녹고, 열수에 더 잘 녹고 클로로폼, 식용유, 광유에 녹는다. 이 세 종류 화합물은 크림 혹은 로션 형태로 국소적으로 사용하여 햇빛 그슬리기(suntan)의 촉진에 사용한다. 이들 화합물은 갈색화 효율에 대한 자료들이 있지만 광-독성, 광-돌연변이, 광-발암성에 대한 의학적 금기사항도 발표되었다.(87)

27 Salicylic acid

살리실산염(salicylates, carboxyphenols)은 아스피린, 염료, 향료 조제의 출발재료다. 살리실산과 기타 살리실산 염류는 여러 식물에 존재하지만 처음에 버드나무 껍질에서 추출하였기 때문에 사람들은 버드나무 이외는 잘 믿지 않는다. salicylic acid는 조팝나무(Spiraea plant, 봄에 들에서 긴 줄기에서 하얀 꽃이 피는 나무)와 사철나무에 많이 함유한다. salicylic acid는 2-hydroxybenzoic acid, $C_7H_6O_3$이고 이것은 열수, 글리세린, 알코올, 아세톤, 클로로폼, 에터, 벤젠, 지방, 오일에 녹는다. 물에 대한 용해도는 인산소듐, 붕사($Na_2B_4O_7$), 아세트산 알칼리, 시트르산 알칼리를 가하여 증가할 수 있다. 분자량은 138.13, 밀도 1.44/L ; 인화점 ; 157℃(TCC)이다.

살리실산은 1874년에 의약품으로 소개되었다. 아스피린 혹은 acetylsalicylic acid 용도는 살리실산의 진통완화제 우수성을 우연히 발견한 다음 1899년에 널리 알려졌다. 현재 살리실산은 사마귀, 티눈, 피부병, 해열 등에 사용하고 염료제조에도 사용한다. 미국에서 살리실산은 의약외품으로 취급한다.

살리실산은 각질이 생기는 피부병에 2.0~20.0% 범위에서 사용한다. 각질효과와 흡수는 기타 성분의 국소적 용도와 관련이 있다. 오랫동안 넓은 면적에 사용하는 것은 안전성에 문제가 있다. 진한 아스피린 혹은 아세틸살리실산 용액은 피부염증과 각질화를 수반하고 내복약은 엄격하게 의사처방에 따라야 한다.

TOPIC N극만 갖는 자석

현재 초중고를 비롯한 교과서는 모두 바뀔지도 모른다. 이론으로 존재하고 발견하지 못한 “자기 홀극”이 세상에 그 모습을 드러냈다. 자석은 양파껍질과 같아서 N극과 S극으로 형성된 자석 가운데를 아무리 잘라도 N극이나 S극이 형성된다. 그러나 미국 MIT와 핀란드 알토대 물리학과 공동연구진이 루비듐 원자를 이용해 자기 홀극을 발견했다고 네이처(Nature)에 발표했다.

28 실리콘

28.1 원론

규소는 탄소와 함께 4족에 속하지만 전기음성도는 탄소보다 적으므로 생성된 화합물은 탄소 화합물에 비하여 Si—O는 결합각이 크고 회전각이 더 크고 분자 표면에서 흔들리는 메틸 원자단이 자유롭게 회전하므로 고분자 사슬이 더 확장되고 큰 “자유”부피를 갖는다. 화장품에 일반적으로 사용하는 실리콘의 용해도는 다음 표 3-12와 같다.

고분자(polymer)는 dimethicone처럼 동일한 단위의 반복 집합체를 동종중합체(copolymer)라고 한다. 화장품에 사용하는 실리콘 종류는 여러 가지로 분류한다. 가장 일반적으로 사용하는 실리콘은 polydimethylsiloxane(PDMS) 고분자다. 이러한 변형되지 않은 실리콘은 화장품 처방에서 알려진 모든 실리콘 중에 대략 85%를 차지하고 INCI 이름으로 cyclomethicone, hexamethyl disiloxane, dimethicone, dimethiconol 등이다. PDMS 고분자는 0에서 수천 범위로 중합화 선형구조를 형성하고 cyclomethicone이라고 알려진 고리원형구조 형태로 존재한다. 고리 구조 유체 중에서 4(D4라고 한다) 혹은 5(D5라고 한다) 고리크기를 화장품에 가장 자주 사용하지만 3~10 혹은 더 많은 규소원자를 함유하는 고리도 알려져 있다.

표 3-12 몇 가지 실리콘의 용해도

용 매	100 cSt Dimethicone	Cyclomethicone	Phenyltrimethicone
Ethanol	NS	S	S
Isopropanol	NS	S	S
Water	NS	NS	NS
Isopropyl palmitate	S	S	S
Isopropyl myristate	S	S	S
Mineral oil	NS	S	S
Beewax	NS	SH	SH
Carnauba wax	NS	SH	SH
Aromatic solvents	S	S	S
Aliphatic solvents	S피부를 문지르는 시간이 증가한다.	S	S
Octylmethoxycinnamate	PS	S	S
Octyl salicylate	NS	S	S
Lanolin	NS	SH	SH

* S=soluble, NS=not soluble, PS=partially soluble, SH=soluble hot

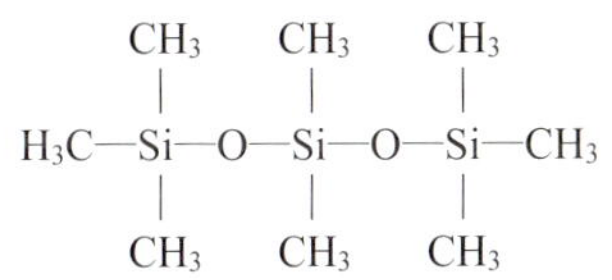

Dimethicone ; Si—O 뼈대를 보여주는 고분자. 각 Si 단위에 두 메틸 원자단이 결합한다.

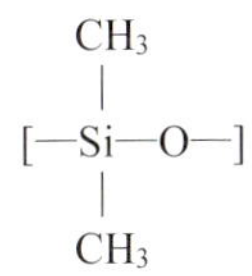

methylsilicone mononer

"휘발성 실리콘"이라는 용어는 가끔 고리 유체 화합물에 사용한다. 그러나 낮은 중합도(degree of polymerization : DP) 특성을 갖는 선형 유체도 휘발성이다. 예를 들어 hexamethyldisiloxane(DP=0, η =0.65 cSt)은 완전한 휘발성이고 D_4 혹은 D_5보다 짧은 시간에 모발과 피부에서 증발한다. dimethylsilicone 고분자 휘발성은 중합도 증가에 따라 감소하고 한계는 대략 10 cSt 유체다. 유기 고분자에 비하여 실리콘 고분자는 전형적으로 분자량 대신에 점성에 바탕을 두고 분류한다. 휘발성 실리콘은 모발과 피부의 표면에 고분자 실리콘의 균등한 분배를 돕는다.

모발에 이용할 때 젖은 모발에 대한 결합력이 감소하여 모발에서 휘발하여 다음에 계속되는 모발 성형을 방해한다. 샴푸 처방에서 휘발성분은 점성과 거품 생성을 크게 감소시키는 경향 때문에 외부의 점성부여제와 거품촉진제/거품안정제를 사용할 필요가 있다. 피부에 이용할 때 휘발성 실리콘은 제품이 부드럽게 분산되는 것을 돕고 끓는점이 낮고 증발열이 적으므로 냉각 혹은 자극효과 없이 빠르게 피부에서 증발한다. 관례적으로 최종제품에서 휘발성 실리콘을 혼합하여 특정한 응용에 적응하게 조절한다. 예를 들어 항-발한제 혹은 립스틱은 더 많은 hexamethyldisiloxane 혹은 1 cSt dimethicone을 함유하여 빠르게 건조하고 한편 액체 파운데이션 혹은 cellulite 젤은 피부를 문지르는 시간을 증가하기 위하여 더 많은 D_5 혹은 D_6 cyclomethicone을 함유한다.

분자량이 더 큰 dimethicone 유체는 FDA 공정서 on Skin Protectant Drugs에서 피부보호제로 인정하고 있다. 상대되는 탄소화합물에 비하여 결합각과 결합거리가 더 큰 특이한 구조 때문에 dimethicone은 피부에 호흡이 가능한 장벽을 제공하여 피부호흡을 돕는다. 이러한 재료는 그들 자신이 보습제가 아니지만 가끔 보습처방에서 유연제로 작용하여 문지르는 동안 백색화 혹은 비누작용과 피부층을 보호하고 호흡을 가능하게 만드는 능력 때문에 보습처방에 사용한다. 이러한 재료는 항-발한제와 탈취제 응용에서 밸브와 롤러 볼에 달라붙는 것을 방지하고 헤어 컨디셔너와 광택제 첨가제로 사용한다. 매우 큰 분자량의 dimethicone과 dimethiconol gum은 색 화장품과 햇볕막이에 사용하여 그 제품의 방수성을 증가한다.

Dimethicone 고분자는 가끔 실리콘 계면활성제 혹은 silicone glycol 공중합체라고 부르지만 이러한 재료들은 때때로 alkyl 혹은 polyglucoside 원자단이 glycol 원자단과 함께 사슬에서 변형되어 실제로 4합체로 된다. 이러한 재료들은 모발과 피부 관리 제품에서 성분 중에 공존하는 다른 실리콘에 대하여 공동-유화제로 사용한다. 매염제에서는 수지 가소제로 작용하고 샴푸에서는 1차 계면활성제 계에 의해 발생되는 피부와 점막에 대한 자극을 감소하고 거품안정제로도 작용한다. Dimethicone 공중합체는 특정한 재료와 처방전에 존재하는 다른 성분에 따라 온화한 컨디셔닝제로 작용하고 또한 맑은 제품 생성을 촉진한다. 이러한 이유 때문에 dimethicone 공중합체는 때때로 베이비 샴푸 처방에 혼합한다.

실리콘과 polyether의 결합 비와 고분자에 결합한 polyether 종류에 따라 dimethicone 공중합체는 w/o 혹은 o/w 유화제로 사용한다. 실리콘을 많이 함유하는 화합물은 w/o(혹은 특히 water-in-silicone) 유화제로 작용하고 이러한 재료 종류는 가끔 항-발한제와 탈취제 성분에서 발견된다. 그들은 3~5 당량 HLB 값을 갖는다. polyether를 많이 함유하는 화합물은 o/w 유화제로 작용하고 13~15 당량 HLB 값을 갖는다. 이러한 화합물은 수용액 계에서 사용하기에 좋다.

아미노 기능기를 갖는 실옥산은 습기와 건조 모발에 이로운 컨디셔닝을 제공하고 빗질 힘과 정전기 전하효과를 감소한다. 이러한 재료는 반응성(amodimethicone) 혹은 비-반응성 유체(trimethylsilylamodimethicone)일 수도 있다. 아민 변형량, 중합도(유체 점성의 특성으로 나타나는), 아민 부분의 치환, 고분자 반응성에 따라 쉽게 씻어지거나 몇 번 샴푸하여도 씻어지지 않는다. 아미노 기능기 실리콘은 모발염색의 깊이, 잠정적 기간, 반영구적 기간을 증가하는 것으로 알려졌고 이러한 반응 정도는 이용한 염료의 색조와 관련이 있고 붉은 색조는 가장 크게 영향을 받는다.

전형적으로 아미노 기능기 실리콘은 피부와 눈에 자극을 주므로 아미노 기능기 실리콘은 지속성(leave-on) 제품에 사용하지 않고 샤워 젤 혹은 액체 비누 성분에 혼합하지만 일반적으로 피부-관리 제품에 전연 사용하지 않고 호흡 때문에 에어로졸에도 사용하지 않는다.

페놀-변형 실리콘, 즉 대표적으로 phenyltrimethicones은 주로 모발에 대한 광택 증진용 첨가제로 사용한다. 이러한 재료는 모발과 피부에 대한 컨디셔닝에도 이롭고 보습 로션과 오일을 포함하는 여러 목욕-후 제품에 사용한다. 이들은 특히 아크릴산 고분자를 포함하는 처방에서 끈끈한 맛을 제거하는 화합물로 작용한다. 항-발한제 성분 중에서 phenyltrimethicone은 굴절률을 증가하기 때문에 투명도를 개선한다. 이러한 물질은 립스틱에 대하여 광택성을 추가하고 액체 파운데이션에 섞어 입사광 산란성질을 변화시켜 더 부드럽고 더 젊게 보이는 피부 모양으로 만든다.

알킬 기능기를 갖는 실리콘은 보습성질이 가장 뛰어나고 다른 화장품 원료와 공존하여 품질을 개선한다. 알킬- 혹은 알콕시-변형 methicone과 dimethicone은 녹는점과 알킬 함량이 변한 유체 혹은 왁스일 수 있다. 알킬-변형 실리콘 고분자는 실리콘과 오일 계의 안정도 증진에 도움을 주고 실리콘 글리콜 공중합체들이 실리콘과 수용액 계에 작용하는 것과 동일한 방식이다. 그 외에도 이러한 유기물-기능기 고분자는 친화도, 흐름 변형, 제품 안정도 증가, 화장품 윤활성에 기여한다. 이들은 모발제품의 부피 증량제와 햇볕막이 효과에 기여한다고 보고하였다. 알킬-변형 실리콘은 피부에 대한 점착성 장벽을 형성하는 것으로 알려졌다. 이러한 재료는 가끔 실리콘 "왁스"라 하고 우수한 보습제이고 TEWL(transepidermal water loss) 값을 바셀린과 비교할 정도로 감소하고 이것의 이로운 정도는 치환 정도, 고분자화 정도, 알킬 사슬 길이에 따른다.(88)

실리콘 수지는 siloxysilicate와 silsesquioxane의 두 종류가 있다. siloxysilicate 종류는 "MQ" 수지라 하고 화장품에 더 보편적으로 사용한다. silsesquioxane 수지는 색 화장품에 더 자주 사용하고 파우더 제품에 사용하는 동안 부드럽고 매끄러운 감촉을 주고 파우더의 뭉침을 방지한다.

변형되지 않은 그리고 알킬-변형 siloxysilicate 수지는 모발 화장품에 첨가제로 사용한다. 이들은 모발 형태의 유지를 개선하고 dimethicone의 점착성을 증진하고 모발 부피를 증가하고 모발 친화성을 증가한다. 에스터-기능기 siloxysilicate 수지는 모발 화장품의 컨디셔닝에 이롭지만 피부-관리 제품에 더 널리 사용하고 햇볕막이와 색 화장품 성분의 유연성과 방수성에 기여한다. 또 한편으로 립스틱, 액체 파운데이션, 마스카라, 아이섀도에서 색소전이를 감소한다.

28.2 표면장력

계면에 나타나는 표면장력은 구조를 지배하는 작용기와 관련이 있다. 표면장력(dynes/cm^2)은 대략 수은 472.0, 물 72, 아이소파라핀(C12-C14), squalane 46.2, 비누용액(1%) 38.8, 광유 33.1, 디메티콘(20 cs) 26.6, 아세톤 23.7, 에틸알코올 22.2, 사이클로메티콘(D4) 20.6, 디에틸 에터 17.0이다. 지방질 계면활성제와 지방계 화합물은 30~35 dynes/cm^{2}이고 이것은 분자에 메틸렌 원자단($-CH_2-$)이 많기 때문이다. 실리콘은 메틸 원자단($-CH_3$)을 함유하고 뻣뻣한 성질이고 20~25 dynes/cm^{2}이고 플루오르화 원자단($-CF_2-$)을 갖는 화합물은 더 적은 표면장력을 갖는다.

표면장력은 시험하는 재질에 따라 다르다. 예를 들어 순수한 액체→거품→젖은 상태→에멀젼으로 변하면서 표면장력이 감소한다. 화장품에서 표면장력을 35 dynes/cm^2 이하로 낮추려면 실리콘 계면활성제를 그리고 20 dynes/cm^{2}이하로 낮추려면 플루오르화 계면활성제를 사용한다[우리나라는 fluorine과 fluoride를 플루오르와 플루오르화물이라 부르고 불소(弗素)와 불화(弗化)는 일본말이므로 사용하지 않는다]. 실리콘 화합물은 매우 낮은 표면장력이 필요할 때 사용한다. 표면장력이 감소할수록 화장품의 퍼짐성이 좋고 서로 다른 피부감각을 느끼고 미학적으로도 좋아 보인다. 이러한 기여 때문에 실리콘은 화장품 처방에서 흥미를 갖는다.

28.3 동종중합체

Silicone

실리콘 액체는 실리콘 오일 혹은 간단히 실리콘이라 부르고 점성은 대략 0.65~1,000,000 cSt 범위이고 순수한 경우에 점성은 분자량과 관련이 있다. 실리콘 동종중합체 표면장력은 20~25 dynes/cm^{2}이다.

Dimodal silicone

이봉분포 실리콘[bimodal silicone ; 두 종류 화합물을 섞고 GPC(gel permeation chromatography)를 이용하여 x축에 분자량을 그리고 y축에 분자 수를 취하여 분자량 분포를 분석할 때 크로마토그램이 두 개 봉우리 모양으로 나타난다. 이것을 이봉분포라고 한다]은 두 물질의 분자량 분포 값이 어느 정도로 분포하는가를 보여준다. 이봉분포를 이용하면 원하는 처방의 점성을 조제할 수 있다. 예를 들어 4,000 cSt 점성은 1,000 cSt와 5,000 cSt를 섞어 만들 수도 있고 50 cSt와 100,000 cSt를 섞어 만들 수도 있다. 혼합제품은 각기 다른 성질을 갖는다. 첫 번째 제품은 덜 찐득거리고 피부에서 더 잘 퍼진다. 혼합은 더 낮은 점성 액체에 의해 제공되는 퍼짐성과 더 큰 점성 액체에 의해 제공되는 월등히 좋은 감촉을 달성하는 데 목적이 있다. 이것이 성공하려면 GPC를 이용하여 두 성분의 이봉분포를 측정하고 점성과 퍼짐성을 비교하여 평가하는 것이 가장 좋은 방법이다.

실리콘 오일이 피부와 어떻게 잘 작용하는가를 cosmetic elegance라고 한다. 실리콘 오일이 어떻게 분산되고 얼마나 오랜 시간이 필요한가를 쿠션(cushion)과 작업시간(play time)이라고 한다. 예를 들어 꿀을 손등에 한 방울 놓고 손가락으로 문지를 때 필름두께를 쿠션(cushion)이라고 한다. 그 쿠션은 액체의 점성, 휘발성, 표면장력, 피부에 흡수되는 액체의 경향성과 관련이 있고 오일의 중요한 성질이다.

쿠션은 오래 계속되지 않는다. 실제로 쿠션이 없어지는 시간은 작업시간과 관련이 있다. 쿠션의 경우처럼 작업시간은 오일의 본래 인자 그리고 피부와 어떻게 상호작용하는가에 따른다. 순수한 물질의 경우에 쿠션과 작업시간은 분자의 본래 성질이다. 즉 그 성질의 조작은 실리콘 분자의 변화에 필요하다. 점성이 적은 실리콘이 점성이 큰 실리콘에 포함되면 큰 점성 실리콘의 쿠션으로 되고 큰 점성 실리콘에서 발견된 찐득거림이 없어진다. 요약하자면 훨씬 더 우아한 화장품으로 변하고 마음에 드는 실리콘의 결과를 얻게 된다.

28.4 탄성체와 수지

실리콘 화합물은 화장품 제조에 크게 공헌하였다. 실리콘 화합물은 내수성, 장벽성질, 살결과 피부촉감과 같은 여러 가지에서 필름형성에 기여하였다. 그동안 사용하면서 silicone fluid, silicone elastomer, silicone resin이라는 용어를 각기 사용하여 혼란을 가져왔다.

실리콘 고분자의 교차결합(crosslinking)은 선형 고분자의 결합으로 생기고 이것을 교차고분자(crosspolymer)라고 한다. 교차결합 원자단이 결합하면 분자회전을 제한하고 탄성중합체(elastomer)를 형성하는 원인을 제공한다. 탄성중합체와 수지(resin)라는 용어는 물리적 성질의 설명이지 화학적 성질의 설명이 아니다. 탄성중합체는 탄력성 재료이고 낮은 교차결합을 갖는다. 필름에서 탄성 띠처럼 거동한다. 수지(resin)는 더 큰 교차결합

밀도를 갖고 손가락 사이에서 압축하면 입자로 부서진다.

실리콘 유체가 탄성체 혹은 수지로 변하는 정확한 경계점은 고분자 구조에 따라 결정되고 결론적으로 어떤 재료의 적절한 설명이 아니고 특허에서 가장 중요하게 취급하는 용어다. 추가해서 INCI(International Nomenclature Cosmetic Ingredient)는 탄성중합체와 수지 사이에 차이를 구분하지 않고 모두 교차고분자(crosspolymer) 혹은 siloxysilicate라고 한다. 실리콘 재료들은 여러 용매, 여러 분자량, 여러 교차결합 정도의 재료들을 사용한다. 이러한 것은 같은 INCI 명칭을 갖지만 필름형성과 피부느낌 기능이 같은 재료를 발견하는 것은 대단히 어렵다는 것을 설명한다. 즉 같은 명칭의 재료를 사용해도 화장품 품질이 서로 다르다는 것을 의미한다.

28.5 실리콘 정의

실리콘은 뼈대에 교차결합이 없으면 Si—O—Si 뼈대 주위로 자유롭게 회전한다. 그 회전은 입체회전배열(conformation)만 변화할 뿐이고 일반적으로 적은 에너지만 필요하다. 교차결합이 없는 실리콘 유체(silicone fluid)는 자유롭게 회전하므로 액체로 존재한다. 실리콘 액체는 점성이 크게 증가해도 결코 고체로 변하지 않는다. 그것은 뼈대 주위로 자유회전하기 때문이다.

실리콘은 단위체(monomer) 증가에 따라 유체의 점성이 증가하고 점성이 너무 진하면 따르기 어렵다. 교차결합이 없어도 큰 점성을 갖는다. 이러한 진한 실리콘 유체를 검(gum)이라고 한다. 검이라는 용어는 따르기 어려운 점성 물질에 사용한다. 검은 기능성 유기물이고 교차결합이 없다. 그러므로 점성이 매우 큰 교차결합이 없는 알킬 실리콘은 알킬 검이라 하고 교차결합이 없는 점성이 매우 큰 비닐-함유 물질은 비닐 검이라고 한다. 그 비닐 원자단이 실란수소(silanic hydrogen : Si—H)와 결합하면 더 이상 유체 혹은 검이 아니고 탄성체(elastomer) 혹은 수지(resin)라고 한다. 그러므로 검과 유체 사이에 차이는 물리적 차이이고 화학적 차이는 아니다. 문헌에 의하면(89) 기능성이 없는 실리콘은 검이고 분자량 범위는 대략 140,000~350,000라고 한다.

분자에 교차결합이 도입되면 자유회전 능력이 감소하고 그 물질은 탄성체 혹은 수지로 변한다. dimethicone으로부터 변하는 INCI 명명은 Organosilicone Nomenclature Conventions(August 13, 1999)에서 명시하였고 교차결합 실리콘에 대한 INCI 이름도 표시되어 있다. INCI 명명은 화학적 성질에 대한 것이고 물리적 성질이 아니므로 검, 탄성체, 수지, 유체라는 용어를 사용하지 않는 것에 유의하는 것이 중요하다. 탄성체와 수지라는 용어는 교차결합 과정 중에 생성된 실리콘 성질과 관련이 있다. 교차결합 실리콘은 탄성체이고 탄성을 갖는다. 실리콘 유체와 다르게 탄성체는 회전능력이 교체결합에 의해 제한된다. 예를 들어 두 뼈대로 구성된 사다리는 발-받침대(교차결합)들이 많을수록 각 뼈대는 회전하지 못한다. 실리콘 화합물 사이에 교차결합이 증가할수록 유체와 검은 탄성체 혹은 수지로 변한다. 탄성체는 부드러운 탄성을 유지하고 테이블에 던져도 모양을 유지하고 칼로 절단하면 다시 연결되고 진득거리는 느낌이 있다. 수지는 훨씬 더 단단하고 접촉하면 연한 느낌이 있고 소리 없이 튀어 오른다.

실리콘은 표면장력 감소, 오일과 수분의 습윤성, 거품, 유화제, 필름형성에 영향을 주므로 점차 중요성이 증가하고 있다. 양쪽성 실리콘의 선택은 실리콘 재료의 선택에 대단히 효과적이고 표면 에너지 사태를 초저로 감소하고 가격에서도 크게 기여하는 것으로 알려졌다. 양쪽친화성(amphiphilic)이라는 용어는 순수한 형태에서 서로 녹지 않는 두 종류 이상 작용기를 갖는 화합물을 일컫는다. 양쪽성 화합물 중에서 가장 보편적으로 만나는 작용기들은 오일과 물이다. 어떤 분자가 양쪽성 작용기를 함유하면 그 화합물은 계면활성을 띤다. 계면활성물질은 그 범위가 매우 넓은 화합물이고 자연(예를 들어 폐)에도 있고 인공합성 화합물도 있다. 이러한 화합물을 oleophilic(oil loving, hydrocarbon), hydrophilic(water loving, polyethylene glycol), siliphilic(silicone loving, dimethyl polysiloxane), fluorophilic(fluoro loving, fluoro alcohol)이라고 한다. phil은 love를 의미한다. 작용기들 사이에 비율은 양쪽성 물질의 용해성과 특정 화합물의 계면활성 기능을 결정한다.

28.6 용해도

화장품에서 용해도를 설명할 때 첫째 용액(solution, 두 가지 이상 물질의 균일혼합물, 용매에 용질을 녹인다), 둘째 서스펜션 혹은 현탁[suspension, 가는 입자 화학종(일반적으로 고체)을 다른 입자 화학종(일반적으로 액체)과 가라앉지 않게 혼합], 셋째 유제(emulsion, 섞이지 않는 두 물질의 혼합물, 연속 상에 불연속 상이 분산)라는 용어를 사용한다. 화장품 제조는 표면장력이 적은 화합물을 사용하여 습윤, 거품형성, 유화제에 사용한다. NaCl을 물에 녹이면 Na^+와 Cl^-으로 이온화된다. 그러나 SLS(sodium lauryl sulfate) 분자는 양쪽성이므로 C_{12} 지방 부분과 황산이온(sulfate, SO_4^{2-})으로 구성한다. NaCl은 물에 녹아 모든 용액이 균일한 Na^+와 Cl^- 이온분포를 갖지만 SLS는 물에 녹아 균일한 농도처럼 보이지만 그렇지 않고 C_{12} 원자단이 물 표면에서 공기와 접촉하면서 공기/물 계면에 떠있고 표면장력을 감소하고 결과적으로 자유 에너지를 감소한다. 그 용액에 계속해서 SLS를 첨가하여 녹이면 C_{12} 원자단이 용액표면을 가득 채운다. 이 현상을 임계미셀농도(critical micelle concentration : cmc)라고 한다. cmc 점에서 계면활성제는 모여 미셀(micelle)을 형성한다.

계면활성제는 cmc의 미셀 성질(표면장력, 적시는 능력, 거품형성, 유화제능력, 공존 화합물의 용해도)이 매우 다르기 때문에 원하는 화장품의 기능에 따라 각기 다른 계면활성제를 선택하여 사용한다.

화장품은 물 이외에 여러 오일-상(예를 들어 광유, 스콰란, 에스터 등)을 섞어 균일한 용액을 만든다. 이러한 오일-상은 표면장력이 대략 32 dynes/cm^{2}이다. 이것은 오일에 녹는 물질이 양쪽성이고 표면장력이 적어야 한다는 것을 의미한다. 알킬 실리콘은 오일-상에 대하여 선택하는 양쪽성 재료이고 SLS는 오일-상에 녹지 않는다. 표면장력 감소화장품에 대단히 중요하다. 모발과 피부에 화장품 사용은 새로운 표면적의 형성에 바탕을 둔다. 립스틱은 피부에 분산되고 샴푸는 모발에 분산된다. 효율적 분산은 표면장력의 감소를 필요로 한다.

실리콘 화합물은 물 혹은 오일에 녹지 않는다. 고분자를 함유하는 실리콘을 계면활성으로 이용하려면 실리콘 분자를 변형하여 여러 다른 물질에 녹여야 한다. 그 변형 방법은 수소화규소첨가반응(hydrosilylation)이다. 이 과정은 비닐 화합물과 실리콘 화합물을 실란수소(Si-H)와 반응시킨다. 그 결과로 생기는 화합물은 R 원자단의 성질에 따라 여러 용매에서 용해도 값이 변한다.

28.7 오일 표면장력 감소

여러 용매는 적당한 실리콘을 첨가하여 표면장력을 변화시킬 수 있다. 여러 재료의 표면장력을 감소시키면 퍼짐성을 개선하고 피부감촉을 변경하고 새로운 화장품 성질을 제공할 수 있다. 오일-상과 극성-상에 적당한 실리콘을 첨가하면 표면장력이 감소한다. 실리콘은 C-26 알킬 디메티콘, 스테아릴 디메티콘, 옥틸-PEG-8 디메티콘, PEG-8 디메티콘이고 용매는 톨루엔, 메탄올, 물에서 실험하였다. 표면장력은 화장품의 퍼짐성과 쿠션에 영향을 준다. 큰 점성 에스터에 적당한 실리콘을 첨가하면 퍼지는 시간이 걸리지 않고 즉시 퍼지게 만든다. 화장품의 감촉도 좋아진다.

28.8 유제화

유제화(emulsification)는 두 가지 혹은 두 가지 이상 섞이지 않는 액체 혹은 고체(예를 들어 polyethyleneglycol succinate : PEGS)로 구성되고 한 물질(분산-상/내부-상)이 다른 재료(연속-상/외부-상)를 통하여 독립된 방울로 부유된 것을 의미한다. 모든 유제는 자발적 마이크로 유제 형성을 제외하면 본질적으로 불안정하다. 화장품 제조에서 가능하면 불안정한 상태의 시간을 연장하려고 노력한다.

유화는 두 가지 불용성 재료 중에 한 상(phase)을 준안정 상태로 만드는 과정이다. 화장품에서 인정하는 유화 조제는 매우 도전적이고 때로는 실패하기 쉽다. 두 가지 불용성 물질의 준-안정성 성질은 유제의 성질과 성능의 이해에 주요하다. 유제의 준-안정성 성질과 화장품이 간절하게 바라는 유제 필요성은 화장품 처방연구자들에게 특이한 도전을 유발한다. 그 도전은 첫째 유제의 분리 시작을 지연하고 둘째 우아한 화장품의 제공이다. 화장품은 기본적으로 두 종류 유제(emulsion, 혹은 유탁제)를 이용한다. 한 가지는 oil/water이고 또 한 가지는 water/oil(혹은 invert emulsion이라고 한다)이다. 유제 종류는 대부분 특수한 오일과 물을 이용하여 만든 유제 종류에 따라 결정된다. 유제에서 사용하는 용어는 분산-상, 연속-상, o/w 유제, w/o 유제다.

첫째 불연속-상(discontinuous phase)은 연속-상에 분산된 상(분산-상, dispersed phase)이고 매질이 유화제 내부에서 분쇄된 혹은 가는 입자로 존재하는 상(phase)이다. 둘째 연속-상(contiuous phase)은 외부-상(external phase)이라고도 부르고 분산-상이 상층에 떠 있는 상 혹은 매질이다. 예를 들어 물을 유제에서 층이 분리되지 않게 첨가한다면 물이 연속-상이고 그 유제는 o/w 유제이다. 셋째 o/w 유제는 오일-상이 물-상에 분산된 유제이고 예는 마요네즈와 샴푸다. 넷째 w/o 유제는 물-상이 오일-상에 분산된 유제이고 예는 마가린과 핸드크림이다.

분산(dispersion)과 유제(emulsion)는 다르다. 유제는 준-안정상태이고 묽힐 수 있고 안정하게 유지할 수 있다. 분산은 진한 상태에서만 안정하다. 제품을 분리되지 않게 유지하려면 점성이 커야 한다. 즉 점성에 의해 함께 머무른다. 묽히면 두 상으로 분리되지만 점성부여제(thickener)를 첨가하면 다시 한 상으로 될 수 있다. 분산은 거의 항상 불안정하므로 유제와 분산은 다르다. 분산은 진하고 점성이 크므로 단순히 안정한 것으로 보이고 묽히는 도중에 층이 분리된다. 유제는 연속-상을 첨가하여 점성을 적게 묽힐 수 있지만 분산은 그러한 경우에 두 상으로 분리된다.

삼중유제(triple emulsion)는 w/o/w 유제라고도 한다. 이러한 유제는 water-in-oil 유제를 다시 물에 유제화하여 만든 유제다. w/o/w는 피부감촉이 대단히 좋고 삼중유제를 만들 때 정교한 기술이 필요하다. 이 방법은 1970년대 후반에 정교한 기술이 완성되어 이용하고 있지만 아직도 안정도가 문제로 남아있다.

28.9 실리콘 유제와 실험법

실리콘 유제는 어떤 제품이 아니고 소중합체(oligomer)라고 부르는 것과 관련 있는 중합체의 혼합물이다. 이러한 제품이 갖는 주요한 문제는 대부분 일반적으로 차가운 기후에서 부딪치는 상(phase) 분리이고 이러한 문제의 원인은 유제 중에 각 종류 원자단의 화학적 균형(수용성 원자단과 알킬 원자단 사이에)이 성립되지 않아서 상 분리가 생기기 때문이다. 드럼(drum)을 사용하여 유제를 만들 때 상하 부분의 용액이 균일하지 않고 따라서 유제의 HLB 값이 크게 변하므로 불안정하여 결과적으로 유제를 만들 수 없게 된다. 실리콘 유제는 균일하고 저온에서 안정해야 한다. 특정한 응용을 위한 적절한 유제 선택은 대략 같은 분자구조를 갖는 여러 "3D HLB" 재료들이 필요하다. 유제를 조제하기 위하여 모은 일련의 제품들을 INCI는 Lauryl PEG-8 Dimethicone이라 하고 그들 사이에 차이는 일킬, 실리콘, PEG의 백분율이다.[90] 이 유화제 키트(kit)의 HLB 범위는 3.3~9.6이고 이것을 이용하여 유제를 만드는 방법은 다음과 같다. ① 유화제를 오일-상과 잘 섞고 투명도를 살펴본다. ② 수용액-상에 염류를 가하고 두 상을 50℃로 가열한다. ③ 수용액-상을 오일-상에 첨가하고 120초 동안 믹서로 혼합하고 겉모양을 살핀다. ④ 이 방법은 좋은 유제를 얻을 때까지 되풀이한다.

29 용매

화장품에 사용하는 대부분 용매는 알코올을 제외하면 손톱 화장품에 사용하고 사용한 용매는 점성, 응용, 건조속도와 광택처럼 손톱 래커의 성질에 영향을 준다. 용매의 끓는점은 응용에 대단히 중요하고 대부분이 인화성이고 운반에 조심해야 한다. 그리고 모든 용매는 건강에 해롭다.

용매는 활성용매(active solvent), 보조-용매(co-solvent), 묽힘제(diluent)로 구분한다. 활성용매는 일반적으로 키톤과 아세트산에틸 같은 에스터이고 니트로셀룰로오스에 대한 용매다. 보조용매는 니트로셀룰로오스에 대하여 필요한 용매가 아니고 활성용매의 용매화를 증진하고 그 예는 알코올이다. 톨루엔과 같은 묽힘제는 활성용매와 섞을 수 있지만 니트로셀룰로오스 그 자체에 대한 실제 용매는 아니다.

30 Squalane : 천연보습제

보습제는 오랜 시간에 걸쳐 피부와 접촉을 유지하는 국소 화장품에 이용한다. 보습제 기능은 건조한 거친 피부를 완화하여 부드럽게 만드는 역할이다. 가장 좋은 보습제 종류는 흡습제의 수분유지 작용을 갖는 유연제의 연화효과와 윤활제의 코팅활성을 합친 제품이다. 이러한 성질이 합쳐져 수분손실 영향에 대항하여 피부를 부드럽고 매끈하고 유연하게 유지한다. 피부건조는 주로 각질층에서 수분손실 때문에 발생하고 피부층을 통하여 수분을 삼투 형식으로 들어가게 공급할 수 없다.

첫 번째로 주요한 피부의 기능은 기계적 부상, 차가움, 열, 자외선, 화합물, 감염에 대한 보호다. 피지기름샘에서 분비된 피지는 방수물질로 작용하고 화학물질에 대한 보호제와 박테리아에 대한 장벽으로 작용한다. 피지분비가 부족한 피부는 건조한 가는 주름이 생겨 회복력을 상실하고 해로운 미생물과 물질을 피할 수 없다. 이것은 일반적으로 늙어서 생긴다. 어떤 사람은 태어날 때부터 피지 생성이 부족하여 오일을 발라주어야 한다.

화장품 문헌에서 "건조"피부는 피지분비가 적은 것을 의미한다. 그 반대는 기름피부다. 피지분비 감소와 수분함량이 적은 건조한 겨울기후에 합쳐 나타날 수 있다. 피부에서 수분손실은 피부와 각질층에 영향을 준다. 화장품 화학자들에게 "보습" (moisturation)은 피부의 가장 외부층에 있는 각질층의 수분함량 증가를 의미한다. 피부는 표피를 통하여 계속해서 수분을 잃고 습도가 큰 환경 혹은 피부표면에 수용액(o/w 유제)을 직접 칠한 환경에서 수분을 공급받는다. 그러므로 이론적으로 각질층에 수분함량을 증가시키려면 첫째 표면을 밀폐하여 수분증발을 방지하고 둘째 계속해서 수분을 방출하는 국소적 조작을 통하여 각질층에 수분을 첨가하는 방법이다.

화장품에 이용하는 물질은 피부의 생리기능을 방해하지 않고 피부를 도와서 정상 상태를 유지해야 한다. 피부표면에서 적절한 지방질 필름은 우선적으로 유연성 유지에 중요하다. 이러한 보습효과에 어떤 지방, 물, 다가알코올을 합친 o/w 유제를 추천한다. 이러한 o/w 유제는 물이 증발한 다음 오일 필름을 계속해서 남겨 각질층 수분을 보존한다.

Squalene은 천연 연화제, 윤활제, 보습제다. squalene은 피지의 주요한 탄화수소 성분이고 전체 표면 지질의 12.5%를 차지한다. squalene은 불포화 탄화수소이고 안정도 유지에 주의해야 하므로 Supraene®, 혹은 Robane®이라고 알려진 수소첨가 생성물 squalane을 제조하였다. 이것은 유동성이 좋은 액체다. 인체는 squalene을 포화 탄화수소 squalane으로 만드는 능력이 있다. squalane은 비-독성, 비-자극성, 저-알러지성, 비-

자극성 성질을 갖기 때문에 화장품 화학자와 피부과학자들에게 주목을 받았다.

Squalane은 피부와 피지에 자연적 액체 운반체이므로 국소적으로 이용할 때 여러 이점이 있다. 인간 피부지질과 섞일 수 있고 인간 피지의 생리학적 녹는점과 연관되어 녹는점을 낮추어 피부에 자극성 없이 분산되게 돕는다. 피부에 균일하게 그리고 물질의 증발을 방지하여 깊은 침투를 촉진한다. squalane은 또한 각질층의 섬유 사이에 시멘트와 혼합하여 피부의 수화 재료 표면을 통하여 침투를 돕는다. squalane을 탈지에 의해 생긴 백색 탈색 각질층과, 불완전 케라틴화 혹은 공기방울 때문에 생긴 백색 점을 갖는 손톱에 이용하면 정상 상태로 회복된다. 이러한 관찰은 squalane이 각질층에 침투하여 느슨한 각질구조의 공간을 채우는 것으로 증명되었다. 피부에서는 탈지표면의 유연성이 회복된다.

화장품 화학자들은 squalane(Robane®) 성분을 천연 화장품 재료에서 발견하였다. squalane은 불유쾌한 끈적거리는 느낌이 없이 피부에 보충되고 고정 오일 및 친지방성 물질과 쉽게 유화되고 산화되어 부패되지 않는다. 씻거나 햇빛노출 그리고 피부에 사용하면 잃은 오일을 회복시켜준다. squalane은 보습활동, 유연제, 보습제, 윤활제로 작용하는 능력을 가진 우수한 성분이다.

31 항-자극제

항-자극제(anti-irritant agent)는 자극반응에 대하여 대항하거나 혹은 억제한다. 이러한 화합물 혹은 성분은 천연이거나 인공이거나 상관없이 홀로 혹은 함께 화장품 처방에 사용하여 격렬한 혹은 만성적으로 발생된 자극을 감소하는 능력을 갖는다. 자극성 접촉피부염(irritant contact dermatitis : ICD)은 일반적으로 직장과 가정에서 발생한다. 낮의 활동에서 사람은 잠재적 자극(예를 들어 계면활성제, 절삭유 등)에 노출되어 자극성 접촉피부염이 발생할 수 있다. 그러한 해로운 물질에 대하여 최소로 노출되는 것을 추천하지만 실제는 여러 직업(예를 들어 농부, 산림소방관, 외부 활동인, 병원, 가정부)에서 노출된다. 자극성 접촉피부염 위험을 방지 혹은 감소하려고 장벽크림(barrier cream : BC)과 보습제를 포함하는 항-자극제를 널리 사용한다. BC와 보습제는 동일하지 않지만 그들의 모호한 정의 때문에 장벽크림과 보습제 용어는 가끔 문헌과 시장에서 서로 바꿔 사용한다. 장벽크림의 목표는 피부를 침투하는 외부 독성물질의 방지이고 일반적으로 직업 환경에서 사용하고 보습제는 가끔 건강한 피부유지와 "건조"피부상태에 사용한다. 그러나 보습제와 장벽크림은 그들 사이에 엄격한 구분이 곤란하므로 특성을 공유한다. 그러므로 피부 보호에 관한 표준화 용어를 다음처럼 제시하였다.(91) 그렇지만 미국 FDA는 OTC(over-the-counter) 제품으로 13종 피부보호제만 추천했다.(92)

- 장벽크림(barrier cream) : 일반적으로 직업성 환경에 사용하고 외부 독성물질의 피부 침투와 흡수를 방지 혹은 감소하려고 사용하는 국소용(local) 제품
- 보습제(moisturizer) : "건조"피부상태를 완화 및 개선하고 건강한 피부유지에 사용하는 국소용 제품이고 작업장소와 매일 생활에 자주 사용하는 제품
- 항-자극제(anti-irritant) : 동일한 제품 중에 더 자극하는 다른 성분의 자극 잠재성을 감소 혹은 현재 피부자극의 감소에 사용하는 제품
- 직업적 피부보호(occupational skin protection) : 보호수단을 이용하여 작업장에서 피부를 위험에서 보호하는 복잡한 용어. 보호수단은 보호용 장갑, 화학적 보호복장, 장벽크림, 보습제, 항-자극제를 포함하는 개인보호 장비, 공학적 제어, 작업개선을 의미한다.
- 직업적 피부학적 제품(occupational dermatologic products) : 피부학적 제품은 작업장에서 위험에 대한 산업적 피부보호, 계통적 피부보호, 피부보호 프로그램(위생실습)에 사용하고 다음의 세 가지 제품을 이용한다 : 피부 보호제품, 피부 세척제, 피부 컨디셔닝/재생 제품
- 피부 보호제품 : 피부손상 혹은 피부병을 방지/최소화하기 위해서 위험물 혹은 피부손상물질과 접촉하기 전에 피부에 사용하는 국소용 제품이고 장벽크림, 보습제, 항-자극제를 포함한다.
- 피부 세척제 : 피부표면에서 원하지 않는 물질 혹은 입자들을 제거하려고 사용하는 국소용 제품
- 피부 컨디셔닝 제품 : 피부의 수분과 매끄러움을 증가하려고 작업 후에 혹은 작업을 멈추는 동안 사용하는 국소용 제품
- 피부 재생제품 : 피부의 천연 장벽기능을 회복하려고 사용하는 국소용 제품

여기에서는 피부자극, 즉 부종(edema), 홍반(erythema), 수포(vesiculation), 장벽기능 등을 취급한다.

31.1 자극성 반응

자극성 접촉피부염은 염증성 피부반응을 발생시키는 화학물질과 접촉 때문에 일반적 손상을 수반한다. 가정이나 작업장에서 용매, 세탁제, 물과 같은 자극제에 노출되는 사람은 각질층이 손상되고 피부장벽이 악화된다. 피부자극반응의 정확한 메커니즘은 완전히 이해하지 못하지만 자극반응에 대한 "면역성-비슷한" 성분이 있는 것처럼 보인다. 자극성 접촉피부염의 임상적 겉보기는 외부와 내부 인자들에 따라 변한다. 공기로 운반되는 자극성 접촉피부염은 피복되지 않은 피부에서, 즉 대부분이 휘발성 자극제 혹은 증기에 노출된 다음 얼굴이나 목에 나타난다. 실제로 날마다 직업적으로 활동하면서 그러한 성분과 접촉하는 사람들은 이러한 자극을 피할 수 없다. 예방법은 자극성 접촉피부염 발생 위험의 감소다. 장벽크림과 보습제는 항-자극제와 함께 자극성 반응에 중요한 역할을 한다.

31.2 장벽크림 효능

장벽크림 연구는 화장품의 자극성 때문에 수많은 연구를 수행하였다. 인간 피부에 보호성 젤, 아세톤, 케로센을 노출하여 인간 피부의 초미세구조와 변화의 완화를 관찰하고 세포손상과 표피 상층의 조직파괴를 관찰하였는데, 용매에 노출되기 전에 보호제를 사용하면 실제로 표피세포의 초미세구조와 변화가 감소하였다. 장벽크림에 sodium lauryl sulfate (SLS), lactic acid(LA), perfluoropolyether(PEPE), cetyl alcohol, tannic acid, dimethicone, petrolatum, dexpanthenol, sodium dodecyl sulfate(SDS), beeswax, vaseline, NaOH, NH_4OH, $ZnCl_2$, ZnO 등의 성분을 이용한 다음 반복자극시험(repetetive irritation test : RIT), 표피투과수분손실(transepidermal water loss : TEWL), 묽히지 않은 톨루엔(undiluted toluene : TOL), 시각평가(visual scoring : VS), 반복 짧은-시간 흡장 자극시험(repeated short-time occlusive irritation test : ROIT) 등으로 장벽크림의 효능을 평가하였고 장벽크림을 사용하지 않은 경우보다 항상 효능이 월등한 것을 발견했다.(93)

31.3 보습제 효능

자극성 접촉피부염(ICD) 방지에 대한 보습제효과 시험은 자극제로서 주로 sodium lauryl sulfate(SLS)를 선택하고 보습제는 o/w와 w/o의 크림과 로션 형태를 사용하고 자극성 접촉피부염에 대한 효능을 시험한 결과에 의하면 모두 좋은 성적을 나타냈다.

31.4 항-자극성 물질의 효능

천연 항-자극성분으로 reinoic acid와 광천수를 이용하여 시험한 결과 여드름이 약간 감소하였고 sodium lauryl sulfate-유발 홍반은 포도씨 기름과 aloe vera gel에 의하여 회복 결과를 보여주었다. glycolic acid[$CH_2(OH)COOH$]는 홍반과 자외선-손상에 대하여 보호 효과를 나타냈다.

스트론튬 염류

감각자극(sensory irritation)은 자상(sting), 화상(burn), 가려움(itch)을 포함한다. 이것은 자극성 접촉피부염(ICD)에 속하는 임상문제이고 특히 환자들에게 중요한 관심사다. 여기에서는 의학적 문제를 벗어나서 효과적 항-자극성 물질에 대해서만 다루려고 한다.

Hahn(94)은 여러 자극성 화합물에 의해 생긴 감각자극(자상, 화상, 가려움)에 스트론튬 염류를 국소적으로 사용하여 본래 피부처럼 강력하게 감각자극을 억제하였다. 여러 다중 방식[이중맹검(double-blind), 운반-대조(vehicle-controlled), 임의-처리 지정시험(random-treatment assignment trials)]으로 화학 및 생물학적으로 관련이 없는 자극을 자신이 민감하다고 보고된 피부를 갖는 건강한 부인 피부에 스트론튬 염류를 시험하여 감각자극을 평가했다. 실제로 스트론튬 염류로 미리 처리하거나 자극제와 함께 섞으면 국소마취 부작용 없이 감각자극을 억제한다고 보고하였다.

Zhai와 공동 연구원들은(95) 질산스트론튬이 8항목에 걸쳐 화학적-유발 피부 감각자극을 감소하는 효능을 보고하였다. 이중맹검 방식과 임의-처리 지정시험에서 70% glycolic acid에 녹인 20% 질산스트론튬용액은 한쪽 손바닥에 그리고 반대 팔의 손바닥에 양성 대조(positive control)용으로 70% glycolic acid를 사용했다. 자극감각 시간은 국소 부위에 시험한 다음 20분간 1분 간격으로 0~4단위로 평가하였다. 자극감각 시간도 분 단위로 기록하였다. glycolic acid와 섞은 질산스트론튬을 glycolic acid만 녹인 용액과 비교한 결과에 의하면 24.4 min에서 8.9 min으로 크게 감소하였고 자극감각 크기는 전체 시간에 걸쳐 크게 감소하였다. 그들은 질산스트론튬이 화학적-유발 자극의 감각을 크게 감소한다고 결론지었다.

비-스테로이드성 항-염증제

비-스테로이드성 항-염증제(nonsteroidal anti-inflammatory drugs : NSAIDs)는 고통-완

화(진통제)효과와 염증감소효과를 갖는 의약품이다. diclofenac과 naproxen sodium 같은 국소용 NSAIDs는 유럽과 아세아에서 국소용 항-염증제로 널리 사용한다. 그들의 효능은 근육골격계 증상(musculoskeletal symptom)에서 입증되었지만 피부에 대한 항-자극 효과는 더 많은 연구를 필요로 하고 증거-바탕이 부족하므로 여기에서는 더 이상 설명하지 않는다.

결론적으로 말해서 항-자극제라는 용어는 Goldemberg(96)에 의하여 처음으로 사용하였고 "완화"와 "치유"라는 의미에서 항-자극제 효능을 발표하였다. 결론적으로 말해서 장벽크림과 보습제 같은 피부보호 제품의 사용은 가정이나 작업장소에서 자극에 의하여 발생된 피부자극 세기를 감소 혹은 피할 수 있다. 장벽크림은 고-위험성 물질과 부식제에 대한 일차보호제로 사용하지 않고 낮은-등급 자극제에 대한 보호를 제공한다. 매일 물, 비누, 세탁제를 사용하는 물-취급 작업자들은 장벽크림을 사용하는 것이 좋다. 장벽크림은 화합물, 오일, 기타 물질로부터 피부를 보호하고 작업이 끝난 다음 쉽게 씻을 수도 있다. 최적 보호효과를 달성하려면 구체적으로 노출상태에 바탕을 두고 조심스럽게 고려해야 한다. 그렇지 않으면 사용한 장벽크림이 자극을 악화 혹은 피부병을 발생할 수도 있다.

자극성 접촉피부염 방지에 대한 보습제 효과는 발표되었고(97) 손상된 피부의 치유속도에 적절한 보습제 이용도 발표되었다.(98) 점착성 장갑에 보습제 사용은 세제 노출로부터 자극을 감소하고 또한 장갑-유발 자극성 접촉피부염을 최소화하고 피부건조도 감소한다. 개인의 규칙적 자극제 노출은 가끔 보습제를 사용하여 그러한 피부염을 유발한다. 그러나 매일 정상 피부에 대한 보습제 이용은 5일간 계속된 이용에서 피부를 자극할 수 있다고 보고하였다.(99)

최적 장벽크림과 보습제 사용은 자극성 접촉피부염을 방지하고 부드럽게 처리한다. 처방에서 물-결합 성분의 혼합은 이로운 상승효과를 제공한다. 특히 활성 성분을 포함하는 기능성 장벽크림 화장품은 대중들이 더 선호한다. 보습제를 처리하는 최적 시간은 개인의 경우에 위험이 적은 시간이고 산업 현장에서는 피부염 발생 후에 시작하고 고-위험의 경우 개인과 산업 현장은 미리 장벽크림을 처리한다.

반응메커니즘은 잘 알려져 있지 않다. 자극을 방지하는 메커니즘은 장벽크림의 경우 위험물의 침투를 최소화한다는 점이다. 자극을 방지하는 두 가지 메커니즘은 첫째 표피와 진피 안으로 침투방지, 둘째 항-자극제를 피부에 도포하여 자극성 화합물의 생화학적 및 대사작용의 변화라고 이해한다. 지금까지 항-자극제 화합물의 최선 연구는 잘 조절된 임의 및 이중-맹검, 적절한 수의 대조군, 자극성 물질에 대한 항-자극제의 감도와 특이성에 대한 시험이다.

장벽크림, 보습제, 항-자극제를 포함하는 이상적 피부-보호처방은 비-독성, 비-여드름 발생, 비-자극성, 비-유지성 거품, 무색이어야 한다. 그리고 효능이 커야 하고 감도와 사용자의 시험방법을 방해하지 않아야 하고 쉽게 이용하고 제거되고 화장품으로 이용할 수 있어야 하고 비싸지 않아야 한다. 천연성분으로서 식물에서 추출할 수 있는 의학적 활성 성분이면 더욱 좋다.

32 여드름 치료 성분

여드름은 모든 남녀에게 일생 동안에 적어도 한 번은 부닥치는 문제다. 일반적으로 여드름은 호르몬이 얼굴 오일(피지)에 분비하기 시작하는 청년기에 처음 경험한다. 그러나 여드름은 어머니의 호르몬 때문에 유년기에 나타날 수 있고 신생아 간장에서 호르몬을 제거하면 빠르게 없어진다. 마지막으로 여드름은 얼굴에 붉은 형태로 성숙하여 고통스런 덩어리로 남는다. 여드름은 나서 죽을 때까지 모든 연령의 사람들에게 나타나고 여드름 제품은 OTC(over-the-counter, 의약외품) 제품으로 판매되고 2001년에 1억 달러를 소비했다.

먼저 간단히 여드름을 병리학적으로 설명하고 치료성분을 설명한다. 여드름 활성 성분은 미국 FDA에서 OTC로 취급하고 여드름 제품에 사용가능한 어떤 성분은 미국 FDA Acne 공정서에 수록되어 있다. 이러한 성분들은 여러 가지 여드름 얼룩, 여드름 뾰루지, 검정 여드름, 백색 여드름을 감소하는 데 목적을 둔다. 미국 FDA Acne 공정서에 수록된 성분은 salicylic acid, sulfur, sulfur-resorcinol 혼합물, benzoyl peroxide다. 이러한 성분들은 한 가지씩 사용하고 섞어 사용하지 않는다.

32.1 여드름 병리학

여드름은 *Propionibacterium acnes*라고 알려진 박테리아에 의해 감염된다. 이 미생물은 모든 사람의 얼굴에 존재하고 영양 공급원으로 피지를 이용한다. 피지를 소화한 다음 박테리아는 자유 지방산을 방출하고 그 지방산은 피부를 자극하여 고통, 붉은 반점, 특이한 여드름 병소(病巢, lesion)의 팽창을 가져온다. 재군집(recolonization)은 빠르게 일어나므로 완전한 감염박멸은 불가능하다. 신생아는 출생 후 한 시간 안에 *P. acnes*에 의해 감염된다. 그러나 피지 생성이 증가하여 박테리아들이 증식되는 청년기까지 여드름 발생은 멈추지 않는다. 반대로 피지생산이 감소하면 여드름이 없어진다.(100) 현재 여드름 치료는 치료하지 않고 저절로 해결될 때까지 여드름을 조절하는 것에 목적을 두는 것이 현명하다.(101)

여드름 병소는 세 가지로 구분할 수 있다. 첫째 비-염증 병소(상처 없는)이고 이것은 열린 여드름(검정 여드름)과 닫힌 여드름(백색 여드름), 둘째 염증 병소(상처가 생길 수 있는)이고 이것은 구진(붉은 혹)과 농포(고름 혹), 셋째 염증 병소(상처)이고 이것은 구상체(피부에 덩어리)와 포낭(cysts, 피부에 깊은 덩어리)이다. 피지는 피지샘에서 생성되고 그 샘에서 나와 포낭을 거쳐 피부표면으로 옮긴다. 피부 건강은 방해받지 않는 연속적 피지의 흐름이 필요하다. 피지흐름이 방해받으면 모낭에 마개가 생긴다. 형성된 여드름 병소의 종류를 결정하는 것은 마개의 높이 수준이다. 피지흐름은 물의 흐름과 비슷하다. 물이 일정하게 이동하면 오염되지 않는다. 그러나 고인 물은 세균 구덩이다.

피지흐름을 방해하는 마개가 모낭에서 높게 위치하면 그것이 검정 여드름 혹(blackhead open comedone)이라는 열린 여드름이고 여드름 중에서 가장 온화한 형태이고 질병 위치에 쉽게 접근할 수 있으므로 국소용 약제로 쉽게 치료된다. 이러한 여드름 종류는 마개를 없애는 각질용해제라고 알려진 물질로 치료할 수 있다. 각질용해제 예는 salicylate와 benzoyl peroxide다. 검정 여드름은 팽창된 구멍 안에 검은 점으로 나타나고 특히 코 부분에서 정상적 구멍과 구별된다. 검정색 마개는 일부분 멜라닌 때문에 나타나지만 그 마개를 포함하는 피지 색과 피부 조각 때문에도 나타난다.

열린 여드름에 추가해서 닫힌 여드름도 형성될 수 있다. 이 경우에 피부에서 피지흐름 장애는 더 적고 그 흐름 연결이 없어진다. 이러한 종류의 병소를 닫힌 여드름 혹은 백색 여드름이라고 한다. 닫힌 여드름은 치료용 크림에 반응하지만 크림이 피부 속으로 잘 침투하지 못하므로 그 여드름은 쉽게 열리지 않는다. 대부분 OTC 여드름 치료제는 면포 여드름에 사용하고 염증 여드름은 효능이 덜하다.

여드름 구멍이 피부 안에서 막히고 박테리아 존재 때문에 모낭 벽이 없어지면 염증 여드름이 생긴다. 여기에서 *Propionibacterium acnes* 박테리아에 의해 방출된 자유지방산이 모낭을 파손하여 염증이 생기고 백혈구세포는 피부로 이동한다. 이러한 백혈구세포 이동은 붉은 고통스런 여드름 혹을 형성하고 이것을 염증 구진(inflammatory papule)이라고 한다. 백혈구세포들이 다량 이동하면 고름이 생기고 그 병소를 농포(pustule)라고 한다. 피부에서 훨씬 더 강력하고 더 깊은 염증은 구상체(nodule)를 형성하고 마지막으로 포낭(cyst)을 형성한다. 이러한 종류의 여드름은 염증과정이 표피를 파손하므로 상처가 생긴다. 구진과 농포 염증은 국소 여드름 치료와 식물성 항-염증제를 이러한 목적에 가끔 사용한다. 현재 시장에 출시된 OTC 여드름 치료제는 Benzoyl peroxide, salicylic acid, sulfur, hydroxy acids, retinoids, tea tree oil, zinc, niacinamide들이다.

32.2 여드름 치료제

여기에서 설명하는 여드름 치료제는 미국 FDA 공정서(공정서)에 OTC 치료제로 추천된 성분들이다.

32.2.1 Benzoyl peroxide

OTC 여드름 치료제 중에서 가장 효과성이고 가장 보편적으로 사용하는 성분은 benzoyl peroxide이고 13~27세의 23% 사람들이 사용한다. benzoyl peroxide는 benzoyl chloride를 과산화소듐과 반응시켜 만든다. benzoyl peroxide는 라디칼 개시제이고 대단히 가연성이고 폭발성이고 종양 촉진제와 돌연변이제로 작용한다.

Benzoyl peroxide는 본래 의료목적으로 개발되지 않았고 1917년에 표백분 성분으로 출현했다. 1960년대에 처음으로 다리 종양 치료제 그리고 1970년대에 여드름 치료제로 사용하였다. 그 밖에 치아 미백제와 모발 염료 활성제로도 사용한다.

Benzoyl peroxide는 여드름에 대하여 항-박테리아, 항-염증, 여드름분해 성질을 갖는다.(102) benzoyl peroxide 화합물이 피부에 닿으면 benzoic acid와 산소로 분해되고 아무런 문제를 발생하지 않는다. 5% benzoyl peroxide를 2일간 *Propionibacterium acnes*에 대하여 시험한 결과에서 *P. acnes*는 크게 감소하였고(103) 10% benzoyl peroxide는 3일 후에 감소하였고 7일 후에 더 이상 감소하지 않았다.(104) 이들의 실험결과에 의하면 benzoyl peroxide는 처음에 *P. acnes*에 대하여 살균력을 발휘하지만 2~3일이 지나면 진한 농도를 사용하여도 살균력이 크게 감소하였다. 그러므로 benzoyl peroxide 여드름 치료제는 다른 erythromycin 혹은 clindamycin 같은 항생제와 섞어 사용한다. 그렇지 않으면 2~3일 후에 여드름 치료제를 바꿔야 한다. benzoyl peroxide는 1~2.5% 농도를 권하고 더 진하면 피부자극이 생겨 홍반과 피부팽창, 물집생성, 통증 등이 생긴다. 미생물들은 benzoyl peroxide에 대하여 내성을 나타내지 않는다. benzoyl peroxide는 산소 라디칼을 감소하여 항-염증제로도 작용하고 피부의 홍반과 통증을 감소한다. benzoyl peroxide는 피부와 접촉할 때 젤-상태로 처방해야 묽힘효과를 기대하면서 살균효과를 기대할 수 있고 입자들이 크면 농도증가 영향을 주어서 피부에 자극을 준다.

32.2.2 Salicylic acid

OTC 여드름 치료에서 활성 성분으로 사용하는 다른 주요한 여드름 치료제는 2% 농도까지 사용할 수 있는 salicylic acid이고 이것은 무색 결정성이고 유기용매에 녹는다.(105) salicylic acid는 hydroxybenzoic acid라고도 알려졌고 의약으로서 오랜 역사를 갖는다. salicylic acid는 arachidonic acid를 억제하는 항-염증제, 근육통증용 도포제, 여드름 치료제로도 사용한다.

Salicylic acid는 모낭에 침투하여 모낭 벽에서 여드름 마개를 제거하지만 *Propionibacterium acnes*를 살균하지 못하고 항생제 내성을 방지하지 못한다. 그러므로 salicylic acid는 여드름 치료에서 benzoyl peroxide보다 못하지만 덜 자극성이고 덜 알레르기성이다. salicylic acid는 알코올-세탁제 운반체 용액 혹은 패드에 침투시켜 사용하고 피부에 문지를 때 2% 용액을 사용하고 열린 여드름에 10~20%를 사용한다.(106)

32.2.3 황

황은 박테리아 발육저지와 항균제라고 알려졌고 수세기 동안 여러 피부상태의 치료에 사용된 비금속 원소다. 황은 로마시대에 의학교과서에 De Medicina라고 하여 여드름 치료용 목욕물에 사용하였다. 황의 반응 메커니즘은 완전히 알지 못하지만 각질층의 cysteine과 반응하여 황이 황화수소로 환원하는 것으로 생각한다. 황화수소는 그 다음에 케라틴을 분해하여 황의 케라틴 분해효과를 나타낸다.(107)

32.3 FDA 공정서에 기재되지 않은 기타 여드름 치료제

여기에 속하는 성분들은 hydroxy acid, tricosan, retinol, 차나무 기름(tea tree oil)이다.

32.3.1 Hydroxy acids

Glycolic acid 같은 hydroxy acid는 박리제(desquamating agent)로 여드름 치료에 사용한다. glycolic acid는 가장 적은 단위의 α-hydroxy acid이고 무색, 무취, 흡습성 결정 고체다. glycolic acid는 사탕수수를 발효하여 제조하고 일반적으로 chloroacetic acid를 수산화소듐과 반응한 다음 다시 산성화하여 합성한다.

Glycolic acid의 여드름 치료 효율은 자유 산의 농도와 관련이 있다. glycolic acid의 자유산은 각질층의 각질세포 사이에 이온결합을 녹일 수 있다. 이러한 박리는 여드름 마개를 제거하지만 수용성 glycolic acid는 구멍의 오일 속으로 들어갈 수 없다. 이러한 이유 때문에 salicylic acid는 훨씬 더 좋은 여드름 치료제다. glycolic acid는 피부에 세척제, 보습제, 박리제 형태로 공급된다. 물로 헹구는 클렌저(cleanser)는 여드름 치료에서 그 효과성이 지속성 보습제보다 못하다. 더 진한 20～70% glycolic acid는 피부에 박리제 형태로 3～5분간 유지한 다음 헹구는 방식으로 사용한다. 그 박리 방식은 여드름의 검은 점 소멸에 사용하고 후-염증 과색소화(post-inflammatory hyperpigmentation)라고 한다.(108)

32.3.2 Triclosan

국소 항생제도 여드름 치료에 사용할 수 있다. 탈취비누와 물-없이 손-소독제로 사용하는 한 가지 일반적 항생제는 triclosan이다. Triclosan은 U.S. Acne 공정서에 없지만 영국과 같은 다른 나라는 여드름 치료에 사용한다. Triclosan은 피부표면에서 *Propionibacterium acnes*를 감소하고 피부학자들은 여드름 환자에게 여드름 치료의 한 방편으로 탈취비누 사용을 권한다. triclosan을 공급하는 한 방법으로 hydrogel gel patch도 사용한다.

32.3.3 Retinol

Retinoids라고 알려진 비타민 A 유도체는 여드름 치료에 사용한다. retinoid 처방은 adapalene, trtinoin, tazarotene이라는 세 종류 유도체를 사용한다. 불행하게도 retinoid는 건조, 박리, 자극이라는 원하지 않는 부작용을 발생한다.

32.3.4 차나무 기름

차나무 기름(tea tree oil)은 여드름 치료에 사용하는 가장 보편적 약초의 정유이다. 그 정유는 Australian tree Melaleuca alternifolia에서 추출하였고 terpinen-4-ol, alpha-terpineol, alpha-pinene을 비롯한 몇 가지 항생제를 함유한다. 그 정유는 신선한 향과 냄새를 갖는 엷은 금색 기름이고 소독제, 항진균제, 항생제로 사용한다. tea tree oil은 benzoil peroxide보다 부작용이 적고 여드름 주위에 홍반을 감소하고 독성이 없다. 그러나 먹으면 독성 때문에 해롭다. 피부에 닿으면 알레르기를 발생할 수 있다.

32.3.5 기타 여러 가지 여드름 치료성분

국소적으로 아연 염류를 *Propionibacterium acnes*와 구강제로 사용하여 동종요법 여드름 치료효과를 얻었다. 아연 염류는 erythromycin과 clindamycin에 대하여 저항성을 나타냈고 아연은 nicotinamide와 함께 구강용으로 사용하여 여드름 치료에서 염증감소를 나타냈다. nicotinamide는 국소용 용도와 구강용에서 여드름 치료효과를 나타냈다.

33 노화방지

노화방지 성분은 적극적으로 피부 겉모양에 영향을 주는 애매한 범위의 물질이다. 노화방지에 의해 노화를 방지하고 이미 노화된 피부 겉모양을 개선하는 여부는 불명확하지만 대부분 소비자들은 어느 결과이든 간에 만족한다. 화장품 처방에서 선택할 수 있는 성분은 대단히 많으므로 새로운 노화방지 화장품들이 계속해서 개발되고 또한 새롭게 재료들을 개발하므로 노화방지 화장품은 앞으로 크게 발전할 것으로 믿는다. 노화방지 기능성 성분 범위는 ① 항-산화, ② 항-염증, ③ 색소감소(pigment lightening), ④ 햇빛보호, ⑤ 받개 활성화(receptor activation), ⑥ 세포 메신저, ⑦ 장벽 기능(barrier function)이다.

대부분 노화성분은 이러한 7분야의 하나에 의하여 피부를 개선한다. 이러한 7분야는 약간 겹치기도 한다. 여러 항산화제는 산화반응이 염증을 유발하므로 항-염증제와 겹친다. 주름이 생기는 가장 확실한 얼굴노화는 피부산화 때문이다. 또 다른 주요한 얼굴노화 표시는 특히 유색인종에서 불규칙한 색소의 착색이다. 색소변화와 피부산화는 햇볕보호에 의해 방지할 수 있고 피부 받개의 변조를 통하여 피부 거동을 증진할 수 있다. 마지막으로 장벽보수는 건강한 장벽을 젊은 피부의 시각적 인식으로 해석하므로 노화에 중요하다.

33.1 항산화제

항산화제는 노화방지 성분 중에서 가장 널리 사용하는 종류 중의 하나다. 피부노화의 주요한 원인은 산소가 풍부한 환경에서 큰 반응성을 갖는 산소분자에 의해 피부구조가

산화되는 사실 때문이다. 생존에 필요한 생명-제공 산소는 또한 인체 노화에도 책임이 있다고 생각하는 것이 놀라운 일이다. 모든 식물은 성장하는 외부 환경에서 UV 노출에 따른 산화로부터 자신들을 보호해야 한다. 그러므로 항산화제 성분의 화장품화학-약리학적 주요한 원료는 식물추출물에서 얻는다.

항산화 식물 성분은 과산화물 음이온, 히드록실 라디칼, 지방 과산화물 라디칼, 과산화수소화물과 같은 단일항(singlet) 산소의 담금질(quenching)과 반응성 산소 화학종에 의하여 그 기능을 발휘한다. 원료 공급자로부터 이용할 수 있는 식물 항산화제는 carotenoids, flavonoids, polyphenols처럼 세 종류로 분류할 수 있다. Carotenoids는 화장품학과 약학 분야에서 이용할 수 있는 가장 많이 연구된 노화방지 성분이다. Flavonoids는 폴리페놀 구조를 가지므로 항산화제, UV 보호제, 금속 킬레이트화 기능을 갖는다. 마지막으로 polyphenols은 식물 항산화제에서 가장 큰 범주를 구성한다. 이러한 항산화제는 체내에서 비타민 E와 C, ubiquinone과 함께 자연적으로 생기는 항산화제를 보강한다.

국소용 노화방지 성분으로서 산화방지제의 주요한 문제 중에 하나는 구강용으로 사용하여 기능을 판단한다. 국소용 항산화제 사용에 근거한 많은 자료들은 설치류의 구강투여 항산화제로부터 얻는다. 사람에서 나오는 자료는 실험하기 매우 힘들다. 엄격한 의미에서 항산화제는 아직 생기지 않은 손상을 방지하는 것이다. 이러한 연구는 10년 이상 두 그룹으로 나누어 한 그룹은 항산화제를 투여하고 한 그룹은 항산화제 운반체만 공급하여 실험하고 있다. 이러한 사람에 대한 연구는 불가능하고 윤리적으로도 적절하지 않다.

국소용 항산화제를 사용하는 또 다른 시험방법이 필요하다. 가장 보편적 시험은 햇볕에 그을린 세포 분석법(sunburn cell test)이다. 이 실험은 국소용 항산화제를 햇볕으로부터 보호된 궁둥이와 보호되지 않은 궁둥이에 바르고 8~12주 후에 그 피부에 태양 모의실험 복사선을 적어도 2MED(minimal erythermal doses ; 최소 홍반 투여량)를 쬐인다. 그 다음 두 자리를 생체검사하고 햇볕에 그을린 세포수를 비교한다. 자멸세포(apoptotic cell)라고 알려진 햇볕에 그을린 세포는 치명적 산화성 공격 때문에 세포사망주기에 들어간다. 국소용 항산화제에 의해 햇볕에 그을린 세포들이 생기지 않으면 생리학적으로 관련이 있는 항산화제라고 말한다. 이와 똑같은 시험은 구강 항산화제 그룹과 제2의 위약(placebo) 그룹으로 나누어 실험할 수 있다.

33.1.1 Carotenoids

Carotenoids는 비타민 A이고 retinoids tretinoin과 tazarotene 처방과 관련 있는 국소용 노화방지제다. carotenoids는 오렌지, 빨강, 노랑이 나타나는 물질이고 섭취할 때 중요한 항산화제 역할을 하고 국소용 항산화제로서 아직 덜 알려져 있다.

비타민 A

모든 국소용 carotenoids 중에서 비타민 A는 가장 중요하다. 천연적으로 생기는 비타민 A는 retinal이고 시각에 필요한 성분이고 잘 알려진 피부-감각기관이다. 구강 첨가물 중에 비타민 A는 레티날 활성도 당량(retinal activity equivalent : RAE)으로 측정한다. 비타민 A는 지용성 비타민이고 시금치, 파파야, 망고, 케일, 당근, 단감자에 많이 포함한다. 비타민 A는 인체에서 90% 이상 간에 저장되고 1%는 플라즈마에 있다. 비타민 A는 시각에 필요할 뿐만 아니라 기관지, 호흡관, 위, 자궁, 피부 등에서 상피조직의 화학적 발암 방지에 필요하다. retinal은 노화피부의 겉모양 개선에 좋고 피부-감각기관에 중요한 역할을 한다. 레티노이드 처방에 주요한 문제는 자극성이고 함량이 많을수록 자극이 심하다.

Astaxanthin

Astaxanthin은 연어에 많이 함유된 분홍색 carotenoid이고 매주 5회 이상 섭취를 권장한다. 국소용으로 사용하는 astaxanthin은 해양 마이크로 조류 *Haematococcus pluvialis*에서 얻는다. astaxanthin은 두 외부 지질층을 구성하는 세포막에 기여하고 비타민 E보다 강력한 항산화능력을 갖는다고 칭찬한다. 이것은 강력한 UV에 노출되면 수용성과 지용성으로 변한다.

Lutein

국소용 약용화장품에서 알려진 또 다른 carotenoids는 lutein이고 자연의 시금치와 케일 같은 녹색잎 식품에서 발견된다. lutein은 식물에서 항산화제로 작용하고 또한 파란빛 흡수에 이용한다. lutein은 달걀노른자와 동물지방에 함유되어 있고 친유성 분자이고 물에 녹지 않고 컨쥬게이트 이중결합으로 구성된 긴 폴리엔 곁가지 사슬을 갖는다. 이러한 이중결합은 빛과 열에 의해 분해된다. lutein은 파란빛 흡수에서 생기는 오렌지-빨간색 때문에 천연 착색제로 사용한다. 가장 큰 용도는 닭에 대한 식품 첨가제로 사용하여 노른자를 더 밝은 노란색으로 만든다. 사람은 lutein이 반점에 농축되어 있고 반점 퇴화 방지와 관련이 있다.(109)(110) 과식하면 cartenodermia를 발생하고 피부는 노란색으로 변한다.

33.1.2 Flavonoids

Flavonoids는 또 다른 종류의 항산화제이고 고급식물에 있는 노란색 방향족 화합물이다. 지금까지 5,000종류 flavonoids들이 확인되었고 이들은 15 탄소원자를 갖고 여러 생물학적 활성도를 갖는다. flavonoids는 flavones, flavonols, isoflavones, flavonones으로 분류하고 화학구조는 서로 약간 다르다. 국소용 retinoids의 효과는 첫째 가늘고 거친 얼굴 주름살 개선, 둘째 거친 촉감의 감소, 셋째 각질 감소, 넷째 태양광에 의한 검버섯 생성을 감소한다. 콩 성분은 심장질환과 아시아 여성들의 유방암 억제에 좋다고 알려져 있다. 콩 성분 중에서 isoflavones은 콩을 발효할 때 나타난다. 국소용 에스트로젠은 피부 두께를 증가하고 콜라젠 합성을 촉진한다.

33.1.3 폴리페놀

폴리페놀(polyphenol)은 여러 약용화장품 중에서 flavonoids에 속하고 폴리페놀의 두 가지 주요한 원료는 홍차와 과실이다. 여기에서는 녹차와 석류를 설명한다.

녹차

*Camellia sinensis*라고도 알려진 홍차는 5000년 이상 동양에서 국소용 피부와 구강 섭취에 이용한 인기 있는 식물 입사귀이다. 홍차는 동양문화에서 오랜 명상 시간에 정신을 차리게 지속하는 향이 풍부한 차이다. 차는 동일한 식물에서 가져오지만 처리과정에 따라 녹차(green tea), 우롱차(oolong tea), 백차(white tea), 흑차(black tea)로 생산된다. 녹차는 발효하지 않은 찻잎으로 만들고 폴리페놀 항산화제를 가장 많이 함유한다. 흑차 잎은 수일간 발효하고 가열하여 만든다. 우롱차는 중국 푸지엔성(福建省)에서 유래하였고 우롱차 잎은 흑차와 비슷하게 그러나 생기를 잃지 않게 발효시간을 짧게 처리하여 만든다. 백차는 봄에 새싹이 나오는 며칠 동안만 채취한 어린 찻잎으로 만든다. 이러한 잎들은 항산화제를 매우 많이 함유한다. 최고 품질 백차는 침상 혹은 뾰족한 싹에서 채취한 것으로 만든다. 녹차는 잎이나 싹을 채취하여 생산하고 epicatechin, epicatechin-3-gallate, epigallocatechin, epigallocatechin-3-gallate(EGCG)를 포함한 몇 가지 폴리페놀을 함유한다. 이들은 유력한 항산화제다. EGCG는 폴리페놀 중에서 가장 유력한 항산화제이고 white caffeine-free powder라는 이름으로 판매되고 있다.

녹차 추출액을 C3H 마우스에 투여하여 UV-B-유발 염증이 감소하고 부종, 홍반, 표피에서 항산화제 부족증이 치유되는 것을 발견했다. 녹차 폴리페놀은 국소용 기능으로 항산화제, 항-염증, 항암제, 노화방지제 역할을 한다.(111)(112)(113)(114)(115)

석류

건강음료와 비타민에 나타나는 또 다른 경구용 첨가물인 리코펜(lycopene)은 석류 추출액이다. 식물학에서 *Punica granatum*이라고 알려진 석류는 낙엽수이고 아프가니스탄, 파키스탄, 이란, 북인도 지방에 자생하는 붉은색 석류과일을 맺는다. 스페인 이주민이 캘리포니아에 정착하여 경작하면서 주스로 만들어 판매하였다. 석류 주스는 16% 비타민 C/100 mg이고 비타민 B5라고 알려진 pathothenic acid, 포타슘, 항산화제 폴리페놀을 함유한다. 석류주스는 UV-A와 UV-A 유발 세포 손상을 방지하고 산화성 스트레스를 감소하고 혈소판 응고와 LDL을 개선한다.

33.1.4 내생성 항산화제

인체는 내생성(內生成, endogenous) 항산화제로 작용하는 몇 가지 물질을 이용한다. 그 첫째 항산화제는 비타민 E이고 식이에 의하여 소화되기 어렵다. 이러한 이유 때문에 비타민 C를 둘째 항산화제로 사용하여 한 전자를 비타민 E에 주어 반응성 산소 화학종을 제거한다. 이러한 비타민은 인체에서 만들지 못하므로 입을 통하여 외부로부터 섭취해야 한다. ubiquinone과 같은 물질은 한 전자를 비타민 C에 주어 셋째 항산화제로 작용하게 만들고 다음에 전자를 비타민 E에 전이하고 반응성 산소 화학종을 제거한다.

비타민 E

비타민 E는 인기 있는 노화방지 성분이다. 표피 중에 비타민 E 농도는 대단히 적지만(1.0 nmol/g) 체내에서 가장 중요한 지용성 막-결합 항산화제다. 비타민 E는 비타민 C 존재하에서 항산화 능력을 재생할 수 있으므로 비타민 E와 C는 서로 상승작용을 한다. 생물학적 활성이 가장 큰 비타민 E 형태는 α-tocopherol이고 지질의 라디칼 사슬 반응을 종결하고 인지질분해효소 A, 리소인지질, 자유지방산 등에 의해 손상된 막을 안정화하고 셀렌 혹은 황을 함유하는 막 단백질도 보호한다. 비타민 E는 야채, 식용유, 열매, 옥수수, 콩, 밀가루, 마가린, 견과, 육류, 낙농제품에서 섭취한다.

α-tocopherol은 UV-B-유발 수종과 홍반을 방지하고 SPF는 3 정도이고(116) UV-B 가장자리 빛을 흡수하고 자유 라디칼을 없애고(117) 지용성 항산화제 역할을 한다. 그러나 비타민 E를 입으로 섭취하면 광보호효과를 나타내지 않는다.(118) 국소용 비타민 E는 또한 각질층 지질 이중층 영역 안에 삽입되고 막 특성을 변화하여 다른 노화성분에 대한 침투증진제로 작용할 수 있다.(119)

비타민 C

비타민 C는 ascobic acid이고 구강용과 국소용으로 피부에 이용한다. 국소용 비타민 C는 과색소침화(hyperpigmentation) 방지용 약용화장품으로 사용한다. 왜냐하면 비타민 C는 구리 이온과 서로 반응하여 dodaquinone을 환원하고 dihydrochinindol-2-carboxyl acid 산화를 차단하고 멜라민 생성을 방지하기 때문이다.(120) 경구용 비타민 C(L-ascorbic acid)는 자유라디칼 제거와 비타민 E 재생에 의해 항산화제 역할을 한다.(121)(122) 비타민 C는 lysyl과 proyl hydroxylase의 보조인자로 작용하고 콜라젠의 삼중 나선구조를 안정화하므로 부상치료에 필요하다. 그러나 비타민 C가 국소용 혹은 경구용 보충제로서 부상치료를 증진하는 여부는 논쟁중이다.

구강용 비타민 C는 괴혈병 방지에 필요하고 괴혈병은 피부연약화, 잇몸병, 모발 비틀림을 초래한다. 비타민 C는 피부에 대단히 중요함에도 불구하고 일상생활에서 채소를 통하여 섭취하기 때문에 화장품과 피부학에서 별로 다루지 않는다.

Ubiquinone

노화방지 보습제와 관련이 있는 내생성 항산화제(endogeneous antioxidant)는 ubiquinone이고 이것은 Coenzyme Q10이라고 알려져 있다. ubiquinone은 체내의 모든 친수성과 소수성 부분에서 발견된다. 동물을 이용한 여러 실험에서 빛을 쬐일 때 ubiquinone이 생체피부로 침투하고 산화반응이 감소하고 인체의 결합형성 조직세포 감소와 주름을 개선하였다.(123)(124)

33.2 항-염증제

여러 항산화제는 산화에 의한 손상이 염증 출발점이므로 항-염증제라고도 한다. 그러므로 이러한 두 범주 사이에 구별은 약간 인위적이지만 지구에서 가장 오래 사는 aloe vera(백합과 식물)와 은행나무 성분에 대한 연구를 살펴보면 무리는 아닌 것 같다. aloe vera는 aloe 경엽채의 추출액이다.

33.2.1 Aloe vera

식물성 피부 항-염증제로 가장 널리 이용한 것은 aloe vera다. aloe 점액질은 식물 잎에서 무색 젤로 나오고 수분이 99.5%이고 그 밖에 mucopolysaccharide, amino acids, hydroxy quinone glycoside, minerals을 함유한다. aloe vera 주스에서 분리된 화합물들은

aloin, aloe modin, aletinic acid, choline, choline salicylate들이다.(125) aloe vera의 피부효과는 혈류증가, 염증감소, 피부세균감소, 상처치료 증진이다.(126) aloe vera의 항-염증효과는 arachidonic acid 경로 중에서 cyclooxygenase를 억제하는 능력에서 생긴다. 노화방지 성분은 햇볕화상과 여드름에 대한 긍정적 효과를 나타낸다.(127)(128) 그렇지만 aloe vera 크림은 위약(placebo)에 비하여 햇볕화상 방지와 치료에 효과를 나타내지 않았다.(129) aloe vera 97.5% 용액은 햇볕화상 치료에서 1% hydrocortisone에 비하여 긍정적 효과를 나타냈고 염증에 대하여 좋은 치료결과를 나타냈다.(130)

33.2.2 은행나무

은행나무는 maidenhair tree라고 부른다. Ginkgoaceae과의 마지막 종이고 2억~2억5천년 전부터 생존한다. 이러한 이유 때문에 은행나무는 다른 식물에서 발견되지 않는 flavonoids를 함유한다. 은행나무는 bilobalide(sequiterpene 종류), ginkgolides(20 탄소원자를 갖는 diterpenes), 그 밖에 ginkgol, bilobdol, ginkgolic acid 같은 방향족 화합물을 함유한다. 은행은 동양에서 4,000년 이상 가정치료약으로 사용되었다. 은행나무 잎은 항-염증효과를 갖는 terphenoids(ginkgolides, bilobalides), flavinoids, flavonol glycoside 같은 특이한 폴리페놀을 함유한다. 이러한 항-염증효과는 안티-라디칼과 관련이 있고 인간 결합조직형성세포 증식을 유발한다.(131) 또한 은행 추출물은 콜라젠 증식과 관련이 있고(132) 항-염증 노화방지 성분으로도 작용한다.

33.3 얼굴색소의 감소

불규칙한 얼굴 색소형성은 가장 일반적 노화 징조 중에 하나다. 검은 피부는 현재 품질이 향상된 화장품 때문에 생기지 않는다(오래 전에는 하얀 분가루를 산화납 분말로 만들어 얼굴에 칠해서 납중독 현상 때문에 검은색으로 나타났다). 불규칙 색소형성은 몇 가지 이유 때문에 생긴다. 빰 외부에 작은 점이 생기는 과다색소침착은 일반적으로 20~30대에서 시작하여 햇볕 노출에 따라 일생을 통하여 축적된다. 색소형성은 또한 얼굴 전체를 통하여 나타난다. 이것을 치료하는 방법은 아직 문제로 남아 있고 일시적으로 레이저를 이용한 피부박리 방법을 사용하지만 영구성이 없다. 현재 색소를 감소하여 노화방지에 사용하는 성분들은 ascorbic acid(비타민 C), licorice 추출물, α-lipoic acid, kojic acid, aleosin arbutin, hydroquinone이다.

33.3.1 비타민 C

Ascobic acid라고도 알려진 비타민 C는 과다색소침착에 사용하는 약용화장품이다. 이것은 구리이온과 반응하여 dopaquinone을 감소하고 dihydrochinindol-2-caboxy acid 산화를 차단한다. 항산화제 비타민 C는 공기에 노출되면 빠르게 산화된다. 그래서 여러 비타민 C 노화방지제는 더 안정한 magnesium ascorbyl phosphate로 만들어 사용한다. 이것은 피부에서 ascobic acid로 변한다. Ascorbic acid는 pH 조절제 혹은 노화방지제의 방부제로도 사용하고 낮은 pH에서는 피부를 자극하므로 진한 농도는 주의해서 사용해야 하고 피부 색소감소 성분으로 사용할 때 진한 농도를 사용할 필요가 없다.

33.3.2 감초 추출액

감초(licorice) 추출액은 얼굴의 홍반을 감소하고 색소형성을 감소한다. 감초 추출액은 liquiritrium과 isoliquertin을 함유하고[133] 이들은 flavonoids를 함유하는 glycoside이고 멜라닌을 분산하여 피부색소를 감소한다. 임상학적으로 liquiritin은 투여량이 4주간 1 g/day이다. 감초는 자극성 부작용이 없고 비타민 C와 함께 사용해도 괜찮다.

33.3.3 α –Lipoic acid

α-lipoic acid는 여러 노화방지 약용화장품에서 산화방지제로 작용하지만 매우 제한된 범위에서 색소감소제 역할도 한다.[134] 이것은 octanoic acid의 2황화물 유도체이고 tyrosinase를 억제할 수 있다. α-lipoic acid는 큰 분자이고 멜라닌세포의 피부에 침투하여 멜라닌 생성을 크게 감소한다.

33.3.4 Kojic acid

Kojic acid는 화학적으로 5-hydroxymethyl-4H-purane-4-one이라 명명하고 가장 인기가 있는 노화방지 색소감소 성분 중에 하나다. 이것은 친수성 진균 유도체이고 Aspergillus와 Penicillium 종에서 얻는다. 이것은 동양에서 피부의 작은 점 치료에 가장 보편적으로 사용하는 노화방지 색소감소 성분이지만 대단히 불안정하다.[135] 어떤 논문은 kojic acid 색소감소를 금 표준과 비교하여 hydroquinone(환원제)과 대등하다고 설명한다.[136] kojic acid 활성은 구리와 결합하여 tyrosinase 활성을 방지하는 능력이 있다.

33.3.5 Aloesin

Aloesin은 aloe vera 식물에서 얻은 저분자량 glycoprotein이다. 이것은 tryosinase을 억제하는 천연 hydroxymethylchromone이고(137)(138) hydroquione에 비하여 세포독성이 없지만 aloesin의 친수성 때문에 피부침투 능력에 제한받는다. aloesin 효과는 착색피부에서 크게 나타나고 인간에 대하여는 그렇지 않았다.(139)

33.3.6 Arbutin

Arbutin은 화학적으로 4-hydroxyphenyl-β-glucopyranoside이고 Vaccinicum vitis-idaca와 기타 관련 있는 식물 잎에서 얻는다. 이것은 천연적으로 존재하는 gluconopyranoside이고 메신저 RNA에 영향주지 않고 tyrosinase 활성을 감소하고(140) 멜라닌소체(melanosome) 돌연변이도 억제한다. arbutin은 멜라닌세포에 독성이 없고 일본에서는 3% 농도를 여러 색소감소에 사용한다. 더 진한 농도는 적은 농도보다 효과가 있지만 역설적으로 염증이 증가하고 검정색소가 생긴다. Arbutin-β-glycosides는 세포독성이 arbutin보다 적다.(141)

33.3.7 Azelaic acid

Azelaic acid는 약용화장품에서 색소를 감소할 때 hydroquinone을 대체할 수 있는 성분 중에 하나다. 이것은 Pityrosporum ovale 배양에서 얻은 9-carbon dicarboxylic acid이고 색소감소 효과는 약하지만 미학적 배경은 hydroquinone 효율과 버금간다.(142)(143) 이것은 tyrosinase 활성을 방해하지만 DNA합성도 방해한다. 이것은 비정상 멜라닌세포에 대하여 특이성을 나타내고 악성 사마귀를 억제하지만 약용화장품 범위는 아니다.

33.3.8 Hydroquinone

하이드로퀴논(hydroquinone)은 미국에서 과다색소형성 치료제로 아직까지 사용한다. 그런데 이 화합물은 유럽과 아시아의 OTC 시장에서 제거되어 대단히 말이 많다. 구강용 하이드로퀴논은 쥐에 다량 투여할 때 암을 발생하지만 국소용 용도는 구강용과 관련이 없다. 그래서 논란의 대상이다. 하이드로퀴논은 멜라닌세포에 대하여 독성이다. 하이드로퀴논은 페놀 화합물이고 1,4-dihydroxybenzene이라고 한다. 이것은 tyrosine의 효소산화와 페놀 산화효소를 억제한다. 이것은 histidine과 공유결합 혹은 tyrosinase의 활성 자리에서 구리와 결합한다. 또한 RNA와 DNA 합성도 억제하고 멜라닌색소 형성을 변화할 수 있고 멜라닌세포를 선택적으로 파괴한다. 이러한 활성은 멜라닌세포 대사과정을 억제하여 멜라닌색소 생산을 점진적으로 감소한다.(144) 하이드로퀴논은 현재 FDA에서 조사하여 2% 혹은 그 이하 농도를 OTC 목록에서 삭제하여 더 이상 색소감소 목적으로 판매할 수 없는 실정이다.

33.4 햇볕보호

대부분 효율적 노화방지 성분은 햇볕으로부터 보호한다. 이들은 UV-A와 UV-B 복사선을 차단하는 햇볕막이 역할을 한다. UV-B 복사선은 햇볕으로 그을리는 역할과 암 발생 역할을 하고 UV-A 복사선은 살결의 갈색화, 노화, 피부암 발생 등의 역할을 한다. UV-B를 쬐이면 햇볕에 타는 통증 때문에 제한을 받으므로 UV-A 복사선이 노화에 가장 중요한 원인이라고 추측한다.

햇볕막이 성분은 유기물과 무기물의 두 가지로 분류할 수 있고 햇볕보호 성분은 첫째, UV-A(320-360nm)의 흡수제(benzophenones, anthranilates, avobenzone, ecamsule), 둘째, UV-B(290-320nm)의 흡수제(PABA 유도체, salicylates, cinnamates), 셋째, UV- B/UV-A 차단제[UV-A와 UV-B를 반사 혹은 산란(이산화티탄, 산화아연)] 등을 사용한다. 노화방지 성분 중에서 중요한 사항은 햇볕으로부터 피부를 보호하는 일이다.

33.5 받개 활성화

노화방지 성분에 대하여 다음으로 중요한 메커니즘은 받개 활성화(receptor activation)다. 특성이 잘 알려진 피부 받개는 retinoid 받개뿐이다. tazarotene과 tretionoin 같은 retinoid 처방은 세포표면과 retinoid 받개가 서로 반응하여 피부변화를 유발하는 능력에 대하여 연구하였다.(145) retinoid는 앞에서 비타민 A를 설명하면서 이미 언급하였다.

33.6 세포 메신저

노화방지 성분 중에서 가장 새로운 종류는 세포 메신저(celluar messenger)다. 세포 메신저는 세포 정보를 차단 혹은 새로운 메시지를 통신하여 세포기능을 다시 읽는다. 피부 메신저는 단백질이다. 그러므로 새로운 펩타이드(peptide)는 발전하여 세포기능을 다시 계획하려고 한다. 여러 펩타이드는 2, 3, 4, 5, 6 아미노산으로 구성하고 침투 촉진제와 결합하여 각질층을 통과한다.

가장 널리 이용하는 노화방지 펩타이드는 lysine, threonine, threonine, lysine, serine으로 구성된 penta-peptide다. 이 penta-peptide를 약자로 KTTKS라고 한다. 잘 침투하기 위해서 KTTKS peptide는 palmitic acid와 결합하여 Pal-KTTKS(상품명 Martrixyl)를 만든다. Matrixyl은 800 parts/million Pal-KTTKS이고 전형적으로 노화방지 보습제 중에서 1 ~4 parts/million 농도를 유지한다.

33.7 장벽 기능성

피부에 노화방지 혜택을 가장 쉽게 전달하는 방법은 장벽기능의 증진을 통한 방법이다. 장벽기능은 겉모양, 감각, 피부기능 혜택을 이용하여 24시간 안에 개선할 수 있다. 장벽기능을 회복하는 제품은 보습제라고 알려져 있다. 노화방지 보습성분의 세 가지 기능은 폐쇄제, 보습제, 친수성 매트릭스다.(146)

33.7.1 보습제

부드럽고 매끄럽고 투명하고 깨끗한 피부의 유지 관리는 피부의 보습과 절대적으로 관련이 있고 수분이 증발된 건조한 피부는 거칠고 윤기가 없고 노화된 피부처럼 보인다. 피부에 함유된 sodium pyrrolidine carbonate 성분은 피부각질의 NMF(natural moisturizing factor, 자연보습인자)를 결정하는 친수성 흡습물질이고(147) 노화될수록 이 성분이 감소하므로 인위적으로 보습성분을 공급해야 한다.(148)(149) 피부보습은 NMF, 피지 지방질, 진피 점액질, 다당류 등이 중요한 역할을 한다. 화장품은 이러한 보습기능을 고려해서 보습제 성분으로 화장품에 첨가한다.

화장품에서 보습제로 사용하는 화합물은 다가알코올 원자단을 갖는 glycerine, propylene glycol, 1.3-butylene glycol, sorbitol, 그리고 NMF를 결정하는 sodium pyrrolidine carbonate, sodoium lactate 등이다. 보습제는 피부 보습제, 화장품 그 자체의 수분유지, 향료 유지제, 살균 등의 역할을 겸한다. 보습제는 적당한 지속성 보습능력이 있고 환경조건(온도, 습도, 바람)의 영향을 덜 받고 피부와 화장품의 보습에 동시에 기여하고 휘발성이 적고 다른 성분과 공존할 수 있고 점성은 사용하기에 적당하고 끓는점이 높고 안전성이 우수하고 무미, 무취, 무색이고 공존하는 다른 화합물의 물성에 영향을 주지 않아야 한다.

보습제는 일반적으로 -OH 원자단을 갖는다. -OH 원자단의 산소는 비결합 전자쌍을 갖는다. 그 산소의 비결합 전자쌍이 물 분자의 수소와 결합하여 수분증발을 방지하고 보습제의 수소원자는 물분자(H_2O)의 산소와 결합하여 물 분자 증발을 억제한다. 화합물의 끓는점은 분자량 증가에 따라 높아진다. 왜냐하면 분자량이 증가할수록 분산력이 커지기 때문이다. 물 분자는 분자량이 18이고 다른 분자에 비하여 분자량이 작은데도 불구하고 끓는점(100℃)이 대단히 높다. 물 분자는 끓는점뿐만 아니라 비열과 기화열도 높다. 이러한 성질은 물 분자 사이에 작용하는 힘이 크기 때문이다. 이러한 물 분자 사이에 센 힘은 수소결합 때문이다. 이것은 극성결합(예를 들어 H-F, H-O, H-N)의 수소원자와 비공유 전자쌍을 갖는 작은 원자(F, O, N) 혹은 이온 사이에 생성된다. 수소결합은 이중극자-이중극자 인력이 작용한다. 작은 원자(F, O, N) 혹은 이온은 전기적으로 매우 큰 음전하를 띠고 수소원자는 양전하를 띠기 때문에 이러한 수소결합은 매우 큰 극성을 갖는다. 그래서 이중극자의 양전하 부분은 이웃 분자의 큰 전기음성 음전하 원자에 끌린다. 전자부족 수소원자는 매우 작아서 큰 전기음성 원자에 가깝게 접근할 수 있고 센 상호작용이 생긴다.

글리세린은 오래전부터 보습제로 사용하였고 현재도 널리 사용한다. 비누를 제조할 때 부산물로 얻고 탈수, 탈취, 탈색 등의 과정을 거쳐 정제하여 사용한다. 프로필렌글라이콜 화합물 중에서 1,2-프로필렌글라이콜을 일반적으로 사용하고 글리세린과 비슷하지만 점성이 적고 사용하는 감촉이 좋다. 디프로필렌글라이콜은 프로필렌글라이콜이 탈수축합된 2합체이고 무색무취 액체이고 수분함량이 적은 크림과 유화제에 보습제로 사용한다. 1,3-부틸렌글라이콜은 아세트알데하이드의 Aldol축합 화합물에 수소첨가 반응하여 얻은 무색무취 액체이고 대단히 안정한 화합물이고 크림과 유화제에 사용한다. polyethyleneglycol(PEG)은 ethylene glycol 또는 물을 알칼리 촉매 중에서 산화에틸렌을 부가중합 반응하여 얻은 화합물이고 단일 화합물이 아닌 중합도가 서로 다른 분자 혼합물이다. 평균분자량이 400 이하이면 액체이고 그 이상은 반고체이고 1,000 이상은 분자량 증가에 따라 굳는점이 증가한다. 전반적으로 무색무취이고 흡습성은 분자량 증가에 따라 감소하고 크림과 유화제에 사용한다. sorbitol은 사과, 복숭아, 마가목 열매의 과즙에 함유된 당알코올이고 백색, 무취이다. 흡습성은 앞에서 설명한 성분보다 적고 보습성은 낮은 습도에서 우수하고 크림, 유화제, 치약에 사용한다. sodium lactate는 sodium pyrrolidone carbonate와 함께 NMF 중에 존재하는 중요한 천연 보습성분이고 다른 다가알코올에 비하여 흡습성이 크다.

sodium 2-pyrrolidone-5-carboxylate는 NMF 중에서 중요한 역할을 담당하는 보습성분이고(150) 글루타민산을 탈수반응하여 제조하고 무취 고체화합물이다. sodium hyaluronate는 N-acetylglucosamine과 gluconic acid가 서로 번갈아 결합한 산성 다당류이고 점성이다. 포유동물의 결합조직에 널리 분포하고 세포간격에서 수분을 보유하고 조직 내에서 젤리 모양 매트릭스를 형성하여 세포를 유지한다. 피부의 윤활성과 유연성을 유지하고 외부로부터 세균감염을 방지한다.

33.7.2 흡장성 보습제

손상된 장벽을 통하여 주위로 수분을 잃는 표피투과 수분손실은 가장 일반적으로 장벽 기능의 척도로 사용한다. 흡장성(吸藏性) 보습제(occlusive moisturizer)는 오일 성분이고 수분증발에 대하여 장벽을 형성한다. 더 일반적으로 사용하는 흡장성 노화방지 성분은 다음과 같다.

- 탄수화물 오일과 왁스 : 왁스, 광유, 파라핀, squalene
- 실리콘 오일
- 식용유와 동물 지방
- 지방산 : lanolin acid, stearic acid
- 지방 알코올 : lanolin alcohol, cetyl alcohol
- polyhydric alcohols : propylene glycol
- 왁스 에스터 : lanolin, beeswax, steary stearate
- 식용 왁스 : carnauba, candelilla
- 인지질 : lechitin
- sterols : cholesterol

가장 인기가 있는 효과적 흡장성 성분은 바셀린이고 표피투과 수분손실을 99% 차단한다. 나머지 1%는 장벽보수 개시를 위한 세포 메시지 제공에 필요하다.(151) 바셀린은 불투과성 장벽으로 작용하지 않고 각질층 간격을 투과하여 치유를 위한 최적 분위기를 만들고 장벽기능을 다시 만든다.(152)

33.7.3 흡습성 보습제

각질층을 다시 수화하는 또 다른 개념은 수분을 끌어당겨 붙잡는 흡습제의 이용이다. 흡습제로 작용하는 물질은 꿀, glycerin, sodium lactate, urea, propylene glycol, sorbitol, pyrrolidone carboxylic acid, gelatin, hyaluronic acid, 비타민, 그리고 몇 가지 단백질이다. 대부분 흡습제는 살아있는 표피와 진피로부터 수분을 각질층으로 끌어당긴다. 각질층은 장벽기능이 보수되어 재생될 때까지 흡장성 보습 성분에 의해 수분을 저장한다.(153) 흡습제는 각질층 구멍을 채우고 팽창하여 피부를 부드럽게 만든다.(154)(155)

33.7.4 친수성 매트릭스 보습제

피부를 통한 수분 손실은 친수성 매트릭스라고 알려진 물질을 생성하는 큰 분자량 필름을 사용하여 방해할 수 있다, 첫 번째 개발된 친수성 매트릭스는 오트밀 목욕이고 아직도 현재 피부병 치료에 사용한다. 콜로이드 오트밀은 목욕탕에서 필름을 형성하여 피부를 이탈하는 수분을 방지한다. 더 새로운 친수성 매트릭스 노화방지 보습제 성분은 단백질과 hyaluronic acid다.

33.8 노화와 텔로미어

현재 노화방지 이론에서 지지를 받는 사항들은 진화, 자유라디칼, 미토콘드리아, 유전자조절, 텔로미어(telomere), 염증 가설, 면역, 신경내분비 등이다. 진화이론은 1940년대에 몸은 재생될 때까지 유지하지만 갑자기 노년기에 들어간다는 이론이다. 대부분 인간은 그들 생명이 재생되지 않는 상태에서 살기 때문에 이 이론은 현대의 노화에 더 이상 적용되지 않아 폐기되었다. 노화의 자유라디칼 이론은 가장 널리 지지를 받는 이론이고 노화는 몸을 손상하는 내생성적으로 발생된 산소 라디칼의 축적 때문에 생긴다고 설명한다. 이 이론은 구강용과 국소용 항산화제를 이용하여 증명하였고 더 효과적 항산화제 처방을 발전하는 추진력을 제공하였다. 자유라디칼 이론은 자유라디칼도 염증을 발생하므로 염증 가설과 비슷하다. 그러므로 대부분 항산화제도 항-염증제다.

또 다른 노화 필요성은 DNA 기능의 보호다. DNA 비정상은 미토콘드리아에서 발생할 수 있고 몸의 능력을 감소하여 대사경로를 효율적으로 작동한다고 노화의 미토콘드리아 이론을 설명한다. DNA 손상도 유전자의 노화와 면역결핍으로 유전자 조절을 변화한다. 햇볕막이 성분은 피부 DNA 손상을 방지하는 증명된 물질이지만 어떤 펩타이드는 이러한 기능을 제공할 수도 있다. 이것은 노화방지 성분 중에서 아직 연구되지 않은 분야다.

현재 노화방지 성분을 이용하여 설명되지 않는 노화이론은 telomere와 신경내분비계 이론이다. telomere 이론은 세포들이 제한된 telomere 길이를 갖는데 각 염색체 말단에서 소량 DNA를 잃어 telomere 길이가 짧아져 수명이 단축된다는 이론이다. 신경내분비계 이론은 호르몬 생성기능의 감소는 노화를 가져온다고 설명한다.

TOPIC 라돈

라돈(Radon, Rn)원소는 원자번호 86이고 공기보다 무거운 방사성 기체이고 반감기는 3.2일이다. 라돈은 우라늄과 토륨이 붕괴할 때 생성된다. 라돈은 의학적으로 방사선 치료에 이용하니 좋은 원소이고 대기중에서 호흡에 의해 폐에 흡수되어 라돈에서 나오는 방사선이 폐암을 유발하니 나쁜 원소다. 땅을 파고 집을 건축할 때 기초를 단단하게 만들어 갈라지지 않게 조심해야 한다. 만약 기반이 갈라져있으면 그 지면의 틈새를 통하여 공기가 새나올 수 있으므로 즉시 방사선량을 측정해야 한다. 한국은 화강암지대가 많기 때문에 지질학적으로 지하에 많은 라돈이 존재하는 것으로 믿는다. 오래전에 온천이 좋다고 선전할 때 라돈과 우라늄이 온천수에 녹아있어 건강에 좋다고 씻고 마시고 집까지 온천수를 가져왔다. 다행스런 것은 Rn 반감기가 3.2일이라는 것이다. 지하수에 라돈이 함유되면 두 용기를 준비하고 지하수를 퍼서 일주일 이상 기다린 다음 번갈아 사용하는 것이 좋다. 산에 가서 바위틈에서 나오는 신선한 물을 약수라고 마시는 것도 다시 한번 생각해볼 문제다.

34 비듬 방지제

대부분 모발처방의 첫째 목적은 모발 화장품의 개선이다. 이러한 방법의 첫째는 모발에서 오물과 기름을 제거하는 샴푸와 같은 세제다. 둘째는 모발의 겉보기와 느낌의 개선에 이용하는 컨디셔닝 제품이다. 셋째는 소비자들이 원하는 모양으로 모발의 조절과 유지에 도움을 주는 모양형성화 제품이다. 어떤 모발제품은 화장품보다 의료목적으로 처방한다. 이들 중에 두 가지 예는 가렵고 비듬 증상을 방지하는 항-비듬 샴푸와 탈모를 방지하려는 항-탈모 샴푸다. 이러한 변화는 대단히 중요하므로 비듬방지와 탈모방지 제품은 FDA에 의하여 약품으로 분류하고 엄격하게 관리한다. 여기에서는 이러한 성분의 발전, 반응 메커니즘, 처방, 증명된 효과의 성분, 현재 연구 등에 대하여 설명하겠다.

34.1 비듬과 비듬 방지제

비듬은 두피에서 죽은 피부세포들이 눈에 보이게 머리에서 비늘로 나타나는 현상이다. 비듬은 건조하고 백색 혹은 회색이고 두피에서 작은 조각으로 나타난다. 피부세포들이 정상적 발육 때문에 소량 벗겨져 나오는 것은 정상이지만 비듬은 비정상적으로 다량 벗겨져 나오는 특별한 경우다. 이것은 가끔 두피의 적색과 염증을 수반한다. 어떤 경우에 비듬은 지루성 피부염, 마른버짐, 혹은 머릿니와 같은 더 심각한 문제의 증상을 나타낸다.

비듬의 원인은 세 가지로 구분할 수 있다.(156) 첫째 자연적 지루성 분비이고 지루는 triglyceride와 자유 지방산을 함유한다. 둘째 Malassezia 진균이다. 사람피부는 정상적 정주세균상이 있고 효소와 관련이 있다. 이것은 지루를 먹고 산다. 셋째 개인 감도이다. 이것은 그 상태를 유전적으로 어떻게 받아들이는가에 달려있다. 비듬 생성에 대한 정확한 메커니즘은 현재 지방분해효소라는 효소의 생성 결과라고 믿는다. malassezia 진균은 이러한 효소를 이용하여 지루를 oleic acid로 분해하고 그 다음에 oleic acid는 피부 위층에 침투하여 피부세포를 뒤집어엎고 비듬조각을 발생하고 때때로 가렵고 홍반이 발생한다.(157) 비듬은 치료가능한 상태이고 건강문제 혹은 영구적 손해를 발생하지 않는다. 비듬을 치료하는 현재 방법은 malassezia 진균 성장을 조절하는 어떤 화합물을 사용하는 일밖에 없다.

34.2 FDA에 의해 허용된 비듬방지 제품

미국에서 비듬방지 제품은 의약품으로 분류하고 FDA에 의하여 규제를 받는다. 미국에서 비듬방지 제품으로 사용할 수 있는 성분과 요구사항은 CFR Title 21, Volume 5, Part 358, Subpart H에 있고 그 성분은 다음과 같다. 괄호 안에 %농도 범위와 사용 후에 rinse-off(헹구는 방법) 혹은 leave-on(그대로 두는 방법)으로 응용방법을 표시했다. 첫째 coal tar(0.5~5%, rinse-off), 둘째 salicylic acid(1.8~3%, rinse-off), 셋째 selenium sulfide(1%, rinse-off), 넷째 sulfur(2~5%, rinse-off), 다섯째 zinc pyrithione(0.3~2%, rinse-off), 여섯째 zinc pyrithione(0.1~0.25%, leave-on), 일곱째 ketoconazole(1%, rinse-off).

34.2.1 콜타르

콜타르(coal tar)는 역청탄을 코크스 혹은 석탄가스로 변환하는 동안에 생성된 성분이고 냄새가 고약한 진한 갈색 혹은 검은 액체다. 콜타르는 여러 페놀, 헤테로고리 화합물, 황, 질소화합물, 폴리고리 방향족 탄화수소로 구성하고 10,000종류 이상 화합물을 포함한다. 현재 콜타르 제품은 Denorex와 Neutrogena T/Gel 샴푸에 활성 성분으로 사용한다. 콜타르 성분은 비듬 원인의 피부세포 성장을 느리게 만드는 역할과 염증, 가려움, 마른버짐과 비듬의 비늘 생성을 방지한다고 믿는다. 콜타르를 0.5~5% 되게 섞은 샴푸는 사용하기 전에 잘 흔들어 사용하기를 권장한다. 콜타르는 첫째 냄새가 고약해서 향수로 은폐하기 어렵고, 둘째 콜타르를 섞은 샴푸는 원하지 않는 금색, 회색, 오렌지색을 띠고, 셋째 콜타르는 햇빛에 노출할 때 반응하여 자극성을 나타내고, 넷째 콜타르는 발암성 물질이므로 FDA 간섭을 받아야 한다. 이러한 추세로 보아 콜타르 성분은 앞날이 밝지 않은 성분이다. 콜타르는 사용한 다음 씻는 성분이다.

34.2.2 Salicylic acid

Salicylic acid는 $C_6H_4(OH)COOH$ 분자식을 갖는 beta hydroxy acid(2-hydroxybenzoic acid)이고 용해도는 0.2 g/100 mL H_2O(20℃)이다. 이 화합물은 자연에서 사철나무잎(wintergreen leaves), 조팝나무 껍질(sweet birch bark), 버드나무(willow tree)에서 발견되고 화학적 합성 혹은 미생물 산화법으로 제조한다. 살리실산은 전통적으로 진통완화제와 아스피린처럼 해열제로 사용한다. 살리실산은 다른 비듬 방지제처럼 항-진균제로 반응하지 않고 각질용해제로 작용하여 표피세포를 더 쉽게 벗기는 역할을 한다. 그 외에도 살리실산은 피부세포가 죽지 않게 유지한다. 비듬 방지제에 1.8～3% 되게 섞어 사용하고 피부에 지속성(leave-on : 피부에 바른 다음 그대로 두는 방법)으로 사용하지 않고 단속성(rinse-off : 피부에 바른 다음 일정시간이 지나면 제거하는 방법)으로 사용한다. 살리실산 제품은 물에 잘 녹지 않으므로 사용하기 전에 비-이온성 계면활성제에 분산해야 한다. 처방전은 40℃로 가열하고 대략 pH 5로 조절하여 만든다. 살리실산 샴푸는 비듬제거에 도움을 주지만 사용 후에 두피를 건조하는 경향이 있다. 그러므로 살리실산 샴푸는 보습제와 컨디셔닝제를 함유해야 하고 그 외에도 이러한 종류의 샴푸를 사용하면 컨디셔너를 사용해야 한다.

34.2.3 황화셀렌

일반적으로 비듬 방지제로 가장 많이 사용하는 성분은 황화셀렌(selenium sulfide)이다. 황화셀렌의 항-진균성 효과는 세포막을 통한 양성자 그래디언트(gradient)를 중단하여 미생물을 죽이는 것으로 믿는다. 황화셀렌 효율은 입자크기에 의존하고 작은 입자일수록 효율이 좋다. 처방전에 1%까지 섞어 사용하고 물에 녹지 않으므로 현탁제와 함께 사용하고 냄새가 고약하므로 사용에 조심해야 한다. 황화셀렌은 머리염색을 변화할 수 있으므로 철저하게 씻어 제거한다.

34.2.4 황

황은 2~5% 범위로 섞어 사용하고 사용 후에 바로 씻어 제거한다. 황은 노란색이고 약간 냄새를 풍긴다. 황은 항-진균성 효과 때문에 비듬에 대하여 효과가 있다. 황은 물에 녹지 않으므로 계면활성제 혹은 arabic gum과 같은 분산제와 함께 섞은 콜로이드 황으로 공급하고 이렇게 처리하면 불쾌한 냄새도 감소한다. FDA 공정서는 대부분 비듬 방지제의 혼합을 허용하지 않지만 살리실산(2%)과 황(2%)을 섞으면 한 성분만 사용할 때보다 효과적이다.

34.2.5 zinc pyrithione

Zinc pyrithione 화학식은 $C_{10}H_8N_2O_2S_2Zn$이고 1950년대에 개발되었다.[158] 이것은 항-진균성이고 비듬과 지루성 피부염이 발생하는 두피에서 진균을 감소할 수 있고 세포막 운반 시스템을 파괴하는 것으로 믿는다.[159] zinc pyrithione 효과는 입자크기에 의존하고 입자들이 작을수록 효과는 향상된다. 샴푸에서 사용하는 최적 입자크기는 2.5 ㎛다.[160] 이 성분은 미국에서 비듬 방지제로서 가장 인기가 높고 사용 후에 씻어 제거하는 농도는 0.3~2.0%이고 모발 포마드 혹은 스타일링 제품처럼 사용 후 그대로 두는 제품은 0.1~0.25%이고 더 묽다. zinc pyrithione은 전형적으로 백색 밀크 현탁액 혹은 죽-상태로 공급하고 물에 쉽게 녹지 않는다. 처방은 pH 4.5~9.5를 유지하고 안정하지 않다. 햇빛에 노출하면 분해되는 경향이 있으므로 불투명한 병에 보관해야 하고 함유된 아연 때문에 EDTA 같은 착화제와 공존은 피해야 한다.

34.2.6 Ketoconazole

Ketoconazole은 1970년 후반에 개발된 항-진균성 합성 성분이고 화학구조는 $C_{26}H_{28}Cl_2N_4O_4$이다. 이것은 처음에 처방 의약품으로 만들었지만 후에 비듬방지 효과를 갖는 국소용 이용으로 전환했다.[161] 이 성분은 다른 항-진균제처럼 작용하여 막 효소를 억제하고 세포 이온 펌프의 정상적 기능을 쓸모없게 만든다. ketoconazole은 1% 농도 제품을 OTC rinse-off 제품으로 사용하였고 2% 제품은 처방전 제품으로 규정하였다. ketoconazole은 백색 결정 분말이고 물에 녹지 않으므로 propylene glycol 같은 현탁제를 용매로 사용한다. 모발용 제품은 5~10분 동안에 최대효과에 도달한다. 1% zinc pyrithione과 2% ketoconazole의 비교분석에서 ketoconazole은 거의 같거나 더 좋은 효과를 나타냈다.[162] 2% ketoconazole 샴푸와 2.5% selenium sulfide 샴푸의 비교분석에서

ketoconazole이 더 좋은 결과를 나타냈다.

34.2.7 FDA에 의해 허용되지 않은 비듬 방지제

여러 성분들이 비듬 방지제로 사용되지만 증명되지 않은 효과와 미확인 안정성 때문에 FDA에 의해 허용되지 않았다. 예를 들어 hydrocortisone은 지루성 피부염과 마른버짐에 효과를 나타내지만 비듬방지에 대하여 안전성과 효과를 FDA에 의해 인정받지 못하였다. Climbazole은 미국에서 인정되지 않았지만 유럽, 아시아, 아프리카, 라틴 아메리카에서 rinse-off와 leave-on 제품으로 사용한다. Climbazole rinse-off 제품 범위는 0.5～2%이고 leave-on 제품은 0.1～0.5% 범위다. Ciclopirox Olamine과 Piroctone Olamine도 미국 이외의 나라에서 허용된 제품이다.

비듬치료에 사용하는 여러 천연성분 중에서 2002년에 Journal of American Academy of Dermatology는 5% tea tree oil을 샴푸로 사용할 때 효과가 있다고 발표했다.(163) 그 밖에 다른 성분들은 Allantoin, sage 추출액, birch 추출액, rosemary 추출액, stinging nettle 추출액, yarrow 추출액이다. 이러한 상분들은 항-진균성과 항-염제 효과를 갖는다.

35 탈모 방지제

탈모(alopecia) 문제는 가장 골치 아프고 효과적 해답도 적은 문제다. 지금까지 수천 가지 제품이 출현했지만 증명된 제품은 몇 가지뿐이다. 실제로 FDA는 1989년에 공정서를 발표했다.(164) 탈모는 머리 혹은 인체에서 모발이 없어지는 의학적 문제다. 극단적 상황에서 탈모는 곧 대머리다. 탈모원인으로는 어떤 의약품 반응(원형탈모), 분만(분만 후 탈모), 조밀 모발형(수축탈모), 자발적 머리뽑기(발모광, 머리카락 뽑기) 등이 있다.

그러나 대부분 일반적 탈모형태는 비자발성이고 남성호르몬 탈모는 유전성 경향의 결과다. American Hair Loss Council에 의하면 이러한 탈모 형태는 남녀 모두 거의 95% 이상이 유전성 탈모다.(165) 미국피부학회에 의하면(166) 남성호르몬 탈모(남성형 대머리)는 70세의 Caucasian 남성 80%, 여성 40%에 대하여 영향을 준다. 현재 대머리 치료에 1억 달러를 소비하지만 효과는 별로 없다.(164)

35.1 FDA 규제

FDA는 1980년부터 발모와 탈모에 대한 OTC 이용제품에 대하여 규정을 만들기 시작했다. 처음 결론은 각 독립 패널의 추천에 따라 모든 그러한 제품을 "일반적으로 OTC를 이용한 효과와 가짜 상표는 인정하지 않는다"고 분류하였다.(164) 1994년에 New Drug Approval 과정을 거쳐 처음으로 Minoxidil을 OTC 제품으로 인정하였다. 이것은 국소용 탈모방지 성분으로만 승인되었다.

35.1.1 Minoxidil

Minoxidil은 6-piperidin-1-ylpyrimidine-2,4-diamine-3-oxide 화합물에 대한 일반적 명칭이다. 이것은 본래 혈관확장제로 사용한 화합물이었다. 그래서 고혈압 치료제로 개발되었고 구강용 의약품(Loniten)으로 시판되었다. 1980년대에 Upjohn Corporation은 Minoxidil을 이용한 환자들의 발모와 대머리 감소를 나타내는 부작용을 발견하였고 탈모방지용으로 2% Minoxidil을 함유한 국소용 크림제품 발매를 허가받았다. 그 다음에 계속해서 5% 국소용 치료는 남성 탈모방지에 더 효과적 제품을 발매하였다. 이 제품은 Rogaine이라 부른다. 이것은 그 당시에 놀라운 성공이었다.(167) 발모에 대한 Minoxidil의 정확한 반응 메커니즘은 완전히 알지 못한다. 추측하기를 포타슘 통로작용, 질소산화물 모의작용, 혈관확장, 모낭자극 등이라고 생각한다. 이것은 남녀 모두에 대하여 적용되고 FDA는 여성의 모발손실 치료에 대해서만 허가했다.

Minoxidil은 모든 대머리 형태에 적용되지 않고 원형탈모와 남성호르몬 탈모에만 적용된다. 적어도 사용 후 4개월까지 다시 모발이 자라지 않고 계속해서 사용하지 않으면 발육이 중단되고 다시 치료하면 4개월 안에 전처리 상태로 되돌아간다.

Minoxidil은 두피의 앞면과 정수리 부분에 모발이 다시 난다. 48주간의 위약-대조 연구에서 매일 두 번씩 Minoxidil을 국소에 치료한 남성 중에 51%는 두피 전면부위에서 개선되는 것을 나타냈다. 사람에 따라 새로운 모발이 더 가늘고 짧다고 주장하고 그렇지 않다는 주장도 있고 탈모속도를 지연하고 모발 발육에 도움을 준다고 주장한다. 그러나 넓은 면적의 탈모와 40세 이상은 덜 효과적이다.

Minoxidil은 무취, 백색, 고체결정으로 공급되고 물에 잘 녹지 않고 propylene glycol과 에탄올에 잘 녹는다. 대부분 알코올에 녹여 판매하고 샴푸, 컨디셔너, 보습제, 모발 크림과 같은 화장품과 섞어 화장 효과를 개선한다. 전형적 처방은 US Patent 5,015,470과 4,832,946에 있다. FDA는 Minoxidil의 국소용 사용에 충분한 임상 증거에 대하여 부정하지 않는다. 그러나 Minoxidil 알코올용액을 사용한 다음 두피건조, 가려움, 자극성

이 나타나고 귓바퀴에 모발이 자라는 부작용을 나타낸다.(167)

35.1.2 Finasteride, Proscar/Propecia

Finasteride는 N-(1,1-dimethylethyl)-3-oxo-(5α,17β)-4-azaandrost-1-ene-17-carboxamide에 대한 일반명이고 본래 Merck회사에서 전립선 확대 치료용으로 개발하였다. 이것은 1992년에 허가를 받아 Propecia라는 상품명으로 판매하였다. 그 다음에 예상하지 못한 모발이 자라는 부작용을 발견하여 탈모치료제로 1997년에 FDA 허가를 받았다.(168) Finasteride는 화학적으로 합성된 항-남성호르몬제이고 type II 5-α reductase에 의한 dihydrotestosterone(DHT) 생성의 차단에 효과적이다. Finasteride는 내복약이고 1 mg/day를 권장하고 국소치료는 모발 성장에 효과를 나타내지 않았다.(169)

35.2 FDA에 의해 허용되지 않은 탈모 방지제

FDA는 두 종류 탈모 방지제만 허가하고 그들 중에서 한 Minoxidil만 국소용으로 허가하였다.

35.2.1 Adeosine

Adenosine은 세포들이 에너지 축적에 사용하는 분자이고 인체를 통하여 세포질과 핵질에서 발견되고 ATP라고 더 잘 알려졌다. 연구자들은 Minoxidil 연구에서 모발 발육과정과 관련이 있고 *in vivo* 실험에서 증명되었다. 피부 돌기세포를 취하여 adenosine을 가하면 FGF(fibroblast growth factor)-7이 증가하고 모낭 배양 실험에서 머리카락에 FGF(fibroblast growth factor)-7이 많이 증가하는 것을 발견했다.(170) 그러나 FDA는 안전성과 효과적 치료에 대하여 인증하지 않았다.

35.2.2 Anthralin

Anthralin은 마른버짐(건선) 치료용 화합물이다. 이것은 타르 비슷한 합성물질이고 피부의 면역기능에 영향을 준다. 의사들은 가끔 원형탈모에 처방한다. 이것은 20~60분간 피부에 바른다. 8~12주 치료에서 결과를 나타낸다.(171)

35.2.3 Aminexil

Aminexil은 L'Oreal에 의하여 제조된 화합물이고 Dercos SP94라고 부른다. 이것은 retinol과 짝진 Minexidil 유도체이고 Minoxidil 한 가지만 사용할 때보다 더 좋은 결과를 얻는다고 말하지만 임상증명이 없다.

35.2.4 Azeleic acid

Azeleic acid는 또 다른 잠재적 모발 발육촉진제다. Azeleic acid는 밀, 호밀, 보리에서 발견된 포화 dicaboxylic acid이고 비듬을 생성하는 어루러기균(malassezia furfur)에 의해서도 만들어진다. 1988년에 type 1 5-α reductase는 인체에서 생성된 dihydrotestosterone 감소에 유용한 것으로 알려졌고 모발성장의 증거도 발견했다.(172)

35.2.5 Copper peptides

Copper petides는 모발성장 촉진제(예 : Tricomin)로 판매되고 모발의 휴시기를 단축하여 모발 성장기를 연장한다. 이것은 copper peptides와 superoxide dismutase의 상호작용 결과라고 설명한다. 임상실험은 결과를 얻지 못하였다.

35.2.6 Corticosteroids

Corticosteroids는 항-염증제이고 수년간 면역계 억제에 사용했다. 이것은 원형탈모와 같은 자동면역 상태의 치료에 유용하고 직접 hairless patch 밑에 주입하면 더 효과적이다. 구강용으로도 사용한다. 국소용 치료제로 사용해도 효과를 나타내고 가끔 어린이에게도 처방한다. 일반적으로 Minoxidil과 같은 알려진 다른 치료제와 함께 사용한다.

35.2.7 Green Tea Extracts

탈모처방의 첫째 전략은 dihydrotestosterone(DHT) 생성을 차단(Finasteride) 혹은 혈관확장 효과의 증가(Minoxidil)에 초점을 맞춘다. Green Tea에서 얻은 화합물은 type 1 5-α reductase 활성에 영향을 주고 DHT 농도를 감소한다. 이것은 탈모치료에 효과를 나타낸다고 설명하지만 확실한 결과는 없다.

35.2.8 Ketoconazole

Ketoconazole는 항-진균제이고 탈모치료에 조금 유용하고 type 1 5-α reductase 억제제이고 모발촉진제다.(173) 다른 연구에서는 비듬 방지제와 함께 섞을 때 탈모증상을 개선했지만 현재 FDA에 의해 인증을 받지 못하였다.(174)

35.2.9 Latanoprost

Latanoprost는 본래 녹내장 치료제로 판매하였고 prostaglandin과 비슷하고 눈에서 눈물흐름을 증가하는 효과가 있다. 1997년에 Latanoprost를 연구하여 모발성장 효과를 발견했다.(175) 2009년에 FDA에 의해 속눈썹이 길어지는 현상과 두꺼워지는 현상에 대한 치료제로 인증되었고 현재 인체의 다른 부분에서 모발성장 촉진제로 잠재적 이용에 대하여 연구중이다.

35.2.10 Procyanidin

Procyanidin은 사과, 소나무껍질, 포도씨를 포함한 여러 식물에서 발견된 flavonoid의 한 종류이고 그들은 농축된 탄닌 성분이고 *in vitro* 포유 동물 모델에서 양모활성을 나타냈다. 최근 6~12개월간 양모 연구에서 중요한 결과를 얻었고 Minoxidil과 비슷한 결과를 얻었다.(176)

35.2.11 Saw Palmetto

Green Tea 추출물처럼 saw palmetto(야자나무의 한 종류, Serenoa repens)에서 얻은 유도체는 지방산과 sterol을 함유하고 그것은 5-α reductase를 봉쇄하고 dihydrotestosterone(DHT) 생성을 감소한다.(177) 더 많은 연구가 필요하다.

35.2.12 Silanediol salicylate

Silanediol salicylate는 dimethylsilylsalicylate를 가수분해하여 얻은 화합물이고 항-염증 효과와 원형탈모에 효과를 나타낸다고 발표했다.(178)

35.2.13 국소용 증감제

국소용으로 사용할 때 반응하는 성분들은 양모를 활성화하는 잠재력을 갖는다. 원형탈모 개선에 사용하는 두 가지 국소용 증감제는 squaric acid dibutyl ester(SADBE)와 diphenylcyclopropenone(DPDP)이다. 이들은 FDA에 의해 인증되지 않았지만 안정성과 효과에 대하여 살펴보고 있다.(179)

35.2.14 기타 천연 화합물

중국에서는 약초로 bringrai, black sesame, ginko, silica, he-shou-wu, 그리고 tussilago farfara, achillea millefolium, cinchona succirubra 추출물 등을 사용한다. 쐐기풀(stinging nettle)도 천연 자극제/증감제로서 양모를 촉진한다. 국소적 카페인 응용은 탈모에 좋은 효과를 나타낸다.(180)

35.3 탈모 방지제의 전망

탈모치료에 쓰이는 비용은 연간 대략 1억 달러 정도로 추산한다. 그리고 탈모는 전 세계 인구의 문제로 취급한다. 현재 두 가지 치료제를 주로 사용한다. 그중에 하나는 Finasteride이고 이것은 DHT 생성을 봉쇄하여 양모를 촉진한다. 다른 한 가지는 Minoxidil 화합물이고 더 좋은 유도체들을 찾고 있다. 속눈썹 성장제로서 FDA에 의하여 인정된 latanoprost 성분도 촉망받는 화합물이다. 최근에 가정용 레이저 장치를 이용한 양모도 연구대상의 한 분야라고 본다.

36 피부 벗김제

인체에서 가장 큰 면적을 차지하는 피부는 그 자신이 항상 재생을 한다. 피부 벗겨짐(desquamation)이라고 알려진 과정에서 케라틴 세포(keratinocyte)는 분화하여 각질층이라 알려진 피부의 가장 바깥층으로 이동한다. 각질층은 죽어 납작한 15~20층의 케라틴

세포로 구성한다. 케라틴 세포들이 이러한 층에 도달하면 각질세포라고 한다. 각질세포는 triglycerides, cholesterol, sphingolipids, ceramides, 지방산, 왁스를 함유하는 지질층에 함께 공존한다. 전체 각질층 두께는 몇 가지 인자에 의해 결정된다. 위치는 두께의 주요한 역할을 한다. 예를 들어 발바닥과 손바닥의 각질층은 얼굴보다 두껍다. 나이도 주요한 역할을 한다. 나이가 어릴수록 얇다.

피부 벗김 과정은 저절로 일어나지만 때때로 일부러 벗기려고 노력한다. 특히 한국 사람들은 목욕탕에서 거친 다공성 돌멩이(부석)나 거친 수건으로 손, 발바닥, 전체 몸의 각질층을 벗기고 또 벗겨야 시원한 쾌감을 느낀다. 이것은 전 세계적으로도 유명하다. 그러나 얼굴피부는 그러한 각질층 벗기기를 원하지 않으니 다행이다. 자체-태닝 제품(self-tanning product)은 사용하기 전에 피부의 전색을 위해서 인체를 깨끗하게 만드는 것이 좋다. 발바닥 피부 벗기기는 미리 물에 적셔 발 크림 침투를 돕는 것이 중요하다. 얼굴 피부 벗기기는 노화방지 혈장침강과 같은 피부처리제들이 더 효과적으로 도움을 준다. 피부 벗김제는 화합물과 물리적 제품으로 분류한다. 화학 벗김제는 glycolic acid, lactic acid, citric acid 같은 α-hydroxy acid(AHAs)와 salicylic acid와 효소 같은 β-hydroxy acid 혹은 bromelain 같은 것이다. 물리적 피부 벗김제는 분쇄된 살구씨와 시계풀 종자 같은 천연제품, polyethylene 알갱이 같은 합성물질을 포함한다. 온천에서 사용하는 염류와 설탕긁개(sugar scrubs)도 천연 피부 벗김제로 분류한다.

36.1 화학적 피부 벗김제

화학적 피부 벗김제는 실제로 각질세포를 함께 붙잡고 있는 지질층을 녹인다. α-hydroxy acid(AHAs)는 가장 잘 알려진 화학적 피부 벗김제다. glycolic acid, malic acid, citric acid, tartaric acid, lactic acid는 모두 화장품에 때때로 사용하고 이들은 천연 혹은 합성 제품이다. 여러 과일들은 α-hydroxy acid(AHAs)를 함유하므로 이러한 과일 추출액은 화장품 첨가물로 사용하면 좋다. salicylic acid는 가장 인기 있는 β-hydroxy acid이고 천연 또는 합성 유도체다. 버드나무 껍질은 salicylic aciddml 천연자원이다. Bromelain (pineapple에서 분리)과 Papain(papaya에서 분리)을 일반적으로 사용한다.

36.2 물리적 피부 벗김제

물리적 피부 벗김제는 죽은 피부세포를 느슨하게 만들어 기계적으로 문질러 벗기는 일을 한다. 물리적 피부 벗김제는 여러 가지 합성과 천연 종류들이 있다. 가장 보편적으로 사용한 합성된 물리적 피부 벗김제는 폴리에틸렌이고 이것은 작은 사출 구멍을 통하여 구형으로 만든다. 이러한 구형은 매우 부드럽고 피부에 부드러운 마찰작용을 한다. 합성 왁스도 피부 벗김제로 이용하고 이것은 폴리에틸렌처럼 구형이고 부드러운 마찰작용을 한다.

천연산 물리적 피부 벗김제는 호호바 씨, 호호바 왁스, 알몬드 가루, 살구씨, 계피 분말, 클로버 분말, 코코아껍질 분말, 규조토, 포도껍질, 포도씨, 오트밀, 오렌지 껍질, 시계풀 씨, 부석, 라즈베리 씨, 소금, 침적토, 설탕, 차입사귀, 호두 분말, 수세미 등이다. 피부 벗김제 처방은 여러 가지로 선택할 수 있다. 물리적 피부 벗김제는 AHAs, β-hydroxy acids, 부드러운 노화방지용 얼굴관리 화장품을 항상 함께 사용한다.

37 새로운 화장품 재료 : 천연 오일, 버터, 오메가-3

우리는 모두 지구를 파괴하지 않고 각자의 아름다움을 향상하려고 노력한다. 최근에 천연제품을 의식주에 이용하려는 경향이 증가함에 따라 화장품도 함께 따라가는 추세에 있다. 그동안 많은 노력에도 불구하고 원료에 대한 지식부족과 천연물의 안정성 때문에 석유-바탕 제품으로 대치되었다. 천연 오일과 지방의 응용은 산화성 분해에 의한 악취발생, 색 변화, 점성증가, 비중변화, 용해도 변화, 겉모양 변형를 초래한다. 최근에 버터와 천연 오일의 특이한 안정화 방법이 개발되고 항산화제, 가열처리, 균질화, 분말화 등에 많은 노동력을 피하게 되었다.(181) 천연 오일과 버터는 triacylglycerol과/혹은 nontriacylglycerol 성분을 처방에 이용한다.

37.1 피부

피부는 인체 중에서 가장 큰 기관이다. 체중 65 kg을 갖는 성인은 표면적이 대략 1.8 m^2이다. 피부는 인체의 장벽 역할을 하고 열, 냉기, 자외선과 해로운 복사선을 포함하는 빛을 차단한다. 그 밖에도 피부는 탈수, 해로운 물질과 곤충, 감염과 같은 스트레스 인자를 극복한다. 이러한 환경을 극복하기 위해서 피부는 여러 특수한 기능과 반응을 수행하기 위해서 멜라닌과 피지 생성, 케라틴화, 땀 분비 등을 수행한다.

천연 지방질은 피부의 물리적 그리고 생화학적 성질에 혜택을 준다. 물리적 혜택은 흡장성이다. 즉 화장품과 의료화장품을 사용할 때 피부표면에서 필름을 형성하여 수분증발을 방해한다. TEWL(transepidermal water loss, 표피통과수분손실) 증가는 표피에 보유된 수분을 감소한다. 이것은 아토피습진, 만성 접촉습진, 기타 건조피부 형태에 중요한 문제다. 그러므로 손상된 피부와 피부보호의 재생을 위한 화장품 처방에서 TEWL효과를 강조하는 것은 중요하다. 여기에서 “흡장”(occlusion)은 오물의 보존도 의미하므로 ‘보습’(moisturization)이라는 용어의 사용을 권장한다.

천연 지방질의 생화학적 혜택은 표피성장 조절, 피부염증 감소, 피부장벽기능 준비 등을 포함한다. 표피통과수분손실을 지연하는 피부의 장벽성질과 피부의 능력은 표피 지방질의 존재에 의하여 결정된다. 인간피부에서 투과장벽은 대략 같은 비율로 존재하는 세 종류 지방질, 즉 ceramide, 자유지방산, 콜레스테롤에 의하여 조정된다. 표피 지방질은 새로 케라틴세포를 형성하지만 일부 지방질 혹은 전구체들은 순환계에 의해서도 공급된다. 이러한 지방질계의 성분과 비율 변화는 퇴화, 정상화, 촉진을 초래한다.

37.2 화장품의 지방질

화장품 산업은 비정상 피부의 치유와 피부의 자연미를 보존하는 제품의 개발이다. 오래전에 천연 지방은 주요한 유화제 재료로 사용하였지만 그 후에 이들은 여러 응용에서 광유로 대치되었다. 그러나 1980년대와 1990년대의 환경의 인식이 증가하기 때문에 자연적으로 재생가능한 식용지질과 같은 친환경 제품이 여러 화장품 응용에 증가하게 되었다.

식물 종자와 식물 기름에 대한 더 많은 계통적 연구는 여러 흥미 있는 재료들을 확인하였다. 이전에 알지 못하였던 기름의 비정상적 성질과 화학적 구조를 발견하였다. 대부분 지질-바탕 제품은 독성이 없고 흡습성이 없고 정상적으로 활성 성분과 반응하지 않는다. 어떤 기름은 필수 지방산이 풍부한 반면에 어떤 지방산은 천연 항-산화제와 햇볕막이 성분을 함유한다. 그러므로 그러한 기름이 훨씬 더 안전하고 화장품 처방에 친환경적 성분이라는 것은 놀라운 것이 아니다.

지질은 여러 화장품의 처방과 성능에 중요한 역할을 한다. 즉 그들은 결합제, 윤활제, 용해제, 운반체, 점성개선제, 분산제, 유화제, 그리고 립스틱, 크림, 로션, 메이크업 베이스, 보습제, 목욕오일, 압축 분, 향수, 클렌저에 중요한 역할을 담당한다.

식용유는 주로 triglyceride(tricylglycerols)이고 주요한 지방산은 팔미트산 및 스테아르산과 그들의 모노- 및 폴리-불포화산 종류(palmitoleic, oleic, linoleic, linolenic acid)다. 그러나 일반적으로 여러 지방산도 소량 함유한다.

이러한 지방산들은 결합하여 물리화학적 성질이 끝없이 변화한다. 동일한 식물에서 얻은 기름이라도 주요한 지방산의 비율이 다르게 나타나고 이것은 유전적 차이와 기후변화 때문이라고 본다.

37.3 식용유와 합성화학 제품

광유 성분과 같은 화합물을 천연 식용유로 대치하려면 몇 가지 인자를 고려해야 한다. 그 인자들은 경제성, 건강, 기능성, 안정도 등이다. 식용유는 합성 화합물보다 비싸고 내용물이 균일하지 않다. 그러나 여러 종류의 식용유는 좋은 생리학적 효과를 가지므로 화장품 응용의 선택에 많은 연구결과들이 필요하다. 일반적으로 식용식물 버터는 무해한 것으로 기대한다. 식용유, 특히 폴리불포화 기름의 주요한 결점은 산화성 안정도가 약하다는 점이다.

37.4 Nontriacylglycerol

지방과 오일의 triacylglycerol 성분은 일반적으로 nontriacylglycerol과 공존하고 이들은 주로 비누화되지 않는 성분들이다.[182] shea butter, oat oil, neem oil, avocado oil은 비누화되지 않는 비-지방질 화합물을 많이 함유하고 그중에서 shea olein은 비누화되지 않는 성분을 12% 함유한다.

시료에서 어떤 소량 성분은 검-성분제거, 정제, 표백, 탈취의 각 과정을 거친다. 그러나 이런 성분제거는 품질을 저하할 수 있으므로 최적 농도를 유지할 필요가 있다. 과정에 따라 필요한 성분이 제거될 수도 있다. 예를 들어 탈취과정에서 토코페롤 함량 감소, 가열 과정에서 스테롤함량은 영향이 없고 palm oil 중에서 카로티노이드계의 표백과 제거문제, 오일의 cold-와 hot-press 추출 문제 등은 안정도와 함유성분에 중요한 문제다.[183][184] 그중에서 shea(*Butyrospermum parkii*), mango(*Madhuca india*), sal(*Shorea robusta*), Mowrah(*Madhuca latifolia*)는 피부화장품 제조에 많이 기여한다.[182][184]

37.5 천연 항-산화제로서 로즈메리 추출물

페놀계 항-산화제 중에 식품과 화장품 산업에 흥미 있는 것은 주로 여러 식품과 화장품의 저장수명과 관련이 있다. 천연 허브는 항-산화제로서 많은 연구와 응용을 이끌었다. 로즈메리 추출의 주요한 항-산화효과는 90% 이상을 차지하는 carnoic acid와 carnosol이고 그 밖에 rosmarinic acid도 있다.[185] 로즈메리 추출물은 항-산화성 이외에 항-미생물, 항-비루스, 항-변이성, 항-암성 역할도 한다.

---

(1) Aikens, Patrica and Sheila Stevens, *Spreading Properties of Emolients, ICI Surfactants* U. Zeidler, 1985, *Fette Seifen Anstrichmittel*, 87(10), Date unknown.

(2) C. N. Zellner and R. Stevens, U.S. Patent 2,158,098 to Merck & Co., 1939.

(3) Reheis and Co. Inc., British Patent No. 845,670, 1960 ; Kolmar Cosmetics(uropa) A.G. German Patent No. 843, 865, 1960, ; German Patent No. 1,083,502.

(4) Vio-Bin Corp., U.S. Patent No. 2,503,312, 1950.

(5) A. S. Berry, U.S. Patent 2,300,769, 1943.

(6) C. H. Hoerr, A. Ralston, *J. Org. Chem.,* 1944, 9(3) : 267.

(7) F. Burlando, *Inst. Gen. Path. U. of Genova*, 1978, 4 : 112-14.

(8) M. Price, *Zintbl. Hyg. Infekt*., 1938, 120 : 437.

(9) G. Khristow, Madenow S., khirugiye, Bulgaria, 1961, 14 : 937.

(10) K. E. Lindener, *Zintbl Bakt. Parasikte*, 15 : 720.

(11) M. R. Smith, W. F. McCaughey, A. R. Kemmerer, *J. Apic. Res*., 1959, 8 : 99.

(12) R. Brown, *Royden Brown's Bee Hive Product Bible*, Garden City Park NY : Avery Publishing Group, 1993.

(13) K. L. Product Product Bible, Garden City Park NY : Avery Publishing Group.

(14) S. Scheller, J. Tustanowwski, Z. Paradowski, *Royden Brown's Bee Hive Product Bible*, Garden City Park NY : Avery Publishing Group, 1993.

(15) L. Vecht, *Royden Brown's Bee Hive Product Bible*, Garden City Park NY : Avery Publishing Group, 1993.

(16) F. A. Soliman, A. Soliman, *Experimental*, 1957, 3 : 181.

(17) Salajan and Baltan, *Zeitschrift fur ierphysiologie, Tiernahrung und Futtermittelkunde*, 1983, 39 : 437.

(18) H. Weitgasser, *Royden Brown's Bee Hive Product Bible*, Garden City Park NY : Avery Publishing Group, 1993.

(19) J. H. Poulsen, M. K. Crammers, *Scan. J. Clin. Lab. Invest*., 1982, 42.

(20) J. Leyden, *Happi,* p. 68, July 1994.

(21) M. S. Kislaigou, *Happi*, May 1994.

(22) R. M. DiSalvo, *The Chemistry and Manufacture of Cosmetics,* Vol. 1, 3rd ed., M. L. Schlossman ed., *Carol Stream*, IL : Allured Publishing, 2000.

(23) E. A. Balazs, U.S. Patent 4,303,676 : 1982, 1981.

(24) P. Band, *Effective Use of Hyaluronic acid, Drug & Cosmet.*

(25) O. Liebrich, O. Braun, German Patent 4992, 1983 : *ibid*., U.S. Patent 271.192.

(26) G. Barnett, *Cosmetics and Toiletries*, 1986, 101(3) : 21.

(27) D. H. Powers and C. Fox, 1957. Scientific Section No. 28. *Toilet goods Association Proc.* 21 Ranasinghe, A., P. Wertz, D. Downing and I. Mackenzie, 1986, *J. Invest. Dermatol.* 86(2) : 187.
(28) E. W. Clark, *Cosmetics and Toiletries Manufacture*, 1991, 44.
(29) M. Schrossman and J. P. McCarthy, *Contact Dermatology*, 1979, 192(3) : 198.
(30) *Encyclopedia of Polymer Science and Engineering,* New York : John Wiely & Sons, 1985, 752.
(31) F. Veeatch et al., U.S. Pat. 2,797,201, June 25, 1957 ; U.S. Pat. 2,978,340, April 14, 1961 ; U.S. Pat. 3,030,215, April 17, 1963.
(32) D. H. Solomon and D. G. Hawthrone, *Physics and Chemistry of Pigments,* Malabar, Florida : Krieger Publishing Co., 1991, 85.
(33) D. R. Schwartz, U.S. Patent 2,960,442, 1960.
(34) P. Rovesti, *Cosmetique Savon*, 1958, 1.
(35) M. G. de Navarre, Nucleic acids, In *The Chemistry and Manufacture of Cosmetics*, Vol. Ⅱ, 2nd ed. Princeton, NJ : D. Van Nostrand Co., 1962.
(36) All. Hunting, *Encyclopedia of Conditioning Rinse Ingredient*, Cranford, NF and London, England : Micelle Press, 1985.
(37) All. Hunting, *Encyclopedia of Conditioning Rinse Ingredient*, Cranford, NF and London, England : Micelle Press, 1987.
(38) D. J. Arquette, M. Cummings, K. Dwyer, R. Keiman, *Cosmetics & Toiletries*, 1997, 112(1) : 67.
(39) L. A. Branen, P. M. Davidson, *Preservative=Free and Self-Preserving Cosmetics and Drugs, Principles and Practice.* New York : Marcel Dekker, Inc., 1997.
(40) P. M. Davidson, *Antimicrobials in Food*, 2nd ed., New York : Marcel Dekker, Inc., 1993.
(41) H. C. Chang, A. L. Branen, *J. Food Sci.*, 1975, 40 : 349.
(42) S. Ahmad, A. L. Branen, *J. Food Sci.*, 1981, 46 : 1059.
(43) M. B. Gailani, D. Y. C. Fung, *J. Food Prot.*, 1984, 44 : 531.
(44) J. J. Zeelie, T. J. McCarthy, *Cosmetics & Toietries*, 1983, 98(12) : 51.
(45) P. M. Davidson, C. J. Brekke, A. L. Branen, *J. Foosd Sci.*, 1981, 46 : 314 ; C. Lahellec, D. Y. C. Fung, F. E. Cunningham, *J. Food Prot.*, 1981, 44 : 531 ; M. Robach, C. L. Stateler, *J. Food Prot.*, 1980, 43 : 208.
(46) R. H. Muller, M. L. Sand, *Appl. Opt.*, 1987, 26 . 5211.
(47) F. Hofmeister, *Eur. Coat. J.*, 1987, 1 : 400 ; *Polym. Paint Color J.*, 1990, 180 : 623.
(48) L. Armanini, *Pigm. Resin Technol.*, 17(10) : 4.
(49) R. Emmert, *Cosmet. Toil.*, 1989, 104 : 57.
(50) P. W. Gabel, F. Hofmeister, H. Pieper, *Kontakte (Darmstadt)* (2) 25, 1992.
(51) C. V. De Luca, H. A. Miller, G. R. Waitkins, US.4,038,099, 1977.
(52) K. Ambrosius et al., EP 0,271,767, 1988.
(53) G. T. Martino, M. S. Cardinali, Natural based polymers for personal care, Presented at In-Cosmetics, Paris, France, April 1999.
(54) A. Wendt, *Parfumerie und Kosmetik*(Engl.Transl.) 1998, 79(11) : 14.
(55) M. S. Cardinali, M. J. Vitale, Global Cosetic Industry, 9 : 38.
(56) M. S. Caardinali, Presented at the XIVth Latin American & Iberian Congress of Cosmetic Chemists and IFSCC Conference, Sandiego, Chile, May 1999.
(57) W. Rouse, M. Valles, G. T. Martino, C. W. Chiu, U.S. Patent 5,496,861, 1996.
(58) J. Keenan, *Soap and San. Chem.*, 1951, 27 : 27.
(59) R. E. Faust, *American Perfumer and Cosmetics*, 1963, 78 : 51.
(60) M. J. Vitale, G. T. Martino, *Cosmetics and Toiletries Manuf. World* 150, 1999.
(61) F. Nowak, *Cosmetics & Pefumery*, 1993, 88 : 31.

(62) M. M. Rieger, G. Berenbom, U.S. Patent 3,186.911, 1965.
(63) C. D. Szymanski, A. L. Michelli and P. C. Trubiano, British Patent 1,285,547, 1972.
(64) E. D. Goddard, J. V. Gruber, Principle of Polymer Science and Technology in Cosmetics in *Cosmetics and Personal Care*, New York : Marcel Dekker, Chpters 4, 5, 7, 1999.
(65) R. Y. Lochhead, *Cosmetics & Toiletries*, 1999, 103 : 39.
(66) M. S. Freland, I. Holder, J. Tuicker,*Cosmetics & Toiletries*, 1984, 99 : 83 ; J. M. Ricca, *Cosmetics and Toiletries Manuf. World*, 1996, 78 : 80.
(67) J. D. Pasapane, D. Solarek, N. Wilson, *Cosmetics and Toiletries*, 1999, 114 : 79.
(68) Nalco, Calgon, performance Products, Sensomer^{TM} – Nature's Creation, Technical Bulletin, Not dated.
(69) E. Sagarin, *Cosmetics Science and Technology*, New York : Interscience, 1957, 869 ; *Schimmel Briefs*, 1953, No. 215.
(70) J. B. Wilkinson, R. J. Moore, *Harry's Cosmoticology*, Longman, Essex : Scientific & Technical, 1982.
(71) S. Fanger, Von der Fecht, G. Haest, G. Schneider, U.S. Patent 6,153,204, 2000.
(72) E. V. Tarangull, U.S. Patent 3,852,475, 1974 ; D. R. Tubesing, M. L. Truax, U.S. Patent 5,013,763, 1991 ; W. Rouse, A. C. Zimmerman, U.S. Patent 5,407,678, 1995.
(73) J. Pasapane, D. Solarek, N. Wilson, *Cosmetics and Toiletries Manuf. World*, 1996, 175.
(74) W. R. Bergman, R. T. Murphy, U.S. Patent 5,631,013, 1997 : M. Goldberg, D. M. Kellner,U.S. Patent 5,176,903, 1993 : G. Holzner, U.S. Patent 4,803,195, 1989 ; R. T. Murphy, U.S. Patent 5,585,093, 1996.
(75) J. M. Behan, R. A. Birch, K. M. Tuck, European Patent 480,520, B2, 1999.
(76) CTFA Mineral Oil Task Force, A toxicological review of white mineral oils : Focus on topical exposure. White Paper, The Cosmetic, Toiletry, and Fragrance Association, 1994.
(77) Brown, E. Barbara, Walter Diembeck, Udo Hoppe, Peter M. Elias,*J. Soc. Cosmet. Chem.*, 1995, 1.
(78) James E. Fulton, Jr., Stephen R. Pay and James E. Fulton III, *J. Am. Acad. Dermato*l, 1984, 96 ; Lanzet, Monroe, *Cosmet. Toilettries*, 1986, 63 ; Otto H. Mills, Jr., and Albert M. Kligman, *Arch Dermatol.*, 1982, 903,
(79) American Academy of Dermatology Invitational Symposium on Comedogenicity, *J. Am. Acad. Dermatol.*, 1989, 272.
(80) A. Strűssmann, H. J. Weissen, A. Wirtz, *Int. J. Cosmet. Sci.*, 1993, 227.
(81) A. Frömder, B. C. Lippold, *Int. J. Cosmet. Sci.*, 1993, 113.
(82) Edwin A. Taylor, *J. Invset. Dermatol.*, 1961, 69 ; Edwin A. Taylor, *Arch. Dermatil.*, 1963, 137.
(83) Albert M. Kligman, *J. Soc. Cosmet. Chem.*, 1996, 41.
(84) Zoe Dina Draelos, *Cosmet. Dermatol.*, 2000, 44.
(85) Andrew P. Lazet, Paul Lazar, *Acta Derm. Venerol. (Stockh)*, 1991, 327.
(86) J. Welzel, K. P. Wilhelm, H. H. Wolff, *Contact Dermatitis*, 1996, 163.
(87) N. J. Lowe, M. A. Pathak, N.A. Shaath, *Sunscreen Development, Evaluation and Regulatory Aspects*, 2nd ed., New York, NY : Marcel Dekker, Inc., 1997, pp.461-464.
(88) I. Van Reeth, A Wilson, *Cosmet. Toil.*, 1994, 109(7) : 87 ; I. VAN Reeth, F. Dahman, J. Hannington, Poster session presented at the 19th IFSCC Congress, Sydney, Australia, October, 1996.
(89) Kirk-Othmer, *Encyclopedia of Chemical Technology*, Interscience Publishers, 1969.
(90) A. O'Lenick, *Surfactants : Strategic Raw Materials*, Allured Publishing, 2004, pp.112.
(91) H. Y. Thong, J. Spoo, P. Eklsner, P. Kleesz, H. I. Maibach, *Dermatologie in Beruf und Umwelt*, 2008, 56 : 3-6.
(92) Federal Register, 1983, 48 : 6832.
(93) Mitchell L. Schlossman, *The Chemistry and Manufacture of Cosmetics, Cosmetic Specialties and Ingredients,* Allured Business Media, 2010, chapter 1.

(94) G. S. Hahn, *Dermatol. Surg.*, 1999, 25 : 689.

(95) H. Zhai, W. Hannon, G. S. Hahn, A. Pelosi, R. A. Harper, H. I. Maibach, *Contact Detrmatitis,* 2000, 42 : 98.

(96) R. L. Goldemberg, *J. Soc. Cosmetic Chemists,* 1965, 16 : 317.

(97) M. Yokoda, H. I. Maibach, *Contact Dermatitis,* 2006, 55 : 65.

(98) E. Hed, H. Lund, T. Anger, *Contact Dermatitis*, 2001, 81 : 104.

(99) I. Boraczewska, B. Berne, M. Lindberg, H. Tőmä, M. Lodèn, *Br. J. Dermatol*, 2007, 156 : 492.

(100) Mitchell L. Schlossman edited, *The Chemistry and Manufacture of Cosmetics, Cosmetic Specialties and Ingredients*, Allured Business Media, 2010, by Zoe Diana Draelos, chapter 2, p.42.

(101) D. C. Liao, *Journal of Family Practice*, 2003, 52(1) : 43.

(102) E. Tanghetti, *Cutis*, 2008, 82(5) : 5.

(103) R. A. Bojar, W. J. Cunliffe, K. T. Holland, *Br. J. Dermatol*, 1995, 132 : 204.

(104) A. Pagnoni, A. M. Kligman, N. Kollias, S. Goldberg, T. Stoudemayer, *Journal of the American Academy of Dermatology*, 1999, 41(5 pt 1) : 710.

(105) E. A. Eady, *J. Dermatol Therapy*, 1996, 7 : 93.

(106) A. Pagnoni, T. Chen, O. T. Wu, Y. Appa, *American Academy of Dermatology,* 2004, Poster 61.

(107) A. N. Lin, R. J. Reimer, D. M. Carter, *J. Amer. Acad. Dermatol.*, 1988, 18(3) : 553.

(108) V. K. Garg, S. Sinha, R. Sarkar, *Dermatol. Surg.*, 2009, 35(1) : 59.

(109) L. Barclay, *Medscape Medical News*, http://www.medscape.com.

(110) R. D. Semba, G. Dagnelie, *Med Hypotheses*, 2003, 61(4) : 465.

(111) S. K. Katiyar, C. A. Elmets, R. Agarwal et al., *Photochem. Photobiol.*, 1995, 62 : 855.

(112) C. A. Elmets, D. Singh et al., *J. Am. Acad. Dermal*, 2001, 44 : 425.

(113) S. K. Catiyar, F. Afaq, A. Perez, H. Mukhtar, *Clin. Cancer Res.*, 2000, 6 : 3864.

(114) N. Ahma, H. Mukhtar, *Skin Pharmacol. Appl. Skin Physi*o., 2001, 14 : 69.

(115) H. Mukhar, S. K. Khatiyar, R. Agarwal, *J. Invest. Dermatol.*, 1994, 102 : 3.

(116) B. Idson, *Cosmet. Toilet,* 1993, 108 : 79.

(117) P. Mayer, W. Pittermann, S. Wallat, *Cosmet. Toilet*, 1993, 108 : 99.

(118) K. Werninghaus et al., *Arch. Dermatol.*, 1994, 130 : 1257.

(119) J. S. Trivedi, S. L. Krill, J. Fort, *Eu. J. Pharm. Sci.*, 1995, 3(4) : 241.

(120) I. E. Espinal-Perez, B. Moncada, J. P. Castanedo-Cazares, *Int. J. Dermatol,* 2004, 43(8) : 604.

(121) A. C. Chan, *Can. J. Physiol. Pharmacol.*, 1993, 71 : 725.

(122) R. E. Beyer, *Arch. Bioeng. Biomem.*, 1994, 26 : 349.

(123) U. Hoppe et al., *Biofactors,* 1999, 9(2-4) : 371.

(124) T. Blatt, Z. Gerontol Geriat, 1999, 04, 3f2(2) : 83.

(125) E. Mckeown, *Cosmet. Toilet*, 1987, 102 : 64.

(126) T. Waller, *Cosmet. Toilet*, 1992, 107 : 53.

(127) R. Maenthaisong et al., *Burns,* 2007, 33(6) : 713(E-pub May 17, 2007).

(128) L. O. Orafidiya et al., *Inter. Jour Aromatheraphy*, 2004, 14(1) : 15.

(129) P. PUV Abanditsin and R. Vongtongsri, *J. Med. Assoc. Thai*, 2005, 88(Supp. 4) : S173-6.

(130) J. Reuter et al., *Skin Pharmacol. Physiol*, 2008, 21(2) : 106(E-pub Feb 5, 2008).

(131) M. Joyeux, A. Lobstein, R. Anton, F. Mortier, *Plant Med.*, 1995, 61 : 126.

(132) S. J. Kim, M. H. Lim, I. K. Chun, Y. H. Won, *Skin Pharmacol.*, 1997, 10 : 200.

(133) M. Amer, M. Metwalli, *Int. J. Dermatol.*, 2000, 39(4) : 299.

(134) H. Beitner, *Br. J. Dermatol.*, 2003, 149(4) : 841.

(135) J. T. Lim, *Derm. Surg.*, 1999, 25 : 282.

(136) A. Garcia, J. E. Fulton, Jr., *Dermatol. Surg.*, 1996, 22(5) : 443.

(137) S. Choi, S. K Kim, J. E. Kim et al., *Clin. Exp. Dermatol.*, 2002, 27 : 513.
(138) K. Jones et al., *Pigment Cell Res.*, 2002, 15 : 335.
(139) Z. Wang et al., *Inter. Jour. Cos. Sci.*, 2008, 30(2) : 121.
(140) I. Hori et al., *Phytother. ReLett*, 2008, 30(4) : 743-8(E-pub Nov 27, 2007).
(141) S. Y. Jun et al., *Biotechnol Letter*, 2008, 30(4) : 743(E-pub Nov 27, 2007).
(142) A. Fitton, K. L. Goa, *Drugs*, 1991, 5 : 780.
(143) I. M. Balina, K. Geraupe, *Int. J. Dermatol.*, 1991, 30(12) : 893.
(144) R. M. Halder, G. M. Richards, *Dermatol. Ther.*, 2004, 17 : 151.
(145) I. H. Kligman, C. H. Do, A. M. Kligman, *Connect. Tissu. Res.*, 1984, 12 : 139.
(146) C. G. Baker, *Cosmet. Toiet.*, 1987, 102 : 99.
(147) K. Laden, R. Spitzer, *J. Soc. Cosmet. Chem.*, 1967, 18 : 351.
(148) I. H. Blank, *J. Invest. Dermatol.*, 1952, 18 : 433.
(149) I. F. Gaul et al., *J. Invest. Dermato*l., 1952, 19 : 9.
(150) K. Laden, *Soc. Cosmet. Chem.*, 1967, 18 : 351.
(151) G. Grubauer, K. R. Feingold, P. M. Elias, *J. Lip. Res.*, 1987, 28 : 746.
(152) R. Ghadially et al., *J. Am. Acad. Dermatol.*, 1992, 26 : 387.
(153) M. M. Rieger, D. E. Deem, *J. Soc. Cosmet. Chem.*, 1974, 25 : 253.
(154) C. R. Robbins, K. M. Fernee, *JSCC*, 1983, 37 : 21.
(155) S. Iodson, *Cosmet. Toilet.*, 1992, 107 : 69.
(156) *J. Investig. Dermatol. Symp. Proc.*, 2005, 10(3) : 295.
(157) *Proc. Natl. Acad. Sci.*, USA, Nov. 20, 2007, 18730-5(E-pub. Nov. 13, 2007).
(158) www.pg.com/company/who_we_are/head_history.shtml.
(159) C. J. Chandler, I. H. Segel, *Antimicro Agents Chemother,* 1978, 14(1) : 60.
(160) R. Baran, H. I. Maibach, *Textbook of cosmetic dermatology*, 3rd ed., Taylor & Francis, 2005, p. 265.
(161) *FDA Orange Book*, 019927, Aug. 31, 1990.
(162) R. Baran, H. I. Maibach, *Textbook of cosmetic dermatology,* 3rd ed., Taylor & Francis, 2005, p. 267.
(163) A. C. Satchell et al., *J. Dermatol.*, 2002, 47(6) : 852.
(164) *CFR* 21, V5, Sec 310.527, Drug products containing active ingredients offered over-the-counter(OTC) for external use as hair growers or for hair loss prevention.
(165) The American Hair Loss Council.
(166) American Academy of Dermatology, http : aad.org.
(167) R. Tsuboi et al., *J. Dermatol.*, 2009, 36(8) : 437.
(168) J. F. Libecco, *WF Expert Opin Pharmacother*, 2004, 5(4) : 933.
(169) J. Barth, *The Lancet,* Vol. 355, No. 9199, pp. 161-162.
(170) M. Iino et al., *J. Invest. Dermatol.,* 2007, 127(6) : 1318(E-pub. Feb 15, 2007).
(171) V. C. Fiedler-Weiss, C. M. Buys, *Arch Dermal*, 1987, 123(11) : 1491.
(172) D. Stamatiadis et al., *Br. J. Dermatol.,* 1988, 119(5) : 627.
(173) J. Jiang et al., *J. Dermatol.*, 2005, 32(4) : 243.
(174) C. Pierard-Franchimont et al., *Int. J. Cosmet Sci.*, 2002, 24(5) : 249.
(175) M. Johnstone, *Am. J. Opthalmol.*, 1997, 124 : 544.
(176) T. Takahasi et al., *J. Cosmet. Dermatol.*, 2005, 4(4) : 245.
(177) N. Prager et al., *J. Altern. Complement. Med.*, 2002, 8(2) : 143.
(178) US Patent 6,479,059.
(179) S. Garg et al., *Semin Cutan. Med. Surg.*, 2009, 28(1) : 15.
(180) T. W. Fisher et al., *International Journal of Dermatology*, 2007, 46(1) : 27.

(181) V. K. S. Shukla, K. Bhattacharya, *Cosmetics & toiletries*, vol. 119, p.99, May 2004.
(182) F. D. Gunstone, J. L. Harwwod, F. B. Padley, *The Lipid Handbook*, New York : Chapman and Hall, 1986.
(183) R. A. Ferrari et al., *J. Am. Oil Chem. Soc.*, 1998, 73 : 597.
(184) V. K. S. Shukla, K. Kragballe, INFORM, May 1998, 9(5) : 512.
(185) K. Schwartz, Phenolic diterpenes from rosemary and sage, in Functional Foods, vol. 2, Biochemical and Processing Aspects, J. Shi, M. Mazza and L. M. Miguer eds., Boca Raton, Florida : CRC Press, 2002.

CHAPTER 4

계면활성제, 비누 그리고 보습제

1 계면활성제

화장품 제조는 사용하는 모든 성분이 중요하지만 그중에서도 가장 중요한 성분은 계면활성제이고 둘째는 보습제다. 계면활성제는 화장품을 섞고 피부에 바를 때 중요하고 보습제는 피부의 수분유지에 필요한 성분이다. 물질을 섞을 때 질량 혹은 부피가 많은 성분을 분산매라 하고 적은 성분을 분산질이라고 한다. 예를 들어 비누를 물에서 사용할 때 물은 분산매이고 비누는 분산질이다. 소주는 물이 분산매이고 에틸알코올이 분산질이다. 화합물을 섞을 때 가장 기본적으로 "like dissolves like"(비슷한 것은 비슷한 것에 녹는다)라는 일반적 성질에 따라 섞인다. 예를 들어 소주를 구성하는 물과 에틸알코올은 서로 극성, -OH 원자단의 결합, 분자크기, 결합력(결합력 크기대로 나열하면 공유결합, 이온결합, 수소결합, 이온-쌍극자, 쌍극자-쌍극자, 이온-유발쌍극자, 쌍극자-유발쌍극자, 론돈 분산 에너지) 등이 비슷하여 서로 잘 녹고 잘 섞인다. 그래서 우리는 "비슷한 것은 비슷한 것끼리 잘 녹고 잘 섞인다"라고 말한다. 그러나 화장품은 물성이 서로 다른 화합물을 섞어 만들기 때문에 균일화합물을 제조하기 어렵다. 이 경우에 화장품 연구원들은 계면활성제를 이용한다.

계면활성제는 오래전부터 사용했다. 나뭇잎 표면은 lignin성분 때문에 소수성을 띠므로 물이 흘러내린다. 나무에 살충제를 분무할 때 비눗물이나 계면활성제와 함께 섞어야 나뭇잎 표면에 붙어 살충제 역할을 한다. 비눗물도 계면활성제다. 비눗물은 옷에 묻은 때를 제거하고 물이 피부에 잘 적시게 한다. 현재 모든 제품을 섞어 만들 때 액체와 고체를 막론하고 두 물질의 혼합은 계면활성제를 사용한다. 세제, 식품, 플라스틱제품, 섬유제품, 화장품, 살충제, 페인트, 잉크, 접착제, 염료, 소화제(fire extinguisher), 의약품 등은 계면활성제 없이 만들 수 없다. 계면활성제들은 화장품에서 세정 작용, 직간접 유화작용, 젤, 거품생성 등의 작용을 한다. 즐겨 마시는 커피믹스에도 분말혼합과 빠르게 녹여 마시기 위해서 계면활성제를 첨가한다. 계면활성제는 일반적으로 미량을 사용한다. 특히 화장품은 계면활성제 사용이 필수이고 계면활성제를 사용하지 않으면 진흙이 물에서 가라앉아 분리되는 것처럼 화장품 성분들이 서로 분리되어 사용할 수 없다.

미세한 진흙을 물에 분산할 때 이들은 중력 때문에 떠있지 못하고 가라앉는다. 분산된 흙 입자는 분자보다 훨씬 더 크고 수천 혹은 수만 원자로 구성된다. 물 분자는 분산매다. 물 분자와 같은 크기의 작은 진흙입자는 떠 있고 물 분자보다 큰 진흙입자는 가라앉는다. 이것을 분산 또는 현탁(suspension)이라 하고 콜로이드 분산(colloidal dispersion) 또는 콜로이드(colloid)라고 한다. 콜로이드는 용액과 불균일 혼합물의 경계선상의 물질이고 기체, 액체, 고체의 세 가지 종류들이 있다. 분산입자 크기는 대략 10～2000 Å 범위다. 콜로이드용액은 빛을 산란하고 tyndall효과를 나타내고 입자들은 brown운동을 한다. 계면활성제는 물과 작용하는 성질에 따라 친수성(hydrophilic), 소수성(hydrophobic), 양쪽성(amphoteric), 비-이온성(nonionic)의 네 종류로 분류한다. 소수성 콜로이드는 물에 대한 친화도가 적기 때문에 물과 분리되지만 표면에 친수성 이온들이 흡착(adsorption)하여 친수성으로 변하면 콜로이드 상태로 안정화되어 분산상태를 유지한다.

TOPIC 교질화학

교질화학(colloidal chemistry)은 초등학교에서도 배우는 tyndall 효과와 brown 운동에 대하여 연구하는 학문이다. 근래에 와서 계면활성제 화학이 발전함에 따라 교질화학이라는 용어는 사용하지 않고 계면활성제, 유화, 콜로이드라는 용어로 변하였다.

입을 통하여 섭취된 음식물 지방이 소장(small intestine)에 도달하면 쓸개(gallbladder)에서 담즙 호르몬이 나온다. 담즙 성분 중에 스테아린산 소듐과 비슷한 구조를 갖는 화합물이 있다. 이 성분은 분자의 말단에 친수성(극성) 원자단과 소수성(무극성) 원자단을 갖고 이 원자단들은 소장 안에서 지방을 유화(emulsification)하고 소장벽을 통해 지용성 비타민을 소화하여 흡수하게 만든다. 유화는 유제(emulsion, 액체에 분산된 액체) 생성을 의미한다. 유제 생성을 돕는 물질을 유화제(emulsionfying agent)라 하고 이 화합물은 분자구조의 말단에 친수성과 소수성 원자단을 갖는다. 그러므로 쓸개에서 담즙이 나오지 않으면 지방 성분을 섭취하지 못한다. 그러므로 사람의 몸 안에서도 매일 계면활성제를 이용하여 목숨을 이어간다.

현대 화합물(식품, 의약품, 화학제품) 제조와 화학공정은 콜로이드 화합물을 거의 모두 섞어 사용한다. 예를 들어 시판용 고추장과 된장에 콜로이드 분산제를 섞으면 찹쌀로 빚은 것처럼 번질거리는 광택을 내서 겉보기에 좋아 보이고 옷감을 염색할 때 물감이 잘 퍼지고 화장품에 사용하면 광택이 나고 잘 분산되고 전기도금에 사용하면 표면이 매끄럽고 생선회에 바르면 싱싱해 보이고 등등 한없이 많은 용도로 사용한다. 즐겨 마시는 커피믹스도 커피+설탕+포도당+프림+인산염 등의 원만한 분말혼합과 빠른 용해를 위해서 계면활성제를 섞는다. 아이스크림에 계면활성제를 섞지 않으면 싸구려처럼 보이고 부드럽지 않고 까칠까칠하고 광택이 없다. 눈에 보이는 모든 먹고 마시는 제품(과자, 제빵, 음료, 우유 등등)과 배설하는 대변과 오줌은 합성 혹은 천연 계면활성제 성분이 공존해야 성능을 발휘한다. 현대는 마누라와 남편이 없어도 살 수 있지만 계면활성제 없이 살 수 없는 세상이다. 교질화학자들은 정말로 위대하다.

이러한 교질화학은 온도변화가 거의 없는 실온상태에서 성립하는 현상이다. 이산화탄소 화합물이 녹은 탄산수 혹은 콜라는 다른 현상을 나타낸다. 소다수병 혹은 콜라병을 흔들고 냉장고의 냉동실에 3시간 15분간 둔 다음 마개를 열고 그릇에 붓는다. 고체와 액체는 절반씩 섞인다. 숟가락으로 떠서 먹으면 호텔에서 일금 십만원을 주고 사먹는 빙수보다 10^{10}배 더 맛이 좋고 시원하고 배도 아프지 않고 둘이 먹다 하나가 죽어도 모를 정도로 매력만점이다.

1.1 계면활성제 원리

화장품 처방에 반드시 사용하는 계면활성제는 무수히 많지만 첫째 계면활성제의 전하에 따라 비-이온성, 양이온성, 양쪽성, 음이온성 계면활성제로 분류할 수 있다. 둘째 계면활성제 기능에 따른 분류는 표 4-1과 같다.

계면활성제(surfactant)는 surface-active agent의 약자다. 표면활성 제품을 만들려면 분자 안에서 서로 녹지 않는 두 부분을 가져야 한다. 관례적으로 이러한 두 부분은 각

표 4-1 계면활성제의 기능성에 따른 분류

제품종류 \ 기능성	1	2	3	4	5	6	7	8	9	10	11	12	13
alcohol alkoxylates	•	•			•		•						
agricultural sufactants	•				•						•		
alkanolamides(1 : 1)		•	•								•	•	
alkanolamides(1 : 2)		•	•								•		
alkanolamide ethoxylates			•	•		•		•				•	
alkylaryl sulphonates	•	•			•								
alkylphenol ethoxylates	•	•			•		•		•				
amine ethoxylates	•					•		•					
amine oxides		•				•		•			•		
amphoterics		•						•			•		
benzyl quats						•							•
block co-polymers					•	•	•		•		•		
fatty acid ethoxylates	•		•	•									
glycerol esters	•		•	•									
higher alcohol ethoxylates	•	•											
imidazolines	•		•	•									
imidazoline quats	•			•									
lower alcohol ethoxylates	•	•			•		•		•		•		
phosphate esters	•	•	•		•								
polyethylene glycols			•						•	•			
polypropylene glycols			•						•	•			

1 : 유화제 2 : 세탁제 3 : 윤활제
4 : 연화제 5 : 습윤제 6 : 평준화제(leveling agent)
7 : 분산제 8 : 부식방지제 9 : 용해제
10 : 커플링제(coupling agent) 11 : 거품생성제 12 : 거품안정제
13 : 소독제

기 물과 오일에 녹아야 하고 계면활성제는 유제 방울의 내부와 외부 표면으로 배향해야 한다. 계면활성제의 그러한 두 부분 사이에 균형은 계면활성제 분자의 기능성을 결정하고 그 균형은 일정한 화합물에 대하여 적절한 계면활성을 결정하는 HLB (hydrophile-lipophile balance) 시스템의 기본이다.

현재 실리콘 화합물은 점차 더 널리 사용하는 계면활성제다. 실리콘은 물이나 알코올에 녹지 않는다. 새로운 두 가지 실리콘 분자 화합물을 합성하였다. 한 화합물은 실리콘 분자의 한쪽 부분이 물에 녹지 않고 다른 부분은 물에 녹는 화합물이다. 또 한 가지 화합물은 실리콘 분자의 한 부분이 오일에 녹지 않고 다른 부분은 실리콘에 녹는 실리콘 화합물이다.

이 새로운 계열 화합물은 HLB 개념을 다시 생각하게 한다. 계면활성제 분자의 균형을 고려할 때 반대개념의 원자단을 생각해야 한다. 새로운 용어는 친수성(hydrophilic, water-loving), 소수성(hydrophobic, water-hating), 친유성(oleophilic, oil-loving), 소-유성(oleophobic,

그림 4-1 계면활성제

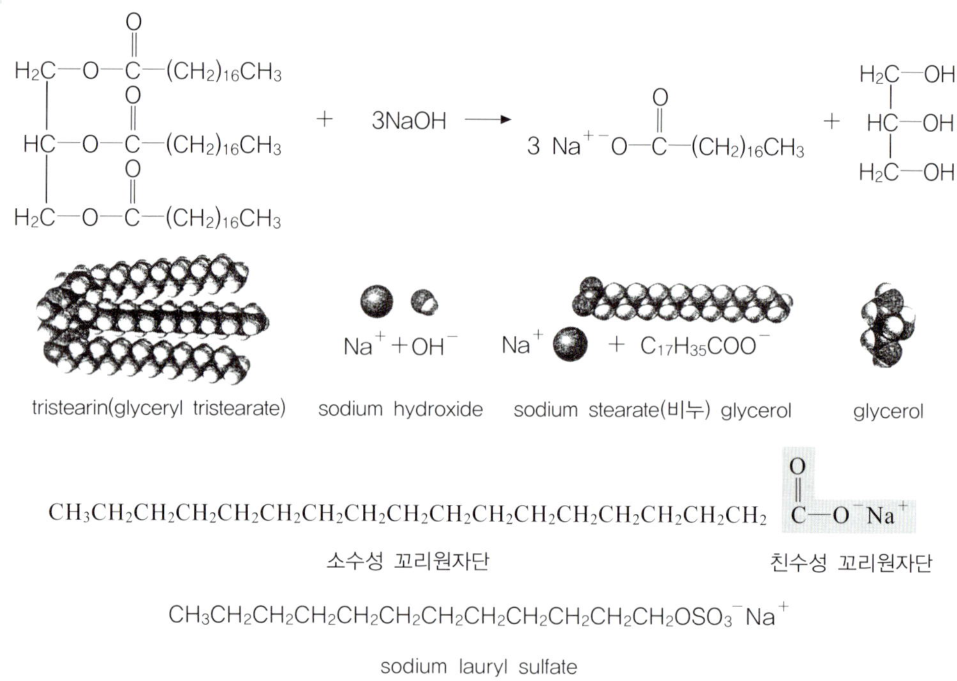

* stearic acid와 lauric acid 같은 지방산에 수산화소듐을 가하여 비누화방법으로 계면활성제를 만든다. 이것은 2500년 전부터 고대 바빌로니아 남부의 수메르에서 내려온 고전적 비누제법과 같고 이것은 현대 계면활성제 제법이다.

oil-hating), 친-실리콘성(siliphilic, silicone-loving), 소-실리콘성(siliphobic, silicone-hating)이다. 소수성 물질은 친-유성 혹은 친-실리콘성이고 소-유성 물질은 친수성 혹은 친-실리콘성이고 소-실리콘성 물질은 친-유성 혹은 친수성이다. 여기에서 소(疎)는 멀다, 싫어한다(hate)의 뜻이고 친(親)은 친하다(like)의 뜻이다. 이것은 소수성 섬유를 실리콘 혹은 탄화수소로 처리할 수 있다는 것을 의미한다. 그 섬유를 실리콘으로 처리하면 소-유성으로 된다. 문제의 섬유가 모발이라면 그러한 처리는 소-유성을 방지할 수 있다. 계면활성제 구조는 다음과 같다(실리콘은 silicone이고 규소화합물을 의미하고 규소 원소 이름은 silicon이다).

일반적으로 물은 수소결합 혹은 이온-쌍극자 상호작용에 의해 머리-원자단과 세게 상호작용한다. 그러나 오일은 소수성 상호작용 때문에 물에 대하여 반발한다. 소수성 꼬리-원자단의 반발 때문에 계면활성제는 표면과 계면(공기/액체 계면과 고체/액체 계면)에 흡수되는 경향이 있다.

비교적 묽은 농도에서 표면에 흡착되는 화학 퍼텐셜은 미셀 집합(micellar aggregation)과 미셀 형태의 화학 퍼텐셜이 같다. 미셀을 형성하는 농도를 임계 미셀 농도(critical micelle concentration : cmc)라고 한다. cmc는 각 계면활성제들이 일정한 물리적 상태와 화학적 성분에서 나타내는 특성이다. 계면활성제 미셀은 소수성 상호작용에 의해 미셀 중심에서 함께 결합한 50 이상 분자들이 결합한 큰 집합체다. 미셀 내에서 계면활성제의 머리-원자단 사이에 반발력이 존재한다. 이러한 반발은 머리-원자단 크기

그림 4-2 "반대 힘의 원리"에 의한 미셀 집합

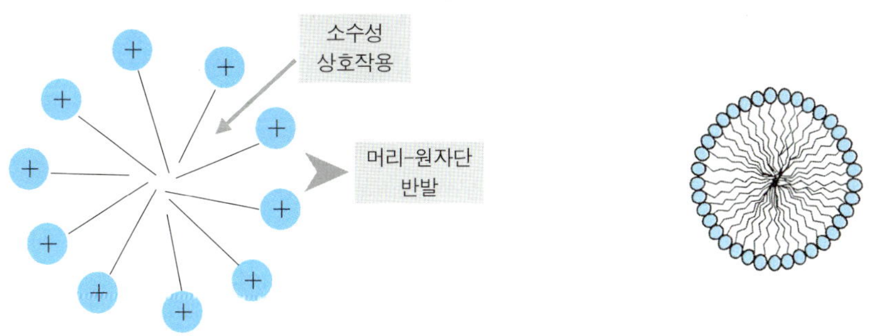

(A) 계면활성제 집합
소수성 상호작용

(B) 구형 미셀
머리-원자단 반발

(A) 계면활성제 집합. 각 계면활성제들은 소수성 꼬리-원자단의 반발힘을 이기고 그리고 친수성 머리-원자단의 반발힘을 이기고 집합한다.

(B) 반대 힘의 원리에 따라 원형 미셀을 형성한다.

및 용매화 껍질의 크기와 관련이 있는 입체인자(steric factor)에 의해 생긴다. 그러나 동일한 전하 머리-원자단 사이에 계면활성제 이온반발이 가끔 영향력이 가장 큰 힘으로 작용한다. 중심을 함께 잡아당기는 소수성 상호작용과 머리-원자단 반발의 균형은 미셀 원 주위를 곡면으로 만들고 이 곡면은 미셀 크기를 결정한다. 이것을 "반대 힘의 원리"(principle of opposing force)라고 한다.

계면활성제 농도를 증가하면 머리-원자단 사이에 삼투힘(osmotic force)이 더 적어지고 미셀 곡면이 감소하고 미셀을 성장한다. 그러나 일정한 꼬리-원자단 길이는 구형으로 성장하기에 유리하다. 결과적으로 미셀은 타원형으로 되고 마침내 실린더 모양으로 성장한다. 더 길어지면 지렁이처럼 긴 사슬로 성장하고 분자량은 수만 수억 단위로 집합한다. 대부분 샴푸의 미셀 구조는 막대 혹은 지렁이와 비슷하다. 미셀 모양은 구성하는 양쪽성 분자의 모양에 따라 결정된다. 이것을 충전인자(packing factor)라고 한다.[1]

충전인자는 꼬리-원자단 부피와 머리-원자단 단면적을 꼬리 원자단 길이로 곱한 값의 비로 나타낸 값이다. 충전인자 값이 1/3보다 적으면 구형 미셀로 쉽게 충전되는 원추형 분자에 상당한다. 충전인자 값이 1/3과 1/2 사이에 있으면 실린더에 충전되는 실린더 모양 쐐기에 상당하고 1/2보다 큰 충전인자는 평면 층이 매우 크다. 계면활성제 기하구조와 집합체 모양은 그림 4-3과 같다.

마지막은 유방성 액체결정 지역(lyotropic liquid crystal region)이고 그것은 현재 시판용 샴푸의 적은 부분만 차지하지만 이 성분들은 장래 기대되는 제품들이다. 그 밖에 계면활성제 집합체 모양은 전자현미경이나 빛-산란 분광법으로 모양과 분자량을 측정할

그림 4-3 계면활성제 기하구조와 집합체 모양

계면활성제	임계충전 파라미터	모 양		구조형태
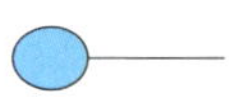	<1/3	원추형		구형 미셀
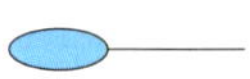	1/3~1/2	쐐기형		실린더 모양 미셀
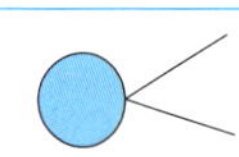	1/2~1	끝을 절단한 원추형		소낭 혹은 신축성 이중층
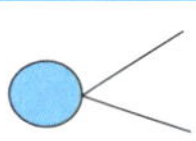	~1	실린더		평면 이중층
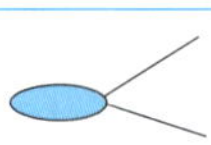	>1	뒤집힌 끝을 절단한 원추형		반전 미셀

수 있다.(2)

1.2 음이온성 계면활성제

음이온성 계면활성제(anionic surfactant)에는 물에 녹아 친수성 음이온을 띠는 부분을 갖는 카르본산염, 황산에스터염, 술폰산염, 인산에스터염류들이 있다. 이러한 계면활성제의 탄수화물 골격은 알킬기, 곁가지-알킬기, 그리고 이러한 탄수화물 구조에 아미드결합, 에스터결합, 에터결합을 갖는다. 물과 음이온성 계면활성제 반응은 다음과 같다. M은 물에 잘 녹는 Na, K, $N(CH_2CH_3)$ 같은 양이온이고 R은 C_{7-21}이다.

$$RCOOM + H_2O \leftrightarrows RCOO^- + M^+$$

화장품을 만들 때 물, 계면활성제, 지방산 등을 섞으면 계면활성제 음이온 부분이 용매 물 분자와 결합하고 R 부분은 탄수화물이므로 기능별 첨가물의 탄수화물과 "like dissolves like" 원리에 따라 서로 녹아 물-계면활성제-지방산 결합을 생성하고 이때 계면활성제는 물과 소수성 지방산의 다리결합 역할을 한다.

음이온성 계면활성제는 세안용 비누와 세안용 크림에 이용하는 고급지방산염(RCOOM), 기포제와 세정용 샴푸와 치약에 이용하는 알킬황산에스터염($ROSO_3M$), 용해성과 기포력을 이용하는 샴푸용 폴리옥시에틸렌 에터 황산염[$RO(CH_2CH_2O)_nSO_3M$], 안정성, 내산성, 내경수성, 기포력을 이용하는 샴푸와 세안용 아실 *N*-메틸타우린산염 [$RCON(CH_2)CH_2CH_2SO_3M$], 물에 잘 녹는 모노에스터를 주로 사용하는 세안과 샴푸용 알킬에터 인산염, 세안과 치약용 N-아실아미노산염 등이 있다.

1.2.1 카복실산염류

(1) 카복실산염

이 종류에 속하는 계면활성제는 일반적으로 유지화합물에서 만든다. 카목실산염(혹은 비누)은 동물과 식용 글리세라이드의 알칼리 가수분해 혹은 지방산의 중화반응으로 직접 제조한다. 포화 소듐비누는 C_8까지 물에 대단히 잘 녹고 C_{18}까지 탄소수 증가에 따라 점차 덜 녹는다. C_{20} 이상은 녹지 않는다. C_{16} 사슬길이 이상은 포화 혹은 불포화이고 불포화 지방산은 산화되어 산화물과 과산화물을 생성할 수 있고 부패되어 노란색으로 변할 수 있다. 포타슘 비누와 alkanolamine 염은 더 액체성이고 소듐염보다 더 잘 녹는다. 알칼리토금속과 중금속의 지방산염류는 용해도가 대단히 적고 이 종류의 계면활성제는 센물에 사용하는 것이 적당하지 않다.

일반적으로 동물기름과 코코넛 기름에 바탕을 둔 지방산 카복실산의 주요한 응용은 전 세계적으로 손으로 직물을 빨래할 때 사용하는 막대비누 제조에 사용한다. 물에 녹는 비누는 주로 피부세척(막대비누 혹은 액체 비누), 면도제품(막대, 거품, 크림), 탈취용 막대비누에 주로 사용한다. 지방산과 그 염의 혼합물은 "산성 비누"에 사용한다. 비수용성 비누는 소수성이므로 비수용매 계에서 젤을 형성한다. 그리고 w/o 유제에 적절한 계면활성제다.

(2) 에스터 카복실산염

이 종류의 계면활성제는 앞에서 설명한 카복실산에 바탕을 둔 계면활성제 그룹에 속하고 그들은 di-와 tri-carboxylic acid의 모노에스터이다. 이러한 에스터는 알코올과 폴리카복시산(예를 들어 타르타르산 혹은 시트르산) 혹은 하이드록시산(예를 들어 락트산)과 카르복시산처럼 서로 다른 분자 종류의 분자를 함유하는 축합반응으로 제조한다.

이들은 거품을 잘 만드는 성질이 있고 모발에도 실제로 존재하기 때문에 특히 샴푸에 적당한 성분이다. 알코올 에톡시 황산(alcohol ethoxy sulfate : AEOS)과 혼합하여 피부자극성 감소에 사용한다. 짧은 사슬 lactylate는 피부에 상존하고 보습성을 나타낸다.

(3) 에터 카복실산염

이 종류 중에서 alkyl polyglycol ether carboxylate는 잘 알려진 계면활성제다. 이러한 계면활성제는 sodium chloracetate와 에톡시화 알코올을 반응시켜 만든다. 에톡시화(ethoxylate) 원자단의 첨가 때문에 그 에터 카복실산염은 물에 더 잘 녹고 보통 비누에 비하여 센물에 덜 민감하게 반응한다. 이것은 가장 좋은 비-이온성 계면활성제의 성질을 가지므로 흐림점(cloud point)을 나타내지 않고 좋은 습윤성과 거품 안정성을 나타낸다. 에터 카복실산염은 알칼리와 산 중에서 가수분해하지 않고 일반적 유화제와 유제 안정화제로 사용한다.

이들은 부드럽고 크림형성, 피부감촉, 헤어 컨디셔닝 성질을 가지므로 알코올 에터 황산과 섞어 샴푸에 사용하고 양이온과 함께 이용할 수 있다. 보다 최근에 새로운 세대의 alkyl glucose carboxylate들이 출현하고 있다. 이러한 계면활성제는 대단히 부드럽고 거품형성과 감각이 좋다. 이 종류 중에 대표적 계면활성제는 sodium lauryl glucose carboxylate다.

1.2.2 황산염

(1) 알킬 황산염

알킬 황산 염류는 유기물 에스터이고 탄화수소 사슬길이와 선택적 상대이온에 따라 여러 가지가 있다. 알킬 황산염들은 상당하는 지방산의 황산화 반응으로 제조한다. 알킬 황산염의 성질은 주로 사슬길이, 탄화수소 사슬의 가지치기, 상대이온의 성질에 따라 변한다. 그들은 일반적으로 특히 센물에서도 좋은 거품 생성제이고 C_{12}–C_{14} 사슬길이 범위에서 최선의 거품생성 성질을 나타낸다.

라우릴 황산 소듐(sodium lauryl sulfate : SLS)은 C_{12} 사슬길이이고 가장 보편적 계면활성제다. 그것은 피부에 잘 사용하지 않는다. 예를 들어 C_{14}–C_{18} 범위에서 사슬길이 증가에 따른 각질층의 계면활성제 침투성은 자극 가능성과 함께 감소하지만 거품생성 능력도 마찬가지로 감소한다. C_{12}보다 적은 탄소사슬은 피부에 의하여 SLS보다 더 잘 융합되지만 더 특이한 냄새를 풍긴다. 다른 계면활성제와 혼합하면 거품을 잘 유지하면서 피부와 융합되는 결과를 나타낸다. 라우릴 황산은 SLS, ammonium lauryl sulfate (ALS), magnesium lauryl sulfate[$Mg(LS)_2$], triethanoleamine lauryl sulfate(TEALS)와 함께 이용할 수 있다. 피부와 라우릴 황산의 융합은 $Mg(LS)_2$ > TEALS > SLS > ALS 순서다.

알킬 황산은 화장품에 사용하여 계면활성제 역할과 세제의 거품 특성 개선에 이용한다. 순수한 SLS는 구강관리와 치아 크림에 거품 생성제로 이용한다.

(2) 알킬 에터 황산염

알킬 에터 황산(alkyl ether sulfates : AESs)은 AEOS라고도 하고 에톡시화 알코올의 황산화 반응으로 만든다. 에터 황산은 알킬 황산에 비하여 수용성이 더 크고 센물에서 거품 안정성이 개선되고 피부와 융합이 더 좋다. 에터 황산의 계면활성제 용액 점성은 전해질이 존재할 때 알킬 황산보다 훨씬 더 민감하다. 화장품 처방 연구원들은 때때로 이러한 점을 간단히 이용하여 염류(예 : NaCl) 농도를 조절하여 원하는 점성으로 만든다. 분자에 에톡시 원자단(ethoxy group, EOs) 수가 많을수록 각질층에 침투하는 계면활성제 능력이 감소하고 피부에 대한 자극성이 더 적다. 눈에 대한 자극성도 마찬가지다. 또한 에톡시화 반응이 많이 진행할수록 거품형성 능력은 감소한다.

AESs는 액체 비누, 샤워 젤, 거품 목욕, 샴푸와 같은 제품에 광범위하게 이용한다. Sodium lauryl ether sulfate(SLES)는 현재 주요한 계면활성제로 사용하고 우수한 거품생성과 피부 융합 성질을 갖는다.

(3) 아미드 에터 황산염

아미드 에터 황산염(amide ether sulfate)은 상당하는 에톡시 아미드를 황산화반응하여 만든다. 그것의 마그네슘 염류는 거품을 잘 형성하고 피부와 잘 융합된다. 이것은 약한 액체제거효과 때문에 amide ether sulfate를 매우 부드러운 세척제로 사용한다.

(4) 알킬 글리세라이드 황산

이 종류 중에서 가장 잘 알려진 계면활성제는 cocomonoglyceride sulfate(CMGS)다. 이것은 코코넛 오일을 글리세롤과 에스터교환반응한 다음 삼산화황으로 황산화하고 수산화소듐으로 중화한다.

이 계면활성제는 상당하는 AES와 비슷한 거품 생성 능력을 갖는다. 이 계면활성제는 거품촉진제로 작용하므로 alkyl polyglyciside(APG)와 혼합하여 사용하면 좋다. 그러한 혼합물은 또한 염류를 첨가하면 점성증진 능력을 나타낸다. CMGS는 에터 황산이나 기타 음이온성 계면활성제보다 피부에 더 잘 융합된다.

1.2.3 술폰산염

화학적 관점에서 보면 앞에서 설명한 알킬 황산과 알킬 술폰산 사이에 중요한 차이가 있다. 알킬 황산은 황 원자와 탄소원자 사이에 산소원자를 경유하여 연결되고 알킬 술폰산은 황 원자와 탄소 원자가 직접 결합한다.

(1) 알킬 술폰산

알킬 술폰산의 주요한 종류는 1차와 2차 파라핀 술폰산[1차와 2차 파라핀 황산염(paraffin sulfonate : PS)]과 α-올레핀 술폰산(α-olefin sulfonate, AOSs)이다. 파라핀 술폰산염은 수용성 계면활성제이고 좋은 거품생성제이고 우수한 o/w 유화제다. 이들의 용액은 염류를 첨가해도 점성이 쉽게 증가하지 않는다. 그러므로 특별하게 적당히 처방하여 액체 혹은 진한 제품으로 만들어야 한다. AOS는 다음에 설명하는 LAS와 일반적으로 비교할 정도이고 우수한 o/w 유화제, 습윤제, 거품생성제다.

알칸 술폰산염(PS와 SAS)은 유럽에서 주로 세제 생산에 이용한다. AOS는 주로 아시아에서 중질과 경질 세탁제, 합성 막대비누, 가정용 제품에 계면활성제로 사용한다. 이들은 알킬-아릴 술폰산염보다 덜 자극성이므로 미국에서도 알코올 에터 황산염 대신 액체 비누, 목욕 거품제, 샴푸에 사용한다. 그들은 가끔 구강관리 제품에도 사용한다.

(2) 알킬-아릴 술폰산염

현재 LAS(linear alkylbenzene sulfonates)는 부피 바탕에서 가장 중요한 계면활성제이지만 화장품에 많이 사용하지 않는다. sodium xylene sulfonate(SXS), sodium toluene sulfonate (STS), sodium cumene sulfonate(SCS)와 같은 methyl 혹은 methyl-ethyl-sustituted aryl sulfonate는 전형적 계면활성제 성질을 나타내지 않지만 호수성(好水性, hydrotrope, 예를 들어 수용액 계에서 소수성 효과를 감소하는 용해제) 물질로 사용한다.

LAS는 비용효과가 매우 큰 계면활성제이고 가정용, 직물관리, 공장 등에서 널리 사용하는 세제에 이용한다. LAS는 세척작용이 너무 커서 피부에 적당하지 않고 어떤 항-지루제 조제를 제외하면 거의 이용하지 않는다.

(3) 술포숙신산염

술포숙신산염(sulfosuccinates)은 alkyl ester sulfosuccinic acid sodium salt이고 일반적으로 무수 말레산과 지방산 알코올을 축합반응한 다음 중아황산 소듐($NaHSO_3$)으로 술폰화하여 만든다. 어떤 다른 술포숙신산염은 지방산 알코올 에톡시화염, 지방산 아민(술포숙신산염 생성), 지방산 알칸올아미드처럼 치환된 지방산 분자로부터 만든다.

Monoester disodium salt는 화장품에 사용하는 가장 보편적 술포숙신산염이다. 알칸올아민 모노에스터(숙신산염)는 지방산 알코올 모노에스터 숙신산염보다 부드럽다. 에톡시화 알코올 혹은 알칸올아미드로부터 만든 모노에스터는 개인용 화장품과 샴푸에 널리 사용한다. 이들은 다른 음이온성 계면활성제와 함께 사용할 때 부드럽고 피부자극이 감소하는 것으로 알려졌다.

(4) 술포 지방산 에스터

이러한 계면활성제는 가끔 지방산 에스터 술폰산염(fatty ester sulfonate : FES), 메틸 에스터 술폰산염(methyl ester sulfonate : MES), alpha sulfo(α-sulfo) methyl ester(ASME)라고 부른다. 대부분의 α-sulfo fatty acid ester는 지방산 메틸 에스터로부터 만든다.

C_{16}-C_{18} 지방산(예를 들어 ASMT, 동물기름)에서 만든 α-sulfo methyl ester 계면활성제는 세탁 세제로 사용하기에 적당하다. ASME는 합성세제 막대비누에도 사용한다(세탁용 막대비누는 합성 계면활성제로 만든다). 이러한 계면활성제는 개인용 화장품에 사용하지 않는다.

(5) 지방산 이세티온산염과 타울화염

지방산 이세티온산염(fatty acid isethionate)은 일반적으로 염화 지방산과 이세티온산 소듐 (sodium isethionate, $HO-CH_2-CH_2-SO_3-Na$)으로 만들고 중아황산 소듐을 첨가하여 산화 에틸렌(EO)으로 만든다. 이러한 계면활성제는 물 세기(water hardness)와 무관하고 우수한 습윤성, 거품생성, 유화성질을 갖는다. 그 외에 매우 부드럽고 피부와 잘 융합된다. tauride, 혹은 taurates는 acryl-amino alkane sulfonate이고 화학적으로 isethionate와 비슷한 구조다. 그들은 다른 계면활성제와 함께 점성을 증가한다.

Acryl isethionates는 샴푸와 클렌저(cleanser)에 사용하고 막대세제에서 여러 비누와 함께 이용한다. 가장 최근에 사용한 isethionate는 cocoyl isethionate다. Tauride(혹은 taurate)는 물 세기에 대한 감도를 제외하면 비누와 비슷하고 샴푸에 널리 이용하지만 지금은 AEOS로 대치되었다. 그들은 현재 화장품에서 주로 거품목욕과 화장실 비누에만 사용한다. Tauride는 특히 바닷물을 이용한 세탁, 농업용, 직물염색 등에 막대비누용으로 사용한다.

1.2.4 인산 에스터

인산 에스터 계면활성제에는 알킬 인산과 알킬 에터 인산이 포함된다. 계면활성제로서 인산 에스터는 특히 pH, 열, 전해질이 필요한 경우에 유용하고 가정용과 산업용 산성 세제에도 이용한다. 일킬 인산은 피부에 부드러워서 얼굴 제품과 클렌징 제품에도 사용한다.

1.2.5 아실-아미노산과 염류

(1) 아크릴 글루타민산염

이러한 계면활성제는 천연 아미노산[글루타민산 HOOH-CH_2-CH_2-CH(NH_2)-COOH], 혹은 α-아미노글루타민을 아실화(acylation)하여 만든다. 이러한 계면활성제는 피부와 눈에 부드럽고 피부 느낌을 개선하지만 거품이 잘 생기지 않는다. 아실 글루타민산염(acyl glutamate)은 주로 샴푸와 같은 제품에 사용한다.

(2) 아실 펩티드

이러한 계면활성제는 가수분해 단백질(예를 들어 동물 콜라젠)을 이용하여 만든다. 단백질 가수분해 과정(화학적 혹은 효소반응)에 따라 평균 펩타이드 분자량은 대략 350~2,000이고 약간 자유 아미노산을 포함한다. 아실화 반응은 아민 끝자리 작용기와 곁-작용기(하이드록실기)에서 일어나고 자유 카복실 원자단도 생기므로 중화해야 한다.

그러한 계면활성제를 함유하는 제품은 여러 병원균을 함유하는 경향이 있으므로 적절하게 보관해야 한다. 아실 펩타이드(acyl peptide)는 부드러운 계면활성제이고 모발의 각질에도 함유되어 있어서 특히 샴푸에 이용한다. 그러므로 컨디셔닝제에 대단히 효과적인 성분이다.

(3) Acyl sarcosides

Sarcosinates(혹은 acyl-amino acid salts)는 지방산과 *N*-methylglycine(CH_3-NH-CH_2-COOH 혹은 sarcosine)의 축합반응물이다. sarcosinate는 피부에 대하여 부드럽고 중성 pH에서 처방할 때 피부와 모발에 남아 있고 비누 혹은 피지에서 컨디셔닝 작용과 거품생성 저항력이 있다. 샴푸 중에서 알킬 황산과 협력하여 거품생성을 촉진한다. sacosinate는 부식방지제로도 이용한다.

1.3 양이온성 계면활성제

매우 일반적 관점에서 양이온성 계면활성제는 전하 때문에 음이온성 및 비이온성 계면활성제와 다르다. 화장품 산업에서 주요한 용도는 모발 컨디셔너와 정전기방지제로서 응용성이다. 양이온성 계면활성제는 유화제와 살균제로도 이용한다.

1.3.1 알킬아민

1차, 2차, 3차 알킬아민과 그 밖에 특별한 염류들은 아민 계면활성제 종류에 포함된다. 아민과 그들의 염은 주로 직물 처리와 때때로 직물을 헹굴 때 연화제로 사용한다. 아민 염류는 다른 계면활성제와 함께 화장품에 이용한다. 그들의 용도는 모발관리 제품에 섞어 컨디셔닝과 정전기방지에 이용한다. 아미도아민도 화장품에 사용한다.

1.3.2 알킬이미다졸린

지방산은 에틸렌디아민과 반응하여 이미다졸린(imidazoline)을 만든다. 생성된 아미노-에틸렌(amino-ethylene)은 5-원소 치환 고리를 갖는 이미다졸린으로 된다. 3차 아민 질소원자는 4차 아민으로 변할 수 있다. Imidazoline은 양이온성 o/w 유화제다. 이들은 자극성 화합물이고 화장품에서 드물게 헤어 컨디셔닝제로 사용한다.

1.3.3 4차 암모늄 화합물

(1) 4차 알킬(아릴) 암모늄 염류

4차 암모늄 화합물은 4개의 알킬 혹은 아릴 치환기와 결합된 양전하 질소원자를 함유하는 계면활성제의 한 종류이고 그 양전하는 pH와 무관하고 변하지 않는다. 4차 알킬 암모늄 염류는 $[R_1R_2R_3R_4N^+]X^-$ 구조이고 R_1, R_2, R_3, R_4는 알킬 혹은 아릴 원자단이고 X^-는 음이온을 표시한다. 4차 아민의 수용성은 주로 R 치환기의 성질에 의존한다. 용해도가 적은 4차 아민은 여러 기질을 흡수하고 여러 유용한 컨디셔닝 효과(연화성, 정전기방지, 부식방지 등등)를 나타낸다.

N-알킬 트리메틸 암모늄 염류를 제외한 4차 아민 계면활성제는 일반적으로 세척성, 습윤성, 유화능력이 좋지 않다. 4차 아민은 물에 녹지 않는 착물을 생성하므로 일반적으로 음이온성 계면활성제와 함께 사용하지 않는다.

4차 아민의 주요한 용도는 천연 혹은 합성 기질과 섬유에 대한 흡착능력과 관련이 있고 헹구는 직물의 연화제로 널리 사용한다. 4차 아민의 연화 및 정전기 방지 성질은 헤어 컨디셔닝 혹은 샴푸 후에 헹구기에서 마찬가지로 이용한다. 4차 아민은 화장품에서 눈과 국소용 자극을 발생하는 것에 유의할 필요가 있다. 4차 아민 중에서 몇 가지는 살균제와 소독제(예를 들어 didecyl dimethyl ammonuum chloride와 benzalkonium chloride)로 사용한다.

(2) 헤테로고리 암모늄 염

헤테로고리 4차 아민은 헤테로고리 지방족 혹은 방향족 화합물로부터 만들고 고리의 질소원자는 4차 아민이고 pH와 무관하게 항상 양전하를 갖는 계면활성제다. Imidazoline과 morpholine에서 만든 4차 아민은 헤어 컨디셔너와 정전기 방지제로 사용한다. 방향족 헤테로고리에서 만든 4차 아민은 살균제로도 사용한다.

(3) 알킬 베타인

알킬 베타인(alkyl betaine)은 아미노산의 *N*-트리알킬 유도체$[R_1R_2R_3]N^+CH_2COOH]$ 구조이고 이 화합물은 중성 및 알칼리성 pH에서 음전하를 운반할 수 있는 작용기를 갖기 때문에 가끔 양쪽성 계면활성제로 간주한다. 양전하는 항상 4차 아민 질소에 의하여 운반되고 음이온 자리는 카복시산(betaine), 황산(sulfobetaine 혹은 sultaine), 혹은 인산(phosphobetaine 혹은 phostaine)이다.

Betaine은 특히 음이온성 계면활성제 중에서도 좋은 거품 생성제, 습윤제, 유화 계면활성제다. 알킬아미노 베타인은 알킬 디메틸 베타인보다 안정한 거품 생성제이고 더 좋은 점성부여제다. 베타인 염류는 다른 계면활성제와 공존할 수 있고 때때로 혼합 미셀을 형성한다. 이러한 혼합물은 가끔 각 계면활성제에서 발견되지 않는 특이한 성질을 갖는다. 베타인은 눈과 피부에 대한 자극이 적다. 게다가 베타인이 존재하면 음이온성 계면활성제의 자극효과를 감소하는 것으로 알려졌다.

이것은 음이온성 계면활성제의 피부 자극을 개선하는 능력 때문에 그리고 비싸기 때문에 일반적으로 다른 계면활성제와 함께 사용한다. 베타인은 특히 샴푸, 목욕거품제, 액체 비누, 샤워 젤, 손을 닦는 직물, 접시를 닦는 제품 등에 이용한다.

(4) 4차 아민 APG

천연 자원에서 만든 이러한 계면활성제를 최근에 이용할 수 있다. 그들은 양이온성 계면활성제 뼈대(backbone)를 갖는 polyglycoside로 만든다. 이러한 매우 부드러운 4차 화합물은 피부와 모발에 실제로 존재하고 부드러운 느낌을 준다. 분자에 있는 설탕 부분

TOPIC 치아부식과 당류

치아부식원인은 플라그와 설탕을 기질로 이용하는 *Streptococcus mutans* 박테리아에 의해 생성되는 산 때문이라고 알려졌다. 타액은 1 mL에 1억 박테리아를 함유한다. 치아를 닦은 다음 몇 분 안에 끈끈한 당단백 함유 타액이 치아표면에 흡착하고 수백만 박테리아들이 치아표면에 달라붙는다.

모든 구강 박테리아들이 치아표면에 흡착한다. 그중에서 세포표면에서 발견되는 glucosyl 전달효소라고 부르는 *S. mutans* 박테리아만 치아에 구멍을 만든다. glucosyl 전달효소는 2당류 설탕만 반응하고 포도당과 과당으로 분해한다. 그 다음에 과당은 dextran이라는 다당류로 변하고 치아 에나멜과 박테리아 양쪽에 달라붙어 플라그를 형성한다. dextran 플라그는 치아표면에 부착된 거대한 박테리아 덩어리다.

이것이 바로 구멍을 만드는 첫 단계다. 설탕분해에서 포도당도 방출되는 것에 유의해야 한다. 박테리아는 당분해의 에너지-수확 과정과 젖산 발효에 포도당을 이용한다. 젖산생성은 치아표면에서 pH를 더 산성으로 만들어 치아 에나멜로부터 칼슘을 녹이기 시작한다.

그 젖산은 왜 치아표면에서 씻겨나가지 않는가? 우리는 매일 약 1 L 타액을 생성하고 타액은 젖산을 묽혀 치아로부터 제거한다. 문제는 dextran 플라그다. dextran 플라그는 타액이 침투하지 못하므로 그 플라그는 박테리아를 그대로 보존하고 젖산은 에나멜에 들어붙지 않는다.

치아부식을 방지하려면 첫째 식사 후 이를 닦고 치실로 이 사이를 청소하여 플라그 생성을 방지한다. 둘째 칼슘이 함유된 식사를 권한다. 셋째 식단에서 복합 탄수화물, 과일, 채소를 섭취하여 glycosyl 전달효소가 이용하는 젖산생성을 방지한다. 넷째 설탕함유 식품을 피한다. 저녁을 먹고 이를 닦지 않고 아침에 일어나서 이를 닦고 아침을 먹는다. 그 이유는 무식하기 때문이다.

연구원들이 쥐를 이용하여 치아부식을 방지하는 백신을 개발하였다. 이 백신은 미래에 많은 공헌을 할 것이고 치과에서의 고생으로부터 인간을 해방할 것이다.

때문에 자극성이 약하게 나타나므로 특히 화장품 처방에 적당하다. 주요한 장점은 전통적 4차 아민 계면활성제에 비하여 자극성 감소와 관련된 효과가 오래 계속된다는 점이다. 모발관리 제품에서 잠재적 기능은 젖은 머리 빗질의 용이성, 머리카락 날림조절, w/o 양이온성 계면활성제 유제, 음이온성 계면활성제와 함께 처방, 샴푸처방에서 거품형성, 아기용 기저귀 계면활성제다.

1.3.4 에톡시화 알킬아민

이 계면활성제들은 에톡시화 반응의 진행 정도와 사용하는 pH에 따라 양이온성 혹은 비이온성으로 반응할 수 있다. 폴리에톡시화 아민은 1차 혹은 2차 지방산 아민의 에톡시화에 의하여 생성된다. 에톡시화 알킬아민은 여러 분야에 이용하고 일반적으로 표면에서 흡착능력에 이용한다. 에톡시화 알킬아민은 유화제와 헤어 컨디셔닝제로 이용한다. 에톡시화 아미도아민은 직물 헹구기 연화제로 사용한다.

1.3.5 에스터화 4차 아민

에스터화 4차 아민(혹은 esterquats이라고 한다)은 2차 혹은 3차 아미노-알코올의 히드록시 원자단을 선택한 지방산으로 에스터화하여 만든다. esterquats는 선형 4차 아민에 대하여 적당한 대체 물질이고 환경개선에 기여하고 선형 4차 아민에 비하여 연화성이 좋다.

1.4 양쪽성 계면활성제

양쪽성 계면활성제는 양전하와 음전하를 갖는 특성이 있다. 양쪽성이라는 용어는 훨씬 더 제한적이다. 즉, 분자의 전하는 pH에 따라 변하고 중간 pH(등전점)에서 zwitter ion 형태로 나타내기 때문이다. 계면활성제 성질은 pH에 따라 변한다. 즉, 등전점에서 zwitter ion 형태이고 용해도는 가장 적다. 음이온 형태는 알칼리 상태에서 우세하고 거품과 세척성을 나타낸다. 그리고 양이온 형태는 산성에서 우세하다.

Betaine은 일반적으로 양쪽성으로 분류하지만 그 분류는 옳지 않다. 왜냐하면 이 계면활성제는 결코 한 음이온 형태로 나타나지 않기 때문이다. 양쪽성 계면활성제는 일반적으로 2차 계면활성제로 작용하고 거품안정화 효과, 점성증진능력, 알킬 황산과 알킬에톡시화 황산에 대한 피부 자극감소 능력을 나타낸다.

1.4.1 아실 에틸렌디아민과 그 유도체

이 계면활성제는 alkyl imidazoline을 chloroacetic acid와 반응(amphoglycinate 생성) 혹은 acrylic acid와 반응(amphopropionate 생성)을 통하여 만든다. 이 종류의 양쪽성 계면활성제는 주로 어른 화장품(예 : amphocarboxyglycinate)에 사용하고 아기용 샴푸에 섞으면 자극성이 감소한다. 다른 응용은 직물 유연제, 산업용 세척제, 자동차 세척제에 사용한다.

1.4.2 N-알킬 아미노산과 imino diacids

이 분자들은 알킬아민과 chloroacetic acid 혹은 acrylic acid를 반응하여 만들 수 있는 아미노산 유도체다. 이들은 다른 계면활성제와 섞어 잘 이용할 수 있다. 이러한 계면활성제는 우수한 유화제이고 알칼리성 pH에서 좋은 습윤성과 세척성을 나타내고 중성과 알칼리성 pH에서 좋은 거품 생성제이고 산성에서 거품이 생기지 않는다. 이들은 표면에 흡착하고 정전기방지 효과를 갖는다. 음이온 계면활성제와 섞어 피부와 눈에 대한 자극성을 감소한다.

이 종류의 양쪽성 계면활성제는 주로 어른 화장품에 사용한다. 폴리카복시 계면활성제는 눈에 대한 자극감소와 헤어 컨디셔닝에 이용하고 모발에서 zwitter ion을 형성한다.

1.5 비-이온성 계면활성제

비-이온성 계면활성제는 수용액에서 이온으로 해리하지 않고 일반적으로 약하게 혹은 중간 정도로 거품을 생성한다. 비-이온성 계면활성제를 음이온성 계면활성제와 적당한 비율로 섞으면 피부와 눈에 대하여 자극성이 감소한다. 그러므로 예민한 피부용, 아기용, 얼굴용으로 수많은 제품들이 비-이온성 계면활성제를 주요한 계면활성제로 사용하여 제조한다.

1.5.1 지방산 알코올

지방산 알코올은 주로 몇 가지 다른 계면활성제의 제조에 화학적 전구물질로 사용한다. 이들은 물에 녹지 않으므로 지방산 알코올은 액체 제품에 매우 제한되게 이용하고 주로 투명화제, 점성부여제, 거품 억제제(예 : lauric alcohol)로 사용한다.

1.5.2 에터

(1) 알콕시화 알코올

이 종류의 계면활성제는 주로 에톡시화(ethoxylated) 혹은 프로폭시화(propoxylated) 알코올을 이용한다. 에톡시화 알코올(ethoxylated alcohol, 약자 : EA, polyethyleneglycol ether 혹은 PEG ether라고 부른다)은 지방산 알코올과 EO(ethylene oxide)를 반응시켜 만든다. 마찬가지로 프로폭시화 알코올(propoxylated alcohol, 약자 : PA, polypropylene ethers 혹은 PPG ethers라고 부른다)은 propylene oxide(PO)와 반응시켜 만든다. EA의 친수성-친유성 균형(hydrpphilic-lipophilic balance : HLB)은 친수성 에톡시화 사슬과 소수성 지방산 사슬을 적절한 균형으로 조절할 수 있다. 에톡시화 비이온성 계면활성제는 모든 계면활성제와 함께 사용할 수 있고 장점도 있다.

EA는 가끔 천연 지질(lipid)의 변형으로부터 얻는다. 이러한 비이온성 계면활성제에 대한 화장품 화합물의 특수한 이름은 International nomenclature of cosmetic ingredients(INCI) 이름에 따른다. International Cosmetic Ingredient Dictionary는 CTFA(The Cosmetuic, Toietry, and Fragrance Association)에 의하여 규정된 화장품 성분에 대한 관례적 이름에 대한 명명법을 제시하였다. 예를 들어 "-eth"는 "ethoxylated"의 약자이고 EA는 에톡시화 반응 정도를 나타내는 숫자 앞에 붙인다(예 : laureth-4, oleth-5, myristeth-7).

어떤 원료 물질이 여러 지방산 사슬길이로 가수분해할 때 비-이온성 유도체 이름은 천연물 이름(예를 들어 lanolin-유도체 비이온성 계면활성제에 대하여 laneth-16) 혹은 지방산 사슬의 약자(예를 들어 cetyl과 stearyl을 합친 ceterareth-20)로 나타낸다(예를 들어 laureth-20은 x=11 그리고 n=20, propyleneglycol capreth-4는 x=9, y=1, z=4). EA는 산업용과 가정용으로 사용한다. 적절하게 선택하면 EA는 유화제와 용해제로도 유용하다. 그러나 거품생성이 약해서 사용에 제한을 받는다. 이들은 산화되어 분해되는 경향 때문에 에톡시화 비-이온성 계면활성제의 안정도 개선에 많은 주의가 필요하다. 어두운 장소에 보관하고 공기접촉을 최소화하고 낮은 온도에 보관하고 묽혀 보관하지 말고 항-산화제를 첨가해야 한다.

(2) EO/PO 구역 중합체

이러한 구역 중합체 계면활성제는 앞에서 설명한 알콕시화 알코올과 약간 비슷하다. 이들은 PPG 사슬(소수성 부분)과 PEG 사슬(친수성 부분)이 합쳐 구성된다. 그러한 계면활성제는 "poloxamer"라는 이름(INCI 명칭)으로 부르고 EO/PO 구역 공중합체 비-이온성 계면활성제(EO/PO block copolymer nonuionic surfactant)라고 부른다.

EO/PO 구역 공중합체 비-이온성 계면활성제의 주요한 성질은 거품생성이 적다.

선형 EO 비-이온성 계면활성제로서 EO/PO 공중합체는 흐림점 현상을 나타내고 또한 부드러운 계면활성제다. 이러한 계면활성제는 특히 자동 접시닦기 세제, 세탁용 세제, 헹구기 보제와 같이 거품 생성이 크게 제한된 용도에 유용하다. 그들은 부드럽기 때문에 EO/PO 구역 중합체도 화장품에 이용한다. 일반적으로 유화, 용해, 액화제로 사용한다.

(3) APGs

APGs(alkyl polyglycosides)는 전분과 같은 다당류를 산성에서 알코올분해(alcoholysis)하여 생기는 짧은-사슬을 알킬화하여 만든다. 상품은 monoi-, di-, tri-glucoside의 혼합물로 구성한다. 그러므로 평균 사슬길이는 제조 조건에 따라 1.2～3 포도당 단위 사이로 변한다. 이러한 종류의 계면활성제는 우수한 유화제이고 좋은 습윤성과 거품생성을 제공한다. APGs는 다른 모든 계면활성제와 함께 이용할 수 있고 중성과 알칼리성 pH에서 화학적으로 안정하고 산성(pH<5)에서는 그렇지 않다.

APGs는 세제와 클렌저(예 : 샴푸)로 사용하고 피부에 매우 부드럽고 음이온성 계면활성제의 피부 자극 잠재성을 감소한다고 주장한다. 그 외에도 피부 느낌이 매우 좋다. 음이온성 계면활성제 중에서 점성증진 효과와 거품 안정화 능력 때문에 화장품에 이용한다. APGs는 모두 천연과 재생 재료로부터 이용할 수 있다. 그 배당체 사슬은 대두, 감자, 밀의 전분에서 그리고 알킬 사슬은 코코넛과 팜 오일에서 얻는다. 그러한 계면활성제는 쉽게 생분해되고 eco 표지(예 : EU Flower, Nordic Swan, Bra Miljöval)에서 인증한다.

(4) 에톡시화 오일과 지방

이 종류의 계면활성제는 근본적으로 라놀린(예 : 양모 지방의 지방족 알코올, 스테롤, 분별 증류 제품)과 피마자 기름(예 : 피마자 씨에서 추출한 지방산과 많은 ricinoleic acid 분량)의 에톡시화 유도체들이다. 라놀린과 피마자 기름의 에톡시화 제품은 각기 우수한 유화제이고 이러한 계면활성제는 주로 화장품 산업에 사용하고 이들은 계면활성제 계들이 천연 원료에 바탕을 둔다고 주장한다.

1.5.3 알칸올아미드

(1) 선형 알칸올아미드

알칸올아미드는 모노에탄올아민과 에탄올아민의 *N*-아실 유도체다. 알칸올아미드는 주로 가정용 세제에 사용하지만 현재 알킬 에톡시화 세제를 널리 사용하므로 그 소비는 감소하고 있다. 음이온성 계면활성제들이 공존하면 거품촉진과 점성증진 능력을 발휘하므로 알칸올아민도 특히 샴푸에서 유용하게 사용한다.

(2) 에톡시화 알칸올아미드

EO와 알칸올아미드 반응은 에톡시화 아미드를 생성한다. 이것은 상당하는 에톡시화 알코올보다 값이 더 비싸서 사용에 제한을 받는다. 이것은 클렌저에서 점성부여제, 안정화제, 분산제로 이용한다.

1.5.4 에스터

이 계면활성제 종류는 다섯 가지 주요한 종류들이 있다.

① 에톡시화 지방산
② 글리콜 에스터, 글리세롤 에스터, 그리고 에톡시화 유도체
③ sorbitan 에스터 그리고 에톡시화 유도체
④ 알킬 탄수화물 에스터
⑤ 인산 트리에스터

(1) 에톡시화 지방산

이 종류의 계면활성제는 모노-와 디에스터 계면활성제들이 있고 지방산과 EO 혹은 폴리에틸렌 글리콜을 반응시켜 만든다. 이들은 뛰어난 유화성질 때문에 에톡시화 지방산은 가정용 및 산업용 세제에 유용하고 특히 그리스 성분 제거에 유용하다. 적절한 균형을 이루게 에스터와 낮은 에톡시화 혹은 높은 에톡시화 화합물과 섞으면 크림과 로션에 우수한 유화제로 작용한다. 이들은 또한 부드러운 클렌저 혹은 점성화제(예 : PEG-150-디에스터)로도 사용한다. 샴푸 화장품에서 물에 덜 녹는 등급(예 : 에틸렌 글리콜 모노스테아린산)은 진주광택제로 사용한다.

(2) 글리콜 에스터, 글리세롤 에스터, 그리고 에톡시화 유도체

이 종류와 다음 두 종류(sorbitan ester와 alkyl carbohydrate ester) 사이의 공통점은 모두 polyhydroxyl 화합물(예 : 글리콜, 글리세롤, sorbitol, sucrose)을 지방산과 축합하여 만드는 과정이다. 그들 중에서 어떤 화합물은 천연 재료에서 직접 추출한다. 그 결과로 생기는 에스터는 추가로 에톡시화하여 HLB 값을 증가하고 물에 대한 용해도를 증가한다. 이러한 계면활성제는 알코올-유도 비-이온성 계면활성제에 비하여 적당한 습윤성과 거품생성 능력을 갖는다. 일반적으로 에스터와 더 적은 에톡시화 화합물은 w/o 분산에 적절하고 더 큰 에톡시화 화합물은 o/w 분산에 더 적당한 유화제다.

이러한 계면활성제는 융합성이 크므로 화장품과 식품에 널리 사용한다. 글리콜과

글레세롤 에스터는 의약과 화장품에서 유화제 혹은 오일 화합물로 사용하여 크림, 로션, 연고, 젤과 같은 여러 제품에서 재-지방화제(refatting agent), 연화제, 스킨 컨디셔너로 사용한다. 스테아린산 유도체들(예 : glyceryl stearate)도 점성부여제와 투명화 성질을 제공한다. 그중에서 어떤 유도체는 진주광택성제로 작용한다(예 : glycol sterarate와 distearate). 에톡시화 유도체들은 용해제, 유화제, 그리고 유연제로도 사용하고 다른 계면활성제(예 : PEG-200 glyceryl stearate)와 섞어 점성증가 효과를 나타낸다.

(3) 소비탄과 소비톨 에스터 그리고 에톡시화 유도체

소비탄(sorbitan) 분자는 소비톨(sorbitol) 분자에서 탈수하여 만들고 그 결과로 내부 에터(ether) 결합이 생성된다. Sorbitol과 sorbitan ester는 대부분 lauric, palmitic, stearic, oleic acid와 같은 천연 지방산을 사용하고 하이드록실 원자단을 아실화 반응하여 만든다. 이러한 계면활성제는 선택적으로 에톡시화된다. 아실화(혹은 에톡시화) 반응은 거의 모두 본래 폴리올 분자에 존재하는 히드록실 원자단에서 일어난다.

소비탄 에스터와 그들의 에톡시화 유도체의 응용분야는 글리콜 및 글리세롤 에스터와 같다. 에톡시화 반응이 많이 진행된 소비톨 에스터(예 : sorbitol septaoleate 40 EO)도 유연제 목욕 오일에서 분산 도우미로 이용한다.

(4) 알킬 탄수화물 에스터

이 종류의 계면활성제는 “sugar ester” 혹은 “sucrose ester”라고 더 잘 알려져 있다. sugar ester는 수크로스를 지방산 메틸 에스터 혹은 트리글리세라이드와 에스터교환반응하여 만든다. 이 종류의 계면활성제는 좋은 유화제다. 그러한 계면활성제에 대한 많은 흥미는 천연 물질이라는 점과 좋은 생분해성 때문이다. 사포닌과 같은 어떤 배당체는 이미 천연에 존재하고 직접 식품재료에서 얻을 수 있다.

수크로스 에스터는 식품 등급 성분이고 식품과 화장품 산업에서 이미 설명한 글리콜, 글리세롤, sorbitan ester와 비슷하게 사용한다. 그들은 매우 부드러운 계면활성제이고 유연성을 갖는 클렌징제 혹은 유화제로 사용할 수 있다.

1.5.5 아민 산화물

아민 산화물은 산화제로 35% 과산화수소용액을 이용하여 3차 아민을 산화하여 만든다. 아민 산화물은 중성과 알칼리성(pH > 7)에서 주로 비-이온성 계면활성제로 남지만 산성에서 약한 양이온성으로 된다. 현재 아민 산화물에서 처음 반응물은 C_{12}-C_{18} 범위의 사슬길이를 갖는 알킬 디메틸 아민이다. 아민 산화물은 모든 다른 계면활성제와 함께 사용할 수 있다. 아민 산화물은 피부 세제 제품과 함께 사용하는 융합성이 증가하는 것으로도 알려졌다. 소량 아민 산화물은 비-이온성 계면활성제의 흐림점을 증가한다.

샴푸에 섞은 아민 산화물은 점성을 증가하고 눈과 피부 자극을 감소하고 거품생성을 증가하고 특히 약간 산성과 중성 처방에 적당하다.

1.6 특수한 비-탄화수소 계면활성제

1.6.1 알콕시화 폴리실옥산

유기물 실리콘의 화학적 그룹으로 분류할 수 있는 계면활성제는 구조적으로 polymethylsiloxane으로부터 만들고 메틸 원자단이 음이온성, 양이온성, 혹은 비-이온성 성질을 갖는 친수성 원자단으로 치환된다. 비-이온성 유도체는 대부분 polyether-polydomethyl siloxane 공중합체로 표시한다. 이러한 계면활성제의 일반 구조는 다음과 같고 친수성 사슬은 일반적으로 EO/PO 구역 공중합체(block copolymer)를 함유한다.

이러한 계면활성제는 특수한 성분이고 매우 다른 분야(예 : 페인트, 거품조절, 식물검역 제품)에 사용한다. 이들은 화장품과 모발관리에도 사용한다.

① 화장품에서 유화제(예 : 보호 크림, 수화용 바디 밀크, 액체 비누, 면도 크림)
② 모발관리 제품(예 : 샴푸, 컨디셔너, 젤, 로션, 거품발생)은 빗질보조제로 작용하고 계면활성제계의 자극성을 감소하고 피부 느낌을 개선하고 거품을 조절한다. 이 계면활성제의 CTFA-명칭은 dimethicone copolyol이다.

1.6.2 플루오로 계면활성제

플루오로-계면활성제(fluorosurfactants)는 탄화수소 사슬에 바탕을 둔 보통 계면활성제 이외의 계면활성제 그룹이다. 플루오로-계면활성제는 그 분자의 소수성 작용기 범위가 넓고 perfluoroalkyl chain(F-(CF_2-CF_2)n-)을 갖는다. n 범위는 3～8이다. 보통 계면활성제들이 갖는 여러 친수성 작용기(예 : 에톡시화 사슬, 술폰산, 4차 아민, 베타인)들은 플루오로-계면활성제에 접목할 수 있다. 그들의 성질에 따라 이러한 계면활성제는 유화와 거품생성이 변한다. 플루오로-계면활성제는 화장품에 대하여 어떤 능력(예 : 모발 컨디셔닝 개선)을 갖지만 이 분야에 대한 중요한 응용은 알지 못한다. 장벽크림에 사용하면 분산성이 좋고 안정한 o/w 유제에 기여한다.

계면활성제에 대한 참고문헌

- Rieger M. M. Surfactants Encyclopedia, 2nd ed. Carol Stream : Allured publishing, 1996.
- Ash M. Ash I. Handbook of Industrial Surfactants. An International Guide to More Than 16,000 Products by Trade Name, Application, Composition and Manufacturer. Aldershot : Gower, 1993.
- Falbe J. Surfactants in Consumer Products. Therory, Technology and Application. Berlin/New York : Springer, 1987.
- Lange K. R. Detergents and Cleaner : A Hasndbook for Formulators. München : Hanser Publishers, 1994.
- Porter M. R. Handbook of Surfactants. London : Blackie Acodemic & Professional, 1991.

2 보습제

물은 10~25℃ 외기 온도에서 큰 증기압을 갖는다. 그러므로 물은 그 온도 범위에서 항상 수증기로 존재한다. 대기 중에서 물의 증기압을 상대습도(relative humidity : RH)라 하고 그것은 일정한 온도에서 수증기의 부분압($P°_{H2O}$)에 대한 대기 중의 수증기의 압력(P_{H2O})의 비이다.

$$\text{상대습도} = \frac{P_{H2O}}{P°_{H2O}} \times 100\%$$

예를 들어 25℃에서 평형 수증기압이 23.8 mmHg이고 수증기 부분압이 17.8 mmHg일 때 상대습도는 17.8 mmHg/23.8 mmHg=75%다. 보습제는 제품이 넓은 상대습도 변화와 오랜 시간에 걸쳐 수분을 유지할 수 있는 흡습성 화합물이다. 흡습제는 휘발성이 적어야 한다. 보습제는 가격, 불투명성, 냄새, 색, 맛, 공존성도 고려해야 한다. 일반적으로 보습제는 무기물, 유기물, 유기-금속 화합물로 구분할 수 있다. 예를 들어 화장품은 흡습제로 lactate와 glycolate 유기-금속 화합물을 주로 사용한다.

2.1 폴리올

폴리올(polyol)은 하나 이상 하이드록시 원자단을 갖는 유기화합물이다. propylene glycol은 2 OH, sorbitol은 3 OH, sorbitol은 6 OH를 갖는다. 이용가능한 폴리올 수는 많지만 화장품에 이용가능한 수는 독성과 자극성 때문에 많지 않다. 안전하다고 여기는 폴리올은 dipropylene glycol, sorbitol, glycerol, polyethylene glycol, glucose syrup, propylene glycol, 1,3-butylene glycol, 꿀, 전화당이다. U.S. FDA는 1959년 6월 1일에 diethylene glycol에 대하여 최종 제품에 5% 이상 함유되지 않게 규제하였다.

가장 널리 사용하는 폴리올은 glycerol, propylene glycol, sorbitol이다. 그러나 propylene glycol은 독성 때문에 최대 9%까지만 사용을 제한한다. sorbitol은 70% 용액을 그리고 분말도 사용가능하다. 더 진하면 결정이 석출할 수도 있다. sorbitol, propylene glycol, glycerol 중에서 휘발성은 sorbitol이 가장 적고 다음이 glycerol이다. Propylene glycol

표 4-2 상대습도 30%, 50%, 70%에서 폴리올 보습제 평형 흡습성

	평형 흡습성, % 고체 vs. 상대습도		
화합물	30%	50%	70%
diethylene glycol	90	82	60
polyglycol 400	95−	89	79+
polyglycol 600	96−	90	80−
polyglycol 1000	98−	92	−
polyglycol 4000	99+	99−	96
polyethylene glycol	91	82	68
dipropylene glycol	96	89	77
glycerol	89+	909	65+
polyoxyethylene glycerol	94	87+	76+
xylitol	92	84−	71−
sorbitol(85% soln)	96+	87%	75%
sorbitol(70% soln)	x	x	75−
polyoxyethylene sorbitol	−	88−	−
polyoxyethylene sorbitol	91−	90−	−
glucose	94	88+	79
nulumoline	93	86+	76+
mordex	93+	88−	78
propylene glycol glucoside	89−	84+	77−
sodium lactate	84−	68−	50−

이 가장 휘발성이 크다. Uniqema 참고문헌에 의한 폴리올 보습제는 표 4-2와 같다.

2.2 보습제 선택

보습제를 선택할 때 평형흡습성(equilibium hydrocopicity), 동적흡습성(dynamic hydrocopicity), 휘발성(volatility)이라는 세 가지 중요한 사항이 있다.(3)

첫째 **평형흡습성**은 일정한 상대습도를 갖는 수용액 표면에서 나가고 들어오는 물 분자 속도가 동일한 상태를 의미한다. 평형흡습성은 일반적으로 무게 백분율로 표시하고 한 값의 표시는 화합물의 거동 특성을 알 수 없고 상대습도에 대한 고체 함량 곡선으로 표시하고 그 곡선으로부터 보습제의 경향성을 알 수 있다. 둘째 **동적흡습성**은 평형에 도달하는 동안 화합물 혹은 수용액이 얻거나 잃는 속도를 의미한다. 그 속도는 초기와 최종 상태, 그리고 부피에 대한 면적 비율에 따라 결정되므로 절대단위는 일반적으로 표시하지 않고 동적흡습성은 다른 물질에 대한 비교수단으로 표시한다. 셋째 **휘발성**은 제품이 휘발하는 경향성이고 일정한 온도에서 단위 면적마다 무게 손실로 표시한다. 휘발성은 일반적으로 실온에서 실제로 이용하는 상태에서 중요하고 증기압에 비례한다.

보습제 성분의 선택에 중요한 인자는 다음과 같다.

- 큰 흡습성(제품은 많은 수분을 유지해야 한다)
- 좁은 흡습범위(수분함량 변화는 작아야 한다)
- 작은 점도지수(viscosity index, 점도지수는 온도에 따른 점성변화와 관련이 있고 온도와 수분함량에 따른 점성변화가 작아야 한다)
- 우수한 공존성(여러 다른 물질과 공존이 필수적이다)
- 적은 휘발성
- 낮은 가격
- 원하는 점성(보습제는 점성이 작을수록 다른 물질과 쉽게 섞인다. 그러나 일반적으로 수용액 중에서 혼합하므로 보습제 점성은 둘째 문제다)
- 무독성
- 색
- 냄새
- 맛
- 부식성
- 낮은 어는점

2.3 흡습성과 상대습도

미국, 캐나다, 남아프리카, 뉴질랜드, 오스트레일리아, 영국, 유럽대륙은 일반적으로 상대습도값이 70% 이하이고 열대지방은 특별한 문제를 수반한다. 일정한 습도에서 일정한 수분함량을 유지하는 한 가지 혹은 혼합물 흡습제를 선택하려면 그림 4-4, 그림 4-5, 그림 4-6을 참고하여 보습제를 선택할 수 있다.

그림 4-4는 상대습도 50%와 70~80°F에서 화장품 처방에 사용하는 13종 화합물에 대한 평형 물 함량을 나타낸다. 그림 4-5와 그림 4-6은 다음에 설명하는 것처럼 50% 상대습도와 상대습도에서 2성분 보습제 혼합물의 흡습성 추정과 상대습도에 따른 흡습성 변화를 제시한다.

그림 4-4 화장품 처방에 사용하는 13종 화합물에 대한 평형 물 함량(50% RH에서)

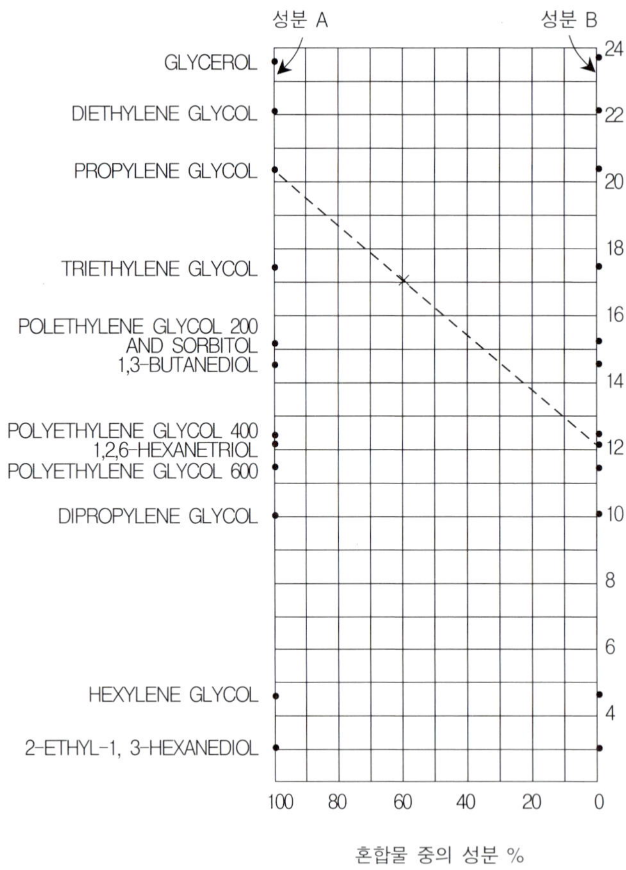

그림 4-5는 50% 상대습도와 70~80°F에서 평형 물 함량을 제시한다. 2성분 혼합물의 평형 물 함량은 데이터로부터 추정할 수 있다. 예를 들어 propylene glycol과 1,2,6-hexanetriol 혼합물은 순수한 물질에 대한 값과 만나는 점선으로 나타낸다. 60% propylene glycol과 40% 1,2,6-hexantriol을 함유하는 계의 물 함량(50% RH와 70~80°F에서)은 점선 "X"에 나타낸 17이다.

그림 4-6에서 이 혼합물 흡습성은 중앙 눈금(50% RH) 위의 17 위치에서 이미 위치한 평행선을 그려 추정할 수 있다. 17을 통과하는 선은 RH 함수로서 혼합물의 흡습성이다. 3성분 혼합물도 이와 비슷한 방법으로 알 수 있다. 25% 1,2,6-hexantriol, 25% propylene glycol, 50% 2-ethyl-1,3-hexanediol을 함유하는 혼합물은 먼저 1,2,6-hexanediol과 propylene glycol의 동일한 양의 이성분 혼합물 값을 추정하고 다음에 이 혼합물을 한 물질로 생각한다. 이 추정 값과 PG/1,2,6-hexanediol과 2-ethyl-1,3-hexanediol이 동일한 양으로 섞인 2성분 혼합물을 한 값으로 취급하여, 즉 2성분 혼합물이라 가정하고 흡습성을 추정한다. 그러한 데이터의 정확도는 감소하지만 대략 흡습성 추산에 유용하다.

그림 4-5 50% RH와 70~80°F에서 흡수제의 평형 물 함량

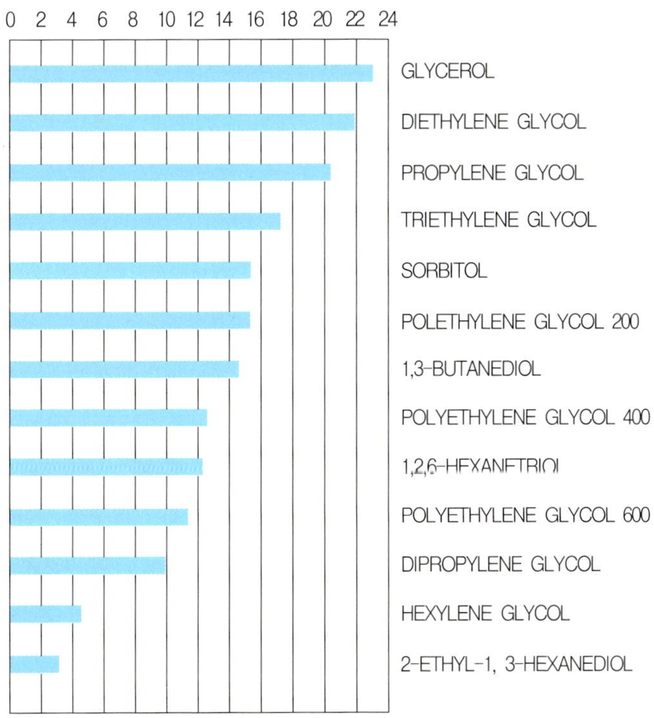

그림 4-6 서로 다른 상대습도에서 폴리올-물 평형

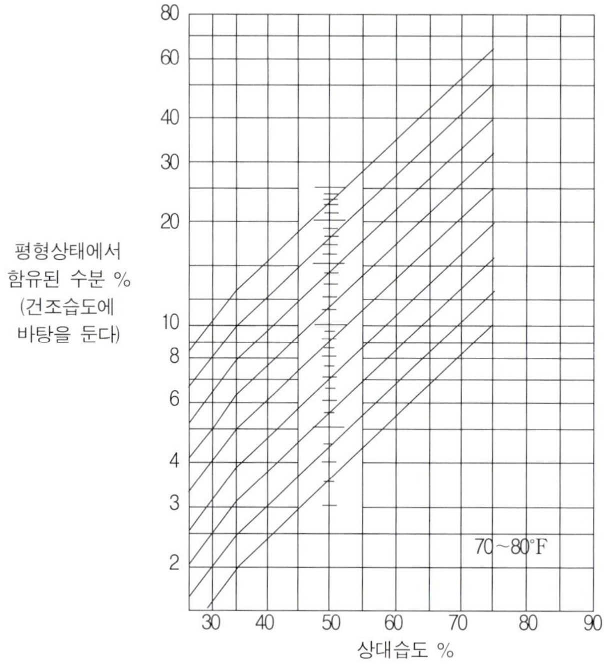

이러한 그림은 평형 데이터다. 대기 중에서 화장품에 이용가능한 폴리올 평형 자료는 일반적으로 얻기 곤란하므로 여러 가지 방법으로 추정하였다.(4)(5)(6)

2.4 특이한 보습제

세계 2차대전 중에 여러 비밀에 싸인 성분 보습제들이 나타났다. 그들은 glycol, glycol ester와 설탕시럽, 알콕시화 설탕, glycol adipate, lactate 용액, glycerogen(40% glycerl, 40% propylene glycol, 20% hexahydric alcohol)이다. 그 후에 polyethyleneglycol 계열, polyethyleneglycol과 ethyl acetate 혼합물, 1950년대에 친수성 아미노산, sorbitol, pyrrolidine carboxylic acid(PCA) 등이 새로 소개되었다. 그 다음에 다당류계로서 hyaluronic acid와 chitosan이 도입되고 피부에 함유된 성분들이 도입되었다.(6)

2.5 보습제 현황

부드럽고 매끄럽고 투명하고 깨끗한 피부의 유지관리는 피부의 보습과 관련이 있고 수분이 증발된 건조피부는 거칠고 윤기가 없고 노화된 피부처럼 보인다. 피부에 함유된 sodium pyrrolidone carbonate 성분은 피부 각질의 NMF(natural moisturizing factor, 자연보습인자)를 결정하는 친수성 흡습물질이고(7) 노화될수록 이 성분이 감소하므로 인위적으로 보습성분을 피부에 공급해야 한다.(8)(9) 피부보습은 NMF, 세포 사이의 지질, 피지의 지방질 성분, 진피의 점액질 다당류 등이 중요한 역할을 담당한다. 화장품은 이러한 성분의 보습기능을 고려해서 보습제 성분으로 첨가한다.(7)(8)(9)

화장품에서 보습제로 사용하는 화합물은 다가알코올 원자단을 갖는 glycerine, propylene glycol, sorbitol, 그리고 NMF를 결정하는 주성분 sodium pyrrolidone carbonate과 lactate 염류 등이다. 보습제는 피부 보습제 역할과 화장품 그 자체의 수분보습제 역할도 하고 살균과 향료보유제 역할도 겸한다.

보습제는 적당한 지속성 보습능력이 있고 환경조건(온도, 습도, 바람) 영향을 덜 받고 피부와 화장품의 보습에 동시에 기여하고 휘발성이 적고 다른 성분과 공존할 수 있고 점성은 사용하기에 적당하고 끓는점이 높고 안전성이 높고 무미, 무취, 무색이고 공존하는 다른 화합물의 물성에 영향을 주지 않아야 한다.

보습제는 일반적으로 분자에 -OH 원자단 혹은 산소를 갖는다. 이들 원자단의 산소는 비결합전자쌍을 갖고 이 전자쌍은 물 분자의 수소와 수소결합하고 물 분자 증발을 방해하여 보습제 역할을 한다. 그러므로 보습제를 많이 첨가할수록 수소결합을 많이 생성하므로 보습능력이 증가한다.

화합물의 끓는점은 분자량 증가에 따라 증가한다. 왜냐하면 분자량이 증가할수록 분산력(dispersion force)이 커지기 때문이다. 물(H_2O) 분자는 분자량이 18이고 다른 분자에 비하여 분자량이 작아도 끓는점은 대단히 높다(100℃). 물 분자는 끓는점뿐만 아니라 비열과 기화열도 높다. 이러한 성질은 물 분자 사이에 힘이 크기 때문이다. 이러한 물 분자 사이에 센 힘은 수소결합(hydrogen bonding) 때문이다. 이것은 극성결합(예 : H-F, H-O, H-N)에 있는 수소원자와 비공유전자쌍을 갖는 작은 원자(F, O, N) 혹은 이온 사이에 생성된다. 수소결합은 이중극자-이중극자 인력이 작용한다. 작은 원자(F, O, N) 혹은 이온은 전기적으로 매우 음전하를 띠고 수소원자는 양전하를 띠기 때문에 이 결합은 매우 극성이다. 수소원자는 내부 전자껍질에 전자를 갖지 않는다. 그래서 이중극자의 양전하 부분은 이웃 분자의 큰 전기음성 음전하 원자에 끌린다. 전자부족 수소원자는 매우 작아서 큰 전기음성 원자에 가깝게 접근할 수 있고 센 상호작용이 생긴다.

글리세린은 오래전부터 보습제로 사용하였고 현재도 널리 사용한다. 동식물성 유지보다 비누 혹은 지방산 제조의 부산물에서 제조하고 이것을 탈수와 탈취 과정을 거쳐 정제하여 무색과 무취 액체로 얻는다. 프로필렌글라이콜 화합물 중에서 1,2-프로필렌글라이콜이 일반적이고 글레세린과 비슷한 겉모양과 물성이고 무색, 무취의 액체이고 글리세린에 비하여 점성이 낮고 사용감촉이 좋다. 디프로필렌글라이콜은 propylene glycol이 탈수축합된 2합체이고 무색무취 액체이고 수분함량이 적은 크림과 유제에 보습제로 사용한다. 1,3-butylene glycol은 아세트알데하이드의 Aldol축합 화합물에 수소첨가하여 얻은 무색무취의 액체이고 대단히 안정한 화합물이고 크림과 유제에 사용한다. polyethylene glycol은 ethylene glycol 또는 물을 알칼리 촉매 중에서 산화에틸렌을 부가중합반응하여 얻은 화합물이고 단일화합물이 아닌 중합도가 서로 다른 분자혼합물이다. 평균분자량이 200~400이면 상온에서 액체이고 그 이상이면 반고체이고 분자량이 1000, 1500, 4000, 6000으로 증가에 따라 굳는점이 증가한다. 전반적으로 무색무취이고 흡습력은 분자량 증가에 따라 감소한다. 크림과 유제에 사용한다. Sorbitol은 사과, 복숭아, 마가목 열매의 과즙에 함유된 당알코올이고 백색, 무취 고체이고 포도당을 환원하여 제조한다. 흡습성은 앞에 설명한 화합물보다 적고 보습성은 낮은 습도에서 우수하다. 크림, 유제, 치약에 사용한다.

Sodium lactate는 sodium pyrrolidone carbonate와 함께 NMF 중에 존재하는 중요한 천연 보습성분이고 다가알코올에 비하여 흡습력이 크다. Sodium 2-pyrrolidone-5-carboxylate는 NMF 중에서 중요한 역할을 담당하는 보습성분이고 글루타민산을 탈수반응하여 제조하는 sodium 2-pyrroridone-5-carbonate이고 무취이고 고체화합물이다. Sodium hyaluronate는 N-acetylglucosamine과 gluclonic acid가 서로 번갈아 결합한 산성의 점성 다당류이고 포유동물의 결합조직에 널리 분포하고 세포간격에서 수분을 보유하고 조직 내에서 젤리 모양 매트릭스를 형성하여 세포를 유지한다. 피부의 윤활성과 유연성을 유지하고 외부로부터 세균감염을 방지한다.

3 비누

비누는 물에 녹아 세탁작용을 하는 물질이고 지방(fat)과 기름(oil)이 알칼리와 반응하여 생성된다. 완성된 비누는 막대 비누(bar soap)라 하고 피부 세척에 사용한다. 모든 비누는 서로 매우 비슷한 화학으로 시작하지만 서로 다른 비누를 만들려면 여러 가지 원료와 첨가제를 사용한다. 비누는 보습용, 탈취용, 항-세균용, 기본 세탁용 등이 있다. 샤워 젤과 바디용이 증가함에 따라 막대 비누는 감소하는 추세다. 그러나 아직도 지구상의 세척 시장에서 상당한 부분을 점유하고 있다.

비누 분자는 긴 사슬 카복시산과 양이온이 결합한 금속염이다. 카복시산은 RCOOH로 나타내는 산성 화합물이고 R은 C와 H로 구성된 무극성 탄화수소 사슬이다. 카복시산은 수용액 중에서 $RCOO^- + H^+$로 해리하여 이온상태로 변하고 H^+는 수용액에 녹은 알칼리 금속이온(예 : Na^+, K^+)과 결합하여 RCOOM이라는 비누를 만든다. 왜 알칼리 금속(Na, K)을 사용하는가? 그 이유는 거의 모든 알칼리 금속 화합물들이 다른 금속 화합물에 비하여 물에 잘 녹기 때문이다(과염소산염류는 제외하고). 물에 녹지 않으면 비누의 세척작용을 할 수 없다. 비누를 센물에서 사용하면 물에 포함된 Ca^{2+}, Mg^{2+}와 $RCOO^-$이 결합하여 물에 녹지 않는 RCOOCa 혹은 RCOOMg을 생성하고 이것을 우리는 더껑이, 찌기, 혹은 "때"라고 부른다. 그래서 센물에서 비누를 사용하면 오물이 씻기지 않고 더껑이 침전만 생겨 더러워진다. 그러나 합성세제(계면활성제)는 센물에 사용하여도 이러한 더껑이를 생성하지 않고 세척작용을 잘 수행한다.

극성 카복시산 이온은 음전하를 띠고 물(친수성)과 같은 극성 물질과 친화도(affinity)를 갖는다. 무극성 탄화수소 사슬은 무극성 물질과 친화도를 갖는다. 여기에서 친화도라는 의미는 서로 전자를 주고받아 잘 결합한다는 것을 의미한다. 즉 극성은 극성끼리 무극성은 무극성끼리 서로 잘 결합하고 서로 잘 녹는다. 그래서 극성 물 분자는 극성 에탄올과 무한대로 서로 잘 녹고 섞인다. 이 원리는 비누의 용해작용에 적용된다. 이것은 계면활성제에서 이미 설명하였다.

이러한 분자의 이중 극성은 용해도와 세척성에 큰 영향을 준다. 이중 극성을 갖고 용해도에 영향을 주는 분자를 양쪽 친화성(amphiphile)이라고 한다. 비누를 포함하는 계면활성제는 양쪽 친화성이다. 계면활성제(surfactant, surface active agent)는 표면장력을 감소하여 젖음(wetting)과 퍼짐(spreading)을 개선하고 세(탁)제로 사용한다.

양쪽성 성질 때문에 비누는 물과 섞이고 미셀을 형성하면서 녹는다. 물 중에서 묽은 비누 분자는 물-공기 경계의 표면에 배열하고 소수성 탄화수소 사슬(꼬리)은 공기 쪽으로 향한다. 비누 농도가 증가하면 물-공기 경계는 비누 분자로 포화되고 소수성 꼬리는 물-상(phase)으로 강제로 들어간다. 더 적은 에너지 상태에 도달하기 위하여 소수성 꼬리는 뭉쳐 미셀을 형성한다. 미셀은 분자의 작은 집합체이고 극성 원자단(카복시산 이온)은 바깥 표면에 그리고 무극성 원자단(탄화수소 사슬)은 중심에 집합한다(그림 4-2). 이것은 그림 4-3처럼 여러 모양을 형성한다. 비누는 일반적으로 구형 미셀을 형성한다. 공기-물 경계가 포화되어 미셀을 형성하기 시작하는 농도를 임계 미셀 농도(critical micelle concentration : cmc)라고 한다. 일반적으로 한 비누 분자(단위체)는 미셀보다 더 쉽게 상호작용하여 각질층(피부의 상층)에 더 쉽게 침투한다. 그러므로 계면활성제는 미셀을 빨리 형성할수록 피부를 자극하는 잠재력이 감소한다.(10) 그러므로 탄화수소 사슬길이도 cmc에 나쁜 영향을 준다. 즉, 사슬이 길수록 cmc는 전형적으로 감소한다.(11)

다른 계면활성체처럼 비누 사슬길이와 머리 원자단 성질은 물/오일 경계와 미셀 형성의 상호작용에 나쁜 영향을 준다. 이것은 비누 거품, 세척효과, 부드러움에 나쁜 영향을 준다.

비누와 계면활성제의 양쪽성 성질은 그들의 세척반응을 촉진한다. 피부가 더러워지면 바깥층에 기름때가 묻는다. 비누의 소수성 꼬리 원자단은 오물 혹은 작은 기름때에 붙어 침투하고 비누의 머리 부분(음전하를 띤 카복시산 이온)은 오물 혹은 기름때의 외부 표면을 덮는다. 오물 혹은 기름때의 외부가 친수성 카복시산 이온으로 덮이면 다른 오물 혹은 기름때로부터 해리된다. 기질에 부착했다가 해리된 기름때는 그 중심이 미셀-비슷한 구조이고 그것은 수용액 상에 분산된다. 비눗방울로 둘러싸인 기름때는 기질로부터 씻겨 떨어지고 기질은 깨끗해진다.

3.1 비누 성질

비누의 세탁 성질은 사람의 위생에 중요한 부분이고 그것은 전 세계에 걸쳐 일반 시민의 문화를 형성한다. 실제로 비누생산은 고대로부터 시작하였고 동물 지방을 나무를 태운 재와 반응시켜 우연하게 발견하였다.(12)

비누를 만드는 반응을 비누화(saponification)라고 한다. 비누화반응은 에스터 화합물을 알칼리로 가수분해하여 알코올과 카복시산의 염을 만드는 과정이다. 일반 반응은 다음과 같다.

$$RCOOR' + OH \rightarrow RCOO^{-} + R'OH$$

Triglyceride(triacylglycerol)는 glycerol(propane-1,2,3-triol)의 에스터이고 전체 3개의 hydroxyl 원자단이 지방산과 반응하여 에스터화된다. triglyceride는 식물과 동물에서 얻는 지방과 기름으로부터 만들어진다. triglyceride는 실온에서 고체이고 지방(fat)이라 하고 상온에서 액체이면 기름(oil)이라고 한다. 많이 불포화된 triglyceruide와 폴리불포화 지방산은 녹는점이 낮은 경향이 있고 기름이다. 반대로 많히 포화된 triglyceride는 녹는점이 높고 지방이다.(13)

Triglyceride의 알칼리 가수분해(비누화)는 글리세롤과 비누라고 부르는 긴 사슬 카복시산 염의 혼합물을 생성한다. 일반적으로 사용하는 알칼리 물질은 수산화 소듐, 수산화 포타슘, triethanolamine(TEA)이다. 수산화 포타슘을 사용하면 비누는 더 잘 녹고 더 부드러운 비누를 생성하지만 가격이 비싸다. 포타슘 값은 소듐 값보다 비싸다. 그래서 수산화 소듐을 일반적으로 사용한다. 비누의 자극성은 양이온 크기가 적을수록 감소한다. 그래서 소듐 대신 더 큰 양이온을 갖는 TEA 유기물을 사용한다.

비누 재료의 이름은 지방산 사슬과 알칼리로부터 명명한다. 예를 들어 sodium tallowate는 tallow acid의 소듐 염이고 TEA-cocoate는 coconut 지방산에서 유래한 TEA 비누다. 지금까지 설명한 방법은 지방(fat)과 기름(oil)을 비누화하여 비누를 만드는 첫째 방법이다. 둘째 비누제조 방법은 지방산(fatty acid)을 사용하는 방법이다. 이 방법을 지방산 중화법(fatty acid neutralization)이라고 한다. 이 방법은 triglceride(fat와 oil)를 가수분해하여 지방산으로 만든다. 이 반응을 지방분할(fat splitting)이라 하고 고온과 고압이 필요하다. 지방산은 그 다음에 원하는 분획으로 증류하고 글리세린을 지방산에서 분리한다. 다음에 지방산을 알칼리로 중화하여 비누를 만든다.

지방과 기름을 마지막에 비누로 전환은 fat 혹은 oil→wet soap→vaccum drying→amalgamation→refiner extrusion→billet→cutting/pressing 과정을 거쳐 비누를 만든다. 비누화반응은 열 혹은 기계적 에너지를 이용하여 지방 혹은 기름을 알칼리 수용액에 분산한다. 지방과 기름은 알칼리 수용액에 녹지 않으므로 비누화되지 않은 지방을 알칼리 수용액 상에 유화하여 분산한 다음 반응물 사이에 접촉을 증가하여 반응이 일어나게 진행한다. 반응진행에 따라 비누 그 자체는 유화되어 반응속도를 증가한다. 반응과정 중에 반응기는 혼합 및 온도와 압력을 잘 조절해야 한다.

직접 비누화 혹은 지방산 중화에 의해 생성된 비누를 neat soap(물을 타지 않은 비누) 혹은 wet soap(수분이 많은 비누)라고 한다. neat soap는 비누제조의 기본 재료이고 그 성분은 비누 고형물(약 65~70%), 물, 저농도 전해질(Na_2O, NaCl), 글리세린을 함유한다. Neat soap는 전형적으로 엷은 색을 띠고 투명하고 80℃에서 약간 점성이고 실온에서 고체다. 부산물 글리세린은 치약과 로션 등 여러 제품에 보습제로 사용한다. 글리세린(glycerin)이라는 화학제품은 글리세롤(glycerol)을 95% 이상 함유한다. 글리세린은 가끔 비누에 한 성분으로 남아 있지만 "glycerine recovery"라는 씻는 과정에서 제거된다. neat soap는 10~18% 사이로 수분을 건조하여 비누 칩(chip)으로 만든다. 비누 칩은 amalgamator 혹은 ribbon mixer에 옮겨 색소, 방부제, 향료, 기차 첨가제와 섞는다. 이 단계를 "bar soap finishing"이라고 한다.

그 혼합물은 roll mill 혹은 plodder(extruder, 사출기)를 사용하여 정제한다. 사출기를 정제단계에 사용할 때 가는 체를 부착하고 비누성분을 강제로 통과시켜 균일한 혼합물을 작은 덩어리로 만든다. 작은 덩어리는 온도, 속도, 진공이 조절된 장치를 이용하여 일정한 크기로 주형에서 성형하여 비누를 만든다. 더 상세한 설명은 다음 문헌을 참고하라 : Soap and Detergents, *A Theoretical and Practical Review,* edited by Luis Spitz and Bailey's *Industrial OPil and Fat Products Volume 1*, 4th ed., edited by Daniel Swern.

3.2 비누 종류

비누는 특성과 성분에 따라 그림 4-7처럼 분류하고 지구상에서 비누시장은 standard soap와 superfatted soap들이 주류를 이루지만 superfatted soap와 synthetic surfactant soap(syndet와 combar)들이 앞서나가려고 한다. Syndet는 미국시장에서 강력하고 중부와 서부 유럽, 멕시코에서는 combar 제품이 유력하다.

3.2.1 표준 비누

표준 비누(standard soap)는 거의 모두 비누성분이고 소수 성분이 소량 섞여 있다. 세척력이 크고 가격이 싸다. 센물의 함량에 따라 세척력이 변할 수 있고 비누의 소듐 이온은

그림 4-7 비누의 종류와 성분비교

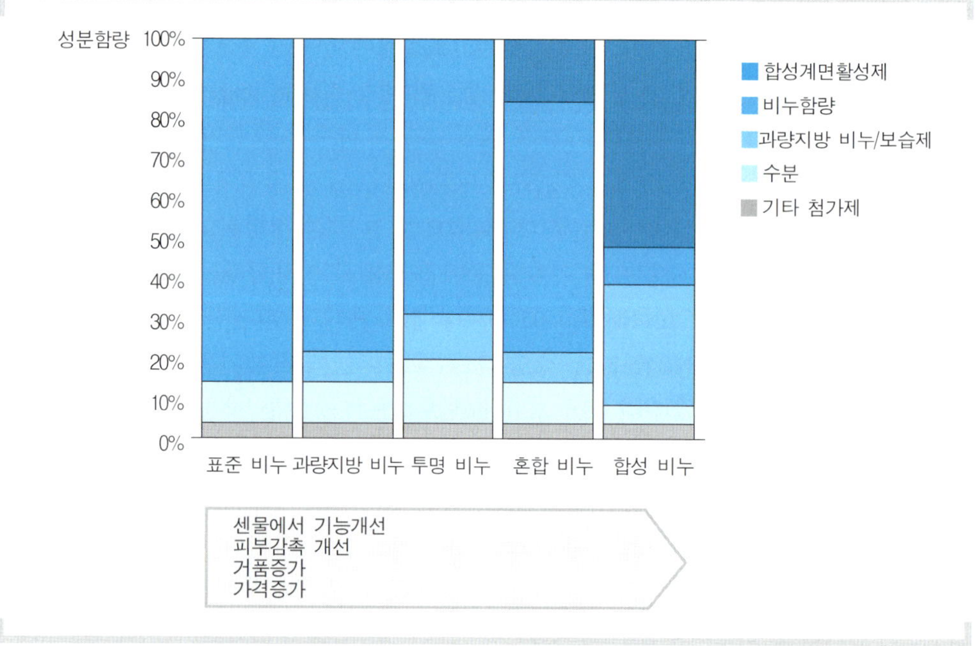

센물에 함유된 이온(칼슘 및 마그네슘)과 이온교환에 이용할 수 있고 이것은 불용성 비누를 생성한다. 이러한 난용성 비누는 피부와 목욕탕에 찌꺼기(비누 때)로 남는다. 표준 비누는 예민한 피부에 염증을 발생할 잠재성이 있다. 이것은 높은 pH(대략 10) 때문이고 피부의 단백질과 결합할 가능성이 있다. 이것의 예는 Procter & Gamble 회사의 Ivory 제품이다.

3.2.2 과량지방 비누

과량지방 비누(superfat soap)는 비누에 지방과 오일이 과량 함유된 비누다. Coconut acid와 stearic acid를 비누에 첨가하거나 그대로 산이 남아 있게 제조한다. 과량지방 비누는 거품이 더 크림 느낌이고 피부감촉이 개선되고 비누 염증이 감소된다. 이 제품의 예는 Colgate-Palmotive Company에서 출시된 Irish Spring® Original이다.

3.2.3 혼합 비누

혼합 비누(combination bar 혹은 combar)는 표준 비누 혹은 과량지방 비누를 합성세제와 섞어 만든 비누다. 어떤 비율이든 간에 합성세제와 섞은 비누는 혼합 비누라고 하지만 일반적으로 합성세제는 20% 이하로 섞는다. 혼합 비누의 장점은 부드러움 개선, 센물에서 기능향상(더 잘 헹궈지고 비누 때가 덜 생긴다), 거품생성 증가다. 이 제품의 예는 Procter & Gamble Company에서 판매하는 Zest®, Unilever에서 판매하는 Lever 2000®, Colgate-Palmolive Company에서 판매하는 Nutri-milk® 비누다.

3.2.4 합성세제 비누

합성세제 비누(synthetic detergent bar, synthdet)는 비누성분이 10% 이하이고 나머지 성분이 합성 계면활성제를 함유하는 비누다. 합성 비누 성질은 계면활성제 특성에 따라 결정된다. 가장 일반적으로 사용하는 계면활성제는 sodium cocoyl isethanate(SCI)이다. 비누 성분이 적고 계면활성제 성분이 많으면 비누의 pH 값이 적어서 피부감촉이 좋고 자극성 잠재력이 적고 거품이 많이 생긴다. 단점은 가격이 비싸고 연구하면서 처방해야 한다. 그 밖에 더 잘 녹는 계면활성제를 사용하므로 표준 비누보다 더 빠르게 소모된다. 시판 비누는 Proctor & Gamble Company의 Olay®, Unilever회사의 Dove®, Galderma Laboratories, L.P의 Cetaphil® Gentle Cleansing이다.

3.2.5 반투명 비누

반투명 비누(translucent soap)는 표준 비누에 용해제를 섞어 만든다. 일반 비누는 비누성분의 결정이 길게 성장하면 불투명한 비누로 되고 그 결정크기가 작고 비누를 통과하는 광량이 많을수록 투명한 비누로 된다. 비누의 용해제 성분으로는 glycerin과 sorbitol 같은 보습제를 겸해서 사용한다. 비누성분 결정성장 억제제는 포도당, 설탕, 과당 등의 당류, ethylene glycol, glycerin, propylene glycol, sorbitol 등의 다가알코올과 에탄올을 첨가하고 투명도 향상용으로 polyethylene glycol이나 imidazol 계면활성제를 첨가한다. 그리고 낮은 pH에서 투명 비누를 만들기 위하여 음이온성 계면활성제를 사용한다. 그런데 투명 비누에 수분이 흡수되거나 수분이 남아 있으면 불투명해지므로 수분이나 알코올 성분을 제거해야 한다. 투명 비누의 문제는 수분흡수에 의한 백탁화 방지와 비누가 쉽게 닳아 없어지는 현상의 방지다. 투명화제로 polyalkylglycoside와 acylglutamate를 가하면 낮은 pH에서 자극성이 없는 투명 비누를 만들 수 있다. 투명 비누는 국내에서도 많이 연구되었다.(14)(15)(16)(17) 미국은 Colgate-Palmolive Company에서 제조한다.

TOPIC 투명 비누

비누는 투명하다고 오염물이 잘 제거되고 사용하기에 편리한 것도 아니고 불투명 비누에 대한 호기심 때문에 만든 것이 투명 비누다. 비누를 만드는 지방산 주성분의 결정구조들이 입사광 파장보다 너무 크면 입사광을 모두 흡수하거나 산란하면 입사광이 투과하지 못하므로 불투명하게 보인다. 비누성분 분자의 결정이 입사광 파장보다 작으면 빛이 투과하여 투명하다. 그러므로 첫째 비누를 제조할 때 지방산 분자의 결정성장을 억제해야 한다. 즉 지방산 분자 사이에 큰 분자들이 끼여서 지방산 분자의 이동과 결합을 방해해야 한다. 이 성분들을 투명화제라고 한다. 투명화제는 분자들이 크고 물에 잘 녹고 인체에 대하여 독성이 없어야 한다. 투명하면서 물에 잘 녹으려면 많은 -OH 원자단을 갖는 당류(포도당, 설탕, 과당), 에탄올, sorbitol, polyol, propyleneglycol, imidazol계 계면활성제를 첨가해야 한다. 둘째 비누가 물에 잘 녹아 오염물을 잘 제거하려면 음이온성 계면활성제를 반드시 첨가해야 한다. 셋째 산성 쪽으로 유지할수록 비누는 투명하다. 그리고 염기성일수록 비누는 부작용을 발생한다. 중화제는 유기산을 사용하여 염기를 중화하고 산성을 유지하는 것이 유리하다. 각 특허에 제시한 성분함량은 그 제품을 만들다 보니까 그렇게 구성된 것이므로 참고하지 마시라.

3.2.6 주형 비누

주형 비누(cast bar soap)는 1789년에 Pears에 의해 시판되었다. 이것은 주형에서 생산된 투명한 주형 비누다. 이 주형 비누는 알코올을 증발한 다음 투명 비누를 만들기 위하여 몇 주간의 숙성기간이 필요하다. 그것은 긴 시간이 걸리고 힘든 노력이 필요하다. 현재 주형 비누는 지방산과 알칼리를 사용하여 비누화하여 만든다. 냉각하는 동안 결정성장이 비누 투명성을 결정한다. 균일하고 작은 결정일수록 비누는 투명하다. 그러므로 글리세린과 프로필렌글리콜 같은 용매를 첨가하여 냉각과정에서 투명도를 개선한다. 사용할 때 비누에 액체성분이 많을수록 마모율이 크다. 액체성분을 많이 증발하면 부피가 너무 감소하여 수익과 관련이 있다.

3.2.7 난용성 금속비누

지금까지 비누는 9종류 지방산으로부터 28종 금속이온을 이용하여 주요한 비누를 만든다고 발표하였다.(18) 화장품의 관점에서 보면 C_{14}-C_{22} 포화 지방족 지방산과 Al, Ca, Li, Mg, Zn을 이용한 비누만 시장에서 이용하고 있다.(19)

금속비누는 두 가지 방법으로 제조한다. 첫째 고체 금속비누를 만드는 대부분 방법은 분해와 침전과정을 거쳐 만든다. 가용성 비누는 원하는 금속염 용액으로 처리하고 침전을 씻고 건조한다. 둘째 방법은 일반적으로 액체 지방산을 금속수산화물 혹은 탄산염으로 직접 비누화하여 만든다. 녹는점이 높은 스테아린산 아연 같은 금속비누는 이러한 방법으로 만든다. 이러한 과정으로 만든 비누는 더 검정색이고 냄새가 더 나고 자유 지방산을 더 많이 함유하고 반응하지 않은 금속산화물을 함유한다. 일반적으로 비누를 포함한 모든 금속염 화합물은 암모늄 이온과 1족 금속이온을 포함하는 경우 물에 잘 녹고 2족, 3족…6족으로 가면서 금속염 용해도는 감소한다. 주요한 금속비누는 다음과 같다 : titanium behenate, aluminum laurate, zinc linoleate, calcium myristate, mercury naphthenate, lithium oleate, magnesium palmitate, strontium stearate, silver abietate, bismuth ricinoleate, cerium tallate. 금속비누는 순수할수록 냄새가 없고 깨끗한 색을 갖는다. 비누 침전물을 건조한 과정에서 조심해야 좋은 품질 비누를 얻을 수 있다. oleate 비누는 stearate 비누보다 색이 더 진하고 냄새가 없다. stearate 비누는 화장품으로 사용하기에 잘 건조되지 않고 단단하지 않다.(20)

3.3 비누 용도

zinc와 magnesium stearate는 메이크업 파우더에 5~10% 사용하고 인기 있는 제품이고 그것의 큰 입자는 매끈매끈하고 기름기 있는 성질을 띤다. calcium stearate는 메이크업에 사용하면 수분 반발력이 증가한다. aluminum stearate는 주로 유기용매와 기타 탄화수소에 대한 젤화제로 사용한다. magnesium stearate는 샴푸에서 불투명화제로 사용하고 압축 파우더에서 결합제로 사용한다. lithium stearate는 다른 것보다 더 부풀어 보이고 루즈(loose) 파우더 처방에 자주 사용하고 오일 흡수력과 피부 부착력이 좋다. silver와 mercury stearate는 어떤 화장품에 항균제로 사용한다. 균 종류는 단백질 구조를 갖는 경우가 많고 단백질 구조의 아민은 전이원소와 착물을 형성하여 살균된다. talc는 금속비누와 함께 용매 용액에서 입자들을 피복하여 혹은 탈크 입자에 직접 침전하여 피복력을 증가할 수 있다. C_{12}, C_{14}, C_{16}, C_{18}과 같은 혼합 지방산은 아연 및 마그네슘을 양이온으로 이용하여 파우더 베이스로 사용한다. 아연과 마그네슘에 adipate와 stearate를 함께 결합 혹은 비스무트에 adipate와 sebacate를 함께 결합한 염류, polyol stearate에 아연과 알루미늄을 함께 섞은 용액을 화장품 유제로 사용한다.

저분자량 화합물은 불포화 undecylenic acid와 그 염류처럼 살균성을 갖는다. 그 예는 마그네슘과 아연 undecylate(undecanate)이다. 투명 헤어 포마드는 C_{16}-C_{18} 지방산의 Al, Li, Mg 염 용액으로 만든다.

TOPIC 사기성 투명 비누

강남에서도 유명한 피부과의원이 있다. 그 병원의 이름만 대면 모두 알아보는 피부과다. 그 병원에 부인들이 투명한 비누를 사려고 많이 모인다. 그 병원에서 투명 비누와 사용에 대한 시범을 보일 때 정성을 들인 것처럼 사용하는 물은 몇 백리 떨어진 강원도 산골에서 신선한 산수를 가져왔다고 말한다. 그 말씀은 즉 센물을 사용한다는 뜻이다. 그곳에 모인 부인들은 그지없이 깨끗하게 손을 씻고 오신 분들이다. 그런데 그 피부과에서 판매하는 투명한 비누로 손을 씻으면 때가 그렇게 많이 몇 년 동안 씻지 않은 것처럼 뭉게뭉게 나온다. 그래서 깜짝 놀라서 그 비싼 비누를 몇 년 사용해도 남을 만큼 차 트렁크에 가득 채워 가져온다. 그 병원은 환자를 치료하여 얻는 수익보다 사기성 투명 비누로부터 얻는 수익이 더 많을 것이다. 사실은 센물에 비누를 풀면 센물 중에 칼슘, 마그네슘, 철분 등이 비누의 지방산과 결합하여 물에 녹지 않는 침전을 만든다. 그 침전은 몸에서 나오는 때가 아니다. 그것은 사기다. 비누에 함유된 지방산은 센물 중에 칼슘과 마그네슘 이온과 결합하여 생성된 침전이다. 투명한 비누는 지방산에 양잿물을 가하고 중화할 때 pH조절, 비누를 만들 때 결정성장(결정이 적을수록 투명하다), propylene glycol의 첨가량 등에 따라 비누의 투명도는 변한다.

---

(1) J. N. Israelichivili, D. J. Mitchell, B. W. Niham, *J. Chem. Soc. Faraday Trans.*, 1976, 72(2) : 1525.
(2) 박면용 외, 기기분석, 21장, 녹문당, 2014.
(3) W. C. Griffin, R. W. Behrens, St. T. Gross, *J. Soc. Cosmetic Chem.*, 1952, 9 : 29.
(4) G. C. Henny, R. V. Evanson, G. J. Sperandio, *J. Soc. Cosmetic Chem.*, 1958, 3 : 5.
(5) D. M. Brice, J. K. Sugden, *Pharm. J.*, 1959, 183 : 311.
(6) W. C. Griffin, U.S. Patent, 2,673,882, 1954.

(7) K. Laden, R. Spitzer, *J. Soc. Cosmet. Chem.*, 1967, 18 : 351.
(8) I. H. Blank, *J. Invest. Dermatol.*, 1952, 18 : 433.
(9) I. F. Gaul et al., *J. Invest. Dermatol.*, 1952, 19 : 9.
(10) J. Leyden and A. Rawling, eds, *Skin Moiturization*, Marcel Dekker, Inc., New York, NY 408414, 598-602, 2002.
(11) K. Holmberg et al., *Surfactants and Polymers in Aqueous Solutions,* John Wiley & Sons, 2003.
(12) L. Splitz, ed., *Soap Technology for the 1990's*, American Oil Chemist's Society Campaign, IL. 3-5, 1990.
(13) T. Solomons, *Organic Chemistry*, 6th ed., John Wiley & Sons, 1995.
(14) 특1996-0015168, 장문실, 이태완, 남병욱, 1996년 11월 1일.
(15) 특2003-0047084, 김진철, 2003년 6월 18일.
(16) 특10-2003-0006005, 김성오, 2003년 5월 13일.
(17) 특10-2005-00544904, 이상건, 2006년 12월 19일.
(18) R. G. Bossert, *J. Chem. Ed.*, 1950, 27 : 10.
(19) S. B. Elliot, *Alkaline Earth and Heavy Metal Soaps*, New York : Reinhold Publishing Corp. ; German Patent 703,124.
(20) M. L. Stumpi, *Am. Paint J.*, 1953, 38(15) : 60.

CHAPTER 5

향료와 향수 화장품

향료와 향수제품의 역사는 고대로 거슬러 올라간다. 향수제품은 성경에서 그리고 이집트, 수메르, 멕시코 등의 고대유물에서 수많은 증거들이 발견되고 있다. 이러한 제품들은 향화(potpourruis)와 향유(balm)라 하고 필요에 따라 그리고 장소에 따라 나무, 꽃, 약초 등으로 만든 것이 발견된다. 문명의 발달은 향료를 외국에서 바다와 육지를 통하여 수입을 촉진하였고 의료, 종교, 의류장식, 개인과 가정에서 널리 사용하기 시작하였다.

지난 200여 년 동안에 화학공업의 발달은 이용가능한 향료재료의 증가를 가져왔고 이러한 성장은 천연재료의 성분을 밝히고 새로운 향료 화합물의 합성을 촉진하였다. 현재 향료사업가들은 수많은 재료들을 선택하여 사용한다. 이러한 재료는 천연물과 합성재료로 구분할 수 있다. 천연재료는 자연이 제공하는 꽃, 잎, 뿌리, 약초 레진, 나무 등의 원료에서 얻는다. 그들은 유용한 재료를 여러 방법으로 처리한다.

천연재료는 기후조건에 따라 재배상태가 변하므로 가격변동이 심하다. 동물에서 취하던 용연향, 비버향, 사향고양이, 사향노루는 동물보호 때문에 지금은 채취할 수 없는 사정이다. 자연 재배 향료는 가격이 비싸더라도 아직까지 선호하는 경향이 남아 있다. 합성향료는 천연향료보다 싸고 원료수급이 용이하여 많이 사용한다.

향료 제품은 불쾌한 냄새를 숨기고 좋은 냄새를 증진하기 위하여 사용한다. 예를 들어 jasmine, peppermint, citrus oil은 감성을 진정시키거나 에너지를 돋울 때 이용한다.

1 향료

화장은 눈을 즐겁게 만들고 향은 코를 통하여 마음을 즐겁게 한다. 어느 향은 사람의 마음을 한없이 하늘로 날아오르게 만들고 시름을 없애고 즐거운 느낌을 준다. 그래서 클레오파트라와 양귀비(신장 164 cm/체중 60 kg)는 향으로 사람의 애간장을 녹여내는 쇼를 연출했다. 서양인들이 모험을 감수하는 항해와 미국대륙의 발견은 신비스런 동양의 향료 획득에 목적을 둔 부산물이다. 근래는 여러 가지 천연 꽃의 향을 정신치료에 이용하는 경향이 있다.

후각(olfaction) 세포 수는 사람이 약 5천만이고 개는 약 2억5천만이다. 그래서 개는 사람보다 냄새감각이 예민하다고 주장한다. 한편 생각해보면 사람의 후각이 개보다 부족함으로써 더 행복하게 살 수 있게 되었는지도 모른다. 거기에다 청각도 개보다 못한 것이 얼마나 행복한가? 인간이 개와 같이 예민한 후각과 청각을 가진 경우에 인간의 진화는 어떻게 되었을까?

동물은 자신을 보호하고 먹을 것을 찾고 암수의 유인을 위해서 후각이 발달하였고 사람도 동물과 마찬가지로 냄새를 맡아 위험에서 피하고 자신의 이익을 도모한다. 사람의 후각은 어떤 향내를 맡으면 기분이 좋아지고 정신이 맑아지고 정신적으로 안정되고 잠이 잘 온다. 실험실에서 화학약품을 이용하여 실험하는 연구원들은 냄새나는 수많은 약품을 후각으로 확인하고 또한 화장품으로 사용하는 향료도 경험적으로 성분을 대략 확인할 수 있다. 실험실에 근무하지 않아도 소주를 마시는 술꾼들은 소주잔을 코에 대고 흔들어도 경험적으로 소주에 섞인 퓨젤유(fusel oil, 소주를 만들 때 에틸알코올을 증류하고 남은 찌꺼기 기름) 불순물을 확인할 수 있다. 후각은 누구든지 연습과 실험을 통하여 발달할 수 있다. 2013년에 KIST 뇌과학연구소 Braubach에 의하여 Journal of Neuroscience에 표지논문으로 발표된 zebra fish를 이용한 결과에 의하면 후각은 후천적으로 발전한다고 설명했다.

후각은 같은 냄새를 계속해서 맡으면 그 냄새가 좋건 나쁘건 간에 감각이 둔해진다. 이것을 순응현상이라고 한다. 그래서 연탄가스중독, 맨홀의 오수관 청소, 탱크내부의 작업 등에서 인명사고들이 발생한다. 후각은 개인에 따라 느끼는 냄새 농도와 감정이 각기 다르고 그것으로부터 얻는 과거의 기억도 각기 다르다. 정신치료사들은 이러한 감정을 이용한다. 어떤 특수한 냄새를 맡으면 그 냄새로부터 과거를 연상한다. 동일한 향이라도 농도차이에 따라 냄새가 다르다. 예를 들어 가장 많이 사용하고 사랑받는 재스민(jasmine)은 진할 때 대변 냄새를 풍기고 묽히면 기분이 좋은 꽃향기를 풍긴다. 향을 다른 성분과 섞으면 서로 냄새들이 간섭하여 마술사의 조작처럼 다른 냄새로 느껴진다. 이것은 마치 빛의 간섭현상과 비슷하다. 냄새는 분자라는 화합물의 입자이고 빛도 광량자라는 입자이므로 어떤 파동성 간섭이 생기는 것으로 짐작한다.

사람의 체취는 선천적 유전과 후천적 생활, 건강, 식성에 따라 다르게 나타난다. 서양 사람들은 노린내, 일본인들은 비린내, 한국인들은 김치냄새(마늘냄새), 중국인들은 콩기름 냄새, 인도인들은 카레냄새 등을 풍기지만 순응현상 때문에 본인들은 느끼지 못한다. 음식물이 소화흡수되어 피부의 땀구멍을 통하여 일부분이 배출되므로 냄새는 먹는 대로 나타나는 것이 생리학적으로 당연하다. 어떤 특수한 의약품을 장기 복용해도 그 냄새를 풍긴다. 부지런히 목욕하고 향수를 뿌려 냄새를 중화하는 수밖에 없다. 향수는 항상 동일한 종류를 사용하는 것이 좋다고 본다. 왜냐하면 동물의 특성으로 보아 자기 사람을 쉽게 구별할 수 있기 때문이다.

향수를 만들어내는 사람을 조향사(調香師 flavorist, perfumer)라고 한다. 향의 성분은 화학자들이 가스크로마토그래프와 질량분석기 등을 사용하여 분석하지만 그 감도는 아직 사람의 코로 느끼는 감도에 미치지 못한다. 천연 재스민 향을 분석한 결과에 의하면 재스민은 200종류 이상 성분의 혼합물이고(담배연기 성분은 1,000종류 이상이다) 주성분은 jasmine lactone이다. 그 성분 중에서 주성분은 대변 냄새나는 아민 고리를 갖는 indol을 함유한다. 그러나 재스민은 전체적으로 좋은 향내를 풍긴다. 인돌 성분을 어느 정도까지 많이 혼합할수록 재스민 향내는 진하게 나타나고 한계를 벗어나면 좋은 냄새가 나쁜 냄새로 변한다. 조향사는 여러 향을 혼합해서 좋은 향내를 진하게 경제적으로 만드는 마술사다.

2 향료의 역할

향료는 나무와 풀을 연소할 때 발생되는 향기로부터 시작된 것을 유적에서 발견된 연료용 목재로부터 확인하였다. 향료를 즐긴 역사는 고대 로마로부터 시작되었고 오늘날까지 계속해서 전해오고 있다. 현재도 관혼상제의 행사에는 동서양을 막론하고 향을 사용하고 한국에서도 현재 향을 사용한다. 그뿐만 아니라 현대에 와서는 힐링(healing)을 목적으로 정신건강의 증진을 위해 향을 많이 사용한다.

향료는 11세기경에 아랍문화권에서 증류와 추출 방법이 발달하여 세계적으로 보급하는 역할을 하였고 그 후에 수요와 향료재료의 화학적 발달에 맞추어 향료합성 시대에 도달하였다. 향료 중에서 가장 크게 기여한 재료는 올리브 오일이고 그 당시에 큰 사원 안에는 향료나무를 심은 것이 현재까지도 발견되고 있다.

사람들이 처음에 화장품에 대한 구매의욕을 느끼는 것은 화장품 용기 모양과 향기라고 한다. 우선 용기를 눈으로 확인하고 다음에 뚜껑을 열고 코로 냄새를 맡아 향내를 확인한다. 화장품이 먹는 것이라면 맛을 보고 그 화장품을 연상하고 노래까지 나오면 노래도 화장품과 연관시켜 감상할 것이다.

향료는 첫째 정신적 스트레스 치료에도 재스민 혹은 관련이 있는 향을 이용하여 안정과 연상작용을 유발한다. 둘째 화장품 마개를 열면 누구나 무의식적으로 냄새를 맡고 기분이 좋은 새로운 냄새이면 새로운 것을 연상하고 그 향에 취하기 원하고 그 화장품의 구매충동을 느낀다. 셋째 자기가 사용하던 향을 다시 만나면 항상성(hoeostasis) 유지를 위해 구매충동을 유발한다. 어떤 화장품 회사가 판매전략으로 독특한 향수를 개발하여 전 국민을 그 향수로 습관화하면 항상성 때문에 그 향수를 함유한 화장품만 사용하지 않을까? 넷째 향료는 오래전부터 항균성, 항산화성, 구충제로 알려져 있다.

아마 항균성은 향료성분의 결합에 따른 화합물의 성분변화(화학구조, 화학성분, pH) 때문일 것이고 구충제 역할은 냄새를 좋아하지 않는 곤충의 기피현상 때문일 것이다. 예를 들어 바퀴벌레는 좀약(naphthalene)이나 향나무 냄새를 싫어하므로 이들을 실내에 놓아두면 죽지 않고 옆집으로 도망간다. 항산화성은 향료에서 휘발되는 성분의 증기압 때문에 대기중의 산소접근이 차단되어 나타난다. 이러한 성질은 금속재료의 산화방지에도 이용한다.

향을 이용한 심신치료법(aromatherapy)은 고대로부터 현대에 이르기까지 동서양을 막론하고 사용한 방법이고 근래에 와서는 목욕, 마사지, 음료, 도포에 이용하고 약리학 분야에서도 널리 이용하고 있다.

TOPIC 향수

자연상태보다 많은 성분은 건강에 해롭다. 화장품도 어느 성분이 자연상태보다 많이 피부에 흡수되거나 묻어 있으면 해롭다. 아무리 좋은 향수라도 그 성분이 코를 통하여 체내로 들어오면 정신적으로 즐겁지만 육체는 오염된 기체에 시달린다. 정신적 즐거움과 육체적 고통은 어느 것이 더 중요한가? 인쇄공장에서 사용하는 향기로운 용매 냄새와 자동차에 연료로 사용하는 휘발유는 백혈병의 주범이다. 인공향수 성분 중에 인체에 이로운 성분은 없다. 하루 종일 향수냄새를 들이마시면 건강에 해롭다. 똑같은 냄새를 하루 종일 맡으면 코가 마비되어 그 냄새를 인식하지 못한다. 바꾸면 알아본다. 미녀(남)와 살면 그 사람이 진짜 미녀(남)라는 것을 잊고 행복한 줄도 모른다. 이것도 항상성 때문이다.

3 천연향료

합성향료는 천연향료(natural perfume), 합성향료(synthetic perfume), 조합향료(fragrance compound)로 분류할 수 있다. 천연향료는 식물과 동물에서 채취한 향료이고 합성향료는 한 종류의 합성화합물과 천연에서 분리한 향료를 이용한 재합성 향료들이 있다.

천연향료는 식물과 동물에서 증류, 추출, 압착 등의 방법으로 향료 성분을 분리하여 이용한다. 식물성 재료는 종류에 따라 꽃, 과일, 종자, 줄기, 잎사귀, 껍질, 뿌리를 이용한다. 향료의 원료는 천연상태에서 재배하여 원료를 확보하여 사용한다. 한국에서는 박하를 재배하여 추출하였다. 대략 식물 중에는 향을 1% 이하 함유한다. 향은 후각에 좋은 것만 이용하지 않고 나쁜 냄새도 섞으면 좋은 냄새로 변하므로 모든 냄새나는 화합물을 대상으로 고려해야 한다. 대표적 천연향료는 문헌을 참고하라. 동물은 사향사슴향(musk), 사향고양이향(civet), 비버향(castoreum), 향유고래 용연향(ambergris) 등을 추출하여 사용하지만 사향사슴과 사향고래는 19세기 이후에 멸종위기에 놓여 있기 때문에 국제조약에 따라 채취행위를 금지하였다. 수컷 사향사슴의 생식기에서 채취한 기름은 클레오파트라가 안토니우스를 유인하려고 몸에 발랐다. 사향사슴은 중앙아시아지방, 티벳, 중국 사천성, 한국 등에서 자생하는 것이 알려졌다.(1)

향료추출은 수증기증류법, 추출법, 압착법, 탈테르펜법, 초임계 유체 추출법을 이용한다. 수증기증류법은 열에 분해되지 않는 향료의 생산에 쓰이고 시료에 수증기를 통과시켜 향료를 추출하는 방법이고 추출된 향료를 정유(精油, essential oil)라고 한다. 추출법은 수증기증류법으로 추출률이 좋지 않고 열에 불안정하고 끓는점이 높은 향료추출에 에탄올, 헥산, 석유에터 등의 용매를 사용한다. 이 방법으로 추출한 향료를 concrete라고 한다. 압착법은 참깨기름, 들깨기름, 콩기름을 짜는 것처럼 압력을 가하여 향료를 얻는 방법이다. 탈테르펜법은 주로 감귤류 향료로부터 테르펜계 탄화수소는 알코올에 용해되지 않고 산화와 중합반응이 쉽게 일어나므로 유기용매추출이나 분별증류하여 테르펜계를 제거하는 방법이다. 초임계 유체 추출법(supercritical fluid extraction)은 앞에서 설명한 방법과 개념이 전혀 다르게 임계온도 이상에서 물질을 가열할 때 생성되는 초임계 유체를 이용하는 방법이다.

■ 초임계 유체 추출법

초임계 유체(supercritical fluid)는 어떤 물질을 임계온도 이상 가열하면 생성된다. 임계온도(critical temperature)는 어떤 물질이 압력과 무관하게 액상이 명확하게 존재하지 않는 온도다. 임계온도에서 어떤 물질의 증기압을 임계압력(critical pressure)이라고 한다. 임계온도와 임계압력 이상의 온도와 압력(임계점, critical point)에 있는 물질을 초임계 유체라고 한다. 초임계 유체는 액체상태와 기체상태 물질 사이의 밀도, 점성, 그리고 기타 성질을 갖는다. 이러한 성질은 초임계 유체 추출에 중요한 역할을 한다. 몇 가지 초임계 유체의 성질을 표 5-1에 싣는다.

큰 밀도(0.2～0.5 g/cm^3)를 갖는 초임계 유체의 중요한 성질은 첫째 비휘발성을 갖는 큰 분자의 용해능력이다. 예를 들어 초임계 CO_2는 5-12 탄소원자를 갖는 *n*-alkane, 알킬 원자단이 4-16 탄소원자를 갖는 di-*n*-alkylphthalate, 여러 고리형 방향족 탄화수소 등을 쉽게 용해한다. 이러한 성질 때문에 커피로부터 카페인 추출과 담배로부터 니코틴 추출에 CO_2를 이용한다. 둘째 중요한 성질은 녹인 물질을 낮은 온도에서 쉽게 회수할

표 5-1 몇 가지 초임계 유체의 성질

유 체	임계온도(℃)	임계압력(atm)	임계점 밀도 g/mL	밀도(400 atm), g/mL
CO_2	31.3	72.9	0.47	0.96
N_2O	36.5	71.7	0.45	0.94
NH_3	132.5	112.5	0.24	0.40
n-butane	152.0	37.5	0.23	0.59

* M. L. Lee and K. E. Markids, *Science*, 235, 1345(1987).

수 있다는 점이다. 셋째 중요한 성질은 초임계 유체 값이 싸고 해롭지 않고 독성이 없다는 점이다. 넷째 중요한 성질은 초임계 유체가 액체용매보다 확산능력이 더 크고 점성이 작아 추출능력이 좋다는 점이다.(2)

초임계 이산화탄소에 알칸계 및 테르펜계와 같은 무극성 물질이 잘 녹고 polycyclic aromatic hydrocarbon, polychlorinated biphenyl, aldehyde, ester, alcohol, organic chloro pesticide, fat와 같은 약한 극성 화합물도 잘 녹는다. 초임계 이산화탄소에 메탄올과 극성 물질을 소량 첨가하면 센 극성 물질도 용해할 수 있다. 초임계 유체를 이용한 추출 이론은 아직 잘 알려져 있지 않고 연구중에 있다.

향료는 사용목적과 성분에 따라 산값, 에스터값, 알코올, 알데하이드, 키톤 등을 분석하여 향의 품질을 평가한다. 성분의 정량과 정성 분석은 주로 질량분석기와 크로마토그래피법(GC, LC, TLC)을 이용한다. 그 이외에도 연구분야에 따라 여러 종류의 분석기기를 사용하면 더욱 좋을 것으로 믿는다.

TOPIC 소변으로 건강진단(동의보감에서)

- 물을 많이 마시지 않아도 색이 엷으면 항-이뇨 호르몬이나 뇌 이상
- 소변이 탁하면 방광염(통증동반), 전립선염, 요로감염
- 피가 섞이면 혈뇨, 방광염, 신장염, 비뇨기암
- 혈뇨와 통증을 동반하면 요로결석, 종양
- 소변에 거품이 많으면 사구체신염, 당뇨병, 고혈압, 대사증후군
- 밤에 자주 오줌이 마렵고 부종과 피로가 심하면 콩팥기능 이상

대한신장학회 조사결과에 의하면 2011년에 신장투석환자는 5만여 명이고 이 중에 당뇨병이 19.6%, 고혈압이 10.4%, 사구체염이 10.4%이고 당뇨병과 고혈압으로 투석하는 환자 나이는 평균 60세이고 사구체신염으로 투석하는 환자 나이는 평균 52.7세다.

4 합성향료

금세기에 와서 향료의 수요에 맞추어 자연향료의 보급이 점차 곤란한 처지에 놓였다. 왜냐하면 자연향료의 채취는 자원이 고갈되기 때문에 농경방식으로 전환하여 수요를 충당하였다. 그러나 인건비와 토지문제로 향료의 가격이 오르자 합성화학 쪽으로 전향하게 되었다. 합성향료는 천연향료보다 공정이 간단하므로 값이 싸고 단일 성분이므로 향료조합이 간단하고 기후와 관련 없으므로 항상 구할 수 있어 합성향료를 많이 사용

표 5-2 합성향료

원자단 분류	구조 분류	향료이름	냄 새
탄화수소계	monoterpene	limonene	오렌지향
	sequiterpene	β-caryophyllene	목재향
알코올계	aliphatic alcohol	cis-3-hexanol	새싹향기
	monoterpene alcohol	linalool($C_{10}H_{17}OH$)	은방울꽃향
	sesquiterpene alcohol	farnesol	사향노루향, 아카시아꽃향
	aromatic alcohol	β-phenylethyl alcohol	장미향
알데하이드계	aliphatic aldehyde	2,6-nonadienal	제비꽃향, 오이향
	terpene aldehyde	citral	레몬향
	aromatic aldehyde	α-hexyl cinnamic aldehyde	재스민향
키톤계	cyclic ketone	β-ionone	제미꽃향
	terpene lactone	l-carvone	박하향
	macrocyclic ketone	cyclopentadecanone	사향노루향
에스터계	terpene ester	linalyl acetate	라벤더향
	aromatic ester	benzyl bebzoate	발삼향
락톤계		y-undecalactone	복숭아향
페놀계		eugenol	클로버향
에터계		rose oxide	꽃향
질소산화물계		indole	인분냄새, 묽히면 재스민향
아세탈계		phenylacetaldehyde dimethylacetal	엷은 히야신스키향
Schiff 염기		aurantiol	오렌지꽃향

* 현대 화장품, 조완구 · 랑문정 · 배덕환 공저, 한국학술정보(2007).

한다. 한국은 6.25 사변 후에 소주공장에서 에탄올을 증류한 다음 찌꺼기로 남는 퓨젤유(fusel oil)를 밤중에 남모르게 한강에 버려 환경문제로 대두하였다. 그 후에 아세트산을 가하여 퓨젤유에 포함된 나쁜 냄새나는 아밀알코올과 부틸알코올로부터 amyl acetate 혹은 butyl acetate를 합성하고 이들을 향료, 용매, 합성원료로 이용하여 돈도 벌고 환경오염문제도 해결했다. 이것이 한국에서 합성향료의 효시일 것이다. 합성향료의 한 예로서 butyric acid(butanoic acid)는 버터가 썩은 냄새를 풍긴다. 그러나 이 화합물을 에스터화 반응을 통하여 ethylbutanoate로 만들면 좋은 향내를 풍기는 화합물로 변한다. 합성향료는 대부분이 에스터반응을 통하여 합성한다.

합성향료는 향을 내는 원자단을 탄화수소, 알코올, 알데히드, 키톤, 에스터, 에터, 락톤, 펜올, 아세탈 등으로 분류할 수 있고 그중에서 많이 합성되는 향료는 알코올계, 알데히드계, 키톤계, 에스터계, 락톤계 순이다.

5 조합향료

화장품 향료는 천연향이나 합성 향에 다른 향을 섞어 사용하는 것이 원칙이다. 마치 음식에 여러 소스와 첨가물을 섞어 맛을 내는 것처럼 여러 향을 섞어 오묘한 향을 조제한다. 이러한 향을 조제하는 전문가를 조향사(flavorist, perfumer)라고 한다.

향료조합은 우선 바탕향료(base flavor)로 floral(꽃향기), woody(목재향기), citrus계, green계(풋내), oriental계(동양에서 수입), fruity계(과실), spicy계(향료), aldehyde계, animal계를 기본향료로 사용하고 약 600종류(천연향 약 500종, 합성향 약 100종) 향을 조합하여 목적에 맞는 향을 조제한다.

향료처방은 안정성과 안전성을 고려하여 화장품의 목적과 합치되어야 한다. 예를 들어 목욕과 세척에 사용하는 비누, 샴푸, 치약, 클렌징크림 등에 사용하는 향은 깨끗한 느낌을 주는 풋내 나는 향을 바탕향료로 사용한다. 향료조합에 사용하는 용어로서 "note"는 어떤 향료처방기록을 의미하고, floral note, green note는 그러한 향료처방기록을 말한다. 향내는 향시험지(flavor testing paper)에 묻힌 다음 향내를 후각으로 시험하고 휘발성을 관찰한다. 제품에 사용하는 조합향료처방은 top note, middle note, lasting note(base note 또는 dry note)라는 공통점을 갖는다. 이 용어의 뜻은 바탕향료에 개질제(modifier) 혹은 고정제(fixation)를 배합하여 향내를 개질하고 유지시간을 결정하는 뜻을 갖는다. top

표 5-3 바탕향료

바탕향료	배합향료
floral(꽃향기)	rose, jasmine, muguet, lilac, carnation, tuberose, hyacinth, orange, flower, neroli, violet, heliotrope, gardenia, honeysucide, jonquil, narcissus, freesia, ylang ylang. 이 중에서 rose, jasmine, mugut을 3대 꽃향기라고 한다.
woody(목재향)	건조하고 강하고 우아한 느낌의 vetier계, 중후하고 달고 섹시한 sandalwood계, 강하고 이국적인 patchouli계, cedar wood계, pine계
chypre	1917년에 발매된 Coty회사의 chypre가 원조다. bergamot, oakmoss, orange, rose, jasmine, musk, amber를 조합
citrus	bergamot, lemon, orange, grape fruit, mandarin을 조합. fresh cologne와 shower cologne에 주로 사용하고 기호도가 높다.
green(풋내)	오이, 토마토, 피망 등에서 나오는 풋내이고 1945년 Vent Vert(Balmain)에서 발매되었다.
fougere	lavender, oakmoss, coumarin을 바탕으로 rose와 jasmine의 꽃향기와 sandalwood, vetvier, patchouli의 목재향을 섞고 amber와 musk를 첨가한 중후감 향수이고 남성용으로 널리 사용한다.
oriental	balsam, vanila, woody, animal을 배합한 동양에서 유럽으로 수입된 향수
fruity	citrus, peach, Strawberry, apple, banana, melon, pineapple, raspberry
spicy	clover, cinnamon, lime, pepper, cardamom
aldehyde	aliphatic aldehyde(C_7–C_{12}). Channel No. 5에 사용
animals	musk, civet, castroreum, ambergris

note는 citrus note 혹은 fruity note를 사용하여 기호성이 좋고 신선하고 전체적으로 단일 향내만 풍기고 휘발성이 크고 향시험지에 묻힌 다음 2시간 이내에 모두 휘발되어야 한다. middle note는 휘발성이 향시험지에서 2~6시간 유지되는 중간 휘발성 정도이고 floral계(jasmine, rose), aldehyde계, spice계의 note를 사용하고 향의 특징을 이용한다. lasting note는 휘발성이 향시험지에서 6시간 이상 유지되고 oakmoss, woody note, animal note, amber, balsam계를 이용한다. 바탕향료와 첨가향료의 상호작용에 의하여 휘발성과 향의 품질이 변하므로 각 note의 배합비율은 균형을 맞추어야 한다. 예를 들어 aldehyde향은 top note가 많고 oriental 혹은 fruity note는 lasting note라는 것을 고려해야 한다. 분무 향수는 일반적으로 lasting note 향을 이용한다. 이러한 점을 고려하지 않으면 처음 향내와 일정시간 지난 다음 향내가 다르게 나타난다.

조향기술을 익히려면

① 실험실에서 휘발성 단일성분 유기용매 냄새를 맡아 후각을 훈련한 다음 2종, 3종 4종씩 섞어 후각을 훈련한다.

② 향료원료의 휘발성과 세기를 기억한다.
③ 중요한 floral note 혹은 woody note를 2~3종씩 배합하고 후각시험을 한다.
④ 시판 향수의 향내를 자신이 모방한 향내와 비교하여 평가한다.
⑤ 향내를 자기표현방식으로 기록하는 방법(표현력)을 연습한다.

6 향료의 기호성

향내는 식성과 함께 민족성에 따라 각기 다르게 나타난다. 조사결과에 따르면 미국여성들은 citrus와 floral계를 좋아하고 미국남성들은 oriental과 chypre계를 좋아한다. 프랑스여성들은 편중되지 않고 다양하게 나타났다. 일본은 남녀를 막론하고 citrus계를 좋아하고 연령별로 여성의 경우에 8~15세는 floral, 15~19세는 mint와 citrus계, 20~24세 여성은 floral와 floral green, 25~30세는 floral aldehyde와 floral green을 좋아하고 분무용은 oriental계를 좋아한다. 일본남성은 구미에 비하여 일반적으로 citrus와 floral계를 좋아하고 그 외에 green, fougere, chypre도 좋아한다. 화장품별로는 화장수와 크림 종류에서 rose, jasmine, muguet, lilac을 좋아하고 makeup제품은 단맛 향을 갖는 향이나 floral계를 좋아한다.

향 함량은 화장품 종류마다 다르다. 일반적으로 화장수(0.001~0.05%)를 제외한 크림, 밀크, 파운데이션, 루즈, 페이스파우더, 아이메이크는 0.05~0.5% 정도이고 두발용 헤어토닉, 헤어스프레이, 헤어뮤즈, 포마드, 헤어크림, 샴푸, 린스, 폼은 0.3~1.0%, 비누(1.0~1.5%), 치약(0.7~1.2%), 세제(0.1~0.3%)를 사용한다.

향료는 화합물이고 여러 화합물과 섞여 있으므로 그리고 대기 중의 산소, 빛, 온도 변화에 따라 산화, 중합, 축합, 가수분해반응이 일어나고 변색과 용매분리 반응이 일어나 화장품을 버리게 된다. 화장품은 다른 화학제품과 마찬가지로 냉온변화가 심하고 햇빛이 들고 습기가 있는 곳을 피해서 보관해야 한다.

RIFM(Research Institute for Fragrance Materials)은 화장품의 급성 경구독성, 급성 피부독성, 피부일차독성, 알레르기, 광독성, 빛 알레르기, 발암성, 신경독성 등의 항목에 대하여 안전성을 평가한다. 그리고 IFRA(Internatuonal Fragrance Association)는 평가결과에 바탕을 두고 향료를 안전하게 사용하는 규정을 정하고 각국의 화장품 향료는 이 규정(사용금지와 함량규제)에 바탕을 두고 있다.

TOPIC 금(gold)

금속은 체내에서 체액에 의해 녹아 이온상태로 변해야 화학반응을 시작한다. 그렇지 않으면 금속은 화학반응에 참여하지 못한다. 화학반응이 일어나는 첫째 조건은 금속이 원자크기이거나 이온상태여야 한다. 금, 수은합금, 니켈, 합성수지는 입 안의 산성 침과 섞여도 화학반응이 일어나지 않고 안정하므로 치과재료로 사용한다. 술집에 가면 술잔에 얇은 금박을 띄워주면서 단골손님을 우대하는 척한다. 아마도 그 다음 날의 대변은 금색으로 변할 것이다. 금은 금속을 잘 녹이는 진한 질산과 염산에 녹지 않고 왕수(王水)에만 다음처럼 녹는다.

$$Au(s) + NO_3^-(aq) + 4H^+(aq) + 4Cl^-(aq) \rightarrow AuCl_4^-(aq) + 2H_2O(l) + NO(g)$$

어떤 침쟁이는 근거도 없이 사람 몸에 금침을 놓는다. 몸속에 우수한 전기전도성 금 조각을 넣고 다니면 벼락치는 날씨에 외출을 삼가야 한다. 미국 스토니브룩대학 타치아나 미로나바 교수는 화장품이나 약물전달물질로 금 나노입자를 사용하면 상처치유를 늦추고 당뇨를 유발한다고 발표했다. 그 연구진은 지방줄기세포를 넣은 시험관에 금 나노입자를 함께 넣으면 줄기세포에 빠르게 흡수되어 쌓이는 것을 발견했다. 입자들이 쌓이고 유전자 발현을 방해하여 지방세포로 분화하지 못한다. 이것은 세포의 움직임을 느리게 만들고 콜라젠 단백질이 수축되어 상처치유과정이 느려진다. 그리고 포도당 수치를 조절하고 지방산분해를 돕는 '아디포넥틴'단백질 생산도 감소했다. 이 결과는 나노독성학회지 최신호와 사이언스 데일리(2013년 4월 18일)에 실렸다.

7 향료처방

최근에 천연재료의 성분과 화학구조들이 밝혀지고 유기화학적 합성방법이 발달하여 향료합성이 크게 발전되었다. 현대 방향(aroma) 화학은 자체 방향을 갖는 천연과 비슷한 물질로부터 확장되었지만 천연물질과 같지는 않다. 두 가지 주요한 합성 방향화합물 계열은 지방족 알데하이드와 합성된 사향이고 이들에 의해 향료화학은 주요한 영향을 받았다. 지방족 알데하이드 계열은 향료공급자들에게 추가로 향료계를 확장하는 계기를 마련했다. 합성 사향도 더 이상 사용할 수 없는 천연향수에 큰 보탬이 되었다. 표 5-4는 중요한 향료합성화학의 자원과 출발물질을 보여준다. 향수는 표 5-5와 같은 바탕향수(basic fragrance)를 만들고 여기에 표 5-6처럼 다른 성분을 첨가하여 더 복잡하게 만든다.

표 5-4 주요한 향료합성화학의 천연원료와 출발물질

방향 화합물	천연원료	합성 출발 화합물	취각 특성
linallool	rosswood oil	pinene, acetone, acetylene	꽃냄새, 목재냄새, 약한 귤 냄새가 진하게 난다.
citronellol	1. rose oil 2. geranium oil 3. citronella oil	pinene	신선하고 진한 장미 냄새, 달콤한 약초냄새가 약하게 난다.
geraniol	1. palmarosa oil 2. citronella oil	pinene	부드럽고 달콤한 장미꽃 냄새, 약한 따뜻하고 건조한 냄새
citral	1. lemongrass oil 2. lemon oil 3. lime oil 4. eucalyptus oil	isoprene	강력한 레몬냄새, 신선하고 쓴맛 냄새
phenethyl aicohol	1. rose oil 2. germanium oil 3. neroli oil	benzene ethylene oxide	따뜻하고 부드러운 장미 냄새, 신선하고 달콤한 약한 시아신트 냄새
cyclamen aldehyde	N/A	benzene, cumene, cumarialdehyde	강력하게 풍기는 꽃 냄새, 신선하고 멜론 같은 오이 냄새
benzyl acetate	1. jasmine oil 2. gardenia oil 3. ylang ylang oil	benzyl alcohol	과일, 재스민 비슷한 냄새
menthol	peppermint oil	thymal citronellol	차갑고 신선한 약간 자극성 멘톨 냄새
methyl salicylate	1. wintergreen oil 2. birch bark oil	phenoyl salicylate, methanol	자극성 있는 달콤하고 곰팡내 나는 약한 신선한 냄새
vanillin	1. vanila pod 2. balsam peru 3. balsam tolu 4. balsam siam 5. balsam sumatra	phenol 혹은 guaiacol	강력하게 달콤한 크림 같은 바닐라 냄새
exaltolide	N/A	cyclopentadecanone	미묘한 동물 냄새, 사향 그리고 달콤한 냄새
ethylene brassylate	N/A	ethylene glycol, brassylic acid	달콤한 사향 냄새, 오일 비슷하다.

표 5-5 바탕향수로 사용하는 일반 꽃 향수 성분(함량 wt %)*

성 분	1	2	3	4	5	6	7	8
lilac A	30.0	30.0	2.0	4.0	5.0	3.0	1.0	25.0
rose A	35.0	—	48.0	2.0	4.0	4.0	2.0	5.0
lily A	15.0	45.0	20.0	3.0	5.0	5.0	—	5.0
jasmine A	5.0	6.0	2.0	45.0	40.0	—	—	2.0
violet A	20.0	3.0	4.0	1.0	10.0	60.0	—	—
carnation A	23.0	5.0	5.0	1.0	3.0	4.0	55.0	2.0

* M. Beksan and E. Sagarin, eds, Cosmetic, Science and Technology, Wiley Interscience, New York 613-614(1972).

1 : phenylethyl alcohol
2 : hydroxy citronellol
3 : geraniol
4 : α-cinnamic aldehyde
5 : benzyl acetate
6 : ionones
7 : eugenol
8 : terpinol

표 5-6 꽃 향수 바탕에서 만든 복잡한 향수 성분(함량 wt %)*

성 분	1	2	3	4	5	6	7	8	9	10	11	12	13	14	15
lilac B	65.0	—	11.0	—	3.0	1.0	—	12.0	4.0	—	1.0	—	—	1.0	1.0
rose B	65.0	1.0	6.0	15.3	1.0	—	7.0	—	—	—	1.0	—	—	—	1.0
lily B	65.0	4.0	7.0	3.0	7.0	—	1.0	3.0	8.0	—	1.0	1.0	—	—	—
jasmine B	65.0	7.0	3.0	—	8.0	—	—	—	7.0	—	7.0	—	3.0	—	—
violet B	65.0	7.0	—	—	—	—	—	7.0	—	13.0	4.0	3.0	—	—	1.0
carnation B	65.0	—	3.0	1.0	—	—	—	5.0	3.0	4.0	2.0	2.0	1.0	—	14.0

* M. Beksan and E. Sagarin, eds, Cosmetic, Science and Technology, Wiley Interscience, New York 613-614(1972).

1 : base a from table 11-2
2 : lily acetate
3 : cinamic alcohol
4 : citronello
5 : indole, 10%
6 : diethylphthalate(DEP) phenylacetaldehyde 10% methyl(10%) in DEP
7 : geranium oil
8 : heliotropin
9 : linalool
10 : methyl ionone
11 : ylang ylang
12 : musk
13 : balsam peru
14 : anisic aldehyde
15 : isoeugenol

표 5-7 Chypre 향수 성분(함량 wt %)*

향수 종류	1	2	3	베이스
oakmoss	6.5	12.0	5.0	chypre base
patchouli	5.0	3.2	3.4	
vetiver	5.0	–	6.0	
sandalwood(E.J)	14.0	12.2	9.0	
bergamot	16.0	–	26.0	citrus notes
methylionone	7.0	1.6	6.0	
sweet orange	–	4.0	–	
hydroxycitronellol	5.0	–	–	
linalol	–	16.0	4.0	
linalyl acetatye	–	20.0	–	
jasmine abs	5.0	–	4.0	floral notes
rose abs	5.0	–	6.0	
geranium bourbon	–	2.5	–	
carnation	–	–	3.0	
cassie abs	1.0	–	–	
neroli	1.0	–	1.2	
clary sage	1.0	–	2.5	
benzyl acetate	–	–	10.0	oils, isolates, synthetics
amyl salicylate	–	–	1.2	
isobutyl salicylate	9.0	–	–	
coriander	0.5	–	–	
tarragon	0.5	–	1.0	
cinnamon bal	0.2	–	–	
sassafras	0.2	–	–	
vanillin	0.5	3.1	1.5	resins, tincture fixative
heliotrope	–	2.4	13.0	
tonka resinoid	–	–	1.0	
musks	4.0	8.0	4.5	
aldehyde C12	0.1	–	–	
(lauric) undecalactone	–	0.2	–	
labdanum	4.0	–	3.2	
styrax	10.0	–	–	
clove resinoid	–	–	0.5	

* M. Beksan and E. Sagarin, eds, Cosmetic, Science and Technology, Wiley Interscience, New York 616-617(1972).

표 5-8 여성용 향수 오일 No. 1

성 분	1	2	3	4	5	6	7	8	9	10	11	12	13	14	15
함량(wt %)	1.40	3.00	0.70	7.20	8.70	6.50	0.40	2.75	1.40	0.60	21.70	14.50	4.30	0.60	1.50

1 : bergamot, italian
2 : sandawood, mysore
3 : phenylethyl alcohol
4 : laurine(hydroxycitronellal)
6 : hedione
7 : peach aldehyde
8 : methyl ionone alpha iso
9 : heliotrppine
10 : ethylvanillin
11 : iso e super
12 : galaxolide
13 : cyclopentadecanolide
14 : damascone beta 10%
15 : bangalol

표 5-9 여성용 향수 오일 No. 2

성 분	1	2	3	4	5	6	7	8	9	10	11	12	13	14	15
함량(wt %)	1.00	1.00	0.70	1.60	9.90	6.60	3.30	4.90	9.90	5.80	16.50	0.80	16.50	5.00	16.50

1 : aldehyde C10, 10%
2 : aldehyde C11 undecylenic, 10%
3 : aldehyde C12, 50% DPG
4 : aldehyde MNA 1%
5 : benzyl acetate
6 : geraniol
7 : ionone
8 : jasmin
9 : lillal
10 : linalool
11 : phenylethyl alcohol
12 : ylang ylang extra
13 : methyl ionone alpha iso
14 : vertofix coeur
15 : laurine(hydroxycitronella)

표 5-10 여성용 향수 오일 No. 3

성 분	1	2	3	4	5	6	7	8	9	10	11
함량(wt %)	5.00	3.95	1.00	0.50	0.50	3.95	3.00	1.00	0.50	3.95	1.00
성 분	12	13	14	15	16	17	18	19	20	21	
함량(wt %)	2.50	5.95	0.50	0.30	5.00	30.00	30.00	0.10	0.02	61.38	

1 : ylang ylang extra
2 : methyl ionone
3 : α-ionone
4 : sandalwwod oil
5 : vetiver oil, haiti
6 : hydroxycitronellal
7 : coumarin
8 : musk ketone
9 : musk ambrette
10 : linalool
11 : linalyl acetate
12 : bergamot oil
13 : benzyl acetate
14 : patchouli oil
15 : isoeugenol
16 : phenylethyl alcohol
17 : benzyl benzoate
18 : dipropylene glycol
19 : styrax
20 : ethyl vaillin
21 : diethyl phthalate

표 5-11 남성 향수 No. 1

성 분	1	2	3	4	5	6	7	8	9	10	11
함량(wt %)	5.90	1.00	14.40	0.90	0.50	3.40	5.10	2.60	18.60	0.20	5.10

성 분	12	13	14	15	16	17
함량(wt %)	2.50	7.60	2.60	23.70	3.40	2.50

1 : vertofix coeur
2 : allyl amyl glycolate
3 : amyl salicylate
4 : armoise
5 : basil, comres
6 : benzyl salicylate
7 : bergamot, italian
8 : cedawood, virginia
9 : dihydro myrcenol
10 : geranium, bourbon
11 : α-ionone
12 : iso bornyl acetate
13 : lavandin grosso
14 : lilial
15 : linalool
16 : phenylethyl alcohol
17 : hedione

표 5-12 남성 향수 No. 2

성 분	1	2	3	4	5	6	7	8	9	10	11
함량(wt %)	0.20	15.30	11.50	1.30	2.50	5.10	7.70	1.30	1.30	7.70	1.30

성 분	12	13	14	15	16	17	18
함량(wt %)	5.10	11.50	5.10	2.50	15.30	0.20	5.10

1 : basil, comores
2 : bergamot, italian
3 : bornyl acetate
4 : cinnamon leaf
5 : citronellyl acetate
6 : courmarin
7 : dimetol
8 : geranium, bourbon
9 : isopropyl quinoline 10%
10 : lavandin grosso
11 : cumin oil, 10% DPG
12 : lilial
13 : linalyl acetate
14 : sandela
15 : petitgrain
16 : vertenex
17 : aldehyde
18 : lemon oil, California

향수제품 중에서 에어로졸 시장은 환경오염 때문에 감소하고 주로 펌프 스프레이에 의해 대치되었다. 표 5-13~표 5-15를 참고하라.

표 5-13 남성과 여성용 콜롱(cologne)

성 분	alcohol, denatured	water(aqua), deionized	gragrance(parfum)	color
남성용(wt %)	80.00	15.00	10.00~15.00	qs
여성용(wt %)	82.00~88.00	–	12.00~18.00	qs

표 5-14 향수

성 분	alcohol, denatured	fragrance(parfum)	color
함량(wt %)	70.00～80.00	20.00～30.00	qs

• 제법 : 향수와 에탄올을 섞어라. 물을 서서히 가하라. 4℃로 냉각하고 색소를 첨가하라.

표 5-15 면도한 다음에 사용하는 로션

성 분	alcohol, denatured	water(aqua), deionized	glycerin	fragrance (parfum)	color
함량(wt %)	60.00～57.50	33.00～30.50	2.00～5.00	2.00～5.00	qs

• 제법 : 향료와 글리세린을 하고 알코올에 녹여라. 저으면서 물을 서서히 가하라. 4℃로 식히고 거르고 색소를 첨가하라.

향수제품의 85%는 여성용이다. 중요한 향수제품들은 공기 신선제, 베이비 스프레이, 알콜 없는 콜롱, 투명 콜롱 젤, 콜롱 스틱, 향수 종이, 파우더, 액체 탈크, 향내 양초, 향수 주머니, 방충용 향수 알갱이, 향료용 그릇, 크림 등이다. 이들의 처방은 다음과 같다.

표 5-16 투명 콜롱 젤*

성 분	1	2	3	4	5	6	7
함량(wt %)	0.33	64.45	1.00	0.50	0.50	0.22	33.00

* H. Butler ed., Perfumes, *Cosmetics and Soaps* Vol. 3 Ninth edition, Chapman and Hall, New York 261(1993).

1 : carbomer(ZCCarbopol 940, BF Goodrich)
2 : water(aqua), deionized
3 : ethoxylated dimethyl silicone polymer
4 : polysorbate 80
5 : fragrance(parfum)
6 : triethanolamine
7 : alcohol, denatured

• 제법 : carbomer를 물에 분산하고 75℃로 가열하라. dimethyl silcone polymer와 polysorbate 80을 가하고 5분간 혼합하고 50℃로 식혀라. 알코올을 가하고 5분간 섞어라. triethanolamine과 향료를 가하고 임의 온도로 식는 동안 섞어라.

표 5-17 콜롱 스틱*

성 분	A	B			C	D		E	F
	1	2	3	4	5	6	7	8	9
종류 1(wt %)	81.00	3.0	3.0	–	6.0	5.0	–	2.0	qs
종류 2(wt %)	80.61	3.0	3.0	5.55	–	5.0	0.84	2.0	qs

* H. Butler ed., Perfumes, *Cosmetics and Soaps* Vol. 3 9th ed., Chapman and Hall, New York 648(1993).

1 : alcohol, denatured
2 : carbitol
3 : glycerin
4 : stearic acid
5 : sodium stearate
6 : water(aqua), deionized
7 : sodium hydroxide
8 : fragrance(parfum)
9 : color

- 종류 1 제법 : 밀폐 스테인레스 용기에 E와 F를 제외한 모든 성분을 넣고 저어라. sodium stearate를 완전히 녹인 다음 E와 F를 가하라. 65℃에서 주형에 붓고 임의 온도로 서서히 식혀라.
- 종류 2 제법 : B를 밀폐 스테인레스 용기에 넣고 70℃에서 저어라. 미리 녹인 D를 서서히 가하라. 과량 알칼리 혹은 산을 중화하기 위하여 5% stearic acid를 과량으로 가하라. A, E, F를 가하라. 65℃에서 주형에 붓고 서서히 식혀라.

표 5-18 목욕 파우더

성 분	1	2	3	4	5	6	7
종류 1(wt %)	5.0	5.0	25.0	–	62.0	2.0	1.0
종류 2(wt %)	5.0	5.0	–	15.0	72.0	2.0	1.0

- 제법 : 향료와 Polysorbate 20을 섞어라. 나머지 모든 성분을 가하고 완전히 섞어라.

1 : zinc stearate
2 : zinc oxide
3 : calcium carbonate, light
4 : magnesium carbonate, light
5 : talc
6 : fragrance(parfum)
7 : Polysorbate 20

표 5-19 표준형 향내 양초*

성 분	stearic acid, DP	Paraffin wax ; MP 137°F	Fragance(parfum)
함량(wt %)	20.0	75.0	5.0

* H. Butler ed., Perfumes, *Cosmetics and Soaps* Vol. 3 9th ed., Chapman and Hall, New York 656(1993)

- 제법 : stearic acid와 왁스를 최저 온도에서 녹이고 향수를 가하고 섞어라. 심지를 놓은 주형에 양초를 붓고 식혀라.

TOPIC 혈액형

17세기에 사람이 출혈 때문에 손실된 혈액을 보충하려고 동물혈액을 이용했지만 실패하였고 그 후에 인간혈액의 수혈에도 불구하고 부작용 때문에 실패하여 19세기에 유럽에서 포기하였다. 1904년 Dr. Karl Landsteiner는 연구원들의 혈액을 채취하여 혈장과 혈액세포를 원심분리 방법으로 분리하였다. 분리된 여러 혈액세포를 각기 섞을 때 적혈구(red blood cell, RBC)의 응집(clamping 또는 agglutination) 현상을 발견하였다. 즉 섞을 수 있는 혈액과 섞을 수 없는 혈액을 분간하였고 인간혈액형을 A, B, AB, O라고 구분하였다.

각 혈액형은 RBC의 단백질과 지질에 결합한 올리고당류(oligosaccharide)가 다른 것을 발견했다. RBC 표면의 올리고당류는 혈액형에 따라 각기 β-D-*N*-acetylgalactosamine, galactose, *N*-acetylneuraminic acid(sialic acid), L-fructose로 구성한다.

A혈액형 항원은 β-D-*N*-acetylgalactosamine, B혈액형 항원은 α-D-galactose, O혈액형 항원은 세포표면에 이러한 당류들이 없고 올리고당 핵(oligosaccharide core)만 발견된다. AB혈액형 중에 어느 올리고당은 β-D-*N*-acetylgalactosamine terminal을 갖고 어느 것은 α-D-galactose terminal을 갖는다.

왜 응집현상이 생기는가? 공존할 수 없는 두 종류 혈액형을 섞을 때 항원-항체 사이에 응집반응이 일어난다. 항원은 큰 분자이고 가끔 인체의 면역방어를 자극하여 방어항체를 형성하는 박테리아 또는 바이러스(virus)의 일부분이다. 항체는 외부항원과 결합하여 그들의 파괴를 돕는다.

A혈액형은 혈청 중에서 B혈액형에 대하여 항체(anti-B-antibody, 항-B항체)를 갖는다. A혈액형에 B혈액형을 받으면 항-B항체들이 B혈액형 세포와 결합하여 응집하고 이 세포가 파괴되어 사망할 수 있다. B혈액형이 A혈액형을 받아도 항-A항체를 형성하므로 A혈액형을 수혈할 수 없다. AB혈액형은 항-A항체 또는 항-B항체를 갖지 않으므로 만능수혈수취인(univerasl recipient)이라고 한다. 그리고 O혈액형도 받을 수 있다. 그러나 AB혈액형을 A 혹은 B에 주면 적혈구세포가 파괴되어 수혈을 받는 사람이 죽는다. 마찬가지로 AB혈액형은 O혈액형에 줄 수 없다. 죽는다. 즉 AB혈액형은 AB, A, B, O혈액형을 받을 수 있지만 A, B, O혈액형에 줄 수 없다. O혈액형은 A, B, AB혈액형에 줄 수 있지만 받을 수 없다.

세상 사람들은 혈액형을 가지고 성격을 연관시켜 이기적이다, 대범하다, 간사하다고 말하지만 모두 근거 없이 지껄이는 곧 죽을 사람들의 망언이다. 혈액형별 세계인구분포는 다음과 같다.

국 가	A혈액형(%)	B혈액형(%)	AB혈액형(%)	O혈액형(%)
한국	34	27	11	28
일본	38	22	9	31
중국	28	24	7	41
몽골	21	38	33	37
인도	21	40	8	31
독일	43	11	5	41
프랑스	39	20	9	33

오스트리아	44	13	6	36
카자흐스탄	23	41	11	26
그리스	42	14	5	40
페루 인디언	–	–	–	100

(1) 조완구·랑문정·배덕환, 현대화장품학, 한국학술정보(주), 2007 ; 光井武夫 著, 新化粧品學, 第2版, 南山堂, 2001, pp. 120-121.

(2) G. Brunner, ed., *Supercritical Fluids as Solvents and Reaction Media*, Amsterdam : Elsevier, 2004.

CHAPTER 6

화장용 파우더

제6장은 화장용 파우더(cosmetic powder)를 제조하는 원료, 화장용 파우더 중에서 건조상태 파우더, 액체 파운데이션(liquid foundation), 블러시 메이크업(blush makeup), 크림-화장 파우더(creme-to-powder)에 대하여 설명한다. 이 장에서 사용하는 용어 중에서 cosmetic powder는 화장용 파우더, dried powder는 건조상태 파우더, loose powder는 가루 파우더, liquid powder는 액체 파우더, hot-pour solid powder는 열 가소성 블러시 파우더, hot-pour cream-to-powder는 크림 블러시 파우더, kneaded powder는 반죽 파우더, liquid face powder는 액체 얼굴 파우더, face powder는 얼굴 파우더, blush(혹은 blusher) powder는 블러시 파우더, gel blush는 젤 블러시 파우더라는 용어를 의미한다.

1 화장용 파우더

화장용 파우더(cosmetic powder)는 분체를 이용한 가루 파우더(loose powder), 소량 유분을 결합제로 첨가한 콤팩트 파우더(compact powder), 분체를 수성성분에 분산된 액체 얼굴 파우더(liquid face powder), 분체를 글리세린 등에 섞은 반죽 파우더(kneaded powder) 등으로 구분한다. 피부에 부드럽게 잘 퍼지고 고와져 예뻐 보이고 불투명하게 가려지고 뜨겁고 바람이 부는 날씨에도 날리지 않고 붙어있는 여러 색조로 균일하게 일정한 품질을 갖는 파우더 제품의 생산은 쉬운 일이 아니다. 화장용 파우더는 향을 섞어 기분이 좋게 느끼고 산화되지 않고 약한 알칼리성에 안정해야 한다. 좋은 얼굴 파우더는 피복력(covering power), 굴절률(refractive index), 부착성(adhesiveness), 흡수성(absorption), 윤활성(slip), 마테효과(matte effect) 등이 중요하다.

피복력은 피부결점을 감출 수 있는 능력이고 원료와 비율에 따라 크게 변한다. 안료의 피복력(괄호 안 숫자는 피복력 크기)은 이산화티탄(10) < 고령토 콜로이드(15) < 탄산마그네슘(light, 20) < 스테아린산 마그네슘(20) < 스테아린산 아연(20) < 가벼운 침전 초크(precipitated chalk, light, 20) < 규조토(20) < 합성 초크(20) < 산화아연(22) < 쌀 전분(40) < 무거운 침전 초크(heavy, 65) < 활석(80)이다. 굴절률과 입자크기는 안료의 불투명도와 관련이 있다. 입자크기는 0.25 μ 이하여야 가시선 범위에서 최적 불투명도를 갖고 입자들이 작을수록 가시선 투광도는 크다. 입자들이 크면 반사와 흡수가 일어난다.

부착성은 파우더의 품질과 관련이 있다. 부착성을 조절하려고 스테아린산(stearate) 금속염, 폴리머, 소량 지방산을 결합제(binder)로 사용한다. 흡수성은 수분, 호흡, 오일 등의 흡수와 관련이 있다. 얼굴을 화장할 때 특히 코, 볼, 턱 주위의 광택은 어떤 성분을 섞어 제거해야 한다. 이것을 마테효과(matte effect)라고 한다.

윤활성(slip)은 파우더를 바를 때 부드럽게 그리고 질질 끌리지 않게 발라지는 성질이다. 윤활성은 운모와 활석을 사용하여 증진한다. 운모와 활석은 본래 층상구조이고 윤활성이 우수하여 건조 윤활유로도 사용한다. 화장용 파우더는 윤활성이 좋아야 퍼프(puff)를 사용할 때 피부에 얼룩이 생기지 않고 분산될 수 있다.

마테효과는 화장용 파우더를 번들거리지 않게 얼굴에 자연스런 모습으로 바르는 효과이고 원료를 적절하게 균형 있게 배합하면 부드럽게 혹은 투명하게 그리고 촌스럽지 않고 세련되게 마테효과를 나타낼 수 있다. 화장품의 피복력 품질을 설명할 때 light는 피복력이 최소, medium은 중간, heavy는 최대를 의미하는 단어로 사용한다.

1.1 화장용 파우더의 재료

1.1.1 활석

화장용 파우더의 원료는 윤활성, 피복력, 흡습성, 마테효과, 증량제 효과 때문에 활석(talc)을 가장 많이 사용한다. 활석은 200 mesh 이하 분말을 이용하고 이들은 여러 나라에서 생산된다. 활석은 일반적으로 감마선을 쬐여 살균한 다음 사용한다. 특히 활석 분말은 땀띠 파우더에도 많이 사용한다. 활석 원료는 석면 성분이 섞여 있는 경우가 많다. 화장용 파우더나 땀띠 파우더는 호흡할 때 파우더에 섞인 석면이 폐에 흡입되어 폐암을 발생할 가능성이 있다. 이것은 건축자재로 사용하는 석면판의 위험성과 같은 원리다. 그러므로 활석원료의 선별에 주의해야 한다. 활석성분은 SiO_2(61.0~63.0%), CaO(0.05~0.06%), Al_2O_3(0.40~0.50%), MgO(32.00~34.00%), Fe_2O_3(0.4%~0.60%), acid soluble as CaO(<1.0%), moisture(<0.50%), loss on ignition(5.00%), H_2O soluble(<0.10%), pH 7.7±0.5, acid soluble(<2.0%), water soluble iron(none)이다. 활석은 백색과 좋은 윤활성을 가져야 하고 긁히지 않게 모래와 같은 파우더가 없어야 한다. 화장용 파우더의 최종 제품을 파우더 상자에 혹은 콤팩트에 담을 때 벌크 밀도(bulk density)는 화장용 파우더의 무게에 대단히 중요하다.

활석(talc)은 운모처럼 SiO_{10}^{4-}구조를 갖는다. 활석은 $Mg_3(Si_2O_5)_2(OH)_2$이고 $(Si_2O_5)^{2-}$층이 운모처럼 층상 구조다. 실제로 운모, 활석, 석면, 고령토는 모두 SiO_4 사면체의 층상 구조를 갖는다. 활석은 규산마그네슘 계열 화합물이고 모든 연지 파우더 제품에 충전제로 가장 많이 사용한다. 활석은 회색-백색이고 부드러운 촉감을 갖는다. 활석은 압축 파우더와 관련이 있는 기타 대부분 재료에 비하여 매우 투명하지만 그 투명도는 활석입자 크기에 영향을 받는다. 큰 입자일수록 투명하고 촉감이 부드럽지만 큰 입자는 작은 입자만큼 압축되지 않는다. 때때로 서로 다른 크기의 입자들을 섞어 최종제품의 압축성을 조절한다. 화장품용 활석은 중국산 활석을 가장 많이 사용하고 중국산 활석은 가장 밝고 가장 부드럽다.

1.1.2 이산화티탄

둘째로 많이 사용하는 화장용 파우더 성분은 이산화티탄(TiO_2)이다. 이산화티탄은 인공적으로 합성할 때 생기는 anatase(삼각평면)와 천연상태로 존재하는 rutile(8면체)의 두 가지 구조를 갖는다. 화장용 파우더에 사용할 때 rutile 구조는 anatase보다 은폐력이 더 크다. 이산화티탄은 겉보기 밀도(apparent density) 값이 45~48 lb/ft^3, 광택성 백색 분말(평균 0.3 μ, 최대입자크기 1.0 μ)이고, 산화환원반응에 대단히 안정하고 주로 피복용 파우더말로 사용한다. 피복력은 산화아연보다 3~4배 더 좋다. 그러나 이산화티탄은 부착력이 약하므로 부착력을 증진하려면 산화아연이나 기타 부착성 증진제와 섞어 사용해야 한다. 이산화티탄은 활석과 섞어 얼굴 파우더 제조에 사용한다. 섞는 비율에 따라 light, medium, heavy로 파우더를 분류한다. light powder는 TiO_2/talc/zinc stearate/precipitated chalk 비율(%)이 5/80/7/8이고, medium powder의 경우에 7/78/7/8이고, heavy powder의 경우에 9/75/6/10이다. 이러한 충전제와 함께 건조 결합제(dry binder)라고 알려진 재료도 첨가한다. 이들은 압축 파우더의 형태 유지에도 도움을 준다. 건조 결합제는 스테아린산 아연, 스테아린산 마그네슘, 그리고 폴리에틸렌과 PTFE 같은 고분자 물질을 포함한다. PTFE는 poly(tetrafluoroethene)이고 합성 fluoropolymer이다.

TOPIC 태아 알코올 증후군

임신부의 만성적 알코올 음주는 태아 알코올 증후군(FAS, fetal alcohol syndrome)을 발생하고 그 증후군은 정신장애, 출생전후 발육부진, 얼굴기형을 포함하는 비정상을 초래한다. 사교적 음주는 15분 이내에 태반을 통하여 태아 혈관으로 들어가고 어미와 동일한 알코올농도를 유지한다. 어미는 효소에 의해 혈액 중 알코올을 해독하지만 태아는 술에 취한 상태를 유지한다. 술에 취한 상태의 태아 알코올은 세포분열을 정지하거나 세포를 변형하여 FAS를 가져온다. 남성이 술에 취한 상태에서 임신시키면 정자도 술에 취한 상태로 임신하고 정자는 난자와 만나면서 즉시 세포분열을 진행하기 때문에 FAS 증후군을 나타낸다. 제2세를 위해서 그리고 가정의 평화를 위해서 가임기는 몇 년이 걸리더라도 술 냄새는 절대 금물이다. 술을 마시고 임신시킨 남편들이 얼마나 후회하는가? 한국은 전 세계적으로 2014년도에 15번째로 술을 많이 마시는 나라다.

1.1.3 산화아연

셋째로 많이 사용하는 화장용 파우더 원료는 산화아연(ZnO)이다. 산화아연은 가는 비결정 성분이고 얼굴 파우더에 피복제(covering agent)로 사용한다. 또한 UV차단과 순한 체취방지 화장품에도 사용하고 불에 탄 상처치료에 사용하는 연고와 로션 화장품에도 사용한다.

산화아연과 활석은 섞는 비율에 따라 light powder의 경우에 ZnO/talc/zinc stearate/precipitated chalk 무게혼합비율(%)이 각기 15/75/5/5이고 medium powder는 20/65/5/10이고 heavy powder는 30/56/4/10이다.

1.1.4 스테아린산 금속염

스테아린산과 미리스틴산 금속염은 피부에 대한 파우더 입자의 부착성을 증진하려고 사용하는 결합제(binder)이고 금속성 파우더는 마그네슘, 칼슘, 리튬, 아연 등이다. 그 밖에 결합제로 스쿠알란(squalane)도 사용한다. 모든 스테아린산과 미리스틴산 금속염은 백색에서 회색 범위이고 큰 비부피(specific volume)를 갖는다. 즉 매우 적은 부피밀도(bulk density)를 갖는다. 스테아린산 아연은 피부에 대한 화장용 파우더의 부착력을 개선하고 화장용 파우더가 잘 미끄러지게 개선하고 물에 대한 반발력을 증진한다. 전체 화장용 파우더에 3～10% 되게 섞어 사용한다. 스테아린산 아연은 화장용 파우더에 가장 널리 사용하는 금속비누(지방산 금속염)다. 이것을 첨가하면 더 가볍고 가는 보풀이 일고 더 잘 흡착된다. 스테아린산 마그네슘과 리튬 염류도 사용하지만 스테아린산 아연보다 비중이 적다. 스테아린산 금속염 파우더 중에서 알루미늄 염은 수분, 산화물로서 금속, 수용성 물질, 자유지방산, 벌크밀도 값이 각기 0.6～0.8/8.2～8.9/0.4～0.5/4.0～11.0/50～65, 스테아린산 칼슘은 2.0/9.4/＜0.1(염화물로서)/0.3/60, 스테아린산 마그네슘은 2.0/7.7～7.8/0.3/0.6～1.5/45～85, 스테아린산 아연은 0.3/13.3～13.8/0.3/0.5～0.6/87이다.

1.1.5 고령토

고령토(kaolin)는 그 성분이 $Al_2Si_2O_5(OH)_4$이고 Al_2O_3 39.5%, SiO_2 46.5%, H_2O 14.0%다. 고령토는 china clay라고 알려져 있다. 한국에서는 고령토(혹은 백토)라고 부른다. 고령토는 운모처럼 층상구조이고 손으로 문지르면 삐걱거리는 소리가 나고 외관상으로 마테효과가 크고 오일 흡장력이 크다. 현대 화장품 처방은 오일조절이 필요한 경우를 제외하면 고령토를 함유하지 않는다. 고령토는 굵은 모래 입자를 씻어 제거한 규산알루미늄 수화물을 사용한다. 고령토는 일반적으로 큰 밀도를 갖기 때문에 사용하고 화장용 파우더의 부피 조절제로 사용하고 얼굴에 번질거리는 광택을 감소하는 마테효과도 있다. 고령토는 흡착성이 커서 은폐효과도 크고 현대 화장품 시장에 대단히 중요하다. 화장품에 사용하는 고령토 품질은 SiO_2(46.25%), Al_2O_3(39.15%), Fe_2O_3(0.64%), CaO(0.20%), pH 6～7, Pb와 As는 ppm 수준, 가열손실은 13.76%다.

1.1.6 탄산염

탄산마그네슘과 탄산칼슘 염은 일반적으로 침전하여 합성된 화합물을 화장용 파우더에 사용하고 부피 조절제, 향수의 좋은 흡수방부제, 수분흡수제로 사용한다. 향수는 탄산염과 섞을 때 서서히 가하면서 탄산염을 분쇄혼합하고 그 혼합물은 모든 향이 흡수되게 일정시간 밀폐 통에 저장한다.

1.1.7 땀과 피지 흡수 분말[규조토, 벤토나이트, 실리카(이산화규소)]

여기에서 설명하는 모든 화장용 수분흡수 분체는 마이크론 단위로 분말화하여 사용한다. 땀이나 수분 흡수제는 한국에서도 많이 생산되는 다공성 규조토(diaomaceous earth 혹은 kiegel guhr) 혹은 벤토나이트(bentonite)를 원료로 사용하여 만든다. 벤토나이트는 고열로 가열한 다음 급냉하는 방식으로 층 간격을 확장하여 기공도를 증기히고 여러 산업에도 사용한다. 규조토는 그 지역이 옛날에 바다 밑에 가라앉아 있을 때 흙속의 미생물이 숨을 쉬던 호흡 구멍이 흡수제 역할을 한다. 현미경으로도 옥수수처럼 직선형, 달팽이처럼 나선형 등의 여러 호흡구멍을 관찰할 수 있다. 이들을 고열로 가열한 다음 원하는 입자크기로 분쇄한다. 원료에 포함된 철분 함량이 많을수록 가열할 때 진한 적색 Fe_2O_3 성분으로 변한다. 탄산소듐용액과 섞어 가열하면 백색으로 만들 수 있다. 물에 침적하여 과량 소듐을 녹여 제거해야 한다. 땀 흡수용 파우더로 사용한다. 규조토를 가열하면 규조토 혹은 벤토나이트에 함유된 유기물이 연소되어 제거되고 불안정한 준안정 무기산화물이 안정한 산화상태로 변화되어 화장품의 색조가 안정화된다. 규조토는 일정한 입자상태로 제조공정을 유지하기 쉬운 장점이 있다.

실리카(이산화규소)는 증량제와 수분흡수제로 사용한다. 실리카를 고온으로 가열한 다음 급냉하면 실리카 결정에 미세한 틈이 벌어지고 그 틈 사이에 물 분자들이 내부에 흡착(absorption)된다. 흡착(adsorption)은 표면에 붙는 것을 말한다. 실리카는 모든 산업제품에 흡습보호로 사용한다. 예를 들어 식품, 전자제품, 의류제품 등에 실리카를 넣은 작은 봉지들이 수분흡수 때문에 들어 있다. 수분이 흡수되면 가열하여 수분을 날려 보낸 다음 사용해야 하고 한번 수분이 흡수된 것을 그대로 계속해서 사용하면 흡습효력이 없다. 그런데도 불구하고 버리지 않고 계속해서 사용하는 사람들도 있다.

1.1.8 진주안료(운모, 옥시염화 비스무트, 운모표면에 전이원소 산화물을 석출한 운모)

화장용 분말은 본래 진주분말(pearl essence)을 섞어 사용했지만 근래는 가격이 저렴한 합성운모로 대치하여 사용한다. 진주안료는 운모 이외에 bismuth oxychloride, bismuth oxynitrate, bismuth oxycarbonate, 운모 표면에 전이원소 산화물을 석출한 여러 색 진주안료들이 있다. 진주안료(nacreous pigment)는 굴절률이 커서 빛을 반사할 수 있는 판상구조다.

운모와 bismuth oxychloride(혹은 oxycarbonate, oxynitrate) 염류도 진주와 비슷하게 판상이므로 빛을 반사할 수 있다. 비스무트를 염산에 녹이고 가수분해하는 도중에 운모처럼 빛을 반사하는 판상 비스무트 염이 생긴다. 느리게 가수분해하면 작은 입자들이 생기고 빠르게 반응이 진행하면 입자들이 거칠고 크다. 옥시염화 비스무트보다 비슷한 방법으로 만든 옥시탄산 비스무트 염을 사용하면 염소 혹은 질산 이온에 의한 피부 부작용도 없고 약리작용도 있고 분말이 부드럽다. 이러한 판상 입자에 빛이 입사하면 진주표면처럼 빛이 반사되어 빛의 증상간섭과 상쇄간섭이 나타난다.

운모 표면에 티탄, 철, 니켈, 코발트, 기타 전이원소를 가수분해하면서 그 산화물을 운모표면에 석출하면 석출된 양과 입사광에 따라 빛의 간섭에 의해 아름다운 여러 색이 나타난다. 운모는 선광할 때 사용한 오일성분이 운모표면에 묻어 있으므로 TiO_2 혹은 어떤 화합물을 석출하기 전에 운모표면에 묻은 오일 성분을 유기용매로 깨끗하게 씻어 제거해야 한다. TiO_2(anatase)는 운모에 대하여 대략 20 : 80%(wt/wt)로 석출된 것을 사용한다. 판상 운모(muscovite)는 가루로 만들기 어렵기 때문에 구상 운모(sericite)를 사용하지만 가격이 비싸다. 구상 운모는 파우더말로 만들기 쉽다.

운모는 부피가 크고 가는 백색분말이다. 운모는 피복력이 약하지만 흡착력이 좋아서 화장할 때 자연스런 맨살 모습을 연출한다. 얼굴 파우더의 자연스런 색조의 농담을 조절하려면 색소를 매우 소량 첨가해야 한다. 운모는 현대적 패션에 매우 중요하게 쓰인다. 운모분말이 균일하지 않고 가끔 큰 입자들이 화장품에 섞이면 화장한 얼굴에서 반짝거리는 반사광이 눈에 나타난다.

진주안료는 화장품을 만드는 공정에서 마지막에 첨가한다. 왜냐하면 판상 표면에 석출된 전이원소 산화물이 화장품 원료의 혼합과정 중에 벗겨져 색이 변하기 때문이다. 운모에 TiO_2 혹은 전이원소 산화물과 같은 단단한 화합물이 석출된 합성 진주 에센스는 페인트 원료로서 내구성이 좋아서 자동차용 광택성 페인트원료로도 널리 사용한다.

운모(mica)는 활석처럼 [$Si_4O_{10}^{4-}$]구조를 형성하고 규산마그네슘 알루미늄 계열 화합물이고 자연에 판상으로 존재한다. 화장품으로 사용하는 재료는 매우 가는 입자다. 운모는 판상 형태의 마찰에 대한 저항이 적기 때문에 감촉이 매우 부드럽다. 사용하는 운모는 제품을 투명하게 만들고 광택성을 나타내지만 압축되지 않으므로 압축 파우더로서 용도를 저하한다.

운모는 자연에 층상의 muscovite[$KAl_3Si_3O_{10}(OH)_2$], biotite[$K(Mg.Fe)_3AlSi_3O_{10}(OH)_2$, lepidolite [$K_2Li_3Al_4Si_7O_{21}$], vermiculate, 구형의 sericite로 존재한다. 넓은 muscovite 운모는 절연체와 투명한 내열성 창으로 사용하고 1,000 sheet/in 구조를 형성하고 각 sheet는 음이온을 띤다. 그중에서 vermiculite는 가열과 냉각과정을 거쳐 부피를 팽창시켜 포장재로 많이 이용한다. 그리고 구형 sericite는 화장용 파우더 제조에 많이 사용하는데 muscovite보다 가격이 비싸다. sericite는 muscovite에 비하여 외관상으로 마테효과(matte effect)가 훨씬 더 크지만 활석만큼은 아니다. 몇 가지 예에서 sericite는 활석 대신 사용한다. sericite도 제품에 투명도를 제공하지만 운모만큼은 아니다. sericite 압축성은 운모보다 크다.

1.1.9 결합제

화장품 분말용 결합제(binder)는 오일을 사용한다. 기름기 파우더는 분체를 균일하게 분산하고 섞는 조작에 도움을 주고 분말을 화장품으로 사용할 때 부착력에도 기여한다. 대표적 화장품 결합제 오일은 액체 파라핀, 바셀린, 밀랍, 마이크로결정 왁스, 올리브 오일, 스테아린산, 피마자유, 고급알코올(옥틸알코올, 헥사데실알코올), 저급알코올(에탄올), 에스터, 고급지방산 등이다. 그 밖에 polydimethylsiloxane, alkyl dimethicone, dimethicone 같은 siloxane을 원하는 화장품 품위에 따라 사용한다.

1.1.10 안료

화장품 색소는 유기화합물(타르색소)과 무기화합물로 나눌 수 있다. 유기물은 염료, 레이크, 유기안료로 구분하고 무기물은 전색안료, 착색안료, 백색안료로 구분하고 그 밖에 진주광택안료와 고분자안료들이 있다. 유기화합물 색소는 첫째 의약품과 의약부외품, 둘째 외부용 의약, 셋째 점막 이외에 사용하는 외부용 의약품이 있다.

피부 단백질은 아민계, 질소산화물계, 작은 분자 화합물을 흡수하고 결합하여 피부 속으로 침투한다. 정상적 소화기 계통을 통하여 흡수하지 않고 피부를 통하여 흡수하면 두통과 구토를 유발한다. 특히 눈 주위의 얇은 피부는 두꺼운 얼굴 피부보다 쉽게 흡수된다. 그러므로 화장품에 이용하는 안료는 엄격하게 규제한다.

표 6-1 한국법정색소목록

점막을 포함한 외부용 색소					
색소번호	색소이름	색소번호	색소이름	색소번호	색소이름
갈색202	레소르신 브라운	적색215	로다민 B 스테아레이트	적색219	브릴리안트 레이크 레드 R
녹색202	퀸나자린 그린	적색220	디마프론	적색225	수단 111
녹색3	파스트 그린 FCF	적색226	헬리통 핑크 CN	적색228	파마톤 레드
녹색204	피라닌 콘크	적색230-2	에오신	청색2	인디고카르민
녹색201	알리자린시아닌 그린 F	적색2	아마란스	청색204	카르반스렌 블루
등색206	디요오드플루오레세인	적색104-1	플록신 B	청색1	브릴리안트 블루 FCF
등색201	디브로모플루오레세인	적색201	리솔루빈 B	청색201	인디고
등색205	오렌지 11	적색218호	테트라클로로테트라브로모플루오레세인	황색203	퀴놀린 옐로우 WS
등색204	벤지딘 오렌지 G	적색223	테트라브로모플루오레세인	황색204	퀴놀린 옐로우 SS
자색201	알리자롤 퍼플	적색227	파스트에시드마젠다	황색4	타르트라진
적색40	알루라 레드 AC	적색102	뉴콕신	황색201	플루오레세인
적색103-1	에오신 YS	적색104-2	플록신 BK	황색205	벤지딘 옐로우
적색105-1	로즈 벤갈	적색202	리솔루빈 BC4	황색5	선설옐로우 FCF
				황색202-1	우리닌
점막을 제외하는 경우에 추가되는 색소					
녹색2	라이트 그린 SF 옐로위쉬	적색204	레이크 레드 CBA	적색506	파스트 레드 S
녹색401	나프톨 그린 B	적색106	에시드 레드	적색203	레이크 레드 C
녹색402	규네아그린 B	적색207	리솔레드 BA	청색202	파텐트 블루 NA
등색	오렌지 1	적색221	톨루이딘 레드	청색203	파텐트 블루 CA
등색203	파마넨트 오렌지	적색405	파마넨트 FSR	청색403	수단블루 B
자색401	일리자롤 퍼플	적색5-4	폰소 SX	황색403-1	나프톨 옐로우 S
적색105-2	로즈 벤갈 K	적색213	로다민 B	황색202-2	우라닌 K
적색206	리솔레드 CA	적색205	리솔레드	황색406	메타닐 옐로우
적색214	로다민 B 아세테이트	적색208	리솔레드 SR	황색401	한사옐로우
적색404	브릴리안트 파스트칼렌	적색401	비오라민 R	황색407	파스트라이트 옐로우 3G
적색503	폰소 R	적색501	약용스카렛	흑색401	나프톨 블루 블랙

미국에서는 FDA(Food & Drug Adminstration)에 의해 FD & C(식품, 의약품, 화장품에 사용가능), D & C(의약과 화장품에 사용가능), ext. D & C(점막 이외에 외부용 의약품과 화장품에 사용가능)으로 구분하여 허가를 받은 색소만 사용하게 규제한다. 그중에서 특히 눈 주위는 유기화합물 색소를 사용하지 못하게 엄격하게 규제한다.

EU와 일본은 첫째 모든 화장품에 배합가능한 색소, 둘째 눈 주위에 사용하는 화장품을 제외한 화장품에 배합가능한 색소, 셋째 점막과 접촉하지 않는 화장품에 사용가능한 색소, 넷째 피부와 짧은 시간만 접촉하는 화장품에 배합가능한 색소로 구분한다.

한국은 약사법 제44조 제2항, 제56조 제7호, 제59조와 제4조 제7호의 규정에 따라 의약품, 의약외품, 화장품에 사용가능한 타르색소를 지정하고 시험방법을 규정하였다. 표 6-1에 색소번호와 품명이 나열한다.

색소에 대한 일본(1)과 미국(2) 표 6-32과 표 6-33의 규제와 설명은 제시한 문헌을 참고하기 바란다.

TOPIC 시각 화학

시력은 눈의 망막 중에 두 가지의 원뿔형과 막대형 세포에 의존하는 복잡한 생리화학적 과정에 의해 나타난다. 막대형 세포는 어둑한 빛의 시력을 책임지고 원뿔형 세포는 밝은 빛의 시력을 책임진다. 막대세포의 시각은 비타민 A에서 생성되는 불포화 알데하이드 화합물(11-*cis*-retinal)이 필요하다. 비타민 A는 식이에서 직접 섭취하지만 식이에서 섭취한 β-carotine의 분해에 의해서도 생성된다.

방막 중에서 opsin이라는 단백질은 11-*cis*-retinal과 결합하여 rhodopsin이라는 복합체 단백질을 형성한다. 빛이 복합체 단백질에 입사하면 빛 에너지는 11-*cis*-retinal에 흡수된 다음 11-*trans*-retinal로 변한다. 이것은 rhodopsin 복합체 모양을 변화시켜 그 단백질에서 11-*trans*-retinal을 분해한다. 그 다음에 이것은 막대세포로 더 자유스럽게 흐르는 이온으로 변한다. 그 이온 다발은 신호를 뇌로 보내는 신경세포를 자극한다.

아름다운 안료를 이용하여 비싼 화장품을 만들고 아무리 예쁘게 바르고 칠해도 rhodopsin 화합물이 제대로 반응하지 않으면 모두 헛일이다. 그래서 특히 남성들은 β-carotene을 많이 함유한 값싸고 건강에 좋은 당근 채소를 매일 많이 먹을 필요가 있다. 이것은 과유불급 현상을 걱정할 필요가 없다.

11-*cis*-retinal은 처음에 빛을 받은 에너지를 전달하고 다시 cis-이성질체로 되돌아가서 opsin과 다시 결합한다. 그러나 약간의 retinal은 그 과정에서 잃어버리므로 비타민 A 혹은 β-carotene을 공급하여 소실된 retinal을 보충해야 한다. 비타민 A 부족은 놀라운 결과를 초래한다. 어린이들의 비타민 A 결핍은 처음에 야맹증을 그리고 다음에 완전 실명을 가져온다. 이것은 비타민 A 혹은 β-carotene 식이를 공급하여 쉽게 방지할 수 있다. 전 세계적으로 제3세계 어린이들이 매년 대략 200,000명 실명된다고 WHO는 발표했다.

그런데 어떤 눈-주위 주름살용 화장품에 retinal을 몇 ppm 섞어 팔면서 눈-주위에 생기는 주름살이 없어진다고 선전하는데 그것은 조금 over하는 것 같다.

1.1.11 기타 원료

이산화티탄, 산화아연, 진주안료를 제외한 철산화물, 군청안료, 초록 산화물, 수산화물, 심홍색, 유기안료는 가루 파우더, 얼굴 파우더, 아이섀도(eye shadow)에 따라 사용량이 각기 다르다. 다음 절에서 별도로 설명하겠다.

향수(perfume)는 주로 얼굴 파우더에 첨가하여 어떤 원료에서 나오는 흙냄새를 은폐하려고 사용한다. 향수는 안정성과 낮은 휘발성을 참고하여 선택한다. 바디 파우더(body powder) 향수는 일반적으로 탄산칼슘이나 탄산마그네슘과 같은 운반체(carrier)를 이용한다. 왜 탄산염이 향수 보존력을 갖는가는 아직 알려져 있지 않다. 이러한 염류는 목욕하고 건조한 다음 피부의 수분흡수를 돕는 수분 흡수제로도 작용한다. 신체용 파우더 혹은 활석은 방향성 파우더를 약 1～3% 함유한다.

어떤 폴리머 종류는 화장용 파우더의 살결감촉 증진제로 널리 사용한다. 폴리머는 화장용 파우더의 분말상태, 압축상태 또는 크림상태의 처방에 따라 3～40%까지 사용한다. 폴리머는 nylon-12, nylon-6, boron nitride, polyethylene(pe), polypropylene(pp), ethylene acrylate copolymer(eac), polyurethane(pu), polymethyl methcrylate(pmm), teflon, polyvinylidene copolymer(pvc)이다. 이들은 silicone과 티탄산 유기물 등으로 처리하여 효과를 증진한다. 여기에서 silicone은 규소 유기화합물을 의미하고 silicon은 규소 원소를 의미한다. 그 밖에 구형 실리카, silicone powder, 붕소규산염, 마이크로 결정 셀룰로오스, 표면에 여러 화합물을 석출한 운모들도 사용한다. 실리카와 fumed silica는 흡수제 파우더로 사용한다.

건조상태로 보존하는 얼굴 파우더와 눈 주위 화장품은 항-박테리아제로 paraben, imidazolidinyl nurea, o-phenyl phenol, quaternium-15 등을 각 나라의 규제에 따라 선택하여 사용한다.

전분과 실크 분말은 페이스 파우더에 사용하여 복숭아꽃 비슷한 색의 피부를 조성한다. 그러나 수분을 흡수하면 전분이 케이크상태로 변하여 박테리아를 성장하게 만든다. 그래서 변형 옥수수 전분을 사용하여 파우더 흐름을 증진한다. 실크 분말은 쉽게 분산되고 잘 부착되고 부드럽게 마무리된다. 옥수수-실크와 옥수수 줄기(골수) 분말도 사용한다.

화장용 파우더는 퍼프(puff)를 사용하여 바를 때 살결에 매끄럽고 넓게 퍼지고 마테효과(matte effect)를 나타내고 투명한 살색을 나타내야 한다. 피복력(covering power)을 조절하려고 고령토와 이산화티탄을 가하고 피부에 대한 부착력을 증가하려고 스테아린산 혹은 미리스틴산 같은 고급지방산 아연 염류를 가하고 살색을 보정하려고 안료 혹은 진주색 안료를 가한다. 탄산칼슘과 탄산마그네슘은 방향제, 땀, 피지 등의 흡수 때문에 사용한다. 그러나 각 화장품은 비밀이 많다. 이러한 성분의 흡수는 탄산염류보다 규조토를 섞으면 흡수력이 훨씬 더 증가되고 규조토에 함유된 철산화물은 살색 보정에도 이용할 수 있다.

TOPIC 건강과 화장용 파우더

한국은 중국으로부터 산업분진과 봄철에 중국 고비사막에서 불어오는 모래먼지에 의한 습격 그리고 국내의 환경오염 분진 때문에 국민들이 걱정을 한다. 그리고 수년전부터 유리섬유공장과 석면채광 노동자들이나 그 부근에서 살고 있는 주민, 오래된 건축물과 지하철 천장 철거, 슬레이트 지붕의 철거에서 발생되는 석면이나 가는 섬유(유리섬유, 석면섬유)에 의한 폐질환 때문에 법석을 떤다. 석면은 내화재, 자동차 브레이크, 건축용 하드보드, 절연과 단열재로 사용한다. 전세계적으로 석면은 1975년에 최고로 생산되었고 그 후에 호흡기 질환의 발생 때문에 감소하였다. 그러나 생산량은 더 이상 감소하지 않고 2000년대 이후에 아시아, 남아메리카, 유럽공동체에서 오히려 증가하는 추세다. 한국과 일본은 2008년 이후에 석면사용을 금하였다.

화장용 파우더와 땀띠 파우더는 처방재료로 활석, 운모, 이산화티탄, 산화아연, 고령토 등을 사용한다. SiO_4 단위체를 갖는 활석은 $Mg_3(Si_2O_5)_2(OH)_2$이고 석면은 $Ca_2Mg_5(Si_4O_{11})_2(OH)_2$(tremolite), 고령토는 $Al_2Si_2O_5)(OH)_4$이다. 그 화학구조는 $(Si_2O_5)^{2-}$ 사이에 샌드위치 모양으로 Ca^{2+}와 Mg^{2+}들이 존재한다. 이들은 층간삽입(intercalation) 화합물이고 흡습성이 크다. 활석과 운모는 화학구조가 비슷하므로 운모 원료에 석면이 섞여 생산되는 경우가 많다. 그러므로 화장용 파우더의 제조에 석면 성분이 절대 섞이지 않게 조심해야 한다. 석면은 주로 러시아, 중국, 카자흐스탄에서 많이 생산된다. 그러나 대용품을 찾지 못하는 가스켓, 브레이크 라이닝, 슬레이트 제조, 내마모성 재료, 내열재료, 방화용 재료, 건축용 판넬에서는 석면을 그대로 사용하고 있다.

화장용 파우더는 운모 이외에도 이산화티탄, 산화아연, 고령토, 비스무트염, 아연염 등을 함유한다. 이들은 모두 금속화합물이다. 호흡기를 통하여 흡입된 화합물은 그대로 폐포에 달라붙어 염증을 유발한다. 미인들은 하루에 몇 번씩 분칠을 한다. 그때마다 파우더 먼지를 뒤집어쓰고 어린이도 옆에서 함께 호흡한다.

폐암환자의 발생원을 조사한 결과에 의하면 담배연기와 전혀 관련이 없는 가정부인이나 아이들이 폐암에 노출되었다. 이것은 혹시 화장용 파우더나 땀띠 파우더에 포함된 광물성 분말, 그중에서 특히 석면이 아닐까?

아연은 부산물로 납과 카드뮴이 항상 함께 채광되고 금과 은도 함께 아연제련에서 부산물로 생산된다. 그중에서 납과 카드뮴은 아연을 습식제련(전기분해 제련)이나 건식제련(용광로 제련)에서 가장 분리하기 어렵고 사람에 해로운 금속성 파우더이다. 납은 인체에 한번 흡수되면 단백질과 난용성 염을 생성하여 체외로 배출되기 어렵고 신경섬유에 축적되어 여러 질병을 유발한다. 카드뮴은 아연제련소 근처의 주민에서 유발되는 '이타이이타이병'의 근본 원인이다. 그런데도 불구하고 화장용 파우더 원료의 성분에는 함량을 엄격하게 규제하는 내용이 없다.

1.2 화장용 건조 파우더

건조 파우더(dried powder)는 수분이나 오일성분을 첨가하지 않은 분말상태를 의미한다. 그중에서도 루즈 파우더(loose powder)는 물이나 오일을 배합하지 않은 건조상태의 화장품 분말에 대하여 사용하는 용어다. 분체 파우더는 일반적으로 유제 파운데이션이나 유성 파운데이션 위에 도포하여 광택을 없애고 불투명한 살색을 연출하고 땀이나 피지를 흡수하는 목적으로 사용한다. 건조 파우더는 퍼프(puff)를 사용하여 분체를 도포한다. 이러한 목적으로 분체는 일반적으로 활석을 사용한다. 활석 이외에 마테효과와 피복력을 조절하려고 고령토(kaolin)와 이산화티탄을 그리고 부착력을 향상하려고 스테아린산(stearic acid)이나 미리스틴산(myristic acid) 금속염 혹은 스쿠알렌(squalane)을 첨가하고 땀이나 피지를 흡수하려고 칼슘이나 마그네슘 탄산염을 첨가하고 살색을 보정하려고 안료와 진주색 안료를 사용한다. 화장용 건조 파우더의 조성은 표 6-2부터 표 6-11에 있다. 표 6-2에서 표 6-9까지는 얼굴 파우더(face powder)의 성분표이다. 그중에서 표 6-2의 A, B, C 세 종류는 얼굴의 결점을 보완하고 감출 때 사용하는 얼굴 파우더이다. 표 6-3은 관례적으로 사용하는 A, B, C, D 네 종류 얼굴 파우더의 조성이고 표 6-4는 자연스런 얼굴모습의 연출에 사용하는 A, B 두 종류 파우더고 표 6-5는 진주색의 A, B, C, D, E 다섯 종류 얼굴 파우더이고 표 6-6은 일반적으로 사용하는 얼굴 파우더이

표 6-2 결점 보완용 얼굴 파우더의 세 종류

종류 \ 성분	talc	magnesium carbonate	fumed silica	kaolin	titanium dioxide, color, fragrance
A(wt %)	68	2	15	10	5
B(wt %)	63	2	15	15	5
C(wt %)	60	2	15	20	3

표 6-3 관례적 화장용 얼굴 파우더의 네 종류

종류 \ 성분	talc	magnesium carbonate	precipitated chalk	titanium dioxide	zinc stearate	kaolin
A(wt %)	70	2	3	10	5	10
B(wt %)	75	2	0	8	5	10
C(wt %)	75	2	3	8	5	7
D(wt %)	85	3	0	8	5	0

• 제법 : 발색제와 향료를 소량 첨가한다.

고 표 6-7은 활석 대신 고밀도 폴리에틸렌으로 대치한 얼굴 파우더이고 표 6-8과 표 6-9는 일본과 미국에서 사용하는 루즈 파우더(loose powder)이고 표 6-10은 어린이 파우더(baby powder), 표 6-11은 바디 파우더(body powder)이다.

표 6-4 자연스런 모습의 두 종류 투명 얼굴 파우더

성분 / 종류	talc	magnesium carbonate	titanium dioxide	zinc stearate
A(wt %)	92	2	1	5
B(wt %)	93	0	0	7

• 제법 : 향료와 발색제를 소량 첨가한다.

표 6-5 진주색 얼굴 파우더의 다섯 종류

성분 / 종류	talc	mica	titanium dioxide	bismuth oxychloride (BiOCl)	titanium dioxide coated on mica
A(wt %)	50	40	30	10	0
B(wt %)	47	40	60	70	75
C(wt %)	3	0	0	2	0
D(wt %)	0	10	10	0	0
E(wt %)	0	10	0	18	25

• 제법 : 발색제와 향료를 소량 첨가한다.

표 6-6 일반용 얼굴 파우더

성 분	powder base	talc	kaolin	titanium dioxide	magnesium carbonate
함량(wt %)	18	70	6	5	2

• 제법 : 발색제와 향료를 소량 첨가한다.

표 6-7 고밀도 폴리에틸렌으로 탈크를 대치한 얼굴 파우더

성 분	chalk	kaolin	polyethylene	titanium dioxide	zinc dioxide	zinc stearate
함량(wt %)	8	6	72	6	2	6

• 제법 : 활석 대신에 고밀도 결정 폴리에틸렌 분말을 첨가한다.

표 6-8 가루 분(loose powder)

성 분	talc	kaolin	titanium dioxide	zinc myristate	magnesium carbonate	sericite, 그 외에 안료와 향료
함량(wt %)	75.0	5.0	3.0	5.0	5.0	7.0

• 제법 : 활석과 착색안료를 혼합한 다음 나머지 원료를 혼합하여 조색하고 향료를 균일하게 분무하여 균일하게 혼합하고 파우더쇄하여 체에 거른다.

표 6-9 가루 분(loose powder)

성 분	talc	zinc stearate	iron oxide	magnesium carbonate	methylparaben	propylparaben	titaium dioxide on mica
함량(wt %)	68.0	10.00	4.80	2.00	0.10	0.10	15.00

• 제법 : 1에서 6까지 성분을 모두 잘 섞은 다음 마지막으로 7번째 성분을 넣고 균일하게 섞어라. 너무 오랫동안 섞으면 운모 판상에 석출된 이산화티탄이 벗겨질 염려가 있다.

표 6-10 어린이용 바디 파우더

성 분	활 석	산화아연	스테아린산 마그네슘
함량(wt %)	93.0	3.0	4.0

• 제법 : 그 밖에 살균제와 향료를 포함한다.

표 6-11 화장용 바디 파우더

성 분	활 석	스테아린산 마그네슘
함량(wt %)	95.0	5.0

표 6-11은 보통 파우더보다 활석을 많이 함유한다. 땀이나 목욕 후 수분 흡수에 이용한다.

화장용 파우더를 제조할 때 색과 향기 성분은 미리 1~3% 되게 가하고 섞어 혼합한다. 색은 완제품을 만든 다음 검사해야 한다. 하얀 백지 위에 소량 분말을 놓고 약손가락으로 눌러 당겨서 줄무늬가 생기지 않아야 한다. 기준품과 비교하라. 줄무늬가 생기면 완전히 혼합되지 않은 것을 의미하므로 다시 혼합과정을 거쳐야 한다. 혼합한 다음 다시 혼합여부를 시험해야 한다. 혼합과정은 V-모양 Patterson Kelly Twin Shell Blender를 액체 혹은 분말 제품에 사용할 수 있다.

입자는 마이크론 크기이면 충분하다. 분말이 작을수록 좋은 것이 아니다. 분말이 너무 작으면 반사광이 감소한다. 적당한 입자크기는 얼마인가에 대하여 의논이 분분하지만 대략 1∼10 μ 범위라고 알려져 있다. 화장용 얼굴 파우더를 비롯한 분말제품은 팽화(bulking), 보풀림(fluffiness), 밀도(density)와 연결하여 자주 설명한다. 겉보기 밀도(apparent density)는 단위부피의 무게 혹은 단위무게의 부피다. 분말은 눈금 실린더에 동일한 분말무게를 넣고 표준조건에서 50∼100번 가볍게 두드리거나 흔들어 감소된 부피를 측정한다. 어떤 표준을 설정해야 원료 혹은 완제품 수송을 위한 제품을 조절할 수 있다. 이 시험은 저장 혹은 운송 중에 예상되는 충전 혹은 가라앉는 부피에 관하여 알 수도 있다. 이러한 것은 화장용 얼굴 파우더에 필요한 상자의 크기와 표지의 중량표시를 미리 알려 준다. 피부에 땀이 많이 나오는 경우 규조토 분말을 섞으면 효과적으로 제거된다. 규조토 분말을 섞을 때 색조에 주의해야 한다.

1.3 콤팩트/압축 얼굴 파우더

분말압축 파운데이션은 바탕에 크림을 바른 다음 스펀지를 사용하여 살결에 도포하는 방법이다. 이것은 간단히 메이크업할 수 있으므로 외출 전에 간단히 화장을 고칠 때 사용할 수 있다. 콤팩트/압축 얼굴 파우더는 안료, 결합제, 향료로 구성되고 미끄러지는 감촉과 착색안료 분산을 향상하려고 활석과 운모를 섞는다. 착색안료는 주로 산화철계와 운모에 이산화티탄을 석출한 무기안료 그리고 채도를 향상하려고 유기안료를 섞는다. 결합제는 오일성분을 사용하고 천연 동식물 오일, 유동 파라핀과 같은 광물유, 합성 에스터, 발수성 실리콘 오일 등을 섞는다.

표 6-12 콤팩트 파우더

성 분	1	2	3	4	5	6	7	8
함량(wt %)	55.0	15.0	10.0	5.0	5.0	5.0	3.0	2.0

1 : talc
2 : sericite
3 : kaolin
4 : titanium dioxide
5 : zinc myristate
6 : magnesium carbonate
7 : squalane
8 : glycerine triisooctanate. 그 밖에 착색안료, 방부제, 산화방지제, 향료를 적당량 첨가한다.

- 제법 : 콤팩트 파우더는 활석과 착색 안료를 잘 혼합하고 나머지 분체를 가한 다음 결합제(squalane, glycerine triisooctanate)와 방부제를 가하고 조색한 다음 향료를 분무하고 균일하게 혼합하고 분쇄한 다음 체에 거르고 압축하여 성형한다.

콤팩트 혹은 압축 얼굴 파우더는 건조상태 분말에 오일, 유제 등을 결합제(binder)로 사용하기 위하여 섞고 어떤 통에 넣고 압축한다. 압축 파우더는 쓰기 편하고 휴대할 수 있어 더 인기가 있다. 결합제는 일반적으로 분체를 크림으로 만들 때 사용하고 발색, 압축, 흡착을 돕는다. 액체 파우더는 일반적으로 왁스, 분체 성분, 휘발성 실리콘을 함유한다. 액체 파우더는 피부에 크림처럼 바르고 건조하면 분말로 된다. 액체 파우더는 볼연지와 아이섀도 제품도 있다.

표 6-13 압축 파우더

구 분	A		B			C
성 분	1	2	3	4	5	6
함량(wt %)	70.00	2.00	5.00	1.80	1.20	20.00

1 : mica(sericite)
2 : iron oxide and isopropyl titanium triisostearate
3 : dimethicone (and) trimethyl siloxy silicate
4 : squalane
5 : pentaerythritol tetraoctonoate
6 : ethylene acrylate and copolymer

• 제법 : 압축 파우더는 실크처럼 부드럽고 분말이 아닌 압축 파우더이고 건조 스펀지를 사용한다. 제조방법은 A성분을 완전히 발색될 때까지 분말로 만든 다음 65~70℃로 예열된 B를 분사하고 잘 섞는다. C를 가하고 잘 섞는다. 필요하면 다시 분쇄한다. 지나치게 가열하지 않아야 한다.

표 6-14 압축 파우더
파운데이션 : 부드럽고 가볍게 분되는 압축 파우더

구 분	A									B
성 분	1	2	3	4	5	6	7	8	9	10
함량(wt %)	64.10	10.70	10.00	4.00	2.95	2.50	0.30	0.25	0.20	5.00

1 : talc
2 : titanium dioxide (and) silica
3 : mica (and) methicone (and) mineral oil(paraffinum liquidum)
4 : zinc stearate
5 : iron oxide (and) silica
6 : silica
7 : propylparaben
8 : iron oxides
9 : imidazolinyl urea
10 : isoelcosane

• 제법 : 압축 파우더는 A성분을 합치고 균일하게 분산될 때까지 혼합하라. 섞는 동안에 B성분을 A성분에 가하고 균일하게 섞고 1500 psi로 가압한다.

표 6-15 콤팩트 파우더 파운데이션

성 분	1	2	3	4	5	6	7	8	9	10	11	12	13	14	15
함량(wt %)	20.3	35.0	5.0	10.0	3.0	1.0	1.0	3.0	0.2	10.0	6.0	1.0	2.0	2.0	0.5

1 : talc
2 : mica
3 : kaolin
4 : titanium dioxide
5 : titanium dioxide on mica
6 : zinc stearate
7 : bengala
8 : yellow iron oxide
9 : black iron oxide
10 : nylon powder
11 : squalane
12 : lanoline acetate
13 : dctyldodecyl myristatye
14 : neobenzylglycol diisooctanate
15 : sorbitane monooleinate, etc(preservative agent, antioxidant, fragrance)

• 제법 : 콤팩트 파우더 파운데이션은 표 6-12처럼 조제한다.

표 6-16 케이크 파운데이션

성 분	1	2	3	4	5	6	7	8	9	10	11	12
함량(wt %)	43.1	15.0	10.0	7.0	3.8	1.0	2.9	0.2	8.0	3.0	2.0	4.0

1 : talc
2 : kaolin
3 : cericite
4 : zinc oxide
5 : titanium dioxide
6 : bengala
7 : yellow iron oxide
8 : black ioron oxide
9 : squalane
10 : monooleinic POE sorbitane
11 : octanic isicetyl octanate
12 : isosterarinic acid

• 제법 : 케이크 파운데이션은 표 6-12처럼 조제한다.

대기 중에서 Fe(Ⅱ) 계는 FeO(노란색), Fe(Ⅲ) 계는 Fe_2O_3(붉은색), $Fe_2O_3 \cdot 3H_2O$(노란색), Fe_3O_4(검정색)이다. 철(Fe)은 산화상태에 따라 그리고 결정수에 따라 색이 각기 다르게 나타난다. 대기 중에서 Fe(Ⅱ)는 산소에 의해 쉽게 산화되어 Fe(Ⅲ)로 변한다. 고체형 파운데이션은 물에 적신 해면 혹은 스펀지를 사용하고 여름에 주로 사용한다. 친수성 계면활성제를 섞어 사용할 때 유제상태를 유지한다. 사용할 때 상쾌한 감을 준다.

표 6-17 압축 파운데이션

구 분	A									B
성 분	1	2	3	4	5	6	7	8	9	10
함량(wt %)	46.50	20.00	10.00	10.00	7.00	4.00	0.20	0.20	0.10	2.00

1 : talc (and) methicone
2 : polyethylene
3 : PTFE
4 : mica (and) methicone
5 : iron oxide
6 : titanoium dioxide
7 : methylparaben
8 : polyparaben
9 : imidazolidinyl urea
10 : PEG-4 doheptanoate

• 제법 : 압축 파운데이션(compressed foundation)은 A성분을 합쳐 균일하게 잘 섞는다. 섞는 동안 B를 분산하고 균일하게 분쇄한다. 800 psi로 압축한다.

표 6-18 크림/파우더 파운데이션

구 분	A						B			C
성 분	1	2	3	4	5	6	7	8	9	10
함량(wt %)	22.50	20.40	2.10	17.00	10.00	7.00	7.00	3.00	3.00	8.00

1 : sericite
2 : titanium dioxide (and) isopropyl tiranium triisostearate
3 : iron oxide (and) isopropyl titanium triisostearate
4 : dimethicone(5 cts)
5 : squalane
6 : octyl hydroxystearate
7 : microcrystalline wax
8 : polyglyceryl-3 diisostearate
9 : mineral oil(paraffin liquidum)
10 : talc (and) ethylene/methacrylate copolymer (and) isopropyl titanium triisosterate

• 제법 : 크림/분체 파운데이션은 색이 완전히 전색될 때까지 분쇄혼합한다. B를 90~93℃로 가열한다. A를 B에 가하고 균일하게 섞는다. 82℃로 식히고 C를 가하고 균일하게 섞는다. 74~77℃에서 그릇에 옮겨 보관한다.

1.4 분체/케이크 양쪽성 파운데이션

분체 파운데이션과 케이크 파운데이션의 양쪽 기능을 갖는다. 건조 스펀지와 물이 묻은 스펀지를 모두 사용할 수 있는 양쪽성 파운데이션(dual foundation)이다. 현재는 케이크 파운데이션 대신에 여름용 파운데이션을 많이 사용한다. 습식 스펀지를 사용할 때 시원한 느낌과 간편한 휴대 때문에 애용한다. 분체 파운데이션을 습식 스펀지로 사용하면 친수성 분체는 물을 흡수하고 굳어 케이크 상태로 변하여 사용하기에 번거롭다. 분체를 소수성으로 처리하면 습식 스펀지를 사용하여도 케이크 상태로 변하는 것을 방지할 수 있다. 그래서 양쪽성 파운데이션이라고 한다. 이 제품은 실리콘으로 처리한 분체와 결합제를 함유한다. 여름용이므로 자외선 방지를 위해 가는 입자의 이산화티탄을 첨가한다.

표 6-19 분체/케이크 양쪽성 파운데이션

성 분	1	2	3	4	5	6	7	8	9	10	11	12	13	14
함량(wt %)	19.2	40.0	15.0	5.0	1.0	3.0	0.2	0.1	2.0	4.0	0.5	4.0	5.0	1.0

1 : talc treated with silicone
2 : mica treated with silicone
3 : TiO_2 treated with silicone
4 : ultrafine TiO_2 powder treated with silicone
5 : bengala treated with silicone
6 : yellow iron oxide treated with silicone
7 : black iron oxide treated with silicone
8 : zinc stearate
9 : nylon powder
10 : squalane
11 : solid paraffin
12 : dimethylpolysiloxane
13 : glycerine triisooctanate
14 : octylmethoxycinnamate. 그 밖에 방부제, 산화방지제, 향료를 함유한다.

• 제법 : 분체/케이크 양쪽성 파운데이션은 표 6-12처럼 조제한다.

2 액체 파운데이션

현대의 액체 파운데이션은 연극무대에서 사용한 화장품에서 유래하였고 그 후에 액체 파운데이션 화장품으로 발전되는 과정에 제약산업이 기세하였다. 치음에 나온 액세 파운데이션은 작은 피부 뾰루지, 벌레에게 물린 자리, 여드름에 바르는 캘러마인(calamine)에서 유래하였다. 캘러마인은 ZnO와 Fe_2O_3를 99.0 : 0.5 wt% 되게 섞어 글리세린과 물 혼합용액에 넣고 사용할 때마다 심하게 흔들어 사용하는 약제다. 이것을 액체 파운데이션으로 사용했다. 그 다음에 PEG 400과 PEG monostearate를 함유하는 점성 로션 파운데이션을 제조했지만 쉽게 따라지지 않고 시간이 경과하는 도중에 굳어 사용하기에 불편하였다. 그 다음 sodium alginate와 methylcellulose를 사용하여 서스펜션 용액을 만들었고 그것은 매우 안정하였지만 퍼짐성(spreadability) 개선에 보습제(wetting agent)가 필요하였다. 보습제는 오늘날에도 dioctyl sodium sulfosuccinate 혹은 poloxyethylene sorbitan monolaurate를 사용한다. 또 다른 계열은 마이크로 비결정성 실리카, 콜로이드 규산마그네슘 알루미늄, 보습제, sodium carboxymethylcellulose를 함께 사용하였다. 현재 가장 우수한 시스템은 흐름변성 변화[thixotropic variety : 휘젓거나 흔들면 액화되고 정지하면 다시 젤(gel)로 변하는 성질]의 이용이다. 이것은 만족스런 서스펜션 성질을 제공하고 동시에 흔들어 쉽게 따를 수 있어 사용하기에 편리하다.

현대 메이크업 베이스는 어떤 종류(액체, 크림 혹은 케이크)이든 간에 적절한 마무리,

피복, 안료처리를 담당해야 한다. 액체 파운데이션이 병속에 담겨 있으면 흔들지 않고 따라 쓸 수 있어야 한다. 튜브에 들어 있으면 짜내서 사용할 때 액체 점성이 어수선하게 질적거리지 않고 피부에서 잘 펴져야 한다.

액체 파운데이션 목적은 피부 색상을 조율하고 피부 결점을 감추려고 사용한다. 현대의 액체 파운데이션은 전통적 화장효과뿐만 아니라 다른 기능도 함께 연출하는 멀티기능 제품이다. 현대의 기능은 유기 및 무기 화합물을 이용하여 햇빛으로부터 피부를 보호하는 피부관리 활성 파우더도 함유한다. Elizabeth Arden Company는 액체 파운데이션에 C_2–C_{28} alphahydroxy carboxyl acid, rosenmarine acid, 기타 염류를 섞은 멀티기능 얼굴 파운데이션을 특허받았다. 이들 성분은 피부를 자극하지 않고 노화에 의해 생기는 잔주름과 구김살을 효과적으로 숨겨주는 약학적으로도 인정하는 전색제를 포함한다.

파운데이션 선택은 전형적으로 피부 종류에 바탕을 둔다. 피부의 큰 구멍, 평탄하지 않은 피부, 상처, 기타 피부 결점은 더 불투명 혹은 피복력이 더 큰 파운데이션이 필요하다. 피부조직이 정상이면 불투명도가 더 낮은 파운데이션을 사용할 수 있고 거의 완전한 피부를 가지면 최소 피복력 파운데이션을 사용한다. 이들 제품은 사용량 증가, 매끄러운 피복, 개선된 피부연화를 제공하여 얼굴 파우더를 개선하지만 대부분 소비자들은 최종단계에서 파우더 메이크업을 사용하여 피부연화제에 의해 생길 수 있는 광택을 제거한다.

파운데이션을 선택할 때 고려할 또 다른 점은 피부색이다. 얼굴 안색은 전형적으로 세 가지로 분류한다. 첫째는 누리끼리한(병색이 있는) 색이고 둘째는 불그레한(혈색이 좋은) 색이고 셋째는 붉거나 누리끼리한 색이 없는 중간 안색이다. 색의 깊이(light, medium, dark)도 고려해야 한다. 핑크 메이크업 색조는 누리끼리한 피부의 착색을 방해하고 베이지색은 불그레한 피부에 사용한다. 중간 안색의 피부는 핑크, 복숭아색, 베이지색을 입힐 수 있다.

피부의 피지생성 정도도 파운데이션 선택에 주요한 역할을 한다. 건조피부의 파운데이션은 연화제 함량이 많은 것을 선택하고 건조피부에 대한 처방 파운데이션은 연화제가 없어야 한다. 그들은 휘발성 연화제도 사용할 수 있고 응용성을 개선할 수 있지만 증발하면 건조필름을 남길 수 있다. 전형적으로 유성 피부는 오일흡수성 파우더를 조절하여 도움을 얻는다. 이들 성분은 다공성 실리카, 나일론-12, 활석, 고령토, 규조토, 벤토나이트이다. 이상적 액체 파운데이션은 다음을 충족해야 한다. 첫째 사용할 때 적당히 빠른 건조, 둘째 저장 중에 안전, 셋째 가라앉지 않을 것, 넷째 적당한 점성을 갖고 흐름변성이 크지 않고 쉽게 따를 수 있는 성질, 다섯째 기름기, 끈적거림, 번들거림, 습기가 없는 편안한 느낌, 문지르거나 껍질이 벗겨지는 것에 대한 내성과 저항성, 여섯째 색을 적절하게 섞어 넓은 범위에 걸쳐 효과를 내는 것 등이다. 경험에 의하면 잘 균형을 이룬 파운데이션 처방은 성분변화와 제조과정에 대단히 민감하였다.

2.1 액체 파운데이션 재료

모든 종류의 메이크업 제조에 사용한 재료는 첫째 분체-상(powder phase), 둘째 오일-상(oil phase), 셋째 수용액-상(aqueous phase), 넷째 상-계면(interphase, 즉 유제)의 네 가지 기본 그룹으로 구성한다. oil/water 혹은 water/oil 파운데이션은 일반적으로 몇 가지 성분을 포함하지만 특히 유제는 종류에 따라 특정한 유제를 사용한다.

분체-상은 피부에 불투명하게 혹은 덮으려고 사용하는 분말 재료 중에서 이산화티탄을 가장 많이 사용한다. 일반적으로 충전제는 고령토, 활석, 운모, 견운모(sericite)를 사용한다. 운모는 일반적으로 판상이고 판상 사이에 결정수 분자들이 있다. 견운모(sericite)는 운모의 일종이고 판상 사이는 수화(hydrate)된 상태이고 일반 운모와 달리 구상(granular)이고 보통 판상 운모보다 분말로 만들기 쉽고 주로 인도에서 산출된다. 이산화티탄, 고령토, 활석, 운모, 견운모는 모두 불투명하고 피부에 마테효과를 연출한다. 스테아린산 금속염들은 피부를 약간 불투명하게 만들고 발수성(water-repellanency)을 발휘한다. 메이크업 제품에 자주 사용하는 무기물 발색제는 적색, 황색, 흑색의 산화물을 사용한다. 이들은 대단히 안정하고 변색되지 않는다. ultramarine blue는 오염된 색조를 고치거나 매우 검은 피부 색조의 수정에 pH 7 이상에서 사용한다. 약간 밝기를 원하기나 블러시(blush) 효과를 원하면 적색과 오렌지색 유기물을 약간 사용할 수 있다. 때때로 옥시염화 비스무트, 운모에 금속산화물을 입힌 진주안료, 큰 입자 운모도 사용한다. 구형 실리카, 나일론, 구형 폴리우레탄, 실리콘 탄성 중합체 분말을 포함하는 빛 분산안료는 빛을 산란하여 피부 결점을 숨기는 데 이용할 수 있다.

2.2 o/w 파운데이션

2.2.1 수용액-상

물은 파우더 액체 메이크업 혹은 크림 메이크업 조제의 주성분이다. 수용액-상(aqueous phase)에 포함된 재료들은 보습제(wetting agent) 혹은 분산제(dispersing agent)를 포함한다. 효과적 특수한 재료는 lecithin과 그 계열의 sulfosuccinate 및 ethoxylated sorbitan ester 같은 화합물이다. 이 재료들은 수용액-상에서 안료를 효과적으로 적시고 서로 다른 밀도를 갖는 안료들의 혼합을 크게 증진한다. 전형적 o/w 음이온 유제 계의 수용액-상과 관련 있는 것은 triethanolamine, tromethamine, sodium hydroxide와 같은 알칼리성 화합물이다. 이들 염기는 오일-상(oil phase)에서 지방산과 결합하여 비누를 생성하고 안료를 적시고 파우더산하고 현탁을 돕는 주요한 유제다.

그리고 수용액-상에는 공동-유제, 점성부여제(thickener), 현탁제(suspending agent)로 작용하는 고무(gum)성분과 점토 등이 있다. 이들 중에서 가장 일반적으로 사용하는 것은 magnesium aluminum silicate, bentonite, sodium carboxymethylcellulose, methylcellulose, hydroxyethylcellulose, xanthan gum, 기타 점액질 재료들이다. 이들 재료는 안료를 현탁하고 최종 유제의 점성을 조절할 때 한 가지 혹은 합친 기능을 이용한다. 일반적으로 두 종류 이상 고무 종류를 합치면 한 가지를 사용할 때보다 크게 점성을 나타내는 시너지 효과를 제공한다. 이러한 고무성분의 대부분은 몇 등급의 점성 조절에 이용할 수 있다. PVP, PVP//VA, 폴리우레탄, 전분 유도체와 같은 폴리머는 가끔 필름 형성 성질에 이용한다.

Polypropylene glycol, butylene glycol, glycerin, polyethylene glycol 혹은 이들을 두 가지 이상 합친 polyol 화합물은 일반적으로 수용액상에서 메이크업 퍼짐 성질을 돕고 건조속도 조절을 돕고 부드러운 크림 성질을 돕는다. Polyol은 또한 제품의 냉동-해동에 대한 안정성에도 기여한다. 한때 propylene glycol을 널리 사용했지만 대부분 회사들은 고급 glycol로 바꿔 사용자들의 잠재적 피부자극 가능성을 감소하였다.

2.2.2 오일-상

오일-상은 액체와 고체의 재료로 구성한다. 이들 재료는 유화, 퍼짐성, 안료분산, 점성 조절을 촉진한다. 이들 재료는 stearic acid, isostearic acid, oleic acid와 같은 지방산을 포함한다. 왁스는 일반적으로 carnauda, ozokerite, candellla, microcrystalline wax, beeswax를 사용한다. 액체 탄화수소는 오일-상의 주요 부분이고 서로 다른 점성을 갖는 isohexadecane, isoeicosane, hydrogenated polybutene 같은 지방족 탄화수소로 구성한다. 또한 서로 다른 퍼짐성과 피부 살결감촉효과를 얻으려고 참깨, 복숭아씨, 살구씨, avokado, macadamia, kukui, meadowfoam seed의 식용유를 사용한다. 이들은 쉽게 퍼지고 비교적 찐득거리지 않고 건조하지 않다. 이러한 기름은 실제로 피부 속으로 스며드는 것처럼 보인다. shea, karite, cocoa butter처럼 진한 반죽 재료를 소량 사용하여 원하는 점성과 느낌을 얻는다.

Isostearyl palmitate, isostearyl stearoyl stearate, cetearyloctanoate 같은 지방산 에스터는 전에 사용한 광물 오일을 모두 혹은 일부를 대치하여 사용할 수 있다. 더 좋은 제품

들은 현재 “오일이 없는” 메이크업으로 지향하기 때문에 이러한 특정한 경향성이 수년 동안 계속되었다. 에스터 화합물은 isononyl isononanoate 같은 가볍고 건조한 침투성 에스터로부터 pentaerythrityl tetrastearate 같은 고체 왁스 형태로 모두 변하였다.

오일 페이스 중의 유제와 점성부여제는 ceyrl ester, propylene glycol과 glyceryl ester, sorbitan과 ethoxylated sorbitan ester 그리고 그들의 유도체 등이다. 이러한 물질은 에멀전 안정도와 응용성을 개선한다.

라놀린(lanolin)과 그 유도체들은 한때 메이크업 처방에 주요한 역할을 담당했지만 광물유의 경우처럼 현대 화장품 시장에서 사용하지 않는다. 과거 20여년에 걸쳐 기능성 유기물 실리콘의 이용이 꾸준히 증가하고 있다. stearyl dimethicone과 cetyl dimethicone 같은 기능성 유기 실리콘은 메이크업 제품의 퍼짐성을 증진하고 안료의 파우더 분산도 도와준다. phenyl trimethicone은 일반적으로 사용하는 화장품 성분과 함께 실리콘 안정화에 사용한다. isooctanoate 같은 몇 가지 에스터도 dimethicone의 효과적 용해촉진제다.

Tocopherol과 BHT(butylated hydroxytoluene) 같은 산화방지제는 식용유와 기타 불포화 오일을 함유하는 제품에 첨가하여 시간경과에 따르는 부패를 방지한다. 물을 포함하는 모든 메이크업 제품은 방부제를 포함해야 한다.

방향제는 제품의 바탕 냄새를 제거하게 충분히 첨가해야 한다. 바탕냄새는 화장품 바탕 재료에서 나는 흙냄새의 경우가 많다. 각 민족과 국가마다 흙냄새의 기호도가 다르다. 예를 들어 서양인들은 인삼제품에서 나는 흙냄새를 기피하는 반면에 동양인들은 그렇지 않다. 화장품 제조회사들은 전통적 방향 재료의 사용을 떠나 “방향제 없는” 제품을 요구한다. 이 경우에 화장품 처방은 고객들이 냄새가 없는 원료의 선택에 특별히 주의할 필요가 있다.

2.3 water-in-silicone/water-in-oil 파운데이션

2.3.1 오일-상

water-in-silicone/water-in-oil의 “오일-상”은 실리콘-상이고 주로 고리형, 선형, 혹은 휘발성 가지형 실리콘(branched silicone) 화합물로 구성한다. 휘발성은 부드럽고 시원한 실크 촉감을 주지만 일단 증발하면 큰 방수성을 나타내고 마테효과는 없어진다. isododecane 같은 냄새 없는 휘발성 탄화수소는 같은 목적으로 w/o 유제에 이용할 수 있다. 첫째 폴리머 유제는 둘째 유제처럼 오일 페이스에 섞는다. PEG/PPG dimethicone은

w/s 파운데이션을 위해서 선택하는 첫째 유제이고 alkyl PEG/PPG dimethicone은 w/o 혹은 혼합 오일/실리콘 시스템에 더 좋다. 공동-유제는 적은 양의 HLB sorbitan ester, ethoxylated alcohol 혹은 polyglyceryl ester를 포함하는 전통적 w/o 유제다. 현탁제와 점성부여제는 오일 혹은 실리콘-상에 첨가하고 점성을 조절하여 유제를 안정화한다. 유기화학적으로 변형된 점토(예를 들어 Quaterium-18 Hectorite), 마이크로결정 왁스, 수소화 피마자유, 금속 비누염, 높은 녹는점 지방산 에스터, 실리콘 탄성체 등을 이 목적으로 사용한다.

2.3.2 분체-상

분체-상 성분은 o/w 처방에서 설명한 것과 비슷하고 일반적으로 안료와 충전제는 그 표면을 소수성과 관련 있는 것으로 처리한 것을 사용한다. 소수성 안료는 우선 외부 오일-상에 적시고 전체 색조의 색 사이에 잘 일치하는가를 확인하고 피부에 문질러본다. 이러한 표면처리는 표면을 미리 적시면 안료와 충전제 분산에 도움을 준다. 표면처리는 또한 하루 동안 피지분비로 인한 색변화가 없는 제품의 색 유지에 도움을 준다. 평판이 좋은 처리방법은 dimethicone, methicone, alkyl silane, titanate ester, metallic soap다.

3 제조장치

모든 종류의 액체 파운데이션 제조공정에 필요한 시설은 안료를 적절한 상(phase)에 적시고 분산하는 것과 유제 제조에 사용하는 두 가지로 분류할 수 있다.

3.1 분쇄와 분산

안료를 o/w 파운데이션의 수용액-상에 섞을 때 첫 단계는 안료-상(pigment phase)의 건조 분쇄다. 이것은 안료를 적시고 적절한 발색 확인에 필요하다. 안료-상은 가는 체(Herringbone screen 0.020～0.035in)들이 부착된 해머밀(hammer mill)을 통과한 것을 사용해야 한다.

다음 습식 분쇄단계는 두 가지 목적으로 사용하는 콜로이드 분쇄다. 콜로이드-밀

(mill)의 첫째 목적은 대부분 o/w 메이크업이 자연산과 합성 고무성분을 점성부여제와 현탁제로 사용한다. 이때 고무성분을 적절하게 적시고 분산하기 위하여 수용액-상과 고무성분을 콜로이드 분쇄기를 통하여 몇 분간 재순환하여 고무성분을 적절하게 수화할 필요가 있다. 콜로이드-밀의 둘째 목적은 마이크론 크기 안료를 파운데이션 종류에 따라 수용액-상 혹은 오일/실리콘-상에서 분쇄한다. 균질혼합기(homogenizer)는 전단속도가 작지만 같은 목적에서 효과적으로 사용할 수 있다.

안료를 오일-상에서 분산할 때 Cowles Dissolver를 널리 사용한다. 이것을 사용하면 안료입자 크기를 감소하여 매우 작은 입자크기로 만들고 때때로 다음 단계에서 롤러-밀(roller mill)을 사용할 필요가 없다.

필요하면 3-롤러-밀을 사용하여 오일-상 혹은 실리콘-상에서 매우 작은 안료를 분산할 수 있다. 일반적으로 반죽상태 점성을 갖는 안료 슬러리(slurry)는 오일 혹은 에스터 중의 하나로 만든다. 이러한 점성은 롤러-밀을 통한 좋은 분쇄작용에서 만들 수 있다. 농도는 그 제품의 나머지를 서서히 첨가하여 조절한다.

오일 혹은 물 중에서 분산에 매우 인기가 있는 성능이 좋은 전단 분쇄기의 또 다른 형태는 미디엄-밀(medium mill)이다. 미디엄-밀은 3-롤러-밀보다 훨씬 더 작은 입자로 분쇄한다. 미디엄-밀은 일반적으로 작은 세라믹 볼(ball)이 들어 있는 밀봉 용기다. 분체-상과 액체 전색제는 미리 섞고 미디엄-밀 챔버로 펌프를 이용하여 옮기고 서서히 회전한다. 볼 사이에 충돌은 분체를 특별히 가는 분말로 분쇄한다. 이러한 분쇄는 매우 강력하므로 고무성분 구조를 수용액-상에서 파괴하여 점성을 더 적게 만든다. 그러므로 수용액 바탕에서 미디엄-밀을 사용할 때 고무성분은 따로 수화하고 미디엄-밀을 통과하지 않아야 한다.

3.2 액체 메이크업 재료의 혼합

액체 메이크업 재료의 혼합에 사용하는 설비는 전형적으로 가열과 냉각이 가능한 재킷 탱크(jacketed tank), 내부물질을 혼합하는 교반기, 외부물질과 내부물질을 충분히 담을 수 있는 최종처리 재킷 탱크로 구성한다. 파운데이션 제조는 대부분 내부 물질을 계속해서 저으면서 외부물질에 첨가한다. 유제 온도는 사용하는 왁스 재료의 녹는점보다 5℃ 높아야 한다. 최종처리탱크에서 혼합반응은 균질혼합기, 프로펠러-형태 혼합기, 혹은 회전 날개 혼합기, 더 좋은 것으로는 역회전 형태 혼합기를 이용한다. 유화하는 동안은 심하게 젓고, 냉각단계 동안은 서서히 저을 수 있게 교반기 혼합속도를 변화할 수 있어야 한다.

적절한 배치(batch) 크기를 결정하고 과량 공기가 혼합되지 않게 충분하고 균일한 혼합반응에 이용가능한 방법을 결정하는 것이 중요하다. 안료를 첨가한 제품이 거품을 발생하면 화장품으로 사용할 수 없는 외관, 큰 점성, 불안정한 유제로 된다. 제품개발 동안 사용한 실험실 설비는 제품특성의 복제에 대비하여 실제 생산을 위해 계획된 것과 동일한 형태로 반응할 수 있어야 한다.

3.3 파운데이션 메이크업 처방

파운데이션 메이크업 화장품은 액체, 크림, 젤로 제조할 수 있다. 이들 종류는 점성, 결감촉, 성분, 안료함량, 정확한 응용부위, 필름두께, 분산성, 원하는 마무리(마테효과, 습윤성, 불투명도 혹은 투명도)가 각기 다르다. 제품의 처방은 무수물, 유제, 수용액 분산, 젤의 방식으로 분류할 수 있다.

3.3.1 무수물 조제

무수물 파운데이션 메이크업(anhydrous foundation makeup) 그룹은 액체, 크림 메이크업, 은폐제(concealer)를 포함한다. 더 기름진 형태의 처방은 피부를 건조하지 않고 쉽게 분산된다. 그들은 일반적으로 점성이 적은 오일과 에스터 그리고 고체형태 왁스의 비율이 크다. 이러한 여러 가지 제품은 비교적 진한 농도로 포함된 안료를 적시고 동시에 응집을 방지하는 sorbitan ester 같은 분산보조제와 혼합한다. 또한 안료와 충전제는 표면을 처리한 것을 사용한다. 그러한 처리는 일반적으로 안료를 더 잘 섞일 수 있게 만든다. 표 6-20은 무수물 액체 메이크업 안료 서스펜션(Quaternium-18 Hectorite)의 예이고 표 6-21은 무수 젤 은폐제의 예다.

표 6-20 액체 무수물 메이크업 베이스

구 분	A					B			C	
성 분	1	2	3	4	5	6	7	8	9	10
함량(wt %)	40.5	0.5	15.0	2.5	5.0	5.0	1.0	0.5	15.0	15.0

1 : isononyl isononanate
2 : sorbitan sesquioleate
3 : titanium duioxide
4 : iron oxide
5 : talc
6 : isononyl isononanoate
7 : pvp/eicosane copolymer
8 : tocopheryl acetate
9 : cyclomethicone
10 : cyclomethicone (and) quaternium-18 hectorite

표 6-21 무수물 젤 은폐제

구 분	A								B				
성 분	1	2	3	4	5	6	7	8	9	10	11	12	13
함량(wt %)	15.0	1.0	20.0	5.0	0.38	0.75	0.1	3.77	17.5	30.0	3.0	3.0	0.5

1 : eisoeicosane
2 : polyglyceryl-4-isostearate (and) cetyl dimethicone copolyol (and) hexyl laurate
3 : titanium dioxide
4 : ultrafine titanium dioxide
5 : red iron oxide
6 : yellow iron oxide
7 : black iron oxide
8 : bismuth oxychloride
9 : isododecane
10 : isododecane (and) quaternium-18 hectorite (and) propylene carbonate
11 : tribehenin
12 : silica(spherical)
13 : tocopheryl acetate

3.3.2 oil-in-water 처방

o/w 파운데이션 종류는 음이온성-비누(anionic-soap) 베이스 시스템에 의하여 좌우되고 그들은 우수한 유동성을 나타내고 응용성에 기여한다. 표 6-22는 정통적 TEA/stearate soap 유제다. 주목받는 두 가지 중요한 방법은 고무성분의 첨가와 방부제 사용이다. 표 6-23은 isononyl isononanoate에 녹인 dimethicone과 알킬-변형 실리콘의 응용이다. 또한 이 처방은 가는 주름과 큰 주름 모양을 감소시켜주는 몇 가지 구형 재료들을 포함한다. 표 6-24는 튜브(tube) 제품용으로 제조한 유제다. 이것은 점성이 대단히 크다. 이것은 또한 피부를 미묘하게 광택을 내게 만드는 이산화티탄을 입힌 금색-반사 운모를 포함한다.

표 6-22 오일이 없는 파운데이션

구 분	A	B				C		D					
성 분	1	2	3	4	5	6	7	8	9	10	11	12	13
함량(wt %)	57.7	4.5	0.50	0.30	0.10	1.00	0.25	7.04	7.00	0.36	0.50	0.20	1.00

구 분	E				F				G	
성 분	14	15	16	17	18	19	20	21	22	23
함량(wt %)	10.00	2.50	1.50	2.00	2.00	0.20	0.15	0.10	1.00	0.10

1 : deionized water
2 : butylene glycol
3 : magnesium aluminum silicate(talc)
4 : sodium carboxymethylcellulose
5 : xanthan gum
6 : triethanolamine(99%)
7 : polysorbate 20
8 : sericite
9 : titanium dioxide
10 : red oron oxide
11 : yellow iron oxide
12 : black iron oxide
13 : spherical silica
14 : cetearyl octanoate
15 : stearic acid
16 : glyceryl stearate
17 : tridecyl trimellitate
18 : butylene glycol
19 : methylparaben
20 : ethylparaben
21 : propylparaben
22 : deionized water
23 : imidazolidinyl urea

• 제법 : 프로펠러 혼합기를 장치한 적당한 용기에 A를 넣는다. 다른 용기에 butylene glycol을 넣고 저으면서 B재료를 각기 넣고 균일하게 섞는다. 균일하게 섞은 B를 A에 서서히 넣고 균일하게 섞는다. 고무성분을 수화한 다음 C에 첨가하라. 균일하게 섞어라. 콜로이드 분쇄기에 넣고 수용액상 시료를 두 개 현미경 슬라이드 사이에서 압축할 때 줄무늬색이 나타나지 않을 때까지 분쇄하라. 다른 용기에서 E를 합치고 75~80℃로 가열하라. ABCD를 70~75℃로 가열하라. 두 가지 상(phase)들이 이미 설명한 온도에 도달하면 E를 ABCD에 가하라. 15분간 75~80℃에서 유지하라. 그 배치를 40℃로 식히고 미리 섞어 녹인 F를 가하고 다음에 G를 가하고 섞는다. 25~28℃로 식히고 적당한 용기에 보관한다.

표 6-23 얼굴에 생긴 가는 선과 주름을 감추는 메이크업

구 분	A	B				C		D					
성 분	1	2	3	4	5	6	7	8	9	10	11	12	13
함량(wt %)	58.3	4.50	0.50	0.30	0.10	1.00	0.30	6.04	7.00	0.36	0.50	0.10	3.00

구 분	E							F				G	
성 분	14	15	16	17	18	19	20	21	22	23	24	25	26
함량(wt %)	4.0	2.00	4.00	1.00	1.00	1.50	0.70	2.00	0.20	0.15	0.10	1.00	0.10

1 : deionized water
2 : butylene glycol
3 : magnesium aluminum silicate(talc)
4 : sodium carboxymethylcellulose
5 : xantham gum
6 : triethanolamine(99%)
7 : steareth-21
8 : sericite
9 : titaium dioxide
10 : red iron oxide
11 : yellow iron oxide
12 : black iron oxide
13 : polymethyl methacrylate
14 : stearyl dimethicone
15 : dimethicone(20 cts)
16 : isononyl isonoanoate
17 : stearic acid
18 : isostearic acid
19 : glyceryl monostearate
20 : steareth-2
21 : butylene glycol
22 : methylparaben
23 : ethylparaben
24 : propylparaben
25 : deionized water
26 : imidazolidinyl urea

• 제법 : 프로펠러 혼합기를 설치한 적당한 용기에 A를 넣어라. 다른 용기에 butylene glycol을 넣고 젓는 동안 각 B재료를 넣고 다음 추가 재료를 넣기 전에 균일하게 섞어라. B재료들이 균일하게 섞이면 A에 서서히 가하라. 균일하게 섞어라. 고무성분들을 수화한 다음 C를 가하고 균일하게 섞어라. 균일하게 만든 다음 미리 분말로 만든 D를 가하고 균일하게 섞어라. 콜로이드 분쇄기에 연결하고 수용액상 시료를 두 개의 현미경 슬라이드 사이에서 압축할 때 색줄무늬가 나타나지 않을 때까지 그 배치를 균일하게 섞어라. 다른 용기에서 E를 합치고 75~80℃로 가열하라. ABCD를 70~75℃로 가열하라. 그 두 가지 상이 예정된 온도에 도달하면 E를 ABCD에 가하라. 75~80℃에서 15min 동안 유지하라. 그 배치를 40℃로 식히고 미리 혼합하여 녹인 F를 가하고 다음에 G를 가하고 섞어 25~28℃로 냉각하라. 적당한 용기에 보관한다.

표 6-24 금색 반사광을 갖는 튜브형(tube-type) 메이크업

구 분	A	B		C		D					
성 분	1	2	3	4	5	6	7	8	9	10	11
함량(wt %)	58.8	2.5	1.0	1.5	0.2	5.0	7.0	0.5	1.0	0.2	2.3
구 분	E			F				G			
성 분	12	13	14	15	16	17	18	19	20		
함량(wt %)	15.0	3.0	1.0	2.0	0.2	0.1	0.1	1.0	0.3		

1 : deionized water
2 : butylene glycol
3 : hectorite
4 : triethanolamine(99%)
5 : lecithin (and) polysorbate-20 (and) sorbitan laurate (and) propylene glycol stearate (and) propylene glycol laurate
6 : mica (and) titanium dioxide(gold reflectance pearl)
7 : titanium dioxide
8 : red iron oxide
9 : yellow iuron oxide
10 : black iron oxide
11 : talc
12 : hydrogenated polyisobutene
13 : stearic acid
14 : glyceryl stearate SE
15 : butylene glycol
16 : methylparaben
17 : ethylparaben
18 : propylparaben
19 : deionized water
20 : imidazolidinyl urea

• 제법 : 프로펠러 혼합기를 설치한 적당한 용기에 A를 넣는다. 다른 용기에 butylene glycol를 넣어라. hectorite를 넣고 혼합하는 동안 다음 성분을 가하기 전에 균일하게 섞어라. B성분이 균일하게 섞이면 서서히 A에 가하라. 균일하게 섞어라. 그 배치를 균일하게 섞은 다음 미리 분쇄한 D를 가하라. 균일하게 섞이라. 골로이드 분쇄기에 연결하고 수용액상 시료를 구개의 현미경 슬라이드 사이에서 압축할 때 색 줄무늬를 발견할 수 없을 때까지 그 배치를 섞어라. 다른 용기에서 E를 합치고 75~80℃로 가열하라. ABCD를 70~75℃로 가열하라. 그 두 가지 상이 이미 설명한 온도에 도달하면 E를 ABCD에 가하라. 75~80℃에서 15분 동안 더 유지하라. 그 배치를 40℃로 식혀라. 40℃에서 미리 섞고 녹인 F를 가하고 G를 가한다. 25~28℃로 식혀 적당한 용기에 보관한다.

3.3.3 oil/water 파운데이션

오일 혹은 물에 분체를 분산하는 것으로는 은폐용 콘패트 형태의 은폐용 믹내 형태가 있다. 이것은 피부를 부드럽게 만드는 에몰리언트 효과(emolient effect)가 크고 겨울과 가을에 쓰기에 적당하다. 오일 파운데이션은 피부에 부착력이 좋고 피복력이 크므로 보통 파운데이션으로 감추지 못하는 결점을 가려준다. 은폐제로 사용하는 오일 파운데이션은 표 6-25 및 표 6-26과 같다.

표 6-25 은폐용 콤팩트형 오일 파운데이션

구 분	분 체						결합제						
성 분	1	2	3	4	5	6	7	8	9	10	11	12	13
함량(wt %)	17.8	15.0	15.0	1.0	3.0	0.2	3.0	6.0	2.0	12.0	1.0	6.0	18.0

1 : talc
2 : kaolin
3 : titanium dioxide
4 : bengala
5 : yellow iron oxide
6 : black iron oxide
7 : solid paraffin
8 : microcrystalline wax
9 : wax
10 : vaseline
11 : lanoline acetate
12 : squalane
13 : isopropyl palmitate. 그리고 적당량의 산화방지제와 향료

• 제법 : 결합제와 산화방지제를 85℃에서 녹이고 분쇄하여 분체 분말과 저으면서 혼합한다. 향료를 첨가하고 70℃에서 용기에 넣고 냉각한다.

표 6-26 은폐용 막대형 오일 파운데이션

구 분	분 체							결합제					
성 분	1	2	3	4	5	6	7	8	9	10	11	12	13
함량(wt %)	2.8	20.0	3.0	20.0	1.0	3.0	0.2	3.0	7.0	15.0	3.0	5.0	17.0

1 : talc
2 : kaolin
3 : mica
4 : titanium dioxide
5 : bengala
6 : yellow iron oxide
7 : black iron oxide
8 : solid paraffin
9 : microcrystallins wax
10 : vaseline
11 : dimethylpolysiloxane
12 : squalane
13 : isopropyl palmitate. 그리고 적당량의 산화방지제와 향료

• 제법은 표 6-25와 같다.

3.3.4 oil/water 에멀젼 파운데이션

o/w 유제형 파운데이션은 수용액-상에 오일-상과 분체-상 원료를 분산시킨 시스템이고 크림형태와 액체형태로 사용한다. 차가운 청량감 성질 때문에 낮은 온도와 건조한 구미 지역에서 파운데이션 중에서 가장 좋아하는 상품이다. 그런데 땀이나 피지가 많은 사람은 끈적거려서 화장품으로 적당하지 않다. o/w 유제 파운데이션은 분체를 수용액-상에서 균일하고 안정하게 유제 상태를 유지해야 한다. 특히 점성이 낮을수록 청량감을 주므로 어느 정도까지 점성을 낮출 수 있는가를 검토해야 한다. 처방을 설계할 때 분체의 선택, 오일-상 구성, 유제의 선택, 유화제와 분산방법을 충분히 검토해야 한다. 표 6-27은 액체형 유제이고 이것의 오일-상 비율과 분체량을 증가하면 크림형으로 만들 수 있다.

표 6-27 액체형 o/w 유제 파운데이션

구 분	분 체						water phase				oil phase				
성 분	1	2	3	4	5	6	7	8	9	10	11	12	13	14	15
함량(wt %)	3.0	5.0	0.5	1.4	0.1	0.5	0.9	1.0	10.0	56.4	2.2	7.0	2.0	2.0	8.0

1 : talc
2 : titanium dioxide
3 : bengala
4 : yellow iron dxide
5 : black iron oxide
6 : bentonite
7 : polyoxyethylenesolbitanate
8 : triethanolamine
9 : propyleneglycol
10 : deionized water
11 : stearic acid
12 : isohexadecyl alcohol
13 : glycerine monostearinate
14 : liquid paraffin. 그 밖에 적당량 방부제와 향료
15 : liquid lanolin

• 제법 : 수용액-상 점성제로 사용하는 벤토나이트를 분산시킨 프로필렌글리콜을 탈염수에 가하고 충분히 섞는다. 여기에 충분히 혼합분쇄된 분체 성분을 가하고 70℃에서 균일하게 섞는다. 70~80℃에서 가열용해한 오일-상을 서서히 가하고 70℃에서 균일하게 섞는다. 섞으면서 냉각하여 45℃에서 향료를 첨가하고 실온으로 냉각하고 용기에 담는다.

w/o형 파운데이션은 옛날부터 알려져 있지만 겉보기에 유분이 있는 것처럼 보이므로 쓰기에 결점이 있다. 그러나 실리콘계 계면활성제들이 등장하여 실리콘 오일을 w/o 유제들이 개발되었다. 이것을 응용한 w/o 유제는 종래 w/o 유제에 비하여 실리콘 오일이 갖는 상쾌한 사용감이 있고 o/w 유제 파운데이션이 갖지 못하는 화장품의 특성이 있다. w/o 유제는 크림형 파우데이션과 두 층 분산 파운데이션이 개발되었다. 2층 분산

표 6-28 w/o 유제 파운데이션(크림형)

성 분	1	2	3	4	5	6	7	8	9	10	11	12	13	14	15
함량(wt %)	5.36	4.0	9.32	0.36	0.8	0.16	5.0	12.0	4.0	51.9	0.1	5.0	적당량	2.0	적당량

1 : sericite
2 : kaolin
3 : titanium dioxide
4 : bengala
5 : yellow iron oxide
6 : black iron oxide
7 : liquid paraffin
8 : decamethylcyclopentane siloxane
9 : polyoxyethylene dimethylpolysiloxane
10 : deionized water
11 : dispersing agent
12 : 1,3-butyleneglycol
13 : preservatives
14 : stabilizer
15 : fragance

성분 1에서 6까지는 분체이고 성분 7에서 9까지는 오일-상이고 성분 10에서 13까지는 수용액-상(water phase)이고 14는 안정화제이고 15는 향료다.

• 제법 : 수용액-상을 70℃로 가열한 다음 충분히 분쇄혼합한 분체에 첨가하고 70℃에서 균일하게 혼합한다. 여기에 탈염수에 녹인 안정화제를 가하고 섞은 다음 70℃로 가열한 오일-상을 가하고 70℃에서 균일하게 섞는다. 이것을 저으면서 식히고 45℃에서 향료를 가하고 실온으로 식힌다. 마지막으로 탈기하고 용기에 담는다.

표 6-29 w/o 유제 파운데이션(2층 분산형)

성 분	1	2	3	4	5	6	7	8	9	10	11	12	13	14
함량(wt %)	7.0	12.0	2.0	4.0	2.0	10.0	1.5	5.0	2.5	2.0	1.5	39.5	4.0	7.0

1 : talc
2 : titanium dioxide
3 : anhydrous silica
4 : nylon powder
5 : pigment
6 : octamethylcyclotetrasiloxane
7 : pentaerythrate ester resin
8 : neobenzylglycol diisooctanate
9 : squalane
10 : glycerine triisocctanate
11 : polyoxyethylene dimethylpolysiloxane
12 : deionized water
13 : 1,2-butyleneglycol
14 : ethanol

성분 1에서 5까지는 분체이고 성분 6에서 11까지는 오일-상이고 성분 12에서 14까지는 수용액-상(water phase)이다.

• 제법 : 수용액-상(water phase)을 충분히 섞어 분쇄한 다음 분체를 첨가하고 균일하게 섞는다. 오일-상을 용해한 다음 여기에 첨가하고 균일하게 혼합하고 탈기한 다음 용기에 보관한다.

파운데이션은 점도가 작고 사용할 때 흔들면 w/o 유제로 변한다. 이것은 청량감이 있으므로 여름용으로 많이 사용한다.

최근에 표 6-28과 표 6-29 같은 w/o 유제를 고형화한 콤팩트 파운데이션이 개발되어 유제 파운데이션이 갖는 아름다운 마무리를 처리하게 되었다. 또한 간편한 콤팩트 성질 때문에 많은 인기를 끈다.

3.3.5 water-in-oil/water-in-silicone

표 6-30은 독특한 뒷맛을 주는 무수 젤과 함께 휘발성 탄화수소를 함유하는 세련된 w/s 유제다. 표 6-31은 독특한 폴리우레탄 필름-형성체를 함유하는 w/s 냉각-과정 처방이고 실크 감촉과 특이한 지속성을 갖는다.

표 6-30 w/s 유제

구 분	A						B	C					D		
성 분	1	2	3	4	5	6	7	8	9	10	11	12	13	14	15
함량(wt %)	5.0	5.0	1.0	1.0	10.0	1.0	15.0	3.0	6.0	0.5	1.0	0.35	45.0	1.0	1.0

1 : polyglyceryl-4 isostearate (and) cetyl dimethicone copolyol (and) hexyl laurate
2 : isoeicosane
3 : polyisobutene
4 : pentaerythrityltetrabehenate
5 : isododecane (and) hydrogenated butylene/ethylene/styrene copolymer
6 : trilanyl PVP

7 : isododecane
8 : silica(low-absorption spherical)
9 : titanium dioxide
10 : red iron dxide
11 : yellow iron oxide
12 : black iron oxide
13 : deionized water
14 : sea salt
15 : propylene glycol (and) diazolidinyl urea (and) methylparaben (and) propylparaben

• 제법 : A성분을 합치고 75℃로 가열하라. 균일하게 섞고 B를 가하라. 60℃로 식혀라. 다른 용기에 D성분을 합치고 40℃로 가온하라. 맑고 균일할 때까지 섞어라. 미리 분쇄한 C성분을 AB에 가하고 균일하게 섞어라. 프로펠러 혼합기로 섞으면서 D성분을 ABC에 서서히 저으면서 가하라. 일단 D성분의 절반을 가한 다음 첨가속도를 증가하라. 15분간 혼합하라. 40℃로 냉각하라. 40℃에서 그 배치에 혼합기를 넣고 35℃까지 균일하게 섞어라. 혼합기를 제거하고 25~28℃로 식히고 적당한 저장용기에 옮겨라.

표 6-31 w/s 유제

구 분	A						B	C						D			
성 분	1	2	3	4	5	6	7	8	9	10	11	12	13	14	15	16	17
함량(wt %)	5.0	5.0	1.0	10.0	2.0	0.5	15.0	3.0	8.1	3.0	0.25	0.5	0.15	31.4	15.0	0.1	5.0

1 : cetyl dimethicone copolyol
2 : cyclomethicone
3 : polyisobutene
4 : cyclomethicone (and) quaterium-18 hectorite (and) propylene carbonate
5 : benzyl aurate
6 : tocopherol axcetate
7 : cyclomethicone
8 : silica(spherical)
9 : sericite
10 : titanium dioxide
11 : red iron oxide
12 : yellow iron oxide
13 : black iron oxide
14 : deionized water
15 : polyuretane
16 : panthenol
17 : preservatives

• 제법 : 미리 혼합한 C를 가하라. 균일하게 섞어라. 균일하게 젓는 동안 미리 섞은 D를 가하고 균일하게 섞어라. 적당한 용기에 옮겨 보관하라.

4 블러시 메이크업

블러시(blush 혹은 blusher : 혈색을 좋아보이게 만드는 볼연지 화장품)라는 용어는 비교적 새로운 용어이고 약 30여 년 전부터 붉은색보다 진한 햇볕에 그을린 볼을 연출하려고 생산된 화장품이다. 여성들이 볼에 붉은색을 칠하려고 사용한 제품은 본래 붉은색을 주로 사용하므로 "rouge"(붉은색)라고 불렀다. 이러한 블러시 메이크업은 요사이 일본 여성들에게 유행하는 화장법이다.

볼에 붉은색 블러시 사용은 초기 이집트시대부터 출발하였다. 고대에 사용한 자연산 적색 안료는 cinnabar, minimum, henna, safflower, cochineal이었다. 그 후에 브라질 redwood 재료가 안료로 사용되었고 붉은 산화납(Pb_3O_4)은 법에 의해 금지된 1920년대까지 사용하였다. 초기에 연지는 연고형태였다. 안료를 물에 현탁하고 침강방지제를 섞어 만든 액체 현탁은 값싸게 만들었고 마테(matte) 마무리 화장에 좋지만 시간이 지남에 따라 침강되는 경향이 있었다. 유제 크림과 로션은 섞기 쉬지만 그 유제는 용기 안에서 건조하거나 깨지는 경향이 있었다. 대단히 안정하고 섞기 쉬운 물없는 크림(water-free cream)은 번들거리고 광택이 나는 경향이 있었다. 수화 젤과 무수 젤은 사용하기 쉽고 마무리가 좋지만 안정성이 문제였다.

젤과 무수 크림은 현재도 사용하지만 블러시의 대부분은 압축 파우더로 대치되었다. 이 형태는 마테(matte) 마무리에 좋고 분칠이 오래 지속되지만 적절하게 처방하지 않으면 사용할 때 주름이 잡히고 크림 메이크업 혹은 가습제 위에 칠할 때 색상이 진하게 변할 수 있다.

4.1 파우더 블러시 재료

파우더 블러시(powder blusher) 성분은 파우더-상(phase)과 결합제 혹은 오일-상으로 나눌 수 있다. 파우더-상의 성분은 활석, 운모(muscovite 혹은 sericite), 고령토와 같은 광물성분을 포함한다. 이 성분들은 최종제품의 감촉을 좋게 연출하고 지속성을 유지한다.

활석(규산마그네슘)은 분말 블러시 제품에서 가장 많이 사용하는 충전제다. 활석은 엷은 회색-하얀색이고 부드러운 감촉을 갖는다. 활석은 압축 파우더에 섞은 다른 재료에 비하여 매우 투명성이지만 그 투명성은 입자크기에 따라 다르다. 입자들이 클수록 투명하고 촉감이 부드럽지만 작은 입자 활석과 같은 정도로 압축되지 않는다. 때때로 서로 다른 입자크기를 섞어 최종제품의 압축품질을 최적화한다. 여러 나라에서 활석이 산출되지만 중국산 활석은 특히 밝고 대단히 부드럽다.

운모(규산마그네슘 알루미늄)는 두 종류의 판상 운모(muscovite)와 구형 sericite(견운모)를 사용한다. muscovite 운모는 매우 가는 입자 크기로 파우더를 분쇄하여 사용한다. 운모는 판상 운모의 마찰저항이 적기 때문에 매우 부드러운 촉감을 준다. 운모를 사용하면 제품을 투명하게 만들지만 한편으로 광택성을 보이고 잘 압축되지 않아 압축 파우더의 유용성을 감소한다. 수용액 중에서 운모 표면에 전이원소 산화물을 석출하여 여러 색을 띠게 만든 운모는 화장품을 만들 때 너무 심하게 저으면 전이원소 산화물이 벗겨지므로 최종단계에서 첨가하되 심하게 교반하지 않아야 한다. sericite 운모는 구형이다. muscovite 운모에 비하여 마테효과가 훨씬 더 크지만 활석만큼은 아니다. 몇 가지 예에서 sericite는 활석을 대치하여 사용한다. sericite도 역시 제품을 투명하게 만들지만 muscovite만큼은 아니다. sericite의 압축 정도는 muscovite보다 크다.

고령토는 문지르면 삐걱거리는 소리가 나고 외관상 마테효과가 대단히 크고 오일 흡수율이 크다. 근래 화장품은 오일을 조절하는 것 이외에 고령토를 거의 사용하지 않는다.

결합제(binder)는 화장품 분말 상을 균일하게 분산하려고 사용하는 오일이다. 대표적 화장품 결합제 오일은 유동 파라핀, 바셀린, 밀랍, 마이크로-결정 왁스, 올리브 오일, 스테아린산, 피마자유, octyl alcohol과 hexadecyl alcohol 같은 고급 알코올, 에탄올 같은 저급 알코올, 에스터, 고급 지방산, 그리고 polydimethylsiloxane, alkyl dimethicone, dimethicone과 같은 siloxane을 원하는 품위에 따라 사용할 수 있다.

이러한 충전제와 함께 건조 결합제(dry binder)라고 알려진 재료도 포함한다. 건조 결합제는 압축 파우더의 형태를 유지하게 돕는 재료다. 건조 결합제는 zinc stearate와 magnesium stearate 같은 금속 비누, polyethylene과 PTFE 같은 폴리머 재료를 포함한다. PTFE는 poly(tetrafluoroethene)이고 합성 플루오르화 폴리머이다.

충전제와 함께 건조 결합제(dry binder)라고 알려진 재료도 포함한다. 이들은 압축 파우더의 형태 유지를 도와준다. 건조 결합제는 스테아린산 아연, 스테아린산 마그네슘, 그리고 폴리에틸렌과 PTFE 같은 고분자 물질을 포함한다. PTFE는 poly(tetrafluoroethene)이고 합성 fluoropolymer이다.

착색제(colorant)는 건조 파우더에 포함된 것도 사용할 수 있다. 모든 FDA-허가 색소 첨가물은 미국 시장에 판매된 블러시(blush) 제품에 사용을 인정할 수 있다. 표 6-32와 표 6-33은 미국에서 허가된 색소다. 이들 표는 미국에서 사용하는 색소 첨가물 규제 목록에 대한 대용물이 아니고 또한 미국의 식품, 의약, 화장품에 부과된 조건의 대용물이 아니다. 이러한 규제는 미국연방규제법 21의 73, 74, 81, 82조에 있다.

블러시(blush)는 다른 착색 화장품처럼 부드러운 구형 재료를 사용한다. 그 재료들은 천연 구형 재료로서 실리카와 견운모, 그리고 합성재료로서 polymethyl methacrylate 혹은 nylon 같은 고분자 재료다. 구형 재료는 볼-베어링 효과를 주기 때문에 제품이 부드러운 살결 촉감뿐만 아니라 그 재료가 존재하면 “연초점”(soft-focus)이라는 광학적 효과도 준다. 연초점 효과는 어떤 표면에서 입사광이 여러 방향으로 반사 또는 산란하여 빛을 분산함으로써 표면의 얼룩진 이미지를 부드럽게 만드는 효과다.

표 6-32 색소첨가물(미국연방규제법 21. 73조 C항)

미국연방 규제법 21	색 상	용도와 규제
73.2030	annatto	일반적으로 눈 주위 화장품
73.2085	caramel	일반적으로 눈 주위 화장품
73.2087	carmine	일반적으로 눈 주위 화장품
73.2095	β-carotene	일반적으로 눈 주위 화장품
73.2110	bismuth citrate	0.5% NTE. 두발 염색
73.2120	disodium EDTA-copper	머리 염색용 샴푸
73.2125	potassium sodium copper chloropyllin (chrolopyllin-copper complex)	NTE 0.1%와 기타 재료를 섞어 치약 염색
73.2150	dihydroxyacetone	인체에 한 파우더만 혹은 다른 파우더와 함께 외부용 화장품
73.2162	bismuth oxychloride	일반적으로 눈 주위 화장품
73.2180	guaiazullene	외부용 화장품
73.2190	henna	머리염색용, 속눈썹과 눈썹 혹은 눈 주위에 사용불가
73.2250	iron oxides	일반적으로 눈 주위 외부 화장품
73.2298	ferric ammonium ferrocyanide	눈 주위 외부용 화장품
73.2299	ferric ferrocyanide	일반적으로 눈 주위 외부 화장품
73.2326	chromium hydroxide green	일반적으로 눈 주위 외부 화장품
73.2327	chromium oxide green	일반적으로 눈 주위 외부 화장품
73.2329	guanine	일반적으로 눈 주위 화장품
73.2396	lead acetate	NTE 0.6%(Pb Wt/V). 두발염색용 화장품
73.2400	prophyllite	외부용 화장품
73.2496	mica	일반적으로 눈 주위 화장품
73.2500	silver	최종제품에 NTE 1%. 손톱 광택용 염색 화장품
73.2575	titanium dioxide	눈 주위 화장품
73.2645	alumium powder	일반적으로 눈 주위 외부 화장품
73.2646	bronze powder	일반적으로 눈 주위 화장품
73.2647	copper powder	일반적으로 눈 주위 화장품
73.2725	ultramarines	일반적으로 눈 주위 외부 화장품
73.2775	manganese violet	일반적으로 눈 주위 화장품
73.2991	zinc oxide	눈 주변 화장품
73.2995	luminescent zinc sulfide	최종제품에 NTE 10%. 외부용 얼굴 메이크업 화장품. 손톱 광택제. 가끔 사용

표 6-33 색소첨가물(미국연방규제법 21. 74조 C항)

미국연방 규제법 21	색 상	용도와 제한
74.2052	D&C Black No. 3	아이라이너, 눈썹 블러시, 아이섀도, 마스카라, 립스틱, 볼연지와 루즈, 메이크업과 파운데이션, 손톱 에나멜
74.2053	D&C Black No. 3	아이라이너, 아이섀도, 마스카라, 페이스 파우더
74.2101	FD&C Blue No. 1	일반 화장품, MnO_2 사용 허용. 눈 주위 사용(레이크 포함).
74.2104	D&C Blue No. 4	외부용 화장품
74.2151	D&C Brown No. 1	외부용 화장품
74.2203	FD&C Green No. 3	일반 화장품
74.2205	D&C Green No. 5	일반 화장품. 눈 주위 사용
74.2206	&C Green No. 6	외부용 화장품
74.2208	D&C Green No. 8	외부용 화장품
74.2254	D&C Orange No. 4	외부용 화장품
74.2255	D&C Orange No. 5	외부용 화장품, 치약, 립스틱, 기타 입술 화장품(NTE 5%)
74.2260	D&C Orange No. 10	외부용 화장품
74.2261	D&C Orange No. 11	외부용 화장품
74.2304	FD&C Red No. 4	외부용 화장품
74.2306	D&C Red No. 6	일반 화장품
74.2307	D&C Red No. 7	일반 화장품
74.2317	D&C Red No. 17	외부용 화장품
74.2321	D&C Red No. 21	일반 화장품
74.2322	D&C Red No. 22	일반 화장품
74.2327	D&C Red No. 27	일반 화장품
74.2328	D&C Red No. 28	일반 화장품
74.2330	D&C Red No. 30	일반 화장품
74.2331	D&C Red No. 31	외부용 화장품
74.2333	D&C Red No. 33	외부용 화장품, 입 세척, 치약(최종제품에 NTE 3%(wt)
74.2334	D&C Red No. 34	외부용 화장품
74.2336	D&C Red No. 36	외부용 화장품, 입술 화장품(최종제품에 NTE 3%(wt))
74.2340	D&C Red No. 40	일반 화장품. 눈 주위 화장품(알루미늄 레이크 함유). 산화제와 환원제는 포함하지 않는다.
74.2602	D&C Violet No. 2	외부 화장품
74.2602a	Ext. D&C Violet No. 2	외부 화장품
74.2705	FD&C Yellow No. 5	일반 화장품. 눈 주위 사용(알루미늄 레이크 포함)
74.2706	FD&C Yellow No. 6	일반 화장품
74.2707	D&C Yellow No. 7	외부용 화장품
74.2707a	Ext D&C Yellow No. 7	외부용 화장품
74.2708	D&C Yellow No. 8	외부용 화장품
74.2710	D&C Yellow No. 10	일반 화장품. 1984년에 사용과 제한을 변경
74.2711	D&C Yellow No. 11	외부용 화장품

4.2 압축 파우더 제조

블러시 파우더(powder blusher)의 오일-상 또는 결합제는 전형적으로 sorbitan ester 혹은 5~10 HLB 값을 갖는 재료와 함께 구성한다. 때때로 크림은 좋은 살결 감촉을 주려고 왁스 성분을 첨가한다.

오일-상의 목적은 두 가지다. 첫째 오일-상은 블러시 색의 전개와 파우더 케이크 형성을 도우려고 사용한다. 제품이 젖지 않고 안료들이 완전하게 전개되지 않으면 이미 사용한 보습제 혹은 파운데이션의 잔유물 혹은 시간 경과에 따른 피부 분비물과 접촉할 때 색소들이 계속해서 전개된다. 둘째 오일-상은 압축 케이크를 돕는다. 이것이 바로 압축 파우더 오일-상을 결합제라고 부르는 이유다.

TOPIC 질병과 피부

한의는 환자를 네 가지 방법으로 진단한다. 첫째는 망진(望診)이다. 망진 의사는 능력 있는 의사라고 하여 신의(神醫)라 한다. 둘째는 문진(聞診)이다. 목소리를 듣거나 냄새를 맡아 진단하고 문진 의사를 성의(聖醫)라고 한다. 셋째는 문진(問診)이다. 문진 의사는 병세를 질문하여 진단한다고 하여 공의(工醫)라고 한다. 넷째는 절진(切診)이다. 맥을 짚어 진단한다고 교의(巧醫)라 하고 수준이 낮은 의사로 분류한다.

그런데 화장할 때 누구나 자기 얼굴을 거울에 비추어 조심스럽게 망진하는 습관이 있다. 질병에 따라 얼굴에 나타나는 증상이 있다. 변비가 심하면 피부가 거칠어지고 여드름이 나고 간이 나쁘면 푸른색, 심장이 나쁘면 붉은빛, 폐가 나쁘면 흰색, 비장이 나쁘면 누런색, 신장이 나쁘면 검은색의 얼굴이 나타난다. 그래서 옛 어른들은 사위나 며느리를 고를 때 사전(事前)에 얼굴을 보려고 한번 만나보기를 원했다. 그런데 요사이는 저들끼리 "확정"하고 사후에 보여준다. 마치 혼자 잘난 것처럼 말이다. 부모들은 자식의 행복을 위해서 망진하기 원하는데 그것을 이해하지 못한다. (『동의보감』, 신동원 · 김남일 · 여인석 지음, 들녘출판사, 1999)

4.3 압축 블러시 파우더 처방

표 6-34, 표 6-35, 표 6-36은 건조상태 압축-블러시 파우더 처방이다. 혼합기는 일반적으로 ribbon blender, double cone blender, V-shell blender를 사용한다.

블러시 파우더 재료는 먼저 균일하게 혼합한다. 그 다음 분체-상(phase)을 고-에너지 분쇄기에 통과시킨다. 먼저 분말을 분쇄기에 퍼서 넣고 1500 rpm 속도로 해머(hammer)와 충돌하게 회전한다. 해머는 분말로 분쇄하고 모든 안료 덩어리를 분쇄한다.

일반적으로 분말은 더 이상 색상이 전색되지 않을 때까지 여러 차례 분쇄기에 통과시킨다. 완전한 색 분산을 시험하려면 분말시료를 넓은 칼을 이용하여 종이쪽지에 옮기고 눌러 당긴다. 전개된 색상이 용기의 재료 색상과 일치하면 줄무늬는 그 제품과 일치한다.

일단 분말을 완전히 분쇄하고 그 분말을 혼합기로 되돌려 보낸다. 심하게 혼합하면서 오일-상 혹은 결합-상이 분말에 입혀지게 혼합기 속으로 분무한다. 그 재료들이 충분히 혼합되면 그 배치를 한번 더 분쇄기 과정에 통과시킨다. 최종제품의 분쇄기 통과 횟수는 오일-상이 얼마나 쉽게 완전히 분산되는가에 따라 결정된다. 적절한 오일 분산을 체크하려면 그 배치 시료를 다시 종이쪽지 위에서 시험한다. 이때 품질관리는 그 배치에서 분산되지 않은 오일을 나타내는 검정색 줄무늬가 나타나면 완전한 혼합이 아니다.

표 6-34 간단한 블러시 파우더

구 분	A							B	
성 분	1	2	3	4	5	6	7	8	9
함량(wt %)	58.0	20.0	5.0	1.0	6.0	3.0	1.5	5.0	0.5

1 : talc
2 : mica
3 : zinc stearate
4 : titanium dioxide
5 : D&C Red No
6 : Barium Lake
7 : red iron oxide
8 : isostearyl steraroyl stearate
9 : sorbitan sesquiolate

표 6-35 폴리머 합제를 이용하는 블러시 파우더

구 분	A							B	
성 분	1	2	3	4	5	6	7	8	9
함량(wt %)	67.6	15.0	2.0	2.0	7.0	2.0	0.2	4.0	0.2

1 : talc
2 : mica
3 : synthetic wax
4 : polyethylene
5 : D&C Red No. 7 Calcium Lake
6 : FD&C Yellow No. 5 Aluminum Lake
7 : FD&C Blue No. 1 Aluminum Lake
8 : C12-15 alkyl benzoate
9 : PEG-40 peroleate

표 6-36 고품질 블러시 파우더

구 분	A							B		
성 분	1	2	3	4	5	6	7	8	9	10
함량(wt %)	46.8	20.0	5.0	3.0	10.0	1.0	10.0	3.0	1.0	0.2

1 : talc(chinese)
2 : sericite
3 : zinc laurate
4 : PTFE
5 : lauroyl lycine
6 : polyethylene
7 : spherical polymethyl methacrylate
8 : isononyl isononanoate
9 : dimethicone(350 cts)
10 : sorbitan isostearate

4.4 젤 블러시 파우더

젤 블러시(gel blush) 파우더 제품 형태는 수화 혹은 무수 젤 혹은 마이크로 유제 “젤”이다. 무수(anhydrous) 계열 젤은 내구성이 가장 좋지만 유성을 띠는 경향이 있다. 수화(hydrous) 계열 젤은 균일한 피복이 어려운 경향이 있다. 유제는 그 중간에 해당한다. 즉 균일한 피복이 문제지만 수화 젤 계열보다 좋다. 수화 젤 블러시의 내구성을 개선하는 한 방법은 내수성 폴리머와 섞는 것이다. 표 6-37, 표 6-38, 표 6-39는 이것을 예로 들어 설명한다.

표 6-37 PVP/VA 공중합체를 이용하는 젤 블러시 파우더

구 분	A								B	C	D				
성 분	1	2	3	4	5	6	7	8	9	10	11	12	13	14	15
함량(wt %)	62.65	0.2	0.1	3.0	1.0	2.0	0.2	–	20.0	0.8	0.1	0.4	0.05	2.5	7.0

1 : deionized water
2 : xanthan gum NF
3 : disodium EDTA
4 : PEG-8
5 : panthenol(50% in propylene glycol)
6 : butylene glycol
7 : dimethicone copolyol
8 : preservatives
9 : carbomer(2% solution)
10 : tetrahydroxypropyl ethylenediamine
11 : FD&C Yellow No. 5 Aluminum Lake
12 : D&C Red No. 7 Calcium Lake
13 : FD&C Blue No. 1 Aluminum Lake
14 : mica (and) titanium dioxide, large particle
15 : PVP/VA copolymer

• 제법 : 적당한 용기에 A의 물을 넣고 나머지 A성분을 차례로 가하고 맑아질 때까지 저어라. B를 가하고 균일하게 섞어라. C를 서서히 가하라. 균일한 죽 상태로 될 때까지 저어라. ABC 혼합물이 죽 상태로 되면 미리 혼합하고 균일하게 만든 D를 가하고 균일하게 섞어라.

표 6-38 진주 반사-색상 안료를 이용하는 젤 블러시 파우더

구 분	A							B		
성 분	1	2	3	4	5	6	7	8	9	10
함량(wt %)	45.1	0.1	25.0	–	0.8	3.0	9.0	1.0	1.0	15.0

1 : deionized water
2 : disodium EDTA
3 : carbomer(carbopol 940, BFGoodrich, 2% solution)
4 : preservative
5 : tetrahydroxypropyl ethylenediamine
6 : butylene glycol
7 : PVP/VA copolymer
8 : polyquaternium-46
9 : panthenol(50% in propylene glycol)
10 : colorant, red, reflectance pearl type

• 제법 : A성분을 합치고 균일하고 맑을 때까지 섞어라. B를 가하고 균일하게 죽 상태로 섞어라. 미리 섞은 C를 AB에 가하고 균일하게 섞어라. 적당한 용기에 보관하라.

표 6-39 무수 젤 블러시 파우더

구 분	A					B					C
성 분	1	2	3	4	5	6	7	8	9	10	11
함량(wt %)	16.0	30.0	5.0	3.0	1.0	20.0	3.0	4.0	2.0	6.0	10.0

1 : isododecane
2 : isododecane (and) quaternium-18 hectorite
3 : microcrystalline wax
4 : glyceryl tribehenate
5 : sorbitan sesquioleate
6 : isononyl isonanoate
7 : D&C Red No. 6 Barium Lake
8 : D&C Red No. 7 Cacium Lake
9 : titanium dioxide
10 : talc
11 : spherical silica

• 제법 : 프로펠러 혼합기를 설치한 적당한 용기에 A성분을 합치고 75℃로 가열하라. 다른 용기에서 B와 합쳐라. roller mill로 혼합하라. B를 A에 가하고 균일하게 섞어라. C를 가하면서 균일하게 섞어라.

4.5 열 가소성 블러시 파우더

블러시 파우더의 또 한 종류는 열 가소성 고체 파우더(hot-pour solid powder)이다. 이 재료는 소량 부탄(butane)을 함유하는 열 가소성 구형체이다. 어떤 온도에서 팽창된 구형 탄화수소는 속이 비어 있고 매우 가벼운 "거품" 상태다. 이러한 크림-블러시 파우더 제품은 적셔 있지만 파우더 화장 마무리 단계에서 건조된다.

크림-블러시 파우더에 사용하는 다른 구형 재료를 사용한 예를 표 6-39에 제시한다. 다량의 실리카를 함유한 이 제품은 피부에서 파우더 화장 후에 건조 성질과 함께 특이한 윤활성을 느끼게 한다. 이 제품은 L'Oreal 제품 "Blush Majeur"이다.(3) 이 제품의 처방은 표 6-40과 같다.

표 6-40 열 가소성 크림-블러시 파우더(hot-pour cream-to-powder blush)

구 분	A				B			C			
성 분	1	2	3	4	5	6	7	8	9	10	11
함량(wt %)	21.0	10.0	4.0	2.0	5.5	2.0	5.0	0.4	0.1	20.0	30.0

1 : cetearyl octanoate
2 : octyl palmitate
3 : carnauba(copernicia cerifera) wax
4 : glyceryl tribehenate
5 : talc
6 : D&C Red No. 6 Barium Lake
7 : D&C Red No. 28 Aluminum Lake
8 : FD&C Yellow No. 5 Aluminum Lake
9 : FD&C Blue No. 1 Aluminum Lake
10 : cetearyl octanoate
11 : non-absorbent spherical silica

- 제법 : 프로펠러 혼합기를 설치한 적당한 용기에 A성분을 합치고 부드럽게 저으면서 75℃로 가열하라. 다른 용기에 B성분을 합치고 균일하게 혼합하라. B를 roller-mill로 분쇄하라. 색 분산이 완료되면 B를 A에 가하라. 균일하게 저으면서 C를 AB에 가하라. 75℃에서 적당한 용기에 옮겨 보관하라.

---

(1) 光井武夫 編, 新化粧品學, 南江堂, 2009, pp. 91-94.

(2) Mitchell L. Schlossman, *The chemistry and manufacture of cosmetics*, vol.11, chapter 15, Allured Pub. Co., 2009, pp. 527-530.

(3) US Pat 5,035,885 ; JP Arraudeau et al., 1991.

CHAPTER 7

크림과 로션

제품의 개발을 담당하는 연구원들은 우선 소비자들이 제품을 구입하는 이유를 이해해야 한다. 예를 들면 첫째 제품은 어떤 특수한 성분을 첨가하여 피부의 수분 유지에 기여하는가? 둘째 기름성분의 유무? 셋째 제품은 햇볕 차단효과가 있는가? 넷째 햇볕 차단은 자외선뿐인가 혹은 적외선도 차단하는가? 다섯째 제품은 방수성, 수분저항성, 땀흡수성, 수건으로 닦아도 유지되는가? 운동용인가? 여섯째 제품은 시간경과에 따른 안전성, 식이요법, 여드름 치료, 냄새제거에 기여하는가? 이러한 필요조건은 바탕재료, 특수한 기능활성 성분, 개발, 시험, 제조에 필요한 규정은 무엇인가? 등등이다.

1 기본 방법

유제는 기본적으로 두 종류이고 그중에서 더 일반적으로 사용하는 한 유제는 o/w이고 또 한 가지는 w/o이다. 유제 종류는 특정한 오일 종류와 물 결합으로 형성되는 유제에 따라 결정된다. 유제는 설명할 때 혼돈을 피하기 위하여 먼저 용어를 정의할 필요가 있다.

o/w의 반대유제(invert emulsion)를 w/o라고 한다. 유제의 정의 중에서 분산-상(dispersed phase)은 미세하게 나누어지거나 분쇄된 상(phase)이나. 연속-상(continuous phase)은 분산-상이 마요네즈 혹은 로션처럼 서스펜션-상 혹은 매질이다. 연속-상은 한편으로 외부-상(external phase)이라고도 한다. 일반적 규칙에 의하면 물-연속상 유제 혹은 o/w 유제는 물을 이용해도 분리되지 않고 묽힐 수 있는 유제다. 불연속-상은 연속-상에 분산된 상이다. o/w 유제는 마가린, 핸드크림처럼 오일-상이 물-상(phase)에 분산된 유제다. w/o 유제는 물-상이 오일-상에 분산된 유제다. 불연속-상(discontinuous phase)은 연속-상에 분산된 상이다. 유제는 준안정상태(metastable state)이고 묽힐 수 있고 안정하게 남을 수 있다. 분산(dispersion)은 진한 상태에서만 안정하다. 제품이 분리되는 것을 방지하려면 큰 점성이 필요하다. 거품억제 화합물은 분산제다. 거품억제 화합물은 점성 때문에 함께 분산된다. 그들을 묽히면 두 상으로 분리되지만 점증제(혹은 점성부여제, thickener)를 첨가하면 다시 한 상으로 합쳐진다. 분산은 거의 항상 불안정하므로 유제는 분산이 아니라는 것을 시험적으로 확인할 필요가 있다. 점성이 큰 물질은 실제로 분리되기 어렵지만 묽히면 안정하지 않다. 진짜 유제는 연속-상을 첨가하여 적은 점성까지 묽힐 수 있지만 분산은 두 상으로 분리된다.

삼중 유제(w/o/w)도 있다. 이것은 다중 유제의 한 종류다. 이 유제는 w/o 유제지만 다음에 물에서 유화된다. 이것은 피부가 특이한 감촉을 느끼는 성질을 갖지만 제조과정 중에 기술적으로 정교한 유제 제조에 문제가 생긴다. 그 방법은 1970년대에 시작하였고 지금은 정교한 방법이 거의 완성되어 이용할 수 있게 되었다. 그 유제 안정도는 아직도 어려운 문제로 남아 있다.

화장품 제조 처방은 바탕 재료의 정확한 성질을 이해해야 한다. 즉 첫째 건조피부에 좋은 w/o(water-in-oil 유제), 둘째 모든 피부 형태에 좋은 빠르게 흡수되는 o/w (oil-in-water 유제), 셋째 관례적 w/o 제품보다 기름성분이 적은 w/s(water-in-silicone 유제), 넷째 분산 시스템, 다섯째 단일-상(single phase), 여섯째 젤 종류 등을 정확하게 이해해야 한다. 로션과 크림은 어떤 시장에서 w/s 유제가 먹혀들지만 일반적으로 w/o 혹은 o/w 제품을 선택한다.

1.1 w/o 유제

화장품 산업에서 오래된 Nivea Cream, Westwood's Alpha Keri Lotion, Pond's Cold Cream은 w/o(water-in-oil) 유제에 바탕을 둔다. 그 제품들은 대단히 부드럽고 매끄러움이 필요한 건조 혹은 노화 피부에 충분한 연속 외부-상(contiuous external phase) 연화제를 공급한다.

관례적 w/o 유제의 결점은 기름기가 많고 제품보관 수명이 짧은 것이다. 최근의 개발 제품은 외부-상(external phaase)으로 실리콘 화합물을 사용하여 기름기를 감소하고 이들 제품에 폴리머 유제/안정제를 사용한다. pH 변화에 민감한 고성능 성분의 사용이 증가함에 따라 오래된 제품들은 새로운 응용을 찾고 있다.

1.2 o/w 유제

다른 인기 있는 제품 형태는 o/w(oil-in-water) 유제이고 지난 40여년에 걸쳐 사용하고 있다. 세계 제2차 대전 후에 에톡시화 화합물 유제의 이용 증가는 여러 가지 o/w 유제의 범위를 확대하여 대중적 시장에 매력 있는 감촉을 갖는 새로운 제품을 개발하게 되었다.

o/w 유제는 많은 전문가들이 연구하였고 일반적으로 음이온성, 양이온성, 비-이온성의 세 종류로 구분한다. 이러한 종류를 사용하는 대표적 유제는 다음과 같다.

- 음이온성 : triethanolamine stearate, sodium cetearyl sulfate

- 양이온성 : quaternary ammonium compounds
- 비-이온성 : PEG-40 sorbitan stearate

TOPIC 계면활성제는 필수 화합물이다

분자화합물 중에서 소수성 부분과 친수성 부분을 갖는 분자를 계면활성제(surfactant ; surface-active agent)라고 한다. 계면활성제는 용액 중에서 어떤 물질과 접촉할 때 계면에서 화학결합이 일어난다. 예를 들어 비누는 계면활성제의 한 종류다. 오래전에 계면활성제를 사용하지 않을 때 과수원에서 해충방지제를 살포하는 경우에 구충제 용액에 비눗물을 섞어 과수나무에 살포하였다. 그 이유는 과수나무 잎사귀 표면의 리그닌(lignin) 성분이 소수성이므로 구충제 소독액이 나뭇잎 표면에 묻지 않고 지면으로 떨어져 구충제 효과가 없기 때문이다. 비누 성분은 리그닌 성분과 구충제 소독 수용액을 결합시켜 잎 표면에 흡착을 돕는 계면활성제 역할을 한다. 비누는 2500년 전에 Samarian에 의해 사용되었고 18세기 이후에 널리 세상 사람들이 사용하게 되었고 비누 사용 때문에 질병으로부터 벗어나 수명이 10년 이상 연장되었다(그 다음에 항생제 발견으로 수명이 10년 더 연장되었다). 화학적으로 비누는 지방산 염류(salt)이고 지방과 알칼리 반응에 의해 만든다. 이것을 비누화반응이라고 한다. 알칼리는 NaOH, Na_2CO_3, $NaHCO_3$ 중에서 가장 값싼 염류를 사용한다.

스테아린산 소듐은 대표적 비누 성분이고 이것은 계면활성제 역할을 한다. 계면활성제는 비누와 가루 분, 로션, 크림을 위시한 모든 화장품에 부착성, 퍼짐성, 윤활성 등의 목적에 필수불가결한 성분으로 사용한다. 계면활성제는 화장품뿐만 아니라 예를 들어 된장이나 고추장에 섞어 보기에 좋은 광택을 내고 아이스크림에 섞어 부드러운 촉감을 유발하고 떡과 빵에 섞어 굳지 않고 부패할 때까지 부드러운 맛을 오래 유지하고 모든 제품생산과정에서 거품 유발 혹은 거품 소거, 전기도금 후에 도금면의 광택증진 등등 거의 모든 유기화합물과 무기화합물의 제품공정에 알게 모르게 사용한다. 염색할 때 반드시 염료와 계면활성제계를 함께 섞어야 균일하게 그리고 빠르게 염색된다. 계면활성제는 모든 방면에 유용하게 쓰이지만 여성들 피부에 바르거나 먹는 것만으로 그냥 예뻐지는 역할을 담당하는 계면활성제는 아직 출현하지 않고 오직 화장품에만 첨가하여 사용되고 있다. 계면활성제는 사람의 몸 안에서도 역할을 담당한다. 쓸개즙(bile salt, 담즙염)은 인체에서 지방의 소화작용에 중요한 역할을 한다. 담즙산의 소수성 부분은 지방 분자의 표면과 결합하여 유제로 작용하고 지방 분자들을 각기 분산하여 소화흡수를 돕는다. 담즙산의 소수성 부분은 소화액 중에서 유제로 작용한다. 그래서 보신용으로 곰쓸개, 뱀장어 쓸개, 돼지 쓸개 등에 포함된 계면활성제를 즐겨 생식하는지 잘 알지 못하지만 기생충은 조심해야 한다. 그것을 먹지 않아도 잘 사는데 왜 그럴까? 석유 혹은 석탄 제품에서 합성된 계면활성제를 세탁제(혹은 세제, detergent)라고 한다. 세탁제도 소수성과 친수성 부분을 갖는 계면활성제다. 가장 일반적 세탁제는 sodium lauryl sulfate이고 구조는 다음과 같고 주로 많은 종류의 샴푸에 사용한다.

$$CH_3CH_2CH_2CH_2CH_2CH_2CH_2CH_2CH_2CH_2CH_2CH_2OSO_3^-Na^+$$

sodium lauryl sulfate

이름 그대로 w/o 유제는 연속 외부-상 오일과 분산 미소-방울-상(dispersed droplet phase)을 갖는다. 그것과 반대로 o/w 유제는 물-상(water phase)이 연속 외부-상이고 오일-상이 분산-상이다. 그들을 분간하는 몇 가지 유용하고 간단한 방법은 다음과 같다.

- 묽힘 : o/w 유제는 물에 분산할 수 있지만 쉽게 분산되지 않는다.
- pH : o/w 유제는 일정한 pH를 유지하고 w/o는 그렇지 않다.
- 전기전도성 : o/w 유제는 전기를 전도하지만 w/o는 전도체가 아니다.
- 시각적 방법 : 상(phase) 관계를 분간하는 더 복잡한 방법은 가시선 염료 혹은 자외선 반사 추적 화합물의 이용이다. 이 염료 화합물은 가시선 혹은 자외선 현미경에서 상 관계를 나타낸다.

1.3 처방

운반체 종류의 선택에 뒤따라 선택 바탕성분에 기능(활성)성분, 향료, 방부제 등을 함께 합쳐 처방한다. 처방은 유제, 안정화제, 점성 변화제의 농도와 비율을 결정해야 한다. 가장 중요한 것은 다음의 네 종류다.

- HLB(hydrophile-lipophile-balance) : 친수성-친유성 균형
- PIT(phase inversion temperature) : 상 반전 온도
- 입자크기 측정
- 레올로지 연구

이러한 모든 연구는 한 배치를 만들고 그 다음 유제를 조절하여 다음 배치와 비교하는 지침서로 유용하다.

유제의 역할은 제품 안정도 조절보다 훨씬 더 중요하다는 것에 유념해야 한다. 유제의 첫째 목적은 안정하고 균일한 제품을 만들어 운반, 보관, 배분, 사용을 통하여 제품의 품질을 유지하는 것이다. 정상적으로 모든 로션과 크림은 3년 보관을 기준으로 삼는다. 그러나 유제도 제품의 감촉과 점성에 기여하고 제품 사용에 대하여 전체적 안전과 효능에 기여한다.

유제에 의한 내부 작은 방울의 분산 혹은 안정화는 제품의 브레이크(break), 소실(rub-out), 뒷맛(after-feel)에 영향을 준다. 브레이크(break)라는 용어는 제품을 피부에 바를 때 반응 설명에 특별하게 사용하는 용어다. 빠른 브레이크(break)는 제품이 빠르게 액화

되어 내부-상이 방출되는 것을 의미한다. 제품의 느린 브레이크는 무거운 느낌이 있고 지워지는 느낌이 있다. 소실은 제품을 사용하는 동안 피부 흡수에 필요한 시간이다. 뒷맛은 이름 그대로 피부에 남은 필름의 느낌이다. 유제를 너무 많이 사용하면 원하지 않는 끈적거림이나 끈끈한 뒷맛을 줄 수 있다.

전통적 o/w 유제 모델 중에서 유제는 내부와 외부-상(phase) 사이에 경계 필름을 형성하는 것으로 생각한다. 그러나 더 최근의 유제 이론은 전체 수용액상을 통하여 젤-그물구조를 형성하는 액체-결정 판상 구조에 바탕을 둔다고 생각한다. 유제는 조심스럽게 선택하여 피부 지방질 장벽의 방해를 피해야 한다. 화장품 처방에서 유제들이 지방질의 경계 장력을 감소하면 피부 지방질과 같아질 수 있다. sodium lauryl sulfate(SLS)와 같은 센 계면활성제는 적당한 농도에서 자극제 역할을 하는 것으로 알려져 있으므로 방치하는 제품에서는 피해야 한다. 그렇지만 어떤 더 온화한 유제도 피부의 지방질-장벽 성질을 방해할 수 있다. 유제는 피부에 직접 혹은 간접으로 자극을 줄 수 있다. 유제는 피부자극에 간접적으로 책임이 있다. 왜냐하면 유제는 제품에 함유된 방부제와 염류에 영향을 주고 기타 성분의 활성을 당연히 방해하기 때문이다. 그러므로 각 유제는 철저하게 시험하고 모든 이러한 인자들을 마음속에 간직해야 한다.

1.4 레올로지 연구

최종처방이 완료되면 더 정교하게 분석해야 한다. 예를 들어 입자크기, 균일성, 내부-상의 작은 방울을 상세하게 분석해야 한다. 레올로지 시험은 cone rheometer와 plate rheometer 그리고 점도계(Brookfield spindle type)를 사용하는 것이 유리하다. 레오미터는 변형력(strain)에 대한 전단응력(shear stress)을 제공하고 Brookfield 점도계를 사용하여 읽는 점성 대신에 레오그램(rheogram)을 제공하므로 더 유리하다. 레오그램은 전단 스트레스(shear stress)를 전단율(shear rate)에 대하여 점시한다. 그것은 제품 레올로지의 지문(fingerprint)을 나타내고 그 프로파일은 화장품의 흐름특성이다. 연구실 시료 레오그램이 시험생산 제품 및 생산 제품 레오그램과 일치하면 대규모 생산이 성공한다.

연구실에서 제품연구를 수행할 때 모든 기록을 철저하게 남겨두어야 한다. 기술자들은 좋지 않은 근성이 있다. 자기 지식을 다른 사람에 노출하지 않으려는 나쁜 근성이다. 기록은 실패와 성공의 경우를 막론하고 모두 남겨야 한다. 성공한 노트보다 실패한 노트는 더 중요할 수 있다. 노트는 자기 발전의 거울이다. 그리고 후배와 선배를 위한 배려이고 자신의 기록이다. 성공한 사람들의 기록은 후세에 오래 남는다.

1.5 안정도 검사

안정도 검사는 유제 개발연구의 필수이고 일반적으로 처방을 연구하는 연구원의 책임이다. 안정도 검사 자료는 대규모생산시험과 예상되는 보관수명을 포함하는 여러 처방 비교에 유용하다. 의약품처럼 규제를 받는 제품의 안정도 검사는 보존수명과 유효기간 종료를 결정하기 위하여 활성 성분을 주기적으로 분석한다. 화장품과 약학 문헌은 화장품과 의약품의 여러 안정도 시험방법을 설명한다.

화장품 유제 처방 연구자들은 일반적으로 보존수명 중에서 보존영향과 수송조건의 이해에 관심을 가져야 한다. 이러한 조건은 극한온도, 햇볕노출, 진동, 습도를 포함한다. 그러므로 제품은 표준 시험조건 상태에서 저장하고 주기적으로 조심스럽게 시험해야 한다.

일반적으로 시험제품을 보존하는 실험조건은 4℃에서 3개월 냉장, 25℃에서 3년, 37℃에서 6개월, 45℃에서 3개월, −10℃에서 임의 온도까지 냉장과 해동(5회 반복), 48시간 4℃에서 45℃까지 1개월 동안 주기적 온도변화, 1개월 동안 북향 햇볕 혹은 light chamber에서 노출하는 실험이다. 이 조건은 대부분 크림과 로션에 적당하고 모든 화장품에 해당되지 않는다. 연구실 시료는 2~4 oz 유리병에 저장하고 규칙적 간격으로 시각적 관찰과 물리적 시험을 병행해야 한다.

크림과 로션의 안정도 시험은 다음과 같다. pH는 pH 미터, 점성은 Brookfield 점도계, 흐름성질은 cone/plate rheometer를 이용한 전단 점성과 진동시험, 색은 육안 또는 비색계, 냄새와 향료 안정도는 후각감각기관, 비중은 비중병, 살결 감촉은 시각과 응용, 분리도는 시각, 전기전도도는 전도도계, 작은 방울 크기는 현미경, 보존시험은 미생물 변화와 시험, 진동은 수송시험과 흔들이 튜브, 활성 기능 시험은 화학 혹은 생물 분석으로 시험한다.

미생물 시험은 제품의 유효보존기간과 처방제품 개발의 한 부분이다. 현재 화장품의 효능, 안정성, 안정도를 시험하여 실패의 경우에 대비하기 위하여 여러 보존 시스템을 시험한다. 미생물 시험법은 CTFA(Cosmetic, Toiletry & Fragrance Association)와 여러 약전(phamacopeia)에 수록되어 있다.

포장 적합성과 보존수명 시험은 화장품 개발과정 초기에 시작해야 한다. 일반적으로 포장시험은 포장과 상호작용하거나 처방 화장품의 본질적 불안정성인가 여부를 알기 위하여 대조군 시료를 유리와 같은 비활성 비-투과성 용기에 담아 비교해야 한다. 또한 포장 재료도 상세하게 살펴야 한다.

포장 적합성은 세 가지 측면에서 검토해야 한다. 첫째 수송과 보관 중의 문제는 무게감소, 진동시험, 수송시험, 낙하시험, 마개 비틀기 시험, 진공시험으로 미리 알 수 있다. 둘째 포장이 적합하지 않으면 향료소실, 탈색, 산소투과로 인한 산화반응, 수분확산에 의한 무게감소 등이 일어난다. 그러한 영향은 일반적으로 환경변화, 온도상승, 높은 습도상태(37℃와 70% 습도)에서 보관할 때 발생한다. 셋째 제품포장의 부조화는 변형, 스트레스 파열, 플라스틱의 연약화와 팽창, 플라스틱에 의한 방부제와 기타 성분의 흡수, 포장에서 화장품으로 색 전이를 가져온다. 여러 온도에서 보관시험은 그러한 오류를 방지한다.

포장연구는 여러 판매조건에서 보관수명의 추정에 유용하다. 보관수명을 예측하려면 무게손실 자료와 온도상승 연구로부터 얻은 적합성 자료는 의약품 혹은 기능 활성 성분 분석과 연관시켜 사용한다.

1.6 안정도 시험

안정도 시험은 최소 3개월 안정성 시험과 미생물시험을 거쳐야 한다. 최종처방을 시험하기 전에 모든 성분은 안전도와 독성을 살펴보아야 한다. 성분 내역도 허용 미량오염, 첨가된 방부제, 자유 단위체 함량, 중금속, 기타 관련이 있는 인자를 살펴볼 필요가 있다. 화장품 용도로 새로운 화합물은 독립적 안정도 시험이 필요하다.

예비처방 혹은 최종처방의 안전도 평가는 때때로 BCOP(Bovine Corneal Opacity and 'permeability)와 CAMVA(Chorioallantoic Membrane Vascular Assay) 같은 시험관 시험(*in vitro* test)을 한다.

시험관 시험이 끝나면 훈련받은 임상연구자의 감독하에서 인체시험을 한다. 이러한 생체시험은 일반적으로 최종처방을 시험한다. 생체시험은 때때로 피부시험, 14일 누적 자극 시험, 반복 반창고 시험, 코입술 자극시험, 눈 부위 시험, 감광시험을 거친다.

생체와 시험관 시험 뒤에 토론참여자들의 시험을 거친다. 화장품을 많은 사람들에 대하여 시험할 때 피부과 의사의 입회하에서 실시해야 한다. 눈 부위 사용은 안과의사의 자문을 구한다. 토론참여자들은 50~500명 수준이고 4~12주 화장품을 의도적으로 사용하는 상태에서 시험한다.

화장품을 세계적으로 판매하기 위하여 피부종류와 시험위치 차이를 의도적으로 겨냥해서 시험한다. 이 시험은 가능한 환경노출, 식이, 사용습관 등의 차이 평가에 도움을 준다. 임상이용시험도 자체평가 앙케이트, 인터뷰하여 제품의 감각 품질을 평가한다. 때때로 감각평가 자료는 제품에 대한 향료함량과 연화제의 조절과 같은 작은 부분의 수정을 제시한다. 어떤 변화는 제품의 안정성과 가능한 재시험을 필요로 한다. 시험하는 동안 제품의 임상유효시험과 광고를 시작할 수 있다. 여러 시험방법은 피부에 대한 가습성, 세척력, 보호특성을 포함하는 제품효과를 평가에 이용할 수 있다. 제품이 햇볕차단제, 항-발한제, 피부보호제처럼 의약외품이면 유효기간 시험은 적절한 의약품 규제에 따라 시험해야 한다.

1.7 시험생산

안전성과 유효기간을 시험하는 동안 생산처방은 생산규모의 확대 단계로 옮겨간다. 실험실 규모(1 ~ 3 kg)로부터 이용가능한 장치에 따라 30, 50, 100, 혹은 200 kg으로 규모를 확대한다. 일반적으로 1회분 생산량은 판매생산에 상당하는 장치를 이용한다. 생산품 배치는 마이크로 사진, 레올로지 시험, pH, 점성, 비중을 포함한 최종 실험노트를 함께 기록해야 한다.

TOPIC 화장품은 피부에 흡수되는가?

피부를 통해 흡수되는 화합물은 해롭다고 수십 년 전에 Jaccob이라는 학자가 "위험물(Poison)"이라는 책에서 설명했다. 그 책에 화합물이 피부를 통해 흡수되면 건강에 대단히 해롭다고 설명했다. 화장품을 만드는 사람들은 화장품이 피부에 흡수되어 피부가 부드러워진다고 광고한다. 선전과 학설은 다르다.

어떤 화장품 회사는 눈 주위 주름살 방지용으로 retinal이라는 성분을 몇 ppm 화장품에 섞었다고 광고한다. retinal은 망막과 피부에 함유된 성분이다. 망막의 rhodopsin 성분이 빛을 흡수하면 망막의 *cis*-retinal이 *trans*-retinal로 이성질화되고 11-*cis*-retinal이 11-*ttrans*-retinal로 변한다. retinal이 opsin 단백질에서 분리되면 시각상을 해석하는 뇌로 보내는 신경을 자극한다. 그 다음 *trans*-retinal은 *cis*-retinal로 되돌아가서 opsin과 *cis*-retinal이 효소반응을 통하여 결합하고 rhodopsin으로 되돌아간다. retinal을 화장품에 몇 ppm 섞었다는 화장품 광고는 그 회사 제품을 사랑하는 고객들을 너무 깔보는 선전이다.

어떤 화장품 회사는 바르기만 해도 가슴이 커진다는 크림 화장품을 선전한다. 아마 가슴확대 전문 성형외과 의사들이 찔끔했을 것이다. 고민하던 분들이 수백만원 절약해서 가슴을 키우는 기대감에 젖어 크림을 구입할 것이다. 크림에 포함된 보르피린 성분은 지방과 결합하여 지방을 증식하는 성분이다. 피부표면에 바른 보르피린은 피부 안으로 침투하지도 않고 연하고 부드러운 피부표면이 붉게 변하거나 뾰루지가 생긴다. 또 같은 목적으로 푸에라리아 성분을 포함한 가슴에 바르는 크림 화장품도 판매한다. 그 성분은 태국에서 전통적 약초로 사용하는 푸에라리아에서 추출하였고 에스트로젠(estrogen) 호르몬 성분을 함유하여 갱년기 증상을 완화한다고 태국에서 사용한다. estrogen을 사전에서 찾아보면 발정 호르몬 화합물이라고 설명한다. 그러나 먹지 않고 피부에 바르면 전혀 반응이 나타나지 않는다. 피부를 통하여 흡수되지 않기 때문이다. 에스트로젠을 과다섭취하면 유방암 발생률이 증가한다. 작은 가슴도 예쁘니 걱정하지 마시라. 예쁜 마음이 더 좋다.

시험생산 확대는 시장성과 여러 실험그룹에 따라 결정한다. 실험실 연구원들은 실험생산 혹은 확대생산에 사용하는 장치 용량을 결정하는 것이 중요하다. 그러한 것에는 혼합용 프로펠러 설계, 혼합속도, 온도, 냉각속도, 반전점(inversion point), 온도감소, 성분 첨가, 혼합시간 등이 포함되어야 한다. 더 이상의 대규모 생산은 공정관리 엔지니어들이 책임질 것이다.

제품생산은 안정성 시험, 안전도 시험, 시험생산이 만족스럽게 끝난 다음 시작한다. 다음 단계는 배치 생산의 계획 및 제조와 관련이 있는 화합물 혼합, 혼합성분계통 기계기술자, 현장주임, 품질관리, 공정 엔지니어, 생산계획자, 포장 기술자, 생산개발 화학자를 포함하는 모든 부서의 예비회의를 소집한다.

예비생산회의의 목적은 새로운 제품에 관한 모든 특수한 필요성을 여러 생산부서에 알려주는 것이다. 그 정보는 제조과정, 결정적으로 중요한 단계, 충전장치와 상태, 어떤 특별한 수송 혹은 취급 필요성을 포함한다. 3～4회 배치 생산을 성공적으로 완료한 다음 제품에 대한 명세서를 완성하고 완료된 제품을 이전한다.

2 크림과 액체 화장품 유제

유제(emulsion)는 화장품의 핵심 기술이다. 유제는 밀크제품으로부터 크림제품까지 넓은 범위의 형태이고 그들을 응용하고 만들어 사용하는 과정이 다양하다. 유제는 일반적으로 오일과 물을 섞어 만들고 물은 외부-상(external phase, o/w) 혹은 내부-상(internal phase, w/o)으로 사용한다. 유제는 물 없이도 만들 수 있다. 안정한 유제를 만들기 위하여 가장 널리 사용하는 화장품 재료는 계면활성제다.

2.1 유제

유제는 거의 모든 화장품에 알려져 있지만 안정하고 우아한 유제 제조는 아직도 화학자들의 기를 죽이는 어려운 분야로 남아 있다. 표면도포 안료, 햇볕 차단제, 향료, 보습제, 기타 활성 성분과 계면활성제 사이에 반응은 훨씬 더 복잡하다.

유제는 섞이지 않는 두 가지 이상의 상(phase)으로 구성한다. 두 상의 재료는 PEGS

(polyethyleneglycol succinate)와 같은 고체도 있지만 주로 액체이고 한 성분(분산-상/내부-상)은 또 다른 성분(연속-상/외부-상)을 통하여 작은 분리된 방울로 분산된다. 모든 유제는 자발적으로 형성되는 마이크로 유제를 제외하면 본래 불안정하다. 우리들이 할 수 있는 것은 불안정하게 될 때까지 시간을 오랫동안 연장하는 것뿐이다. 유화는 서로 녹지 않는 두 가지 성분을 준안정 단일-상(metastable single phase)으로 만드는 과정이다. 화장품에서 인정하는 유제 제조는 매우 도전적이고 한편으로 좌절감도 안겨준다. 서로 녹지 않는 두 가지 성분의 준안정 성질과 화장품에 필요한 유제는 특수한 도전이 필요하다. 도전은 첫째 두 상의 분리 출발을 지연하고 둘째 우아한 화장품 제조다.

2.2 지방질 유제

계면에 흡착하여 표면장력을 크게 감소하는 물질을 계면활성제(surfactant, surface active agent)라 하고 계면활성제는 용도에 따라 유화제(emulsifier), 용해제(solubilizer, solubilizing agent), 보습제(wetting agent), 세탁제(세제, detergent)라고 한다. 계면활성제는 여러 종류들이 있지만 공통적 화학구조는 물에 친화성을 나타내는 친수기(hydrophilic group)와 물에 친수성을 나타내지 않는 소수기(hydrophobic group)를 갖는다. 소수기는 일반적으로 오일에 대하여 친화성을 나타내므로 친유성(liphoilic group)이라고 한다. 소수기는 일반적으로 탄화수소기, 플루오르화탄소기, 실리콘기이다. 친수기는 이온성과 비-이온성이 있다. 친수성, 소수성, 친유성이라는 용어는 “like dissolves like”라는 말에 기본을 둔다. 여기에서 like라는 단어는 성질이 비슷하다는 뜻을 의미한다. 즉 유유상종(類類相從)이다. 극성이 큰 물은 마찬가지로 극성이 큰 알코올, 염기, 산, 아민 등과 잘 섞이고 녹이고 회합한다. 극성이 적은 벤젠, 사염화탄소, 탄화수소계 등은 극성이 적은 석유, 휘발유, 오일, 지방 성분과 잘 섞이고 녹이고 회합한다. 즉 극성이 비슷하면 서로 잘 녹고 결합한다.

계면활성제는 특수한 유화 응용을 위하여 HLB(hydrophilic-lipophilic-balance) 계의 발전에 따라 더 간단하고 더 계통적으로 선택할 수 있게 되었다.(1)(2)

HLB는 분자의 오일 용해 부분과 물 용해 부분의 비율이다. HLB 시스템은 본래 에톡시화 제품의 개발을 위해 만들었다. 물 중에서 계면활성제의 HLB 값은 대략 표 7-1에 바탕을 둔다.

현재 HLB 시스템은 두 가지 기본적 o/w와 w/o 에멀젼이 있다. 첫 번째 나열한 상(phase)은 불연속-상이다. 즉 다른 상으로 유화되는 상이다. Bancroft(3)는 계면활성제를 갖는 두 상을 혼합하는 과정에 함께 혼합되는 두 상 사이의 경계면에서 제3상이 필름을 형성한다고 추정하였고 또한 유제가 가장 잘 녹는 상이 연속-상(continuous phase)으

표 7-1 물 중에서 계면활성제

물 중에서 용해도	HLB 값	설 명
불용성	3~5	w/o 유제
약하게 분산(밀크 모양)	6~9	보습제
맑게 투명	10~12	세탁제
매우 가용성	13~15	o/w 유제

로 된다고 예측했다. 연속-상은 반드시 우세한 양의 물질이 아니다. 유제는 불연속-상이 연속-상보다 더 많은 무게로 구성한다. 간단하게 시험에서 유제가 물로 쉽게 묽혀지면 물이 연속-상이다. HLB 시스템은 대단히 많은 혼란스런 정보를 계통적으로 설명하고 유제 제조를 최적화하기 위한 계통적 연구를 대단히 능률적으로 계획할 수 있다고 설명한다. HLB를 계산하는 새로운 수학적 모델이 개발되었다.

2.3 HLB 계산과 응용

J. T. Davis[4]는 계면활성제 분자를 단위 화학원자단에 바탕을 두고 표 7-2에 나타낸 고유값(바탕값)을 정하고 이것을 다음처럼 합산하여 HLB 값을 구하였다.

$$\text{HLB 값} = \Sigma(\text{친수기의 바탕값}) + \Sigma(\text{친유기의 바탕값}) + 7$$

표 7-2 바탕값[4]

원자단		원자단 값	원자단		원자단 값
친수성 원자단	$-SO_3Na$	38.7	친유성 원사난	—CH—	−0.475
	—COOH	21.1		$-CH_2-$	
	—COONa	19.1		$-CH_3$	
	N(quaternery amine	9.4		—CH—	
	ester(sorbitan ring)	6.8	유도기	$-(CH_2-CH_2-O)-$	+0.33
	ester	2.4		$-(CH_2-CH_2-CH_2-O)-$	−0.15
	—COOH	2.1			
	—OH	1.9			
	—O—	1.3			
	—OH(sorbitan ring)	0.5			

HLB 값은 가성성이 성립하므로 혼합 계면활성제의 HLB 값도 간단히 계산가능하다. 여러 오일-상의 유제에 각기 적당한 계면활성제의 HLB 값을 '필요한 HLB'(required HLB)라고 한다. 표 7-3, 표 7-4, 표 7-5에 필요한 HLB를 나타낸다.

표 7-3 필요한 HLB(1)

	오일 원료	w/o 유제	o/w 유제
탄화수소	유동 파라핀(경질)	4	10
	유동 파라핀(중질)	4	10.5
	바셀린(백색)	4	10.5
	마이크로 결정 왁스	?	9.5*
	파라핀(가정용)	4	9
동식물계 오일, 왁스	면실유	—	7.5
	candelilla wax	?	14.5*
	carnauba wax	?	14.5*
	beeswax(yellow)	5	10~16
	lanolin	8	15
산, 알코올, 기타	stearic acid	—	17
	cetyl alcohol	?	13
	silicone oil(G.E)	?	10.5*

* 추정 값

표 7-4 계면활성제의 HLB 값과 사용범위

사용범위	HLB 값
1.5~3	거품 제거제
4~6	w/o 유제
7~9	보습제
8~18	o/w 유제
13~15	세탁제
15~18	용해제

표 7-5 오일에 필요한 HLB*

화합물	HLB	화합물	HLB
아세토페논	14	라놀린	12
라울산	16	라울린 아민	12
올레산	17	주정(에틸 알코올)	10
밀랍	9	노닐페놀	14
부틸 스테아린산	15	오르토디클로로벤젠	13
사염화탄소	11	송진	16
피마자기름	16	톨루엔	15
클로로벤젠	14	자일렌	14
면화씨 기름	13	등유	14
와세린	6	사이클로헥산	15
	7	염소화 파라핀	8

* Bancroft, J. Phys. Chem., 17, 514(1913).

혼합 오일-상의 "필요한 HLB"도 계면활성제의 HLB 값과 마찬가지로 가성성이 성립한다. 예를 들어 황색밀랍(HLB 15) 10%, 유동파라핀(경질) 53%, 바셀린 37%로 구성된 o/w 유제 오일-상의 "필요한 HLB"를 계산하면

$$\frac{(15\times10)+(10\times53)+(10.5\times37)}{10+53+37}=10.69$$

이 오일-상의 유제화에 HLB는 10~11 값을 갖는 유제가 필요하다.

HLB 값은 계면활성제 성질을 대략 짐작할 때 유효하고 간편하므로 자주 이용한다. 표 7-5에 "필요한 HLB 값"과 계면활성제 용도의 관계를 제시한다. 그렇지만 HLB 값과 "필요한 HLB 값"도 어디까지나 경험적으로 구하는 것이므로 이론적 바탕은 없다.

일정한 물질의 유화에 필요한 대략 HLB를 예측할 수 있고 계면활성제 혹은 계면활성제 배합이 일정한 응용에 적절한가를 더 현명하게 추측할 수 있다. 계면활성제 혼합물을 사용할 때 HLB는 앞에서 여러 표 7-2에서 표 7-5까지 제시한 값과 예를 들어 설명한 계산방법을 이용하여 추정할 수 있다.

유제 겉보기는 불연속-상의 입자 크기에 따른다. 표 7-6은 유제 겉보기에 따른 입자크기를 보여준다. 오일과 물의 굴절률을 대조하면 더 분명하게 알 수 있다. 이 결과를 투명 유제(clear emulsion)라고 한다.

표 7-6 유제 겉보기

겉보기	입자크기
white	>1
blue white	0.1~1.0
translucent	0.05~0.1
transparent	<0.05

최근 유제 제조에 실리콘 유제를 많이 사용한다. 이 재료에 대한 HLB 개념을 직접 응용하여 근사값을 얻을 수 있다. 실리콘 계면활성제를 제조할 때 계산값과 실험값의 차이를 취급하지 않고 특정한 값을 무시하고 HLB 값을 high, middle, low로 분류하여 사용한다.

유명한 HLB 시스템 개정을 제안한 1996년부터 실리콘 바탕 계면활성제를 더 많이 사용하기 시작했다. 그 목적은 지방 재료와 실리콘 재료 사이에 소수성 차이에 적용하는 것이고 실제는 HLB에 대한 표준식이 될 수 없다. 상세한 것은 문헌[5]을 참고하라.

2.4 역사적 배경

유동성이 없는 크림은 초기에 이용이 가능한 유제를 이용하여 쉽게 제조하고 안정화되기 때문에 처음에 고체 유제를 만들었다. 19세기에 들어서 "크림"이라는 용어는 고체 화장품에 사용되었고 가끔 "유제" 용어를 사용했다. "밀크" 용어는 현재 유화 로션이라고 부르는 액체 "크림"에 사용했다.

크림은 여러 종류들이 있었다. 어떤 것은 전통적 콜드크림처럼 유화 처리하였고 다른 것은 연고형태이고 식용유 혹은 동물 지방을 일부 비누화하였다. 그 시대에 인기가 있는 것은 여러 형태로 만든 표 7-7 아몬드 크림이었다. 아몬드 크림은 amandine을 바탕으로 진한 아몬드 냄새나는 크림과 로션이었다. 그 당시에 크림은 벌꿀, 전분, 단맛 아몬드 기름, 달걀 노른자, benzoin 염료, 페루 발삼을 첨가하는 것이 유행했다. 그 후에 표 7-7처럼 sorbitan ester와 ether, triethanolamine stearate, 기타 음이온성, 양이온성, 비-이온성 유제와 같은 가수분해 경향성이 있고 덜 젤 상태인 유제를 사용했다.

표 7-7 일반적 아몬드 크림

성 분	purified lard	alcohol	potassium hydroxide(25%)	bitter almonds oil
함량(wt %)	52.10	1.60	26.50	19.30

크림과 핸드 로션은 초기에 o/w 유제를 사용하였고 포타슘 비누와 터키 적색 오일을 사용했다. 그 당시에 두 가지 문제는 유제 안정도와 젤 상태로 변하는 경향성이었다. 그래서 화장품 병에 “잘 흔들어 사용하라”라는 말이 쓰여 있었다. w/o 유제는 훨씬 더 어려운 문제에 당면했다. 왜냐하면 연속 오일-상을 젤로 만들지 않고 기능을 다할 수 있는 w/o 유제는 없었기 때문이다. 머리털 혹은 건조피부의 세제들이 첫 번째 w/o 로션이었다. 그 로션은 물이 10~30%이고 오일 함량이 많았다. 그러나 일반적으로 화장품들은 물 함량이 많고 오일 느낌이 적은 로션을 원했다.

현대 에멀젼의 첫째 성공은 Nivea(Beiersdorf, Germany)이었다. 1913년에 성공하여 아직도 계속되는 그 w/o 시스템은 양모-그리스(woolgrease)에서 분리된 lanolin 알코올에 바탕을 둔 표 7-8 처방이었다.

또 다른 성공적 w/o 유제는 현대의 기준으로 특별하게 안정하지 않지만 밀랍에 바탕을 두었다. 이것은 1920년에 “Brylcreen”이라 하였고 County Laboratory에 의하여 제조되었다. 이 제품은 표 7-9처럼 밀랍이 석회수에서 비누화될 때 밀랍의 냉각 결정화 효과에 바탕을 두었다. 그것은 균일하게 섞을 필요가 없다. 이것은 2가 양이온(Ca^{2+})으로 비누화되었다.

또 다른 성공적 o/w 유제는 1940년대에 Pond 회사에 의하여 판매된 cold cream이다. 이 유제는 표 7-10처럼 밀랍 중에 지방산을 붕사로 비누화하여 o/w 유제를 만들었다.

표 7-8 1918년 Nivea 회사 얼굴 크림(w/o)

성 분	lanolin alcohol	mineral oil (paraffinum liquidum)	mineral waxes	magnesium stearate	water (aqua)
함량(wt %)	3.00	25.00	5.00	0.20	qs to 100.00

* qs=quantum sufficit

• 제법 : 물을 80℃로 가열한 다음 80℃에서 녹인 오일과 왁스를 빠르게 저으면서 가한다. 이 제품을 만들 때 고전단혼합기(high-shear homogenizer)가 필요하다.

표 7-9 Brylcreen w/o 보습용 헤어크림

성 분	Beeswax	mineral oil (paraffinum liquidum)	lime water
함량(wt %)	3.00	38.00	qs

• 제법 : 오일을 80℃로 가열하고 빠르게 저으면서 차가운 소다수를 가한다(1℃에서 최대 용해도를 갖는다). 게이트 밸브(gate valve)를 통하여 균일하게 섞는다.

표 7-10 Pond o/w 얼굴크림

성 분	beeswax	mineral oil (paraffinum liquidum)	lanolin	Borax	water (aqua)
함량(wt %)	8.00	50.00	3.00	0.20	qs to 100.00

• 제법 : 오일을 80℃로 가열하라. 물과 붕사를 70℃로 가열하라. 오일을 물에 빠르게 저으면서 가하고 40℃로 식히고 향료를 가한다.

3 유제 형태의 선택

현재 성공적 로션 제조에 선택된 각 유제 파라미터는 여러 인자들이 있다. 처음 유체 제품 설계에서 유제 종류를 선택해야 한다. 이것은 대단히 중요하다. 왜냐하면 아름답고 부드러운 피부를 만드는 기능성 효과는 유제 종류에 따라 결정되기 때문이다.

3.1 o/w와 w/o 시스템

o/w(oil-in-water) 시스템은 물이 증발하여 피부를 식혀준다. 이 종류의 로션은 처음에 비-흡장성(non-occlusive) 오일-상이 서서히 들어붙어 피부에서 연속 필름을 형성한다. 주요한 장점은 더 안정한 액체 유제, 비-오일성 응용특성, 화장 마지막에 느끼는 완전한 "건조" 촉감, 몸이 가벼운 화장 효과, 대단히 적은 오일농도, 그 다음에 수동적으로 따르는 원료 가격이다.

w/o(water-in-oil) 시스템은 오일-상이 직접 피부에 닿아 간접 흡장효과를 주고 유제 수분을 서서히 방출하여 피부에 차가운 느낌을 준다. w/o 시스템이 피부와 머리카락에 항상 가습효과를 보여주는 결과를 얻었다. 이러한 유제 종류는 생산하기 더 어렵다. 왜냐하면 오일-상은 연속상이고 전기이중층의 안정화 성질을 제공하지 않기 때문이다. 다만 굳은 계면 필름과 가득 차있는 분산-상은 이러한 유제를 함께 붙잡는다. 이러한 두 가지 인자는 관례에 따라 유제는 용액보다 고체로 변한다. 이러한 유제에 의해 생성된 전형적 마무리 느낌은 풍부하고 매끄러운 처리효과를 갖는다.

3.2 다중-상 유제

화장품 생산은 때때로 다중-상 유제(multiple phase emulsion)를 도입한다. 이것은 o/w/o 혹은 w/o/w 종류다. o/w/o은 w/o와 비슷하지만 약간 o/w 성질을 갖고 w/o/w 유제는 o/w와 비슷하지만 약간 w/o 성질을 갖는다. 예를 들어 밀랍/붕사 유제 종류는 형성된 비누양에 결정된다. 가용성 비누와 마그네슘염이 이중 분해되는 마그네슘 비누의 형성에 바탕을 둔 w/o 유제는 때때로 w/o/w 종류다. 이들은 처음에 스테아린산 혹은 밀랍을 붕사 혹은 1가 이온으로 중화하여 o/w 유제를 형성한 다음 황산마그네슘 용액을 가하여 2가 화학종 비누로 변환한다. 이것은 w/o 유제에 가깝다.

다중 유제는 다중-상 유제를 실제로 사용할 때 여러 가지 방법을 사용한다. 현재 가장 많이 사용하는 제법은 fluoropolyether처럼 오일이나 물에 녹지 않는 성분을 일반적 o/w 혹은 w/o 시스템에 분산된 "제3" 성분으로 첨가하는 방법이다. 어느 시스템이든 외부-상(external phase)은 이론적 유제 모델에서 대략 25% 농도로 제한되고 내부-상(internal phase) 작은 방울은 6각형 배열로 조밀충진된 적당한 균일 구형이다. 내부-상 농도가 75%보다 많은 유제는 입자크기가 크게 다른 방울이 생기고 다면체 모양으로 변형된다.

최근에 우수한 피부 감각을 주는 제품을 만들려고 특히 흥미 있는 새로운 유제와 고분자 재료를 사용한다. 어떤 w/o 유제는 80%까지 물을 함유하고 특이한 발수성과 안정도를 갖는 진한 유세용액을 생성한나. 야간용 크림 로선은 폴리불포화 오일을 80%까지 함유한 안정한 o/w 시스템이고 오일-상 연화제가 많고 큰 흡장효과를 갖는 가장 기름기가 많은 w/o 유제이다.

3.3 투명 마이크로-유제

현재 최초로 투명 젤 헤어 그룸(clear gel hair groom)이라고 알려진 투명 마이크로-유제는 투명 로션 혹은 젤 형태로 클렌징 혹은 트리트먼트 제품으로 사용한다. 이들은 표 7-11처럼 계면활성제를 많이 함유한다.

마이크로-유제 로션은 일반적으로 거의 반투명-불투명 점성 액체로 시판한다. 이들 시스템은 분산-상 방울 입자들이 0.05 μm 이하일 때 투명하다. 이때 분산입자들은 전자현미경으로 볼 수 있지만 눈으로 볼 수 없다. 오일-연속 마이크로-유제 혹은 물-연속 마이크로-유제는 만들 수 있고 이러한 투명 시스템은 넓은 온도범위에서 형성될 수 있으므로 본질적으로 마크로(macro)-유제보다 안정하다. 어떤 이유 때문에 투명한

표 7-11 투명 마이크로-유제 젤

성 분	1	2	3	4	5
함량(wt %)	25.00	6.00	14.00	5.00	50.00

1 : laneth-15
2 : isopropyl myristate
3 : mineral oil(paraffinum liquidum)
4 : PEG-2
5 : water(aqua), preservatives, fragrance(parfum)

• 제법 : 오일-상을 80℃로 가열한다. 물/glycol phase를 80℃로 가열한다. 오일을 물에 서서히 혼합하면서 가한다. 50℃ 이하에서 향료를 가한다. 45℃로 식혀라.

것이 상품판매에 불리하면 Rhoplex, Polectron 430, Cloud # 105와 같은 아크릴 유제 혹은 물에 분산가능한 이산화티탄을 첨가하여 불투명하게 만들 수 있고 마이크로-유제 안정도는 그대로 유지할 수 있다.

입자크기 감소와 그 시스템의 흐름성 안정도의 두 가지 장점 때문에 오일-상의 피부 침투는 증가하는 것처럼 보인다. 그러나 조심해야 한다. 마이크로-유제 계는 일반적으로 비-이온성 에터(ether)를 많이 처방하므로 심한 눈 자극과 마취작용을 한다. 이 유제의 피부 침투능력 증가는 일반적 피부침투 혹은 피부자극 영향과 관련이 없고 성분으로부터 피부자극 감도를 증가한다. 투명한 묽은 유제 로션은 가끔 점성이 없고 처음에 용액으로 처방하면 젤로 되지 않는 경향이 있다. HLB 시스템을 용해도에 적용하고 특히 용해도에 적용가능한 여러 유제의 HLB 값이 문헌에 나와 있다.(6)(7)

3.4 알코올 유제

알코올 유제는 또 다른 유제이고 그 시스템은 오일과 알코올에 바탕을 두고 물로 묽혀지거나 묽혀지지 않을 수 있다. 이러한 oil-in-alcohol 시스템은 표 7-12처럼 특히 오일이 알코올에 매우 조금 녹을 때 안정화되는 것이 매우 어렵다. alkyl polygycol phosphate 계면활성제는 그 유제 안정화에 도움을 준다. 알코올을 연속-상으로서 물을 약간 혹은 전체 치환하면 안정화 인자(경계 필름, 이중전기전하, 유전효과와 같은)들이 파괴된다. 이러한 유제는 Klucel, polyacrylic hydrocolloid, Carbopol과 같은 고무(gum) 성분을 갖는 알코올에 따라 더 안정화된다. 이 성분들은 표 7-12처럼 제품을 동시에 걸쭉하게 만든다.

표 7-12 투명 알코올 유제와 불투명 알코올 유제

성 분	1	2	3	4	5	6	7	8
투명 알코올 유제 함량(wt %)	2.50	10.00	–	–	44.00	1.00	–	42.50
불투명 알코올 유제 함량(wt %)	1.50	–	4.00	4.00	20.00	0.70	0.20	69.60

1 : alkyl polyglycol phosphate
2 : oleyl alcohol
3 : stearyl alcohol
4 : isopropyl palmitate
5 : triethanolamine
6 : carbomer 934
7 : preservatives, fragrance(parfum)
8 : water(aqua)

- 투명 알코올 유제 제법 : phosphate ester와 oleyl alcohol을 50℃로 가열하라. TEA를 물에 녹이고 50℃로 가열하라. 물을 오일에 가하라. 걸쭉한 유제가 생긴다. 이것을 알코올에 가하면 투명 유제로 된다.
- 불투명 알코올 유제 제법 : carbamer를 물에 분산하고 75℃로 가열하라. 오일-상을 별도로 75℃로 가열하라. cabomer 용액을 오일에 가하고 유제로 만들어라. TESA를 가하라. 저으면서 40℃로 냉각하고 알코올과 향료를 가한다.

3.5 나노-유제

나노-유제(nano-emulsion)는 입자크기가 대략 100 nm이고 최근에 개발되었고 고-에너지 파쇄기를 사용하여 만든다. 이들은 표 7-13처럼 매우 적은 계면활성제 함량을 가지며 분무할 수 있는 극히 작은 유제다.

이 제품들은 피부에 바를 때 그리스가 없고 기름기가 없는 촉감을 주고 피부에 푸른빛이 나고 피부표면에 빠르게 흡수되는 것처럼 느껴지고 피부 표면에 깊숙하게 활성을 전달하는 느낌을 준다. 이 화장품을 분무하면 피부에 닿아 작은 유제 방울이 빠르게 깨져서 많은 수분함량이 적은 유제 방울 표면에 흡수되어 냉각효과와 두드러진 향료효과를 발산한다.

표 7-13 분무가능한 서브-마이크론 유제

성 분	1	2	3	4	5	6	7	8	9
함량(wt %)	18.00	5.00	3.00	2.00	0.20	0.10	0.50	1.00	qs to 100.00

1 : trimethylpropane tricaprate/tricaprylate
2 : glycerin
3 : cetyl alcohol
4 : glyceryl stearate
5 : ceteareth 20
6 : steareth 2
7 : phospholipids
8 : fragrance(parafum)
9 : water(aqua), preseratives

- 제법 : 오일-상을 65℃로 가열한다. 물과 글리세린을 60℃로 가열한다. 오일-상을 가하고 30℃ 될 때까지 젓는다. 입자크기가 100 nm로 분쇄될 때까지 유동화분쇄기에 통과시켜라.

3.6 계면활성제

고려해야 되는 마지막 유제 종류는 계면활성제다. 음이온성, 양이온성, 혹은 비-이온성 혼합물을 이용할 수 있고 가끔 음이온성 혹은 양이온성 유제를 비-이온성 유제와 섞어 사용한다. 각기 어떤 특수한 장점이 있고 결점도 있다.

음이온성 계면활성제는 적은 농도에서 매우 효과적이고 고온에서도 안정하지만 가수분해되기 쉽고 다가 양이온과 침전을 생성할 수 있다. 이것은 대부분 음이온 화학종을 은폐 음이온성 계면활성제(cryptoanionic surfactant)로 대치하여 극복한다. 은폐 음이온성 계면활성제는 분자의 친유성과 친수성 부분 사이에 polyoxyethylene 원자단과 같은 구조적 특정 원자단을 도입하여 분자를 변형할 수 있다. 이렇게 변형된 화학종은 덜 음이온성이고 덜 양이온 반응성을 갖는 효과를 갖는다. sodium laurylether sulfate는 ethylene oxide bridge 없는 동일한 분자보다 훨씬 더 용해성이고 2가 음이온용액에서 활성이다.

침전을 취급하는 또 다른 방법은 그 처방에 격리제를 포함한다. 0.05% 정도로 적은 EDTA 함량은 2가 염류와 음이온 침전반응을 방지함과 동시에 미량 금속의 촉매 산화 부패 혹은 분해반응을 방지하고 유제의 보존에 기여한다.

양이온 유제는 산 은폐제로 매우 적당하고 산성 은폐 유지에 도움을 주지만 음이온성 계면활성제 계는 케라틴 팽창을 촉진하고 피부의 완충작용 용량에 과중한 부담을 주거나 잠시 비활성화하여 염증을 유발 혹은 감염에 대한 저항을 감소한다. 양이온 유제는 음이온 활성 성분에 의해 침전되므로 이 종류의 유제는 일반적으로 오일-상 성분과 음이온성 기능을 갖는 유제를 제외해야 한다. 어떤 특별한 경우에 양이온성 유제는 매우 안정한 양이온성 비누 유제를 생성하기 위하여 지방산과 같은 음이온성 계면활성제와 균형을 맞춘다.

비-이온성 유제는 오일과 물에서 좋은 용해도 특성을 갖고 거의 모든 HLB 값으로 조제할 수 있고 음이온 및 양이온 유제와 자유롭게 섞인다. 비-이온성 계면활성제는 고온에서 가끔 비-활성화되고 화장품 유제에 살균제와 방부제로는 비-활성이다. 비-이온성 계면활성제는 이온성 유제처럼 활성이 아니므로 안정한 유제를 생성하려면 상당히 진한 농도를 필요로 한다.

비-이온성 유제를 취급할 때 유제를 형성하는 동안 소수성 화학종의 ethylene oxide 사슬의 비활성화 때문에 고온에서 적절하게 작용하지 않을 수 있다. 그러므로 오일-상 성분의 최고 녹는점 이상 온도에서 비-이온성 유제를 생성하는 장점이 없다. 음이온성 유제와 비-이온성 유제 혼합은 o/w 유제를 생성하고 그것은 쉽게 생성되고 크게 안정한다. 그러나 혼합 유제 시스템을 선택하면 그 두 가지 시스템의 장점을 얻을 뿐만 아니라 두 시스템의 상반된 점도 갖는다.

3.7 실리콘 유제

실리콘 유제(silicone emulsifier)는 더 중요한 종류의 재료이고 양쪽친화성이다. 즉 순수한 형태로 혼합하면 서로 녹지 않는 둘 이상 원자단을 갖는 화합물이다. alkyl dimethicone copolyol 경우에 오일에 용해하는 원자단, 물에 용해하는 원자단, 실리콘에 용해하는 원자단의 세 종류 원자단이 있다.

유제는 서로 다른 범위의 HLB 값을 갖는 유제로 만든다. 한 예를 들면 다음의 네 종류 실리콘 유제다. 이들 분자는 ① 알킬기에 녹는 부분, ② 물에 녹는 부분, ③ 실리콘에 녹는 부분으로 구성한다. 이러한 세 부분의 적절한 비율 선택이 용해성 유제 조제에 주요하다. 처방전의 필요한 HLB 값은 한 오일 혹은 여러 오일의 선택에 따라 변하므로 유제의 HLB 값도 함께 변한다. 유제의 HLB 값 범위는 3.2에서 9.6이다. 이 범위 유제는 오일을 넓은 범위에서 유화한다.

유제처방은 예를 들어 다음의 네 종류 유제를 이용하여 유화한다. 각 성분은 유제 안정도에 기여할 뿐만 아니라 화장품에 미학적으로도 기여한다. 성분은 물 47.25%, 오일 47.25%, 유제 5.00%, 염류 0.5%로 구성한다. 제법은 유제 혹은 유제 혼합물을 오일-상과 혼합하여 잘 섞고 투명도에 주목하라. 염류를 물에 가하고 50℃로 가열한다. 오일-상을 물에 가하고 혼합기를 이용하여 120초 동안 혼합하고 겉모양을 살핀다. 이 과정은 유제 결과에 따라 유화제 혼합물을 이용하여 만족한 유제를 얻을 때까지 되풀이한다. 좋은 결과를 얻은 유제는 그 다음에 생산 설비를 이용하여 균일하게 혼합한다.

3.8 유제 원료

현대 화장품 성분의 발전은 lanolin 흡수 바탕물질의 상업적 발전에 따라 1930년대에 시작하였고 크림이 널리 발전하게 되었다. 물 함량이 50% 되는 제품도 가능해졌고 세척성질은 일류 콜드크림 종류와 거의 같아졌다. 거의 같은 시대에 Tegin type(glycerol과 sodium stearate)의 polyol fatty acid ester 화합물이 비누화 지방산용 triethanolamine과 함께 등장하였다.

그 다음으로 중요한 개혁은 Lanex wax(cetearyl alcohol과 sodium lauryl sulfate)의 황산알킬 계면활성제 유제의 도입이다. 1950년대에 Span과 Tween 종류의 유제 배합 화합물이

HLB 시스템의 개발과 함께 이용할 수 있게 되고 더 나아가서 ethoxylate와 propoxylate 유제의 발전과 함께 유제 처방에 도움이 되었다. 오늘날 지방질 알코올 유도체와 그들의 알콕시 화합물은 모든 종류의 유제에 널리 사용한다.

화장품 화학자들은 실제로 모든 종류의 크림과 로션 제조에 끝없이 변화를 거듭한다. 모든 종류의 화장품 크림에 이용할 수 있는 주요한 유제와 연화제는 수없이 많지만 중요한 종류를 간추리면 라놀린(lanolin)과 그 유도체, 천연 지방과 오일, 알킬 지방산 에스터, 지방질 알코올, 지방산, 글루코오즈와 설탕 에스터, 탄화수소와 합성 연화제, 폴리올 에스터, 포스폴리피드, 스테로이드, 왁스, 실리콘, ethoxylates, propoxylates이다.

3.9 유제 안정도

제품을 처방하는 연구원들은 적절한 응용 특성, 감촉, 성능 이외에 유제 안정도에 영향을 주는 인자들을 알아야 한다. 일반적으로 말해서 유제가 적을수록 안정한 계의 달성은 어렵다.

가장 일반적 유제용액의 불안정성은 크림형성이고 크림은 o/w 유제 표면에서 아직 유제 상태이지만 지방이 많은 형태다.(8)

이러한 w/o 시스템에 따라 수용성 유제 층은 로션 바닥에서 형성된다. 이것은 아래로 지향하는 크림형성 때문이다. 그것은 솜-모양 덩어리(flocculation)와 뭉침(coalescence) 같은 다른 종류의 불안정성과 구별할 수 있다. 왜냐하면 솜-모양 덩어리와 뭉침은 흔드는 순간에 크림층을 다시 분산하여 변화를 역전할 수 있는 사실 때문이다. 크림 형성은 Stokes 법칙에 따른다. 즉, 크림 형성 속도는 오일-상과 물 사이에 밀도 차이, 연속-상의 점성, 분산-상의 입자크기에 비례한다. 이러한 사실은 크림형성을 다음처럼 처리하여 감소할 수 있다는 것을 알려준다. 첫째 어느 한쪽 상의 비중을 조절하여 밀도차이를 최소화한다. 둘째 내부-상의 입자크기를 최소화한다. 셋째 적절한 시간에 균질 분쇄조작 혹은 콜로이드 밀링 단계를 도입하여 입자크기를 감소하고 안정화한다. 넷째 외부-상에 고무 성분 혹은 기타 점성부여제(thickener)를 첨가하여 연속-상 점성을 현명하게 증가한다.

현미경을 통하여 볼 때 분산된 작은 방울이 작게 뭉치기 시작하면 유제-파괴 과정이 솜-모양 덩어리로 변한다. 이러한 집합체 형성은 크림을 형성하는 경향이 증가하지만 작은 방울이 분리되어 남아 있는 크림과 다르다. 즉 농도는 진하여도 실제로 서로 접촉하지 않는다. 현미경으로 볼 때 수많은 유제의 결함을 보여주는 좋은 논문들이 출판되었다.(9)

솜-모양 덩어리 현상은 비교적 묽은 o/w 유제 혹은 분산에서 작은 방울의 표면전하가 부적절한 증상 때문이다. 이것은 적어도 부분적으로 유제 농도를 증가 혹은 음이온성 계면활성제 같은 계면활성제를 선택하여 수정할 수 있다. 이러한 경우에 계면활성제는 더 완전하게 전기이중층을 생성하여 솜-모양 덩어리 생성을 효과적으로 방지한다. 유제 농도를 증가하면 약간 더 많은 친수성 혼합물이 일반적으로 전체 시스템의 HLB값을 새로 거의 비슷하게 변경하는 것으로 알려졌다. 이때 다른 오일-상은 다른 친수성-친유성 균형이 필요하다. 계의 유제-대-오일 비율을 낮추면 그 반대 현상이 나타난다.

Schwartz는 화장품 연구에 zeta potential 연구의 응용을 도입했다.[10] zeta potential은 전하를 띤 액체 물질의 표면에서 전기적 전위를 나타내고 전위는 유제 중에서 오일방울과 함께 이동한다. 최근에는 실용적 zeta meter를 실험실에서 이용하고 있다. zeta potential은 솜-모양 덩어리의 유제 현상 연구와 분산 시스템의 안정성 예측에 유용하다.

솜-모양 덩어리 과정은 집합체들이 더 큰 방울을 형성하려고 결합하는 점까지 진행할 때 이 과정을 뭉침(coalescence)이라고 한다. 심한 불균형 시스템에서 이러한 과정은 완전한 상-분리 점까지 진행할 수 있다. 이것은 일반적으로 대부분 오븐(oven) 시료에서 관찰된다. 어떤 분위기에서 뭉침 현상은 어떤 입자크기에서 정지한다. 이러한 현상은 대부분 불충분한 유제 때문이고 한계뭉침(limited coalescence)이라고 한다.[11]

미세하게 분리된 유제 상태를 유지하기 위해서 불충분하게 유제를 공급하면 비교적 거친 계의 솜-모양 덩어리와 뭉침을 방지한다.

이러한 두 과정은 연속적으로 발생하므로 유제 불안정도의 전체 속도는 속도-조절 단계와 그것에 영향을 주는 인자들에 따라 결정된다. 예를 들어 핸드 로션과 바디 로션처럼 묽은 로션은 솜-모양 덩어리를 만드는 인자들이 속도조절 인자이므로 연속-상 점성은 입자 이동 제한에 중요하다. 그리하여 대부분 핸드 로션은 고무 성분 혹은 아교 성분을 첨가하여 안정화한다. 모든 목적에 사용하는 로션처럼 더 진한 시스템에서 솜-모양 덩어리 생성 단계의 입자 표면전하는 속도-조절 변수다.

클렌징 유제처럼 대단히 진한 유제에서 뭉침 현상은 속도-조절 단계이고 계면 필름의 응집성 같은 인자들은 매우 중요하다. 그러한 분위기에서 화장품 처방을 연구하는 사람들은 유제 계면의 접촉을 증가하는 유제 시스템의 변화를 피해야 한다. 친수성 PEG 에스터, ethoxylated nonylphenol, ethoxylated lanolin alcohol, ethoxylated cholesterol과 같은 성분을 불균일성이 증가하게 로션에 첨가하여 적절한 계면 필름 접촉을 유도한다. 실제로 이러한 재료들은 냉동/해동 안정성을 증가하는 것으로 나타났다. 일반적으로 말하면 콜로이드 밀링 혹은 균질분쇄에 의한 균일한 입자크기 감소도 뭉침 속도를 감소한다.

3.10 유동학적 문제

로션 처방전을 만드는 연구원들은 병 속에서 그리고 피부 위에서 점성을 두 가지 유동학적 측면에서 고려한다. 보관 용기 내에서 제품의 수명과 연관하여 점성과 유동성 안정도를 많이 연구했다.

대부분 로션 화장품은 비-뉴톤성(non-Newtonian)이다. 다시 말하면 계의 점성은 가해진 스트레스에 의하여 생성된 전단율(shear rate)에 따른다. 그러므로 방해받지 않은 조용한 화장품 유체는 병 속에서 아주 많은 진한 점성을 갖지만 흔들거나 피부에 쏟으면 빠르게 점성이 없어져 비교적 얇게 그리고 쉽게 일정하게 분산된다. 이것을 전단 묽힘(shear thinning)이라고 한다. 피부에서 최종 점성은 로션에 가한 일(done work), 뉴톤 거동(Newtonian behavior)에서 벗어나는 정도, 병 속에서 최초 점성 등에 따른다. 유제 연구원들은 병 속에서 큰 점성을 유지하고 병 목(neck)을 통하여 좋은 흐름 성질을 유지하는 동안 피부에서 얇고 쉽게 일관성 있게 퍼지는 최종 안정성, 슈도-플라스틱(pseudo-plastic) 점성, 흐름 변성 시스템 등에 관심을 둔다.

처음에 일단 적절한 흐름성을 얻으면 다음에 주요한 문제 중에 하나는 그 계의 장기간 안정도를 확인하는 것이다. 로션 수명을 통하여 쉽게 퍼지고 잘 흐르고 피부에 잘 묻어야 한다. 이상적으로 유제 수명 동안에 점성변화가 없어야 한다. 빠르게 이동하는 상품은 1년 유동성 안정도를 유지할 필요가 있지만 느리게 이동하는 제품은 2년 이상 유지할 수 있어야 한다.

점성 관계의 연구에 가장 간단하고 좋은 방법은 회전점성계(rotational viscometer, 예를 들어 Brookfield 제품)의 이용이고 그 기기를 이용하여 얻은 레오그램(rheogram)은 비-뉴톤 액체의 특성을 알 수 있다. 레오그램은 shear-thinned system의 존재를 증명하기 위해서 서로 다른 전단율(shear rate)을 갖는 최소 두 점(예를 들어 1 rpm, 그 다음 5 rpm)을 취한다. 그 다음에 유제의 시간-의존성(time-dependence)을 알기 위해서 세 번째 점(예를 들어 1 rpm)을 다시 읽는다.[12]

Helipath stand와 연결된 Brookfield "T bar" spindle의 이용은 더 좋은 결과의 재현성을 보증하고 크게 추천할 만하다.

전단율 연구는 실제 전단과 관련이 있어야 하고 실제로 유제에 응용된다. 이러한 상호관계에 관한 최근 연구는 발표되어 있다.[13]

화장품 용기로부터 붓는 전단율은 50~100 sec^{-1}이다. 일반적 응용은 피부의 필름 두께에 따라 결정되고 전단율은 102~104 sec^{-1}이다. 플라스틱 압착 병의 제한된 입구를 통한 전단율도 102~104 sec^{-1}이다. 그러므로 전단율을 저급, 중급, 고급으로 나눈다면 저급과 중급 전단율은 흐름 용이성 연구에 중요하고 고급 전단율은 전단 묽힘(압착

병에서) 혹은 압착에 가장 중요하다. 한 제품을 연구할 때 배치 사이에 변화는 연속적이고 평탄한 레오그램으로 되는 것을 알 수 있다. 한 점을 측정하는 경우 고급 혹은 저급 전단율 성질과 직접 서로 관련 있는 경우가 있다.(14)

인체와 로션 흐름에 영향을 주는 여섯 가지 인자는 다음과 같다.

① 연속-상 : 에멀젼 점성은 외부-상(external phase)을 진하게 만들어 증가할 수 있다. cmc와 같은 셀룰로오스 유도체는 거의 뉴톤 흐름과 비슷하다. Carbopol과 같은 아크릴 폴리머는 비-뉴톤 흐름(non-Newton flow)이다.

② o/w 유제에서 분산-상의 녹는점(점성은 덜 중요하다) : 더 높은 녹는점은 점성이 더 크다.

③ 내부-상(internal phase)의 비율 : 유제 점성은 농도를 증가하여 높일 수 있다. 내부-상 부피를 40%에서 50% 혹은 더 많이 증가하면 가장 효과적이다.

④ 분산-상의 입자크기 분포 : 균일한 지름은 더 무거운 유제를 생성한다. 동일하게 균일하면 지름이 작을수록 더 큰 방울크기보다 진하다.

⑤ 유제 종류의 변화에 의한 계면 변화는 더 경직된 계면 필름을 생성한다.

⑥ 비슷한 유제 종류의 HLB 값 변화 : 더 친유성 혼합은 o/w 계의 점성을 증가한다.

실제로 가장 자주 만나는 계면활성제는 보다 진한 농도의 스테아린산과 스테아린산 염류이고 이들은 젤화반응(gelation)과 전단 묽힘(shear thinning)에 가장 인정받는 계면활성제다. 보관 수명과 냉동/해동 연구는 이러한 계의 사고 예측에 유용하지만 고온 등온 시험은 예측 방법이 소용없다. 여러 성분들은 임의 온도에서 결정화되어 젤화되고 더 높은 온도에서 용액으로 남는다. 실온에서 혹은 40～50℃에서 1주일간 회복 실험은 도움이 된다. 음이온 계에서 젤화반응의 방지에 다음처럼 여러 방법을 이용할 수 있다.

첫째, 유제에서 고급 지방산과 지방 알코올의 폴리올(polyol) 농도를 과량으로 사용하지 않는다. 둘째, 분산-상을 진한 농도의 광물성 오일, triglyceride oil, oleyl alcohol, isopropyl myristate 같은 낮은 어는점 에스터 등과 함께 가소성을 갖게 만든다. 10%까지 사용할 수 있다. 셋째, 처방전에 sodium lauryl sulfate 같은 알킬 황산을 소량 첨가하면 HLB 값이 증가한다. 필요한 값은 0.1～0.5%다. 넷째 isopropyl palmitate 혹은 butyl stearate 같은 높은 어는점 액체 에스터들이 다량 함유되지 않게 한다.

모든 로션은 유제에 친수 비-이온성 계면활성제 계면 필름을 가하고 묽혀 수정하거나 유제 균형을 변화한다. 표 7-14에 다섯 종류 로션을 예로 설명한다.(15)

표 7-14 로션의 종류(성분 함량 wt %)

성 분 \ 종 류	A	B	C	D	E
cholesterol	–	0.50	0.5	0.5	0.5
celeth 24 and choleth 24	–	–	0.15	0.30	0.75
stearic acid xxx	3.0	3.0	3.0	3.0	3.0
mineral oil(paraffinum liquidum)65/75	25.5	25.5	25.0	25.0	25.0
triethanolamine	1.0	1.0	1.0	1.0	1.0
propylene glycol	4.0	4.0	4.0	4.0	4.0
water(aqua)	63.5	63.5	63.35	63.20	62.75
preservatives, fragrance (parfum)	3.0	2.5	3.0	3.0	3.0
initial viscosity	flow medium	no flow	flow heavy heavy	flow medium heavy	flow medium
stability at 42℃	v.slight water separation after 2 weeks	o.k.after 7 weeks	v.slight water separation after 2 weeks	o.k. after 7 weeks	slight water separation after 4 weeks increases

* 모두 7주간 실온에서 안정하다.

표 7-14 A의 바탕 처방(medium fluid, heavy lotion)에 0.5% 콜레스테롤을 함유(표 7-14 B)하면 그 계는 젤로 변하므로 흐름이 없다. 이것은 추측하건대 계면에서 콜레스테롤의 효과 때문이다. Solulan C-24를 점차 증가하면 점성이 예상되는 것처럼 감소한다. 표 7-14 C는 heavy fluid 계이고 표 7-14 D는 표 7-14 A와 비슷하고 고온에서 매우 안정하다. 표 7-14 E처럼 친수성 지방 알코올/콜레스테롤 유도체 농도를 과량 사용하면 점성은 중간 유동성으로 감소하고 고온 안정도를 상실한다. 이것은 냉동/해동 안정도를 증가한다.

실제로 이와 같은 유제 계는 유제 안정도와 최초 입자의 크기감소에 필요한 것보다 훨씬 많은 유제를 사용한다. 그리하여 유제는 넓은 HLB 값 범위에서 안정하고 진한 농도에서 HLB는 이러한 유제 안정도가 유동성 성질처럼 확실하지 않다. 과량 유제는 오일-상을 어떤 방식으로 변경하여 연속-상과 함께 더 조화되게 그리고 경계 필름이 더 안정화되게 "경직화"된다. 친수성 유제 농도를 더 증가하면 그 계는 경계면 경직성이 변하여 불안정해진다. 1970년대에 Lin은 "작은 에너지" 유화과정의 이용을 제안했다. 간단히 말하면 이것은 처방전에서 외부-상(물)의 양을 감소하는 것이다. 유제를 진

표 7-15 양이온성 o/w 유제

성 분	1	2	3	4
함량(wt %)	4.00	4.00	1.60	90.40

1 : stearalkonium chloride(21%)
2 : mineral oil(paraffinum liquidum)
3 : stearyl alcohol
4 : water(aqua), preservatives, fragrance

• 제법 : 오일-상을 75℃로 가열한다. 15%에 상당하는 물을 75℃로 가열하라. 빠르게 저으면서 혼합하라. 일단 유제가 형성되면 유제가 반대로 되게 냉수를 가하고 균일하게 혼합하라.

표 7-16 비-이온성 w/o 유제

성 분	1	2	3	4	5
함량(wt %)	57.00	1.00	4.00	8.00	30.00

1 : mineral oil(paraffinum liquidum)
2 : glycol diesterate
3 : polysorbate 60
4 : sorbitan stearate
5 : water(aqua)

• 제법 : 외부-상(mineral oil) 45%를 별도로 간직하라. 오일-상 성분을 75℃로 가열한다. 물을 75℃로 가열한다. 유제가 생성될 때까지 섞어라. 실온에서 mineral oil로 묽혀라. 균일하게 섞어라.

하게 만들어 차가운 물로 묽히면 일반 방법으로 만드는 것보다 더 작은 입자 크기의 유제(즉 더 좋은 품질)로 된다. 표 7-15와 표 7-16을 보라.(16)

Lin은 처방전 작성자들이 입자크기 조절을 실험하게 많은 잠재적 변수들을 상당히 상세하게 연구하였다. 그는 이 방법을 표 7-15와 표 7-16에 양이온성, 비-이온성, 음이온성 유제에 응용하고 이 방법이 low solid 유제에 훨씬 더 좋게 적용되는 것을 알았다.

3.11 제조과정에서 고려할 사항

모든 유제 제품에 상세한 제조과정이 중요하지만 특히 유제용액을 고려할 때 그러하다. 몇 가지 중요하고 상세한 점은 다음과 같다.

고무성분을 연속상 안정화에 사용할 때 미리 사용하기 전에 유제 안에서 완전히 수화해야 한다(미리 수화해서 사용하면 더욱 좋다). bentonite, albagel, pharmagel, veegum 같은 무기화합물 점성부여제(thickener)는 완전한 점성과 안정도를 나타내게 약 1시간 물에서 85~90℃로 가열해야 한다. 물에 미리 알칼리를 첨가하면 수화반응이 촉진된다. 모든 유제의 오일-상은 가장 높은 온도에서 녹는 성분의 녹는점보다 몇 도 높게 가열한다. 다음에 이것은 수용액상을 가열하는 온도로 설정한다.

아민 비누(amine soap)계는 최소 제조 온도는 75℃여야 더 효과적으로 단층을 형성할 수 있다. 알칼리 비누계는 훨씬 더 높은 온도를 필요로 한다. 물론 이것은 비-이온성 계면활성제를 이용하여 처방할 때 중요하지 않다. 그 비누를 제자리에서 약간 더 낮은 온도에서 단층이 효과적으로 형성될 수 있다. 여러 주요한 제조회사들은 실제로 유제의 수용액상을 방부제와 함께 적어도 20분간 80℃에서 가열한 다음 온도를 낮춘다. 이렇게 하면 수용액상에서 미생물 오염을 방지할 수 있다.

분산-상에 연속-상을 첨가하는 반대 방법은 분산-상 부피가 작을 때 실용성이 없지만 균질화 혹은 콜로이드 밀링(milling) 설비를 이용할 수 없을 때 혹은 유제-대-오일 비율이 대단히 낮을 때 더 유리하다. 그러나 유제를 반대로 만들려면 효과적으로 저어주어야 한다. 왜냐하면 반전점(inversion point) 근처에서 매우 빽빽하기 때문이다. 유제 혼합물이 대단히 유성이면 상의 첨가 순서와 온도 값이 유제 완성에 영향을 줄 수 있다. 유제의 반전이 일어나지 않으면 오일에 대한 물 첨가는 w/o 유제로 된다.

Lin과 Lamberchts는 유제-상 반전(17)과 2-상 계에서 계면활성제 이동(18)에 관한 초기 유제 위치의 효과를 연구했다.

그들은 수용액상에서 친수성 유제의 위치와 오일-상에서 친유성 계면활성제가 점성을 변화하고 최종 유제의 안정도에 영향을 주고 반전에 필요한 온도와 에너지를 변화한다고 설명한다. 그들은 모든 계면활성제들이 최선 안정도와 점성 조절을 위해서 오일-상에 있어야 한다고 결론지었다. Lin은 또한 계면활성제 위치도 안정한 유제의 달성에 필요한 HLB 값을 실제로 변화할 수 있다고 지적했다.(19)

그러므로 유제의 위치에 관한 실험은 시험공장 연구보다 미리 실험실에서 연구하는 것이 최선이다. 선택적 혼합은 통기를 하지 않아도 효과적으로 가능하므로 유제는 쉽게 형성되고 균일한 입자크기를 생성하고 더 균일하게 냉각한다. 최선 결과를 얻으려면 실온까지 계속해서 저어야 한다. 뒤에 강제로 냉각하는 동안 최선의 열전달을 위해 스크래퍼(scraper) 혼합으로 바꾸더라도 초기 유제의 제조에 가변속도 프로펠러 혼합이 가끔 최선이다.

더 안정한 온도 수준에 도달할 때까지 냉각하는 동안 유제 입자들은 거칠어질 수 있으므로 가는 입자크기를 유지하려면 효과적 혼합이 중요하다. 배치 온도가 유제 혼합물의 흐림점(cloud point) 이하로 감소할 때 비-이온성 PEG 유제는 열적 안정도 범위에 도달한다. 느린 강제적 냉각은 점성이 지나치게 증가하는 것을 방지하는 경향이 있다. 효과적으로 혼합되지 않게 빠르게 냉각하면 유제는 덩어리를 형성할 수 있다. 유제는 향료 일그러짐을 방지하기 위해 40～50℃에서 향료를 첨가해야 한다.

균질화 과정은 냉각중에 생성된 물리적 성질변화를 보정에 사용하고 더 많은 입자크기 감소 혹은 분산이 필요한 로션의 물리적 성질변화 보정에 사용한다. 초음파

"minisonic", "Silverson" 혹은 콜로이드 분쇄기 같은 실제로 사용하는 기계는 최종 제품에서 원하는 효과를 얻을 수 있다. 임의 온도에서 균질화 과정은 일반적으로 온도를 높인 상태에서 밀링(milling)보다 점성에 영향이 더 크다.(20)

예를 들어 비누 시스템은 실온에서 밀링보다 점성이 상당히 묽지만 60℃ 이상에서 균질혼합하면 실제로 점성은 영향을 받지 않는다. 어떤 PEG 계를 흐림점(cloud point)보다 낮은 온도에서 균질혼합하면 진하게 변할 수 있지만 수용액상에서 전혀 영향을 받지 않는 흐림점보다 높은 온도에서 영향을 받지 않는다. 유제의 전단속도(rate of shear)는 온도와 마찬가지로 중요하다. 대부분 검(gum) 성분으로 진하게 만든 유제를 over-shear하면 점성을 영원히 잃는다.

각 성분의 첨가속도, 각 단계에서 소비된 냉각, 에너지, 시간은 한 배치에서 다음 배치로 균일한 점성과 전단 묽힘을 확인하기 위하여 기록하고 재현해야 한다. 생산규모 확대는 이 바탕에서 효과적으로 운영될 때에만 가능하다.

3.12 제조설비

유제 제조는 비연속상(discontinuous phase)과 연속상(continuous phase)의 적절한 선택뿐만 아니라 여러 염류와 제조과정 보조 첨가화합물, 작은 입자크기로 만드는 고-에너지 과정도 필요하다. 유제는 입자들이 작을수록 더 안정하다. 여러 고-에너지 설비들이 필요하다.

균질파쇄는 유제를 고압에서 작은 구멍에 통과시켜 입자를 더 작게 만드는 기계적 처리이고 그것은 원형 오일의 평균지름을 감소하고 표면적과 방울 수를 증가한다. 실제적 관점에서 알짜 결과는 상 분리를 훨씬 더 감소하는 경향이 있다. 이러한 안정도 증가에 세 가지 인자들이 기여한다. 세 가지 인자는 첫째 원형 방울의 평균지름 감소(Stokes 법칙의 한 인자), 둘째 원형입자의 크기분포 감소(대부분 원형입자와 비슷한 속도로 되어 크림을 만드는 동안 서로 달라붙지 않는 경향성으로 만든다), 셋째 원형 방울의 밀도증가이다(원형 방울은 연속-상에서 더 접근한다). 일반적으로 균질파쇄기(homogenizer)와 콜로이드 밀(colloid mill)을 사용한다.

4 클렌징크림

클렌징크림(cleansing cream)이라는 용어는 세(탁)제-바탕 시스템 혹은 유제 오일 시스템에 사용한다. 그 제품은 본래 표면오물, 오일, 오염물, 얼굴과 목을 화장할 때 나오는 세포조각 등을 제거하려고 사용한다. 최근 클렌징크림은 메이크업의 오일결합 매개물을 녹이고 얼굴 파우더, 립스틱, 루즈, 파운데이션, 아이 메이크업 제품의 제거에 사용하게 처방한다. 액체크림 종류는 부드럽고 매끄럽게 그리고 피부에 보호필름을 남기는 여러 목적으로 조제하게 설계한다. 광유(mineral oil, 파라핀 종류)는 평판이 좋은 종류이지만 최근 정제 식용유, 지방산 에스터, 프로폭시 오일(표 7-17, 표 7-18)로 대치하고 있다. 클렌징크림은 15~50% 오일과 최소량 왁스 성분을 함유한다. 표 7-18은 oleate 유도체와 sorbitol로 구성된 젤에 바탕을 둔다. 이것은 깨끗한 피부 느낌과 매우 가볍고 부드러운 느낌을 준다.

표 7-17 액체 클렌징크림

성 분	1	2	3	4	5	6	7	8	9
함량(wt %)	39.00	1.00	2.00	1.00	2.00	2.00	2.00	0.50	55.50

1 : mineral oil(paraffinum liquidum)
2 : lanolin alcohol
3 : polysorbate 80
4 : cetyl alcohol
5 : glyceryl stearate
6 : PEG 150 stearate
7 : glycerin
8 : magnesium aluminum silicate
9 : water(aqua), preservatives, fragrance(parfum)

• 제법 : 물에 Mg-Al silicate를 분산하고 저으면서 1시간 90℃에서 유지한다. 미리 85℃로 가열한 오일-상을 가하고 저으면서 40℃로 식히고 향료를 첨가한다.

표 7-18 w/o 클렌징크림

성 분	1	2	3	4	5	6	7	8	9
함량(wt %)	15.00	2.00	3.00	27.00	0.50	0.20	3.00	1.00	48.30

1 : mineral oil(paraffum liquidum)
2 : squalane
3 : glyceryl oleate & propylene glycol(Arlacel 186, unidema)
4 : sorbitol
5 : ceresine
6 : beeswax
7 : petrolatum
8 : polysorbate 80
9 : water(aqua), preservatives, fragrance(parfum)

• 제법 : Arlacel 186과 sorbitol을 합쳐 젤 중간 생성물을 만든다. 물을 제외한 다른 모든 성분을 가하고 70℃로 가열한다. 70℃로 가열한 물을 가하고 실온까지 저으면서 식힌다.

표 7-19 w/o 글리콜산 클렌징크림

성 분	1	2	3	4	5	6	7	8	9	10
함량(wt %)	4.00	2.00	4.00	4.00	1.00	2.00	2.00	5.00	8.00	68.00

1 : glycolic acid, neutralized with NaOH to pH 4
2 : sodium coco hydrolyzed soy
3 : cocoamidopropyl betaine
4 : cetearyl alcohol
5 : ceteareth 20
6 : glyceryl stearate
7 : PEG 150 stearate
8 : glycerin
9 : petrolatum
10 : water(aqua), preservatives, fragrance(parfum)

• 제법 : 물에 녹인 20% glycolic acid를 NaOH로 매우 조심스럽게 중화한다. 그 오일을 함께 65℃로 가열한다. glycerin과 계면활성제를 수용액상에 녹이고 65℃로 가열한다. 함께 섞어 유제를 만든 다음 glycolic acid 용액을 가한다. 40℃로 식히고 향료를 가한다.

glycolic acid의 대중성과 더불어 표 7-19와 같은 AHA-바탕 클렌징크림에 많은 관심을 가졌다. 이들은 표면에서 모든 죽은 혹은 건조한 피부를 효과적으로 제거하여 피부재생을 돕는다.

5 핸드-유제와 바디-유제

핸드-유제(hand emulsion)와 바디-유제(body emulsion) 제품이 성공하는 중요한 요점은 느낌이다. 피부를 매끄럽고 부드럽고 나긋나긋하게 만들면서 건조상태에서 벗어나는 느낌을 주는 연화제의 이용이 성공적으로 제품을 만드는 기본이다.

핸드-유제와 바디-유제는 수년간 많이 연구하였다. 관심을 끄는 방향은 피부의 지질 차단막 재생을 돕는 여러 성분의 이용이다. 이들 성분은 유연성을 제공할 뿐만 아니라 피부를 부드럽고 나긋나긋하게 유지하는 것에 도움을 준다. 전통적으로 피부의 지질 차단막을 유지하는 성분은 콜레스테롤을 함유하는 라놀린(lanolin)과 linolenic acid 및 linoleic acid를 풍부하게 함유한 식물종자 기름이다. 최근 피부 지질 차단막의 연구에 의하면 7종류 성분을 확인하였고 그중에서 ceramide : cholesterol : fatty acid=1 : 1 : 1이라고 발표했다. 피부표면에서 비-침투성 필름을 형성할 때 석유 유도체(석유 기름성분과 왁스)를 사용하면 피부 차단막 기능이 향상된다. 최근에 피부 보호제로 dimethicone을 이용하는 것에 관심이 많다.

바디-유제 이용의 요점은 쉽게 퍼지고 빠르게 증발하고 옷을 입을 때 끈적거리는

표 7-20 전통적 음이온성 o/w 유제

성 분	1	2	3	4	5	6	7
함량(wt g)	5.00	0.50	0.50	2.50	5.00	1.20	85.30

1 : mineral oil(paraffinum liquidum)
2 : lanolin
3 : petrolatum
4 : stearic acid
5 : glycerin
6 : glycerin
7 : triethanolamine
8 : water(aqua), preservatives, fragrance(parfum)

• 제법 : 오일-상을 80℃로 가열한다. 물을 80℃로 가열한다. 물과 오일-상을 합치고 15 min 동안 혼합하고 stearic acid 성분이 적절하게 비누화된 것을 확인하고 45℃로 식힌 다음 향료를 첨가한다.

표 7-21 유연제와 보습 로션

성 분	1	2	3	4	5	6	7	8	9	10	11	12
함량(wt %)	25.00	5.00	2.00	1.00	6.00	1.00	4.00	1.00	0.10	0.10	5.00	49.80

1 : mineral oil(paraffinum liquidum)
2 : apricot(Prunus armeniaca) kernel oil
3 : dioctyldodecyl dodecanedioate
4 : dimethucone
5 : glyceryl stearate
6 : cetyl esters
7 : polysorbate 60
8 : cetyl alcohol
9 : cetrimonium bromide
10 : vitamin E
11 : glycerin
12 : water(aqua), preservatives, fragrance(parfum)

• 제법 : 오일을 80℃로 가열한다. 수용액상을 75℃로 가열하고 빠르게 저으면서 오일-상과 합친다. 45℃로 식히고 향료를 첨가한다.

표 7-22 현대 피부 재생 로션

성 분	1	2	3	4	5	6	7	8	9	10	11	12
함량(wt %)	5.00	2.00	1.00	0.20	1.00	0.10	0.10	2.00	2.00	1.00	3.00	82.60

1 : sun flower(Hielianthys annus) oil
2 : cyclomethicone
3 : polysilicon 11
4 : petrolatum
5 : soyabean(glycine soja) extract
6 : ceramide 3
7 : cholesterol
8 : glyceryl stearate
9 : PEG 150 stearate
10 : cetyl dimethicone
11 : glycerin
12 : water(aqua), preservatives, fragrance(pafum)

• 제법 : 오일-상을 70℃로 가열하고 수용액상을 70℃로 가열한다. 합쳐 빠르게 섞는다. 45℃로 식히고 향료를 가한다.

느낌이 없게 처방해야 한다. 몇 가지 더 새로운 처방은 고분자 실리콘 폴리머를 처방하여 실크처럼 부드러운 바디-유제 제조다(표 7-20). 표 7-21은 대단히 잘 퍼지고 실크처럼 부드러운 필름을 형성하는 피부보호성 처방이다. 표 7-21은 지질 차단막 재생 성질을 갖는 우아한 실크와 같은 처방을 갖는 현대 최선의 실리콘 유제 방법이다.

6 얼굴용 유제

얼굴용 유제(facial emulsion)는 여러 가지 종류들이 판매되고 있다. 얼굴용 유제는 정상적 피부 활동을 위해 햇볕 차단 성분을 함유하고 얼굴, 눈 주위, 목 주위에 사용을 목적으로 조제한다. 이들은 밤낮으로 가리지 않고 이용하게 설계한다. 일반적으로 검증을 받은 활성 성분을 이용하여 큰 기능성 처방을 개발하였고 오랜 시간 매일 사용하여 얼굴피부 상태를 크게 개선한다. 사용한 본래 활성 성분은 엄격하게 규제하는 estrogen과 태반 추출물을 함유한다. 현대 활성 성분은 혈청, 박테리아 발효, 효모, 여러 식물성 자원으로부터 얻는다.

현재 가장 관심을 갖는 활성 성분은 비타민 A와 alpha hydroxy acid이다. 이러한 처방은 개량된 전분과 같은 오일 조절 재료를 포함하고 제품들은 여러 선택적 화장에 성공적으로 사용하게 설계되어 있다. 이러한 모든 처방은 화장을 고치고 새로 표면을 만들고 다시 수정하는 데 사용하게 설계되었고 매일 생활의 위험에서 보호하게 설계되었다.

표 7-23은 pH 4의 가벼운 크림 바탕에서 과일의 산 종류(6% 활성 성분)와 햇볕 차단제를 함께 섞는다. 이것을 3개월 이상 사용하면 얼굴이 개선된다. 인기가 있는 표 7-24의 액체 유제 종류는 polyacrylamide 점성부여제에 바탕을 두고 BHA 유도체(버드나무 껍질 추출물)는 가는 주름을 없앤다고 설명한다. 오일-조절 생물고분자물질은 피부를 특이하게 부드럽게 마무리하는 것이 알려졌다.

표 7-23 과일 산 크림

성 분	1	2	3	4	5	6	7	8	9	10	11	12	13
함량(wt %)	12.00	0.20	70.20	2.00	2.00	1.00	1.50	5.00	2.00	1.00	2.00	1.00	0.10

1 : Vaccinium myrtillus extract(lactic acid) (and) Saccharum officinarum extract(glycolic acid) (and) Acer saccharinum extract(malic acid) (and) Citrus aurantium dulcis fruit extract(citric acid) (and) Citrus medicia limonium extract(citric acid), at pH 4.0
2 : montmorillonite
3 : water(aqua), preservatives, fragrance(parfum)
4 : emulsifying wax
5 : cetearyl alcohol (and) ceteareth 20
6 : glyceryl stearate (and) PEG 100 stearate
7 : cetyl alcohol
8 : dioctyldodecyl dodecanedioate
9 : C12-15 alcohol benzoate
10 : lanolin alcohol
11 : glyceryl stearate
12 : soybean(glycine soja) extract (and) ceramide 3
13 : polyperfluoropolymethylisopropyl ether

• 제법 : montmorillonite를 90℃ 물에 1시간 분산한다. 오일을 70℃로 가열하고 물에 가한다. 35℃로 식히고 과일 추출물을 가한다. polyperfluoropolymethylisopropyl ether를 가하고 균일하게 섞는다.

표 7-24 피부 치료 로션

성 분	1	2	3	4	5	6	7	8	9	10
함량(wt %)	72.50	4.00	6.00	4.00	3.00	0.50	5.00	2.00	1.00	2.00

1 : water(aqua), preservatives, fragrance(parfum)
2 : butylene glycol
3 : polyacrylamide (and) C13-14 isoparaffin (and) laureth 7(Sepigel, Seppic)
4 : cyclomethicone
5 : dimethicone
6 : guanine (and) isopropyl alcohol (and) methylcellulose
7 : willow(Salix spp.) bark extract
8 : Hawthorn(Crataegus monogina) extract
9 : sodium C8-16 isoalkylsuccinyl lactoglobulin sulfonate
10 : yeast extract (and) water(aqua)(Plantsol, Brooks Industries)

• 제법 : Sepiegel에 물을 33% 되게 가하고 잘 섞는다. cyclomethicone과 dimethicone을 가한다. 나머지 물, 방부제, butylene glycol을 가한다. 나머지 성분을 가할 때마다 잘 섞는다.

---

(1) W. C. Griffin, *J. Soc. Cosmetic Chem.*, 1949, 1 : 311.
(2) W. C. Griffin, *J. Soc. Cosmetic Chem.*, 1954, 5 : 249.
(3) Bancroft, *J. Phys. Chem.*, 1913, 17 : 514.
(4) J. T. Davis, *Proc. 2nd. Int. Congr. Surface Activity*, 1957, 1 : 426.
(5) O'Lenick et al., *Cosm. Toil.*, 1966, 111 : 37.
(6) S. Striance and M. Lanzet, *Proc. Sci. Sect. Toilet Goods Assoc.*, 1972, 27 : 8.
(7) T. Mitsui and Y. Machida, *J. Soc. Cosmetic Chem.*, 1969, 20 : 199.
(8) K. Mittal, *J. Soc. Cosmetic Chem.*, 1971, 22 : 815.
(9) K. Kuczera, *J. Soc. Cosmetic Chem.*, 1966, 17 : 527.
(10) A. Schwartz, *Proc. Sci. Sect. Toillet Goods Assoc.*, 1963, 39 : 6.
(11) R. Wiely, *J. Colloid Sci.*, 1954, 9 : 427.
(12) A. Black, *Rubber Age*, 1959, 84(1) : 639.
(13) J. Ward, H. Saad, J. Kinney, Application of Rheological Studies to Product Fomulation, Stability and Processing Problems, paper presented at Soc. of Cosmetic Chem. Seminar, Cincinnati, Ohio, May 3, 1973.
(14) J. Wood, W. Giles, G. Catacalos, *J. Soc. Cosmetic Chem.*, 1964, 15 : 565.
(15) L. Conrad, H. Maso, S. DeRagon, *J. Soc. Cosmetic Chem.*, 1966, 17 : 157.
(16) T. Lin, *J. Soc. Cosmetic Chem.*, 1978, 29 : 745-756.
(17) T. Lin and J. Lamberchts, *J. Soc. Cosmetic Chem.*, 1969, 20 : 185.
(18) T. Lin and J. Lamberchts, *J. Soc. Cosmetic Chem.*, 1969, 20 : 627.
(19) T. Lin, *J. Soc. Cosmetic Chem.*, 1970, 21 : 365.
(20) H. Jass, *J. Soc. Cosmetic Chem.*, 1967, 18 : 591.

CHAPTER **8**

수염 관리

피부에서 수염을 제거할 때 몇 가지 과정을 거친다. 오늘날 가장 많이 사용하는 방법은 예리한 칼날을 이용하여 피부 표면에 가장 가깝게 수염을 깎는 방법이다. 다른 방법은 화학적 탈모, 왁스처리, 호르몬처리와 같은 방법도 있다. 예리한 칼날을 이용하여 수염을 깎으면 피부도 함께 깎인다. 미시적으로 보면 피부표면은 거칠고 피부구조는 여러 면에서 수염과 비슷하다. 면도칼은 그 두 가지 구조를 쉽게 분간할 수 없다. 그러므로 수염을 깎을 때 수염과 피부를 효과적으로 구별하게 피부를 관리해야 한다.

피부를 면도하는 세 가지 과정은 첫째 피부에 기름을 쳐서 면도칼로 튀어나온 수염을 깎고 한편 면도칼은 피부를 베지 않고 피부표면을 따라 미끄러지게 만든다. 둘째 물로 적시고 수염을 부드럽게 만들어 쉽게 깎이게 만든다. 셋째 이미 깎은 구역을 표시하여 되풀이 면도를 방지한다. 수염을 깎는 기능은 또한 피부염증을 감소하고 면도하기 좋게 피부를 헹구고 얼굴을 씻고 기분이 좋은 향수를 바르고 피부감촉을 신선하게 그리고 면도칼 부식을 막는 역할도 한다.

1 피부와 수염 구조

피부는 그림 1-1과 그림 1-2처럼 표피(epidermis)라고 부르는 바깥 각질층(outer horny layer)으로 구성되고 각질층은 죽은 피부세포로 구성되고 새로운 피부세포들이 표피층(dermal layer)에서 생기면 죽은 피부세포는 벗겨진다. 진피(dermis)는 혈관이 통하고 진피가 절단되면 피가 나온다. 표피는 혈관이 없다. 표피가 수화되면 죽은 세포는 부풀어 노글노글해지고 건조되면 표피가 딱딱해져서 죽은 피부는 큰 조각으로 변한다. 머리피부에도 비슷한 결과들이 나타나고 비듬(dandruff 혹은 scurf)이라고 부르는 피부조각이 나타난다. 죽은 세포는 많을수록 많이 박리되고 눈에 보일 정도로 큰 피부조각은 생기지 않는다. 피부 내부에는 털수머니(hair follicle)를 포함한 구멍과 몇 종류의 분비샘이 있다. 털 줄기(hair shaft)는 털주머니에 모여 있고 털 줄기(hair stem)의 성장에 따라 밖으로 나온다. 털의 케라틴(keratin) 단백질 구조는 화학적으로 피부구조의 대부분을 만드는 콜라겐(collagen)과 비슷하다.

수염의 단면은 중심조직(medulla) 혹은 코어(core)를 둘러싼 동심 구조다. 다음 층은 피질(cortex)이고 수염이 자랄 때 엷은 판 모양을 갖는 평면 상피세포(epithelial cell)로 구성한다. 수염이 색을 띠면 이러한 층에 melanin 성분을 함유한다. 피질세포들이 케라틴화(keratinization)되면 수염 망울 지역에서 위쪽으로 이동한다. 가장 바깥층은 각피(cuticle)로 구성되고 지붕 널빤지처럼 층으로 덮힌 각질세포(horny cell)로 구성된다. 이러한 세포들이 늙으면 매우 평편해진다.

모낭 구조는 그림 1-1처럼 수염의 뿌리 끝이 모낭 벽에 결합되어 있지만 모낭 입구는 피부와 연결되어 있지 않다. 이러한 상태는 피부가 수염에 압력을 가하고 수염을 깎을 때 수염이 피부 밖으로 빠져나오게 한다. 그리하여 수염이 피부보다 약간 밑에서 깎이게 한다. 몇 시간 후에 수염 그루터기(stub)는 피부 밖으로 나오고 더 검은 모양과 거친 느낌을 준다. 이 그루터기는 수염의 전체 단면을 표시하고 끝이 평편하다. 그러나 깎지 않으면 수염의 끝이 차츰 가늘어진다. 왁스를 바르거나 탈모, 또는 족집게로 뽑으

TOPIC 수염 깎기

이집트 왕조 초기는 수염을 깨끗하게 깎았지만 그리스에서는 B.C. 4세기까지 수염을 깎지 않았다. 성경에 보면 Joseph은 수염을 깨끗이 깎아 Paraoh를 만날 때 그의 감정을 거슬리지 않았다.(1) Alexander 대왕은 그의 군인들이 전쟁하는 동안 적군이 수염을 잡을 수 없게 수염을 깎으라고 명령했다. 로마제국도 초기에(Alexander와 같은 세기에) 수염을 깎았지만 예수 그리스도 탄생 후 두 세기 동안 수염을 길렀다. 프랑스 Henry I 왕은 A.D. 1119년에 참회하면서 그의 수염을 깎았다(그래서 사람들은 오늘날 조금이라도 후회스러우면 참회하는 마음가짐을 나타내려고 머리를 잘 깎는다). 16세기에 Henry Ⅷ 왕은 수염을 기른 사람들에게 세금을 물렸고 1535년에 그 자신이 수염을 길러 경향이 반대로 변하였다. 1610년에 프랑스 Louis Ⅻ 어린 왕 시대는 수염이 없는 얼굴 모양으로 다시 되돌아갔다. 1700년대에 스페인 Philip V 왕은 수염을 기르지 않았고 수염을 깎은 얼굴을 강요했다. 러시아 Peter 황제는 그의 시대에 수염 깎기를 강요했다. 영국 Charles I 왕 시대는 다듬은 수염이 유행하였고 Charles 11 왕은 왕관을 상상하여 다시 턱수염과 콧수염을 호의적으로 제거하였다.

18세기 러시아 표트르 대제는 국가개혁에 돈이 너무 많이 필요해서 소금판매, 개인사우나, 술 창고, 난방용 화로, 빨래용 대야, 결혼식, 시체를 넣는 관, 사람의 눈동자 색에 따른 세금차별, 그리고 수염에 많은 세금을 부과했다. 당시 러시아 국민들은 수염이 예수와 그 제자들을 의미하는 신성한 장식품이고 인간과 동물을 구별하는 신성한 장식으로 여겼다. 그러나 표트르 대제의 시대에 와서 가위를 들고 근대화 상징의 표본으로 신하들의 수염을 싹둑 잘라버렸다.

18세기에 영국에서는 건강을 위해서 죄수들의 수염을 깎고 머리를 짧게 깎았다. 1800년대 중반에 궁중 근무자들은 거의 모두 머리를 가꾸고 수염을 깎았다. 1904년에 Gillette 왕은 안전면도기 특허를 허가하였다. 그것은 수염을 깎는 과정에 일회용 면도용 칼날을 더 안전하게 보호하는 기구였다. 이것은 자기 자신이 안전면도칼로 면도를 하고 이발소를 가는 것보다 안전하게 책임지고 면도한다는 광고의 홍수를 수반했다.(2) 세계1차대전 말에 대부분 서방세계 사람들은 수염을 깎았다. 전기면도기는 1931년에 나왔다. 세계2차대전 초기에 습식 면도법을 대부분 사용했고 절반 이상이 브러시-거품 비누를 사용했다. 1960년대에 수염을 기르는 경향이 다시 증가했지만 대부분 사람들은 아직도 수염을 깎는다. 현재 많은 여성들도 다리, 겨드랑이, 비키니 부분을 깎는다.

면 새로운 수염이 피부보다 위로 나오는 데 더 오랜 시간이 걸린다. 밀착상태로 수염을 깎으면 피부표면보다 밑이 깎이고 수염 줄기는 보이지 않는다. 현미경으로 피부를 보면 표면이 대단히 조직적이고 구멍과 모낭 이외에 피부는 주름이 접히고 두께는 위치에 따라 다르다. 피부는 유연성이고 면도날로 누르는 힘에 따라 주름이 잡힌다. 면도날은 평편하지 않을 수 있다. 그래서 그 부분이 피부에 침투하여 상처를 남긴다. 밀착상태로 수염을 깎는 것은 첫째 정성적(qualitative) 방법으로 면도한 수염 그루터기 부분을 신용카드로 긁어 긁히는 소리를 들어 판단하고 둘째 정량적(quantative) 방법으로 수염 성장속도를 통계적으로 사진을 찍어 분석하고 셋째 성장속도와 절대 수염 길이를 측정한다.(3) 그 방법들은 젤-바탕 제품과 거품-바탕 제품을 이용한 수염 깎기 시험에 이용한다. 수염의 층상 단백질 구조는 수염을 깎는 동안 실제로 유연성과 세기 이외에 어려움도 발생한다. 몇 가지 방법으로 처리한 수염의 저항성 측정방법은 수염 깎기 저항에 관한 화장품 처방 효과의 발전에 기여하였다.

2 면도 기구

가장 간단한 칼날은 직선형 금속이고 가능하면 매끄러운 감촉으로 깎이게 강하고 날카롭게 만들었다. 칼날에 사용한 정련된 금속은 역사 이전에 뿌리를 근거로 두고 오늘날까지 이어온다. 최고급 금속 칼날은 균질하고 단단해서 여러 번 깎을 수 있게 칼날을 유지해야 한다. 이전의 직선형 면도칼은 주기적으로 숫돌에 갈아 날을 세워 사용했다. 현재 개량된 면도칼은 1903년에 발명되었고 발전을 거듭하여 여러 겹으로 조립되었고 한 번 깎아도 여러 번 깎은 효과를 나타내고 되풀이하면 모낭에 가까운 곳까지 깎을 수 있다.

어떤 면도칼 판매회사는 lanolin과 비타민 E를 함유한 피부-치료 화합물을 함께 판매한다고 광고한다. 1998년에 Philip Electronics는 전기면도기 판매를 광고했다. 어떤 회사 제품은 자기네들이 만든 회전칼날 면도기를 사용하면 피부를 손상하지 않는다고 광고한다.

3 면도용 비누와 에어로졸 거품

털 깎기 효과를 증진하려고 물을 사용하여 수염을 적시고 부드럽게 만들지만 거품 물질을 사용하면 피부를 매끄럽게 그리고 면도한 위치를 표시할 수 있다. 가장 간단한 방법으로 물에 비누를 섞으면 면도 기능이 향상된다. 비누는 피부에 필름을 만들어 칼날이 피부를 손상하지 않고 표면을 미끄러지게 만든다. 비누는 천연 오일과 지방을 알칼리용액으로 중화하고 지방산 에스터를 가수분해하여 자유 지방산과 글리세린으로 만드는 과정을 거쳐 만든다. 이러한 천연 오일은 동물유지, 생선 오일, 식용유(옥수수 기름, 콩기름, 올리브 기름, 팜 기름, 코코넛 기름)를 포함한다. 비누 성분은 지방산의 사슬길이와 포화도에 따라 결정된다. 경질비누(hard soap)는 포화지방을 많이 함유한다. 즉 일반적으로 stearic acid와 palmitic acid를 많이 함유한다. linoleic acid와 oleic acid처럼 불포화 지방산을 많이 함유한 식용유를 사용하면 연질비누(soft soap)로 된다. 긴 결합사슬 지방산 비누는 거품이 더 안정하고 탄소 12개를 갖는 짧은 지방산은 작은 방울을 빠르게 생성한다. 지방산 종류의 비율 균형에 따라 거품안정도는 다르게 나타난다. 이러한 지방산은 물에 포함된 칼슘 함량에 민감하게 반응하고 칼슘을 많이 함유한 물에서 난용성 침전을 형성한다. 효과적 면도용 비누의 주요한 기능은 피부표면에서 엷은 판막 구조를 형성하는 능력이다. 표면 판막은 면도 칼날의 저항 혹은 끌림을 감소하고 힘을 모간에 집중시켜 효과적으로 수염이 깎이게 한다.

한 세기 이전의 면도 비누는 손을 이용하거나 혹은 브러시로 심하게 저어 거품을 만들어 피부에 바르고 면도했다. 비누거품은 비누용액처럼 얼굴에서 쉽게 흐르지 않고 수염을 효과적으로 적신다. 이발사들은 고객의 얼굴을 뜨거운 수건으로 감싸서 수염을 적신다. 이 방법으로 생성된 거품은 방울이 크고 불안정하므로 세게 저어야 한다. 젓는 용기에 비누와 함께 휘발성 탄화수소를 섞으면 안정한 작은 거품이 생긴다. 1940년대 후반에 상업용 면도용 에어로졸 제품이 면도에서 혁명을 일으켜 1966년에 거의 80% 시장을 점유했다. 에어로졸 거품은 면도하려는 피부 구역을 평편하게 비누필름을 형성하면서 퍼진다. 거품은 면도한 구역을 확실하게 나타낸다. 브러시-컵 방법(brush-and-mug method)은 편의성을 제공했다. 게다가 거품을 만드는 비누-바탕 혼합물은 액체여야 하고 그리하여 그 바탕에 추가로 성분들을 가할 수 있다. 에어로졸 거품 바탕 첨가물은 매끄럽게 만드는 성분, 수염 연화/수화제, 염증감소제, 피부에 면도 후 촉감을 개선하는 재료들이다.

면도에 사용하는 거품 용액은 매년 3억달러 이상이 판매되는 거대한 시장이다. 이들 중에서 1위는 수염 스프레이, 2위는 면도 거품과 면도 젤, 3위는 탈취제와 발한방지제다. 제품은 주석깡통에 담아 판매하였고 다음은 알루미늄 용기와 유리병에 담아 판매하였다. 1994년과 1995년부터 에어로졸에서 나오는 chlorofluorocarbon(CFCs) 추진제의 지구 오존층 오염 때문에 CFCs를 엄격하게 규제하여 저분자량 탄화수소(propane, butane, isobutane, pentane, hydrofluorocarbon, dimethyl ether), 그리고 압축가스(carbon dioxide, nitrous oxide, air)로 대치하여 사용하고 있다. 압축가스는 면도용 비누를 많이 녹이지 않고 사용과정 중에 압력이 변하는 단점이 있다. 액체 추진체는 부피를 감소할 때 증발하므로 제품을 처음부터 끝까지 평균압력으로 사용할 수 있다. hydrofluorocarbon은 오존층에 영향을 주지 않지만 탄화수소보다 비싸고 dimethyl ether는 물에 녹지만 가연성이 크고 탄화수소보다 비싸다. 일반적으로 프로판과 아이소부탄 혼합물 A-46을 면도용 거품에 에어로졸 추진제로 사용한다.

TOPIC 새로운 매운탕과 생선회(膾) 재료

아프리카 남부 모잠비크 사바나 지역의 물웅덩이에 사는 길이 3.1 cm 송사리(Nothobranchius kadleci)는 17일 만에 71 cm 이상 자란다. 그 모양은 붉은색 도미와 비슷하게 생겼다. 그 생선의 맛도 좋다. 이 송사리는 약 15일간 부화기를 거쳐 매일 23%씩 자라고 17일 뒤에 알을 낳는다. 알에서 태어나서 2세를 낳을 때까지 32일 걸린다. 이렇게 빠른 주기활동은 송사리들이 사는 물웅덩이의 물이 4~5주 뒤에 말라버리기 때문이다. 말라버린 물웅덩이 속에 1년 이상 잠들었던 알은 다음해 비가 내리면 부화하고 그렇지 않으면 또 다음에 비가 내릴 때까지 기다린다. 이 송사리들이 한국토종 물고기에 해를 주지 않는다면 생선 매운탕과 횟감으로 어떨까? 과학적으로 느리게 자라는 동물이 오래 산다고 한다. 슬로베니아 지하수에 사는 "올름"(olm)이라는 도롱뇽은 알에서 성체로 자라는 기간이 15년이고 수명은 100년이다. 올름은 한 번 식사 후에 10년을 굶어도 생존하는 능력이 있다. 올름 DNA를 사람에 이식하면 세상이 어떻게 변할까? 그 올름이 더 이상 굶으면 자신의 내장을 흡수하면서 오래 버틴다. 아프리카에서 기아에 직면한 아기에서도 소화기 계통의 위장, 소장, 대장, 항문이 흡수되는 현상이 나타났다.

4 거품이 없는 면도용 액체

거품이 없는 면도용 액체의 시장이 구성되고 있다. 이 제품들은 유연제 오일 혹은 보습제, 지방산 비누, 기타 계면활성제로 구성하고 거품생성 재료는 함유하지 않지만 피부에서 쉽게 씻어진다. 이 제품은 면도한 구역을 나타내지 않으므로 되풀이 면도에 따라 피부각질층이 깎여 염증이 생길 수 있다.

1970년대 초반에 Edge Gel이라는 이름으로 면도용 젤이 출품되었다. 비누 바탕 에어로졸 면도용 성분과 비슷하지만 폴리머, 계면활성제, 탄수화물을 함유한 맑고 진한 투명 젤 구조를 갖는다. 얼굴을 매끄럽게 깎을 때까지 젤 형태를 유지하고 깎는 동안에 작은 방울이 생긴다. 사람에 따라 면도용 젤과 거품을 구별해서 사용하는 고객들이 있다.

4.1 전기면도

전기면도기 보조제품으로 깎이고 칼자국 생기는 것을 방지하려고 에스터와 오일을 사용한 처방을 내놓았다. 이 제품은 면도날과 칼날 보호 장치에 기름을 쳐서 면도날의 매끄러운 동작을 유도한다. 이 제품의 주요한 기능은 피부에 매끄러운 필름을 형성하고 긁힘을 감소하고 면도날이 피부에 상처 내는 것을 방지하는 역할이다. 이 제품은 소수성이고 여드름을 가진 사람들의 어려움을 도울 수 있는 흡장효과(occlusive effect)도 있다. 이 제품은 면도를 완료한 다음 얼굴에서 씻어내야 한다.

4.2 수염이 피부 속으로 파고드는 현상

PFB(pseudofolliculitis barbae)는 잘라낸 털이 자라면서 피부로 다시 들어가서 면도 구역의 많은 모낭에 돌기와 감염을 발생하는 상태다. 심한 곱슬(curvature) 수염일수록 PFB로 되려는 경향이 크다. 아프리카와 지중해 인종은 매우 심한 곱슬 수염을 가지므로 짧게 수염 깎는 것을 제한하려고 특수한 면도칼을 이용하여 면도해야 한다. 그렇지 않으면 피부 속으로 파고들어 감염에 이용되고 작은 돌기를 생성한다. 작은 돌기는 면도할 때 깎이고 감염되어 고통을 유발한다. 현대 사회는 군인과 직업에 따라 일반적으로 면도를 원하는 경향성 때문에(턱수염이나 콧수염은 부분적으로 인정하지만) 면도용 기구와 면도용 화장품이 불가피하게 필요하다.

면도를 하면 피부 바깥층에 가까운 털끝이 뾰족해져 피부를 다시 뚫고 들어가는 현상이 나타난다. 면도를 통하여 굽은 부분을 자르면 털 끝의 나머지 부분이 피부에 묻히고 감염을 일으키고 부풀어 피부조직에 상처가 생긴다. 그래서 피부에 가깝게 수염이 절단되는 것을 방지하려고 플라스틱 보호대를 설치한다. 미국인구의 47.2%는 흑인, 히스패닉, 아시아 인종이고 각 인종에 알맞게 처방이 발전되었다. 1997년 미국에서 면도제품은 2억달러였고 1993에서 1997년까지 사이에 5.6% 증가하였다. 유럽 지역에서 면도제품은 1993년에 1.5억달러였다.

5 면도용 크림과 에어로졸 처방

Henkel Corporation에서 2000년에 개발된 브러시(brush)를 사용하지 않는 면도용 크림은 *www.happi.com*에 의하면 표 8-1과 같다.

표 8-1 브러시를 사용하지 않는 면도용 크림

성 분	A							B							
	1	2	3	4	5	6	7	8	9	10	11	12	13	14	15
함량 (wt %)	18.00	2.00	2.50	0.50	1.00	60.65	0.03	6.00	0.50	0.20	0.15	0.40	7.00	0.07	qs to 100.00

1 : stearic acid
2 : coconut fatty acid
3 : proptlene glycoil dipelargonatye
4 : lanolin oil
5 : Dow Corning F-157 Wax, Dow Corning
6 : water(aqua), deionized
7 : propylparaben
8 : glycerin
9 : borax, usp
10 : potassium hydroxide pellet
11 : sodium hydroxide pellet
12 : triethanoilamine
13 : water(aquq), deionized
14 : methylparaben
15 : fragrance(parafum), color

에어로졸 거품은 지방산의 소듐 혹은 포타슘 염류 혼합물로 구성한다. 지방산 사슬길이와 불포화도의 비율은 거품의 감촉 및 안정도와 관련이 있다. 포화도가 너무 크면 긴 지방산 사슬은 건조하고 딱딱한 거품이고 충분하게 매끄럽지 않다. 중간 사슬 지방산은 거품감촉을 조정하고 거품수명을 증가한다. triethanolamine은 지방산의 중화제로도 사용한다. 고객들이 에어로졸 거품에 대하여 중요하게 생각하는 것은 거품부피-대-액체함량, 거품안정도, 적셔주는 효과다. 그리고 얼마 남아 있는가를 알지 못하는 점이다. 에어로졸은 항상 향료, 거품안정제, 감촉조정제를 첨가한다. 얼굴피부 면도용 크림은 너무 건조하지 않은 깨끗한 촉감을 선호한다. 신체의 다리 부분 면도용 크림은 실제로 더 많은 보습제 성분을 사용한다. 표 8-2는 Amerchol에 의하여 개발되었고

1994년에 HAPPI 잡지에 실린 면도용 크림이다. 표 8-3은 윤활제로 gliadin 단백질을 함유한다. 이것은 2000년에 *www.happi.com*에 실린 처방이다. 이 최종 제품은 알칼리 금속 수산화물로 완전하게 중화하지 않아 자유 지방산이 남아 있다. 표 8-4는 Gillette Foamy Regular 면도용 크림이고 여기에 제시한 다른 크림 처방과 비슷하다. 유연제(emolient)와 조정제(conditioner)는 성분이 다르다. 그 예는 표 8-5와 같고 표 8-6과 표 8-7은 BF Goodrich 회사에 의해 Global Cosmetic Industry Magazine에 제시한 내용이다.(4)

표 8-2 에어로졸 면도 크림

성 분	1	2	3	4	5	6	7
함량(wt %)	82.38	1.50	0.50	2.62	qs	5.00	8.00

1 : water(aqua) deionized
2 : ceteth-25(Soluan 25, Amerchol)
3 : Ceteth-5(Soluan 5, Amerchol)
4 : triethanolamine
5 : preservatives, fragrance(pafum)
6 : stearic acid, added molten
7 : lauryl methyl gluceth-10 hydroxypropyldimonium chloride(gluquat 125, Amerchol)
• 제법 : 에어로졸 용기에 성분 제품을 넣고 A-45로 채운다.

표 8-3 Gliadin 단백질 에어로졸 면도 크림

성 분	1	2	3	4	5	6	7	8	9	10
함량(wt %)	7.16	2.71	1.00	1.00	1.20	3.42	0.25	0.80	0.40	82.36

1 : stearic acid, double pressed(비누 형성제)
2 : glycerin(윤활제, 보습제)
3 : lauric myristic diethanolamine(컨디셔너)
4 : corn oil fatty acid(비누 형성제)
5 : sodium hydroxide, 20%(중화제)
6 : potassium hydroxide, 34.2%(중화제)
7 : coconut oil(비누 형성제)
8 : fragrance(parfum)(향수)
9 : Gliadin(Aqua Pro Ⅱ WG Midwest Grain)(윤활제)
10 : water(aqua), deionized
• 제법 : 에어로졸 용기에 성분 제품을 87/13 isobutane/propane blend 약 2.8%를 넣고 가압한다.

표 8-4 Gillette Foamy(R) 제품의 성분

water, stearic acid, triethanolamine, isobutane, laureth-23, sodium lauryl sulfate, propane, butane, butylated hydroxytoluene, fragrance

표 8-5 면도용 거품

구 분	A			B				C		
성 분	1	2	3	4	5	6	7	8	9	10
함량(wt %)	77.90	0.30	15.00	5.00	0.50	0.30	0.20	0.20	0.10	2.00

1 : water(aqua), deionized
2 : acrylates/C-10-30 alkyl acrylate copolymer(점성증여제)
3 : sodium cocoyl isothionate (and) stearic acid(컨디셔너)
4 : propylene glycol(보습제)
5 : PEG 75 lanolin(연화제)
6 : DMDM hydantoin(방부제)
7 : fragrance(parfum)
8 : vitamin acetate(피부 컨디셔너)
9 : DL-panthenol(피부 컨디셔너)
10 : triethanolamine, 99%(중화제)

• 제법 : 94% 액체농도 되게 6% A-46 추진제와 함께 채운다.

표 8-6 Edge(R) Gel 성분

deionized water, palmitic acid, triethanolamine, penane, fatty acid ester, sorbitol, palmitamine oxide, lauryl alcohol, isobutanew, cellulose polymer, fragrance, FD & C Blue # 1, C & C yellow # 10

표 8-7 CVS Pharmacy 면도용 젤 성분

deionized water, palmitic acid, triethanolamine, isobutane/propane, isopentane, sorbitol, fatty acid ester, cellulose polymer, palmitamine oxide, fragrance, aloe vera, lauryl alcohol, FD & C Blue # 1, C & C yellow # 10

Edge Gel이 1970년에 면도용 에어로졸 젤을 특허출원한 다음 새로운 형태의 젤 제품들이 여러 회사에 의해 시장에 출현하였다.

자극성 없는 면도용 성분

피부는 대략 pH 4.5이다. 대부분 지방산 염은 pH 8~10이고 이러한 알칼리성에서 면도하기에 알맞은 풍부한 거품을 유지할 수 있고 처방성분은 lactylic acid의 지방산 에스터, 직선 사슬 지방산의 포화와 불포화 모노글리세라이드, 폴리하이드록시 보습제를 포함해야 한다. 표 8-8은 보통 탄화수소 추진제와 합친 성분이다. 채운 액체는 크림성질이고 피부에 자극이 없는 거품을 생성한다.

표 8-8 자극성 없는 면도용 처방

성 분	1	2	3	4	5	6
함량(wt %)	0.70~1.00	2.25~3.00	3.00~4.00	3.00~5.00	1.50~2.50	qs to 100.00

1 : metal salt of fatty acid ester of lactylic acid
2 : saturated monoglyceride
3 : propylene glycol monoester
4 : humactant
5 : unsaturated monoglyceride
6 : water(aqua)

비누거품이 없는 면도용 크림

비누를 사용하지 않고 비누거품이 없고 쉽게 헹궈지고 습윤성이 있는 제품이다. 비누바탕 제품에 쉽게 자극을 받는 사람들에게 이러한 종류를 추천한다.

표 8-9 비누거품이 없는 면도용 크림

성 분	1	2	3	4	5	6	7	8	9	10	11	12
함량(wt %)	8.00	2.00	2.00	2.00	2.00	1.00	1.50	0.50	0.10	0.50	77.40	qs to 100.00

1 : dimethicone 200
2 : behentrimonium methasulfate (and) cetearyl alcohol
3 : white mineral oil
4 : isopropyl palmitate
5 : titanium dioxide
6 : diazolidinyl urea(Germaben 11-E, ISP)
7 : oxidized polyethylene beads, 45 microns
8 : polyethylene beads, 100 microns
9 : vitamin E acetate
10 : fragrance(parfum)
11 : water(aqua)
12 : dyes

표 8-10 자극성이 적은 비이온성-계면활성제-바탕 면도용 크림

성 분	cetyl alcohol	steareth-21	water(aqua)	sorbic acid	fragrance(parfum)
함량(wt %)	4.30	2.20	92.30	0.17	0.08

• 제법 : 이 재료 160 g을 difluoroethane 5.0 g과 섞는다.

표 8-11은 얼굴에 직접 분무하여 사용한다.

표 8-11 비누 없는 에어로졸 면도용 크림

성 분	1	2	3	4	5
함량(wt %)	15.00	10.00	1.00	39.00	35.00

1 : polyoxyethylene/polyoxypropylene block copolymer　2 : alcohol
3 : lanolin alcohol　4 : water(aqua)
5 : isobutane

물에 녹지 않는 입자를 함유한 건조상태 면도용 젤은 표 8-12와 같다.

표 8-12 비누 없는 건조상태 면도용 젤

구 분	A			B			
성 분	1	2	3	4	5	6	7
함량(wt %)	5.50	5.50	5.50	68.30	2.80	1.40	0.03

1 : glycerin　2 : triglycerol monstearate
3 : water(aqua)　4 : water(aqua)
5 : sodium silicoaluminate　6 : menthol, 5% in ethyl alcohol
7 : propyl/methylparabens 1/4

• 제법 : 135°F에서 A를 섞고 식혀 B를 가한다. 에어로졸 용기에 넣고 적당한 추진제로 가압한다.

표 8-13은 윤활성을 부여하고 수염을 세워 잘 깎이게 한다.

표 8-13 전기 면도용 제품

성 분	1	2	3	4	5	6	7
함량(wt %)	40~50.00	20~40.00	0.1~2.50	0.35~3.00	0.1~5.00	0.1~5.00	0.5~3.00

성 분	8	9	10	11	12	13	14
함량(wt %)	0.25~3.00	0.1~10.00	0.1~3.00	0.05~3.00	0.5~10.00	0.05~0.50	0.1~2.00

성 분	15	16	17	18	19	20
함량(wt %)	0.05~2.00	0.05~3.00	1.0~5.00	0.05~0.30	0.05~0.25	0.1~2.00

qs to 100.00
1 : water(aqua)　2 : SD alcohol 38　3 : campor
4 : dimethyl glucose　5 : isopropyl palmitate　6 : isopropyl myristate
7 : vitamin E linoleate　8 : vitamin A palmitate　9 : ascorbic acid
10 : titanium dioxide　11 : zinc oxide　12 : aloe barbadenis gel
13 : fragrance(parfum)　14 : carbomer 940(carbopol 940, BF Goodrich)
15 : triethanolamine　16 : carrageenan　17 : glycerin
18 : methylparaben　19 : propylparaben　20 : allantoin

表 8-14는 건조 혼합물을 사용하여 과량 피부 오일, 수분 흡수제 윤활제를 흡수하고 전기면도기에 엉겨 붙는 것을 방지하는 면도용이다.

表 8-14 전기면도용 건조 혼합물

성 분	kaolin, usp	zinc oxide	calcium carbonate, usp
함량(wt %)	20.00	30.00	50.00

면도용 가열 제품

이발소에서 사용하는 뜨거운 면도용 거품을 제공하는 몇 가지 제품이 개발되었다. 그중에서 한 가지는 제품에 내장된 산화제와 환원제를 합칠 때 발생하는 열을 이용한다. 즉, thiodialkanol과 과산화수소를 분리된 칸에 보관한 다음 사용할 때 합쳐 사용한다. 또 한 가지는 glyoxylic acid와 과산화수소를 별도의 칸에 보관한 다음 사용할 때 합쳐 사용한다. 다른 또 한 가지는 산화제와 폴리올레핀 캡슐에 에어로졸 추진제를 한 용기에 넣고 사용할 때 캡슐을 찢어 방출한다. 방출된 산화제는 potassium sulfite/thiosulfate 환원제와 반응하여 면도용 크림을 대략 150°F로 가열한다.

TOPIC 오존(O_3)

오존은 자극성 냄새를 갖는 푸른색 유독성 기체다. 사람은 공기 중에 0.01 ppm 오존농도를 느낄 수 있다. 0.1~1 ppm 농도에 노출되면 두통을 일으키고 눈이 따갑고 호흡기도에 통증을 느낀다. 오존(O_3)은 쉽게 해리되어 반응성 산소원자를 생성한다. 오존은 산소(O_2)보다 센 산화제이고 금과 백금을 제외한 모든 금속을 산화한다. 오존은 건조공기 중에서 전기방전하여 제조한다.

$$3O_2(g) \rightarrow 2O_3(g) \quad \Delta H° = 285 \text{ kJ}$$

오존은 가정용 수돗물 처리에 염소 대신 사용하고 박테리아 살균이나 유기화합물 산화에 사용하고 의약과 유기합성에 이용한다. 오존은 상층권의 중요한 성분이고 태양에서 내려오는 자외선을 차단하여 지구를 큰 에너지원으로부터 보호한다. 이러한 이유 때문에 냉매, 분무기 기체추진제, 플라스틱 거품생성제로 사용하는 $CFCl_3$(Freon-11) 혹은 CF_2Cl_2(Freon-12)에 의하여 성층권에서 오존이 파괴되는 것이 주요한 과학적 관심사다. 특히 남극과 북극의 성층권 오존층이 파괴되어 태양광 자외선이 모두 지구로 쏟아져 내려온다. 현재 $CFCl_3$(Freon-11) 혹은 CF_2Cl_2(Freon-12)의 대체 화합물로 hydrofluorocarbon(HFC)을 45% 이상 대체하여 사용하고 있다. HFC 중에 한 가지는 CH_2FCF_3이고 약자로 HFC-134a라고 한다. 그러나 낮은 대기권에서는 오존을 대기오염물로 간주하고 기온이 상승한 더운 날씨에 오존 주의보를 자주 보도한다. 동전의 양면과 같다. 오존은 센 산화력 때문에 생명체 혹은 고무제품들이 큰 손상을 받는다.

6 화학적 제모

역사 이전에 이집트 여성들은 삼황화비소와 생석회 혼합물을 사용하여 그리고 그 후에 알칼리 황화물을 이용하여 제모하였다. 현재 피혁공장에서 알칼리성 황화물 용액에 수일간 가죽을 담가둔 다음 문질러 털을 제거한다. 물고기의 비늘을 제거하여 물고기 가죽을 만드는 경우도 같은 과정을 거친다. 황화물은 털의 모간과 반응하여 분해하고 모낭에 침투하여 모근도 제거하는 역할을 한다. 그리고 피부 단백질은 알칼리성 용액 중에서 쉽게 팽창하여 모공을 확대하므로 털이 잘 빠지게 한다. 악덕 수산물 업자들은 이 원리를 건조 해산물에 사용하여 해삼을 양잿물에 담그고 무게를 증량한 다음 무게를 달아 판매한다. 그런데 제모 약품을 사용할 때 달걀 썩는 냄새가 나면 황화수소 기체가 발생한 것이므로 건강에 해롭다. 창문을 활짝 열어 공기를 빼내야 한다. 황화수소는 시안화수소만큼 해롭다. 무엇이든 정상보다 많으면 모두 사람에게 해롭다.

표 8-15는 화장용 제모에 죽 상태로 이용하는 de la Guardia 특허이고 그 밖에 thioglycolate를 이용하는 Schamper, aminoguanidine과 thiols을 이용하는 Wells, sulfhydryl 시약을 이용하는 Hillebrand 제품도 있다.

표 8-15 화학적 제모

성 분	1	2	3	4	5	6	7	8	9	10
함량(wt %)	6.00	3.50	0.02	0.50	70.43	0.50	8.00	0.50	5.00	0.60

1 : calcium carbonate
2 : ceteth-20(Cetomagrocol 1000 BP, Croda)
3 : sodium lauryl sulfate
4 : silica(Cab-O-Sil, Cabot)
5 : water(aqua)
6 : sodium metasillicate pentahydrate
7 : calcium thioglycolate trihydrate
8 : calcium hydroxide
9 : thiourea
10 : fragrance(parfum)

7 왁스 처리 제모

피부에 뜨거운 왁스를 가한 다음 그 왁스 필름을 벗겨 털을 제거하는 방법은 족집게로 털을 제거하는 것과 비슷한 기계적 방법이다. 왁스처방은 피부를 그대로 보전하게 도움을 주는 온도에서 굳는 동안 털을 딱딱하게 유지하는 것이 중요하다. 몇 가지 처방 중에서 한 예를 표 8-16에 제시한다.

표 8-16 물리적 제모용 왁스

성 분	maltodextrin	sucrose	water(aqua)	citric acid	potassium sorbate	glycerin, USP
함량(wt %)	5.00	70.00	19.90	0.50	0.10	4.50

(1) J. Trusty, *The Art and Science of Barbering* 6th ed., Wolfer Printing Co., Los Angeles, 1954, 173.

(2) K. Peiss, *Hope in a Jar : The Making of America's Beauty Culture*, Henry Holt and Co., New York, 1998, 161.

(3) R. Wickett, I. Walter, *Cosmetic & Toiletries*, 1990, 105(4), 71.

(4) *Global Cosmetic Industry*, May 1999, 52.

CHAPTER 9

립스틱, 눈-주위 화장품, 손발톱, 햇볕막이 그리고 피부 태닝

1 립스틱

립스틱(lipstick)은 착색제를 녹인 혹은 부유하여 주형에 넣고 만든 막대 모양이고 이것을 제조할 때 여러 가지 사전지식이 필요하다. 좋은 립스틱은 패션과 시장성에 맞는 농담의 색조를 가져야 하고, 기름지거나 불쾌하지 않은 느낌으로 마음이 편하고 평편하게 입술에 사용할 수 있고, 기분이 좋은 맛을 가져야 하고 전형적 상태에서 적어도 몇 시간 그대로 균일하게 유지하고, 다른 물건(예를 들어 컵, 안경 등)에 쉽게 묻거나 번지지 않아야 하고, 시장 조건에서 저장과 사용에 견딜 수 있어야 하고, 모래알이 섞이지 않고 균일하게 분포해야 하고, 소량 성분을 섞을 때 안전하게 처방할 수 있어야 하고, 입술에 안락하고 습하고 편안한 느낌을 가져야 하고, 입 주위에서 가는 깃털이 생기거나 가는 선으로 이동하지 않아야 하고, 사용한 다음 색이 변하지 않아야 한다.

립스틱은 좋은 처방과 우수한 공정이 필수다. 립스틱 제조는 특별한 벌크 조제 용기, 분쇄설비, 몰딩과 냉각 설비들이 필요하다. cyclomethicone처럼 휘발성 성분을 함유하는 립스틱 출현은 별도의 충전구역과 특별한 공기여과 및 휘발성 성분의 회수 시스템이 필요하다.

전형적으로 립스틱은 bromo acid 색소를 함유하는 0.1~12.0% 안료, 9.0~25.0% 왁스, 퍼짐성이 좋은 오일성분을 함유한다. 연구결과에 의하면(1) 립스틱은 사용할 때마다 평균 10~25 mg을 사용하고 힘주어 사용할 때에는 50~120 g을 사용한다. 소비자 여성 222명을 대상으로 조사한 결과는 매일 최대 73 mg을 사용하고 평균 22 mg을 사용한다. 더 상세한 정보는 www.personalcarecouncil.org을 참고하라.

TOPIC 립스틱 탄생

입술 색 칠하기는 B.C. 7000년에 처음 Sumarians에서 그 다음에 Egyptians, Syrians, Babylonians, Persians, Greeks, Romans를 거쳐 현재에 이르렀다. 립스틱은 1895년에 프랑스에서 소개되었고 Pomade en Baton이라고 불렀다. 그 당시에 이것은 돼지기름과 밀랍으로 만들었다. 립스틱이 세상에 널리 알려진 것은 1차 세계대전 이후였다. 이전에는 연지벌레에서 추출한 진홍색 chineal 혹은 carmine 물감을 알칼리 용액에 녹이고 이 용액을 병에 넣어 사용했다. 19세기 후반에 유기염료의 발전과 eosine(산성 형태로서 bromo acid라고도 알려졌다)의 발전에 따라 현재 립스틱 처방이 완성되었다. 립스틱은 1950년대 중반 이후에 손톱 화장품과 함께 더욱 발전하였다.

1.1 립스틱 제조의 중요한 6종류 원료

립스틱 발전에 가장 중요한 6종류는 candelilla wax, carnauba wax, 피마자기름(castor oil), 실리콘 유도체, ozokerite, 양모기름 유도체이고 그 밖에 착색제, 방부제, 향료도 있다.

Candelilla wax는 비싼 화합물이고 립스틱의 광택성과 경직성을 증진하지만 candelilla 녹는점은 carnauba보다 낮고 고급 제품에 사용한다. 그리고 이것은 특히 북아메리카에서 더 널리 사용한다.

Carnauba wax는 립스틱을 단단하고 딱딱하게 만들고 마모성이 없고 광택을 증가하고 ozokerite와 마이크로 결정 왁스 같은 비결정성 왁스와 함께 사용하여 처방전 물질의 녹는점을 높이고 고온에서 안정도를 증진한다.

립스틱에 사용하는 피마자기름은 전형적으로 생활필수 천연기름 중에서 고도로 정제된 기름이고 색소분산을 돕고 bromo acid 색소 용해도를 증진하고 색, 냄새, 맛을 좋게 하고 다른 합성 기름보다 값이 싸서 립스틱 제조에 20~45% 섞는다. 피마자기름을 50% 이상 섞으면 안정도에 문제가 생기고 입술이 무겁고 기름져 보인다. 피마자기름은 탄수화물과 기타 극성 용매와 함께 사용하지 않는다.

실리콘 유도체는 1990년대 이후에 cyclotetradimethylsilicone, cyclopentadimethylsiloxane, dimethicone, dimethycone copolyol을 사용하기 시작했다. cyclomethicone은 상쾌한 감촉과 광택을 제공하고 사용 중에 증발하면 내마모성 필름을 형성하여 남긴다. 이 재료는 휘발성 때문에 사용할 때 특별한 충전설비와 기밀포장이 필요하다. 기타 실리콘 유도체들도 특수한 감촉을 주지만 휘발성은 없다. 몇 가지 실리콘은 실제로 왁스, 필름 형성제, 피부 보호제로도 사용한다.

Ozokerite는 실제로 white ozokerite라는 이름으로 판매하고 녹는점은 76~80℃다. 이것은 carnauba와 같은 다른 왁스와 섞어 립스틱의 녹는점을 높이려고 사용한다. 왁스 제조회사들은 과거에 석유 왁스를 녹는점이 동일한 ozokerite라고 속여 판매하였다.

양모기름 유도체는 색소의 가습성, 촉감증진, 가습효과 등을 제공하는 화합물이다. 양모기름, 양모기름 에스터, 아세틸화 양모기름 등은 처방전에서 여러 역할을 한다. 양모기름은 표백하고 탈취하여 "양모 그리스(wool grease)"라는 이름으로 판매한다. 여러 문헌에 잠재적 피부 자극제라고 제시하지만 실제로 증명하지 못하고 있다.

1.2 그 밖의 원료

그 밖에 유용하고 새로운 립스틱 재료들이 출현했다. 그때마다 특수한 응용, 입술모양,

내구성, 습윤성, 상태조절효과, 열적 안정도 증가, 전이저항성 효과를 주장한다. 그들 중에서 첫째 ceresin은 ozokerite와 마이크로결정 왁스를 파라핀과 함께 섞은 혼합물이고 혼합물을 15%까지 섞어 원하는 녹는점의 립스틱을 만들었다. 그것은 차가울 때 밀랍처럼 많이 축소되어 변형이 일어난다. 둘째 지방산 에스터는 전통적으로 립스틱에 널리 사용하였다. 그중에서 mylmyristate와 palmitate를 파라핀과 함께 사용하여 carnauba와 candelilla wax를 젤로 만들었다. 그러나 이 에스터는 bromo acid 용매성질이 없다. 이것은 립스틱에서 피마자기름을 대신하여 사용하였고 립스틱의 점성과 색 변화에 이용할 수 있었다. 피마자기름과 같은 자연성분을 대치하여 입술에 대한 부착력을 향상하고 퍼짐성을 개선하였다. 셋째 가지-사슬 결합 화합물은 오늘날 립스틱에 사용할 수 있는 무색이고 왁스 없는 재료이고 피부에 사용하면 다공성 지질 필름을 유지하고 일시적 수분손실을 유지하게 도움을 준다. 넷째 굳은 버터는 고농도 lauric triglyceride를 함유

표 9-1 왁스의 녹는점

성 분	분 류	고체화 온도(℃)
beewax(ordinary), apis mellifera	iw	62~66
indian	iw	61~67
candelilla, euphorbia cerifera	vw	73~77
carnauba wax, corypha cerifera		
No. 1 yellow	vw	86~88
No. 3 crude	vw	86~90
No. 3 refined	vw	86~89
caster(ricinus communis) wax	nvc	86
ceresine	mw	54~57*
japan wax, rhus succedaneum	vw	49~56
microcrystalline wax		77~105*
montan, reibeck	smw	83~89
domestic	smw	80~86
ozokerite	mw	56~82
paraffin		53~59
spermaceti, cetaceum	aw	41~49
physeter macrocephalus	aw	42~47

* 각기 특정한 녹는점을 갖는 넓은 범위에 이용가능한 혼합 왁스

iw : insect wax
nvc : non-drying vegetable oil of the castor oil type
smw : semi-mineral wax
vw : vegetable wax
mw : mineral wax
aw : animal wax

하는 특성이 있고 양모기름 대체용으로 등장한 코코넛과 팜에서 추출한 식물성 기름이다. 이것은 양모기름처럼 필름을 유지하고 광택성 필름을 제공하지만 습윤성은 부족하다. 그것은 주형을 잘 만들고 많은 양을 사용해도 일그러지지 않는다. 다섯째 고급 알코올은 낮은 농도에서도 크림 촉감을 주고 립스틱 색상을 둔하게 만들고 필름을 형성하고 녹는점을 낮춰 립스틱을 무르게 만든다. 이것은 어떤 경우에 고분자 지방산 에스터와 실리콘 유도체로 대치하여 사용한다. 여섯째 합성왁스는 고분자 석유 유제화학에서 합성한 고분자다. 이 화합물은 분자량에 따라 여러 경도(hardness)와 녹는점을 갖는다. 고분자 왁스는 마이크로-결정 왁스, ceresin, 그리고 기타 혼합 파라핀 왁스를 포함한다. 이러한 모든 왁스는 우선적으로 립스틱의 녹는점 상승에 이용하고 결정구조와 관련이 없다. 일곱째 폴리머는 현대 립스틱 처방에 보편적으로 사용한다. 활석, 이산화티탄, 고령토 등을 많이 사용한 옛날 처방의 백색 재료 대신 폴리머 고체를 사용한다. 폴리머는 내마모성이고 깃털모양 형성 혹은 번짐을 감소하고 안정도를 개선한다. 어떤 폴리머는 오일흡수 감소, 다른 재료에 대한 보호 등의 목적으로 사용한다. 여덟째 왁스는 립스틱에서 녹는점과 최종제품의 열적 안정도에 기여한다. 표 9-1은 유용한 왁스의 녹는점이다.

1.3 립스틱 착색제

립스틱 성분 중에서 가장 중요한 착색제(colorant)는 carmine을 제외하고 화학적으로 합성한 착색제다. 이들은 첫째 유기물 착색제, 둘째 무기물 착색제, 셋째 진주색 착색제로 구분한다.

1.3.1 유기물 착색제

립스틱에 사용하는 유기물 착색제는 염료(dye)들이 알루미늄, 칼슘, 바륨 등의 금속이온과 결합한 염류이고 그들은 FDA에 의하여 허용된 착색제다. 현재 립스틱 제조에 허용된 유기물 착색제는 다음과 같다. 그중에서 ① 착색제는 유럽과 일본에서 허용되지 않는 착색제다.

① D&C Red No. 6 sodium salt & barium lake
② D&C Red No. 7 calcium lake
③ D&C Reds No. 21 & 22

④ D&C Reds No. 21 & 22 aluminum lake
⑤ D&C Reds No. 27 & 28 aluminum lake
⑥ FD&C Yellow No. 5 & 6 aluminum lake
⑦ D&C Orange No. 5
⑧ D&C Orange No. 5 aluminum lake
⑨ FD&C Blue No. 1 aluminum lake
⑩ D&C Red No. 30

1.3.2 무기물 색소

무기물 색소들은 립스틱에 많이 사용한다. 예를 들어 이산화티탄과 철산화물은 립스틱에 사용한 전체 착색제의 약 70%를 차지한다.

이산화티탄(TiO_2)은 하얀색 색소이고 검정을 밝은색 보정에 그리고 유기물 빨간색 색소에 대하여 노란색을 파란색으로 이동할 때 사용하고 가장 중요한 것은 불투명하게 만들 때 사용한다. 이산화티탄은 두 종류의 anatase와 rutile이 있다. anatase 이산화티탄만 FDA에 의해 착색제로 인정되었다. rutile 이산화티탄은 큰 불투명도와 색(anatase보다 약 20% 더 진하다) 때문에 유럽과 아시아에서 사용한다. 미국에서는 주로 햇볕차단제의 활성 성분으로 사용한다. rutile 이산화티탄의 대부분은 북미에서 자외선을 변화시켜 햇볕차단을 개선하고 자외선으로부터 피부를 보호하려고 사용한다. 이산화티탄은 자외선을 회색으로 이동시킨다

화장품에 사용하는 철산화물은 화학적으로 합성한 ① yellow $Fe_2O_3 \cdot 3H_2O$, ② red Fe_2O_3, ③ black Fe_3O_4 산화물을 색의 용도에 따라 선택하여 사용한다. 공급자들은 세 종류 산화철을 섞어 수요자들이 원하는 갈색, 암적색, 암갈색을 만들어 공급한다.

고령토와 활석은 고체 증량제와 립스틱 감촉 개선제로 사용한다. 활석은 립스틱에 잘 사용하지 않지만 고령토는 고체증량제로 사용한다.

진주색 착색제는 물고기 비늘을 이용하여 시작하였지만 1970년대 초부터 가격과 용도 때문에 사용하지 않는다. 가장 일반적으로 사용하는 진주색소는 운모, 철산화물 혹은 이산화티탄을 입힌 운모, 옥시염화 비스무트 화합물이다. 이 화합물들은 빠르게 젓는 과정에서 비스무트염은 입자들이 파손되고 운모에 입힌 철산화물 혹은 이산화티탄은 운모표면에서 벗겨질 수 있다. 수용액 중에서 전이원소 산화물을 판상 분말 운모에 침전하여 거르고 가열하여 진주색 착색제를 만들 수 있다. 진주색은 전이원소의 종류와 운모 판상에 석출된 산화물 두께에 따라 각기 다른 색을 나타낸다. 립스틱은 빨강/노랑, 빨강/파랑, 노랑/빨강처럼 두 색 이상을 이용한다.

염색염료(stain)라는 용어는 착색제를 피부에 염색하는 방법이고 오렌지 혹은 파랑/빨강을 나타낸다. 미국에서 립스틱에 사용하는 염색염료는 본래 eosine 계통의 화합물이고 상품명을 유도체 화합물마다 첫째 dlbromo, 둘째 tribromo, 셋째 tetrachloro 혹은 tetrabromo라 부른다. 첫째 dibomo는 D&C orange No. 5이고 처음에 노랑-오렌지에서 다음에 빨강-파랑으로 변한다. 둘째 tetrabromo는 D&C red No. 21이고 진한 파랑/빨강이다. 셋째 tetrachloro 혹은 tetrabromo는 D&C red No. 27이고 진한 파랑/빨강이다. 이러한 염색은 값이 싼 립스틱에 사용하였고 1990년대에 유행하였다. 립스틱은 노랑, 파랑, 초록색이고 앞에서 설명한 색을 섞어 여러 가지로 만들어 사용한다.

1.4 오일흡수

오일흡수는 색소 100 g에 흡수되어 죽 상태로 되는 오일의 무게(gram)라고 deNavarre는 정의했다.(1) 오일흡수는 여러 인자에 따라 영향을 받는다. 그 인자들 중에서 몇 가지는 입자크기, 분자기하구조, 고체의 습윤성, 오일성분, 고체 및 액체의 표면장력 관계, 그리고 온도다. 그러나 오일흡수는 처방전 안에서 각 색조 사이에 균일한 감촉을 확인하는 최선의 방법 중에 하나다. 유기물 착색제와 철산화물 착색제를 평균함량으로 함유하는 비-진주성 색조에서 이러한 두 가지 착색제의 오일흡수를 측정하면 모든 색조에 대하여 원하는 감촉을 나타내는 착색제량을 확인할 수 있다. 그러나 이산화티탄은 크림 감촉을 주고 다른 착색제와 같은 방식으로 오일을 흡수하지 않는다. 이것은 폴리머처럼 착색제를 적게 그리고 흡수제를 많이 처방하는 기회를 제공한다. 이러한 연구는 모순되지 않는 색과 덮임률(coverage)의 잠재적 부족을 가져올 수 있다. 무게 비에 비하여 큰 부피를 갖는 유기물 착색제는 최고 오일흡수 그리고 최저 색 값과 덮임률을 갖

표 9-2 오일흡수 첨가물

성 분	오일흡수
kaolin	24.2
ochne	24.1～76.8
siena	15.0～69
umber	23.0～98
aluminum hydrate	61.4
aluminum stearate	11.9
zinc stearate	12.1

는다. 적은 오일흡수 착색제를 갖는 이러한 착색제를 감소하여 감촉과 덮임률을 조절할 수 있다. 예를 들어 D&C red 6 sodium salt를 소량 가하여 필요한 FD&C yellow 6 aluminum lake를 많이 감소할 수 있다. deNavarre(1)에 의하여 측정한 오일흡수 첨가물은 표 9-2와 같다.

1.5 립스틱 처방

표 9-3에 여러 성분을 이용하여 립스틱을 만드는 여러 처방을 제시했다. 처방 1~4는 매우 간단한 방법이다. 처방 1은 피마자기름을 너무 지나치게 가하여 너무 물러서 주형을 만들 수 없고 불안정하고 너무 빽빽하고 끌리고 안정하지 않았다. 처방 2는 1보다 좋고 마모성이 더 좋고 더 얇은 필름을 형성하였다. 처방 3은 주형이 잘 되지만 너무 딱딱하고 처방 2보다 크림성이 더 크고 깃털이 생겼다. 처방 4는 주형이 잘 형성되지만 너무 끈적거리고 깃털 모양이 생겼다. 처방 5는 주형이 잘 형성되지만 가장 끈적거렸고 깃털이 생겼다. 처방 6은 보통 립스틱과 가장 비슷하였고 감촉은 가볍고 안락하였다.

표 9-4 처방은 녹을 때 모두 맑은 용액으로 변하였다. 처방 7은 부드럽고 무겁게 끝난다. 처방 8은 액체이고 주형을 만들 수 없다. 처방 9는 주형을 만들기에 너무 무르다. 처방 10은 주형이 잘 형성되고 잘 미끄러지고 끝내기에 좋다. 처방 11은 주형을 만들기에 너무 무르다. 처방 12는 쉽게 주형이 형성되고 쉽게 끝나지만 끌린다. 표 9-4를

표 9-3 립스틱 제조시험-1(wt %)

성 분	처방 1	처방 2	처방 3	처방 4	처방 5	처방 6
castor oil	60	45	35	–	–	25
capric triglyceride	–	10	20	–	15	16
octyl/capric triglcerides	–	–	–	11	–	17
lanolin oil	–	–	–	45	45	5
acetylated lanoilin alcohol	5	10	10	10	5	5
ceresin, mp. 64℃	–	10	5	–	–	–
microcrystalline wax, mp. 76℃	–	4	–	3	4	2
ozokerite	–	6	1.5	6	6	5
candelilla(euphorbia cerifera) wax	15	–	10	7	7	7
carnauba(copernica cerifera) wax	5	–	3.5	3	3	3
color, including pearl	15	15	15	15	15	15

표 9-4 립스틱 제조시험-2(wt %)

성 분	처방 7	처방 8	처방 9	처방 10	처방 11	처방 12
beewax(cera alba)	25	25	25	25	25	25
liquid lanolin	75	—	—	—	—	—
hexyl laurate(cetiol A, Henkel)	—	75	—	—	—	75
adol 65, Witco	—	—	75	—	—	—
polyan	—	—	—	75	—	—
octyldodecanol(Eutanol G, Henkel)	—	—	—	—	75	—
castor(ricinus communis) oil	—	—	—	—	—	75
color lake	10	10	10	10	10	10

표 9-5 본보기 시판용 립스틱

성 분	함량(wt %)
1. synthetic wax	9.4
2. ozokerite	3.0
3. paraffin	7.6
4. diisostearate dimerate	16.7
5. polyglycerol-3 diisosrearate	3.0
6. propylparaben	0.1
7. tocopherol, mixed enanthiomers	0.2
8. pigments/pearl	12.5
9. cyclomethicone(Dow 244 fluid, Dow Corning)	17.5
10. cyclomethicone(Dow 345 Fluid, Dow Corning)	25.0
11. isododecane(permethyl 99A, Preserpers)	5.0

보면 다른 성분을 첨가할 수 있지만 용이하지 않은 것을 알 수 있다.

최근에 유리, 컵, 담배, 사람에 묻지 않는 립스틱은 천연 오일이나 에스터 대신에 다음과 같은 혹은 휘발성 유체를 사용한다 : yclomethicone, dimethicone, dimethicone colyol, octyldodecanol, isododecane, isopropylisostearate, microcrystalline wax, paraffins, polyethylene, branched-chain based materials, branched-chain esters.

표 9-5는 미국에서 특허를 받은 립스틱 처방이다. 이 처방은 실리콘과 휘발성분이 중요한 역할을 하고 이전의 전통적 립스틱과 다른 것을 알 수 있다.

표 9-5 성분들은 비슷한 용해도를 갖고 사용할 때 특수한 촉감을 갖는다. 실리콘

의 가벼운 감촉 필름과 잘 미끄러지는 성질은 초기에 안락하고 상쾌한 느낌을 준다. 체온에서 증발하고 남은 필름은 많은 양의 왁스와 색을 남긴다. 마모성이 좋고 잘 묻지 않고 입술에 상쾌한 감촉을 준다.

TOPIC 한의학에서 보는 입술(동의보감)

입술에 립스틱을 칠하기 전에 자신의 얼굴이 얼마나 예쁜가를 감상하려고 거울을 통하여 자세히 들여다보는 습관이 있다. 동의보감에 의하면 위독한 상황에서는 입술과 혀를 살펴 건강을 판단한다.

- 비장과 폐를 오래 앓으면 허약해져서 입술이 하얗게 변한다.
- 태음경의 기가 끊어지면 입술이 뒤집어지고 곧 죽는다.
- 입술이 퍼렇고 혀가 말려들어가고 음낭이 오그라들면 죽는다.
- 병이 나서 입술이 뒤집어지고 인중이 평평해지면 죽는다.
- 입술과 입 안이 붓고 빨거면 열이 심한 것이다.
- 입술과 입이 파랗게 변하면 찬 기운이 심하다.
- 입술이 허연 것은 빈혈의 경우에 잘 나타난다.
- 입술이 푸르면 심장이 좋지 않아 혈액순환이 나쁜 결과다.
- 중풍이나 호흡부전의 경우도 입술이 퍼렇다.
- 입술에 물집이 생기는 것은 쿠루프성 폐렴, 감기, 학질, 유행성 뇌척수막염, 재귀열, 식중독이 의심되므로 의사에게 진단을 받아야 한다.

1.6 립스틱 제조

색소는 립스틱 제조에 필요한 오일의 절반과 미리 섞어 죽 상태로 만들고 3-roll mill에 통과 혹은 덩어리가 없을 때까지 통과시켜 완전히 색이 퍼지게 만든다. 왁스는 스테인리스 스틸로 만든 스팀 솥에 넣고 나머지 오일의 절반을 넣고 왁스의 최고 녹는점보다 2~3℃ 높은 온도에서 저으면서 녹인다. 색소용액을 녹인 왁스와 오일 혼합물에 가하고 온도와 젓기를 그대로 유지한다. 나머지 오일로 3-roll mill을 헹구고 다른 부분과 합친다. 온도와 젓기를 그대로 유지하면서 균일하게 섞고 탈기한다. 그 배치를 250 mesh에 통과시켜 이물질을 제거한다. 립스틱을 기계로 성형한 다음 표면을 전기 혹은 가열 방식으로 다듬고 실리콘을 분무하여 보기에 좋은 표면을 만든다. 성형할 때 주형 온도는 20~30℃이고 압축성형 립스틱은 공기, 물, 냉매 등을 이용하여 10℃/min로 냉각하여 20℃에서 보관한다. 립스틱 녹는점 시험방법은 여러 방법으로 측정하지만 재현성이 문제이고 그중에서 가장 측정하기 쉽고 숙련이 필요 없는 장치는 Mettle FP63

Melting Point이다. 일반적으로 립스틱 녹는점은 55~65℃ 범위다. 열적 안정도는 립스틱을 25, 35, 45, 55℃에서 수평으로 24시간 유지하여도 모양이 변하지 않고 35℃에서 2개월 보관하여도 사용할 수 있어야 한다. 그러나 6개월간 변형, 경도, 촉감을 시험해야 한다. 낮은 온도시험은 −25℃에서 2개월 보관하여 립스틱 표면에서 결정석출을 관찰하고 −25℃와 +25℃ 사이에서 20회 이상 반복하여 표면변화를 관찰해야 한다. 완성된 립스틱 제품은 파괴시험, 녹는점, 열적안정도 시험, 경도를 측정해야 한다. 측정방법은 deNavarre방법(1)을 참고하라.

2 눈-주위 화장품

눈-주위 화장품은 고대로부터 사용하여 현재도 널리 유행하는 품목이다. 눈-주위 화장품은 현대문화에서 패션의 중심을 차지하고 경제성장과 새로운 성분의 도입에 의하여 점차 화려하고 아름다운 화장품들이 날마다 새로워지고 있다. 근래 눈-주위 화장품은 머리카락, 옷, 피부색과 조화를 맞추는 경향으로 변하고 있다. 어떤 회사들은 눈-주위의 섬세한 피부를 매끄럽게 그리고 가습용 눈-주위 크림과 막대 화장품을 판매하고 있다. 그들은 빛-분산 재료를 이용하여 검정색 고리, 주름살, 가는 주름의 겉모양을 감소한다. 이러한 제품들은 가볍게 색소를 처방하여 주름을 감추고 항-산화제, 항-자극제, 항-염증제도 도입하여 주위환경의 손상으로부터 얇고 섬세한 피부를 개선한다.

2.1 눈-주위 화장품에 사용하는 착색제

눈-주위 피부는 다른 장소보다 피부가 얇기 때문에 잘 흡수되므로 사용하는 착색제 사용은 한국을 비롯하여 미국, EU, 일본 등에서 엄격하게 규제하고 유기물 혹은 무기물 그리고 레이크(lake) 기질 등의 성질 때문에 사용을 금지한다. 그 예를 들면 첫째 녹색 산화크롬과 수산화크롬은 미국에서 입술과 구강 제품에 사용을 금지하지만 눈-주위 제품에는 허용한다. EU에서는 이 착색제를 입술/구강, 눈-주위 제품에 모두 허용한다. 둘째 Orange No. 5는 미국에서 입술/구강 제품에 허용하지만 눈-주위에 사용을 금한다.

표 9-6 눈-주위 화장품용 착색제

착색제	색 조	색 번호	미국 입술/구강	미국 눈-주위	EU 입술/구강	EU 눈-주위
mica	white	C177019	yes	yes	yes	yes
TiO_2		C177891	yes	yes	yes	yes
iron oxides	orange	C177489	yes	yes	yes	yes
	red	C177491	yes	yes	yes	yes
	black	C177499	yes	yes	yes	yes
ZnO	white	C177947	yes	yes	yes	yes
ultramarines	blue/green	C177007	no	yes	yes	yes
		C177013	yes	yes	yes	yes
carmine	red	C175470	yes	yes	yes	yes
manganese violet	purple	C175470	yes	yes	yes	yes
ferric cyanide	blue	C177510	no	yes	yes	yes
chromium oxide green	green	C177288	no	yes	yes	yes
chromium hydroxide green	blue/green	C177289	no	yes	yes	yes
bismuth oxychloride	white	C177163	yes	yes	yes	yes
D&C Blue No. 1 aluminum lake	blue	C142090	yes	yes	yes	yes
D&C Green No. 5	blue/green	C161570	yes	yes	yes	yes
D&C Orange No. 5	orange	C145370 : 1	yes	no	yes	yes
D&C Red No. 6	yellow/red	C115850	yes	no	yes	yes
D&C Red No. 6	yellow/red					
aluminum lake		C115850	yes	no	yes	yes
barium lake		C115850	yes	no	yes	yes
D&C Red No. 7	blue/red	C115850 : 1	yes	no	yes	yes
D&C Red No. 7	blue/red					
aluminum lake		C115850 : 1	yes	no	yes	yes
barium lake		C115850 : 1	yes	no	yes	yes
D&C Red No. 7	blue/red					
aluminum lake		C115850 : 1	yes	no	yes	yes
barium lake		C115850	yes	no	yes	yes
calcium lake		C115850 : 1	yes	no	yes	yes
D&C Blue No. 21	yellow/pink	C145380 : 2	yes	no	yes	yes
D&C RED No. 21 aluminum lake	yellow/pink	C145380 : 2	yes	no	yes	yes
D&C Red No. 22 aluminum	yellow/pink	C145380	yes	no	yes	yes
D&C Red No. 27	pink	C145410 : 1	yes	no	yes	yes
D&C Red No. 27 aluminum lake	blue/red	C116035	yes	no	yes	yes
FD&C Red No. 40 aluminum lake	blue/red	C116035	yes	yes	yes	yes
D&C Red No. 30	blue/red	C173360	yes	no	yes	yes
D&C Red No. 30 lake	yellow/red	C173360	yes	yes	yes	yes
D&C Yellow No. 10 aluminum lake	green/yellow	C147005	yes	no	yes	yes
FD&C Yellow No. 5 aluminum lake	yellow	C119140 : 1	yes	yes	yes	yes
FD&C Yellow No. 6 aluminum lake	red/yellow	C115985 : 1	yes	no	yes	yes
FD&C Green No. 3	blue/green	C142053	yes	no	yes	yes
FD&C Yellow No. 11 aluminum	green/yellow	C147000	no	no	no	no
D&C Red No. 33 aluminum lake		C117200	yes	no	yes	yes
D&C Violet No. 2	purple	C160725	yes	no	yes	yes

EU에서 이 제품은 입술/구강, 눈-주위 제품에 허용한다. 셋째 D&C Blue No. 1 aluminum lake는 레이크 기질의 역할 때문에 미국과 EU에서 입술/구강 그리고 눈-주위 화장품에 허용한다. 넷째 D&C Red No. 6 aluminum lake는 EU에서 입술/구강 그리고 눈-주위에 허용하고 미국에서는 입술에 허용하지만 눈-주위에는 허용하지 않는다. 다섯째 유기물 착색제 carmine은 미국과 EU에서 입술/구강 그리고 눈-주위에 사용을 허용한다. 표 9-6은 미국에서 사용을 허용한 것과 허용하지 않은 착색제를 나타낸다.

반짝이(glitter)는 1990년대 중반에 여러 패션-색 화장품에 도입하기 시작했다. 가장 보편적 형태는 polyethylene terphthalate sheet를 여러 크기로 절단하여 운모처럼 사용하였다. 입자크기는 운모에 대하여 허용된 것처럼 100 mesh(0.006×0.006 inch) 체를 통과해야 한다. 레이저로 필름에 선을 그어 홀로그램 효과를 나타내게 만든 것도 이용할 수 있지만 색 첨가 규제를 벗어나지 않아야 한다. 몸 화장품에서 손톱 화장품까지 모두 사용하여도 눈-주위 화장품에 자동적으로 사용할 수 없다.

광 분산 재료는 1～20 μ 크기의 구형 입자를 polyetrhylene, ethylene과 acryl 혹은 methacrylic acid의 공중합체로 만든다. 이러한 구형은 빛을 산란하여 가는 선 끝이 얼룩져 나타나는 겉모습을 감소한다. 이러한 재료는 10～20 μ 실리카와 섞어 사용한다. 산란광은 주름살이 없는 것처럼 보이게 만든다. 마스카라에 사용하면 속눈썹을 두껍게 만든다. 산란광 재료는 질화붕소처럼 매끄러움과 크림 성질도 나타내고 활석 대체물질로도 사용한다.

2.2 화장용 연필

화장용 연필은 1930년대에 독일에서 시작하였지만 2차 대전 동안에 없어졌다가 1960년대에 다시 소개되었다. 현재 미국과 유럽지역에서 매년 4억 달러 정도 시장을 형성한다. 화장용 연필은 입술, 눈썹, 아이라이너(eyeliner)에 사용하고 대부분 모두 흑연 연필을 사용한다. 라이너 연필은 지역과 인종에 따라 각기 다르게 그리고 지름크기(7～16 mm)와 색도 각기 다르게 선호한다. 특히 지름 크기는 연필 끝을 뾰족하게 만들어 조절하므로 별로 문제되지 않는다.

화장용 연필은 첫째 오일, 에스터, 실리콘을 함유하고 둘째 높은 녹는점을 갖는 트리글리세라이드, 셋째 압출을 돕는 스테아린산, 일본제 왁스, 넷째 화장용 연필에 여러 가지로 이용성이 증가되는 밝은 착색제와 진주안료, 다섯째 충진제로서 운모, 활석, 견운모, 여섯째 기능성 충진제로 질소화 붕소, 테플론, 실리카, PMMA를 함유한다.

일반적으로 화장용 연필은 눈썹과 눈까풀의 착색에 이용하고 현재는 화장용 연필의 경도와 색 성분에 따라 립스틱, 립 라이너, 블러셔(blusher)와 함께 선택한다. 눈썹 연필처방은 30~40% japan wax(stearic acid를 주로 함유)와 촉감을 개선하려고 수소화 식용유를 25%까지 사용한다. 모든 색소는 서로 다른 오일-흡수용량을 가지므로 각 색조마다 활석과 실리카 분말을 다르게 사용한다. 이러한 처방은 피부에 이로운 비타민 E와 비타민 C 에스터, 여러 식물 추출기름을 함께 사용하고 방부제는 methyl paraben과 propyl paraben을 사용하고 항-산화제와 기타 첨가물도 사용한다.

표 9-7은 색소와 잘 섞이고 열에 안정한 재료를 더 많이 함유한다. 표 9-8은 표 9-7

표 9-7 화장용 연필(1)

성 분	함량(wt %)
일본 왁스	45.0
세틸 알코올	10.0
수소화 면화씨 기름	15.0
흑색 철 산화물	30.0

표 9-8 화장용 연필(2)

성 분	함량(wt %)
스테아린산	40.0
세틸 알코올	10.0
수소화 식용유	20.0
흑색 철 산화물	30.0

표 9-9 화장용 연필(3)

성 분	함량(wt %)
밀랍(cera alba)	11.0
세틸 알코올	5.0
마이크로결정 왁스	3.0
에틸렌/VA 공중합체	10.0
carnauba(Copernicia cerifera) wax	4.0
ppg-2 myristyl ether propionate	9.0
나일론-12	5.0
사이클로메티콘	28.0
색소	25.0

표 9-10 메이크업 연필(wt %)

	A	B	C								
성 분	1	2	3	4	5	6	7	8	9	10	11
함량(wt %)	40.0	40.0	40.0	15.0	7.0	7.0	20.0	q.s to 100.0	1.0	q.s.	q.s.

q.s.는 quantum sufficit.

1 : cyclomethicone
2 : bis-phenylhexamethicone
3 : diphenylmethicone
4 : beeswax
5 : carnauba
6 : ozokerite
7 : paraffin
8 : mineral oil
9 : cetyl aicohol
10 : pigments
11 : titanium dioxide

표 9-10의 A, B, C 중에서 한 성분만 취한다.

과 비슷하지만 낮은 온도에서 녹는 triglyceride와 높은 온도에서 녹는 stearic acid를 함유한다. 표 9-9는 내마모성 아이라이너/색조를 갖는다. 이 종류의 처방은 주형 혹은 용기에 직접 사출한다. cyclomethicone 함량이 많으면 특별한 용기를 사용한다. 일반적으로 PVC를 가장 많이 사용한다. 살균제로는 ethylene oxide를 매우 적은 양까지 규제하므로 propylene oxide를 식품에서도 사용하므로 이것을 대체 화합물로 추천한다. 또한 소독용으로 감마선 살균도 추천한다.

2.3 압축 파우더 아이섀도

아이섀도(eye shadow)는 일반적으로 첫째 얼굴에 색을 칠하여 인품을 개선하고, 둘째 눈 그 자체를 예리하게 혹은 부드럽게 보여주고, 셋째 깊은 눈을 깊게 혹은 나오게 보여주고, 넷째 명암을 이용한 미묘한 성격변화를 나타내고, 다섯째 건습 형태를 이용하여 서로 다르게 보여준다.

표 9-11에서 사용한 운모는 운모입자에 철산화물을 석출한 착색 운모, 혹은 철산화물과 이산화티탄을 동시에 운모입자에 석출한 착색제를 이용한다.

표 9-11 압축 파우더 아이섀도(1)

성 분	1	2	3	4
함량(wt %)	40.5	32.4	13.6	13.5

1 : mica (and) iron oxides (and) titanium dioxide
2 : talc
3 : cyclomethicone (and) dimethicone
4 : oleyl erucate

표 9-12 압축 파우더 아이섀도(2)

성 분	1	2	3	4	5	6	7	8	9	10	11
함량(wt %)	4.2	10.0	0.5	5.0	65.0	0.1	0.1	0.1	3.75	9.75	1.5

1 : talc
2 : bismuth oxychloride
3 : fumed silica
4 : zinc stearate
5 : titanium dioxide (and) mica
6 : methyl paraben
7 : propyl paraben
8 : imidazolidinyl ure
9 : lanolin alcohol
10 : mineral oil
11 : isostearyl neopentanoate

• 제법 : 1에서 8까지 성분을 ribbon blender에서 섞는다. 9에서 11까지 성분을 다른 용기에서 혼합한 다음 1~8 혼합물에 분무하고 혼합하고 분쇄한다. 균일한 혼합물을 얻을 때 체를 사용할 필요가 있으면 체로 친 다음 적당한 용기에 압축한다. bismuth oxychloride는 다른 물질과 섞을 때 너무 심하게 저으면 결정이 깨져 광택이 없어진다. titanium dioxide-mica는 운모에 이산화티탄을 석출한 착색제 및 광택제로 사용한다. 섞을 때 너무 심하게 저으면 운모에서 이산화티탄이 벗겨진다.

눈-주위 화장품은 제품의 보관이 대단히 중요하다. 피부에 약한 부착력, 색의 조화, 눈까풀의 주름은 결합제(binder) 처방에 사용한 진주안료의 종류 및 농도가 비효율적일 때 일반적으로 생긴다. 결합제 농도가 크면 평편하지 않게 압축된다. 진주안료가 많은 처방은 압축하기 전에 공기를 제거하기 위하여 진주안료가 가라앉게 기다려야 한다.

품질검사를 하는 경우 첫째 압축 파우더 아이섀도는 하얀 종이 위에 생산 제품과 표준물을 나란히 놓고 palette knife로 평편하게 누른다. 서로 색조를 비교하고 브러시를 사용하여 피부 위에서 체크한다. 둘째 벌크밀도는 공기가 분말 사이에 갇힌 여부를 확인하려고 그리고 부정확한 충전 무게를 최소화하려고 느슨한 분말 상태에서 시험한다. 셋째 충전하는 동안 가해진 압력의 정확도를 측정하려고 penetrometer를 사용한다. 넷째 케이크의 물리적 세기는 낙하시험을 통하여 측정한다. 다섯째 압축 케이크는 퍼프(puff)를 사용하여 어떤 평면에 눈질러 광택을 시험한다. 파우더는 피부 위에 부착하여 손실되지 않고 평편하게 펴져야 한다.

2.4 마스카라

마스카라(mascara)는 눈의 홍채와 흰자의 차이를 명확하게, 눈의 흰자를 예민하게, 속눈썹 모양을 두껍게, 눈의 모양을 길게, 전체 외관에 심오하고 훌륭한 품성을 가미하게, 아이섀도 색을 예리하게 한다. 마스카라 연출은 일반적으로 적용, 겉모양, 내마모성, 제거 용이성으로 판별한다. 선택한 처방에 대하여 적절하게 붓질하는 것이 중요하다. 일반적으로 마스카라와 아이라이너는 하나 이상의 필름 형성제, 착색제, 모두 증발 후 필

표 9-13 유제 내성 마스카라

	A						B		C						D	E
성 분	1	2	3	4	5	6	7	8	9	10	11	12	13	14	15	16
함량(wt %)	41.0	1.0	0.3	4.0	1.0	0.5	10.0	2.0	2.0	2.0	1.0	9.0	6.0	0.1	0.1	20.0

1 : water(aqua), deionized
2 : hydroxyethylcellulose
3 : methylparaben
4 : aqueous 0.10% phenyl mercuric acetate
5 : triethanolamine
6 : ammonium hydroxide, 28%
7 : iron oxide
8 : ultramarine blue
9 : isostearic acid
10 : stearic acid
11 : glyceryl monostearate
12 : beewax
13 : carnauba wax
14 : propyl paraben
15 : quaternium-15
16 : 30% acrylic/acrylate copolymer solution in ammonium hydroxide

• 제법은 표 9-12를 참고하라.

표 9-14 용매 마스카라

	A							B	C		D		
성 분	1	2	3	4	5	6	7	8	9	10	11	12	13
함량(wt %)	41.0	1.0	0.3	4.0	1.0	0.5	10.0	2.0	2.0	2.0	1.0	9.0	6.0

q.s.=quantum sufficit
1 : petroleum distillate
2 : beeswax
3 : PEG-6 sorbitan beeswax
4 : zokerite 170-D
5 : carnauba wax
6 : propylparaben
7 : glyceryl oleate (and) propylene glycol
8 : iron oxide
9 : petroleum distillate (and) quaternium-18 hectorite (and) propylene carbonate
10 : water(aqua), deionized
11 : methylparaben
12 : sodium borate
13 : quaternium-15

• 제법 : 색소 B를 90℃로 가열한 A에 넣고 섞는다. C를 서서히 가한 다음 A와 함께 가열한다. D를 90℃에서 A, B, C에 가하고 유제화한다. 그 유제를 식을 때까지 혼합한다.

름을 형성하는 전색제로 구성한다. 현재 세 종류 마스카라를 주로 사용한다. 그중에서 첫째는 무수용매-바탕 서스펜션으로서(표 9-13) 방수성이고 얼룩은 방지할 수 없고 제거하기 어렵다.

둘째는 water-in-oil emulsion으로서 방수성이고 얼룩은 방지할 수 없고 비누와 물로 제거할 수 있다. 셋째는 oil-in-water emulsion(water-based)으로서 증발건조해서 생긴 필름이 대단히 유연성이고 조각이 생기지 않고 얼룩이 생기지 않는다. 제품처방에 acrylics, polyvinyl acetates, polyurethanes를 유제 폴리머에 첨가하면 내수성을 얻을 수 있다.

과거에 케이크 혹은 덩어리 형태 마스카라를 많이 사용했다. 이것은 비누 혹은 비이온성 유제와 함께 섞은 왁스 바탕 처방이었다. 그 예는 표 9-14를 보아라.

2.5 아이섀도 크림

일반적으로 아이섀도(eye shadow) 크림은 또 다른 아이섀도 종류이고 압축형태처럼 평판이 좋지 않다. 과거에 평판이 좋은 아이섀도 막대는 아이섀도 크림과 비슷하지만 높은 녹는점을 갖는 왁스를 함유하여 주형으로 만들었다. 그 성분들은 첫째 휘발성 용매로서 cyclomethicone, hydrocarbon, isoparaffin을 함유하고, 둘째 왁스는 농도가 적지만 무수 방수성 마스카라를 만들려고 사용하고, 셋째 연화제는 에스터, 오일, 실리콘을 이용하고, 넷째 젤화제(gellant)는 벤토나이트 유도체와 hectorite 유도체, 다섯째 착색제와 진주안료는 전통방식에 따르고, 여섯째 충진제는 운모, 활석, 견운모(sericite), 일곱째 기능성 충진제는 질소화붕소, PMMA, 나일론, 전분, 실리카, 테플론, lauroyl lisine을 사용했다. 이러한 조작을 통하여 감촉성을 증진하려고 고체를 많이 사용하였고 적응성과 은폐력을 개선하고 충진제 흡수는 색조 범위에서 비슷한 감촉을 유지하게 균형을 이루었다.

2.6 아이라이너

아이라이너(eyeliner)는 눈의 구조를 만들고 모양을 변화하려고 사용한다. 아이라이너는 눈의 홍채와 흰자 사이에 색을 대조하여 눈을 더 크게 혹은 더 적게 만들고 속눈썹을 더 진하게 만드는 것을 돕는다. 일반적으로 액체 아이라이너의 평판이 가장 좋다. 과거에 케이크 라이너와 젖은 브러시로 젖은 압축 케이크를 사용한 유행은 지나갔다. 그들은 분말 충진제, 왁스, 레진, 비누 혹은 비이온성 계면활성제를 사용했다. 표 9-15와 표 9-16을 참고하라.

표 9-15 방수성 아이라이너

성 분	1	2	3	4	5	6
함량(wt %)	16.5	5.0	35.0	33.5	0.2	9.8

1 : beeswax
2 : PVP/eicosene copolymer
3 : petroleum distillate
4 : petroleum distillate (and) quaternium-18 hectorite (and) propylene carbonate
5 : preservatives
6 : titanium dioxide (and) mica (and) ferric ferrocyanide

• 제법 : 성분 1을 70℃로 가열하고 성분 3과 섞는다. 그 혼합물을 성분 4와 부드럽게 저으면서 혼합하고 저으면서 50℃로 냉각한다. 그 다음 성분 2, 5, 6을 섞고 균일하게 될 때까지 섞는다.

표 9-16 아이라이너

	A			B				
성 분	1	2	3	4	5	6	7	8
함량(wt %)	55.0	1.0	4.0	2.5	0.25	29.5	0.25	7.5

1 : ammonium vinyl acetate/acetylates copolymer
2 : polysirbate 80
3 : isopropyl myristate
4 : propylene glycol usp
5 : methylparaben
6 : water(aqua), deionized
7 : hectorite (and) hydroxyethylcellulose
8 : iron oxides

이러한 첫째 용매는 물이고, 둘째 젤화제는 고무성분(규산마그네슘 알루미늄과 벤토나이트)이고, 셋째 습윤제는 물-가용성 에스터와 큰 HLB 유제이고, 넷째 폴리올은 propylene glycol, butylene glycol, 2-methyl-1.3 propanediol이고, 다섯째 착색제는 표면처리가 필요 없지만 분산성이 쉽게 증진되고 유체성을 유지하고 접착력이 개선되고 방수성이 증진된다. 주로 철산화물과 기타 무기 착색제를 이용한다. 여섯째 알코올은 레진을 녹이고 건조시간을 개선한다. 필름형성제는 PVP, PVA, acrylics, PVP/VA, PVP urethanes이다. 제법은 젤화제를 polyol과 미리 섞고 습윤제도 포함한 가열된 수용액상에 가한다. 균일하게 될 때까지 세게 저어 분산한다. 착색제를 가하고 균일하게 분산하고 식혀 알코올과 필름 형성제를 서서히 저으면서 가한다.

TOPIC 눈물

눈물은 평상시에 약 1.2 μL/min 분비하고 그 눈물은 함유된 유기산의 해리상수 때문에 pH 4~5를 유지한다. 이 pH 범위는 인체에서 분비하는 침, 콧물, 눈물이 모두 비슷하고 외부에서 눈, 코, 입을 통하여 들어오는 병균의 저항과 인체의 활동조건에 적당한 산도를 갖는다. 눈물은 눈동자 운동의 윤활유 역할을 담당하려고 항상 흐르는 기본 눈물, 양파, 최루탄, 티끌에 대하여 흐르는 반사눈물, 희로애락에 대하여 흐르는 정서적 눈물로 구분한다. 눈물에 암치료용으로 연구중인 락토페린, 리소자임, 리보뉴클레아제, 지방산, HCO_3^-, Ca^{2+}, K^+, Cl^-, Na^+ 등이 포함되어 있고 특히 정서적 눈물에 망간과 포타슘 성분이 함유되어 있다는 설도 있다. 현재와 같이 미량분석이 가능한 기기분석 기기를 이용하면 악어눈물도 분간할 수 있지 않을까? 현재까지 분석기술에 의하면 눈물의 종류에 따른 차이를 분간할 수 없다고 한다.

3 손발톱

손발톱은 손가락과 발가락의 끝을 보호하고 미세한 동작을 돕고 끝의 감촉을 예민하게 만들고 손톱은 내장의 병세를 나타낸다. 손톱의 성장속도는 유아들이 어른보다 빠르고 손톱이 발톱보다 빠르게 자라고 겨울보다 여름에 빠르게 자라고 발육속도는 0.1～0.15 mm/day이다.

손발톱은 지질성분이 0.15～0.75%이고 황 함유량은 3% 이상이고 각질층보다 많이 함유하고 아미노산 조성은 각질보다 모발과 비슷하고 수분은 5～24%다. 손톱 뿌리 부근에 유백색 반월형(lunula)이 있고 손톱(nail plate)은 피부의 각질에 상당한다. 손톱은 머리카락과 약간 비슷한 경화 케라틴(keratin) 성분이고 조밀하게 탄성 물질이 결합된 넓고 평편한 케라틴화 세포층으로 구성한다. 이 단백질 구조는 cysteine(유황을 함유한 구조), 0.2% methionine, 12～14% 수분, 콜레스테롤 형태의 지방산으로 구성한다. 널리 사용하는 손톱 화장품은 매니큐어(manicure), 손톱래커(nail laquer), 제거제(remover)를 가장 많이 널리 사용하고 그 밖에 손톱 크림, 젤, 표피 제거제, 연화제, 손톱 표백제, 손톱색조 제품도 있다.

TOPIC 손발톱

신체에 이상이 생기면 손톱 색과 모양이 변하고 병세가 심할수록 변화 정도가 심하다. 병세가 치유되면 본래 모양으로 회복된다.

손가락은 순서대로 엄지, 검지 또는 인지, 중지, 약지, 새끼손가락이라 부르고 손가락의 손톱에 따라 병세를 나타낸다. 손톱은 하얀색 반월이 선명하고 윤택하고 담홍색을 띠고 주름이나 홈이 없어야 건강하다.

- 손톱에 세로주름이 많으면 기혈허약이고 세로주름이 많으면서 잘 부러지면 심장이 약하고 장이 무력하다는 증거다.
- 엄지손톱에 세로주름이 많으면 산성체질이고 그래서 피부가 약하고 조금만 긁어도 붉게 변하고 벌레에 잘 물리고 쉽게 피로를 느끼고 걸핏하면 역정을 내고 머리가 잘 아프고 근육통에 자주 시달린다.
- 손톱이 작고 위축되어 있으면 신경과민이나 영양장애 가능성이 크다.
- 엄지손톱이 작고 위축되어 있으면 뇌와 신경계 질환에 걸리기 쉽고 새끼손가락이 그러한 상태이면 여성은 불임이고 남성은 발기불능이기 쉽다.
- 손톱 몸체에 두세 개 층이 생기면 중병을 앓았거나 정신적 스트레스 때문에 혈액순환장애 또는 신진대사장애를 받은 증거다.

- 몸의 좌우 어느 한쪽이 뇌경색으로 마비되면 마비된 쪽의 손톱에 세로방향으로 파란 선이 생기고 병세가 회복되면 점차 희미하게 변해서 없어진다.
- 손톱이 짧으면 심장병과 노이로제에 걸리기 쉽고 손톱 양쪽 옆이 둥글지 않고 모나고 횡단면이 사다리꼴이면 심장병에 걸린다.
- 손톱색이 푸르거나 검은색이면 심장이 이미 나빠진 상태이고 손톱 몸통이 평편하고 주름이 많고 손톱 양면이 딱딱하게 굳고 회백색이고 손톱 뿌리의 홍자색 부분에 주름살이 생기면 심장질환이다.
- 손톱길이가 짧거나 양옆이 모나게 굽어져 있고 손톱이 지나치게 붉거나 검은색이고 중지가 이상해지거나 새끼손가락이 마비 또는 통증이 생기면 심장질환이다.
- 손톱이 길면 흉부질환에 걸리기 쉽다.
- 간장 질환에 걸리면 손톱이 뿌리는 좁고 끝이 넓은 부채꼴이다.
- 빈혈에 걸리면 손톱이 활 모양으로 뒤집히고 백반이 많이 나타나고 가로주름이 많고 창백하고 손톱을 눌렀다가 떼었을 때 담홍색으로 변하는 회복시간이 느리고 눌린 자국이 하얀색이거나 뿌리 쪽 반달이 없다.
- 타원형 손톱은 혈액순환이 좋지 못하고 중풍과 척추질환에 걸리기 쉽다.
- 손톱이 반원형이고 신장과 방광에 병이 있고 목욕 후에 손에 주름이 생기고 엎드려 잠을 자야 편한 사람은 신장기능이 약하거나 신장병에 걸린 사람이다.
- 손톱에 움푹 패인 홈이 검지손톱에 있으면 피부질환, 중지손톱에 있으면 관절염이나 통풍, 약지손톱에 있으면 호흡기질환과 안질, 새끼손가락 손톱에 있으면 인후질환이나 신경통을 조심해야 한다.
- 손톱이 너무 연해서 손톱깎이로 깎을 때 소리가 나지 않으면 정력이 형편없는 상태이고 단단해서 부러지기 쉬우면 빈혈이나 뇌 순환 장애를 의심한다.
- 손톱이 얇고 무르면서 변형되기 쉽고 찢어지면서 갈라지면 간장이 혈액과 영양소를 충분하게 저장하지 못한 징조다.
- 손톱에 백반이 많으면 칼슘부족이고 대개 신경질이 많고 쉽게 피로하고 만성변비에 걸린 징조다.
- 손톱에 황색반점이 생기면 뇌장애, 자색반점이 생기면 혈액응고, 청색반점은 심장질환이나 월경 시작을 의미한다.
- 중환자 손톱이 흑청색이거나 손톱 아래 살이 검으면 죽음과 관련이 있다.
- 맞선을 볼 때 손톱에 매니큐어를 진하게 칠한 사람은 무엇인가를 숨기는 똑똑한 사람이니 조심해야 한다. (동의보감 393쪽, 신제용 편저, 학원사, 1999)

3.1 손발톱 화장품 재료

손톱에 필름을 형성하려고 methacrylic copolymer, vinyl copolymer, cellulose ester를 사용한다. cellulose esters 중에는 cellulose acetate, cellulose acetobutyrate, cellulose acetopropionate, nitrocellulose라고 더 잘 알려진 cellulose nitrate 등이 있다.

3.1.1 니트로셀룰로스

화장품용 고분자의 또 다른 사용범위는 소비자들에게 "손톱광택제"라고 알려진 손톱래커(nail laquer) 혹은 에나멜(enamel) 처방과 제조에 사용하는 필름 형성제(일반적으로 니트로셀룰로스), 수지, 가소제다. 손톱광택제는 얇은 액체를 이용하여 칠하고 건조한 다음 손톱 기질에 접착되는 필름을 형성하고 손톱에 색과 광택 겉모양을 조성한다.

필름형성 고분자는 methacrylic copolymer, vinyl copolymer, cellulose ester(cellulose acetate, acetobutyrate, acetopropionate)를 사용하지만 현재 손톱광택제 산업에서 더 잘 알려진 고분자 물질은 니트로셀룰로스(nitrocellulose)이다.

니트로셀룰로스(cellulose nitrate)는 천연 셀룰로스 섬유(솜 혹은 목재 섬유)를 진한 질산으로 에스터화하여 만든다. 모든 고분자처럼 사슬 길이는 중요한 특성이다. 니트로셀룰로스의 경우에 사슬 길이는 필름 성질에 직접 영향을 주고 그 사슬이 짧을수록 필름이 부서지기 쉽고 사슬이 길수록 필름은 무르다. 니트로셀룰로스 사슬 길이는 또한 용액 점성과 직접 관련이 있다. 사슬 길이는 짧을수록 용액 점성이 감소하고 길수록 점성이 증가한다. 니트로셀룰로스의 질산화 농도가 적으면(알짜 질소 함량 11.5%) 알코올, 키톤, 에스터에 녹고 질산농도가 더 진한 니트로셀룰로스(알짜 질소 함량 12%)는 실제로 폭발성이고 에스터와 키톤에만 녹는다. 니트로셀룰로스는 위험한 화합물이므로 30%(물, 아이소프로파놀)보다 적은 농도로 용매에 녹여 사용하고 절대 건조하거나 연소하지 않아야 한다.

3.1.2 수지

필름형성 폴리머 이외에 필름을 개선하고 손톱의 광택과 부착 성질을 증진하려고 수지(resin)를 이용한다. 수지는 자연수지(shellac, dammer, benzoin)와 합성수지(acrylics, vinyl esters, oiul-free alkyds)를 사용한다. 가장 오래된 수지는 toluene-sulfoamide-formaldehyde resin(TSFR)이고 이것은 확실히 가장 널리 사용한다. 이 수지는 손톱 래커 처방에 잘 쓰는 약간 특이한 성질을 갖는다. 이것은 무색투명하고 니트로셀룰로스와 견줄 수 있는 필름형성제다. 이것을 니트로셀룰로스 래커와 섞으면 단단하고 손톱에 더 잘 부착되지만 시간이 지나면 원하지 않는 해로운 formaldehyde 부산물을 배출하므로 polyester 혹은 toluene sulfoamide/epoxy resin으로 대체하였다.

3.1.3 가소제

필름-형성제와 수지의 결합은 일반적으로 유연성이 부족한 딱딱한 필름을 만든다. 예를 들어 니트로셀룰로스와 TSFR의 결합은 이용한 비율에 따라 부서지기 쉽다. 필름의 유연성을 개선하고 최적화하기 위해서 가소제(plasticizer)를 사용한다. 가소제는 수지와 필름-형성제보다 작은 분자다. 가소제는 큰 중합체 사슬을 부드럽게 감아 필름을 더 유연하게 만든다. camphor와 dibuthylphthalate(DBP)는 손톱 수지의 가소제로 사용하고 현재도 널리 사용한다. 그 외에 adipates, benzoates, citrates도 가소제로 사용하여 다른 성질의 필름을 만든다.

3.1.4 용매

용매는 모든 성분이 적당한 점성을 갖는 액체 성분을 형성해서 브러시로 그릴 수 있게 만들 때 필요한 휘발성이 큰 유기용매다. 건조시간은 용매선택에 매우 중요한 인자다. 손톱광택 처방에 가장 일반적으로 사용한 용매는 알코올계, 에스터계, 키톤계다.

첫째 알코올계는 isopropyl, ethyl, butyl(isopropanol, ethanol, butanol) alcohol이고 니트로셀룰로스 용매는 아니고 그 성분의 묽힘제로 사용한다. isopropanol은 가끔 니트로셀룰로스와 합쳐 에탄올과 부탄올처럼 수지와 첨가제로 사용한다. 둘째 에스터계는 acetate (methyl, ethyl, buthyl, amyl 등)이고 필름-형성제, 수지, 가소제의 실제 용매다. 셋째 키톤계는 acetone, methyl isobutyl ketone, methyl ethyl ketone이고 때때로 휘발성 유기 화합물(volatile organic compound : VOC) 함량 감소에 사용하고 손톱광택제 제거에도 사용한다.

용매 선택은 손톱광택제의 성질에 영향을 준다. 첫째는 건조시간이다. 느리게 증발하는 용매를 많이 함유하면 매우 부드러운 필름을 형성하고 손상 저항이 매우 적다. 둘째는 점성이다. 사용한 용매에 따라 전체 용매 농도는 같아도 점성에 따라 손톱광택이 변한다. 그러한 경우에 묽힘제 선택은 대단히 중요하다. 가장 널리 사용하는 묽힘제는 가능하면 알코올(isopropanol, ethanol)과 aromatics(toluene)를 사용한다.

3.1.5 색소와 진주안료

1920년대 초에 첫 번째 니트로셀룰로스 손톱광택제가 나왔고 그 다음에 투명 손톱광택제에 rhodamine 염료를 소량 첨가한 손톱광택제를 출시했다. 1931년에 Dupont에서 투명한 색을 띤 손톱광택제를 출시했다. 1940년대에 색소 래커(lacquer) 손톱광택제를 출시했다.

가장 일반적으로 사용한 색소는 첫째 무기물 백색 이산화티탄, 적색, 황색, 흑색의 철산화물과 blue ferrocyanide이고 둘째 유기물 색소는 적색 레이크(# 6, 7, 34), 황색 레이크(# 5, 6)다. 이러한 새로운 손톱 에나멜은 1938년 The Pure Food, Drug and Cosmetic Act에 따라 복잡해졌다. 그 법령은 손톱광택제의 색을 제한했다. 여기에 진주 색소들이 추가되었다. 진주 색소는 자연 진주(guanine), 무기물 진주(운모, 표면 처리한 운모, 반짝이, 옥시염화 비스무트) 등이다. 이들은 손톱광택제로 추가되었다.

3.2 손발톱광택제 처방

손발톱광택제 처방은 표 9-17부터 표 9-21까지 예를 든다.

표 9-17 톨루엔과 폼알데하이드 없는 무광택 자주색 손톱광택제

성 분	1	2	3	4	5	6	7	8	9
함량(wt %)	25.00	29.71	11.54	6.94	4.44	2.81	1.83	1.74	1.57

성 분	10	11	12	13	14	15	16	17
함량(wt %)	1.41	1.36	1.26	0.20	0.13	0.03	0.02	0.01

1 : ethyl acetate
2 : butyl acetate
3 : nitrocellulose
4 : phthalic anhydride/trimellitic anhydride/glycols copolymer
5 : isopropyl alcohol
6 : sucrose acetate isobutyrate
7 : acrylates copolymer
8 : mica
9 : titanium dioxide
10 : dibutyl phthalate
11 : camphor
12 : stearalkonium hectorites
13 : black iron oxides
14 : benzophenone-1
15 : bismuth oxychloride
16 : D&C red #7 calcium lake
17 : FD&C yellow #5 aluminum lake

표 9-18 톨루엔과 폼알데하이드 없는 베이지 크림색 손톱광택제

성 분	1	2	3	4	5	6	7	8	9	10	11	12	13	14	15
함량(wt %)	37.55	29.37	12.07	7.33	4.38	3.00	2.00	1.40	1.38	1.01	0.21	0.14	0.10	0.05	0.01

1 : ethyl acetate
2 : butyl acetate
3 : nitrocellulose
4 : phthalic anhydride
5 : isopropyl alcohol
6 : sucrose acetate isobutyrate
7 : acrylates copolymer
8 : dibutyl phthalate
9 : camphor
10 : stearalkonium hectorite
11 : titanium dioxide
12 : benzophenone-1
13 : red iron oxides
14 : FD&C yellow #5 aluminum lake
15 : black iron oxides

표 9-19 고급 차가운 초록색 처방

성 분	1	2	3	4	5	6	7	8	9
함량(wt %)	26.28	25.00	11.20	10.08	10.73	6.29	4.91	1.47	1.46
성 분	10	11	12	13	14	15	16	17	18
함량(wt %)	0.98	0.89	0.48	0.10	0.05	0.04	0.02	0.02	0.01

1 : butyl acetate
2 : ethyl acetate
3 : nitrocellulose
4 : toluene
5 : tosylamide/formaldehde resin
6 : dibutyl phthalate
7 : isopropyl alcohol
8 : stearalkonium hectorite
9 : mica
10 : camphor
11 : titanium dioxide
12 : phthalic anhydride/trimellitic anhydride/glycols copolymer
13 : benzophenone-1
14 : FD&C yellow #5 aluminum lake
15 : black iron oxides
16 : guanine
17 : ferric ammonium ferrocyanide
18 : D&C red #3 calcium lake

표 9-20 고급 담자색 크림색 처방

성 분	1	2	3	4	5	6	7	8
함량(wt %)	26.24	25.00	12.96	11.22	7.62	6.68	4.92	1.46
성 분	9	10	11	12	13	14	15	16
함량(wt %)	1.28	1.13	1.11	0.11	0.11	0.07	0.06	0.03

1 : butyl acetate
2 : ethyl acetate
3 : toluene
4 : nitrocellulose
5 : tosylamide/formaldehyde resin
6 : dibutyl phthalate
7 : isopropyl aicohol
8 : stearalkonium hectorite
9 : phthalic anhydride/trimellitic anhydride/glycols copolymer
10 : titanium dioxide
11 : camphor
12 : benzophenone-1
13 : FD&C yellow #5 aluminum lake
14 : black iron oxides
15 : red iron oxides
16 : D&C red #6 barium lake

표 9-21 알레르기 없는 크림색 손톱 에나멜

성 분	1	2	3	4	5	6	7	8	9	10	11
함량(wt %)	16.0	8.0	20.3	39.5	6.0	1.3	1.7	6.0	1.0	0.1	0.1

1 : nitrocellulose
2 : polyester resin
3 : ethyl acetate
4 : butyl acetate
5 : isopropyl acetate
6 : stearalkonium hectorite
7 : camphor
8 : dibutyl phthalate
9 : titanium dioxide
10 : iron oxide(russet)
11 : D&C #6 barium lake

- 제품취급 : 이 제품의 기능은 손톱의 영양공급, 강화, 보호에 있다. 모든 각 손톱 특성에 따라 활성물질을 여러 가지 첨가하지만 첨가제, 용해도, 적합성, 자외선 감응 등의 문제에 직면한다. 그러므로 처방 전 변화, 미리 활성 성분 용액의 조제, 자외선 여과 등을 고려해야 한다. 대부분의 알레르기 없는 손톱광택제처럼 그 바탕층은 톨루엔이나 폼알데하이드가 없는 제품을 사용한다. 그들은 엷은 색을 띠거나 하얀색을 남길 수 있다. 바탕층은 일반적으로 더 빠르게 건조하고 점성이 더 적고 위층보다 고체함량이 적다.

3.3 손발톱광택제 성질

손톱광택제는 액체성분을 바른 다음 건조하여 견고하고 유연한 필름을 만들어 손톱을 아름답게 보호하려고 사용한다. 손톱광택제는 유리병에 담아 판매한 다음 침강과 층 분리 현상이 제품의 외관에 영향을 줄 수 있다. 침전은 액체에서 떠 있는 무거운 고체 색소입자들이 무게 때문에 병 바닥에 밀집 층을 형성하면서 가라앉는 현상이다. 그것에 비하여 층 분리는 병 속의 반투명 액체 위층에서 시간에 따라 가벼운 색소층이 생기는 현상이다. 이러한 침강과 층 분리는 피해야 한다.

손톱에 광택제를 발라 형성된 필름은 손톱 성장에 따라 파손되지 않고 늘어나야 한다. 그와 반대로 그 필름은 외부공격에 저항할 정도로 충분히 딱딱하고 광택을 유지해야 하고 손톱표면에서 벗겨지지 않아야 한다. 그러므로 손톱광택제는 내마모성, 광택, 응용성(농도), 건조시간, 광택제 필름의 외관(균일성, 피복력, 색)을 시험해야 한다.

3.4 손발톱광택제 제조

손톱광택제는 일반적으로 니트로셀룰로스, 수지, 가소제, 요변성(thixotropy : 요동하는 gel은 sol로 변한다. 그러나 정지하면 다시 gel로 변하는 성질), 소량 색소를 녹인 혼합용매, 진주안료로 구성한다. 손톱에 고-광택성 필름을 만들려면 착색제를 분쇄하고 분산하여 색소 입자를 아주 작게 만들어야 한다. 대부분 손톱광택제는 2-롤 밀(2-roll mill)을 이용하여 분산한다. 색소도 니트로셀룰로스와 가소제를 혼합하여 2-롤 밀에 통과시켜 분산한다. 그 다음 얇은 판으로 분리하여 용매에 분산되기 쉽게 잘게 자른다. 또 다른 방법은 니트로셀룰로스, 색소, 수지, 가소제를 볼 밀에서 분쇄하는 방법이다. 이러한 두 방법에서 생성된 색소 혼합물은 일반적으로 고농도 색소 래커(lacquer)로 용해한다. 이러한 진한 단일색소 래커는 필요한 비율로 섞어 색조를 맞춘다. 필요하면 진주색소를 그 다음에 첨가한다.

처음에 점토(clay)를 포함하는 바탕 래커는 칩(chip)으로 만들어 용매에 녹이고 고속

분산기를 이용하여 고속전단 방법으로 혼합한다. 또 다른 방법은 점토 칩을 24시간 니트로셀룰로스와 용매 등의 혼합물에서 부풀린 다음 10,000~120,000 psi 균일혼합기에 통과시킨다. 투명한 바탕 래커를 제조하려면 혼합탱크에 니트로셀룰로스와 약 75% 용매를 넣고 녹을 때까지 젓는다. 점토 젤, 수지, 가소제, 균형을 이루는 용매를 첨가한다. 몇 시간 혼합한 다음 필요하면 점성을 측정하여 조절하고 투명 래커를 여과하여 외부에서 유입된 입자와 불용성 물질을 제거하고 착색제와 섞을 준비를 한다. 점토를 섞지 않은 래커는 프로펠러형 혼합기로 훨씬 더 쉽게 섞을 수 있다.

3.5 손발톱래커

처음 손톱래커(nail lacker)는 니트로셀룰로스, 가소제, 용매, 가용성 적색 염료로 제조하였다. 이것은 내마모성이 매우 약하여 탈 왁스 Dammar gum과 같은 천연 수지를 첨가하여 기능을 향상하였지만 부착력과 마모성이 그래도 부족하였다. 1935년에 색소첨가칩(chip)과 aryl sulfonamide formaldehyde resin를 제조하여 투명성, 광택성, 내마모성이 더 우수한 손톱래커를 제조하였다. 손톱래커는 바탕-막과 상층-막의 형성 물질로 구성한다. 바탕-막 성분은 일반적으로 수지를 더 많이 그리고 점성은 더 적게 그리고 위층-막 래커보다 더 빠르게 건조해야 한다. 어떤 바탕-막 성분은 더 많은 tosylamide formaldehyde resin 혹은 polyvinyl butyral을 함유하여 더 끈끈한 필름을 만든다. 다른 성분은 섬유를 함유하여 손톱을 강화하고 손톱의 이랑(ridge)을 채우는 역할을 한다.

위층-막 기능은 광택성 증진, 내마모성, 건조시간 감소다. 두꺼운 막을 형성하면 내마모성이 증가한다. 위층-막 형성제는 고체함량이 많고 용매는 끓는점이 낮고 때로는 수지를 사용하지 않고 바닥-막 형성제보다 가소제와 니트로셀룰로스를 많이 함유한다.

표 9-22 고급 서스펜션 손톱 바탕-막

성 분	1	2	3	4	5	6	7	8	9	10
함량(wt %)	26.66	23.55	14.50	11.35	9.33	7.00	5.03	1.51	0.95	0.12

1 : butyl acetate
2 : ethyl acetate
3 : toluene
4 : nitrocellulose
5 : tosylamide/formaldehyde resin
6 : dibutyl phthalate
7 : isopropyl aicohol
8 : stearalkonium hectorite
9 : camphor
10 : benzophenone-1

표 9-23 톨루엔과 폼알데하이드 없는 서스펜션 손톱 바탕-막

성 분	1	2	3	4	5	6	7	8	9	10	11
함량(wt %)	40.99	26.64	11.65	6.34	4.38	3.31	3.00	1.36	1.19	1.0	0.14

1 : ethyl acetate
2 : buthyl acetate
3 : nitrocellulose
4 : phthalic anhydride/trimellitic anhydride/glycol copolymer
5 : isopropyl alcohol
6 : acrylates copolymer
7 : sucrose acetate isobutyrate
8 : camphor
9 : dibutyl phthalate
10 : stearalkonium hectorite
11 : benzophenone-1

표 9-24 손톱 바탕-막 형성제

성 분	1	2	3	4	5	6	7	8
함량(wt %)	9.00	4.00	7.50	7.50	15.00	34.00	22.90	0.10

1 : 1/2 nitrocellulose, RS-grade, wet
2 : polyvinyl butyral
3 : tosylamide/formaldehyde resin
4 : acetyl triethylcitrate
5 : isopropyl alcohol
6 : ethyl acetate
7 : n-butyl acetate
8 : benzophenone-1

표 9-25 손톱 위층-막 형성제

성 분	1	2	3	4	5	6	7
함량(wt %)	10.00	4.39	7.50	0.10	0.01	36.00	42.00

1 : 1/4" nitrocellulose, RS-grade, wet
2 : tosylamide/formaldehyde resin
3 : dibutyl phthalate
4 : benzophenone-1
5 : D&C violet #2
6 : n-butyl acetate
7 : ethyl acetate

손과 손톱은 매일 그리고 항상 추위, 열, 태양, 공기, 상대습도변화, 오염, 물, 비누, 용매, 세탁제, 기계적 접촉 등에 노출된다. 그래서 손톱을 보호하려고 강화제(strengthener), 경화제(hardener), 손톱-보수제, 손톱 이랑(ridge)-충전제, 외부껍질 보수, 손톱크림, 손톱로션, 건조기, 광택제거제 등이 출시되었다. 손톱강화제는 손톱에 침투하거나 센 보호막을 제공하고 부서지거나 갈라지기 쉬운 손톱에 사용한다. 포름알데하이드는 단백질과 결합하여 변성을 일으키므로 효과적 손톱 경화제이고 미국에서는 최대 5%까지 손톱래커에 사용한다. 그 외에 손톱 강화제/경화제에 나일론 섬유, 아크릴, 젤라틴, 단백질 등을 섞어 사용한다.

광택제 제거는 아세톤 혹은 아세트산 에틸에 물을 5~10% 되게 섞어 사용할 수 있다. 그 밖에도 propylene carbonate, D-limonoene, n-methyl pyrrolidone도 사용할 수 있다.

표 9-26 손톱 경화제

성 분	1	2	3	4	5	6	7	8	9	10
함량(wt %)	10.6	0.8	5.6	7.9	6.4	34.5	9.0	23.5	1.5	0.2

1 : nitrocellulose
2 : camphor
3 : dibutyl phthalate
4 : tosylamide/formaldehyde resin
5 : isopropyl alcohol
6 : ethyl acetate
7 : butyl acetate
8 : toluene
9 : formaldehyde, aqueous
10 : Benzophenone-1

표 9-27 손톱 고정 혹은 수선(아크릴 수지를 니트로셀룰로스에 첨가하여 사용할 수 있다)

성 분	1	2	3	4	5	6	7	8
함량(wt %)	13.00	10.00	60.00	3.50	6.70	0.95	5.80	0.05

1 : nitrcellulose
2 : camphor
3 : acetone
4 : butyl alcohol
5 : ethyl acetate
6 : ethyl alcohol
7 : isopropyl alcohol
8 : citric acid

표 9-28 손톱 에나멜 제거제

성 분	1	2	3	4	5
함량(wt %)	85.00	13.45	1.00	0.50	0.05

1 : acetone
2 : butyl alcohol
3 : Laneth-10 acetate
4 : fragrance(parfum)
5 : D&C yellow #11

표 9-29 아세톤 없는 에나멜 제거제

성 분	1	2	3	4	5	6
함량(wt %)	65.00	9.00	25.00	0.70	0.25	0.05

1 : ethyl acetate
2 : isopropyl alcohol
3 : water(aqua), deionized
4 : castor(Ricinus communis) oil
5 : fragrance(parfum)
6 : D&C green #6

4 피부의 햇볕막이와 태닝

자외선 노출은 과거 두 세기에 걸쳐 여러 번 피부의 햇볕막이(sunscreen)와 태닝(tanning) 과정이 피부암 발생 때문에 유행과 비-유행을 왔다 갔다 했다. 그러다가 1970년대 이후에 피부암 발생문제를 해결하지 않은 상태에서 햇볕차단제의 출현과 함께 다시 피부 태닝(tanning)은 유행을 타기 시작했다.

Tanning이라는 단어는 첫째 가죽을 만드는 공정에서, 둘째 잉크를 만들 때 탄닌과 금속성분(철)을 섞어 착물을 만드는 공정에서 동일한 tanning이라는 단어를 사용한다. 그래서 이 책에서는 햇볕 그을리기(tanning)와 구별하기 위해서 태닝(tanning)이라는 단어를 사용한다.

4.1 자외선 스펙트럼

전자기복사선은 자외선, 가시선, 적외선, x-선, γ-선…으로 파장 길이에 따라 구분하고 파장이 짧을수록 에너지는 크다. 그러므로 자외선을 쬐이면 피부는 잘 그을린다. 태양광 중에 5% 정도만 자외선이고 나머지는 대부분이 가시선이다. 자외선(ultra violet : UV)은 파장에 따라 세 부분으로 나눈다. 200~280 nm는 UV-C, 280~320 nm는 UV-B, 320~400 nm는 UV-A라고 한다. 파장을 구분하는 방법은 나라마다 그리고 지역마다 다르다. UV-B는 유럽에서 280~320, 미국 FDA는 UV-B를 sunscreen regulation 정의에서 290~320 nm, 그리고 tanning bed regulation에서 260~320 nm로 정의한다.

홍반(erythma)은 대중들이 인식하는 종말점이므로 UV 복사선에 대한 가장 중요한 생물학적 응답이다. 인간이 UV-A 혹은 UV-B에 과도하게 노출되어 염증반응을 나타날 때 햇볕에 탄 황갈색(sunburn) 혹은 홍반이 생긴다. 분명한 경계를 나타내는 감지할 수 있는 적색반응을 나타내는 UV 복사선 값을 최소홍반용량(minimal erythema dose : MED)이라고 한다.(2)

발광생물학 연구에서 때때로 MED단위는 정량적 노출단위로 표시한다. 홍반은 화장품 소비자들과 가장 관련이 있는 종말점이다. 왜냐하면 홍반은 UV 노출용량 평가에서 가장 중요한 종말점이기 때문이다. 모든 소비자를 지향하는 연구는 예를 들어 햇볕막이 SPF(sun protection factor, 자외선방지효과지수)와 tanning-bed exposure를 포함해서 홍반을 종말점으로 정한다. 그렇지만 이것은 이상적 종말점이 아니다. 시각적 홍반 평가는 가끔 부정확하고 주관적이기 때문이다.

모든 복사선은 파장이 짧을수록 세므로 UV-유발 홍반은 노출된 UV 종류에 따라 변한다. UV-A는 320~400 nm, UV-B는 280~320 nm, UV-C는 200~280 nm 범위다. UV-A는 다른 자외선보다 약하므로 더 오랫동안 노출해야 홍반이 생기고 UV-A와 UV-B는 더 짧게 노출해도 홍반이 생긴다.(3) UV-A-유발 홍반은 이상성(biphase)이므로 자외선 쬐임을 중단한 다음 즉시 감소하고 노출 후 6~24시간에 최대로 증가한다.(4) UV-B와 UV-C에 의해 유발된 홍반은 일상성(monophase)이므로 노출 후 8~24시간 사이에 최대로 된다.(5)

UV-B-유발 홍반에 의해 생기는 두 성분을 보고했다. 자외선을 쬔 처음 24시간 동안 홍반은 소염성 indomethacin 성분에 의해 완화된다.(6) 자외선을 쬔 다음 36~48시간 사이에 홍반은 indomethacin에 무감각하다. 실제로 대부분 소염제는 UV-B-유발 홍반의 초기 단계를 감소하는 데 효과가 있는 것으로 알려졌다.(7) 이것은 빠른 시작(8~24시간)과 느린 시작(36~48시간)의 서로 다른 두 가지 홍반 메커니즘이 있다는 것을 제시한다.

홍반은 자외선을 쬔 값, 생물계가 받은 전체 자외선, 노출된 반복횟수, 자외선 광원의 세기와 노출시간 등에 따라 변하므로 철저한 실험계획이 필요하다. 사람 대신 실험용 쥐를 이용하는 경우가 많지만 쥐 피부 두께는 3 μ이고 표피의 20%는 각질층이다. 사람 피부는 100 μ이고 각질층은 약 15 μ이다. 쥐의 실험값을 사람과 비교하는 것은 고려할 사항이 많다. 피부에 자외선을 쬐여 구루병을 예방하는 비타민 D_3를 합성하는 경우 297 nm 자외선이 가장 효과성이 좋다고 알려졌다. 비타민 D_3 부족은 구루병, 골다공증, 암을 유발하고 많으면 독성을 나타낸다. 그러나 자외선을 쬐여 비타민 D_3를 합성하면 독성을 나타낼 정도로 과량 비타민 D_3를 합성하지 않는다. 피부에 색소를 많이 함유하면 비타민 D_3를 덜 생성한다. 피부암 발생과 자외선 관계는 아직 메커니즘이 알려져 있지 않고 짐작만 할 따름이다.

4.2 햇볕막이와 피부 태닝 처방

미국에서 햇볕막이(sunscreen) 화장품은 OTC(over-the-counter, 의사처방 없이 판매) 의약품이고 FDA(Food and Drug Administration)에 의해 규제받는 의약품이다. 햇볕막이 화장품은 자외선에 의해 피부가 그을리는 것을 방지하는 것이 목적이다. 햇볕막이 화장품은 효능만 증명이 필요한 특이한 OTC 의약품이다. 처방은 햇볕막이 활성의 효능에 크게 영향을 준다. 햇볕막이 효능은 피부를 UV-유발 태닝으로부터 보호하는 햇볕막이 능력 혹은 SPF(sun protection factor)라고 정의한다. SPF는 햇볕막이 활성체, 유제 오일-상, 유제 수용액-상, 유제화 과정, 기타 인자들에 의해 영향을 받는다. 햇볕막이 효능은 SPF 방식으로 정의하므로 처방연구자들은 최고 SPF, 최저 가격, 소비자들이 좋아하는 화장품 성질을 이용하여 처방을 창조해야 한다.

표 9-30 햇볕막이 로션(SPF 30), ISP Van Dyk

	A		B								
성 분	1	2	3	4	5	6	7	8	9	10	11
함량(wt %)	50.4	1.0	6.0	3.0	3.0	1.0	4.0	7.5	3.0	3.0	6.0

	C			D	
성 분	12	13	14	15	16
함량(wt %)	5.0	3.0	3.0	1.0	0.1

1 : water(aqua)
2 : xanthan gum
3 : glyceryl stearate (and) laureth-23
4 : PEG-20 stearate
5 : cetyl lactate
6 : C12-15 alkyl lactate
7 : myristyl myristate
8 : octyl methoxycinnamate
9 : benzophenone-3
10 : octyl salicylate
11 : propylene glycol
12 : titanium dioxide, ultra fine
13 : isocetyl stearoyl stearate
14 : maleated soybean oil
15 : preservative
16 : fragrance(parfum)

• 제법 : 롤러밀을 이용하여 C성분을 섞는다. A성분을 고속혼합으로 분산하고 75℃로 가열한다. B를 80℃로 가열하고 C를 가한다. BC를 A에 가한다. 15분간 균질혼합기로 섞는다. 40℃로 식히는 동안 혼합한다. D를 가하고 E를 가한다. 25℃로 냉각하는 동안 혼합한다.

4.3 피부, UV 복사선, 그리고 상호작용

피부는 얇은 막으로 분리된 두 띠(band)로 구성한다. 진피(dermis)는 내부 띠이고 표피(epidermis)는 외부 띠이다. 표피는 4층, 즉 기저층(stratum basale), 가시층(stratum spinosum), 과립층(stratum granulosum), 각질층(stratum corneum)으로 구성한다. 여기에서 stratum은 층을 의미한다. 각질층은 육안으로 보이고 대략 20세포층 두께이고 세포는 살아있지 않고 혈액은 공급되지 않는다. 각질층은 보호벽이고 몸 내부와 외부 환경의 수분을 보존하는 산 외투막(acid mantle) 혹은 경질층(horny layer)이라고 한다(과학기술용어집 의학용어에 stratum corneum과 horny layer를 각질층이라 명명했는데 이 책에서는 서로 구별하기 위해서 horny layer를 경질층이라 부른다). 각질층은 UV 복사선을 가리고 추가로 보호기능을 제공하여 각질층 자체가 변한다.

UV 복사선은 UV-C(200~290 nm), UV-B(290~320 nm), UV-A(320~400 nm)로 구성하고 대기권은 UV-C를 차단하고 UV-B와 UV-A만 지구 표면에 도달한다. 일반적으로 UV-B는 표피만 침투하고 UV-A는 항상 진피를 침투한다. UV-A와 UV-B는 피부를 변화시키고 UV-B는 이러한 유발변화를 일으키는 에너지 값이 UV-A보다 약 50~100배 더 크다. UV-B 복사선은 UV-A 복사선보다 더 큰 에너지이므로 홍반, DNA 송상, 편평세포암종(squamous cell carcinoma)을 더 많이 유발한다.

이론적으로 햇볕막이 활성 성분은 세 가지 방법으로 UV-유발 그을림(sunburn)을 감소 혹은 방지하는 역할을 수행한다. 첫째는 화학적 방법으로서 UV 복사선을 흡수하여 조직파손을 방지한다. 둘째는 물리적 방법으로서 UV 복사선을 흡수하지 못하게 반사하는 방법이다. 셋째는 생물학적 방법으로서 생물학적 염증반응을 차단 혹은 생물학적 수선을 증진하여 염증을 감소하는 방법이다.

화학적 혹은 물리학적 햇볕막이 활성 성분이 효과를 발생하려면 각질층에 머물러 있어야 하고 생물학적 햇볕막이 활성 성분이 효과를 발생하려면 살아 있는 조직에 도달해야 한다. 화학적 햇볕막이 활성 성분은 UV 복사선을 흡수하고 손상을 덜 입히게 열 또는 빛으로 변환하여 살아 있는 조직을 보호하는 것으로 믿는다. 화학적 햇볕막이 활성 성분도 UV 복사선에 감응하여 자유 라디칼을 발생한다. 그러한 메커니즘에도 불구하고 화학적 햇볕막이 활성 성분은 UV 복사선이 살아 있는 조직에 도달하기 전에 흡수해야 한다. 이렇게 되려면 햇볕막이 활성 성분이 진한 농도로 각질층에 몇 시간 유지되어야 한다.

4.4 햇볕막이 보호인자(SPF와 PA)

햇볕막이 보호인자(sunscreen protection factor : SPF)는 UV-B를 대상으로 사람이 햇볕막이 없이 그을리는 능력과 햇볕막이를 이용한 그을림 능력의 상대적 비율이다. UV-A를 대상으로 햇볕막이 인자는 PA 혹은 PFA(UV-A protection factor)로 표시한다. 예를 들어 어떤 사람이 햇볕막이 없이 20 min이면 그을리고 또 햇볕막이를 이용하여도 200 min까지 그을리지 않으면 그 햇볕막이의 SPF는 200/20=10이다. 결론적으로 햇볕 그을림에 대한 햇볕막이의 피부보호 능력이 좋을수록 SPF는 큰 값을 갖는다. 그러므로 햇볕막이 처방 목적은 최소 햇볕막이 성분을 사용하여 최대 SPF를 얻는다. 왜냐하면 햇볕막이 활성 성분은 값이 비싸고 피부와 눈에 염증을 유발할 수 있기 때문이다. 의사들은 SPF 15~20은 3~7시간, SPF 30~40은 7~10시간, SPF 40~50+는 10시간 이상 사용할 수 있다고 권한다. PA는 숫자 뒤에 붙은 +의 개수로 세기를 표시한다. +가 한 개면 햇볕막이를 바르지 않은 때보다 2~4배, 두 개면 4~8배, 세 개면 8배 이상 자외선으로부터 피부를 보호할 수 있다. PA는 UV-A(320~400 nm)를 기준으로 삼는다. PA+는 햇볕막이-효과가 있다는 표시이고 PA++는 햇볕막이-효과가 비교적 크다는 것을 표시하고 PA+++는 햇볕막이-효과가 매우 크다는 것을 표시한다.

햇볕막이 크림을 선택할 때 UV-B와 UV-A도 함께 막는 크림을 선택해야 한다. 2시간마다 한 번씩 바르는 것이 좋다. 햇볕막이 크림을 피부에 바르는 SPF 혹은 PA 권장량은 기준이 2 mg/cm^{2}다. 그런데 사람들은 피부가 하얗게 되거나 끈적거려서 대략 권장량의 25~50% 정도만 바른다. 일반적으로 한 번에 찻순가락 하나(6 mL)를 얼굴, 목, 양쪽 팔에 바른다. 몸통과 양쪽 다리는 표면적이 크므로 각기 한 순가락씩 발라야 한다. 그림 9-1은 UV 흡광도(%)에 대한 SPF 효능을 나타냈다.

그림 9-1에서 보면 SPF 2 햇볕막이는 햇볕 그을림 감응의 50%를 차단한다. SPF>30 되는 매우 큰 SPF 값의 역할은 명확하지 않다. SPF 25는 햇볕 그을림 감응의 96%를 차단하고 SPF 50은 전체 햇볕 그을림의 98%를 차단한다. 최근에 FDA Final Monograph는 햇볕에 민감한 피부 때문에 SPF 상한선을 30까지 정하고 30 이상은 30+이라고 표지에 표시하기로 결정했다.(8) 미국은 SPF 시험을 Food and Drug Administration에서 햇볕막이 성분의 SPF 측정을 규정했다.(8) 햇볕막이 활성 성분은 대기(7)와 물에서(9) US FDA Final Monograph에 상세하게 발표하였고 이것은 Tentative Final Monograph에 실려 있다.(10)(11) 이들의 햇볕막이 활성 성분은 표 9-31에 있다. 이들 성분은 International Cosmetic Ingredient Dictionary and Handbook에서 찾아볼 수 있다.(12)

그림 9-1 **UV 흡광(%)에 대한 SPF 효능**

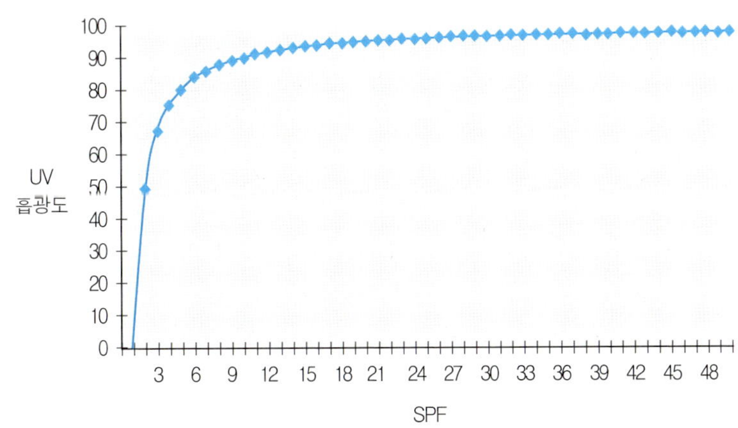

표 9-31 FDA에서 인정된 햇볕막이 활성 성분

INCI 이름	최대농도	보호범위	상품명	공급회사
PABA	15%	UV-B	PABA	Rona
avobenzone	3%	UV-A	Parsol 1789	Roche
cinoxate	3%		None	None
dioxybenze	3%	UV-A	Benzophenone-8	American Cyanamid
homosalate	15%	UV-B	HMS	Rona
menthyl anthranilate	5%	UV-A	Neo Heliopan MA	Haarman & Reimer
octocrylene	10%	UV-B/UV-A	Excalol 597	ISP Van Dyk
octyl methocinnamate	7.5%	UV-B	Parsol MCX	Roche Escalol
ISP van dyk				
octyl salicylate	5%	UV-B	Escalol 587	ISP Van Dyk
oxybenzone	6%	UV-A	Neo Heliopan BB	Haarman & Remer
padimate O	8%	UV-B	Escalol 507	ISP Van Dyk
sulisobenzone	10%		UMS 40	BASF
phenylbenzimidazole sulfonic acid	4%	UV-B	Eusolex 232	Rona
sulisobenzone	10%		UMS 40	BASF
titanium dioxide	25%	UV-B/UV-A		Kobo
trolamine salicylate	12%	UV-B	None	None

4.5 햇볕막이 성분

고성능 SPF 햇볕막이 처방은 우선 대부분 UV-B를 가로막는 활성 성분을 선택해야 한다. Palmitate O는 매우 효과적이고 값싸고 비교적 처방하기 쉬워서 UV-B 햇볕막이 활성 성분으로 선택하였다. 최근에 경험이 많은 처방자들은 octyl methoxycinnamate를 더 선호한다. 왜냐하면 palmitate O는 octyl methoxycinnamate에 비하여 감광반응이 증가하고 palmitate O는 자극성이 증가하기 때문이다. 현재는 "PABA 성분이 없는" 햇볕막이 성분을 찾고 있다.

이산화티탄과 산화아연 두 가지는 새로운 중요한 햇볕막이 활성 성분이다. 이들 성분은 대부분 UV-B와 UV-A를 흡수하고 비교적 낮은 농도에서 큰 SPF 값을 나타내고 넓은 스펙트럼에 걸쳐 보호성능을 발휘하고 값이 비교적 싸다. 그러나 이 성분들의 처방은 소비자들이 인정하는 제품의 제조에 어려움이 있다. 최근에 Kobo Products와 Sunsmart에서 이들의 두 성분에 대한 햇볕막이 처방을 개발하였다.

일단 햇볕막이 활성 성분 처방을 결정하면 다음은 햇볕막이 성분을 녹이는 용매 선택이다. 용매는 햇볕막이 성분을 유화하고 그 성분을 피부에 바른 다음 햇볕막이 활성 성분의 변환에 추가로 영향을 준다. butyl octyl salicylate(HallBrite BHB)와 같은 성분은 실제로 햇볕막이 활성 성분의 광분해 방지에 기여한다. Rassat와 그 동료들은 새로운 햇볕막이 활성 성분 avobenzone(butyloctyl salicylate, HallBriite BHB)의 용매 목록을 발표했다.(13)

경험이 없는 햇볕막이 처방 연구원들은 benzoate ester를 출발점으로 사용하는 것이 아마 최선일 것이다. 그 예를 표 9-32에 제시한다. alkylbenzoate는 isopropanol과 함께 용매로 사용하여 시험할 수 있다. 용매공급자들은 현재 hexyldecyl benzoate를 butyloctyl benzoate 및 C_{12-15} alkyl benzoate와 함께, 혹은 stearyl ether benzoate와 dipropylene glycol dibenzoate를 함께 섞은 새로운 용매를 공급한다. 현재 햇볕막이 용매 연구는 새로운 연구분야로 부상하고 있다.

TOPIC 단맛으로 사용하는 polyol 화합물

어린이나 어른을 막론하고 단맛을 좋아하지만 비만 때문에 열량이 없는 설탕 맛을 원한다. 설탕은 입맛을 잃게 만들고 박테리아에 의해 분해된 젖산 성분은 치아를 부식한다. 그리고 당뇨병 환자들은 저혈당증을 초래한다. 식품화학산업은 수십억달러를 투자하면서 설탕 대용물을 찾는다. 그 대용물들은 glycerin(설탕의 0.6배 단맛), cyclamate(설탕의 30배 단맛), aspartam(Equal 혹은 Nuttraswest, 설탕의 200배 단맛), saccharin(Sweet & Low, 설탕의 300배 단맛), SPLENDA® 화합물이다. 그 외에 "sugar-free"라고 쓰여 있는 껌과 과자들을 판매하지만 이들은 열량이 없는 것은 아니다. 이들은 sorbitol, mannitol, sugar alcohol(혹은 polyol) 등이다. polyol은 poly = many, ol = hydroxyl group 혹은 alcohol을 의미한다.

Sugar alcohol은 과일, 식품, 버섯을 포함하는 여러 식품에서 그리고 밀과 옥수수의 탄수화물을 발효 혹은 수소화반응하여 만든다. polyol은 설탕 열량의 1/3~1/2이고 차가운 맛의 느낌을 준다. 그 차가운 느낌은 녹을 때 흡열반응 때문이다. Sorbitol은 가장 일반적으로 사용하는 sugar alcohol이고 설탕보다 0.6배 단맛이고 열량은 약 2.6 C/g이다. sorbitol은 상쾌하고 시원한 단맛이고 수분을 잃는 식품의 보존에 습윤제로 사용하는 매우 안전한 식품첨가제다. 그러나 50~80/day 이상 섭치하면 설사할 수도 있다. mannitol은 sorbitol 이성질체이고 아스파라가스, 파인애플, 당근에 함유하고 설탕보다 0.7배 단맛이고 열량은 약 1.6 C/g이다. 20 g/day 이상 섭취하면 설사하거나 혹은 몸이 붓는다. Xylitol은 과일과 여러 식품에 함유하고 설탕과 동일한 단맛이고 열량은 설탕의 1/3이다. 시원하고 상쾌한 단맛이고 딱딱한 캔디와 껌에 사용한다. xylitol-gum(7~10 g/day)은 치아손상을 30~60% 감소한다.

이산화티탄이나 산화아연 같은 무기물 햇볕막이 활성 성분은 유기물 햇볕막이 활성 성분과 다르게 처방이 어렵다. 즉, 무기물 햇볕막이 활성 성분에 의한 "백색화 효과"(whitening effect)를 피하려면 입자크기는 작아야 하고 UV 복사선을 흡수하려면 입자크기는 커야 하고 덩어리 형성을 피하려면 적절한 습도와 분산을 유지해야 한다. 이산화티탄의 입자크기는 대략 15~20 nm이고 산화아연은 15~35 nm다. 이러한 크기는 "백색화 효과"를 피하고 센 UV-B와 UV-A 흡수에 최선이다. 적절한 습윤성과 분산성은 덩어리 형성과 침전을 방지한다. 이산화티탄 입자들을 isopropyl titanium triisostearate로 처리하면 분산력이 증가되고 덩어리 형성이 최소화된다.

유기물 햇볕막이 활성 성분에 대한 용매는 다음과 같다.

alkyl salicylate, butyloctyl salicylate, C-12-15 alkyl benzoate, C-12-15 triethoxy alkyl benzoate, cocoglycerates, dipropylene glycol benzoate, isocetyl salicylate, isodecyl isononanoate, isodecyl salicylate, isononyl isononanoate, isostearyl benzoate, isotridecyl isononanoate, methyl gluceth-20 benzoate, octyl dodecyl benzoate, poloxamer 105 benzoate, poloxamer 182 dibenzoate, PEG-15 stearyl ether benzoate, propylene glycol benzoate, tridecyl salicylate.

4.6 내수성 햇볕막이 성분

내수성 햇볕막이 성분은 물과 함께 쉽게 제거되는 햇볕막이 활성 성분을 보호하는 물질이다. 이것은 바닷가, 수영장, 많은 육체적 활동시간 동안 사용하는 햇볕막이에 중요한 특성이 있다. 이러한 조건에서 햇볕막이는 수용액 환경에서 그 효능을 잃지 않아야 한다. 땀을 흘리거나 수영은 햇볕막이 제품의 내수성이 없어 활성을 잃는다. 방수 햇볕막이 성분의 예를 표 9-32에 제시한다.

내수성 햇볕막이에 사용하는 활성 성분은 일반적으로 필름을 형성하는 성질 혹은 소수성 방벽 성질에 바탕을 둔다. 내수성 필름형성에 사용하는 활성제는 PVP hexadecene copolymer, PVP eicosene copolymer, tricontanyl PVP, acrylates/C10-30 alkyl acrylate crosspolymer, acrylates/t-octylpropeneamide copolymer이고 소수성 방벽 형성에 사용하는 형성제는 cetyl dimethicone과 maleated soybean oil이다. 필름형성에 사용할 때 유제 농도는 가능하면 가장 적게 사용해야 한다. 유제 시스템은 피부에서 방수활성제와 함께 건조된다. 유제를 너무 많이 사용하면 물을 첨가할 때 방수제가 다시 유화되어 씻긴다. 이것은 햇볕막이 활성제도 함께 씻긴다.

표 9-32 내수성 햇볕막이 처방

	A	B	C	D								E	F	
성 분	1	2	3	4	5	6	7	8	9	10	11	12	13	14
함량(wt %)	74.9	0.2	0.7	7.5	3.0	3.0	1.0	2.0	1.5	1.0	2.0	2.0	qs	qs

qs : quantum sufficit

1 : water(aqua)
2 : carbomer
3 : triethanolamine, 99%
4 : octyl methoxycinnamate
5 : benzophenone-3
6 : octyl palmitate
7 : cetyl alcohol
8 : stearic acid
9 : PEG-40 stearate
10 : dimethicone copolyol
11 : dimethyl stearamine
12 : acrylates/t-octylpropenamide copolymer
13 : preservative
14 : fragarnce(parfum)

• 제법 : B를 A에 분산하고 80℃로 가열한다. C를 천천히 가한다. 80℃로 가열한다. 젓는 동안 E를 D에 넣는다. 80℃에서 DE를 ABC에 가하고 15 min 동안 혼합한다. 40℃로 식히고 F를 가한다.

햇볕막이 활성제는 눈에 염증을 일으킨다. 방수성 햇볕막이가 눈에 들어가면 방수제는 눈의 점막에 부착하고 그 자리는 햇볕막이가 활성화되어 오랫동안 심한 염증을 일으킨다. 그러므로 햇볕막이 제품은 눈에 대한 염증발생을 절대 시험하지 않아야 한다.

4.7 햇볕막이 제품의 유제

햇볕막이 제품의 유제 선택은 햇볕막이 성능에 대한 유연제 영향(분산성, 내수성, 침투성), 제조기술, 기초지식, 제조능력을 포함하는 여러 변수에 따라 결정된다. 유제 선택은 햇볕막이 활성제의 흡수 스펙트럼, 햇볕막이 활성제의 침투, 그 활성제의 퍼짐성, 피부에 대한 활성제 부착 등에 영향을 준다. 필름두께 사이에는 제품의 퍼짐성과 햇볕막이 효능의 관계가 있다. 햇볕막이 활성제는 대부분이 평면분자이므로 분자의 배향이 중요한 것은 놀라운 것이 아니다. 햇볕막이 활성 성분이 피부에 적절하게 위치하면 UV복사선 흡수 능력은 최대로 된다. 햇볕막이 층이 두꺼울수록 더 좋은 배향이 될 수 있다.

퍼짐성과 표면장력은 햇볕막이 연구자들에게 중요하다. 일반적으로 햇볕막이 크림은 상당하는 로션보다 큰 SPF 값을 갖고 또한 피부에서 원하지 않는 산화반응이 일어난다. 퍼짐성이 너무 크면 피부에 넘쳐흘러 눈으로 들어간다. 운동용 햇볕막이 제품은 그 위치에서 퍼지지 않게 Copertone Sport® 이름으로 최초로 Coppertone®에 의하여 시판되고 그 다음에 여러 회사에서 시판되었다. 여러 회사에서 햇볕막이 제품들을 출시했다.

표 9-33 방수 햇볕막이 로션

	A				B				C			D
성 분	1	2	3	4	5	6	7	8	9	10	11	12
함량(wt %)	72.75	10.00	0.15	0.05	7.00	3.00	2.00	4.00	0.25	0.20	qs	0.40

qs : quantum sufficit

1 : water(aqua)
2 : hydroxypropylmethyl cellulose
3 : quaternium-15
4 : disodium EDTA
5 : octyl methylcinnamate
6 : octyl salicylate
7 : oxybenzene
8 : C12-15 alkylbenzene
9 : acrylates/C10-30 alkyl acrylate crosspolymer
10 : carbomer
11 : preservative
12 : triethanolamine

• 제법 : A를 균일하게 섞는다. B를 혼합하여 녹인다. C를 B와 분산하고 혼합한다. BC를 A에 가하여 혼합하고 30분간 혼합한다. 서서히 저으면서 D를 가하고 젓는다.

표 9-34 Avobenzene을 이용한 햇볕막이 로션(SPF 26)

	A						B					
성 분	1	2	3	4	5	6	7	8	9	10	11	12
함량(wt %)	7.50	3.50	3.00	5.00	5.0	5.0	0.2	0.4	0.75	0.2	0.4	0.3

	C			D				E
성 분	13	14	15	16	17	18	19	20
함량(wt %)	qs	0.1	0.2	2.0	qs	0.5	0.2	0.5

1 : octyl methoxycinnamate
2 : oxybenzene
3 : avobenzene
4 : octyl salicylate
5 : butyloctyl salicylate
6 : hexyldodecyl benzoate and buyloctyl benzoate
7 : tocopheryl acetate
8 : sorbitan oleate
9 : PVP/eicosene copolymer
10 : dimethicone copolyol
11 : silica
12 : acrylates/C10-30 alkyl acrylates crosspolymer
13 : water(aqua)
14 : disodium EDTA
15 : carbomer
16 : butylene glycol
17 : preservative
18 : panthenol and propylene glycol
19 : hydroxypropyl methylcellulose
20 : triethanolamine

• 제법 : A를 혼합하여 녹인다. A에 B를 가하고 50~55℃로 가열한다. C를 혼합한다. D를 C에 가하고 50~55℃로 가열한다. vortex로 혼합하고 AB를 CD에 가하고 30분 젓는다. 저으면서 식힌다. disodium EDTA로 점성을 조절한다.

표 9-35 방수 햇볕막이 크림(SPF 14), Kobo 제품

	A						B	C			
성 분	1	2	3	4	5	6	7	8	9	10	11
함량(wt %)	3.0	7.5	6.0	0.5	2.0	5.0	21.33	51.07	0.5	2.5	0.6

1 : cetyl dimethicone
2 : cyclomethicone
3 : isononyl isononanoate
4 : methyl gluose sesquistearate
5 : dioctyl malate
6 : polyglyceryl-4 isostearate (and) cetyl dimethicone copolyol (and) hexyl laurate
7 : micronized zinc oxide (and) isononyl isononoanoate (and) hexaglyceryl polycinolate (and) isopropyl titanium triisostearate
8 : water(aqua)
9 : sodium chloride
10 : C10 polycarbamyl polyglycol ester
11 : preservative

• 제법 : A를 75℃로 가열하고 프로펠러로 저으면서 65℃로 식히고 균일혼합기에서 B를 A에 가한다. 프로펠러로 혼합하면서 미리 혼합한 C를 AB에 가한다. 30℃로 식힌다.

표 9-36 햇볕막이 로션(SPF 41), Kobo 제품

	A							
성 분	1	2	3	4	5	6	7	8
함량(wt %)	1.50	3.00	1.00	1.00	1.50	1.00	1.25	21.33

	B					C	
성 분	9	10	11	12	13	14	15
함량(wt %)	61.12	0.40	2.00	3.00	0.60	1.00	0.30

1 : cetyl octanoate
2 : sorbitan stearate
3 : glyceryl stearate
4 : cetearyl alcohol (and) ceteareth-20
5 : phenyl trimethicone
6 : dimethicone copolyol
7 : isononyl isononanoate
8 : micronized titanium dioxide (and) stearuic acid (and) aluminum hydroxide (and) isononyl isononanoate (and) polyglyceryl 6 ricinolate
9 : water(aqua)
10 : magnesium aluminum silicate
11 : propylene glycol
12 : polysorbate-60
13 : preswervative
14 : water(aqua)
15 : imidazolidinyl urea

• 제법 : B를 78℃로 가열하고 A를 80℃로 가열한다. A를 B에 균일하게 저으면서 가한다. 균일하게 저으면서 C를 AB에 가한다. 15분 혼합한다. 35℃로 식히고 C를 가하고 30℃로 식힌다.

표 9-37 입술용 햇볕막이 크림(SPF 15), Protameen Chemicals 제품

	A								B
성 분	1	2	3	4	5	6	7	8	9
함량(wt %)	10.00	60.20	7.00	3.00	0.10	4.00	5.00	10.00	0.70

1 : isostearyl linoleate
2 : caprylic/capric triglyceride
3 : octyl methoxycinnamate
4 : benzophenone-3
5 : propylparaben
6 : C30-40 alkyl methicone
7 : ozokerite wax, white
8 : petrolatum
9 : fragrance(parfum)

• 제법 : A를 80℃로 가열하고 균일하게 섞는다. 65℃로 식히고 B를 가한다. 적당한 용기에 부어라.

표 9-38 햇볕막이 스프레이

	A			B		C
성 분	1	2	3	4	5	6
함량(wt %)	10.00	7.50	4.00	73.50	5.00	qs

1 : C12-15 alkyl benzoate
2 : octyl methylcinnamate
3 : octyl salicylate
4 : isododecane
5 : isohexadecane
6 : fragrance(parfum)

• 제법 : A를 섞고 B를 첨가하고 계속해서 섞는다. C를 가한다.

4.8 햇볕 없이 황갈색 피부 만들기

햇볕에 의한 피부의 태닝(tanning, 황갈색 피부변화)은 스펙트럼, 시간과정, 그리고 임상학적으로 오래 연구하였지만 최근에 멜라닌세포에 대한 광자의 직접 효과로 멜라닌세포와 케라틴세포 사이에 자외선-유발 멜라노화반응(melanogenesis)이 일어난다고 부분적으로 밝혀졌다. 햇볕과 관련이 있는 피부암 위험성과 조숙한 노화에 관한 증가하는 공개적 경고에도 불구하고 갈색피부는 매력적이고 건강한 외모를 증진한다는 개념이 강력하게 남아 있다. 햇볕에 그을린 것 같은 태닝(황갈색) 외모는 햇볕 없이 혹은 자체-태닝(self-tanning) 제품을 사용하여 유지할 수 있다. 가장 중요한 자체-태닝 화합물은 dihydroxyacetone[DHA$(CH_2OH)_2C=O$]이다. DHA처럼 적절하게 실제적으로 그리고 안전하게 색을 나타내는 대용 화합물은 아직 발견되지 않았다.(14)(15)

Eva Wittgenstein은 어린이의 유전자 장애를 연구하는 도중에 피부갈색화를 발견했다. 그 유전자 장애 어린이는 주요한 에너지로 사용하는 설탕 중합체를 간에 저장하지 못하였다. 그래서 그녀는 어린이에게 다량 DHA를 먹게 했다. 어떤 경우에 그 DHA용

액이 흘러 피부에 묻었고 갈색으로 변하는 것을 발견했다. 초기에 케라틴과 결합하여 갈색을 나타내는 이 화합물을 melanoid라 불렀고 그 후에 더 순수하게 정제하여 더 자연스런 갈색피부를 만들게 되었다. DHA는 pH 5 완충용액에서 가장 잘 반응한다. 그 후에 새로운 Erythrulose를 합성하였고 이 화합물은 적색이 더 약하고 갈색으로 변화에 2일 걸려서(DHA는 2~6시간) DHA와 함께 사용했다.

태닝 피부를 만드는 피부착색염료는 1960년대에 dihydroxyacetone(DHA)을 사용하였다.(16)

그 밖에도 DHA와 피부 단백질의 "태닝" 반응 생성물은 효과적 햇볕막이라고 알려졌다. 특히 이 반응 생성물은 최대흡수 봉우리를 350 nm에서 나타내는 300~600 nm 범위 자외선을 흡수하여 UV-A 복사선에 노출되는 피부 손상을 보호한다고 알려졌다.(17)(18) 실제로 이러한 DHA 성질은 마른버짐(건선)을 UV-A 치료하는 동안, 치료와 관련이 없는 피부보호에 DHA를 사용한다.

4.8.1 DHA 분자와 결정구조

DHA(dihydroxyacetone) 분자 구조는 다음과 같다.

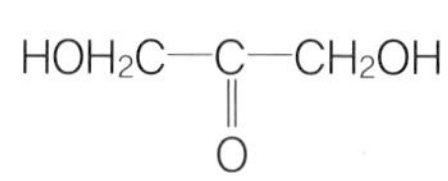

DHA는 한 단위체, 2합체, 4합체의 혼합물로 존재하고 그중에서 2합체가 우세하다. 단위체는 2합체를 가열 혹은 녹이거나 물에 녹일 때 생기고 새로 만든 용액의 자외선 스펙트럼을 관찰하여 알 수 있다. 자외선 흡광도는 30분 동안 증가하면서 DHA 단위체 존재를 나타낸다. 실온에서 한 달 이내에 2합체로 변한다.(19)

DHA는 α, β, γ, δ, ε 형태로 존재한다. 그중에서 γ 형태는 열역학적으로 불안정하여 α 형태로 변환한다. α, β, γ, δ 구조는 2합체의 서로 다른 변형이다. ε 형태는 단위체다. 서로 다른 결정구조는 다른 스펙트럼을 가지므로 적외선 스펙트럼은 원료의 품질관리에 이용할 수 없다. NMR 스펙트럼을 이용하면 단위체와 몇 가지 2합체를 검출할 수 있다.

4.8.2 수용액 중에서 DHA 거동과 안정성

DHA는 수용액 중에서 점점 glyceraldehyde로 양성자 자리이동하여 단위체로 존재한다.

그 평형은 용액의 pH에 따라 이동한다. 알칼리용액 중에서 glyceraldehyde부터 출발하여 여러 이성질체화반응과 축합반응이 일어나고 최후에 갈색 소중합체(oligomer)를 생성한다. glyceraldehyde 그 자체도 연속반응에 참여한다.

DHA 안정도를 평가할 때 DHA 함량, pH 값, 부산물 생성 사이에 관계를 알아야 한다. 용액 pH는 시간이 지나면서 유기산 생성 때문에 약 pH 3으로 감소한다. pH 5에서 DHA는 glyceraldehyde 이성질체와 평형을 성립한다. pH 5에서 대략 10% DHA는 이성질체로 변한다. pH 2.5에서 glyceraldehyde는 관찰되지 않는다. 그러나 주요한 분해 생성물은 pyrUV-Aldehyde이고 이것은 pyruvic acid로 변하고 가장 중요한 것은 pyrUV-Aldehyde 중합체다. DHA를 pH 5에서 3주간 40℃에 유지하면 대략 20~30% DHA는 pyrUV-Aldehyde로 변환한다.

DHA를 pH 3~4에서 처방하면 formic acid 농도를 최소로 유지한다. 동시에 낮은 pH에서 glyceraldehyde로 이성질화를 방지하고 어느 정도 pyrUV-Aldehyde와 pyrUV-Aldehyde 폴리머로 분해도 방지한다.

4.8.3 무수용액 중에서 DHA 거동과 안정성

글리세린 중에서 DHA 용해도는(74% 녹는다) 물에서 용해도(70% 녹는다)보다 약간 더 많다. 폴리에틸렌 글리콜도 DHA의 좋은 용매다(53% 녹는다). 그러나 DHA는 높은 온도의 글리세린과 폴리에틸렌 글리콜에서 안정하지 않다. 게다가 있는 그대로 사용하면 "태닝 효과"는 매우 적다. 왜냐하면 DHA는 본래 비효율적 2합체로 존재하기 때문이다. DHA 2합체를 자체-태닝화에 필요한 DHA 단위체로 변환은 물이 있어야 반응이 일어난다.

4.8.4 태닝화 메커니즘

피부에 대한 DHA 반응 위치는 각질층이다. 테이프를 이용하여 피부를 제거하거나 혹은 기계적으로 마모하면 태닝 색이 제거된다. 손바닥과 발바닥의 더 깊은 염색은 점성막의 태닝화 반응이 없기 때문에 특이하다. 벗긴 각질층을 현미경으로 보면 안료들이 케라틴 층에 불규칙하게 분포한다. 피부 안쪽에 DHA 주입은 착색되지 않는다.

dihydroxyacetone의 자체-태닝화 반응 :

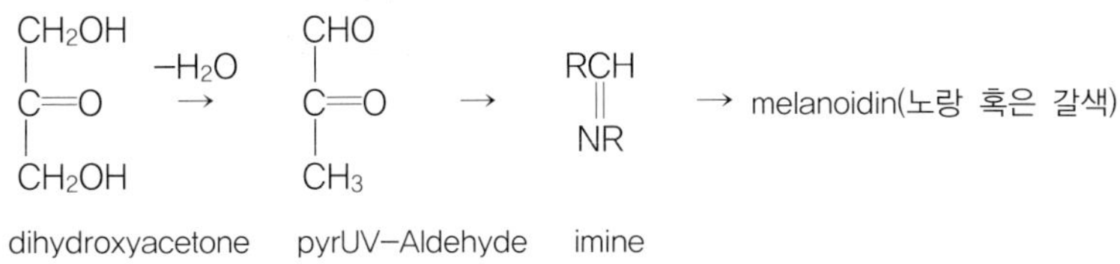

자체-태닝화 반응의 첫 단계는 DHA에서 물이 제거되면서 pyrUV-Aldehyde로 전환되는 반응이다. 그 다음에 keto 혹은 aldehyde 작용기는 피부 케라톤의 amine과 반응하여 imine을 생성한다. 이 반응의 다음 단계는 아직 완전히 이해하지 못하는 복잡한 사슬반응이다. 그러나 결과적 생성물은 노란색 혹은 갈색을 갖는 고리와 선형 폴리머라고 잘 알려졌다. 자체-태닝화 과정은 상피의 외부 층에서 일어나고 비-효소 갈색화 반응(non-enzymatic browning)이라고도 알려진 Maillard 반응과 같다. Maillard 반응은 아미노산, 펩타이드, 혹은 단백질이 당의 glycosidic hydroxyl 원자단과 반응하는 것으로 정의한다. 갈색 생성물은 melanoidin이고 lysine 곁사슬이 각질층 단백질과 결합한 폴리머 화합물이다. melanoidin 생성물은 멜라닌과 다르지만 흡수스펙트럼은 비슷하다. 멜라닌은 주로 tyrosine에서 생기는 방향족 아미노산으로 구성한다. 그와 반대로 melanoidin은 주로 지방족 부분으로 구성한다. DHA와 단백질의 아미노 원자단 반응은 6시간 안에 피부에서 중합체를 생성하고 2~3시간 안에 처음에 태닝(tanning, 갈색화 생성)이 나타난다. 그 폴리머는 갈색이고 자연스런 햇볕 그을림 색조와 비슷하다. 단백질이 각질층 단백질과 결합하면 태닝이 나타난다. 각질층의 죽은 세포들이 벗겨지면 색이 퇴색되고 퇴색반응은 대략 1~2주 걸린다. DHΛ는 각질층의 아민만 반응한다. 균일한 태닝은 미리 피부 껍질을 제거하는 것이 좋다. 태닝 중에 pH 역할은 매우 중요하다. Maillard 반응의 최적 pH는 건강한 피부에 대하여 pH 5~6 사이이다. 더 높거나 낮게 pH 처방을 하면 피부 완충제를 사용하여 최적 태닝 pH로 조절한다. pH 6 이상이면 갈색 세기는 감소한다.(20)(21)(22)(23)(24)

4.8.5 태닝화 제품의 저장과 취급

부적절한 저장 혹은 높은 온도에서 처리하면 DHA 함량은 크게 감소한다. merhylglyoxal 같은 알데하이드와 키톤은 분해 혹은 재배열 반응을 통하여 생성되고 그들 중에 일부는 태닝효과를 갖지만 주황색을 더 많이 갖는다. DHA 안정도를 평가할 때 DHA 함량, pH 값, 부산물 존재 사이에 관계를 알아야 한다.

DHA는 약간 흡습성 물질이므로 냉동(<6℃)에서 밀봉하고 냉동상태에서 적어도 1년간 보관할 수 있다. 40℃ 이상에서 오랜 시간 가열은 피해야 한다. 완성된 DHA 제품은 40℃ 이하에서 처리하고 수용액 중에서 미생물에 의해 분해될 수 있다. 미생물분해는 여러 유기산과 알데하이드를 생성하여 고약한 냄새를 풍긴다.(25)

4.8.6 DHA 분석방법

DHA는 얇은층 크로마토그래피법(TLC), 효소 시험법, 가스크로마토그래피법(GC)으로 분석할 수 있다. TLC는 미리 코팅하여 만든 HPTLC plate silica gel(형광지시약 없는)과 용리액으로 아세톤/물(95 : 5)을 사용하여 전개 후에 105℃에서 건조하고 에탄올에 녹인 2',7'-dichlorofluoroscein과 lead tetraacetate 용액을 분무하고 자외선등(366nm)으로 쬐여 확인한다.

DHA는 glycerol dehydrogenase를 이용하여 다음 반응으로 분석할 수 있다.

$$\text{DHA} + \text{NADH} + \text{H}^+ \rightarrow \text{glycerol} + \text{NAD}^+$$

(NADH=reduced nicotinamide adenine dinucleotide)

반응은 종말점까지 계속한 다음 340 nm(NADH 흡광계수는 6.3 cm^2/mmol) 혹은 365 nm(NADH 흡광계수는 3.4 cm^2/mmol)에서 측정한다. 340 혹은 365 nm에서 흡광도 감소는 NAD를 생성하면서 NADH가 감소되는 결과이고 DHA 값에 비례한다. glycerol 함량은 DHA 분석에 영향이 없다.

GC 분석법은 DB-5 혹은 OV-101 분리관과 FID 검출기를 사용한다. 이 방법은 시료를 무수 아세트산으로 미리 처리해야 한다.(26)(27)

TOPIC 화학적 메탄올 해독

에탄올-술을 마시면 간에 함유된 alcohol dehydrogenase 효소에 의해 에틸알코올이 에세트알데하이드로 변하고 잘못하여 메탄올을 마시면 동일한 효소에 의해 포름알데하이드로 변한다. 그래서 메탄올을 마시면 포름알데하이드에 의해 사람이 죽는다. 포름알데하이드는 단백질과 결합하여 단백질을 발바닥처럼 굳게 만들어 활성을 잃는다. 메탄올이 분해되지 않고 몸 밖으로 배설되면 해롭지 않다. 그러면 메탄올을 마신 사람에게 에탄올을 메탄올보다 더 많이 먹이면 간에 들어 있는 alcohol dehydrogenase는 질량작용 법칙에 따라 모두 에탄올과 반응하므로 메탄올은 변하지 않고 그대로 몸 밖으로 배설된다. 이것을 화학적 경쟁억제(competitive inhibition) 혹은 경쟁적 반응(competing reaction)이라고 한다.

4.8.7 태닝 처방

태닝 제품은 크게 wash-off(씻는 제품)와 wear-off(자연 마멸 제품)로 분류할 수 있다. wash-off 태닝 화장품은 일정시간 태닝 후에 샤워로 씻는다. wear-off 태닝 화장품은 크림, 로션, 밀크, 젤, 스프레이 형태로 이용할 수 있고 피부에 바르고 일정시간 후에 혹은 그날의 마지막 시간에 샤워로 씻는 방법에 사용한다. 자체-태닝(self-tanning) 제품에 사용하는 가장 인기 있는 제품은 o/w 유제다. 로션은 피부에 쉽게 분산되고 병에 담아 사용할 수 있으므로 크림보다 더 많이 사용하지만 크림은 더 두꺼운 필름층을 형성하여 더 진하게 태닝할 수 있다. 미학적 견지에서 유제는 피부를 진득거리거나 촌스럽지 않은 부드럽고 실크처럼 우아한 피부로 만든다. DHA는 물에 잘 녹기 때문에 물-알코올 로션 혹은 젤로 쉽게 만들 수 있고 점성도 조절하기 쉽다.

(1) 일반적 처방

태닝 제품의 DHA 함량은 피부에 대하여 원하는 갈색 세기에 따라 결정된다. DHA는 정상적으로 4~8% 범위에서 사용한다. 처방전과 피부의 종류에 따라 태닝효과는 사용 후 2~3시간 이내에 나타난다. 제품을 보관하는 동안 DHA-함유 처방전은 시간에 따라 pH 3~4 범위에서 변하고 이 pH 범위에서 DHA는 특히 안정하다. 제품이 마지막까지 안정한가를 확인하려면 다음의 몇 가지 인자를 고려해야 한다.

온도

오랜 시간 40℃ 이상에서 가열하면 DHA는 빠르게 분해하므로 피해야 한다. 유제 경우처럼 가열과 관련이 있는 제조과정 동안에 DHA는 처방제품이 40℃ 이하로 냉각될 때까지 첨가하지 않아야 한다. DHA 함유 제품은 투명한 이중밀봉 포장에 넣어 판매한다.

pH

DHA를 처방 제품에 가한 다음 보관하는 동안 pH 3~3.5 범위를 유지해야 한다. 과거에 pH 4~6을 유지하려고 완충제를 추천하였다. 최근 연구에 의하면 pH 3~4에 유지하는 것이 더 안정한 결과를 얻었다. pH 3처럼 낮으면 태닝 반응이 일어나는 최적 pH는 아니므로 완충제를 사용하여 피부 자체를 최적 태닝 pH 4~6으로 되게 조절한다.

완충제

처방전을 pH 4.5 이상으로 유지하는 완충제는 추천하지 않는다. 처방전 pH는

DHA 안정도에 영향이 없는 소량 시트르산 혹은 아세트산 완충제를 사용하여 대략 pH 3~4로 조절한다. pH 7 이상에서는 이성질화반응과 축합반응을 경유하여 갈색 화합물이 생성되고 제품효율이 감소한다.

(2) 성분 선택

성공적 처방을 위해서 각 처방에 적절한 성분을 조심스럽게 선택해야 한다. 분명히 모든 성분은 화장품 제조에 인정되는 좋은 안정도와 DHA 효율을 방해하지 않는 성분이어야 한다. 다음 각 사항을 마음에 간직할 필요가 있다.

유제

비-이온성 유제는 최종 처방제품에서 DHA 안정도를 개선하므로 이온성 유제보다 좋다고 추천한다.

연화제

연화제(emolient)는 유제 성분 중에서 가장 중요한 종류 중에 하나다. 연화제는 실크와 같은 피부 느낌을 준다. 연화제 종류는 에스터, 왁스, 지방족 알코올, 광물성 오일, 실리콘 화합물이다. 에스터는 자체-태닝 제품에 사용하는 가장 보편적 종류의 연화제다. 실리콘-바탕 오일도 최근에 인기가 증가하는 성분이다. dimethicone과 cyclomethicone은 이 종류의 재료 중에서 가장 널리 사용한다. 이러한 모든 연화제는 DHA와 함께 사용할 수 있다.

방부제

수용액 혹은 DHA 유제는 미생물 공격을 받을 수 있다. 이러한 이유 때문에 최종제품의 보존과 위생적으로 청결한 제조와 포장은 특히 중요하다. Paraben 및 phenoxyethanol과 같은 방부제의 배합을 추천한다.

질소-함유 화합물

DHA 화합물의 최종 처방에 콜라젠, 우레아 유도체, 아미노산, 단백질 같은 질소함유 화합물이 포함되지 않아야 한다. 왜냐하면 이러한 화합물과 DHA 사이에 반응 때문에 DHA는 점차 분해되어 효력이 감소한다. 그렇지만 여러 처방은 아미노산을 포함한다. 태닝은 DHA와 아미노산 사이에 반응이고 그것은 대략 45분 이내에 일어나기 때문에 소비자들이 이해할 수 있는 과정이다. 글리신과 히스티딘만 갈색을 나타내고 그 색은 쉽게 씻어진다.[25] 사용하기 전에 이러한 DHA와 아미노산 사이에 일어나는 반응을 방지하려고 DHA와 아미노산을 각기 섞이지 않는 서로 다른 칸에 보관하고 사용할 때 혼합해서 사용한다.(28)

햇볕막이

DHA만 사용한 태닝은 일광욕 동안에 천연적 멜라닌 생성을 방지할 수 없다. 그러나 DHA와 질소를 함유하지 않은 햇볕막이 제품을 배합하여 추가로 햇볕으로부터 보호효과를 얻을 수 있다. 이산화티탄이나 산화아연 같은 무기물 햇볕막이 금속 산화물은 DHA를 빠르게 분해하므로 피해야 한다.

점성부여제

특히 투명한 젤을 만들기 위한 DHA-함유 점성부여 처방은 비교적 어렵다. 독일 Darmstadt에 있는 Merck KGaA 과학자들은 1990년대 초에 5% DHA와 점성부여제(thickener, 혹은 점성제라고 한다)를 40℃ 실온에서 3개월 보관한 다음 DHA 함량과 용액 색을 분석한 결과에 의하면 hydroxyethylcellulose, methylcellulose, silica 화합물이 좋은 점성부여제라고 확인하였다. xanthan gum과 polyquaternium-10도 DHA-함유 유제에 점성부여제로 사용할 수 있다. 그러나 carbomer, sodium carboxymethylcellulose, PVM/MA decadiene crosspolymer, magnesium aluminum silicate는 40℃에서 DHA를 빠르게 분해하므로 점성부여제로 사용할 수 없다.

향료 오일

적절한 향료선택은 자체-태닝 처방의 아름다움을 증진할 수 있다. 사용하는 향수 농도는 가능하면 묽어야 할 뿐만 아니라 자극성이 없고 DHA를 분해하지 않아야 한다. 그 이외에 향료분해 생성물은 광증감제 역할을 할 수 있으므로 자체-태닝 향료 선택에 조심해야 한다.

태닝

자체-태닝 제품을 이용한 메이크업 효과를 위해서 유기물을 함께 사용한다. carotene, D&C Blue #4, D&C Red #21 같은 염료, 혹은 보증 염료도 사용할 수 있다. 철산화물은 다른 금속 산화물과 마찬가지로 DHA를 빠르게 분해하므로 함께 사용하지 않아야 한다.

4.8.8 자체-태닝 제품 안정성

자체-태닝 제품의 안정성 평가는 DHA 화합물이 40℃ 이상에서 안정하지 않으므로 다른 화장품처럼 평가할 수 없다. 시장에 출하하는 포장 제품은 온도 안정성 시험을 거쳐야 한다(40℃에서 3개월 이상, 그리고 -10℃와 25℃에서 냉동과 해동을 5회 반복시험). 그리고 색, 냄새, 점성, pH, DHA 안정성을 살펴보아야 한다.

4.8.9 자체-태닝 처방

DHA를 polyethoxyglycol 및 polyol과 섞으면 자체-태닝을 개선하고 가용성 polyol을 포함하면 훨씬 더 증진되고 sorbic acid 같은 온화한 유기산을 이용하여 pH 4.0으로 조절하여도 마찬가지로 증진된다. 그 이유는 평형반응에서 DHA 키톤 작용기와 polyol 사이에 반응이 고리형 ketal을 형성하여 키톤보다 더 안정화되기 때문이라고 주장한다. 그 성분의 pH를 3.5~4.5로 유지하면 고리형 ketal 구조는 안정하다. 태닝 반응이 이들 pH보다 높은 피부에서 일어날 때 피부표면은 고리형 ketal이 단위체 DHA로 변환하고 자체-태닝이 일어난다.

표 9-39 자체-태닝 로션(o/w)

구 분	A					B				C	
성 분	1	2	3	4	5	6	7	8	9	10	11
함량(% w/w)	1.50	2.20	1.50	5.00	5.00	2.50	2.50	qs	qs 100	5.00	5.00

1 : glycerol stearate(Arlatone 983 S, ICI)
2 : ethoxylated fatty alcohol(Arlatone 985, ICI)
3 : steareth-10(Brij 76, ICI)
4 : mineral oil(paraffinum liquidum)(medium viscosity)
5 : caprylic/capric triglyceride(Miglyol 812, Huls)
6 : sorbitol(Sorbitol F liquid)
7 : propylene glycol
8 : preservative
9 : water(aqua), deionized
10 : water(aqua), deionized
11 : dihydroxyacetone(dihyroxyacetone, Rona)(괄호 안은 상품명과 제조회사)

• 제법 : A를 75℃로 그리고 B를 80℃로 가열하라. 저으면서 B를 A에 서서히 가하라. 균일하게 혼합하라. 저으면서 냉각하고 40℃에서 C를 가하라.

표 9-40 자체-태닝 로션(o/w)

구 분	A					B								C	
성 분	1	2	3	4	5	6	7	8	9	10	11	12	13	14	15
함량(% w/w)	40.15	0.75	5.00	0.20	0.10	0.70	1.20	0.40	1.00	1.50	5.00	0.50	28.50	10.00	5.00

1 : water(aqua), deionized
2 : xanthan gum(Keltrol)
3 : propylene glycol
4 : methylparaben
5 : propylparaben
6 : steareth-10(Brij 76, ICI)
7 : glyceryl stearate (and) PEG-100 stearate(Arlacel 165/ICI)
8 : PEG-40 stearate(Mrij 52-S, ICI)
9 : cetearyl alcohol(Cosmowax J/Croda)
10 : cetearyl alcohol
11 : cyclomethicone(Dow Corning 344 Fluid, Dow Corning)
12 : dimethicone(Dow Corning 344 Fluid, Dow Corning)
13 : octyldodecyl neopentanoate(Elefac 1-205, Bernel)
14 : water(aqua), deionized
15 : dihydroxyacetone(Dihydroxyacetone, Rona)(괄호 안은 상품명과 제조회사)

• 제법 : A로부터 물을 주 용기에 넣어라. 느리게 저으면서 xantham gum을 분산하고 균일하게 혼합하라. 나머지 A를 넣고 75~80℃로 가열하면서 균일하게 저어라. 다른 용기에서 B를 합쳐라. B를 85℃로 가열하면서 혼합하라. B를 A에 가하면서 유제하라. 배치 내용물이 뒤섞이게 심하게 저어라. 85℃에서 10분간 유지하라. 60℃에서 혼합기를 사용하여 섞어라. 실온에서 C를 합치고 균일하게 섞어라. 40℃에서 C를 배치에 가하라. 실온으로 될 때까지 배치를 혼합하라.

표 9-41 자체-태닝 로션(o/w)

구 분	A		B			
성 분	1	2	3	4	5	6
함량(% w/w)	23.60	5.00	35.90	0.15	0.05	35.30

1 : cyclomethicone (and) dimethicone(Dow Corning 3225 C, Dow Corning)
2 : dihydroxyacetone(dihydroxyacetone, Rona)
3 : propylene glycol(1,2-propanediol)
4 : methylparaben
5 : propylparaben
6 : water(aqua), deionized(괄호 안은 상품명과 제조회사)

• 제법 : B를 합치고 섞은 다음 B를 A에 가하고 섞어라.
• 유의사항 : 투명하고 오일이 없는 w/o. 투명도는 water/propylene glycol 비율을 변화하여 조절한다. 점성은 24℃에서 12,000 cps(Brookfield RVT, Sp. 4, 10 rpm)

표 9-42 자체-태닝 o/w 스프레이-로션

구 분	A				B	C			
성 분	1	2	3	4	5	6	7	8	9
함량(% w/w)	4.50	1.00	5.00	5.00	55.00	20.00	2.50	6.00	1.00

1 : glyceryl stearate (and) ceteareth-20 (and) cetearyl alcohol (and) ceteareth-12 (and) cetyl palmitate(Emulgade SE, Henkel)
2 : ceteareth-20(Emulgin B2, Henkel)
3 : dicapryl ether(Cetiol OE, Henkel)
4 : coco caprylate/caprate(Cetiol LC, Henkel)
5 : water(aqua), deionized
6 : water(aqua), deionized
7 : pripylene glycol
8 : dihydroxyacetone(Dihydroxyacetone, Rona)
9 : propylene glycol (and) DMDM Htdantoin (and) methylparaben(Paragon, Mcintyre)(괄호 안은 상품명과 제조회사)

• 제법 : A를 합치고 저은 다음 80~85℃로 가열하라. B를 80~85℃로 가열하라. 저으면서 A를 B에 서서히 가하라. A/B를 균일하게 혼합하면서 식혀라. 실온에서 C를 합치고 저어라. A/B 온도가 30℃로 될 때 C를 A/B에 가하라. 필요하면 시트르산을 이용하여 pH 3.5~4.0이 되게 조절하라. 스프레이 로션 점성은 100 cps(Brookfield RV#1, 50 rpm @23℃).

표 9-43 햇볕막이를 겸하는 자체-태닝 크림(o/w) : SPF 20.5/UV-A PF 8.5(햇빛 보호 인자, Diffey 방법)

구 분	A							B				C	
성 분	1	2	3	4	5	6	7	8	9	10	11	12	13
함량(% w/w)	5.00	1.50	3.00	7.00	5.00	2.50	2.50	4.00	0.15	0.05	54.30	5.00	10.00

1 : octyl methoxycinnamate(Eusolex® 2292, Rona)
2 : butyl methoxydibenzoylmethane(Eusolex® 2292, Rona)
3 : ceteareth-11(Maripal 1618, 11, Huls America)
4 : ceteary alcohol Lanette O, Henkel)
5 : cetearyloctanoate(Luvitol EHO, BASF)
6 : C12-15 Alkyl benzoate(Finsolv TN, Finetex)
7 : caprylic/capric triglyceride(Miglyol 812 neutrl oil, Huls America)
8 : 1,2-propanediol(Propylene glycol)
9 : methylparaben
10 : propylparaben
11 : water(aqua) deionized
12 : dihydroxyacetone(Dihydroxyacetone, Rona)
13 : water(aqua) deionized(괄호 안은 상품명과 제조회사)

• 제법 : A를 75℃로 가열하고 B를 80℃로 가열하라. B를 저으면서 A에 느리게 가하라. 균일하게 섞어라. 저으면서 식혀 40℃에서 C를 가하라. 제품의 점성은 26℃에서 41,700 cps(Brookfield RVT, Sp. C 10 rpm).

표 9-44 햇볕막이를 겸하는 자체-태닝 크림(o/w) : SPF 19.0/UV-A PF 9.5(햇빛 보호 인자, Diffey 방법

구 분	A									B				C	
성 분	1	2	3	4	5	6	7	8	9	10	11	12	13	14	15
함량(% w/w)	5.00	2.00	8.00	1.50	1.60	5.00	3.00	5.00	0.50	3.00	0.15	0.05	50.20	5.00	10.00

1 : octyl methoxycinnamate(Eusolex® 2292, Rona)
2 : benzophenone-3(Eusolex® 4360, Rona)
3 : glyceryl srearate (and) steareth-25 (and) ceteth-20 (and) stearyl alcohol(Tego-care 150, Goldschmidt)
4 : cetearyl alcohol(Lanette O, Henkel)
5 : stearoxy dimethicone(Abil Wax 2434, Goldschmidt)
6 : cetearyl octanoate(Luvitol EHO, BASF)
7 : isopropyl myristate(Emerest 2314, Henkel)
8 : caprylic/capric triglyceride(Miglyol 812 neutral oil, Huls America)
9 : dimethicone(Dow Corning 200(350 cs), Dow Corning)
10 : propylene glycol(1,2-Propanediol)
11 : methylparaben
12 : propylparaben
13 : water(aqua), deionized
14 : dihydroxyacetone(Dihydroxyacetone, Rona)
15 : water(aqua), deionized(괄호 안은 상품명과 제조회사)

- 제법 : A를 75℃로 그리고 B를 80℃로 가열하라. 저으면서 B를 A에 느리게 가하라. 저으면서 식히고 40℃에서 C를 가하라.
- 제품의 점성 : 25℃에서 38,800 cps(Brookfield RVT, Sp. F, 10 rpm)

표 9-45 햇볕 없이 피부를 갈색으로 변색하는 로션

	A				B			
성 분	1	2	3	4	5	6	7	8
함량(wt %)	8.00	1.00	6.00	3.00	73.30	3.20	5.00	qs

1 : PEG-40 stearate
2 : cetyl alcohol
3 : methyl gluceth-20 benzoate
4 : tocopherol acetate
5 : water(aqua)
6 : glycerin
7 : dihydroxyacetone(DHA)
8 : preservative
qs : quantum sufficit

- 제법 : A를 55℃로 가열한다. B를 합치고 균일하게 섞는다. B를 A에 가한다. 저으면서 35℃로 식힌다.

표 9-46 햇볕 없이 피부를 갈색으로 변색하는 맑고 투명한 DHA 젤

	A								B							
성 분		2	3	4	5	6	7	8	9	10	11	12	13	14	15	16
함량(wt %)	3.00	1.00	1.50	3.00	0.25	14.00	1.50	qs	22.25	0.80	44.10	4.00	0.30	4.30	qs	qs

1 : dimethicone copolyol (and) cyclopentasiloxane
2 : cetyl dimethicone copolyol
3 : cyclotetyrasiloxane (and) cyclopentasiloxane (and) dimethiconol (and) dimethicone
4 : isopropyl myristate
5 : dimethicone copolyol
6 : cyclopentasiloxane (and) cyclohexasiloxane
7 : phenyl trimethicone
8 : fragrance(parfum)
9 : water(aqua)
10 : magnesium sulfate
11 : propylene glycol
12 : dihydroxyacetone
13 : PEG-30 glyceryl laurate
14 : SD-40 alcohol
15 : preservative
16 : citric acid, 10% aq. solution to adjust pH to 3.5~4

• 제법 : 실온에서 A를 균일하게 섞는다. 다른 그릇에 B를 넣고 균일하게 섞는다. C를 이용하여 B를 pH 3.5~4로 조절한다. BC 굴절률을 A와 동등하게 propylene glycol을 이용하여 증가 혹은 물을 이용하여 B 굴절률을 감소하여 조절한다. BC를 A에 느리게 가하면서 300 rpm으로 젓는다. 모두 가한 다음 교반속도를 1200 rpm으로 증가하여 몇 분간 저어 젤 점성을 증가한다. 균일한 젤이 될 때까지 저어라.

표 9-47 햇볕 없이 피부를 갈색으로 변색하는 로션(w/o/w)

구 분	A							B			C	D	E	
성 분	1	2	3	4	5	6	7	8	9	10	11	12	13	14
함량(wt %)	1.50	1.00	2.00	2.00	1.00	5.00	0.50	36.10	5.00	0.90	43.97	0.20	qs	0.80

1 : cetyl dimethicone copolyol
2 : isopropyl palmitate
3 : octyl palmitate
4 : octyl stearate
5 : polydecene
6 : cyclomethicone
7 : cetyl dimethicone
8 : water(aqua)
9 : dihydroxyacetone
10 : sodium chloride
11 : water(aqua)
12 : acylates/C10-30 alkyl acylate crosspolymer(neutralized)
13 : preservative
14 : cocoamidopropyl betaine
qs : quntum sufficit

• 제법 : A를 균일하게 섞는다. B를 A에 느리게 저으면서 가하고 균일하게 섞는다. C를 D에 완전하게 분산하고 10% NaOH로 pH 6.5 되게 중화한다. E를 CD에 가한다. AB를 느리게 저으면서 CDE에 가하고 섞는다. 5분간 자석젓개로 혼합한다. 점성은 1시간 후에 증가한다.

4.9 햇볕막이 무기화합물

무기화합물 햇볕막이는 한편으로 물리학적 햇볕막이라 하고 거의 모든 제품에 이산화티탄(TiO_2)과 산화아연(ZnO)을 사용한다. 이들 무기화합물은 UV를 필터하는 난용성 비활성 입자다. 이들은 알레르기를 일으키지 않고 미국, 영국, 오스트레일리아, 일본 지역에서 SPF 25 이상으로 사용되고 있다. 이들 화합물은 입자크기와 분포, 표면처리 등에 따라 햇볕막이 기능이 다르다.

이산화티탄(TiO_2)은 결정격자가 서로 다른 두 종류의 rutile(굴절률 2.76)과 anatase(굴절률 2.52)로 존재하고 자연 상태에서 사람에 해로운 여러 금속을 함유할 수 있으므로 항상 화학적으로 합성하여 자연산 TiO_2와 동일하게 만들어 사용한다. 이산화티탄은 진한 산을 제외하면 거의 모든 산에 불용성이다.

산화아연(ZnO)은 백색 혹은 황색-백색 분말이고 분말로 합성하여 사용한다. ZnO는 물에 약간 녹아 수산화아연으로 가수분해하므로 산화아연 용액은 항상 약간 알칼리성이고 ZnO를 함유하는 o/w 유제는 일반적으로 항상 pH 7.5~8.0이고 수산화아연은 양쪽성이다. 지방산을 함유하는 화장품 중에서 가용성 아연용액은 점성이 증가하여 젤로 변하고 아연이온이 여러 음이온 유제 혹은 점성부여제(thickener)와 반응하여 난용성 아연염을 생성한다. 마이크로 단위 ZnO를 실리카에 흡수하여 캡슐화(encapsulation)하면 염기성(pH 11.7) 혹은 산성(pH 2.7)에서도 아연이온이 새나오는 것을 성공적으로 감소시킬 수 있다.

금속산화물을 액체에 분산할 때 분산안정도는 입자 사이에 정전기 반발을 유발하는 표면의 전하에 따라 영향을 받는다. 표면전하는 산화물 슬러리(slury)의 pH 영향을 받고 순수한 TiO_2 IEP는 3.8이고 ZnO는 9이다. 등전점(isoelectric point : IEP)은 입자표면이 중성 pH일 때 값이다. 이것은 중성 pH에서 ZnO는 양전하이고 TiO_2는 음전하라는 것을 의미한다. 이러한 TiO_2와 ZnO 두 가지를 물에 분산하면 헤테로-집합이 생겨 제품의 기능에 큰 영향을 준다. 그러므로 표면처리하지 않은 ZnO와 TiO_2를 함께 사용하는 것을 피해야 한다.

TiO_2는 일반적으로 알루미나 혹은 실리카로 코팅한다. 코팅 때문에 IEP 값이 변한다. 알루미나 코팅은 IEP를 pH>7로 이동하고 TiO_2는 ZnO와 더불어 안정하다. 실리카 혹은 실리카/알루미나 코팅은 IEP를 pH<7로 이동하고 표면은 대부분 응용에서 음전하를 띤다. 그러므로 헤테로-집합이 일어난다. 표면전하는 크게 변하고 폴리먼 전해질 흡착에 의하여 크게 증가한다. 그러므로 폴리머아크릴산 소듐 같은 폴리머 전해질은 때때로 분산에 사용하여 수용액 중에서 TiO_2와 ZnO를 안정화한다.

오일 중에서 분산할 때 TiO_2와 ZnO 표면전하는 훨씬 적다. TiO_2와 ZnO는 오일-상에서 분산할 때 가끔 유기화합물로 코팅하므로 분산 안정도에 대한 표면전하 영향은 덜 중요하고 입체적 반발이 분산입자 안정화에 유력한 인자로 된다.

TiO_2와 ZnO는 광촉매작용을 한다. 예를 들어 살리실산은 TiO_2 존재하에서 UV를 쬐일 때 분해되는 것이 알려졌다. TiO_2와 ZnO 반응성은 입자크기 감소에 따라 빠르게 증가한다. UV에 노출되면 녹아 있는 산소, 표면 OH 원자단, 흡수 물 분자 등과 반응하여 OH와 초과산화물 라디칼을 생성하고 그것은 탈색과 고약한 냄새발생처럼 불안정하게 된다. TiO_2 광촉매 반응은 다음과 같다.

$$TiO_2 + \text{UV light} \rightarrow e^- + \text{hole}^+ \quad \text{(반응 1)}$$

$$e^- + O_2 \rightarrow O_2^- \quad \text{(반응 2)}$$

$$\text{hole}^+ + OH^- \rightarrow \cdot OH + TiO_2 \quad \text{(반응 3)}$$

$$e^- + Ti^{4+} \rightarrow Ti^{3+} \quad \text{(반응 4)}$$

O_2를 제거하면 (반응 2)는 진행되지 않고 그 대신 (반응 4)를 진행한다. Ti^{3+}는 가시광을 흡수하여 암청색을 발생한다(회색화된다). 이 현상은 공기가 새는 것을 무시한 코팅 혹은 느슨하게 코팅한 마이크로-TiO_2를 함유한 제품에서 생긴다. TiO_2를 선택할 때 rutile 결정은 anatase 결정보다 빛을 훨씬 더 흡수하지 못하고 가열한 TiO_2는 빛 안정도를 훨씬 더 개선하고 알루미늄 혹은 규소로 전-처리하면 빛 안정도를 개선한다는 것을 고려해야 한다.

ZnO는 TiO_2처럼 반응성이지 않지만 광촉매반응은 무시할 수 없다. 특히 silicone 코팅과 같은 유기물 코팅은 TiO_2와 ZnO 안정도를 크게 향상한다. ZnO를 처음에 무기물로 코팅하고 두 번째 유기물로 코팅하면 ZnO 광촉매 활동도는 거의 없어진다. 오늘날과 같은 경쟁적 환경에서 UV-여과 무기화합물의 우수한 코팅은 햇볕막이 제품의 안정도와 기능에 필수다.

무기물 햇볕막이 측정의 첫째 glycol 방법은 무기물을 propylene glycol과 혼합이다. 그 혼합물을 우선 Hoover Muller 혹은 bench top mill에서 분쇄하여 밀링하고 그 반죽을 백색 카드 위에 놓고 유리판으로 덮는다. 유리판 모서리를 밀봉하고 반죽을 공기로부터 분리한다. 그 다음 시료를 일정시간 햇빛 혹은 UV에 노출한다. 노출 전후에 색 변화를 눈으로 혹은 기기적 방법으로 평가한다. 암청색으로 변하는(회색화되는) 정도는 광안정도의 좋은 지표다. propylene glycol은 어떤 오일로 대체할 수 있고 비슷한 결과를 관측할 수 있다.

무기물 햇볕막이 측정의 둘째 propyl gallate 방법(TiO_2에 대해서만 적용)은 시료 2 g, isopropanol에 녹인 10% propyl gallate 1 g, ester 8 g을 완전히 섞고 바탕시험 시료와 색

을 비교하라. 색 변화는 화학반응이 더 잘 일어나는 코팅하지 않은 TiO_2 표면의 상대 백분율을 나타낸다.

4.9.1 무기물 UV 필터의 광학적 거동

유기물 햇볕막이는 용해된 상태에서 UV를 흡수하여 감쇠(attenuation)하게 만들고 가시선은 흡수 또는 산란하지 않으므로 가시선에 대하여 투명하다. 무기물 UV 필터는 분말 상태다. 빛이 입자와 부딪치면 반사, 산란, 흡수의 과정이 일어난다. 초미세(submicron) 입자들은 반사율이 매우 적고 산란과 흡수의 과정이 UV를 감쇠하는 주요한 메커니즘이고 그중에서 더 중요한 것은 입자크기와 화학적 성분이다.

TiO_2와 ZnO의 마이크로-단위 입자들의 산란은 산란세기 값이 입자지름의 6제곱에 비례한다고 설명하는 Mie이론에 따른다. Mie이론은 입자들이 클수록 산란이 증가하는 것을 의미한다. 그러므로 가시선 산란 감쇠(백색화효과, whitening effect)를 위해서 입자크기를 감소하는 것이 중요하다. Mie이론에서 중요한 또 다른 인자는 상대굴절률(relative refractive index)이다. 대부분 햇볕막이 제품에서 오일과 같은 매개물(media) 굴절률은 1.33~1.6이고 rutile 굴절률은 2.76이므로 이 경우에 상대굴절률은 대략 1.8이다. ZnO(굴절률 1.99)를 TiO_2 대신 사용하면 상대굴절률은 약 1.3이다. Mie법칙에 따라 TiO_2는 산란광효과 값이 거의 3배다. 이것은 TiO_2의 백색화효과 값이 ZnO의 3배되는 이유다.

광 흡수는 빛의 통로에서 빛과 상호작용하는 원자 수의 함수다. 광자의 크기는 흡광에 영향이 없다. 실제로 TiO_2와 ZnO 입자는 항상 뭉친 형태로 있다. 뭉친 크기가 감소하면 빛과 상호작용하는 입자들이 많아지고 UV흡수도 증가한다. 그러므로 일정한 무게를 갖는 TiO_2 혹은 ZnO에서 UV를 많이 흡광하려면 작은 입자들이 많아야 한다.

ZnO에 의한 UV 감쇠는 주로 흡광에 의해서, 그리고 TiO_2에 의한 UV 감쇠는 흡광과 산란에 의해서 나타난다. 여기에서 감쇠라는 단어는 광학기기에서 빛의 세기를 감쇠기(attenuator)를 통하여 약하게 만든다는 뜻에서 감쇠라는 단어를 사용한다. TiO_2에 의한 UV-A와 가시선 감쇠는 주로 산란에 의해서, 그리고 UV-B 감쇠는 작은 입자에 의한 흡광 때문에 나타난다. TiO_2 성능에 대한 입자크기를 SPF와 연관시켜 연구한 결과들은 많이 발표되어 있다.(29)(30)(31)(32)

TiO_2에 대한 연구결과에 의하면 해변과 피부보호 제품에 최적 입자크기는 110~130 nm이고 2.5~3 SPF를 기대하는 수치다. PFA에 최적 입자크기는 150~180 nm다. ZnO를 이용하여 큰 SPF와 균형 UV-A/B 보호를 받으려면 다음에 설명하는 혼합햇볕막이를 사용해야 한다.(33)

4.9.2 무기물 햇볕막이 처방

무기물 햇볕막이는 한편 물리적 햇볕막이라 알려져 있고 현재 UV보호 제품에 널리 사용한다. 햇볕막이는 물리적으로 햇볕막이 화합물에 의한 빛의 흡수, 산란, 굴절에 의하여 피부에 닿는 광량의 감소를 의미한다. 그 세 가지 중에서 흡수에 의존하는 광량이 가장 많다. 햇볕막이 제품의 SPF 필요성이 증가하고 유기물 UV 필터의 농도증가 때문에 잠재적 염증반응에 대한 관심이 증가하여 제조회사들은 해로운 UV 영향을 벗어나려고 무기물 재료로 점차 관심을 집중하고 있다. 햇볕막이 제품은 보습제와 파운데이션처럼 일상제품으로 사용하고 있다. 철산화물, 질소화붕소, 이산화티탄, 산화아연 같은 산화환원반응에 안정한 무기물을 햇볕막이 제품에 사용한다. 그중에서 널리 사용하는 무기물은 이산화티탄(TiO_2)과 산화아연(ZnO)이다.

이산화타탄과 산화아연은 특히 백색 안료로 산업분야에서 널리 사용하지만 안료 등급은 UV 필터로 사용하기에 적당하지 않다. 안료로 사용하는 입자의 결정크기는 200～300 nm이고 UV 감쇠 효능은 약하다. 고-효율 UV 감쇠에 사용하는 TiO_2와 ZnO는 가는 입자 등급(miccrofine 혹은 ultrafine 등급이라고 한다)이어야 가시선에 투명하고 적절한 전색제로서 효과적이고 화장품에 우수한 햇볕막이 활성제 역할을 한다.

(1) 이산화티탄

티탄은 지구에 9번째로 풍부한 원소이고 rutile(93～97% TiO_2) 혹은 ilmenite(45～75% TiO_2) 같은 광물에 비교적 높은 순도로 존재한다. 이러한 광물에서 티탄은 기체-상 고온산화(염화물 과정) 혹은 액체-상 침전/결정화(황산 과정) 과정에 따라 정제한다. 이산화티탄은 anatase 혹은 rutile 결정 형태 중에 한 가지로 얻고 그 두 가지는 모두 빛에 대하여 안정하다. 그러나 rutile 형태는 가장 많이 UV를 감쇠하고 열역학적으로 안정하다.

(2) 산화아연

아연은 지구상에서 티탄보다 많지 않지만 대단히 흔한 원소이고 주요한 광물은 zinc blende(황화물), smithonite(탄산염), calamine(규산염), franklinite(아연, 철, 망간 산화물)이다. 산화아연 안료는 첫째 아연증기 산화(American process : ZnO를 아연 증기로 환원한 다음 산화 혹은 French process ; 순수한 아연금속 증기의 산화), 둘째 습식 아연제련(아연염으로 침전한 다음 산화물로 가열산화)으로 생산한다.

최종제품에서 햇볕막이 제품의 효율은 여러 과정의 파라미터를 조절하여 얻는 입자크기에 따른다. 회사에 따라 산화아연 입자를 도포하거나 도포하지 않고 사용한다. UV-감쇠용으로는 도포하지 않고 사용한다. 소수성 표면처리를 원하면 dimethicone을 보통 사용한다. 산화아연은 낮은 굴절률(2.01~2.03, 이산화티탄은 2.4~2.7)이므로 이산화티탄보다 덜 투명하다. TiO_2는 ZnO보다 UV-B 감쇠율이 더 크므로 일정한 농도에서 SPF는 더 효과적이다.

4.9.3 이산화티탄과 산화아연의 물리적 햇볕막이의 광학적 성질

(1) 이산화티탄

안료용 이산화티탄은 평균입자크기가 220 nm이고 UV보호에 이용하지만 가시선 부분도 감쇠하므로 피부에 백색을 나타낸다. 평균입자크기(220 nm)는 UV-B, UV-A, 가시선 범위의 모든 파장에서 동일하게 감쇠효과를 나타낸다. 이산화티탄 결정입자가 감소하면 UV 감쇠는 증가하고 가시선 감쇠는 감소한다. 가시선 영역에서 좋은 투과성은 입자크기 40~60 nm에서 나타나지만 완전투과 입자크기는 대략 20 nm로 감소해야 한다. 그러나 그러한 입자크기는 UV-B와 UV-A를 감쇠하지 못하고 햇볕막이에 매우 비효율적이다. 한번 최적 입자크기를 선택하면 UV 감쇠효율을 유지하게 입자크기를 그대로 유지해야 한다. 작은 입자들이 응집하여 덩어리를 만들면 그 입자들은 큰 안료입자처럼 거동하고 백색 가시선과 약한 UV 감쇠를 나타낸다. 그래서 입자표면을 dimethicone 같은 화합물로 코팅하면 오일과 수용액 매체에서 분산성, 미세입자크기의 유지, 응집 방지에도 좋다.(34)

(2) 산화아연

산화아연도 이산화티탄과 비슷한 성질을 나타낸다. 안료용 ZnO는 대략 200~400 nm 입자크기이고 UV-감쇠 등급에 사용하는 입자크기는 40~100 nm다. ZnO는 360 nm 입자크기에서 UV-B보다 UV-A를 더 가려 막는다.(35)(36)(37)

4.9.4 햇볕막이의 주요한 특징과 응용

물리적 햇볕막이는 햇볕보호에 여러 가지 이점이 있다. 특히 이산화티탄은 UV-B와 UV-A를 가로막을 수 있고 TiO_2와 ZnO는 각기 SPF>30을 얻을 수 있다. TiO_2와 ZnO는 UV에 노출하여도 물리적 햇볕막이 성능이 감소하지 않고 안정하다. 그리고 TiO_2와 ZnO는 개인-관리 화장품에 안료로 몇 년을 사용해도 자극성이 거의 없고 가격이 싸다.

무기물 햇볕막이의 중요한 단점은 화장품의 우아한 투명성 분야다. 작은 입자크기에도 불구하고 처방전의 진한 농도를 사용할 때 피부에 희미한 하얀 필름을 남긴다. 어떤 경우에 이것은 이로울 수도 있다. 어린이들은 피부에 칠한 햇볕막이 크림에 무관심

표 9-48 일반적 표면 처리

	화합물	표면성질	적당한 분산제
organic coating	metal soap(aluminum stearate), organo titanate	lipohilic	ester oil
	silicone like methicone, dimethicone ; triethoxy caprylsilane	hydrophilic	silicones, ester
	C9-15 fluoralcohol phosphate	lipophobic ; hydrophobic	silicones
	dimethicone copolyol, PEG alkoxysilane	hydrophilic	water
inorganic coating	silica, alumina	hydrophilic	water

한 경향이 있지만 그 부모들은 아이들을 햇볕으로부터 보호하는 것을 눈으로 볼 수 있다. 그래도 부모들은 하얀 필름을 보는 것을 싫어한다. 그러므로 물리적 햇볕막이 제조회사들은 더 투명한 등급의 특히 TiO_2 개발이 어렵다.

유기물과 무기물의 UV 필터 사이에 분명한 차이는 용해도이다. 무기물 UV 필터는 용해하지 않으므로 잘 분산해야 한다. 이 경우에 햇볕막이 처방에서 입자크기는 대단히 중요하다. 무기물 필터를 잘 분산하는 것이 큰 효율과 햇볕막이 제품의 안정도에 기본이고 이것을 달성하려면 첫째 표면처리와 운반체(vehicle)의 조화, 둘째 운반체 선택, 셋째 밀링(milling)이 중요하다. 그 첫째는 입자분산을 도울 뿐만 아니라 유제 안정도를 개선한다. 일반적 표면처리와 조화되는 운반체를 유기물과 무기물로 나누어 설명하면 표 9-48과 같다.

둘째 분산제는 작은 입자들이 센 입자간 인력 때문에 집합체를 잘 형성하는 것을 방지하고 매우 보편적으로 그리고 여러 경우에 필요불가결한 화합물이다. 무기물 필터를 많이 사용하면 적절한 분산제는 분산점성이 감소한다. 그렇지 않으면 제조공정의 진행에 분산이 너무 진할 수 있다. 물에서 친수성 TiO_2 분산의 경우에 ammonium polyacrylate와 sodium polyacrylate 같은 polyacrylate 분산제, monoisopropanolamine 같은 alkanolamine, 혹은 2-amino-2 methylpropane diol이 대단히 효과적이다. 오일 중에서 친수성 TiO_2 혹은 ZnO 분산의 경우에 초미세 TiO_2와 ZnO에 대하여 polyhydroxystearic acid가 대단히 효과적이다. 친수성 TiO_2 분산의 경우에 수산화알루미늄 혹은 stearic acid를 이용한 처리방법이 마이크로 입자크기 TiO_2에 가장 효과적으로 사용한다. 이 처리방법은 오일과 에스터에 대단히 효과적이고 처리한 TiO_2가 진하면 쉽게 분산된다. polyhydroxystearic acid 같은 분산제는 입자분산을 더 개선하고 점성 감소에 더 도움을 준다. 실리콘 액체에서 소수성 TiO_2 혹은 ZnO 분산의 경우에 실리콘 처리는 입자들에 대하여 가장 일반적 처리방법이지만 소수성은 에스터 중에서 잘 분산되지 않는다. 실리콘 처리 TiO_2혹은 ZnO는 cyclomethicone에서 가끔 분산하여 사용한다. acrylates/ethylhexyl acryllate/dimethicone methylacrylate copolymer 같은 여러 실리콘 분산제는 분산 목적에 성공적으로 사용한다.

셋째 밀링(milling)은 입자들을 충분한 크기로 감소에 필요한 큰 전단력 발생이 필수다. 실제 처방에서 TiO_2 혹은 ZnO를 완전한 오일-상, 수용액-상에 가하면 효과적 밀링에 그 농도와 점성이 너무 적어 균일하게 분쇄되지 않는다. 그러므로 TiO_2와 ZnO를 오일-상 혹은 수용액-상에 가능하면 진한 농도로 분산한 다음 밀링한다. TiO_2와 ZnO에 대한 햇볕막이 처방은 문헌에 많이 보고되어 있다.(38)(39)(40)(41)(42)(43)(44)(45)(46)(47)

TOPIC 유전자 조작에 의한 농산물 개량

한국인의 사망원인은 첫째 암, 둘째 뇌질환, 셋째 심장병이다. 암 중에서도 발생순서는 위암, 폐암, 간암이다. 암의 발생원인은 이론이 분분하지만 자연상태에서 벗어난 인공적 행위 때문에 암이 증가한다는 것은 엄연한 사실이다. 특히 농산물은 유전자 조작을 통하여 옥수수와 벼의 품질개량과 증산을 연구한다. 그런데 크고 많은 증산을 원하는 품종도 있지만 그렇지 않은 경우도 있다. 고구마와 감자 같은 경우는 종래처럼 클수록 좋은 시대가 지났고 현재는 목적에 따라 적당한 크기를 원하고 너무 크면 자가소비에 충당해야 한다. 감자와 고구마를 많이 소비하는 음식점에서는 규격에 맞는 크기만 그리고 시기에 맞춰 선택하므로 농민들은 밭에 성장억제제와 성장지연제를 뿌려야 한다. 그런데 이 성분이 바로 유전자에 영향을 주는 암 발생 성분이다. 꽃 재배도 시장성에 따라 개화시기의 억제제와 지연제를 그리고 반대로 성장촉진제를 사용하고 이러한 화학성분도 바로 유전자에 영향을 준다. 그리고 옥수수는 크게 혹은 작고 맛있게 유전자를 변형한다. 선신국에서는 먼저 약소국가에서 유선자 변형 농산물을 시식시킨 다음에 결과를 숨어서 살펴본다. 연구실에서는 시험에 사용하는 쥐를 guinea pig라고 한다. 우리들도 guinea pig다.

4.10 유기물 햇볕막이

피부암은 가장 보편적 인간의 암이고 그 발생률은 크게 증가하고 있다. UN Environmental Program(UNEP)은 매년 지구상에서 비-흑색소 세포종 피부암이 2백만 명 이상 그리고 악성 흑색소 피부종 피부암이 십만 명 이상 발생한다고 추정한다. 성층권 오존이 10% 감소하면 비-흑색소 세포종이 추가로 30만 명 그리고 악성 흑색소 피부종이 4천5백만 명 발생한다고 발표했다. 악성 흑색소 피부종 발생은 크게 증가하였고 지난 20년 사이에 두 배로 증가하고 74명 중에 한 사람이 위험에 직면해 있다.(48)

이러한 증가현상이 행동생태 변화, 오존층 고갈, 햇볕막이 사용증가 때문인가의 여부는 의논이 분분하다. 그렇지만 세포의 DNA 파괴는 자외선이 피부종양 유발과 발전에 주요한 역할을 한다고 널리 믿는다.(49) 그러므로 오랜 햇볕 노출에 의한 상해 영향을 효과적으로 보호하기 위해서 많은 관심이 필요하다. 이것은 아마 햇볕막이의 선택이 가장 좋은 선택일 것이다. 햇볕막이는 자외선-유발 홍반의 지연 혹은 발생 방지에 사용한다.(50)

화장품 산업은 햇볕막이의 가치를 재빠르게 인정하고 1978년부터 여러 피부관리 화장품에 햇볕막이 화장품을 추가하기 시작하였지만 그 제품을 분명하게 의약품 범위에 놓아야 한다고 주장하지는 않았다. 일반적으로 FDA는 1985년에 화장품이라는 이름이 정확하게 표시될 때까지 햇볕막이 제품을 주목하지 않았다. 그 이후에 미국과 그 밖에 나라에서 햇볕막이 규제에 대하여 많은 변화를 겪었다. 햇볕막이에 대하여 미국은 1999년과 2000년에 Federal Register(51)를 그리고 유럽은 2000년에 Annex VII(52)를 처방, 표시, 시험법을 발표하였다. Steinberg는 최근에 햇볕막이에 대하여 발표하였다.(53)

■ 유기물 햇볕막이 분류

유기물 햇볕막이는 UV-A, UV-B 혹은 광범위 스펙트럼(UV-A와 UV-B) 필터로 분류한다.

① UV-A 햇볕막이 : 320~400 nm 영역 자외선을 흡수하는 UV-A 자외선 흡수화합물은 benzophenone 유도체, menthyl anthranilate, butylmethoxy dibenzoylmethane, bismidazylate 유도체다. 320~400 nm를 더 상세하게 UV-AI(340~400 nm)와 UV-AII(320~340 nm)로 나눌 수 있다.

② UV-B 햇볕막이 : 290~320 nm 영역 자외선을 흡수하고 UV-B 자외선 흡수화합물은 cinnamate 유도체, salicylate, *p*-aminobenzoic acid 유도체, camphor 유도체, ethylhexyltriazone이다.

③ UV-A & UV-B 햇볕막이 : 290~400 nm 자외선 영역을 흡수하고 두 λ_{max}를 갖는다. 한 λ_{max}는 UV-B(290~320 nm) 그리고 또 다른 λ_{max}는 UV-A(320~400 nm)이다. 이 영역의 흡수 화학종은 drometrizole trisiloxane, bisoctyltriazole, anisotriazine 유도체다.

(1) M. de Navarre, *Chemistry and Manufacture of Cosmetics*, Continental Press, Fl : Orlando, 1974, 767.
(2) Federal Register 64 : 27666-27693, May 21, 1999.
(3) A. Andre, H. J. Althide, M. Knålmann, H. Tronnier, *Action Spectrum for erythema in humans*

investigated with dye lasers, Photochem. : Photobiol., 1995, 61 : 200.
(4) B. Diffey, P. Farr, A. Oakley, Quantitative studies on UV-A-induced erythema in human skin, *Br. J. Dermatol.*, 1987, 117 : 57.
(5) P. Farr, J. Besag, B. Diffey, The time course of UV-B and UV-C erythema, *J. Invest. Dermatol.*, 1988, 91 : 454.
(6) P. Farr, B. Diffey, A Quantitative study of the effect of topical indomethacin on cutaneous erythema induced by UV-B and UV-C radiation, *Br. J. Dermatol.*, 1986, 115 : 453.
(7) W. Miller, F. Ruderman, J. Smith, Aspirin and ultraviolet light-induced erythemain man, *Arch Dermatol.*, 1967, 95 : 893.
(8) Federal Register, 64(98) 27666-27693(May 21, 1999).
(9) Federal Register, 58(90) 28194-28302(May 12, 1993).
(10) Federal Register, 63(204) 56584-56589(October 22, 1998).
(11) Federal Register, 61(180) 48645-48655(September 16, 1996).
(12) J. Wenninger, G. McWen, Jr., eds., *International Cosmetic Ingredient Dictionary and Handbook,* 7th ed., Cosmetic Toiletry, and Fragrance Association, Washington, D.C., 1997.
(13) F. Rassat, H. Gonzenbach, G. Pittet, Use of Sunscreens and Vitamins in the Daily-Use Cosmetics, *Drug and Cosmetic Industrie*s, Dec. 16-30, 1990.
(14) H. Y. Park, V. Russakovsky, S. Ohno, B. A. Gilchrest, *J. Biol. Chem.*, 1993, 268 : 11749.
(15) A. E. Allen, M. P. Archambault, E. P. Mesana, B. A. Gilchrest, *J. Invest. Dermatol.*, 1-5.
(16) US Pat. 2,949,403, *J. Andreadis.*
(17) J. A. Johnson, *British J. Dermatol.*, 1992, 126 : 94.
(18) R. Gillies, N. Kollias, *Sunscreen ; Development, Evaluation, and Regulatory Aspects,* I. J. Lowe, N. A. Shaath, M. A. Pathak eds., 2nd ed., New York, NY : Marcel Dekker Inc., 1997, 601.
(19) Y. Kobayashi, *J. Mol. Struct.*, 35 : 86.
(20) E. Wittgenstein, H. K. Berry, *Science*, 1960, 132 : 894.
(21) M. Angrick, *Chemie in Unserer Zeit*, 1980, 14 : 149.
(22) T. Severin, *Lebensm Unters Forsc*, 1984, 178 : 284.
(23) G. P. Ellis, *Adv. Carbohydr. Chem.*, 1959, 14 : 63.
(24) A. Meybeck, *J. Soc. Cosmet. Chem.*, 28 : 25.
(25) T. Kurz, *Cosmetics & Toiletries*, 1994, 109(11) : 55 and references cited therein.
(26) J. Hild, *Deutsche Lebensmittel-Runschau*, 1993, 89(20) : 48-49.
(27) A. Obstroskaya, A. D. Rosalia, P. A. Landa, D. Maes, *J. Soc. Cosmet. Chem.*, 1997, 47(4) : 275.
(28) A. Saures, EP 0 547 864 A1, 1993.
(29) *Solarshields T. Micro Titanium Dioxide Dispersion*, Product brochure, New York, Paradigm Technologies, Inc.
(30) J. P. Hewitt, J. Woodruff, Factors Influencing Efficacy of Oil -dispersed Physical Sunscreens, *IFSCC Magazine*, Vol. 3 No. 1, Jan/Mar. 2000, 18.
(31) Y. Shao, D. Schlossman, Effect of Particle Size on Physical Sunscreen Formulas, *PCIA,* Shanghai 92001.
(32) Commission recommendation of 22 September 2006, *Official Journal of the European Union*, 1, 265/39-45.
(33) U.S. Pat. Appl. No.60/729,266, Zinc oxide powder blends, their production and used, D. Schlossman, Shao, Oct. 21, 2005.
(34) M. W. Anderson et al., Broad spectrum Physical Sunscreen ; Titanium dioxide, in *Sunscreens*, 2nd ed., edited by Lowe, Shaath and Pathak, New York : Marcel Dekker, 1997.
(35) M. A. Mitchnik, *Cosm. Toil.*, 1992, 107(910) : 111.

(36) B. Catlow, *SPC*, March 1993, 29.
(37) H. E. Brown, *Zinc oxide, Properties and Applications*, New York : International Lead Zinc Research Organization. LCCN 76-9932.
(38) M. Mitchink, Zinc Oxide, in *Suncare Products*, Allured Publishing, 1998, pp. 130-141.
(39) G. Dahms, The role of Surfactant in Sunscreen Formulations, in *Sunscreens*, N. Shaath, 3rd ed., Taylor & Francis Group, 2005, pp. 413-448.
(40) G. Dahms, Choosing Emollient and Emulsifiers for Sunscreen Products, in *Suncare products*, Allured Publishing, 1998, pp. 170-181.
(41) S. R. Spruce, Formulation efficacy of zinc oxide, in *Proceeding of the In-Cosmetics Conference*, Barcelona, 1994, p. 275.
(42) M. W. Anderson et al., Broad-Spectrum Physical Sunscreens, in N. J. Lowe et al., *Sunscreens, Development, Evaluation and Regulatory Aspects*, 2nd ed., Mercel Dekker, 1997, pp. 353-397.
(43) G. Dahms, Formulating with TiO_2 in *Suncare Products*, Allured Publishing, 1998, pp. 159-169.
(44) John Woodruff, Factors affecting the formulation of sunscreen products, *UV-A Conference*, Nice, France, 2001.
(45) US Pat. 5468471, J. R. Zecchino et al., *Titanium dioxide dispersions, cosmetic compositions and methods for using same*, Nov. 21, 1995.
(46) EP Pat. 0616522, N. A. Fardell et al., *Sunscreen compositions*, May 29, 1996.
(47) US Pat. 5955091, I. Hansenne, *Photobluing/whitening-resistant cosmetic/dermatological compositions comprising TiO_2 pigments and deformable hollow particulates*, Sept. 21, 1999.
(48) H. L. Hall, D. R. Miller, J. D. Rogers, B. Brewers, *J. American Academy of Dermatology*, 1999, 40 : 35.
(49) R. J. H. Davuis, *Biochemical Society Transactions*, 1995, 23 : 407.
(50) M. Patak, In N. A. Shaath and M. A. Pathak, eds., *Sunscreens, Development, Evaluation, and Regulatory Aspects*, N.J., Lowe, New York : Marcel Dekker, 1997, 59.
(51) *Federal Register*, June 8, 2000, Volume 65(111) : 36319-36324.
(52) *Official Journal of the European Communities*, L65/22, March 1, 2000.
(53) D. Steinberg, *Cosmetics & Toiletries*, 2000, 115 : 69.

CHAPTER 10

모발 관리

모발이나 손발톱은 표피세포가 변화되어 생긴 것으로 체모, 뿔, 깃털, 발굽과 마찬가지로 몸 보호용으로 쓰인다. 피부의 각질층 주성분은 각질(keratin)로 구성되고 각질층은 모발과 손발톱을 구성하는 각질을 분석한 결과에 의하면 각질을 구성하는 연성(soft) 각질에 시스틴 함량이 많고 모발과 손발톱을 구성하는 경성(hard) 각질에 시스틴 함량이 적고 경성 각질은 외부의 자극이나 침투에 저항력이 강하다. 각질은 척추동물의 표피세포에 의해 만들어지고 성분은 단백질로 구성되고 펩타이드(peptide) 결합 사이에 S—S 결합이 존재하고 불용성이다.

건강보험평가원이 2007~2011년까지 5년에 걸쳐 진료기록을 분석한 결과에 의하면 앞으로 1/5명이 탈모를 경험할 것이고 연령에 따른 탈모진료환자 분포는 10대 12.6%, 20대 20.8%, 30대 25.0%, 40대 21.6%, 50대 13.8%, 60대 6.2%라고 한다. 고령일수록 탈모증상이 증가함에도 불구하고 분석결과에서 그와 반대로 진료환자수가 감소하는 결과는 진료를 포기하기 때문이라고 본다. 가발수출로 외화를 획득하던 1960년대를 지나서 이제 국내가발업체들은 해외에서 머리카락의 수입에 의존하는 형편이다. 합성모발의 개발과 맞춤형 헤어스타일 형상기억 모발의 개발과 통풍성과 땀 흡수력이 좋은 "모시 가발"의 개발에 나서고 있다.

탈모치료제는 미국 MSD에 의하여 개발된 경구용 탈모치료제 "프로페시아"의 특허가 2008년에 만료됨에 따라 그 복제품이 70여종 출시되고 있다. 그렇지만 프로페시아 복제품으로 MSD에 의하여 개발된 "피나스테리드"가 70%(연간 매출액이 400억원)를 점유한다. 머리에 바르는 탈모치료제는 "미녹시딜"이 주류를 형성한다(연간 매출액이 100억원).

1 모발

포유동물의 특징은 몸에 털이 나서 일부분 또는 전체가 털로 덮여 있어 보호와 보온 및 감각 기능 역할을 한다. 포유동물은 원시시대에 체모가 많았지만 사람은 진화에 따라 체모가 퇴화되어 태닝과 일정부분에만 남아 있고 퇴화된 모공은 아직 그대로 존재하므로 확대하여 관찰하면 모공의 흔적을 찾아볼 수 있다. 인간의 진화에 따라 체모는 대부분 퇴화되었지만 필요한 부분, 즉 머리털은 두개골 보호, 눈썹은 땀이나 먼지로부터 눈 보호, 속눈썹은 햇빛으로부터 눈 보호, 코털은 먼지와 곤충의 침입 방지와 콧물

흐름 제어 등의 용도역할을 한다. 모든 동물의 털을 염기성 용액에 담그면 모공이 팽창하여 털이 잘 빠진다. 동물가죽공장에서 털을 제거하거나 바닷고기 가죽공장에서 비늘을 제거할 때 양잿물은 너무 진해서 사람들이 다루기 힘들기 때문에 닭똥 혹은 황화소듐 용액에 담가두었다가 문지르면 모공이 확장되어 털이나 비늘이 가죽에서 잘 벗겨진다. 그러나 황화소듐은 그 용액에서 발생되는 황화수소 냄새가 HCN만큼 사람에게 대단히 해롭기 때문에 근래에 와서 사용하지 않는다. 황화소듐 용액에서 털이 잘 벗겨지는 이유는 염기성에 의한 털구멍(단백질)의 확장 때문이고 황화수소는 관련이 없다. 얼마 전까지만 하여도 필요한 부분의 털을 제거하려고 상품으로 판매하는 황화수소소듐(NaHS)을 이용하였다.

모발 수는 대략 여성의 경우에 금발(blond)이 14만, 밤색(brunet)이 10만9천, 흑발(black)이 10만2천, 적색(red)이 8만8천이고 대략 평균해서 10만개 정도로 추산한다. 털 성장속도는 동양인이 0.5～0.4 mm/day이고 인종, 식이, 지역에 따라 조금씩 다르게 나타난다.

피부에 붙어 있는 모발은 그림 1-1과 같다. 털 줄기(hair shaft)는 털주머니를 통하여 털 망울을 형성한다. 표피와 진피 밑에 있는 털 망울(hair bulb) 속에 모모세포(hair matrix), 색소형성세포(melanocytes), 모세혈관이 있고 이 부분을 표피유두(dermal papilla)라고 한다. 모유두에 모세혈관과 신경이 들어 있고 음식으로부터 영양과 산소를 받아 모발 발생과 성장을 담당한다. 모유두에 모모세포가 있고 여기에서 모발이 나온다. 모유두에 모발색소를 형성하는 수지상 색소형성세포들이 들어 있다.

TOPIC 모발시험

모발은 그 모발을 소유한 사람의 화학성분, 즉 DNA, 영양상태, 무기성분과 정량적 관계를 유지한다. 그러므로 마약에 중독되면 마약성분이 모발로 이동하는 것을 미리 알고 어떤 둔한 마약사범은 신체의 모든 털을 깎고 면도질하여 증거채취를 못하게 방해한다. 머리는 0.2～0.3 mm/day씩 자라므로 그리고 머리에 이동하는 생리적 화학성분은 갑자기 변하지 않으므로 수사관을 애먹여도 하루만 기다린 다음 짧은 머리카락을 핀셋으로 뽑아 분석시료로 사용한다. 긴 머리카락을 길이에 따라 분석하면 머리카락 소유자의 날짜에 따른 마약 섭취도 확인할 수 있다. 사람은 평균 10만 개 머리카락을 가지므로 몇 개를 뽑아도 죽지 않는다. DNA는 모근에서 채취하여 분석한다. 머리카락의 무기성분도 중요한 단서를 제공한다. 무기성분 중에서 작업환경에 의하여 금속중독(예를 들어 제련공장에서 납, 아연, 비소, 철 등)되면 머리카락 분석에도 나타나고 사람마다 머리카락의 금속성분 함량은 섭취음식과 호흡 분위기에 따라 다르므로 범인확인에 많이 이용한다. 양털을 생산하는 목축업은 토양으로부터 셀렌 성분을 흡수한 목초를 양이 먹어야 양털의 품질이 향상되고 생산량이 증가하므로 목초지에 셀렌 화합물을 살포한다. 사람들의 머리에서 생기는 가려운 비듬은 샴푸에 산화세렌을 첨가하여 처방한다.

머리카락은 수명이 손톱과 다르다. 머리카락은 각 가닥마다 수명이 다르고 발생, 성장, 탈모 주기(hair cycle)를 반복한다. 그리고 머리카락은 성장기(anagen), 퇴행기(catagen), 휴지기(telogen)를 거쳐 머리에서 빠진다. 퇴행기는 멜라닌 생성을 정지하고 모모세포는 수축하고 세포생성을 중지하고 다음에 휴지기로 들어간다. 머리털은 70~120 가닥/day 나오고 성장기는 5~6년, 퇴행기는 2~3주간, 휴지기는 2~3개월이다.

모발 모양은 직선형 모발(straight hair), 파형 모발(wavy hair), 곱슬형 모발(curly hair) 세 종류로 나누고 음모와 어깨 밑 모발은 파형 모발이거나 곱슬형 모발이다. 모발 굵기는 인종과 성에 따라 다르고 연령에 따라 젊을 때는 굵고 늙으면 가늘어진다. 일반적으로 굵기는 0.05~0.15 mm이고 흑인(0.5~0.6 mm)→에스키모→티벳→서양인→동양인(0.7~0.9 mm) 순서로 굵게 나타난다.

모발 색은 흑색, 갈색, 금색, 적색과 그 밖에 여러 가지 색이 있지만 eumelanin이라는 흑갈색 멜라닌과 phaeomelanin이라는 황적색 멜라닌의 두 가지 색소함량에 따라 결정된다. 흑갈색은 eumelanin 함량이 많고 phaeomelanin이 미량이고 모양은 굵다. 흑갈색-밤색-금색-적색-백색 순서로 eumelanin 함량이 감소하고 반대로 phaeomelanin 함량은 백색모발을 제외하고 증가한다. 백색모발은 phaeomelanin을 미량 함유한다. 멜라닌색소는 모낭의 수지상 색소형성세포에서 tyrosine 아미노산으로부터 출발하여 생성된다[G. Porta, R. H. Thomson ; *Endeavour*, 35, 32(1976)]. 백색모발은 흑색과 갈색 모발 인종에서 잘 나타난다. 백발은 색소형성세포에서 멜라닌색소 생성이 중지되면 나타나는 현상이고 일종의 노화현상이다. 백발은 옆머리에서 시작하여 머리 위쪽으로 진행하고 뒷머리는 마지막에 백발로 변한다.

2 모발의 화학구조

모발 주성분은 단백질이고 그 단백질은 시스틴을 많이 함유하는 각질이다. 그 각질은 18종 아미노산으로 구성하고 양모의 각질과 비교하면 사람은 시스틴이 40~50% 더 많다. 염기성 아미노산은 cystine : lysine : arginine 비율이 1 : 3 : 10이고 이것은 모발 각질의 특성이다[H. P. Lundgren, W. H. Ward : *Ultrastructure of Protein Fibre*, Academic Press, N. Y., p.39(1963)]. 멜라닌색소는 모발에 3% 이하 함유한다. 금속 성분은 구리, 아연, 철, 망간, 칼슘, 마그네슘, 인, 규소 등을 함유하고(1) 납, 세슘, 스트론튬처럼 어떤 금속에 의해 중독되면 그 성분이 머리카락 성분으로 나타난다. 지질은 1~9% 함유하고 모발 외부와 내부에서 지질 조성 차이는 없는 것으로 알려졌다. 모발은 25℃, 65% 상대습도에서 12~13% 수분을 함유한다.

모발은 각질 단백질로 구성되고 단백질의 분자 사이에 결합력이 작용하여 모발 모양과 성질을 유지한다. 그 결합은 첫째 각질 섬유 세기에 대하여 약 35%를 기여하는 이온결합($—NH_3^+ \cdots —OOC—$), 둘째 펩타이드 결합(peptide, $—CH_2S—SCH_2—$), 셋째 시스틴 황화물 결합(cystine, $—CH_2S—SCH_2—$), 넷째 수소결합($C{=}O \cdots HN$)이 있다. 이러한 결합은 파마(permanent wave)를 하거나 태닝(tanning)을 씻어 건조할 때 태닝이 구부러지는 원인을 제공한다. 건조상태 모발을 빗질하면 정전기를 발생하고 수분을 첨가 또는 정전기 방지제를 바르면 정전기 발생을 방지할 수 있다.

모발은 일종의 화합물이다. 그러므로 화학적으로 파마, 염색, 샴푸 등의 처리에 의해 모발의 화학결합이 마치 합성수지로 만든 빨랫줄이 햇볕에 두면 분해되는 것처럼 절단된다. 물리적으로는 자외선, 건조, 드라이어에 노출되어 분해된다. 어느 화합물이라도 지지고 볶고 비비고 가열하고 잡아당기고 끊고 물을 먹이는 온갖 고문과 학대를 반복하면 분해되어 버린다. 그래도 머리카락은 모간을 통하여 영양을 공급받아 치유되기 때문에 물리화학적 고문과 학대에도 불구하고 오랫동안 머리 껍질에 붙어 털 주인에게 충성을 바친다. 자연 상태의 머리카락과 학대받은 머리카락은 물리화학적 구조가 전혀 다르고 전자현미경으로 살펴보면 머리카락 표면이 매끈하지 않고 자갈밭처럼 요철이 심하다.

3 젤 화학

젤 상태 제품의 유동학(rheology)은 사용하기 쉽고 더 빠른 흡수속도를 목적으로 비-뉴턴 흐름(non-newtonian flow)을 갖는 것으로 설명한다. 전단 얇아지기 흐름 유체(shear thinning fluid)를 뉴턴 유체(newtonian fluid)와 비교한 전형적 유체학적 거동을 그림 10-1에 제시한다.

뉴턴 유체는 간단한 오일 혹은 물이 좋은 예이고 응력을 받을 때 점성이 변하지 않는다. 그와 반대로 비-뉴턴 유체는 응력에 대하여 특수한 반응을 나타낸다. 즉, 점성이 증가하거나 감소한다. 화장품 젤의 경우에 그 반응은 점성을 감소하고 유사 소성 흐

그림 10-1 전형적 흐름 거동

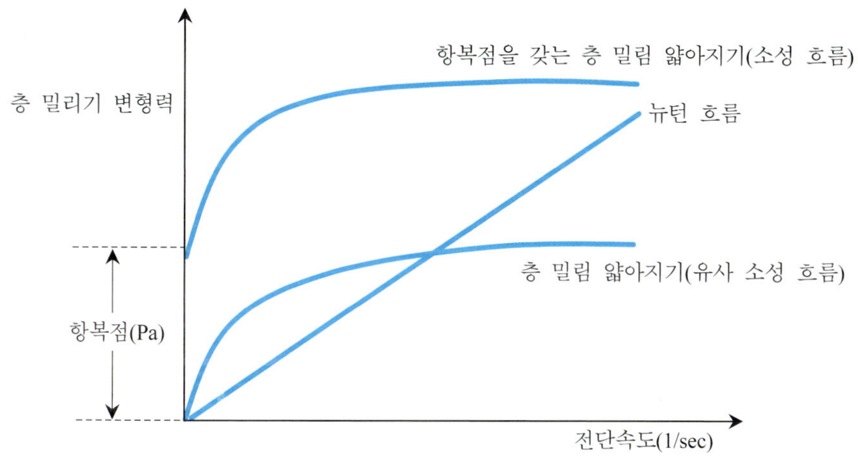

름(pseudoplastic flow) 혹은 층 밀림 얇아지기(shear thinning)를 나타낸다. 이러한 특성은 젤화제(gelling agent)와 관련이 있는 여러 화학적 성질에 의하여 생긴다. 그림 10-2는 층 밀리기 변형력(shear stress)이 점성으로 어떻게 변형되는가를 보여준다. 점성은 뉴턴 물질에 대하여 변하지 않으므로 피부에 문지르거나 튜브에서 압출되는 어떤 운동량을 받아들인다. 비-뉴턴 재료는 문지르거나 튜브의 작은 구멍을 통하여 전단 힘을 가할 때 점성이 감소하여 그 물질이 더 쉽게 흐르거나 퍼지는 것을 의미한다.

젤의 일반적 필요조건은 젤의 구조 또는 점성이 층 밀림 얇아지기 후에 거의 순간적으로 회복되는 것이다. 이것은 그 제품이 쉽게 분배 혹은 퍼지고 그것의 점성이 빠르게 회복된 다음 소비자들이 사용 후에 흘러내리는 것을 방지한다. 젤 형성 시스템은 전형적으로 큰 항복점(yield point)을 갖는다. 그것은 적은 응력(stress, 변형력) 상태에서 그 재료구조가 어떤 문턱값-한계(threshold limit)를 넘을 때까지 흐르지 않는 것을 의미한다. 그 문턱값 이하에서 훨씬 더 진한 유체처럼 거동하고 제품이 쉽게 이동하는 것이 제한된다. 이것은 보관하는 동안 제품의 안정성을 증가하고 잠재적 상(phase) 분리와 고체 혹은 활성 성분의 침강을 방지하고 제품이 피부에 쉽게 문질러지고 흡수되고 튜브에서 쉽게 압출되게 도움을 준다.(2)

진짜 젤은 수화 콜로이드 서스펜션(suspension)이고 여러 화장품에서 젤(gel)이라는 이름으로 시판한다. 수용액-바탕 시스템은 합성 고분자(아크릴, 비닐, 알켄, 알켄 산화물) 혹은 천연 고분자(일반적으로 식물 혹은 미생물에서 얻은 다당류 혹은 화학적으로 변형된 다당류)를 이용하여 진하게 만든다. 또 다른 종류의 수용액 젤 시스템은 계면활성제-바탕

그림 10-2 비-뉴턴 재료에서 전단속도(층 밀림 얇아지기)에 따른 점성 변화와 뉴턴-형태 흐름에서 점성이 변하지 않는 상태의 비교

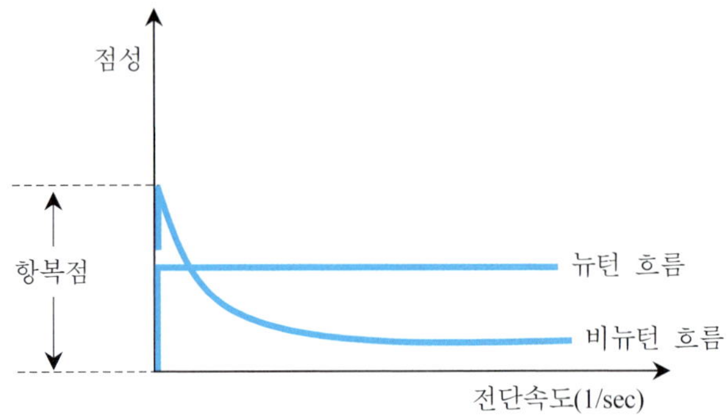

젤이고 때때로 마이크로-에멀젼 젤 혹은 링-젤(ringing gel, 젤이 들어 있는 그릇을 때리면 울리는 소리가 들린다)이라고 한다. 계면활성제는 고농도로 존재하여 계면활성제 회합 구조 혹은 점성 액체-결정-상(phase)을 형성한다.

계면활성제-바탕 서스펜션과 고분자-바탕 서스펜션 사이에 매우 중요한 차이는 사용한 젤화제의 농도다. 고분자-바탕 서스펜션은 매우 적은 농도로 사용하고 전형적으로 2% 이하의 경우에 매우 효과적이고 너무 진하면 그 제품이 끈적거리고 얇은 조각으로 되고 혹은 원하지 않는 퍼짐성질을 갖는다. 계면활성제-바탕 서스펜션은 그와 반대로 전형적으로 진한 농도의 비-이온성 계면활성제가 분리된 미셀 구조로부터 서로 반응하는 계면활성제-회합 구조로 그 용액이 변할 때 젤로 된다. 일반적으로 이것은 제품성질에 반대되는 영향을 주지 않는다. 즉 계면활성제는 활성 성분 혹은 물에 녹지 않는 향료의 용해에 도움을 주는 장점이 있다. 매우 큰 분자량을 갖는 alkylene polymer, polyisobutene, 금속 비누, 용융 실리카, 변형 점토, 폴리아미드, 왁스 등을 오일에 가할 때 비수용매계도 젤 혹은 젤화 시스템을 형성한다.

3.1 수용액-바탕 고분자 젤

모발과 피부 관리에 사용하는 대부분 젤-종류 제품은 수용액-바탕 시스템이다. 이러한 시스템 중에서 몇 가지는 알코올을 함유하면 반짝이는 맑은 젤을 형성하기 때문에 소

비자들에게 매력이 있다. 이러한 제품들은 전형적으로 물에 녹는 고분자를 이용하여 진하게 만들고 피부 혹은 모발용 오일, 컨디셔너, 가습제와 같은 활성 성분을 포함한다. 그들은 소량의 향료, 방부제, 착색제, UV 안정제도 함유한다.

3.1.1 변형 다당류 점성부여제-바탕 젤

바다 식물에서 얻은 carrageenan과 미생물학적으로 얻은 xanthan gum과 같은 여러 자연산 고무(gum)성분은 변형하지 않고 사용할 수 있다. 그러나 배치마다 균일하게 그리고 자연에서 얻은 성분이 변하는지 여부를 확인하는 것이 중요하다. 우수한 공급자들은 이것을 잘 알고 품질관리를 통하여 장애물을 제거한다. 자연산 전분도 사용한다. 그 전분은 가장 보편적 carboxymethylcellulose(cmc) 형태다. 자연산 고무성분과 cmc는 긴 분자 사슬이 물리적으로 엉켜 진하게 변하는 경향이 있다. cmc 유도체로서 hydroxyethyl cellulose (HEC)는 수소결합을 통하여 진하게 변하고 수화알코올계(hydroalcoholic sysytem) 젤화에 이용할 수 있다. 소수성으로 변형된 hydroxyethyl cellulose(HMHEC)는 회합성 점성부여(associative thickening)라고 알려진 메커니즘에 따라 진하게 변하고 여기에서 그 분자의 소수성 부분은 서로 회합하여 함께 고분자들이 결합하는 미니-미셀 형태를 형성한다. 어떤 형태의 점성부여 고분자의 말단은 방금 형성된 용액에서 3차원 그물구조로 존재한다.

3.1.2 합성 고분자-바탕 젤

가장 널리 이용하는 합성 젤화제(gelling agent)는 일반적으로 carbomer라고 한다. 이들은 pentaerythritol allyl ether 혹은 sucrose와 다리결합한 폴리아크릴산 수지(polyacrylic acid resin)다. 그 고분자의 산성 형태를 물에 분산하고 염기성 물질을 가하여 pH를 올리면 카르복시 원자단의 일부는 중화되고 그 고분자는 콜로이드 상태로부터 팽창한다. 이것은 정전기적으로 반발하는 내부 이온 기능기 사이에 거리를 최대화한다. 이러한 방식으로 소량 고분자는 크게 팽창하여 그 용액을 통하여 엉킨 그물조직을 형성한다. 이것은 그 다음에 고분자들을 흐르기 어렵게 만들고 그 계의 점성이 증가한다. 매우 작게 둘러싸인 물주머니로 구성된 마이크로-젤 상(phase) 형성은 전단하는 동안 그 구조들이 빠르게 파괴되므로 이 젤은 유사가소성(pseudoplasticity)이다. carbomer는 최종 제품에 투명성 및 수율과 같은 성질과 넓은 범위에 걸쳐 점성을 나타내는 여러 종류들이 있다. 고분자는 여러 pH 범위에서 서로 다른 영향을 주고 어떤 것은 염류농도에 의해 쉽게 영향을 받으므로 고분자 선택에 조심해야 한다. 이러한 고분자는 본래 벤젠을 용매로 사용하여 조제하지만 벤젠이 해롭기 때문에 현재는 벤젠 없는 시스템에서 조제하는 여러 변형된 방법을 이용한다.

폴리아크릴산은 다양성과 큰 효과를 갖는 젤화(gelling) 능력 때문에 이 재료는 널리 연구되었고 특별한 성질로 변형되었다. 그들 중에 여러 가지는 현재 acrylate 혼성중합체와 polyacrylate-1 교차중합체 같은 액체 고분자로 이용할 수도 있다. 가장 흥미 있는 변형 중에 하나는 "회합성 점성부여제"(associative thickener)라고 알려진 것이다. 그들은 화학적으로 소수성으로 변형된 알칼리성-팽창가능한 그리고 알칼리성-용해가능한 에멀젼 고분자라고 설명한다. 그들은 HASE[(hydrophobically modified, alkali-swellable(혹은 alkali-soluble) emulsion]와 RMHS(rheology modifying, hair setting) 고분자라고 Noveon에 의하여 미국특허에 설명되어 있다.(3)

그들은 모발-관리용 젤에 대한 큰 효능과 큰 습도의 컬(curl) 유지에 장점이 있다. 이 재료들은 소수성과 친수성 구역을 갖는 폴리아크릴 뼈대에 말단 원자단이 부가-결합한다. 이들 구역은 그들 자신의 분자 부분과 회합하지 않거나 혹은 처방전 중의 다른 재료와 회합한다. 이것은 회합 정도가 클수록 처음 폴리아크릴산과 가능한 회합보다 점성부여 정도가 크다. 처방전에 고체가 포함되면 이들 고체와 회합하여 점성에 기여할 수 있고 만약 더 좋은 서스펜션과 재차 서스펜션을 형성하면 이들 고체는 젤 그물조직 그 자체에 포획된다. 여러 종류의 천연 젤화제와 합성 젤화제에 대한 상세한 설명은 문헌에 있다.(4)

3.1.3 계면활성제-바탕 젤

계면활성제에 바탕을 둔 맑은 젤 시스템은 마이크로-에멀젼 젤(microemulsion gel)이라고 한다. 그들의 큰 점성은 계면활성제-회합 구조 때문에 생긴다. 계면활성제-회합 구조는 오일을 수용액상에 약 30% 상(phase) 부피까지 용해한다. 계면활성제 농도는 일반적으로 대단히 크고 오일 농도보다 더 크거나 같다.

이러한 종류의 시스템은 링-젤(ringing gel)이라고 알려져 있다. 왜냐하면 그러한 젤 용기를 두드리면 진동을 느낄 수 있기 때문이다(그리고 때로는 약하게 들린다). 이러한 진동은 오일/계면활성제-결정 구조의 운동으로부터 혹은 오일 농도 증가에 따라 일반적으로 몇 백 옹스트롬(Å)까지 막대 비슷한 미셀로부터 조밀하게 충전된 구형 집합체를 생성한다. 그들은 대단히 조밀하게 충전되므로 병진운동이 불가능하다. 분자는 진동, 병진, 회전의 세 종류의 분자운동을 한다.

일반적으로 이러한 시스템은 polyethylene glycol 같은 비이온성 계면활성제 혹은 phosphated polyethylene glycol 같은 음이온성 계면활성제 혼합을 조심스럽게 선택해야 한다. polyethylene glycol, propylene glycol, glycerol과 같은 polyol은 최종 시스템에서 점성조절과 투명성 조절에 도움을 준다. 모발-관리 제품에서 계면활성제-바탕 "링-젤"의 장점은 샴푸로 쉽게 씻어지고 모발이 세워지는 것을 약하게 만든다.

4 젤 형태의 모발-관리 제품

Carbomer는 헤어스타일 젤에 점성부여제로 매우 널리 사용한다. 이 제품들은 VOA (volatile organic component) 관심과 헤어스프레이 시장에 영향을 미친 알코올의 건조효과 때문에 놀라운 판매시장을 점유했다. 이들의 투명한 젤 기능은 모발을 함께 결합하여 특정한 위치에서 모양을 만들 때 오일 혹은 양이온성 컨디션 고분자를 이용한다. 이러한 결합 반응은 필름을 형성하는 점착성 고분자 수지 혹은 고착제에 의해 일어난다. 이 목적에 일반적으로 사용하는 대부분 수지는 수용성 비-이온성 고분자 PVP(polyvinyl pyrolidine)와 그 유도체, 그리고 최근에 PVF(poly-N-vinyl formamide)를 사용한다. 이러한 제품은 끈적거리지 않고 투명하고 들러붙지 않고 얇은 조각이 생기지 않고 높은 습도에도 굳은 상태를 유지하는 소비자들의 엄격한 요구를 만족해야 한다. 그 밖에도 소비자들은 젤이 정확한 전단 묽힘성(shear thinning) 흐름 거동과 평편하게 퍼지는 성질을 원한다. 고분자 선택은 안전성 인자도 함께 중요하다. 젤 헤어 관리 제품의 고착제 수지 반응메커니즘과 유체역학은 문헌에 상세하게 설명되어 있다.(5)(6)

처방전은 성분들 사이에, 특히 젤화제(gelling agent)와 점성부여제(thickening agent)에서 양면성을 고려해야 한다. carbomer의 자유-산 형태는 PVP(polyvinylpyrolidine)를 가하기 전에 carbomer를 중화하지 않으면 난용성 착물을 생성한다. 모발-관리 제품에서 주요한 PVP 장애는 그것의 보습제 성질, 즉 큰 습도 환경에서 수분을 흡수하여 모발이 발랑발랑해지고 너 끈적거리기 때문이다. 이러한 장애는 일반적으로 조제할 때 알코올을 가하여 극복하였다. PVP보다 큰 습기 저항성 혼성중합체를 개발하여 알코올을 첨가하지 않고 더 효과적으로 사용할 수 있다. 한 예로서 초산비닐 혼성중합체(PVP/VA)는 소수성을 증가한다. 이것은 수분흡수에 더 저항성이고 더 유연한 필름을 만든다. 다른 몇 가지 혼성중합체와 삼원혼성중합체도 개발하여 사용하고 있다.(4)

표 10-1은 PVP/VA 고착제와 특별한 형태의 유지 힘을 갖는 알코올을 많이 함유한다. 이 처방에서 benzophenone은 UV 흡광과 안정제로 사용했다. 컬(curl) 활성 성분은

일반적으로 polyol와 함께 사용하여 수분을 모발로 끌어당기는 역할을 한다. 표 10-2는 중화된 carbomer 수용액 젤을 polyol 활성제/컨디셔너 운반체로 사용한다.

표 10-1 특별한 헤어스타일 유지 젤*

	A			B			C				D			
성 분	1	2	3	4	5	6	7	8	9	10	11	12	13	14
함량(wt %)	67.3	0.5	9.35	20.0	8.5	0.1	0.4	0.1	0.05	0.02	0.01	1.77	0.80	0.10

* BF Goodrich(now Neveon), Formulary Section, *Cosmetics & Toiletries* 113(12) 72(1996).
1 : water(aqua)
2 : carbomer(Carbopol® Ultrez 10, Noveon)
3 : triethanolamine
4 : SD alcohol 40
5 : PVP/VA copolymer(Luviskol® VA64 powder, BASF)
6 : panthenol(D.L. panthenol, Hoffman-LaRoche)
7 : Oleth-20(Brij® 98, ICI)
8 : france(parfum)(Fresh Woody Floral D11465E, Haarmann & Reimer)
9 : dimethicone copolyol(DC 190, Dow Corning)
10 : PEG-45 palm kernel glycerides(Crovol® PK-70, Croda)
11 : Benzophenone-4(Univul MS-40, BASF)
12 : DC green No. 5, 0.1% aq
13 : propylene gklycol (and) diazolidinyl urea (and) methylparaben (and) propylparaben(Germaben® 11, ISP/Sutton)
14 : triethanolamine

• 제법 : 1. A를 조제하기 위하여 carbomer를 물에 분산하고 느린 속도로 젓는다.
2. triethanolamine으로 중화하고 균일하게 잘 섞는다.
3. B에서 알코올에 PVM과 panthenol을 녹인다.
4. B를 A에 서서히 가하고 부드럽게 될 때까지 섞는다.
5. C에서 Oleth-20이 맑아질 때까지 가열한다. 나머지 성분들을 가하고 균일하게 섞는다.
6. C를 서서히 저으면서 AB에 가한다.
7. 균일하게 혼합할 때 D를 ABC 순서로 서서히 저으면서 가한다.

표 10-2 투명한 젤 활성 성분*

성 분	1	2	3	4	5	6	7
함량(wt %)	59.50	0.50	1.20	34.50	2.00	2.30	0.30

* R Goldberg, J. Tassoff and A. Di Sapio, *DCI*(Feb) 34-44(1986).
1 : water(aqua)
2 : carbomer(Carbopol® 934, Noveon)
3 : triethanolamine
4 : glycerin
5 : propylene glycol
6 : dimethylene copolymer(Dow Corning 193)
7 : DMDM hydantoin(Glydant®, Lonza Inc.)

• 제법 : 1. carbomer를 물에 분산하고 느리게 섞는다.
2. triethanolamine으로 중화하고 균일하게 섞는다.
3. 나머지 성분을 순서대로 가한다.

양이온성 고분자와 양이온성 계면활성제는 음전하를 띤 모발 표피에 부착하므로 아주 좋은 헤어 컨디셔너다. 때때로 젤에 대한 전통적 점성부여제는 화학적으로 양이온성 재료와 공존할 수 없다. acrylates/aminoacrylates/C10-30 alkyl PEG itaconate 공중합체 혼합계는 산성 매질(pH 4)에서 점성부여제로 작용할 수 있다. 왜냐하면 그 아미노원자단이 양성자화되어 팽창하기 때문이다. glycolic, citric, lactic, phosphoric acid 계는 이러한 방식으로 젤화될 수 있다. 그 점성부여제 이외에 이러한 고분자 혼합물은 머리-모양 유지와 조형에 사용한다. 적당한 형태와 안정한 젤에 대략 3% 고분자 고체가 필요하다.

표 10-3은 National Starch & Chemical 제품이고 xanthan gum에 적당한 전단묽힘(shear thinning) 성질을 갖고 투명한 점성 젤에서 양이온성 컨디셔닝제와 dimethicone 컨디셔닝제들이 혼합되어 있다.

Acrylates/aminoacrylates/C10-30 alkyl PEG itaconate 공중합체계는 계면활성제가 공존하면 알칼리 용액에서 점성부여제로 작용할 수 있다. 그 계면활성제는 고분자 그 자체들이 전하를 띠지 않지만 고분자의 소수성 원자단과 회합하여 팽창한다. 계면활성제는 양쪽의 염기성과 산성에서 고분자 팽창과 점성증진 용량을 개선한다. 계면활성제 사이에 상승작용 관계는 고분자 존재하에서 알려져 있다. 예를 들어 5% sodium cocoamphoacetate 첨가는 ammonuium lauryl sulfate와 cocamidopropyl betaine를 갖는 고분자 함유 계의 점성을 두 배 증가한다.

표 10-3 투명 양이온성 스타일 헹싱 젤%

	A		B	C			D
성 분	1	2	3	4	5	6	7
함량(wt %)	75.90	0.50	10.00	12.50	1.10	1.00	qs

* National Starch & Chemical Co., *Cosmetic Fomulary*, National Starch & Xhemical Co., Bridgewater, NJ(1999).

1 : water(aqua) deionized
2 : Polyqaternium-4(Celquat® H-100, National Starch)
3 : ethanol
4 : acrylates/aminoacrylates/C10-30 alkyl PEG itaconate copolymer, 20%(Structure Plus®, National Starch)
5 : dimethicone copolyol(Dow Corning 193)
6 : cetrimonium chlorine, 25%(Arquad® 16~25W, Akzo Nobel)
7 : glycolic acid, 70%, to pH 4

• 제법 : 1. polyquaternium-4를 잘 저으면서 물에 넣고 B를 A에 가한다.
2. C를 저으면서 한 번에 가한다.
3. D를 pH 4로 조절한다. 그 용액이 투명하고 점성으로 될 때까지 혼합한다. 점성은 16,600 cps(Brookfield RVT Helipath Viscometer, 10 rpm, spindle B)를 기대할 수 있다.

오일은 우수한 헤어 컨디셔닝제다. 광유(파라핀)와 같은 무극성 오일과 PPG 15 stearyl ether와 같은 극성 오일은 계면활성제-회합 구조[액체-결정 상(phase)] 계에서 양이온성 컨디셔너와 함께 회합하여 투명한 점성이 큰 젤을 형성한다. 그 예는 표 10-4와 같고 양이온성 계면활성제 성분은 비이온성 계면활성제 마이크로-에멀젼 젤을 방해하지 않는다.

표 10-4 투명한 젤 헤어 컨디셔너*

	A								B	C
성 분	1	2	3	4	5	6	7	8	9	10
함량(wt %)	5.0	6.0	6.0	27.8	5.0	7.0	1.4	qs to 100	qs	qs

* Uniqema, CP-1261, *Cosmetic Formulary*, Wilmington, DE(1991).
1 : PPG 15 stearyl ether(Arlamol® E, ICI)
2 : mineral oil(paraffinum liquidum), light
3 : Oleth 2(Brij® 93, ICI)
4 : Isoceth 20, 72% active(Arlasolve® 200, ICI)
5 : propylene glycol
6 : sorbitol, 70%, NF
7 : soyaethyl morpholinium ethosulfate(orestall®, ICI)
8 : water(aqua), deionized
9 : fragrance(parfum)
10 : preservative
qs : quantum sufficit

• 제법 : 1. A를 섞고 80℃까지 서서히 가열한다.
2. 가열을 중지하고 물이 증발하지 않게 조심하면서 B를 가한다(정확한 물 부피 유지는 젤화에 중요하다).
3. 투명하고 균일하게 젓고 방부제를 가한다.

5 젤 형태의 피부-관리 제품

수용성 젤 제품도 피부보습 제품, 유장(serum) 손질, 햇볕막이 보조제로 사용한다. 젤화제의 주요한 기능은 가끔 90% 이상 수분을 갖는 제품을 만들고 피부에 적용하기 쉽고 더 아름답게 보이는 것이 목적이다. 형성된 점탄성 젤 구조도 색소, 큰 오일방울 혹은 입자와 같은 기타 성분의 서스펜션을 돕는다. 모발-관리 제품과 동일한 특징을 갖는 여러 가지 제품은 피부-관리 범위에도 응용할 수 있다.

표 10-5의 보습용 바디 젤 구조는 화장용 무기물 색소입자의 서스펜션에 이용한다. acrylates/steareth-20 methacrylate 공중합체는 소수성으로 개선된 polyacrylate이다. 활성 성분은 carbomer 점성부여제 젤과 쉽게 혼합된다. 표 10-6은 피부 컨디셔닝에 사용하는 햇볕막이와 관련이 있다. 간단한 수화젤은 표 10-7처럼 carbomer-점성부여제 용액에 습윤제를 넣어 조제한다. 이 젤은 그 자체로 혹은 로션에 넣어 사용할 수 있다.

표 10-5 바디 보습 젤*

	A				B	C				D
성 분	1	2	3	4	5	6	7	8	9	10
함량(wt %)	92.15	3.00	0.80	0.05	1.00	1.00	0.20	1.00	0.50	0.10

* Engelhard, Formulary Section, Cposmetics & Toiletries 113(12), 66(1998).
1 : water(aqua)
2 : acrylates/Steareth-20 metacrylate copolymer(Aculyn® 22, ISP)
3 : acrylates copolymer(Salcare® SC 81, Allied Colloids)
4 : fragrance(parfum)(16149 A, Shaw Mudge)
5 : triethanolamine
6 : water(aqua)
7 : diazolidinyl urea (and) iodopropynyl butylcarbonate(Germall Plus®, ISP)
8 : aloe barbadenis gel(Aloe Vera Conc., 21311-000, Madis)
9 : charmomile(Anthemis nobilis) extract
10 : mica (and) tiranium dioxide(Flamenco Sparkle Orange 320J, Engelhard/Mearl).

• 제법 : 1. A를 순서에 따라 실온에서 느리게 저으면서 섞은 다음 B를 가한다.
2. 젤이 형성될 때까지 혼합하라.
3. 미리 C를 섞고 AB에 가한다.
4. 서서히 저으면서 D를 가한다.

표 10-6 투명한 햇볕막이 젤*

	A	B	C	D			E		F	G	H	I
성 분	1	2	3	4	5	6	7	8	9	10	11	12
함량(wt %)	1.77	qs	4.00	0.2	5.0	0.2	0.3	0.6	1.5	36.10	2.4	10.0

* Rona/Merck, Formulary Section, *Cosmetics & Toietries*, 112(7) 107(1997).

1 : tris(hydroxymethyl)aminomethane
2 : water(aqua), deionized
3 : 2-phenylbenzimidazole sulfonic acid(Eusolex® 232 ; Merck)
4 : alantoin(Rona/Merck)
5 : sorbitol(Sorbitol F liquid, Rona/Merck)
6 : Methyl 4-hydroxybenzoate
7 : fragrance(parfum)(Haarmann & Reimer)
8 : PEG-35 hydrogenated castor oil(Arlatone® 980, ICI)
9 : carbomer(Carbopol® 940, BF Goodrich)
10 : water(aqua), deionized
11 : tris(hydroxymethyl) aminomethane
12 : water(aqua), deionized
qs : quantum sufficit to 100.00.

• 제법 : 1. A를 B에 녹이고 젓는 동안 C를 가한다.
2. D를 A, B, C에 가하고 균일하게 저으면서 70℃로 가열한다.
3. E를 섞는다.
4. F를 G에 분산하고 균일하게 섞는다.
5. H를 I에 녹인다. F, G와 H, I를 합치고 균일하게 섞는다.
6. A, B, C, D와 E를 F, G, H, I에 가하고 균일하게 섞는다.
7. 식혀 채워라.

표 10-7 투명한 수화 스킨-케어 젤*

	A		B		C	D
성 분	1	2	3	4	5	6
함량(wt %)	88.3	0.4	10.0	1.0	0.3	qs

* Uniqema, F41-5-16, Cosmetic Formulary, Wilmington, DE(1999).

1 : water(aqua), deionized
2 : allantoin (and) panthenol(Alphanta®, ICI)
3 : Sorbeth 30(Atlas G-2330, ICI)
4 : preservative(Germaben II®, Sutton)
5 : carbomer(Carbopol® ETD 2001, Noveon)
6 : sodium hydroxide, 30% soln, to pH 6.5~7.0
qs : quantum sufficit to 100.00.

• 제법 : 1. 실온에서 A를 섞은 다음 저으면서 B를 가한다.
2. C를 가하고 균일하게 저어라.
3. D를 가하여 중화하라.

젤은 sodium polyacrylate, glycerin, water로 구성된 클라쓰레트(clathrate) 화합물로 표 10-8처럼 만든다. 이 특수한 젤 계는 클라쓰레트(clathrate) 분자 안에 다량 물을 내포하여 점성을 크게 감소하고 피부에 사용할 때 서늘한 성질을 가져 차가운 효과도 제공한다.

표 10-8 차가운 햇볕막이 젤*

상품명		국제화장품성분명명(INCI)**	공급자	w/w %
A	deionized water	water		49.70
	Zigel W	glycerin (and) water (and) sodium polyacrylate	Presperse LLC	10.00
B	deionized water	water		36.00
	Laponite XLG	sodium magnesium siluicate	Rockwood	1.50
C	Pecosil PS-112	dimethicone PEG-7	Phoenix Chemical	0.20
	Crisp Morning	fragrance	IFF	0.04
D	butylene glycol	butylene glycol		0.50
	Sparkly Star	mica (and) titanium dioxide	Presperse LLC	0.05
E	Eukyl 9010	phoenoxyethanoil (and) ethylhexylglycerin	S & M	1.00
	Portulaca Extract	portulaca oleracea extract	Presperse LLC/Bioland	1.00
	FD&Blue #1, 1.0% aqua	Blue 1		0.01

* Presperse LL, 31-20-3, Presperse Formulary guide(2007).
** INCI : International Nomenclature Cosmetic Ingredient.

• 제법 : 1. A를 ①용기에 합친 다음 프로펠러 혼합기로 섞는다. 25~35℃에서 5~10분간 고체가 없이 용액이 투명할 때까지 섞는다.
2. ②용기에 B를 합치고 큰 전단력으로 혼합한다. 20~25℃에서 5~10분간 균일한 반-고체로 될 때까지 섞는다.
3. B를 A에 서서히 저으면서 가한다. 맑은 용액이 될 때까지 25~35℃에서 5~10분간 혼합한다.
4. C를 ②용기에 합치고 5~10분간 20~25℃에서 용액이 맑아질 때까지 서서히 젓는다.
5. 서서히 저으면서 C를 AB에 가한다. 5~10분간 20~25℃에서 균일한 용액이 될 때까지 혼합한다.
6. D를 ②용기에 합치고 서서히 젓는다. 5~10분간 20~25℃에서 균일하게 섞는다.
7. D를 ABC에 느리게 저으면서 가한다. 25~35℃에서 5~10분간 균일하게 섞는다.
8. E성분을 나열한 순서에 따라 서서히 저으면서 ABCD에 가한다. 각 성분이 모두 분산될 때까지 대기하라. 공기를 들어가지 않게 다음 단계 진행을 대기하라.

TOPIC clathrate 화합물

주인-손님 착물계에서 한 분자(손님)는 더 큰 분자(주인)의 열린 내부공간을 차지한다. 이것은 손님과 주인의 분자 사이에 상호작용이 관여하기 때문이다. 예를 들면 왕관 모양 분자(예를 들어 crown ether 혹은 cryptand) 내부에 금속이온이 이온-쌍극자 상호작용으로 수소-결합 바구니를 형성한다. 이것을 clathrate라고 한다. 물을 고압 영족기체에서 동결하면 6각형 얼음격자 구멍에 영족기체들이 갇힌다. 이것은 이온결합 혹은 공유결합도 아니다.

링-젤(ring gel)이나 마이크로-에멀젼 젤에서 계면활성제-회합 구조는 수용액상에서 오일을 안정화한다. 표 10-9에서 비이온성 에톡시화 계면활성제는 소수성 피부-관리 활성 성분을 안정화한다. 표 10-10은 얇은 흐름성 젤 계이고 현대의 유장(serum) 방법에 이용한다. 피부를 보호하고 보습하려고 첨가한 여러 활성 성분의 빠른 흡수를 위해 점성은 매우 적게 만든다. 시럽은 전형적 유제 혹은 젤보다 치료용으로 보는 경향이 있고 그들의 점성은 가능하면 적게 그러나 조절해서 사용할 수 있게 조심해서 균형을 맞춘다.

또 다른 유장액(serum)은 표 10-11에 있다. 이것은 모두 수용성 활성 성분을 갖는 계에 점성 조절용 다리결합 polyacrylic acid를 사용한다. 또 다른 유장(serum)용 젤화제는 다리결합 실리콘 탄성중합체이고 그것은 탄성이고 젤-비슷한 그물구조 혹은 젤-비슷한 매트릭스이고 Conopco라는 이름으로 US Patent 7,175,836에 있다.

광유(mineral oil)는 전통적 피부-컨디셔닝제이다. 그것은 수화 알킨과 스타이렌 공중합체를 소량 가하고 점성을 증진하여 더 편리하고 아름답게 보이는 젤을 만들 수 있다. 이러한 젤은 순수한 광유(파라핀)의 뉴톤-흐름 거동에 비하여 쉽게 퍼지고 좋은 피부 감촉을 주는 전단 묽힘 흐름을 제공한다. 그 밖에 점성은 공중합체량을 첨가하여 조절하고 우수한 저장 안정성과 서스펜션 성질을 갖는다. 표 10-12는 Synergel이라는 Penreco 제품이고 광유와 2 alkylene/aryl 공중합체로 구성한다.

표 10-9 투명한 세라미드(ceramide) 피부-관리용 링-젤(ring gel)*

	A				B		
성 분	1	2	3	4	5	6	7
함량(wt %)	20.00	6.00	11.00	1.00	1.00	7.00	50.00

* Uniquema, PC 7225, Cosmetic Formulary, DE(1999).
1 : isoceteth 20(Arlasolve® 200, ICI)
2 : Olteeth 2(Brij® 93, iCI)
3 : liquid paraffin oil(Odina® Oil 15, Shell)
4 : isostearic acid (and) glyceryl oleate (and) PPG-15 stearate (and) ceramide III (and) PEG-30 dipolyhy droxystearate(Arlamol® Cer3D, ICI)
5 : sorbitol, 70%
6 : propylene glycol
7 : water(aqua)

• 제법 : 1. A와 B를 각 용기에 90℃로 가열하라.
2. B를 A에 서서히 흔들면서 가한다.
3. 균일하게 될 때까지 젓는 동안 냉각한다.

표 10-10 피부 노화방지 유장액*

	상품명	INCI	공급자	w/w %
A	deionized water	water		24.70
	glycerin(96%)	glycerin	Cognis	36.80
	ESP Organic Rice Syrup	organic rice syrup	Earth Supplied Products LLC	1.00
	Fructan	water (and) butylrene glycol (and) fructan	Presperse LLC/Bioland	1.00
	sodium chloride	sodium chloride		0.75
	Phenotaine C-35	sodium cocamidopropyl PG-dimonium chloride phosphate	Phoenix Chemical	0.75
	Inula SC	water-butylene glycol-inula crithmoide extract	Presperse LLC/BiotechMarine	1.00
B	SiClone SR-5	C15-C16 isoparaffin, C12-C14 isoparaffin (and) C13-C15 alkane	Preperse LLC	18.50
	Gransil EP-LS	Polysilicone-11 (and) Laureth-12	Grant Industries, Inc.	2.00
	Cosmetic Fluid CF-76	ethyl perfluorobutyl ether, ethyl perfluoroisobutyl ether	3M	8.50
	Granzpearl GBM-55COS	acrylates crosspolymer	Presperse	1.00
	Formulation Aide 5200	lauryl PEG/PPG-19/18 methicone	Dow-Corning	1.00
	Abil EM-90	cetyl PEG/PPG-10/1 dimethicone	Degussa	0.50
	Sea lavender SC	caprylic/capric trigliceride-limonium gebri extract	Preperse LLC/BiotechMarine	1.00
C	Eukyl PE 9010	phoenoxyethanol (and) ethylhexylglycerin	Schulke Inc.	1.00
	Shea Butter Fragrance	fragrance	Bell Flavors & Fragrance	0.04
D	D&C Red # 33, 1.0 % aqua	Red # 33		0.34
	FD&C Red # 40, 0.1 % aqua	Red # 40		0.06
	FD&C Yellow# 0.1 % aqua	Yellow #5		0.06

* Presperse LLC, 30-81-1, Presperse Formulary guide(2007).

• 제법 : 1. A성분을 나열한 순서에 따라 ①용기에 합치고 혼합한다. 25~35℃에서 5~10분간 용액이 완전히 투명할 때까지 혼합한다.
2. B성분을 ②용기에 서서히 가하고 20~25℃에서 2~5분간 균일용액이 될 때까지 섞는다.
3. A를 B에 서서히 가하고 20~25℃에서 중간속도로 큰 전단력 혼합기로 섞는다. 용액은 점성이 생기므로 출발할 때 전단속도를 증가한다. 20~25℃에서 고속과 큰 전단력으로 3~4분간 혼합한다.
4. C를 합치고 AB에 가하고 중간속도로 혼합한다.
5. D성분을 나열한 순서에 따라 ABC에 가하고 중간속도로 2~5분간 25~35℃에서 균일용액이 될 때까지 혼합한다. 완료되면 밀폐 용기에 옮긴다.

표 10-11 또 다른 종류의 시럽

	상품명	INCI	공급자	w/w %
A	deionized water	water		62.35
	butylene glycol	butylene glycol		3.50
	Symdiol	1,2 hexanediol (and) caprylyl glycol	Symrise	1.00
	Dissolvine Na25	disodium EDTA	Akzo Nobel	0.10
	Carbopol 981(2% soln.)	carbomer	Noveon	15.00
	Emeressence 11260	phenoxyethanol	Cognis	0.50
	Zilgel Oil	glycerin (and) water (and) spodium polyacrylate (and) PVM/MA copolymer	Presperse Inc.	3.00
	Olivem 300	PEG-7 olivate	B&T Srl	2.50
B	sodium hydroxide (18% soln.)	sodium hydroxide	Universal Preserv-A-Chem	0.30
C	DC 1501 Fluid	cyclopentasiloxane (and) dimethiconol	Dow Corning	4.00
	Decolorized Shajio Sea Buckthorn Berry Oil	hippophase phamnoides oil	Presperse LLC/Aromtech	0.25
D	Codiavelene	propylene glycol (and) water (and) codium tomentosum extract	Preperse LLC/BiotechMarine	5.00
E	Spheron L-1600	silica	Presperse, Inc.	2.50

• 제법 : 1. A를 75℃로 가열하면서 중간속도로 혼합한다.
2. B를 A에 가하고 투명하고 균일하게 될 때까지 혼합한다. 그 다음에 식힌다.
3. 50℃에서 C를 가하고 중간속도로 잘 섞는다.
4. 35℃에서 D를 가하고 중간속도로 잘 섞는다.
5. E를 가하고 중간속도로 잘 섞는다.
6. 25℃로 식힌다.

표 10-12 베이비오일 젤*

	A			B		C
성 분	1	2	3	4	5	6
함량(wt %)	74.60	13.00	10.00	2.00	0.10	0.30

* Penreco, *Cosmetic Formulary*, Penreco, Houston, TX(1998).

1 : mineral oil(paraffinum) (and) hydrogenated butylene/ethylene/styrene copolymer (and) hydrogenated ethylene/propylenestyrene copolymer(Synergel® 759, Penreco)

2 : isopropyl isostearate(Prisorine® 2021, ICI)

3 : propylene glycol Isoceteth-3 acetate(Hetester® PHA, Bernel)

4 : isopropyl isostearate(Prisorine® 2021, ICI)

5 : propylparaben

6 : fragrance(parfum)

• 제법 : 1. A를 실온에서 균일하게 섞는다.
2. 다른 용기에서 B를 60℃로 가열하고 저으면서 A에 가한다.
3. 향료를 가하고 잘 섞는다.

표 10-12 처방은 A성분에 tocopherol acetate를 가하고 B성분에 UV-흡수 햇볕막이 성분을 첨가하여 수정한 다음 방수성 햇볕막이 젤로 만들 수 있다.

결론적으로 말해서 모발-관리와 피부-관리에 사용하는 투명한 젤 제품은 소비자들에게 아름답게 보인다. 이러한 처방에서 가장 중요한 감각적 파라미터는 전단묽힘 흐름 거동과 끈적거리지 않는 사후-촉감에 있다. 그 외에 젤은 저장 안정성과 서스펜션 재료를 지탱하는 충분히 큰 항복점을 갖는 것이다. 수용액계와 계면활성제-바탕 마이크로-에멀젼 링-젤(ring gel)에서 저농도 고분자와 회합성 점성부여제 이용은 이러한 목적의 달성에 유용하다. 마크로-에멀젼의 분산상과 연속상의 굴절률 비교는 여러 젤 방법의 사용과 함께 투명 시스템 처방에 이용할 수 있다.

6 샴푸 그리고 컨디셔너의 필요성

샴푸의 주요한 목적은 머리를 씻는 용도와 과량 오일의 제거에 있다. 그러나 순전히 세정만 목적으로 처방한 샴푸는 다음처럼 원하지 않는 네 가지 결점이 나타난다. 첫째 축축하게 젖어 있고 엉키고 일반적으로 어찌할 방법이 없는 상태이고, 둘째 천연 오일 혹은 기타 헤어 보습물질의 제거 때문에 건조 혹은 곱슬곱슬해지고 광택을 상실하고, 셋째 건조과정에서 느끼는 유연성 상실, 넷째 샴푸한 다음 건조과정에서 정전기 발생의 증가다. 즉 빗질을 방해하고 모발이 날린다. 이러한 문제를 완화하는 초기 연구는 "후-처리-린스(post-rinse) 컨디셔너의 도입이었다. 이것은 일반적으로 샴푸 뒤에 즉시 별도의 단계에서 처리하여 오랜 시간 모발에 남는 성분을 새로운 물로 헹궈 정전기 발생을 조절하고 축축하게 젖는 것을 개선하여 젖은 모발을 실크처럼 느끼게 만드는 후-처리-린스 컨디셔너 처방이다.

후-처리-린스 컨디셔너는 양이온성 계면활성제를 사용한다. 그러한 화합물은 모발 표면에 이온교환과정을 거쳐 흡착하고 계면활성제 분자의 소수성 꼬리는 새로운 표면을 형성한다. 그리하여 후-처리-린스 모발은 물에 덜 축축해지고 젖은 모발섬유들이 합쳐 나타내는 모세관 힘이 약해진다. 이것은 젖은 모발의 엉킴을 감소하고 젖은 모발이 쉽게 빗어지게 만든다.

"모발 날림"은 모발의 마찰전기 전하(triboelectric charge)에 의해 생기고 모발이 거칠어지고 모발과 빗 사이에 마찰이 증가하여 모발표피의 비늘이 일어설 때 심해진다. 양이온성 계면활성제 흡착은 모발섬유의 작업기능을 효과적으로 향상하고 각질표면과 관련이 있는 전하를 없애는 효과들이 있다. 그리하여 각질표면과 빗 사이에 전기이동 구동력이 감소되어 전하이동이 감소하고 이동한 전하는 모발을 더 쉽게 흩어지게 만든다. 결과적으로 모발 날림이 감소되거나 방지된다. 그러나 1970년대에 유행한 긴 모발에 사용한 샴푸와 컨디셔닝제는 합쳐 사용함으로써 나긋나긋한 모발을 세울 수 있었지만 컨디셔너가 모발에 남아 축적되어 기름투성이로 되고 반복되는 손질과 기후 및 산화반응에 노출되어 긴 머리끝이 미끄러져 볼품없게 변하였다. 샴푸는 모발줄기와 갈라진 모발의 일시적 수리에 필요하다. 샴푸는 세척과 컨디셔닝 기능을 합친 제품이 필요하게 되었다.

거품은 샴푸에 중요하다. 샴푸는 첫 단계에서 "빠른 거품생성"이 필요하다. 이 거품은 부피가 커야 하고 그 거품은 계면활성제 거품을 파괴한다고 알려진 피지(sebum) 혹은 오일이 존재하여도 남아 있어야 한다. 그러지만 거품은 마지막 샴푸과정 단계 동안에 쉽게 씻겨나가야 한다. 샴푸 거품생성 능력은 일반적으로 0.5~4% 정도로 alkanolamide과 같은 지방산 화합물을 첨가하여 증가한다.

때때로 샴푸와 컨디셔닝에 의해 소실된 모발줄기를 대체하기 위하여 연구원들은 샴푸과정 동안 모발에 침착되는 성분을 찾아냈다. 초기에 balsam shampoo라는 목재수지 제품을 사용했지만 샴푸용액이 두 층으로 분리되고 유제가 불안정하여 덩어리를 형성하여 폐기되었다. 그 후에 계면활성제를 사용하여 좋은 샴푸를 만들었다.

6.1 샴푸 제조용 양이온성 계면활성제

샴푸를 만드는 연구원들은 양이온성 계면활성제를 음이온성 샴푸에 첨가하여 우수한 컨디셔닝을 제공하였다. 그러나 양이온성 계면활성제는 음이온성 계면활성제와 서로 결합하여 음이온성 계면활성제 처방과 모순되는 회합 상-분리 착물을 형성한다. 그래서 다른 대체 계면활성제를 사용하여 반대 상호작용을 억제하고 양이온성 컨디셔닝 샴푸를 개선하려고 연구하였다. 그러나 일반적으로 이들은 전체 샴푸사용 과정에 그대로 남아 샴푸 컨디셔닝을 약하게 만든다. 특히 가용성 이온착물을 생성하는 가용성 양이온 착물은 모발에 흡착하지 않는다. 한편 그 처방과 조화되지만 묽히는 과정에 불용성 이온착물을 생성하는 양이온성 계면활성제는 좋은 헤어 컨디셔닝을 제공할 뿐만 아니라 때때로 모발에 오물이 묻은 느낌을 주는 경향이 있다. tricetyl methyl ammonium chloride와 같은 불용성 양이온 계면활성제를 사용하면 우수한 반-정전기적(anti-static) 장점을 제공할 수 있지만 다른 한편 전체적으로 좋은 컨디셔닝을 제공하지 못한다.

6.2 4차아민 화합물의 Hard와 Soft 성질

4차아민(quaternary amine)은 아민계 양이온이 음이온과 결합한 화합물이고 약자를 사용하여 quat라고도 쓴다. stearyl alkonium chloride(양이온성 계면활성제)를 sodium lauryl sulfate(음이온성 계면활성제)에 가하면 찐득거리는 백색 고체를 생성한다. 이것은 양이온성 계면활성제와 음이온성 계면활성제들이 함께 공존할 수 없다는 것을 나타낸다. 이러한 찐득거리는 백색고체를 하드-착물(hard complex)이라고 한다. 그 표현대로 양이온성과 음이온성 화합물은 함께 첨가할 때 난용성 착물(염류)을 생성하는 성질이 있다. 서로 다른 구조를 갖는 양이온성 계면활성제는 음이온성 계면활성제와 함께 공존할 때 더 잘 녹을 수도 있다. 여기에서 hard와 soft라는 개념은 Pearson에 의하여 제안된 이론이다.(7) Pearson은 "hard-산은 hard-염기와 세게 결합하고 soft-염기는 soft-산과 약하게 결합한다"고 제안했다. 4차아민 중에 두 종류는 hard와 soft라고 설명했다.(8) hard 4차아민은 음이온성 계면활성제와 공존할 수 없는 생성물이고 soft 4차아민은 그와 반대로 음이온성 계면활성제와 진하고 투명하고 거품이 많은 착물을 생성한다. hard와 soft를 시험하는 방법은 첫째 10% 활성 성분의 SLS(sodium lauryl sulfate)와 SLES(disodium laureth-3-sulfosucinate sodium salt) 용액을 조제하고, 둘째 시험하려는 4차아민의 10% 활성 성분 용액을 조제하고, 셋째 10% 4차아민 용액을 100 g의 10% 음이온성 계면활성제 용액에 한 방울씩 가한다. hard 4차아민은 구름모양 혹은 침전이 생기고 soft 4차아민은 화학량론적 양을 가할 때 맑은 상태의 젤을 생성한다.

양이온성 계면활성세 분자들이 만들 수 있는 구조변화는 그들을 "부드럽게" 만들어 음이온계와 더 잘 조화되게 만든다. 여러 soft 4차아민이 있지만 음이온계에서 간단한 cocamidopropyl trimethyl ammonium chloride가 가장 우수한 것으로 알려졌다. 음이온성과 양이온성 계면활성제를 10% 용액에 동일한 농도로 가할 때 SLS와 SLES 두 가지는 10,000 cps 이상 점성을 갖는 진하고 반투명한 젤을 만든다. 이것을 기기분석 방법으로 평가한 바에 의하면 우수한 거품생성과 뛰어난 컨디셔닝을 생성하였다.

6.3 양이온성 고분자

모발에서 흙먼지를 제거하고 헹구는 세척 사이클 동안 모발에 샴푸가 침착되므로 샴푸 제품과 완전히 조화되는 컨디셔닝/보디빌딩(bodybuilding) 성분이 필요하다. 흙먼지와 피지 제거는 polyquaternium-10에 의해 목적을 달성할 수 있다. CTFA(Cosmetic, Toiletry, and Fragrance Association)는 polyquaternium-10을 hydroxypropyltrimethyl ammonium ether of hydroxyethylcellulose라고 명명했다. 샴푸에 일반적으로 사용하는 polyquaternium-10 종류는 평균분자량이 400,000이고 양이온 부분은 약 1,300이다. 이러한 양이온 고분자는 음이온성 고분자와 상호반응하고 1 : 1 전하중화에서 소수성 고분자-계면활성제 착물로 용액 중에서 침전한다. 다행스럽게 과량 음이온성 계면활성제 중에 녹아 cmc 이상에서 맑은 용액으로 된다. cmc 이하 수용액상에서는 착물-상(phase)이 분리된다. polyquaternium은 cmc 이상에서 그리고 세척과정 동안에도 처방할 때 그 성분으로 용해하지만 헹구는 과정에 계면활성제 농도는 cmc 이하로 감소하고 그 착물은 분리되어 용해된 흙먼지들이 세척될 때 모발에 침착된다.

침착된 착물은 매끄럽게 흐르는 액체결정으로 되어 젖은 상태에서 쉽게 빗질할 수 있고 반-정전기적(anti-static) 성질도 갖는다. 이러한 시스템은 젖은 모발에 컨디셔닝 편의를 제공하고 건조모발이 바람에 날리는 현상을 감소하는 두 가지 혜택을 제공한다. polyquaternium-10을 사용하기 시작한 다음 한 종류가 두 가지 혜택을 제공하는 몇 가지 양이온 고분자를 사용하기 시작했다. 그 예는 adipic acid/dimethylaminohydroxy propyldiethylene copolymer, polyquaternium-7(copolymer of diallyldimethylammonium chloride and acryl amide), guar hydroxypropyl-tri-monium chloride이다. 양이온 고분자는 거의 비가역적으로 모발에 흡착한다.

모발의 등전점(isoelectric point)은 양전하와 음전하의 균형이 성립되는 점이다. 모발이 등전점보다 낮은 pH 수용액에 노출되면 모발표면이 알짜 양전하를 띠고 등전점보다 높은 pH 수용액에 노출되면 모발표면이 알짜 음전하를 띤다. 등전점은 일반적으로 pH 3.0～5.0 사이에 있다.

모발에는 이웃 폴리펩타이드의 염기성 아미노산 곁사슬과 상호반응에 참여할 수 있는 산성 아미노산 곁사슬이 1.5배 더 많다. 이것은 한 폴리펩타이드의 산성 카복시산 원자단과 평행 폴리펩타이드의 염기(암모늄) 원자단 사이에 염-결합(salt-bond)을 형성할 때 많은 과량의 산 곁-사슬이 아직 남아 있다는 것을 의미한다. 이들은 정상적으로 암모늄, 소듐, 혹은 다른 이용가능한 양이온으로 중화되지만 이용가능한 특정한 고농도 양이온 혹은 어떤 표면활성 양이온을 첨가하여 선택적으로 교환할 수 있다.(9)

모발에 대한 고분자 흡착 메커니즘은 반대전하 고분자에 의한 전하입자의 응집 메커니즘과 유사하다. 근본적으로 양이온 고분자는 음이온(음전하) 표면에 반대이온 교환에 의해 흡착한다. 이 메커니즘은 "정전기 반창고 메커니즘"(electrostatic patch mechanism)이라고 한다.(10) 그리하여 음이온 고분자는 대략 pH 3 이하에서 모발에 흡착하고 양이온 고분자는 대략 pH 5 이상에서 모발에 흡착한다.

음이온 샴푸 중에서 양이온 고분자의 컨디셔닝 메커니즘은 복잡하고 아직 완전히 알지 못한다. 그 착물은 과량 음이온성 계면활성제 존재하에서 알짜 음이온 전하를 갖는 것으로 예상하지만 일단 과량 계면활성제를 씻으면 그 착물은 알짜 양전하를 갖는다.

여러 연구들은 한 고분자만 고려하였다. 이 경우에 양이온 폴리-전해질은 반대전하 기질에 흡착한다. 이러한 시스템에서 흡착반응 과정은 일반적으로 빠르고 합성고분자는 모발표면에 얇은 층으로 흡착하는 경향이 있다. 얇은 흡착 층은 폴리-전해질과 모발 기질 사이에 센 상호작용을 나타낸다. 그러므로 고분자는 모발에 빠르게 흡착하는 것으로 기대한다.

양이온 고분자를 컨디셔너로 사용하는 예들은 상당히 많다. polyquaternium-11을 각질표면에 흡착되는 컨디셔너로 사용하였고 anti-microbial polymeric quaternary polymer는 헤어 컨디셔너로 사용하였고 poly-(dimethyldiallylammonium chloride)는 샴푸 예비-컨디셔너로 사용했다. polyquaternium-6 흡착은 pH가 낮을 때, 특히 pH 4.5 이하에서 감소한다. 이것은 양전하를 띤 모발표면과 일치하고 양전하 고분자는 pH 4.5 이하에서 상호작용한다. 이 경우에 사용한 용액은 0.1 M HCl 혹은 0.5% NaOH를 이용하여 적절한 pH로 조절한 0.1% 고분자 용액이다.

헤어 컨디셔닝에 대한 전하를 띤 계면활성제 흡착은 흡착고분자의 입체형태의 영향을 받고 주로 흡착되는 입체구조 때문에 생기는 힘은 이온 상호작용과 소수성 상호작용이다. 게다가 양전하 상대이온은 음이온성 물질의 흡착을 증가할 수 있고 음전하 상대이온은 양전하 물질의 흡착을 증가할 수 있다.

이온세기(ionic strength)의 증가는 모발에 polyquaternium-10의 침착농도를 제한하고 염류용액은 모발로부터 polyquaternium-10의 탈착을 증가한다. 그러나 이러한 보디빌딩 컨디셔닝 샴푸의 첫 번째 출현은 결과적으로 사용자들이 이 제품들을 연속적으로 사용하여 모발에 원하지 않게 축적되었기 때문이다. polyquaternium-6 혹은 polyquaternium-7을 직접 모발에 첨가하면 "컨디셔닝 효과"를 나타냈고 이것은 몇 번 헹구거나 일반적 세탁제 혹은 샴푸 성분으로 계속해서 씻어도 특이한 내구력을 나타냈다. 이것은 모발표면에 생성된 고분자-각질 착물보다 작은 안정도상수를 갖는 고분자-계면활성제 착물의 결과라고 추정한다. 일정한 음이온성 계면활성제와 더 이상 착화반응이 일어나지 않으므로 최대 전하밀도가 나타난다. 일반적으로 황산 알킬은 이러한 전하밀도 값이 이미 샴푸에 사용한 quaternium-10 종류보다 그다고 생각한다. 양이온 고분자는 현재도 사용하지만 "축적" 문제를 최소화하는 제한된 수준에서 사용한다. 이것은 전체 컨디셔닝 장점을 제한할 수도 있다.

샴푸에 양이온성 고분자 사용은 샴푸 뒤에 덜 팽팽한 느낌을 주게 피부를 보습하여 부드러움을 증진한다. 이것은 부드러운 계면활성제와 양이온성 고분자를 작은 알킬 사슬 길이를 갖는 황산 알킬 에터 계면활성제에 첨가하여 목적을 달성할 수 있다. 황산 알킬 에터 계면활성제는 큰 cmc를 갖고 보통 lauryl 유도체보다 세척력이 작지만 그러한 계면활성제는 용액 중에서 자유 단위체 함량이 더 많다. 이러한 "부드러움 증가"에 대한 정확한 메커니즘은 알지 못하지만 그것이 자유 단위체의 착화반응에서 생기고 피부에 양이온성 고분자 침착이 각질층의 딱딱한 세포를 부드럽게 만드는 것으로 추측할 수 있다.

6.4 컨디셔닝 샴푸 중에 실리콘 분자

컨디셔닝 샴푸는 제거된 피지의 어떤 컨디셔닝 효과를 대체하기 위하여 샴푸하는 동안 적당한 오일이 침착되게 처방한다. 이러한 제품의 성능은 일반적으로 각질표면에 침착과 상호작용하는 분산상의 능력에 따라 결정된다. 침착층의 분포와 두께 그리고 세탁제에 의한 제거와 관련이 있는 처리의 지속성은 그들의 효능 측정에 중요한 인자다. dimethicone 골격의 Si—O 결합은 대단히 유연하고 메틸 원자단으로 싸여 있다. 이러한 두 인자는 합쳐 적은 표면 자유 에너지를 갖는 액체로 된다. dimethicone 분자 사이에 인력은 약한 London 분산힘이 작용하고 이것은 이들 물질에 윤활성과 분산에 기여한다. 실리콘(silicone)은 이러한 응용에 유리하다. 왜냐하면 실리콘이 모발에 퍼질 때 광택과 부드러움을 증가하고 표면 에너지를 감소하기 때문이다. 실리콘 오일은 모발의 광택을 증가한다. 페닐화 실리콘 오일은 굴절률이 크다(약 1.46 이상).[11]

분산은 관련이 있는 계면 에너지와 다음과 같은 관계를 성립한다.

$$W_s = \gamma_{s/l} - \gamma_{l/v} - \gamma_{s/v}$$

W_s는 분산 일이고 $\gamma_{s/l}$는 고체/액체 계면 자유 에너지이고 $\gamma_{l/v}$는 액체/증기 계면 자유 에너지이고 $\gamma_{s/v}$는 고체/증기 계면 자유 에너지다. 자발적 반응이 일어나려면 W_s는 음수 값이어야 한다. 그러므로 어떤 기질에서 액체 분산은 적은 값의 고체/액체 및 액체/증기 계면장력과 큰 값의 고체/증기의 계면장력이 유리하다. 실리콘은 표면 에너지가 적고 모발표면에서 부드러운 소수성 필름처럼 분산되는 실리콘 오일의 구동력을 제공한다. 이러한 표면 에너지 감소는 모발이 함께 적시는 모세관 힘을 감소한다. 그러므로 젖은 머리 빗질이 용이하고 그 실리콘은 모발 섬유를 윤활하게 만들어 건조 상태 빗질이 쉬워진다. 그러나 실리콘은 일반적으로 샴푸 처방에서 미세한 방울로 균일하게 떠 있으므로 샴푸 처방에 많이 사용한다. 이러한 계에서 분산된 작은 방울은 샴푸하는 동안 모발표면에 달라붙는다. 모발표면에 실리콘 오일 에멀젼의 침착은 첫째 실리콘 방울의 이온전하 성질, 둘째 방울 크기, 셋째 실리콘 오일의 점성, 넷째 경쟁적 흡착제

의 존재, 다섯째 경쟁 흡착제의 존재 등에 따라 영향을 받는다.(12)(13)

6.5 이온 전하

모발의 겉 표피(epicuticle)는 카르복시, 아미노, 이미노, 이미다졸 원자단을 함유하므로 모발 섬유 표면은 양쪽성이 분명하다. 대부분 샴푸는 모발 등전점보다 높은 pH에서 사용하고 양전하 방울이 음전하 방울보다 유리하게 모발표면에 침착한다. 실제로 양이온성 아미노-기능기 실리콘은 음이온성 카복시-기능기 실리콘 혹은 비-이온성 실리콘에 의해 안정화된 방울보다 많이 그리고 빠르게 흡착된다. 이와 반대로 어떤 연구에 의하면 양이온성 계면활성제는 흡착되어 단분자층으로 되는 반면 그 흡착은 두께가 애매하지만 두꺼운 실리콘 층이 될 때까지 계속된다고 설명한다. 그 메커니즘은 기름이 묻은 모발 섬유에 대한 유착이라고 설명했다. 게다가 양이온성 polymethacrylamido-trimonium chloride 고분자로 처리한 모발에서 비-이온성 유제는 음이온 유제보다 더 많이 흡착되었다. 그러므로 섬유 전하와 유제 방울 전하가 반대일 때 실리콘 유제가 최고라는 간단한 가정은 잘못이다.(13)

6.6 유제 방울크기

실린더 모양 구형입자의 침착이론은 작은 입자들이 실린더 표면에 더 빠르게 확산할 수 있고 그 표면에 쉽게 헤테로-솜털 모양으로 집합할 수 있다고 설명한다. 그러므로 방울크기, 속도, 침착량 사이에 반대관계를 예상한다.(14)

그러나 실리콘 유제와 모발을 이용한 실험은 방울이 클수록 작은 방울보다 잘 흡착한다고 설명한다. 이것은 van der Waals 힘이 큰 방울보다 크다는 사실로 설명하고 모발표면으로 더 느리게 분산되지만 표면과 충돌할 때 들어붙는 확률이 더 큰 경향이 있다고 설명한다

6.6.1 점성

실리콘 오일은 점성이 클수록 침착이 증가하지만 이것은 점성이 클수록 방울이 커진다는 사실을 반영한다. 실리콘-함유 샴푸의 처방을 연구한 몇 가지 사례들이 있다. 첫 번째 사례는 제품을 보관하는 도중에 실리콘 오일 방울크기를 안전하게 분산-유지하는

사실이다. 이것은 처방에 옥수수-시럽(corn-syrup)과 carbomer를 서스펜션화제(suspending agent)로 사용하고 polyquaternium-10과 lauric diethanolamide를 수용액에 사용하여 점성을 증진하고 ethylene glycol distearate와 stearic monoethanolamide 같은 성분으로 미셀 모양을 변화하고 혹은 xhanthan gum과 같은 고분자 점성부여제를 사용하여 성공하였다.

실리콘 컨디셔닝 샴푸의 초기 제품은 dimethicone을 함유하였다. 그러나 이러한 고분자량 실리콘(50,000~15,000,000 centistoke 점성이 유리하다)은 모발에서 기름 감각을 느끼지 못하는 경향이 있다. 그 뒤에 휘발성 실리콘과 아미노기를 갖는 실리콘을 첨가하여 컨디셔닝 효과를 증가하고 오일 감각을 감소하였다. 휘발성 실리콘은 컨디셔닝에 유리하고 바람직하지 않은 축적 가능성은 없다. 휘발성 실리콘은 더 점성 실리콘 액체에 운반체로도 사용하고 분산과 보디 컨디셔닝제로도 첨가한다.

6.6.2 서스펜션제

시판용 샴푸들이 불연속-상(phase)의 적은 방울을 가질 때 저장하는 동안에 균일성 유지와 제품수명을 위해서 서스펜션제(현탁제)는 정확한 투여량이 필요하다. 샴푸의 안정한 서스펜션은 제품용기의 전체 내용물이 나노 입자크기를 가져야 한다. 그러한 샴푸는 첫째 미셀 구조들이 지렁이 모양과 같은 미셀 구역 혹은 안정한 액체 결정 구역(판 모양과 같은)으로 확대되어 안정한 서스펜션 흐름을 제공한다. 둘째 고분자 점성부여제들은 처방에 포함되어야 한다. 셋째 넓은 결정 그물구조를 생성하는 화합물을 처방에 첨가한다. 넷째 스메틱(smetic) 점토 혹은 콜로이드 실리카와 같은 무기물 입자를 첨가하여 그 구조를 만들게 한다.

6.6.3 미셀 구조 첨가제

용액의 염 농도가 대단히 진하면 긴 사슬 알킬 아민 산화물은 길고 지렁이 모양 같은 미셀을 생성한다. 아민 산화물 농도가 진해도 지렁이처럼 긴 미셀이 서로 엉켜 떠 있는 작은 방울 그물구조를 생성한다. 혼합 미셀은 거의 항상 다른 계면활성제 존재하에서 생성되고 이러한 미셀은 확장된 구조를 갖지 않는다. 양극성 폴리아민도 안정한 서스펜션 실리콘 작은 방울 혹은 난용성 zinc pyrithione 입자형성의 목적에 사용한다. zinc pyrithione의 경우는 특히 중요하다. 비듬방지 샴푸는 OTC(over-the-counter, 의사의 증명이나 처방 없이 판매) 의약품이기 때문이다.

6.6.4 고분자 점성부여제

고분자 점성부여제(혹은 점증제)를 선택할 때 점성부여제의 흐름을 고려하는 것이 중요하다. 점성부여제는 항복응력(yield stress)을 주어야 한다. 즉, 그 성분은 정지상태에서 고체흐름을 가져야 하고 그 용기에서 제품을 붓는 것과 관련이 있는 힘은 항복응력을 충분히 능가하여 그 샴푸가 액체로 분산할 수 있어야 한다. 일단 항복응력을 넘으면 그 제품은 층 밀림 얇아지기(shear-thinning) 흐름을 나타내야 한다. 다리결합 폴리아크릴산의 carbomer는 이러한 흐름성질을 갖는다. 또 다른 선택은 acrylates C_{10-30} alkyl acrylate crosspolymer이고 그것은 더 좋은 샴푸를 만들 수 있는 가능성도 있다. Acrylates/steareth-20 methacrylate copolymer는 사용하기 쉽게 액체 라텍스 형태로 공급한다. 이 고분자는 진한 전해질 농도와 그 성분이 침전할 수 있는 낮은 pH를 피해야 한다.

셀룰로오스 종류, 특히 sodium carboxymethyl cellulose, hydroxyethylcellulose, hydroxymethylcellulose, hydroxypropylcellulose, hydroxypropylmethylcellulose, hydroxy butylcellulose, alkylhydroxyethylcellulose들은 유용한 흐름 개선제다. 이러한 셀룰로오스 종류는 주의해서 취급해야 한다. 왜냐하면 이들은 실제 항복응력을 주지 않고 점성을 증가할 수 있기 때문이다. 셀룰로오스 종류는 헹구는 동안 모발에 가끔 원하는 미끄러운 느낌을 준다. 소수성으로 개선된 hydroxyethylcellulose는 미끄러운 느낌이 없는 원하는 젤 그물구조를 준다고 주장한다.

Hydroxypropyl guar, xanthan gum, locust bean gum은 샴푸 서스펜션액의 안정에 사용하는 유용한 polysaccharide 유도체다. 이러한 검(gum)들이 린스 컨디셔너에 분배제(distributing agent)라고 주장하는 것에 주목하라. 분배제 기능은 모발 혹은 피부에 덩어리 침착을 방지한다. 분배제는 이용가능한 표면에 평편하게 분배된다.

양이온성 컨디셔닝 고분자들도 머리모양 만들기와 서스펜션 안정도의 증진에 유용하다.

6.6.5 결정성 서스펜션제

결정성 서스펜션제(crystalline suspending agent)는 뜨거울 때 그 성분이 녹아 있지만 정상적 저장온도로 냉각할 때 성분이 그물구조를 형성하여 결정화되는 긴-사슬 지방족 원자단을 갖는 화합물이다. 이 목적에 적당한 재료는 에틸렌 글리콜 긴-사슬 에스터, 긴-사슬 지방산의 알칸올아미드, 긴-사슬 지방산의 긴-사슬 에스터, 글리세릴 긴-사슬 에스터, 긴-사슬 알칸올아미드의 긴-사슬 에스터, 긴-사슬 알킬 디메틸 아민 산화물, stearic monoisopropanolamide, stearic monoethanolamide stearate, stearyl stearate, cetyl palmitate, glyceryl distearate, stearamide diethanolamide distearate, stearamide monoethanolamide stearate, stearyl dimethyl amine oxide이다.

6.6.6 컨디셔너로서 긴-사슬 알킬 산화물

Stearyl stearate, C_{16}-C_{18} acid triglcerides, distearyldimethylammonium chloride, microcrystalline wax, petrolatum 같은 긴-사슬 알킬 화합물은 샴푸 처방에 사용할 때 컨디셔닝에 이롭다고 주장한다. 한 종류를 사용하여 그러한 두 가지 혜택을 제공하는 것은 샴푸를 햇볕막이 제품으로 사용하여 모발에 침착하는 처방이다. 이 경우에 그 침착은 guar hydroxy propyltrimonium chloride를 포함시켜 증진하고 샴푸는 얇은 막 액체 결정 구조를 상-분리 작은 방울의 안정한 서스펜션에 적응하게 처방한다.

매끄러운 오일은 샴푸로부터 컨디셔닝 혜택을 주려고 사용한다. 유리한 화합물은 다음과 같다.

① 많은 곁-가지 포화 혹은 불포화 알칸 : hexadecane과 2,2,4,4,6,6,8,8-dimethyl-10-methylundecane과 2,2,4,4,6,6-dimethyl-8-methylnonane 같은 permethyl-치환 이성질체

② isopropylisostearate, hexyl laurate, isohexyl laurate, isohexyl palmitate, isopropyl palmitate, decyl oleate, isodecyl oleate, hexadecyl stearate, decylstearate, isopropyl isostearate, dihexyl adipate, laulyl lactate, myristyl lactate, cetyl lactate, oleyl stearate, oleyl oleate, oleyl myristate, lauryl acetate, cetyl propionate, oleyl adipate와 같은 지방산 에스터

③ isocetyl stearyol stearate, diisopropyl adipate, tristearyl citrate와 같은 di-와 tri-alkyl과 alkenyl ester

④ ethylene glycol mono와 di-fatty acid ester, diethylene glycol mono-와 di-fatty acid esters, propylene glycol mono-와 di-fatty acid esters, polypropylene glycol monooleate, polypropylene glycol 2000 monostearate, ethoxylated glycol monostearate, glyceryl mono-와 di-fatty acid esters, polyglycerol poly-fatty acid esters, ethoxylated glyceryl monostearate, 1,3-butylene glycol monostearate, 1,3-butylene glycol distearate, polyoxyethylene polyol fatty acid ester, sorbitan fatty acid ester, polyoxyethylene sorbitan fatty acid ester와 같은 polyhydric alcoholesters

⑤ castor oil, safflower oil, cottonseed oil, corn oil, olive oil, cod liver oil, almond oil, avocado poil, palm oil, sesame oil, lanolin oil, soybean oil에서 유도한 mono-, di-, tri-glyceride를 포함하는 글리세라이드. triolein과 tristearin glyceryl dilaurate를 포함하는 합성 글리세라이드 오일

⑥ 중합 유기물도 컨디셔닝제로 유용하다. polybutene, polyisoprene, polybutadiene, isobutylene과 butene의 공중합체는 특허에 설명되어 있다.

최근에 고분자와 긴-사슬 알킬 화합물을 포함하는 상-분리 계를 소개하였다. 컨디셔닝 샴푸의 최적 조건, 세척, 거품생성은 계면활성제의 연속상과 상-분리 개시제의 최소농도 중에서 상-분리 비이온성 혹은 음이온성 고분자 유제를 처방하여 달성한다고 주장한다. 분산된 진한 고분자 상은 깨끗한 느낌을 희생하지 않고 연속적 사용에도 축적되지 않고 모발과 피부 컨디셔닝과 함께 거품생성을 개선한다. 이러한 성분도 보통 컨디셔닝 샴푸보다 적은 계면활성제 농도가 필요하다고 주장한다. 유리한 계면활성제는 ethoxylate와 nonethoxylate sulfate를 합친 것이다. 즉 유리한 고분자는 ethyl hydroxyethyl cellulose, hydroxyethyl cellulose, hydroxypropyl guar, polystyrene sulfonate이다. 유리한 상-분리 개시제는 전해질, 양쪽 친화성, 혹은 혼합물이다. 적당한 양쪽 친화성 물질은 cocamide MEA, cetyl aicohol, stearyl alcohol을 포함한다. 여기에서 상-분리 분산 6각형-상을 acrylates C_{10-30} alkyl acrylate crosspolymer와 lauryl sulfate의 혼합수용액에서 발견하게 된 것은 특이하다.

6.7 부드러운 샴푸

샴푸는 거품이 많이 생기는 능력을 가져야 하지만 가장 거품을 잘 만드는 음이온성 계면활성제는 피부 자극을 가장 많이 나타낸다. 이상적으로 부드러운 화장품 세제는 모발과 피부를 탈지(defatting)하지 않고 혹은 건조하지 않고 그리고 눈 점막을 자극하지 않고 가끔 사용 후에 피부를 긴장시키지 않고 피부 혹은 모발을 부드럽게 씻어주어야 한다. ammonium lauryl cthcr(12EO)처럼 피부를 최소로 자극하는 부드러운 샴푸는 거품이 잘 생기지 않는다. 그러므로 거품생성과 부드러움 사이에 균형을 맞춰야 한다. 부드러움은 효과적 세척과 거품생성에 비싼 값을 치러야 달성한다. 보편적으로는 부드러운 계면활성제를 우수한 거품생성 계면활성제와 혼합하여 최적 기능을 찾는다. 고분자 점성부여제와 양이온성 고분자의 혼합은 부드러운 샴푸 성분의 거품을 증가한다. 어떤 연구에서는 alkyl aldoamide를 부드러운 샴푸 성분에 첨가하여 진하고 풍부하고 오래 지속되는 거품생성과 안정도와 점성이 증진된 제품을 발견하였다. 컨디셔닝 샴푸의 부

분은 피부 부드러움에 혜택을 주는 제품으로 확장되었다. 어떤 경우에 오일 혹은 왁스를 가하여 원하는 컨디셔닝과 피부 촉감을 달성하고 한편으로 원하지 않는 끈적거리는 기름기 느낌을 피하였다. 어떤 특허에는 오일 혼합물을 샴푸 성분에 현탁하여 우수한 컨디셔닝과 부드러운 효과를 얻었다. 한 오일 성분을 포함하는 계면활성제를 포함하는 혼합물은 1 mili Newton per meter(mN/m)보다 큰 계면 장력을 나타냈고 둘째 오일은 0.1~1 mN/m 오일/계면활성제 용액 계면 장력을 나타냈다. 서스펜션 오일과 함께 지방산 아미드 설탕과 에터 황산의 젤화 비-이온성 계면활성제로 생성된 샴푸는 불유쾌한 끈적거리는 혹은 기름진 느낌이 없이 부드러운 촉감을 준다고 주장한다. 그 성분은 물에서 묽혀 시험하였다. 오일 상은 눈에 보이지 않는 안정한 유제를 생성하므로 그 성분은 적당하다고 생각한다. 한 회사는 베이비 샴푸의 특허를 받았다. 그 샴푸는 부드러울 뿐만 아니라 컨디셔닝에 좋고 머리 엉킴이 없었다. 그 샴푸는 우수한 세척력, 컨디셔닝 성질, 눈과 피부에 대하여 자극이 약하다고 설명한다. 그 제품은 첫째 4~8% 비이온성 계면활성제(PEG-80 sorbitan laurate와 decyl glucoside로 만든 성분이 더 우수하다), 둘째 2~6% 양쪽성 계면활성제(sodium lauroamphodiacetate, lauryl betaine, cocamidopropylbetaine, cocamidopropylhydroxysultaine, sodium lauroampho PG-acetate phosphate, sodium carboxymethyl coco polypropylamine이 더 좋다), 셋째 1~6% 음이온성 계면활성제(sodium triceteth sulfate, sodium laureth sulfate, disodium laureth sulfosuccinate 중에서 선택한다), 넷째 적어도 두 양이온성 컨디셔닝 고분자를 함유하는 0.01~1.0% 컨디셔너[polyquternium-10, guar hydroxy pyltrimonium chloride, poly(acrylamidopropyltrimonium chloride)] 혹은 polyquaternium-6에서 선택한다.

6.8 콤비-컨디셔닝 샴푸

근래에 두 가지 이상 컨디셔닝 성분을 한 처방에 합쳐 상승효과를 찾았다. 실리콘 계와 작은-전하 밀도 양이온성 고분자 혹은 저-농도 양이온성 고분자를 포함하는 샴푸는 특히 모발의 염색, 표백, 파마에서 성분의 축적문제가 없이 컨디셔닝에 도움을 제공한다고 보고하였다. 양이온성 고분자, 지방산염류, 적어도 10% 오일성분을 포함하는 모발-트리트먼트 성분은 샴푸 전후에 사용하여 모발에 개선된 광택과 빛을 개선한다고 보고하였다. 적당한 오일성분은 탄화수소, 고급 알코올, 지방산 에스터, 글리세라이드, 지방산이다. 양이온성 계면활성제, 양이온성 고분자, 음이온성 계면활성제, RCOOR'(R과 R'은 선형 혹은 가지달린 사슬 알킬)의 에스터를 포함하는 세탁제 성분은 세척과 컨디셔닝 기능을 동시에 제공한다고 주장한다.

콤비-컨디셔닝 샴푸(combination conditioning shampoo) 처방은 부드러운 샴푸와 우수한 거품생성 능력의 제공에 사용한다. 이러한 세척과 보습 샴푸 성분은 다음의 성분을 함유한다. 첫째 약 5~50% 계면활성제(sodium laureth sulfate, magnesium laureth sulfate, disodium lauramphodiacetate), 둘째 난용성 비이온성 오일 혹은 왁스 혹은 혼합물 3~40%, 셋째 C_{10}-C_{18} 지방산 1~8 wt%, 넷째 1.5~10 wt% 시트르산 혹은 수용성 시트르산염, 양이온성 고분자는 이러한 성분 중에서 거품생성 개선에 유리하다.

6.9 샴푸 방향제

향수는 때때로 깨끗한 느낌을 주는 미학적 후각을 제공하므로 특히 중요하다. 그러므로 샴푸 제조자들은 샴푸를 이용하여 향수를 증가하는 방법을 찾는 것이 놀라운 일이 아니다. 인체에서 향수효과 수명은 중요한 표상이므로 향수효과의 수명 개선에 많은 연구노력을 기울인다. 상당히 많은 향수성분이 씻는 과정에서 피부와 모발에 축적되고 그 후에 정상적으로 예민한 후각을 가진 사람들에 의해 건조 피부 혹은 모발에서 느껴진다. 씻고 건조하는 과정 동안에 최소량 향수를 잃고 오래 계속되는 향수효과를 얻는 것도 중요하다. 이러한 응용에서 자극성이 없는 향수를 사용해야 하는 것은 분명하다. 계면활성제-바탕 세척제품에서 지속성 향수 선택은 두 가지 중요한 파라미터를 고려해야 한다. 그 첫째는 정상 온도와 압력에서 향수 휘발성이다. 선택 향수는 지속성 있게 휘발성이 적어야 하지만 정상 후각계에 검출될 수 있게 증기압이 충분히 커야 한다. 이러한 이유 때문에 향수는 250℃ 이상 끓는점을 갖는 방향족 물질이라고 정의한다. 세척제품 향수는 기질에 축적되어야 하고 바람직한 것은 씻는 물에 녹지 않아야 한다. 그러므로 원하는 향수는 바로 수용성이 아니어야 한다.

물에 대한 불용성은 쉽게 octanol/water 분배계수(P)를 이용하여 측정할 수 있다. 향수성분의 octanol/water 분배계수는 옥탄올과 물로 구성된 계에서 평형농도 사이에 비율이다. 향수성분 지속성은 대략 1,000 혹은 더 큰 octanol/water 분배계수를 갖는다. 분배계수는 큰 값이므로 더 편리하게 그들을 10을 밑으로 취하는 log 형태, 즉 log P로 고칠 수 있다. 그러므로 1,000 분배계수를 log P로 고치면 약 3이다, Trinh, Bacon과 공동연구원들은 다음과 같은 지속성 향료에 대하여 분배계수를 측정했다 : cis-jasmine, dimethyl benzyl carbinyl acetate, ethyl vanilin, geranyl acetate, alpha-ionone, gama-ionone, kaovone, lauric aldehyde, methyl dihydro-jasmonate, methyl nonyl acetaldehyde, gamma-nonalactone, phenoxy ethyl isobutyrate, phenyl ethyl dimethyl carbinol, phenyl ethyl dimethyl carbinyl acetate, alpha-methyl-4-(2-methylpropyl)-benzenepropanol, 6-acetyl-

1,1,3,4,4,6-hexamethyl tetrahydronaphthalene, undecylenic aldehyde, vanilln, 2,5,5-trimethyl-2-pentylcyclopentanone, 2-tert-butylcyclohexanol, verdox, para-tert-butylcyclohexyl acetate.

Trinh, Bacon, 그리고 공동 연구원들은 특허에서 log P 값은 "CLOGP" 프로그램으로 가장 쉽게 계산하였고 또한 Daylight CIS도 이용할 수 있다. 이 프로그램도 Pomona92 database(Daylight Chemical Information System, Inc., Irvine, California)를 이용하는 실험 log P 값이 수록되어 있다.

6.10 샴푸 보습제

더 선호하는 비-흡장 보습제의 몇 가지 예는 polybutene, squalane, sodium pyrrolidine carboxylic acid, lactic acid, l-proline, guanidine, pyrrolidine, 가수분해 단백질, 기타 콜라젠-유도체 단백질(Aloe vera gel, acetamide MEA, lactamide MEA)이다.

6.11 진주화 샴푸

진주 빛이 나오게 만드는 것은 소비자들에게 중요한 사항이고 제품은 컨디셔닝 혜택을 갖는다. 진주화제는 일반적으로 무게로 0.2~1.3% 농도를 포함한다. 적당한 불투명제(opacifier)는 polystyrene 분산, 이산화티탄, stearic monoethanolamide, stearic diethanolamide, stearic monoisopropo-panolamide, stearic monoethanolamide, stearyl dimethyl amine oxide rkxdms alkyl dimethyl amine oxide, 대략 16-22 탄소원자와 7까지 에톡시 단위를 갖는 지방산의 glycol 혹은 polyethylene glycol ester와 같은 긴-사슬 아실 유도체다. 진주화 효과는 서스펜션결정 형태로 존재하는 불투명제/진주화제가 필요하다.

6.12 샴푸제조의 일반적 방법

샴푸는 연속공정이 더 유리하지만 보편적으로 배치-공정으로 제조한다. 물론 최종제품의 오염과 병균예방을 위해서 좋은 제조방법이 항상 필요하다. 샴푸공정은 비교적 직선적이다. 일반적으로 그 방법은 약 72℃에서 녹이는 것이 필요한 어떤 고체(예를 들어 보조계면활성제 혹은 진주화제)와 함께 물과 계면활성제를 동시에 섞는 것이 필요하다. 성분들은 높은 온도에서 철저하게 섞고 강력한 전단 분쇄기를 통하여 펌핑하고 균일성을 확인하고 다음에 그 예비혼합물을 열교환기에 통과시켜 임의온도로 냉각한다.

추가 성분은 뜨거운 예비 혼합물 혹은 냉각 후에 첨가할 수 있다. 고분자는 예비혼합 냉각 후 수용액에 가할 수 있다. 수용성 고분자는 분산하기 어렵다는 것에 유의하라. 이러한 성분들의 분산은 회전 분쇄기 혹은 추출기를 사용하여 공정을 촉진할 수 있다.

실리콘은 실온에서 진한 계면활성제 중에서 유화 다음에 식힌 제품에 첨가한다. 또 다른 방법으로 예를 들면 실리콘 컨디셔닝제는 음이온성 계면활성제와 cetyl 및 stearyl alcohol과 같은 지방산 알코올을 높은 온도에서 혼합하여 분산된 실리콘을 함유하는 예비 혼합물을 생성한다. 휘발성 실리콘과 휘발성 탄소화물은 항상 냉각 후에 첨가해야 하지만 이러한 휘발성 화합물은 전체 공장을 쉽게 오염시킬 수 있으므로 밀폐된 혼합용기에 보관하게 주의해야 한다. 그 예비혼합물은 그 다음에 나머지 클렌징 성분 재료와 섞고 강력한 전단 분쇄기를 통하여 옮겨 냉각한다(표 10-13 참조).

표 10-13 모발 외부와 내부 오일 성분

성 분	성분함량(wt %)	
	외부 오일	내부 오일
squalane	9.4	30.4
cholesterol esters	20.3	10.8
triglcerides	18.5	11.8
free fatty acid	46.0	14.7
cholcstcrol	1.8	20.6
monoglycerides	4.0	11.8

6.13 샴푸 처방

표 10-14는 센물 중에서 잘 씻기는 샴푸 종류이고 센물 중에서 세척력을 개선하려고 중간 사슬 계면활성제를 사용한 세 가지 종류다. 계면활성제는 사슬이 길수록 용해도가 감소하여 침전이 생기기 쉽다. 표 10-15와 표 10-16은 센물과 단물에서 사용할 수 있는 샴푸이고 특히 계면활성제를 사용하여 샴푸기능을 향상하였다. 표 10-17～표 10-26에 여러 가지 목적에 맞는 샴푸 처방을 제시한다.

표 10-14 센물 중에서 사용하기에 적당한 샴푸*

성 분		기 능	wt %		
			종류 I	종류 II	종류 III
1차 계면활성제					
A	mid-chain branched pentadecenth-2 sulfate	1차 계면활성제	0.60	4.00	7.00
용해된 고체					
B	cocoamide MEA	보조 계면활성제/거품생성 촉진제	–	0.68	–
	cetyl alcohol	보조 계면활성제	0.42	0.42	0.42
	stearyl alcohol	보조 계면활성제	0.18	0.18	0.18
결정화 고체					
C	ethylene glycol distearate	결정 흐름 개선제	1.50	1.50	1.50
고분자 성분					
D	PEG-14M	거품/분산제	0.10	0.50	–
휘발성제와 방부제					
E	ammonium laureth-2 sulfate	1차 계면활성제	5.00	2.00	8.00
	ammonium lauryl sulfate	1차 계면활성제	5.00	4.00	8.00
	cocamidopropylbetaine	보조 계면활성제	2.50	–	1.50
	fragrance(parfum)	향수	0.45	0.45	0.45
	dMDM hydantoin	방부제	0.37	0.37	0.37
	color(solution/ppm)	발색제	64.00	64.00	64.00
	water(aqua)	qs to 100%			

* US Pat. 6,087,309, P. R. Foley, T. A. Cripe and D. S. Connor.

• 제법 : 전체 A의 1/3을 혼합탱크에 가하고 용액이 생성될 때까지 서서히 저으면서 74℃로 가열하라. B를 가하고 분산시켜라. C를 가하여 녹이고 그 혼합물에 분산하라. 5~20분이 필요하다. 혼합물을 35℃로 식히고 C를 결정화하고 그 성분 전체를 그물구조로 결정화한다. D를 차가운 물에 5% 농도로 되게 녹이고 혼합물에 가하라. A의 나머지와 모든 E를 가하고 균일하게 섞는다. 최종제품의 점성은 제조원에 따라 결정되지만 Brookfield Viscometer로 측정할 때 3,000~10,000 cps 범위여야 한다. 제품은 염화소듐을 가하여 점성을 진하게 만들 수 있고 sodium xylene sulfonate를 가하여 점성을 묽게 만들 수 있다.

표 10-15 실리콘 컨디셔닝 샴푸*

성 분		기 능	wt %	
			종류 I	종류 II
1차 계면활성제				
A	ammonium lauryl sulfate	1차 계면활성제	8.00	8.00
	ammonium laureth-3 sulfate	1차 계면활성제	3.00	3.00
	BHT	항산화제	0.05	0.05
서스펜션 고분자				
B	acrylates/C10-30 alkyl acrylate crosspolymer	서스펜션 안정제	0.40	-
	xanthan gum	서스펜션 안정제	-	0.40
묽힘제				
C	water(aqua)	용매	q.s to 100%	
가용성 고체 1				
D	PEG-10 lanolin	비이온성 계면활성제	0.30	0.30
가용성 고체 2				
E	cocamide MEA	보조 계면활성제/ 거품생성 촉진제	3.00	3.00
	oleth-3 phosphate	컨디셔너	1.05	1.05
컨디셔닝 고분자				
F	guar hydroxypropyltrionium chloride	중합체 컨디셔너	0.30	-
컨디셔너, 중화제, 그리고 휘발제				
G	hdrolyzed silk protein	보수/컨디셔너	0.10	0.10
	tiethanolamine	중화제	0.80	-
	fagrance(parfum), preservative		q.s	q.s
컨디셔닝 오일				
H	slicone emulsion**	컨디셔너	6.00	6.00
진주색화제				
J	mica (and) titanium dioxide	진주색	0.06	0.30

* US Pat. 6,106,816, D. A. Hitchen(Aug. 22, 2000).

** 실리콘 오일은 dimethicone(6,000s), cetostearyl alcohol, sodium Laureth-2 sulfate를 각기 wt %로 50%, 4%, 25%씩 함유한다.

- 제법 : 주 용기에서 A를 섞고 75℃로 가열하라. BHT가 녹아서 균일하게 분산될 때까지 계속해서 저어라. 다른 용기에 물(C)을 절반만 넣고 B를 분산한다. 일단 고분자를 완전히 수화하여 분산하고 주 용기의 내용물에 가하라. D를 75℃에서 녹이고 주 용기에 가한다. E를 가하고 계속해서 저어라. F를 물의 35%에 분산하고 큰 전단속도로 혼합하면서 주 용기에 가하라. G를 주 용기에 가한 다음 H를 가하고 마지막으로 J를 가하라. 균일하게 섞어라.

표 10-16 서스펜션 안정제로 비수용성 아민을 첨가한 실리콘 컨디셔닝 샴푸*

	성 분	기 능	wt %
1차 계면활성제			
A	water(aqua)	용매	q.s to 100.00%
	ammonium lauryl sulfate	1차 계면활성제	6.00
	sodium lauryl sulfate	1차 계면활성제	4.50
	ammonium laureth-3 sulfate	1차 계면활성제	2.80
가용성 고체 성분			
B	lauramide MEA	서스펜션제	1.25
	hdrogenated ditallowamine	컨디셔너	3.00
컨디셔닝 오일과 방부제			
C	silicone blend**	컨디셔너	2.00
	ttrasodium EDTA	방부성 협동작용제	0.08
	dye	염색	0.11
	DMDM hydantoin	방부제	0.07
	methylisothiazolinone	방부제	0.06
휘발성			
D	fragrance(parfum)	향료	0.50
pH와 점성 조절			
E	lactic acid	서스펜션제의 중화제	0.70
	amonium xylene sulfonate	향수성(向水性)	0.18

* US Pat. 5,665,267, T. J. Dowell, G. P. Newell and E. Zeffren(Sep. 9, 1997).

** silicone gum 1 part와 dimethicone 2 part.

• 제법 : 주 용기에 A를 넣고 75℃로 가열하면서 섞어라. 다른 용기에 B를 넣고 녹인 다음 저으면서 첫째 용기에 가하라. 40℃로 식히고 C를 가하라. D를 가하고 균일하게 섞어라. E를 가하고 균일하게 섞어라. pH 5.6로 되게 조절한다. 염을 가하여 점성을 10,000~14,000 cps(Brookfield RVT at 20 rpm)로 되게 조절한다.

표 10-17 거품이 많은 부드러운 샴푸*,**

성 분		기 능	wt %	
			종류 I	종류 II
컨디셔닝 고분자				
A	polyquaternium-10	컨디셔너/연화 첨가제	0.20	0.20
오일과 고체				
B	maleated soybean oil	유연제/컨디셔너	5.00	6.00
	myristic acid	보조 계면활성제	4.00	1.00
	cocamide MEA	보조 계면활성제/거품생성 촉진제	3.00	2.00
	ethylene glycol distearate	진주색화제	0.50	1.00
묽힘제				
C	water(aqua)	용매	q.s to 100.00%	
보조계면활성제				
D	sodium cocoamphoacetate	1차 계면활성제	7.50	5.00
	sodium laureth-3 sulate	1차 계면활성제	7.50	10.00
	decyl glucoside	1차 계면활성제	2.50	2.00
	cocamidopropylbetaine	보조 계면활성제/거품생성 첨가제	-	1.00
방부제				
E	DMDM hydantoin	방부제	0.15	0.15
휘발성분				
F	fragrance(partum)	향료	1.00	1.00

* US Pat. 5,977,037, M. J. Giret, A. Langrois and P.R.Duke(Nov. 2, 1999).

** US.Pat. 5,916,575, D. MMcAtee, R. B. Kim Ha and T. J. Fowler(Jun.29, 1999).

• 제법 : C의 일부를 이용하여 가능하면 진하게 고분자 예비혼합물 수용액을 만들어라. B를 이용하여 오일 상의 예비혼합물을 만들어 65~70℃로 가열하면서 균일하게 만들어라. 저을 수 있는 혼합탱크에 C와 D의 나머지를 가한다. 그 다음에 A를 혼합탱크에 가하고 느리게 저으면서 65~70℃로 내용물을 가열한다. B를 가하고 65~70℃로 가열하면서 계속해서 저어 균일하게 혼합하라. 40~45℃로 냉각하고 E를 가하고 임의온도로 냉각하고 F를 가한다.

표 10-20은 린스 동안에 피부와 모발에 오일 상이 침착되는 샴푸다. 오일 상은 hectorite clay와 polysaccharide의 이중 안정화제 계로 안정하게 현탁된다. 이 성분은 사용하는 동안과 사용 후에 좋은 피부촉감과 우수한 거품생성과 헹구기를 제공한다.

다음의 표 10-21은 젖은 머리 탈-엉킴(de-tangling), 건조 머리 탈-엉킴, 모발 손질에 좋고 한편 피부자극과 눈에 나쁘다. 표 10-22는 빻은 귀리(oatmeal) 추출액을 사용하여 두피 가려움의 경감에 좋다. 표 10-23와 같은 비듬방지 샴푸는 컨디셔닝제로 dimethicone을 함유하고 서스펜션으로 만든다.

표 10-20 오일-침착형 부드러운 샴푸/샤워 젤*

성 분		기 능	wt %	
			종류 I	종류 II
안정화제 성분				
A	water(aqua)	용매	q.s to 100%	
	magnesium aluminum silicate	1차 서스펜션 안정화제	2.00	0.50
	xanthan gum	2차 서스펜션 안정화제	2.00	0.50
오일 상				
B	mineral oil(paraffinum liquidum)	컨디셔너/보습제	10.00	16.00
	PEG-8 caprylic/capric glyceride	비이온성 오일 분산제	2.00	4.00
1차 계면활성제				
C	sodium laureth-2-sulfate	1차 계면활성제	4.00	2.50
보조 계면활성제				
D	cocamidipropylbetaine	보조 계면활성제/거품 촉진제	0.50	-
보조 계면활성제/유연제				
E	PEG-75 shea butter	비이온성 계면활성제-좋은 피부 촉감	-	0.50
	PEG-55 lanolin	비이온성 계면활성제-좋은 피부 촉감	0.50	-
방부제				
F	DMDM hydantoin	방부제	0.15	0.15
휘발성분				
G	fragrance(parfum)	향수	1.50	1.50

* US Pat. 5,968,491, W. V. J. Richardson(Oct. 19, 1999).

• 제법 : 주 혼합탱크에 A를 넣고 물의 일부를 넣은 다음 혼합하라. 물에 magnesium aluminum silicate를 넣고 수화되게 저은 다음 xanthan gum을 넣고 수화되게 젓고 B를 첨가하라. 다른 탱크에서 나머지 물과 함께 C를 합치고 50℃로 가열하는 동안 혼합하라. 음이온계면활성제가 녹을 때까지 계속해서 저어라. 40℃로 식히고 D를 C에 가하고 임의온도로 식히면서 저어라. CD를 주 혼합탱크 중의 안정화 오일 혼합물 AB에 가하라. E를 가하고 균일하게 분산될 때까지 혼합하라. F를 가하고 계속해서 혼합하라. 마지막으로 G를 가하고 균일하게 분산될 때까지 계속해서 저어라. 최종 제품은 Brookfield RVT 점성(20rpm)이 1,000~10,000 cps 범위여야 한다.

표 10-21 부드러운 컨디셔닝 샴푸*

성 분		기 능	wt %	
			종류 I	종류 II
녹기 쉬운 고체				
A	PEG-150 distearate	점성부여제	1.50	1.50
묽힘제				
B	water(aqua)	용매	q.s to 100.00%	
컨디셔닝 고분자 상				
C	glycerin	보습제	1.00	1.00
	guar hydrxypropyltrimonum chloride	모발 엉킴 방지	–	0.10
중화제				
D	citric acid, 20% soln	pH 6으로 조절	q.s	
휘발성분				
E	PEG-80 sorbitan laurate	1차 계면활성제	6.50	6.50
	fragrance(parfum)	향수	0.25	0.25
F	quarenium-15	방부제	0.05	0.05
G	polyquaternium-10	모발 엉킴 방지	0.19	0.19
1차 계면활성제				
H	cocamidopropyl betaine	1차 계면활성제	13.30	13.30
	sodium trideceth sulfate	1차 계면활성제	9.50	9.50
	disodium lauramphodiacetate	1차 계면활성제	2.85	2.85
휘발성 오일 상				
J	tetrasodium EDTA	킬레이트제/방부제	0.18	0.18
	color(0.10% soln)	색	3.21	3.21
	glycol distearate (and) laureth-4 (and) cocamidopropylbetaine	보조 계면활성제/ 거품 촉진제	4.00	4.00
	cyclomethicone(DC 345, Dow Corning)	컨디셔너/용매	–	0.75

* US Pat. 6,090,773, E. R. Luckenbach, V. F. Dole, G. A. Nystrand, I. McCulloch, W. D. Allan, J. R. Hill and C. J. Taylor(Jul. 18 2000).

• 제법 : A를 B의 20 부분과 섞어라. 65℃로 가열하고 균일하게 섞어라. guar hydroxypropyltrimonium chloride를 혼합용기 안에 들어 있는 glycerin에 뿌리고 CD를 서고 15분간 섞어라. B의 10 부분을 가한 다음 D를 가하여 100으로 조절하고 pH 4.0으로 조절하고 15분간 흔들어라. 별도로 E를 미리 혼합하라. F를 0.15 부분 물과 미리 섞고 녹을 때까지 흔들어라. 25.75 부분 B를 주-혼합용기에 가하고 G에 뿌리고 맑은 용액이 될 때까지 흔들어라. H를 가하고 계속해서 흔들어라. A를 주-혼합용기에 가하고 균일하게 섞어라. E를 가하고 J를 가하고 모든 F를 흔들면서 가하라. CD를 가하고 필요하면 D를 더 사용하여 pH 6.0으로 조절하라.

표 10-22 비듬방지와 가려움 방지용 부드러운 샴푸*

	성 분	기 능	wt %
가용성 오일 상			
A	decyl glucoside	비이온성 부드러운 계면활성제	2.00
	PEG-160 sorbitan triisostearate	부드러운 가가용해제	1.00
	PEG-12	희석제	1.00
	glyceryl caprate	점성부여제	1.00
	PEG-60 hydrogenated castor oil	안정제/서스펜션제	0.50
1차 계면활성제 상			
B	disodium laureth sulfosuccinate	계면활성제	8.20
	sodium PEG-4 lauramide carboxylate	계면활성제	8.00
	cocamidopropylbetaine	보조 계면활성제/거품 촉진제	3.00
C	water(aqua)	용매	q.s to 100
활성 비듬 방지 성분			
D	piroctone olamine	활성 비듬 방지제	0.20
	sodium carboxymethyl cocopolypropyl amine	보조 계면활성제	1.00
가려움 방지와 안정제			
E	cat(Avena sativa) meal extract	활성 가려움 방지	0.10
	benzophenone-3	UV-안정제	0.10
	preservatives, color		q.s
F	fragrance(parfum)	향수	0.20
고분자 컨디셔닝 상			
G	citric acid	pH 균형	0.10
	polyquaternium-6	컨디셔닝과 침착 증진	0.50

* US Pat. 6,086,861, S. Onitsuka and P. Dubowoj(Jul. 11, 2000).

• 제법 : A를 미리 혼합하고 75℃로 가열한다. 주 혼합 용기에 B를 합치고 C의 물 80%를 사용하라. 저으면서 75℃로 가열하라. 미리 혼합한 A를 B에 가하고 저으면서 임의온도로 식혀라. 나머지 C와 D를 미리 혼합하라. CD를 주 용기의 AB에 임의온도에서 가하라. E를 가하고 균일하게 저어라. F를 가하고 균일하게 섞어라. G를 가하고 균일하게 섞어라.

표 10-23 비듬방지 샴푸

성 분		기 능	wt %	
			종류 I	종류 II
1차 계면활성제				
A	ammonium lauryl sulfate	1차 계면활성제	8.00	8.00
	ammonium laureth-3 sulfate	1차 계면활성제	3.00	3.00
	BHT	항산화제	0.05	0.05
B	carbomer	서스펜션제/안정화제	0.40	0.40
C	water(aqua)	용매	q.s. to 100%	
D	cocamide MEA	보조 계면활성제/거품 촉진제	6.50	6.50
	oleth-3 phosphate	컨디셔너	1.05	1.05
E	guar hydroxypropyltrimonium chloride	고분자 컨디셔너	0.15	0.15
비듬 방지제				
F	zinc pyrithione	활성 비듬 방지제	1.00	-
	piroctone olamine	활성 비듬 방지제	-	1.00
휘발성분, 오일, 진주색화제				
G	fragrance(parfum), Peservative		q.s.	q.s.
	silicone emulsion*	컨디셔너	4.00	4.00
	mca (and) titanium dioxide	진주색 염료	0.02	0.30
	eylene glycol distearate	진주색화제	0.10	-
	popylene glycol	용매	0.50	0.50

* 실리콘 에멀젼은 50%(wt) dimethicone(60,000 s), 4%(wt) cetostearyl alcohol, 25%(wt) sodium Laureth-2 sulfate를 함유한다.

• 제법 : 주 용기에 A를 혼합하고 75℃로 가열하라. BHT를 녹이고 균일하게 분산될 때까지 섞어라. 다른 그릇에 C의 물 절반을 사용하여 B를 분산하라. 그 고분자를 완전히 수화하여 분산한 다음 주 용기의 A에 가하라. D를 가하고 계속해서 저어라. E를 C의 물 35%에 분산하고 세게 저으면서 주 용기에 가하라. F를 가하고 균일하게 계속해서 저어라. G를 순서대로 가하고 균일하게 섞어라.

표 10-24 지속성 향수 샴푸

성 분		기 능	wt %	
			종류 I	종류 II
1차 계면활성제 상				
A	water(aqua)	용매	q.s. to 100.00%	
B	polyquaternium-10	컨디셔너	0.025	–
방향과 방부제 상				
C	sodium laureth-3 sulfate	1차 계면활성제	13.50	8.00
	ammonium lauryl sulfate	1차 계면활성제	4.50	8.00
	coamidopropylbetaine	보조 계면활성제/거품 촉진제	–	3.75
D	cocamide MEA	보조 계면활성제/거품 촉진제	2.50	–
E	DMDM hydantoin	방부제	0.20	0.20
	sodium sulfate	점성부여제	0.50	–
	color, as ppm soln.	색	10.00	10.00
휘발성분				
F	perfume A	향수	0.65	–
	perfume B	향수	–	0.50
보습제 상				
G	propylene glycol	용매	1.00	–
	glycerin	보습제/용매	1.00	–
점성 조절제				
H	sodium chloride	점성부여제	목표 점성까지	
	ammonium xylene sulfonate	향수성(向水性)	목표 점성까지	

• 제법 : 주 혼합 용기에 A의 대부분을 넣고 B를 분산하고 그 고분자가 균일하게 분산될 때까지 저어라. 젓는 동안 C를 가하고 용기를 75℃로 가열하라. D를 녹이고 75℃로 유지하면서 그 용기에 가하라. 균일하게 섞어 임의온도로 식혀라. E를 가하라. F를 G에 녹이고 주 용기에 가하라. 계속해서 균일하게 젓고 H를 필요한 만큼 가하여 점성을 조절한다.

표 10-25 향수 A와 B의 제법

perfume A. Woody floral-Jasmin type			
ingredient	bp(℃)	ClogP	wt %
geranyl acetate	-	-	8.00
beta-ionone	-	-	5.00
cis-jasmone	-	-	1.00
methyl dihydrojasmonate	-	-	10.00
suzaral T	-	-	3.00
para-tert-butyl cyclohexyl acetate	-	-	10.00
amyl cinnamic aldehyde	285	4.324	4.00
iso-amyl salicylate	277	4.601	8.00
benzophenone	306	3.120	2.00
cedrol	291	4.530	3.00
cedryl formate	+250	5.070	1.00
hexyl cinnamic aldehyde	305	5.473	10.00
musk indanone	+250	5.458	3.00
patchouli alcohol	285	4.530	2.00
phenyl hexanol	258	3.299	8.00
ylangene	250	6.268	2.00
benzyl acetate	215	1.960	6.00
linalool	198	2.429	7.00
linalyl acetate	220	3.500	7.00
total			100.00

perfume B. Woody Musk			
ingredient	bp(℃)	ClogP	wt %
alpha-ionone	-	-	2.00
gamma-ionone	-	-	2.00
koavone	-	-	8.00
methyl dihydrojasmonate	-	-	6.00
phenoxy ethyl iso-butyrate	-	-	8.00
tonalid	-	-	8.00
ambrettolide	300	6.261	5.00
ambrox DL	250	5.400	2.00
exalttolide	280	5.346	5.00
galaxolide(50% in IPM)	+250	5.482	10.00
hexadecaolide	294	6.805	1.00
gamma-n-methyl ionone	252	4.309	5.00
ios-E super	+250	3.455	8.00
musk indanone	+250	5.458	9.00
musk tibetine	mp ; 136℃	3.831	5.00
pachouli alcohol	283	4.530	5.00
vetiveryl acetate	285	4.882	5.00
cetalox	-	-	1.00
courmarin	291	1.412	5.00
total			100.00

표 10-26 컨디셔닝 샴푸/샤워 젤은 좋은 컨디셔닝, 피부 촉감, 피부촉감, 거품생성, 씻는 능력을 갖는다.

표 10-26 컨디셔닝 샴푸/샤워 젤*

성 분		기 능	wt %	
			종류 I	종류 II
A	water(aqua)		q.s. to 100.00%	
고분자				
B	cetyl hydroxyethylcellulose	점성부여제	0.30	0.30
	polyqaternium-10	컨디셔너	0.80	0.80
C	PEG-6 cocamide	오일분산 계면활성제	3.00	3.00
계면활성제 상				
D	disodium cocodiamphoacetate	부드러운 계면활성제	3.00	-
	sodium laureth-3 sulfate	거품생성 계면활성제	6.00	6.00
	sodium lauroyl sarcosinate	부드러운 계면활성제	1.00	1.00
가용성 오일과 난용성 지방질 상				
E	ethylene glycol distearate	진주색화제	-	1.00
	soybean(glycine soya) oil	컨디셔너	-	4.00
불투명화제				
F	glycerin	보습제	1.00	1.50
	sodium styrene/acrylates copolymer (and) sodium lauryl sulfate (and) trideceth-7	불투명화제	0.20	-
방부제				
G	phenoxyethanol	방부제	0.30	0.65
	sodium benzoate	방부제	0.15	0.30
	tetrasodium EDTA	방부제 협동작용제	0.05	0.15
휘발성분				
H	fragrance(parfum)	향수	1.00	1.00
	PEG-6-caprylic/capric glycerides	유연제	-	2.00

* US Pat. 5,910,472, R. P. Elliot, M. T. Green, C. D. Leahy and E. Papadimitriou(Jun. 8, 1999).

• 제법 : 주 용기에서 저으면서 B를 A에 조심스럽게 분산하라. 고분자가 수화되고 분산할 때까지 저어라. C를 넣고 그 다음에 D를 가하라. 다른 용기에서 E를 녹인 다음 주 용기에 가하고 섞어라. F를 가하고 G를 가하고 그 다음에 H를 가하고 균일하게 섞어라.

7 헤어스프레이

각기 고유한 머리형태를 유지하려고 무스, 왁스, 스프레이, 로션 등을 사용하고 그중에서 가장 널리 사용하는 종류는 스프레이다. 소비자들은 헤어스프레이를 사용한 다음 뻣뻣하다, 거칠다, 끈적거린다, 모발 표면이 거칠다, 딱딱한 종이와 같다고 의견을 표시한다. 그래서 어떤 소비자들은 헤어스프레이를 기피한다. 근래에 미국과 유럽은 자연스런 느낌 혹은 유연한 모양을 선호하는 경향이 있지만 그래도 유연한 모양 중에서도 그것을 유지하는 모발 힘이 필요하다. 헤어스프레이는 1940년대부터 사용하기 시작하였고 현재 전 세계에서 사용하고 있다. 한편 California주는 헤어스프레이 중의 VOC (volatile organic component, 휘발성 유기물 성분)를 최대 55%로 규제하고 다른 대부분 주들은 80%로 규제한다.

헤어스프레이 입자들은 목표방향으로 대략 25 cm를 날아서 모발에 도착하고 너무 시끄럽거나 제트 기류처럼 격렬하지 않아야 한다. 헤어스프레이는 너무 젖거나 끈적거리거나 건조에 긴 시간이 걸리거나 무거워서 늘어지는 현상이 없어야 한다. 헤어스프레이 후에 건조했을 때 뻣뻣하거나 모발 표면에 칠한 것 같은 느낌이 없어야 하고 헤어스타일은 하루 종일 유지해야 하고 모발에 침착물이 없고 악취가 없어야 한다. 씻을 때는 모발에서 쉽게 씻어지고 빗거나 씻은 다음 백색 침착물이 남지 않아야 한다.

일단 모발에 침착된 고분자는 모발 섬유에 잘 부착하여 투명하고 강력한 흡습성이 없는 필름을 생성해야 한다. 모발에 들어붙은 필름은 빗질하기 쉽게 잘 분리되어야 하고 바람과 자연스런 움직임에 머리모양이 쉽게 변하지 않아야 한다. 씻을 때 쉽게 제거되려면 고분자는 수용성이어야 하지만 흡습성은 없고 끈적거리지 않아야 한다. 향수는 헤어스프레이 계에 용해하여 사용하고 용매와 스프레이 추진제의 냄새를 은폐해야 한다.

헤어스프레이 제품은 pump spray(혹은 비-에어로졸)와 에어로졸 스프레이(헤어스프레이) 두 종류가 있다. 스프레이는 용매(에탄올 혹은 에탄올/물) 40~60%, 모양형성 고분자(2~10%), 중화제(AMP) 0.5~2%, 부식방지제(물 함량이 많은 경우, 0.5%), 향수(0.5%), 혜택제(benefit agent) 0.5%를 사용한다. 스프레이 제품은 130°F 물중탕에 담가 안전시험에 통과해야 한다. 헤어스프레이는 에탄올 용매를 함유하므로 가연성이다. 그러므로 스프레이 용기 표면에 “가연성”표지를 붙여야 한다.

7.1 헤어스프레이 원리

7.1.1 용매와 모양형성 고분자

용매는 에탄올 혹은 에탄올/물을 일반적으로 사용하고 에탄올에 세금을 부과하면 다른 알코올로 바꿀 수 있다. 용액 점성은 비교적 적은 편이다. 그렇지 않으면 분무능력이 감소하여 방울 혹은 덩어리가 생긴다.

처음에 머리형태 유지에 우수한 천연물 shellac을 사용했지만 덩어리가 생기고 씻기지 않아서 1950년대에 합성제품으로 대체되었다. 모양형성 고분자 합성화합물은 다음과 같고 화합물 이름은 INCI(international nomenclature cosmetic ingredient) 이름이고 괄호 안에 첫째 상품명과 둘째 공급회사를 표시했다.

- Vinyl acetate/crotronic acid/vinyl neodecanoate(28-2930, National Starch)
- VA/butyl maleate/ isobornyl acrylate copolymer(Advantage CP, Plus, HC 37, ISP)
- Acrylates copolymer(Amerhold DR-25, Amerchol Corp)
- Octaacrylamide/acrylates/butylaminoethyl methacrylate copolymer(Amphomer & LV-71, National Starch)
- VCL/PVP/dimethyl-aminoethyl methacrylaye copolymer(Gaffix VC-713, ISP)
- Butyl ester of PVM/MA copolymer(Gantrez ES-425 & A-425, ISP)
- Ethyl ester of PVM/MA copolymer(Gantrez ES-225, ISP)
- Octylacrylamide/acrylates/butylaminoethyl methacrylate copolymer(Lovocryl-47, National Starch)
- Acrylates copolymer[(Luvimer 100P, 36D, 30E,) BASF]
- PVP/VA copolymer(Luviskol VA series, BASF)
- Acrylates copolymer(propriety blend, SC Johnson)
- PVP/PV K series(ISP)
- PVP/VA copolymer(PVP/VA series, ISP)
- Acrylates/acrylamide copolymer(Ultrahold 8, Strong, BASF)

머리모양을 만드는 고분자는 원하는 머리모양 유지와 촉감이 균형을 이루는 스프레이를 만들 수 있게 조심스럽게 선택해야 한다. 억세고 단단한 폴리머 처방은 모양을 잘 유지하지만 감촉이 나쁘다. 또한 재료의 양은 머리모양의 윤곽을 결정한다. 즉 특정한 모양형성 고분자 그리고 어떤 농도범위에서 여러 종류 고분자를 사용하여 만든 스프레이는 같은 고분자를 많이 사용한 스프레이보다 모양유지에 더 좋다. 어떤 논문은 모양유지와 촉감 사이에 균형을 고분자 분자량을 이용하여 설명하지만 촉감측정은 주관에 따라 결정되므로 육감으로 결정할 수밖에 없다.

7.1.2 흐림점 측정

헤어스프레이는 어떤 온도범위에서 안정해야 한다. 그래서 가끔 흐림점(cloud point)을 연구한다. 스프레이는 차가운 환경에서 보관 혹은 사용하는 경우에도 기능을 발휘해야 한다. 흐림점은 고분자 용액이 나오기 시작하는 온도다. 헤어스프레이의 일상적 흐림점 측정은 (정확하지 않은) 약 −20℃로 냉각하여 고분자가 용액으로 나오기 시작하는 온도를 측정한다. 용액으로 나오는 것보다 더 중요한 것은 용액으로 쉽게 되돌아가는 것이다. 실온으로 다시 가온할 때 최소한도로 흔들어도 다시 녹아 쉽게 용액으로 되돌아가야 한다. 분명한 것은 그 고분자들이 용액으로 되돌아가지 않으면 그러한 계에 의하여 생성된 에어로졸은 모양을 유지하는 힘이 없다. 또한 방해 문제도 생긴다.

7.1.3 헤어스프레이 중화제

대부분 모양 형성용 스프레이 고분자는 현재 acryl 혹은 acrylate copolymer이고 이들은 부분적으로 중화하여 산 원자단을 아민 염류로 만들기 위하여 아민 염기를 선택하여 사용한다. 그렇지 않으면 헤어스프레이를 씻어내는 것이 매우 어렵다. 적절한 중화 정도는 일반적으로 공급자들이 잘 씻어지는 우수한 필름 형성에 적당한 중화 백분율을 추천한다. 중화점 이하이면 잘 씻기지 않고, 중화점 이상이면 필름이 가소성(연성화)으로 변하므로 모양 유지에 좋지 않다. 일반적으로 사용하는 중화제는 다음과 같다.

- aminomethyl propanil(AMP)
- aminomethyl propanediol(AMPD)
- triethanolamine(TEA)
- diethylpropylamine(DEPA)
- NaOH 혹은 KOH(이러한 무기물 염류는 딱딱하고 깨지기 쉬운 필름을 형성한다)
- triisopropylamine(TIPA)
- dimethyl stearamine(DMS)
- dimethyl hydrogenated tallowamine(DMHTA, 이것의 긴 사슬 아민은 탄화수소 양립성을 개선한다)

필요한 중화제 질량은 다음 식으로 계산한다.

$$중화제\ 질량(g) = A \times B \times C \times D/1000$$

여기에서 A는 모양형성 고분자의 산성도(mEq/g, 각 제조회사에서 제공), B는 모양형성 고분자의 질량(g), C는 필요한 중화 %(NB, 10진법 형태로 표시한다. 그러므로 95%는 0.95), D는 중화제의 분자량이다.

7.1.4 헤어스프레이 향료

향료 선택은 소비자 만족(실제로 향수를 잘못 선택하면 아무리 좋은 스프레이라도 거절당한다)뿐만 아니라 다음의 기술적 이유 때문에 중요하다. 첫째 향료는 용매계와 조화되어야 한다. 둘째 향료는 가소제로서 작용할 수 있어야 한다. 셋째 어떤 향료는 부패 기회를 증가시킨다. 용매는 일반적으로 소비자들에게 친근한 냄새를 갖지 않는다. 그리고 향료는 용매와 스프레이 추진제의 냄새를 은폐 혹은 개선하는 것이 중요하다.

7.1.5 헤어스프레이 혜택제와 부패방지제

여러 스프레이는 컨디셔너, 비타민, 단백질, 햇빛막이와 같은 혜택제(benefit agent)를 포함한다. 이들은 시장성 요구에 따라 첨가하지만 향료에서 설명한 것과 같은 이유로 조심해서 취급해야 한다.

부식은 깡통에 압력을 증가하고 그 구조에 위험을 초래할 수 있으므로 대단히 중요하다. 깡통부식은 약 5% 이상 물을 함유한 용액이 들어 있는 깡통의 주석도금 판에서 생긴다. 대부분 헤어스프레이는 깡통을 부식하는 잠재력을 갖는다. 깡통 내부에 여러 금속(깡통)과 전해질(액상)이 있으므로 전기화학적 회로를 형성할 가능성이 있다. 깡통의 액체상과 기체상 구역은 모두 보호하여 부식을 방지할 필요가 있다.

7.1.6 헤어스프레이 추진제

추진제 선택과 충전 수위 선택은 헤어스프레이의 최종 성질에 중요한 역할을 한다. 좋은 추진제는 깡통에 압력을 가하여 깡통으로부터 모양형성 고분자용액을 방출할 수 있어야 한다. 추진제 성분만 액체 위의 공간을 점유하면 헤어스프레이를 사용할 때 Boyle 법칙에 따라 액체에 가하는 압력이 감소할 것이다. 방출속도와 스프레이 기능은 헤어스프레이 수명 동안에 일정하게 감소해야 한다. 이러한 이유 때문에 일반적으로 사용하는 대부분 추진제는 용매에 부분적으로 용해될 수 있어야 한다. 그 스프레이를 사용할 때 용액으로부터 추진제의 일부분이 나와서 용액 위 공간부분을 다시 채우므로 깡통압력을 그대로 유지한다.

일반적으로 사용하는 기체는 저압 추진제이고 dimethyl-ether(DME)와 저분자 탄화수소, 그리고 프로판, 부탄, 이소부탄의 혼합물 등을 사용한다. 이들은 "불변끓는점"(azeo-tropic point) 일정비 혼합물이다. DME는 에탄올과 잘 섞이는 화합물이므로 물 함량이 많은 처방이다. DME는 끓는점(−25℃)이 낮아 작은 방울 건식 스프레이(dry spray)에 이용하고 모양유지는 다른 탄화수소보다 약하다.

탄화수소 추진제는 DME보다 덜 비싸고 더 오래 모양을 유지한다. 그러나 탄화수소는 에탄올/물 혼합물과 잘 섞이지 않고 액상이 두 층으로 분리될 수 있으므로 사용하기에 곤란하다. 이러한 종류는 투명한 병에 담아서 층 분리를 확인하면서 사용해야 한다.

7.1.7 미래의 헤어스프레이

1990년대에 소비자들은 모양유지, 외관, 감촉이 좋고 자연스럽게 움직이는 소위 말하는 "보이지 않는" 스프레이를 원했다. 이것은 새로운 모양형성 고분자 계열의 생산을 유도하였다. 이 아이디어는 모양형성 고분자들이 더 유연하고 모발결합을 그대로 유지하면 더 좋을 것이라는 것에 목적을 두고 있다.

새로 특허를 받은 방법은 스프레이 처방에 silicone-acrylate를 사용했다. 이들은 근본적으로 곁-가지 공중합체 화합물이고 전형적 모양형성 고분자에 실리콘을 첨가하여 비-실리콘 계열보다 덜 탄성 모듈을 갖는 물질을 만들었다. 예를 들어 어떤 특허(15)(16)는 새로운 최선의 모양형성 고분자와 부형제 선택을 제시했다.

55% VOC로 대기오염물의 방출 감소

1979년에 에어로졸 추진제로 사용하던 CFC(chlorinated fluorocarbon)를 대기오염 문제 때문에 다른 화합물로 대체한 다음 미국에서 VOC(volatile organic component) 방출을 감소하는 두 단계과정이 시행되었다. California Air Resource Bureau는 VOC 방출 관리와 공기품질을 개선하기 위하여 대기오염방지법(Clean Air Act)을 1988년에 통과하고 1993년에 시행하였다. 이것으로 스프레이 VOC를 80%까지 사용하게 처방할 수 있게 되었고 일반적으로 에탄올은 물로 대치하였다. 미국의 나머지 주들도 1994년에 80% VOC에 따랐다.

두 번째는 1999년 6월 1일에 55% 에탄올/물 VOC를 요구했다. 이것은 습기, 시간이 많이 걸리는 건조시간, 파마 모발의 변형, 스프레이용액의 점성, 물 함량 증가에 의한 부식문제, 추진제 부적합성 등의 문제를 야기하였다. 그래서 55% VOC는 hydrofluorocarbon 1,1-difluoroethane(HFC-152a)으로 대체하려고 시도했지만 너무 비싸기 때문에 물과 함께 사용할 수 있는 DME와 탄화수소를 섞은 추진제로 대체하였다. 그 후에 친수성 단위체와 저분자 물질을 섞은 여러 55% VOC 스프레이 화합물들이 개발되었다.(17)

- Acrylates hydroxyacrylates copolymer(Acudyne, ISP)
- VA/butylmaleate/isibornyl acrylate copolymer(Advantage HC 37, ISP)
- Acrylates copolymer(Amerhold DR-25, Amerhold Corp)
- Octacrylamide/acrylates/butylaminoethyl metacrylate copolymer(Amphomer & LV-71, National Starch)
- Octylamide/acrylates copolymer(Amphomer HC, National Starch)
- Diglycol/CHDM/Isophalates/SIP cop[olymer(Aquaflex SF-40, FX-64, ISP)
- Acrylates copolymer(Balance 0/55, Extra & CR, National Starch)
- Octylamide/acrylates/butylaminoethyl methacrylate copolymer(Balance 47, National Starch)
- Diglycol/CHDM/Isophalates/SIP copolymer(Eastman AQ 48 Ultra, Eastman Chemical)
- VCL/PVP/dimethylaminoethyl methacrylate copolymer(Gaffix VC-713, ISP)
- Acrylates copolymer(Luvimer 100P, 36D, 30E, BASP)
- Polyurethane-1(Luviset PUR, BASF)
- Polyvinylcaprilactam(Luviskol Plus, BASF)
- Ethyl ester of PVM/MA copolymer(Omnirez 2000, ISP)

8 헤어 컨디셔너

소비자들은 점점 더 샴푸, 머리손질, 염색, 표백, 파마 등을 거치면서 모발이 파손되어 헤어 컨디셔너와 같은 제품이 필요하게 되었다. 실제로 시장은 파손된 모발의 화학적 보수와 기후변화에 대한 태닝 보호를 위해서 일반적 컨디셔너의 개선을 요구하게 되었다. 태닝용 화장품 판매고 순서는 1993년도에 샴푸>헤어 컨디셔너>머리모양 형성제

>염색제>헤어스프레이 순서이고 1997년에 샴푸>염색제>헤어 컨디셔너>머리모양 형성제>헤어스프레이 순서로 변하였다. 샴푸와 헤어 컨디셔너 사이에 염색제가 위치를 바꾼 것은 환경영향에 대한 관심 때문이고 헤어 컨디셔너는 태닝보호에 대한 요구 때문에 상위를 차지한다고 본다.

8.1 모발 손상

태닝손질과 화학적 화장품 처리에 의한 마찰영향은 태닝의 형태학적 손상을 가져온다. 샴푸, 빗질, 가열건조, 그리고 기타 태닝 손질과정은 태닝 표피의 침식과 피질을 분리하여 특히 모발-끝 부분이 갈라지고 점진적으로 손상된다. 웨이브 파마, 표백, 염색, 태닝 선형화 같은 처리는 태닝을 화학적으로 변화하고 표면을 손상하고 태닝 세기와 기공도 증가를 증가한다.

태닝은 태양광, 비, 오염물, 바람, 바닷물과 같은 기후변화의 노출과 염소처리 수영장 물과 같은 환경의 축적효과에서 생긴다. 이러한 변화의 결과로 태닝표면이 거칠어지고 광택이 감소한다. 주요한 침식과정은 햇빛에 의해 생긴다. 햇빛의 자외선은 갈색 태닝을 표백 그리고 금색 태닝을 황색화, cysteine, tyrosine, tryptophan 같은 단백질과 천연 멜라닌 및 인공 색소의 광분해를 가져온다. 자외선은 태닝의 촉감, 마찰, 광택과 같은 태닝 성질에 영향을 주고 긴 시간 노출에 의해 인장력 저항 손실을 가져온다. 염소와 물은 겉 표피 밑의 단백질 분해를 가져오고 태닝마찰을 증가한다. 요약하자면 모든 이러한 인자의 결과는 표피의 부드러움을 없애고 모발 사이에 마찰을 증가하고 화학적으로 손상되면 부서지기 쉽고 딱딱해지고 인장세기를 감소한다.

8.2 헤어 컨디셔닝의 이론적 배경

컨디셔닝은 화장품 원료의 기능이 태닝표면을 변경하고 태닝조직에 영향을 주는 실제적 개념에 바탕을 둔다. 관련이 있는 물리적 과정은 태닝표면에 활성물질의 표면흡착 혹은 내부흡장이고 그것은 표면전위, 표면에너지, 마찰과 같은 태닝성질을 변화할 수 있다. 태닝은 단백질(각질)로 구성하고 그 성분과 아미노산 순서는 태닝과 화장품 재료의 상호작용에 중요한 역할을 한다.

지방질과 같은 기타 구조성분은 태닝에 의한 콜로이드 흡수 메커니즘에 영향을 준다. 일반적으로 태닝에 의한 성분흡수는 각질 단백질과 인력 혹은 결합 상호작용에 의하여 결정된다. 특히 활성 성분의 정전기적 특성, 친수성/소수성 균형, 확산계수 등은 처리용액과 태닝 사이에 분배와 모발 줄기에 침투비율을 결정한다. 음전하 각질에 대하여 큰 친화성을 갖는 양이온성 계면활성제와 양이온성 고분자는 헤어 컨디셔닝 처리에 사용한 재료 중 가장 중요한 두 가지다.

양이온성 계면활성제와 고분자 사이에 구조-성질(structure-property)의 관계는 많이 연구하였다. 일반적으로 계면활성제와 고분자의 분자량, 전하밀도, 소수성 등과 같은 분자특성은 모발과 상호작용에 영향을 준다. 모발의 화학적 변화, 표면에 흡착층 존재, 등전점, 손상 정도를 포함하는 모발 성질도 태닝에 계면활성제 혹은 고분자의 침착 정도에 중요한 역할을 한다. 마지막으로 트리트먼트 용액은 pH, 이온세기, 온도, 기타 성분의 존재 등에 의하여 콜로이드-모발 상호작용에 영향을 줄 수 있다.(18)

양이온성 계면활성제와 고분자는 주로 그들의 양전하 때문에 모발에 많은 영향을 준다. 앞에서 설명한 것처럼 고분자와 계면활성제의 소수성/친수성 균형도 일반적으로 모발에 다량 침착하는 더 소수성 물질에 중요한 역할을 한다. 흡착은 일반적으로 모발의 등전점 이상에서 정전기적 인력과 이온결합 생성에 의하여 일어나고 van der Waals 힘에 의하여 더 증가할 수 있다. 침착은 모발 섬유 표면에서 생기고 표면 마찰을 감소하여 모발 빗질을 용이하게 개선한다. 계면활성제와 고분자는 정전기를 조절하고 모발의 건조 촉감을 개선한다. 파손되지 않은 모발은 그 줄기에 고분자 혹은 계면활성제 확산이 비교적 느리다.

양이온성 고분자는 모발 표면의 여러 자리에 우선 정전기적 상호작용에 의하여 결합하고 흡착(adsorption, 표면결합)과 흡장(absorption, 내부결합)에 의하여 각질과 센 결합을 유지한다.(19)

그러므로 고분자는 머리를 헹구거나 샴푸하여 제거하기 어렵다. 어떤 양이온 고분자는 과량이 축적되어 있기 때문에 여러 번 린스 혹은 샴푸로 처리하거나 특수한 처방 제품으로 제거해야 한다. 가끔 컨디셔닝 샴푸에 점성부여제로서 지방산 알코올을 양이온 성분과 함께 사용하여 양이온 계면활성제만 사용하는 것보다 용이한 빗질과 컨디셔닝 효과를 증진하였다.(20)

8.3 헤어 컨디셔너 처방

건강하고 손상되지 않은 모발은 단단하고 유연하고 부드러운 감촉이고 젖거나 마른 상태에서 빗질하기 쉽다. 컨디셔너는 광택이 나고 표면에 기름이 흐르고 촉감이 좋은 성질을 증진하고 날림을 감소하고 손질하기 쉽고 기계적 그리고 화학적 손상을 덜 받게 개선한다. 게다가 컨디셔너는 계속되는 머리손질과 화학적 처리의 영향을 최소화한다. 이러한 기기 혹은 화학적 처리에 의하여 생기는 분해와 손상을 제한하려고 화학자들은 표피에 부착하여 모발을 부드럽고 광택이 나게 만드는 모발표면의 개선 제품들을 표 10-27～표 10-34처럼 처방했다.

표 10-27 헤어 컨디셔너 제법

구 분	A			B	C	
성 분	1	2	3	4	5	6
함량(wt %)	0.05	0.10	qs	5.00	5.00	qs

1 : citric acid
2 : Quarternium-15(Dow Chemical)
3 : water
4 : cetearyl alcohol (and) dicetyldimonium chloride (and) stearamidopropyl dimethylamine(Varisoft® CRC)
5 : trimethylsilyamodimethicone (and) octoxynol-40 (and) isolaureth-6 (and) glycerin(SM@115)
6 : citric acid

• 제법 : A를 65℃로 가열하라. 완전히 녹아 유제를 생성할 때까지 B를 서서히 가하라. 45～50℃로 식히고 필요한 만큼 citric acid를 가하여 조절하고 식혀라.

표 10-28 건조/손상된 모발에 대한 헤어 컨디셔너*

구 분	A			B				C		D				E
성 분	1	2	3	4	5	6	7	8	9	10	11	12	13	14
함량(wt %)	76.40	0.10	0.20	2.70	2.50	2.30	1.50	5.00	0.30	1.50	2.75	0.50	0.05	4.20

* GE Silicone, Hair Care Fomrmulary.
1 : water(aqua)
2 : propylparaben
3 : methylparaben
4 : behentrimonium methosulfate & cetearyl alcohol
5 : stearamidopropyl dimethylamine
6 : cetyl aicohol
7 : pentaerythriol tetrastearate(Croda)
8 : trimethylsilylamodimethicone (and) Octoxynol-40 (and) Isolaureth-6(GE Silicones SM 2101)
9 : FD&C Yellow 5, 1% solution
10 : Polysolbate-40
11 : glycerin
12 : fragrance(parfum)(J-6636, Bell Flavors & Fragrances)
13 : tocopherol acetate
14 : cyclopentasiloxane(SF1204, GE silicones)

• 제법 : 물에 paraben을 녹이고 서서히 저으면서 65℃로 가열하라. B성분을 함께 녹이고 서서히 저어서 물-상(phase)에 가하라. 열을 제거하고 계속해서 저어라. C를 함께 섞어 AB-상에 가하고 약 15분 섞어라. D성분을 함께 섞고 약 15분 서서히 저으면서 40℃ 이하에서 ABC 혼합액에 가한다. cyclomethicone을 가하고 10～15분간 계속해서 저어라.

표 10-29 뜨거운 오일 컨디셔너

성 분	1	2	3	4	5	6	7
함량(wt %)	15.00	5.00	40.00	38.00	2.00	qs	qs

1 : cyclopentasiloxane (and) dimethicone(GE Silicones SF 1214)
2 : trimethylsilylamodimethicone(GE Silicones SF 1214)
3 : dimethicone(GE Silicones SF96®-350)
4 : cyclopentasiloxane(GE Silicones SF Silicone SF1202)
5 : phenyl trimethicone(GE Silicones SF 1550)
6 : fragrance(parfum)
7 : color

• 제법 : 모든 성분을 합쳐 균일하게 섞어라. 염료와 향료를 가하고 원하는 만큼 저어라.

표 10-30 씻어내기 컨디셔너*

구 분	A		B		C		
성 분	1	2	3	4	5	6	7
함량(wt %)	to 100	1.00	3.00	1.50	2.00	qs	qs

* Dow Corning, *Hair Care Formulary*.
1 : water(aqua)
2 : water(aqua)
3 : cetyl alcohol
4 : emulgin B2
5 : DC 2-1691 emulsion
6 : preservative
7 : fragrance(parfum)

• 제법 : 물을 75℃로 가열하고 세게 저으면서 고분자를 완전히 분산되게 저어라. 다른 용기에 B를 함께 섞어 녹여라. A를 B에 넣고 저으면서 식혀라. 실온에서 세게 저으면서 C를 가하고 citric acid로 pH 5.5로 되게 조절하라.

표 10-31 린스 컨디셔닝 린스*

성 분	1	2	3	4	5	6	7	8	9
함량(wt %)	1.00	0.50	3.50	0.50	0.50	to 100	1.00	qs	qs

* Croda, C1715, *Hair Care Formulary*.
1 : cetyl alcohol(Crodacol C90 EP, Croda)
2 : PEG-12 stearate(Cithol 6MS, Croda)
3 : conditioner base(Proprietary product CB0967, Croda)
4 : hydroxypropyl trimonium hydrolysed collagen(Crotein Q, Croda)
5 : d-Panthenol
6 : water(aqua), deionized
7 : glycerin(Croderol GA7000, Croda)
8 : lactic acid, to pH 4.0~4.5
9 : fragrance(parfum), preservative, color

• 제법 : 오일과 물 상(phase)을 별도로 70℃로 가열하라. 저으면서 물을 오일-상에 가하라. 40℃로 식혀 pH 4.0~4.5로 되게 조절하고 30℃ 이하에서 물로 채워라.

표 10-32 컨디셔닝 크림 린스 농축액*

성 분	1	2	3	4	5	6	7	8	9	10
함량(wt %)	6.00	2.50	1.00	4.00	3.00	to 100	1.00	3.00	qs	qs

* Croda, C1210, *Hair Care Formulary.*

1 : stearakonium chloride(Incroquat S95, Croda)
2 : cetyl alcohol(Cridacol C90 EP, Croda)
3 : oleyl alcohol(Novol, Croda)
4 : mineral oil(paraffinum liquidum(at 25℃)
5 : glyceryl stearate (and) PEG-100 stearate(Citrol GMS A/S ESO743, Croda)
6 : water(aqua), deionized
7 : aqua (and) cocodimonium hydroxypropyl collagen(Croquat M, Croda)
8 : glycerin(Croderol GA7000, Croda)
9 : lactic acid/citric acid, to pH 4.0~4.5
10 : fragrance(parfum), preservation, color

• 제법 : 오일과 물 상(phase)을 별도로 75℃로 가열하고 저으면서 물을 오일-상에 가하라. 흔들면서 식히고 45℃에서 향료를 가하고 pH 4.0~4.5로 되게 조절한 다음 식혀 물로 채운다.

표 10-33 건조 모발용 진주색 트리트먼트 컨디셔너*

성 분	1	2	3	4	5	6	7	8	9
함량(wt %)	4.50	1.00	3.00	1.00	1.00	2.00	qs	to 100	qs

* Croda, C1629, *Hair Care Formulary.*

1 : cetearyl alcohol (and) Ceteareth-20(Cosmowax D, Croda)
2 : lecithin
3 : cetyl estars(Crodamol SS, Croda)
4 : PEG-20 almond glycerides(Crovol A40, Croda)
5 : water(aqua) and cocodimonium hydroxy hydrolyzed wheat protein(Hydrotriticum QM, Croda)
6 : stearamidopropyl dimethylamine lactate(Incromate SDL, Croda)
7 : lactic acid, to pH 4.00
8 : water(aqua), deionized
9 : fragrance(parfum), preservative, color

• 제법 : 오일-상과 물-상(phase)을 별도로 65~70℃로 가열하라. 저으면서 물-상을 오일에 가라. 저으면서 식히고 40℃에서 향료를 가하고 pH 4.00으로 되게 조절하라.

표 10-34 헤어 컨디셔너*

구 분	A					B					C				
성 분	1	2	3	4	5	6	7	8	9	10	11	12	13	14	15
함량(wt %)	2.00	2.00	1.00	2.00	1.00	5.00	5.00	2.00	0.50	57.20	20.00	2.00	0.10	0.20	qs

* ISP, Hair Care Formulary.

1 : cetyl alcohol
2 : stearyl alcohol
3 : soya oil
4 : glyceryl stearate(Cerasynt® GMS, ISP)
5 : PEG-150 distearate
6 : propylene glycol
7 : acetamide MEA, 70%
8 : stearalkonium chlorid
9 : lanolin, anhydrous
10 : water(aqua), deionized
11 : water(aqua), deionized
12 : Polyquaternium-28(Gafquat® HS-100, ISP)
13 : hydrolyzed protein
14 : propylene glycol (and) diazolidinyl urea (and) methylparaben (and) propylparaben(Germaben® 11-E, ISP)
15 : fragrance(parfum)

• 제법 : A성분을 혼합하고 80~85℃로 가열하라. B성분을 혼합하고 80~85℃로 가열하라. B를 A에 가하고 균일하게 섞어라. 30~35℃로 냉각하라. C의 Polyquaternium-28을 물에 녹이고 단백질을 가수분해하라. A와 B를 가하고 균일하게 저어라. 나머지 성분을 나열 순서대로 가하고 균일하게 섞어라.

8.4 씻지 않고 두는 컨디셔너

다음 표 10-35와 표 10-36은 컨디셔너를 사용한 다음 씻지 않고 그대로 두는(leave-on) 처방이다. 이들은 로션의 한 종류이고 맑거나 불투명하고 가벼운 감촉이고 일반적으로 오일이 없다. 이러한 종류의 제품은 표 10-35~표 10-36처럼 처방하고 빗질, 경쾌함, 광택, 바람에 날리는 현상의 조절 등을 개선한다.

표 10-35 씻지 않는 컨디셔너

성 분	1	2	3	4	5	6	7	8	9
함량(wt %)	91.92	0.50	5.00	2.00	0.10	0.08	0.30	0.10	qs

1 : water(aqua) deionized
2 : OLeth-20
3 : PVP/dimethylaminoethylmethacrylate copolymer(Copolymer 845, ISP)
4 : Quaternium-22(Ceraphyl® 60, ISP)
5 : laurylpyrrolidone(Surfadone® LP-300, ISP)
6 : Benzophenone-4(Escalo® 577, ISP)
7 : diazolidinyl urea(Germall® 11, ISP)
8 : disodium EDTA
9 : fragrance(parfum)

• 제법 : Oleth-20을 물에 녹여라. 나머지 성분을 나열 순서에 따라 각기 넣을 때마다 철저하게 섞어라. 전체를 균일하게 섞어라.

표 10-36 스프레이 다음에 그대로 두는 컨디셔너

구 분	A	B	C	D				
성 분	1	2	3	4	5	6	7	8
함량(wt %)	92.90	0.05	1.00	1.00	1.50	2.25	1.00	0.30

1 : water(aqua), deionized
2 : hydroxyethyl cellulose
3 : phytic acid complex(Aloe barbadenis) gel (and) ascorbyl methyl-silanol pectinate (and) phytic acid (and) propylene glycol (and) adenosine triphosphate (and) triethanolamine (and) imidazoline urea
4 : silicone Quaternium-13(Biosil Basics SPQ, Biosil)
5 : dimethicone copolyol amine(Silamine C-300, Biosil)
6 : cetyl triethylmonium dimethicone(Biosil Basics Cetylsil, Biosil)
7 : Polyquaternium-11
8 : Quaternium-15(Dowicil 200, Dow)

• 제법 : B를 물과 합치고, C를 가하고, D를 나열 순서대로 각기 가하면서 잘 섞어라. 가열할 필요는 없다.

표 10-37~표 10-40은 더 강력한 처방이고 5~20분간 태닝에 묻혀 둔 다음 씻는 방법을 사용한다. 이들은 일반적으로 진한 크림처럼 처방하고 실제로 대단히 넓은 범위의 처리제를 함유한다. 이들은 특히 매우 건조하고 약하고 다공성이고 많이 파손된 모발에 특히 적당하다. 화학적으로 처리한 모발은 양이온성 계면활성제, 고분자, 실리콘, 단백질과 같은 더 활성 물질을 흡착하여 깊은 컨디셔닝에서 이득을 볼 수 있다.

표 10-37 모발 보수 처리제

성 분	1	2	3	4	5	6	7	8	9	10	11	12
함량(wt %)	77.95	7.50	5.00	5.00	2.00	0.75	0.50	0.30	0.20	0.40	0.40	qs

1 : water(aqua), deionized
2 : PVP (and) dimethicone(PVP/Si-10, ISP)
3 : hydrolyzed keratin, 30%
4 : Polyquaternium-11(Gafquat® 755N, ISP)
5 : dimethicone polyol
6 : cocamidopropyl betaine
7 : Quaternium-22(Ceraphyl® 60, ISP)
8 : Polysorbate 20
9 : lauryl pyrrolidone(Surfadone® LP-300, ISP)
10 : propylene glycol (and) diazolidinyl urea (and) methylparaben (and) propylparabene((Germaben® 11, ISP)
11 : citric acid
12 : fragrance(parfum)

• 제법 : PVP/Si-10을 물에 가하고 저어주면서 녹여라. 나머지 성분을 나열 순서에 따라 각기 가하고 가할 때마다 철저히 섞어라. Citric acid로 대략 pH 4 되게 조절하라.

표 10-38 보호와 깊숙한 맛이 나는 컨디셔닝 린스

구 분	A			B			C				
성 분	1	2	3	4	5	6	7	8	9	10	11
함량(wt %)	36.5	1.8	2.0	3.0	2.0	2.0	2.5	40.0	10.0	0.2	qs

1 : water(aqua), deionized
2 : Quaternium-22(Ceraphyl® 60, ISP)
3 : Quaternium-70 (and) propylene glycol(Ceraphyl® 70, ISP)
4 : glyceryl stearate (and) laureth-23(Cerasynth® 945, ISP)
5 : glycol stearate (and) sodium laureth sulfate (and) hexylene glycol(Cerasynt® LP, ISP)
6 : dimethylpabnamidopropyl laurdimonium tosylate (and) propylene glycol stearate(Escalol® HP-610, ISP)
7 : Polysorbate 20
8 : water(aqua), deionized
9 : PVP/DMAPA acrylates copolymer(Styleze® CC-10, ISP)
10 : diazolidinyl urea (and) iodopropnyl butylcarbamate(Germall® Plus, ISP)
11 : fragrance(parfum)

• 제법 : A성분을 섞고 균일하게 저으면서 60℃로 가열하라. B성분을 섞고 균일하게 저으면서 60℃로 가열하라. B를 A에 가하고 균일하게 저어라. 35~40℃로 식혀라. Styeze® CC-10을 물에 가하면서 균일하게 저어라. Germall® Plus를 가하면서 녹을 때까지 저어라. C를 저으면서 가한 다음 향료를 가하고 균일하게 섞어라.

표 10-39 가면 모발

구 분	A							B				C		D	E
성 분	1	2	3	4	5	6	7	8	9	10	11	12	13	14	15
함량(wt %)	5.00	1.00	5.00	1.00	1.00	5.00	3.00	68.80	2.50	0.50	3.00	2.00	1.50	0.30	0.40

1 : glyceryl stearate (and) PG-100 stearate
2 : benhentrimonium chloride
3 : cetyl alcohol
4 : shea butter(Butyrospermum parkii)
5 : octyl dodecanol (and) trilaurin (and) sunflower(*Helianthus annuus*) seed extract(Spingoceryl Veg, Lab Serobiologiques
6 : caprylic/capric triglyceride
7 : dimethicone
8 : water(aqua)
9 : propylene glycol (and) phenoxyethanol (and) chlorophenesin (and) methylparaben (and) methylparaben (Elestab 388)
10 : hydroxypropyl guar hydroxypropyltrimonium chloride
11 : glycin
12 : hydrolyzed milk protein(Lactolan LS)
13 : water(aqua) (and) glycerin (and) glycogen(Dermosacharides Gy)
14 : citric acid, 10% aq. soln
15 : fragrance(parfum)

• 제법 : A와 B를 각기 35℃에서 조제하라. 세게 저으면서 A를 B에 가하고 60℃로 식혀 세게 저어라. C를 50℃에서 가하고 D와 E를 가하라. 실온으로 식히고 서서히 저어라.

표 10-40 헤어 린스

구 분	A			B	C	D
성 분	1	2	3	4	5	6
함량(wt %)	1.30	2.50	0.50	2.00	qs to 100	qs

1 : dicocoylethylhydroxyethylmonium methosulfate (and) propylene glycol (Dehyquart L80)
2 : cetearyl alcohol(Lanette O)
3 : glyceryl stearate(Cutina GMS-V)
4 : coco-glucoside (and) glyceryl oleate(Lamesoft P065)
5 : water(aqua)
6 : preservative

• 제법 : A를 80~85℃에서 녹이고 균일하게 섞어라. C를 80~85℃로 가열하고 저으면서 A를 가하라. 이 온도에서 5분간 저어라. 젓는 동안에 뜨거운 유제에 B를 가하라. 유제를 식히면서 계속해서 저어라. 공기 접촉을 피하라. 약 40℃에서 D를 가하라.

처음에 크림-린스 컨디셔너는 유연하고 고급스런 감촉을 요구하는 시장성에 따라 크림 유제로 처방하였다. 시간이 지남에 따라 컨디셔너는 투명한 물-바탕 처방으로 발전하였다. 컨디셔너는 모발을 개선하고 회복시키고 씻고 엉킴을 방지하고 용이한 빗질을 목적으로 사용한다.

8.5 컨디셔너의 일반적 성분

일반적으로 컨디셔닝 게는 고체를 함유하는 제품이다. 그들은 전형적으로 1~2% 4차 아민과 점성부여제, 유연제, 광필터, 항산화제를 포함해서 3~8% 고체를 함유하고 많을 때는 15%까지도 함유한다.(21)(22) 그 예는 표 10-41에 있다.

컨디셔너와 크림 린스는 전형적으로 대략 pH 3.5~5.5로 유지하여 활성 성분이 양이온 형태로 모발과 최대로 작용하게 유지한다. 그 제품의 점성은 1,000(린스용)~50,000(진한 컨디셔너용) cps 범위를 유지하고 일반적으로 요변성(thixotropy, 요동하는 젤이 정지하면 졸로 변하고 다시 요동하면 젤로 변하는 현상)이다.

표 10-41 대표적 컨디셔너 성분

성 분	1	2	3	4	5	6	7	8	9
함량(wt %)	to 100	0.5~3.0	1.0~4.0	0.2~1.0	0~2.0	0~4.0	0~1.0	0~0.5	0.05~0.5

1 : water(aqua)
2 : primary conditioning agent(quats, cationic polymers, silicones)
3 : refatting agent(fatty alcohols, waxes)
4 : secondary conditioning agent(natural oils, silicones)
5 : emulsifier(typically nonionic surfactants)
6 : specialty additives(proteins, resins, dyes)
7 : thickener
8 : pH adjusting agent
9 : fragrance(parfum), preservatives, etc

8.6 컨디셔닝제

1940년대와 1950년대에 부드러운 세탁제와 양이온성 계면활성제 발전은 현대 컨디셔닝 제품의 출현을 이끌었다. 주요한 컨디셔닝제는 다음과 같다.

8.6.1 양이온성 계면활성 성분

4차 암모늄 화합물은 센 산 혹은 센 염기의 염류이고 하나 혹은 두 개 친유성 탄화수소 지방산 사슬을 갖는(컨디셔닝에 사용하는) 친수성 양이온 원자단(음전하 모발에 흡착하는)을 갖는다. C_{12}-C_{20}과 같은 더 긴 지방산 사슬은 더 짧은 C_{12} 이하 탄화수소 화합물보다 더 효과적이다. 4차 암모늄 화합물도 항-세균성 성질을 갖는다. 초기에 도입된 4차 암모늄 염류는 cetyl dimethyl ammonium chloride(INCL, cetrimonium chloride), alkyldimethylbenzyl ammonium chloride, alkylpyridinium halide 들이다. 기타 여러 가지 양이온성 계면활성제들이 시판되고 있다. 몇 가지는 에톡시화 사슬을 함유하여 피부에 덜 자극성이고 모발과 처방에 따라 1~3% 에톡시화 사슬을 갖는다. 일반적으로 헤어-컨디셔닝 제품에 사용하는 양이온성 4차 암모늄 계면활성제는 다음과 같다. 처음 이름은 관용명, ( )괄호 안의 첫째는 INCI 이름이고 [ ]괄호 안은 상품명 ; 공급자 이름이다.

- Cetyltrimethyl ammonium chloride(Cetrimonium chloride)[Arquad ; Akzo. Iincroquat CTC ; Croda. Varisoft ; Witco. Lonza. Stepan. Hoechst]
- 1-Docosanaminium, N,N,N-trimethyl chloride(Behentrimonium chloride)[Genamin ; Hoechst. Varisoft ; Witco]
- Behenyl trimethyl ammonium methosulfate(Behetrimonium methosulfate)[Incroquat Behenyl ; Croda]
- Benzenemethaminium, N,N-dimethyl-N-octadecyl chloride(Stearalkonium chloride) [Ammonyx ; Stepan. Incroquat ; Croda. Varisoft ; Witco. Carsoquat ; Lonza]
- Dimethyl di-(hydrogenated tallow) ammonium chloride(Quaternium-18)[Varisoft ; Witco. Arquad ; Akzo Nobel]
- 4,5-Dihydro-1-methyl-2-notallow alkyl-1-(2-tallow amidoethyl) imidazolinium compounds, methyl sulfate(quaternium-27)[Carsoft ; Lonza. Rewoquat ; Witco. Incrosoft ; Croda]. (quaternium-80)[Abilquat ; Goldschmidt]

8.6.2 양이온성 고분자

양이온성 고분자는 양이온성 계면활성제와 비슷하게 모발을 부드럽게 그리고 건조상태 빗질보다 젖은 상태 빗질을 용이하게 한다. 그리고 모발의 결, 줄기, 관리를 개선하고 줄기 표면에 필름을 형성하고 보호에 기여한다. 그러나 일반적으로 정전기적 성질은 없애지 못한다. 모발 표면에 컨디셔닝 층이 축적되므로 너무 진하게 사용하지 않게 조심해야 한다. 양이온성 고분자는 표 10-42와 같다.

표 10-42 양이온성 고분자

제품 유도체	INCI	공급회사
Polymeric quaternary ammonium salt of cellulose and starch derived products	guar hydroxypropyltrimonium chloride	Jaguar, Rhodia Polyquaternium-10 Celquat SC, National Starch UCARE Polymer JR, Amerchol
Copolymer of Starch hyroxyethylcellulose and diallyldimethyl ammonium chloride	Polyquaternium-4	Celquat, National
Polymeric quaternary ammonium salt of hydroxyethylcellulose reacted with lauryl dimethyl ammonium-substituted epoxide	Polyquaternium-24	Quatrisoft LM-200, Amerchol
Quaternized copolymer of vinylpyrrolidone and dimethylaminoethylmethacrylate	Polyquaternium-11	Gafquat 734, Gafquat 755N, ISP, Luviquat PQ11, BASF
Copolymer of vinylpyrrolidone and methacrylamidopropyltrimethylammonium chloride	Polyquaternium-28	Gafquat HS-100, ISP
Cpolymer of vinylpyrrolidone and dimethylaminopropylmethacrylamide	PVP/DMAPA acrylates copolymer	Styleze CC-10, ISP
Polymer of dimethyl diallylammonium chloride	Polyquaternium-6	Merquat 100, Calgon Salcare SC30, Ciba Specialty Chemicals
Polymeric quaterary ammonium salt of acrylamide and dimethyldiallyl ammonium chloride copolymer	Polyquaternium-7	Merquat, Calgon/Chemeviron Salcare SC 10, Ciba Specialty Chemicals
Polymeric quaternary ammonium salt of acrylic acid, diallyldimethyl ammonium chloride and acrylamide	Polyquaternium-39	Merquat Plus, Calgon/Chemeviron
Polymeric quaternary ammonium salt of methyl-vinylimidazolium chloride and vinylpyrrolidone copolymer	Polyquaternium-16	Luviquat, BASF
Polymeric quaternary ammonium salt of ionene derivatives	Polyquaternium-2	Mirapol A-15, Rhodia

8.6.3 실리콘 화합물

실리콘(silicone) 화합물은 처음에 1970년대에 도입하였다. 그 이후에 수용성 실리콘, 실리콘 에멀젼, 유기-기능기 실리콘의 개발에 따라 실리콘 용도는 확장되고 현재 새로운 컨디셔너의 절반이 실리콘을 사용한다. 실리콘 화합물은 모발에 대한 감촉과 빗질이 뛰어나서 컨디셔닝제로 널리 사용한다. 실리콘 화합물은 표면 에너지와 표면 점성이 적어서 빗는 힘이 적게 들고 실리콘-개선 모발의 부드러운 촉감에 기여한다. 저-분자량 실리콘(cyclomethicone)은 모발에 연속적 필름을 형성하고 광택을 개선한다. 방향족 원자단을 함유하는 실리콘은 비교적 큰 굴절률을 가지므로 특히 광택성이 효과적이다.

일반적으로 실리콘 화합물은 모발의 겉모양과 감촉에 도움을 준다. 그리고 젖은 상태와 건조상태 머리의 빗질을 개선하고 감촉이 매끄럽고 부드럽고 찐득거리지 않게 한다. 가장 중요한 것은 광택이 나고 바람에 날리는 현상이 감소하고 관리능력을 개선하고 또한 거품조절을 돕는다. 통상적으로 0.5～2% 정도로 사용한다. 실리콘 액체와 유제는 헤어 컨디셔닝 제품에 가장 자주 사용한다.

8.6.4 액체 실리콘 화합물

Dimethicone 액체는 가장 자주 시용하고 이것은 건조와 젖은 상태의 빗질과 함께 감촉을 개선한다. 아민 기능기를 갖는 실리콘 화합물 액체는 더 무거운 컨디셔닝과 엉킴을 풀리게 만드는 이점이 있다. phenyl-기능기 실리콘 액체는 굴절률이 크므로 광택성이 있다. cyclomethicone은 저분자량 dimethicone이고 때때로 씻지 않고 남겨두는 컨디셔너로 사용한다. dimethicone copolyol은 dimethicone의 에톡시화 유도체이고 씻지 않는 혹은 씻는 컨디셔너의 양쪽에 사용한다.

8.6.5 유제

유제(emulsion)는 처방하기 쉽게 개발되었다. 그러므로 실리콘 화합물 액체와 다르게 유제 형태 실리콘은 특별한 취급장치 혹은 서스펜션 기구 없이 만들 수 있다. 아민-기능기 양이온성과 비이온성 유제도 건전한 컨디셔닝 성질에 대하여 알려져 있다. 유기-기능기 마이크로-유제처럼 관련이 있는 특별한 종류의 실리콘 유제는 큰 저장 안정성, 다른 성분과 친화성, 광학적 투명성, 용이한 유화를 제공한다.

가장 자주 보편적으로 이용하는 실리콘(silicone)은 표 10-43과 같다.

표 10-43 주요한 실리콘*

실리콘 종류	INCI	공급회사	상품명
Amodimethicone	amodimethicone (and) Trideceth-12 (and) cetrimonium chloride	GE Silicones	SM 2658 SM 6754
	amodimethicone	Rhodia	Mirasil ADM-E
	amodimethicone (and) tallow trimonium chloride (and) Nonoxynol-10	Dow Cporning	DC 929 fluid
	amidimethicone (and) cetrimonium chloride (and) Trideceth-12	Dow Corning	DC 939
Cyclopentasiloxane & dimethiconol	cyclpentasiloxane (and) dimethicone	GE Silicones	SF 1214
Cyclopentasiloxane & dimethiconol	cyclopentasiloxane (and) dimethiconol	Dow Corning	02-1401
Dimethicones	dimethicone (and) Laureth-4 (and) Laureth-23	GE Silicones	SM2169
	dimethuicone	Rhodia	Mirasil DM
	dimethicone (and) Laureth 8 (and) succinologlycan		Mirasil DME
	dimethicone	Dow Corning	DC 200 fluids
	dimethicone (and) Laureth-23 (and) Laureth-4 (and) salycylic acid		DC 2-1691
	dimethicone (and) tallow trimonium chloride (and) C11-C15 Pareth-9		DC 1669
Dimethicone amine	dimethicone copolyol amine	Silamine C-300	Lambent Technologies
Dimethiconols	dimethiconol (and) dodecylb enzenesulfonate	GE Silicones	SM Silicones SM 2725
	dimethiconol stearate	Rhodia	Mirasil Wax S
	dimethiconol and TEA dodecylbenzenesulfonate	Dow Corning	DC 1784 HVF
Lauryl methicone copolyol	lauryl methicone copolyol	Dow Corning	DC 2-5200
Phenyl silicones	phenyl trimethicone	GE Silicones	SF 1550
		Rhodia	Mirasil PTM
	phenyl dimethicone	Dow Corning	DC 556
Trimethylsilylamodimethicone	trimethylsilylamodimethicone	GE Silicones	SF 1708
	trimethylsilylamodimethicone (and) Octoxynol-40 (and) Isolaureth-6 (and) glcerin	ZZE Silicones	S2115
	trimethylsilylamodimethicone (and) Octoxynol-40 (and) Isolaureth-6	GE Silicones	SM2101
	trimethylsilylamodimethicone (and) C11-C15 Pareth-7 (and) Laureth-9 (and) Trideceth-12	GE Silicones	SME 253
	trimethylsilylamodimethicone	Dow Corning	Q2-8220
	trimethylsilylamodimethicone (and) Octoxynol-40 (and) Isolaureth-6 and propylene glycol		Q2-7224

* J. Blakeley, I. Van Reeth and P. Bonell, *Coismetics and Toilettries Manufacture Worldwide*(1966).

8.6.6 가수분해 단백질

단백질과 그 수화물(동물 및 각질, 콜라젠, 엘라스틴, 실크, 대두, 옥수수, 밀과 같은 식품에서 얻은 재료)은 또 다른 컨디셔닝제로 사용한다. 이들 제품은 펩타이드 혹은 아미노산 형태로 가수분해하여 사용한다. 모발에 대한 단백질 친화성은 단백질의 화학적 성분, 분자량, 종류, 화학적 변화 정도 등과 관련이 있다. 일반적으로 그들은 모발의 유연화, 인장세기 증가, 광택성, 보습, 외관, 감촉 등의 증진에 사용한다. 정상적으로 0.2～5% 정도로 사용한다. 단백질은 손상된 모발의 보수와 보호 및 갈라진 모발 끝의 일시적 보수 등에 사용한다. 단백질은 모발 손상이 많을수록 많이 흡수된다. 보편적으로 사용하는 단백질은 가수분해 대두 단백질, 가수분해 각질, 실리콘 밀 단백질 등이다. Croda (Hydrotriticum WAA)에 의하여 공급되는 밀 아미노산은 모발 껍질에 침투할 수 있다. 가수분해 단백질은 보습과 컨디셔닝제로 대단히 효과적이다. Croda(Crodasone W)에 의해 공급되는 가수분해 밀 단백질(hydroxypropyl polysiloxane)은 필름형성과 실리콘 컨디셔닝에 이용하는 밀 단백질을 합친 실리콘 공중합체다. 헤어 컨디셔닝에 이용하는 가수분해 단백질 공급자들은 다음과 같다. 첫째 가수분해 밀 단백질 공급자들은 Croda(Cropepsol W, Hydrotritium, Tritisol), Sedema(Fanesol), Henkel(Glaudin AGP), Lab Serobiologiques, Alban Muller, Wackherr, Vega-Tech., 둘째 가수분해 대두 단백질 공급자들은 Croda(Hyrosol), Sedema(Capigen), Gattefosse, Brooks, Lab Serobiologiques, Coletica, Fanning, Alban Muller, 셋째 가수분해 각질 공급자는 Croda(Crotein)이다.

다른 인기 있는 원료는 가수분해 단백질의 4차 아민 유도체들이고 이들은 좋은 컨디셔닝 효과를 나타내고 자극성이 없고 정전기적 효과를 소멸한다. 4차 아민 단백질 컨디셔닝 성분의 공급자들은 괄호 안에 표시하면 다음과 같다. 첫째 밀 단백질에 바탕을 둔 trimethyl 4차 아민 중에서 밀 단백질을 가수분해한 Hydroxypropyltrimonium은 Hydrotriticum WQ and Q(Croda)와 Quat-Wheat QTM-20(Brooks)에서 공급하고, 대두 단백질을 가수분해한 Hydroxypropyltrimonium은 Quat-soy QTM-30(Brooks)과 Soyquat(Tri-K)에서 공급하고, 둘째 밀 단백질의 알킬 4차 아민 중에서 Lauryldimonium hydroxypropyl hydrolyzed wheat protein은 Gluquadin(Henkel)과 Hydrotriticum QL(Croda)에서 공급한다. 셋째 밀 단백질의 알킬 4차 아민 중에서 Cocodimonium hydroxypropyl hydrolyzed wheat protein은 Hydrotriticum QMCroda)에서 공급하고, Stearyldimonium hydroxypropyl hydrolyzed wheat protein은 Hydrotriticum QS(Croda)에서 공급한다. 넷째 대두 단백질의 알킬 4차 아민 중에서 Cocodimonium hydroxypropyl hydrolyzed soy protein은 Quat-soy CDMA-25(Brooks)와 Silquat soy complex(Lambent Technologies)에서 공급한다.

8.6.7 지방 화합물

지방 화합물은 모발의 윤활성과 광택용으로 사용하였고 모발 사이에 마찰을 감소하고 손질을 좋게 하고 컨디셔너를 얇은 필름으로 침착하고 표면을 매끄럽게 개선한다. 사람의 피지는 주로 포화와 불포화 지방산, 지방 에스터 혹은 트리글리세라이드를 함유한다. 그리하여 동물, 식용유, 광물성(석유제품) 원료에서 지방 화합물을 제공하면 모발의 천연성분을 치환 혹은 보충한다. 린스 컨디셔너는 정상적으로 한 가지 이상 지방 알코올을 반드시 포함하여 점성부여제, 에멀젼 안정화제, 유제 역할을 한다. 지방 화합물은 안정화제, 진주색화제, 혹은 기타 컨디셔닝 재료와 합쳐 공급한다. 일반적으로 약 5% 수준으로 사용한다.

컨디셔너로 사용하는 지방 화합물과 에멀젼화제 혼합물의 공급자는 다음과 같다. oleic, stearic, linoleic 등의 지방산 공급자는 Witco, Henkel, Lonza이다. lauryl, cetyl stearyl, cetostearyl의 지방산 공급자는 Albright & Wilson, Croda, Henkel이다. stearate 혹은 oleate의 glycol과 glycerol 및 isopropyl fatty ester는 Albright W & Wilson, ISP, Goldschmidt, Croda, Henkel, Lonza, Stepan에서 공급한다. polyethyleneglycol은 ICI, Dow Chemical에서 공급한다. 촉감과 광택을 증진하는 것으로 잘 알려진 lanolin과 그 유도체들은 Westbrook, Croda, Henkel에서 공급한다. phospholipid와 lecithins은 Quest International, Collaborative lab, Lucas Meyer GmbH에서 공급한다. stearyl alcohol과 ceteareth-20 그리고 behentrimonium chloride와 cetyl alcohol의 에멀젼제 혼합물은 Amerchol(Promulgen), Croda(Incroquat B-65C)에서 공급한다.

8.6.8 기타 성분

식물성분, 과일 에센스, 밀크 추출물, 비타민 등의 천연제품을 사용하는 경향이 널리 확산되고 있다. 근래에 비타민은 컨디셔너로서 큰 역할을 담당한다. 그들은 각질화를 촉진하는 것으로 알려져 있다. 비타민 A, B, E는 Roche, BASF, Dragoco, Eastman Chemical에서 공급하고 밀 새싹 추출물은 Silab, Pentapharm, Active Organics, Alban Muller에서 공급하고 필수 지방산을 포함하는 비타민 F는 Kurt Ritcher, Novarom에서 공급하고 Panthenol은 Lab Serobiologiques, Novarom, Brooks, BASF에서 공급한다. 그 밖에 marine micro-elements(A&E Connock에서 Dead Sea minerals이라는 이름으로 공급), menthol, eucalyptus, pine은 항-스트레스와 에너지 촉진제로 씻지 않고 남겨두는 트리트먼트에 사용한다. rosemary, sage(샐비어의 일종, 약용식물), Equisetium은 항산화와 자유라디칼-제거제 성질을 갖는 것으로 알려져 있다. 그 밖에 인삼은 모근을 강화하고 자연발육을 촉진한다고 설명한다. 이러한 재료 공급자는 Fanning, Active Organics, Alban Muller이다. Ceramide(공급자 : Gist-brocades/Cosmoferm, Quest International and Sederma)와 자외선 흡수제도 모발 손상 보호에 사용한다.

9 모발 염색

인류는 역사를 통하여 자연 모발 색을 변화하려고 시도하였다. 가장 흔한 가성소다를 이용하여 변색을 시도했지만 너무 자극성이고 시간이 많이 걸려서 실패하고 그 다음에 과산화수소를 이용했지만 역시 실패하였다. 한국에서는 맥주샴푸와 과산화수소를 이용한 황갈색으로 탈색이 유행했다. 1800년대 중반에 유기화학의 발달로 염료를 합성하게 되어 염색시간이 단축되고 여러 색을 선택할 수 있게 되었다. 그중에서 많은 효과를 나타낸 것은 과산화수소와 1,4-phenylenediamine의 혼합물로 모발을 검정색으로 변화시키는 것이었다. 이것은 오늘날에도 남아 있는 산화염료제품이다.

태닝염색은 일시적(한 번 샴푸로 제거), 반영구적(여러 번 샴푸로 제거), 영구적(샴푸에도 안정) 염색으로 나눌 수 있고 각기 태닝 염색처리 방법이 다르다. 모발의 멜라닌(melanin)은 흑색, 갈색, 금색에서 발견되는 eumelanin과 적색에서 발견되는 phaeomelanin의 두 종류가 있다. 흑색은 1～2% eumelanin을 함유하고 태닝색이 옅을수록 eumelanin 함량은 훨씬 적다. 멜라닌은 tyrosine 아미노산의 연속적 효소반응에 의해 생화학적으로 합성된다.

9.1 과산화수소를 사용한 액체표백

모발 탈색은 가정에서 3%, 미용실에서 4.5～6% 과산화수소수를 암모니아수로 대략 pH 10으로 조절한 알칼리성에서 처리하고 탈색촉진제로 peroxydisulfate를 사용한다. 과산화수소는 염기성에서 분해하기 쉽고 산성에서 안정하므로 판매할 때 암모니아와 과산화수소를 두 병에 각기 별도로 담아 판매하고 사용할 때 합쳐 즉시 사용한다. 과산화수소수는 인산, sodium stannate, phenacetin 등으로 약 pH 3.5～4.0 되게 조정한 용액으로 보관하고 빛, 열, 미량 금속에 의해 분해하므로 주의해서 서늘한 장소에 밀봉하여 검은

색 병에 보관한다. 6% 과산화수소 표백용액은 30% 산화수소 활성 성분(20.00%), 물 용매(79.89%), 인산 산성화제(0.02%), phenacetin 안정제(0.04%), EDTA 금속착화제(0.05%)를 섞어 만든다. 괄호 안의 %는 무게백분율(wt %)이다. 표백제를 사용할 때 얼굴과 목으로 흘러내리는 것을 방지하려고 점성부여제를 섞는다. 점성부여제를 섞은 6% 과산화수소 표백제용액은 다음과 같고 괄호 안의 수치는 무게백분율(wt %)이다. 30% 과산화수소 활성 성분(20.00%), nonoxynol-4 점성부여제(2.50%), nonoxynol-9 점성부여제(2.50%), cetyl alcohol 점성부여제(0.15%), 인산 산성화제(0.04%), 물 용매(74.81%).

9.2 표백분을 사용한 고체표백

과산화수소에 의한 태닝표백은 색조를 조절할 수 없지만 표백분에 의한 표백은 색조를 필요에 따라 조절할 수 있다. 과황산 표백 촉진제 성분은 표백활성 과황산포타슘(61.69%), 표백활성 과황산암모늄(22.37%), 알칼리화제 메타규산소듐(13.56%), 안정제 실리카(1.49%), 용해제 라우릴황산소듐(1.19%), 안정제 EDTA(1.19%)이고 %는 무게백분율이다. 이러한 죽 상태 슬러리(slurry)를 몇 분에서 몇 십분 사이에 필요한 시간만큼 모발에 바르면 표백처리된다. 이 과정에서 암모늄염과 포타슘염은 수용액에 제한된 용해도를 가지므로 미리 섞어 사용하는 것이 좋다. 알칼리 pH 조절은 규산과 탄산염을 사용하고 기타 염류를 첨가하여 일정한 반죽 흐름과 흡습성을 유지한다. 과산화물이 없으면 과황산염은 모발 표백력이 약하다. 어떤 경우 표백 단계에서 흑색 모발이 적색 혹은 오렌지로 변하는 사람도 있지만 이것은 생산자들이 표백제에 염료를 섞어 적색을 중화하려고 일부러 섞어 공급한 것이다. 표백을 반복하면 모발 단백질에 포함된 cysteine의 S—S 결합이 절단되어 모발 섬유가 약해지고 손상된다. 표백제의 산화반응에 의하여 소수성 S—S결

표 10-44 에톡시화 페놀 점성부여 갈색염료 로션

성 분	1	2	3	4	5	6	7	8	9	10	11	12	13
함량(wt %)	12.00	5.00	3.00	9.00	2.00	16.00	13.00	0.10	0.20	1.00	0.80	0.20	to 100.00

1 : ammonia 28%(alkalizer)
2 : carbitol(solvent)
3 : polypylene glycol(solvent)
4 : Octoxynol-1(thickener)
5 : Nonoxynol-4(thickener)
6 : Nonoxynol-9(thickener)
7 : ethanol(solvent)
8 : EDTA(stabilizer)
9 : sodium sulfite(antioxidant)
10 : PPD(primary intermediate
11 : resolcinol(coupler)
12 : m-phenyllenediamine(coupler)
13 : water(solvent)

합이 친수성 SO_3H 원자단으로 변하여 cysteic acid로 된다. 따라서 친수성으로 되고 약해져서 다공성으로 변하고 습기와 염료에 친화성이 증가하고 결국에 손상된다. 손상된 태닝은 표백 후에 컨디셔너로 처리해야 한다. 염료 로션은 표 10-44~표 10-47과 같다.

표 10-45 지방 알코올 점성부여 황갈색 염료 크림

성 분	1	2	3	4	5	6	7	8	9	10	11	12	13
함량(wt %)	12.00	21.00	4.00	2.00	10.00	10.00	0.05	0.20	0.20	0.30	0.10	0.20	to 100.00

1 : ammonia 28%(akalizer)
2 : oleic acid(surfactant/buffer)
3 : propylene glycol(solvent)
4 : sodium lauryl sulfate(surfactant)
5 : oleyl alcohol(thickener)
6 : 2-propanol(solvent)
7 : EDTA(stabilizer)
8 : sodium sulfite(anyioxidant)
9 : PPD(primary intermediate)
10 : resolcinol(coupler)
11 : m-aminophenol(coupler)
12 : 2-methyl-5-aminophenol(coupler)
13 : water(solvent)

표 10-46 수용액 염료 로션과 폴리아크릴산 점성부여제 염료

	염료 로션									
성 분	1	2	3	4	5	6	7	8	9	10
함량(wt %)	6.00	4.00	3.00	0.10	6.00	0.10	0.10	0.20	0.20	0.30

	염료 로션				전개제			
성 분	11	12	13	14	15	16	17	18
함량(wt %)	0.50	0.10	0.05	to 100.00	12.00	12.30	0.04	to 100.00

1 : ammonia 28%(alkalizer)
2 : carbitol(solvent)
3 : propylene glycol(solvent)
4 : hectorite(and) hydroxyethylcellulose(Bentone LT, Rheox)(thickener)
5 : ammonium chloride(buffer)
6 : fragrance(esthetics)
7 : EDTA(stabilizer)
8 : sodium sulfite(antioxidant)
9 : PAP(primary intermediate)
10 : PPD(primary intermediate)
11 : resorcinol(coupler)
12 : m-phenylenediamine(coupler)
13 : 1-naphthol(coupler)
14 : water(solvent)
15 : acrylates/Steareth-20 methacrlate copolymer(Aculyn-22, Rohm and Haas)(thickener)
16 : hydrogen peroxide 50%(oxidant)
17 : EDTA(stabilizer)
18 : water(solvent)

표 10-47 진한 황금색 젤 헤어 염색제

성 분	1	2	3	4	5	6	7
함량(wt %)	0.64	0.27	0.30	15.00	7.00	10.00	66.79

1 : 2-(2,5-diaminophenyl)ethanol(primary intermediate)
2 : resorcinol(coupler)
3 : ascorbic acid(antioxidant)
4 : oleic acid(thickener)
5 : 2-propanol(solvent)
6 : ammonia 22%(alkalizer)
7 : water(solvent)

9.3 염색처리 컨디셔닝

산화성 머리염료는 과산화수소 사용 때문에 모발 단백질을 조금 산화하여 파손하는 경향이 있다. 대부분 사용자들은 되풀이하여 산화염료를 사용할 때 점차 머릿결이 거칠어지고 쉽게 엉키고 빗질이 힘들게 변한다. 이것은 때때로 모발이 엉켜서 불균일하게 염색되고 빗질을 어렵게 만든다. 그래서 근래는 염색처리제에 컨디셔너를 직접 첨가하여 빗질, 염색, 린스를 함께 처방한다. 이러한 처방은 일반적으로 염색 후에 모발 표면에 묻은 염료를 제거할 필요가 있기 때문에 거품형성을 돕는 샴푸 역할도 겸하게 처방한다. 그 예는 표 10-48~표 10-50에 있다.

표 10-48 단위체 컨디셔너를 함유한 중간 갈색 컨디셔닝 염료 로션

성 분	1	2	3	4	5	6	7	8	9	10
함량(wt %)	7.60	5.00	5.00	3.00	9.00	2.00	16.00	13.00	3.30	1.20

성 분	11	12	13	14	15	16	17
함량(wt %)	0.10	0.20	1.00	0.80	0.10	0.20	to 100.00

1 : ammonium hydroxide 28%(alkalizer)
2 : linoleic diethanolamide(thickener)
3 : carbitol(solvent)
4 : propylene glycol(solvent)
5 : Octoxinol-1(thickener)
6 : Nonoxynol-4(thickener)
7 : Nonoxynol-9(thickener)
8 : ethanol(solvent)
9 : soya trimethylammonium chloride(coditioner)
10 : distearyl dimethylammonium chloride(conditioner)
11 : EDTA(sequestrant)
12 : sodium sulfite(antioxidant)
13 : PPD(primary intermediate)
14 : resorcinol(coupler)
15 : 2,4-diaminophenoxyethanol(coupler)
16 : frgagrance(estheltics)
17 : water(solvent)

표 10-49 고분자 컨디셔너(polyquaternium 6)를 함유한 옅은 황금색 컨디셔닝 염료 로션

성 분	1	2	3	4	5	6	7	8	9	10
함량(wt %)	20.00	7.60	20.00	18.00	5.00	0.05	0.05	0.10	0.02	to 100.00

1 : oleic acid(thickener/buffer)
2 : ammonium hydroxide 29%
3 : Octoxonol-9(thickener)
4 : 2-propanol(solvent)
5 : polyquaternium 6(conditioner)
6 : EDTA(squestrant)
7 : sodium sulfite(antioxidant)
8 : PPD(primary intermediate)
9 : resorcinol(coupler)
10 : water(solvent)

표 10-50 염색 후 컨디셔너

성 분	1	2	3	4	5	6
함량(wt %)	2.00	4.00	2.00	1.60	0.10	to 100.00

1 : Quaternium-40(conditioner)
2 : Amphoteric-2(Tomah)(surfactant)
3 : hydroxyethyl cellulose(thickener)
4 : phosphoric acid, to pH 4.5(acidifier)
5 : fragrance(esthetics)
6 : water(solvent)

Cetyl 혹은 triammonium chloride 같은 4차 지방족 아민은 아직 머리염색 제품에 컨디셔너로 사용하지만 현재 대부분 제조회사들은 polyquaternium 6, polyquaternium 10, polyquaternium 11 같은 여러 양이온성 고분자를 컨디셔닝제로 사용한다. polyquaternium 6은 첫 번째로 효과적 중합체 컨디셔너였지만 그것의 결점은 개선된 고분자의 개발을 촉진하였다. 양이온성 실리콘과 amidomethicone 같은 siloxane은 일반적으로 함께 사용하지만 과량을 사용하면 끈적거리는 느낌을 주는 경향이 있다. 이러한 몇 가지 컨디셔닝제는 몇 가지 샴푸와 함께 혹은 모발에 대한 강력한 친화성을 갖는다. 지금도 사용되고 있다.

9.4 반영구성 모발염색

반영구성 제품(level 2)은 머리염색 시장에 새로운 중요성을 추가하였다. 처음에 미용실에서 소규모로 시작하였고 1990년대까지 많은 관심을 끌지 못하였다. 이들은 암모니아 이외의 알칼리화제를 과산화물과 함께 사용하고 일반적으로 낮은 pH에서 처방한다. 알칼리화제 선택은 제품 사용 동안에 실제 사용량을 감소하게 만들고 암모니아 냄새를 없애고 더 안전한 인상을 주어 염료-바탕 파마 시장에 좋은 인상을 주었다. 그 당시에 1~2주마다 염색이 3~4주로 연장되어 반영구성 머리염색은 시간과 경제적으로 성공하게 되었다.

이러한 제품은 광택이 덜 중요하므로 제품 성능을 그대로 유지하면서 염색시간을 많이 단축하였다. 염료 중간체 농도를 증가, 혹은 염료-베이스와 다른 계면활성제 농도를 사용하여 20~30분 시간을 5~10분으로 단축하였다. 가끔 과산화물 농도를 진하게 사용한다. 이러한 변화는 level 3 제품의 염색시간을 단축할 것이라고 아무도 주의하지 않았다. 왜냐하면 표백은 전체 level 3 과정에서 느린 단계이기 때문이다.

본래 반영구성 머리염색은 염색 후에 불만을 표시하는 소비자에 대하여 필요한 경우에 혹은 머리를 보정하는 제품으로 혹은 회색범위의 제품으로 자리를 잡았다. 이러한 분위기에서는 더 부드러운 제품이 일반적으로 필요하다. 그러나 천연 머리색을 증강하는 다른 제품들은 회색을 감추기에 필요한 것보다 더 밝고 선명한 색조를 사용하여 그리고 통상적인 것보다 더 부드러운 제품을 사용하여 이들 제품이 시장에서 확실하게 자리를 잡았다. 일반적으로 색을 증강하는 제품들은 알칼리화에 사용하는 시약(알칼리화제)으로 monoethanolamine을 사용하고 pH 9~10 범위에서 사용한다. 이러한 색조는 밝고 투명한 경향이 있고 여러 제품들은 밝게 만드는 염료를 첨가한다. 회색범위 제품들은 일반적으로 알칼리 제품보다 더 낮은 pH 8~9 범위이고 2-amino-methylpropanol (AMP)와 탄산소듐 같은 비-광택성 알칼리화제를 사용한다. 그 제품들은 표 10-51~표 10-53과 같다.

표 10-51 가벼운 갈색 반영구성 염료 로션

성 분	1	2	3	4	5	6	7	8	9
함량(wt %)	10.00	10.00	3.00	2.00	10.50	2.00	16.50	16.00	2.00

성 분	10	11	12	13	14	15	16	17
함량(wt %)	0.10	0.20	0.40	0.40	0.05	0.05	0.20	to 100.00

1 : linoleic diethanolamide(thickener)
2 : monoethanolamine(alkalizer)
3 : carbitol(solvent)
4 : propylene glycol(solvent)
5 : Octoxynol-1(thickener)
6 : Nonoxynol-4(thickener)
7 : Nonoxynol-9(thickener)
8 : ethanol(solvent)
9 : stearyl trimethylammonium chloride(conditioner)
10 : EDTA(sequestrant)
11 : sodium sulfite(antioxidant)
12 : PPD(primary intermediate)
13 : resorcinol(coupler)
14 : 2,4-diaminophenetole(coupler)
15 : HC Red 3(red enhancer)
16 : fragrance(esthetics)
17 : water(solvent)

표 10-52 진한 금색 반영구성 염색 젤

	염료 로션									
성 분	1	2	3	4	5	6	7	8	9	10
함량(wt %)	0.35	0.20	0.20	0.20	0.01	5.00	4.00	4.00	10.0	to 100.00

	현색제					
성 분	11	12	13	14	15	16
함량(wt %)	3.00	6.70	0.10	0.20	0.40	to 100.00

1 : PAP(primary intermediate)
2 : 2-methyl resorcinol(coupler)
3 : m-aminophenol(coupler)
4 : sodium sulfite(antioxidant)
5 : EDTA(sequeatrian)
6 : Polyquternium 6(conditioner)
7 : polyethylene glycol(solvent)
8 : cocoamphopropionate(surfactan)
9 : 2-amino-2-methylpropanol(alkalizer)
10 : warwe(solvent)
11 : hydrogen peroxide(oxidant)
12 : acrylates copolymer(Aculyn 33, Rhom anf Hass)
13 : EDTA(sequestrian)
14 : Nonoxynol-4(thickener)
15 : Nonoxynol-9(thickener)
16 : water(solvent)

표 10-53 비-광택 영구성 머리염색 젤

	염료 로션										
성 분	1	2	3	4	5	6	7	8	9	10	11
함량(wt %)	5.00	1.20	0.50	0.40	2.00	0.50	0.20	0.10	0.10	0.10	to 100.00

	전색제					
성 분	12	13	14	15	16	17
함량(wt %)	3.00	1.50	1.50	0.10	0.10	to 100.00

1 : cocoamphocarboxyglycinate(surfactant)
2 : sodium carbonate(alkaklizer)
3 : sodium carbonate(alkalizer)
4 : sodium citrate(buffer)
5 : stearakonium chloride(conditioner)
6 : PPD(primary intermediate)
7 : resorcinol(coupler)
8 : EDTA(sequestrian)
9 : sodium sulfite(antioxidant)
10 : fragrance(esthetics)
11 : water(solvent)
12 : hydrogen peroxide oxidant)
13 : acrylates copolymer(Aculyn 33, Rhom and Hass)(thickener)
14 : Acrylates/steareth-20 methacrylate copolymer(Aculyn 22, Rhom and Hass)(thickener)
15 : EDTA(sequestrian)
16 : phosphoric acid(acidifier)
17 : water(solvent)

반영구성 염색제품은 가끔 산화제와 기타 성분을 사용하기 전까지 두 용기에 각기 보관하고 사용할 때 섞어 즉시 사용하게 포장한다. 직접 섞는 염료는 암모니아에 대하여 불안정하고 AMP 혹은 탄산염에 안정하므로 일반적으로 monoethanolamine에 대한 안정도 바탕에서 선택한다.

자동-산화성/자체-산화성 염료로서 주요한 염료 중간체는 1,2,4-trihydroxybenzene이고 N,N-bis-hydroxyethyl PPD와 PAP 같은 일차 중간체를 이용하여 색을 변조하여 몇 가지 색조를 만들 수 있다. 그 제품은 빠르게 없어지는 불안정한 거품을 생성하고 농도가 진하면 검정색으로 된다. 표 10-54 중간 갈색 자체-산화성 거품 염색은 모발과 함께 혼합하여 대략 15분 후에 염색한다. 반영구성 염색은 표 10-55~표 10-59와 같다.

표 10-54 중간 갈색 자체-산화성 거품 염색제

성 분	1	2	3	4	5	6	7	8	9	10	11	12
함량(wt %)	0.063	0.132	0.060	0.400	23.000	2.000	0.053	0.013	0.067	0.053	0.040	to 100.000

1 : 1,2,4-benzenetriol(dye intermediate)
2 : ethyl acetate(solvent)
3 : sodium sulfite(antioxidant)
4 : triethanolamine(alkalizer)
5 : ethanol(solvent)
6 : Polyquaternium-11(Gafquat 755, ISP)(conditioner)
7 : Iso Steareth-10(Emuphor AM 650, GAF)(surfactant)
8 : fragrance(esthetics)
9 : stearyl dimethyl benzyl ammonium chloride(conditioner)
10 : dimechicone copolyol(Silicone SF-1066, GE Silicones)(conditioner)
11 : Laureth-23(Brij 35, ICI)(surfactant)
12 : water(solvent)

표 10-55 중간 갈색 반영구성 염색 로션

성 분	1	2	3	4	5	6	7	8	9	10
함량(wt %)	1.405	2.250	6.500	3.106	2.100	1.500	0.298	0.045	0.213	0.450

성 분	11	12	13	14	15	16	17
함량(wt %)	1.110	0.150	0.130	0.220	0.020	0.160	to 100.000

1 : oleic acid(thickener/surfactant)
2 : lauramide DEA(thickener/surfactant)
3 : ethoxyglycol(solvent)
4 : PEG-60 tallow amide(thickener/surfactant)
5 : hydroxyethylcellulose(thickener)
6 : 2-amino-2-methylpropanol(alkalizer)
7 : BHT(antioxidant)
8 : erythorbic acid(antioxidant)
9 : fragrance(esthetics)
10 : disperse Blue 3(dye)
11 : HC Blue 2(dye)
12 : disperse Violet 1(dye)
13 : disperse Black 99(dye)
14 : HC Red 3(dye)
15 : HC Yellow 2(dye)
16 : HC Yellow 4(dye)
17 : water(solvent)

표 10-56 회색-금색 반영구성 염료 로션

성 분	1	2	3	4	5	6	7	8	9	10
함량(wt %)	0.05	0.10	0.10	1.00	3.00	5.00	3.50	2.00	qs	to 100.00

1 : HC Yellow 10(dye)
2 : disperse Blue 1(dye)
3 : HC Blue 2(dye)
4 : lauric acid(thickener/surfactant)
5 : oleyl diethanolamine(thickener/surfactant)
6 : 2-butoxyethanol(solvent)
7 : PEG-50 tallow amide(Ethomid HT-60, Akzo Nobel)(sufactant)
8 : hydroxyethylcellulose(Cellosize WPO 3H, Union Carbide)(thickener)
9 : monoethanolamine, to pH 9.5(alkalizer)
10 : water(solvent)

표 10-57 천연 갈색 반영구성 머리염색 크림

성 분	1	2	3	4	5	6	7	8
함량(wt %)	0.050	0.259	0.020	0.025	7.500	1.750	qs	to 100.000

1 : HG Yellow 12(dye)
2 : HC Blue 2(dye)
3 : HC Blue 12(dye)
4 : disperse Blue 3(dye)
5 : cetyl alcohol(thickener)
6 : lauryl alcohol-diglycol ether sulfate, sodium salt, 28%(surfactant)
7 : diethanolamine, to pH 9.5(alkalizer)
8 : water(solvent)

표 10-58 중간 갈색 반영구성 에어로졸 염색

성 분	1	2	3	4	5	6	7	8	9	10	11	12	13	14
함량(wt %)	0.20	0.20	0.50	0.05	0.08	5.00	5.00	1.50	0.50	1.50	2.00	1.00	2.40	to 100.00

1 : disperse Blue 3(dye)
2 : disperse Violet 1(dye)
3 : HC Blue 2(dye)
4 : 2-nitro-p-phenylenediamine(dye)
5 : HC Yellow 2(dye)
6 : 2-ethoxyethanol(solvent)
7 : lauramide DEA(surfactant)
8 : PEG-50 tallow amide(Ethomid HT-60, Akzo Nobel)(surfactant)
9 : PEG-75 lanolin(Soluan 754, Amerchol)(surfactant)
10 : PEG-10 soyamine(Ethomeen S-20, Akzo Nobel)(sufactant)
11 : tallow fatty acid(surfactant)
12 : triethanolamine(alkalizer)
13 : methyl cellulose(thickener)
14 : water(solvent)

• 제법 : 이 성분은 에어로졸 깡통에 추진제와 함께 84 : 16 비로 채우고 밀봉한다. 머리에 거품을 뿌리고 20분 지나면 중간 금색-갈색으로 변한다.

표 10-59 컨디셔닝 반영구성 적갈색 염료

성 분	1	2	3	4	5	6	7	8	9	10	11	12
함량(wt %)	0.16	0.12	0.16	0.13	5.00	1.50	2.50	0.71	0.50	2.00	0.10	to 100.00

1 : HC Red 3(dye)
2 : HC Red 1(dye)
3 : HC Yellow 4(dye)
4 : HC Orange 1(dye)
5 : methoxydiglycol(solvent)
6 : soya trimonium chloride(conditioner)
7 : ethoxylated oleyl diethanolamide, 50 EO(surfactant)
8 : diethanolamine(alkalizer)
9 : citric acid(pH control)
10 : methyl cellulose(thickener)
11 : fragrance(esthetics)
12 : water(solvent)

• 제법 : 제품들은 점성 액체로 혹은 에어로졸 거품과 무스(mousse)처럼 공급하고 대부분 점성부여제는 셀룰로오스 계통을 사용하지 않고 점성과 거품을 안정화하려고 alkanolamide와 기타 계면활성제를 함께 사용한다. 쉽게 산화되지 않으므로 항산화제는 사용하지 않는다. 염료는 유기용매에 녹여 수용액에 섞는다.

9.5 임시 염색

여러 번 샴푸하면 염색이 씻기고 퇴색하므로 노란색이나 회색 모발을 임시로 감출 필요가 생긴다. 일반적으로 제품은 고분자 산 혹은 분산 염료를 처방한다. 이들은 모발과 친화성이 없고 염료 베이스에 잘 녹는다. 염료는 양이온성 고분자와 착물로 만들어 용해도를 감소하고 모발과 친화성을 증가하고 그 착물은 계면활성제에 의해 염료 베이스에 분산한다. 그 착물은 모발을 피복하고 과량은 씻어버린다. 그 착물도 쉽게 다시 분산되거나 혹은 과량 계면활성제에 의해 파괴되고 샴푸에 의해 제거된다. 염색 린스는 모발에 소량 색을 첨가하게 처방한다. 그런데 일반적으로 사용자들은 그 로션을 염료로 간주하지 않고 무시한다. 임시염색은 표 10-60~표 10-61과 같다.

표 10-60 임시 머리염색 로션

성 분	1	2	3	4	5	6	7	8
함량(wt %)	1.100	0.035	0.300	0.045	1.000	6.000	7.500	to 100.000

1 : hydroxyethyl cellulose(thickener)
2 : D&C Violet 2(dye)
3 : D&C Orange 4(dye)
4 : FD&C Yellow 6(dye)
5 : citric acid(buffer)
6 : ammonium lauryl sulfate(surfactant)
7 : ethanol(solvent)
8 : water(solvent)

헤어스프레이와 헤어 세팅 로션에 사용한 수지(레진)와 고분자는 모발 줄기에 투명한 필름을 형성한다. 염료는 이러한 고분자에 첨가하여 모발에 착색피복을 형성한다. 헤어스프레이는 모발을 균일하게 염색하기 어렵고 그것을 미리 알고 사용해야 한다. 표 10-61과 같은 임시 머리염색 젤을 사용한다.

모발염색은 햇빛에 노출, 샴푸, 일반적 머리손질 때문에 퇴색한다. 이것을 재생하는 방법은 많은 시간을 소비하지 않고 퇴색된 것과 동일한 색을 소량 보충하는 방법이다. 그 방법은 정상적으로 손질하는 동안 혹은 샴푸하는 동안 재생된다. 샴푸 혹은 컨디셔너 베이스에 양이온성 염료를 섞어 짧은 시간에 염색한다. 이 경우에 불균일하게 염색될 가능성이 있으므로 조심해야 한다. 손상되거나 기후변화를 겪은 모발은 그렇지 않은 것보다 많은 염료를 세게 흡착한다. 그리고 양이온성 염료는 특히 손상된 모발이 더 다공성이어서 더 세게 흡착하고 쉽게 제거되지 않는다. 표 10-62는 그 로션을 1~2분 처리한 다음 씻어버리는 갈색 로션이다.

표 10-61 임시 머리염색 젤

성 분	1	2	3	4	5	6	7	8	9	10	11	12	13	14	15
함량(wt %)	1.50	1.00	2.50	0.20	1.10	0.60	1.00	0.20	0.01	0.12	5.00	0.02	5.00	0.15	to 100.00

1 : dimethicone copolyol(conditioner)
2 : PPG-10 methyl glucose ether(surfactant)
3 : polyvinyl'yrrolidone(setting agent)
4 : methylparaben(preservative)
5 : triisopropanolamine(pH control)
6 : carbomer(Carbopol 940, BFGoodrich)(thickener)
7 : Laureth-23(surfactant)
8 : phenoxyethanol(solvent)
9 : EDTA(sequestrant)
10 : D&C Orange 4(dye)
11 : Ext D&C Violet 2(dye)
12 : FD&C Yellow 6(dye)
13 : ethanol(solvent)
14 : fragrance(esthetics)
15 : water(solvent)

표 10-62 컨디셔닝 갈색 재생 염료

성 분	1	2	3	4	5	6	7	8	9	10	11	12	13	14
함량(wt %)	2.00	2.00	1.00	2.90	5.00	0.70	0.50	0.50	0.0182	0.1144	0.0537	0.0423	0.0430	to 100.00

1 : hydroxyethylcellulose(Cellosize, Amerchol)(thickener)
2 : monoethanolamine(alkalizer)
3 : soya trimonium chloride(conditioner)
4 : PEG-50 tallow amide(surfactant/thickener)
5 : carbitol(solvent)
6 : citric acid(pH control/buffer)
7 : Laureth-23(surfactant)
8 : propylene glycol(solvent)
9 : Basic Brown 16(dye)
10 : Basic Blue 99(dye)
11 : Basic Brown 17(dye)
12 : Basic Yellow 57(dye)
13 : Basic Red 76(dye)
14 : water(solvent)

제거는 첫째 sulfonated castor oil 같은 산화제, 혹은 peroxide-persulfate 혼합물과 같은 표백제를 사용하지만 한번 염색된 염료는 쉽게 제거하기 어렵고 제거할 때 모발이 많이 파손된다. 특히 산화제를 사용하여 염색된 염료는 제거하기 어렵다. 다음 표 10-63 염색-제거는 흡수 종이 수건에 묻혀 염색이 제거될 때까지 축축한 상태에서 비벼 제거한다.

표 10-63 염색-제거 타월

성 분	1	2	3	4	5	6
함량(wt %)	5.00	0.25	5.00	25.00	0.40	to 100.00

1 : tetrahydroxypropyl ethylenediamine(solvent)
2 : hexylene glycol(solvent)
3 : cetyl alcohol(surfactant)
4 : ethanol(solvent)
5 : fragrance(esthetics)
6 : water(solvent)

10 모발의 양모와 마무리 손질

문명의 발달 이후에 아름답게 보이는 모발손질은 습관적 행위다. 초기 제품은 자연산이었고 식용유, 물, 버터, 꿀, 식물 추출액 등을 사용하여 모발의 유지, 보수, 탈모방지에 이용하였다. 오늘날 모발과 두피 관리는 화장품 경계를 훨씬 벗어나고 있다. 그러한 제품은 머리비듬 치료, 태닝성장, 태닝건강 개선에 사용한다.

현재 여러 제품들에 함유된 성분들은 털 망울(hair bulb) 호르몬과 아드레날 피질 호르몬 같은 호르몬, E, B_2, B_6 같은 비타민, 아미노산, diphenylhydramine hydrochloride, glycyrrhizin 같은 소염제, lactic acid, resorcinol, salicylic acid 같은 각질-용해제, benzyl nicotineate, nonylic vanilamide, copricum 팅크제, cantrharis 팅크제와 같은 두피자극제, isopropylmethyl phenol, alkyldiaminoethyl glycine hydrochloride solution, p-chloro-m-xylenol, quaterary amine 같은 살균제, 항-비듬 첨가제, 살충제, glycerin, propylene glycol, sorbitol, sodium dl-pyrrolidonecarboxylate 같은 보습제 등이다. 이러한 성분들은 현재 새로운 처방에 도전하고 있다. 현재 미국에서는 비듬처방을 의약품으로 간주하여 FDA에서 규제하고 있다. 그러나 과학자들의 창조성은 FDA 규제를 벗어난 항-비듬제를 발견할 것으로 기대된다.

많은 발전에도 불구하고 탈모 이유는 완전하게 이해하지 못하지만 유전이 주요한 원인이라는 사실이 알려졌다. 두피손질은 bay rum, Peru Balsam, coal tar, glycerin, lactic acid 같은 식물과 의약용 추출물을 포함하는 알코올 로션을 오래전부터 사용하고 있다.

10.1 두피와 모발

지성(*seborrhea oleosa*) 혹은 건성(*pityriasis captis, seborrea sicca*)과 같은 비정상 두피는 화장품을 이용하여 일시적으로 경감할 수 있다. 유전성 이외의 두피 문제는 지나친 씻기, 햇빛과 바람에 노출, 알레르기, 병균미생물의 부분적 감염에 의해 생길 수 있다. 예를 들어 일반 비듬은 두피의 박테리아 감염 결과다.(23) 1963년에 살균제를 함유한 샴푸를 사용하여 두피의 비듬을 감소하였다.(24) 1970년대와 1980년대에 미생물(Pityrosporum ovale)과 비듬 관계를 밝혔고(25)(26)(27) 미국에서 OTC Monograph는 비듬 조절에 사용하는 활성 성분에 대하여 발표하였다.(28)

탈모는 전래적으로 두피 혈액순환 부족이라고 설명했지만 휴지기에서 털 망울이 줄어들 때 모발의 털 망울은 그대로 남아 있으면서 빠져서 머리가 벗어진다. 이 상태는 갑상선기능저하증이라고 한다.

10.2 전래적 두피치료 제품

50여 년 전부터 인기 있는 제품은 여섯 가지 종류다. 첫째 두피강화 증진, 둘째 자작나무에서 추출한 회복제, 셋째 두피마찰, 넷째 두피-연질화 성분, 다섯째 두피로션 분리, 여섯째 머리손질 로션이다.

표 10-64는 각질에 존재하는 필수 아미노산(methionine)이 피부와 모발이 성장하는 털 망울을 통하여 효과적으로 흡수된다고 설명한다.(29) 표 10-65는 알코올 로션이고 끈적거리지 않는다. 자작나무 추출액 성분을 함유하고 두피건강을 증진한다. 유럽에서는 에탄올에 부과하는 알코올 세금 때문에 iosopropanol을 사용하지만 냄새가 너무 강해서 기피한다. 표 10-66과 표 10-67은 알코올 제품이고 두피 마사지에 사용한다.(30) 가끔이 처방에 황을 혼합하여 두피상태에 대하여 효과를 증진한다. 이러한 고전적 처방에 lipsome 제조에 필요한 성분을 사용한 것이 흥미롭다. 이러한 두 가지 성분은 두피에서 발견되는 피부 장벽 지질의 회복과 복원을 돕는다. 두피는 부드러워지고 두피상태가 건조하는 경향을 감소한다.(31)

표 10-64 두피 증강제

구 분	A					B	C	D
성 분	1	2	3	4	5	6	7	8
함량(wt %)	50.00	1.00	3.00	0.20	0.10	55.70	qs 100.00	qs

1 : ethanol
2 : lactic acid
3 : hydrilyzed keratin protein (and) amino acids
4 : lycerin
5 : nicitinic acid(itamin B)
6 : water(aqua)
7 : sodium hydroxide to pH 4
8 : fragrance(parfum), color

• 제법 : A를 B에 가하고 C를 이용하여 pH 4로 조정하고 D를 가하고 두었다가 걸러라.

표 10-65 자작나무 추출액 두피 증강제

구 분	A				B	C		D	E
성 분	1	2	3	4	5	6	7	8	9
함량(wt %)	0.20	0.05	0.20	0.30	60.00	0.30	0.30	qs 100.00	qs

1 : Laneth 15
2 : methyl salicylate
3 : birch(*betula alba*) bud oil
4 : birch(*betula alba*) tar oil
5 : ethanol/isopropanol
6 : acetyl methionine
7 : malic acid
8 : water(aqua)
9 : sodium hydroxide to pH 5

• 제법 : A를 B에 녹여라. C를 D에 녹이고 E를 사용하여 pH 5 되게 조절하라. CDE를 AB에 가하라. 식혀 둔 다음 걸러라.

표 10-66 두피 마사지

성 분	1	2	3	4	5
함량(wt %)	10.00	0.50	0.20	55.00	34.30

1 : tincture of Amica(*Amica*)
2 : balsam Peru
3 : rosemary(Rosemarinus officinalis) oil
4 : alcohol, fragrance(parfum)
5 : water(aqua)

• 제법 : 오일과 팅크처를 알코올 중에 향료와 함께 녹이고 물을 가한다. 식혀 둔 다음 걸러라.

표 10-67 두피 연화 성분

구 분	A			B	C
성 분	Cholesterol	Sulfur	Soybean lechitin	Lsopropyl alcohol	Propylene glycol
함량(wt %)	0.50	0.25	0.15	to 100.00	5.00

• 제법 : A를 B에 녹이고 C를 가하라.

10.3 두피 손질

10.3.1 비듬

비듬은 두피에서 죽은 피부세포의 과량 껍질 때문에 생긴다. 피부 세포들이 죽어 벗겨지는 것은 정상이다. 그러나 어떤 사람들은 만성적으로 또는 어떤 계기의 결과로 비정상으로 많은 껍질이 생기고 적색과 염증을 수반한다. 대부분의 경우에 비듬은 특수한 샴푸로 쉽게 처리된다.

10.3.2 탈모

탈모는 매우 일반적 문제이고 여러 이유로 생길 수 있다. 외과수술 후에 갑자기 많은 탈모를 경험한다. 이러한 탈모는 질병 스트레스와 관련이 있고 일시적이다. 호르몬 문제도 탈모를 발생한다. 갑상선 활동이 지나치거나 부족해도 탈모한다. 이러한 탈모는 갑상선병 치료로 도움을 받을 수 있다. 남성호르몬(androgen) 혹은 여성호르몬(estrogen)이 균형을 잃어도 탈모된다. 호르몬 불균형을 보정하면 탈모현상이 방지된다.

10.3.3 마른버짐

마른버짐(proriasis)는 일반적 두피 문제다. 이 병은 인구의 약 2%에서 발견된다. 두피는 마른버짐이 좋아하는 자리다. 마른버짐은 본래 홍반, 표피박리, 과도각질화, 난각후단비후를 발생하고 모발 밀도의 감소를 가져온다. 현재 치료제는 salicylic acid, local steroid, anthralin, coal tar, wood tar를 이용한다. 이러한 치료는 연고를 이용하지만 불유쾌하고 시간이 많이 걸린다. 그래서 corticosteroid를 함유하는 거품성분이 개발되었다.

10.3.4 머릿니

머릿니(head lice)는 일반적으로 귀의 뒷부분과 목의 뒷부분 근처에서 발견되는 기생곤충이다. 머릿니 감염 의학용어는 *Pediculus humanus capitis*라고 한다. 미국에서 매년 6～12백만 건의 감염 사례들이 발견되고 어른보다 아이들에서 발견되는 것이 보통이다. 머릿니는 특정한 모발의 모양과 너비를 선호하므로 실제로 아프리카계 미국인에서 드물게 발견된다. 머릿니는 가려움을 유발하므로 심리적으로 방해될 뿐이고 건강위험과 질병확산은 없다. 머릿니에 대한 처방은 U.S Patent 7,030,095 ; 7,025,955 ; 7,001,594 ;

6,271,264 ; 6,190,665 ; 6,110,472 ; 6,086,861 ; 5,972,343 ; 5,834,409에 있다.

10.3.5 탈모 처방

태닝 강장제는 모발이 가늘어지고 얇아지고 표백, 염색, 파마에 의한 손상에 사용한다. 미국에서 탈모방지에 인증된 활성 성분은 minoxidil(Pharmacia/UpJohn), piperidine 유도체 등이다. 이것은 처음에 처방으로만 판매되었지만 현재 OTC 의약품으로 허가되었고 여러 변형 제품들이 이용되고 있다. 1% minoxidil을 6개월 동안 사용한 환자는 25% 효과를 보여주었다. 그런데 정상적으로 모발은 가을에 탈모되고 봄에 다시 나온다.

표 10-68은 태닝-조밀화제와 맵시-형성제(styling agent)를 함유한 로션의 한 예다. 이것은 4차아민 PVP와 수분유지성질을 갖는 세포 활성화제(효모)를 함유한다.

탈모는 남녀를 막론하고 번거로운 문제로 대두하였지만 생명력, 수량, 조밀도의 회복을 치료하는 연구는 좋은 결과를 얻지 못하였다. 수년간 남성호르몬, 여성호르몬, 그들의 여러 유도체 화합물들이 인기 있는 치료제였다. 1980년대에 피부에서 발견된 세라마이드(ceramide)와 유사한 활성 glyco-lipid를 동물지방에서 추출하여 사용했지만 FDA 연구에 의하여 새로운 의약으로 인증을 받지 못하였다.

최근에 각질 단백질 생성에 효소와 아미노산이 관여하는 연구는 U.S. Patent 5,843,421 ; 7.182,939 등이 발표되었지만 결과는 아직 미지수다.

표 10-68 태닝-조밀화 로션

구 분	A	B	C	D	E						
성 분	1	2	3	4	5	6	7	8	9	10	11
함량(wt %)	93.20	0.10	0.50	0.10	4.00	0.10	1.00	0.50	0.10	0.50	qs

1. water(aqua), fragrance(parfum)
2. tocopherol nicotinate
3. Polysorbate 80
4. xantham gum
5. Polyquaternium 11
6. cetrimonium chloride
7. Glycereth 26
8. saccharomyces lysate ferment
9. saccharomyces zinc ferment
10. panthenol
11. preservatives

• 제법 : C를 이용하여 60~70℃로 가열하면서 A에 B를 넣는다. D를 ABC에 분산하라. 35℃로 식히고 E에서 저어라.

10.3.6 비-의약품 비듬 치료제

U.S. Patent 4,508,707은 Gibberella fugikuroi를 이용하여 만든 식물 성장촉진제 gibberellin

(헤어토닉 중에 0.001～5%)이 비듬 가려움을 방지한다고 발표하고 또한 gibberellin과 단백질분해효소를 1 : 5～5 : 1로 섞은 혼합물을 헤어토닉에 0.001～1.0% 되게 섞은 것이 효과 있다고 추천한다.

11 웨이브 파마

자연모습의 개선 욕망은 고대로부터 시작되었다. 로마, 이집트, 그리스 시대에 불만족스런 본래 모습에서 새로운 태닝 모양을 찾았다. Nessler와 Grateu(32)에 의해 처음 웨이브 파마(permanent wave)를 시작하였고 1941년에 Evan과 McDonald(33)에 의한 gioglycolic acid를 "Thio Cold Wave"라는 이름으로 사용하기 시작하여 파마 산업을 혁명적으로 바꿔놓았다.

11.1 웨이브 파마의 일반적 메커니즘

웨이브 파마는 두 단계를 필요로 한다. 첫째 모발을 변형하는 동안 구조를 조형해야 한다. 그 다음 변형이 풀어지기 전에 조형인자를 제거해야 한다. 태닝을 응집 세트로 이용할 때 수분 혹은 열을 가소제(plasticizing agent)로 사용한다. 태닝은 수분에 의해 적셔 있는 동안 컬러(curler)에 감거나 컬 아이언(curling iron)으로 가열한다. 가열 혹은 수분은 단백질 구조는 새로운 형태로 염류와 수소결합을 생성하여 열 혹은 수분을 제거한 다음에도 그대로 안정화된다. 이것을 응집-세트(cohesive set)라고 한다. 응집-세팅하는 동안 에너지는 표피 단백질의 이황화-결합에 저장된다. 이 에너지는 그 다음에 컬링 세트에 작용하여 본래 태닝의 모양으로 다시 되돌아간다. 응집-세트의 높은 습도와 태닝이 물에 젖을 때 응집-세트는 빠르게 소실된다. 파마 세트를 얻으려면 이황화(—SS—) 결합이 먼저 끊어져 새로운 모양으로 다시 생성되고 그 변형이 안정화되어야 한다. 웨이브 파마에서 환원제를 이용하여 SS 결합을 먼저 끊고 온화한 산화반응으로 다시 형성된다.

환원단계는 R-SH라는 일반구조를 갖는 mercaptan을 이용한다. 그 활성 화학종은 티올산 음이온(thiolate R—S—)이다. 1 몰 각질 시스틴(keratin cystine)이 2 몰 시스테인

(cysteine)으로 변환되는 2-단계 반응은 다음과 같다.(34)

1단계

$$\text{ker—S—S—ker} + \text{R—S}^- \leftrightarrow \text{ker—S—S—R} + \text{ker—S}^- \quad (1a)$$

keratin (cystine) / meraptan / mixed disulfide / reduced keratin (cysteine)

2단계

$$\text{ker—S—S—R} + \text{R—S}^- \leftrightarrow \text{R—S—S—R} + \text{ker—S}^- \quad (1b)$$

mixed disulfide / mercaptan / disulfide / cysteine

환원단계 후에 태닝을 헹구고 일반적으로 과산화수소를 다음처럼 중화제로 사용한다.

$$2\text{ker—SH} + H_2O_2 \rightarrow \text{ker—S—S—ker} + 2H_2O$$

태닝이 변형상태에 있는 동안 결합이 다시 생성되므로 그 변형을 안정화하여 파마-세트를 유지해야 한다. 이때 thioglycolic acid를 환원제로 사용하면 파마-세트는 다시 산화되지 않는다. 환원반응 속도는 사용한 mercaptan, pH, 농도, 온도, 환원제 성질에 따라 결정된다. sodium bisulfite도 태닝 환원제로 한때 사용했지만 웨이브 형성 효율이 좋지 않아서 근래에 별로 사용하지 않는다.

11.2 모발 손상과 부반응

산화과정은 환원단계 동안에 파괴된 모든 S—S 결합을 재생하지 못하는 것이 알려졌다. 이것은 모발 인장세기를 평균 약 10% 약화한다. 그 이유는 웨이브 파마 동안 cysteic acid로 변환된 cysteine이 S—S 결합 생성에 다시 참여하지 못하여 모발이 필연적으로 약화되기 때문이다. 게다가 비교적 소수성 S—S 결합이 친수성 SO_3^{2-} 원자단으로 치환되어 모발 성질을 변화하기 때문이다. 모발 표면의 소수성 18 methyl icosenoic acid thioester 원자단을 cysteic acid로 치환은 모발 표면에 큰 영향을 주고 훨씬 덜 소수성으로 만든다.

11.3 웨이브 파마의 안전성

Ammonoium thioglycolate(AMT)는 소비자들이 사용한 지 오래되었고 이것에 대한 알레르기 반응도 대단히 드물다.[35] 그러나 glycerol monoglycolate(GMT)는 헤어드레서와 드물지만 손님들에 따라 예민한 감응을 나타냈다[36](유럽에서 GMT는 19%, ATG는 4%).[37] Thioglycolate에 대한 Chemical Ingredient Review(CIR) of the Cosmetic, Toiletry and Fragrance Association(CTFA)은 소비자들이 가끔 사용하는 것은 안전하고 미용사들은 피부접촉을 피하라고 권고한다.[38] 독일에서는 미용사들에게 장갑 사용을 권한다.[39]

11.4 웨이브 파마 처방

표 10-69 처방은 산성 pH에서 쉽게 pH 값이 완충되고 아황산 소듐 혹은 암모늄보다 안정한 아민 아황산 웨이브 파마 로션이다. 발명자는 에탄올아민이 모발 표피로 대단히 쉽게 침투하여 팽창제가 필요없다고 주장한다. 이것은 반응이 느리고 가열 드라이어를 이용하고 결과는 부드러운 웨이브를 생성한다.

표 10-69 아황산 웨이브 파마 성분*

성 분	1	2	3	4	5	6
함량(wt %)	5~10	2	25	3.20 qs to pH 6.1~6.50	0.5	qs to 100

* U.S. Patent, 5,775,342, K. Hosenstein and G. Andrassy(1998).
1 : glycerin or propylene glycol
2 : polysorbate 20
3 : ethanolamine sulfite, 60%
4 : citric acid
5 : fragrance(parfum)
6 : water(aqua)

표 10-70은 "차가운 상태 웨이브" 혹은 같은 시대의 thioglycolate 처방과 다르게 암모늄과 에탄올아민 혼합물을 함유한다. 같은 시대의 "thio" 처방은 100% ammonium thioglycolate를 함유하지만 표 10-70 처방은 암모니아를 적게 함유하는 제품이고 2-ethyl-1,3-hexanediol은 이황화 결합 절단을 촉진하고 헤어 드라이어 온도(50℃)를 이용하면 처리시간을 약 5분 감소한다고 발견자는 주장한다. 일반적으로 열이 필요 없고 처리시간은 20~25분 걸린다.

표 10-70 Thioglycolate 웨이브 파마 성분*

성 분	1	2	3	4	5	6	7	8	9
함량(wt %)	2	7.0	2.0	0.25	6.0	0.25	0.85 qs to pH 8.9~9.2	4.0	qs to 100

* U.S. Patent 4,963,349. R. Mathews, E. Moore and D. Cannell(1990).

1 : polysorbate 20
2 : ammonium thioglycolate
3 : monoethanolamine thioglycolate
4 : chelating agent
5 : nonionic surfactant
6 : fragrance(parfum)
7 : aqua ammmonia
8 : 2-ethyl-1,3-hexanediol
9 : water(aqua)

표 10-71은 대표적 glyceryl thioglycolate 파마 처방이다. pH<7에서 가열 혹은 가열하지 않고 좋은 파마 결과를 얻을 수 있다. 이 처방은 "Thio" acid 파마라고 알려져 있다. 웨이브 로션 효과를 보장하기 위해서 활성제 glyceryl thioglycolate를 사용하기 전에 혼합해야 한다, 사용하기 바로 전에 혼합하면 활성제의 가수분해를 방지하지만 추가로 다른 그릇이 필요하다.

표 10-71 Glyceryl Thioglycolate 웨이브 파마 성분*

성 분	Ammonia	Urea	Nonionic surfactant	Fragrance(parfum)	Water(aqua)
함량(wt %)	0.34~0.85	1.0~15	1.0~6.0	0.10~0.50	qs to 100

* U.S. Patent 4,840,791, R. Mathews, E. Moors and D. Cannell.

• 제법 : 사용할 때 pH 6.80~7.00에서 섞어 사용한다.

표 10-72는 "Thio free"라고 한다. 이 웨이브 로션은 모발을 부드럽게 그리고 손상하지 않으므로 온건하다고 생각한다. 좋은 파마 결과를 나타낸다.

표 10-72 Cysteamine 웨이브 파마 성분*

성 분	Cysteamine	Ammonium Hydroxide	Noxynol-15	Fragrance(parfum)	Water(aqua)
함량(wt %)	7.9~9.0	qs to pH 7.8~8.8	0.90	0.30	qs to 100

* U.S. Patent 5,260,054. A. Nandagiri, R. Abbott and R. Nardone(1993).

표 10-73은 또 다른 "Thio free" 파마 처방이다. thiolactic acid는 thioglycolate보다 소수성이므로 웨이브 파마 형태는 thioglycolate와 다르다. 표 10-73은 pH 8.8~9.20에서 파마가 잘 나오는 암모늄 함량이 적은 완충용액 파마용액이다. pH는 alkanolamine, ammonia 혹은 탄산 암모니아로 조절한다.

표 10-73 Thioacetate 웨이브 파마 성분*

성 분	1	2	3	4	5	6	7	8	9	10	11	12
함량(wt %)	5.56	10.22	1.21	0.74	0.32	0.05	0.50	2.00	0.50	0.50	1.00	qs to 100

* European Patent 712,623 A. Yasuhiro, K. Emiko and K. Sanae, Arai(JP) ; Kawata Emiko(JP) ; Kubo Sanae(JP). Shiseido(1996).

1 : ammonium thiolactate
2 : monoethanolamine thiolactate
3 : monoethanolamine, 99%
4 : ammonium hydroxide 28~30%
5 : ammonium Bicarbonate
6 : EDTA
7 : lauryl dimethylamine Acetate Betaine
8 : polyoxyethylene lauryl ether
9 : fragrance(parfum)
10 : phenoxypropanol
11 : amodimethicone
12 : water(aqua)

표 10-74는 여러 모발 종류에 대하여 보통 웨이브 로션보다 훨씬 더 안전하다. 특히 화학적 혹은 기계적으로 파손된 모발의 파마에 좋은 결과를 얻는다.

표 10-74 Thioglycolate/Dithioglycolate Ester 혹은 염류의 웨이브 파마 성분*

성 분	1	2	3	4	5
함량(wt %)	10~30.5	0~15	0~15	0~3	qs to 100

* U.S. Patent 4,273,143 E. Klemm, W. Edman, E. Erskine and E. McDonough(1981).

1 : thioglycolate ester or salt
2 : dithioglycolate ester or salt
3 : polyhydroxyl compound
4 : salt
5 : water(aqua)

표 10-75는 활성 성분이 dithiol 저분자 고분자이고 다공성 모발에 좋은 파마를 얻는다. 이 dithiol의 이황화물은 화학적으로 손상된 모발의 보수에 좋은 결과를 나타낸다. 활성 성분은 제품의 효율성을 보전하기 위해서 사용하기 전에 섞어야 한다.

표 10-75 Polyethylene Glycol Dimercapto-Acetate 파마 성분*

성 분	1	2	3	4	5
함량(wt %)	15~30	1.50~2.00	0.50	qs to pH 8.50~8.80	qs to 100

* U.S. Patent 5.350,572 A. Savaides, and L. Salce(1994).

1 : polyethylene glycol dimercapto-acetate(mw 540)
2 : nonionic surfactant
3 : fragrance(parfum)
4 : ammonia
5 : water(aqua)

표 10-76은 특이한 운반체 시스템을 갖는다. 그 처방의 35% 성분까지 두 겹 층과 같은 구조를 생성하고 여러 친유성 혹은 물에 난용성 물질들을 용해한다. 이 성분은 웨

이브 파마에 좋은 결과를 얻는 로션이다.

표 10-76 유기물 인지질 웨이브 파마 성분*

성 분	1	2	3	4	5	6	7	8	9
함량(wt %)	50.00	7.00	0.06	0.19	0.25	0.25	0.13	qs to pH 9.20	qs 100

* U.S. Patent 6.221,389 D. Cannel, H. Marthur, N. Nghi, C. Espino, M. Swanborough, M. Kanji, O. Carl and P. Lila(2001).

1 : water(aqua)
2 : ammonium thioglycolate
3 : lechtin
4 : disodium camphodipropionate
5 : Isoceteth-20
6 : amphomer LV-1(Acrylic Copolymer)
7 : AMP
8 : ammonuim hydroxide
9 : water(aqua)

표 10-77은 모발이 산화/환원 반응하여 동시에 부드럽게 그리고 딱딱하게 만드는 성분을 함유한다. 그러므로 중화와 물 헹구기의 두 추가 단계를 생략하여 모발 손상을 감소한다. 이 처방은 중화제를 필요로 하지 않고 모발의 S—S 결합을 동시에 절단하고 재생한다. 이 파마-세트는 모발과 cystamine의 평형반응상수에 대한 cystamine의 큰 영향과 S—S 재생에 유리한 물 헹구기 반대 산화효과 때문이다. 그 파마-세트와 특히 건조 상태에서도 염류 결합 상호반응의 강력한 재배열에 의하여 그리고 모발의 음이온 말단과 cystamine의 가능한 교차결합에 의하여 파마반응이 향상된다.

표 10-77 자체-중화반응 웨이브 파마 성분*

성 분	1	2	3	4	5	6	7	8
함량(wt %)	5~25	0.5~20	1~5	0.5~1.50	0.1~0.5	0.1~3.0	0.1~5.0	0.5~5.0

성 분	9	10	11	12	13	14
함량(wt %)	0.1~4.0	0.01~3.0	0.10~3.0	0.10~2.5	qs to pH 7.30~8.80	qs 100

* U.S. Patent, A. Rezvani, A. Savaides, R. Tasker and T. Kambe(2002).

1 : cysteamine
2 : cystamine
3 : nonionic surfactant
4 : fragrance
5 : chelating agent
6 : Quaternium 75
7 : amidomethicone
8 : urea
9 : cystine polysiloxane
10 : bisulfite
11 : ammonium carbonate
12 : ammonium bicarbonate
13 : ammonium hydroxide
14 : water(aqua)

TOPIC 당신을 날씬하게 만드는 갈색지방

사람은 두 가지 지방조직을 갖는다. 첫째 백색지방은 모든 인체에 분포하고 저장 트리글리세라이드를 함유한 막액포(membranous vacuole)를 갖는 세포집합체로 구성한다. 저장액포수와 크기가 클수록 과체중이다. 둘째 갈색지방(brown fat)은 열을 발생하여 추위에 떨지 않게 만드는 특별한 지방조직이다. 갈색지방은 세포질 안에 대단히 많은 세포와 많은 혈관들이 있고 열 유발 대사반응에 산소를 공급한다. 신생아는 따뜻한 모체로부터 가온이 필요한 바깥세계로 나온다. 이때 신생아는 체내에 이미 열을 발생하는 활성 갈색지방을 많이 가지고 있으므로 외부의 차가운 열 충격으로부터 보호된다. 우리나라에서 매일 6~7시간 찬물에 잠수하는 해녀들은 추위에 떨지 않게 열유발반응에 의해 자신을 보호하는 다량의 갈색지방을 가지고 있다. 갈색지방 함량과 과체중 사이에는 상호관계가 있다. 즉, 당신은 유전인자가 허용해야 날씬해진다. 추위에 적응된 쥐와 그렇지 않은 쥐에 원하는 대로 식품을 먹이고 체중증가를 검사한 결과에 의하면 추위에 적응된 쥐는 더 많이 먹어도 체중이 증가하지 않았다. 그래서 갈색지방이 고칼로리 중과량 지방을 연소한다고 결론지었다.

11.5 중화제 처방

파마 중화제 처방의 활성 성분은 산화제다. 표 10-78처럼 이 산화제는 과산화수소, 과붕산, 과황산암모늄, 브롬산소듐 혹은 포타슘이다. 중화제로 가장 널리 사용하는 산화제는 과산화수소다. 과산화수소는 산성 매질보다 중성과 알칼리 매질에서 대단히 활성이다. 그러나 과산화수소는 pH 3~4에서 가장 안정하고 분해는 산성 매질에서 최소다. 처방전에 과산화수소 안정제로 인산, 타르타르산, 시트르산을 첨가할 수 있다. 수질은 대단히 중요하고 자유 철분 혹은 미량 금속은 절대로 없어야 한다.

표 10-78 과산화수소 중화제 처방*

구 분	A		B	C	D
성 분	1	2	3	4	5
함량(wt %)	2.5	2.5	86.43	8.57	qs to pH 3.5~4.0

* R. Heilingotter, "Permanent Waving of Hair," *The Chemistry and Manufacture of Cosmetics*, Vol.2, M. Devarre ed., Contenental Press, Orlando, FL. 1167(1975).

1 : cetyl alcohol
2 : PEG-100 Stearate
3 : water(aqua)
4 : hydrogen peroxide(35%)
5 : phosphoric acid(10%)

• 제법 : A를 70℃에서 완전히 혼합하게 가열하라. B를 72℃로 가열하라. B를 A에 서서히 저으면서 가하라. 그 에멀젼을 서서히 저으면서 실온으로 식혀라. C를 서서히 가하고 D를 가하면서 pH 3.5~4.0으로 조절하라.

표 10-79는 중화제로 아미노 기능기 고분자 실리콘(분자량 5,000~100,000)을 함유한다. 이 중화제 처방은 모발에 대하여 이중 컨디셔닝 효과를 갖는다. 모발 다공도를 감소하여 간접적으로 웨이브 모발의 건조시간을 감소하고 여러 번 샴푸 후에도 눈에 띄게 컨디셔닝 효과가 그대로 남는다. 중화제에 4차아민 화합물 첨가도 컨디셔닝 효과를 제공하지만 한 번 샴푸로 거의 모든 컨디셔닝 효과는 거의 완전히 제거된다.

표 10-79 컨디셔닝 중화제 처방*

성 분	1	2	3	4	5
함량(wt %)	qs to 100	1~2	2~3	1~2	qs to pH 3.0

* U.S. Patent 5,378,530, E. Borish and T. Kambe(2002).

1 : water(aqua)
2 : cationic silicone(Dow Corning 929)
3 : hydrohen peroxide
4 : buffering agent(citric acid/citrate)
5 : phosphoric acid

표 10-80은 pH 7.3 이상에서 안정하고 효과적 중화제다. pH 7.0 이하에서 브롬산 중화제는 불안정하고 쉽게 브롬을 생성한다. 알칼리성 브롬산 중화제 처방은 산성 과산화수소 중화제에 비하여 모발을 표백하고 손상할 위험성이 있어 매우 위험하다.

표 10-80 브롬산소듐 중화제 처방*

성 분	1	2	3	4	5	6	7	8	9	10	11
함량(wt %)	72.35	8.00	9.00	0.20	2.00	0.01	0.50	1.40	5.00	1.50	qs to pH 7.3~9.5

* U.S. Patent 5,378,530, E. Borish and T. Kambe(2002).

1 : water(aqua)
2 : sodium bromate
3 : urea
4 : sodium hydroxymethyl glycinate
5 : polyquaternium 22
6 : lechitin
7 : monobasic Sodium Phosphate
8 : dibasic sodium phosphate
9 : disodium MIPA Ccamidosulfosuccinate
10 : plysorbate 80
11 : ammonium hydroxide

파마효율의 평가는 문헌(40)(41)을 참고하라.

12 모발 펴기

곱슬머리 혹은 지나친 곱슬머리는 빗질하기 어렵고 손질과 모양내기에 매우 어렵다. 지나친 곱슬머리를 관리하기 쉽고 모양내기 쉽게 일반적으로 첫째 모발을 편 다음 원하는 대로 모양을 형성한다.

세계적으로 아프리카, 카리브, 남아프리카, 중동, 아시아, 북아메리카 지역 인종은 곱슬머리를 갖는다. 이들이 곱슬머리 펴기에 사용하는 화장품 시장은 거의 20억 달러에 달하고 아프리카, 남아프리카, 중동 지역에서 많이 사용한다. 곱슬머리는 직모(straight hair)에 비하여 모양, 지름, 빗질하기, 인장세기, 수분함량이 다르다. 곱슬머리는 원형 막대가 용수철처럼 나사선형으로 꼬인 상태이고 코카스와 동양 지역 인종은 더

그림 10-3 모발의 cystine 결합

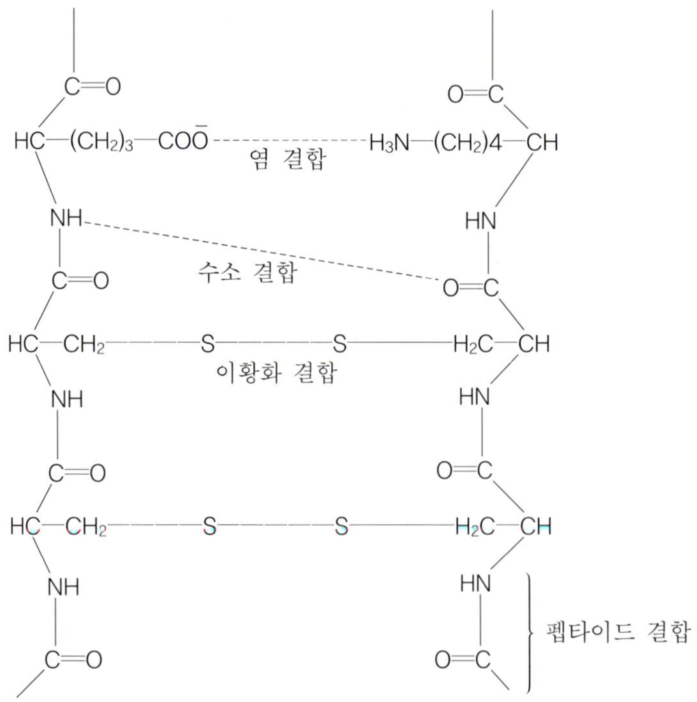

* 모발은 cystine 결합으로 다리결합된 폴리펩타이드 사슬로 구성한다. 그 다리결합은 염류 결합, 수소 결합, 이황화물 결합, —SS—결합이다.

꼬여 있다. 모발은 그림 10-3처럼 cystine 결합으로 다리결합된 이황화물 결합이라고 알려진 폴리펩타이드 사슬로 구성되어 있다. 일반적으로 모발은 네 종류, 즉 peptide 결합, cystine 혹은 이황화물 결합, 수소 결합, 염류 결합을 갖는다. 모발을 내구성 있게 파마하려면 cystine 결합이 변화되어야 내구성을 갖는다.

12.1 곱슬머리 펴기

곱슬머리 펴기는 임시(temporary) 방법과 내구성(permanent) 방법이 있다. 임시 방법은 누르기(pressing)라 하고 내구성 방법은 화학적 이완(chemical relaxing)이라고 한다.

누르기 방법은 오일로 구성된 크림(pomade)을 모발에 바르고 200~230℃로 가열된 금속기구 혹은 금속 빗으로 빗는 과정이다. 이 과정은 임시로 모발을 펴지만 수분과 접촉하면 다시 본래 상태로 되돌아간다. 표 10-81-1 크림은 더 자연스런 광택을 그리고 표 10-81-2 크림은 반짝거리는 빛을 낸다.

표 10-81 모발을 펴내는 크림

	구 분	A								B				C	
	성 분	1	2	3	4	5	6	7	8	9	10	11	12	13	
10-81-1	함량 (wt %)	70.31	0.10	7.50	2.00	7.00	0.01	2.00	–	1.00	0.20	0.25	0.20	0.20	qs to 100.00
10-81-2	함량 (wt %)	59.94	0.10	20.00	–	5.00	0.01	–	4.00	1.00	0.20	0.25	0.30	0.20	qs to 100.00

1 : vegetable shortening(hydrilyzed)
2 : propylparaben
3 : castor(Ricinus communis) oil
4 : lanolin
5 : beewax(cera alba)
6 : BHA
7 : phenyl dimethicone
8 : steaoxytrimethyl silane (and) stearyl alcohol
9 : water(aqua)
10 : methyl paraben
11 : imidazolidinyl urea
12 : sodium borate
13 : fragrance(parfum)

• 제법 : A를 스테인리스 용기에 넣어라. 혼합기로 저으면서 80℃로 가열하라. B를 별도의 용기에 무게를 달아 넣고 저으면서 80℃로 가열하라. A와 B가 일단 80℃로 가열되면 B를 A에 가하고 10분간 저어라. 혼합물을 50℃로 식히고 C를 가하라. 30℃로 식히고 용기를 100.00 mL 되게 채워라.

12.2 화학적 곱슬머리 펴기

화학적 곱슬머리 펴기는 네 종류 직모제(straightener)를 사용한다. 첫째는 아황산(sulfite) 직모제, 둘째는 thioglycolate 직모제, 셋째는 알칼리 금속 수산화물 혹은 4차 수산화 암모늄 직모제, 넷째는 guanidine 수산화물 직모제다.

12.2.1 아황산 직모제

1950년과 1960년대는 직모제로 아황산계를 사용했지만 팽창제로서 우레아(urea)를 아황산 암모늄[$(NH_4)_2SO_3$] 혹은 수소화아황산 암모늄[$(NH_4)HSO_3$]과 함께 사용하면 모발이 손상되기 때문에 더 이상 사용하지 않는다. 그러나 이 제품은 두피에 대하여 수산화소듐보다 자극성이 적다. 모발의 cystine 결합 파괴는 아황산 로션의 pH에 따라 결정된다. pH 4~6에서 최대로 파손된다. 이러한 종류의 제품은 pH 6.5~7.5다. 왜냐하면 pH 6 이하에서 원하지 않는데도 불구하고 SO_2를 발생하기 때문이다. 아황산-처리 모발은 탄산소듐 혹은 수소화탄산 소듐 용액으로 5분간 중화한 다음 머리모양을 형성한다. 아황산 이완제(relaxer)와 중화제(neutralizer)의 예는 표 10-82와 표 10-83에 있다.

표 10-82 아황산 모발 이완제*

구 분	A				B		C
성 분	1	2	3	4	5	6	7
함량(wt %)	77.30	1.50	9.00	10.00	2.00	0.20	qs to 100.00

1 : water(aqua)
2 : carbomer
3 : ammonium bisulfite
4 : urea or diethylene urea
5 : ceteareth 20
6 : fragrance(parfum)
7 : ammonium hydroxide 28%, to pH 7.2

• 제법 : 물을 스테인리스 용기에 넣어라. 혼합기를 사용해서 carbomer를 분산하라. A의 나머지를 가하라. 다른 별도의 스테인리스 용기에 B를 혼합하고 A에 가하라. C를 사용하여 pH 7.2로 조절하라.

표 10-83 중화제 용액

구 분	A				B	
성 분	1	2	3	4	5	6
함량(wt %)	94.26	2.35	2.94	0.15	0.10	0.20

1 : water(aqua)
2 : sodium bicarbonate
3 : sodium carbonate
4 : EDTA
5 : fragrance(parfum)
6 : ceteathmn 20

아황산 이완제 사용법

① 우선 헤어 샴푸를 하고 수건으로 건조하라.
② 머리를 똑같이 4등분하라. 붓을 사용하여 목덜미로부터 앞이마 쪽으로 이완제 젤을 칠하라.
③ 머리를 플라스틱 모자로 20분간 덮어라. 표백 혹은 파마 착색 머리는 10분만 그대로 유지하라.
④ 모자를 제거하고 머리 상태에 따라 10~20분 매만져라.
⑤ 철저하게 머리를 헹궈라.
⑥ 중화제 용액으로 중화하고 5분간 그대로 둔다.
⑦ 염기성이 남지 않게 머리를 철저하게 헹궈라.
⑧ 원하면 다른 헤어스타일 과정을 거쳐라.

12.2.2 thioglycolate 직모제

Thioglycolate 직모제는 일반적으로 소수민족 모발관리 산업에 이완제로 사용하지 않는다. 그들에게 인기가 없는 이유는 다음과 같다.

첫째 모발과 두피에 대하여 바람직하지 않을 정도로 건조하고 소비자들은 매일 모발과 두피의 건조와 싸우기 위해 기름기를 유지하는 제품을 사용해야 한다. 둘째

표 10-84 thioglycolate 직모제 크림

	구 분	A					B				C				
	성 분	1	2	3	4	5	6	7	8	9	10	11	12	13	14
10-84-1	함량 (wt %)	10.00	1.00	1.00	1.00	–	66.60	–	0.40	0.50	0.20	14.00	1.00	4.30	–	qs to 100.00
10-84-2	함량 (wt %)	2.00	1.00	1.00	1.00	8.00	69.80	0.20	–	0.50	0.20	14.00	–	–	2.30	qs to 100.00

1 : emulsifying wax NF
2 : fatty alcohl
3 : glyceryl stearate
4 : mineral oil(paraffinum liquidum)
5 : emulsifying wax(Evanol)
6 : water(aqua)
7 : trisodium HEDTA
8 : tetrasodium EDTA
9 : sodium lauryl sulfate
10 : fragrance(parfum)
11 : ammonium thioglycolate 60%
12 : diammonium dithioglycolate 40%
13 : ammonia aqua 28%
14 : ethanolamine

• 제법 : B를 스테인리스 용기에 넣고 혼합하면서 78~80℃로 가열하라. 또 다른 용기에 A를 넣고 혼합하면서 78~80℃로 가열하라. A에 B를 넣고 5~10분 혼합하라. 45℃로 식히고 미리 섞은 C를 넣어라. 이것을 25℃로 식혀라. 이것을 pH 8.9~9.3으로 조절하라. thioglycolic acid는 pH 7.3~7.5로 조절하라.

thioglycolate 이완제를 사용하여 직모 상태로 만들면 부드럽지 않아서 계속해서 알칼리-바탕 이완제로 처리해야 한다. 셋째 thioglycolate 이완제는 매우 불유쾌한 냄새를 가져서 건강에 해롭고 모발을 손질할 때 배기시설이 필요하다. 넷째 thioglycolate 이완제는 기밀용기에 충전해야 한다. 그렇게 해도 수년 안에 심하게 산화된다. thioglycolate 직모제 크림을 표 10-84에 제시한다.

Thioglycolate는 각질의 시스틴 결합을 환원하고 환원된 시스틴 결합은 과산화수소 혹은 브롬산소듐 중화제에 의해 재형성된다. thioglycolate 이완제의 반응 메커니즘은 다음과 같다.

$$\underset{\text{모발}}{\text{KSSK}} + \underset{\text{thioglycolate}}{\text{HSCH}_2\text{COO}} \rightarrow \underset{\text{환원 모발}}{\text{2KSH}} + \underset{\text{dithioglycolate}}{\text{OOCCH}_2\text{—S—S—CH}_2\text{COO}}$$

$$\text{2KSH} \xrightarrow[\text{혹은 브롬산소듐 용액}]{\text{H}_2\text{O}_2} \text{KSSK}$$

Thioglycolate 직모제는 진한 크림 혹은 젤 형태로 조제한다. 그러나 젤은 직모제로 사용하는 동안 곱슬머리 탄성을 유지하지 못하므로 바람직하지 않다. 표 10-84-1과 표 10-84-2의 중화제 용액은 표 10-85와 같다.

표 10-85 중화제 용액

성 분	Water(aqua)	polyquaternium 6	Urea	Sodium bromate	Disodium phosphate (pH 6.8~7.0)
함량(wt %)	84.00	1.00	5.00	10.00	qs to 100.00

Thioglycolate 직모제의 사용법

① 모발에 남아 있는 여러 물질을 제거하기 위해 먼저 샴푸를 하고 수건으로 머리를 건조한다.

② 머리를 4등분하고 붓을 사용하여 thioglycolate 크림 직모제를 목덜미로부터 앞이마 쪽으로 고르게 바른다.

③ 플라스틱 모자를 쓰고 염색머리는 10분간, 다르게 손질한 머리는 15분간 따뜻한 건조기 안에서 기다린다.

④ 모자를 벗고 원하는 형태로 모발이 펴지게 전체 머리를 부드럽게 손질한다.

⑤ 머리를 철저하게 염기성이 남지 않게 헹구고 수분을 수건으로 흡수하고 글리세린을 많이 함유한 머리모양을 가꾸는 제품을 사용하라.

⑥ 원하는 모양으로 모발을 손질하라.

12.2.3 알칼리 금속 수산화물 직모제

곱슬머리는 수산화리튬, 수산화소듐, 수산화포타슘과 같은 알칼리 금속 수산화물을 사용하여 내구성 직모 형태로 모발을 펼 수 있다. 알칼리 금속 수산화물을 물, 오일, 에멀젼화제와 섞는다. 이 에멀젼을 모발 이완제(hair relaxer)라고 한다. 모발에 대한 알칼리 금속 수산화물의 화학반응을 lanthionization 반응이라 하고 모발의 시스틴 함량 중에서 1/3이 lanthionine으로 그리고 펩타이드 결합의 일부분이 가수분해하면서 화학변화를 한다.(42)(43)

모발과 알칼리 금속 수산화물의 반응 메커니즘은 그림 10-4처럼 친핵성 수산화소듐 반응이 시스틴 결합을 반응성 중간체의 dehydroalanyl 잔기와 황으로 변한다. dehydroalanine 대부분은 모발 섬유의 아미노 및 티올 원자단과 다시 반응하여 lanthionine과 lysinoalanine 다리결합을 형성한다.

그림 10-4 시스틴과 알칼리 수산화물의 lanthionization 반응

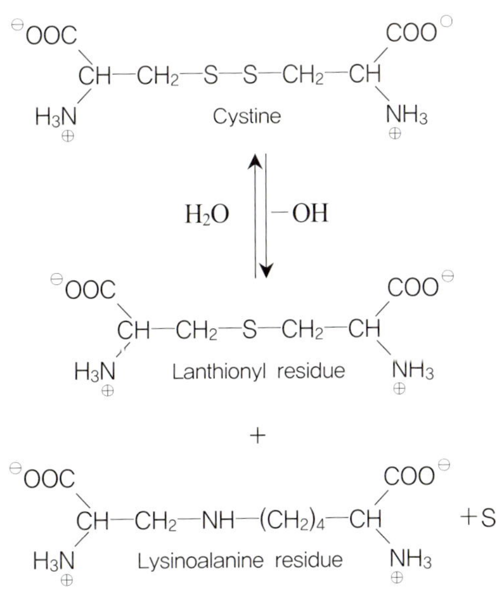

염기성 petroleum(혹은 petrolatum) cream은 두 단계 과정을 거쳐 곱슬머리를 편다. 첫 단계는 염기성 크림 이완제(base cream relaxer)라고 알려진 수산화소듐 함유 pertolatum 크림(혹은 petroleum 젤리라고 한다)을 모발과 두피에 자유스럽게 바르고 13~18분 둔다. 둘째 단계는 이완제 크림을 헹구고 낮은 pH 샴푸로 씻고 말린다. 이러한 염기성 petrolatum 크림은 표 10-86~표 10-88에 있다.

표 10-86 염기성 석유 크림(petroleum cream base)

성 분	Petroleum jelly	Mineral oil(paraffinum liquidum)
함량(wt %)	80.00	20.00

• 제법 : A와 B를 스테인리스 용기에 넣고 혼합하면서 70℃로 가열한다. 50℃로 식혀 100.00으로 채운다.

표 10-87 염기성 모발 이완제 크림

구 분	A	B	C		D		E	F
성 분	1	2	3	4	5	6	7	8
함량(wt %)	68.70	1.00	1.50	1.50	12.00	12.00	3.10	0.20

1 : water(aqua)
2 : bentonite
3 : sodium lauryl sulfate
4 : PEG-75 lanolin
5 : pertrolatum
6 : ceteraryl alcohol
7 : sodium hydroxide
8 : fragrance(parfum)

• 제법 : 혼합기를 설치한 스테인리스 용기에 A를 넣는다. A를 고속으로 저으면서 B를 섞는다. 균일하게 섞이면 C를 가하고 혼합하라. ABC를 80℃로 가열하면서 D를 가하고 15~30분간 혼합하라. 50℃로 식히고 E와 F를 가하고 15분간 혼합하라. 25℃로 식혀라. 수산화소듐 함량을 확인하라. 수산화소듐은 3.0~3.10% 범위여야 한다. 콜로이드 밀로 균일하게 섞어라.

표 10-88 중화용 샴푸

구 분	A					B	C	
성 분	1	2	3	4	5	6	7	8
함량(wt %)	86.30	0.20	10.00	3.00	0.20	9.50	0.20	0.10

1 : water(aqua)
2 : preservatives
3 : sodium lauryl sulfate
4 : cocamide DEA
5 : EDTA
6 : citric acid, to pH 5.0
7 : fragrance(parfum)
8 : FD&G Yellow #5, 1.0% solution

• 제법 : 스테인리스 용기에 A를 넣고 저으면서 80℃로 가열하라. 45℃로 식히고 B와 C를 가하라. pH를 확인하라.

염기성 모발 이완제 크림 사용법

① 이완제를 처리하기 24시간 전부터 샴푸하지 않아야 한다. 그렇지 않으면 두피에 염증이 생길 수 있다. 헤어라인, 귀밑, 두피에 염기성 크림을 칠하라.
② 머리를 4등분하고 빗 혹은 솔로 염기성 크림 이완제를 목덜미로부터 앞이마 쪽으로 칠하고 8분간 두어라.
③ 4등분 전체를 빗으로 두 번 앞뒤로 섞어 빗어라.
④ 가는 모발은 13분, 중간 모발은 15분, 억센 모발은 18분 걸린다.
⑤ 예정된 시간이 지난 다음 혹은 모발이 펴지고 평편해지면 샴푸 세척용액이 맑을 때까지 이완제를 헹궈라. 머리에서 이완제 씻기에 3~45분 걸린다.
⑥ 모발과 두피로부터 이완제 찌꺼기를 완전히 제거하기 위하여 그리고 염기성이 제거될 때까지 표 10-88 중화용 샴푸를 두 번 사용하라.
⑦ 모발은 보통 컨디셔너를 사용하라.
⑧ 드라이어 혹은 세팅 로션을 사용하여 머리를 다듬어라.

염기성 이완제는 두 단계 과정을 거치므로 시간이 많이 걸린다. 그리고 이러한 이완제는 활성 수산화소듐 함량(3.0%)이 많으므로 가끔 모발이 손실된다. 염기성이 없는 크림 이완제(no base cream relaxer)라는 새로운 이완제는 수산화소듐 함량이 2.0~2.4%이고 이것은 두피에 대하여 더 안전하고 모발 손실이 적고 과정이 한 단계 더 적기 때문에 크게 개선된다. 그래서 이러한 염기성 없는 크림 이완제는 아프리카계 미국인뿐만 아니라 파마 모발의 선형화에도 사용한다. 염기성이 없다고 설명하지만 그것은 과장된 말이고 사실은 표 10-89처럼 적게 함유한다.

표 10-89 염기성이 적은 모발 이완제 크림

구 분	A					B	C	D
성 분	1	2	3	4	5	6	7	8
함량(wt %)	40.00	8.00	4.00	3.00	1.20	41.60	2.00	0.20

1 : petrolatum
2 : cetearyl alcohol
3 : lanolin
4 : PEG-75 lanolin
5 : sodium stearate
6 : water(aqua)
7 : sodium hydroxide
8 : fragrance(parfum)

• 제법 : 혼합기를 설치한 스테인리스 용기에 A를 넣고 저으면서 80℃로 가열하라. 다른 용기에 B를 넣고 80℃로 가열하라. B를 A에 가하고 30분간 고속으로 저어라. 50℃로 식히고 C와 D를 가하라. 고속 젓기를 멈추고 서서히 저으면서 25℃로 식히고 수산화소듐 함량을 확인하라. 콜로이드 밀을 이용하여 밀링(milling)하라. 수산화소듐 함량은 이완제 세기는 모발의 부드러움, 중간, 굵은 상태에 따라 변할 수 있다.

염기성이 적은 이완제 크림 사용법

① 이완제를 사용하기 24시간 전에 샴푸하지 마라. 그러지 않으면 두피에 염증이 생길 수 있다.
② 헤어라인과 귀밑에만 그리고 두피는 피하고 염기성 크림을 칠하라.
③ 머리를 4등분하고 붓을 사용하여 염기성 없는 이완제 크림을 칠하라. 목덜미로부터 앞이마 쪽으로 칠하라. 시간은 8분 걸린다.
④ 4등분한 머리 전체를 빗으로 앞뒤로 두 번 빗어라. 전체 시간은 가는 머리 13분, 중간 머리 15분, 억센 머리는 18분 걸린다.
⑤ 예정된 시간이 지나거나 모발이 펴지고 평편해지면 물이 맑을 때까지 염기성이 남지 않게 이완제를 헹궈라. 이완제를 머리에서 씻기에 3~5분 걸린다.
⑥ 표 10-88 중화용 샴푸를 두 번 사용하여 모발과 두피에서 이완제 찌꺼기를 완전히 제거하라.
⑦ 원하면 보통 컨디셔너를 사용하여 모발을 컨디셔닝하라.

이러한 이완제는 모발을 너무 많이 직선화하는 경향이 있고 결과적으로 모발의 인장세기는 원하는 정도보다 더 감소된다. 이러한 이완제도 헹구기는 어렵고 때때로 두피에 많은 염증을 발생하였다. 이러한 마이너스 효과의 이유는 이완제의 보관수명 때문이었다. 보관하는 동안 실온에서 그리고 40℃에서도 이완제 성분 중에 오일-상과 물-상이 쉽게 분리되었다. 크림이 분리되면 물에 녹는 수산화소듐 활성 성분이 물-상으로 이동하여 조화되지 않는 직모화, 두피염증, 모발 손실 등이 생긴다. 어떤 제조회사는 사용하기 직전에 섞어 사용하기를 권장하지만 실온에서 물과 오일이 균일하게 섞이지 않는다.

Revlon회사는 이러한 불만을 해소하는 새로운 염기성이 적은 이완제 상품을 "머릿결이 좋은 크림 이완제"라는 이름으로 출시하였다. 이러한 이완제는 열에 더 안전하고 두피에 안락하게 사용할 수 있고 모발과 두피에서 쉽게 헹궈진다. 그러나 이것은 이전 것보다 잘 펴지지 않았지만 고객들로부터 더 환영을 받았다. 그 처방은 표 10-90과 같

표 10-90 머릿결이 좋은 염기성이 적은 이완제 크림

구 분	A					B		C	D
성 분	1	2	3	4	5	6	7	8	9
함량(wt %)	37.00	1.00	10.00	2.00	0.10	45.50	2.00	2.20	0.20

1 : pertroltum　2 : cetearyl alcohol　3 : emulsifying wax N.F
4 : Laneth 20　5 : dimethicone　6 : water(aqua)
7 : propylene glycol　8 : sodium hydroxide　9 : fragrance(parfum)

고 제법과 사용법은 표 10-89와 같다. 표 10-90은 열에 더 안정하고 모발을 너무 많이 펴지 않고 고객들이 선호한다.

Johnson회사에 의해 1970년대에 개발된 표 10-91-1과 표 10-91-2 이완제는 4차 암모늄 고분자를 함유한다. 이것은 젖은 상태에서 빗질이 매우 쉽고 동시에 모발을 이완한다. 사용방법은 표 10-89와 같다.

표 10-91 양이온 고분자를 함유한 컨디셔닝 염기성 없는 이완제*,**

	구 분	A					B			C	D
	성 분	1	2	3	4	5	6	7	8	9	10
10-91-1	함량(wt %)	35.00	8.00	1.00	1.00	–	46.60	5.00	1.00	2.20	0.20
10-91-2	함량(wt %)	25.00	8.00	1.00	1.00	10.00	46.60	5.00	1.00	2.20	0.20

* U.S. Patent, 4,175,572, Hsiung and W. Mueller(Nov. 27, 1979).
** U.S. Patent, 4,237,910, E. Khallil and A. Syed(1980).

1 : petrolatum
2 : cetearyl alcohol
3 : polysorbate 20
4 : Laneth 20
5 : hectorite clay gel
6 : water(aqua)
7 : propylene glycol
8 : polyquaternium-6
9 : sodium hydroxide
10 : fragrance(parfum)

• 제법 : 제법은 표 10-89와 같다.

표 10-92 촉감이 좋은 염기성 없는 이완제와 사후-이완제(사전-중화용) 컨디셔너*

	구분	A					B								C	D
	성분	1	2	3	4	5	6	7	8	9	10	11	12	13	14	15
10-92-1 이완제	함량 (wt %)	40.00	10.00	1.00	1.00	0.50	40.10	5.00	–	–	–	–	–	–	2.20	qs
10-92-2 사후 컨디셔너	함량 (wt %)	–	–	–	–	–	88.50	5.00	1.00	1.00	2.00	2.00	5.00	0.20	0.25	qs

* U.S. Patent 4,602,648 A. Syed and K. Gross(July 29, 1986).

1 : petrolatum
2 : emulsifying wax
3 : cetearyl alcohol
4 : Laneth 20
5 : PEG-75 lanolin
6 : water(aqua)
7 : propylene glycol
8 : PEG-60 lanolin
9 : N-(2-hydroxyethyl) N-acetylEthandamine
10 : hydrchloric acid, conc
11 : polyquaternium
12 : hydrolyzed animal protein
13 : methylparaben
14 : imidazolidinyl urea
15 : sodium hydroxide
16 : fragrance(parfum)

• 제법 : 표 10-92-1 제법은 표 10-89와 같다. 표 10-92-2 제법은 다음과 같다. B를 스테인리스 용기에 넣고 저으면서 80℃로 가열한다. 50℃로 식히고 D를 가한다. 15분간 혼합하라. 25℃로 식혀라. 필요하면 pH 2.5~3.0으로 조절해야 한다. 적당한 용기에 옮겨라.

이러한 이완제로 처리한 머리는 젖은 상태와 건조 상태에서 빗질이 매우 쉽고 머리는 가벼운 느낌과 감촉이 부드럽다. 양이온성 고분자(polyquaternium-6)를 섞은 이러한 이완제는 모발 성질을 개선하지만 두피는 처음에 개발된 1세대 이완제(표 10-82)보다 편안하지 않았다. 이러한 이완제계의 고질적 결점은 새로운 이완제의 성공을 방해하고 더 이상 시장에서 설 자리가 없었다.

1984년에 Soft Sheen Products에 의해 개발된 이완제는 제법이 알려져 있지 않지만 사후-이완제(사전-중화용) 컨디셔너를 함유한 "결이 좋은" 이완제 크림을 발표했다. 그것은 양이온성 고분자(polyquaternium-6)를 함유한 크림 이완제와 같은 정도로 머리를 부드럽게 컨디셔닝하지만 Johnson 크림 이완제처럼 두피를 불안하게 만들지 않았다. 이러한 이완제와 사후-이완제(사전-중화제) 컨디셔너를 표 10-92에 제시한다.

12.2.4 컨디셔닝 이완제

이러한 헤어 컨디셔닝 바로 뒤 이완제와 사전 중화는 이완제로부터 두피 염증을 일으키는 양이온성 고분자 함유 Johnson 이완제보다 좋지만 그 새로운 Soft Sheen Product의 컨디셔닝과 부드러운 성질은 개선할 여지를 열어 놓았다. 매우 낮은 pH의 사후-이완제(사전-중화제) 컨디셔너와 관련이 있는 이러한 이완제를 사용할 때 모발이 본래 상태로 되돌아가는 것이 불만이었다.

1985년에 Avlon Industries Inc.는 두피 종류와 모발의 pH와 관련이 있는 이완제를 발표했다. 정상 두피는 활성제로 수산화소듐, 그리고 예민한 두피는 활성제 성분으로 guanidine hydroxide를 함유한 이완제(두 성분)를 추천한다. 그 두 가지 이완제 종류는 양이온성 고분자를 함유하는 사전-이완제 컨디셔너(Affirm Protecto [pre-relaxer] Conditioner, Avlon Industries, Inc. Bedford Park, IL)를 새로운 육모제 함유 제품으로 추천했다. 그 이완제는 다음에 pH 13.0으로 증가하여 모발에 사용했다. 이때 모발 표피는 넓게 열리고 다량의 양이온성 고분자가 모발 줄기 안으로 침투한다. 그 이완제는 예정된 시간 후에 머리에서 헹구면 직선으로 나타난다. 모발의 pH는 대략 10으로 감소한다. 그래도 모발 표피는 열린 상태로 남는다. 그러므로 pH 4.5～5.0 양이온성 고분자를 함유하는 사후-이완제 크림 컨디셔너는 모발 중심부에(표피에) 더 많이 침투하게 5분간 둔다. 그 다음 행구고 양이온성 고분자를 함유하는 pH 균형 샴푸로 처리한다. 사전-이완제 컨디셔너, 양이온성 크림 이완제, 사후-이완제 컨디셔너(Affirm Positive Link® Conditioner or Affirm 5-in-1 Reconstructor Conditioner, Avlon Industries, Inc. Bedford Park, IL) 그리고 중화용 샴푸의 성분들을 표 10-93～표 10-96에 제시한다.[44]

표 10-93 사전-이완제 컨디셔너

구 분	A		B	C	
성 분	1	2	3	4	5
함량(wt %)	97.35	0.20	2.00	0.20	0.25

1 : water(aqua) 2 : methyl paraben 3 : cationic polyamine
4 : fragrance(parfum) 5 : imidazolidinyl urea

• 제법 : A를 스테인리스 용기에 넣고 78℃로 가열하면서 저어라. B와 C를 가하고 혼합하면서 25℃로 식혀라. 적당한 용기에 옮겨라.

표 10-94 양이온성 크림 이완제

구 분	A					B			C
성 분	1	2	3	4	5	6	7	8	9
함량(wt %)	15.00	25.00	12.00	2.00	2.00	40.60	2.20	1.00	0.20

1 : petrolatum 2 : mineral oil(paraffinum liquidum) 3 : stearyl alcohol
4 : laureth-12 5 : glycerol monostearate SE 6 : water(aqua)
7 : sodium hydroxide 8 : cationic polyamine 9 : fragrance(parfum)

• 제법 : 표 10-89와 같다.

표 10-95 사후-이완제 컨디셔너

구 분	A				B			C	D
성 분	1	2	3	4	5	6	7	8	9
함량(wt %)	87.70	0.20	0.50	1.00	5.00	5.00	0.10	0.50	9.50

1 : water(aqua) 2 : methylparaben
3 : cationic polyamine 4 : quaternary ammonium chloride
5 : mineral oil(paraffinum liquidum) 6 : emulsifying wax
7 : propylparaben 8 : fragrance(parfum)
9 : citric acid, to pH 5.0

• 제법 : A를 스테인리스 용기에 넣고 저으면서 80℃로 가열하라. B를 다른 용기에 넣고 80℃로 가열하라. 80℃에서 B를 A에 넣고 5분간 혼합하라. 50℃로 식히고 그 온도에서 C와 D를 가하라. 저으면서 25℃로 식히고 적당한 용기에 옮겨라.

표 10-96 양이온성 중화용 샴푸

구 분	A							B	C	
성 분	1	2	3	4	5	6	7	8	9	10
함량(wt %)	81.65	0.200	0.25	0.20	10.00	4.00	3.00	0.50	0.20	qs

1 : water(aqua)
2 : methylparaben
3 : imidazolidinyl urea
4 : disodium EDTA
5 : ammonium lauryl sulfate
6 : cocamide DEA
7 : Polysorbate 80
8 : cationic polyamine
9 : fragrance(parfum)
10 : citric acid(pH 5.0)

• 제법 : 표 10-88과 같다.

■ 양이온성 polyamine을 함유한 크림 이완제 사용법

주의사항(45)

① 항상 이완제를 사용하기 전에 보호 장갑을 껴라.
② 이완제를 사용하기 적어도 48시간 전에 머리 샴푸를 하지 마라.
③ 두피에 자극이 생기거나 벗겨지거나 혹은 상처가 생기면 사용하지 마라.
④ thioglycolate를 함유하는 웨이브 파마제를 사용했으면 사용하지 마라.
⑤ 표백 혹은 50% 이상 흰머리에 사용하지 마라.
⑥ 파손, 갈라짐, 혹은 기타 손상된 머리에 사용하지 마라.
⑦ 염색(표백하지 않은)과 좋은 상태로 염색한 머리는 약하게 사용하라(항상 처음에 이완제를 그리고 다음에 2주일 후에 염색하라. 이 방법을 반대로 하지 마라).
⑧ 이완제는 새로 나오는 모발에만 사용하라.
⑨ 이완제가 두피에 자극을 유발하면 즉시 모든 이완제를 헹구고 중화용 샴푸로 샴푸하라. 자극이 계속되면 의사를 방문하라.
⑩ 우연하게 삼켰으면 즉시 의사를 방문하라. 구토하지 마라.
⑪ 아이들의 손이 닿지 않게 주의하라.
⑫ 눈에 이완제가 들어가면 물로 철저히 씻고 의사를 방문하라.
⑬ 머리를 스파크 혹은 불꽃에서 멀리 유지하라.

사용법

① 사전-이완제 컨디셔너를 새로 나온 모발과 나머지 머리에 사용하라. 두피염증을 피하기 위하여 마사지를 하지 마라. 샴푸 빗을 사용하여 이완제를 평편하게 펴지게 부드럽게 빗어라.
② 충분한 분량의 이완제 크림을 가르마 부분에 빗을 사용하여 얇게 머리에 도포하라. 뒷부분은 정수리에서 아래로 시작하라. 앞부분은 정수리 앞에서부터 시작하라. 헤어라인은 마지막에 처리하라. 이완제는 두피에 직접 사용하지 마라. 다시 시작할 때는 새로 나온 머리카락에만 사용하라. 이전에 사용한 머리에 중첩하여 사용하지 마라.

③ 온수로 예정된 시간에 이완제를 완전히 헹군다.
④ 사후-이완제 컨디셔너로 머리를 포화하고 5분 기다린 다음 잘 헹궈라.
⑤ 중화용 샴푸로 모발과 두피를 샴푸하라. 반복해서 철저하게 헹궈라. 드라이 로션 혹은 세팅 로션을 이용하여 모양새를 완결하라. 매주 샴푸와 컨디셔닝하여 머리를 유지하라.

Avlon 연구원들은 이완제의 장단점을 조사하였다. 이완제를 3~4년간 사용하면 모발이 얇아지고 많이 다공성으로 변하고 모발 내부로 액체가 흘러들어가 팽창하는 것을 알았다. 모발 팽창은 수산화물계의 소듐, 포타슘, 리튬, 구아니딘 염을 직모제로 사용하여 조사했다. 이완제는 지름을 70~80% 팽창하였고 물로 헹구면 15~30초 안에 20~

표 10-97 팽창감소 로션

처방 종류		10-97-1	10-97-2	10-97-3	10-97-4	10-97-5	10-97-6	10-97-7	10-97-8	10-97-9
구 분	성 분	wt %	wt %	wt %	wt %	wt %	wt %	wt %	wt %	wt %
A	1	39.45	49.45	49.45	79.45	79.45	79.45	77.50	79.45	79.45
	2	0.10	0.10	0.10	0.10	0.10	0.10	0.10	0.10	0.10
	3	0.25	0.25	0.25	0.25	0.25	0.25	0.25	0.25	0.25
B	4	6.00	–	–	–	–	–	–	–	–
	5	–	50.00	–	–	–	–	–	–	–
	6	–	–	50.00	–	–	–	–	–	–
	7	–	–	–	20.00	–	–	–	–	–
	8	–	–	–	–	20.00	–	–	–	–
	9	–	–	–	–	–	20.00	–	–	–
	10	–	–	–	–	–	–	20.95	–	–
	11	–	–	–	–	–	–	–	20.00	–
	12	–	–	–	–	–	–	–	–	20.00
C	13	0.20	0.20	0.20	0.20	0.20	0.20	0.20	0.20	0.20
	qs	100.0	100.0	100.0	100.0	100.0	100.0	100.0	100.0	100.0

1 : water(aqua)
2 : methylparaben
3 : imidazolidinyl urea
4 : hydrogenated starch(hydrolysate)
5 : glycerin
6 : sorbitol
7 : glucose
8 : fructose
9 : sugar
10 : magnesium sulfate
11 : sodium lactate
12 : sodium acetate
13 : fragrance(parfum)

• 제법 : A를 스테인리스 용기에 넣어라. 78℃로 가열하는 동안 믹서로 섞어라. 50℃로 식히고 B와 C를 가하라. 5분간 섞어라. 25℃로 식히고 적당한 용기에 옮겨라.

30% 팽창하였고 이러한 팽창은 모발을 손상하였다. 그러나 모발에서 이완제를 물로 헹구기 2~3분 전에 전분 가수분해물, 글리세롤, 소비톨, 글루코즈, 프럭토즈, 설탕, 황산마그네슘, 락트산소듐, 아세트산소듐 등으로 처리하면 팽창이 감소하였다. 팽창감소는 세로축 방향의 파손 제거, 모발 뿌리의 파손 감소, 표피 침식의 감소, 탄성 증가, 인장세기 증가, 다공성 감소로 나타났다. 팽창감소 로션은 표 10-97-1~표 10-97-9에 있다.

팽창감소 로션 사용법

머리에 아직 헤어 이완제가 남아 있고 모발이 직선으로 나타날 때 팽창감소 로션을 사용하라. 팽창감소 로션은 머리에 2~3분 둔 다음 미지근한 물로 머리를 헹궈라. 중화용 샴푸로 머리를 샴푸하라.

이완제 처리 후에 팽창감소 분야에서 이완제 크림 중에 팽창감소 성분을 함께 처방하면 이완제만큼 모발이 팽창하지 않는 것을 발견했다.(46)

표 10-98 팽창감소제를 함유한 이완제 크림

		10-98-1	10-98-2	10-98-3	10-98-4	10-98-5	10-98-6
구 분	성 분	wt %	wt %	wt %	wt %	wt %	wt %
A	1	35.00	35.00	35.00	35.00	35.00	35.00
	2	10.00	10.00	10.00	10.00	10.00	10.00
	3	1.50	1.50	1.50	1.50	1.50	1.50
B	4	49.80	49.80	49.80	49.80	49.80	49.80
	5	1.50	–	–	–	–	–
	6	–	1.50	–	–	–	–
	7	–	–	1.50	–	–	–
	8	–	–	–	1.50	–	–
	9	–	–	–	–	1.50	–
	10	–	–	–	–	–	1.50
C	11	2.20	2.20	2.20	2.20	2.20	2.20

1 : petrolatum
2 : emulsifying wax
3 : Laneth-20
4 : water(aqua)
5 : hydrogenated starch(hydrolysate)
6 : glycerin
7 : sorbitol
8 : sucrose
9 : glucose
10 : fructose
11 : sodium hydroxide

• 제법 : A를 스테인리스 용기에 넣어라. 80℃로 가열하면서 혼합하라. 다른 용기에 B를 넣고 80℃로 가열하면서 혼합하라. A를 B와 섞고 15분간 섞어라. 50℃로 식히고 C를 가하라. 25℃로 식히고 균일하게 혼합하라.

그것은 실제로 더 탄성이고 더 인장세기를 갖고 덜 다공성이고 표피는 덜 부식되고 전체적으로 더 완전하고 건강한 모발을 가졌다. 여러 팽창감소 성분을 갖는 이완제 크림을 표 10-98-1에서 표 10-98-6에 제시한다.(47)

이완제 크림에 선형이면서 탄성을 갖는 양이온성 폴리아민을 섞어 모발의 인장세기를 증가하였다. 앞에서 설명한 것처럼 모발은 이완하는 동안 최대로 팽창하고 모발 표피층은 넓게 열린다. 대략 1,000,000 분자량을 갖는 이러한 양이온성 폴리아민은 너무 큰 분자이므로 정상상태에서 모발 표피에 침투하는 것이 곤란하다. 그러나 pH 13에서 이완되는 동안 표피가 넓게 열리면 이러한 큰 양이온성 폴리아민 분자는 모발 표피에 침투할 수 있다. 머리에서 이완제를 헹궈낼 때 많은 양이온성 폴리아민이 모발 표피에 남아서 모발 팽창을 감소한다. 그러므로 탄성을 갖는 양이온성 폴리아민은 모발 섬유를 더 탄성으로 만들고 인장세기를 증가한다. 이러한 양이온성 폴리아민을 함유하는 이완제 크림을 표 10-99에 제시한다. 사용법은 다른 처방과 같다.

표 10-99 양이온성 폴리아민을 함유한 이완제 크림

구 분	A					B			C	D
성 분	1	2	3	4	5	6	7	8	9	10
함량(wt %)	30.00	10.00	1.00	1.00	0.50	47.10	5.00	2.00	2.20	0.20

1 : petrlatum
2 : emulsifying wax
3 : cetyl alcohol
4 : Laneth-15
5 : PEG-75 lanolin
6 : water(aqua)
7 : propylene glycol
8 : polyamine, cationic
9 : sodium hydroxide
10 : fragrance(parfum)

• 제법 : 제법은 표 10-98-6과 같다.

긴 직선 모발을 가지려면 약 6~8주간 새로운 모발을 기다려야 한다. 새로 나온 모발은 이전에 화학적으로 처리한 인접한 모발과 함께 18~20분간 이완제와 접촉한다. 특히 이전에 이완제로 처리한 부분이 다시 이완제와 접촉하면 표피 부분이 부식, 건조, 갈라짐, 파손이 이 생기고 빗질, 브러시, 일상적 세척을 통하여 파손되기 쉽다. 그래서 이전에 처리한 모발 표피를 이완제 처리로부터 보호하기 위하여 고농도 염류와 전분 가수분해물을 함유하는 성분을 첨가하여 수산화소듐, 수산화 구아니딘, 수산화리튬과 같은 이완제와 원하지 않는 접촉할 때 모발이 팽창하지 않게 처방했다. 그 처방은 표 10-100-1~표 10-100-6에 있다.

표 10-100 **보호 로션**

처 방		10-100-1	10-100-2	10-100-3	10-100-4	10-100-5	10-100-6
함 량		wt %	wt %	wt %	wt %	wt %	wt %
A	1	9.45	59.45	59.45	19.45	29.45	49.45
	2	0.10	0.10	0.10	0.10	0.10	0.10
	3	0.25	0.25	0.25	0.25	0.25	0.25
	4	90.00	–	–	–	–	–
	5	–	40.00	–	–	–	–
	6	–	–	40.00	–	–	–
	7	–	–	–	80.00	–	–
	8	–	–	–	–	70.00	–
	9	–	–	–	–	–	50.00
B	10	0.20	0.20	0.20	0.20	0.20	0.20

1 : water(aqua)
2 : methylparaben
3 : imidazolidinyl urea
4 : hydrogenated starch(hydrolysated)
5 : sodium lactate
6 : sodium acetate
7 : glycerin
8 : sorbitol
9 : sucrose
10 : fragrance(parfum)

• 제법 : A를 스테인리스 용기에 넣고 섞어라. 80℃로 가열하라. 그 다음 50℃로 식혀라. B를 A에 가하라. 5분간 섞고 25℃로 식힌 다음 적당한 용기에 옮겨라.

보호 로션의 사용법

① 모발을 이완제 처리하기 전에 이전에 이완 처리한 모발과 모발 끝을 보호 로션으로 도포하라.

② 새로 나온 모발 혹은 한 번도 사용하지 않은 새로운 모발은 보호 로션을 사용하지 마라.

③ 만약 보호 로션을 새로 나온 모발 혹은 한 번도 사용하지 않은 모발에 사용하면 그 모발의 직모화를 방해할 것이다.

고농도 알칼리 모발 이완제를 혼합하여 젖은 상태와 건조 상태에서 쉽게 빗질을 할 수 있는 양이온성 고분자를 발표하였다. 이러한 고분자는 polyquaternium 10, polyquaternium 32, mineral oil, polymer UCare 30 M이다. 이러한 양이온성 고분자를 함유하는 이완제 크림 성분은 표 10-98과 매우 비슷하다.

12.2.5 Guanidine 수산화물-바탕 직모제(알칼리를 함유하지 않은)

대부분의 관심은 수산화소듐에 바탕을 둔 이완제에 집중하였다. Carson Products Company는 첫째 활성 성분으로 수산화 구아니딘(guanidine hydroxide) 활성 성분, 그리고 둘째 탄산 구아니딘을 함유하는 "액체 활성제"(liquid activator) 이완제 크림을 처방했다. 그 크림은 다른 이완제와 비교하여 두피에 대한 염증이 크게 감소하였고 "양잿물을 함유하지 않은"이라는 상표를 달고 시장에 출현하였다. Carlson Products는 아직도 양잿물을 함유하지 않은 이완제 분야에서 선두 주자에 속한다. 그러나 빗질과 컨디셔닝 문제는 아직 해결하지 못하고 있다. 그 두 가지 처방을 표 10-101과 표 10-102에 제시한다.

표 10-101 양잿물을 함유하지 않은 이완제

구 분	A			B			C
성 분	1	2	3	4	5	6	7
함량(wt %)	20.00	10.00	2.50	58.10	2.00	7.20	0.20

1 : mineral oil(paraffinum liquidum)
2 : emulsifying wax
3 : cetyl alcohol
4 : water(aqua)
5 : propylene glycol
6 : calcium hgydroxide monohydrate
7 : fragrance(parfum)

• 제법 : 스테인리스 용기에 A를 넣고 80℃로 가열하면서 저어라. 다른 용기에 B를 넣고 80℃로 가열하라. 80℃에서 B와 A를 섞고 15분간 가열하라. 50℃로 식히고 C를 가하고 25℃로 식혀라. 균일하게 혼합하고 용기에 옮겨라.

표 10-102 액체 활성제

구 분	A	B
성 분	Water(aqua)	Guarnidine carbonate
함량(wt %)	75.00	25.00

• 제법 : B를 A에 녹이고 적당한 용기에 옮겨라.

양잿물을 함유하지 않은 직모제 사용법

① 양잿물을 함유하지 않은 이완제 크림(A부분) 약 75 g과 액체 활성제(B 부분) 25 g을 섞어라.
② 이 혼합물을 모발을 펴기 위해서 머리에 발라라.
③ 나머지 단계는 양잿물 이완제와 같다.

양잿물을 함유하지 않는 이완제 화학

직모제는 사용하기 바로 전에 수산화칼슘을 함유하는 이완제 크림을 탄산구아니딘을 함유하는 액체 활성제와 3 : 1 비로 섞는다. 그 혼합물은 그림 10-5처럼 반응한다.

그림 10-5 Guanidine hydroxide 생성반응

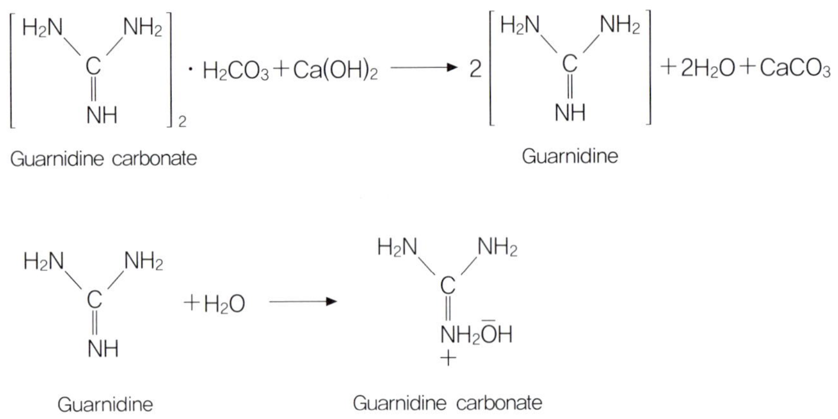

이러한 이완제는 가는 모발과 중간 모발용 "normal" 그리고 정상과정 딱딱한 모발용 "resistant"라는 두 종류를 시판한다. "Resistant"는 액체 활성제(탄산구아니딘 용액)를 더 진하게 혼합한 이완제다.

1982년에 Johnson Products Company는 Carson Products의 양잿물을 함유하지 않은 방법을 합쳐 새로운 4차 암모늄 고분자 컨디셔닝 방법을 고안했다. 이것은 두피를 최대로 안정하게 그리고 젖은 상태와 건조 상태에서 빗질이 용이하게 그리고 머릿결을

표 10-103 4차 암모늄 고분자를 함유한 양잿물이 없는 이완제 크림

구 분	A				B					C
성 분	1	2	3	4	5	6	7	8	9	10
함량(wt %)	20.00	0.90	10.00	15.00	37.70	6.00	1.32	3.71	5.50	0.50

1 : petrolatum
2 : mineral oil(paraffinum liquidum)
3 : cetearyl aicohol
4 : modified hectonite clay gellant
5 : water(aqua)
6 : calcium hydroxide
7 : Polyquaterium-6
8 : PEG-75 lanolin
9 : propylene glycol
10 : fragrance(parfum)

표 10-104 **민감한 두피용 이완제**

성 분	Water(aqua)	Xanthan gum	Guanidine carbonate
함량(wt %)	74.80	0.20	25.00

• 세법 : 표 10-102와 같다.

비단처럼 부드럽게 만드는 대단히 좋은 컨디셔닝 크림이다. 이것의 사용법은 표 10-99 및 표 10-100과 같다. 그리고 그 처방은 표 10-103 및 표 10-104와 같다.

1986년에 Avlon Industries는 양이온성 폴리아민을 함유하는 양잿물을 함유하지 않은 이완제(두 성분)를 소개하였고 그것은 “두피에 민감한 이완제”로서 자리를 잡았다. 이것의 개혁은 4차 암모늄 고분자를 함유하는 Johnson회사의 양잿물이 없는 이완제 성능과 비슷했지만 모발의 선형화에는 더 효과가 있었다. 그 처방은 표 10-105와 같다.

1996년에 Avlon Industries는 이완제 사용 과정 중에 모발을 강화한다고 주장하는 탈-팽창제(deswelling agent)를 함유한 양잿물이 없는 이완제를 소개했다. 탈-팽창 메커니

표 10-105 **민감한 두피용 이완제**

구 분	A				B				C
성 분	1	2	3	4	5	6	7	8	9
함량(wt %)	30.00	8.00	1.50	1.00	50.30	5.00	2.00	2.00	0.20

1 : mineral oil(paraffinum liquidum)
2 : stearyl alcohol
3 : ceteareth 20
4 : PEG-75 lanolin
5 : water(aqua)
6 : calcium hydroxide
7 : propylene glycol
8 : cationic polyamine
9 : fragrance(parfum)

• 제법 : 표 10-101과 같다.

표 10-106 **탈-팽창제를 갖는 민감한 두피용 이완제**

구 분	A			B					C
성 분	1	2	3	4	5	6	7	8	9
함량(wt %)	30.00	8.00	1.50	44.50	2.00	5.00	2.50	6.00	0.50

1 : petrolatum
2 : fatty alcohol
3 : ceteth 20
4 : water(aqua)
5 : cationic polyamine
6 : deswelling agent
7 : PEG-50 lanolin
8 : calcium hydroxide
9 : fragrance(parfum)

• 제법 : 표 10-101과 같다.

즘과 동시성 lanthanixation 과정을 양잿물 이완제에서 이미 설명했다(표 10-100-1~표 10-100-6). 탈-팽창제를 함유하는 민감한 두피용 이완제 성분은 표 10-106에 있다.

표 10-106 이완제는 다른 양잿물이 없는 이완제보다 탄성과 인장세기를 덜 감소한다. 게다가 젖은 상태와 건조 상태 머리의 빗질 용이성, 모발 줄기의 부식 감소, 모발 줄기와 뿌리 파손의 감소, 수분손실 감소, 정전기 전하 감소, 전체 모발 섬유의 건강 유지를 돕는다. 직모제 산업에서는 수산화리튬을 직모제로 사용하는 것이 보통이고 이러한 종류의 이완제를 양잿물 없는, 그리고 양잿물을 혼합하지 않은 이완제(no-lye, no-mix relaxer)라고 한다. 이러한 종류의 이완제는 표 10-107-1과 표 10-107-2에 있다.

표 10-107 양잿물이 없고 혼합하지 않은 이완제

		A				B				C
구 분	성 분	1	2	3	4	5	6	7	8	9
10-107-1	함량(wt %)	40.00	8.00	4.00	1.20	37.60	2.00	4.00	1.70	0.20
10-107-2	함량(wt %)	30.00	12.00	5.00	1.00	43.80	2.00	3.00	1.70	0.20

1 : perolatum
2 : cetyl alcohol
3 : lanolin
4 : sodium stearate
5 : water(aqua)
6 : propylene glycol
7 : PEG-75 lanolin
8 : lithium hydroxide
9 : fragrance(parfum)

• 제법 : A를 스테인리스 용기에 넣고 80℃로 가열하면서 저어라. 80℃에서 B를 A에 가하라. 10분간 혼합하고 50℃로 식혀라. 50℃에서 C를 가하고 25℃로 식혀라. 25℃에서 콜로이드 밀을 이용하여 균일화한 다음 적당한 용기에 옮긴다.

사용법은 이미 설명한 염기성 없는 이완제와 비슷하다. 이러한 이완제 종류는 염기성 없는 이완제보다 모발을 덜 펴주지만 guanidine 수산화물과 같다고 생각한다. 이러한 이완제 종류는 수산화소듐 혹은 guanidine 수산화물을 함유하는 이완제처럼 널리 알려져 있지 않다.

13 육모 화장품

생활양식의 개선과 건강인구의 증가에 따라 자연스럽게 탈모증(alopecia, balding)으로부터 벗어나기를 원한다. 독일은 41%, 프랑스는 39%, 영국은 36%, 네덜란드는 40%, 미국은 34%, 일본은 24%, 대만은 19%에 상당하는 인구가 탈모 형태를 갖는다.(48)

게다가 많은 부인들은 모발이 가늘어지는 것으로부터 생기는 걱정이 태산 같다. 그러므로 육모(hair-growth) 제품 시장은 미래에 많은 발전이 기대되는 분야다. 미국에서는 minoxidil을 함유하는 Rogaine 육모 화장품이 Pharmacia와 Upjohn회사에 의해 1996년에 OTC 의약품으로 시장에 출현하여 매년 증가하는 추세를 보이고 1998년 초기에 Merck에 의한 구강용 Propecia 육모의약품이 시장에 출현하였다. 남성용 Rogaine Extra Strength는 minoxidil 함량을 2%에서 5%로 증가하여 육모 화장품의 시장성을 밝게 예견하고 있다.

TOPIC **흑모백모론**

흑묘백묘(黑猫白猫)는 검정 고양이든 흰 고양이든 쥐를 잡는 것이 고양이라는 의미에서 중국 등소평 주석이 실용주의 사상을 주장한 이론에 비유해서 현실과 미래를 위해 민중과 국가를 위해 무엇이든 필요한 것이 있으면 실천하라는 주장이다. 커피를 비싼 값으로 판매하는 스타벅스는 비싸도 잘 팔리면 돈을 번다고 주장한다. 탈모치료제 회사는 흑모백모론(黑毛白毛論)을 주장한다. 즉 흑모이든 혹은 백모이든 간에 머리카락이 머리에 붙어 있으면 된다는 이론이다.

13.1 모발 탈락의 메커니즘

육모 화장품은 주로 남성 패턴 대머리와 대머리 확산 방지에 목표를 둔다. 모발은 그 주기에 따라 성장과 탈락을 되풀이하고 정상 두피에서 85~90% 모낭은 성장기에 그리고 약 10%는 휴지기에 있다. 전체 모발 수는 약 100,000개라고 추정한다.

그러나 정상주기는 몇 인자에 의해 파괴된다. 성장기가 짧으면 모발은 더 가늘어져 모발 끝이 솜털로 변한다. 이것이 남성 패턴 대머리의 경우이고 이때 큰 모발 모공이 더 적어지고 모발 끝이 솜털로 변화를 촉진한다.

휴지기가 더 길면 휴지기 단계의 모발 비율이 증가한다. 그래서 상당히 많은 모발이 즉시 치환되지 않고 빠져버린다. 이러한 상항이 계속되면 두피 모발은 가늘어지고 눈에 띄게 대머리로 변한다. 여성 패턴 대머리는 이러한 패턴을 보여주고 이것을 여성 패턴 대머리라 하고 대머리가 퍼져나가는 현상을 보여준다.

대머리는 또한 노화를 수반하는 현상이고 모발 끝은 솜털로 변한다. 모발 주기의 파괴에 대한 가능한 원인과 육모제품 결과는 다음과 같다.

① 모발을 생성하는 헤어 매트릭스의 기능 저하의 결과로 모발 모낭이 위축되고 모발이 매우 가늘어진다.
② 모낭으로 영양분을 운반하는 혈액흐름 감소로 모발 매트릭스 세포의 대사기능이 감소한다.
③ 남성호르몬의 감도 증가는 모발 성장을 봉쇄하므로 남성 패턴 대머리를 진행한다.
④ 피지선 샘 기능 활성화는 두피와 모발 모낭 환경을 악화한다.
⑤ 식이불균형은 모낭에 대한 영양부족을 가져오고 피지선 샘 기능에 대하여 반대효과를 준다.
⑥ 유전 혹은 극단적 심리 스트레스도 대머리 원인이 될 수 있다.

이러한 인자들을 개선하려면 다음과 같은 육모제를 사용한다.

① 세포 생존능력을 증가하는 활성제
② 혈액흐름 촉진
③ 항-남성호르몬제
④ 피지분비 방지제

13.2 육모 화장품의 발전과 평가

육모 화장품의 활성 성분 개발은 일반적으로 다음 방법이 필요하다.

① 예상 재료의 수집
② 동물을 이용한 육모 효율의 평가
③ 안전성과 안정성 평가
④ 인간에 대한 임상시험

⑤ 메커니즘의 설명과 이로운 효과의 제시
⑥ 필요한 정부의 승인

육모 효율은 마지막으로 인간에 대한 객관적 임상평가를 거쳐야 한다. 육모 효과에 대한 평가방법은 다음과 같다.

① *in vitro* 평가
  (a) 세포배양 시험
    • 헤어 매트릭스 세포
    • 진피유두 세포
    • 외부 뿌리 표피세포
  (b) 콜라젠 젤에서 배양
    • 새로 출생한 마우스 모낭
  (c) 기관 배양 시험
    • 인간 모낭
    • 쥐 코털 모낭
    • 마우스 코털 모낭
    • 햄스터 코털 모낭
② 실험동물을 이용한 평가
  (a) C3H 변형 마우스
  (b) 토끼와 앞에서 설명한 동물
    • 털 길이
    • 털 재생 면적
    • 피부색
    • 털 재생시간
  (c) 햄스터
    • 측면 기관 크기
  (d) 짧은 꼬리 원숭이
    • 전면 두피의 털 재생
③ 임상시험
  (a) 털 성장 시험
  (b) 털 성장률
  (c) 생모세포, 생모세포 사진

(d) 샴푸를 이용한 털 손실
(e) 피부혈액 흐름

④ 기타

(a) 효소 분석

- 5 α-reductase
- sulfidryl oxidase

13.2.1 배양시험을 이용한 *in vitro* 평가

(1) 세포배양 시험

세포배양시험에서 털 모낭 조직을 형성하는 세포는 *in vitro*에서 배양하므로 제안된 활성 시료는 그 배양에 첨가하고 효과를 직접 관찰할 수 있다. 배양방법은 외부 뿌리 세포,(49)(50) 두피유두 세포,(51)(52) 털 매트릭스 세포(53)에서 얻은 세포에 대하여 확립되었다. 그러한 시험을 통하여 이러한 세포의 증식에 대한 시험재료의 효과를 평가할 수 있다. 세포의 수, 삼중수소-thymidine 섭취, DNA 함량을 측정하여 성장속도 변화를 평가한다.

(2) 콜라젠 젤에서 성장한 모낭 성장

이 배양 시험에서 collagenase로 처리하여 미숙 쥐 피부에서 분리한 모낭을 콜라젠 젤(Vitrogen 100)에 내장한다. 삼차원 배양 동안 모낭은 털을 재생하는 능력을 유지한다.(54)(55) 세포배양시험과 같은 방법으로 평가한다.

(3) 기관배양 시험

기관배양시험은 배양용 모낭조직의 해부학적 적출을 이용한다. 한두 개 시험 재료를 배양에 첨가하여 털 성장을 측정하고 그 효과를 시험물질에 대하여 평가한다. 이 방법은 세포배양을 통하여 얻을 수 있는 것보다 *in vivo* 상태에 더 가까운 평가다. 기관배양방법은 성분효과의 연구를 촉진에 사용한 여러 가지, 즉 인간,(56)(57) 쥐,(58) 마우스,(59)(60) 햄스터(61)에서 얻은 모낭조직을 사용한다. 현재 성공적 조직배양 기간은 7~10일 걸린다.

13.2.2 동물을 사용한 *in vivo* 평가

인간에 대한 임상시험을 시작하기 전에 동물을 사용하는 시험은 실험조건을 준비하고 육모제품과 관련이 있는 활성 성분의 효율을 비교 평가하는 것이 적절하다. 모발 주기는 각 종류마다 다르고 실험실 동물의 어떤 모발 단계를 이용할 것인가를 완전히 이해하는 것이 중요하다.

(1) C3H 마우스

C3H의 육모효과 평가방법은 현재 가장 일반적으로 사용하는 방법이 Ogawa에 의해 보고되었다.(62)(63) C3H 마우스는 생후 45일부터 95까지 휴지기이므로 그러한 연구에 유용하다.

C3H 마우스는 안전지대 섬 피부(island skin)를 나타내지 않고 비교적 취급하기 쉽다. 마우스 등(back)의 일정한 모발 부분을 깎고 면도하여 시험물질로 면도부분을 매일 처리한다. 모발의 재생을 관찰하거나 혹은 등(back)을 면도했을 때 피부색이 핑크색으로부터 초기-중기 성장기 동안에 회색으로 그리고 그 다음에 계속되는 모발 재성장과 더불어 검정색으로 변화를 측정하여 평가한다.

(2) 토끼

뉴질랜드 하얀 토끼는 동시성 모발주기를 갖고 22주 성장기로부터 24주까지 휴지기로 들어간다. 안전지대 섬 피부를 나타내지 않는 토끼의 등 부분에서 일정한 모발 부분을 면도하고 매일 시험물질로 처리한다. 일정한 기간 동안에 자란 모발의 길이 혹은 무게를 측정하여 평가한다. 토끼는 마우스보다 크므로 한 마리에서 여러 시험 자리를 선택할 수 있고 같은 토끼를 사용하여 여러 시험물질을 비교할 수 있다.

(3) guinia pig

guinia pig는 인간처럼 모발주기가 한 번밖에 없으므로 각 모발이 독립 가닥인 한 주기로부터 형성된 모자익 패턴을 주의해서 보는 것이 필수다. 그렇지만 깎아서 자극하여 성장기까지 모발주기를 동시화하는 것이 가능하다. 그 다음 시험물질로 매일 처리하여 자란 모발 길이 혹은 무게를 측정하여 평가한다.

(4) 기타 동물

사람과 비슷한 메커니즘으로 모발을 잃고 남성 모양으로 앞머리가 드물어지는 것으로 알려진 또 다른 동물은 짧은꼬리 원숭이다. Uno와 공동연구자들은(64) 이 동물을 이용하여 효과를 연구하였다.

양은 털 주기가 없다. 모든 양털은 항상 성장기에 있고 양은 성장기 털에 관한 육모제품의 효과를 평가하기에 적당하다.

13.2.3 사람에 대한 육모 임상시험

육모제품 개발의 최종단계는 사람에 대한 육모효과를 임상적으로 평가하는 것이 기본이다. 일반적으로 안전하다고 확인된 조제 육모시료는 남성 패턴 대머리 혹은 널리 퍼져나가는 대머리를 이용하여 오랜 기간에 걸쳐(4~6개월) 사용하고 그 결과를 평가한다. 새로운 털이 대머리 영역에 자라는지 혹은 솜털이 굵은 털로 변하는지 여부의 관찰은 육안 혹은 사진법으로 평가한다. 객관적 결과를 얻으려면 첫째 씻기와 빗질 때문에 빠지는 모발의 수, 둘째 직접 머리카락의 계수, 셋째 모발을 하나씩 잡아 세거나 모발사진법을 사용한다.

최근에 더 정량적 측정을 위해서 남성 패턴 대머리 평가방법으로 성장기 모발의 비율과 모간 지름을 측정하여 평가하였다. 어떤 연구원은 일정한 두피면적을 가위로 절단하고 48시간 비디오 현미경으로 관찰하여 모발 성장률 효과를 평가했다.

■ 육모 효소활성도 측정에 의한 평가

남성 대머리는 남성호르몬이 주원인이라고 지적하였다. 남성호르몬 testersterone은 모낭세포에서 5α-redutase에 의해 더 유효한 dihydrotestersterone(DHT) 남성호르몬으로 변한다. 이 DHT는 받개(receptor)와 결합하여 세포핵으로 이동하고 거기에서 특정한 유전자에 의해 활성화된다. 이 단백질은 탈모를 촉진하는 것으로 생각한다. 그러므로 5α-reductase 활성도의 억제 효과를 측정하여 육모효율을 평가할 수 있다.

일반적으로 효소를 조직과 균일하게 섞은 testosterone 함유-반응혼합물에 시험물질을 넣고 항온 처리하여 5α-reductase 활성도 억제효과를 생성된 DHT 함량과 측정하고 비교하여 평가한다.

13.3 육모제 성분

노령화 인구와 육모제품의 시장 팽창은 새로운 활성 성분의 개발을 가져왔다. 이들 중에서 glyceryl monodecanoate와 6-(benzylamino)purine은 일본에서 1982년에 일본약사법을 시행한 다음 유사의약품으로 인증하였다. 그것은 Excrementum Bombycis의 추출물이다. 미국과 유럽에서 사용하는 육모제는 minoxidil과 finasteride이다. 육모제 성분은 표 10-108과 같다.

표 10-108 육모 제품에 사용한 활성 성분

기능(효과)	성 분
세포 활성	Pantotenic acid과 그 유도체, placental extract, ginseng extract, Excrementum bombycis extract, mononitroguaiacol, 6-(benzylaminopurin, kankohso, biotin,
혈류 촉진	Carpronium chloride, tocoperol과 그 유도체, Swertia herb extract, Capsicum tincture, benzyl nicotinate, minoxidil, cepharanthine
피지분비 억제	Pyridoxine hydrochloride, sulfur, royal jelly extract, Polygonum multiflorum extract, vitamine B6
항-남성호르몬 효과	Estradiol, ethynyl estradiol, Duku extract
살균효과	Hinokitiol, benzalkonium chloride, isopropylmethylphenol, salicylic acid
항-염증효과	Glycyrrhetinic acid와 그 유도체, mentol, diphenylhydramine hydrochloride
유연화 효과	Hyaluronic acid, sodium pyrrolidone carboxylate, Ginko extract, Vegetable wasps extract, SR-71
영양효과	Inositol, methionine, serine, threonine
에너지 공급	Glyceryl monopentadecanoate

(1) Glyceryl monopentadecanoate

남성 패턴 대머리와 관련이 있는 모낭에서 대사활성이 감소할 때 모발 끝머리는 솜털로 변하고 모발 덩어리는 한 가닥으로 되어 대머리로 된다고 추정한다. glyceryl monopentadecanoate는 토끼의 모발 주기를 휴지기에서 성장기로 변화시키고 모발성장을 크게 촉진한다는 것이 발견되었다.

이 물질은 겉으로 보기에 홀수-지방산으로 특이한 대사과정을 거치고 모낭 미토콘드리아에서 ATP 생성을 촉진하고 에너지를 공급한다. 이것을 쥐의 코수염 돌기세포 배양에 가하면 ATP 생산과 DNA 합성을 증가한다. 그것을 사람의 두피 모낭 배양에 가하면 에너지 공급 때문에 기능이 활성화되어 모발이 자란다. 이 물질은 남성 패턴 대머리 임상실험에서 76.0% 효율을 나타냈다.(65)(66) Glyceryl monopentadecanoate는 현재 Yakuyo Mohatsuroku(Lion) 제품에 사용하고 있다.

(2) 6-(Benzylamino)purin

6-(Benzylamino)purin은 6-benzyladenine, cytokinin B, benzylkinetin이라는 여러 이름으로 알려졌고 이것은 adenine 유도체이고 식물에서 cytokinin 효과를 갖는 물질이다. 이 물질은 C3H 마우스 실험에서 모발 주기를 휴지기에서 성장기로 변환을 촉진하고 DNA 합성을 촉진하고 햄스터 콧수염 돌기의 기관배양에서 모간의 성장을 촉진한다.(14) 이것

은 샴푸하는 동안 탈모수를 감소하고 47% 개선율을 나타냈다. 임상실험에서 "약간 더 효과적이다"라고 평가했다. 이것은 현재 Grovis GX(Takeda Pharmaceuticcals)와 Yakuyo Furontesu(SS Pharmaceuticals) 제품에 사용하고 있다.

(3) Excrementum Bombycis 추출액

중국의약품 Excrementum Bombycis로부터 50% 에탄올 추출액이다. 이것은 C3H 마우스 육모 실험에서 minoxidil과 같은 정도로 휴지기를 성장기로 변환에 효과성이 있다. 사람에 대한 실험에서도 남성 패턴 대머리와 분산 대머리를 개선했다. 이 추출액은 모발 꼭지 세포를 통과하는 외부 모근세포침투를 촉진하고 탈모와 모발의 품질 개선을 촉진한다.(67) Excrementum Bombycis 추출물은 Analys Will GTEX(Pola Corporation)에서 시판되고 있다.

(4) Minoxidil

Minoxidil은 미국에서 Upjohn Corporation 회사에 의하여 항-고혈압 의약품으로 1979년에 발매되었고 minoxidil은 K^+ 통로 열림 반응에 근거를 둔 혈관확장 촉진제였다. 어떤 임상실험에서는 과도한 육모를 우연히 발견했다. 그래서 이것을 탈모치료에 사용하게 되었다. 이것은 1998년에 5% 함량을 가진 OTC Rogaine Extra Strength for men 이름으로 FDA 인증을 받아 미국과 서부 유럽에서 육모 의약품 발매를 시작했다. 일본에서는 OTC 의약품으로 Taisho Pharmaceuticals에 의하여 발매되고 있다. 이것의 육모 메커니즘은 아직 이해하지 못하지만 피부혈관을 팽창하여 혈류를 증가하는 것이 알려졌다.

(5) Finasteride

Finasteride 활성 성분을 함유한 Propecia는 세계에서 최초로 구강용 육모 의약품이다. Merck Corporation에서 1998년에 FDA 인증을 받아 처방의약품으로 시판하였다. Finasteride는 원래 전립선 치료제로 사용하려 했지만 부작용으로 육모촉진 효과를 나타내서 다음에 육모제로 개발되었다.

Finasteride는 5α-reductase 억제를 통하여 dihydrotestosterone 생성을 봉쇄한다. 이것은 1,500명 남성에 대한 임상시험에서 48% 효율을 나타냈고 구강투여용 육모제로 새로 시장에 출현하였다.

(6) 육모제품의 처방

첫째는 Ethanol 60.00%(wt/wt), Water 38.00%(wt/wt), 그 밖에 Hinokitol, *Swertia* herb extract, Vitamin, Tocopherol acetate, Propylene glycol, Fragrance, Solubilizing agent를 조

금씩 섞어 조제한다.

둘째 육모처방은 Ethanol 63.00%(wt/wt), Water 35.50%(wt/wt), Polyoxyethylene oleylether 1.50%(wt/wt), 그 밖에 Menthol, Hinokitol, *Capsicum* tincture, Oestradiol, Fragrance를 소량씩 섞는다.

셋째 육모처방(wt/wt)은 Ethanol 50.00%, Menthol 0.10%, Tocopherol acetate 0.20%, Benalkonium chloride 0.50%, *Swertia* herb extract 1.00%, water 48.65%, Fragrance를 섞는다.

미국은 육모제품의 이름, 활성 성분의 이름, 농도를 제출하여 FDA 허가를 받아야 한다. 유럽은 규제하지 않는다. 일본은 Ministry of Health and Welfare(MHW) 허가를 받아야 하고 일본약사법에 따라야 한다. 육모제품들은 성분과 효과에 따라 화장품, 유사-의약품, 의약품으로 분류한다. 화장품은 제품이름, 조성, 제조방법을 MHW에 서류로 제출하고 안전에 대하여 허가를 받아야 한다. 유사-의약품은 제품의 안전과 효능의 개요, 제조허가 요청서를 제출한다. 허가를 받으면 제품이름, 사용방법, 효능, 제품명세서, 실제 측정값을 서류로 MHW에 제출해야 한다.

14 제모와 탈모

원하지 않는 털의 제거는 거의 보편적으로 인간의식에서 받아들이고 있다. 털의 제거 동기는 항상 아름다움에 대한 정신적 변화일 수 있다. 제모에 대한 의학적 필요는 19세기 초부터 시작되었지만 21세기에 와서는 그 방법이 필요 없게 되었다. 제모행위는 매일, 반주일, 혹은 주일마다 수천만 사람들이 행하는 중요한 인간의식으로 되었기 때문이다.

수천 년 동안 원하지 않았던 털의 제거에 화학제품을 사용하게 되었다. 동양 여성들은 산화칼슘(생석회), 전분, 황화비소(안료용 웅황)의 죽-상태 혼합물을 사용했다. 화학적 분해과정을 거쳐 털의 제거에 사용하는 화장용 제품을 제모제(depilatories)라고 인정한다. 순전히 기계적 방법에 의한 털 제거는 탈모(epilation)라고 한다. 설탕과 시트르산 혼합물에 털을 묻힌 다음 털을 뽑는 데 사용하는 방법은 탈모의 한 예다. 이것도 역시 고전적 방법이다.

현재 시장에는 육모 촉진과 모발 발육지연 혹은 모발감소 화장품들이 시장에 나와 있다. 제모는 피부표면에서 털을 제거하는 것이다. 대부분 일반적 제모형태는 면도다. 또 다른 인기 있는 선택 방법은 화학적 제모다. 그것은 털의 세기를 유지하는 단백질의 이황화물 결합 절단방법이다.

탈모는 피부의 밑부분을 포함해서 모든 털을 제거하므로 더 오래 지속된다. 어떤 사람들은 왁스처리, 설탕처리, 탈모기구, 레이저, 실 처리, 강력한 펄스 빛, 전기적 방법 등을 사용할 수 있다. 털은 때때로 족집게로 뽑아 제거할 수 있다. 털을 설탕과 시트르산 혼합물로 덮은 다음 뽑는 것은 탈모과정의 한 예다.

수많은 남녀 인구들은 매년 원하지 않는 털을 제거하여 부드럽게 혹은 활기차게 혹은 자기 소신에 맞는 모습을 갖추려고 수억 달러를 소비한다. 제모제 종류는 크림과 젤 및 에어로졸을 포함하는 로션 등이 있고 탈모제는 뜨거운 왁스와 세척가능한/설탕처리 왁스로 만든 차가운 왁스 스트립(strip)이 있다.

14.1 털 제거방법의 상대적 비교

면도는 아직 가장 인기가 있고 상대적으로 값싼 표면 털 제거방법이다. 많은 사람들은 면도할수록 털이 무성하게 자란다고 믿지만 면도방법은 털 성장을 촉진하지 않는다. 어떤 사람은 피부에 털이 더 많아지는 것처럼 보인다. 그러나 털 줄기는 정상적으로 대각선 방향으로 절단되므로 털의 지름이 더 넓게 보이고 그래서 더 조밀하게 보인다. 면도의 불리한 점은 절단 위험성, 감염 가능성, 뾰족하고 짧고 억센 털 모양이다. 이러한 불리한 점은 전기면도기를 사용하여 최소화할 수 있지만 이것은 피부건조를 가져올 수 있다. 최근에는 피부건조를 방지할 수 있는 습식 전기면도기가 출현하였다.

탈모 혹은 전기분해의 주요한 이점은 그 제품을 적절하게 사용할 때 전체 모낭의 잠재적 제거방법이다. 이러한 방법은 원하지 않는 털의 제거뿐만 아니라 모근이 재생될 때까지 다시 성장을 지연한다. 탈모는 처음 사용자에게 고통스럽지만 적절한 방법과 시술은 고통을 크게 최소화할 수 있다. 감염과 안쪽으로 성장한 털은 잠재적 문제다. 사용하기 전에 피부와 털의 적절한 세척은 감염을 최소화할 수 있다. 1800년대부터 사용한 전기분해방법은 매우 값이 비싸고 시간이 많이 걸리고 숙련된 기술자가 필요하다. 이것은 모근의 유두에 영양분을 공급하는 혈관을 태워버리므로 털 성장을 영원히 정지한다. 이 과정은 따끔거리고 바늘로 찌르는 것 같고 피부가 부어올라서 피부 염증이 생길 수 있다. 이것은 가정에서 이용할 수도 있지만 정상적으로는 전문적 장소에서 시술받기를 추천한다.

1995년에 U.S. FDA는 Thermotrex Corporation 제품의 Thermo Lase Softlight laser 사용을 허가하였다. 허가받은 시술자만 시술할 수 있다. 적절한 검정색 용액을 모낭에 침투하는 시술 장소에 바른다. 그 다음 레이저를 사용하여 시술 지역을 주사(scanning)하면 검정색은 먼저 레이저 파장을 흡수하고 모낭을 가열하여 파괴한다. 이 처리과정의 불리한 점은 피부가 적색으로, 검정색으로, 혹은 밝아지고 어떤 사람은 상처가 생긴다. 임상연구에 의하면 시술 후 3개월까지 털이 감소한다고 설명한다. 이 방법의 주요한 단점은 비용, 이용성, 시간이다. 화장품학적 털 제거는 비싸거나(레이저) 저렴할 수 있다. 그리고 빠르고 용이할 수 있고 혹은 시간 걸리고 불안정하고 염증을 발생할 수 있다.

14.2 육모 생리학

생물학적으로 육모(hair growth)는 중요하지 않지만 화장품학적으로는 중요하다. 정상적 육모는 인종과 문화적 인자에 의해 영향을 받는다. 미국에서 대부분 여성들은 머리를 제외한 곳의 육모는 남성 상징으로 생각한다. 과량 육모(털과다증, hypertriehosis)는 수세기 동안 보편적 불만이었다. 육모주기는 연속적으로 성장기(anagen)와 휴지기(telogen)를 갖는다. 남성호르몬, 신체의 위치, 나이, 일반적 건강상태 등은 성장기의 기간 증가와 휴지기 기간의 감소에 의해 육모주기에 영향을 준다. 모든 털은 털 그 자체의 연속 결과이고 그것의 이웃 털은 관련이 없다. 육모 패턴은 모낭, 솜털, 털-끝에 의해 만들어진 털의 형태와 관련이 있다. 신체의 대부분에 존재하는 모낭은 가늘고 보풀-비슷한 솜털을 형성한다. 이러한 모낭은 더 길고 더 거칠고 착색된 털-끝을 갖는 털로 변환할 수 있다. 남성과 여성은 남성호르몬이 털-끝을 음부와 겨드랑이 지역에서 솜털로 변환한다. 그 다음에 추가로 남성호르몬이 자극하여 얼굴(입술), 가슴, 다리 등등에서 모낭을 변환한다. 피부의 털 모낭 수를 증가 혹은 감소하는 방법은 없다.

검은색 피부 남성이 가끔 곱슬하고 빳빳한 얼굴 수염을 갖는데 이것이 특수한 문제를 야기한다. 곱슬효과(curl effect)를 나타내는 굽은 외부피부에서 자라기 때문에 유사모낭 턱수염 털집염(pseudofolliculitis barbae)이라는 임상학적 염증에 더 잘 걸린다. 면도해서 나온 뾰족한 털끝이 180° 굽어서 다시 외피를 향하여 되돌아와서 피부를 침투하여 속옴(papules)과 농포(pustules)를 발생한다. 이러한 경우는 털을 뾰족하지 않게 무디고 부드러운 끝으로 만들어 피부에 침투하지 못하게 만드는 화학제모 방법이 유용하다.

14.3 털의 구조

털은 단백질, 수분, 지질, 미량 금속을 함유하고 제모와 탈모에 어떤 영향을 준다. 가장 관심이 있는 중요한 구조는 탈모의 경우에 모근과 돌기 그리고 제모의 경우에 피질과 표피이다. 대표적 모간 화합물은 각질이고 그것은 녹지 않는 단백질이다. 그 단백질은

TOPIC **담배**

담배는 콜럼버스의 미국대륙 발견 당시에 원주민들로부터 흡연을 배워 세상으로 퍼졌다고 한다. 담배연기에는 1,000종류 이상 화합물을 포함하고 아직 완전한 분석이 불가능하다. 담배연기에 함유된 타르성분이 폐암의 원인이라고 알려졌다. 담배 때문에 폐암에 걸려서 배상문제로 법원에 고소하면 우리나라에서는 아무도 담배 피우라고 강요한 사실이 없고 자진해서 좋아서 피우고 즐겼는데 이제 와서 무슨 배상이냐고 배상을 거절한다. 쌀밥을 먹고 위암에 걸렸는데 농수산부와 농민들에게 치료비를 내라고 고소하면 배상이 가능하냐고 묻는다. 담배에 함유된 니코틴, 아나바신, 노르니코틴 등의 알칼로이드 성분은 아편과 비슷한 습관성 화합물이다. 미국에서는 담배회사가 폐암환자와의 소송에서 패소하여 손해를 배상하였고(2014. 4.30) 미국 일리노이주 2심 법원은 필립모리스 담배회사에 대하여 담배갑 표지에 "라이트" 혹은 "저-타르"라고 표기한 것은 사기라고 101억달러(10조4,500억원) 배상을 결정했다.

담배를 끊는 사람은 아편도 끊을 수 있을 정도로 니코틴과 모르핀은 서로 비슷한 습관성이다. 담배는 1차 대전까지도 영국에서 초등학교 학생들에게 구충제라고 수업시간에 강제로 세 모금씩 빨게 강요하고 어기면 매로 다스렸다. 하기는 그 당시에(약 백오십년 전) 프랑스 정육점에서 개고기를 특히 미용과 건강에 좋다고 선전하면서 다른 고기보다 비싼 값으로 판매하였는데 프랑스 미녀배우 브리지드 바르도는 1970년대에 와서 개고기를 먹는 사람들은 미개인이라고 크게 소리쳤다. 조선시대 정조임금은 담배의 알칼로이드 맛에 홀려서 상민들도 담배를 피울 수 있게 담배경작을 장려하였다. 양반들은 상놈들이 담배를 피우는 것이 격에 맞지 않는다고 반대하였다. 그 이유는 식량생산에도 땅이 부족하다고 양반들이 상소하여 담배정책을 중단하였다. 현재 파리의 길거리에서는 당당하게 담배연기를 남의 얼굴에 내뿜으면서 자유를 누린다. 그러면서 담배 피우는 것은 개인이 누릴 수 있는 자유라고 항변한다. 한국은 PC방에서 담배를 피우면 벌금 10만원, 그리고 길거리에서 담배를 피우다 걸리면 벌금 3~5만원이다. 밥을 굶으면 죽지만 담배를 피우지 못해서 죽는 사람은 보지 못했다.

그런데 2005년 게임이론으로 노벨경제학상을 받은 메릴랜드대학 토머스 셸링 교수를 비롯한 미국경제학자 9명이 미국 FDA는 금연의 경제적 효과를 과장한다는 보고서를 제출해서 논쟁이 붙었다. "FDA는 건강증진효과(폐암과 심장질환의 감소)만 계산하고 흡연자들이 누리는 행복감은 무시한다"면서 금연 때문에 받는 고통과 스트레스를 다시 계산하라고 주장한다. 뉴욕타임스는 이런 경제학자들의 주장을 다시 계산하면 건강증진효과의 70%는 상쇄된다고 한다. 보건전문가들은 그런 논리에 따르면 금연정책을 펴기 어렵고 담배회사들과 법리논쟁에서 이길 수 없다고 그리고 다른 식품과 음료의 규제를 막을 수 없다는 지적이 나온다. 즉 설탕이나 탄산음료 규제는 행복을 뺏는다는 논리도 가능하다.

대략 25 성분의 아미노산으로 구성된 혼성중합체이고 그중에서 15~20%는 황을 함유하는 단백질이다. 아미노산의 기본 골격은 R—CH(NH_2)COOH이고 zwitter ion형태로는 R—CH(CH_3)$^+$COO$^-$라고 표시한다. 여기에서 R은 지방족, 아미노 원자단, 혹은 벤젠고리, 헤테로 고리, 카복시산을 의미한다. 곁사슬은 약간 적고 단백질 분자량의 절반을 차지한다. 털 표면의 전체적 음전하는 카복시 원자단(음전하)이 아미노 원자단(양전하)보다 많기 때문이다.

털의 각질 구조 중에서 관심이 있고 α-나선형 형태에 기여하는 주요한 세 종류는 다음과 같다. 첫째 수소결합이다. 그것은 동일한 혹은 이웃 단백질 사슬에서 몇 위치(NH와 C═O)에서 평행 폴리펩타이드 사슬 사이에 형성된다. 수소결합 사이에 결합은 약하지만 집단적으로 합쳐지면 털의 전체 세기에 상당하는 큰 힘을 발휘한다. 물 분자는 수소결합 속으로 밀고 들어오므로 털을 팽창하게 만들고 그러면 모간의 힘이 약해진다. 둘째 산과 염기 곁 사슬 사이에 생기는 염 결합(salt linkage)이다. 염 결합은 동일한 이웃 폴리펩타이드 사슬을 한 그룹으로 함께 연결한다. 염 생성은 그 원자단들이 유리한 위치에 있을 때 생성된다. 셋째 시스틴(cystine)의 이황화물 결합도 폴리펩타이드 사슬을 연결한다. 시스틴은 이황화물 결합 사이에 두 아미노 원자단과 두 카복시 원자단을 함유하는 이중 아미노산이다. 이러한 결합은 강하고 털 각질이 녹지 않는 이유를 설명한다. 센 알칼리성 혹은 높은 pH에서 환원제에 의해 제모제를 사용할 때처럼 분해된다.

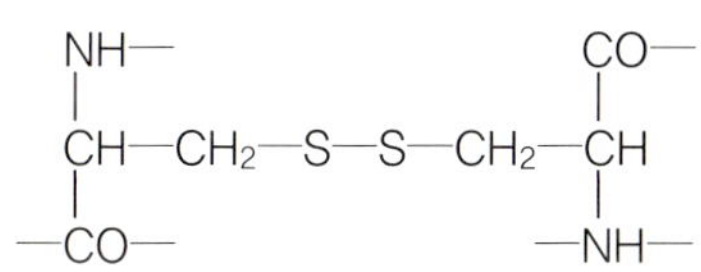

모간은 일반적으로 각질 유도체를 갖는 피부와 매우 비슷하고 생각한다. 각질 함량은 모간의 경우 15%이고 피부는 2%다. 그러므로 제모의 경우에 반응시간을 지연하면 털보다 피부에서 화학반응이 일어나므로 알칼리와 환원제 선택에 주의해야 한다.

14.4 제모화학

제모(depilastion)는 털을 파괴하는 과정이다. 오늘날 시장에서 대부분 제모 제품은 알칼리성 환원제에 바탕을 둔다. 그 과정은 털-섬유를 팽창하고 털-각질의 이웃 폴리펩타이드 사슬 사이에 시스틴 다리의 이황화물 연결을 절단한다. 그것은 결합사슬의 가수분해다. 결과적으로 털 각질의 절단은 젤리 비슷한 물질을 생성하고 닦고 씻고 긁어 제거한다. 시스틴과 환원제 사이에 반응은 pH와 활성제 농도에 의존한다. 털 제거의 용이성은 분해 정도의 영향을 받고 활성제 종류와 농도에 따라 결정되고 그 기여도는 털과 접촉하는 제모 시간, 온도, 털의 수화에 따라 결정된다.

털과 환원제 사이에 반응은 염기성 활성제뿐만 아니고 처방전에 들어 있는 성분의 혼합물들도 영향을 준다. 환원제 존재하에서 알칼리 농도가 진하면 털의 인장세기는 거의 완전히 잃어버린다. 대부분 근래의 제모는 알칼리성에서 thioglycolic acid를 사용한다. 이러한 혼합물은 제모제 시장에서 냄새나는 황화물을 치환하였다. 이것은 더 빠르게 반응하고 황화수소 냄새가 적게 난다.

실제 제모과정에서 제모제품은 털을 가능하면 빨리 그리고 완전히 파괴하게 처방한다. 한편으로 자극성이 없고 심한 냄새가 없는 것을 기대한다. 전체 조제 과정은 살결, 응용, 제거 등의 화장품 관점에서 인정되어야 한다. 제모처방은 수년에 걸쳐 여러 가지 다른 형태(크림, 로션, 에어로졸 거품, 스프레이, 젤, 막대)로 제시되었다. 어떤 형태든 적당한 점성을 가져 특정한 면적에 사용할 때 흘러내리지 않아야 한다. 제품이 눈, 코, 입, 귀, 항문, 질, 생식기 지역으로 들어가지 않게 주의해야 한다. 만약 들어가면 따뜻한 목욕물로 철저히 씻어야 한다. 약한 산성 용액(시트르산 혹은 붕산)을 알칼리 중화제로 그리고 과산화수소를 이황화물 결합의 산화에 사용하기를 권한다. 그러한 일이 생겨서 필요하면 의사와 상의해야 한다.

제모는 사용한 제모성분의 성질과 제품의 잘못 사용 때문에 항상 자극(염증)이 뒤따른다. 이러한 것을 최소화하기 위해서 제모할 털 부분에 제모제를 칠한 작은 패치 조각을 부착하고 24시간 후에 피부에 이상이 없으면(정상이면) 제모를 실시한다. 염증이나 알레르기 반응이 생기면 사용하지 않는 것이 좋다. 제모제 사용법에는 이러한 내용이 적혀 있어야 한다. 대부분 제모제품은 금속, 가구, 의류(각질 구조를 갖는 털 종류)와 반응하므로 가능하면 빨리 씻어야 한다.

제모할 때 부드럽게 처리하고 피부에 문지르지 말아야 한다. 이것은 피부를 약화시켜 염증을 일으킨다. 제모제는 사용면적에 균일하고 두껍게 손, 손가락, 혹은 주걱이나 특수한 기구를 사용하여 처리한다. 제모제는 사용하기 전에 작은 면적에 바르고 4~5분 후에 옳게 그리고 역반응이 없이 실행되는 것을 시험해야 한다. 제모제는 10~15분 이내에 씻어야 한다. 제모처리 후에 주걱으로 긁어 제거하고 목욕온수로 헹궈 완전히 제거한다. 제모제는 눈이나 점막처럼 예민한 장소에 접촉하지 않게 주의해야 한다. 제모장소를 문지르거나 거친 비누를 사용하지 않아야 한다. 어떤 회사는 피부를 부드럽게 만드는 후처리 제품을 추천 혹은 공급한다. 필요하면 1% hydrocortisone 크림을 약한 자극성 염증에 사용할 수 있다.

14.5 제모 처방

제모제 처방에서 제모제 성분 선택에 주의할 점은 pH 11 혹은 그 이상에서 안정한 성분이 매우 드물다는 것을 알아야 한다. 게다가 오랜 피부접촉에도 안전한 제모성분이 매우 드물다는 것이다. Fishman은 1989년에 몇 가지를 추천했다.(68)

제모제 성분은 제모제 활성 성분, 제1 및 제2 유화제(점성/일관성 유지제), 점성증가제(점성개선제/유화 안정제), 유제(피부보호제), 알칼리제(완충제), 특수한 첨가제(기능성 혹은 기타), 향료, 묽힘제(탈염수)를 함유한다. 제모용 크림과 로션은 표 10-109와 같다.

표 10-109 제모용 크림과 로션

성 분	1	2	3	4	5	6	7	8	9	10	11	12	13	14
크림(wt %)	5.40	4.00	qs	1.50	3.50	1.00	0.25	2.00	1.00	5.00	1.00	–	0.50	qs to 100.00%
로션(wt %)	5.40	4.00	qs	1.00	3.00	–	–	1.00	–	5.00	–	0.50	0.70	qs to 100.00%

1 : calcium thioglycolate
2 : calcium hydroxide
3 : sodium hydroxide, to pH 12.0~12.5
4 : Ceteareth 20
5 : cetearyl alcohol
6 : stearyl alcohol
7 : silica
8 : propylene glycol
9 : sweet almond(*Prunus amygdalus dulcis*) oil
10 : mineral oil(Paraffinum liquidum)
11 : cocoa butter
12 : jojoba(Buxus chinensis) oil
13 : fragrance(parfum)
14 : water (aqus), deionized

• 제법 : 오일과 물을 각기 70~75℃로 가열하라. 계속해서 저으면서 물을 오일에 가하고 40~50℃로 식혀라. 그 혼합물에 calcium thioglycolate와 수산화칼슘을 가하라. 수산화소듐을 가하여 그 혼합물의 pH를 조절하라. 30℃로 식히고 향료를 가하라. 완전히 분산한 다음 옮겨 담는다.

우레아를 이용한 제모 크림은 표 10-110과 같다.

표 10-110 우레아를 이용한 제모 크림

성 분	1	2	3	4	5	6	7	8	9	10	11
함량(wt %)	4.00	6.00	qs	8.00	3.00	7.00	2.50	0.75	5.00	0.50	qs to 100.0%

1 : thioglycolic acid
2 : calcium hydroxide
3 : lithium hydroxide, to pH 12.0~12.5
4 : urea
5 : glycin
6 : stearyl alcohol
7 : Ceteareth 20
8 : sodium lauryl sulfate
9 : mineral oil(paraffinum liquidum)
10 : fragrance(parfum)
11 : water(aqua), deionized

• 제법 : 오일과 물을 각기 70~75℃로 가열하라. 계속해서 저으면서 물을 오일에 가하라. 40~45℃로 식힌 다음 thioglycolic acid와 수산화칼슘을 가한다. pH 12.0~12.5로 되게 수산화리튬을 가하고 30℃로 식혀 향료를 가한다. 실온으로 식힌 다음 옮겨 담는다.

규산소듐을 이용한 제모용 크림은 표 10-111과 같다.

표 10-111 규산소듐을 이용한 제모 크림

성 분	1	2	3	4	5	6	7	8	9	10	11
함량(wt %)	75.40	3.50	1.75	1.25	1.10	1.10	1.00	0.30	7.00	4.75	2.85

1 : water(aqua), deionized
2 : cetearykl alcohol
3 : stearyl aicohol
4 : tridecyl stearate (and) neopentyl glycol dicaprrylate/dicaprate (and) tridecyl trimellitate
5 : tridecyl trimellitate
6 : Ceteareth 20
7 : neopentyl glycol dicaprylate/dicaprate
8 : castor(*Ricinus communis*) oil
9 : calcium hydroxide
10 : calcium thioglycolate
11 : sodium silicate

• 제법 : 물을 70~75℃로 가열하고 계속해서 저으면서 오일-상(phase)을 가한다. 45℃로 식힌 온도에서 나머지 성분을 가하고 균일하게 섞는다.

제모용 무스(mousse)는 표 10-112와 같다.

표 10-112 제모용 무스

성 분	1	2	3	4	5	6	7	8	9
함량(wt %)	5.30	2.00	qs	5.00	1.50	0.50	0.50	qs 100.00	3.50

1 : thioglycolic acid(80%)
2 : calcium hydroxide
3 : sodium hydorxide, to 12.0 to 12.5%
4 : mineral oil(paraffinum liquidum)
5 : cetyl alcohol
6 : Ceteareth 20
7 : fragrance(parfum)
8 : water(aqua), deionized
9 : propane/isobutane(50 : 50)

• 제법 : 물과 오일을 각기 70~75℃로 가열하라. 물을 오일에 계속해서 저으면서 혼합하라. 40~45℃로 식히고 thioglycolic acid와 수산화칼슘을 가하라. 수산화소듐으로 pH 12.0~12.5로 조절하라. 30℃로 식히고 향료를 가하고 섞은 다음 실온으로 식혀 옮겨 담아라.

제모용 젤은 표 10-113과 같다.

표 10-113 제모용 젤

성 분	1	2	3	4	5	6	7	8	9
함량(wt %)	10.00	qs	2.00	2.00	0.50	1.50	1.00	0.50	qs 100.00

1 : potassium thioglycolate(40~45%)
2 : sodium hydroxide, to pH 12.0~12.5
3 : propylene glycol
4 : glycerin
5 : aloe barbadenis gel
6 : carbomer
7 : hydroyethylcellulose
8 : fragrance(parfum)
9 : water(aqua), deionized

• 제법 : 물에 carbomer와 hydroxyethylcellulose를 가하고 분산되게 혼합하라. potassium hydroxide와 수산화소듐을 가하고 나머지 향료를 제외한 성분을 가하라. 균일하게 젓고 향료를 가하고 실온으로 식혀라.

14.6 제모 활성 성분

제모제들이 시장성에서 성공한 요인은 mercaptan 성분을 thioglycolic acid로 바꿔서 이러한 염류들이 mercaptan 계열보다 황화물 냄새가 덜 나서 환경문제도 개선하였고 이 제모제를 사용하는 알칼리 매질의 pH를 감소하여 피부염증을 감소하였기 때문이다. 현재도 알칼리성 매질을 바꾸려고 알칼리 성분을 치환하려고 연구중에 있다.

과거에 calcium thioglycolate를 함유하는 처방은 본래 70% thioglycolic acid와 수산화칼슘을 57 : 43(wt/wt %)으로 섞어 사용했다. 그러나 현재는 calcium glycolate(Ca—S—$CH_2COO \cdot 3H_2O$)를 고체형태(프리즘 모양으로 결정화된다)로 사용할 수 있고 이것을 3~6% 농도로 사용한다. 이 농도에서 제모시간은 5~10분 걸리지만 pH 영향을 받는다. Thioglycolate는 적절한 사용 농도에서 안전하고 독성이 거의 없고 대기 중에서 산화되므로 밀봉하여 보관하면 오랫동안 사용할 수 있다.

칼슘 혹은 리튬과 결합한 thioglycolate 염류는 소듐 혹은 포타슘 염보다 자극성이 적다. 소듐, 포타슘, 리튬 염류는 물에 더 잘 녹는다. 칼슘염은 물에 대한 용해도가 적지만 제모용으로는 충분하다. 그래서 현재 시장에서는 칼슘염을 대부분 사용하고 있다.(69)

(1) 제1유화제와 제2유화제

제모제 처방은 정상적으로 o/w 유제이고 비이온성 유화제를 사용한다. 현재 시장에서 대부분 제품은 제1유화제로서 알콕실화 알코올을 그리고 피부에 대한 보호기능을 위해서 추가로 유화 안정제로 제2유화제로서 지방산알코올을 보조제로 사용한다. 과거에 비누, 라우릴 황산 소듐, 기타 아민을 사용했지만 현재 거의 사용하지 않고 그들은 염증을 증가시키는 경향이 있다. 어떤 제품은 cetearyl alcohol 혹은 stearyl alcohol의 polyethylene glycol ether 계열을 사용한다. 유화 안정제와 점성 조절제는 cetearyl, stearyl, cetyl계 알코올을 단독으로 혹은 섞어 사용한다. 이러한 화합물은 높은 pH에서 안정도를 증가하기 때문에 사용한다.

(2) 점성부여제

유화제에 바탕을 둔 대부분 크림과 로션은 점성이 부수적으로 항상 필요하지 않지만 각 처방은 각 개성에 따라 보조로 혹은 점성 조절이 필요할 수 있다. methyl, hydroxyethyl, 혹은 carboxymethyl cellulose와 같은 합성 점성부여제는 젤 처방에서 단독으로 혹은 섞어 사용한다. 최근의 젤 처방은 potassium thioglycolate와 섞어 carbomer(propylene의 allyl ether와 교차결합한 acrylic acid의 합성 고분자)를 사용한다. Potassium thioglycolate는 용해도 성질 때문에 사용한다. 이러한 점성개선제(젤화제) 안정도는 모든 처방의 평가에 필요하다. 마지막으로 실리카 무기화합물은 과거에 피부에 대한 처방의 응용에서 최종 점성과 항시성을 위해서 사용했다.

(3) 유제

광물성 오일은 제모 크림과 로션에 대한 감촉과 부드럽고 매끄럽기 때문에 현재 사용하는 주요한 유제다. 과거에 보습성과 피부 컨디셔닝효과 때문에 propylene glycol과 glycerin 같은 다른 재료들을 사용했다. 추가로 octyl decanol처럼 매우 안정하고 완전히 포화된 알코올과 ether-형태 오일(dicapryl ether)을 제모 처방에 사용할 것을 추천한다. Ester-형태 오일은 높은 pH에서 가수분해하므로 사용할 수 없어 추천하지 않는다.

(4) 알칼리

알칼리의 종류와 사용량은 대단히 중요하다. 알칼리는 원하는 pH에 도달하기 위해서 혹은 thioglycolic acid의 중화를 위해서 사용한다. 수산화칼슘은 대부분 제모 회사에서 사용한다. 그것은 일반적으로 pH 조절에 과량으로 존재하고 알칼리 저장체(reservoir)로 작용한다. 그것은 물에 비교적 녹지 않고 pH 12.3～12.5 범위에서 슬러리(slurry) 상태다. 수산화스트론튬은 마찬가지로 저장체로 사용하고 물에 안정하고 pH 12.5～12.7 범위를 유지하지만 비싸다. 수산화바륨은 독성 때문에 사용할 수 없다. 수산화리튬과 수산화소듐은 thioglycolic acid의 카복시 원자단 중에서 일부 혹은 전체의 중화에 사용하고 그 시스템을 pH 12.5까지 증가한다. Thioglycolic acid의 소듐 혹은 리튬 염은 염증 발생 잠재력이 약간 많다. 일반적으로 처방전에서 균형을 맞추려면 다른 알칼리보다 소듐염과 칼슘염을 섞는다. 사용한 알칼리 농도는 최종 pH, 효능, 염증발생 잠재력에 가장 큰 영향을 준다.

(5) 첨가제

현재 시중에서 제모 제품을 살펴보면 여러 종류의 성분(자연 혹은 합성)들이 알칼리와 반응할 잠재력을 갖는다. 대부분은 적은 농도로 사용하고 전체적 관점에서 별로 관심을 갖지 못한다. 첨가제들은 전체 처방의 보습효과를 돕는다. 그 성분들은 jojoba oil, sodium PCA, sodium gluconate, sweet almond oil, lanolin, shea butter, vitamin E (tocopherol acetate), cocoia butter 등이고 0.5~1.0% 범위다. 몇 가지 성분(예를 들어 urea, thiourea, guanidine carbonate)은 모간의 결합 사이 혹은 결합 속의 결합력을 감소하고 팽창하고 활성 성분의 침투를 촉진하는 것처럼 보인다. Urea는 많은 사람들이 선택하는 성분이고 10~125%까지 사용한다. 이러한 화합물이 침투에 걸리는 시간이 현재 제모 제품의 정상 제모 시간인가 여부에 약간 의문이 생긴다.

처방이 색을 띠면 그 시스템의 pH를 고려해야 한다. pH는 대단히 높으므로 색소는 제모에 사용하는 색소로서 염료보다 훨씬 더 안정하다. 예를 들어 철산화물을 고려해보자. 색소 공급자들은 오랜 작업시간을 피하라고 조언할 것이다.

(6) 향료

향료 오일은 제모에 사용하는 가장 기본 화합물이다. 향료제조 회사들은 어떤 제품의 수명에 걸쳐 높은 pH 시스템에 사용가능한 재료의 발견에 많은 노력을 한다. 초기 제품들은 강력한 rose, citrus, mint 향료를 사용했다. 그러다가 황의 냄새를 덮으려고 더 좋은 새로운 성분을 찾으려고 노력했지만 아직 해결하지 못하였다. 대부분 향료성분 화합물은 0.5~1.0% 범위다.

(7) 제모 시간

Thioglycolate를 함유하는 처방은 대략 3분에 제모할 수 있고 염증이 생기지 않기를 바란다. 대부분 제품은 점성, 젖음 반응(wetting action), 털과 반응할 활성 성분의 이용성과 같은 물리적 성질을 변화하여 성공하였나. 대부분 소비자들과 친근한 제모 제품은 첫째 활성 황화합물 농도가 가능하면 적고 완전한 용액상태, 둘째 제모시간에 영향을 주지 않는 최소 수준의 pH, 셋째 오일상은 가능하면 적게, 넷째 활성 반응시간의 증가를 원한다.

14.7 제모제 생산과 특허

제모제 생산은 정상적으로 단순하고 간단하다. 여러 가지 방식으로 필요한 원료를 섞고 가열하고 냉각한다. 제모제 제조 장비들은 스테인리스 스틸 316종을 사용해야 하고 유리-라이닝 탱크를 사용할 수 있다. polyethylene, teflon, tygon 등의 플라스틱도 사용할 수 있다. 높은 pH의 제모제는 미량 금속에 의한 활성 성분의 오염이 생기지 않는다. 제모제는 처음부터 최종 포장까지 공기와 섞이는 것을 피해야 하고 이러한 공정관리를 위해서 counter-current sweep 혹은 scraper, colloid mill, 공기순환, 부식성 공기를 차단하는 호흡기를 이용해야 한다.

제모제 특허는 별로 많지 않다. Boothroyd와 Sheard는 약 5% 4차아민을 함유하는 제모제를 부드러운 털 발육에 사용했지만 털 발육을 감소하지 못하였다.[70]

그 4차아민은 di(hardtallow)methylamine이고 양이온으로 변환한 다음 부드러운 털로 변해서 발육한다고 주장한다(표 10-111).

제모제는 대부분이 높은 알칼리성에서 사용하지만 pH 7에서 2～5% sulphydryl 원자단 화합물을 갖는 활성제를 발표했다. 이것은 적어도 하루에 두 번 바르고 씻지 않고 그대로 둘 수 있는 제모제다(표 10-111).[71] pH는 NaOH로 조절한다. 원하지 않는 털의 제거와 육모지연을 위해 100 cm^2 피부에 대하여 1000 mg 성분을 하루에 두 번씩 바른다.

제모용 크림은 표 10-114와 같다.

표 10-114 제모용 크림

성 분	1	2	3	4	5	6	7	8	9	10	11	12	13
함량(wt %)	2.00	0.25	qs to 100.00	6.00	3.00	2.50	0.50	0.10	5.00	10.00	3.00	5.00	0.50

1 : sodium magnesium silicate(Laponite XLS)
2 : sodium heptonate
3 : water(aqua)
4 : cetyl alcohol
5 : ethoxylated cetyl alcohol(cetomacrogol 1000 BP)
6 : light liquid paraffin
7 : stearyl alcohol, 3 mol ethoxylated
8 : butylated hydroxytoluene
9 : di(hardtallow)methylamine(Armeen M2HT)
10 : potassium thioglycolate, 42% solution
11 : calcium hydroxide
12 : urea
13 : fragrance(parfum)

• 제법 : Sodium magnesium silicate와 sodium heptonate를 70℃ 물에 분산하라. 나머지 성분도 넣고 섞는다. 30℃로 식히고 향료를 넣고 실온으로 식혀 보관한다.

중성 제모제는 표 10-115와 같다.

표 10-115 중성 제모제

성 분	N-acetyl-1-cysteine	Propylene glycol	Ethanol	Water(aqua)
함량(wt %)	5.00	45.00	30.00	20.00

14.8 자가 제모방법

제모(epilation)는 기계적 과정이다. 제모는 간단히 털을 점성 접착제에 가두고 물적 힘으로 접착제에 묻힌 털을 잡아 뽑는다. 털을 뽑을 때 힘은 털 종류, 나이, 위치에 따라 다르다.(72)

탈모는 모근 혹은 유두와 함께 뽑아버리므로 탈모는 털이 살 표면에 나타나기까지 더 오랫동안 시간이 걸린다. 이것이 이 방법을 사용하는 이유다. 이 방법은 털 제거에 최소의 불안과 효능을 갖는 것이 중요하다. 소비자들이 고통을 감소하는 좋은 방법을 찾는 것도 한 방법이다. 피부를 팽팽하게 잡으면서 육모의 반대 방향으로 빠르게 잡아 당겨 제거한다. 털은 1/2 in보다 작아야 하고 효과적으로 붙잡으려면 적어도 1/4 in 길이를 가져야 한다. 얼굴 털은 약간 더 짧을 수 있다. 피부는 깨끗하고 건조하고 오일, 크림, 로션, 수분이 없어야 한다. 털은 제거하기 전에 피부와 털을 씻고 건조하는 것이 중요하다. 제품은 털을 완전히 덮어야 한다. 한 번에 한 자리를 탈모하고 다른 자리로 옮겨야 한다. 빠르고 확실하게 적당한 방법으로 탈모하는 것이 피부손상과 감염 그리고 고통을 감소하는 최선이다.

제모처럼 작은 면적을 탈모하고 24시간 후에 피부가 정상이면 더 넓은 면적으로 확대한다. 이러한 종류의 제품은 목욕과 샤워 뒤에 곧 사용하지 않아야 한다. 겨드랑이 부분을 탈모한 다음 24시간까지 발한억제제와 탈취제를 사용하지 않아야 한다. 동일한 위치를 24시간 안에 다시 처리하지 않아야 한다. 탈모 다음에 즉시 붉게 변하는 것은 정상이고 잠시 후에 없어진다.

당뇨병, 정맥류 혈관, 모반, 사마귀, 순환기 문제의 사람들은 탈모방법을 사용하지 않아야 한다. 이 제품은 코 혹은 귀의 내부와 질과 생식기에 사용하지 않아야 한다. 초보자는 탈모과정을 완료한 다음 후처리 제품을 사용하는 것이 바람직하다. 처리한 부분을 냉수로 처리하는 것은 도움을 준다. 한 방법으로 압박을 가하여 정신적 고통을 감소할 수 있다. 후처리 제품은 오일, 크림, 로션 형태이고 일반적으로 그 성분들은 진정과 침착, 피부건조 방지에 도움을 준다. 사용하는 성분들은 azulene, aloe, vera, witch hazel, chamomile extract, menthol 등이다. 어떤 처방은 다량의 광유(파라핀), 유제 에스터를 함유하여 찌꺼기 제거에 도움을 준다. 탈모 후에 염증이 생기면 의사와 상담해야 한다.

탈모방법은 네 종류의 뜨거운 왁스(hot wax), 차가운 왁스 스트립(cold wax strip), 접착제 스트립(adhesive strip), 차가운 혹은 따뜻한 설탕 왁스(cold or warm sugar wax) 방법이 있다.

14.8.1 뜨거운 왁스 방법

왁스처리 방법은 임시로 털을 제거하는 가장 오래된 방법이다. 인기는 가장 적지만 현재는 이용할 수 없는 쉬운 설탕 처방이므로 더 인기가 있다. 게다가 이 방법은 오래 계속되는 효과를 가지므로 시간을 절약할 수 있어 소비자들이 원한다.

뜨거운 왁스 제품은 녹은 상태로 사용하고 저절로 굳어지는 왁스-로진(wax-rosin, colophony) 성분에 기본을 둔다. 이것은 그 다음에 빠른 동작으로 육모 방향과 반대 방향으로 제거한다. 한 번에 해치운다. 그 처방은 표 10-116과 같다.

표 10-116 탈모용 왁스

성 분	Rosin	Paraffin wax	Beewax(cera alba)	Mineral oil(paraffinum liquidum)
함량(wt %)	55.00	10.00	25.00	10.00

• 제법 : 모든 성분을 합쳐 녹이고 균일하게 섞는다. 60℃로 식히고 원하는 모양으로 몰드에 부어 굳힌다.

뜨거운 왁스는 사용하기 전에 사람에게 화상을 입히지 않는 온도로 이중 재킷에 넣고 가열한다. 온도를 측정하는 장치를 이용하면 더욱 좋다. 녹일 때 마이크로웨이브 용기는 온도조절이 어렵고 가열 중에 재료가 건조되고 균일하게 녹지 않으므로 사용하지 않는 것이 좋다. 따뜻한 왁스를 진한 시럽상태로 원하는 부분에 칠한다. 그 왁스는 피부 위에서 제거하기 전에 나긋나긋하지만 들러붙지 않는 그리고 딱딱하거나 깨지지 않는 상태로 될 때까지 기다린다. 그것은 제거하기 전에 한 손으로 그 왁스의 한쪽 모서리를 잡고 다른 한 손으로 피부를 팽팽하게 잡으면서 왁스 스트립을 털이 자란 반대 방향으로 한 번에 잡아당겨 분리한다.

14.8.2 차가운 왁스 스트립

차가운 왁스 스트립 처방은 뜨거운 왁스 스트립 처방과 비슷하다 그러나 굳은 고체 대신에 실온에서 나긋나긋하고 오래 접착력이 있게 변형된 스트립을 사용한다. 첨가제로 aloe, tocopherol(vitamin E), bisabolol을 함유한다.

왁스는 두 장의 셀로판 사이에 샌드위치 모양으로 들어 있다. 두 장을 분리하여 각기 별도로 사용할 수 있다. 사용한 다음 피부에 남은 찌꺼기는 일반적으로 광물성 오일 용매로 쉽게 제거된다.

정상적으로는 재질이 직물이지만 최근에 직물이 아닌 polyethylene/propylene/polyamide 형태의 직물이 출시되고 있다. 재료는 셀로판이 좋다. 다른 재료는 잘못된 방향으로 잡아당겨 제거할 때 쉽게 찢어지기 때문이다. 스트립 모양은 직사각형이고 크기와 모양은 사용하는 다리, 윗입술, 눈썹 등에 따라 각기 다르다. 그 처방은 표 10-117과 같다.

표 10-117 **차가운 탈모용 왁스 스트립**

성 분	Mineral oil (paraffinum liquidum)	Microstalline wax	Tall oil glyceride (rosin acids and fatty acids)
함량(wt %)	15.00	10.00	75.00

• 제법 : 모든 성분이 녹을 때까지 가열하고 공기가 들어가지 않게 섞는다. 그 혼합물을 액체상태 온도에서 셀로판 스트립에 그리고 다른 한쪽 스트립은 위쪽에 칠한다. 그것을 겹쳐 보관하고 사용할 때 분리하여 쓴다. 그 스트립은 사용할 때 손 사이에서 비벼 왁스를 따뜻하고 부드럽게 만들고 일단 부드러워지면 부드럽게 잡아당겨 분리한다. 왁스는 셀로판에서 분리되지 않고 양쪽 스트립에 남아 있어야 한다. 그 다음 한 스트립은 중간을 접고 손 사이에서 비벼 다시 부드럽게 만든다. 그 다음 스트립을 열고 탈모하려는 방향으로 가볍게 눌러서 접착한다. 제품을 세게 누를수록 피부에 더 잘 접착한다. 그 다음 육모와 반대 방향으로 한 번의 빠른 동작으로 잡아당겨 분리한다. 이러한 종류의 제품은 조제 시간이 덜 걸리고 만들기 쉬워서 뜨거운 왁스보다 사용하기 쉽다.

14.8.3 접착제 방법

접착제 방법 탈모 제품은 가소성 압착 테이프에 수지 재료를 칠한 것이다. 이것은 차가운 왁스 스트립처럼 사용하지만 앞에서 설명한 뜨거운 스트립 혹은 차가운 스트립처럼 털을 모두 접착제로 붙잡지 못하므로 기능이 그만큼 유용하지 않다.

접착제의 접착성은 조절할 수 있으므로 지나치게 달라붙어 피부를 손상하지 않는다. 접착제를 칠해서 사용하는 뒷면은 얇고 유연한 cellopane, kraft paper, acetate, polyester, polyvinylidene chloride 등을 사용한다. 접착제 성분은 styrene butadiene rubber, glycerin ester of rosin, pentaerythritor ester amylhydroquinone, dimethyl diphenyl methane을 사용한다.

14.8.4 차가운 혹은 따뜻한 설탕 왁스 방법

탈모제의 다음 종류는 가장 오래된 차가운 혹은 따뜻한 설탕 왁스에 바탕을 둔 표 10-118과 같다.

표 10-118 설탕 왁스

성 분	1	2	3	4	5	6
함량(wt %)	qs to 100.00	10.00	0.50	0.15	0.10	5.00 to 15.00

1 : sucrose
2 : glycerin
3 : citric acid
4 : potassium sorbate
5 : methyl paraben
6 : water(aqua), deionized

• 제법 : Sucrose와 glycerin을 거의 100℃로 가열하면서 혼합한다. 이 온도를 유지하면서 나머지 성분도 함께 가하고 균일하게 그리고 맑은 용액이 될 때까지 섞는다. 용액이 약간 엷은 갈색을 띨 때까지 가열한다. 85~90℃로 식혀 적당한 용기에 옮긴다.

이 제품은 따뜻한 물 혹은 마이크로웨이브(20초 이하) 오븐에서 가온하고 주걱을 이용하여 털이 자란 반대 방향으로 칠하고 그 부분에 즉시 직물 조각으로 덮고 단단하게 누른다. 스트립은 털이 자란 반대 방향으로 제거한다. 왁스 찌꺼기가 남아 있으면 물로 씻어라. 이러한 종류의 처방에서 필요한 접착력 조절은 적절한 물의 함량이 필요하고 시트르산(레몬주스)은 설탕결정 생성 억제와 방부제로서 도움을 준다. 그 밖의 첨가제로 꿀, chamomile 추출액, 향료를 사용한다.

그 외의 탈모제로서 물 0.5~10%를 함유하는 90~99.5% 대두 시럽이 고통을 감소하는 탈모라고 발표했다.(73) 왜냐하면 이 액체 성분은 탈모하기 전에 피부의 위에 있는 죽은 층을 부드럽게 만들기 때문이라고 설명한다. 또 다른 탈모제로서 직조하지 않은 폴리에스터 필름에 colophony rosin을 사용한 탈모제를 특허출원하였다.(74) 그 탈모제는 여러 장이 겹쳐 있고 한 장씩 분리하여 사용하고 접착력이 우수하다.

14.8.5 기타 방법

또 한 가지 설명할 방법은 마멸법(abrasion method)이다. 이것은 부석(pumice stone, 규산염) 혹은 sand paper(알루미나 혹은 실리카를 접착한 종이)로 모간을 문질러 마모하여 탈모하는 방법이다. 이것은 피부를 동시에 박리할 가능성이 있다. 그 밖에 용해성 알칼리 주석 화합물을 사용하는 방법이 있지만(U.S. Patent 4, 111,653. 2, 123,214. 2,199,249) pH 12.6이 너무 진하고 반응이 느리다.

(1) R. Goldbulm, S. Derby, *J. Invest. Dermatol.*, 1951, 17 : 65 ; T. F. Dutcher, S. Rothman, *J. Invest. Dermatol.*, 1951, 17 : 65 ; N. Nicolaides, R. C. Foster, *J. Amer. Oil Chem. Soc.*, 1956, 33 : 404.

(2) D. Laba, *Rheological Properties of Cosmetics and Toiletries*, Cosmetic Science and Technology Series, Vol. 13, Marcel Dekker Inc., New York, 1993, 1-8.

(3) U.S. Pat. 7.157,496 ; Tamareselvy et al., *Hair Setting compositions, polymers and methods*, Noveon IP Holding Corp.

(4) M. Clarke, D. Laba eds., *Rheological Properties of Cosmetics and Toiletries*, Cosmetic Science and Technology Series, Vol. 13, Marcel Dekker Inc., New York, 1993, 153-222.

(5) R. Lochhead, *Cosmetics & Toiletries*, 1987, 102(10) : 89.

(6) R. Lochhead, *Happi*, Apr. 1990, 58.

(7) R. G. Pearson et al., *Advanced in Inorganic Chemistry*, 1997, 42 : 49.

(8) A. J. O'Lenick, *Surfactants Strategic Raw Materials,* Allured Publishing Corp., Jan. 13, 1976.

(9) J. Griffin, R. Corcoran, K. Akana, *J. Chem. Edu.*, Sept. 1977, 44 : 55.

(10) J. I. Korschwitz ed., *Encyclopedia of Polymer Science and Engineering,* Vol. 7, Wiley, New York, 1985, 210.

(11) US pat., 6,086,903, T. Trinh, D. Bacon, A. H. Chung and A. Trandai.

(12) M. D. Berthiaume, J. Jachowicz, *J. Colloid Interface Science*, 1991, 141 : 299.

(13) J. Jachowicz and M. D. Berthiaume, *J. Interface Science*, 1989, 133 : 118.

(14) L. A. Spielman and S. K. Friedlander, *J. Colloid Interface Science*, 1989, 133 : 118.

(15) Balchunas and Torgerson, WO9323446(May 15, 1992).

(16) Dubief and Dupuis, WO9714400(October 18, 1995).

(17) Avon, Diluting the quality of hairsprays? *Manufacturing Chemist.*, 1998, 69(11) : 14.

(18) J. Jachowicz, B. Hamilton, J. Laryea, R. McMullen, C. Rocafort, E. Walls, *Cosmetics and Toiletries Manufacture Worldwide*, 1998.

(19) J. Jachowicz, *International Specialty Products*, 1990.

(20) C. Robbins, *Chemical and Physical Behavior of Human Hair*, 2nd ed., Springer-Verlag, New York, 1988, 140-163, 197-289.

(21) C. Zviak, *The Science of Hair Care*, M. Dekker, Inc., New York, 1986, 115-147.

(22) J. Knowlton, S. Pearce, *Handbook of Cosmetic Science and Technology*, Elsevier Science Publisher Ltd., 1993, 225-226, 461-501.

(23) H. Spoor, *J. Soc. Cos. Chem.*, 1963, 14 : 135.

(24) R. Wyk, F. Roia, *J. Soc. Cos. Chem.*, 1964, 15 : 761.

(25) J. Leyden, K. McGinley, A. KLigman, *J. Soc. Cos. Chem.*, 1975, 26 : 573.

(26) A. Kligman, R. Marples, L. Lantis, K. McGinley, *J. Soc. Cos. Chem.*, 1974, 25 : 73.

(27) N. Orentreich, E. Taylor, R. Berger, R. Auerbach, *Journal of Pharmaceutical Science*, 1969, 58 : 1279.

(28) FDA Final Monograph on Dandruff, Seborrheic Dermatitis, and Psoriasis for Over-the-counter Human Use, 21CFR 358 710(1999).

(29) B. Tarnoff, *American Perfumer and Cosmetics*, 1962, 77(10) : 140.

(30) B. Tarnoff, *American Perfumer and Cosmetics*, 1962, 77(10) : 140.

(31) R. Jaffe, *Klin Wshr*, 1926, 5 : 507.

(32) British Patent 2931, C. Nessler, 1910.

(33) U.S. Patent 2,577,710, E, McDonough, 1951.

(34) M. Feughelman, *J. Soic. Cosmet. Chem.*, 1990, 41 : 209.

(35) F. Storrs, *J. Am. Acad. Dermatol.*, 1984, 11 : 74.

(36) K. K. Matsunaga, K. Hosogawa, M. Suzuki, Y. Arima, R. Hayagawa, *Contact. Dermatitis*, 1988, 18 : 94.

(37) P. Frosch, D. Burrows, J. Camarasa, A. Dooms-Goosens, G. Ducombs, A. Gahti, T. Menne, R. Rycroft, S. Shaw, I. White, *Contact Dermatitis*, 1993, 28 : 180.
(38) R. Elder, *J. Am. Coll. Toxicol.*, 1991, 10 : 135.
(39) W. Uter, J. Geier, A. Schnuch, *Dermatology*, 2000, 200 : 132.
(40) D. Kirby, *Proc. Sci. Sect. Toilet. Goods Assoc.*, 1956, 26 : 12.
(41) U.S. Patent 2,719,814, J. Haefele, 1955.
(42) I. Wolfram, *The Reactivity of Human Hair, Hair Research ; Status and Future Aspects*, Springer-Verlag, New York, 1981.
(43) E. Tolgiesi, F. Fong, *Hair Research ; Status and Future Aspects,* Springer-Verlag, New York, 1981.
(44) U.S. Patent 4,579,131, A. Syed, April 1, 1986.
(45) A. Syed, *Product information and instructions*, Avlon Industries, Inc., 1998, 33.
(46) A. Shansky, *J. Soc. Cosmet. Chem.*, 1963, 14 : 420.
(47) S. Syed, H. Ayoub, A. Kuhajda, *Cosmetics & Toiletries*, 1998, 111(9) : 47-56 [p.511].
(48) Aderanc Inc., *Aderanc News* 3-2, 1998.
(49) A. Limat, F. Noser, *J. Invest. Dermal.*, 1986, 87 : 485.
(50) S. Arase, S. Katoh, Y. Sadamoto, H. Nakanishi, Y. Urano, K. Fujie, K. Takeda, *J. Dermtol.*, 1991, 2 : 66.
(51) G. Messenger, H. Senior, S. Bleehen, *Brit. J. Dermatol.*, 1986, 114 : 425.
(52) K. Katuoka, R. Hein, H. Shell, O. Hornstein, *Arch. Dermatol. Res.*, 1988, 280 : 185.
(53) J. Reynolds, C. Lawrence, C. Jahoda, *J. Invest. Dermatol.*, 1993, 101 : 634.
(54) E. Rogers, N. Martinet, P. Steinnert, P. Wynn, D. Roop, A. Kilkenny, D. Morgan, S. Yuspa, *J. Invest. Dermatol.*, 1987, 89 : 369.
(55) K. Matsumoto, Y. Yokoyama, M. Suzuki, H. Nakano, *Jpn. J. Dermatol.*, 1993, 103 : 103.
(56) E. Westagate, E. Gillan, W. Gilson, T. Kealey, M. Philpott, *Brit. J. Dermatol.*, 1993, 129 : 372.
(57) S. Kondo, Y. Hozumi, N. Sato, K. Aso, *J. Dermatology*, 1992, 19 : 384.
(58) P. Philpott and T. Kerley, *Brit. J. Deramatol.*, 1992, 127 : 600.
(59) T. Jindo, R. Imai, K. Takamori and H. Ogawa, *J. Dermatology*, 1993, 20 : 756.
(60) M. Uzuka and C. Hanzawa, *Jpn. J. Dermatol.*, 1994, 104 : 979.
(61) S. Hatae, S. Hamada, S. Toshidani, Y. Mishima, 1993, *Fragrance Journal*, 21(9) : 20.
(62) M. Hattori, H. Ogawa, *J. Dermatology*, 1983, 10 : 45.
(63) H. Ogawa, M. Hattori, Regulation Mechanism of Hair Growth, In *Normal and Abnormal Differentiation*, Tokyo Univ. Press, Tokyo, 1983, 159.
(64) H. Uno, *J. Am. Acad. Dermatol.*, 1987, 16 : 657.
(65) K. Adachi, *Fragrance Journal*, 1993, 21(9) : 50.
(66) K. Dakeda, S. Arase, S. Watanabe, T. Nagashima, Y. Watanabe, A. Sakuma, *J. Dermatol.*, 1993, 55 : 727.
(67) M. Suzuki, T. Maeda, *Fragrance Journal*, 1997, 25(5) : 52.
(68) H. M. Fishman, *HAPPI*, 1989, 34(2) : 150.
(69) R. J. Harry, *Harry's Cosmeticology*, 7th ed., Chemical Publishing, New York, 1982, 153.
(70) U.S. Patent 4,981,682, S. Boothroyd, C. Sheard, Jan. 1, 1991.
(71) W.O. Patent 95/33439 and 95/33440, Hillerbrand and D. Reed, Dec. 14, 1995.
(72) M. M. Rieger, S. Brechner, M. M. deNavarre, *"Depilatories," The Chemistry and Manufacture of Cosmetics*, 2nd ed., Vol. 4, Continental Press, Orlando, FL., 1975, 1264.
(73) U.S. Patent 4,842,610, H. W. Gordan, K. Chung, Jan. 27, 1989.
(74) WO. Patent 96/21419, E. Paille, G. Martin, July 18, 1996.

CHAPTER 11

목욕과 샤워 화장품

사람들의 목욕은 수천 년을 지나면서 계속되고 있다. 고대 이집트, 사마리아, 아시아, 그리스 로마로부터 현재까지 인간들은 종교적, 쾌락적, 위생적 의식으로 목욕을 한다. 역사의 시작부터 목욕은 사치스러웠고 역사의 진행에 따라 더 즐거운 행사로 변하였다. 그러나 20세기에 와서 일반 사람들이 가정에서 목욕하면서 이러한 풍조는 변하였다.

처음에는 가정에서 목욕통을 사용하고 그 다음에 대중탕으로 그리고 다음에 샤워로 변하였다. 이러한 목욕 습관에 뒤따라 두발과 신체의 청결에 사용하는 피부용 기름, 유연제, 향수, 연수제 등이 발달하게 되었다.

1 목욕 화장품의 종류

현대의 목욕용 제품은 사용하는 나라에 따라 여러 종류들이 있다. 현재도 마찬가지이지만 목욕용 제품은 원래 목욕물이 경수로부터 연수로 변하면서 비누효과를 향상하고 향수를 사용하여 전체 몸에 즐거움을 제공하게 되었다. 이러한 목욕제품의 처방은 안전하고 효과를 나타내게 신중하게 고려해야 한다. 목욕제품들은 여러 종류들이 시장에 나와 있지만 중요한 것만 예로 들어 설명하겠다.

1.1 목욕용 염류

목욕용 염류는 탄산 소듐 12물(sodium sesquicarbonate, Na_2CO_3 $NaHCO_3 \cdot 12H_2O$)을 주로 사용한다. 이것은 공기 중에서 안정하고 덩어리를 형성하지 않고 건조하지 않고 탄산 소듐보다 덜 알칼리성이고 물에 잘 녹고 색을 첨가하여 변색도 가능하다. 색소와 함께 향료를 처리하면 알칼리에서도 안정하다.

제법은 0.2% 착색용액(90% 알코올+아세톤 10%)을 살포한 다음 향수를 섞은 10% 알코올 용액을 살포하고 15~30분간 섞는다. 그 다음 분말을 쟁반에 펴서 용매를 증발하고 용기에 보관한다. 이때 12물 탄산염과 섞는 첨가제는 다음과 같다.

과붕산 소듐 1수화물(sodium perborate monohydrate, 산소공급제), 목욕용 바닷물 소금(sea salt), 라우릴 황산 소듐(sodium lauryl sulfate, 거품목욕), 타르타르산 혹은 시트르산

(tartaric or citric acid, 거품목욕), 티오황산 소듐(sodium thiosulfate, 황 목욕), 요오드화 소듐(sodium iodide, 환원제), glauber' salt(온천장 목욕), 황산마그네슘(magnesium sulfate, 환원제), 알긴산 소듐(sodium alginate, 바다 조류 효과), Irish moss or extractives(바다 조류 효과), 탈지유 혹은 전지 우유 분말(밀크 목욕), EDTA 염(물 연수화제), 소듐 혹은 포타슘 폴리인산(물 연수화제), 인산(거품목욕), 알킬 팔미트산 혹은 미리스트산(연화제), 전분(가려움을 없애는 첨가제), 황(황 목욕), 중아황산 소듐(황 목욕), 오트밀(가려움을 없애는 첨가제), 콩가루(가려움을 없애는 첨가제), guaiazulene(항-염증제), 에틸렌 산화물 왁스(분자량 4,000 이상, 유연제), 소비톨(sorbitol, 보습제), 4차아민 소독제

그 밖에 목욕용 혼합성분 염류로서 작은 알갱이로 만들어 목욕물에 녹여 사용하는 첫째 [탄산 소듐 12물(90.00%)+붕산 소듐(10.00%)], 둘째 직사각형 덩어리로 만들어 목욕물에 녹여 사용하는 [탄산 소듐 12물(93.00%)+탈크(5%, 곰팡이 제거제)+붕산 소듐+향료, 색소], 셋째 목욕물에 녹여 사용하는 목욕용 분말 [탄산 소듐 12물(80.00%)+붕산 소듐(20.00%, 분말)], 넷째 목욕물에 섞어 사용하는 약용식물 추출액, 다섯째 소금(95.00%)+TiO_2(2.00%) 혼합물에 PVP(0.40%)+SD 알코올 40-2(2.60%) 혼합물을 살포하여 건조한 목욕용 염류 등이 있다.(1)

온천수 목욕용 염류는 황산마그네슘, 황산 소듐, 티오황산 소듐, 염화마그네슘, 포타슘 염류를 함유한다. 거품목욕 염류는 탄산 소듐 12물(70.00%), 중탄산 소듐(5.00%), 타르타르산(20.00%), 라우릴 황산 소듐 분말(5.00%), 향료로 구성된 것을 사용한다.(2)

1.2 목욕물에 뜨는 오일

목욕물에 뜨는 오일은 난용성 광물유와 계면활성제를 함유한다. 그 계면활성제는 오일이 목욕물 표면으로 퍼져서 필름을 형성할 정도로 첨가하되 계면활성제 농도는 물에 오일이 녹지 않을 정도로 적어야 한다. 이러한 제품의 주요한 단점은 목욕탕 가장자리에 비누로 제거하기 어려운 기름기 고리의 생성이다.

광물유와 유연제 오일은 거품제거제로 제거한다. 그래서 광물유 대신 표 11-1~표 11-3처럼 식용유와 에스터를 사용하여 피부에 대한 오일 촉감을 감소하고 향료에 대한 용매반응을 증가한다.

표 11-1 두 종류의 목욕물에 뜨는 오일*

성 분	1	2	3	4	5	6	7	8
종류 1(wt %)	57.00	–	–	25.00	10.00	5.00	–	3.00
종류 2(wt %)	58.00	26.00	10.00	–	–	–	2.00	4.00

* Croda cosmetuics, *Pharmaceutical Formulary*, Croda Chemicals Ltd., Snaith, Goole, UK(1992).

1 : mineral oil(*paraffinum liquidum*), 70 vicosity
2 : isopropyl myristate
3 : cetearyloctanoate
4 : diisopropyl adipate
5 : lanolin oil
6 : Oleath-3
7 : Laureth-2
8 : fragrance(parfum)

표 11-2 꽃 모양 목욕용 오일*

구 분	A		B			C
성 분	1	2	3	4	5	6
함량(wt %)	50.00	40.00	0.50	2.50	1.00	6.00

* Presperse, *Presperse Formulation*, Presperse Inc., Piscataway, NJ.(1999).

1 : laureth-2 octanoate
2 : isohexadecane
3 : tocopherol acetate
4 : capprylic/capric trigliceride (and) *Gelidium cartilagineum* extract
5 : caprylic/capric trigliceride (and) *Fucus Vesiculos*

• 제법 : 적당한 용기에 A를 합치고 B를 한 번에 가하면서 섞는다. C를 가하고 맑을 때까지 섞는다. 적당한 용기에 저장하라.

표 11-3 2-상을 이용하는 목욕용 오일*

구 분	A	B					
성 분	1	2	3	4	5	6	7
함량(wt %)	49.75	32.00	6.30	8.00	3.70	0.25	qs

* Presperse, *Presperse Formulation*, Presperse Inc., Piscataway, NJ.(1999).

1 : glycereth-26
2 : isoeicosane
3 : isohexadecane
4 : octylpalmitate
5 : tridecyl neopentanoate
6 : fragrance(parfum)
7 : color

• 제법 : 차가운 상태에서 B를 섞은 다음 A를 가하고 섞어라.

1.3 분산이 가능한 꽃모양 목욕용 오일

분산이 가능한 목욕용 오일은 오일과 계면활성제의 혼합물이고 그 혼합물은 물에 넣을 때 쉽게 분산되고 물의 세기(hardness), 온도 묽힘, 센물비누의 압력과 착물 등의 영향을 능가하는 충분한 안정도를 갖는 유제를 형성해야 한다. 제품을 물에 넣을 때 유제는 꽃 모양 혹은 흰색 구름 모양이다. 용해제 선택은 오일-상과 향료에 따라 결정된다. 사용한 계면활성제 농도는 뜨는 오일보다 진하므로 오일 고리는 덜 생긴다. 표 11-4에 그 조성이 있다.

표 11-4 분산이 가능한 목욕용 오일*

성 분	1	2	3	4	5
함량(wt %)	61.00	25.00	10.00	4.00	qs

* Croda cosmetuics, *Pharmaceutical Formulary*, Croda Chemicals Ltd., Snaith, Goole, UK(1992).

1 : mineral oil(paraffinum liquidum)
2 : isopropyl myristate
3 : Laureth-3
4 : fragrance(parfum)
5 : color(water soluble)

1.4 유화 목욕용 오일

유화 목욕용 오일, 목욕 밀크, 혹은 유제라고 알려진 것들은 목욕용 오일의 부유 혹은 분산, 색의 유무, 향료의 유무와 관계없이 근본적으로 안정한 유제 물질이다. 그 유제는 오일 농도가 진한 o/w 종류여야 하고 안정해야 한다.

표 11-5 네 종류의 유화 목욕용 오일*

성 분	1	2	3	4	5	6	7	8	9	10	11	12	13	14
종류 1(wt %)	10.00	3.5	0.5	–	–	–	–	–	–	–	–	–	qs 100.00	qs
종류 2(wt %)	35.00	–	–	8.00	5.00	7.00	–	–	–	–	–	–	qs 100.00	qs
종류 3(wt %)	35.00	–	–	–	–	–	3.5	3.5	–	–	–	–	qs 100.00	qs
종류 4(wt %)	24.00	–	–	–	–	–	–	–0	6.5	3.00	1.00	1.5	qs 100.00	qs

* M. DeNavarre, *Bath Products*, Vol. Ⅱ, Second Ed., *The Chemistry and Manufacture of Cosmetics*, Allured Publishing Corp. 829(1988).

1 : mineral oil(paraffinum liquidum) 65/75
2 : sucrose monopalmitate
3 : cetyl alcohol
4 : PEG 1540 distearate
5 : glyceryl monostearate(pure)
6 : propylene glycol
7 : Sorbate 40
8 : Polysorbate 40
9 : propylene glycol stearate SE
10 : isostearic acid
11 : lauolin
12 : triethanolamine
13 : water(aqua)
14 : fragrance(perfume), preservative, color

• 제법 : 70℃에서 지방을 녹인다. 물에 녹는 성분과 방부제를 섞고 80℃에서 20분간 가열하라. 70℃로 식히고 계속해서 저으면서 물을 지방에 가하라. 40℃에서 향료와 색재를 가하라. 35℃에서 혼합조작을 중지하고 하룻밤 두어라. 다음 날 몇 분간 저어라.

에톡시화 유화제와 "orthodermic" sucroglyceride를 특별히 이용할 수 있다. sorbate-polysorbate 착물은 센 물에도 사용할 수 있다. 에톡시화 아민은 피부에 유용하다. 에톡시화 지방 알코올도 유용하다. 표 11-5를 참고하라.

1.5 가용성 목욕용 오일

가용성 목욕 오일은 물에 비-이온성 계면활성제를 함유하고 유제를 소량 함유한다. 향료 오일과 유제를 물에 녹일 수 있는 여러 비-이온성 계면활성제들이 있고 일반적으로 가격과 피부의 뒷맛 감촉에 따라 표 11-6~표 11-7을 선택한다.

표 11-6 가용성 목욕용 오일*

성 분	1	2	3	4
함량(wt %)	19.00	5.00	5.00	66.00

* ICI Specialty, Bath Products Booklet, ICI Specialty Cjhemicals, PLC, Leatherheasd, UK(1992).

1 : Ceteth-20
2 : isopropyl myristate
3 : lauramide DEA
4 : water(aqua), deionized

표 11-7 3-층 목욕용 오일*

성 분	1	2	3	4	5	6
함량(wt %)	30.00	34.00	33.00	3.00	qs	qs

* Croda cosmetuics, *Pharmaceutical Formulary*, Croda Chemicals Ltd., Snaith, Goole, UK(1992).

1 : PEG-7 glyceryl cocoate
2 : glycerin
3 : mineral oil(*paraffinum liquidum*)
4 : water(aqua), deionized
5 : fragrance(*parfum*), preservatives
6 : color

1.6 목욕용 젤

한 독일회사는 계면활성제, 비타민, 식물 추출물, 형광색소를 함유하는 제품으로 많은 시장을 점유했다. 그 이유는 목욕물에 함유된 계면활성제 대신에 비누와 기타 세제를 함유하지 않은 목욕용 식용유 추출액을 사용하였기 때문이다. 이러한 제품의 뒤에 숨은 아이디어는 목욕물에 충분한 계면활성제를 소량 공급하고 동시에 식물추출액을 첨가하여 비누와 기타 세제 없이 물로 목욕탕에 묻은 오일을 씻을 수 있기 때문이다. 여기에 사용한 식물들은 horse chestnut, pine needles, rosemary, balm-mint, arnica, rue, gentian, birds-eye, juniper, 그리고 가용성 비타민이다. 대표적 목욕용 젤은 표 11-8과 같다.

표 11-8 목욕용 젤*

성 분	1	2	3	4	5	6	7
함량(wt %)	40.00	4.00	47.70	2.00	4.00	0.30	qs

* M DeNavarre, *Bath Products*, Vol. Ⅱ, Second Ed., *The Chemistry and Manufacture of Cosmetics*, Allured Publishing Corp. 534(1988).

1 : lauric acid(70 : 30) diethanolamide
2 : myristyl ethoxy myristate
3 : sodium myreth sultate
4 : propylene glycol
5 : methylcellulose, 2% aqueous
6 : Extrapone 6 special(Dragoco)
7 : fragrance(parfum), color

목욕용 젤은 일반적으로 압축가능한 튜브에 넣어 사용한다. 사용할 때마다 대략 2 in씩 리본처럼 짜내서 따뜻한 목욕물에 분산하여 사용한다. 이러한 목욕용 젤은 피부를 건조하지 않게 유지하고 어떤 적합하지 않은 징조도 나타내지 않았다.

1.7 거품 목욕용 오일

이 제품 종류의 이름은 잘못이다. 실제로는 어떤 지방을 함유하므로 거품 목욕 제품이다. lanolin 오일은 isopropyl palmitate 혹은 합성 glyceride 제품보다 거품을 감소하는 경향이 있다. 게다가 합성 glyceride는 더 잘 녹는다. 에톡시화 라놀린 유도체는 표 11-9에서 유용하게 사용한다.

표 11-9 거품 목욕용 오일*

성 분	1	2	3	4	5	6
함량(wt %)	50.00	12.00	20.00	10.00	5.00	3.00

* M DeNavarre, *Bath Products*, Vol. Ⅱ, Second Ed., *The Chemistry and Manufacture of Cosmetics*, Allured Publishing Corp. 534(1988).

1 : triethanolamine
2 : caprylic/capruic trigliceride
3 : ethoxylated castor oil(25 ETO)
4 : C_{12}/C_{14} diethanolamide
5 : coconut monoethanolamide
6 : fragrance(parfum), color

1.8 에어로졸 목욕용 오일

이 종류 제품은 추진제와 함께 사용하는 것이 주요한 문제다. 처방은 목욕용 오일의 분산이다. 또 다른 변화는 샤워하는 동안 혹은 뒤에 몸에 목욕용 오일을 직접 분산하는 조작이다. 그 처방은 표 11-10과 같다.

표 11-10 에어로졸 목욕용 오일*

성 분	1	2	3	4	5	6
함량(wt %)	1.00	3.00	3.00	1.00	1.00	91.00

* M. deNavarre, *Bath Products*, Vol. Ⅱ, Second Ed., *The Chemistry and Manufacture of Cosmetics*, Allured Publishing Corp. 833(1988).

1 : Laueth-16 (and) ceteth-16 (and) oleth-16 (and) steareth
2 : isopropyl myristate
3 : lanolin oil
4 : mineral oil(paraffinum liquidum) 50/60 visc
5 : perfume
6 : SD-40 ethyl alcohol

• 제법 : 추진제 통에 표 11-10의 에어로졸 오일 성분 60.00%와 추진제 40.00%를 섞어 충전하여 사용한다. 용기는 진한 용액(wt %)과 추진제 40(wt %)으로 채운다.

TOPIC 얼굴표정

코가 높고 턱과 볼이 단단하고 윤곽이 뚜렷하면 호흡이 순조롭고 음식을 잘 씹어 먹기 때문에 장수한다. 코가 짧고 쌍구멍 사냥총처럼 밖에서 콧구멍 속이 들여다 보이고 호흡이 거칠고 숨결이 빠르고 턱과 뺨이 빈약하고 광택이 없고 눈썹 사이와 이마가 좁고 귀가 얇고 뒤로 향해 있으면 병에 대한 저항력이 약하여 일찍 죽는다. 귀는 신장의 반응을 나타낸다. 신장이 병들면 양쪽 귀와 이마가 검게 변한다. 귀가 작고 얇고 단단하지 않으면 신장이 약하고 골수가 부족하여 약해지고 치아도 약하다. 눈이 피로하면 간이 약한 것이고 눈 주위에 붉은 줄이 서면 심장이 약하고 눈꺼풀이 붓고 눈물이 많고 집중력이 감소하면 비장에 이상이 생긴 것이고 아래 눈꺼풀이 붓고 눈이 침침하고 어지러우면 신장기능이 약하다. 인중(코와 윗입술 사이)의 홈이 짧고 희미하면 자궁이 약하거나 불임 가능성이 있고 이곳에 어떤 색깔이 뭉쳐 있으면 방광이나 자궁에 병이 있다는 증거이고 이곳에 종기가 나거나 기름을 바른 것처럼 습기가 많으면 생식기 염증이나 위장병을 의심한다. 인중이 길면 음경이 길고 호색하다. 방광기능은 콧바람이 셀수록 강하고 그 반대이면 약하다. 입술이 두툼하고 목이 굵고 유방과 가슴이 발달하고 배꼽 밑이 불룩하고 탄력이 있고 복벽이 두꺼우면 위장과 소장이 충실하다. 입술이 얇고 인중이 짧고 흐릿하고 새끼손가락이 휘거나 지나치게 야위면 소장기능이 약하다. 입술이 창백하고 입안이 텁텁하고 단내가 나고 입맛이 없고 눈 밑이 거무스름하고 눈 밑이 잘 붓고 손발이 저리고 살집이 여위면 비장기능이 약하다. 이러한 증상에 더하여 입술이 얇고 엄지 쪽 손바닥 살집이 얇고 푸른색이 있으면 위장기능도 나쁘다. 이러한 것을 "비위(비장과 위장)가 약하다"라고 한다.

호흡기질환은 앞대머리, 변비와 치질은 앞머리 조금 위가 벗겨지고 위장장애는 숫구멍 부위가 탈모되고 심장질환은 정수리 뒷부분이 벗겨진다. 쓸개 혹은 간에 이상이 생기면 정수리 양옆이 벗겨지고 귓바퀴 윗부분에만 새치가 생기면 치아에 문제가 생기고 뒷머리 중앙에 새치가 생기면 안과질환이 생기고 정력 감퇴는 뒷머리 탈모 또는 뒷머리 아래쪽에 흰머리가 생긴다. (동의보감, 신제용 편저, 학원사(1999), P.390)

2 특수 목욕용 제품

2.1 우유 목욕

일반적으로 우유 목욕 제품은 분말형태로 판매하므로 액체 우유처럼 제품저장은 별로 문제되지 않는다. 그러므로 분말 우유는 분산과정에서 알칼리 염류와 함께 계면활성제를 첨가 혹은 첨가하지 않고 사용한다. 이 제품은 피부에 대한 밀크의 가능한 이점에 근거를 둔다. 비결정성 실리카는 수분을 흡수하므로 제품이 케이크처럼 형성되는 것을 방지한다. 전분도 같은 목적으로 사용한다.

Sodium lauryl sulfate 혹은 alkylsulfoacetate와 같은 합성 계면활성제는 sesqui carbonate 대신 사용할 수 있다. 그 예는 wt/wt %로서 우유 분말(50.00%), sodium sesquicarbonate(45.00%), 착색제와 향료(5.00%)를 섞어 만든다.[3]

2.2 오트밀 목욕

오트밀(oatmeal)은 건조피부와 가려움증 같은 피부상태에 특히 유용한 유연제 성질을 갖는다. 등겨와 빻은 곡물 알갱이도 같은 목적에 사용한다. 이러한 재료는 이전에 직물 주머니에 넣고 목욕물에 담그고 되풀이하여 사용했다. 현재는 곡물을 곱게 빻아 여러 가지를 섞고 가향하여 주머니에 넣어 판매한다. 어떤 제품은 전분, sodium hexameta-phosphate, 젤라틴(25% 용액으로), 석회, 황, 카제인(붕사용액으로), ichthyol(2.5% 용액으로),

탄닌, 파라핀을 함유한다.

2.3 파라핀 목욕

파라핀을 사용하는 목적은 땀을 충분히 흘려 땀샘과 몸을 정화하고 동시에 피부조각을 파라핀으로 고형화하여 제거하는 것이다. 파라핀은 m.p. 50~55℃ 범위 제품을 사용한다. 얼굴에는 한 층만 그리고 몸에는 나일론 붓을 사용하여 몇 층을 바른다. 그 왁스는 10~15분이 적당하고 약 30분까지 연장할 수 있다. 파라핀 목욕의 경우에 겨드랑이 털, 음부, 궁둥이의 털을 감싸서 보호해야 한다.

2.4 의료용 파라핀 목욕

유럽 문헌에는 여러 의료용 목욕을 설명한다. 파라핀에 여러 유사-의료 첨가제를 사용하고 그 예는 azulene, acetylated glyceride, camphor, menthol 등이고 나라마다 특산물을 첨가한다. 예를 들어 한국은 인삼, 칡뿌리, 과일즙 등을 첨가한다.

2.5 소나무 목욕

소나무 목욕은 한 세기 전에 독일에서 유래하였다. 본래 독일에서는 한국의 찜질방이나 숯가마처럼 물과 함께 소나무가지와 솔잎으로 덮고 가열하여 만성병 치료에 사용하였다. 그것을 사용하면서 소나무 성분이 휘발하여 소실되는 것을 발견하고 휘발성 소나무 오일과 기타 휘발성분을 증류탱크에 물과 함께 첨가하여 사용하게 되었다. 그 탱크의 온도는 대략 40℃를 유지한다. 상품으로 출시된 제품은 표 11-11과 같다.

소나무 목욕제품은 갈색 혹은 연기의 색을 띤 초록색이다. 이것의 점성을 증가하려면 표 11-12처럼 methyl, hydroxyethylcellulose, 혹은 carbomer를 첨가한다.

표 11-11 소나무 목욕*

성 분	1	2	3	4	5	6	7	8	9	10	11	12
종류 1(wt %)	–	–	–	–	20.00	–	30.00	10.00	10.00	20.00	10.00	–
종류 2(wt %)	–	5.00	5.00	12.00	63.00	15.00	–	–	–	–	–	–
종류 3(wt %)	–	–	6.00	–	42.00	–	–	–	–	–	–	52.00
종류 4(wt %)	6.00	–	–	–	44.00	–	–	–	–	–	–	50.00

* M DeNavarre, *Bath Products*, Vol. Ⅱ, Second Ed., *The Chemistry and Manufacture of Cosmetics,* Allured Publishing Corp. 836(1988).

1 : oil eucalyplus
2 : oil juniper
3 : oil lavender
4 : oil lemon(syn)
5 : oil pinus sylvesyris
6 : oil pinus 'pumilionis
7 : bornyl acetate
8 : nerol
9 : linalyl acetate
10 : cedawood oil, american
11 : methyl ionone
12 : templin oilex. pinene

표 11-12 소나무 액체*

구 분	A		B		C	D	E
성 분	1	2	3	4	5	6	7
함량(wt %)	5.00	15.00	qs	qs 100.00	10.00	30.00	qs

* M DeNavarre, *Bath Products*, Vol. Ⅱ, Second Ed., *The Chemistry and Manufacture of Cosmetics*, Allured Publishing Corp. 837(1988).

1 : propylene glycol
2 : SD alcohol
3 : fragrance(paerfum), preservatives
4 : water(aqua)
5 : extrapone pine
6 : sodium laureth sulfate
7 : color

• 제법 : B를 A에 녹여라. C를 가하라. 이 혼합물을 D에 넣고 저어라. 원하는 대로 색을 넣어라.

2.6 진흙 목욕

화장품에 가장 가까운 것은 얼굴 진흙 팩이지만 뜨거운 진흙 목욕은 오랜 옛날부터 사용했다. 여러 지역의 진흙이 특수한 질병에 좋다고 주장한다. 진흙의 반응은 목욕 열의 효과 이외에 앞에서 설명한 파라핀 목욕과 비슷하다. 샤워를 한 다음 진흙 목욕을 하라.

2.7 온천

온천(spa)은 물이 나오는 장소 혹은 목욕을 의미한다. 잘 알려진 목욕탕에서 나오는 물은 수세기 동안 질병치료로 유명하다. 진흙 목욕처럼 각 온천은 서로 다른 질병을 치유한다고 알려져 있다. 현대는 온천장에서 잘 계획된 적절한 식이, 휴식, 운동, 목욕을 병행한다. 그렇지만 점점 인기를 잃고 있다.

2.8 약초 목욕

약초 목욕에서 냄새 물질의 치료효과는 무엇보다 냄새의 회복반응에 근거를 둔다. 그리고 그것에 의하여 목욕하는 사람의 심리상태에 물질적 영향을 준다. 현재 적절한 신경말단은 각 경우에 따라 감응한다고 추측한다. 그러므로 냄새는 '신경-치료' 효과를 갖는다. 목욕물에 첨가한 추출액의 실험적 비교반응을 표 11-13에 요약한다.

화장품의 관점에서 식물-온천요법은 목욕과 여러 목적에 식물을 이용한다. Bergwein(4)은 온천목욕요법에서 약초제품의 응용과 온천요법을 설명했다.

표 11-13 목욕물에 첨가한 약초효과

추출물	성 부	특수한 효과	피부 효과
로즈마리 잎 (rosemary leaves)	정유(essential oil), 레진, 쓴 맛, 사포닌, 탄닌, 용뇌	저혈압 상승, 입덧 치료	부드러운 자극, 말초순환 증진
목초-꽃 (hay-flowers)	목초와 꽃에서 추출한 쿠마린 유도체	진정제(spasmolitic), 조직충혈 제거(지방 패드)	연결조직 강화
속새과 식물(horse-tail, Equisetum)	규산, 사포닌, 쓴맛, malic acid, aconitic acid, equisetic acid	모세관 막힘, 소염제	조직 강화
서양톱풀(Milfoil)	정유, 탄닌, 쓴맛(achilleine), 인산염, 질산염, 포타슘염, 레진, 육시산	신경 진정, 혈관과 모세관 사용을 소설	염증을 발생하려는 피부와 점막의 소염
향유(Balm)	정유, 쓴맛, 탄닌	정신질환의 신경자극제, 월경장애(경련)	부드러운 자극치료
마로니에 열매 (horse chestnut)	사포닌, glycosides, aglucone	혈액순환 조절	자극제
카밀레(camomile, 유럽산 약용식물)	정유, 쓴맛, 레진, 검, 황, 칼슘, phytosterol	소염제, 탈취제, 진경제(spasmolytic)	염증과 홍반을 발생하려는 피부에 사용

목욕용 채소 추출액 색소도 심리적 치료에 중요하다. 색에 의하여 생기는 감정으로서 첫째 바다-녹색은 상쾌한 느낌(성욕감소), 둘째 나뭇잎-녹색은 신선한 느낌(성욕감소와 흥분), 황색은 자극(항마취성, anti-narcotic), 파란색은 크게 진정시키는 효과를 갖는다. 방향성 오일의 치료효과는 치료와 종교적 목적으로 수천 년을 사용해 왔다.

3 거품 목욕

거품 목욕은 물속에서 거품을 많이 만드는 재료의 분산을 이용한다. 거품을 만들 때 우선 고려할 인자는 비누와 피지 존재하에서 물의 세기, 물 압력, 거품의 안정도다. 적절하게 형성된 방울목욕은 피부와 점막에 안전해야 하고 센 물에서도 많은 거품을 생성하고 피부 느낌이 부드럽고 즐거움이 지속되는 냄새를 가져야 한다.

본래 거품 목욕은 술폰산 알킬(alkyl sulfonate)에 바탕을 둔 분말이었지만 현재 가장 인기 있는 재료는 액체다. 이러한 제품의 처방은 여러 가지 계면활성제와 점성부여제를 사용한다. 거품형성제로 가장 인기 있는 계면활성제는 sodium lauryl sulfate, sodium lauryl ether sulfate, sulfosuccinate, sarcocinate, alpha-olefin sulfonate, alkyl aryl sulfonate, 그리고 amphacetate, amphopropionate, betaine 같은 양쪽성 물질이다. carboxylate와 polysorbate 같은 재료도 사용한다. 주요한 점성부여제는 cellulose ether, carbomer, fatty alkanolamide이다. 일반적으로 거품 목욕을 처방할 때 묽은 제품일수록 목욕물에 더 빠르게 녹는다.

Glycol stearate와 distearate 같은 여러 가지 첨가제는 필요한 펄-효과를 나타낸다.

표 11-14 맑은 액체 거품 목욕*

성 분	1	2	3	4	5	6	7
함량(wt %)	57.00	10.00	2.00	1.00～1.50	qs to 100.00	qs	qs

* Albright & Wilson, Skin Care, formulations guide lines, Albright & Wilson, Surfactants Group West Midlands, UK(1992).

1 : sodium laureth sulfate 70%
2 : PEG-6 cocamide
3 : Laureth-2
4 : SD 40 ethyl aicohol
5 : water(aqua), deionized
6 : fragrance(parfum), preservatives
7 : color, buffer to pH 6.5～7.0

표 11-15 젤 거품 목욕*

성 분	1	2	3	4	5	6	7	8	9	10	11	12
함량(wt %)	13.00	27.00	9.00	4.50	4.50	5.00	1.00	1.00	0.30	0.30	34.40	qs to 100.00

* Croda Chemicals, cosmetuic Formulary, Croda Chemicals Ltd., Personal Care Group, Snaith, Goole, UK(1992).

1 : ammonium lauryl sulfate
2 : MIPA-lauryl sulfate 75%
3 : sodium lauryl sulfate 28%
4 : cocamide DEA
5 : PPG-5 ceteth-10 phosphate
6 : Oleath-5
7 : PEG-50 lanolin
8 : hydrolyzed collagen
9 : horse chestnut(*Aesculus hippocastanum*) extract(powdered)
10 : triethanolamine
11 : water(aqua), deionized
12 : fragrance(parfum), preservatives, color, buffer pH 6.5~7.00

표 11-16 거품 목욕 분말*

성 분	1	2	3	4	5	6	7	8
함량(wt %)	25.00	4.00	5.00	53.00	1.50	10.00	1.50	qs to 100.00

* M DeNavarre, *Bath Products*, Vol. Ⅱ, Second Ed., *The Chemistry and Manufacture of Cosmetics*, Allured Publishing Corp. 841(1988).

1 : sodium dodecylbenzene sulfonate
2 : cocamide DEA
3 : sodium lauryl sulfate(dry)
4 : sodium sesquicarbonate(low density)
5 : propylene glycol
6 : sodium hexamethaphosphate
7 : SD 40 alcohol
8 : fragrance(parfum), color

표 11-17 거품생성 목욕 오일

성 분	1	2	3	4
함량(wt %)	70.00	5.00	10.00	qs to 100.00

1 : disodium oleamido PEG-2 sulfosuccinate
2 : C12-C14 superamide
3 : isopropyl fatty ester
4 : alcohol, fragrance(parfum), color, preservative

시트르산, EDTA, 2Na-EDTA와 같은 격리제는 일반적으로 난용성 수산화물로 침전되는 철 침전의 방지에 첨가한다. 방부제, 향료, 약초 추출물, 비타민, 파라핀, 단백질을 가끔 첨가한다.

4 바디 샴푸와 샤워 제품

샤워 제품은 일반적으로 샤워방 선반에 놓거나 매달 수 있는 병에 넣어 포장한다. 바디 샴푸 혹은 젤은 거품 목욕 제품보다 더 잘 세척되는 성질을 가져야 한다. 이러한 제품은 머리카락과 모든 피부에 사용하므로 일반적으로 점성을 갖는다.

샤워 제품에 사용한 대부분 성분은 더 잘 씻어지는 것을 제외하면 샴푸와 거품 목욕에서 알려진 것과 비슷하다. 그 성분들은 sodium cocoyl isethionate, collagen amino acid, betaine, phosphate 등이다. 그 외에 유연제, 비-이온성 계면활성제, 단백질 유도체들이 일반적으로 사용하는 성분이다. 여러 천연성분과 진주 재료들도 사용한다.

여러 회사들은 세제와 함께 녹색을 사용한다. 천연 세제는 황산을 함유하지 않고 또한 paraben과 석유 바탕 제품을 함유하지 않고 betaine, 올리브, 설탕, 과일에 바탕을 둔 계면활성제를 사용한다. 그 예는 표 11-18부터 표 11-21에 있다.

표 11-18 목욕용 젤*

구 분	A	B	C		D		E
성 분	1	2	3	4	5	6	7
함량(wt %)	55.00	3.00	4.00	1.00	30.00	7.00	qs

* Akzo Chemie Elfan, *ATG Booklet*, A & E Connock(Pperfumery & Cosmetics Ltd., Fordingbridge, UK (1992).

1 : water(aqua), deionized
2 : sodium cocoyl isethionate
3 : Talloweth-60 myristtyl glycol
4 : cocamide DEA
5 : sodium sulfate 27%
6 : disodium laureth sulfosuccinate 40%
7 : fragrance(parfum), preservative, color

• 제법 : B를 A에 가하고 60℃로 가열하라. C를 가하고 완전히 녹인 다음 D를 가하라. 4℃에서 E를 가하고 실온으로 식혀라. 마지막으로 pH 6.5~7.0으로 조절하라.

표 11-19 샤워 젤*

구 분	A					B	C	D			E		F
성 분	1	2	3	4	5	6	7	8	9	10	11	12	13
함량(wt %)	12.37	50.00	3.0	5.0	2.0	0.58	20.0	3.00	0.25	1.00	1.00	1.00	0.80

* Presperse, *Presperse Formulation*, Preperse Inc., Piscataway, NJ(1999).

1 : water(aqua), deionized
2 : Carbomer 940(2.0% aqueous)
3 : polyacrylate (and) PVM/MA copolymer
4 : water(aqua) (and) chondrus crispus
5 : butylene glycol
6 : sodium hydroxide, 20% aqueous
7 : alkyl sulfate
8 : cocamidopropyl betaine
9 : trisodium salt trihydrate : sodium EDTA
10 : water(aqua), deionized
11 : triethanolamine 99%
12 : propylene glycol (and) diazolidinyl urea (and) methylparaben (and) propylparaben
13 : mica (and) titanium dioxide

• 제법 : 2% carbomer를 혼합기에 넣고 느리게 저으면서 나머지 A를 순서대로 가하고 분산시켜라. B를 가하고 균일하게 섞어라. C를 한 성분씩 가하고 서서히 저어라. D를 45~55℃로 가열하면서 미리 섞어 ABC 혼합물에 가하라. 균일하게 섞은 용액에 E를 가하고 섞은 다음 균일한 진주 재료 현탁액에 저으면서 F를 가하라. 마지막으로 pH 6.5~7.0이 되게 조절하라.

표 11-20 천연 샤워 젤

구 분	A		B			C
성 분	1	2	3	4	5	6
함량(wt %)	57.00	4.00	30.00	4.00	5.00	qs to 100.00

1 : water(aqua), deionized
2 : glycerin
3 : cocamidopropyl betaine
4 : sodium cocoyl apple amino acids
5 : lauryl glucisideб : essential oil, preservative, color

• 제법 : B성분을 A성분에 가하고 60℃로 가열하라. 균일해지면 42℃에서 C를 가하고 섞어 실온으로 식혀라.

TOPIC 미인의 기준은 변한다

미인의 기준은 사회와 경제의 발전에 따라 변한다. 르네상스 시대의 비너스 그림은 풍만하게 표현했다. 왜냐하면 그 시대는 경제적으로 궁핍했기 때문이다. 북한에서도 풍만한 남녀를 선호한다. 그 후에 사회가 풍족해지면서 이탈리아는 날씬한 비너스 그림으로 변하였다. 현대 여성의 86%와 남성 76%는 자기 몸에 대하여 비만하다고 불만을 갖는다. 자기의 비만평가는 대부분이 착각이다. 부자들은 자기학대를 즐기는 경향이 있다. 그래서 전족과 코르세트를 착용한다. 그러면서 연약한 여인과 섹시한 엉덩이를 동경한다. 보수층은 성을 상품화하여 가격으로 평가하는 경향이 있다. 일반적 미인 평가기준은 요(凹, 오목할 요)와 철(凸, 뾰족할 철) 현상에 있다. 식이 요령은 첫째 편리한 운동장소의 선택, 둘째 서두르지 않고 셋째 굶지 않고 배고픈 듯이 먹는 것이다.

5 기타 제품

5.1 클렌징 오일

클렌징 오일은 아시아에서 인기가 있다. 클렌징은 본래 메이크업 제거제(make-up remover)로 만들었지만 그 처방이 샤워중에 얼굴 클렌저로 사용하려고 더 정교하게 처방하였다. 무수물 시스템은 유연제 에스터, 파라핀, 탄수화물, 천연 오일, 유방성(lyotropic, 離液性) 시스템을 만들기 위한 부드러운 계면활성제를 사용한다. 그 예는 표 11-21과 같다.

표 11-21 클렌징 오일*

구 분	A					B	
성 분	1	2	3	4	5	6	7
함량(wt %)	15.00	10.00	5.00	7.00	52.90	0.10	10.00

* (Barrnet Products 2007)
1 : PEG-10 laurate (and) sorbitan oleate (and) decyl lucoside (and) alcohol (and) water
2 : isododecane
3 : squalane
4 : Samtalum Album(Sandalwood) Extract (and) Phellodendron Amurense, Bark Extract (and) Hordeum Distichone(Barley) Extract
5 : isipropyl myristate
6 : tetrahexyldecyl ascorbate
7 : triethylhexanoin

• 제법 : A성분을 B성분과 합치고 맑고 균일한 용액이 될 때까지 섞어라.

6 목욕 후 혹은 샤워 후 제품

목욕 후 혹은 샤워 후 제품은 가루분, 혹은 talcum powder, 오일, 바디 젤, 바디 실크, 스킨 프레쉬너(freshener), 마사지 오일, 박리제, 여러 종류의 크림, 로션을 포함한다.

6.1 가루 파우더(dusting powder) 혹은 탈컴 파우더(talcum powder)

목욕 후에 사용할 때 이 제품을 바디 탈크(body talc)라고 한다. puff를 사용하면 가루 파우더(dusting powder)라고 한다. 물론 활석(talc)은 땀 흡수와 몸을 식히는 것을 돕는 주요한 성분이다. 활석은 고품질, 색, 감촉이 중요하고 윤활제와 신체에 대한 향수운반제로 작용한다. 아연 스테아린산은 일반적으로 윤활성을 증진하려고 사용한다. 산화아연은 피부에 대한 수렴제와 살균제, 피부가 트는 것에 그리고 마모방지용으로 사용한다. 탄산마그네슘과 칼슘은 보풀과 흡수를 증진하려고 사용한다. 그 예는 표 11-22~표 11-25에 있다. 특히 표 11-25는 목욕하고 린스한 다음 피부에 직접 사용할 수 있다.

표 11-22 가루분

성 분	1	2	3	4	5
함량(wt %)	5.00	5.00	15.00	75.00	qs to 100.00

1 : zinc stearate
2 : zinc oxide
3 : magnesium carbonate, light
4 : talc
5 : fragrance(parfum)

• 제법 : 향료를 탄산염과 섞고 하룻밤 둔 다음 다른 성분과 섞는다.

표 11-23 목욕 후(혹은 샤워 후) 오일*

성 분	1	2	3	4	5
함량(wt %)	43.00~48.00	40.00	5.00	5.00~10.00	2.00

* ICI Specialty, Bath Products Booklet, ICI Specialty Chemicals, PLC, Leatherhead, UK(1992).

1 : isopropyl myristate
2 : mineral oil(paraffinum liquidum)
3 : lanolin oil
4 : PEG-40 sorbitan peroleate
5 : fragrance(parfum)

• 제법 : 실온에서 모든 성분을 섞어라. 필요하면 걸러라.

표 11-24 파우더 목욕 오일*

구 분	A			B	C
성 분	1	2	3	4	5
함량(wt %)	1.00	9.50	0.50	10.00	79.00

* M DeNavarre, *Bath Products*, Vol. Ⅱ, Second Ed., *The Chemistry and Manufacture of Cosmetics*, Allured Publishing Corp. 538(1988).

1 : fragrance(parfum) oil
2 : isopropyl myristate
3 : Nonoynol-15
4 : calcium silicate
5 : powdered sodium hexametaphosphate(unadjusted)

• 제법 : A를 섞고 B에 가하여 잘 섞어라. C를 가하고 잘 섞은 다음 저장하라.

표 11-25 바디 젤*

구 분	A	B	C		D	E	
성 분	1	2	3	4	5	6	7
함량(wt %)	0.33	64.95	1.00	0.50	33.00	0.22	qs

* Dow Corning Corp, Personal communication(1992).

1 : Carbomer 940
2 : water(aqua), deionized
3 : dimethicone copolyol
4 : Polysorbate 80
5 : SD 40 ethyl alcohol
6 : triethanolamine
7 : fragrance(parfum)

• 제법 : A를 B에 분산하고 75℃로 가열하라. C를 넣고 5분간 혼합하라. 50℃로 식히고 D를 넣고 5분간 혼합하라. E를 넣고 20분 섞어라. 그리고 저장하라.

6.2 바디 실크와 젤

바디 실크(body silk)는 부드럽고 실크처럼 느껴지는 크림이다. 이들은 때때로 목욕 후에 사용한다. 바디 젤(body gel)은 일반적으로 맑고 진한 젤이고 목욕 후 몸에 향수를 전달하는 기능을 갖는다.

6.3 토닝 로션

피부에 신선한 느낌을 주는 토닝 로션(toning lotion)은 보습제(글리세린)와 냉각용으로 에탄올을 함유한다. 예는 표 11-26과 같다.

표 11-26 토닝 로션*

구 분	A			B		C	
성 분	1	2	3	4	5	6	7
함량(wt %)	2.00	89.90	6.00	0.50	0.50	0.10	qs to 100.00

* Croda Chemicals, cosmetuic Formulary, Croda Chemicals Ltd., Personal Care Group, Snaith, Goole, UK (1992).

1 : glycerol
2 : water(aqua), deionized
3 : Carbomer 941(1% aqueous)
4 : glyceryl stearate (and) PEG-100 stearate
5 : cetyl alcohol
6 : triethanolamine
7 : fragrance(parfum), preservative

• 제법 : A와 B를 별도로 65~70℃로 가열하라. A를 B에 저으면서 가하라. 60℃에서 triethanolamine으로 중화하고 40~42℃에서 향료를 가하라. 저어서 30℃로 식혀라.

---

(1) Presperse, *Presperse Formulation*, Presperse Inc., Piscataway, NJ, 1999.

(2) Croda Cosmetics, *Pharmaceutical Formulary*, Croda Chemicals Ltd., Snaith, Goole, UK, 1992.

(3) M. DeNavarre, *Bath Products*, Vol. Ⅱ, 2nd ed., *The Chemistry and Manufacture of Cosmetics*, Allured Publishing Corp. 536, 1988.

(4) K. Bergwein, Dragoco Report No. 8, Dragoco, Holzminden, Germany, 1961, 194.

찾아보기

저자소개

건국대학교	박 면 용
건국대학교	정 구 춘
건국대학교	조 동 회
광주여자대학교	이 재 숙
광주여자대학교	최 화 정
삼육대학교	고 원 배
삼육보건대학교	홍 정 희
서울시청	엄 용 희
중부대학교	김 세 봉
한서대학교	한 원 식

(학교명 · 저자 가나다순)

화장품과학

2015년 2월 20일 초판 인쇄
2015년 2월 25일 초판 발행

저 자 : 박 면 용 외
펴낸이 : 김 중 현
펴낸곳 : **녹 문 당**
주 소 : 경기도 파주시 심학산로 12(서패동)
전 화 : (031) 957-2711 FAX : (031) 957-2710
신고번호 : 제406-1997-000055호

ISBN 978-89-88684-82-5 93590 값 30,000원